HIGH TOP

내신 탑티어

통합과학1

진도
교재

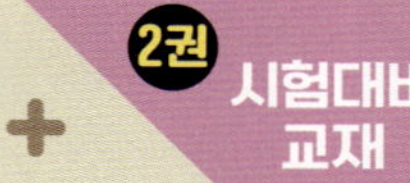

HIGH TOP 내신 탑티어

구성과 특징

과학, 개념에 실전을 더하여 내신 대비 한 권으로 끝내자!
핵심만 짚어 주는 친절한 설명, 실력을 탄탄하게 완성하는 문제로
과학 내신에서도 탑티어가 될 수 있어!

1권 진도 교재	+	2권 시험대비 교재	+	정답과 해설
친절하게 짚어 주는 핵심 개념 정리와 단계별 문제 학습으로 개념 완성하기		실전에 대비하여 핵심 개념을 확인하고 372제 실전 문제로 실력 쌓기		자세하고 친절한 해설로 틀린 문제를 정확하게 이해하고 점검하기

1권 — 진도 교재

개념 정리

새로운 교육과정에 따른 5종 교과서를 완벽하게 분석하여 핵심 개념들을 이해하기 쉽게 강별로 정리하였습니다.

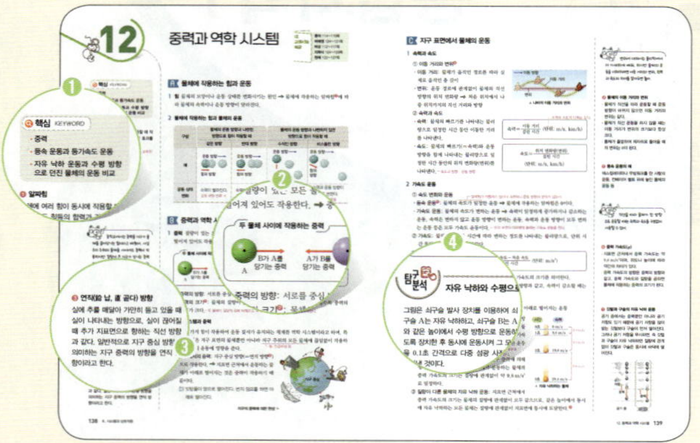

❶ 꼭 알아야 할 핵심 주제를 짚어 주었습니다.
❷ 중요한 자료는 꼼꼼하게 분석하였습니다.
❸ 용어의 뜻이나 보충 내용을 자세하게 설명하였습니다.
❹ 탐구의 과정과 결과를 분석하여 내용 이해를 도왔습니다.

단계별 문제 학습

개념 적용하기 ▶ 고난도 도전하기 ▶ 실력 확인하기 ▶
수행평가 맛보기 ＋ 수능 맛보기

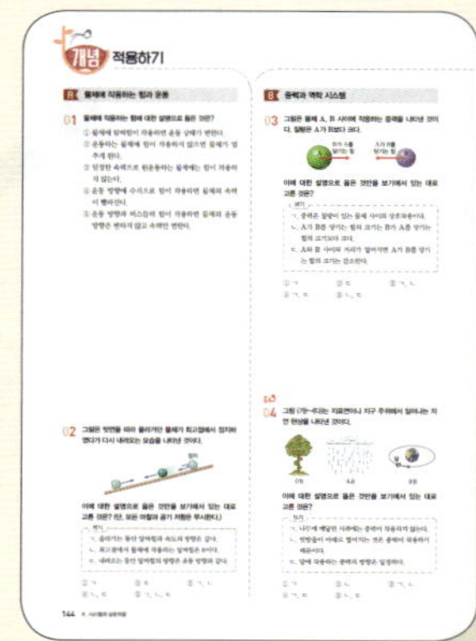

개념 적용하기
· 학습한 개념을 적용해 볼 수 있도록 알찬 문제들로 구성하였습니다.
· 서술형 문제는 제시어를 제공하여 답안 작성 연습이 가능하도록 제시하였습니다.

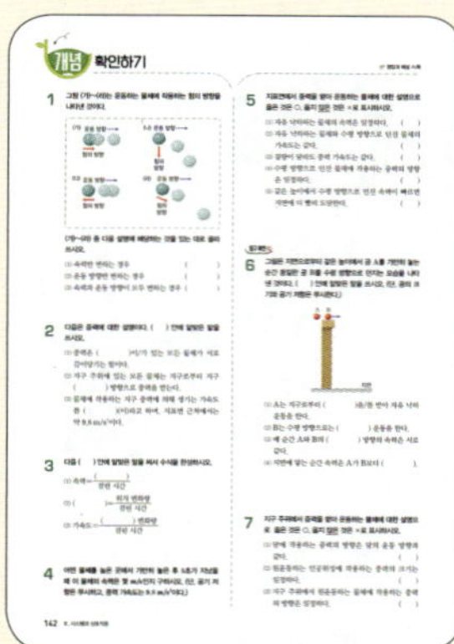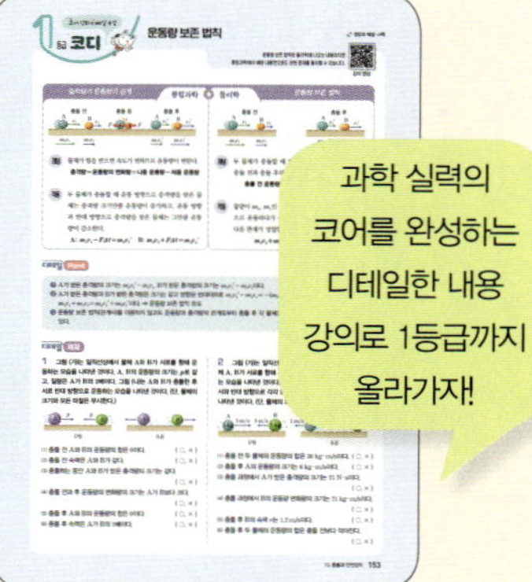

개념 확인하기
학습한 개념을 정확히 이해하였는지 점검할 수 있도록 개념 확인 문제를 제시하였습니다.

1등급 코디
개념 적용에 필요한 빈출 자료 분석, 문제 유형 훈련, 심화 내용 연계 등 학습에 도움이 되는 주제를 자세하고 친절하게 구성하였습니다.

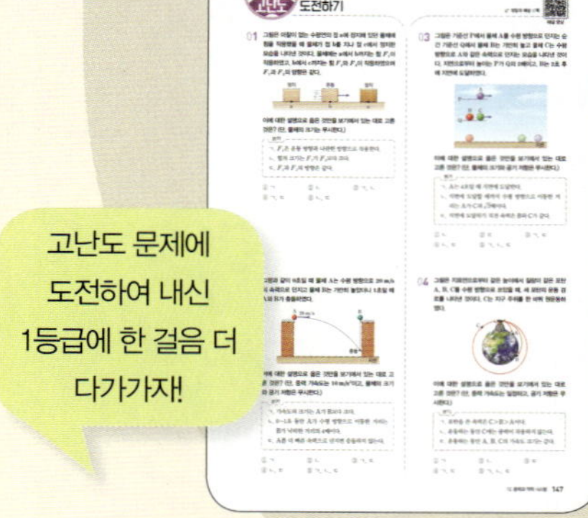

고난도 도전하기
수준 높은 문제로 내신 1등급에 도전해 볼 수 있도록 구성하였습니다.

HIGH TOP 내신 탑티어 통합과학1 QR북

		탐구 분석 영상		1등급 코디 강의 영상		고난도 문제풀이 영상
Ⅲ. 시스템과 상호작용	09. 지구시스템의 구성 요소					[QR]
	10. 지구시스템의 상호작용					[QR]
	11. 지권의 변화	화산 분출이 지구시스템에 미치는 영향 알아보기	[QR]	화산의 종류	[QR]	[QR]
				화산대와 마그마의 생성 장소	[QR]	
	12. 중력과 역학 시스템	자유 낙하와 수평으로 던진 물체의 운동 비교하기	[QR]	직선을 따라 운동하는 물체의 운동과 그래프	[QR]	[QR]
	13. 충돌과 안전장치			힘, 가속도, 운동량, 충격량의 관계	[QR]	[QR]
				운동량 보존 법칙	[QR]	
	14. 생명 시스템의 기본 단위	막을 통한 물질의 이동 실험 하기	[QR]	세포막을 통한 물질의 확산	[QR]	[QR]
				삼투 현상	[QR]	
	15. 물질대사와 효소	효소 작용의 원리에 관한 실 험하기	[QR]			[QR]
	16. 세포 내 정보의 흐름			유전부호의 조합과 번역	[QR]	[QR]

		탐구 분석 영상	1등급 코디 강의 영상	고난도 문제풀이 영상
I. 과학의 기초	01. 과학의 기본량			
	02. 측정 표준과 정보			
II. 물질과 규칙성	03. 우주 초기에 형성된 원소		원자의 형성	
	04. 지구와 생명체를 이루는 원소의 생성			
	05. 원소의 주기성		알칼리 금속의 성질	
			원자의 전자 배치와 원자가 전자	
	06. 화학 결합과 물질의 성질	이온 결합 물질과 공유 결합 물질의 성질 비교하기	이온 결합 물질의 화학식	
			공유 결합에 의한 분자 형성	
	07. 자연의 구성 물질	DNA 모형 만들고 관찰하기	DNA 구조의 특징과 규칙성	
	08. 물질의 전기적 성질과 활용			

◼️ 주제별로 나누어 정리한 기출문제 자료집

– 최신 전국연합학력평가 기출문제 및 해설 제공

– 22개정 교육과정에 맞추어 주제별 기출문제를 선별하여 수록

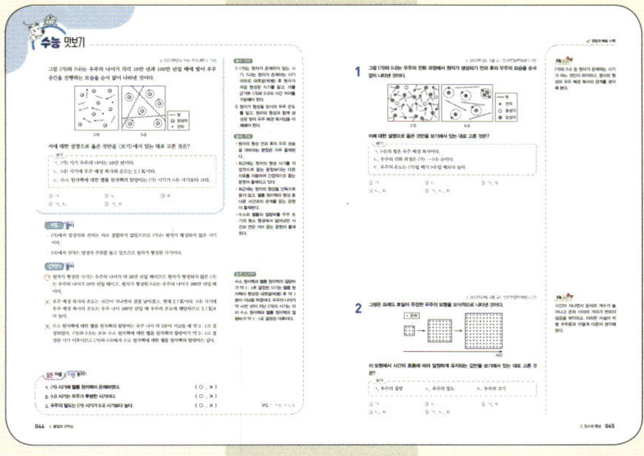

수능 맛보기

단원과 연관된 수능, 평가원, 교육청 기출 문제를 활용하여 기출 유형을 연습할 수 있습니다.

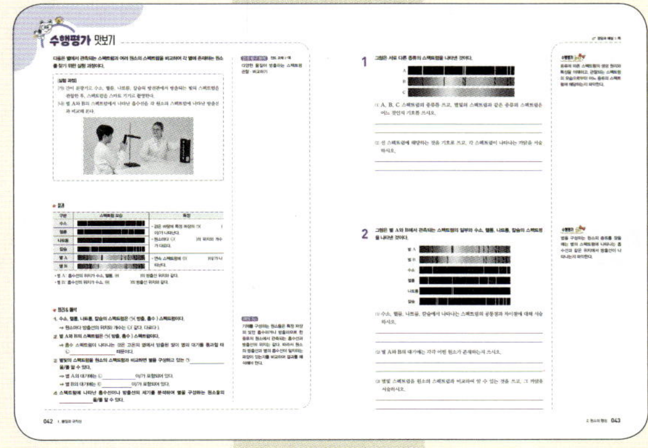

수행평가 맛보기

내신 1등급 완성을 위해 단원에서 나오는 중요 탐구를 활용하여 수행평가를 연습할 수 있습니다.

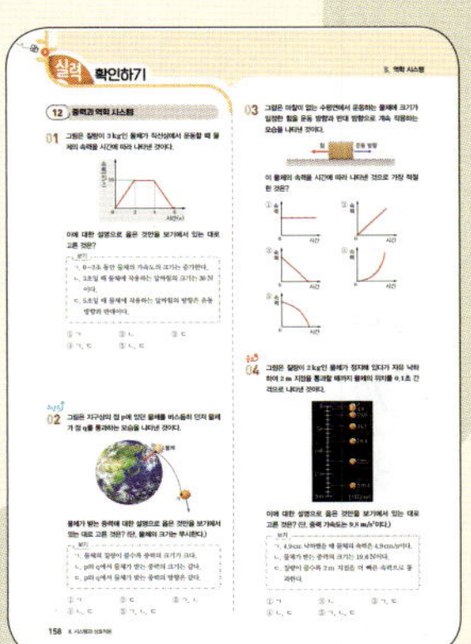

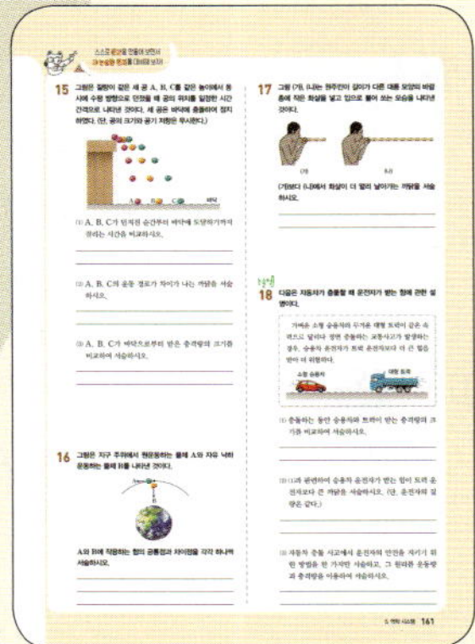

실력 확인하기

단원을 마무리하면서 개념 적용하기로 쌓은 실력을 확인할 수 있도록 실제 시험 출제율이 높은 문제들로 구성하였습니다.

2권 시험대비 교재

실전 대비

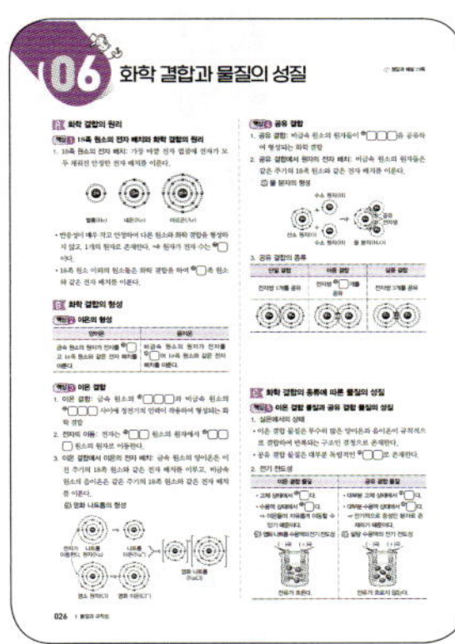

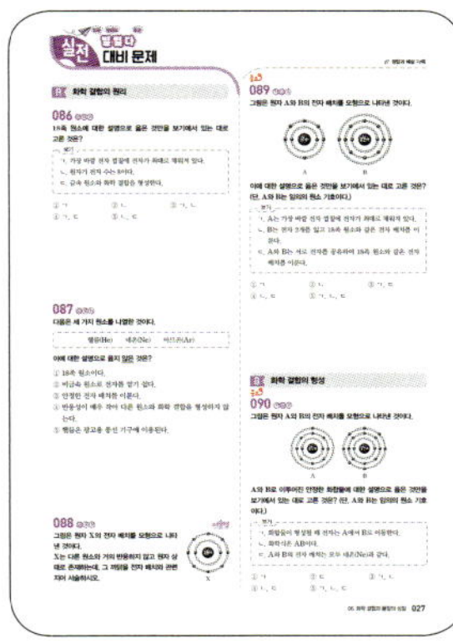

시험 직전에 필요한 핵심 개념만 다시 한번 정리할 수 있습니다.

빈출 문제를 주제별, 난이도별로 제시하여 실제 시험에 대비할 수 있습니다.

최종 점검

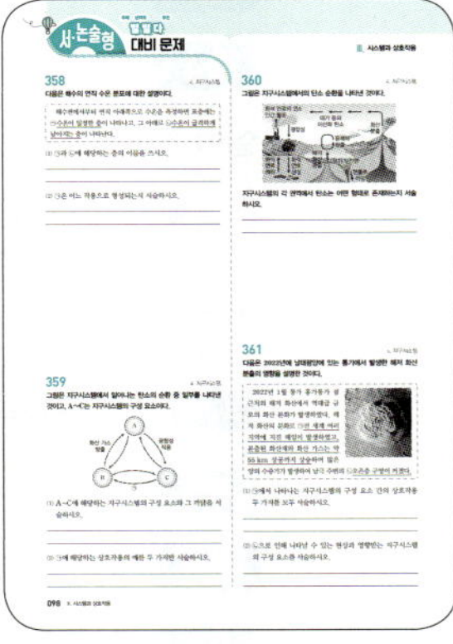

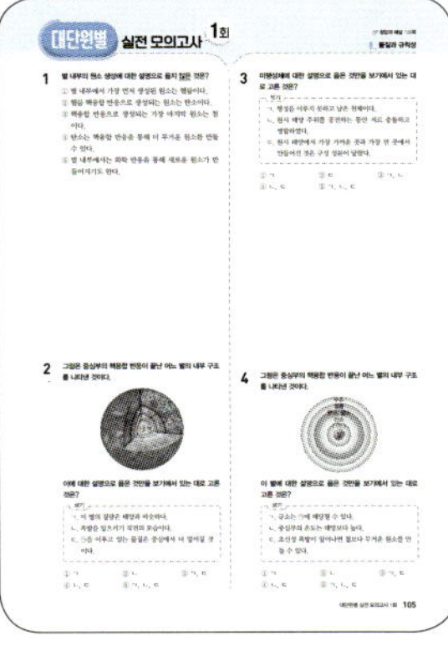

대단원별로 서·논술형 문제를 대비할 수 있습니다.

시험 직전에는 대단원별 모의고사로 최종 점검할 수 있습니다.

차례

Ⅰ 과학의 기초

Ⅱ 물질과 규칙성

Ⅲ 시스템과 상호작용

Ⅰ 변화와 다양성
1. 진화와 생물다양성
2. 화학 변화

Ⅱ 환경과 에너지
3. 생태계와 환경
4. 에너지와 지속가능한 발전

Ⅲ 과학과 미래 사회
5. 과학과 미래 사회

자연 현상을 설명하려는 노력 덕분에 경험 폭이 넓어졌다고?

원자부터 우주까지 광대한 시공간 규모 속 자연 현상을 측정하고 설명하려는 사람들의 노력 덕분에 우리가 경험할 수 있는 영역은 확장되었다. 또한 시공간과 관련된 탐구를 포함해 과학 탐구에서 기본량과 단위, 그리고 측정과 표준은 중요한 역할을 하며, 이는 일상생활과 산업에서도 중요한 역할을 하고 있다.

Ⅰ 과학의 기초

Ⅱ 물질과 규칙성

별과 생명체를 이루는 원소가 같다고?

과학의 기본량

내 교과서와 비교
동아 14~21쪽
미래엔 14~21쪽
비상 16~23쪽
지학사 16~25쪽
천재 14~22쪽

핵심 KEYWORD

- 시간과 공간
- 자연 세계의 규모
- 기본량과 유도량

❶ 시공간 규모의 단위

미시 세계는 주로 나노미터(nm) 이하 단위를 사용하고, 거시 세계는 미터(m), 천문단위(AU) 등의 단위를 사용한다.
- 나노미터(nm)
 $1\,\text{nm} = 10^{-9}\,\text{m}$
- 킬로미터(km)
 $1\,\text{km} = 10^{3}\,\text{m}$
- 천문단위(AU)
 $1\,\text{AU} ≒ 1억 5천만\,\text{km}$

❷ 미시 세계와 거시 세계 측정

미시 세계는 광학 현미경보다 배율이 높은 전자 현미경을 사용해서 나노 단위로 물체를 관찰하고, 거시 세계는 허블이나 제임스 웹 같은 우주 망원경을 사용해서 관측한다.

❸ 세슘 원자시계

세슘 원자에서 나오는 빛이 한 번 진동하는 데 걸리는 시간은 10^{-10}초로, 중력이나 온도 등의 외부 영향을 받지 않으며, 매우 정확하고 정밀하게 시간을 측정할 수 있다. 최근의 세슘 원자시계는 3000만 년이 지나야 1초의 오차가 생길 정도로 정밀하다.

❹ 위성 위치 확인 시스템(GPS)

위성 신호를 이용하여 위치를 측정하는 기술이다. 스마트폰, 내비게이션 등에 있는 수신기는 여러 개의 항법 위성에서 오는 신호의 시간 차이를 계산하여 위치를 파악한다. 이 시간차를 정밀하게 알수록 수신기의 위치도 더욱 정밀하게 계산할 수 있다.

A 시간과 공간

1 자연 세계의 규모

① 자연 세계: 자연 세계는 크게 미시 세계와 거시 세계로 구분된다.

구분	미시 세계	거시 세계
의미	아주 작은 물체나 현상을 다루는 세계	큰 물체나 현상을 다루는 세계
예	원자, 분자, 이온 등	나무, 태풍, 태양계 등

② 규모❶: 어떤 자연 현상의 크기 범위
- 자연 현상은 시간 규모와 공간 규모가 다양하다.
- 자연 현상은 규모에 따라 관찰하거나 측정하는 방법 등 탐구 방법이 다르다.❷

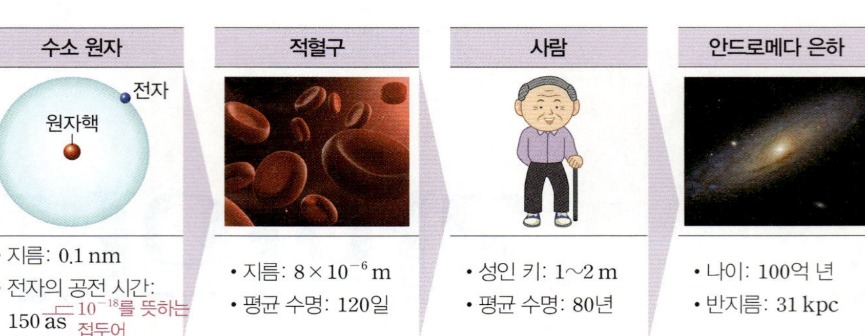

▲ 다양한 시간 규모와 공간 규모

2 시간과 공간의 측정

① 시간과 길이 측정의 발전

시간	과거	• 천문학적 현상을 이용하여 측정 ➡ 태양의 위치나 달의 모양 변화로 측정 • 조선시대에는 해시계(앙부일구)와 물시계(자격루)를 이용
	현재	• 정밀하게 시간을 측정하기 위해 세슘 원자시계❸를 이용 • 초고속 투과 전자 현미경으로 원자나 분자 움직임을 나노초 이하 단위까지 측정
길이	과거	• 눈으로 보이는 움직임이나 도구를 이용하여 측정 ➡ 사막 지역에서 낙타 걸음으로 길이를 측정하거나 손가락 마디의 길이, 발걸음 폭 등 몸의 일부를 이용
	현재	• 정밀한 자, 전자 현미경으로 작은 물체의 길이 측정 • 레이저 빛이 왕복한 시간으로 정밀한 길이 측정 • 위성 위치 확인 시스템(GPS)❹으로 넓은 영역에서의 이동 거리 측정

└ 빛의 속력이 일정함을 이용한 것으로 정확한 시간을 측정할 수 있는 기술이 있기에 가능하다.

② 측정 기술의 발달이 우리 생활에 미친 영향

영향	예
일상생활이 편리해졌다.	GPS를 이용한 지도 앱 사용으로 길을 쉽게 찾는다.
반도체 공정, 의료 진단, 우주 탐사 등 다양한 분야에 정밀 측정 기술이 활용되고 있다.	정밀한 현미경으로 DNA를 관찰하고, 이를 분석하여 질병의 원인을 알아낸다.
인간이 경험할 수 있는 자연 세계가 크게 확장되고, 사고의 지평을 넓히는 데 기여하였다.	제임스 웹 우주 망원경으로 관측 가능한 우주의 규모를 넓혔다.

β 기본량과 단위

1 기본량과 단위

① 기본량: 물리량에서 가장 기본이 되는 양

- 다른 물리량으로 바꿔서 사용할 수 없는 고유한 양이다.
- 시간, 길이, 질량, 전류, 온도, 광도, 물질량이 기본량에 해당된다.

② 기본량의 단위: 7개의 기본량에 각각 기본 단위[5]를 정해 사용하는 국제단위계(SI[6])를 따른다.[7]

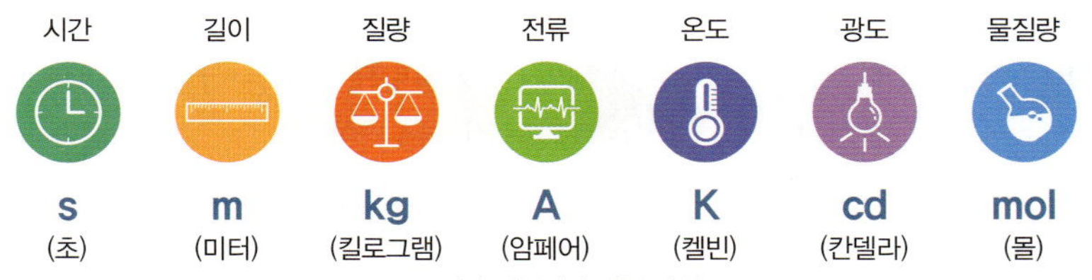

▲ 7개의 기본량과 기본 단위

2 유도량과 단위

① 유도량: 기본량을 조합해 유도하는 물리량으로, 기본량 이외의 모든 물리량이 유도량에 해당된다.

② 유도량의 단위: 7개의 기본 단위를 곱하거나 나누어서 나타낸다.

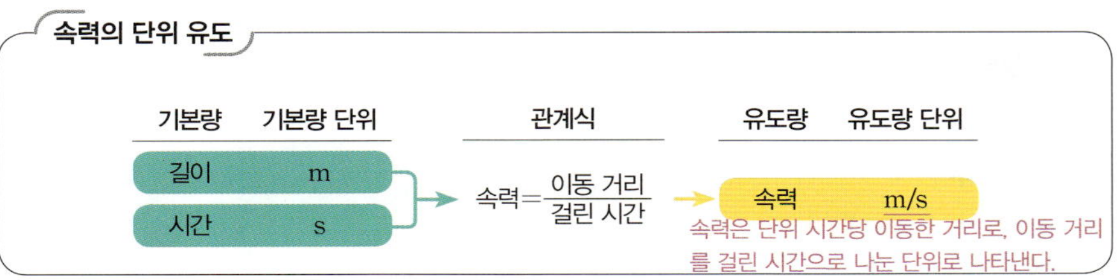

③ 여러 가지 유도량 단위[8]

유도량	단위	유도량	단위	유도량	단위	유도량	단위
넓이	m^2	속력	m/s	힘	$kg \cdot m/s^2$	압력	$kg/m \cdot s^2$
부피	m^3	가속도	m/s^2	밀도	kg/m^3	농도[9]	mol/m^3

3 단위의 의미와 적용

① 일상생활에 적용된 단위와 그 의미

구분	단위	의미
자동차의 연비	km/L	연료 1 L당 자동차가 주행할 수 있는 거리(km)
당도	Brix	과일이나 음료에 있는 당분의 농도로, 용액 100 g에 들어 있는 당분의 질량(g)
가전제품의 소비 전력	W	W = J/s, 1초당 가전제품이 소비하는 전기 에너지(J)
일기 예보 속 온도	℃	℃ = K − 273.15, 온도의 기본 단위는 K(켈빈)이지만 일상생활에서는 주로 ℃(섭씨도)를 사용
미세 먼지 농도	$\mu g/m^3$	공기 1 m^3 속에 들어 있는 미세 먼지의 질량(μg)
보조 배터리 용량	Ah, mAh	전류(A, mA)와 시간(h)을 곱한 단위

② 단위 사용의 장점

- 자연 현상을 설명하거나 비교하는 데 유용하다.
- 일관된 단위로 측정하고 결과를 정리하면 단위 환산 없이 비교할 수 있다.
- 표준화된 단위계는 과학 발전에 기여하고 있으며, 산업 기술의 표준을 마련하는 데 유용하게 이용되고 있다.

---

[5] 기본 단위를 정의하는 방법

기본 단위는 시간이 지나도 변하지 않는 기본 상수를 구하는 실험 방법을 사용하여 정의한다. 기본 상수는 자연에서 항상 일정한 양을 가지는 물리량으로, 빛의 속력, 기본 전하, 플랑크 상수, 아보가드로 상수 등이 이에 해당된다. 기본 상수를 구하는 새로운 방법이 발명되면 기본 단위가 변경될 수 있다.

[6] 국제단위계(SI, System of International Unit)

과학, 기술, 산업, 무역 등 다양한 분야에서 통용되는 표준 단위 체계

✚ 비상 교과서에 있어요

[7] 기본량의 확립 과정

① 프랑스에서 미터법 제정(1799년): 길이, 질량에 관한 단위계가 표준으로 제정되었다.

② 국제미터협약 체결(1875년): 시간, 전류, 온도, 광도, 물질량이 추가되어 7개의 기본량이 확립되었다.

③ 국제단위계 확립(1960년): 국제도량형총회에서 7개의 기본량을 바탕으로 국제단위계가 확립되었다.

✚ 동아 교과서에 있어요

[8] 단위의 접두어 기호

측정하는 물리량의 크기가 아주 크거나 작을 경우 이들의 크기를 쉽게 나타내기 위해 단위 앞에 접두어 기호를 함께 사용한다.

- p(피코): 10^{-12}
- n(나노): 10^{-9}
- μ(마이크로): 10^{-6}
- m(밀리): 10^{-3}
- c(센티): 10^{-2}
- d(데시): 10^{-1}
- da(데카): 10^{1}
- h(헥토): 10^{2}
- k(킬로): 10^{3}
- M(메가): 10^{6}
- G(기가): 10^{9}
- T(테라): 10^{12}

✚ 동아 교과서에 있어요

[9] 단위가 없는 물리량

질량 퍼센트 농도는 용액의 질량에 대한 용질의 질량비로, 같은 물리량의 비로 정의되어 단위를 표시하지 않는다. 질량 퍼센트 농도를 표시할 때는 농도에 100을 곱해 단위 없이 %(퍼센트)로만 나타낸다.

개념 확인하기

1 자연 세계의 규모에 대한 설명으로 옳은 것은 ○, 옳지 <u>않은</u> 것은 ×로 표시하시오.

(1) 자연 세계에는 미시 세계와 거시 세계가 존재한다.
( )

(2) 미시 세계의 공간 규모에는 나노미터 단위와 미터 단위가 있다. ( )

(3) 나무와 태풍과 같이 큰 물체와 현상을 다루는 세계는 거시 세계이다. ( )

(4) 미시 세계와 거시 세계는 규모의 차이가 있지만 탐구 방법이 같다. ( )

2 자연 세계의 시간과 공간 측정에 대한 설명으로 옳은 것은 ○, 옳지 <u>않은</u> 것은 ×로 표시하시오.

(1) 우주 망원경은 원자 규모의 현상을 관찰하는 데 사용할 수 있다. ( )

(2) 과거에는 천문학적 현상을 이용하여 시간을 측정하여 현재보다 정확도가 떨어졌다. ( )

(3) 측정 기술의 발달로 인간이 경험할 수 있는 자연 세계가 축소되었다. ( )

(4) 위성 위치 확인 시스템을 이용하여 낯선 길도 쉽게 찾아갈 수 있다. ( )

3 다음은 자연 세계에 대한 설명이다. ( ) 안에 알맞은 말을 쓰시오.

(1) 수소 원자, 물 분자, 나트륨 이온 등은 ( ) 세계에 해당한다.

(2) 자연 현상은 시간과 공간의 ( )이/가 다양하다.

(3) 레이저를 이용해 길이를 측정하는 방법은 빛의 ( )이/가 일정한 성질을 이용한 것이다.

(4) 현대에는 ( )을/를 이용하여 정밀하게 시간을 측정할 수 있다.

4 기본량과 유도량에 대해 옳게 설명한 학생에는 ○, 옳지 <u>않게</u> 설명한 학생에는 ×로 표시하시오.

(1) 학생 A: 길이, 넓이, 부피는 모두 유도량이야.
( )

(2) 학생 B: 밀도를 구하기 위해 필요한 기본량은 질량과 부피이지. ( )

(3) 학생 C: 기본량의 단위는 국내단위계에 따라 기본 단위를 정하는 거야. ( )

(4) 학생 D: 유도량의 단위는 기본량의 단위를 조합해서 사용해. ( )

5 기본량과 그 기본량의 단위를 옳게 연결하시오.

(1) 전류 • • ㉠ s(초)
(2) 길이 • • ㉡ K(켈빈)
(3) 온도 • • ㉢ kg(킬로그램)
(4) 시간 • • ㉣ m(미터)
(5) 질량 • • ㉤ A(암페어)

6 다음은 기본량과 유도량에 대한 설명이다. ( ) 안에 알맞은 말을 쓰시오.

(1) 물리량에서 가장 기본이 되는 양을 ( ) (이)라고 한다.

(2) 7개의 기본량 중 시간의 단위는 ㉠( )이고, 질량의 단위는 ㉡( )이다.

(3) 속력은 기본량 중 ㉠( )와/과 ㉡( ) 단위를 이용하여 나타낼 수 있다.

7 단위를 사용할 때의 장점으로 옳은 것은 ○, 옳지 <u>않은</u> 것은 ×로 표시하시오.

(1) 자연 현상을 설명할 때 명확하게 표현할 수 있다.
( )

(2) 길이나 부피 등의 단위를 사용하면 양의 크기를 정확하게 파악할 수 있다. ( )

(3) 속력의 단위를 사용해도 빠르기를 정확히 비교하기는 어렵다. ( )

A 시간과 공간

01 그림은 자연 세계의 규모에 대한 세 학생의 대화를 나타낸 것이다.

제시한 내용이 옳은 학생만을 있는 대로 고른 것은?

① A ② C ③ A, B
④ B, C ⑤ A, B, C

02 시간과 공간의 측정에 대한 설명으로 옳지 <u>않은</u> 것은?

① 과거에는 천체의 모양 변화를 이용하여 시간을 측정하였다.
② 세슘 원자시계를 이용하면 정밀하게 시간을 측정할 수 있다.
③ 빛의 광도가 일정함을 이용해 레이저 빛으로 정밀하게 길이를 측정할 수 있다.
④ GPS를 이용한 지도 앱 사용으로 모르는 길도 쉽게 찾아갈 수 있게 되었다.
⑤ 최근 발전된 우주 망원경으로 관측 가능한 우주의 규모를 넓혔다.

03 그림은 수소 원자 모형과 안드로메다 은하의 모습을 나타낸 것이다.

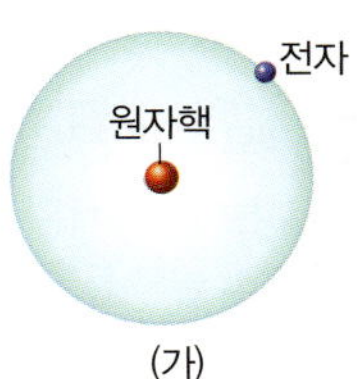

(가)

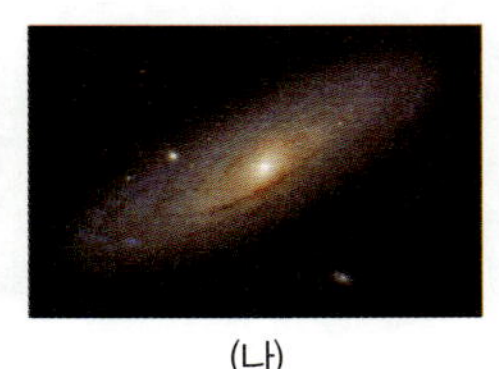
(나)

이에 대한 설명으로 옳은 것만을 보기에서 있는 대로 고른 것은?

보기
ㄱ. 공간의 규모는 (나)가 (가)보다 크다.
ㄴ. (가)는 미시 세계이므로 크기를 측정할 수 없다.
ㄷ. (나)를 관측하는 도구는 (가)의 현상을 관찰하는 데 사용할 수 없다.

① ㄱ ② ㄴ ③ ㄱ, ㄷ
④ ㄴ, ㄷ ⑤ ㄱ, ㄴ, ㄷ

B 기본량과 단위

04 다음은 몇 가지 기본량과 그 단위를 나타낸 것이다.

기본량	시간	길이	질량	전류	온도
단위	㉠	m(미터)	㉡	A(암페어)	K(켈빈)

이에 대한 설명으로 옳은 것만을 보기에서 있는 대로 고른 것은?

보기
ㄱ. ㉠은 min(분)이다.
ㄴ. ㉡은 mg(밀리그램)이다.
ㄷ. 각 기본량은 다른 물리량으로 바꿔서 사용할 수 없는 고유한 양이다.

① ㄱ ② ㄷ ③ ㄱ, ㄴ
④ ㄴ, ㄷ ⑤ ㄱ, ㄴ, ㄷ

중요
05 표는 몇 가지 유도량과 그 단위를 나타낸 것이다.

구분	(가)	(나)	(다)	(라)
유도량	넓이	부피	속력	㉡
단위	m^2	㉠	m/s	m/s^2

이에 대한 설명으로 옳은 것만을 보기에서 있는 대로 고른 것은?

보기
ㄱ. ㉠은 m^3이다.
ㄴ. ㉡은 속도이다.
ㄷ. (가)~(라)에 공통적으로 포함된 기본량은 길이이다.

① ㄱ ② ㄴ ③ ㄱ, ㄷ
④ ㄴ, ㄷ ⑤ ㄱ, ㄴ, ㄷ

02 측정 표준과 정보

🔍 핵심 KEYWORD

- 측정과 어림
- 측정 표준
- 신호와 정보

➕비상 교과서에 있어요

❶ 눈금 읽기

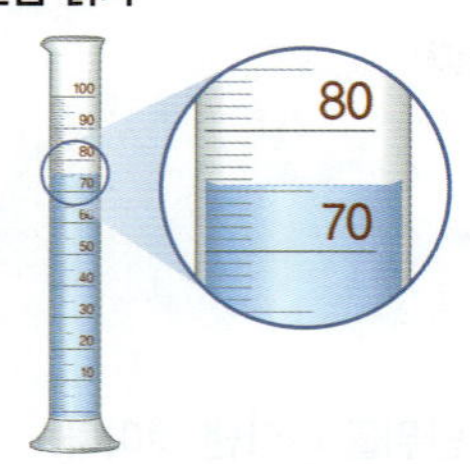

측정하는 양이 측정 도구의 눈금과 정확하게 일치하지 않을 경우 측정 도구의 눈금 사이를 10등분하여 읽는다. 예를 들어 그림과 같이 물의 부피가 75와 76 사이일 경우 10등분 한 뒤 75.5 mL로 읽는다.
이처럼 도구로 측정하여 나타나는 값을 읽을 때 반올림과 같은 어림을 하기도 한다.

❷ 측정 표준

측정 표준은 정확하고 일관성 있게 측정하려고 만든 과학적 기준으로, 여기에는 표준화된 측정 단위, 측정 방법, 측정 도구, 표준 물질 등이 있다. 예를 들어 새로 지은 건물의 실내 공기 질을 검사할 때 측정하는 항목과 허용 농도 등을 측정 표준으로 한다.

❸ 미터원기(meter, 原 근원, 器 그릇)

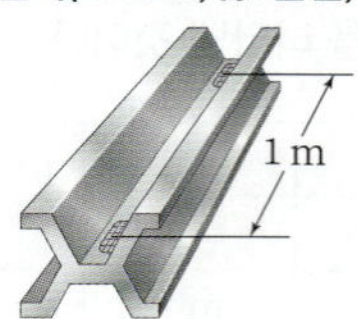

1 m에 해당하는 길이를 금속으로 만든 기구

❹ 일상생활에서 측정 표준이 활용되는 다른 예

- 도로 위 과속 단속 카메라가 자동차의 속도를 측정할 때
- 다양한 자동차의 부품을 정교하게 만들 때

🅐 측정과 측정 표준

1 측정 물체의 질량, 길이, 부피 등 어떠한 양을 재는 활동으로, 어떤 대상의 물리량을 기준이 되는 양과 비교하여 수치와 단위로 값을 나타내는 것
① 양을 측정할 때에는 적절한 측정 단위와 측정 도구를 사용해야 한다. ❶
② 정밀하고 정확한 측정은 과학 기술의 기초이자 필수 요소이다.

2 어림 어떠한 양을 추정하는 활동으로, 측정 도구 없이 현재 알고 있는 정보를 이용해 그 양을 대략 가늠하는 것
① 어림은 측정 경험, 과학적인 사고 과정, 자료를 바탕으로 수행한다. ─ 측정 경험이 많을수록 더 정확하게 어림할 수 있다.
② 어림은 측정할 때 필요한 측정 도구와 측정 방법을 결정하기도 한다.
③ 어림으로 그 양을 가늠할 수 있어야 측정값의 의미를 옳게 판단할 수 있다.

▲ 측정과 어림

3 측정 표준

① 측정 표준: 어떠한 양을 측정하는 기준으로 쓰기 위하여 단위를 정의하고, 이를 재현하는 측정 기기, 측정 방법, 체계를 정한 것 ❷
  📷 길이의 기본 단위를 1 m로 정의하고, 이를 기준으로 하여 측정한 물체의 길이를 숫자와 단위로 나타낸다. ─ 과거에는 몸의 일부를 활용한 단위가 있었으나 사람마다 그 값이 달라 표준으로써의 역할을 할 수 없었다.

길이 측정을 위한 인류의 노력

1 18세기 말 지구의 북극에서 적도까지 길이의 1000만분의 1을 1 m로 정의하고 미터원기❸를 제작하였다.	**2** 1875년 17개국이 모여 국제 사회의 도량형 통일에 관한 조약인 미터 협약을 맺어 미터원기를 측정 표준으로 활용했다.	**3** 현재는 1 m를 진공에서 빛이 $\dfrac{1}{299792458}$ 초 동안 진행한 경로의 길이로 정의한다.

② 측정 표준이 필요한 까닭: 측정 결과의 정확성과 신뢰성을 높이며, 연구 결과의 공유와 연구자 사이의 소통을 원활하게 한다.
  📷 여러 기관이 표준화된 방법으로 오염 물질의 농도를 측정해야 서로의 결과를 정확하게 비교할 수 있고, 표준화된 측정 방법과 시스템으로 측정 장치의 성능을 시험하고 교정할 수 있다.

③ 일상생활에서 측정 표준의 활용 ❹

실내 공기 질 측정	층간 소음 차단 성능 검사	도시 미세 먼지 농도 확인
새로 지은 건물의 실내 공기 질을 검사하여 새집 증후군을 예방한다.	특정한 기계로 바닥을 칠 때 아래층에서 소리의 세기를 측정하여 허용 기준을 넘는지 확인한다.	도심 속 미세 먼지의 농도를 측정하여 행동 요령을 안내한다.
식품 속 첨가물 표시	**스포츠 선수의 약물 검사**	**의료 분야의 건강 상태 확인**
식품 첨가물, 영양 성분 등의 정보를 제공하여 열량 등을 확인한다.	스포츠 분야에서 정확한 기록 측정 및 부정 행위 방지를 위해 활용한다.	의료 분야에서 체온, 혈압, 혈당, 혈중 산소 농도 등을 측정하여 건강 상태를 확인한다.

β 정보와 디지털 기술

1 신호와 정보

① 신호: 인간을 둘러싼 자연의 변화가 전달되는 것

  예 · 하루 동안 기온이 계속 변한다.
  · 바닷물의 높낮이가 주기적으로 변한다.

② 정보: 자연의 신호를 측정하고 분석하여 만든 유의미한 형태

③ 신호와 정보: 자연에서 발생하는 다양한 신호를 통해 정보를 얻는다.

신호		정보
· 태양 에너지가 빛의 형태로 지구에 도달한 뒤 물체에 반사되어 눈에 도달	▶	물체에 대한 시각 정보 생성
· 지구 내부에서 발생하는 지진파 측정 및 분석	▶	지구 내부 구조나 지구 내부에서 일어나는 변화 파악
· 열화상 카메라를 통해 몸에서 발생하는 열을 적외선으로 감지	▶	사람의 건강 상태 확인

2 센서 자연계의 아날로그 신호를 받아들여 전기 신호로 바꾸어 주는 장치

① 센서를 이용한 신호의 측정: 센서를 이용하면 아날로그 신호❺를 특정한 값을 갖는 디지털 신호❻로 변환할 수 있다.

  예 달리는 자동차의 속력은 연속적으로 변한다. ➡ 센서가 있는 속력계로 측정하면 속력을 디지털 형태로 측정할 수 있다.

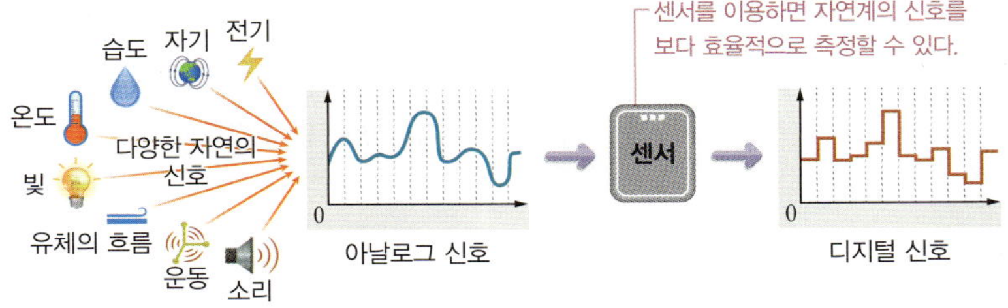

▲ 자연의 신호가 디지털 신호로 변환되는 과정

② 센서의 종류: 신호의 종류에 따라 광센서, 화학 센서, 가속도 센서, 압력 센서, 음향 센서, 온도 센서, 힘 센서 등 다양한 센서가 사용된다.❼ ➡ 다양한 센서의 발달로 자연 현상의 신호를 정밀하게 측정하고 분석할 수 있게 되어 더 많은 디지털 정보를 얻게 되었다.

3 디지털 정보와 현대 문명

① 정보 처리 시스템 과정: 발생된 아날로그 신호는 센서를 거쳐 디지털 신호로 변환되어 인류에게 유용한 정보가 된다.

② 디지털 정보의 장점

· 저장과 분석이 쉽다. ➡ 다양한 전자 기기에 이용되며, 오늘날 과학, 산업, 일상생활 등 다양한 분야에서 디지털 정보가 유용하게 활용된다.

· 전송하기 쉽고 손상이 적어 정보 통신에 활용된다. ➡ 인터넷이 보급되면서 시간과 공간의 제약없이 빠르게 디지털 정보를 공유할 수 있다.

③ 디지털 정보의 활용: 과학 기술의 발달로 디지털 정보를 처리하는 속도가 크게 증가하였으며, 정보 통신 기술이 함께 발전하면서 현대 문명에 큰 변화를 가져왔다.

· 교육, 은행 및 금융, 운송 및 교통, 의료, 에너지 산업 등 사회의 여러 분야에 영향을 미친다.❽

· 최근에는 빅데이터, 사물 인터넷(IoT), 인공지능(AI) 등의 기술이 발달하면서 현대 문명의 많은 영역에 걸쳐 변화와 혁신을 주도하고 있다.

---

❺ 아날로그 신호

시간에 따라 연속적으로 변하는 신호이다. 자연에서 발생하는 신호는 빛, 소리, 힘, 압력, 온도 등이 있으며, 대부분은 아날로그 신호이다.

❻ 디지털 신호

연속적으로 변하는 양을 이진수와 같은 불연속적인 값으로 나타낸 것이다. 디지털 신호는 원래의 아날로그 신호를 모두 기록할 수 없다. 하지만 아날로그 신호에 비해 용량이 작고 저장과 전송 과정에서 손실이 적다.

❼ 다양한 센서

· 광센서: 빛이나 물체가 자신의 온도에 해당하는 에너지를 파동의 형태(적외선)로 방출할 때, 이를 전기 신호로 변환(예 적외선 온도계)
· 가속도 센서: 물체의 관성을 이용한 센서로 수평과 수직 방향의 가속도를 감지하여 전기 신호로 변환(예 휴대폰 화면의 가로나 세로 방향의 전환)
· 음향 센서: 소리를 측정하여 전기 신호로 변환(예 초음파 진단기)

❽ 디지털 정보의 활용 예

· 교육: 온라인 교육, 교육용 앱, 전자책 등 시간과 공간에 구애받지 않고 교육을 받을 수 있다.
· 은행 및 금융: 인터넷 뱅킹, 전자 화폐 등으로 디지털 금융 및 상품 구매 서비스를 제공받는다.
· 의료: 환자의 신체 조직이나 세포 검사 시 디지털 기술을 이용하며, 원격 진료로도 활용한다.
· 에너지 산업: 재생 에너지 기술, 스마트 그리드 기술로 기후 변화 및 에너지 고갈 문제에 대처한다.
· 전자 상거래: 인터넷을 이용하여 국내 및 해외 상품을 구매하거나 요금을 결제한다.
· SNS: 사회관계망 서비스를 이용해 사진, 영상 등의 디지털 정보를 다양한 사람들과 공유한다.

개념 확인하기

1 다음 ( ) 안에 알맞은 말을 쓰시오.

(1) 어떠한 양을 재는 활동을 ㉠( )(이)라 하고, 어떠한 양을 추정하는 활동을 ㉡( )(이)라고 한다.

(2) 양을 측정할 때에는 적절한 측정 단위와 ( )을/를 사용해야 한다.

(3) 일상생활에서 신뢰할 수 있는 측정 결과를 얻기 위해 ( )을/를 활용한다.

2 다음 설명에서 물리량을 측정한 것에는 '측정', 어림한 것에는 '어림'을 쓰시오.

(1) 건물 한 층의 높이가 대략 2 m이고, 전체가 10층이니까 빌딩 높이는 20 m 정도겠다. ( )

(2) 자를 이용해서 키를 쟀더니 160 cm였다. ( )

(3) 눈금실린더에 물을 넣었더니 부피가 10 mL였다. ( )

(4) 오늘은 날씨가 쌀쌀한 걸 보니 15 ℃ 정도겠다. ( )

3 측정과 측정 표준에 대한 설명으로 옳은 것은 ○, 옳지 <u>않은</u> 것은 ×로 표시하시오.

(1) 과학에서 측정한 기본량을 정확하게 나타내려면 기본 단위에 대한 정의가 필요하다. ( )

(2) 측정 표준에는 표준화된 측정 방법이 포함되지 않는다. ( )

(3) 측정 표준을 이용하여 제공되는 정보는 일상생활에서부터 과학, 기술, 산업 분야에서 유용하게 활용된다. ( )

4 다음 ( ) 안에 알맞은 말을 쓰시오.

(1) 인간을 둘러싼 자연의 변화가 인간에게 전달되는 것을 ( )(이)라고 한다.

(2) 자연의 신호를 측정해 분석하면 ( )을/를 얻을 수 있다.

(3) 자연의 신호는 ( )을/를 이용하여 보다 효율적으로 측정할 수 있다.

5 다음은 신호와 정보에 대한 네 학생의 대화이다. 제시한 내용이 옳은 학생을 모두 고르시오.

> • 학생 A: 자연에서 나오는 신호는 대부분 연속적인 디지털 형태이지.
> • 학생 B: 센서를 이용하면 자연에서 나오는 신호를 디지털 형태로 측정할 수 있어.
> • 학생 C: 디지털 정보는 아날로그 신호보다 저장과 분석이 훨씬 어려워.
> • 학생 D: 디지털 정보를 활용한 정보 통신의 발전으로 현대 문명이 많이 변화되었어.

( )

6 신호와 정보에 대한 설명으로 옳은 것은 ○, 옳지 <u>않은</u> 것은 ×로 표시하시오.

(1) 신호를 측정해 분석하면 유용한 정보를 얻을 수 있다. ( )

(2) 디지털 정보는 저장과 전송 과정에서 손실이 거의 없다. ( )

(3) 스마트 기기로 촬영한 사진과 영상은 아날로그 정보로 이루어져 있다. ( )

7 디지털 정보를 활용한 것은 ○, 활용하지 <u>않은</u> 것은 ×로 표시하시오.

(1) 사회 관계망 서비스를 통해 사진을 공유한다. ( )

(2) 물건을 시장에 가서 직접 구입한다. ( )

(3) 원격으로 교육을 받는다. ( )

개념 적용하기

↻ 정답과 해설 3쪽

A 측정과 측정 표준

01 측정과 측정 표준에 대한 설명으로 옳은 것은?

① 어림은 물체의 질량, 길이, 부피 등의 양을 재는 활동이다.
② 어림은 과학적인 사고 과정, 자료 등이 필요하지 않다.
③ 측정 표준을 이용하여 제공되는 정보는 신뢰할 수 없다.
④ 측정 표준에는 측정 방법, 측정 도구, 표준 물질은 포함되지 않는다.
⑤ 과학 탐구에서 어림은 적절한 측정 도구와 측정 방법을 결정하는 데 도움이 된다.

02 일상생활에서 측정 표준이 활용되는 예로 적절하지 <u>않은</u> 것은?

① 미술전 유화 제작
② 체온, 혈압, 혈당 측정
③ 스포츠 경기 전 약물 검사
④ 고속 도로 위 과속 단속 카메라 작동
⑤ 신축 건물의 화학 물질 농도 측정

03 그림은 고대 이집트에서 사용했던 길이 단위인 큐빗을 규정한 모습을 나타낸 것이다. 큐빗은 팔을 구부렸을 때 팔꿈치에서 손가락 끝까지의 길이를 의미한다. 이에 대한 설명으로 옳은 것만을 보기에서 있는 대로 고른 것은?

보기
ㄱ. 큐빗은 측정한 길이를 수치와 단위로 나타낼 수 있다.
ㄴ. 1큐빗의 길이는 항상 일정하다.
ㄷ. 어른과 아이가 같은 길이를 측정해도 측정값이 같다.

① ㄱ　　　　② ㄴ　　　　③ ㄱ, ㄷ
④ ㄴ, ㄷ　　　⑤ ㄱ, ㄴ, ㄷ

B 정보와 디지털 기술

04 다음은 정보와 디지털 기술에 대한 세 학생의 대화이다.

- 학생 A: 디지털 정보는 아날로그 신호보다 저장과 전송이 어려워.
- 학생 B: 현대에는 정보 통신에 대부분 디지털 정보가 활용되고 있지.
- 학생 C: 디지털 정보를 활용한 정보 통신의 발전은 현대 문명에 많은 영향을 끼치고 있어.

제시한 내용이 옳은 학생만을 고른 것은?

① A　　　　② C　　　　③ A, B
④ B, C　　　⑤ A, B, C

중요
05 그림 (가), (나)는 일상생활에서 디지털 정보 기술이 활용되는 사례를 나타낸 것이다.

(가)　　　　　　　　(나)

(가)와 (나)에 대한 공통점으로 옳은 것만을 보기에서 있는 대로 고른 것은?

보기
ㄱ. 디지털 신호를 센서로 받아들여 아날로그 신호로 바꾸어 준다.
ㄴ. 각 신호를 디지털 정보로 저장하여 전송한다.
ㄷ. 아날로그 신호에서 얻은 디지털 정보는 전송 과정에서 거의 손상되지 않는다.

① ㄱ　　　　② ㄴ　　　　③ ㄱ, ㄷ
④ ㄴ, ㄷ　　　⑤ ㄱ, ㄴ, ㄷ

01 과학의 기본량

01 표는 다양한 공간 규모를 나타낸 것이다.

(가) 고양이	(나) 적혈구	(다) 안드로메다 은하
몸 길이 0.6 m	지름 8×10^{-6} m	반지름 31 kpc

이에 대한 설명으로 옳은 것만을 보기에서 있는 대로 고른 것은?

보기
ㄱ. (가)는 (나)보다 공간 규모가 크다.
ㄴ. (가)는 미시 세계에 해당한다.
ㄷ. (다)의 측정으로 인간의 경험 범위가 확장되었다.

① ㄱ　　　　② ㄴ　　　　③ ㄱ, ㄷ
④ ㄴ, ㄷ　　　　⑤ ㄱ, ㄴ, ㄷ

02 그림 (가)는 위성 위치 확인 시스템(GPS)을, (나)는 전자 현미경의 모습을 나타낸 것이다.

 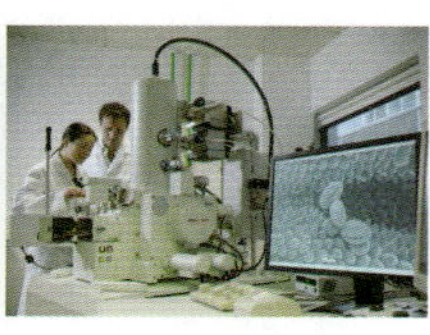

(가)　　　　　　　　(나)

이에 대한 설명으로 옳은 것만을 보기에서 있는 대로 고른 것은?

보기
ㄱ. (가)와 (나)는 공간 규모 측정의 현대적 방법이다.
ㄴ. (가)는 거시 세계, (나)는 미시 세계를 측정한다.
ㄷ. (나)는 광학 현미경보다 높은 확대율로 관찰할 수 있다.

① ㄱ　　　　② ㄴ　　　　③ ㄱ, ㄷ
④ ㄴ, ㄷ　　　　⑤ ㄱ, ㄴ, ㄷ

03 기본량과 유도량에 대한 설명으로 옳지 <u>않은</u> 것은?

① 온도는 기본량에 해당한다.
② 전류의 국제단위계 단위는 A(암페어)이다.
③ 기본량은 다른 물리량을 활용하여 표현할 수 있다.
④ 유도량의 단위는 기본량의 단위를 조합하여 사용한다.
⑤ 속력의 단위는 길이와 시간 단위를 조합하여 표현한다.

04 그림은 어떤 단위 체계를 나타낸 것이다.

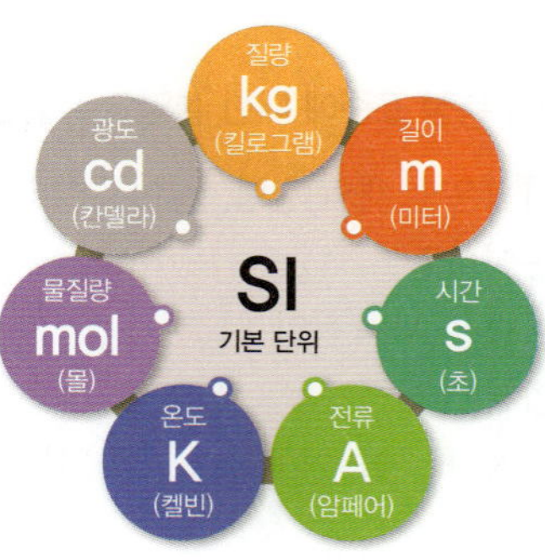

이에 대한 설명으로 옳은 것만을 보기에서 있는 대로 고른 것은?

보기
ㄱ. 국내단위계의 기본량과 단위이다.
ㄴ. 시간이 지나도 변하지 않는 기본 상수를 구하는 실험 방법을 사용하여 정의하고 있다.
ㄷ. 크거나 작은 값을 간단하게 나타내기 위해 단위 앞에 접두어 기호를 함께 사용하기도 한다.

① ㄱ　　　　② ㄴ　　　　③ ㄱ, ㄷ
④ ㄴ, ㄷ　　　　⑤ ㄱ, ㄴ, ㄷ

02 측정 표준과 정보

05 그림은 센서의 원리를 나타낸 것이다.

이에 대한 설명으로 옳은 것만을 보기에서 있는 대로 고른 것은?

보기
ㄱ. 센서는 아날로그 신호를 전기 신호로 바꾼다.
ㄴ. 센서를 이용하여 디지털 정보를 얻을 수 있다.
ㄷ. 감지하는 신호에 상관없이 센서의 종류는 같다.

① ㄱ　　　　② ㄷ　　　　③ ㄱ, ㄴ
④ ㄴ, ㄷ　　　　⑤ ㄱ, ㄴ, ㄷ

06 그림 (가)는 음향을 녹음할 때 소리를 전기 신호로 변환한 것이고, (나)는 (가)의 신호를 이진수 형태로 변환한 것이다.

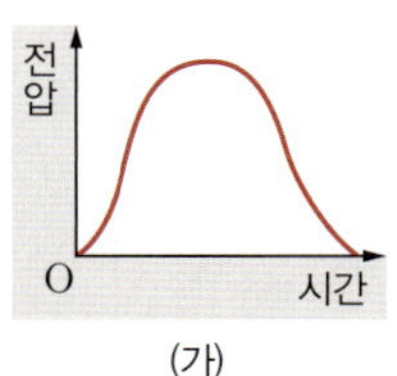

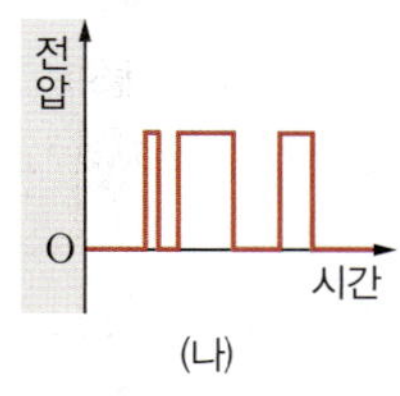

이에 대한 설명으로 옳은 것만을 보기에서 있는 대로 고른 것은?

보기

ㄱ. (가)는 디지털 신호이다.
ㄴ. (가)와 (나)의 정보는 모두 손실 없이 전송할 수 있다.
ㄷ. (가)가 (나)로 변환되면 컴퓨터로 정보를 처리하고 저장할 수 있다.

① ㄱ   ② ㄷ   ③ ㄱ, ㄴ
④ ㄴ, ㄷ   ⑤ ㄱ, ㄴ, ㄷ

고난도

07 그림은 스마트폰 앱으로 검색된 대기 환경 정보를 나타낸 것이다.

이에 대한 설명으로 옳은 것만을 보기에서 있는 대로 고른 것은?

보기

ㄱ. 초미세 먼지와 오존의 유도량 단위는 같다.
ㄴ. 미세 먼지에 대한 대책을 마련하는 데 도움을 준다.
ㄷ. 대기 환경 정보를 디지털 정보로 수집 및 관리해 준다.

① ㄱ   ② ㄴ   ③ ㄱ, ㄷ
④ ㄴ, ㄷ   ⑤ ㄱ, ㄴ, ㄷ

08 표는 유도량 (가), (나)의 단위를 나타낸 것이다.

구분	(가)	(나)
단위	m/s	m/s²

(가)와 (나)의 유도량이 무엇인지 쓰고, 두 유도량에 공통으로 사용된 기본량이 무엇인지와 그렇게 포함된 까닭을 각각 서술하시오.

[09 ~ 10] 그림 (가)는 적외선 열화상 카메라를, (나)는 열화상 카메라로 촬영한 자동차의 모습을 나타낸 것이다.

(가)

(나)

09 (가)에서 사용한 센서의 종류와 그 원리가 무엇인지 서술하시오.

10 (가)로 촬영하여 나타난 모습인 (나)를 보고 신호가 어떻게 정보로 나타났는지 서술하시오. (단, 아날로그와 디지털이라는 용어를 포함한다.)

별과 **생명체**를 이루는 **원소**가 같다고?

오늘날의 우주는 다양한 물질로 이루어져 있고, 물질은 여러 가지 원소들로 이루어져 있다. 우주가 탄생하여 진화하는 과정에서 여러 가지 원소들이 만들어졌다. 자연에 존재하는 규칙성이 있고, 이 원소들의 결합으로 지구와 생명체를 이루는 물질들이 구성된다.

II

물질과 규칙성

다음 단원 미리보기

III 시스템과 상호작용

우리가 시스템을 이루고 있다고?

03 우주 초기에 형성된 원소

내 교과서와 비교

동아 40~45쪽
미래엔 48~53쪽
비상 42~47쪽
지학사 48~53쪽
천재 40~45쪽

핵심 KEYWORD

- 스펙트럼
- 흡수선과 방출선
- 헬륨 원자핵 형성

❶ **분광기(分 나누다, 光 빛, 器 도구)**
빛을 파장에 따라 분리하는 장치

A 스펙트럼과 우주의 구성 원소

1 스펙트럼

① 스펙트럼: 분광기❶로 빛을 관찰하면 분광기를 통과한 빛이 파장에 따라 나누어져 나타나는 것을 말한다. ┌ 파장에 따라 굴절되는 정도가 다르기 때문이다.

② 스펙트럼은 원소의 종류나 온도에 따라 다르게 나타나므로, 별빛의 스펙트럼을 이용하여 별에 대한 여러 가지 정보를 알 수 있다.

▲ 스펙트럼의 원리

2 스펙트럼의 종류

① 연속 스펙트럼: 고온의 광원이 방출하는 빛을 관측하였을 때 나타나는 스펙트럼으로, 모든 파장에서 연속적인 색이 나타난다.

② 흡수 스펙트럼: 연속 스펙트럼을 배경으로 검은색 흡수선❷이 나타나는 스펙트럼으로, 고온의 별에서 방출된 빛이 저온의 기체를 통과할 때 기체가 특정 파장의 빛을 흡수하여 흡수선이 생긴다.

③ 방출 스펙트럼: 검은 바탕에 몇 개의 밝은 방출선❷이 나타나는 스펙트럼으로, 고온의 기체를 구성하는 원소가 특정 파장의 빛을 방출할 때 나타난다. 기체 방전관에서 나오는 빛이나 고온의 별 주변에서 가열된 기체가 방출하는 빛에서 관찰할 수 있다.

❷ **흡수선과 방출선**
원자 속 전자는 위치에 따라 특정한 값의 에너지를 갖는데, 이를 에너지 준위라고 한다. 전자는 에너지를 흡수하거나 방출하여 에너지 준위를 이동할 수 있다.
- 낮은 에너지 준위에 있는 전자가 높은 에너지 준위로 이동할 때: 빛을 흡수 ➡ 흡수선 생성
- 높은 에너지 준위에 있는 전자가 낮은 에너지 준위로 이동할 때: 빛을 방출 ➡ 방출선 생성

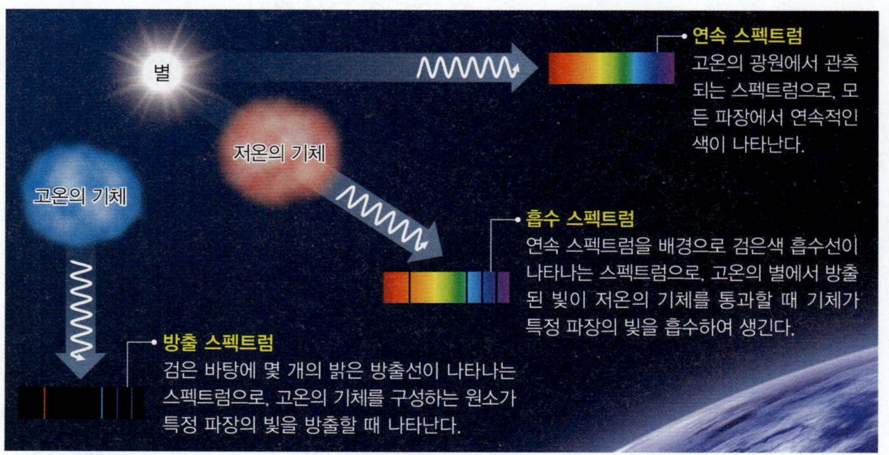

▲ 스펙트럼의 종류

3 스펙트럼의 이용

① 원소의 구별: 방전관에서 방출되는 빛을 분광기로 관찰하면 스펙트럼에 나타나는 선의 위치, 굵기, 개수는 원소의 종류에 따라 다르게 나타난다. 따라서 스펙트럼을 관찰하면 원소의 종류를 구별할 수 있다.

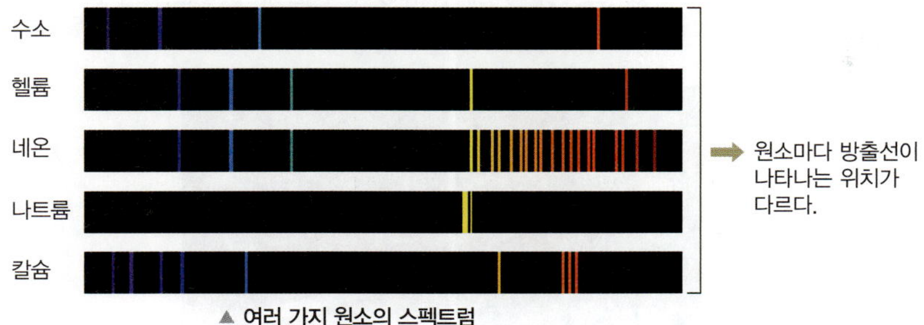

→ 원소마다 방출선이 나타나는 위치가 다르다.

▲ 여러 가지 원소의 스펙트럼

② 별의 구성 원소: 원소마다 고유의 스펙트럼이 다르므로, 별빛의 스펙트럼을 원소의 스펙트럼과 비교하면 별을 구성하고 있는 원소를 알 수 있다.

→ 별에 수소와 헬륨이 있다.

▲ 별빛의 스펙트럼과 원소의 스펙트럼 비교

③ 천체의 스펙트럼 분석: 스펙트럼에 나타난 흡수선이나 방출선의 세기[3]를 분석하여 별을 구성하는 원소들의 질량비를 알 수 있다. 이를 통해 우주를 구성하는 원소의 대부분은 수소와 헬륨이며, 수소와 헬륨의 질량비가 약 3 : 1인 것을 알아내었다.

태양 표면을 이루고 있는 원소들

원소	질량비(%)
수소	70
헬륨	28
기타	2

태양의 스펙트럼[4] 분석을 통해 알아낸 태양의 표면을 이루고 있는 원소의 질량비는 수소가 약 70 %, 헬륨이 약 28 %이며, 나머지 약 2 %는 산소, 탄소, 철, 네온 등이 차지하고 있다. 우주 전체에서 수소와 헬륨의 질량비가 약 3 : 1인 것에 비해 현재 태양에서 헬륨의 비율이 큰 까닭은 태양 탄생 이후 수소 핵융합 반응 때문이다.

탐구 분석 · 다양한 물질이 방출하는 스펙트럼 관찰·비교하기

그림은 별 A와 B에서 관측되는 스펙트럼의 일부와 수소, 헬륨, 나트륨, 칼슘의 스펙트럼을 나타낸 것이다.

○ 결과 및 해석

❶ 별과 원소의 스펙트럼을 비교하면 별 A에는 수소와 헬륨, 나트륨이 존재[5]하고, 별 B에는 수소와 칼슘이 존재한다. 따라서 별 A와 B에 모두 존재하는 원소는 수소이다.

❷ 각 원소의 스펙트럼에 나타난 방출선과 같은 위치에 있는 별 A와 B의 스펙트럼에 나타난 흡수선을 찾으면 별 A와 B의 구성 원소를 알 수 있다.

❸ 흡수선이나 방출선의 세기

원소의 양(질량비)이 다르면 스펙트럼의 선폭이 달라진다. 흡수선이나 방출선의 세기는 그 별을 구성하는 원소의 밀도에 비례하므로 흡수선이나 방출선의 선폭을 비교하면 구성 원소의 질량비를 알 수 있다.

❹ 태양의 스펙트럼

19세기 초 독일의 물리학자 프라운호퍼는 태양의 스펙트럼에서 수백 개의 흡수선을 최초로 발견하였다. 이후 과학자들은 이 선들을 분석하여 태양의 대기에 수소, 헬륨, 나트륨 등 다양한 원소가 포함되어 있음을 알아내었다.

태양 표면에서 방출된 빛은 대기를 통과하면서 대기에 있는 특정한 원소를 흡수하여 흡수 스펙트럼으로 관찰되지만, 햇빛을 간이 분광기로 보면 해상도가 낮아 흡수선이 뚜렷하게 보이지 않고 연속 스펙트럼으로 관찰돼.

❺ 별에 존재하는 원소

스펙트럼을 이용하여 별에 존재하는 원소를 확인하려면 별빛의 스펙트럼에 있는 흡수선에 원소의 스펙트럼에 나타난 모든 방출선이 포함되어 있는지 확인해야 한다.

 ## 우주 초기의 원소 형성

1 빅뱅 우주론

① 빅뱅[6] 우주론: 약 138억 년 전 매우 뜨겁고 밀도가 높은 한 점에서 대폭발(빅뱅)이 일어나 우주가 시작되었고, 우주가 계속 팽창하여 현재와 같은 우주를 이루었다는 이론이다.

우주가 팽창하면 우주의 온도와 밀도는 감소한다.

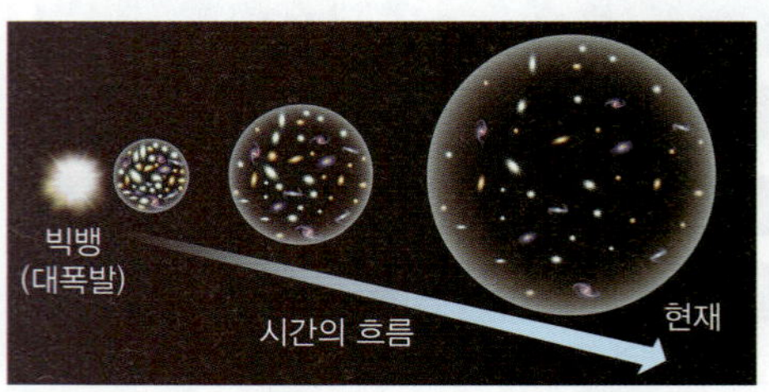

② 빅뱅 우주론의 확립 과정

허블이 외부 은하를 관측하여 멀리 있는 은하일수록 더 빨리 멀어진다는 사실로부터 우주가 팽창하고 있음을 증명하였다.	가모프 등이 주장한 빅뱅 우주론과 호일 등이 주장한 정상 우주론[7]이 대립하였다.	펜지어스와 윌슨이 빅뱅 우주론의 증거인 우주 배경 복사를 발견하면서 빅뱅 우주론이 인정받았다.

2 물질을 구성하는 입자[8]

① 생명체를 포함한 지구상의 모든 물질은 원자로 이루어져 있으며, 원자는 원자핵과 전자로, 원자핵은 양성자와 중성자로, 양성자와 중성자는 쿼크로 이루어져 있다.

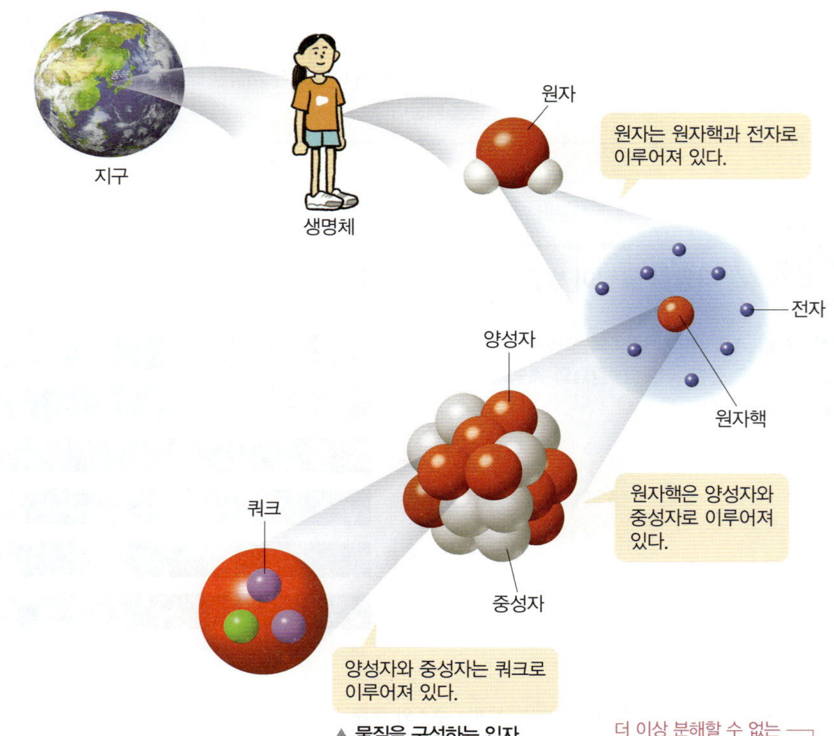

▲ 물질을 구성하는 입자

② 빅뱅과 입자의 생성: 대폭발(빅뱅) 이후 우주의 온도와 밀도가 감소하면서 기본 입자(쿼크, 전자) → 양성자와 중성자 → 헬륨 원자핵 → 원자가 차례대로 만들어졌다.

---

❻ 빅뱅(Big Bang)
빅뱅 우주론을 반대했던 영국의 과학자 호일이 대폭발을 비꼬는 표현으로 빅뱅이라는 용어를 처음 사용하였다.

❼ 빅뱅 우주론과 정상 우주론의 비교
• 빅뱅 우주론: 우주는 팽창하고 있으며, 질량이 일정하여 밀도가 감소한다.

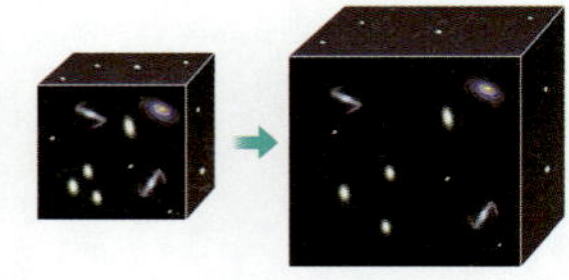

• 정상 우주론: 우주가 팽창하는 동안 빈 공간에 새로운 물질이 생기므로, 질량이 증가하여 밀도가 일정하다.

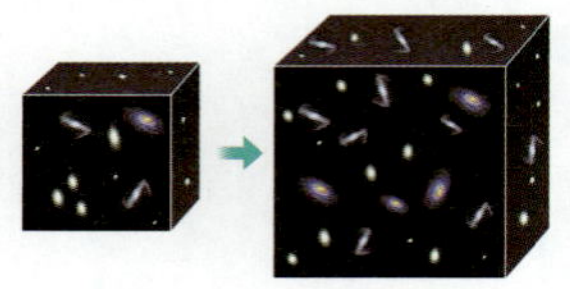

❽ 입자들의 전기적 성질
• 양성자: 양전하(+)를 띤다.
• 중성자: 전하를 띠지 않는다.
• 원자핵: 양성자(+)와 중성자가 결합하여 생성되기 때문에 양전하(+)를 띤다.
• 전자: 음전하(−)를 띤다.
• 원자: 원자핵(+)과 전자(−)가 결합하여 생성되기 때문에 전기적으로 중성이다.

3 대폭발(빅뱅) 이후 원자의 형성과 우주의 형성 과정

① 우주의 탄생: 약 138억 년 전 대폭발(빅뱅)이 일어나 우주가 탄생하였다.

② 최초의 입자 형성: 대폭발(빅뱅) 직후 쿼크와 전자 같은 최초의 기본 입자가 형성되었다.

③ 양성자와 중성자의 형성: 쿼크가 결합하여 양성자(수소 원자핵)와 중성자를 형성하였다.
우주 온도가 매우 높아 양성자와 중성자가 빠르게 운동하여 수소 원자핵 이외의 다른 원자핵은 생성되지 못하였다.

④ 헬륨 원자핵의 형성: 대폭발(빅뱅) 후 약 3분 뒤, 양성자 2개와 중성자 2개가 결합하여 헬륨 원자핵을 형성하였다. 헬륨 원자핵의 형성으로 수소 원자핵과 헬륨 원자핵의 질량비는 약 3 : 1이 되었다.

⑤ 원자의 형성: 대폭발(빅뱅) 후 약 38만 년 뒤, 우주의 온도가 약 3000 K까지 낮아졌을 때 원자핵과 전자가 결합하여 원자를 형성하였다. 수소 원자핵과 전자 1개가 결합하여 수소 원자를 형성하였고, 헬륨 원자핵과 전자 2개가 결합하여 헬륨 원자를 형성하였다. 이때 우주 배경 복사[9]가 방출되었다.

⑥ 별과 은하의 형성: 수소 원자와 헬륨 원자는 대폭발 후 수억 년이 지나는 동안 중력에 의해 한곳에 모여 별과 은하를 형성하였고, 현재까지도 우주를 이루는 물질의 대부분을 차지하고 있다.

> **헬륨 원자핵의 형성이 끝난 후 수소와 헬륨의 질량비**
>
> 양성자와 중성자가 처음 생성될 때는 양성자와 중성자의 개수가 거의 같았으나, 시간이 지나면서 양성자의 수가 더 많아졌다. 헬륨 원자핵의 형성이 시작되기 직전 양성자와 중성자의 수는 약 7 : 1이었다. 1개의 헬륨 원자핵이 형성된 후 남은 양성자의 수는 12개였으므로, 수소 원자핵과 헬륨 원자핵의 질량비는 약 12 : 4＝3 : 1이 되었다.
>
> 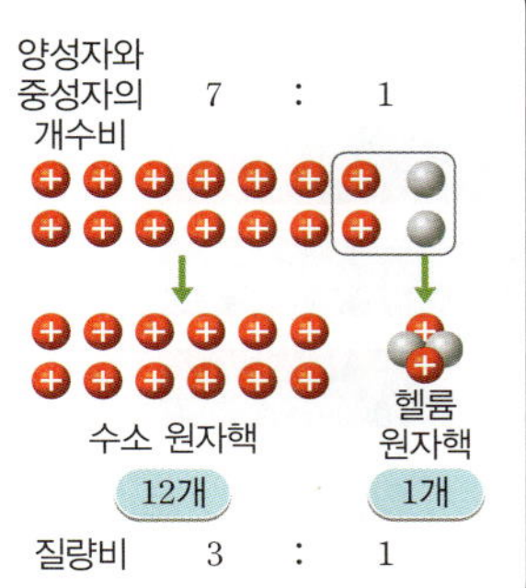
>

➕미래엔 교과서에 있어요

❾ 우주 배경 복사

대폭발(빅뱅) 후 약 38만 년이 되었을 때, 원자가 생성되면서 약 3000 K에 해당하는 우주 배경 복사가 방출되었고, 우주가 팽창하면서 우주 배경 복사의 온도는 점점 낮아져 현재는 약 2.7 K으로 관측된다.

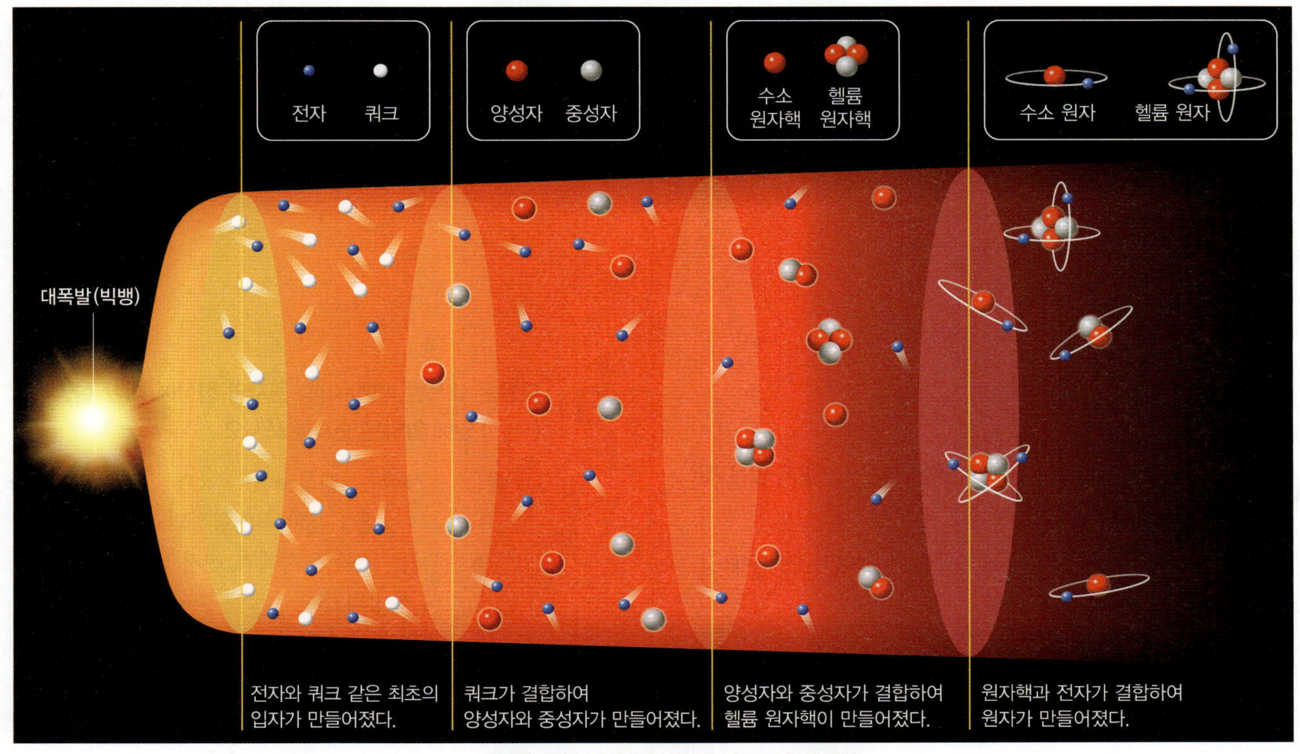

▲ 대폭발(빅뱅) 이후 원자의 형성과 우주의 형성 과정

확인하기

정답과 해설 5쪽

1 다음은 우주 초기에 형성된 원소에 대한 설명이다. ( ) 안에 알맞은 말을 쓰시오.

(1) 방출 스펙트럼은 (   )의 기체를 구성하는 원소가 특정 파장의 빛을 (   )하여 생긴다.

(2) 별빛의 스펙트럼과 원소의 스펙트럼을 비교하면 별을 구성하는 (   )을/를 알 수 있다.

(3) 우주를 구성하는 원소 중에서 가장 많은 것은 (   )와/과 헬륨이다.

(4) 대폭발(빅뱅) 직후 가장 먼저 만들어진 (   )에는 쿼크와 전자가 있다.

탐구 확인

2 그림은 원소 A, B, C의 스펙트럼을 나타낸 것이다.

이에 대한 설명으로 옳은 것은 ○, 옳지 <u>않은</u> 것은 ×로 표시하시오.

(1) 원소 A, B, C의 스펙트럼은 방출 스펙트럼이다. (   )

(2) 원소 A와 B의 스펙트럼에 있는 붉은색 선의 파장은 서로 같다. (   )

(3) 원소 A, B, C의 스펙트럼에 있는 방출선의 개수는 모두 다르다. (   )

(4) 스펙트럼으로 원소를 구별할 수 있다. (   )

3 빅뱅 우주론에 대한 설명으로 옳은 것은 ○, 옳지 <u>않은</u> 것은 ×로 표시하시오.

(1) 대폭발(빅뱅)은 지금으로부터 약 138억 년 전에 일어났다. (   )

(2) 대폭발(빅뱅) 이후 우주의 온도는 점점 높아졌다. (   )

(3) 대폭발(빅뱅) 이후 우주의 밀도는 점점 낮아졌다. (   )

4 다음에서 설명하는 입자는 무엇인지 쓰시오.

> 원자를 구성하는 중심 입자로, 양전하(＋)를 띠고 있다. 원자에서 전자는 이 입자의 주변을 돌고 있다.

5 다음은 대폭발(빅뱅) 직후에 형성된 여러 가지 입자이다.

> A. 양성자   B. 전자
> C. 헬륨 원자핵   D. 수소 원자

(   ) 안에 알맞은 말을 고르거나 기호를 쓰시오.

(1) A는 B보다 (먼저 / 나중에) 만들어졌다.

(2) C는 D보다 (먼저 / 나중에) 만들어졌다.

(3) A, B, C, D 중 수소 원자핵은 (   )이다.

6 다음은 대폭발(빅뱅) 이후 원자의 형성에 대한 설명이다. (   ) 안에 알맞은 숫자를 쓰시오.

(1) 헬륨 원자핵은 양성자 (   )개와 중성자 (   )개가 결합하여 형성되었다.

(2) 헬륨 원자는 헬륨 원자핵과 전자 (   )개가 결합하여 형성되었다.

(3) 대폭발(빅뱅) 후 약 (   )만 년 뒤, 우주의 온도는 약 (   )K까지 낮아졌다.

(4) 우주에 분포하는 수소와 헬륨의 질량비는 약 (   ) : (   )이다.

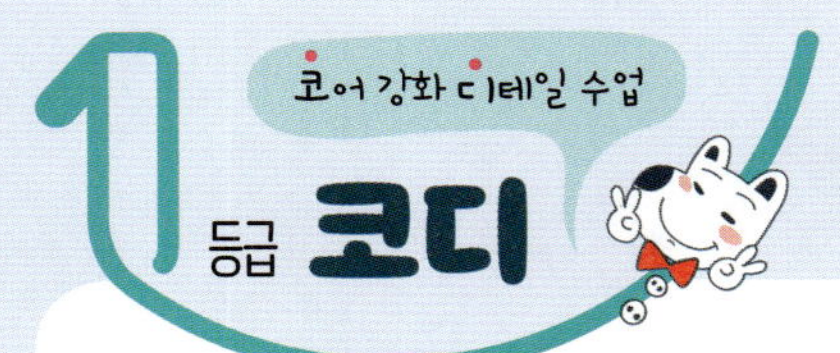

원자의 형성

정답과 해설 5쪽

원자가 형성되기 전과 후의 우주 모습과
우주 배경 복사가 생성된 과정을 정리해 봅시다.

강의 영상

디테일 Point

● **원자의 형성, 우주 배경 복사 생성, 우주 배경 복사 관측 개념으로 이해하기**

❶ 원자의 형성: 대폭발(빅뱅) 후 약 38만 년 뒤, 원자핵과 전자의 결합으로 수소 원자와 헬륨 원자가 형성되었다.
❷ 빛과 물질의 분리: 원자의 형성으로 빛의 직진이 가능해지면서 빛과 물질이 분리되었다. → 불투명했던 우주가 투명해졌다.
❸ 우주 배경 복사 생성: 물질과 분리되어 나온 빛이 우주 공간을 가득 채우게 되었다. → 이 빛이 우주 배경 복사이고, 생성 당시 우주
  배경 복사의 온도는 약 3000 K이다.
❹ 우주 배경 복사 관측: 시간이 지나면서 우주가 팽창함에 따라 우주의 온도는 낮아지고, 우주 배경 복사의 파장은 길어졌다. → 현재
  우주 배경 복사는 약 2.7 K의 빛으로 관측된다.

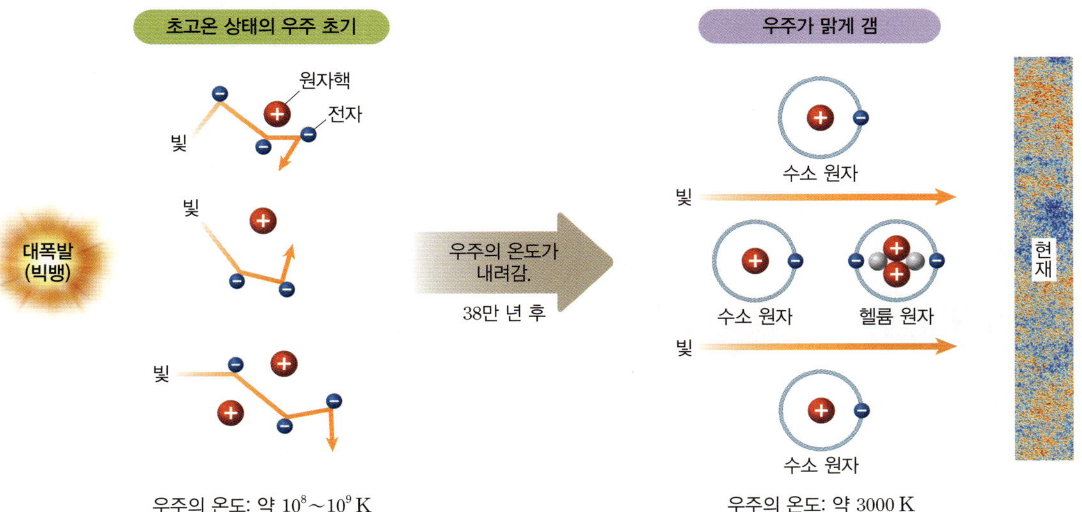

디테일 예제

1 그림 (가)와 (나)는 각각 원자의 형성 전과 후의 우주 모습을 나타낸 것이다.

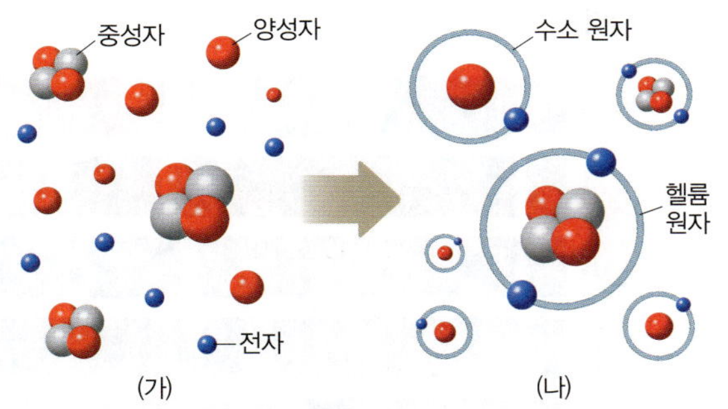

이에 대한 설명으로 옳은 것은 ○, 옳지 <u>않은</u> 것은 ×로 표시하시오.

(1) (가) → (나)의 과정은 대폭발(빅뱅) 후 약 38만 년일 때 일어났다. (　　)

(2) 우주의 밀도는 (가)가 (나)보다 낮다. (　　)

2 그림은 우주 배경 복사의 방출 과정을 나타낸 것이다.

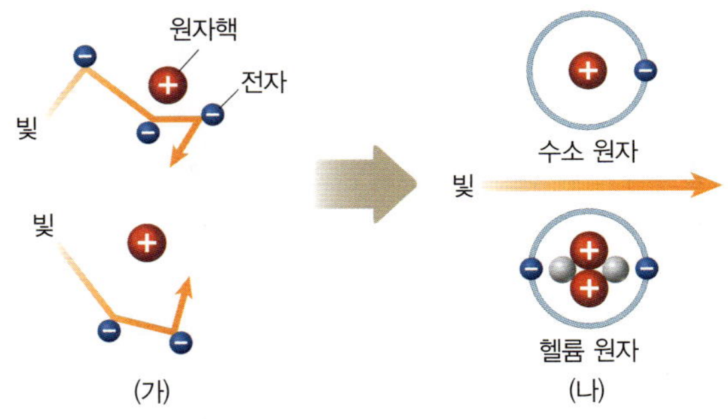

이에 대한 설명으로 옳은 것은 ○, 옳지 <u>않은</u> 것은 ×로 표시하시오.

(1) (가) → (나)의 과정에서 빛과 물질의 분리가 일어났다. (　　)

(2) 우주가 투명한 시기는 (가)이다. (　　)

개념 적용하기

A 스펙트럼과 우주의 구성 원소

01 스펙트럼에 대한 설명으로 옳지 <u>않은</u> 것은?

① 연속 스펙트럼에는 여러 가지 색의 띠가 나타난다.
② 기체 방전관에서 나오는 빛을 간이 분광기로 관찰하면 방출 스펙트럼을 볼 수 있다.
③ 흡수 스펙트럼은 연속 스펙트럼에 흡수선이 있는 형태이다.
④ 동일한 원소에 의해 만들어지는 흡수선과 방출선은 파장이 같다.
⑤ 서로 다른 원소의 스펙트럼 중에도 같은 것이 있다.

02 그림은 어느 스펙트럼을 나타낸 것이다.

이에 대한 설명으로 옳지 <u>않은</u> 것은?

① 연속 스펙트럼이다.
② 붉은색 빛과 푸른색 빛은 파장이 다르다.
③ 백열전구의 빛을 분광기로 보면 관찰할 수 있다.
④ 햇빛을 간이 분광기로 보면 관찰할 수 있다.
⑤ 고온의 기체 방전관에서 나오는 빛을 분광기로 보면 관찰할 수 있다.

03 별빛의 스펙트럼에 대한 설명으로 옳은 것만을 보기에서 있는 대로 고른 것은?

보기
ㄱ. 별빛을 분광기로 보면 여러 가지 색깔의 빛으로 나누어진다.
ㄴ. 별빛의 스펙트럼을 이용하면 별에서 가장 많은 원소를 알 수 있다.
ㄷ. 별빛의 스펙트럼에 나타나는 흡수선이나 방출선의 굵기는 모두 같다.

① ㄱ   ② ㄷ   ③ ㄱ, ㄴ
④ ㄴ, ㄷ   ⑤ ㄱ, ㄴ, ㄷ

04 그림은 어느 별의 스펙트럼을 나타낸 것이다.

이에 대한 설명으로 옳은 것만을 보기에서 있는 대로 고른 것은?

보기
ㄱ. 방출 스펙트럼이다.
ㄴ. 검은색 선은 저온의 기체가 만든 것이다.
ㄷ. 검은색 선은 모두 동일한 기체가 만든 것이다.

① ㄱ   ② ㄴ   ③ ㄱ, ㄷ
④ ㄴ, ㄷ   ⑤ ㄱ, ㄴ, ㄷ

05 그림은 어느 별의 스펙트럼과 원소 A~D의 스펙트럼을 나타낸 것이다.

A~D 중 별에 포함되어 있는 원소만을 있는 대로 고른 것은?

① A, B   ② B, D   ③ C, D
④ A, B, D   ⑤ A, B, C, D

06 우주의 원소 분포에 대한 설명으로 옳은 것만을 보기에서 있는 대로 고른 것은?

보기
ㄱ. 우주에 가장 많이 존재하는 원소는 수소이다.
ㄴ. 태양 표면을 이루고 있는 원소 중 두 번째로 많은 원소는 헬륨이다.
ㄷ. 현재 우주에 존재하는 수소는 대부분 우주 초기에 형성된 것이다.

① ㄱ　　　　② ㄴ　　　　③ ㄱ, ㄷ
④ ㄴ, ㄷ　　　⑤ ㄱ, ㄴ, ㄷ

β 우주 초기의 원소 형성

07 물질을 구성하는 입자에 대한 설명으로 옳은 것만을 보기에서 있는 대로 고른 것은?

보기
ㄱ. 물질은 원자로 이루어져 있다.
ㄴ. 원자는 양성자와 중성자로 이루어져 있다.
ㄷ. 양성자와 중성자는 쿼크로 이루어져 있다.

① ㄱ　　　　② ㄴ　　　　③ ㄱ, ㄷ
④ ㄴ, ㄷ　　　⑤ ㄱ, ㄴ, ㄷ

08 빅뱅 우주론에 대한 설명으로 옳지 않은 것은?

① 우주는 한 점에서 대폭발(빅뱅)이 일어나 시작되었다.
② 우주의 크기는 점점 커지고 있다.
③ 우주의 온도는 점점 높아지고 있다.
④ 우주의 밀도는 점점 낮아지고 있다.
⑤ 가모프가 주장한 이론이다.

09 그림 (가)와 (나)는 서로 다른 시기의 우주 모습을 순서 없이 나타낸 것이다.

(가)　　　　　　　　　(나)

이에 대한 설명으로 옳은 것만을 보기에서 있는 대로 고른 것은?

보기
ㄱ. 우주는 (가)에서 (나)로 변하였다.
ㄴ. 은하의 크기는 (가)가 (나)보다 작다.
ㄷ. 우주의 온도는 (가)가 (나)보다 높다.

① ㄱ　　　　② ㄴ　　　　③ ㄱ, ㄷ
④ ㄴ, ㄷ　　　⑤ ㄱ, ㄴ, ㄷ

중요ↆ
10 다음은 대폭발(빅뱅) 직후에 형성된 여러 가지 입자를 나타낸 것이다.

A. 양성자　　　　　B. 수소 원자
C. 헬륨 원자핵　　　D. 전자

이에 대한 설명으로 옳은 것만을 보기에서 있는 대로 고른 것은?

보기
ㄱ. A는 D보다 먼저 형성되었다.
ㄴ. C는 B보다 먼저 형성되었다.
ㄷ. D는 B가 만들어질 때 이용된다.

① ㄱ　　　　② ㄷ　　　　③ ㄱ, ㄴ
④ ㄴ, ㄷ　　　⑤ ㄱ, ㄴ, ㄷ

11 그림은 수소 원자핵과 헬륨 원자핵을 (가)와 (나)로 순서 없이 나타낸 것이다. ㉠과 ㉡은 각각 양성자와 중성자 중 하나이다.

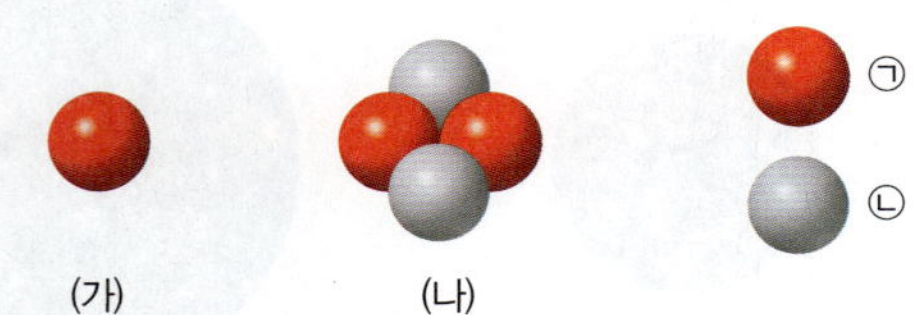

이에 대한 설명으로 옳은 것만을 보기에서 있는 대로 고른 것은?

보기
ㄱ. ㉠은 중성자, ㉡은 양성자이다.
ㄴ. (가)와 (나)는 동시에 만들어졌다.
ㄷ. 우주에 존재하는 (가)와 (나)의 질량비는 약 3 : 1 이다.

① ㄱ   ② ㄷ   ③ ㄱ, ㄴ
④ ㄴ, ㄷ   ⑤ ㄱ, ㄴ, ㄷ

12 대폭발(빅뱅) 이후 초기 우주에서 원자의 형성에 대한 설명으로 옳은 것은?

① 양성자와 중성자는 기본 입자이다.
② 수소 원자핵에는 1개의 전자가 들어 있다.
③ 전자는 헬륨 원자핵보다 먼저 만들어졌다.
④ 가장 먼저 형성된 입자는 수소 원자핵이다.
⑤ 수소 원자핵은 헬륨 원자핵보다 질량이 크다.

13 우주 초기의 원소 형성에 대한 설명으로 옳은 것만을 보기에서 있는 대로 고른 것은?

보기
ㄱ. 쿼크는 양성자와 전자를 만들었다.
ㄴ. 대폭발(빅뱅) 이후 약 3분이 지났을 때, 헬륨 원자핵이 형성되었다.
ㄷ. 대폭발(빅뱅) 이후 약 38만 년이 지났을 때, 우주의 온도는 약 3000 K이었다.

① ㄱ   ② ㄴ   ③ ㄱ, ㄷ
④ ㄴ, ㄷ   ⑤ ㄱ, ㄴ, ㄷ

14 흡수 스펙트럼이 생성되는 원리를 아래 제시어를 모두 포함하여 서술하시오.

제시어
• 별   • 고온   • 저온
• 기체   • 방출   • 흡수

15 그림과 같은 별의 스펙트럼을 이용하여 별의 구성 원소를 파악할 수 있는 까닭을 아래 제시어를 모두 포함하여 서술하시오.

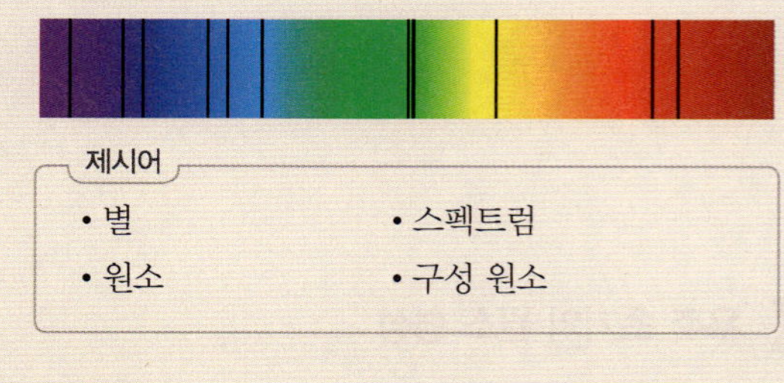

제시어
• 별   • 스펙트럼
• 원소   • 구성 원소

16 그림은 대폭발(빅뱅) 직후에 형성된 기본 입자를 나타낸 것이다.

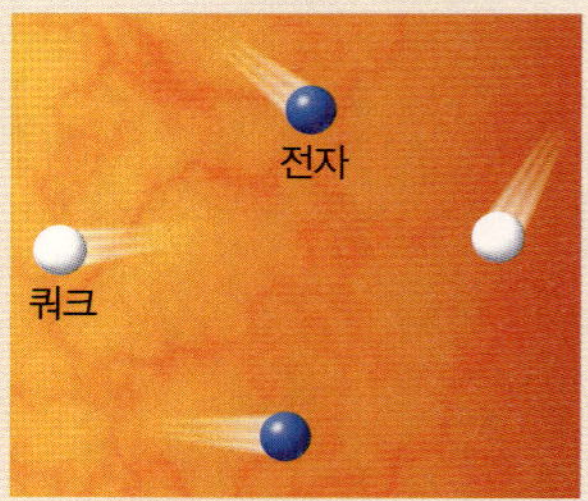

기본 입자로부터 원자가 형성되기까지의 과정을 아래 제시어를 모두 포함하여 서술하시오.

제시어
• 전자   • 쿼크
• 양성자   • 중성자
• 수소 원자핵   • 헬륨 원자핵
• 수소 원자   • 헬륨 원자
• 3분   • 38만 년

↻ 정답과 해설 7쪽

해설 영상

01 그림은 어느 별의 스펙트럼과 원소 A, B의 스펙트럼을 나타낸 것이다.

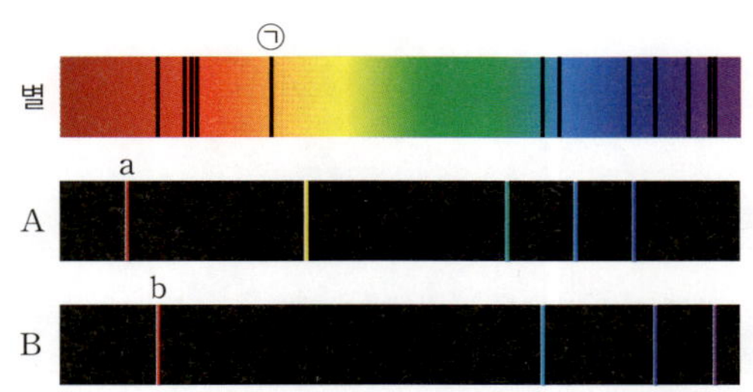

이에 대한 설명으로 옳은 것만을 보기에서 있는 대로 고른 것은?

보기
ㄱ. 방출선 a와 b의 파장은 서로 다르다.
ㄴ. 별의 대기에는 적어도 두 가지 이상의 원소가 포함되어 있다.
ㄷ. ㉠은 전자가 에너지 준위가 낮은 궤도에서 에너지 준위가 높은 궤도로 이동할 때 생성된다.

① ㄱ　　　　② ㄷ　　　　③ ㄱ, ㄴ
④ ㄴ, ㄷ　　　⑤ ㄱ, ㄴ, ㄷ

02 다음은 우주 초기의 원소 형성에 대한 설명이다.

- 대폭발(빅뱅) 직후 　㉠　와/과 전자가 먼저 형성되었고, 　㉠　(으)로부터 　㉡　와/과 중성자가 형성되었다.
- 대폭발(빅뱅) 이후 약 3분 뒤, 　㉡　와/과 중성자가 결합하여 헬륨 원자핵이 형성되었다.

이에 대한 설명으로 옳은 것만을 보기에서 있는 대로 고른 것은?

보기
ㄱ. ㉠은 쿼크이다.
ㄴ. ㉡과 중성자의 전하량의 합은 +1이다.
ㄷ. ㉡과 헬륨 원자핵의 질량비는 약 1 : 4이다.

① ㄱ　　　　② ㄴ　　　　③ ㄱ, ㄷ
④ ㄴ, ㄷ　　　⑤ ㄱ, ㄴ, ㄷ

03 그림 (가)와 (나)는 우주와 태양에 존재하는 원소의 질량비를 순서 없이 나타낸 것이다.

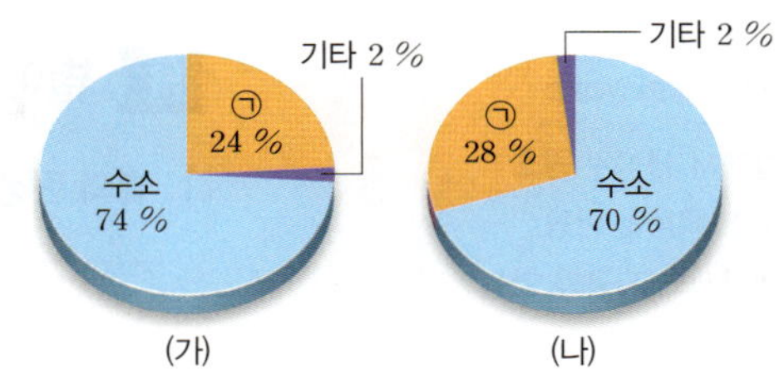

이에 대한 설명으로 옳은 것만을 보기에서 있는 대로 고른 것은?

보기
ㄱ. (가)는 태양에 존재하는 원소의 비율이다.
ㄴ. 우주와 태양에서 수소와 ㉠의 질량비는 스펙트럼 분석을 통해 알아낼 수 있다.
ㄷ. ㉠이 (가)보다 (나)에서 많은 까닭은 태양 중심에서 일어나는 수소 핵융합 반응 때문이다.

① ㄱ　　　　② ㄷ　　　　③ ㄱ, ㄴ
④ ㄴ, ㄷ　　　⑤ ㄱ, ㄴ, ㄷ

04 그림 (가)와 (나)는 우주의 형성 과정에서 원자가 형성되기 전과 후의 우주의 모습을 순서 없이 나타낸 것이다.

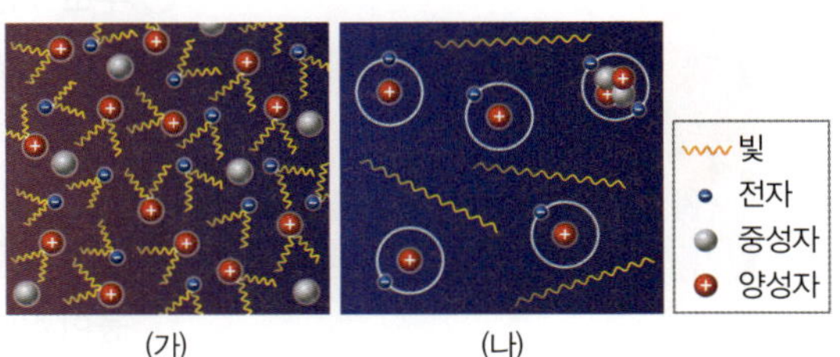

이에 대한 설명으로 옳은 것만을 보기에서 있는 대로 고른 것은?

보기
ㄱ. (가) 시기의 빛은 우주 배경 복사에 해당한다.
ㄴ. (나) 시기에는 원자핵이 존재하지 않았다.
ㄷ. 우주의 온도는 (가) 시기가 (나) 시기보다 높다.

① ㄱ　　　　② ㄷ　　　　③ ㄱ, ㄴ
④ ㄴ, ㄷ　　　⑤ ㄱ, ㄴ, ㄷ

04 지구와 생명체를 이루는 원소의 생성

내 교과서와 비교

동아 46~51쪽
미래엔 54~59쪽
비상 48~53쪽
지학사 54~59쪽
천재 46~51쪽

A 별에서 생성된 원소

1 별의 탄생

가스 구름 형성	➡	성운의 형성	➡	원시별의 형성	➡	별의 탄생

① 성운[1]의 형성: 우주 전역에 대폭발로 만들어진 수소와 헬륨이 존재했지만, 모든 곳에서 밀도가 균일하게 분포하지는 않았다. 대폭발(빅뱅) 후 수억 년이 지나면서 밀도가 높은 곳에서 수소와 헬륨, 먼지 등의 성간 물질[2]이 모여 성운을 형성하였다.

② 원시별의 형성: 성운 내부에서 중력이 커지면 더 많은 물질이 모여들고, 밀도가 충분히 커지면 성운의 일부가 중력에 의해 수축하여 원시별이 생성된다.

③ 별의 탄생: 계속되는 중력 수축으로 원시별의 중심부 온도가 1000만 K 이상이 되면 수소 핵융합 반응이 일어나면서 별이 탄생한다.
└ 원시별의 에너지원은 중력 수축 에너지이다.

2 철보다 가벼운 원소의 형성

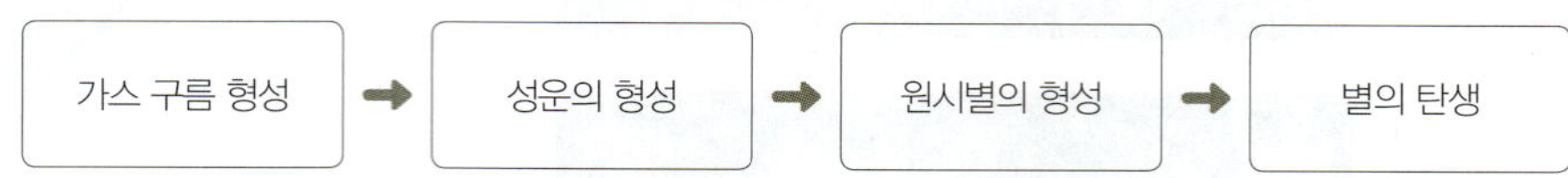

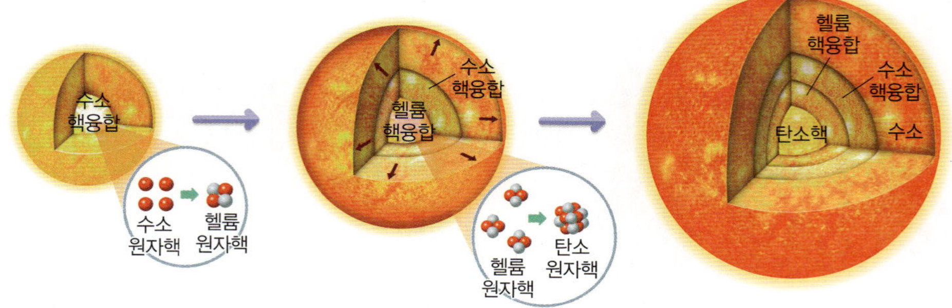

▲ 별의 중심부에서 원소가 만들어지는 과정

① 수소 핵융합 반응[3]: 수소 원자핵 4개가 융합하여 헬륨 원자핵이 생성되는 반응이다. 이 반응은 별 중심부의 수소가 모두 헬륨으로 변할 때까지 일어나는데, 질량이 큰 별일수록 수소 핵융합 반응이 지속되는 시간이 짧다. 수소 핵융합 반응이 일어나는 동안 별은 중력과 내부 압력이 평형[4]을 이루어 일정한 크기를 유지한다.

② 헬륨 핵융합 반응: 중심부의 수소가 모두 헬륨으로 바뀌면 더 이상 수소 핵융합 반응이 일어나지 않으므로 별의 중심부는 수축하면서 온도가 높아진다. 중력 수축으로 발생한 에너지는 중심부 바깥의 수소층을 가열하므로 이 수소층에서 수소 핵융합 반응이 일어나고, 이에 따라 별은 팽창하기 시작한다. 팽창하는 별은 표면 온도가 낮아져 붉은색으로 변한다. 계속되는 중력 수축으로 중심부의 온도가 높아지면 중심부에서는 헬륨 원자핵이 융합하여 탄소 원자핵이 생성되는 헬륨 핵융합 반응이 일어난다.
└ 별의 내부 압력이 중력보다 작아지기 때문이다.

③ 질량이 태양 정도인 별[5]: 중심부의 헬륨이 모두 탄소로 바뀌면 탄소핵은 다시 수축하여 온도가 높아지고, 탄소핵의 바깥층에서 헬륨 핵융합 반응이 일어나 별은 급격히 팽창한다. 질량이 태양 정도인 별은 중심부에서 탄소까지 생성되고, 나머지 별을 이루던 물질은 우주 공간으로 방출되어 별의 일생이 끝난다.

---

❶ 성운(星 별, 雲 구름)
별과 별 사이에 있는 먼지와 기체 등의 물질들이 모여 구름 모양으로 퍼져 보이는 천체

❷ 성간(星 별, 間 틈) 물질
별과 별 사이의 우주 공간에 존재하는 먼지와 가스 등의 물질

❸ 수소 핵융합 반응으로 발생하는 에너지
수소 원자핵 4개의 질량을 합한 것보다 헬륨 원자핵 1개의 질량이 약간 작다. 수소 핵융합 반응 후 약 0.07 %의 질량이 감소하는데, 줄어든 질량만큼의 에너지가 빛의 형태로 방출된다.

❹ 별의 크기가 일정하게 유지되는 까닭
별은 중심으로 수축하려는 중력과 기체가 밖으로 미는 힘이 평형을 이루어 수축하지 않고, 크기가 일정하게 유지된다.

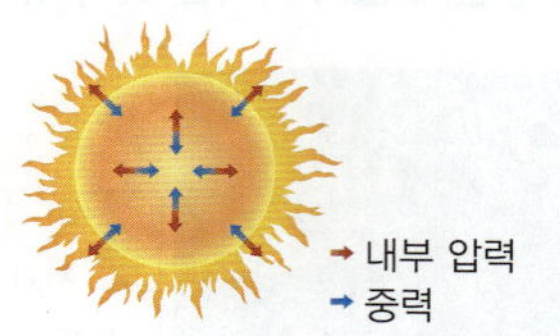

별의 중력과 내부 압력이 평형을 이루지 않으면 별은 수축하거나 팽창하려고 해.

❺ 질량이 태양 정도인 별의 내부 구조

④ 질량이 태양보다 큰 별[6]: 질량이 태양보다 큰 별은 중심부의 탄소핵이 수축하여 온도가 더 높아진다. 이에 따라 핵융합 반응이 계속 일어나면서 산소, 네온, 마그네슘, 규소, 황 등이 차례로 만들어지고, 마지막으로 철까지 만들어질 수 있다. 이 과정에서 별의 크기는 매우 커지고, 별의 내부에서 철까지 만들어지고 나면 더 이상 에너지가 발생하지 않아 핵융합 반응은 일어나지 않는다.

▲ 질량이 태양보다 큰 별의 내부 구조

3 철보다 무거운 원소의 형성

질량이 매우 큰 별은 중심부에서 철이 생성된 이후 핵융합 반응이 멈추면 중심부가 수축하다가 급격히 폭발하여 초신성이 된다. 초신성 폭발이 일어나면 이 과정에서 철보다 무거운 구리, 금, 우라늄과 같은 원소들이 생성되고, 이 원소들은 별을 이루던 물질과 함께 우주 공간으로 방출된다. 초신성 폭발로 방출된 물질들은 초신성 잔해를 이루고, 새로운 별을 탄생시키는 재료가 된다.

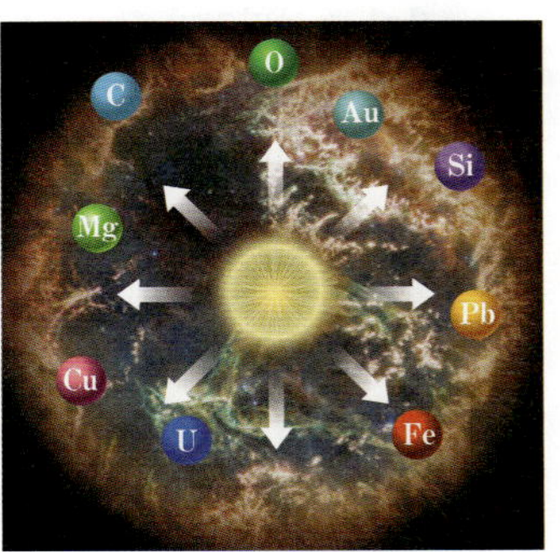

▲ 철보다 무거운 원소가 만들어지는 과정

Ⓑ 태양계와 지구의 형성

1 태양계의 형성

① 태양계 성운의 형성: 초신성 폭발로 방출된 기체와 먼지가 성운을 형성하였고, 약 50억 년 전에 이 중 하나가 태양계 성운이 되었다.

② 원시 태양의 형성: 태양계 성운이 회전하면서 중력에 의해 수축하여 중심부에는 원시 태양이 형성되었고, 주변에는 원반이 형성되었다.

③ 미행성[7]의 형성: 원시 태양은 중심부에서 수소 핵융합 반응이 일어나 태양이 되었고, 원반을 이루고 있던 입자들은 서로 충돌하고 결합하여 미행성을 형성하였다.

④ 원시 행성의 형성: 미행성들은 서로 충돌하고 성장하여 원시 행성을 형성하였고, 원시 행성이 미행성들과 충돌하여 행성[8]으로 성장하였다.

⑤ 태양계의 형성: 강력한 태양풍[9]이 남아 있던 기체와 먼지를 날려 보내 행성과 위성 등이 드러나면서 행성의 형성 과정이 끝나고 현재와 같은 태양계가 형성되었다.

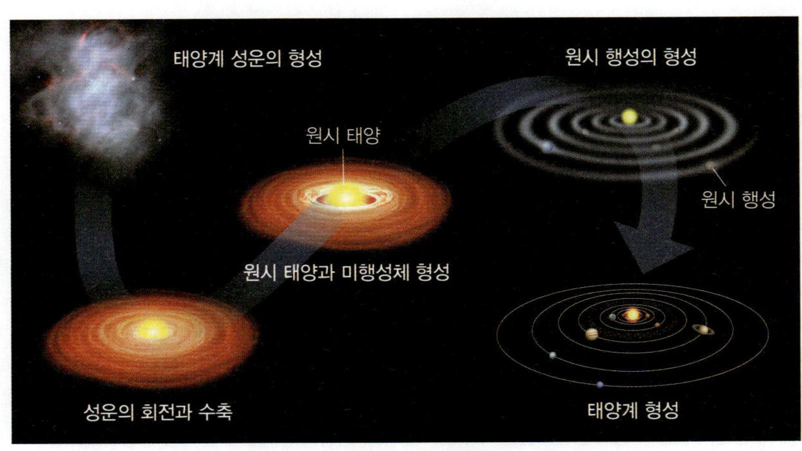

▲ 태양계의 형성 과정

---

[6] 질량이 태양보다 큰 별의 최후
질량이 태양보다 큰 별은 중심부에서 핵융합 반응이 멈추는 단계가 질량에 따라 달라지므로 중심부에서 마지막으로 생성되는 원소가 별의 질량에 따라 달라진다.

철 원자핵은 매우 안정되어 있어서 온도가 높아지더라도 스스로 더 무거운 원자핵이 되는 핵융합 반응이 일어나지 않아.

[7] 미행성(微 작다, 行星 행성)
태양계 형성 과정에서 입자들이 뭉쳐져서 만들어졌으며, 현재 소행성 크기의 천체

✚천재 교과서에 있어요
[8] 지구형 행성과 목성형 행성
태양과 가까운 곳에서는 철이나 규소 같은 무거운 물질이 모여 암석으로 이루어진 지구형 행성을 형성하였고, 태양과 먼 곳에서는 수소나 헬륨과 같은 가벼운 물질이 모여 기체로 이루어진 목성형 행성을 형성하였다.

[9] 태양풍
태양에서 방출되는 양성자와 전자 등 입자의 흐름

2 지구의 형성

① **미행성체의 충돌**: 원시 지구에 수많은 미행성체가 충돌하면서 지구의 크기와 질량이 증가하였다.

② **마그마의 바다**: 미행성체의 충돌로 지구의 온도가 상승⑩하여 지구 전체가 거의 녹아 있는 마그마의 바다 상태가 되었다.

③ <u>맨틀과 핵의 분리</u>: 마그마의 바다에서 철과 니켈 등 무거운 물질은 중심부로 가라앉아 핵을 형성하였고, 규소와 산소 등 가벼운 물질은 위로 떠올라 맨틀을 형성하였다.
└ 물질의 밀도에 따른 분리로 지구는 층상 구조를 이루게 되었다.

④ **원시 지각의 형성**: 미행성체의 충돌이 줄어들면서 지구의 표면이 냉각되어 원시 지각이 형성되었다.

⑤ **원시 바다의 형성⑪**: 대기 중의 수증기가 냉각되어 비가 내린 후 빗물이 낮은 곳으로 모여들어 원시 바다를 형성하였다.

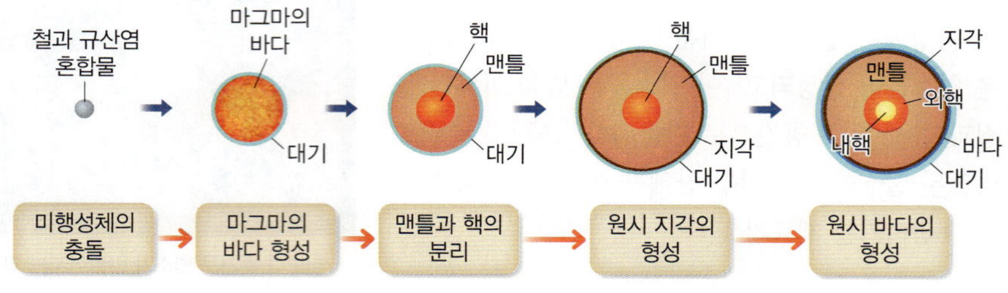

▲ 지구의 형성 과정

3 생명체의 형성

최초의 생명체는 지구 탄생 후 수억 년이 지나고 바다에서 탄생하였을 것으로 추정된다. 처음에는 단순한 구조의 생명체만이 존재하였으나, 시간이 지나면서 점점 다양하고 복잡해져 오늘날의 생명체를 형성하였다.

탐구분석 지구와 생명체를 구성하는 성분의 유래⑫ 탐구하기

다음은 지구와 인간의 몸을 구성하는 성분을 원소에 따른 질량비(%)로 나타낸 것이다.

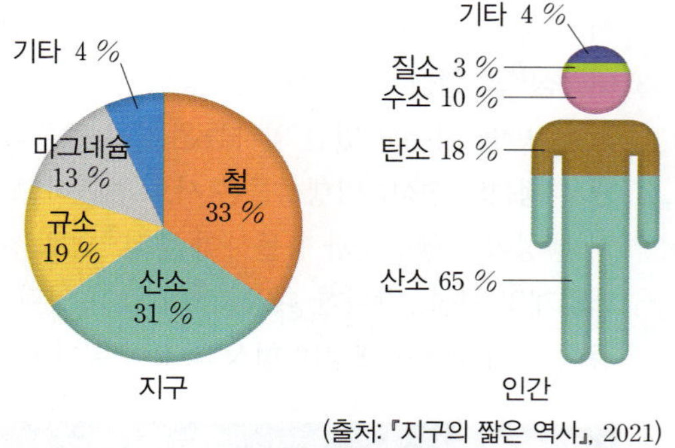

(출처: 『지구의 짧은 역사』, 2021)

● 결과 및 해석

❶ 지구와 인간의 몸을 구성하는 주요 원소는 다음과 같다.

지구를 구성하는 주요 원소	철, 산소, 규소, 마그네슘 등
인간의 몸을 구성하는 주요 원소	산소, 탄소, 수소, 질소 등

❷ 지구와 인간의 몸을 구성하는 주요 원소들을 우주 초기에 형성된 원소와 별에서 생성된 원소로 구분하면 다음과 같다.

우주 초기에 형성된 원소	수소
별에서 생성된 원소	탄소, 질소, 산소, 마그네슘, 규소, 철

❸ 지구와 인간의 몸을 구성하는 원소들은 대부분 태양계가 형성되기 이전에 별에서 생성되었다.

1 다음은 지구와 생명체를 이루는 원소의 생성에 대한 설명이다. ( ) 안에 알맞은 말 또는 숫자를 쓰시오.

(1) 원시별의 중심부 온도가 ( )K 이상이 되면 수소 핵융합 반응이 시작된다.

(2) 탄소, 질소, 산소 등 철보다 가벼운 원소는 별의 ( )에서 핵융합 반응으로 만들어진다.

(3) 태양계 성운이 회전 수축하여 성운의 중심부에는 ( )이/가 만들어지고, 주변에는 원반이 형성되었다.

2 그림은 별 내부에서 일어나는 어느 핵융합 반응을 나타낸 것이다.

이에 대한 설명으로 옳은 것은 ○, 옳지 <u>않은</u> 것은 ×로 표시하시오.

(1) A는 수소 원자핵이다. ( )
(2) B는 양성자이다. ( )
(3) 헬륨 핵융합 반응이다. ( )
(4) 방금 태어난 별의 중심부에서 일어나는 반응이다. ( )

3 그림은 중심부에서 핵융합 반응이 끝난 별 A와 B의 내부 구조를 나타낸 것이다.

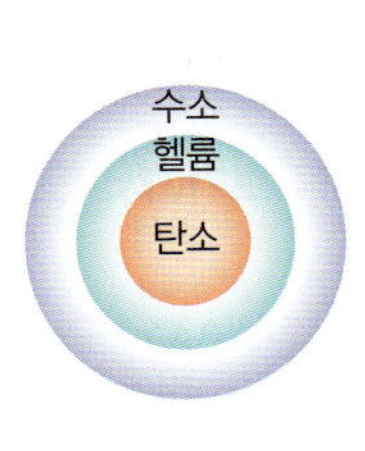

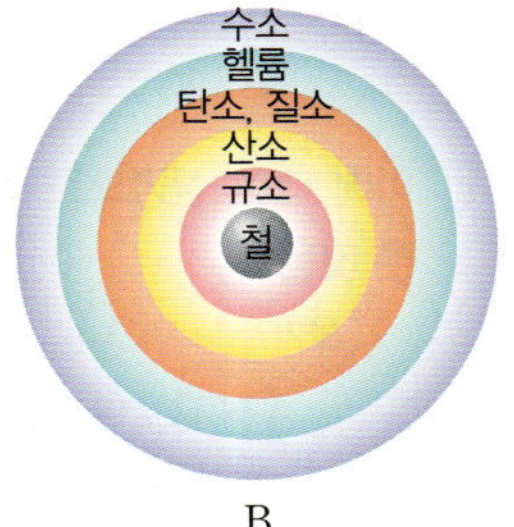

( ) 안에 알맞은 말을 쓰시오.

(1) A의 질량은 ( )와/과 비슷하다.
(2) 별의 질량은 A가 B보다 ( )다.
(3) 별의 중심 온도는 A가 B보다 ( )다.

4 다음은 별의 진화 과정에서 만들어진 원소이다.

> 탄소, 헬륨, 철, 구리, 우라늄

각 설명에 해당하는 원소를 있는 대로 골라 쓰시오.

(1) 수소 핵융합 반응으로 생성되는 원소 ( )
(2) 헬륨 핵융합 반응으로 생성되는 원소 ( )
(3) 질량이 매우 큰 별의 중심부에서 핵융합 반응으로 만들어질 수 있는 마지막 원소 ( )
(4) 핵융합 반응 이후에 초신성 폭발로 만들어지는 원소 ( )

5 태양계와 지구의 형성에 대한 설명으로 옳은 것은 ○, 옳지 <u>않은</u> 것은 ×로 표시하시오.

(1) 태양계 성운의 크기는 현재의 태양계 크기보다 작았다. ( )
(2) 태양계 성운의 원반에 있던 물질이 행성을 만들었다. ( )
(3) 미행성의 충돌로 지구의 온도가 상승하여 원시 지각이 형성되었다. ( )
(4) 지구는 원시 바다가 형성된 후 맨틀과 핵이 분리되었다. ( )

탐구 확인

6 표는 우주, 지구, 인간을 구성하는 주요 원소의 질량비를 나타낸 것이다.

질량비(%)	우주	지구	인간
수소	74	—	10
헬륨	24	—	—
산소	—	31	65
규소	—	19	—
탄소	—	—	18
철	—	33	—
마그네슘	—	13	—

이에 대한 설명으로 옳은 것은 ○, 옳지 <u>않은</u> 것은 ×로 표시하시오.

(1) 우주에서 가장 많은 질량비를 차지하는 원소는 수소이다. ( )
(2) 우주를 구성하는 원소들은 대부분 우주 초기에 만들어졌다. ( )
(3) 지구를 구성하는 규소와 철은 태양계 형성 과정에서 생성된 원소이다. ( )
(4) 인간을 구성하는 산소는 대부분 초신성 폭발 과정에서 만들어진 것이다. ( )

개념 적용하기

01 별의 탄생과 원소의 생성에 대한 설명으로 옳지 <u>않은</u> 것은?

① 별은 성운에서 생성된다.
② 원시별 중심부의 온도가 약 1000 K 이상이 되면 별이 태어난다.
③ 방금 태어난 별의 중심에서는 수소 핵융합 반응이 일어난다.
④ 질량이 태양 정도인 별에서는 탄소가 생성될 수 있다.
⑤ 초신성이 폭발하는 과정에서는 철보다 무거운 원소가 생성될 수 있다.

02 그림은 별 내부에서 핵융합 반응이 끝난 직후인 어느 별의 내부 구조를 나타낸 것이다.

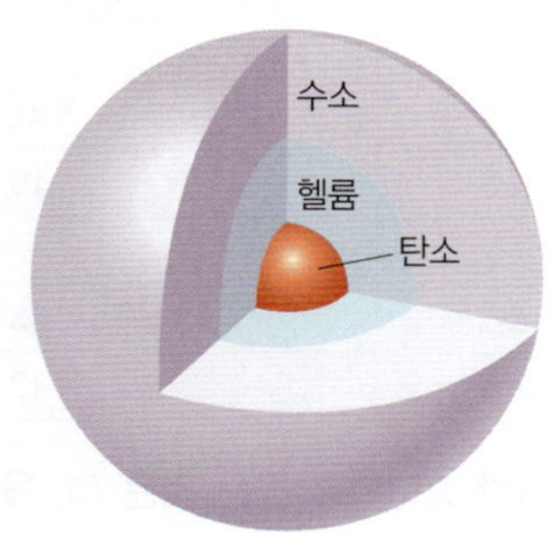

이에 대한 설명으로 옳은 것만을 보기에서 있는 대로 고른 것은?

> **보기**
> ㄱ. 별의 크기는 태양보다 크다.
> ㄴ. 별의 질량은 태양과 비슷하다.
> ㄷ. 중심부의 탄소는 핵융합 반응으로 생성된 것이다.

① ㄱ 　② ㄷ 　③ ㄱ, ㄴ
④ ㄴ, ㄷ 　⑤ ㄱ, ㄴ, ㄷ

03 그림은 어느 별의 내부 구조를 나타낸 것이다.

이에 대한 설명으로 옳은 것은?

① 태양의 미래 모습이다.
② 별의 질량은 태양보다 작다.
③ 중심부로 갈수록 온도가 낮아진다.
④ 시간이 지나면 초신성 폭발을 한다.
⑤ 철보다 무거운 원소를 만들지 못한다.

중요
04 다음은 별의 진화 과정에서 만들어진 원소를 나타낸 것이다.

A. 산소	B. 헬륨	C. 철
D. 규소	E. 구리	F. 우라늄

이에 대한 설명으로 옳은 것만을 보기에서 있는 대로 고른 것은?

> **보기**
> ㄱ. A는 B보다 높은 온도에서 만들어진다.
> ㄴ. C는 질량이 태양보다 큰 별에서 만들어질 수 있다.
> ㄷ. 초신성 폭발로만 만들어질 수 있는 원소는 D, E, F이다.

① ㄱ 　② ㄷ 　③ ㄱ, ㄴ
④ ㄴ, ㄷ 　⑤ ㄱ, ㄴ, ㄷ

05 그림은 어느 초신성이 폭발하여 생긴 잔해인 게 성운의 모습을 나타낸 것이다.

이에 대한 설명으로 옳은 것은?

① 폭발 과정에서 원소들이 우주 공간으로 방출된다.
② 대폭발(빅뱅) 직후에 만들어진 것이다.
③ 성운 내부에서 별이 탄생하고 있다.
④ 주로 별이 진화하는 초기에 형성된다.
⑤ 철보다 무거운 원소들로만 이루어져 있다.

β 태양계와 지구의 형성

06 태양계의 형성 과정에 대한 설명으로 옳은 것은?

① 태양계가 형성되기 전에는 초신성 폭발이 일어나지 않았다.
② 태양계 성운은 회전 수축하면서 점차 구 모양을 형성하였다.
③ 행성과 위성은 태양계 성운의 중심에서 형성되었다.
④ 원시 행성의 크기는 현재의 행성 크기와 거의 같다.
⑤ 원시 행성은 미행성체의 충돌로 형성되었다.

07 지구와 생명체를 구성하는 원소에 대한 설명으로 옳은 것만을 보기에서 있는 대로 고른 것은?

> 보기
> ㄱ. 생명체를 구성하는 원소 중 가장 많은 원소는 수소이다.
> ㄴ. 생명체에 가장 많은 원소는 지구에도 가장 많다.
> ㄷ. 생명체의 구성 원소는 대부분 지구 탄생 이전에 생성되었다.

① ㄱ   ② ㄷ   ③ ㄱ, ㄴ
④ ㄴ, ㄷ   ⑤ ㄱ, ㄴ, ㄷ

08 그림은 태양계의 형성 과정을 나타낸 것이다.

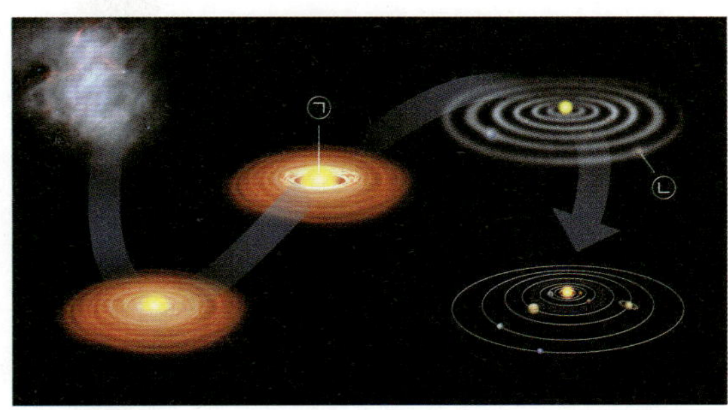

이에 대한 설명으로 옳은 것만을 보기에서 있는 대로 고른 것은?

> 보기
> ㄱ. ㉠에서는 헬륨 핵융합 반응이 일어난다.
> ㄴ. ㉡은 미행성체들이 충돌하여 형성되었다.
> ㄷ. 태양계 성운이 수축하는 원동력은 중력이다.

① ㄱ   ② ㄷ   ③ ㄱ, ㄴ
④ ㄴ, ㄷ   ⑤ ㄱ, ㄴ, ㄷ

09 다음은 미행성체에 대한 설명이다. ( ) 안에 알맞은 말을 쓰시오.

> 원시 태양의 가까운 곳에서 형성된 미행성체는 원시 태양의 먼 곳에서 형성된 미행성체보다 ( ) 물질로 만들어졌다.

10 지구의 형성 과정에 대한 설명으로 옳은 것만을 보기에서 있는 대로 고른 것은?

> 보기
> ㄱ. 지구에서 최초의 생명체는 육지에서 탄생하였다.
> ㄴ. 대기 중의 수증기가 비가 되어 내리면서 원시 바다가 형성되었다.
> ㄷ. 원시 지구에 미행성체들이 충돌하면서 지구 표면의 온도는 낮아졌다.

① ㄱ   ② ㄴ   ③ ㄱ, ㄷ
④ ㄴ, ㄷ   ⑤ ㄱ, ㄴ, ㄷ

11 다음은 지구의 형성 과정을 순서 없이 나타낸 것이다.

> (가) 최초의 생명체 탄생
> (나) 원시 지각의 형성
> (다) 맨틀과 핵의 분리
> (라) 원시 바다의 형성
> (마) 마그마의 바다 형성

시간 순서대로 옳게 나열한 것은?

① (가) → (나) → (다) → (라) → (마)
② (나) → (다) → (마) → (라) → (가)
③ (다) → (나) → (마) → (라) → (가)
④ (마) → (나) → (다) → (라) → (가)
⑤ (마) → (다) → (나) → (라) → (가)

중요

12 그림은 지구와 인간의 몸을 구성하는 성분을 원소에 따른 질량비로 나타낸 것이다.

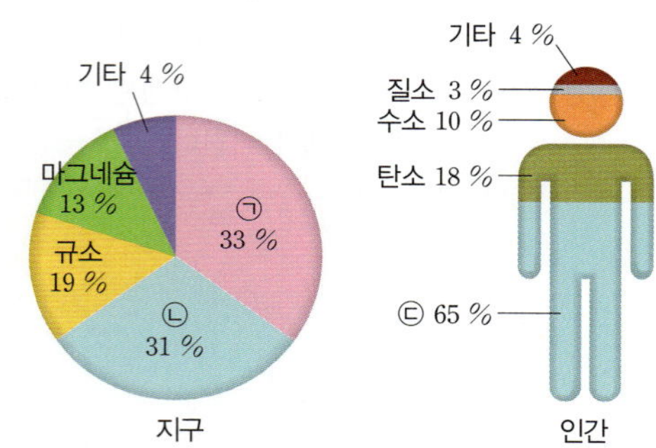

이에 대한 설명으로 옳은 것만을 보기에서 있는 대로 고른 것은?

보기

> ㄱ. ㉠은 별 내부에서 핵융합 반응으로 생성될 수 있는 원소이다.
> ㄴ. ㉡과 ㉢은 같은 원소이다.
> ㄷ. 지구와 인간의 몸을 구성하는 원소는 모두 별에서 핵융합 반응을 통해 생성되었다.

① ㄱ
② ㄷ
③ ㄱ, ㄴ
④ ㄴ, ㄷ
⑤ ㄱ, ㄴ, ㄷ

13 별의 탄생 과정을 아래 제시어를 모두 포함하여 서술하시오.

제시어

- 성운
- 중력
- 수축
- 원시별
- 중심부
- 수소 핵융합

14 별이 탄생한 이후 별 내부에서 그림과 같이 탄소 원자핵이 만들어지기까지의 과정을 아래 제시어를 모두 포함하여 서술하시오.

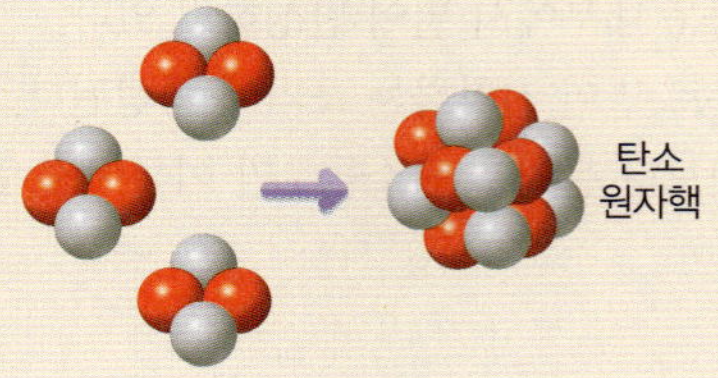

제시어

- 수소 핵융합
- 중심부
- 별
- 수축
- 헬륨
- 헬륨 핵융합

15 그림은 태양계 행성의 모습을 나타낸 것이다.

태양계 성운에서 행성이 만들어지기까지의 과정을 아래 제시어를 모두 포함하여 서술하시오.

제시어

- 태양계 성운
- 원반
- 원시 태양
- 결합
- 충돌
- 회전 수축
- 미행성
- 원시 행성
- 행성

정답과 해설 9쪽

해설 영상

01 그림은 어느 별의 내부 구조를 나타낸 것이다.

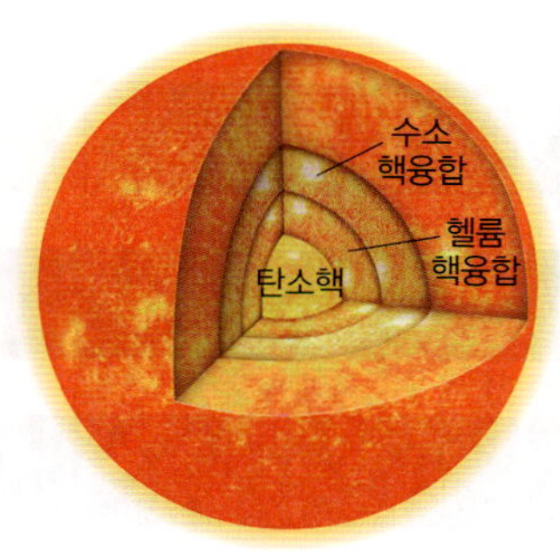

이 별에 대한 설명으로 옳은 것만을 보기에서 있는 대로 고른 것은?

> **보기**
> ㄱ. 이 별은 팽창하고 있다.
> ㄴ. 표면 온도는 점점 낮아지고 있다.
> ㄷ. 별에서 헬륨과 탄소가 생성되고 있다.

① ㄱ　　　　② ㄷ　　　　③ ㄱ, ㄴ
④ ㄴ, ㄷ　　　⑤ ㄱ, ㄴ, ㄷ

02 표는 별 (가)와 (나)의 진화 과정에서 생성되는 원소를 나타낸 것이다.

별	생성되는 원소
(가)	헬륨, 탄소
(나)	헬륨, …, 구리

이에 대한 설명으로 옳은 것만을 보기에서 있는 대로 고른 것은?

> **보기**
> ㄱ. (가)는 (나)보다 질량이 크다.
> ㄴ. 별의 진화 과정에서 표면 온도의 변화는 (가)가 (나)보다 크다.
> ㄷ. 별의 중심부에서 수소 핵융합 반응이 일어나는 시간은 (가)가 (나)보다 길다.

① ㄱ　　　　② ㄷ　　　　③ ㄱ, ㄴ
④ ㄴ, ㄷ　　　⑤ ㄱ, ㄴ, ㄷ

03 그림은 태양계의 형성 과정을 나타낸 것이다.

A. 태양계 성운의 형성

↓

B. ㉠원시 태양과 원반 형성

↓

C. 미행성체 형성

↓

D. ㉡행성과 위성의 형성

이에 대한 설명으로 옳은 것만을 보기에서 있는 대로 고른 것은?

> **보기**
> ㄱ. A에는 초신성 폭발의 잔해가 포함되어 있다.
> ㄴ. ㉠의 중심부 온도는 1000만 K보다 낮다.
> ㄷ. ㉡의 구성 성분은 생성 초기에 모두 같았다.

① ㄱ　　　　② ㄴ　　　　③ ㄱ, ㄴ
④ ㄴ, ㄷ　　　⑤ ㄱ, ㄴ, ㄷ

04 다음은 생명체, 지구, 우주를 구성하는 주요 원소를 나타낸 것이다.

A. 수소	B. 헬륨	C. 산소
D. 탄소	E. 철	

이에 대한 설명으로 옳은 것만을 보기에서 있는 대로 고른 것은?

> **보기**
> ㄱ. 생명체에 가장 많은 두 가지 원소는 C와 D이다.
> ㄴ. 지구에 가장 많은 원소는 초신성 폭발 과정으로만 생성된다.
> ㄷ. 우주에 가장 많은 두 가지 원소는 모두 별 내부에서 생성되었다.

① ㄱ　　　　② ㄴ　　　　③ ㄱ, ㄴ
④ ㄱ, ㄷ　　　⑤ ㄱ, ㄴ, ㄷ

실력 확인하기

03 우주 초기에 형성된 원소

01 그림은 세 가지 스펙트럼을 나타낸 것이다.

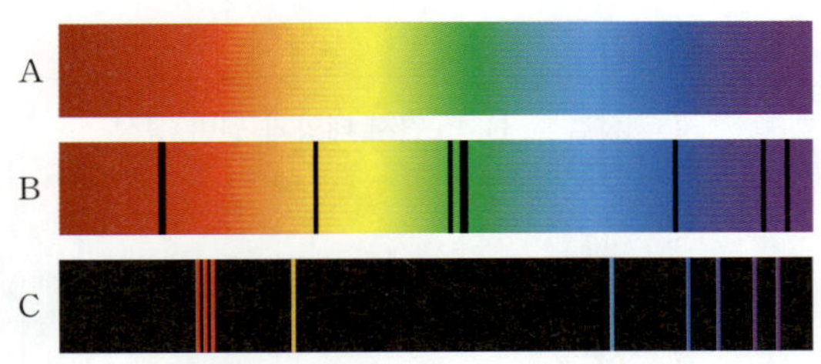

이에 대한 설명으로 옳은 것만을 보기에서 있는 대로 고른 것은?

> **보기**
> ㄱ. 기체 방전관에서 나오는 빛을 분광기로 보면 A 와 같은 스펙트럼을 볼 수 있다.
> ㄴ. B를 만든 기체는 C를 만든 기체보다 온도가 낮다.
> ㄷ. B와 C는 같은 원소에 의해 만들어질 수 있다.

① ㄱ　　　　② ㄴ　　　　③ ㄱ, ㄷ
④ ㄴ, ㄷ　　　⑤ ㄱ, ㄴ, ㄷ

02 그림은 어떤 원소의 스펙트럼을 나타낸 것이다.

원소의 스펙트럼에 대한 설명으로 옳은 것만을 보기에서 있는 대로 고른 것은?

> **보기**
> ㄱ. 스펙트럼선의 위치는 원소마다 다르다.
> ㄴ. 스펙트럼선의 개수는 원자 번호와 같다.
> ㄷ. 동일한 원소의 스펙트럼에서 나타나는 선의 굵기 는 모두 같다.

① ㄱ　　　　② ㄴ　　　　③ ㄱ, ㄷ
④ ㄴ, ㄷ　　　⑤ ㄱ, ㄴ, ㄷ

03 그림은 어느 별의 스펙트럼과 원소 A, B의 스펙트럼을 나타낸 것이다.

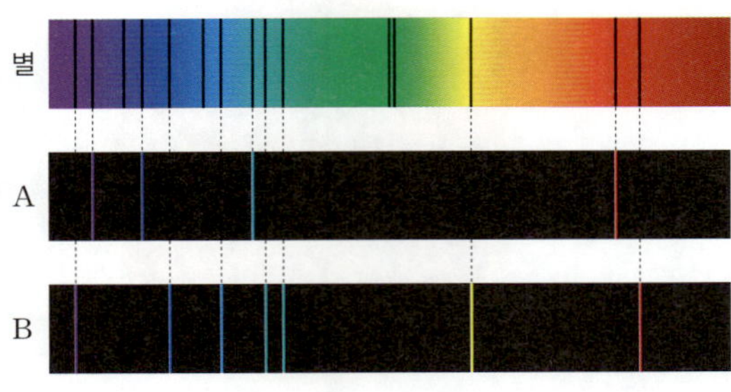

이에 대한 설명으로 옳은 것만을 보기에서 있는 대로 고른 것은?

> **보기**
> ㄱ. 별의 스펙트럼은 흡수 스펙트럼이다.
> ㄴ. 별에는 A와 B가 모두 포함되어 있다.
> ㄷ. 별에는 A와 B 이외의 또 다른 원소가 포함되어 있다.

① ㄱ　　　　② ㄷ　　　　③ ㄱ, ㄴ
④ ㄴ, ㄷ　　　⑤ ㄱ, ㄴ, ㄷ

04 다음은 우주 초기에 형성된 입자들을 순서 없이 나타낸 것이다.

A. 쿼크	B. 전자
C. 중성자	D. 수소 원자
E. 수소 원자핵	F. 헬륨 원자핵

입자가 생성된 순서대로 옳게 나열한 것은?

① A → C → D → E
② B → E → F → D
③ C → D → E → F
④ D → B → C → F
⑤ E → A → B → D

05 그림 (가)와 (나)는 대폭발(빅뱅) 직후 형성된 수소 원자핵과 헬륨 원자핵을 순서 없이 나타낸 것이다. A와 B는 각각 양성자와 중성자 중 하나이다.

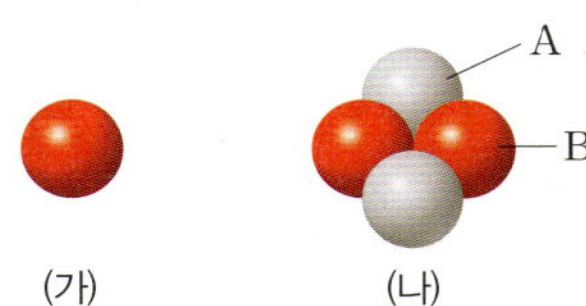

이에 대한 설명으로 옳은 것만을 보기에서 있는 대로 고른 것은?

> 보기
> ㄱ. A와 B는 모두 쿼크로 만들어졌다.
> ㄴ. (가)와 (나)의 질량비는 약 1 : 4이다.
> ㄷ. 형성 당시 우주의 온도는 (가)가 (나)보다 높다.

① ㄱ   ② ㄷ   ③ ㄱ, ㄴ
④ ㄴ, ㄷ   ⑤ ㄱ, ㄴ, ㄷ

고난도
06 그림은 초기 우주에서 서로 다른 시기의 우주 모습을 나타낸 것이다.

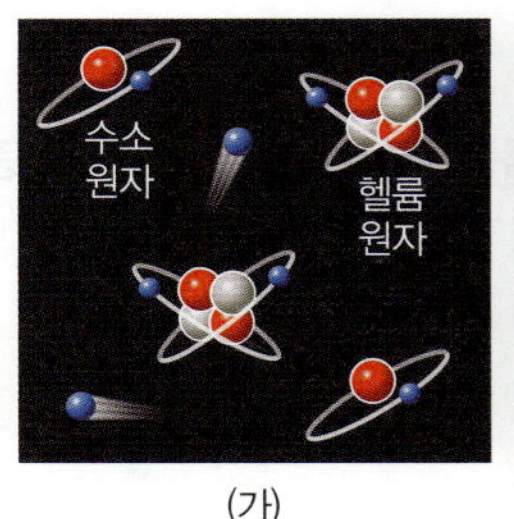

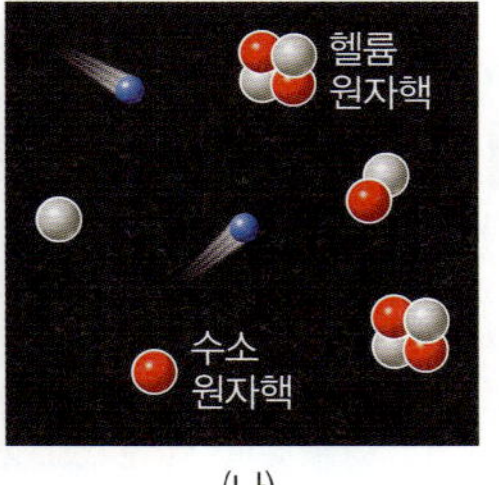

이에 대한 설명으로 옳은 것만을 보기에서 있는 대로 고른 것은?

> 보기
> ㄱ. (나) 시기에는 우주가 투명해졌다.
> ㄴ. 우주의 나이는 (가)가 (나)보다 많다.
> ㄷ. 수소와 헬륨의 질량비는 (가)와 (나) 시기에 다르다.

① ㄱ   ② ㄴ   ③ ㄱ, ㄷ
④ ㄴ, ㄷ   ⑤ ㄱ, ㄴ, ㄷ

04 지구와 생명체를 이루는 원소의 생성

고난도
07 그림 (가)와 (나)는 별 내부에서 일어나는 핵융합 반응을 나타낸 것이다.

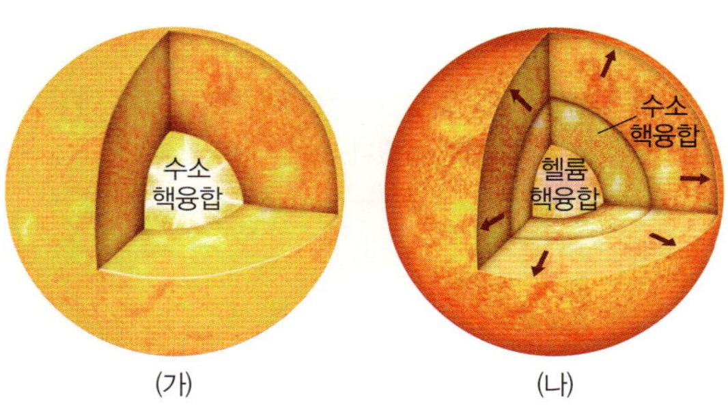

이에 대한 설명으로 옳은 것만을 보기에서 있는 대로 고른 것은?

> 보기
> ㄱ. 현재 태양의 내부에서는 (가)와 같은 반응이 일어난다.
> ㄴ. (가)와 같은 별은 (나)와 같은 상태로 진화한다.
> ㄷ. 별 중심부의 온도는 (가)가 (나)보다 높다.

① ㄱ   ② ㄷ   ③ ㄱ, ㄴ
④ ㄴ, ㄷ   ⑤ ㄱ, ㄴ, ㄷ

08 태양계의 형성 과정에 대한 설명으로 옳지 <u>않은</u> 것은?

① 태양계 성운이 회전 수축하여 중심부에 원시 태양이 만들어졌다.
② 태양계 성운의 원반에 있던 물질은 서로 결합하여 미행성체를 만들었다.
③ 미행성들은 서로 충돌하고 병합하여 행성과 위성을 만들었다.
④ 지구형 행성은 목성형 행성보다 가벼운 성분들로 이루어졌다.
⑤ 태양에서 가까운 곳에서는 주로 지구형 행성이 만들어졌다.

09 원소의 형성에 대한 설명으로 옳은 것만을 보기에서 있는 대로 고른 것은?

보기
ㄱ. 원자는 대폭발(빅뱅)과 동시에 생성되었다.
ㄴ. 초신성 폭발로 철보다 무거운 원소가 생성되었다.
ㄷ. 지구에 있는 원소들은 대부분 원시 태양 형성 이후에 만들어졌다.

① ㄱ　　　　② ㄴ　　　　③ ㄱ, ㄷ
④ ㄴ, ㄷ　　　⑤ ㄱ, ㄴ, ㄷ

10 다음은 우주의 역사에 일어났던 사건들을 순서 없이 나타낸 것이다.

(가) 최초의 별 탄생
(나) 원시 태양의 형성
(다) 수소 원자의 형성
(라) 태양계 성운의 형성

사건이 일어난 시간 순서대로 옳게 나열한 것은?
① (가) → (나) → (다) → (라)
② (나) → (라) → (나) → (다)
③ (다) → (가) → (나) → (라)
④ (다) → (가) → (라) → (나)
⑤ (라) → (가) → (나) → (다)

11 지구의 형성 과정에서 나타났던 마그마의 바다에 대한 설명으로 옳은 것만을 보기에서 있는 대로 고른 것은?

보기
ㄱ. 원시 지각이 모두 녹아서 형성되었다.
ㄴ. 미행성의 충돌에 의해 열이 공급되었다.
ㄷ. 이 시기에 무거운 물질이 중심부로 가라앉아 핵을 형성하였다.

① ㄱ　　　　② ㄴ　　　　③ ㄱ, ㄷ
④ ㄴ, ㄷ　　　⑤ ㄱ, ㄴ, ㄷ

12 지구와 생명체를 이루는 원소에 대한 설명으로 옳은 것만을 보기에서 있는 대로 고른 것은?

보기
ㄱ. 지구에 가장 많은 원소는 철이다.
ㄴ. 태양계 형성 이후에는 새로운 원소가 만들어지지 않았다.
ㄷ. 생명체에 가장 많은 원소는 태양계 형성 이전에 별에서 만들어졌다.

① ㄱ　　　　② ㄴ　　　　③ ㄱ, ㄷ
④ ㄴ, ㄷ　　　⑤ ㄱ, ㄴ, ㄷ

13 (중요) 다음은 태양계의 형성 과정을 순서 없이 나타낸 것이다.

A. 원시 행성의 형성
B. 행성과 위성의 형성
C. 태양계 성운의 형성
D. 태양계 성운의 회전 수축
E. 원시 태양과 미행성체의 형성

시간 순서대로 옳게 나열한 것은?
① A → B → C → D → E
② C → D → A → E → B
③ C → D → E → A → B
④ D → B → A → C → E
⑤ D → C → E → A → B

14 (고난도) 그림은 우주와 지구를 구성하는 주요 원소의 질량비를 나타낸 것이다.

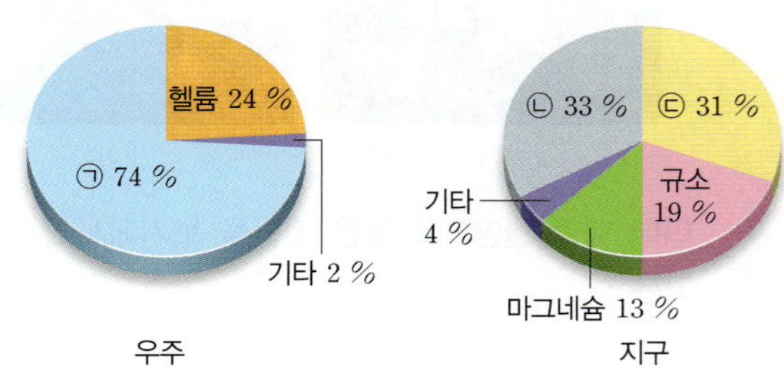

이에 대한 설명으로 옳지 <u>않은</u> 것은?
① ㉠은 생명체를 구성하는 원소 중 하나이다.
② ㉠은 대부분 우주 초기에 만들어졌다.
③ ㉡은 초신성 폭발로만 만들어진다.
④ ㉢은 생명체에 가장 많은 원소이다.
⑤ ㉢은 별 내부에서 핵융합 반응으로 생성되었다.

15 그림은 어느 별의 스펙트럼이다.

스펙트럼에 나타난 검은 선은 어떻게 생성된 것인지 서술하시오.

____

____

16 다음은 빅뱅 우주론에 대한 설명이다.

> 우주는 모든 물질과 에너지가 모인 한 점에서 대폭발이 일어나 시작되었으며 계속 팽창하고 있다.

우주가 계속 팽창하고 있다는 사실은 어떻게 알아내었는지 서술하시오.

____

____

논술형
17 다음은 우주 초기에 헬륨 원자가 만들어지기까지의 과정을 나타낸 것이다.

쿼크 → 양성자, 중성자 → 헬륨 원자핵 → 헬륨 원자

(1) 헬륨 원자핵이 만들어지기 직전의 우주에서 양성자와 중성자 중 어느 것이 더 많았는지 서술하시오.

____

____

(2) 우주 초기에 헬륨 원자핵의 형성 이후 헬륨보다 무거운 원소의 원자핵이 만들어지지 못한 까닭을 서술하시오.

____

____

18 그림은 태양과 질량이 비슷한 별의 중심부에서 일어나는 핵융합 반응의 마지막 단계를 나타낸 것이다.

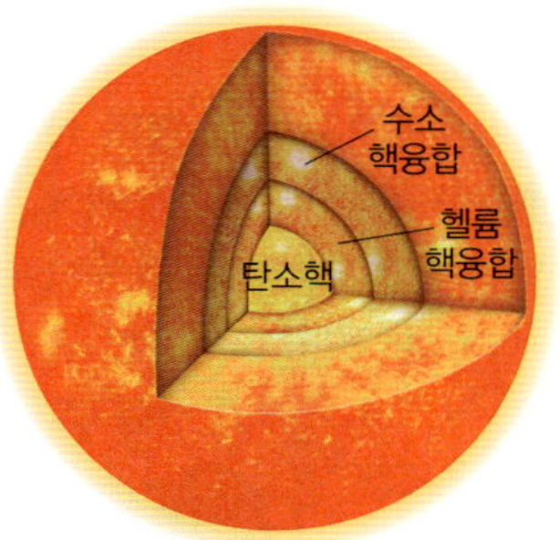

(1) 별의 중심부에 탄소핵이 만들어지기까지 별의 크기와 중심부 온도는 어떻게 변하는지 서술하시오.

____

____

(2) 태양과 질량이 비슷한 별의 중심부에서 탄소핵이 형성된 후, 계속해서 핵융합 반응이 일어나지 않는 까닭을 서술하시오.

____

____

논술형
19 다음은 태양계의 형성 과정을 나타낸 것이다.

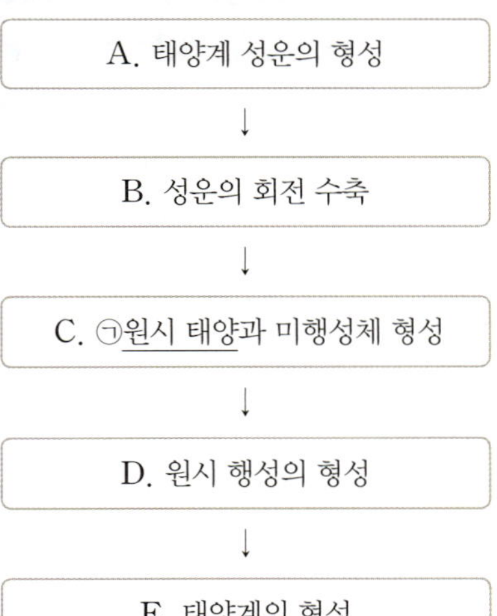

(1) ㉠과 현재 태양의 차이점을 서술하시오.

____

____

(2) 태양계 성운에 초신성 폭발의 잔해가 포함되어 있다고 추론하는 까닭을 서술하시오.

____

____

수행평가 맛보기

다음은 별에서 관측되는 스펙트럼과 여러 원소의 스펙트럼을 비교하여 각 별에 존재하는 원소를 찾기 위한 실험 과정이다.

[실험 과정]
(가) 간이 분광기로 수소, 헬륨, 나트륨, 칼슘의 방전관에서 방출되는 빛의 스펙트럼을 관찰한 후, 스펙트럼을 스마트 기기로 촬영한다.
(나) 별 A와 B의 스펙트럼에서 나타난 흡수선을 각 원소의 스펙트럼에 나타난 방출선과 비교해 본다.

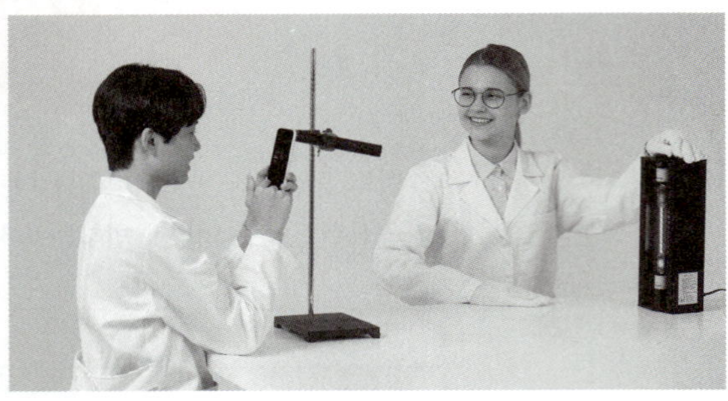

● 결과

구분	스펙트럼 모습	특징
수소		• 검은 바탕에 특정 파장의 ㉠( ) 이/가 나타난다.
헬륨		
나트륨		• 원소마다 ㉡( )의 위치와 개수가 다르다.
칼슘		
별 A		• 연속 스펙트럼에 ㉢( )이/가 나타난다.
별 B		

• 별 A: 흡수선의 위치가 수소, 헬륨, ㉣(   )의 방출선 위치와 같다.
• 별 B: 흡수선의 위치가 수소, ㉤(   )의 방출선 위치와 같다.

● 정리 & 해석

1. 수소, 헬륨, 나트륨, 칼슘의 스펙트럼은 ㉠(방출, 흡수) 스펙트럼이다.

   ➡ 원소마다 방출선의 위치와 개수는 ㉡(같다, 다르다).

2. 별 A와 B의 스펙트럼은 ㉠(방출, 흡수) 스펙트럼이다.

   ➡ 흡수 스펙트럼이 나타나는 것은 고온의 별에서 방출된 빛이 별의 대기를 통과할 때 ㉡ _________________ 때문이다.

3. 별빛의 스펙트럼을 원소의 스펙트럼과 비교하면 별을 구성하고 있는 ㉠ _________ 을/를 알 수 있다.

   ➡ 별 A의 대기에는 ㉡ _________ 이/가 포함되어 있다.
   ➡ 별 B의 대기에는 ㉢ _________ 이/가 포함되어 있다.

4. 스펙트럼에 나타난 흡수선이나 방출선의 세기를 분석하여 별을 구성하는 원소들의 _________ 을/를 알 수 있다.

1 그림은 서로 다른 종류의 스펙트럼을 나타낸 것이다.

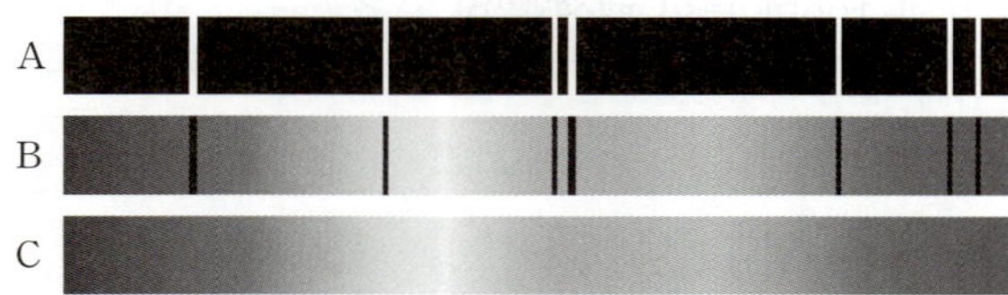

(1) A, B, C 스펙트럼의 종류를 쓰고, 별의 대기를 통과한 별빛의 스펙트럼과 같은 종류의 스펙트럼은 어느 것인지 기호를 쓰시오.

(2) 선 스펙트럼에 해당하는 것을 기호로 쓰고, 각 스펙트럼이 나타나는 까닭을 서술하시오.

수행평가 코디

종류에 따른 스펙트럼의 생성 원리와 특징을 이해하고, 관찰되는 스펙트럼의 모습으로부터 어느 종류의 스펙트럼에 해당하는지 파악한다.

2 그림은 별 A와 B에서 관측되는 스펙트럼의 일부와 수소, 헬륨, 나트륨, 칼슘의 스펙트럼을 나타낸 것이다.

(1) 수소, 헬륨, 나트륨, 칼슘에서 나타나는 스펙트럼의 공통점과 차이점에 대해 서술하시오.

(2) 별 A와 B의 대기에는 각각 어떤 원소가 존재하는지 쓰시오.

(3) 별빛 스펙트럼을 원소의 스펙트럼과 비교하여 알 수 있는 것을 쓰고, 그 까닭을 서술하시오.

수행평가 코디

별을 구성하는 원소의 종류를 찾을 때는 별의 스펙트럼에 나타나는 흡수선과 같은 위치에서 방출선이 나타나는지 파악한다.

수능 맛보기

그림 (가)와 (나)는 우주의 나이가 각각 10만 년과 100만 년일 때에 빛이 우주 공간을 진행하는 모습을 순서 없이 나타낸 것이다.

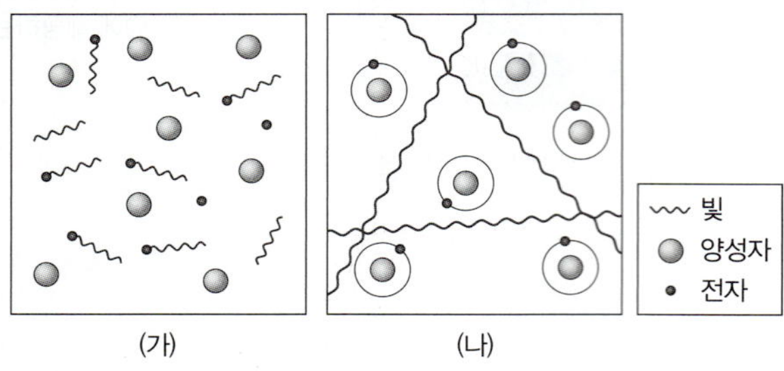

이에 대한 설명으로 옳은 것만을 〈보기〉에서 있는 대로 고른 것은?

> **보기**
>
> ㄱ. (가) 시기 우주의 나이는 10만 년이다.
>
> ㄴ. (나) 시기에 우주 배경 복사의 온도는 2.7 K이다.
>
> ㄷ. 수소 원자핵에 대한 헬륨 원자핵의 함량비는 (가) 시기가 (나) 시기보다 크다.

① ㄱ   ② ㄴ   ③ ㄷ
④ ㄱ, ㄴ   ⑤ ㄱ, ㄷ

자료 풀이

- (가)에서 양성자와 전자는 서로 결합하지 않았으므로 (가)는 원자가 형성되지 않은 시기이다.

- (나)에서 전자는 양성자 주위를 돌고 있으므로 원자가 형성된 시기이다.

선택지 풀이

ㄱ 원자가 형성된 시기는 우주의 나이가 약 38만 년일 때이므로 원자가 형성되지 않은 (가)는 우주의 나이가 10만 년일 때이고, 원자가 형성된 (나)는 우주의 나이가 100만 년일 때이다.

✗ 우주 배경 복사의 온도는 시간이 지나면서 점점 낮아졌고, 현재 2.7 K이다. (나) 시기에 우주 배경 복사의 온도는 우주 나이 100만 년일 때 우주의 온도에 해당하므로 2.7 K보다 높다.

✗ 수소 원자핵에 대한 헬륨 원자핵의 함량비는 우주 나이 약 3분이 지났을 때 약 3 : 1로 결정되었다. (가)와 (나)는 모두 수소 원자핵에 대한 헬륨 원자핵의 함량비가 약 3 : 1로 결정된 시기 이후이므로 (가)와 (나)에서 수소 원자핵에 대한 헬륨 원자핵의 함량비는 같다.

풀이 전략

① (가)는 원자가 존재하지 않는 시기, (나)는 원자가 존재하는 시기이므로 대폭발(빅뱅) 후 원자가 처음 형성된 시기를 알고, 이를 근거로 (가)와 (나)의 시간 차이를 구분해야 한다.

② 원자가 형성될 당시의 우주 온도를 알고, 원자의 형성과 함께 생성된 빛이 우주 배경 복사임을 이해해야 한다.

출제 경향

- 원자의 형성 전과 후의 우주 모습을 대비하는 문항은 자주 출제된다.
- 최근에는 원자의 형성 시기를 직접적으로 묻는 문항보다는 다른 자료를 이용하여 간접적으로 묻는 문항이 출제되고 있다.
- 최근에는 원자의 형성을 단독으로 묻지 않고, 헬륨 원자핵의 형성 등 다른 사건과의 관계를 묻는 문항이 출제된다.
- 수소와 헬륨의 질량비를 우주 초기의 원소 형성에서 일어났던 사건과 연관 지어 묻는 문항이 출제된다.

함정 피하기

수소 원자핵과 헬륨 원자핵의 질량비가 약 3 : 1로 결정된 시기는 헬륨 원자핵이 형성된 대폭발(빅뱅) 후 약 3분이 지났을 무렵이다. 우주의 나이가 약 10만 년이 지난 (가)의 시기는 이미 수소 원자핵과 헬륨 원자핵의 질량비가 약 3 : 1로 결정된 이후이다.

같은 자료 다른 보기

1. (가) 시기에 헬륨 원자핵이 존재하였다.   (○ , ×)

2. (나) 시기는 우주가 투명한 시기이다.   (○ , ×)

3. 우주의 밀도는 (가) 시기가 (나) 시기보다 높다.   (○ , ×)

정답 1. ○ 2. ○ 3. ○

1 그림 (가)와 (나)는 우주의 진화 과정에서 원자가 생성되기 전과 후의 우주의 모습을 순서 없이 나타낸 것이다.

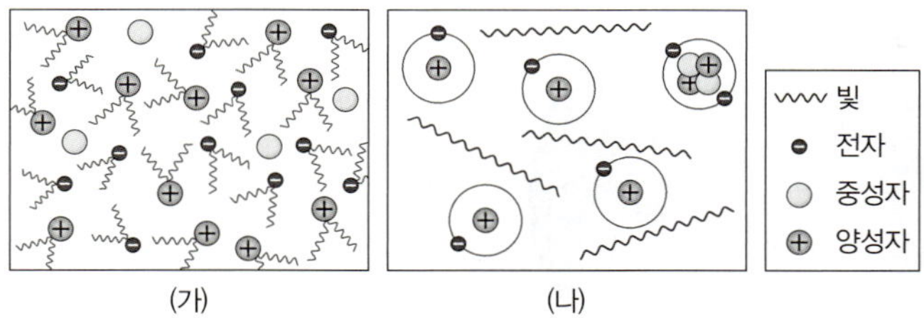

이에 대한 설명으로 옳은 것만을 보기에서 있는 대로 고른 것은?

보기

ㄱ. (나)의 빛은 우주 배경 복사이다.

ㄴ. 우주의 진화 과정은 (가) → (나) 순이다.

ㄷ. 우주의 온도는 (가)일 때가 (나)일 때보다 높다.

① ㄱ   ② ㄴ   ③ ㄱ, ㄷ
④ ㄴ, ㄷ   ⑤ ㄱ, ㄴ, ㄷ

수능 코디

(가)와 (나) 중 원자가 존재하는 시기가 어느 것인지 파악하고, 원자의 형성과 우주 배경 복사의 관계를 생각해 본다.

---

2 그림은 프레드 호일이 주장한 우주의 모형을 모식적으로 나타낸 것이다.

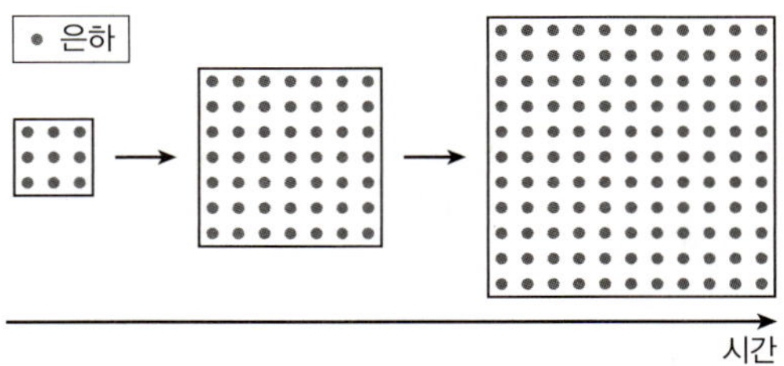

이 모형에서 시간의 흐름에 따라 일정하게 유지되는 값만을 보기에서 있는 대로 고른 것은?

보기

ㄱ. 우주의 질량   ㄴ. 우주의 밀도   ㄷ. 우주의 크기

① ㄱ   ② ㄴ   ③ ㄱ, ㄷ
④ ㄴ, ㄷ   ⑤ ㄱ, ㄴ, ㄷ

수능 코디

시간이 지나면서 은하의 개수가 늘어나고 은하 사이의 거리가 변하지 않음을 파악하고, 이러한 사실이 빅뱅 우주론과 어떻게 다른지 생각해 본다.

3 2024학년도 6월 고1 전국연합학력평가 7번

그림은 빅뱅 이후 약 38만 년을 기준으로 원자 형성 이전과 이후를 각각 **A**와 **B** 시기로 나타낸 것이다.

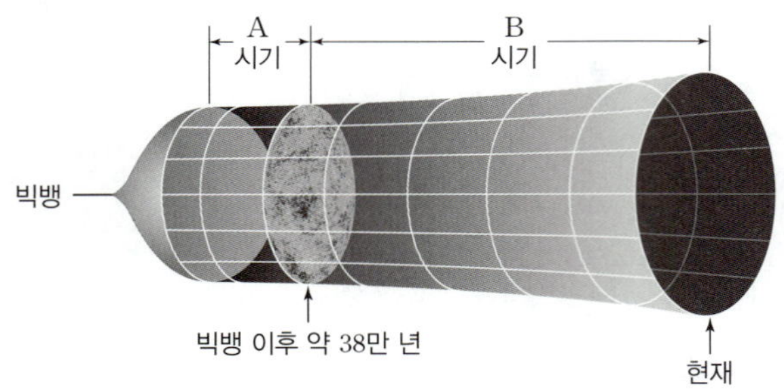

이에 대한 설명으로 옳은 것만을 보기에서 있는 대로 고른 것은?

> **보기**
>
> ㄱ. A 시기에 빛은 우주 공간을 자유롭게 이동할 수 있다.
> ㄴ. B 시기에 우주 배경 복사의 온도는 계속 낮아진다.
> ㄷ. 우주의 평균 밀도는 A 시기보다 B 시기가 낮다.

① ㄱ　　　　　② ㄴ　　　　　③ ㄱ, ㄷ
④ ㄴ, ㄷ　　　　⑤ ㄱ, ㄴ, ㄷ

수능 코디

원자의 형성과 함께 우주 배경 복사가 생성되었다는 것이 빛이 우주 공간을 자유롭게 이동할 수 있는 것과 어떤 관련이 있는지 생각해 본다.

---

4 2023학년도 9월 고1 전국연합학력평가 12번

다음은 태양계가 형성되는 과정을 나타낸 것이다.

태양계 성운의 형성 →(A) 원시 태양과 태양계 원반 형성 →(B) 미행성체 형성과 충돌 →(C) 태양계 형성

이에 대한 설명으로 옳은 것만을 보기에서 있는 대로 고른 것은?

> **보기**
>
> ㄱ. A 과정에서 성운 중심부의 온도는 높아진다.
> ㄴ. B 과정에서 원시 태양으로부터의 거리에 따른 물질의 평균 밀도는 일정하다.
> ㄷ. C 과정에서 태양계의 미행성체 수는 계속 증가한다.

① ㄱ　　　　　② ㄴ　　　　　③ ㄷ
④ ㄱ, ㄴ　　　　⑤ ㄴ, ㄷ

수능 코디

태양계의 형성 과정에서 지구형 행성과 목성형 행성의 구성 물질이 달라진 과정이 미행성의 형성 과정과 어떤 관계가 있었는지 생각해 본다.

5 그림은 초기 우주에서 양성자와 중성자가 결합하여 A 원자핵이 만들어지는 과정을 나타 낸 것이다. ㉠과 ㉡은 각각 양성자와 중성자 중 하나이다.

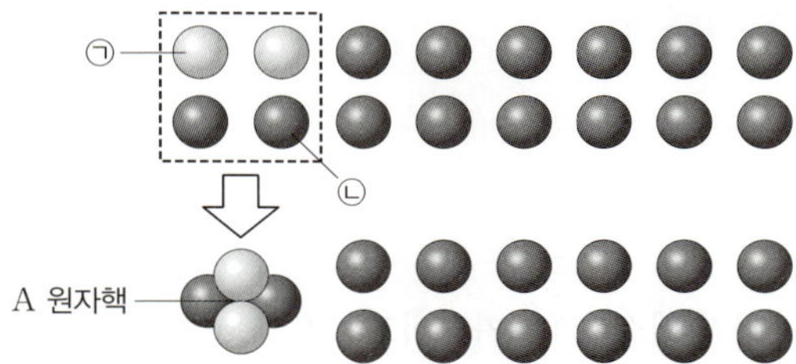

이에 대한 설명으로 옳은 것만을 보기에서 있는 대로 고른 것은?

보기

ㄱ. ㉠은 양성자이다.

ㄴ. ㉡의 전하량은 0이다.

ㄷ. 이 과정 이후 우주에 존재하는 수소 원자핵 총질량은 A 원자핵 총질량의 약 3배 가 되었다.

① ㄱ   ② ㄷ   ③ ㄱ, ㄴ

④ ㄴ, ㄷ   ⑤ ㄱ, ㄴ, ㄷ

수능 코디

양성자와 중성자의 전하량 차이를 이 해한다. 헬륨 원자핵의 형성 이후 우 주에서 수소와 헬륨의 질량비가 약 3 : 1이 된 까닭을 알아두어야 한다.

6 그림 (가)와 (나)는 원자가 생성되기 전과 후의 우주의 일부를 각각 나타낸 것이다.

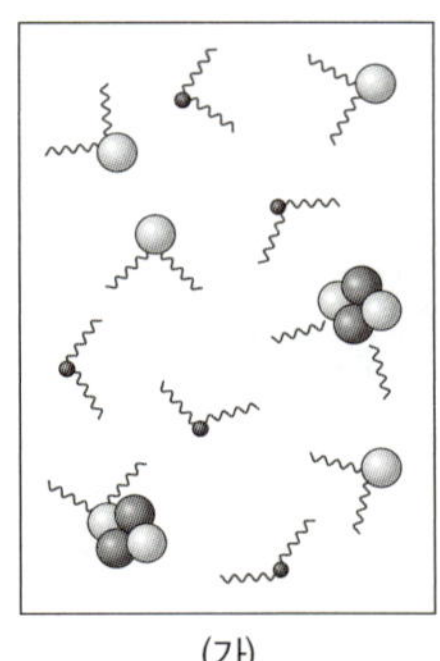
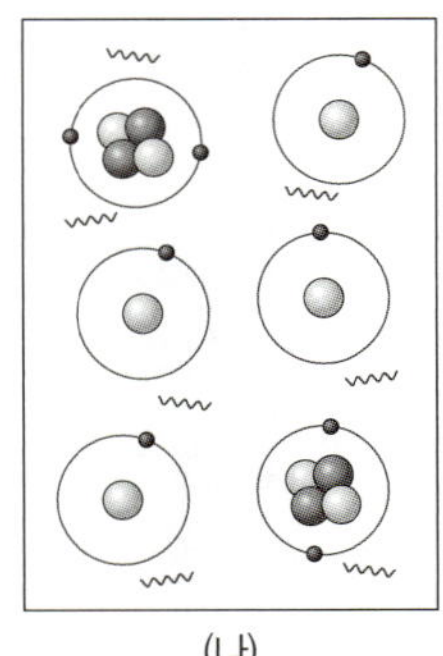

(가)   (나)

이에 대한 설명으로 옳은 것만을 보기에서 있는 대로 고른 것은?

보기

ㄱ. 우주의 온도는 (가)일 때가 (나)일 때보다 높다.

ㄴ. (나) 초기에 우주로 퍼져 나간 빛은 현재 우주 배경 복사로 관측된다.

ㄷ. 우주에 존재하는 수소 원자핵과 헬륨 원자핵의 질량비가 일정하게 고정된 시기는 (나) 이후이다.

① ㄱ   ② ㄷ   ③ ㄱ, ㄴ

④ ㄴ, ㄷ   ⑤ ㄱ, ㄴ, ㄷ

수능 코디

원자가 형성된 시기에 우주로 퍼져 나간 빛과 우주 배경 복사의 관계에 대해 생각해 본다. 수소 원자핵과 헬 륨 원자핵의 질량비가 약 3 : 1이 된 시기는 언제인지 생각해 본다.

원소의 주기성

내 교과서와 비교
동아 58~63쪽
미래엔 60~65쪽
비상 58~65쪽
지학사 66~73쪽
천재 58~63쪽

핵심 KEYWORD

- 원소와 주기율표
- 알칼리 금속과 할로젠
- 전자 배치와 원소의 주기성

중학교에서 원소는 더 이상 다른 물질로 분해되지 않는 물질을 구성하는 기본 성분이라고 배웠어. 현대에 와서 원자의 구조가 밝혀지면서 원소는 원자핵을 구성하는 양성자수가 같은 입자로 이루어진 물질로 정의하기도 해.

❶ 주기율(週 돌다, 期 기간, 律 법)
원소를 원자 번호 순서대로 배열하였을 때 그 성질이 주기적으로 나타나는 법칙

➕ 지학사 교과서에 있어요

❷ 주기율의 역사
- 되베라이너: 화학적 성질이 비슷한 원소 세 개의 원자량 사이에 일정한 관계가 있다.
- 뉴랜즈: 원소를 원자량 순으로 배열하면 여덟 번째마다 성질이 비슷한 원소가 나타난다.
- 멘델레예프: 원소를 원자량 순으로 배열한 뒤 성질이 비슷한 원소가 주기적으로 나타나도록 주기율표를 만들었다.
- 모즐리: 원소들의 주기적 성질은 원자를 구성하는 양성자수(원자 번호)와 관계가 있음을 알아내었다.

❸ 원자 번호
원자핵을 구성하는 양성자의 수와 같다.

❹ 준금속 원소
주기율표에서 금속과 비금속의 경계에 위치하며, 금속과 비금속의 중간 성질을 갖는다. 금속보다는 전기가 잘 통하지 않지만 비금속보다는 전기가 잘 통하여 주로 반도체의 재료로 이용된다.

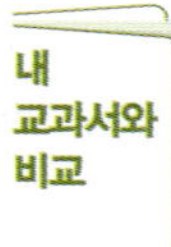 A 원소와 주기율표

1 우리 주변의 원소

① 원소: 물질을 구성하는 기본 성분으로, 화학적인 방법에 의해 더 이상 분해되지 않는다.
② 지금까지 알려진 원소는 118가지이고, 그중 90여 가지는 자연에서 발견한 것이다.
③ 우리 주변의 물질은 다양한 원소로 이루어져 있다.

물질	우주	지구의 대기	지각	생명체	건물, 자동차, 스마트 기기
원소	수소, 헬륨 등	질소, 산소 등	산소, 규소, 알루미늄 등	산소, 탄소, 수소, 질소 등	탄소, 알루미늄, 철, 구리 등

2 주기율표

① 주기율❶: 화학적 성질이 비슷한 원소들이 일정한 간격을 두고 주기적으로 나타나는 현상
② 주기율표❷: 원소의 성질이 주기적으로 나타나도록 원소들을 배열한 표이다. 현대의 주기율표는 원소를 원자 번호❸(양성자수) 순서로 나열하다가 비슷한 화학적 성질을 가지는 원소들이 같은 세로줄에 오도록 배열하였다.
- 주기: 주기율표의 가로줄로 1주기부터 7주기까지 있다.
- 족: 주기율표의 세로줄로 1족부터 18족까지 있으며, 같은 족에 속한 원소들은 화학적 성질이 비슷하다.─ 같은 족 원소를 동족 원소라고 한다.

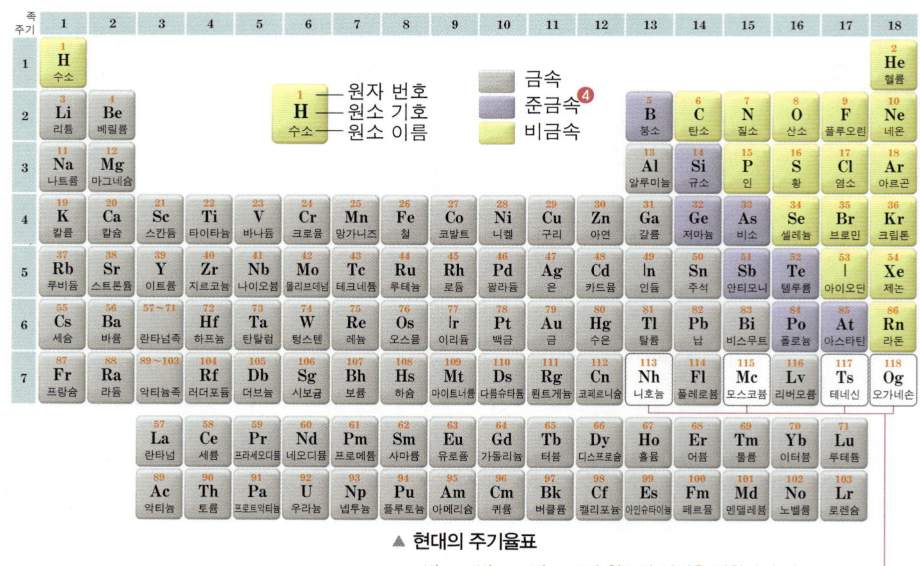

▲ 현대의 주기율표

113번, 115번, 117번, 118번 원소의 성질은 명확하게 밝혀지지 않아 금속, 비금속, 준금속으로 분류하지 않는다.

B 원소의 분류

1 금속 원소와 비금속 원소
우리 주변의 물질을 구성하는 다양한 원소는 성질에 따라 크게 금속 원소와 비금속 원소로 분류한다.

구분	금속 원소		비금속 원소		
주기율표에서의 위치	대체로 왼쪽과 가운데		대체로 오른쪽 (단, H는 제외)		
실온에서의 상태	고체 (단, Hg은 액체)		기체, 고체 (단, Br_2은 액체)		
이온의 형성	양이온이 되기 쉽다.		음이온이 되기 쉽다. (단, 18족 원소 제외)		
열, 전기 전도성	열과 전기를 잘 전달한다.		열과 전기를 잘 전달하지 않는다.❺		
이용	철(Fe)	구리(Cu)	금(Au)	수소(H)	탄소(C)	질소(N)

  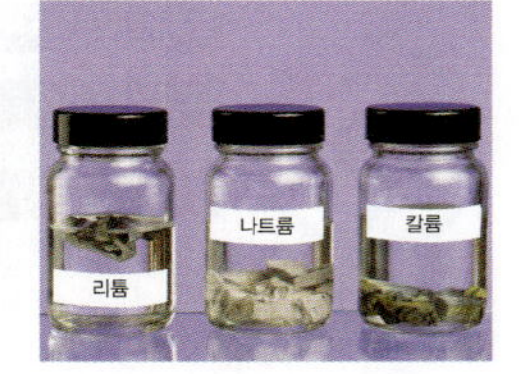

▲ 공구   ▲ 전선   ▲ 회로 기판   ▲ 연료   ▲ 연필심   ▲ 충전재

2 알칼리 금속과 할로젠❻

① 알칼리 금속: 주기율표의 1족 원소 중 수소(H)를 제외한 리튬(Li), 나트륨(Na), 칼륨(K) 등

- 실온에서 고체 상태이며, 은백색의 광택을 띤다.
- 다른 금속에 비해 밀도가 작고, 칼로 자를 수 있을 정도로 무르다.
- 공기 중에서 산소와 빠르게 반응하여 광택을 잃는다.❼
- 물과 격렬하게 반응하여 수소 기체를 발생시키고 반응 후 수용액은 염기성을 띤다.
- 산소, 물과 반응하는 것을 막기 위해 석유나 액체 파라핀에 넣어 보관한다.

▲ 칼로 쉽게 잘린다.   ▲ 물과 격렬하게 반응한다.   ▲ 액체 파라핀에 보관한다.

② 할로젠: 주기율표의 17족 원소인 플루오린(F), 염소(Cl), 브로민(Br), 아이오딘(I) 등

- 실온에서 이원자 분자(F_2, Cl_2, Br_2, I_2)로 존재하며, 원소마다 고유한 색을 띤다.
- 금속과 반응하여 염❽을 생성한다.
- 수소와 반응하여 수소 화합물❾을 생성한다.

▲ 할로젠의 색

C 전자 배치와 원소의 주기성

1 원자의 구조

① 원자는 원자핵과 전자로 이루어져 있고, 원자핵은 양성자와 중성자로 이루어져 있다.

② 한 원자를 구성하는 양성자수와 전자 수는 같다. ➡ 원자는 전기적으로 중성이다.

2 원자의 전자 배치

① 에너지 준위: 원자핵 주위를 돌고 있는 전자가 갖는 특정한 에너지 값

✚미래엔 교과서에 있어요

❺ **흑연의 전기 전도성**
흑연은 비금속 원소인 탄소(C)로 이루어져 있지만 자유롭게 이동할 수 있는 전자가 존재하여 전기 전도성이 있다.

❻ **알칼리 금속과 할로젠의 반응성**
- 알칼리 금속은 원자 번호가 클수록 반응성이 크다.
  ➡ Li<Na<K<Rb
- 할로젠은 원자 번호가 작을수록 반응성이 크다.
  ➡ F_2>Cl_2>Br_2>I_2

❼ **알칼리 금속의 반응**
- 산소와의 반응: 산소와 빠르게 반응하여 산화물을 형성하므로 은백색의 광택을 잃는다.
$$4M+O_2 \longrightarrow 2M_2O$$
$$\text{(M: 알칼리 금속)}$$
- 물과의 반응: 물과 반응한 수용액에는 수산화 이온(OH^-)이 존재하므로 염기성을 띤다.
$$2M+2H_2O \longrightarrow 2MOH+H_2$$
$$\text{(M: 알칼리 금속)}$$

❽ **염**
산의 음이온과 염기의 양이온이 정전기적 인력으로 결합한 이온 결합 물질이다.
㉞ 염소는 나트륨과 반응하여 염화 나트륨을 생성한다.
$$2Na+Cl_2 \longrightarrow 2NaCl$$

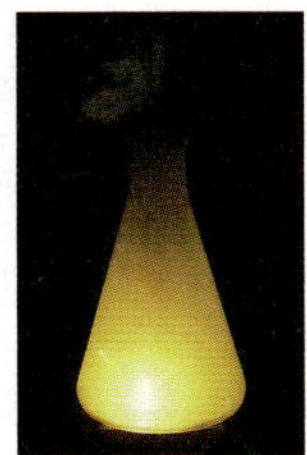

▲ 염소와 나트륨의 반응

❾ **할로젠의 수소 화합물**
할로젠이 수소와 반응하여 생성된 할로젠화 수소는 물에 녹아 수소 이온(H^+)을 생성하여 산성을 띤다.
$$H_2+X_2 \longrightarrow 2HX$$
$$HX \xrightarrow{H_2O} H^+ + X^-$$
$$\text{(X: 할로젠 원소)}$$

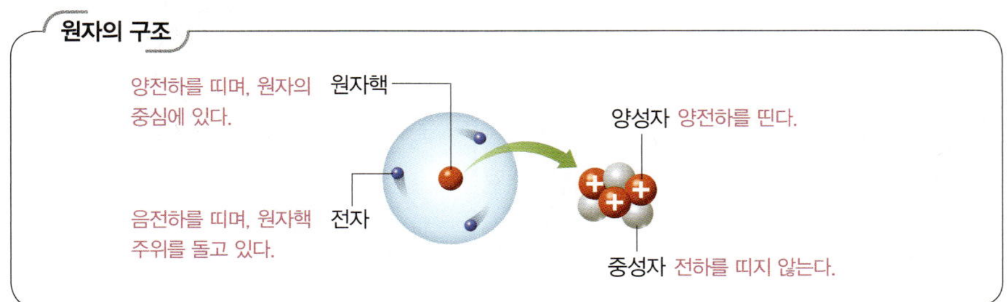

② 전자 껍질: 원자핵 주위의 전자가 돌고 있는 특정한 에너지 준위의 궤도

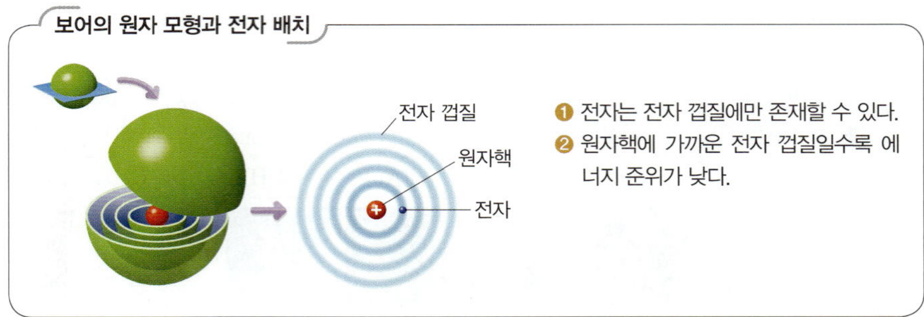

③ 전자 배치의 원리
- 전자는 원자핵에 가까운 전자 껍질부터 차례로 배치되며, 각 전자 껍질에 배치될 수 있는 전자의 수는 정해져 있다.
- 첫 번째 전자 껍질에는 최대 2개의 전자가 배치될 수 있고, 두 번째 전자 껍질에는 최대 8개의 전자가 배치될 수 있다.

④ 원자가 전자[10]: 원자의 전자 배치에서 가장 바깥 전자 껍질에 들어 있어 화학 결합에 참여하는 전자이다. ➡ 원소의 화학적 성질을 결정한다.

⑩ 원자가 전자와 화학적 성질
화학적 성질은 화학 반응과 관련된 성질이다. 원자가 전자는 화학 결합이나 화학 반응에 관여하므로 원소의 화학적 성질을 결정한다.

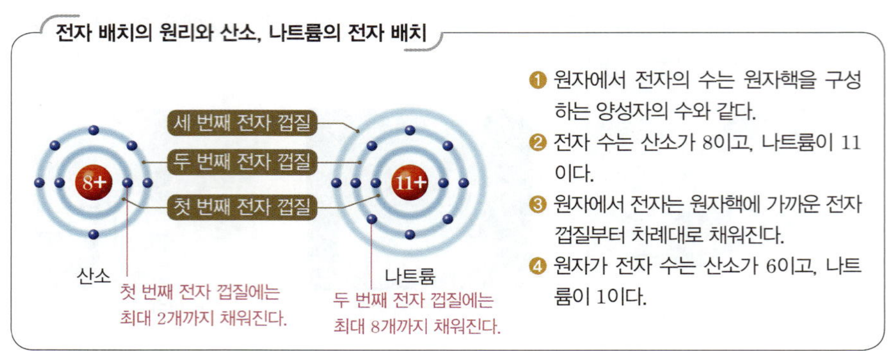

⑪ 18족 원소의 원자가 전자 수
18족 원소는 다른 원소와 거의 반응하지 않기 때문에 원자가 전자 수는 0이다.

3 전자 배치의 규칙성과 원소의 주기성

① 같은 주기 원소의 전자 배치: 전자가 들어 있는 전자 껍질 수가 같다. ➡ 1주기, 2주기, 3주기 원소의 전자 껍질 수는 각각 1, 2, 3이다.

② 같은 족 원소의 전자 배치
- 원자가 전자 수가 같다. ➡ 같은 족 원소들은 화학적 성질이 비슷하다. (단, 수소 및 3~12족 원소는 예외)
- 원자가 전자 수는 원소가 속한 족 번호의 끝자리 수와 같다. ➡ 1족 원소의 원자가 전자 수는 1이고, 16족 원소의 원자가 전자 수는 6이다. (단, 18족 원소는 예외)[11]

⑫ 원소의 주기성
주기율표에서 같은 족에 속하는 원소는 원자가 전자 수가 같으므로 원소의 화학적 성질은 주기성을 갖는다.

족	원자가 전자 수
1	1
2	2
13	3
14	4
15	5
16	6
17	7
18	0

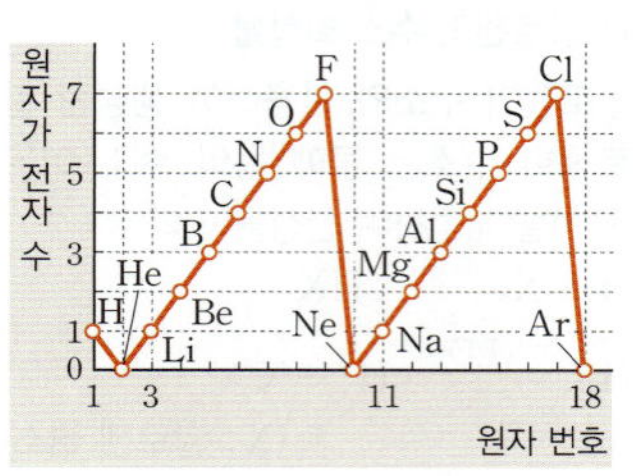

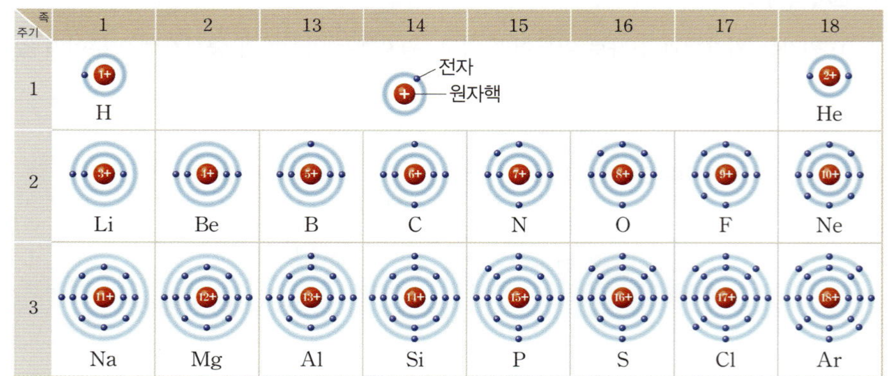

▲ 원자 번호 1~18번 원소들의 전자 배치

③ 원소의 주기성[12]이 나타나는 까닭: 원자 번호가 증가함에 따라 원자가 전자의 수가 주기적으로 변하기 때문이다.

1 다음 ( ) 안에 알맞은 말을 쓰시오.

> ( )은/는 물질을 구성하는 기본 성분으로, 지금까지 약 110여 종류가 알려져 있다.

2 다음은 현대의 주기율표에 대한 설명이다. ( ) 안에 알맞은 말 또는 숫자를 쓰시오.

(1) 원소들을 ( ) 순으로 배열하였다.

(2) 가로줄을 ㉠( )(이)라고 하고, 세로줄을 ㉡( )(이)라고 한다.

(3) 같은 주기에 속한 원소들은 전자가 들어 있는 ㉠( ) 수가 같고, 같은 족에 속한 원소들은 ㉡( ) 수가 같다.

(4) 2족 원소의 원자가 전자 수는 ㉠( )이고, 16족 원소의 원자가 전자 수는 ㉡( )이다.

3 금속 원소와 비금속 원소에 대한 설명으로 옳은 것은 ○, 옳지 <u>않은</u> 것은 ×로 표시하시오.

(1) 금속 원소는 대체로 주기율표의 오른쪽에, 비금속 원소는 대체로 주기율표의 왼쪽과 가운데에 위치한다. ( )

(2) 실온에서 금속 원소는 대부분 고체 상태로, 비금속 원소는 대부분 액체 상태로 존재한다. ( )

(3) 금속 원소는 열과 전기 전도성이 있다. ( )

(4) 비금속 원소는 특유의 광택이 있다. ( )

4 다음은 우리 주변에서 발견되는 몇 가지 원소이다.

N	O	F	Li
Na	Mg	Cl	Ca

( ) 안에 알맞은 원소를 모두 골라 쓰시오.

(1) 비금속 원소: ( )

(2) 알칼리 금속: ( )

(3) 할로젠: ( )

5 알칼리 금속에 대한 설명에는 '알칼리', 할로젠에 대한 설명에는 '할로젠'이라고 쓰시오.

(1) 주기율표의 1족 원소 중 수소를 제외한 원소이다. ( )

(2) 실온에서 이원자 분자로 존재한다. ( )

(3) 칼로 쉽게 잘릴 정도로 무른 고체이다. ( )

(4) 물과 반응하여 수소 기체를 생성한다. ( )

6 그림은 주기율표의 일부를 나타낸 것이다.

주기＼족	1	2	13	14	15	16	17	18
1	A							B
2	C			D		E		F
3		G					H	

A~H에 대한 설명으로 옳은 것은 ○, 옳지 <u>않은</u> 것은 ×로 표시하시오. (단, **A~H**는 임의의 원소 기호이다.)

(1) A와 B는 같은 족 원소이다. ( )

(2) A와 C는 모두 알칼리 금속이다. ( )

(3) B와 F는 원자가 전자 수가 같다. ( )

(4) D와 E는 전자가 들어 있는 전자 껍질 수가 같다. ( )

(5) G와 H는 세 번째 전자 껍질에 전자가 최대로 배치되어 있다. ( )

7 그림은 원자 A와 B를 모형으로 나타낸 것이다.

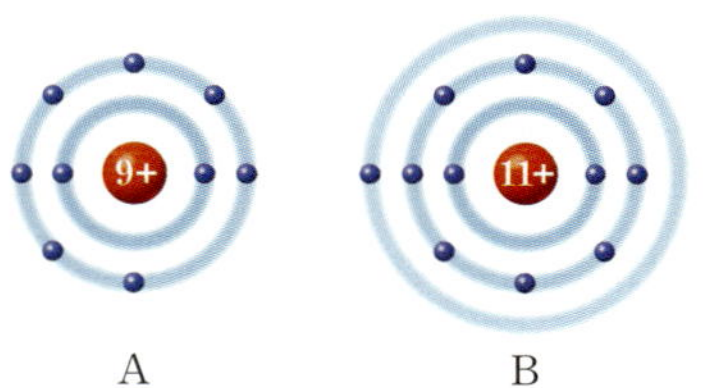

( ) 안에 알맞은 숫자를 쓰시오. (단, A와 B는 임의의 원소 기호이다.)

(1) A는 ㉠( )주기 원소이고, B는 ㉡( )주기 원소이다.

(2) A의 원자가 전자 수는 ㉠( )이고, B의 원자가 전자 수는 ㉡( )이다.

(3) A는 ㉠( )족 원소이고, B는 ㉡( )족 원소이다.

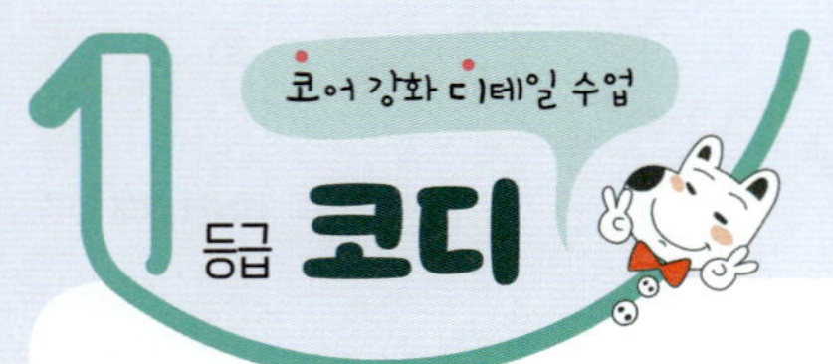

알칼리 금속의 성질

정답과 해설 15쪽

알칼리 금속의 비슷한 성질을 알아보기 위한 실험을 분석하여
알칼리 금속의 유사성과 반응성에 대해 알아봅시다.

강의 영상

디테일 Point

● 알칼리 금속의 단단한 정도와 산소와의 반응

리튬(Li), 나트륨(Na), 칼륨(K)을 칼로 자르고 단면을 관찰한 결과는 다음과 같다.

구분	리튬	나트륨	칼륨
굳기	칼로 잘릴 정도로 무름.	칼로 잘릴 정도로 무름.	칼로 잘릴 정도로 무름.
단면의 변화	은백색 광택이 사라짐.	은백색 광택이 빠르게 사라짐.	은백색 광택이 매우 빠르게 사라짐.

❶ 알칼리 금속은 칼로 자를 수 있을 정도로 무르다.
❷ 알칼리 금속은 실온에서 은백색의 광택을 띠는 금속이지만 공기 중에서 광택이 쉽게 사라진다.
➡ 알칼리 금속이 공기 중의 산소와 빠르게 반응하여 산화물을 형성하기 때문이다.
❸ 알칼리 금속의 광택이 사라지는 속도는 칼륨 > 나트륨 > 리튬이다. ➡ 알칼리 금속의 반응성은 칼륨 > 나트륨 > 리튬이다.

디테일 Up 알칼리 금속을 칼로 잘라 단면의 광택이 사라지는 정도를 관찰하는 까닭은 알칼리 금속의 무른 정도와 각 금속과 산소와의 반응 정도를 확인하기 위해서이다.

● 알칼리 금속과 물의 반응

세 비커에 물을 $\frac{1}{3}$ 정도 넣고 페놀프탈레인 용액을 1~2방울씩 떨어뜨린 다음, 쌀알 크기 정도의 리튬(Li), 나트륨(Na), 칼륨(K)을 각각 비커에 넣고 반응을 관찰한 결과는 다음과 같다.

구분	리튬	나트륨	칼륨
생성된 기체	수소	수소	수소
반응 후 수용액의 색 변화	무색 → 붉은색	무색 → 붉은색	무색 → 붉은색
반응 정도	물 위에 떠서 빠르게 반응	물 위에 떠서 격렬하게 반응	물 위에 떠서 매우 격렬하게 반응

❶ 알칼리 금속은 물과 반응하여 수소 기체를 발생시킨다.

디테일 Up 알칼리 금속과 물의 반응에서 생성된 기체를 모아 성냥불을 대 보면 '퍽' 소리를 내며 타는 것으로 생성된 기체가 수소 기체임을 확인할 수 있다.

❷ 물과 반응한 수용액은 염기성을 띤다.
➡ 페놀프탈레인 용액을 넣은 수용액이 붉게 변한다.

디테일 Up 반응 전 페놀프탈레인 용액을 넣는 까닭은 물과 반응한 후 수용액의 액성을 색 변화로 확인하기 위해서이다.

❸ 알칼리 금속과 물의 반응 정도는 칼륨 > 나트륨 > 리튬이다.
➡ 알칼리 금속의 반응성은 칼륨 > 나트륨 > 리튬이다.

디테일 Up 알칼리 금속을 쌀알 크기 정도로 넣는 까닭은 알칼리 금속은 물과의 반응성이 매우 커서 많은 양의 금속을 물과 반응시키면 위험하기 때문이다.

디테일 예제

1 알칼리 금속의 굳기와 산소와의 반응 정도를 알아보는 실험에 대한 설명으로 옳은 것은 ○, 옳지 않은 것은 ×로 표시하시오.

(1) 알칼리 금속의 굳기를 확인하기 위해 알칼리 금속을 칼로 자르는 실험을 수행한다. (   )

(2) 알칼리 금속과 산소와의 반응 정도를 확인하기 위해 칼로 자른 단면의 광택이 사라지는 정도를 비교하는 실험을 수행한다. (   )

(3) 알칼리 금속이 산소와 반응하는 정도는 리튬 > 나트륨 > 칼륨임을 알 수 있다. (   )

2 그림 (가)는 물이 담긴 비커에 쌀알 크기의 리튬 조각을 넣는 것을, (나)는 (가)에서 반응이 완결된 후 수용액에 페놀프탈레인 용액을 1~2방울 떨어뜨리는 것을 나타낸 것이다.

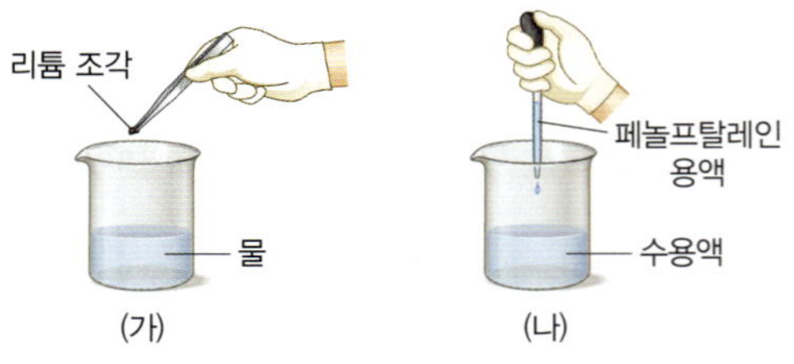

(1) (가)에서 발생하는 기체를 쓰시오.

(2) (나)에서 수용액의 색 변화를 쓰시오.

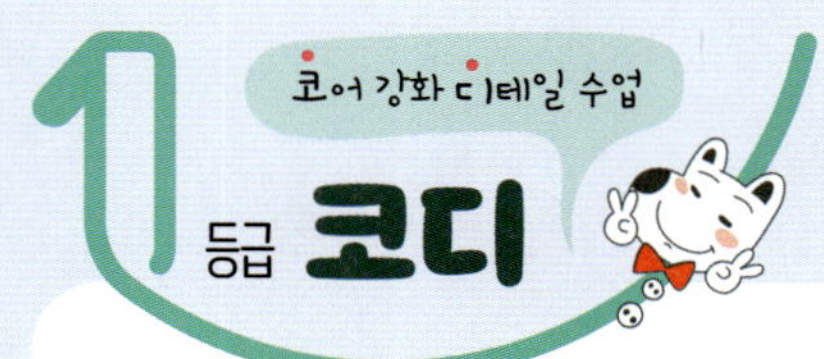

원자의 전자 배치와 원자가 전자

정답과 해설 15쪽

원자의 전자 배치를 보어의 원자 모형으로 나타내 보고, 이를 통해
원소의 주기와 원자가 전자 수를 알아봅시다.

디테일 Point

● 원자의 전자 배치

원자의 전자 수는 원소의 원자 번호와 같다는 것과 전자 배치의 원리를 적용하여 다음 단계에 따라 전자 배치를 할 수 있다.

예 원자 번호가 8인 산소의 전자 배치

단계	내용
1단계	원자 번호로 원자의 전자 수를 파악한다. • 원자 번호＝양성자수＝전자 수 ➡ 산소의 원자 번호는 8이므로 양성자수와 전자 수는 각각 8이다.
2단계	전자 배치의 원리에 따라 전자 배치를 한다. • 첫 번째 전자 껍질: 최대 2개　• 두 번째 전자 껍질: 최대 8개 ➡ 산소의 첫 번째 전자 껍질에는 전자 2개가, 두 번째 전자 껍질에는 전자 6개가 배치된다.
3단계	원자의 전자 배치 모형을 해석한다. 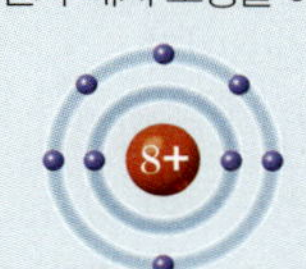 • 전자가 들어 있는 전자 껍질 수는 2이다. ➡ 전자가 들어 있는 전자 껍질 수는 주기 번호와 같으므로 산소는 2주기 원소이다. • 가장 바깥 전자 껍질에 들어 있는 전자 수는 6이다. ➡ 산소의 원자가 전자 수는 6이다.

● 같은 족에 속한 원자의 전자 배치와 원자가 전자

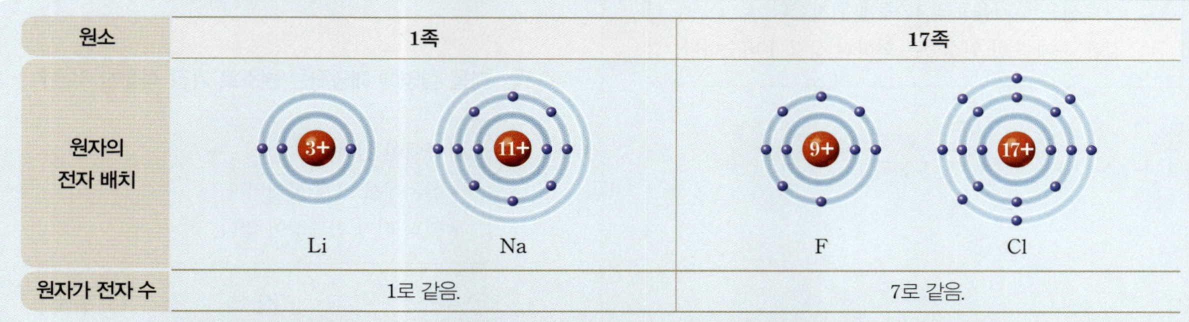

원소	1족		17족	
원자의 전자 배치	Li	Na	F	Cl
원자가 전자 수	1로 같음.		7로 같음.	

• 주기율표의 1족에 속하는 알칼리 금속은 원자가 전자 수가 1로 같고, 17족에 속하는 할로젠은 원자가 전자 수가 7로 같다.
➡ 같은 족에 속한 원소들은 원자가 전자 수가 같아 화학적 성질이 비슷하다.

디테일 예제

1 표는 몇 가지 원자의 전자 배치에 대한 자료이다. ( ) 안에 알맞은 숫자를 쓰시오.

원소	수소	리튬	네온	염소
원자 번호	(1) ( )	(6) ( )	(11) ( )	(16) ( )
양성자수	(2) ( )	(7) ( )	(12) ( )	(17) ( )
전자 수	(3) ( )	(8) ( )	(13) ( )	(18) ( )
원자의 전자 배치	1+	3+	10+	17+
주기	(4) ( )	(9) ( )	(14) ( )	(19) ( )
원자가 전자 수	(5) ( )	(10) ( )	(15) ( )	(20) ( )

개념 적용하기

01 원소와 주기율표에 대한 설명으로 옳은 것은?

① 생명체는 수소와 헬륨으로만 구성되어 있다.
② 현대의 주기율표는 원소를 원자량 순으로 배열하였다.
③ 주기율표에서 가로줄을 족이라고 하며, 1족에서 18족까지 있다.
④ 같은 주기에 속한 원소들은 전자가 들어 있는 전자 껍질 수가 같다.
⑤ 같은 족에 속한 원소들은 전자 수가 같다.

02 주기율표에 대한 설명으로 옳은 것만을 보기에서 있는 대로 고른 것은?

> **보기**
> ㄱ. 알칼리 금속은 주기율표의 1족에 위치한다.
> ㄴ. 할로젠은 주기율표의 17족에 위치한다.
> ㄷ. 같은 족에 속한 원소들은 화학적 성질이 비슷하다.

① ㄱ   ② ㄷ   ③ ㄱ, ㄴ
④ ㄴ, ㄷ   ⑤ ㄱ, ㄴ, ㄷ

03 그림은 주기율표의 일부에서 영역 (가)~(다)를 나타낸 것이다.

주기＼족	1	2	13	14	15	16	17	18
1								
2	(가)			(나)			(다)	
3	(가)						(다)	
4								

이에 대한 설명으로 옳은 것만을 보기에서 있는 대로 고른 것은?

> **보기**
> ㄱ. (가)에 속한 원소는 금속 원소이다.
> ㄴ. (나)에 속한 원소들은 화학적 성질이 비슷하다.
> ㄷ. (다)에 속한 원소들은 원자가 전자 수가 같다.

① ㄱ   ② ㄴ   ③ ㄱ, ㄷ
④ ㄴ, ㄷ   ⑤ ㄱ, ㄴ, ㄷ

04 그림은 주기율표에서 원소를 성질에 따라 (가)와 (나)로 분류한 것을 나타낸 것이다.

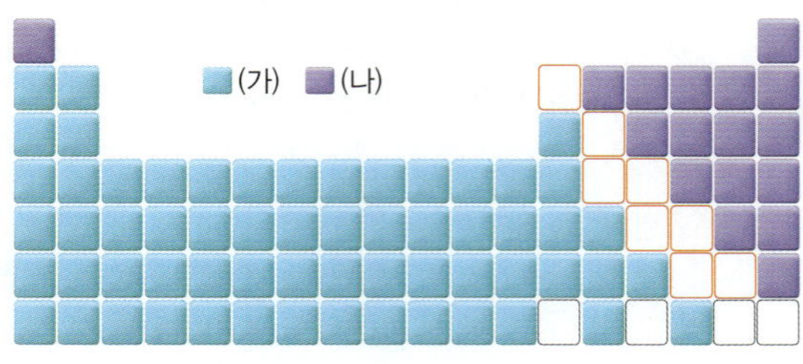

(가)와 (나)에 대한 설명으로 옳은 것은?

① (가)는 비금속 원소이다.
② (나)는 금속 원소이다.
③ 수소(H)는 (가)에 속한다.
④ (가)는 전기 전도성이 있다.
⑤ (나)는 실온에서 대부분 액체 상태로 존재한다.

05 다음 설명에 해당하는 원소로 가장 적절한 것은?

> • 광택이 있다.
> • 실온에서 고체 상태이다.
> • 열과 전기 전도성이 있다.

① 수소   ② 산소   ③ 염소
④ 헬륨   ⑤ 마그네슘

06 다음은 세 가지 원소를 나타낸 것이다.

> F   Cl   Br

제시된 원소들의 공통점으로 옳은 것만을 보기에서 있는 대로 고른 것은?

> **보기**
> ㄱ. 금속 원소이다.
> ㄴ. 원자가 전자 수는 7이다.
> ㄷ. 실온에서 원자 2개가 결합한 분자로 존재한다.

① ㄱ   ② ㄴ   ③ ㄱ, ㄷ
④ ㄴ, ㄷ   ⑤ ㄱ, ㄴ, ㄷ

07 그림 (가)~(다)는 물이 담긴 비커에 페놀프탈레인 용액을 1~2방울씩 떨어뜨린 뒤 쌀알 크기의 리튬, 나트륨, 칼륨 조각을 각각 넣고 반응시킬 때의 모습을 나타낸 것이다.

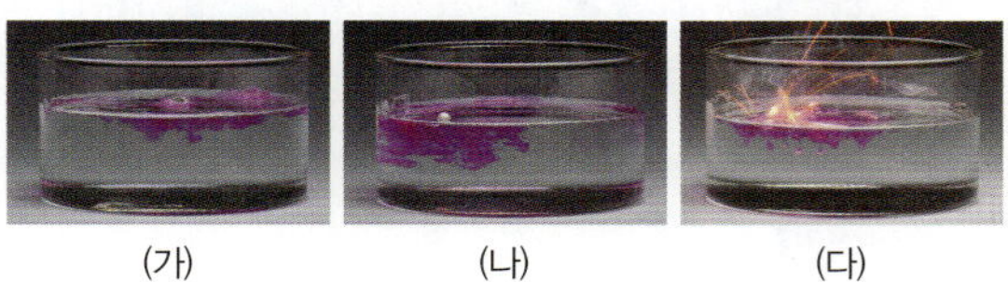

(가)   (나)   (다)

이에 대한 설명으로 옳은 것만을 보기에서 있는 대로 고른 것은?

보기
ㄱ. 리튬은 물과 반응하여 수소 기체를 발생시킨다.
ㄴ. 나트륨은 물보다 밀도가 작다.
ㄷ. 칼륨과 물이 반응한 수용액은 염기성을 띤다.

① ㄱ   ② ㄴ   ③ ㄱ, ㄷ
④ ㄴ, ㄷ   ⑤ ㄱ, ㄴ, ㄷ

08 그림은 세 가지 원소를 주어진 기준에 따라 분류한 것을 나타낸 것이다.

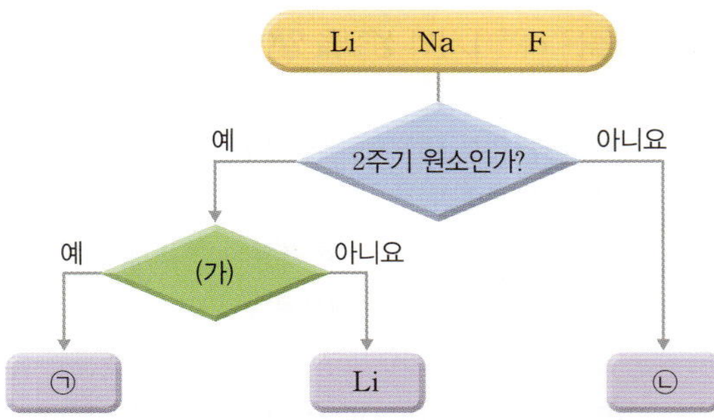

이에 대한 설명으로 옳은 것만을 보기에서 있는 대로 고른 것은?

보기
ㄱ. '비금속 원소인가?'는 (가)로 적절하다.
ㄴ. ㉠은 Li과 화학적 성질이 비슷하다.
ㄷ. ㉡은 전기 전도성이 있다.

① ㄱ   ② ㄴ   ③ ㄱ, ㄷ
④ ㄴ, ㄷ   ⑤ ㄱ, ㄴ, ㄷ

C 전자 배치와 원소의 주기성

09 그림은 원자 구조를 모형으로 나타낸 것이다.

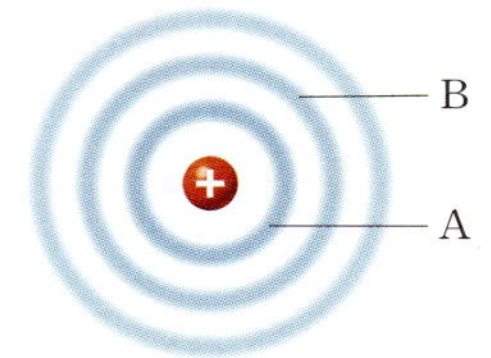

이에 대한 설명으로 옳은 것만을 보기에서 있는 대로 고른 것은?

보기
ㄱ. 전자는 A와 B 사이의 영역에 존재한다.
ㄴ. 에너지 준위는 A가 B보다 높다.
ㄷ. 배치될 수 있는 최대 전자 수는 B가 A보다 크다.

① ㄱ   ② ㄷ   ③ ㄱ, ㄴ
④ ㄴ, ㄷ   ⑤ ㄱ, ㄴ, ㄷ

10 원자의 전자 배치에 대한 설명으로 옳지 <u>않은</u> 것은?

① 전자는 전자 껍질에만 존재할 수 있다.
② 원자핵에 가까운 전자 껍질부터 차례대로 채워진다.
③ 각 전자 껍질에 배치될 수 있는 최대 전자 수는 8로 같다.
④ 같은 주기에 속한 원소들은 전자가 들어 있는 전자 껍질 수가 같다.
⑤ 원소의 화학적 성질을 결정하는 원자가 전자 수가 주기적으로 변하기 때문에 원소의 주기성이 나타난다.

11 그림은 원자 A의 전자 배치를 모형으로 나타낸 것이다.
A에 대한 설명으로 옳은 것만을 보기에서 있는 대로 고른 것은? (단, A는 임의의 원소 기호이다.)

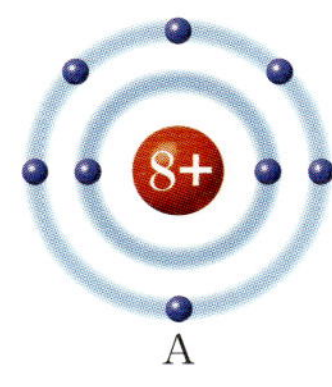

보기
ㄱ. 원자 번호는 8이다.
ㄴ. 2주기 원소이다.
ㄷ. 원자가 전자 수는 6이다.

① ㄱ   ② ㄴ   ③ ㄱ, ㄷ
④ ㄴ, ㄷ   ⑤ ㄱ, ㄴ, ㄷ

중요

12 그림은 원자 A~C의 전자 배치를 모형으로 나타낸 것이다.

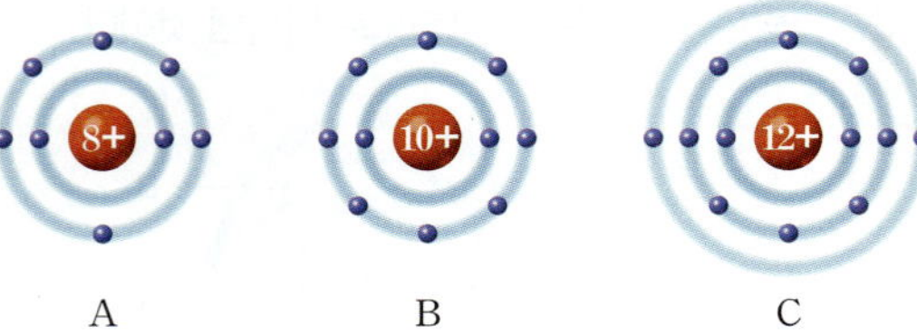

이에 대한 설명으로 옳은 것만을 보기에서 있는 대로 고른 것은? (단, A~C는 임의의 원소 기호이다.)

보기
ㄱ. A는 할로젠이다.
ㄴ. 원자가 전자 수는 A>B이다.
ㄷ. 원자 번호는 C>B>A이다.

① ㄱ 　② ㄴ 　③ ㄱ, ㄷ
④ ㄴ, ㄷ 　⑤ ㄱ, ㄴ, ㄷ

13 표는 원자 A~D의 전자 배치에서 전자가 들어 있는 전자 껍질 수와 원자가 전자 수를 나타낸 것이다.

원자	A	B	C	D
전자 껍질 수	2	2	3	3
원자가 전자 수	1	7	2	7

이에 대한 설명으로 옳은 것만을 보기에서 있는 대로 고른 것은? (단, A~D는 임의의 원소 기호이다.)

보기
ㄱ. C는 금속 원소이다.
ㄴ. A와 B는 같은 주기 원소이다.
ㄷ. B와 D는 화학적 성질이 비슷하다.

① ㄱ 　② ㄴ 　③ ㄱ, ㄷ
④ ㄴ, ㄷ 　⑤ ㄱ, ㄴ, ㄷ

14 그림은 원자 X의 전자 배치를 모형으로 나타낸 것이다.
주기율표에서 X가 속한 주기와 족을 쓰시오. (단, X는 임의의 원소 기호이다.)

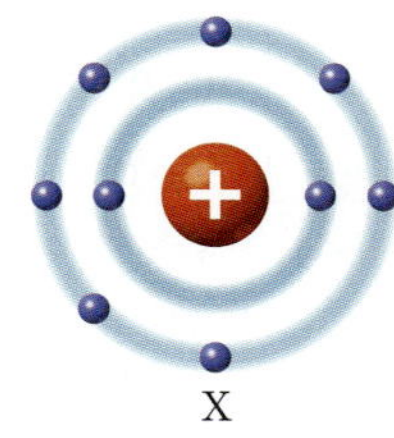

15 그림은 주기율표의 일부를 나타낸 것이고, 표는 원소 A~G를 기준 (가)와 (나)로 분류한 것이다.

족 주기	1	2	13	14	15	16	17	18
1								A
2	B					C	D	E
3	F		G					

(가)	(나)
B, F, G	A, C, D, E

(가)와 (나)로 적절한 것 두 가지와 그 까닭을 아래 제시어를 모두 포함하여 서술하시오. (단, A~G는 임의의 원소 기호이다.)

제시어
• 광택　　　　　　• 왼쪽
• 오른쪽　　　　　• 주기율표
• 금속 원소　　　　• 비금속 원소
• 열과 전기 전도성

____

____

____

____

16 다음은 리튬(Li)의 성질을 알아보기 위한 실험이다.

물이 담긴 비커에 페놀프탈레인 용액을 1~2 방울 떨어뜨린 뒤, 쌀알 크기의 리튬 조각을 넣었더니 격렬하게 반응하면서 ㉠기포가 발생하였고, ㉡수용액은 붉은색으로 변하였다.

리튬 대신 나트륨(Na)으로 위 실험을 반복할 때 나타나는 ㉠과 ㉡의 변화를 아래 제시어를 모두 포함하여 서술하시오.

제시어
• 족　　　　　　　• 화학적 성질

____

____

01 그림은 주기율표의 일부를 나타낸 것이다.

주기＼족	1	2	13	14	15	16	17	18
1								A
2							B	
3	C							D
4	E	F						

이에 대한 설명으로 옳지 <u>않은</u> 것은? (단, A~F는 임의의 원소 기호이다.)

① A, B, D는 비금속 원소이다.

② C, E, F는 금속 원소이다.

③ 원자가 전자 수는 D가 B보다 크다.

④ C와 E는 화학적 성질이 비슷하다.

⑤ 전자가 들어 있는 전자 껍질 수는 F가 C보다 크다.

02 그림은 주기율표의 일부를 나타낸 것이다.

주기＼족	1	2	13	14	15	16	17	18
1	A							
2							B	
3	C							D

이에 대한 설명으로 옳은 것만을 보기에서 있는 대로 고른 것은? (단, A~D는 임의의 원소 기호이다.)

> **보기**
> ㄱ. A와 C는 칼로 잘릴 정도로 무른 금속이다.
> ㄴ. B는 나트륨(Na)과 반응하여 염을 생성한다.
> ㄷ. D는 A와 반응하여 산성 물질을 생성한다.

① ㄱ   ② ㄷ   ③ ㄱ, ㄴ

④ ㄴ, ㄷ   ⑤ ㄱ, ㄴ, ㄷ

03 다음은 알칼리 금속의 성질을 알아보기 위한 실험이다.

> **[실험 과정]**
> (가)   ㉠
> (나) 물이 든 비커에 쌀알 크기의 칼륨 조각을 넣어 반응시키고, 발생하는 기체를 모아   ㉡
> (다) 반응 후 수용액에 페놀프탈레인 용액을 1~2방울 떨어뜨린다.
>
> **[실험 결과]**
> • 칼륨은 무른 금속이다.
> • 칼륨은 물과 격렬하게 반응하여 수소 기체를 발생시킨다.
> • 칼륨과 물이 반응한 수용액은 염기성을 띤다.

이에 대한 설명으로 옳은 것만을 보기에서 있는 대로 고른 것은?

> **보기**
> ㄱ. '칼륨 조각을 칼로 자른다.'는 ㉠으로 적절하다.
> ㄴ. '석회수에 통과시킨다.'는 ㉡으로 적절하다.
> ㄷ. (다)에서 수용액은 붉은색으로 변한다.

① ㄱ   ② ㄴ   ③ ㄱ, ㄷ

④ ㄴ, ㄷ   ⑤ ㄱ, ㄴ, ㄷ

04 그림은 2, 3주기 알칼리 금속 또는 할로젠 A~D의 원자가 전자 수(a)와 전자가 들어 있는 전자 껍질 수(b)의 차($|a-b|$)를 나타낸 것이다.

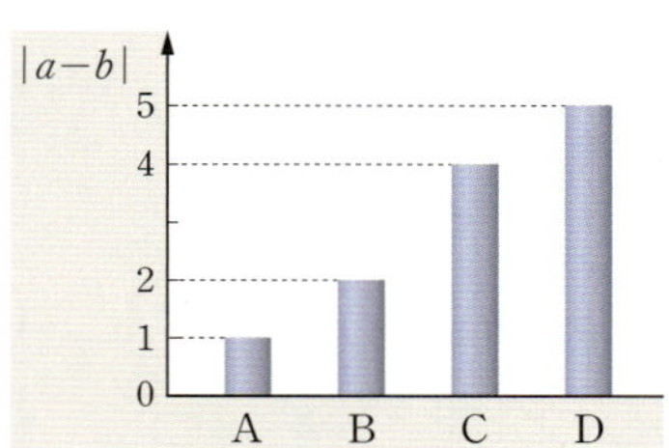

이에 대한 설명으로 옳은 것만을 보기에서 있는 대로 고른 것은? (단, A~D는 임의의 원소 기호이다.)

> **보기**
> ㄱ. A는 비금속 원소이다.
> ㄴ. B와 C는 같은 주기 원소이다.
> ㄷ. D는 실온에서 이원자 분자로 존재한다.

① ㄱ   ② ㄷ   ③ ㄱ, ㄴ

④ ㄴ, ㄷ   ⑤ ㄱ, ㄴ, ㄷ

06 화학 결합과 물질의 성질

내 교과서와 비교
동아 64~69쪽
미래엔 66~73쪽
비상 66~71쪽
지학사 74~79쪽
천재 64~71쪽

주기율표의 18족에 속하는 원소들은 다른 원소들과 결합을 하지 않고 원자 1개가 독립적으로 존재하여 비활성 기체라는 이름이 붙여졌어. 하지만 원자 번호가 큰 라돈 등은 화학 결합을 형성하기도 해서 최근에는 다른 원소와 화학 결합을 거의 형성하지 않는다고 표현하기도 해.

❶ 18족 원소의 이용

헬륨	네온	아르곤
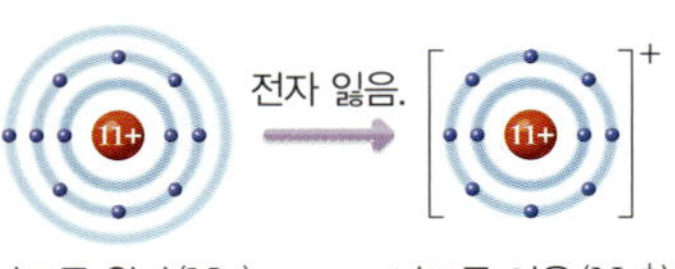		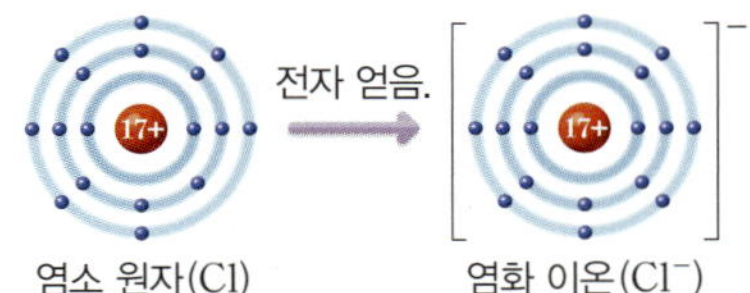
풍선	광고판	전구의 충전재

❷ 옥텟 규칙

원자들은 화학 결합을 하여 가장 바깥 전자 껍질에 전자를 8개 채워 18족 원소와 같은 안정한 전자 배치를 가지려는 경향이 있는데, 이를 옥텟 규칙이라고 한다. 그런데 첫 번째 전자 껍질에는 전자가 최대 2개까지 채워지므로 수소나 리튬은 화학 결합을 하여 18족 원소인 헬륨과 같은 전자 배치를 이룬다.

❸ 정전기적 인력(引 끌어당기다, 力 힘)

서로 다른 전하를 띤 입자들이 서로 끌어당기는 힘

❹ 이온 결합 물질의 구성 원소

이온 결합 물질은 금속 원소와 비금속 원소로 이루어진다.

A 화학 결합의 원리

1 18족 원소❶ 헬륨(He), 네온(Ne), 아르곤(Ar) 등 주기율표의 18족 원소에 속하는 원소

① 전자 배치: 가장 바깥 전자 껍질에 전자가 2개 또는 8개 채워진 안정한 전자 배치를 이룬다. ➡ 원자가 전자 수=0

② 반응성이 매우 작고 화학적으로 안정하여 다른 원소와 화학 결합을 거의 형성하지 않고 1개의 원자로 존재한다.

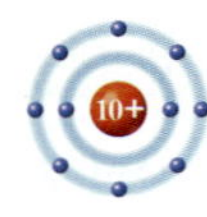

2 화학 결합을 형성하는 까닭 18족에 속하지 않는 원소들은 화학 결합을 하여 18족 원소와 같은 전자 배치를 이루려고 한다. ❷

B 화학 결합의 형성

1 이온 결합 양이온과 음이온 사이에 정전기적 인력❸이 작용하여 형성되는 화학 결합

① 이온의 형성

양이온의 형성과 전자 배치	음이온의 형성과 전자 배치
금속 원소는 전자를 잃고 양이온이 되어 18족 원소와 같은 전자 배치를 이룬다.	비금속 원소는 전자를 얻어 음이온이 되어 18족 원소와 같은 전자 배치를 이룬다.
예 원자가 전자 수가 1인 나트륨은 전자 1개를 잃고 나트륨 이온이 되어 18족 원소인 네온(Ne)과 같은 전자 배치를 이룬다.	예 원자가 전자 수가 7인 염소는 전자 1개를 얻어 염화 이온이 되어 18족 원소인 아르곤(Ar)과 같은 전자 배치를 이룬다.

② 이온 결합의 형성❹: 18족 원소와 같은 전자 배치를 이루는 금속 원소의 양이온과 비금속 원소의 음이온이 정전기적 인력으로 결합을 형성한다.

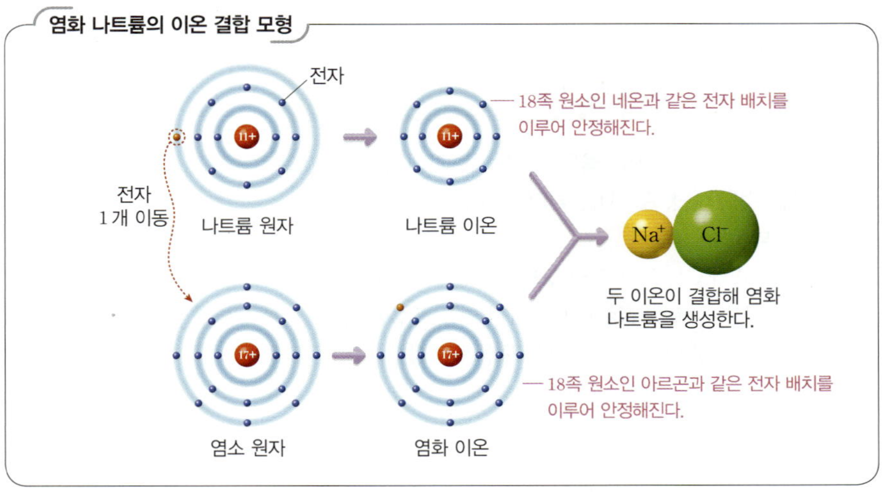

2 공유 결합 비금속 원소의 원자들이 전자쌍을 공유[5]하여 형성되는 화학 결합

① **공유 결합의 형성[6]**: 비금속 원소의 원자들이 각각 전자를 내놓아 전자쌍을 만들고, 이 전자쌍을 공유하여 결합을 형성한다. 이때 각 원자는 18족 원소와 같은 전자 배치를 이룬다.

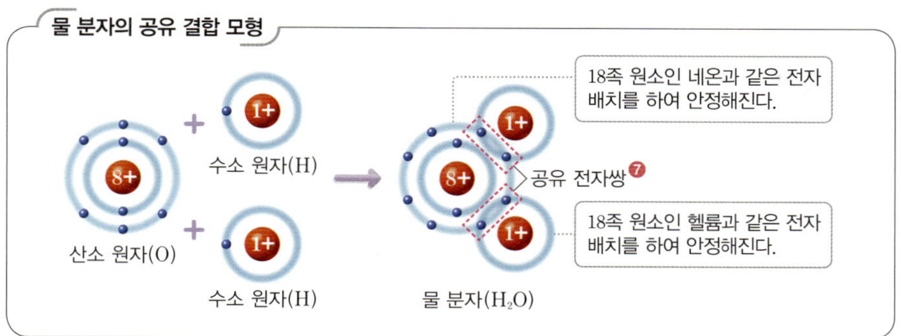

② **공유 결합의 종류**

단일 결합	이중 결합	삼중 결합
전자쌍 1개를 공유하는 결합	전자쌍 2개를 공유하는 결합	전자쌍 3개를 공유하는 결합
예 F_2	예 O_2	예 N_2
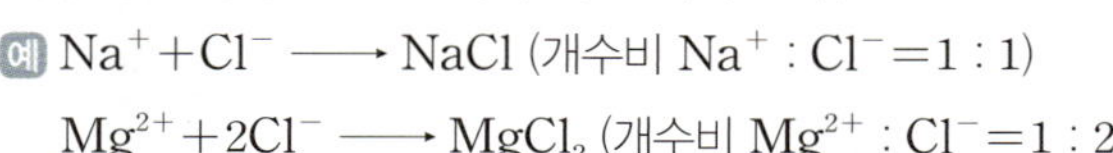 F　F	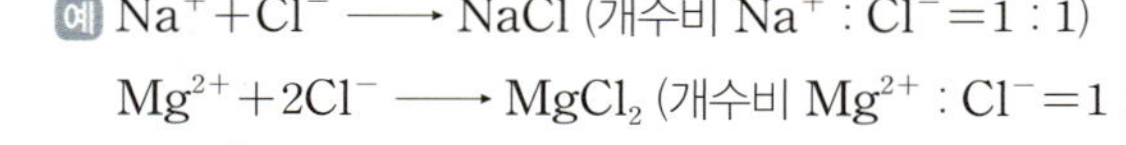 O　O	N　N

C 화학 결합의 종류에 따른 물질의 성질

1 이온 결합 물질의 성질

① 수많은 양이온과 음이온이 연속적으로 결합하여 규칙적인 모양[8]의 입체 구조를 이룬다. ➡ 실온에서 고체 상태로 존재한다.

② 양이온의 총 전하량과 음이온의 총 전하량이 같아 전기적으로 중성이다.
　➡ 이온 결합 물질의 화학식[9]을 쓸 때는 양이온과 음이온의 개수비를 가장 간단한 정수비로 나타낸다.

　예 $Na^+ + Cl^- \longrightarrow NaCl$ (개수비 $Na^+ : Cl^- = 1 : 1$)
　　　$Mg^{2+} + 2Cl^- \longrightarrow MgCl_2$ (개수비 $Mg^{2+} : Cl^- = 1 : 2$)

③ 전기 전도성[10]
- 고체 상태: 이온들이 강하게 결합하여 이동할 수 없어 전기 전도성이 없다.
- 수용액 상태[11]: 양이온과 음이온으로 나누어져 자유롭게 이동할 수 있어 전기 전도성이 있다. ― 액체 상태에서도 이온이 자유롭게 이동할 수 있어 전기 전도성이 있다.

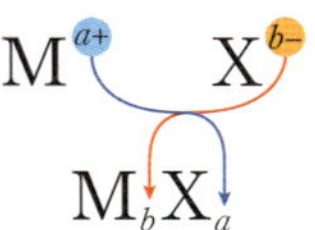

▲ 염화 나트륨의 결정 구조

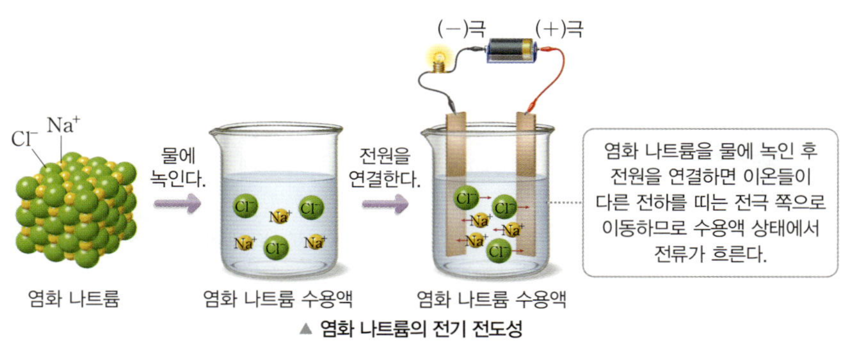

▲ 염화 나트륨의 전기 전도성

[5] **공유(共 함께, 有 있다)**
두 사람 이상이 한 물건을 공동으로 소유하거나 이용하는 것

[6] **공유 결합 물질의 구성 원소**
공유 결합 물질은 비금속 원소로만 이루어진다.

[7] **공유 전자쌍**
공유 결합으로 이루어진 물질에서 원자들이 공유하고 있는 전자쌍을 의미한다.

[8] **이온 결정**
이온 결합으로 이루어진 물질은 무수히 많은 양이온과 음이온이 규칙적으로 결합하여 반복되는 구조인 결정을 이룬다.

[9] **이온 결합 물질의 화학식**
이온 결합 물질은 전기적으로 중성이므로 양이온의 총 전하량과 음이온의 총 전하량의 합이 0이 되는 이온의 개수비로 결합한다.
M^{a+}과 X^{b-}이 결합하여 형성된 이온 결합 물질의 화학식은 M_bX_a이다.

$$M^{a+} \quad X^{b-}$$
$$M_bX_a$$

이때 a, b는 가장 간단한 정수비로 나타내며, 1인 경우는 생략한다. 일반적으로 양이온의 원소 기호를 앞에 쓰고, 음이온의 원소 기호를 뒤에 쓴다.

[10] **전도성(傳 전하다, 導 이끌다, 性 성질)**
열이나 전기가 물체 속을 이동하는 성질

[11] **이온 결합 물질의 용해**
이온 결합 물질은 물에 녹아 양이온과 음이온이 각각 물 분자에 둘러싸여 쉽게 나누어진다.

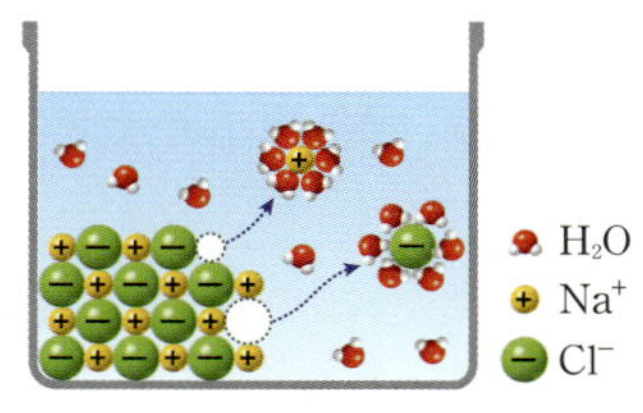

▲ 염화 나트륨의 용해

⑫ 석회보르도액

황산 구리와 수산화 칼슘을 섞은 수용액으로 포도, 멜론, 딸기 등의 곰팡이 제거에 이용한다.

⑬ 분자

공유 결합으로 생성된 물질은 대부분 분자로 존재한다. 그러나 흑연, 석영, 다이아몬드 등과 같은 일부 공유 결합 물질은 분자가 아닌 형태로 존재한다.

⑭ 공유 결합 물질의 전기 전도성

비금속 원소인 탄소(C)로 이루어진 흑연은 공유 결합 물질이지만 고체 상태에서 자유롭게 이동할 수 있는 전자가 존재하므로 전기 전도성이 있다. 또 염화 수소, 암모니아, 아세트산 등과 같이 물에 녹아 이온화하는 물질은 수용액 상태에서 전기 전도성이 있다.

④ 이온 결합 물질의 예

물질	일상생활의 예	물질	일상생활의 예
염화 나트륨(NaCl)	소금의 주성분	탄산 칼슘($CaCO_3$)	달걀 껍데기의 성분
산화 철(Fe_2O_3)	못의 녹	수산화 마그네슘 ($Mg(OH)_2$)	제산제의 성분
염화 칼슘($CaCl_2$)	제설제의 성분	수산화 칼슘($Ca(OH)_2$)	석회보르도액⑫의 성분

2 공유 결합 물질의 성질

① 대부분 일정한 수의 원자들이 전자쌍을 공유하여 분자⑬로 존재한다.

② 전기 전도성⑭

· **고체 상태**: 전기적으로 중성인 분자로 존재하므로 전기 전도성이 없다.

· **수용액 상태**: 대부분 물에 녹아 전기적으로 중성인 분자로 존재하므로 전기 전도성이 없다.

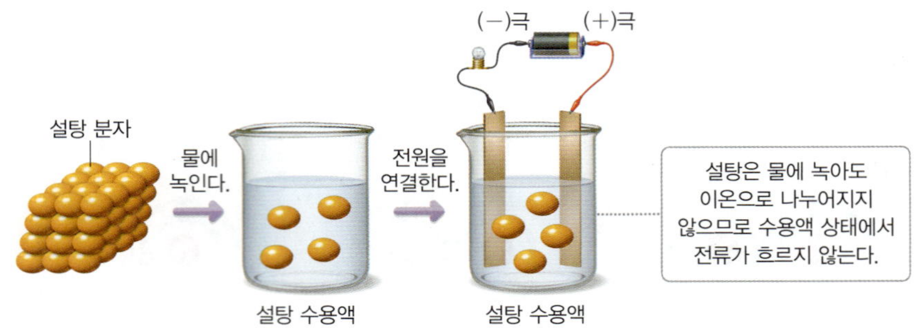

▲ 설탕의 전기 전도성

③ 공유 결합 물질의 예

물질	일상생활의 예	물질	일상생활의 예
질소(N_2)	과자 봉지의 충전재	뷰테인(C_4H_{10})	휴대용 가스버너의 연료
설탕($C_{12}H_{22}O_{11}$)	감미료	포도당($C_6H_{12}O_6$)	수액의 성분
이산화 탄소(CO_2)	드라이아이스	물(H_2O)	체액의 성분

탐구분석 이온 결합 물질과 공유 결합 물질의 성질 비교하기

그림과 같이 홈판에 염화 나트륨, 염화 칼슘, 황산 구리(Ⅱ), 설탕, 포도당을 각각 넣고, 전기 전도성 측정기를 이용하여 고체 상태와 수용액 상태에서 각각 전류가 흐르는지 확인한다.

전하의 흐름이 있는지를 측정하는 장치로, 불이 켜지면서 소리가 나면 전류가 흐르는 것이다.

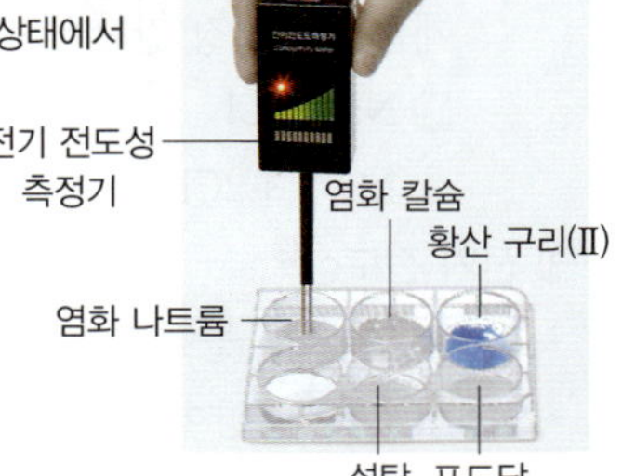

◦결과 및 해석

❶ 각 물질의 전기 전도성은 다음과 같다.

구분	염화 나트륨	염화 칼슘	황산 구리(Ⅱ)	설탕	포도당
고체 상태	×	×	×	×	×
수용액 상태	○	○	○	×	×

(○: 있음, × : 없음)

❷ 이온 결합 물질인 염화 나트륨, 염화 칼슘, 황산 구리(Ⅱ)는 고체 상태에서는 전기 전도성이 없지만 수용액 상태에서는 전기 전도성이 있다.

❸ 공유 결합 물질인 설탕, 포도당은 고체 상태와 수용액 상태에서 모두 전기 전도성이 없다.

1 다음은 화학 결합의 원리에 대한 설명이다. ( ) 안에 알맞은 말 또는 숫자를 쓰시오.

(1) 주기율표의 ( )에 속하는 원소는 화학적으로 매우 안정하다.

(2) 18족 원소는 가장 바깥 전자 껍질에 전자가 ㉠( )개 또는 ㉡( )개 채워진 안정한 전자 배치를 이룬다.

(3) 18족 이외의 원소들은 화학 결합을 함으로써 ( )족 원소와 같은 전자 배치를 이룬다.

2 그림은 원자 A~C의 전자 배치를 모형으로 나타낸 것이다.

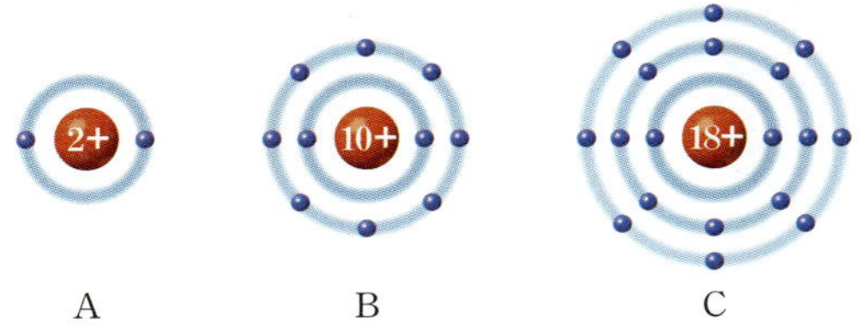

이에 대한 설명으로 옳은 것은 ○, 옳지 않은 것은 ×로 표시하시오. (단, A~C는 임의의 원소 기호이다.)

(1) A~C는 모두 18족 원소이다. ( )

(2) B의 원자가 전자 수는 8이다. ( )

(3) C는 전자 1개를 잃으면 안정한 전자 배치를 이룬다. ( )

3 화학 결합에 대한 설명으로 옳은 것은 ○, 옳지 않은 것은 ×로 표시하시오.

(1) 이온 결합은 금속 원소의 양이온과 비금속 원소의 음이온 사이에 형성된다. ( )

(2) 공유 결합은 비금속 원소의 원자들 사이에 형성된다. ( )

(3) 염화 나트륨이 생성될 때 1족 원소인 나트륨은 전자 1개를 잃어 나트륨 이온이 되고, 17족 원소인 염소는 전자 1개를 얻어 염화 이온이 되어 결합을 형성한다. ( )

(4) 산소 분자가 생성될 때 2개의 산소 원자가 각각 1개의 전자쌍을 공유하여 결합을 형성한다. ( )

4 그림은 원자 A~C의 전자 배치를 모형으로 나타낸 것이다. ( ) 안에 알맞은 말을 쓰거나 고르시오. (단, A~C는 임의의 원소 기호이다.)

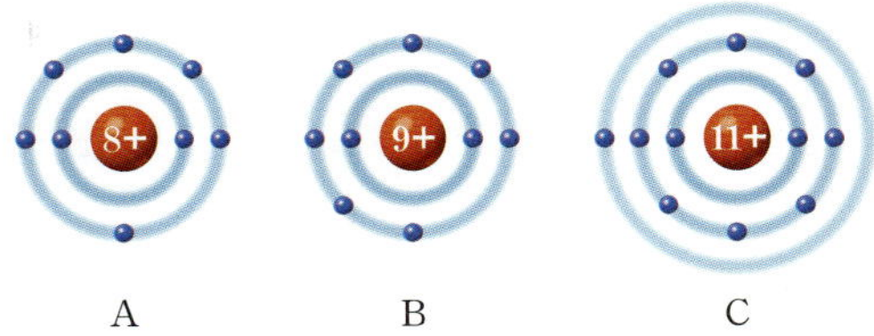

(1) A와 B는 ( ) 결합을 형성한다.

(2) A와 C가 결합할 때 전자가 ㉠( )에서 ㉡( )로 이동한다.

(3) B와 C가 결합할 때 B는 ㉠(양, 음)이온이 되고, C는 ㉡(양, 음)이온이 되어 결합을 형성한다.

5 이온 결합 물질에 대한 설명에는 '이온', 공유 결합 물질에 대한 설명에는 '공유'를 쓰시오.

(1) 비금속 원소로만 이루어진다. ( )

(2) 실온에서 대부분 분자로 존재한다. ( )

(3) 금속 원소와 비금속 원소로 이루어진다. ( )

(4) 실온에서 구성 입자들이 규칙적으로 배열된 입체 구조로 존재한다. ( )

6 다음 물질들을 (가) 이온 결합 물질과 (나) 공유 결합 물질로 분류하시오.

염화 나트륨($NaCl$)	포도당($C_6H_{12}O_6$)
수산화 마그네슘($Mg(OH)_2$)	뷰테인(C_4H_{10})

탐구 확인

7 표는 물질 A와 B의 상태에 따른 전기 전도성을 나타낸 것이다. A와 B는 각각 염화 나트륨과 설탕 중 하나이다.

물질	고체 상태	수용액 상태
A	없음	있음
B	없음	없음

물질 A와 B의 이름을 각각 쓰시오.

이온 결합 물질의 화학식

정답과 해설 18쪽

원자의 전자 배치로부터 18족 원소의 전자 배치를 이루는 이온의 전하를
파악하여 이온 결합 물질의 화학식을 표현하는 원리를 알아봅시다.

강의 영상

디테일 Point

● 원자의 전자 배치와 원자가 전자 수

그림은 몇 가지 원자의 전자 배치를 모형으로 나타낸 것이다.

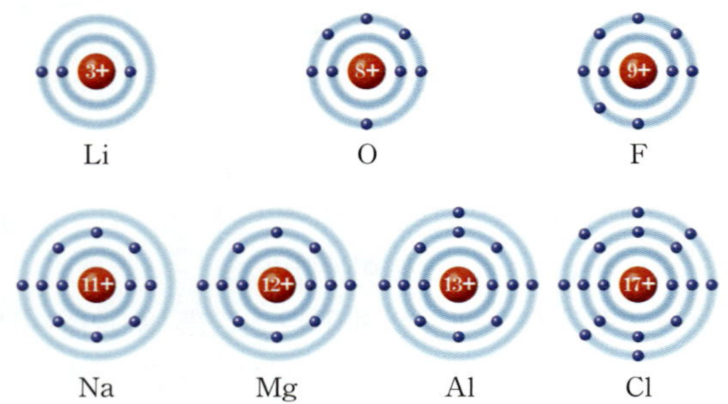

❶ 각 원자를 금속 원소와 비금속 원소로 분류하고, 원자가 전자
수를 파악한다.

구분	금속 원소				비금속 원소		
원자	Li	Na	Mg	Al	O	F	Cl
원자가 전자 수	1	1	2	3	6	7	7

❷ 18족 원소의 전자 배치를 이루기 위해 원자가 잃거나 얻는 전
자 수를 파악한다.
- 금속 원소는 원자가 전자 수만큼 전자를 잃어 양이온이 된다.
- 비금속 원소는 (8−원자가 전자 수)만큼 전자를 얻어 음이온이
된다.

❸ 18족 원소의 전자 배치를 갖는 각 원자의 안정한 이온

원자	Li	Na	Mg	Al	O	F	Cl
안정한 이온	Li^+	Na^+	Mg^{2+}	Al^{3+}	O^{2-}	F^-	Cl^-

● 이온 결합 물질의 화학식

금속 원소의 양이온과 비금속 원소의 음이온의 전하량 합이 0이 되는 개수비로 결합하여 전기적으로 중성인 화합물을 형성한다.
금속 원자 M이 전자를 잃고 형성된 이온의 전하가 $+a$이고, 비금속 원자 X가 전자를 얻어 형성된 이온의 전하가 $-b$일 때 M^{a+}과
X^{b-}으로 이루어진 이온 결합 물질의 화학식은 M_bX_a이다. 이때 a, b는 가장 간단한 정수비로 나타내며, 1인 경우는 생략한다.

❶ Na과 F: Na은 전자 1개를 잃고 Na^+이 되고 F은 전자 1개를 얻어 F^-이 되므로 양이온과 음이온이 1 : 1의 개수비로 결합한다.
  ➡ $Na^+ + F^- \longrightarrow NaF$

❷ Mg과 O: Mg은 전자 2개를 잃고 Mg^{2+}이 되고 O는 전자 2개를 얻어 O^{2-}이 되므로 양이온과 음이온이 1 : 1의 개수비로 결합한다.
  ➡ $Mg^{2+} + O^{2-} \longrightarrow MgO$

❸ Mg과 Cl: Mg은 전자 2개를 잃고 Mg^{2+}이 되고 Cl는 전자 1개를 얻어 Cl^-이 되므로 양이온과 음이온이 1 : 2의 개수비로 결합한다.
  ➡ $Mg^{2+} + 2Cl^- \longrightarrow MgCl_2$

❹ Al과 O: Al은 전자 3개를 잃고 Al^{3+}이 되고 O는 전자 2개를 얻어 O^{2-}이 되므로 양이온과 음이온이 2 : 3의 개수비로 결합한다.
  ➡ $2Al^{3+} + 3O^{2-} \longrightarrow Al_2O_3$

디테일 예제

1 그림은 원자 A와 B의 전자 배치를 모형으로 나타낸 것이
다. (단, A와 B는 임의의 원소 기호이다.)

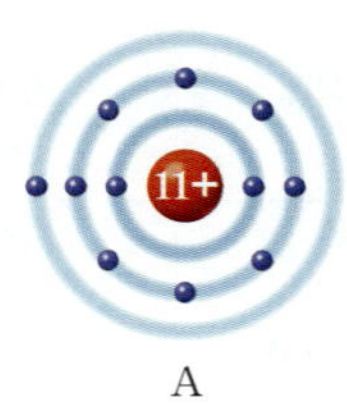

A

B

( ) 안에 알맞은 말이나 숫자를 고르거나 쓰시오.

(1) A는 ㉠(금속, 비금속) 원소로 네온(Ne)과 같은 전자 배치를
이루기 위해 전자 ㉡( )개를 ㉢( )는다.

(2) B는 ㉠(금속, 비금속) 원소로 네온(Ne)과 같은 전자 배치를
이루기 위해 전자 ㉡( )개를 ㉢( )는다.

(3) A와 B는 ㉠( )의 개수비로 결합하여 화합물
㉡( )을/를 형성한다.

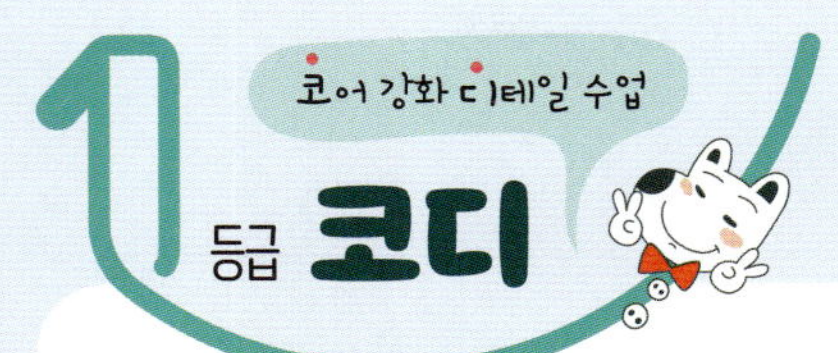

공유 결합에 의한 분자 형성

정답과 해설 18쪽

비금속 원소는 전자쌍을 공유하여 18족 원소의 전자 배치를 이룬다. 공유 결합을 형성할 때 공유 전자쌍 수를 파악하여 분자를 구성하는 원자 수를 알아봅시다.

강의 영상

디테일 Point

● 비금속 원소의 전자 배치

비금속 원소의 전자 배치에서 원자가 전자 수를 파악하고 18족 원소와 같은 전자 배치를 이루기 위해 필요한 전자 수를 파악한다.

> 비금속 원자가 18족 원소와 전자 배치가 같아지기 위해 필요한 전자 수＝8－원자가 전자 수

예 플루오린(F) 원자의 전자 배치

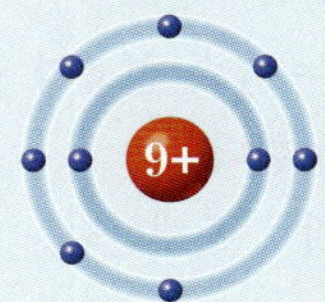

❶ F의 원자가 전자 수: 7
❷ 18족 원소와 같은 전자 배치를 이루기 위해 필요한 전자 수＝8－7＝1
❸ F 원자는 다른 원자와 전자쌍 1개를 공유해 분자를 형성하여 18족 원소와 같은 전자 배치를 이룬다.

● 공유 결합의 형성

예 CH_4 분자의 형성
❶ 공유 결합에 필요한 전자 수 파악하기

탄소(C)	수소(H)
원자가 전자 수: 4	원자가 전자 수: 1
➡ 필요한 전자 수: 8－4＝4	➡ 필요한 전자 수: 2－1＝1

❷ 공유 결합하는 원자 수 파악하기: C 원자 1개는 전자 4개를 내놓고 H 원자 4개는 각각 전자 1개씩 내놓아 전자쌍 4개를 만들고, 이 전자쌍을 공유하여 CH_4 분자를 형성한다.

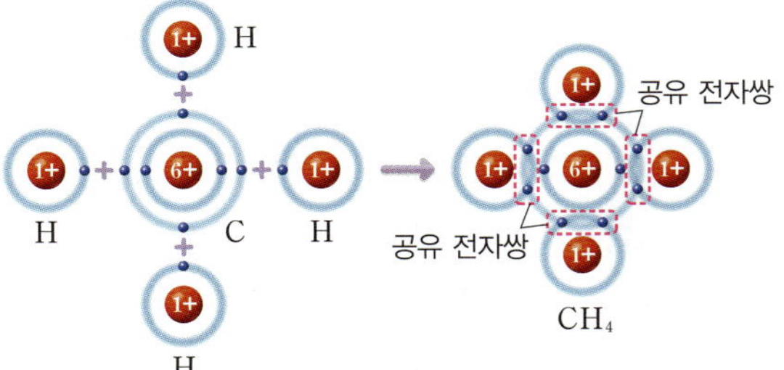

예 H_2O 분자의 형성
❶ 공유 결합에 필요한 전자 수 파악하기

산소(O)	수소(H)
원자가 전자 수: 6	원자가 전자 수: 1
➡ 필요한 전자 수: 8－6＝2	➡ 필요한 전자 수: 2－1＝1

❷ 공유 결합하는 원자 수 파악하기: O 원자 1개는 전자 2개를 내놓고 H 원자 2개는 각각 전자 1개씩 내놓아 전자쌍 2개를 만들고, 이 전자쌍을 공유하여 H_2O 분자를 형성한다.

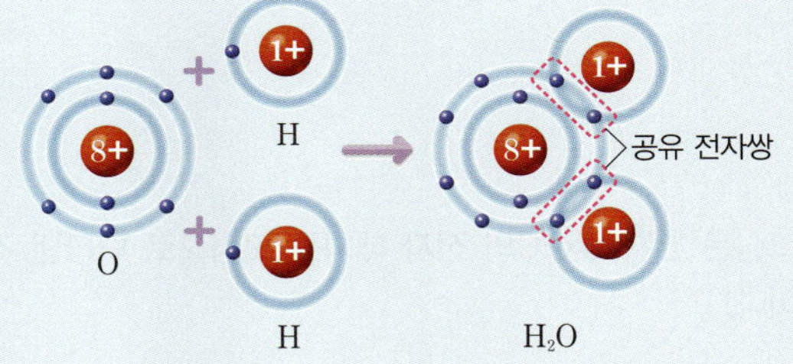

디테일 예제

1 그림은 원자 A와 B의 전자 배치를 모형으로 나타낸 것이다. (단, A와 B는 임의의 원소 기호이다.)

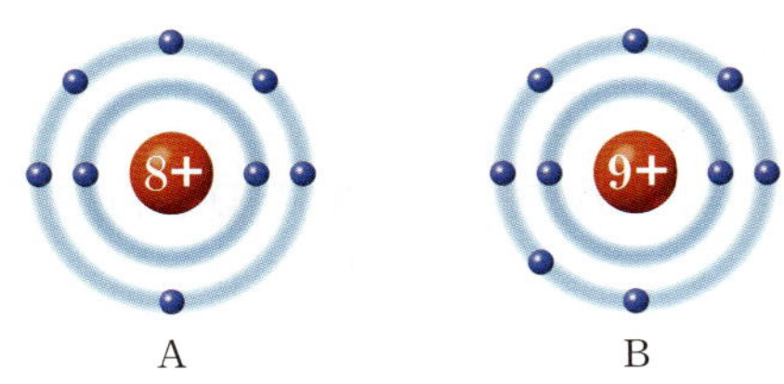

( ) 안에 알맞은 말이나 숫자를 고르거나 쓰시오.

⑴ A는 ㉠(금속, 비금속) 원소로 네온(Ne)과 같은 전자 배치를 이루기 위해 전자 ㉡( )개가 필요하다.

⑵ B는 ㉠(금속, 비금속) 원소로 네온(Ne)과 같은 전자 배치를 이루기 위해 전자 ㉡( )개가 필요하다.

⑶ A 원자 1개는 전자 ㉠( )개를 내놓고, B 원자 ㉡( )개는 각각 전자 ㉢( )개씩을 내놓아 전자쌍 ㉣( )개를 만들고, 이 전자쌍을 공유하여 ㉤( )을/를 형성한다.

A 화학 결합의 원리

01 그림은 주기율표의 일부에서 영역 (가)를 나타낸 것이다.

족 주기	1	2	13	14	15	16	17	18
1								
2								
3								(가)
4								

(가)에 속한 원소에 대한 설명으로 옳지 <u>않은</u> 것은?

① 비활성 기체이다.
② 반응성이 매우 작다.
③ 원자가 전자 수는 0이다.
④ 가장 바깥 전자 껍질에 전자가 최대로 들어 있다.
⑤ 비금속 원소로 금속 원소와 이온 결합을 형성한다.

02 그림은 원자 A~C의 전자 배치를 모형으로 나타낸 것이다.

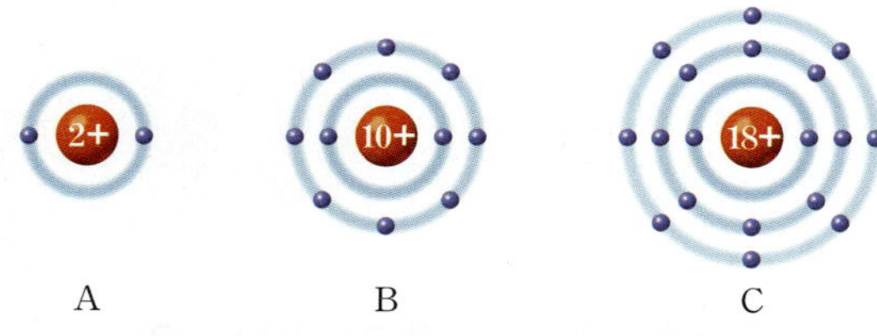

A~C에 대한 설명으로 옳은 것만을 보기에서 있는 대로 고른 것은? (단, A~C는 임의의 원소 기호이다.)

보기
ㄱ. 모두 같은 족 원소이다.
ㄴ. 원자가 전자 수는 C가 A보다 크다.
ㄷ. A는 광고용 풍선에 이용된다.

① ㄱ
② ㄴ
③ ㄱ, ㄷ
④ ㄴ, ㄷ
⑤ ㄱ, ㄴ, ㄷ

B 화학 결합의 형성

03 화학 결합에 대한 설명으로 옳지 <u>않은</u> 것은?

① 18족 이외의 원소들은 화학 결합을 하여 18족 원소와 같은 전자 배치를 이룬다.
② 이온 결합 물질에서 양이온과 음이온은 항상 같은 개수비로 결합한다.
③ 비금속 원소의 원자는 전자쌍을 공유하여 결합을 형성한다.
④ 이온 결합을 형성할 때 전자는 금속 원소의 원자에서 비금속 원소의 원자로 이동한다.
⑤ 공유 결합 물질은 대부분 분자로 존재한다.

04 다음 중 이온 결합을 형성하는 원소끼리 옳게 나열한 것은?

① H, N
② N, O
③ H, O
④ Li, F
⑤ O, F

05 그림은 주기율표의 일부를 나타낸 것이다.

족 주기	1	2	13	14	15	16	17	18
1								
2	A					B		C
3		D						

이에 대한 설명으로 옳은 것만을 보기에서 있는 대로 고른 것은? (단, A~D는 임의의 원소 기호이다.)

보기
ㄱ. A는 전자 1개를 잃고 C와 같은 전자 배치를 이룬다.
ㄴ. B와 D가 결합할 때 전자는 D에서 B로 이동한다.
ㄷ. B와 C는 공유 결합을 형성한다.

① ㄴ
② ㄷ
③ ㄱ, ㄷ
④ ㄴ, ㄷ
⑤ ㄱ, ㄴ, ㄷ

중요
06 그림은 원자 A~C의 전자 배치를 모형으로 나타낸 것이다.

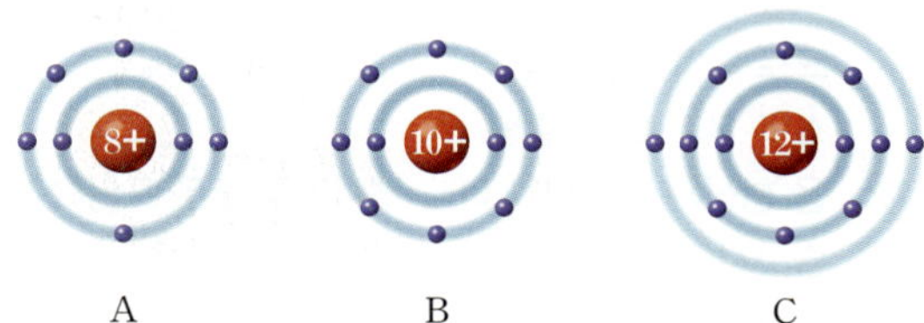

이에 대한 설명으로 옳은 것만을 보기에서 있는 대로 고른 것은? (단, A~C는 임의의 원소 기호이다.)

보기
ㄱ. A_2는 공유 결합 물질이다.
ㄴ. C는 전자 2개를 잃어 B와 같은 전자 배치를 이룬다.
ㄷ. A와 C로 이루어진 물질은 이온 결합 물질이다.

① ㄱ　　　　② ㄷ　　　　③ ㄱ, ㄴ
④ ㄴ, ㄷ　　　⑤ ㄱ, ㄴ, ㄷ

07 그림은 주기율표의 일부를 나타낸 것이다.

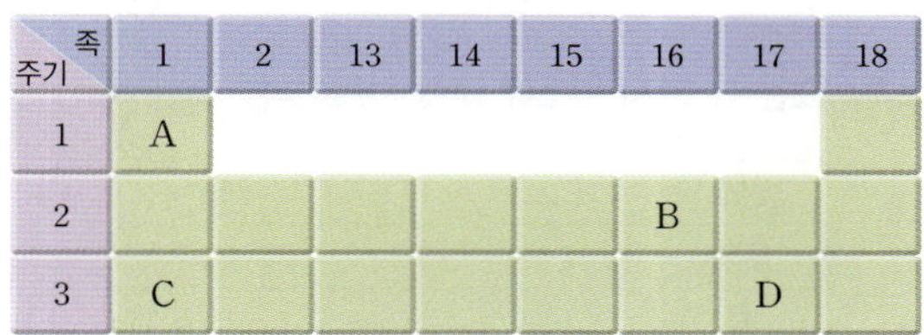

족 주기	1	2	13	14	15	16	17	18
1	A							
2						B		
3	C						D	

이에 대한 설명으로 옳은 것만을 보기에서 있는 대로 고른 것은? (단, A~D는 임의의 원소 기호이다.)

보기
ㄱ. A_2B에서 A와 B는 전자쌍을 공유한다.
ㄴ. B와 C가 결합할 때 원자 사이에 전자가 이동한다.
ㄷ. D_2B는 이온 결합 물질이다.

① ㄱ　　　　② ㄷ　　　　③ ㄱ, ㄴ
④ ㄴ, ㄷ　　　⑤ ㄱ, ㄴ, ㄷ

08 표는 원자 또는 이온의 전자 수를 나타낸 것이다.

원자 또는 이온	A^+	B^{2+}	C	D^{2-}
전자 수	10	10	10	10

이에 대한 설명으로 옳은 것만을 보기에서 있는 대로 고른 것은? (단, A~D는 임의의 원소 기호이다.)

보기
ㄱ. A는 금속 원소이다.
ㄴ. B와 D는 같은 주기 원소이다.
ㄷ. C와 D로 이루어진 물질은 공유 결합 물질이다.

① ㄱ　　　　② ㄷ　　　　③ ㄱ, ㄷ
④ ㄴ, ㄷ　　　⑤ ㄱ, ㄴ, ㄷ

09 그림은 세 가지 물질의 화학 결합 모형을 나타낸 것이다.

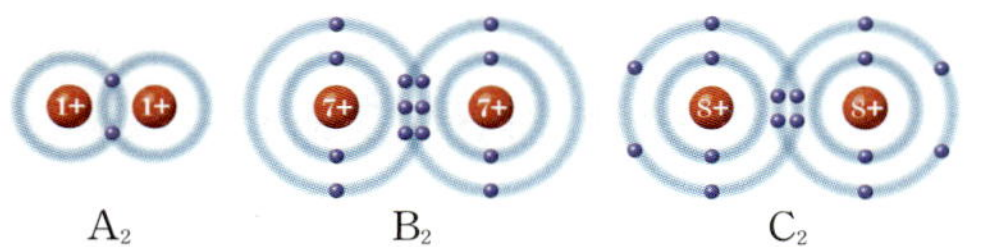

이에 대한 설명으로 옳은 것만을 보기에서 있는 대로 고른 것은? (단, A~C는 임의의 원소 기호이다.)

보기
ㄱ. A는 비금속 원소이다.
ㄴ. 원자가 전자 수는 B>C이다.
ㄷ. A_2C는 공유 결합 물질이다.

① ㄱ　　　　② ㄴ　　　　③ ㄱ, ㄷ
④ ㄴ, ㄷ　　　⑤ ㄱ, ㄴ, ㄷ

중요
10 그림은 원자 A, B가 화합물 (가)를 형성하는 과정을 화학 결합 모형으로 나타낸 것이다.

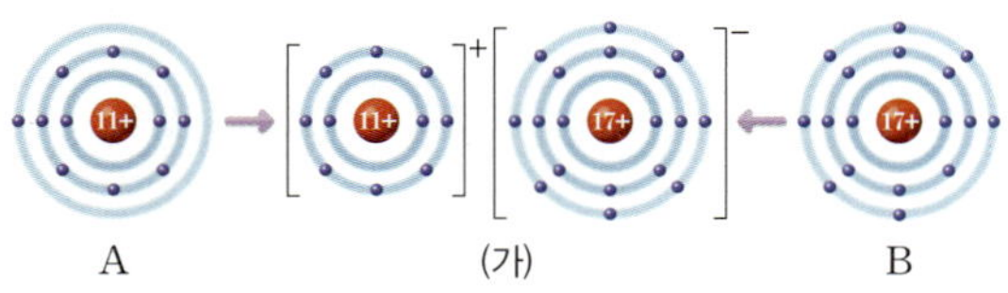

(가)에 대한 설명으로 옳은 것만을 보기에서 있는 대로 고른 것은? (단, A와 B는 임의의 원소 기호이다.)

보기
ㄱ. (가)가 형성될 때 전자는 A에서 B로 이동한다.
ㄴ. A와 B는 1 : 2의 개수비로 결합한다.
ㄷ. 실온에서 분자 상태로 존재한다.

① ㄱ　　　　② ㄴ　　　　③ ㄱ, ㄴ
④ ㄴ, ㄷ　　　⑤ ㄱ, ㄴ, ㄷ

C 화학 결합의 종류에 따른 물질의 성질

11 수용액 상태에서 전기 전도성이 있는 물질만을 보기에서 있는 대로 고른 것은?

보기
- ㄱ. 포도당
- ㄴ. 에탄올
- ㄷ. 염화 칼슘
- ㄹ. 수산화 마그네슘

① ㄱ, ㄴ   ② ㄱ, ㄹ   ③ ㄴ, ㄷ
④ ㄴ, ㄹ   ⑤ ㄷ, ㄹ

12 그림은 고체 상태의 물질 (가)와 (나)의 모형을 나타낸 것이다. (가)와 (나)는 각각 설탕과 염화 나트륨 중 하나이다. 이에 대한 설명으로 옳은 것은?

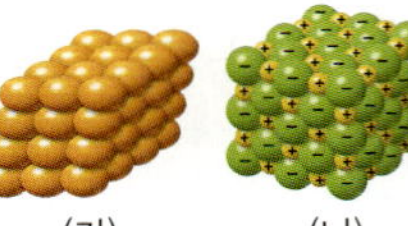

① (가)는 이온 결합 물질이다.
② (나)는 공유 결합 물질이다.
③ (가)는 수용액에서 전기 전도성이 있다.
④ (나)는 수용액에서 전기 전도성이 있다.
⑤ (나)는 비금속 원소로만 이루어져 있다.

13 다음은 물질의 성질을 알아보기 위한 실험이다.

[실험 과정]
(가) 전기 전도성 측정기로 고체 상태의 염화 나트륨, 설탕, 염화 칼슘, 포도당에 전류가 흐르는지 관찰한다.
(나) 전기 전도성 측정기로 (가)의 물질을 증류수에 각각 녹인 수용액에서 전류가 흐르는지 관찰한다.

[실험 결과]

물질		염화 나트륨	설탕	염화 칼슘	포도당
전기 전도성	고체	없음	없음	없음	없음
	수용액	㉠	없음	있음	㉡

이에 대한 설명으로 옳은 것만을 보기에서 있는 대로 고른 것은?

보기
- ㄱ. '있음'은 ㉠으로 적절하다.
- ㄴ. '없음'은 ㉡으로 적절하다.
- ㄷ. 설탕과 염화 칼슘은 화학 결합의 종류가 같다.

① ㄱ   ② ㄷ   ③ ㄱ, ㄴ
④ ㄴ, ㄷ   ⑤ ㄱ, ㄴ, ㄷ

14 그림은 원자 A와 B의 전자 배치를 모형으로 나타낸 것이다. A와 B가 화학 결합을 형성하는 과정을 아래 제시어를 모두 포함하여 서술하시오. (단, A와 B는 임의의 원소 기호이다.)

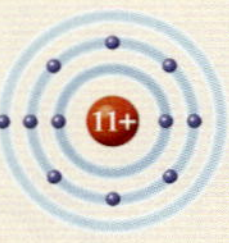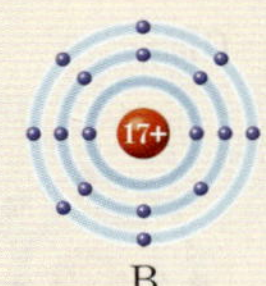

제시어
- 18족   • 양이온   • 음이온   • 정전기적 인력

____

15 그림은 화합물 X를 증류수에 녹인 수용액에 전류를 흘려 주었을 때를 입자 모형으로 나타낸 것이다.

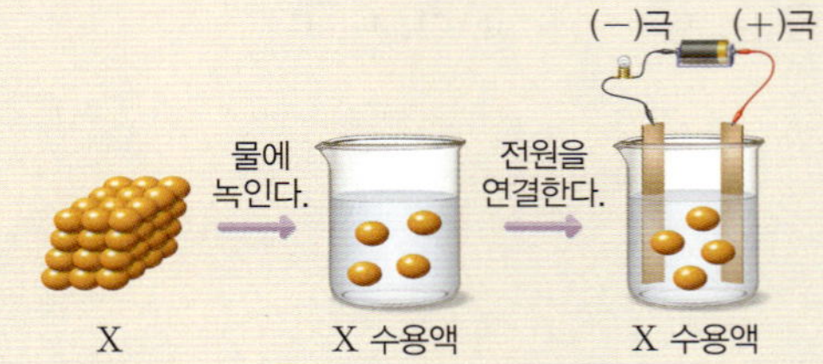

위 자료를 근거로 X의 화학 결합 종류를 아래 제시어를 모두 포함하여 서술하시오.

제시어
- 분자   • 수용액   • 전기적 중성   • 전기 전도성

____

16 표는 네 가지 원소에 대한 자료이다.

원소	Li	O	Mg	Cl
주기	2	2	3	3
족	1	16	2	17

위 원소를 이용하여 만들 수 있는 이온 결합 물질의 화학식을 네 가지 쓰고, 그렇게 판단한 까닭을 아래 제시어를 모두 포함하여 서술하시오.

제시어
- 양이온   • 음이온   • 전기적 중성

____

정답과 해설 20쪽

해설 영상

01 다음은 화합물 X_2Y에 대한 설명이다.

- X_2Y는 액체 상태와 수용액 상태에서 모두 전기 전도성이 있다.
- X_2Y에서 X, Y는 모두 네온과 같은 전자 배치를 이룬다.
- X의 원자가 전자 수는 x이고, Y의 원자가 전자 수는 y이며, $x+y>6$이다.

이에 대한 설명으로 옳은 것만을 보기에서 있는 대로 고른 것은? (단, X와 Y는 임의의 원소 기호이다.)

> 보기
> ㄱ. X_2Y는 이온 결합 물질이다.
> ㄴ. X와 Y는 모두 2주기 원소이다.
> ㄷ. $|x-y|=4$이다.

① ㄱ ② ㄴ ③ ㄱ, ㄷ
④ ㄴ, ㄷ ⑤ ㄱ, ㄴ, ㄷ

02 그림은 세 가지 물질을 주어진 기준에 따라 분류한 것이다. ㉠과 ㉡은 각각 $CaCl_2$, CH_4 중 하나이고, ㉠의 모든 구성 입자의 전자 배치는 같다.

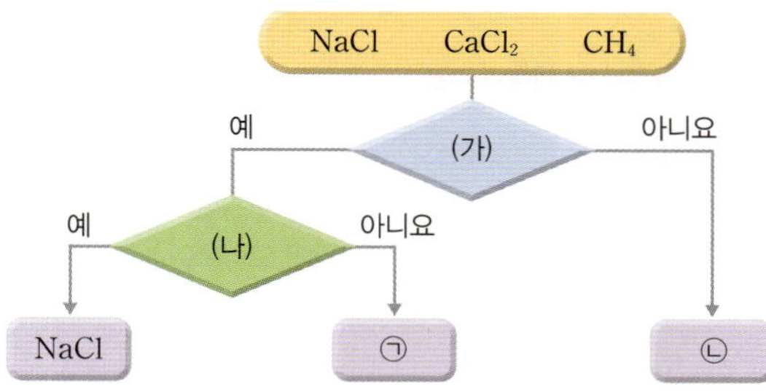

이에 대한 설명으로 옳은 것만을 보기에서 있는 대로 고른 것은?

> 보기
> ㄱ. '수용액 상태에서 전기 전도성이 있는가?'는 (가)로 적절하다.
> ㄴ. '구성 원소가 같은 주기 원소인가?'는 (나)로 적절하다.
> ㄷ. ㉡의 구성 원소는 모두 비금속 원소이다.

① ㄱ ② ㄷ ③ ㄱ, ㄴ
④ ㄴ, ㄷ ⑤ ㄱ, ㄴ, ㄷ

03 그림은 이온 A^+, B^-, C^{2-}의 전자 배치를 모형으로 나타낸 것이다.

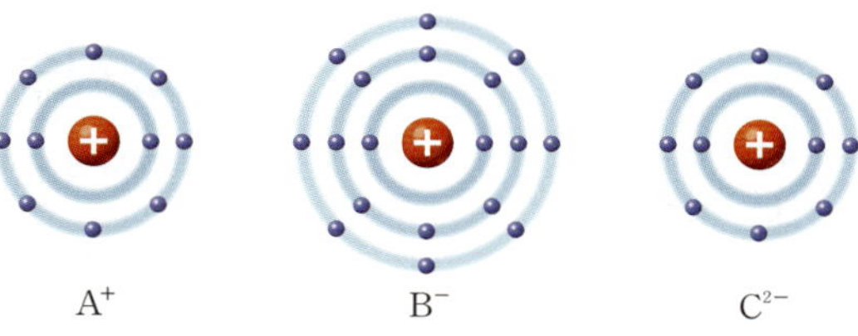

이에 대한 설명으로 옳은 것만을 보기에서 있는 대로 고른 것은? (단, A~C는 임의의 원소 기호이다.)

> 보기
> ㄱ. A와 B는 같은 주기 원소이다.
> ㄴ. A와 C가 결합할 때 전자는 A에서 C로 이동한다.
> ㄷ. B와 C로 이루어진 물질은 공유 결합 물질이다.

① ㄱ ② ㄴ ③ ㄱ, ㄷ
④ ㄴ, ㄷ ⑤ ㄱ, ㄴ, ㄷ

04 다음은 물질 A~C의 전기 전도성을 알아보기 위한 실험이다. A~C는 염화 나트륨, 염화 칼슘, 설탕 중 하나이다.

[실험 과정]
(가) 고체 상태의 A~C를 홈판에 넣은 다음, 전기 전도성 측정기를 꽂아 전류가 흐르는지 확인한다.
(나) 고체 상태의 A~C에 증류수를 넣어 수용액을 만든 다음, 각 수용액에 전기 전도성 측정기를 담가 전류가 흐르는지 확인한다.

[실험 결과]

상태＼물질	A	B	C
고체	없음	없음	없음
수용액	없음	있음	있음

이에 대한 설명으로 옳은 것만을 보기에서 있는 대로 고른 것은?

> 보기
> ㄱ. A는 염화 칼슘이다.
> ㄴ. B는 고체 상태에서 이온이 존재하지 않는다.
> ㄷ. C는 금속 원소와 비금속 원소로 이루어져 있다.

① ㄴ ② ㄷ ③ ㄱ, ㄴ
④ ㄴ, ㄷ ⑤ ㄱ, ㄴ, ㄷ

07 자연의 구성 물질

내 교과서와 비교
동아 70~75쪽
미래엔 80~87쪽
비상 72~79쪽
지학사 80~87쪽
천재 78~85쪽

핵심 KEYWORD

- 규산염 광물
- 탄소 화합물
- 단백질
- 핵산

❶ 광물
암석을 구성하는 단위이다. 자연산 물질이며 규칙적인 결정 구조와 일정한 화학 조성을 갖는다.

❷ Si−O 사면체의 특징
Si−O 사면체는 전체적으로 음전하(−)를 띠고 있어 인접해 있는 양전하(+)와 결합하거나, 각 사면체의 산소를 다른 Si−O 사면체와 공유함으로써 다양한 규산염 광물을 형성한다.

❸ 다양한 광물의 생성
같은 결합 구조의 광물이라도 사면체 사이에 다른 원소가 이온 결합하게 되면 광물의 색깔이 달라질 수 있고, 생성 환경이나 원소의 종류, 결합 방식에 따라 다양한 종류의 광물이 만들어진다.

규산염 광물에서는 각 광물의 결합 구조와 사면체 당 공유하는 산소의 수 등을 아는 것이 중요해.

A 지각을 구성하는 물질의 규칙성

1 규산염 광물

① **지각**: 지구의 바깥쪽을 덮고 있는 부분으로, 다양한 종류의 암석과 토양을 포함하고 있다.

② 암석을 구성하는 대부분의 광물❶은 규소(Si)와 산소(O)를 기본 원소로 하는 규산염 광물이다. 규산염 광물은 규소(Si) 원자 1개와 산소(O) 원자 4개가 공유 결합한 사면체 모양을 기본 구조로 하는데, 이것을 Si−O 사면체❷라고 한다.
┌ 규소는 원자가 전자가 최대 4개라서 4개의 공유 결합이 가능하다.
└ 규산염 사면체라고도 한다.

③ Si−O 사면체는 독립적으로 모여 기본 골격을 형성하기도 하고, 한 줄이나 두 줄로 길게 이어진 구조 또는 평면으로 넓게 이어진 구조 및 입체적으로 이어진 구조 등을 이루기도 한다.

④ Si−O 사면체와 이웃하는 다른 Si−O 사면체 사이에 알루미늄, 철, 마그네슘과 같은 금속 원소의 이온이 결합하여 다양한 광물❸이 만들어진다.

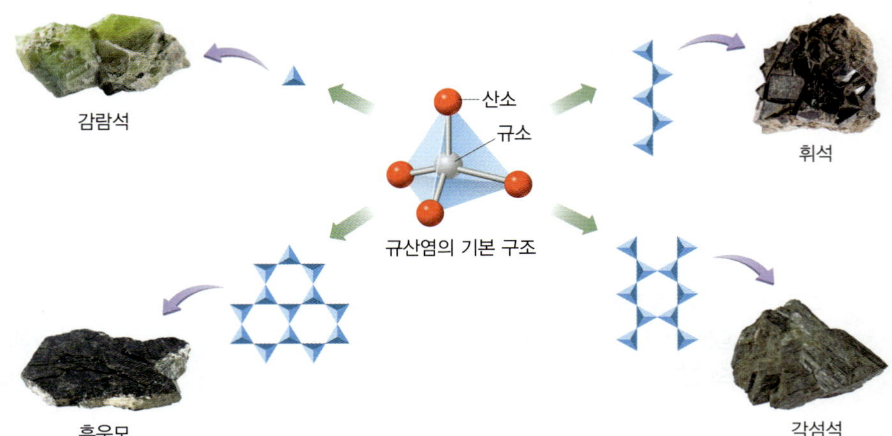

▲ 규산염 광물의 구조

광물	감람석	휘석	각섬석	흑운모	석영
사면체의 결합 형태	독립형 구조 (독립적으로 존재)	단사슬 구조 (한 줄로 길게 결합)	복사슬 구조 (두 줄로 길게 결합)	판상 구조 (판 모양으로 결합)	망상 구조 (입체적으로 결합)
사면체 당 공유하는 산소의 수	0	2	2~3	3	4
Si : O	1 : 4	1 : 3	4 : 11	2 : 5	1 : 2
성질	잘 깨지고, 풍화에 약함.	기둥 모양의 결정을 가짐.	기둥 모양의 결정을 가짐.	판 모양을 따라 얇게 쪼개짐.	깨짐, 풍화에 강함.

▲ 규산염 광물의 특징

2 단위체

① **단위체**: 크고 복잡한 물질을 만들 때 기본 단위로 반복되어 사용되는 물질로, 단순한 물질을 반복하여 사용하면 적은 수의 물질로도 성질이 다른 여러 종류의 물질을 만들 수 있다.

② 다양한 규산염 광물[4]: 규산염 광물의 단위체는 Si−O 사면체이고, Si−O 사면체의 결합 구조에 따라 다양한 종류의 규산염 광물을 만든다.

▲ 석영　　　　　▲ 망상 구조

B 생명체를 구성하는 물질의 규칙성

1 탄소 화합물

① 생명체의 구성 물질[5]은 물을 제외하면 대부분 탄소 화합물이다.
② 탄소 원자를 중심으로 수소, 산소, 질소, 황과 같은 원소가 결합하여 만들어진 물질을 탄소 화합물이라 한다.
③ 생명체 내 탄소 화합물은 단백질, 탄수화물[6], 지질, 핵산 등이 있으며, 몸을 구성하고 에너지를 만들고 유전정보를 저장하는 등의 중요한 역할을 한다.

2 탄소 화합물의 특성

① 탄소 원자는 4개의 공유 결합을 할 수 있으며, 결합에 따라 길이와 모양이 다양한 탄소 골격을 형성할 수 있다.
　원자들이 전자를 공유하면서 형성하는 화학 결합
　탄소 원자 사이의 결합은 무한대로 이어질 수 있다.

사슬 모양	가지 모양	고리 모양	2중 결합	3중 결합
C-C-C-C-C-C	C-C-C-C-C	(고리)	C-C	C-C
			2중 결합	3중 결합

▲ 다양한 탄소 골격

② 탄소 화합물은 일정한 구조의 단위체들이 반복해서 결합하여 큰 분자를 이룬다.

C 단백질의 규칙성

1 단백질의 특징

① 구성 원소: 탄소(C), 수소(H), 산소(O), 질소(N) 등
② 기능
• 몸의 주요 구성 물질: 피부와 근육, 뼈와 혈액, 머리카락 등을 구성한다.
　콜라겐
• 생리 작용 조절: 효소와 호르몬의 주성분으로 물질대사와 생리 작용을 조절한다.
• 항체의 주성분: 인체의 면역반응을 돕는다.
③ 단백질의 종류: 아미노산의 종류, 수, 배열 순서에 의해 결정된다.

머리카락과 손톱의 주요 성분은 케라틴 단백질이다.

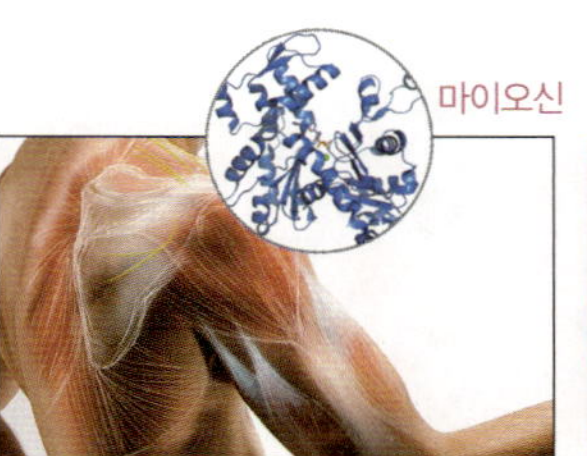

근육은 마이오신과 액틴이라는 단백질로 이루어져 있다.

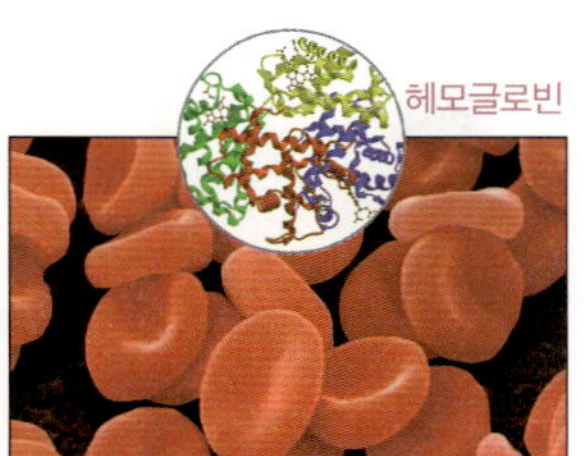

적혈구에는 헤모글로빈 단백질이 있다.

▲ 생명체를 이루고 있는 여러 가지 단백질

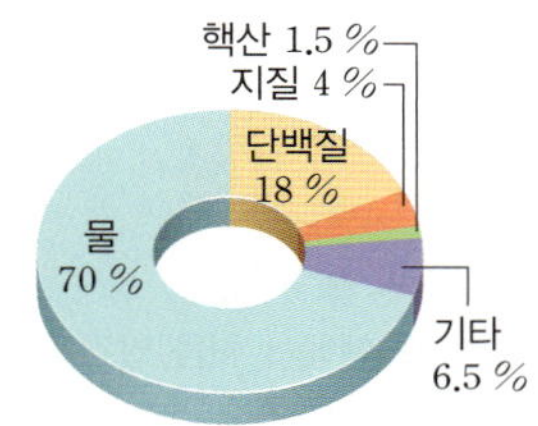

▲ 생명체의 구성 물질

단백질의 종류는 다양한데 이처럼 다양한 단백질이 형성될 수 있는 까닭은 단백질마다 아미노산의 종류와 수, 결합 순서가 모두 다르며 이에 따라 구부러지고 접히는 방법이 달라져 입체 구조가 달라지기 때문이야. 입체 구조가 다른 단백질은 저마다 다른 기능을 수행해.

아미노산은 탄소를 중심으로 아미노기($-NH_2$), 카복실기($-COOH$), 수소(H) 원자가 결합해 있다. 곁사슬(R)의 종류에 따라 아미노산의 종류가 달라진다.

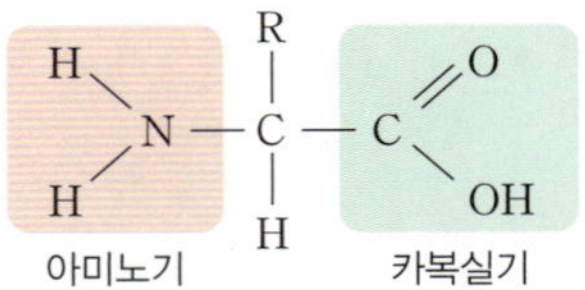

달걀을 삶으면 단단해지는 것처럼 단백질이 열과 산 등에 의해 입체 구조가 변하는 것을 단백질의 변성이라고 해. 단백질이 변성되면 그 고유의 기능을 잃게 돼.

❽ 핵산(核 씨, 酸 시다)

핵산은 세포 핵에서 처음 발견되었으며, 핵에 다량으로 존재하는 산성 물질이라는 뜻으로 핵산이라고 불리게 되었다. 이후에 세포질에도 핵산(RNA)이 존재한다는 것이 밝혀졌다.

❾ 핵산과 단백질 형성의 공통점

• 단백질: 20여 종류의 아미노산이 여러 가지 조합과 배열로 결합하여 다양한 종류가 형성된다. ➡ 생명체에서 다양한 기능 수행
• 핵산: 염기가 다른 4종류의 뉴클레오타이드가 여러 가지 조합과 배열로 다양한 염기서열을 가진 DNA를 형성한다. ➡ 다양한 유전정보 저장

2 단백질의 형성

① 기본 단위체: 아미노산❼ ➡ 생명체에는 약 20종류의 아미노산이 있다.

② 여러 개의 아미노산이 펩타이드결합으로 연결되어 폴리펩타이드를 형성하고, 폴리펩타이드는 구부러지거나 접히면서 고유의 입체 구조를 가진 단백질이 된다.

• 펩타이드결합: 2개의 아미노산 사이에서 물 분자 1개가 빠져나오면서 이루어지는 공유 결합

• 폴리펩타이드: 아미노산 여러 개가 펩타이드결합으로 길게 연결된 것
└ 폴리(poly)는 그리스어로 '많음'을 뜻한다.

D 핵산의 규칙성

1 핵산❽의 특징

① 구성 원소: 탄소(C), 수소(H), 산소(O), 질소(N), 인(P)

② 기능: 유전물질로서 생명체의 유전정보를 저장하거나 전달하며, 단백질합성에 관여한다.
(유전정보를 저장: DNA) (전달: RNA)

③ 종류: DNA와 RNA가 있다.

④ 기본 단위체: 뉴클레오타이드 ➡ 인산 : 당 : 염기가 1 : 1 : 1로 결합한 화합물

• DNA와 RNA를 구성하는 뉴클레오타이드는 당과 염기의 종류가 다르다.

2 핵산의 형성❾

한 뉴클레오타이드의 당과 다른 뉴클레오타이드의 인산이 공유 결합으로 연결되고 같은 방식으로 뉴클레오타이드가 반복적으로 결합하여 긴 사슬 모양의 폴리뉴클레오타이드를 형성한다. ➡ 폴리뉴클레오타이드가 핵산(DNA, RNA)을 구성한다.

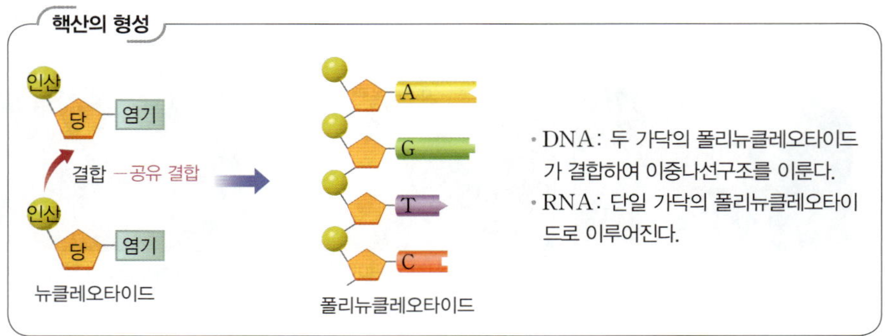

3 DNA와 RNA의 비교[10]

핵산		DNA	RNA
구성	당	디옥시라이보스	라이보스
	염기	아데닌(A), 구아닌(G), 사이토신(C), 타이민(T)	아데닌(A), 구아닌(G), 사이토신(C), 유라실(U)
주요 기능		유전정보 저장	유전정보 전달, 단백질합성에 관여
구조		두 가닥의 폴리뉴클레오타이드가 결합하여 꼬여 있는 이중나선구조[11]	한 가닥의 폴리뉴클레오타이드로 이루어진 단일 가닥 구조

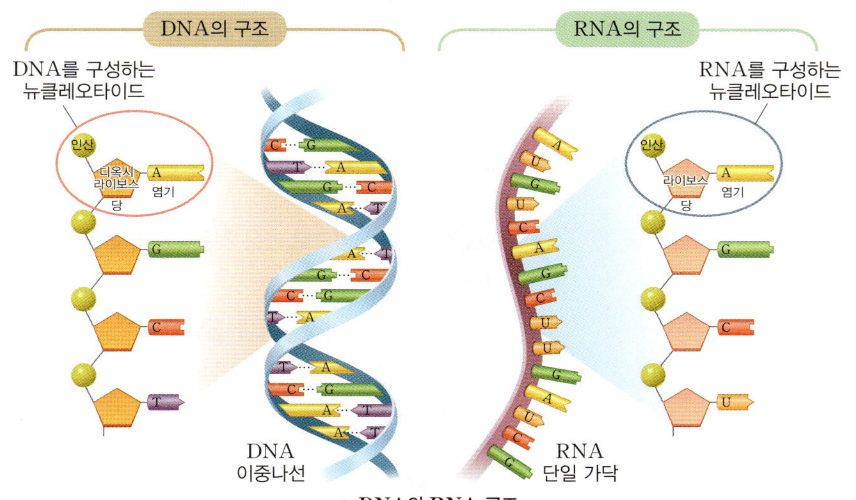

▲ DNA와 RNA 구조

4 DNA 염기의 상보결합[12]

① DNA 이중나선에서 마주 보는 두 가닥의 염기는 상보적으로 결합한다.

② DNA 염기 간 상보결합: 아데닌(A)은 항상 타이민(T)과 결합하고, 구아닌(G)은 항상 사이토신(C)과 결합한다. ➡ 한 가닥의 염기서열[13]을 알면 다른 가닥의 염기서열을 알 수 있다.

5 DNA와 유전정보 아데닌(A), 구아닌(G), 사이토신(C), 타이민(T)을 가진 4종류의 뉴클레오타이드가 다양한 순서로 결합한다. ➡ 염기서열이 다양한 DNA가 만들어져 서로 다른 유전정보를 저장할 수 있다.

탐구분석 DNA 모형 만들고 관찰하기

그림은 DNA의 구조적 특징과 규칙성을 알아보기 위해 만든 DNA 모형을 나타낸 것이다.

◉결과 및 해석

구분	관찰 내용
DNA 구조에서 나타나는 규칙성	1. DNA는 두 가닥의 폴리뉴클레오타이드가 서로 마주 보며 하나의 축을 중심으로 꼬여 있는 이중나선구조이다. 2. 한 뉴클레오타이드의 당과 다른 뉴클레오타이드의 인산이 공유 결합으로 연결되고 같은 방식으로 반복적으로 결합하여 긴 사슬 모양의 폴리뉴클레오타이드를 형성한다.
단위체의 염기가 결합할 때 나타나는 규칙성	1. 한쪽 가닥의 염기와 다른 쪽 가닥의 염기가 상보결합하여 염기쌍을 이루고 있다. 2. 아데닌(A)은 항상 타이민(T)과 결합하고, 구아닌(G)은 항상 사이토신(C)과 결합한다.

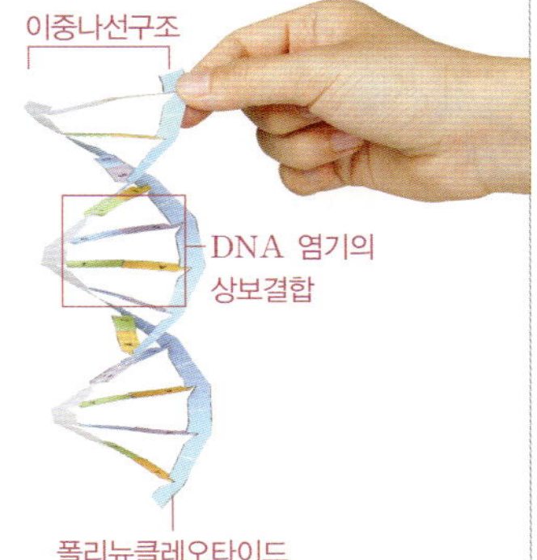

[10] DNA와 RNA의 구분

DNA와 RNA의 첫 글자는 뉴클레오타이드의 구성 성분 가운데 당의 종류를 의미한다. DNA의 당은 디옥시라이보스(deoxyribose), RNA의 당은 라이보스(ribose)이다. DNA와 RNA의 'NA'는 모두 핵산(nucleic acid)을 뜻한다.

[11] 이중나선구조

DNA는 바깥쪽은 당-인산의 공유 결합으로 골격을 형성하고, 안쪽은 염기와 염기가 수소 결합으로 연결되어 이중나선구조를 형성한다.

[12] 상보결합

서로 다른 물질이 결합할 때 정해진 물질하고만 결합하는 것을 말한다.
예 DNA 염기 간 결합, 항원항체반응에서 항원과 항체의 결합

[13] 염기서열

폴리뉴클레오타이드에서 뉴클레오타이드의 염기들만 순서대로 나열해 놓은 것을 말한다. 이 염기서열의 다양성으로 생물의 특성을 결정하는 유전정보가 저장된다.

 개념 확인하기

1 다음은 규산염 광물에 대한 설명이다. ( ) 안에 알맞은 말을 쓰시오.

(1) 지각을 구성하는 규산염 광물의 기본 구조는 Si-O ( )이다.
(2) Si-O 사면체의 중심에는 ( ) 원자 1개가 위치하고, 사면체의 각 모서리에는 ( ) 원자 4개가 위치한다.
(3) 흑운모는 Si-O 사면체가 얇은 ( ) 모양으로 결합한 형태이다.

2 다음 ( ) 안에 알맞은 말을 쓰시오.

> 크고 복잡한 물질을 만들 때 기본 단위로 반복되어 사용되는 물질을 ( )(이)라고 한다.

3 생명체를 구성하는 다음 물질의 단위체를 각각 쓰시오.

(1) 단백질
(2) 핵산

4 다음은 탄소 화합물에 대한 설명이다. ( ) 안에 알맞은 말을 쓰시오.

(1) ( ) 원자를 중심으로 수소, 산소, 질소, 황과 같은 원소가 결합하여 만들어진다.
(2) 일정한 구조를 가진 ( )들이 반복해서 결합하여 이루어진 거대한 분자이다.

5 다음은 단백질에 대한 설명이다. ( ) 안에 알맞은 말을 쓰시오.

(1) 단백질의 종류는 아미노산의 ( ), 수, ( ) 순서에 의해 결정된다.
(2) 이웃한 2개의 아미노산은 ( )결합으로 연결된다.
(3) 아미노산이 반복적으로 결합하여 긴 사슬 모양의 ( )을/를 형성한다.
(4) ( )이/가 다른 단백질은 저마다 다른 기능을 수행한다.
(5) ( )와/과 호르몬의 주성분으로 물질대사와 생리 작용을 조절한다.

6 그림은 단백질의 구성 단위가 결합하는 과정을 모식적으로 나타낸 것이다.

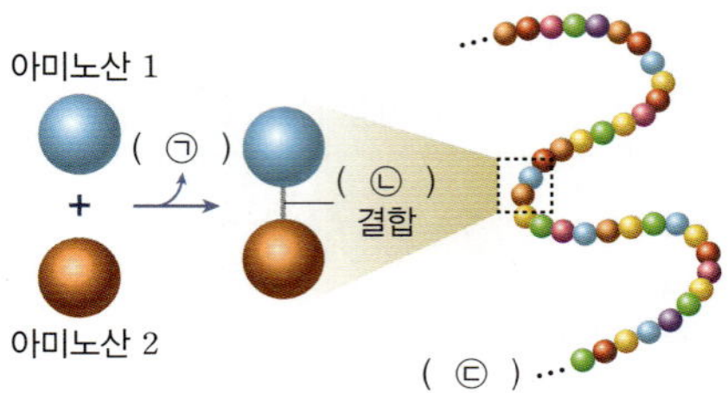

(㉠), (㉡), (㉢)에 알맞은 말을 쓰시오.

7 핵산에 대한 설명으로 옳은 것은 ○, 옳지 않은 것은 ×로 표시하시오.

(1) 유전정보를 저장하거나 전달한다. ( )
(2) 인산, 당, 염기가 1 : 1 : 1로 결합한 단위체로 이루어져 있다. ( )
(3) 한 뉴클레오타이드의 당과 다른 뉴클레오타이드의 인산은 공유 결합으로 연결된다. ( )
(4) 뉴클레오타이드를 구성하는 당의 종류는 네 가지이다. ( )
(5) DNA의 이중 가닥에서 한 가닥의 염기서열을 안다고 해서 다른 가닥의 염기서열을 알 수는 없다. ( )
(6) DNA의 이중 가닥에서 마주 보는 두 가닥의 염기서열은 같다. ( )
(7) 핵산에는 DNA와 RNA가 있다. ( )
(8) RNA는 두 가닥의 폴리뉴클레오타이드가 결합하여 이중나선구조를 이룬다. ( )
(9) DNA는 다양한 입체 구조를 형성한다. ( )
(10) 핵산의 단위체는 아미노산이다. ( )

8 그림은 핵산의 구성 단위를 나타낸 것이다.

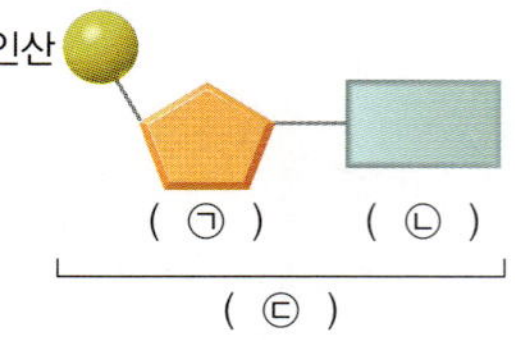

(㉠), (㉡), (㉢)에 알맞은 말을 쓰시오.

9 다음은 DNA와 RNA를 비교한 것이다. (㉠), (㉡), (㉢)에 알맞은 말을 쓰시오.

핵산	당	염기	구조
DNA	(㉠)	A, G, C, T	(㉡)
RNA	라이보스	A, G, C, (㉢)	단일 가닥

정답과 해설 21쪽

DNA 이중나선구조를 관찰하고,
DNA의 구조적 특징과 규칙성을 알아봅시다.

강의 영상

디테일 Point

● DNA 이중나선구조의 특징과 규칙성

❶ 두 가닥의 폴리뉴클레오타이드가 서로 마주 보며 하나의 축을 중심으로 꼬여 있는 이중나선구조이다.

❷ 바깥쪽 골격은 당-인산 결합이 규칙적으로 연결되어 형성된다.

❸ 안쪽으로는 한쪽 가닥의 염기와 다른 쪽 가닥의 염기가 상보결합하여 염기쌍을 이루고 있다.

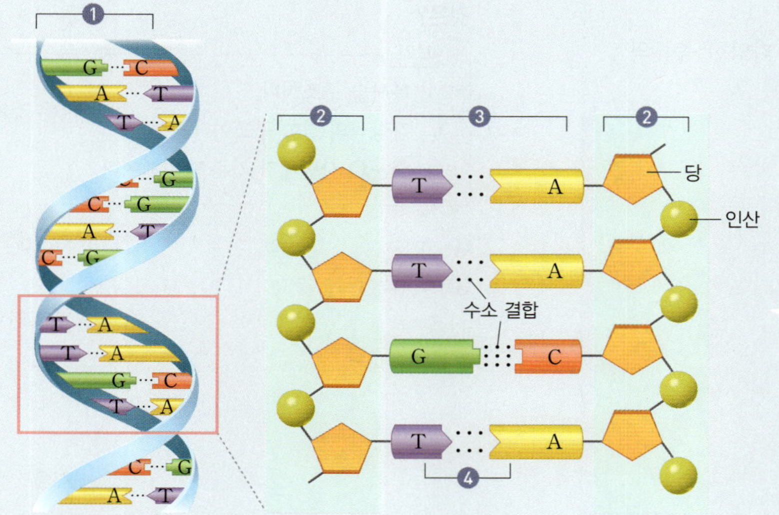

DNA는 이중나선구조로 되어 있어 안정적이고, 염기가 이중나선의 안쪽에 자리잡고 있어 유전정보를 안전하게 저장할 수 있다. 따라서 DNA는 생물의 유전정보를 저장하고 다음 세대에 유전정보를 전달하는 유전물질로서의 역할을 하기에 적합하다.

❹ 염기와 염기는 수소 결합으로 연결되어 있다.

• 염기 간 상보결합: 아데닌(A)은 타이민(T)하고만 결합하고, 구아닌(G)은 사이토신(C)하고만 결합한다.

➡ 한 가닥의 염기서열을 알면 다른 가닥의 염기서열을 알 수 있다.

• 아데닌(A)과 타이민(T) 사이에는 2개의 수소 결합이, 구아닌(G)과 사이토신(C) 사이에는 3개의 수소 결합이 형성된다.

디테일 Up DNA를 구성하는 염기쌍의 규칙성: 상보결합하는 염기의 양이 같다.

➡ 아데닌(A)과 타이민(T)의 양이 같고(A=T), 구아닌(G)과 사이토신(C)의 양이 같다(G=C).

예 어떤 DNA에서 아데닌(A)의 비율이 30 %이면, 타이민(T)의 비율도 30 %이다.
어떤 DNA에서 구아닌(G)의 비율이 20 %이면, 사이토신(C)의 비율도 20 %이다.

$A=T, G=C$	$A+G=T+C$	$(A+G):(T+C)=1:1$	$\dfrac{A+G}{T+C}=1$

디테일 예제

1 DNA의 구조와 염기 구성에 대한 설명으로 옳은 것은 ○, 옳지 않은 것은 ×로 표시하시오.

(1) DNA의 기본 단위체는 인산, 당, 염기로 구성되어 있다. ( )

(2) DNA를 구성하는 단위체는 4종류이다. ( )

(3) 아데닌(A)과 타이민(T) 사이의 결합은 공유 결합이다. ( )

(4) DNA는 탄소 화합물에 해당한다. ( )

(5) 이중나선구조에서 당과 인산이 안쪽 골격을 이룬다. ( )

(6) 두 가닥의 폴리뉴클레오타이드가 염기의 상보결합으로 연결되어 있다. ( )

2 다음은 이중 가닥으로 이루어진 DNA X에 대한 자료이다.

• DNA X는 50개의 염기쌍으로 구성된다.
• DNA X에서 아데닌(A)의 개수는 30개이다.

( ) 안에 알맞은 숫자를 쓰시오. (단, 돌연변이는 고려하지 않는다.)

(1) DNA X를 구성하는 염기의 개수는 ( )개이다.

(2) DNA X에서 타이민(T)의 개수는 ( )개이다.

(3) DNA X에서 구아닌(G)의 개수는 ( )개이다.

(4) DNA X에서 사이토신(C)의 개수는 ( )개이다.

개념 적용하기

01 규산염 광물에 대한 설명으로 옳지 <u>않은</u> 것은?

① 규산염 광물은 규소와 산소로 이루어져 있다.
② 규산염 광물의 기본 단위체는 $Si-O$ 사면체이다.
③ 암석을 구성하는 광물 중 가장 많은 양을 차지한다.
④ 감람석은 $Si-O$ 사면체가 한 줄로 길게 결합한 형태이다.
⑤ $Si-O$ 사면체의 결합 구조에 따라 다양한 종류의 광물이 만들어진다.

02 그림은 $Si-O$ 사면체의 구조를 나타낸 것이다.

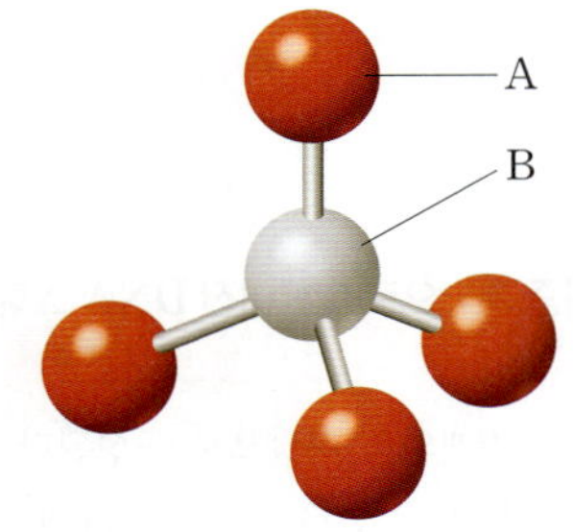

이에 대한 설명으로 옳은 것은?

① A는 규소 원자이다.
② B는 산소 원자이다.
③ A와 B는 공유 결합을 한다.
④ A의 원자가 전자는 4개이다.
⑤ $Si-O$ 사면체와 다른 $Si-O$ 사면체는 B를 공유한다.

03 그림은 어떤 규산염 광물의 결합 구조를 나타낸 것이다.

이에 대한 설명으로 옳은 것만을 보기에서 있는 대로 고른 것은?

> [보기]
> ㄱ. 복사슬 구조이다.
> ㄴ. 감람석의 결합 구조이다.
> ㄷ. $Si-O$ 사면체가 기본 단위체이다.

① ㄱ   ② ㄷ   ③ ㄱ, ㄴ
④ ㄴ, ㄷ   ⑤ ㄱ, ㄴ, ㄷ

04 그림 (가)와 (나)는 흑운모와 석영을 순서 없이 나타낸 것이다.

(가)   (나)

이에 대한 설명으로 옳은 것만을 보기에서 있는 대로 고른 것은?

> [보기]
> ㄱ. (가)는 석영이다.
> ㄴ. (나)에는 금속 원소가 들어 있다.
> ㄷ. (가)와 (나)는 모두 규산염 광물이다.

① ㄱ   ② ㄷ   ③ ㄱ, ㄴ
④ ㄴ, ㄷ   ⑤ ㄱ, ㄴ, ㄷ

B 생명체를 구성하는 물질의 규칙성

05 생명체를 구성하는 물질 중 탄소 화합물에 대한 설명으로 옳은 것을 모두 고르면? (2개)

① 단백질과 핵산의 단위체는 동일하다.
② 단백질, 탄수화물, 지질, 핵산이 해당한다.
③ 지질의 구성 원소에는 탄소(C)가 없다.
④ 탄소 골격에 여러 원소가 결합하여 다양한 탄소 화합물을 형성할 수 있다.
⑤ 산소 원자를 중심으로 탄소, 수소와 같은 여러 원소가 결합하여 만들어진다.

C 단백질의 규칙성

06 단백질에 대한 설명으로 옳은 것만을 보기에서 있는 대로 고른 것은?

> **보기**
> ㄱ. 뼈와 근육의 구성 성분이다.
> ㄴ. 생명체에 존재하는 아미노산은 4종류이다.
> ㄷ. 여러 개의 아미노산이 펩타이드결합으로 연결되어 형성된다.

① ㄱ 　② ㄴ 　③ ㄷ
④ ㄱ, ㄴ 　⑤ ㄱ, ㄷ

07 그림은 단백질 형성 과정의 일부를 나타낸 것이다.

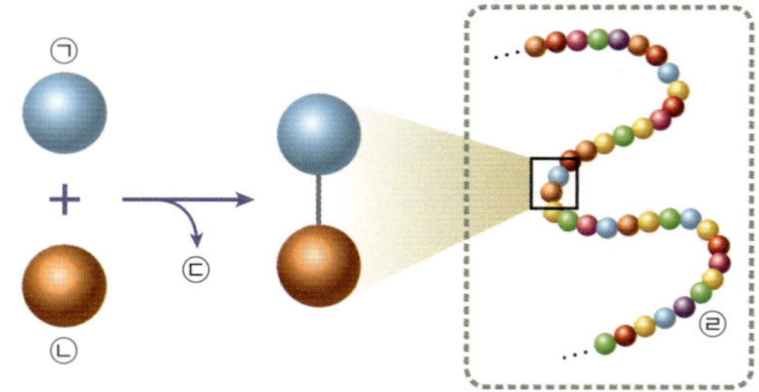

이에 대한 설명으로 옳은 것만을 보기에서 있는 대로 고른 것은?

> **보기**
> ㄱ. ㉠과 ㉡은 둘 다 탄소(C)를 포함한다.
> ㄴ. ㉢은 물이다.
> ㄷ. ㉠과 ㉡의 결합 순서가 바뀌면 ㉣의 구조가 바뀔 수 있다.

① ㄱ 　② ㄴ 　③ ㄱ, ㄷ
④ ㄴ, ㄷ 　⑤ ㄱ, ㄴ, ㄷ

중요
08 그림은 단백질 형성 과정을 모식적으로 나타낸 것이다.

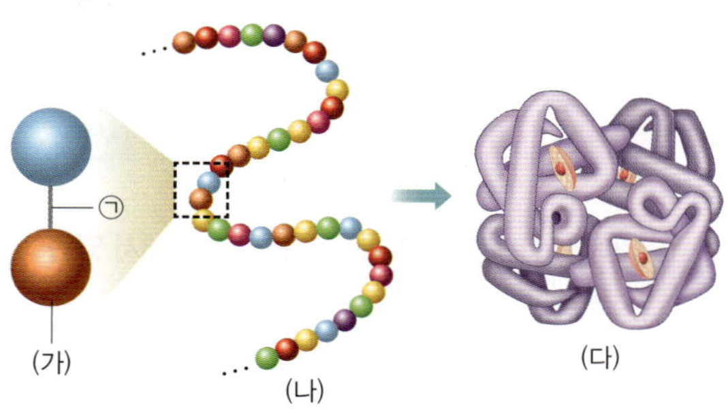

이에 대한 설명으로 옳은 것만을 보기에서 있는 대로 고른 것은?

> **보기**
> ㄱ. ㉠은 당 – 인산 결합이다.
> ㄴ. 50개의 (가)로 구성된 (나)에는 51개의 펩타이드 결합이 존재한다.
> ㄷ. (나)를 이루는 단위체의 종류와 개수, 결합 순서에 따라 (다)의 입체 구조와 기능이 달라진다.

① ㄱ 　② ㄷ 　③ ㄱ, ㄴ
④ ㄱ, ㄷ 　⑤ ㄴ, ㄷ

D 핵산의 규칙성

중요
09 그림은 두 종류의 핵산 (가)와 (나)를 나타낸 것이다.

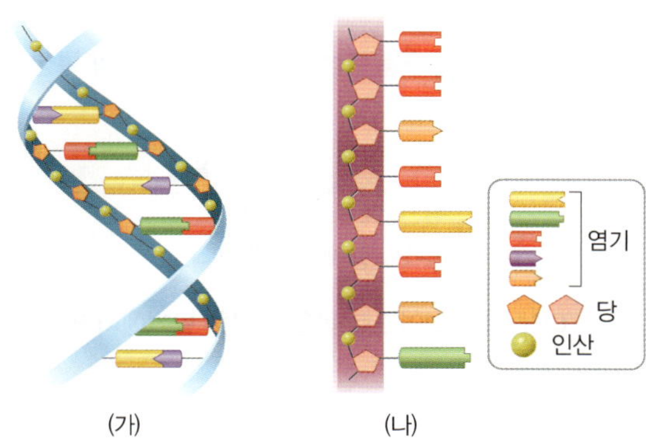

이에 대한 설명으로 옳지 않은 것은? (단, 돌연변이는 고려하지 않는다.)

① (가)는 DNA, (나)는 RNA이다.
② (가)를 구성하는 염기 중에 타이민(T)이 있다.
③ (나)는 단백질합성에 관여한다.
④ (나)를 구성하는 염기는 모두 4종류이다.
⑤ (가)와 (나)를 구성하는 당은 동일하다.

10 그림은 어떤 핵산의 단위체를 나타낸 것이다.

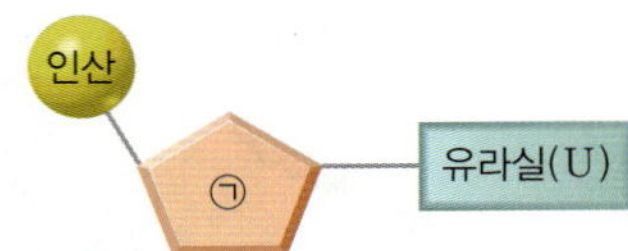

이에 대한 설명으로 옳은 것만을 보기에서 있는 대로 고른 것은?

보기
ㄱ. ㉠은 디옥시라이보스이다.
ㄴ. RNA를 구성하는 단위체이다.
ㄷ. 이 핵산은 단일 폴리뉴클레오타이드 가닥으로 이루어진다.

① ㄱ   ② ㄴ   ③ ㄱ, ㄷ
④ ㄴ, ㄷ   ⑤ ㄱ, ㄴ, ㄷ

11 그림은 DNA 이중나선 중 한쪽 가닥의 일부를 나타낸 것이다.
상보결합을 이루는 다른 한쪽 가닥의 염기를 위에서부터 순서대로 쓰시오.

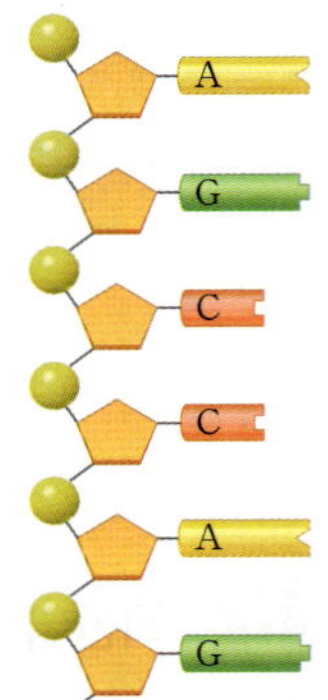

12 다음은 생명체를 구성하는 물질 A와 B의 특징을 나타낸 것이다.

물질	특징
A	유전정보를 저장한다.
B	효소와 항체의 주성분이다.

이에 대한 설명으로 옳은 것만을 보기에서 있는 대로 고른 것은?

보기
ㄱ. A에서는 당과 인산이 바깥쪽 골격을 이루고 있다.
ㄴ. B에는 펩타이드결합이 있다.
ㄷ. 생명체 내에서 단위체의 종류는 A가 B보다 많다.

① ㄱ   ② ㄴ   ③ ㄷ
④ ㄱ, ㄴ   ⑤ ㄴ, ㄷ

13 규산염 광물의 종류가 다양한 까닭을 아래 제시어를 모두 포함하여 서술하시오.

제시어
• 사면체   • 단위체   • 결합 구조
• 광물   • 공유   • 산소

14 그림은 사람의 적혈구 속 헤모글로빈과 머리카락 속 케라틴을 이루는 단백질을 나타낸 것이다.

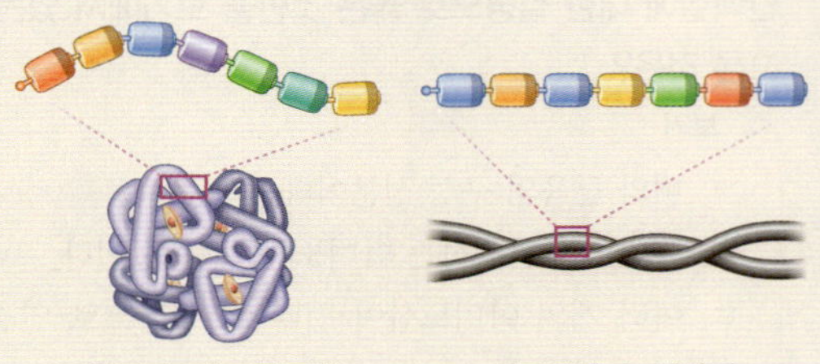
적혈구 속 헤모글로빈   머리카락 속 케라틴

헤모글로빈과 케라틴의 구조와 기능이 서로 다른 까닭을 아래 제시어를 모두 포함하여 서술하시오.

제시어
• 종류   • 개수   • 기능
• 결합 순서   • 입체 구조   • 아미노산

15 간단한 단위체의 조합으로 만들어진 DNA가 다양한 유전정보를 저장할 수 있는 까닭을 아래 제시어를 모두 포함하여 서술하시오.

제시어
• 결합   • 종류   • 순서
• 염기서열   • 유전정보   • 뉴클레오타이드

01 그림은 규산염 광물 (가)와 (나)의 결합 구조를 나타낸 것이다.

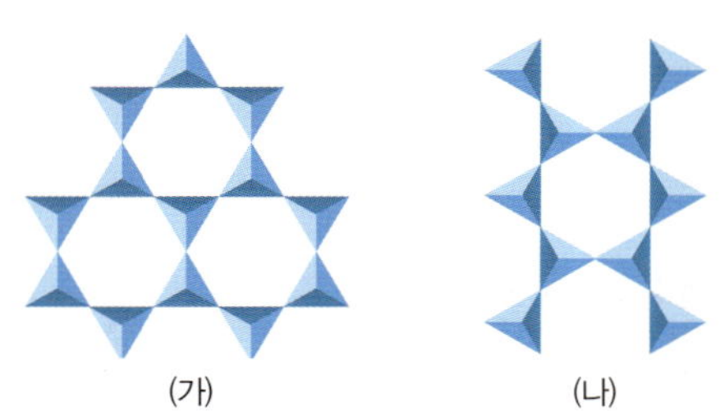

(가)   (나)

이에 대한 설명으로 옳은 것만을 보기에서 있는 대로 고른 것은?

보기

ㄱ. (가)는 잘 깨지는 성질이 있다.
ㄴ. (나)는 기둥 모양의 결정을 갖는다.
ㄷ. $\dfrac{규소\ 원자의\ 수}{산소\ 원자의\ 수}$ 는 (가)가 (나)보다 크다.

① ㄱ   ② ㄴ   ③ ㄱ, ㄴ
④ ㄴ, ㄷ   ⑤ ㄱ, ㄴ, ㄷ

02 그림은 DNA, RNA, 단백질을 구분하는 과정이다.

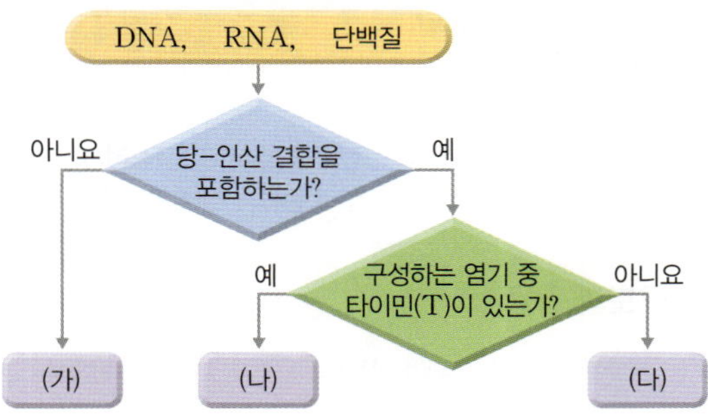

이에 대한 설명으로 옳은 것만을 보기에서 있는 대로 고른 것은? (단, 돌연변이는 고려하지 않는다.)

보기

ㄱ. (가)는 항체의 주성분이다.
ㄴ. (나)는 단위체의 결합 순서에 유전정보를 저장하고 있다.
ㄷ. (나)와 (다)의 기본 단위체는 모두 인산, 당, 염기가 $1:1:1$로 결합되어 있다.

① ㄱ   ② ㄷ   ③ ㄱ, ㄴ
④ ㄴ, ㄷ   ⑤ ㄱ, ㄴ, ㄷ

03 다음은 이중 가닥으로 이루어진 어떤 DNA의 가닥 (가)와 (나)의 염기 조성을 나타낸 것이다. (가)와 (나)는 각각 100개의 염기쌍으로 구성되어 있다.

DNA의 가닥	염기 조성
(가)	$\dfrac{A+T}{G+C}=\dfrac{3}{2}$
(나)	A의 함량$=27.5\,\%$

이에 대한 설명으로 옳은 것만을 보기에서 있는 대로 고른 것은? (단, 돌연변이는 고려하지 않는다.)

보기

ㄱ. (가)와 (나)의 $\dfrac{A+G}{T+C}$ 의 값은 같다.
ㄴ. (가)를 구성하는 뉴클레오타이드의 총 개수는 200개이다.
ㄷ. (나)에서 구아닌(G)의 개수는 (가)에서보다 5개 더 적다.

① ㄱ   ② ㄷ   ③ ㄱ, ㄴ
④ ㄴ, ㄷ   ⑤ ㄱ, ㄴ, ㄷ

04 다음은 이중 가닥으로 이루어진 어떤 DNA X에 대한 자료이다.

- DNA X는 100개의 염기쌍으로 구성되어 있다.
- DNA X는 서로 상보적인 가닥 I과 II로 구성되어 있다.
- 가닥 I에서 A+T의 함량은 35 %이다.
- 가닥 I에서 $\dfrac{C}{A}=\dfrac{3}{4}$이고, 가닥 II에서 $\dfrac{T}{C}=\dfrac{2}{5}$이다.

이에 대한 설명으로 옳은 것을 보기에서 있는 대로 고른 것은? (단, 돌연변이는 고려하지 않는다.)

보기

ㄱ. 가닥 I에서 아데닌(A)의 개수와 타이민(T)의 개수는 서로 같다.
ㄴ. 가닥 II에서 구아닌(G)의 개수는 50개이다.
ㄷ. $\dfrac{A+G}{T+C}$ 은 가닥 II보다 가닥 I에서 더 크다.

① ㄱ   ② ㄴ   ③ ㄷ
④ ㄴ, ㄷ   ⑤ ㄱ, ㄴ, ㄷ

08 물질의 전기적 성질과 활용

🔍 핵심 KEYWORD

- 자유 전자의 이동과 물질의 전기적 성질
- 도체와 부도체의 비교
- 반도체의 구조와 활용

---

❶ 속박(束 묶다, 縛 묶다)

전자가 원자나 분자 속에 갇혀 있어서 자유롭게 움직이지 못하는 상태를 전자가 속박되어 있다고 표현한다.

이 단원에서는 물질의 전기적 성질 중 전류가 잘 흐르는지 나타내는 성질인 전기 전도성 위주로 물질의 성질을 알아볼거야.

+비상 교과서에 있어요

❷ 전기 전도도

물질의 전기 전도성을 정량적으로 나타내는 물리량으로, 전기 전도도는 자유 전자와 이온의 양에 따라 결정된다.

---

❸ 반도체의 전기 전도성 조절

순수한 반도체는 부도체처럼 전류가 흐르지 않지만 반도체에 빛이나 열을 가하거나 불순물을 첨가하면 도체처럼 전류가 흐른다.

🅐 물질의 전기적 성질

1 물질을 이루는 원자

① 원자의 구조: 원자는 원자핵과 전자로 이루어져 있다.

② 원자의 전기적 성질: 양(+)전하를 띠는 원자핵과 음(−)전하를 띠는 전자들의 전하량의 총량이 같아 원자는 전기적으로 중성이다. ─ 양(+)전하도, 음(−)전하도 띠지 않는 상태

③ 원자 내부에서 작용하는 전기력: 양(+)전하를 띠는 원자핵과 음(−)전하를 띠는 전자는 다른 종류의 전하를 띠므로 서로 끌어당기는 전기력이 작용한다. ➡ 전자는 원자핵과의 전기력에 의해 속박❶되어 있다.

▲ 원자에 속박된 전자

2 물질의 전기적 성질

① 자유 전자: 수많은 원자가 결합하여 물질을 이룰 때 원자에 속박되지 않고 물질 속에서 자유롭게 이동하는 전자 ➡ 물질 내 자유 전자의 이동에 따라 물질의 전기적 성질(전기 전도성)이 달라진다.

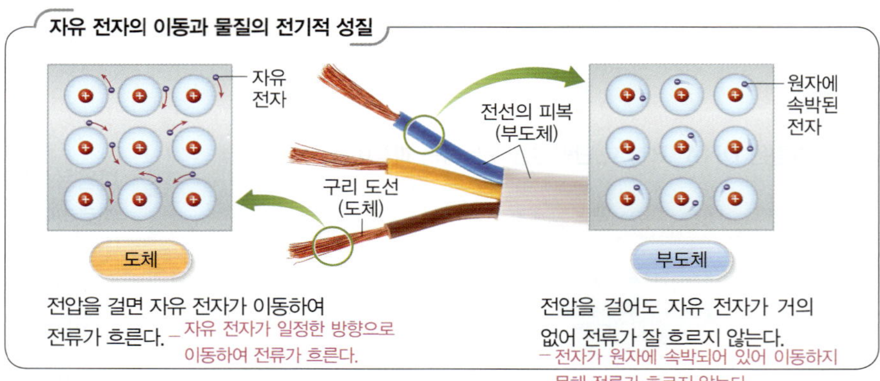

전압을 걸면 자유 전자가 이동하여 전류가 흐른다. ─ 자유 전자가 일정한 방향으로 이동하여 전류가 흐른다.

전압을 걸어도 자유 전자가 거의 없어 전류가 잘 흐르지 않는다. ─ 전자가 원자에 속박되어 있어 이동하지 못해 전류가 흐르지 않는다.

② 물질의 전기적 성질에 따른 구분과 활용

구분	도체	부도체(절연체)	반도체
물질 내 자유 전자	자유 전자가 많아 전류가 잘 흐르는 물질 ─ 도체는 전기 전도도❷가 크다.	자유 전자가 거의 없어 전류가 잘 흐르지 않는 물질 ─ 부도체는 전기 전도도가 매우 작다.	순수한 상태에서는 자유 전자가 거의 없어 전류가 흐르지 않지만, 특정 조건❸에서 전류가 흐르는 물질
물질	철, 구리, 알루미늄, 금 등과 같은 금속, 흑연 등	나무, 플라스틱, 고무, 유리, 다이아몬드 등	규소(Si), 저마늄(Ge) 등
활용 예	• 전기 부품이나 전기 장치를 연결하는 소재 • 피뢰침, 정전기 방지 패드, 전력 케이블의 전선	• 전기 절연 소재 • 절연 장갑이나 전선의 피복, 반도체 기판의 보호막	• 반도체 소자의 재료 • 각종 센서 및 전자 제품의 부품

- 물질의 전기적 성질을 응용하여 일상생활과 첨단 기술에서 다양한 소재로 활용한다.
- 대부분의 전기 기구들은 도체, 절연체, 반도체 소재를 함께 구성하여 이용한다.
  ─ 도체는 전류가 흘러야 하는 곳에, 부도체는 전류가 흐르지 않아야 하는 곳에 사용한다.

β 반도체

1 반도체 물질 특정 조건을 조절하여 전기적 성질을 제어할 수 있다.

① 순수한 반도체: 순수한 규소[4]나 저마늄처럼 어떠한 불순물도 첨가하지 않은 반도체
- 규소, 저마늄은 원자가 전자가 4개인 14족 원소로, 이웃한 원자끼리 4개의 전자쌍을 공유해 공유 결합을 형성한다.
- 자유 전자가 거의 없어 전압을 걸어도 전류가 거의 흐르지 않는다.

② 불순물 반도체: 순수한 반도체에 특정 불순물을 첨가(도핑[5])하여 전기적 성질을 변화시킨 반도체 ➡ 불순물에 따라 n형 반도체와 p형 반도체로 구분[6]
- n형 반도체: 원자가 전자가 5개인 원소를 도핑 ➡ 공유 결합에서 남는 전자가 자유 전자가 되어 전류가 흐른다. └15족 원소
- p형 반도체: 원자가 전자가 3개인 원소를 도핑 ➡ 공유 결합에서 전자의 빈 자리(양공)로 주변의 전자가 이동하여 전류가 흐른다. └13족 원소

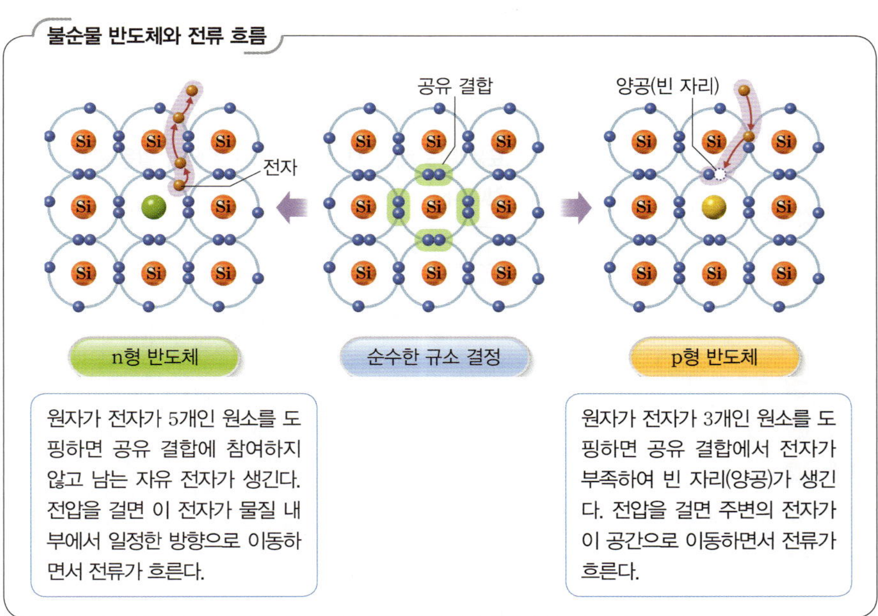

2 반도체 소자의 활용

① 반도체 소자[7]: 반도체가 가진 전기적 성질을 이용한 전자 부품 — n형 반도체와 p형 반도체를 조합하여 만든다.

다이오드		발광 다이오드	
다이오드	• 전류를 한 방향으로만 흐르게 한다. • 교류를 직류[8]로 바꾸는 장치에 이용한다.	발광 다이오드	• 전류가 흐르면 빛을 낸다. • 조명 장치, 영상 표시 장치에 이용한다. 첨가하는 원소에 따라 다른 색의 빛을 낸다.
트랜지스터	• 회로에서 약한 전압이나 전류를 크게 하거나, 전류 흐름을 조절한다. • 작은 크기로 만들 수 있고, 소비 전력이 작아 대부분의 전자 제품에 이용한다.	집적 회로	• 많은 반도체 소자를 하나의 칩으로 정밀하게 부착하여 만든다. • 작게 만들어 신호 전달이 빠르고 에너지 소모가 작다.

② 반도체 소자의 활용: 전기 신호 처리 기능과 데이터 처리 기능을 활용한다.

센서	영상 표시 장치	태양 전지
반도체가 조건에 따라 전기적 성질이 달라지는 것을 이용하여 온도, 습도, 압력 등의 변화를 감지하는 센서에 이용한다.	전류가 흐를 때 빛을 내는 성질을 이용해 스마트 기기 화면, 휘어지는 모니터 등 각종 영상 표시 장치를 만든다.	빛을 받으면 전류가 흐르는 성질을 가진 반도체 소자를 태양 전지의 소재로 활용하여 전기 에너지를 생산한다.

➡ 이외에도 스마트 기기, 컴퓨터, 디지털카메라, 인공지능 장치, 자율주행 자동차 등 정보 통신을 포함한 일상생활과 첨단 기술에 널리 이용한다.

---

4 규소

지각에서 산소 다음으로 많이 존재하는 원소로, 모래의 주성분이다. 규소는 주로 규산염 광물 형태로 존재한다.

5 도핑

순수한 반도체에 불순물을 첨가하는 것을 도핑이라고 한다. 불순물의 농도를 설정하면 전기 전도성을 조절할 수 있다.

6 불순물 반도체와 도핑

순수한 반도체에 원자가 전자가 5개인 인(P), 비소(As), 안티모니(Sb)를 도핑하면 n형 반도체가 되고, 원자가 전자가 3개인 붕소(B), 알루미늄(Al), 갈륨(Ga), 인듐(In)을 도핑하면 p형 반도체가 된다.

7 반도체 소자

반도체 물질의 전기적 성질을 이용하기 위해 만든 전자 부품으로 전자 제품의 회로를 구성하는 중요한 구성 요소이다. 대부분의 전자 제품에는 반도체 소자가 들어 있다.

8 교류와 직류

전류의 방향이 계속 주기적으로 바뀌는 전류를 교류, 한 방향으로만 흐르는 전류를 직류라고 한다. 교류를 직류로 바꾸는 작용을 정류 작용이라고 한다. 발전소에서 생산하는 전류는 교류인데, 우리가 사용하는 대부분의 전기 기구는 직류를 사용한다. 따라서 다이오드를 이용한 어댑터(직류 전원 장치)는 우리 주위에서 많이 사용된다.

개념 확인하기

1 다음은 물질의 전기적 성질에 대한 설명이다. (   ) 안에 알맞은 말을 쓰시오.

(1) 원자 내의 전자는 원자핵으로부터 (   )을/를 받아 원자에 속박되어 있다.

(2) 원자가 물질을 이룰 때 원자에 속박되지 않고 자유롭게 이동하는 전자를 (   )(이)라고 한다.

(3) 물질은 (   ) 성질에 따라 도체, 부도체, 반도체로 구분할 수 있다.

(4) (   )은/는 반도체보다 원자 내에서 자유롭게 이동할 수 있는 전자가 많다.

(5) 전기 전도도가 매우 작은 (   )은/는 전선의 피복과 같은 전기 절연 소재로 활용된다.

2 표는 전기적 성질에 따라 물질을 구분한 것으로, A, B는 각각 도체, 부도체 중 하나이다.

A	B
자유 전자	자유 전자
자유 전자가 많음.	자유 전자가 적음.

이에 대한 설명으로 옳은 것은 ○, 옳지 <u>않은</u> 것은 ×로 표시하시오.

(1) A에 해당하는 물질에는 구리, 철, 은 등과 같은 금속이 있다. (   )

(2) 전기 전도성은 B가 A보다 좋다. (   )

(3) A는 전선, 피뢰침, 정전기 방지 패드에 사용된다. (   )

(4) B는 특정 조건에 따라 전기적 성질을 제어하기 쉽다. (   )

3 도체에 대한 설명으로 옳은 것은 ○, 옳지 <u>않은</u> 것은 ×로 표시하시오.

(1) 원자에 속박되지 않은 전자가 많다. (   )

(2) 전기 전도성이 좋아 전류가 잘 흐른다. (   )

(3) 전기적 성질을 고려하여 전기 절연 소재로 활용한다. (   )

4 다음은 반도체에 대한 설명이다. (   ) 안에 알맞은 말 또는 숫자를 쓰시오.

(1) 14족 원소 중 (   ), 저마늄 등은 순수한 반도체이다.

(2) 지구상에서 규소는 대부분 (   ) 광물이나 이산화 규소의 형태로 존재한다.

(3) 순수한 반도체에 불순물을 첨가하면 (   )나 양공의 수가 증가하여 전기적 성질이 바뀐다.

(4) 순수한 반도체에 원자가 전자가 5개인 원소를 도핑하면 (   ) 반도체가 된다.

5 표는 반도체 소자 A, B, C의 특성과 활용 분야를 나타낸 것이다.

A	B	C
가정에 공급되는 교류를 직류로 바꾸어 공급하는 전기 장치에 사용한다.	전기 신호 세기를 크게 하는 증폭기나 전기 신호를 제어하는 디지털 회로에 사용한다.	전류가 흐를 때 빛을 내는 성질을 이용해 각종 영상 장치나 조명 기구에 사용한다.

이에 대한 설명으로 옳은 것은 ○, 옳지 <u>않은</u> 것은 ×로 표시하시오.

(1) A는 전류를 한 방향으로 흐르게 한다. (   )

(2) B는 다이오드이다. (   )

(3) C는 반도체 소자에 사용되는 물질에 따라 다른 색의 빛을 방출한다. (   )

6 반도체 소자와 설명을 옳게 연결하시오.

(1) 센서 •   • ㉠ 전류가 흐르면 빛을 방출하는 반도체를 사용한다.

(2) 영상 표시 장치 •   • ㉡ 조건에 따라 전기적 성질이 달라지는 반도체를 이용하여 온도, 습도, 압력 등의 변화를 감지한다.

(3) 태양 전지 •   • ㉢ 빛을 받으면 전류가 흐르는 성질을 가진 반도체를 사용한다.

개념 적용하기

A 물질의 전기적 성질

01 물질의 전기적 성질에 대한 설명으로 옳은 것은?

① 도체는 부도체보다 자유 전자가 많다.
② 반도체는 전기 전도성이 도체보다 좋다.
③ 부도체는 전압을 걸었을 때 전자가 쉽게 이동한다.
④ 원자에 속박된 전자가 많을수록 전기 전도성이 좋다.
⑤ 전류가 흐르는 것을 방해하는 성질이 강할수록 더 좋은 도체이다.

02 그림 (가), (나)는 각각 물질 A, B를 전구와 전지에 연결한 모습을 나타낸 것이다. A, B는 각각 도체와 부도체 중 하나이고, (나)에서만 전구에 불이 켜졌다.

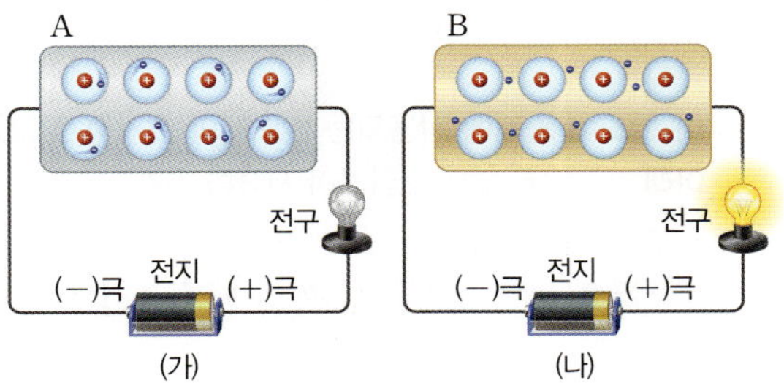

이에 대한 설명으로 옳은 것만을 보기에서 있는 대로 고른 것은?

보기
ㄱ. A는 반도체보다 자유 전자가 많다.
ㄴ. (가)에서 전지의 연결 방향을 반대로 바꾸면 전구가 켜진다.
ㄷ. (나)에서 전자는 B → 전구 → 전지 방향으로 이동한다.

① ㄱ　　　　② ㄷ　　　　③ ㄱ, ㄴ
④ ㄴ, ㄷ　　　⑤ ㄱ, ㄴ, ㄷ

03 철사, 고무장갑, 다이오드의 전기 전도도를 비교한 것으로 옳은 것은?

① 고무장갑 > 다이오드 > 철사
② 고무장갑 > 철사 > 다이오드
③ 다이오드 > 고무장갑 > 철사
④ 철사 > 고무장갑 > 다이오드
⑤ 철사 > 다이오드 > 고무장갑

04 다음은 스마트 유리창에 사용되는 물질의 전기적 성질에 대한 설명이다.

> 스마트 유리창은 실내의 밝기에 따라 실내로 들어오는 햇빛의 양을 자동으로 조절한다. 스마트 유리창은 도체, 부도체, 반도체 물질로 구성되어 있다.
> 유리는 　⑦　로 전류가 잘 흐르지 않는다. 스마트 유리창의 유리 위에는 　ⓒ　가 얇은 층을 이루며 코팅되어 있다. 이 층은 전류가 흐를 때 유리의 색을 변화시켜 실내로 들어오는 햇빛의 양을 조절한다. 스마트 유리창의 핵심 부품인 센서는 햇빛이나 전류에 따라 전기적 성질이 변하는 　ⓒ　 소자를 이용하여 스마트 유리창의 투명도를 조절한다.

⑦, ⓒ, ⓒ에 들어갈 물질로 가장 적절한 것은?

	⑦	ⓒ	ⓒ
①	도체	부도체	반도체
②	도체	반도체	부도체
③	반도체	부도체	도체
④	부도체	도체	반도체
⑤	부도체	반도체	도체

B 반도체

05 반도체에 대한 설명으로 옳은 것은?

① 지각에 있는 규소는 주로 순수한 원소 형태로 존재한다.
② 순수한 반도체에는 규소(Si), 저마늄(Ge) 등이 있다.
③ 상온에서 순수한 반도체의 전기 전도성은 도체와 비슷하다.
④ 규소에 원자가 전자가 3개인 원소를 도핑하면 자유 전자가 많아진다.
⑤ 불순물 반도체는 불순물로 인해 순수한 반도체보다 전류가 잘 흐르지 않는다.

06 그림은 여러 가지 반도체 소자를 나타낸 것이다.

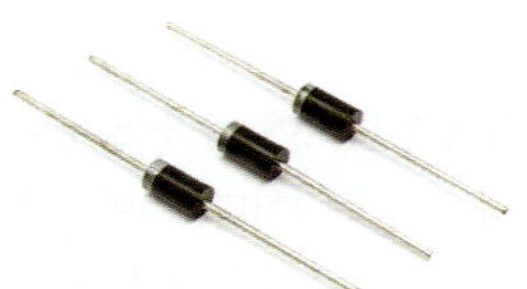

(가) 다이오드

(나) 발광 다이오드

(다) 태양 전지

(라) 컴퓨터 중앙 처리 장치(CPU)

이에 대한 설명으로 옳은 것은?

① (가)는 직류를 교류로 바꾼다.
② (나)는 빛을 받으면 전류가 흐른다.
③ (다)는 한 종류의 순수한 반도체로 만든다.
④ (라)는 전기 신호를 처리하거나 데이터를 처리한다.
⑤ 반도체 소자는 전기 저항이 도체보다 작아 전류가 잘 흐른다.

중요
07 다음은 도체, 반도체, 부도체 중 하나에 대한 설명이다.

> 순수한 규소(Si)는 전류가 잘 흐르지 않는다. 그러나 규소에 인, 붕소, 비소와 같은 특정한 원소를 소량 첨가하면 전기 전도성이 크게 증가하여 전류 흐름을 조절할 수 있다.

이 물질을 이용하는 예로 적절한 것만을 보기에서 있는 대로 고른 것은?

보기
ㄱ. 전기 기구의 절연 손잡이
ㄴ. 전류가 흐르면 빛을 방출하는 소자
ㄷ. 약한 전기 신호를 크게 만드는 증폭기
ㄹ. 전자 부품을 연결하는 전선

① ㄱ, ㄷ　　② ㄱ, ㄹ　　③ ㄴ, ㄷ
④ ㄱ, ㄴ, ㄹ　　⑤ ㄴ, ㄷ, ㄹ

08 도체와 부도체의 전기적 성질이 다른 까닭을 아래 제시어를 모두 포함하여 서술하시오.

제시어
• 원자　　• 자유 전자　　• 전류

____

09 그림은 반도체를 이용해 만든 반도체 소자를 나타낸 것이다.

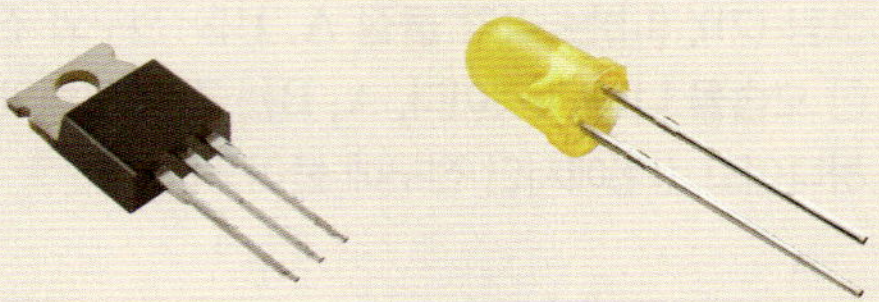

이 반도체 소자에 사용되는 반도체의 전기적 성질을 아래 제시어를 모두 포함하여 서술하시오.

제시어
• 도핑　　• 순수한 반도체　　• 전기 전도성

____

10 그림은 어댑터 내부에 있는 회로 기판의 다이오드를 나타낸 것이다.

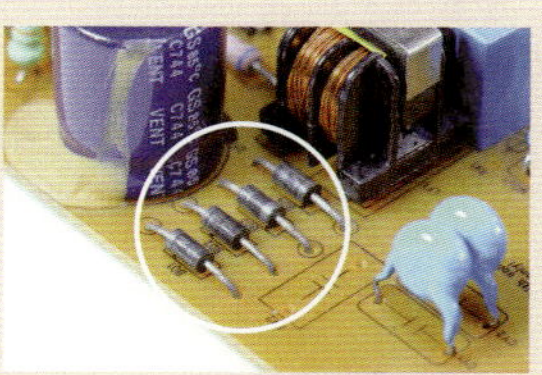

다이오드의 구조와 전기적 특성 및 활용을 아래 제시어를 모두 포함하여 서술하시오.

제시어
• 교류　　• 다이오드　　• 전류
• 직류　　• n형 반도체　　• p형 반도체

____

정답과 해설 25쪽

해설 영상

01 다음은 고체 A, B의 전기 전도성에 대한 실험이다.

[실험 과정]

(가) 도체 또는 부도체인 고체 A, B를 준비한다.

(나) 그림과 같이 A를 전지와 검류계에 연결한다.

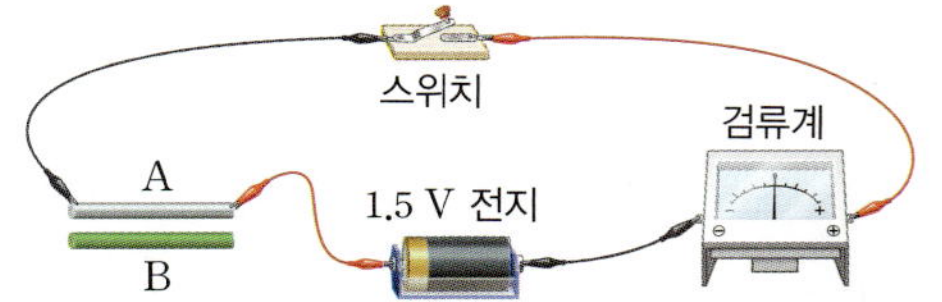

(다) 스위치를 닫아 검류계에 전류가 흐르는지 측정한다.

(라) A를 B로 바꾸어 과정 (다)를 반복한다.

[실험 결과]

• (다)에서는 전류가 흐르고, (라)에서는 전류가 흐르지 않는다.

이에 대한 설명으로 옳은 것만을 보기에서 있는 대로 고른 것은?

보기

ㄱ. 전기 전도성은 A가 B보다 좋다.

ㄴ. 스위치를 열었을 때 A에는 자유 전자가 없다.

ㄷ. B는 반도체에 비해 자유 전자가 많다.

① ㄱ   ② ㄷ   ③ ㄱ, ㄴ
④ ㄱ, ㄷ   ⑤ ㄴ, ㄷ

02 그림은 규소(Si)로 이루어진 순수한 반도체 X와 X에 비소(As)를 도핑한 불순물 반도체 Y의 원자가 전자의 배열을 나타낸 것이다.

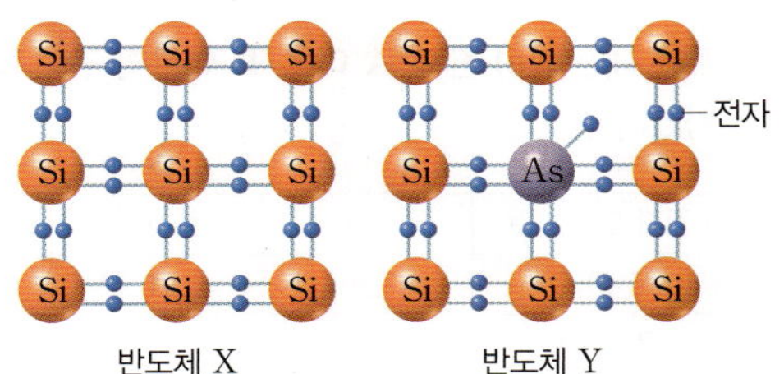

이에 대한 설명으로 옳은 것만을 보기에서 있는 대로 고른 것은?

보기

ㄱ. Y는 p형 반도체이다.

ㄴ. 비소(As)의 원자가 전자는 5개이다.

ㄷ. 전기 전도성은 X가 Y보다 좋다.

① ㄱ   ② ㄴ   ③ ㄱ, ㄴ
④ ㄱ, ㄷ   ⑤ ㄴ, ㄷ

03 그림 (가)는 반도체 X, Y로 만든 발광 다이오드(LED)를 전원 장치와 저항에 연결했더니 LED에서 빛이 방출되는 것을, (나)는 X를 구성하는 원소와 원자가 전자의 배열을 나타낸 것이다. X, Y는 p형 반도체와 n형 반도체를 순서 없이 나타낸 것이다.

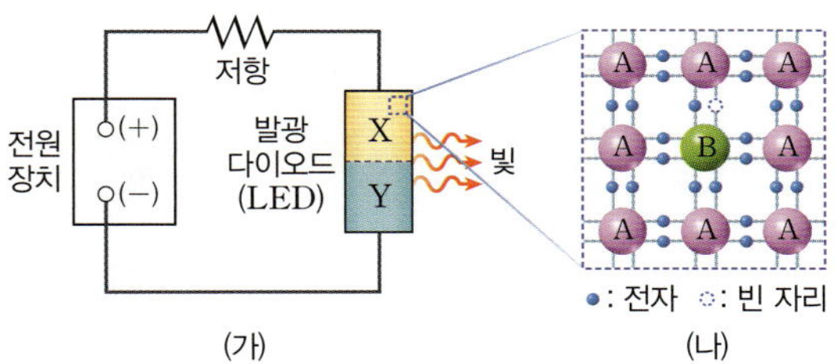

이에 대한 설명으로 옳은 것만을 보기에서 있는 대로 고른 것은?

보기

ㄱ. Y는 p형 반도체이다.

ㄴ. B의 원자가 전자는 3개이다.

ㄷ. 전원 장치의 (+)극과 (−)극을 바꾸어 LED에 연결하면 빛을 방출하지 않는다.

① ㄱ   ② ㄴ   ③ ㄱ, ㄷ
④ ㄴ, ㄷ   ⑤ ㄱ, ㄴ, ㄷ

04 그림은 동일한 전지, 동일한 전구 P와 Q, 전기 소자 X, Y를 이용하여 만든 회로를 나타낸 것이다. 표는 스위치를 연결하는 위치에 따라 전구가 켜지는지를 나타낸 것이다. X, Y는 저항, 다이오드를 순서 없이 나타낸 것이다.

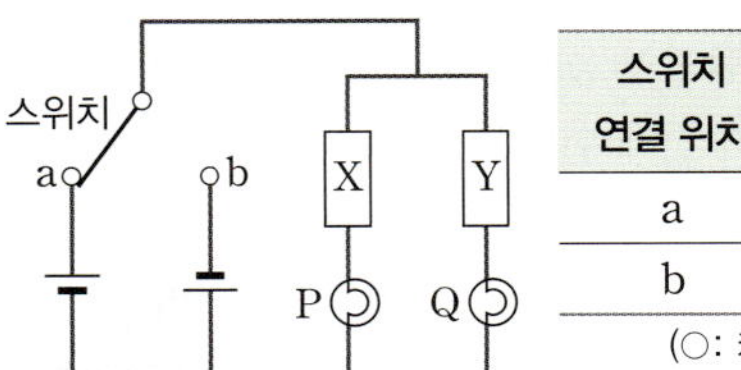

스위치	전구	
연결 위치	P	Q
a	○	○
b	○	×

(○: 켜짐, ×: 켜지지 않음)

이에 대한 설명으로 옳은 것만을 보기에서 있는 대로 고른 것은?

보기

ㄱ. X는 저항이다.

ㄴ. 전기 전도성은 X가 Y보다 크다.

ㄷ. Y는 한 방향으로만 전류를 흐르게 한다.

① ㄱ   ② ㄷ   ③ ㄱ, ㄴ
④ ㄴ, ㄷ   ⑤ ㄱ, ㄴ, ㄷ

실력 확인하기

---

05 원소의 주기성

중요

01 그림은 주기율표의 일부를 나타낸 것이다.

주기＼족	1	2	13	14	15	16	17	18
1								
2	(가)	(나)					(다)	
3	(라)					(마)		

이에 대한 설명으로 옳은 것만을 보기에서 있는 대로 고른 것은?

> **보기**
> ㄱ. 전자가 들어 있는 전자 껍질 수는 (나)＞(가)이다.
> ㄴ. 원자가 전자 수는 (다)＞(마)이다.
> ㄷ. (가)와 (라)는 화학적 성질이 비슷하다.

① ㄱ 　　② ㄴ 　　③ ㄱ, ㄷ
④ ㄴ, ㄷ 　　⑤ ㄱ, ㄴ, ㄷ

고난도

02 다음은 원소 A~C에 대한 자료이다.

> • 주기율표에서 (가)~(다)는 각각 A~C 중 하나 이다.
>
> | 주기＼족 | 1 | 2 | 13 | 14 | 15 | 16 | 17 | 18 |
> |---|---|---|---|---|---|---|---|---|
> | 1 | (가) | | | | | | | |
> | 2 | (나) | | | | | | | (다) |
>
> • A는 물과 반응하여 수소 기체를 발생시킨다.
> • 원자가 전자 수는 B가 C보다 크다.

이에 대한 설명으로 옳은 것만을 보기에서 있는 대로 고른 것은? (단, A~C는 임의의 원소 기호이다.)

> **보기**
> ㄱ. A와 C는 같은 족 원소이다.
> ㄴ. B는 가장 바깥 전자 껍질에 전자가 최대로 채워져 있다.
> ㄷ. A와 B는 1 : 1의 개수비로 결합하여 이온 결합을 형성한다.

① ㄱ 　　② ㄷ 　　③ ㄱ, ㄴ
④ ㄴ, ㄷ 　　⑤ ㄱ, ㄴ, ㄷ

---

03 그림은 주기율표의 일부를 나타낸 것이고, 표는 A~G를 (가)와 (나)를 기준으로 분류한 것이다.

주기＼족	1	2	13	14	15	16	17	18
1	A							
2		B				C		D
3	E		F				G	

(가)	(나)
B, E, F	A, C, D, G

이에 대한 설명으로 옳은 것만을 보기에서 있는 대로 고른 것은? (단, A~G는 임의의 원소 기호이다.)

> **보기**
> ㄱ. (가)에 속한 원소는 모두 고체 상태에서 전기 전도성이 있다.
> ㄴ. (나)에 속한 원소는 모두 공유 결합을 형성한다.
> ㄷ. (가)에 속한 원소는 (나)에 속한 원소보다 음이온이 되기 쉽다.

① ㄱ 　　② ㄴ 　　③ ㄱ, ㄷ
④ ㄴ, ㄷ 　　⑤ ㄱ, ㄴ, ㄷ

중요

04 표는 네온(Ne) 원자, A 이온, B 이온의 구성 입자에 대한 자료이다.

원자 또는 이온	Ne	A 이온	B 이온
전자 수	㉠	10	10
양성자수	10	12	9

이에 대한 설명으로 옳은 것만을 보기에서 있는 대로 고른 것은? (단, A와 B는 임의의 원소 기호이다.)

> **보기**
> ㄱ. ㉠은 10이다.
> ㄴ. A와 B는 같은 주기 원소이다.
> ㄷ. B는 비금속 원소이다.

① ㄱ 　　② ㄴ 　　③ ㄱ, ㄷ
④ ㄴ, ㄷ 　　⑤ ㄱ, ㄴ, ㄷ

---

05 다음은 알칼리 금속 A~C의 성질을 알아보기 위한 실험이다. A~C는 리튬(Li), 나트륨(Na), 칼륨(K) 중 하나이다.

> **[실험 과정]**
>
> (가) 3개의 시험관에 물을 각각 $\frac{1}{3}$ 정도 넣고, 페놀프탈레인 용액을 1~2방울씩 넣는다.
>
> (나) (가)의 시험관에 쌀알 크기의 A~C를 각각 넣고, 반응 정도와 반응 후 수용액의 색 변화를 관찰한다.
>
> **[실험 결과]**
>
> | 알칼리 금속 | A | B | C |
> |---|---|---|---|
> | 물과의 반응 | 물 위에 떠서 잘 반응함. | 격렬하게 반응함. | 매우 격렬하게 반응함. |
> | 수용액의 색 변화 | 붉은색 | ⊙ | ⊙ |

이에 대한 설명으로 옳은 것만을 보기에서 있는 대로 고른 것은?

> **보기**
>
> ㄱ. ⊙과 ⊙으로 모두 '붉은색'이 적절하다.
> ㄴ. A의 밀도는 물보다 작다.
> ㄷ. 전자가 들어 있는 전자 껍질 수는 B>C이다.

① ㄱ 　　② ㄷ 　　③ ㄱ, ㄴ
④ ㄴ, ㄷ 　　⑤ ㄱ, ㄴ, ㄷ

---

06 **화학 결합과 물질의 성질**

06 그림은 원자 A~C의 전자 배치를 모형으로 나타낸 것이다.

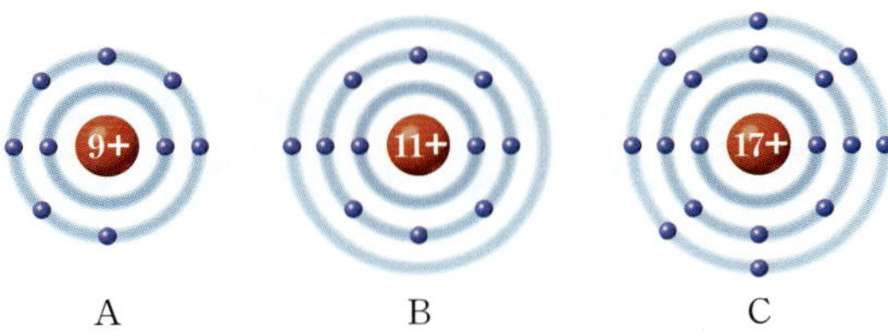

이에 대한 설명으로 옳은 것만을 보기에서 있는 대로 고른 것은? (단, A~C는 임의의 원소 기호이다.)

> **보기**
>
> ㄱ. B와 C는 같은 주기 원소이다.
> ㄴ. A와 B가 결합하여 생성된 안정한 화합물의 화학식은 BA이다.
> ㄷ. C_2는 전자쌍 1개를 공유한다.

① ㄱ 　　② ㄴ 　　③ ㄱ, ㄷ
④ ㄴ, ㄷ 　　⑤ ㄱ, ㄴ, ㄷ

---

07 그림은 주기율표의 일부를 나타낸 것이다.

족 / 주기	1	2	13	14	15	16	17	18
1								A
2	B					C		D
3		E					F	

이에 대한 설명으로 옳은 것만을 보기에서 있는 대로 고른 것은? (단, A~F는 임의의 원소 기호이다.)

> **보기**
>
> ㄱ. B_2C에서 B와 C는 각각 A와 D의 전자 배치를 이룬다.
> ㄴ. C와 E는 2 : 3의 개수비로 결합하여 이온 결합을 형성한다.
> ㄷ. C_2F는 공유 결합 물질이다.

① ㄱ 　　② ㄴ 　　③ ㄱ, ㄷ
④ ㄴ, ㄷ 　　⑤ ㄱ, ㄴ, ㄷ

---

08 그림은 화합물 AB를 화학 결합 모형으로 나타낸 것이다.

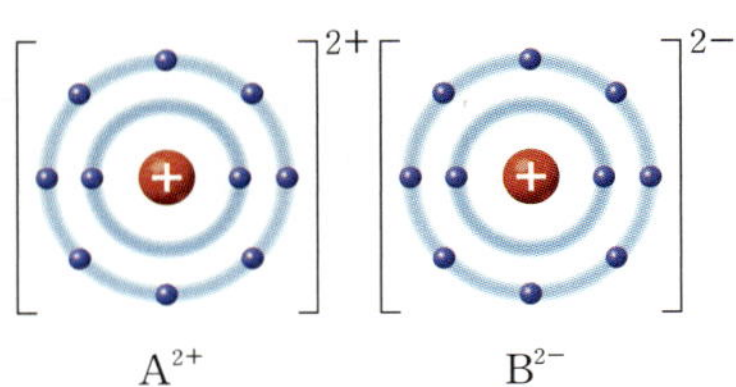

이에 대한 설명으로 옳은 것만을 보기에서 있는 대로 고른 것은? (단, A와 B는 임의의 원소 기호이다.)

> **보기**
>
> ㄱ. A와 B는 같은 주기 원소이다.
> ㄴ. 원자가 전자 수는 B>A이다.
> ㄷ. AB 수용액은 전기 전도성이 있다.

① ㄱ 　　② ㄴ 　　③ ㄱ, ㄷ
④ ㄴ, ㄷ 　　⑤ ㄱ, ㄴ, ㄷ

09 그림은 화합물 AB와 BC_2를 화학 결합 모형으로 나타낸 것이다.

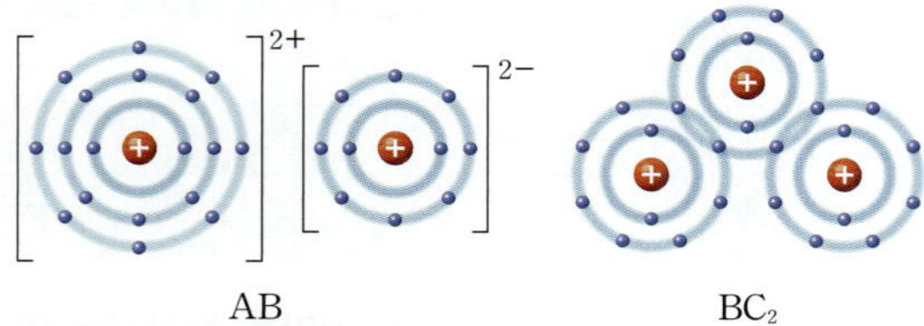

이에 대한 설명으로 옳지 <u>않은</u> 것은? (단, A~C는 임의의 원소 기호이다.)

① A는 금속 원소이다.
② 원자가 전자 수는 B>C이다.
③ AB가 형성될 때 전자는 A에서 B로 이동한다.
④ BC_2의 공유 전자쌍 수는 2이다.
⑤ B_2에는 이중 결합이 있다.

10 그림은 주기율표의 일부를 나타낸 것이고, 표는 A~E로 구성된 화합물 (가)~(다)의 화학식을 나타낸 것이다.

족\주기	1	2	13	14	15	16	17	18
1	A							
2				B		C	D	
3				E				

화합물	(가)	(나)	(다)
화학식	AD	BC_2	E_xC_y

이에 대한 설명으로 옳은 것만을 보기에서 있는 대로 고른 것은? (단, A~E는 임의의 원소 기호이다.)

> **보기**
> ㄱ. (가)는 이온 결합 물질이다.
> ㄴ. (나)와 (다)의 화학 결합의 종류는 같다.
> ㄷ. $x+y=5$이다.

① ㄱ   ② ㄷ   ③ ㄱ, ㄴ
④ ㄴ, ㄷ   ⑤ ㄱ, ㄴ, ㄷ

11 Si-O 사면체에 대한 설명으로 옳지 <u>않은</u> 것은?

① 정사면체 모양이다.
② 규산염 광물의 기본 골격을 이룬다.
③ 사면체 안에 금속 원소의 이온이 결합하고 있다.
④ 규소 원자 1개와 산소 원자 4개가 공유 결합을 하고 있다.
⑤ 사면체가 결합하는 방식에 따라 다양한 규산염 광물이 만들어질 수 있다.

12 그림은 두 종류의 규산염 광물 (가)와 (나)의 결합 구조를 나타낸 것이다.

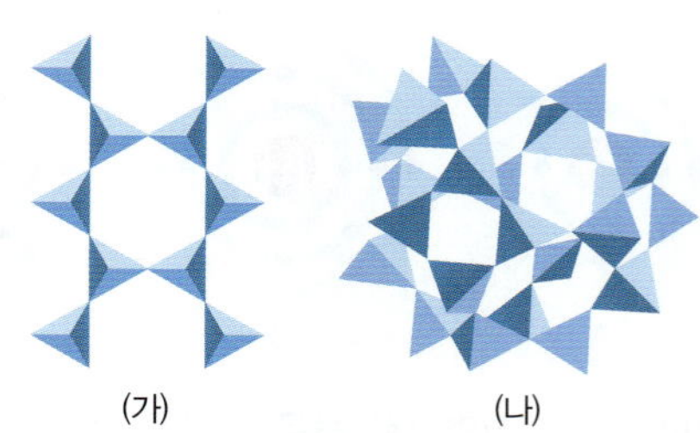

이에 대한 설명으로 옳은 것만을 보기에서 있는 대로 고른 것은?

> **보기**
> ㄱ. (가)는 쪼개지는 성질이 있다.
> ㄴ. (가)는 (나)보다 풍화에 강하다.
> ㄷ. (가)와 (나)의 기본 단위체는 Si-O 사면체이다.

① ㄱ   ② ㄴ   ③ ㄱ, ㄷ
④ ㄴ, ㄷ   ⑤ ㄱ, ㄴ, ㄷ

13 다음은 생명체를 구성하는 물질 ㉠과 ㉡에 대한 설명이다. ㉠과 ㉡은 각각 단백질과 핵산 중 하나이다.

- ㉠에는 펩타이드결합이 존재한다.
- ㉡의 기본 단위체는 뉴클레오타이드이다.

이에 대한 설명으로 옳은 것만을 보기에서 있는 대로 고른 것은? (단, 돌연변이는 고려하지 않는다.)

보기
ㄱ. ㉠은 효소의 주성분이다.
ㄴ. ㉡은 유전정보를 저장하거나 전달한다.
ㄷ. ㉡의 기본 단위체는 인산, 당, 염기가 1 : 1 : 2로 결합한 물질이다.

① ㄱ   ② ㄴ   ③ ㄷ
④ ㄱ, ㄴ   ⑤ ㄴ, ㄷ

14 그림은 DNA의 구조 일부를 나타낸 것이다.

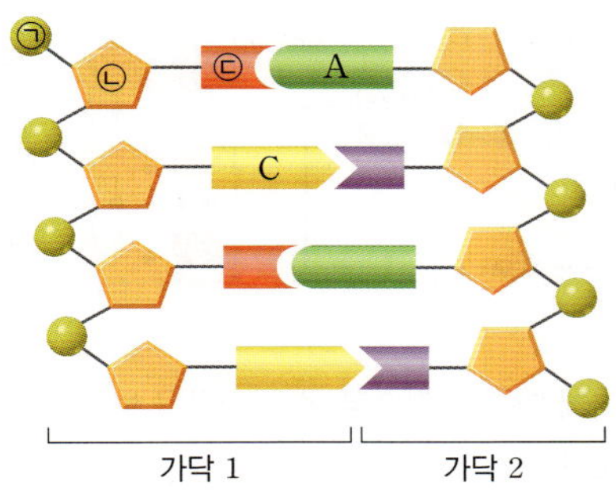

이에 대한 설명으로 옳은 것은? (단, A는 아데닌, C는 사이토신을 나타내며, 돌연변이는 고려하지 않는다.)

① ㉠+㉡은 DNA를 구성하는 단위체이다.
② ㉡은 라이보스이다.
③ ㉢은 유라실(U)이다.
④ 가닥 1과 가닥 2는 염기의 상보결합으로 연결되어 있다.
⑤ 이 DNA에서 아데닌(A)의 비율이 18 %이면, 사이토신(C)의 비율도 18 %이다.

15 그림 (가)는 아미노산이 결합하는 과정을, (나)는 14개의 아미노산으로 이루어진 폴리펩타이드를 나타낸 것이다.

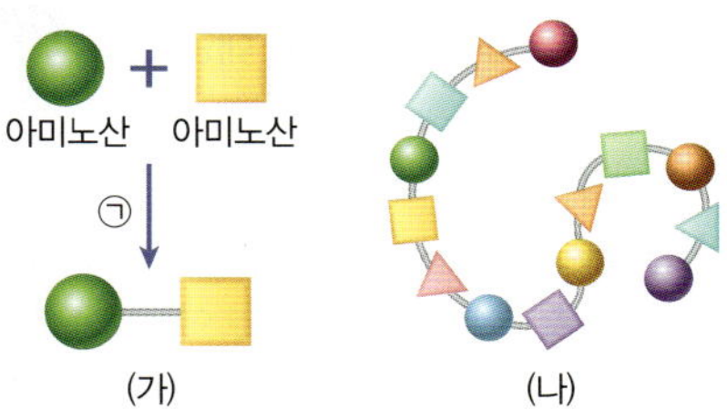

이에 대한 설명으로 옳은 것만을 보기에서 있는 대로 고른 것은?

보기
ㄱ. ㉠ 과정에서 결합이 형성될 때 물 분자가 들어간다.
ㄴ. (나)에는 펩타이드결합이 13개 존재한다.
ㄷ. (나)로 이루어지는 단백질의 입체 구조는 아미노산의 배열 순서와 관계없이 일정하다.

① ㄱ   ② ㄴ   ③ ㄷ
④ ㄱ, ㄷ   ⑤ ㄴ, ㄷ

고난도

16 다음은 생명체를 구성하는 물질인 단백질, DNA, RNA의 특징을 무작위로 나열한 것이고, 표는 생명체의 구성 물질 ㉠~㉢에 해당되는 특징의 개수를 나타낸 것이다.

물질의 특징
• 당 – 인산 결합이 존재한다.
• 구성 원소에 탄소(C)가 있다.
• 생명체에는 약 20 종류의 단위체가 있다.
• 열에 의해 변성되면 고유의 기능을 잃는다.
• 기본 단위체는 디옥시라이보스를 포함한다.
• 인체의 면역반응을 돕는 항체의 주성분이다.

생명체 구성 물질	㉠	㉡	㉢
해당되는 특징 개수	4	3	2

이에 대한 설명으로 옳은 것만을 보기에서 있는 대로 고른 것은? (단, 돌연변이는 고려하지 않는다.)

보기
ㄱ. ㉠의 기본 단위체는 아미노산이다.
ㄴ. ㉡은 몸의 주요 구성 물질이다.
ㄷ. ㉢은 두 가닥의 사슬이 마주 보며 꼬여 있다.

① ㄱ   ② ㄴ   ③ ㄱ, ㄴ
④ ㄱ, ㄷ   ⑤ ㄱ, ㄴ, ㄷ

17 다음은 어댑터 내부 구조에 대한 설명이다.

> 어댑터에서 전원에 연결되는 부분은 전기 전도성이 좋은 물질 A로 만들고, 그 바깥을 전류가 잘 흐르지 않는 물질 B로 감싼다. 어댑터 내부에는 물질 C로 만든 전기 소자가 입력된 교류를 직류로 바꾼다.

A~C에 해당하는 물질의 종류로 가장 적절한 것은?

	A	B	C
①	도체	반도체	부도체
②	도체	부도체	반도체
③	반도체	도체	부도체
④	반도체	부도체	도체
⑤	부도체	도체	반도체

18 다음은 물질 A, B, C의 전기적 성질을 알아보기 위한 실험이다.

> **[실험 과정]**
> (가) 고체 물질 A, B, C를 준비한다. A와 B는 도체와 반도체 중 하나이고, C는 B에 불순물을 첨가한 물질이다.
> (나) 그림과 같이 전지, 전류계, 스위치가 연결된 회로에 A, B, C를 연결하여 전류의 세기를 측정한다.
>
> 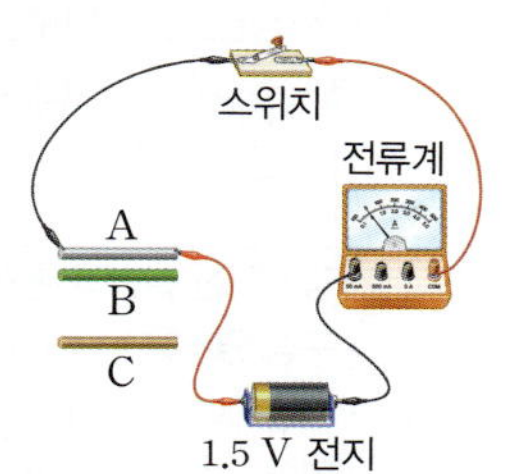
>
>
> **[실험 결과]**
>
> | 물질 | A | B | C |
> |---|---|---|---|
> | 전류의 세기 | $1000I_0$ | I_0 | ㉠ |

이에 대한 설명으로 옳은 것만을 보기에서 있는 대로 고른 것은?

> **보기**
> ㄱ. ㉠은 I_0보다 크다.
> ㄴ. A에서는 주로 양공이 이동하며 전류가 흐른다.
> ㄷ. 일상생활에서 사용하는 전기 기구에서 A 대신 B를 사용할 수 있다.

① ㄱ   ② ㄴ   ③ ㄷ
④ ㄱ, ㄷ   ⑤ ㄴ, ㄷ

19 다음은 반도체에 대한 설명이다.

> ㉠순수한 반도체에 다른 원소를 조금 첨가하여 만든 불순물 반도체를 이용하여 반도체 소자를 만든다. 반도체 소자는 휴대용 태양 전지, ㉡대형 전광판 등에 활용된다.

이에 대한 설명으로 옳은 것만을 보기에서 있는 대로 고른 것은?

> **보기**
> ㄱ. 규소(Si)로만 이루어진 물질은 ㉠에 해당한다.
> ㄴ. 불순물 반도체는 ㉠보다 전기 전도성이 좋다.
> ㄷ. ㉡은 빛을 흡수하면 전류가 흐르는 반도체 소자를 활용한다.

① ㄱ   ② ㄷ   ③ ㄱ, ㄴ
④ ㄱ, ㄷ   ⑤ ㄱ, ㄴ, ㄷ

20 그림 (가)는 규소(Si)에 불순물 a를 첨가한 반도체 A와 불순물 b를 첨가한 반도체 B를 접합하여 만든 다이오드가 연결된 회로에서 전구에 전류가 흐르는 것을 나타낸 것이고, (나)는 (가)에서 B를 구성하는 원소와 원자가 전자의 배열을 나타낸 것이다.

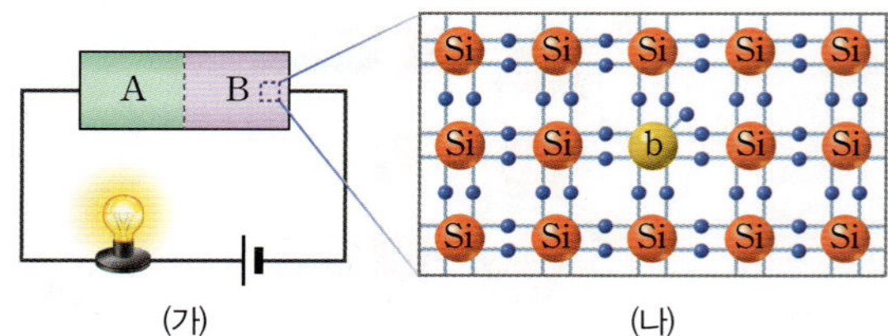

이에 대한 설명으로 옳은 것만을 보기에서 있는 대로 고른 것은?

> **보기**
> ㄱ. a의 원자가 전자는 4개보다 작다.
> ㄴ. B는 n형 반도체이다.
> ㄷ. (가)에서 전지를 반대로 연결해도 전구에 전류가 흐른다.
> ㄹ. 다이오드는 p형 반도체에서 n형 반도체 방향으로 전류가 흐른다.

① ㄹ   ② ㄱ, ㄷ   ③ ㄴ, ㄹ
④ ㄱ, ㄴ, ㄷ   ⑤ ㄱ, ㄴ, ㄹ

21 다음은 알칼리 금속의 성질을 알아보기 위한 실험이다.

> **[실험 과정]**
> (가) 리튬을 칼로 잘라 단면의 변화를 관찰한다.
> (나) 쌀알 크기의 리튬 조각을 물이 들어 있는 비커에
>   넣은 후 변화를 관찰한다.
> (다) (나)의 비커에 페놀프탈레인 용액을 2~3방울 넣
>   은 후 수용액의 색 변화를 관찰한다.
> (라) 리튬 대신 나트륨을 사용하여 과정 (가)~(다)를
>   반복한다.
>
> **[실험 결과]**
> • (가)에서 칼로 자른 리튬의 단면은 [㉠   ]
> • (나)에서 수소 기체가 발생하였다.
> • (다)에서 수용액의 색은 붉은색으로 변하였다.
> • (라)에서 [㉡   ]

(1) ㉠으로 적절한 것을 알칼리 금속의 반응성과 관련
    지어 서술하시오.

(2) ㉡으로 적절한 것을 서술하시오.

22 그림은 화합물 A와 B를 각각 증류수에 녹인 모습을 모형
으로 나타낸 것이다.

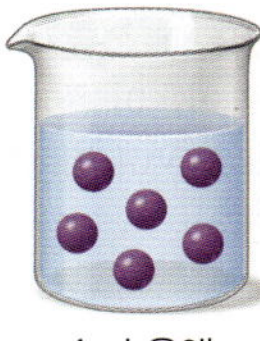
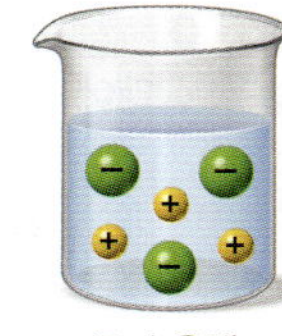

A 수용액   B 수용액

(1) A와 B의 수용액의 전기 전도성을 수용액 속 입자
    와 관련지어 서술하시오.

(2) 화합물 A와 B의 구성 원소를 화학 결합과 관련
    지어 서술하시오.

23 그림은 2개의 아미노산이 결합하는 과정을 나타낸 것이다.

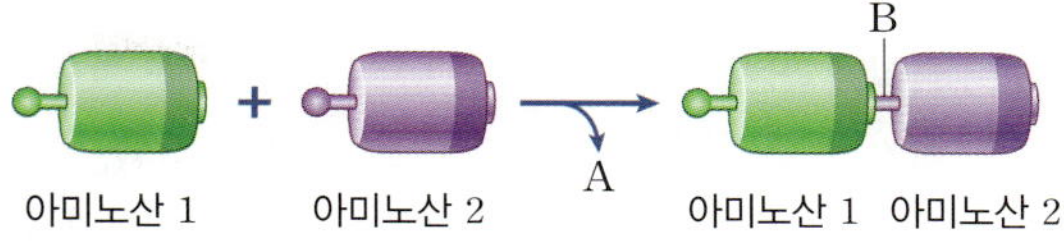

(1) A와 B의 이름을 각각 쓰시오.

(2) 그림과 같은 방식으로 10개의 아미노산이 결합하
    여 1분자의 폴리펩타이드 X가 만들어질 때, X에
    존재하는 펩타이드결합의 개수를 쓰시오. 또 그렇
    게 판단한 까닭을 서술하시오. (단, 돌연변이는 고
    려하지 않는다.)

(3) 10개의 아미노산이 결합하여 만들어진 폴리펩타이
    드 X와 9개의 아미노산이 결합하여 만들어진 폴리
    펩타이드 Y가 각각 단백질을 이룬다고 가정할 때
    어떤 결과가 나타날지 단백질 입체 구조와 관련지
    어 서술하시오.

24 그림 (가)와 (나)는 각각 규소(Si)로 이루어진 순수한 반도
체와 규소에 비소(As)를 도핑한 불순물 반도체의 결정 구
조를 나타낸 것이다.

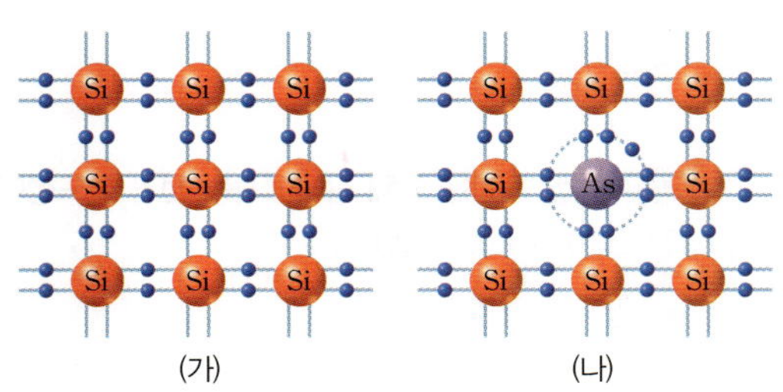

(가)와 (나)의 전기 전도도를 비교하고, 차이가 생기는 까
닭을 서술하시오.

다음은 이온 결합 물질과 공유 결합 물질의 전기 전도성을 비교하기 위한 실험 과정이다.

이온 결합 물질과 공유 결합 물질의 성질 비교하기

[실험 과정]

(가) 6 홈판에 각각 염화 나트륨, 염화 칼슘, 설탕, 포도당을 조금씩 넣고 전기 전도성 측정기로 각 물질에 전류가 흐르는지 확인한다.

(나) (가)의 물질이 들어 있는 홈에 증류수를 넣어 고체를 녹인 후, 전기 전도성 측정기로 각 수용액에 전류가 흐르는지 확인한다.

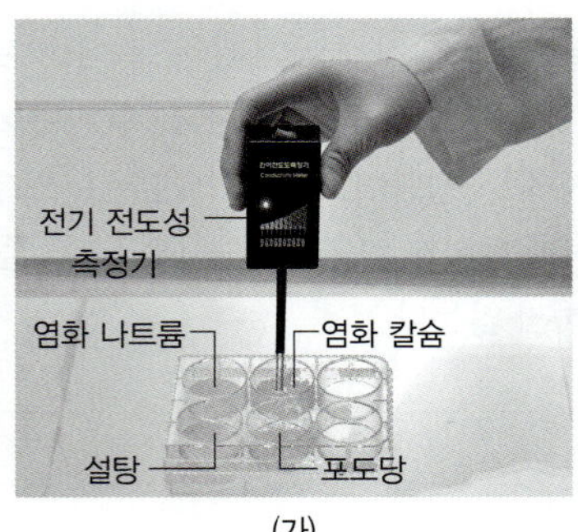

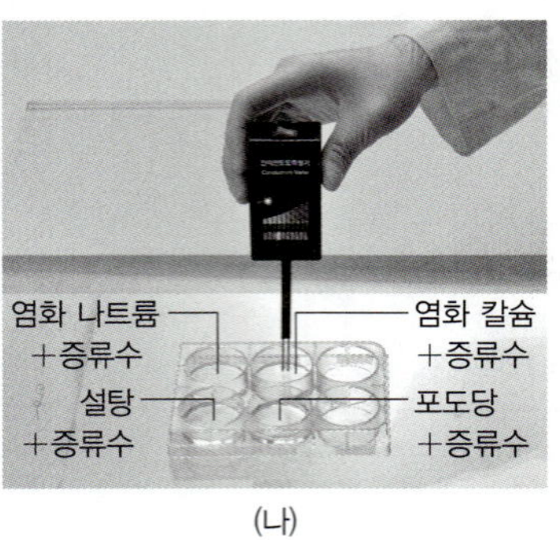

◎ 결과

구분		이온 결합 물질		공유 결합 물질	
		염화 나트륨	염화 칼슘	설탕	포도당
전기 전도성	고체	없음	없음	㉠( )	㉡( )
	수용액	㉢( )	㉣( )	없음	없음

◎ 정리 & 해석

전하를 띠는 이온이 존재하여 다른 전하를 띠는 전극 쪽으로 이동할 수 있을 때 전류가 흐른다. 따라서 물질에 이온이 존재하는지와 상태에 따라 이온이 이동할 수 있는지를 파악한다.

1. 이온 결합 물질은 고체 상태에서는 전기 전도성이 ㉠(있고, 없고), 수용액 상태에서는 전기 전도성이 ㉡(있다, 없다).

➡ 고체 상태에서는 양이온과 음이온이 ㉢_________________ 때문이고, 수용액 상태에서는 양이온과 음이온이 ㉣_________________________________ 때문이다.

2. 공유 결합 물질은 고체 상태에서는 전기 전도성이 ㉠(있고, 없고), 수용액 상태에서는 전기 전도성이 ㉡(있다, 없다).

➡ 공유 결합 물질은 ㉢_________________ 때문이다.

1 다음은 고체 A와 B의 전기 전도성을 알아보는 실험 과정이다. A와 B는 각각 염화 나트륨과 설탕 중 하나이다.

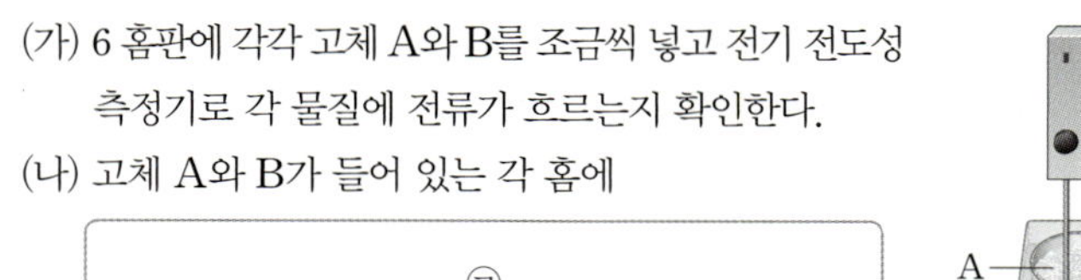
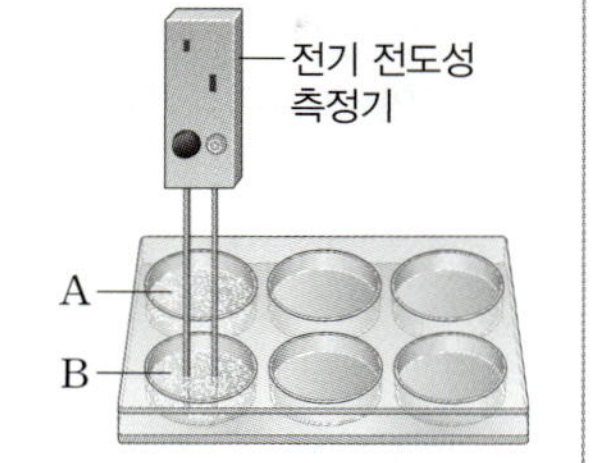

(가) 6 홈판에 각각 고체 A와 B를 조금씩 넣고 전기 전도성 측정기로 각 물질에 전류가 흐르는지 확인한다.

(나) 고체 A와 B가 들어 있는 각 홈에

⊙

(1) 과정 (나)의 전기 전도성 측정 결과로 A와 B가 각각 염화 나트륨과 설탕 중 어떤 물질인지 알 수 있다. ⊙으로 적절한 내용을 서술하시오.

____

____

(2) 표는 과정 (가)와 (나)의 결과를 나타낸 것이다.

구분	(가)	(나)
A	전류가 흐르지 않음.	전류가 흐르지 않음.
B	전류가 흐르지 않음.	전류가 흐름.

A와 B는 각각 염화 나트륨과 설탕 중 어떤 물질인지 쓰고, 그 까닭을 서술하시오.

____

____

____

____

2 표는 염화 칼슘, 포도당, 황산 구리(II), 녹말의 고체 상태와 수용액 상태에서의 전기 전도성을 확인한 결과를 나타낸 것이다.

구분	염화 칼슘	포도당	황산 구리(II)	녹말
⊙	×	×	×	×
ⓒ	○	×	○	×

(○: 있음, ×: 없음)

(1) ⊙과 ⓒ으로 적절한 상태를 쓰시오.

____

____

(2) 위 네 가지 물질을 이온 결합 물질과 공유 결합 물질로 분류하고, 그 까닭을 서술하시오.

____

____

다음은 DNA의 구조적 특징과 규칙성을 알아보기 위해 DNA 모형을 만드는 탐구 과정이다.

연계 탐구 분석   진도 교재 71쪽
DNA 모형 만들고 관찰하기

[실험 과정]
❶ 칼선을 따라 DNA 도안을 떼어 낸다.
❷ 숫자 1번~6번 중 한 가지를 선택하여 도안 (가)와 (나)의 해당 위치를 각각 자른다.
❸ 도안 (가)의 풀칠 표시된 부분에 풀을 칠하고 염기를 안쪽 방향으로 90도 접는다.
❹ ❷에서 자른 도안의 오른쪽 끝부분 염기를 서로 붙인 후 마주 보는 염기를 순서대로 붙인다.

DNA 도안

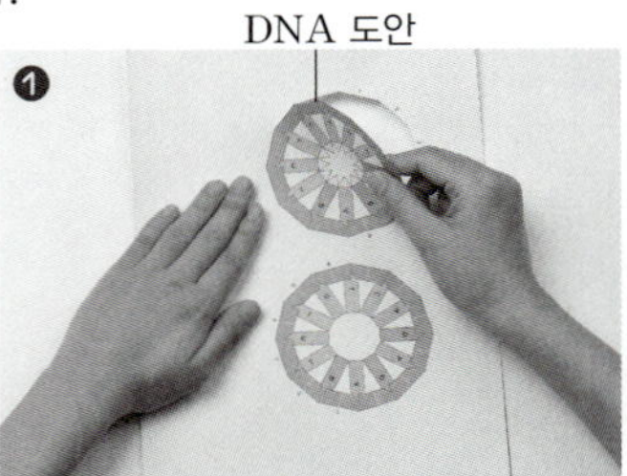

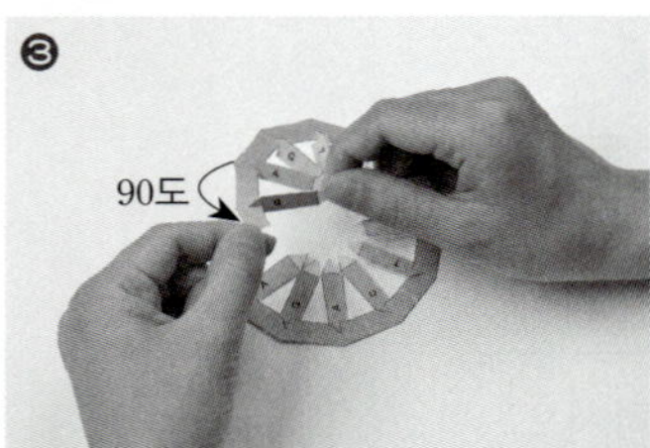

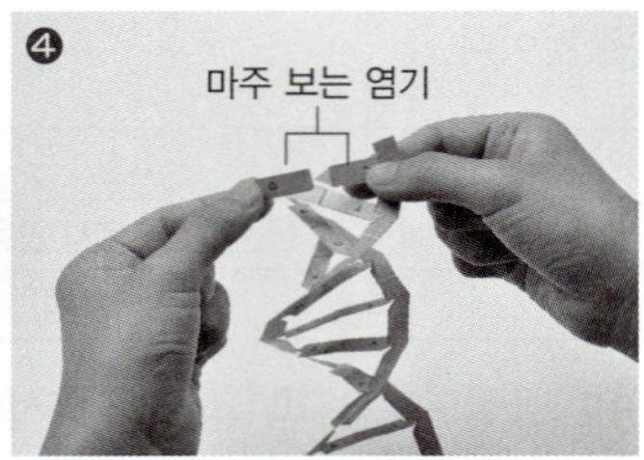

○ 결과

1. DNA를 이루는 단위체는 (   )이다.

2. 뉴클레오타이드는 인산, 당, 염기가 (   ) : (   ) : (   )로 결합한 화합물이다.

3. 한 뉴클레오타이드의 ㉠ (   )와/과 다른 뉴클레오타이드의 ㉡ (   )이/가 결합하여 긴 폴리뉴클레오타이드를 형성한다.

4. DNA의 마주 보는 두 가닥의 염기는 상보적으로 결합하여 (   )구조를 이룬다.

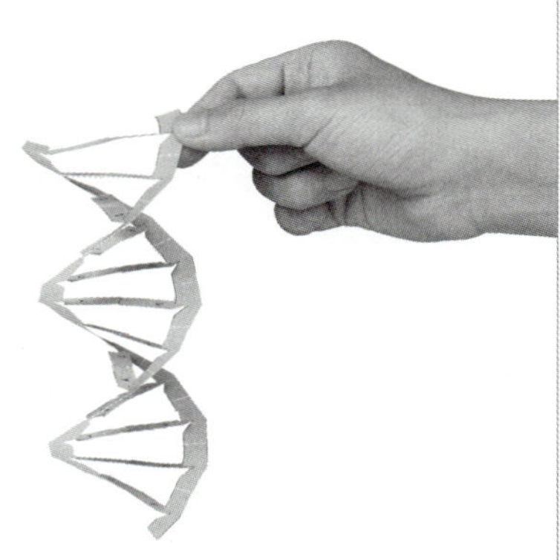

○ 정리 & 해석

1. DNA는 ㉠(한 , 두) 가닥의 ㉡ (폴리뉴클레오타이드 , 폴리펩타이드)가 서로 마주 보며 하나의 축을 중심으로 꼬여 있는 이중나선구조이다.

→ ㉢_________________________이 공유 결합으로 연결되고 같은 방식으로 뉴클레오타이드가 반복적으로 결합하여 긴 사슬 모양의 폴리뉴클레오타이드를 형성한다.

해석 Tip
단위체인 뉴클레오타이드의 특징을 알고, 단위체를 연결하는 결합과 염기 간 상보결합을 통해 탐구 결과를 해석해야 한다.

2. ㉠(바깥쪽 , 안쪽)골격은 당 - 인산 결합이 규칙적으로 연결되어 형성된다. ㉡ (바깥쪽 , 안쪽)으로는 한쪽 가닥의 염기와 다른 쪽 가닥의 염기가 상보결합하여 염기쌍을 이루고 있다.

→ 아데닌(A)은 항상 ㉢_________와/과 결합하고, 구아닌(G)은 항상 ㉣_________와/과 결합한다. 따라서 한 가닥의 염기서열을 알면 다른 가닥의 염기서열을 알 수 있다.

1 다음은 DNA의 구조적 특징과 규칙성을 알아보기 위해 모형을 만드는 과정 중 일부이다. (단, 돌연변이는 고려하지 않는다.)

> ❷에서 자른 도안의 오른쪽 끝부분 염기를 서로 붙인 후 마주 보는 염기를 순서대로 붙인다.

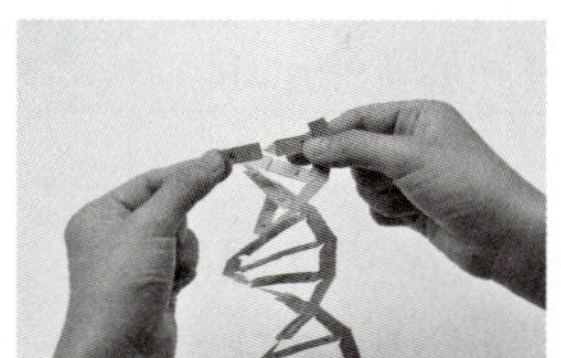

(1) 이 과정의 결과로 한 가닥의 염기서열을 알았을 때 다른 가닥의 염기서열을 짐작할 수 있다. DNA 한 가닥의 염기서열이 아래와 같을 때 상보적으로 결합하는 다른 가닥의 염기서열을 그림으로 그리시오.

C C A A T A A C C A C G C A T

(2) DNA를 구성하는 단위체는 몇 종류가 있는지 쓰고, 그 까닭을 서술하시오.

____

____

____

2 다음은 이중나선 DNA의 모형을 만들기 위해 준비한 뉴클레오타이드 모형과 뉴클레오타이드 모형에 표시된 염기의 개수를 나타낸 것이다. (단, 돌연변이는 고려하지 않는다.)

구분	뉴클레오타이드 모형 염기 개수	아데닌(A)	타이민(T)	사이토신(C)	구아닌(G)
개수	40	ⓐ	?	?	12

(1) ⓐ에 해당하는 수를 쓰고, 그렇게 생각한 까닭을 서술하시오.

____

____

(2) 모둠 A와 모둠 B에 동일한 뉴클레오타이드 모형과 종류별 염기의 개수를 표에 제시된 만큼 동일하게 제공하였다. 모둠 A와 모둠 B에서 제작한 모형을 보니 같은 단위체로 만들었지만 차이가 있었다. DNA는 다양한 유전정보를 저장한다는 측면을 고려하여 두 모둠에서 만든 DNA 모형에서 차이가 발생한 까닭을 서술하시오.

____

수능 맛보기

표는 원소 X와 염소(Cl)로 구성된 이온 결합 화합물에 대한 자료이다.

구성 이온	화합물 1 mol에 들어 있는 전체 이온의 양(mol)	화합물 1 mol에 들어 있는 전체 전자의 양(mol)
X^{2+}, Cl^-	a	46

이에 대한 설명으로 옳은 것만을 〈보기〉에서 있는 대로 고른 것은? (단, Cl의 원자 번호는 17이고, X는 임의의 원소 기호이다.) [3점]

> 보기
>
> ㄱ. $a=3$이다.
> ㄴ. $X(s)$는 전성(퍼짐성)이 있다.
> ㄷ. X는 3주기 원소이다.

① ㄱ   ② ㄷ   ③ ㄱ, ㄴ   ④ ㄴ, ㄷ   ⑤ ㄱ, ㄴ, ㄷ

풀이 전략

① 이온 결합 물질은 양이온의 총 전하량과 음이온의 총 전하량 합이 0이 되는 개수비로 양이온과 음이온이 결합한다.

② 원자는 전기적으로 중성이므로 양성자수와 전자 수가 같다.

③ 원소의 원자 번호는 원자의 양성자수와 같다.

출제 경향

- 화학 결합의 종류에 따라 구성 원소의 성질을 알고 있어야 한다.
- 이온 결합 화합물을 구성하는 양이온과 음이온의 결합 개수비와 이온의 전하 관계를 알고 있어야 한다.
- 금속 원소의 성질을 알고 있어야 한다.
- 원소의 원자 번호는 양성자수와 같고, 원자에서 양성자수와 전자 수가 같다는 것을 알고 있어야 한다.
- 원자의 전자 수로부터 주기율표에서 원소의 위치를 파악할 수 있어야 한다.

자료 풀이

- 몰(mol)은 입자의 수를 나타내는 묶음 단위로, 1 mol은 입자 6.02×10^{23}개를 의미한다.

- 물질의 상태는 화학식 뒤에 ( ) 안에 써서 나타내기도 한다. 고체는 (s), 액체는 (l), 수용액은 (aq), 기체는 (g)이다.

- 이온 결합 물질은 전기적으로 중성이므로 양이온의 총 전하량과 음이온의 총 전하량의 합은 0이다.

- 원자의 양성자수는 원소의 원자 번호와 같고, 원자에 들어 있는 전자 수는 양성자수와 같다.

선택지 풀이

ㄱ 제시된 이온 결합 화합물은 X^{2+}과 Cl^-으로 구성되고 양이온의 총 전하량과 음이온의 총 전하량의 합이 0이 되어야 하므로 X^{2+}과 Cl^-은 1 : 2의 개수비로 결합하여 XCl_2를 형성한다. 따라서 화합물 1 mol에 들어 있는 전체 이온의 양(mol)인 $a=3$이다.

ㄴ XCl_2는 이온 결합 화합물이므로 금속 원소의 양이온과 비금속 원소의 음이온으로 구성된다. 화합물에서 양이온으로 존재하는 X는 금속 원소이므로 고체 상태에서 전성(퍼짐성)이 있다.

ㄷ Cl의 원자 번호가 17이므로 원자 1개에 들어 있는 전자 수는 17이고 Cl^-의 전자 수는 18이다. XCl_2에는 Cl^- 2개가 존재하므로 Cl^- 2개의 전자 수는 36이고 X^{2+} 1개의 전자 수는 10이다. X^{2+}은 X가 전자 2개를 잃고 형성된 이온이므로 X의 전자 수는 12이고, 원자 번호 또한 12이다. 따라서 X는 3주기 2족 원소이다.

함정 피하기

X와 Cl로 구성된 화합물의 화학식이 XCl_2이고 Cl^-에 의한 전체 전자의 양(mol)은 36이므로 X^{2+}에 의한 전자의 양(mol)은 10이다. 따라서 X의 전자의 양(mol)은 12이다.

같은 자료 다른 보기

1. 고체 X는 전기 전도성이 있다.   (○ , ×)
2. X와 Cl는 2 : 1의 개수비로 결합하여 안정한 화합물을 형성한다.   (○ , ×)
3. X와 Cl로 구성된 화합물에서 X와 Cl는 모두 아르곤(Ar)의 전자 배치를 이룬다.
    (○ , ×)

정답 1. ○ 2. × 3. ×

2023학년도 9월 고3 모의평가 화학 I 3번 변형

1 그림은 원자 W∼Z의 전자 배치를 모형으로 나타낸 것이다.

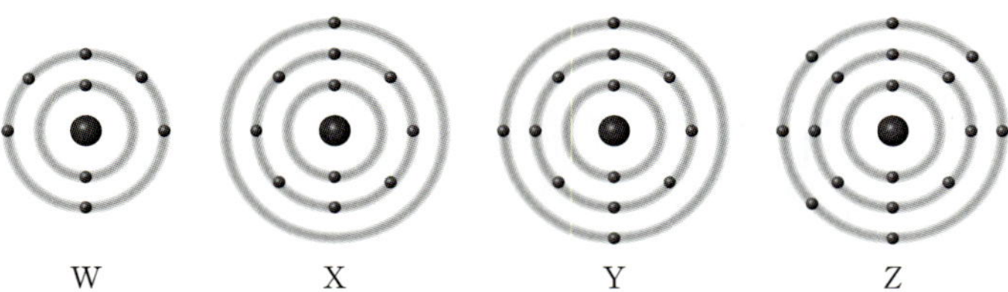

이에 대한 설명으로 옳은 것만을 보기에서 있는 대로 고른 것은? (단, W∼Z는 임의의 원소 기호이다.)

보기

ㄱ. XZ 수용액은 전기 전도성이 있다.

ㄴ. Z_2W는 이온 결합 물질이다.

ㄷ. W와 Y는 2 : 3으로 결합하여 안정한 화합물을 형성한다.

① ㄱ ② ㄴ ③ ㄱ, ㄷ
④ ㄴ, ㄷ ⑤ ㄱ, ㄴ, ㄷ

원자의 전자 배치를 통해 화학 결합할 때 결합하는 원자의 개수비와 형성하는 화학 결합의 종류를 파악한다.

2024학년도 6월 고1 전국연합학력평가 13번 변형

2 그림 (가)는 원자 A와 B가 이온이 되었을 때의 전자 배치를, (나)는 화합물 C_2A의 결합 모형을 나타낸 것이다.

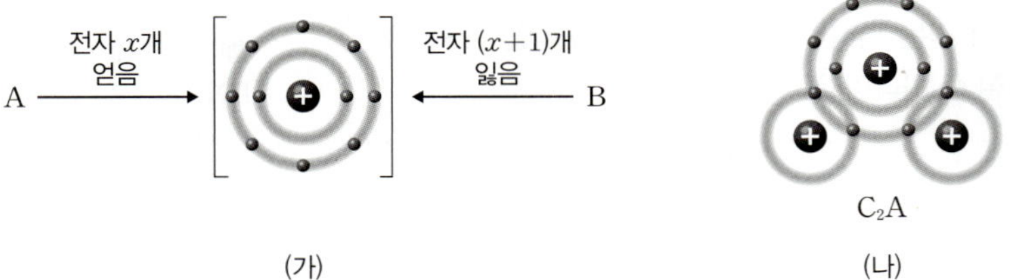

이에 대한 설명으로 옳은 것만을 보기에서 있는 대로 고른 것은? (단, A∼C는 임의의 원소 기호이다.)

보기

ㄱ. A와 B는 같은 주기 원소이다.

ㄴ. A와 B로 이루어진 안정한 화합물의 화학식은 B_2A_3이다.

ㄷ. B와 C로 이루어진 물질은 이온 결합 물질이다.

① ㄱ ② ㄷ ③ ㄱ, ㄴ
④ ㄴ, ㄷ ⑤ ㄱ, ㄴ, ㄷ

이온의 전자 배치 및 공유 결합 모형을 통해 원자의 종류를 파악한다.

3 | 2024학년도 6월 고1 전국연합학력평가 18번

그림 (가)는 규산염 사면체의 구조를, (나)는 어느 규산염 광물의 결합 구조를 나타낸 것이다.

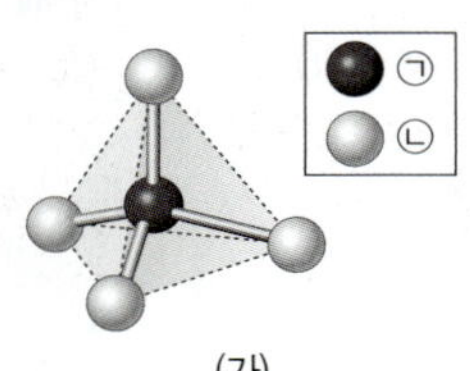
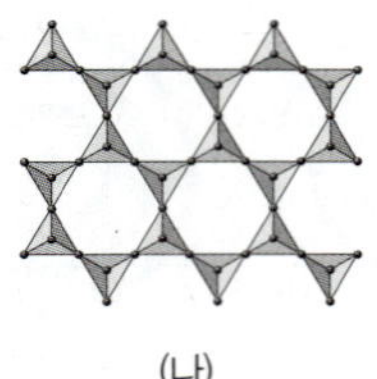

(가)   (나)

이에 대한 설명으로 옳은 것만을 보기에서 있는 대로 고른 것은?

보기

ㄱ. 지각을 구성하는 원소의 질량비는 ㉠이 ㉡보다 크다.

ㄴ. 흑운모는 (나)와 같은 결합 구조를 가진다.

ㄷ. 규산염 사면체의 결합 구조에 따라 다양한 규산염 광물이 만들어진다.

① ㄱ   ② ㄷ   ③ ㄱ, ㄴ

④ ㄴ, ㄷ   ⑤ ㄱ, ㄴ, ㄷ

수능 코디

규산염 사면체의 결합 구조는 이웃하는 규산염 사면체와 공유하는 산소의 수에 따라 달라진다.

---

4 | 2018학년도 10월 고3 전국연합학력평가 생명과학 Ⅰ 3번 변형

표 (가)는 인체를 구성하는 물질 A와 B가 갖는 특징을, (나)는 특징 ㉠과 ㉡을 순서없이 나타낸 것이다. A와 B는 DNA와 단백질 중 하나이다.

물질	특징
A	㉠
B	㉠, ㉡

(가)

특징(㉠, ㉡)
• 탄소 화합물이다.
• 펩타이드결합이 존재한다.

(나)

이에 대한 옳은 설명만을 보기에서 있는 대로 고른 것은?

보기

ㄱ. ㉠은 '탄소 화합물이다.'이다.

ㄴ. A의 기본 단위체는 뉴클레오타이드이다.

ㄷ. B는 항체의 주성분이다.

① ㄱ   ② ㄴ   ③ ㄱ, ㄷ

④ ㄴ, ㄷ   ⑤ ㄱ, ㄴ, ㄷ

수능 코디

펩타이드결합은 단백질의 특징이며, DNA의 기본 단위체는 뉴클레오타이드이다.

5 다음은 반도체에 관한 설명이다.

불순물 반도체는 ㉠순수한 반도체에 ㉡미량의 다른 원소(불순물)를 첨가하여 만든 소재로 ㉢태양 전지, 스마트폰의 전기 소자 등을 만드는 데 활용된다.

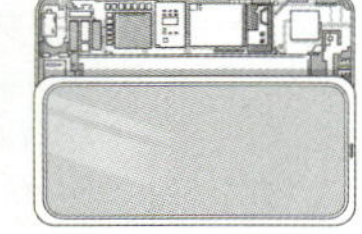

이에 대한 옳은 설명만을 보기에서 있는 대로 고른 것은?

보기

ㄱ. ㉠은 자유 전자가 거의 없어 부도체에 가깝다.
ㄴ. ㉡을 통해 ㉠의 전기적 성질을 변화시킬 수 있다.
ㄷ. ㉢은 빛에너지를 전기 에너지로 전환한다.

① ㄱ   ② ㄴ   ③ ㄱ, ㄷ   ④ ㄴ, ㄷ   ⑤ ㄱ, ㄴ, ㄷ

> 수능 코디
> 순수한 반도체에는 14족 원소 중 규소(Si), 저마늄(Ge) 등이 있다. 순수한 반도체와 불순물 반도체의 물질의 구조를 통해 전기적 성질을 유추할 수 있다.

6 다음은 고체의 전기적 특성을 알아보기 위한 실험이다.

[실험 과정]
(가) 고체 막대 A와 B를 각각 연결할 수 있는 전기 회로를 구성한다. A, B는 도체와 절연체 중 하나이다.

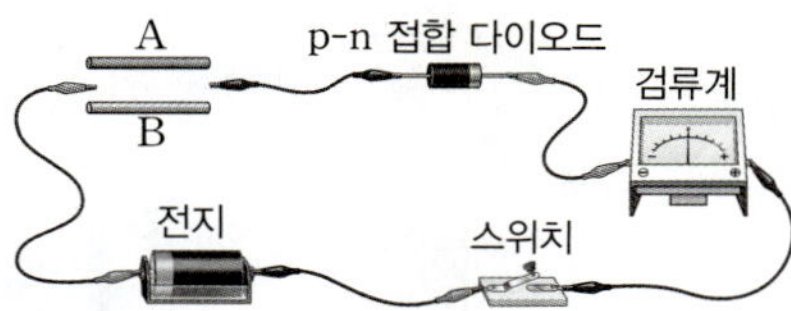

(나) 두 집게를 A의 양 끝 또는 B의 양 끝에 연결하고 스위치를 닫은 후 막대에 흐르는 전류의 유무를 관찰한다.
(다) (가)에서 [㉠]의 양 끝에 연결된 집게를 서로 바꿔 연결한 후 (나)를 반복한다.

[실험 결과]

구분	A	B
(나)의 결과	○	×
(다)의 결과	×	㉡

(○: 있음, ×: 없음)

이에 대한 옳은 설명만을 보기에서 있는 대로 고른 것은?

보기

ㄱ. 전기 전도도는 A가 B보다 크다.
ㄴ. 'p-n 접합 다이오드'는 ㉠으로 적절하다.
ㄷ. ㉡은 '○'이다.

① ㄱ   ② ㄷ   ③ ㄱ, ㄴ   ④ ㄴ, ㄷ   ⑤ ㄱ, ㄴ, ㄷ

> 수능 코디
> • 도체는 전류가 잘 흐르고 부도체는 전류가 잘 흐르지 않는다.
> • p형 반도체와 n형 반도체를 접합하여 만든 p-n 접합 다이오드는 한 방향으로만 전류를 흐르게 하는 성질이 있다.

우리가 시스템을 이루고 있다고?

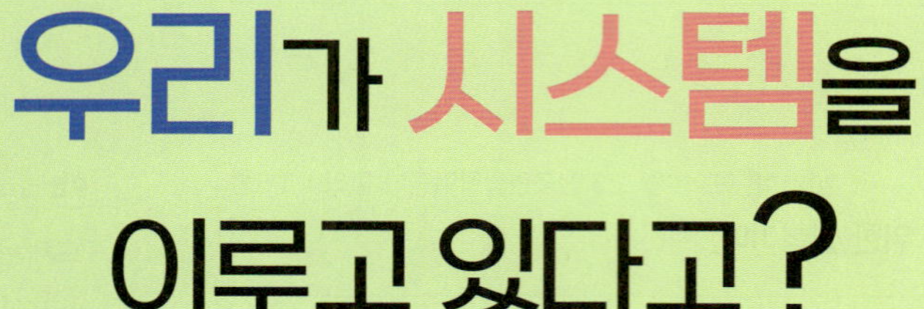

우리는 기권, 수권, 생물권, 외권으로 이루어진 지구시스템의 일부분에 속하며, 중력이 작용하는 역학 시스템 내에서 여러 가지 힘의 영향을 받으며 운동한다. 또 생명 시스템의 물질대사를 통해 생명활동을 하며, DNA로 유전정보를 전달하여 생명의 연속성을 유지하며 살아가고 있다.

Ⅲ

시스템과 상호작용

통합과학2

Ⅰ 변화와 다양성
Ⅱ 환경과 에너지
Ⅲ 과학과 미래 사회

09 지구시스템의 구성 요소

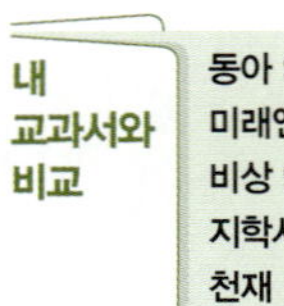
내 교과서와 비교
동아 92~95쪽
미래엔 104~107쪽
비상 96~97쪽
지학사 104~107쪽
천재 100~103쪽

❶ **태양계와 지구시스템에 작용하는 중력**

• 성운에서 태양이 탄생하고, 미행성체들의 충돌로 지구가 형성되는 데 작용한다.
• 행성이 태양과 일정한 거리를 유지할 수 있도록 작용한다.
• 지구에 다양한 대기 성분들이 붙잡혀 있도록 작용한다.
• 지권의 층상 구조가 형성되는 데 작용한다.

❷ **시스템**

여러 구성 요소가 모여 상호작용하면서 균형을 유지하는 체계

지구는 태양과의 거리가 적당하여 액체 상태의 물과 생명체가 있는 태양계 행성 중 유일한 행성이야!

🅐 지구시스템

1 태양계의 구성 요소인 지구

① 태양계: 태양과 태양 주위를 공전하는 구성 천체의 중력❶으로 유지되는 역학적 시스템❷이다.

② 태양계의 구성 천체: 태양계는 태양을 중심으로 행성, 위성, 왜소 행성, 소행성, 혜성 등으로 구성되며, 태양은 태양계 전체 질량의 99 % 이상을 차지한다. 이 천체들은 태양의 중력에 붙잡혀 태양을 중심으로 일정한 궤도를 따라 공전하면서 서로 상호작용하고 있다.

③ 우리가 살고 있는 지구는 태양계에 속한 8개의 행성 중 하나이며, 태양 및 다른 천체들과 서로 영향을 주고받으며 하나의 커다란 계를 이루고 있다.

▲ 태양계

🅑 지구시스템의 구성 요소

1 지구시스템(지구계) 지구를 구성하는 여러 구성 요소가 서로 영향을 주고받으며 시스템을 이루는 것을 말한다.

① 지구는 태양계라는 더 큰 시스템을 이루는 구성 요소이면서, 그 자체로도 상호작용하는 여러 요소로 이루어진 하나의 시스템이다.

② 지구시스템의 구성 요소: 지구시스템은 기권, 수권, 지권, 생물권, 외권으로 이루어져 있다.

▲ 지구시스템의 구성 요소

2 기권 지구 표면을 둘러싸고 있는 대기가 분포하는 영역을 기권이라고 한다.〔대기권이라고도 한다.〕 지표면으로부터 높이 약 1000 km까지 분포하며, 전체 대기 질량의 약 99 %는 지구 중력의 영향으로 높이 약 32 km 이내에 집중 분포한다. 지구의 대기는 질소와 산소가 전체 대기 부피의 약 99 %를 차지하며, 그 외에 아르곤, 이산화 탄소 등이 소량 존재한다. ❸ 기권은 높이에 따른 기온 분포를 기준으로 대류권, 성층권, 중간권, 열권으로 구분된다.

① 대류권: 지표에서부터 높이 약 11 km까지의 영역❹으로, 위로 올라갈수록 지표 복사 에너지가 적게 도달하기 때문에 기온이 낮아진다. 대류가 활발하게 일어나며, 눈, 비, 바람 등의 기상 현상이 일어난다.

② 성층권❺: 높이 약 11~50 km에 해당하는 영역으로, 오존이 자외선을 흡수하여 위로 올라갈수록 기온이 높아진다. 대류가 일어나지 않는 안정한 층이며, 높이 약 20~30 km에는 오존의 농도가 높은 오존층이 있다.

③ 중간권: 높이 약 50~80 km에 해당하는 영역으로, 위로 올라갈수록 지구 복사 에너지의 영향을 적게 받으므로 기온이 낮아진다. 대류가 일어나지만, 수증기가 거의 없어 기상 현상은 일어나지 않는다.

④ 열권: 높이 약 80~1000 km에 해당하는 영역으로, 공기가 태양 복사 에너지를 직접 흡수하기 때문에 위로 올라갈수록 기온이 높아진다. 공기가 매우 희박하여 낮과 밤의 기온 차가 크며, 고위도 지방에서는 오로라❻가 나타나기도 한다.〔지구 대기 중의 이산화 탄소나 수증기 등이 지구 복사 에너지를 흡수하여 지표로 재복사함으로 인해 지구의 평균 기온이 높게 유지되는 현상〕

⑤ 기권의 역할: 기권은 온실 효과를 일으켜 생물이 살기에 적합한 온도를 유지하고, 생물의 호흡과 광합성에 필요한 산소와 이산화 탄소를 공급하여 생물이 살 수 있는 환경을 만들어 준다. 또한, 외권으로부터 오는 X선과 자외선 등의 유해한 전자기파와 유성체의 대부분을 막아 지상의 생명체를 보호한다.〔외권에서 지구로 들어오는 유성체는 대부분 기권에서 타 버리고, 일부 운석이 지표에 떨어진다.〕

자외선을 흡수하는 오존층이 없다면 지표면에서 어느 정도 높이까지는 기온이 계속 하강하다가 그 이후부터 다시 기온이 상승할 거야.

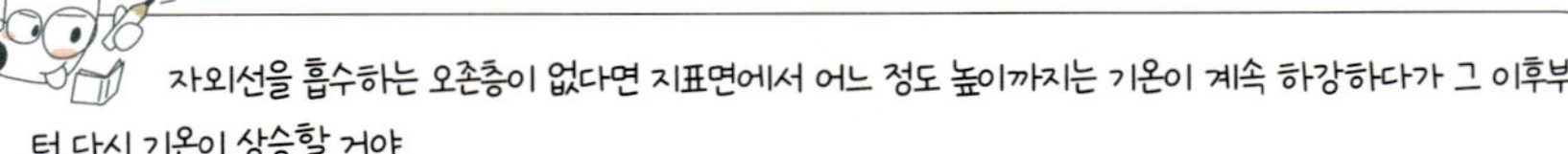

기온에 따른 대기의 움직임

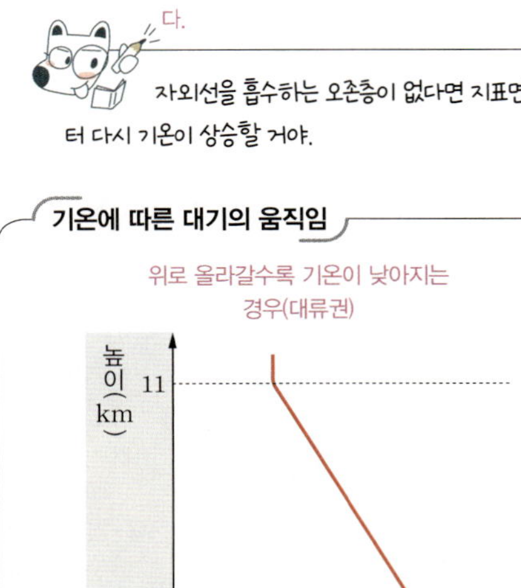

위로 올라갈수록 기온이 낮아지는 경우(대류권)

밀도가 큰 찬 공기가 위에 있고, 밀도가 작은 따뜻한 공기가 아래에 있으므로 공기가 상하로 활발하게 움직인다. 이와 같은 상태를 불안정하다고 한다. – 대류 현상이 일어남.

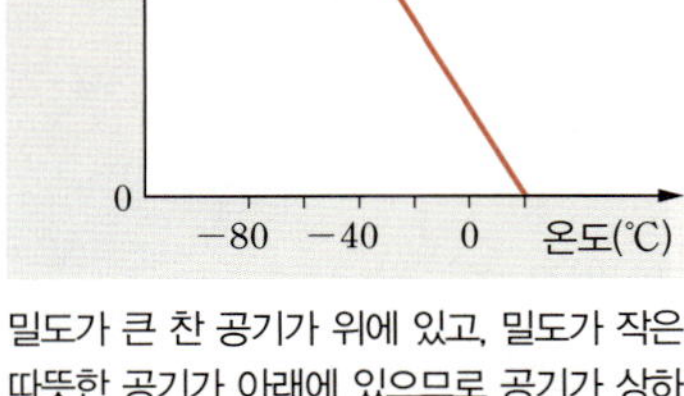

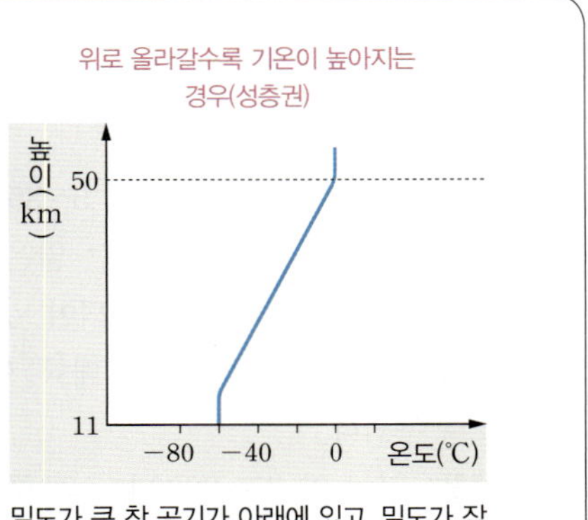

위로 올라갈수록 기온이 높아지는 경우(성층권)

밀도가 큰 찬 공기가 아래에 있고, 밀도가 작은 따뜻한 공기가 위에 있으므로 공기가 상하로 거의 움직이지 않는다. 이와 같은 상태를 안정하다고 한다. – 대류 현상이 일어나지 않음.

▲ 기권의 성층 구조

✚ 지학사 교과서에 있어요

❸ 지구 대기의 구성 성분

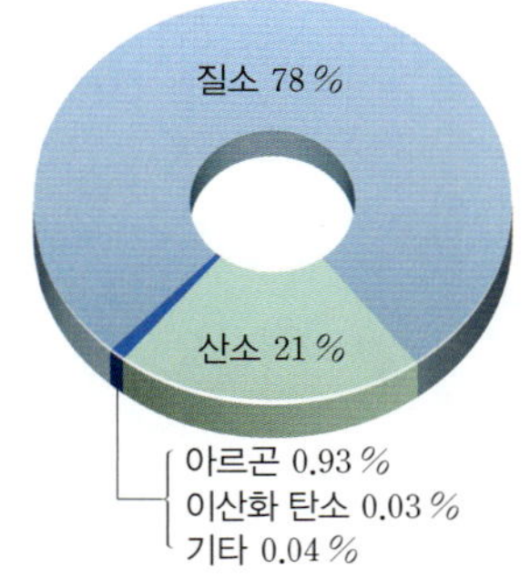

❹ 대류권과 성층권의 경계

대류권과 성층권의 경계면을 대류권 계면이라고 한다. 대류권 계면의 높이는 약 10~13 km로, 계절과 위도에 따라 달라진다.

❺ 항공기의 성층권 이용

성층권에서는 대류가 일어나지 않으므로 구름이 생성되지 않는다. 따라서 성층권의 아랫부분은 항공기의 항로로 이용된다.

기권에서 대류가 일어나는 층은 대류권과 중간권이지만, 기상 현상은 대류권에서만 일어나!

❻ 오로라

주로 극지방에서 나타나며, 태양에서 오는 대전 입자(전자, 양성자 등)가 초고층 대기와 충돌하여 빛이 나는 현상

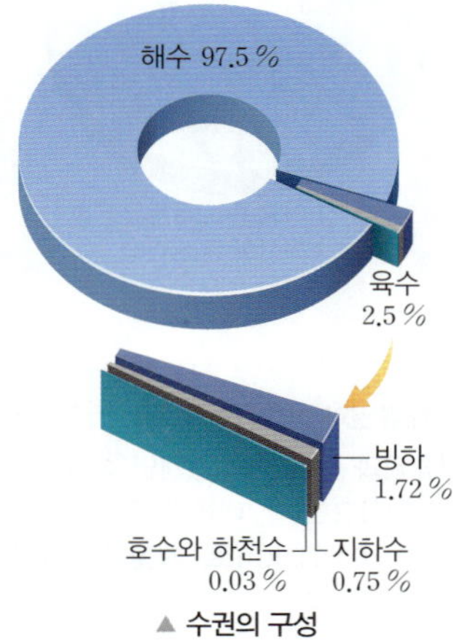

▲ 수권의 구성

3 수권 해수, 빙하, 지하수, 강과 호수 등과 같이 지구에 있는 물을 수권이라고 한다. 수권의 약 97.5 %는 해수이며, 육수는 약 2.5 %로 육수의 대부분은 빙하이고 나머지는 지하수, 호수와 하천수⑦ 등이 차지한다. 수권은 깊이에 따른 수온 분포를 기준으로 혼합층, 수온 약층, 심해층으로 구분한다.

① **혼합층**: 태양 에너지를 흡수하여 수온이 높고, 바람에 의해 해수가 혼합되어 깊이에 따른 수온의 변화가 거의 없이 일정한 층이다. 바람이 강하게 불수록 혼합층의 두께가 두꺼워진다.

② **수온 약층**: 수심이 깊어질수록 수온이 급격하게 낮아지므로 안정한 층⑧이다. 따라서 해수의 연직 운동이 일어나기 어려우므로 혼합층과 심해층 사이의 물질이나 에너지 교환을 차단하는 역할을 한다.

③ **심해층**: 태양 에너지가 도달하지 못하여 수온이 낮고, 깊이에 따른 수온의 변화가 거의 없이 일정한 층이다. 계절이나 위도에 따른 수온 변화가 거의 없다.

④ **수권의 역할**: 수권은 태양으로부터 흡수한 열에너지를 저장하여 지구의 온도를 일정하게 유지한다. 또한, 생명체에 서식 공간을 제공하고, 물질을 공급하여 생명체의 생명 현상 유지에 관여한다.

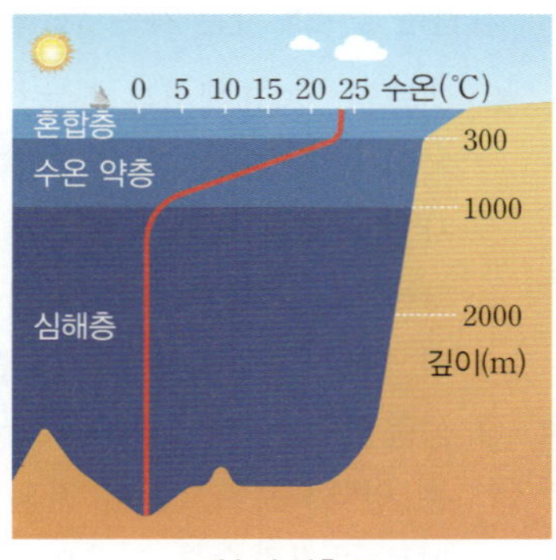

▲ 해수의 성층 구조

위도에 따른 해수의 성층 구조

- 저위도: 일사량이 많아 표층 수온이 높으므로 수온 약층이 뚜렷하게 발달한다.
- 중위도: 바람이 상대적으로 강하게 불어 혼합층이 두껍고, 수온 약층이 깊은 곳에서 나타난다.
- 고위도: 일사량이 적어 표층 수온이 매우 낮으므로 혼합층과 수온 약층 등의 해수의 성층 구조가 잘 나타나지 않는다.

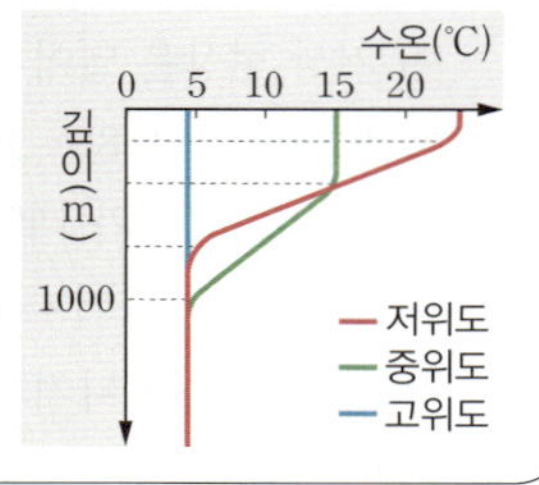

4 지권 암석과 토양으로 이루어진 지구의 표면과 지구의 내부를 포함하는 영역을 지권이라고 한다. 지표면에서부터 깊이 약 6400 km까지 분포하며, 지구 중심부로 갈수록 온도와 밀도가 증가한다. 지권은 구성 물질과 상태를 기준으로 지표면에서부터 지각, 맨틀, 외핵, 내핵으로 구분한다.

① **지각**: 지표에서부터 깊이 약 5~35 km까지의 구간으로, 지구의 겉 부분에 있는 얇은 층이다. 비교적 가벼운 규산염 물질로 구성되어 있다. 대륙 지각과 해양 지각⑨으로 구분되며, 대륙 지각이 해양 지각보다 두껍다.

② **맨틀**: 깊이 약 35~2900 km의 구간으로, 지구 전체 부피의 약 80 %를 차지하며, 지각보다 밀도가 큰 물질로 구성되어 있다. 고체 상태이지만 유동성이 있어 오랜 시간 동안 서서히 움직인다.

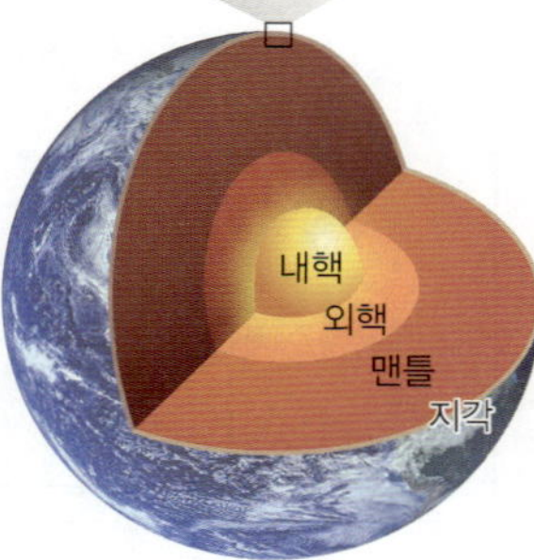

▲ 지권의 성층 구조

③ 외핵: 깊이 약 2900~5100 km의 구간으로, 주로 철과 니켈 등의 무거운 물질로 구성되어 있다. 액체 상태이며, 철과 니켈의 대류로 지구 자기장이 형성되어 외권으로부터 오는 고속·고에너지 입자를 막아 준다.

④ 내핵: 깊이 약 5100~6400 km의 구간으로, 주로 철과 니켈 등의 무거운 물질로 구성되어 있고, 고체 상태[10]이다.

⑤ 지권의 역할: 지권은 생명체에 서식 공간을 제공하고, 생명 활동에 필요한 물질을 공급한다. 또한, 대륙과 해양의 분포는 대기와 해수의 흐름에 영향을 주는 등 다른 권역과의 상호작용이 활발하다.

5 생물권 인간을 비롯하여 동물, 식물, 미생물 등을 포함한 지구상의 모든 생명체[11]를 생물권이라고 한다.

① 생물권의 분포: 지권, 수권, 기권에 이르기까지 넓은 영역에 걸쳐 분포한다.

② 생물권의 역할: 광합성과 호흡을 통해 대기 중의 이산화 탄소와 산소 농도를 변화시킨다. 또한, 풍화를 일으켜 지구 표면을 변형시키고, 토양 속 미생물은 생물의 사체나 배설물을 분해하는 과정에서 토양의 성분을 변화시킨다.

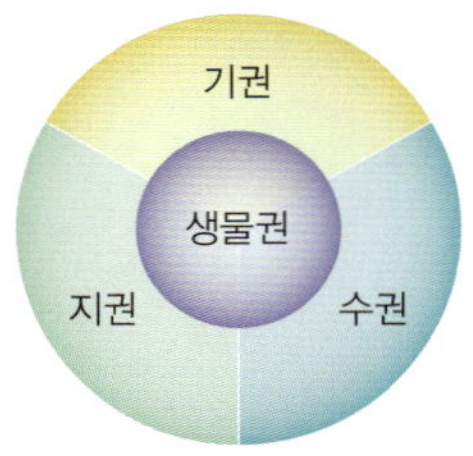

▲ 생물권의 분포

지구시스템의 각 구성 요소가 생명 유지에 기여하는 원리

구성 요소	생명 유지에 기여하는 원리
기권	• 생물의 호흡과 광합성에 필요한 기체를 공급한다. • 외권으로부터 오는 자외선과 유성체를 차단하여 지구의 생명체를 보호한다.
수권	• 물은 생명체의 몸을 이루며 물질대사 등 생명 활동에 이바지한다. • 바다가 생성된 후 대기 중의 이산화 탄소가 바다에 녹으면서 대기 중의 이산화 탄소의 양이 감소하였다.
지권	• 생명체에 서식 공간과 영양분 등을 공급한다. • 과거에 하나로 모여 있던 대륙이 흩어지면서 각 대륙에서 다양한 생물이 출현하게 되었다.
생물권	• 식물은 광합성을 통해 이산화 탄소를 흡수하고, 산소를 방출하여 다른 생물이 호흡할 수 있게 한다. • 생물의 사체는 토양 속 유기물이 되어 다른 생명체에 영양분을 공급한다.
외권	• 적당한 질량의 태양은 지구에 적당한 양의 에너지를 공급한다. • 달과 태양의 인력은 밀물과 썰물을 일으켜 갯벌 형성 등 생명체의 서식 환경에 영향을 미친다.

6 외권 지구를 둘러싸고 있는 기권 바깥의 우주 영역을 외권이라고 한다. 외권을 통해 태양 에너지가 지구로 들어온다.

태양, 달, 은하 등을 모두 포함한다.

① 외권의 역할: 태양에서 복사의 형태로 방출하여 지구에 흡수되는 에너지는 식물의 광합성에 쓰이고, 대기와 해양의 순환을 일으킨다.

▲ 지구 자기장

② 지구 자기장: 외핵의 대류에 의해 발생한 지구 자기장은 우주선[12]과 태양이 방출하는 유해한 고에너지 입자 등을 차단하여 지구의 생명체를 보호한다.

태양풍을 막아 주는 지구 자기장

태양의 대기에서는 태양풍이 불어 나간다. 태양풍은 태양으로부터 우주 공간으로 나가는 플라스마(전자, 양성자, 헬륨 원자핵 등으로 이루어진 대전 입자)의 흐름이다. 태양풍은 빠를 때는 500 km/s 이상의 속도로 방출된다. 지구의 자기장은 태양으로부터 빠른 속도로 불어 나오는 태양풍으로부터 지구의 대기와 지구의 생명체를 보호한다. 지구에 자기장이 없다면 태양으로부터 끊임없이 불어 나오는 태양풍이 지구의 대기를 날려 버릴 것이다.

---

⑩ 내핵이 고체 상태인 까닭
내핵은 외핵보다 온도가 더 높지만, 외핵에 비해 압력이 훨씬 높으므로 고체 상태로 존재한다. 압력이 높을수록 용융점이 높아지기 때문에 초고압 상태에서는 온도가 매우 높아야 액체 또는 기체로 존재할 수 있다.

⑪ 지구에서 생명체가 번성할 수 있는 까닭
지구에는 생명체의 존재에 필수적인 액체 상태의 물이 있으며, 적당한 두께의 대기 및 호흡과 광합성에 필요한 기체들이 있다. 지구에 액체 상태의 물이 존재할 수 있는 까닭은 지구가 태양으로부터 적당한 거리만큼 떨어져 있기 때문이다.

⑫ 우주선(宇 집, 宙 집, 線 줄)
우주에서 지구로 오는 매우 높은 에너지의 입자 흐름

개념 확인하기

1 다음은 지구시스템에 대한 설명이다. ( ) 안에 알맞은 말을 쓰시오.

(1) 태양계는 태양계 구성 천체의 (   )(으)로 유지되는 역학적 시스템이다.

(2) 지구시스템의 구성 요소는 기권, 수권, (   ), 생물권, 외권이다.

(3) 기권과 수권의 성층 구조에서 안정한 층은 각각 (   )와/과 (   )이다.

(4) 화산은 지구시스템의 구성 요소 중 (   )에 속한다.

2 지구시스템의 구성 요소에 대한 설명으로 옳은 것은 ○, 옳지 <u>않은</u> 것은 ×로 표시하시오.

(1) 기권에서 오존층은 대류권에 존재한다.　(　　)

(2) 수권의 해수는 3개의 층으로 구분한다.　(　　)

(3) 생물권은 지권, 기권, 수권에 걸쳐 분포한다.

(　　)

(4) 지권에서 가장 큰 부피를 차지하는 층은 핵이다.

(　　)

3 그림은 지권의 성층 구조를 나타낸 것이다.

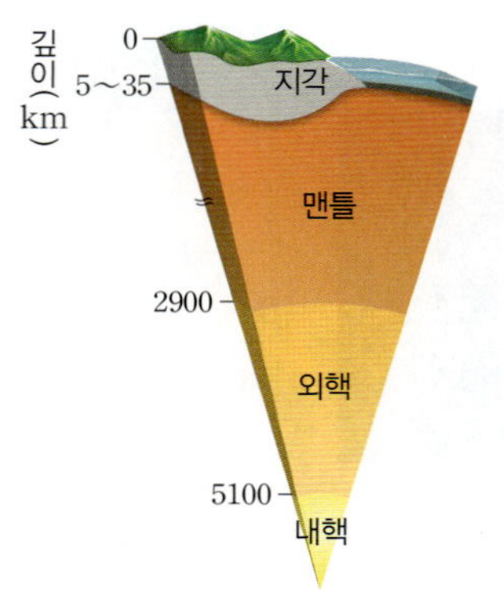

지권에 대한 설명으로 옳은 것은 ○, 옳지 <u>않은</u> 것은 ×로 표시하시오.

(1) 해양 지각은 대륙 지각보다 얇다.　(　　)

(2) 맨틀 대류가 일어나는 층은 액체 상태이다.　(　　)

(3) 깊은 곳에 있는 층일수록 밀도가 크다.　(　　)

(4) 외핵에서는 규산염 물질의 대류로 지구 자기장이 형성된다.　(　　)

4 그림은 해수의 깊이에 따른 수온 분포를 나타낸 것이다.

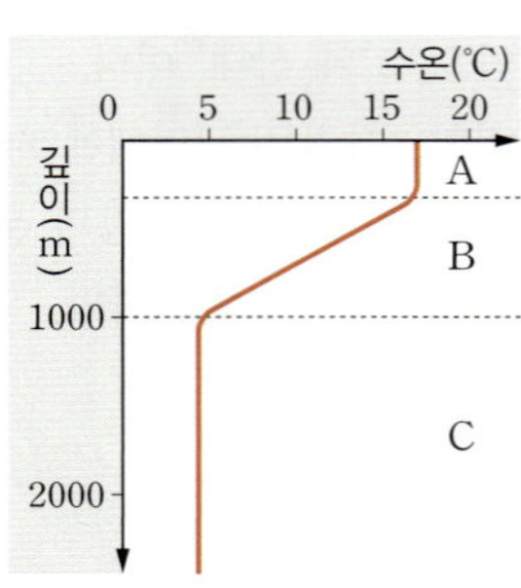

( ) 안에 알맞은 말 또는 기호를 쓰시오.

(1) A는 (   )이다.

(2) A, B, C 중 계절에 따른 수온 변화가 가장 적은 층은 (   )이다.

(3) A, B, C 중 해수의 연직 운동이 일어나기 가장 어려운 층은 (   )이다.

5 지구시스템의 각 구성 요소와 생물권의 관계에 대한 설명으로 옳은 것은 ○, 옳지 <u>않은</u> 것은 ×로 표시하시오.

(1) 지구에는 액체 상태의 물이 있어 생명체가 존재할 수 있다.　(　　)

(2) 생물권은 독립적으로 분포하여 다른 권역과 상호 작용하지 않는다.　(　　)

(3) 기권은 생명체의 호흡과 광합성에 필요한 기체를 공급한다.　(　　)

(4) 지권은 생명 활동에 필요한 다양한 물질을 공급하지 않는다.　(　　)

6 다음 ( ) 안에 알맞은 말을 쓰시오.

> 외핵의 대류에 의해 발생한 (   )은/는 우주선과 태양이 방출하는 유해한 고에너지 입자 등을 차단하여 지구의 생명체를 보호한다.

개념 적용하기

↻ 정답과 해설 33쪽

A 지구시스템

01 그림은 태양계의 모습을 나타낸 것이다.

이에 대한 설명으로 옳은 것만을 보기에서 있는 대로 고른 것은?

보기
ㄱ. 지구는 태양계의 구성 요소이다.
ㄴ. 태양계의 천체들은 서로 영향을 주고받는다.
ㄷ. 태양계는 구성 천체의 중력으로 유지되는 역학적 시스템이다.

① ㄱ   ② ㄷ   ③ ㄱ, ㄴ
④ ㄴ, ㄷ   ⑤ ㄱ, ㄴ, ㄷ

02 지구시스템에 대한 설명으로 옳지 <u>않은</u> 것은?

① 상호작용하는 여러 요소들로 이루어져 있다.
② 태양계라는 더 큰 시스템을 이루는 요소이다.
③ 태양을 제외한 다른 천체의 영향은 받지 않는다.
④ 기권, 수권, 지권, 생물권, 외권으로 이루어져 있다.
⑤ 지구를 구성하는 요소들이 서로 영향을 주고받는 시스템이다.

B 지구시스템의 구성 요소

03 그림은 지구시스템의 구성 요소 A~E를 나타낸 것이다.

A~E에 대한 설명으로 옳은 것만을 보기에서 있는 대로 고른 것은?

보기
ㄱ. A, C, D는 성층 구조가 나타난다.
ㄴ. B가 분포하는 곳은 A, C, D이다.
ㄷ. E는 A와 C에 영향을 주지 않는다.

① ㄱ   ② ㄷ   ③ ㄱ, ㄴ
④ ㄴ, ㄷ   ⑤ ㄱ, ㄴ, ㄷ

04 지구시스템의 구성 요소에 대한 설명으로 옳은 것은?

① 기권은 높이에 따른 대기 성분의 차이를 기준으로 4개의 층으로 구분한다.
② 수권 중 해수는 깊이에 따른 수온 분포를 기준으로 3개의 층으로 구분한다.
③ 지권은 깊이에 따른 지온 분포를 기준으로 4개의 층으로 구분한다.
④ 생물권은 지권, 수권, 기권, 외권에 모두 분포한다.
⑤ 외권 바깥쪽에는 지구 자기장이 있다.

05 지구시스템의 구성 요소에 대한 설명으로 옳지 <u>않은</u> 것은?

① 빙하는 수권에 해당한다.
② 지하수는 지권에 해당한다.
③ 외권은 기권의 바깥 영역이다.
④ 생물권은 다른 구성 요소에 걸쳐 분포한다.
⑤ 기권은 지구를 둘러싼 대기가 분포하는 영역이다.

06 그림은 높이에 따른 기권의 기온 분포를 나타낸 것이다.

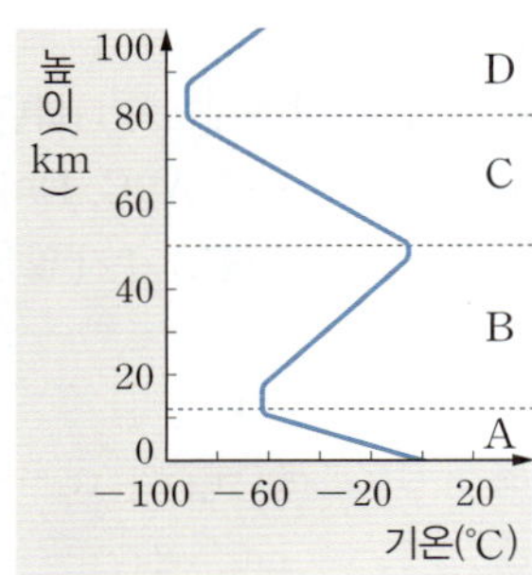

A~D에 대한 설명으로 옳은 것만을 보기에서 있는 대로 고른 것은?

보기
ㄱ. 기상 현상은 A에서만 일어난다.
ㄴ. 공기의 연직 운동은 B에서 가장 활발하다.
ㄷ. 낮과 밤의 기온 변화는 D가 C보다 크다.

① ㄱ   ② ㄴ   ③ ㄱ, ㄷ
④ ㄴ, ㄷ   ⑤ ㄱ, ㄴ, ㄷ

07 기권에 대한 설명으로 옳은 것만을 보기에서 있는 대로 고른 것은?

보기
ㄱ. 오존층은 성층권에 존재한다.
ㄴ. 대류 현상은 대류권에서만 일어난다.
ㄷ. 대류권에서 위로 올라갈수록 기온이 낮아지는 까닭은 태양과의 거리 때문이다.

① ㄱ   ② ㄷ   ③ ㄱ, ㄴ
④ ㄴ, ㄷ   ⑤ ㄱ, ㄴ, ㄷ

08 그림은 깊이에 따른 해수의 수온 분포를 나타낸 것이다.

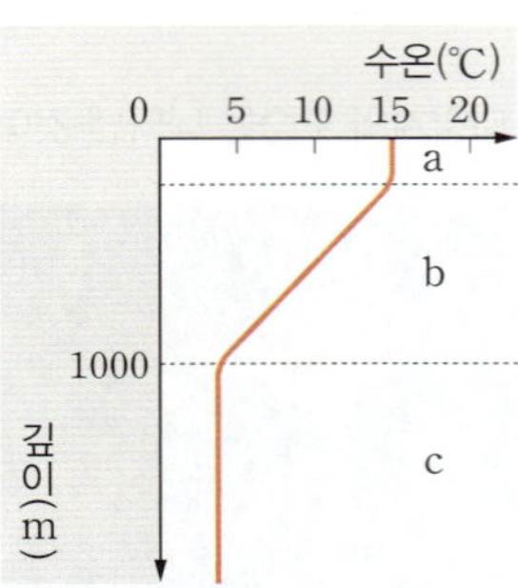

a~c층에 대한 설명으로 옳은 것만을 보기에서 있는 대로 고른 것은?

보기
ㄱ. a층의 온도가 높을수록 두께도 두껍다.
ㄴ. b층은 a층과 c층 사이의 물질 교환을 차단한다.
ㄷ. c층은 b층보다 두껍다.

① ㄱ   ② ㄴ   ③ ㄱ, ㄷ
④ ㄴ, ㄷ   ⑤ ㄱ, ㄴ, ㄷ

09 수권에 대한 설명으로 옳은 것만을 보기에서 있는 대로 고른 것은?

보기
ㄱ. 혼합층은 태양 에너지의 가열과 바람의 혼합 작용으로 생성된다.
ㄴ. 수온 약층은 아래로 가면서 수온이 급격히 낮아진다.
ㄷ. 심해층은 계절에 따른 수온 변화가 거의 없다.

① ㄱ   ② ㄴ   ③ ㄱ, ㄴ
④ ㄱ, ㄷ   ⑤ ㄱ, ㄴ, ㄷ

10 지권에 대한 설명으로 옳지 <u>않은</u> 것은?

① 깊이는 약 6400 km이다.
② 지구의 자기장을 생성한다.
③ 지구 표면과 지구 내부를 이루는 부분이다.
④ 전체가 암석과 토양으로 이루어져 있다.
⑤ 대륙 지각은 해양 지각보다 밀도가 작다.

11 그림은 지권의 성층 구조를 나타낸 것이다.

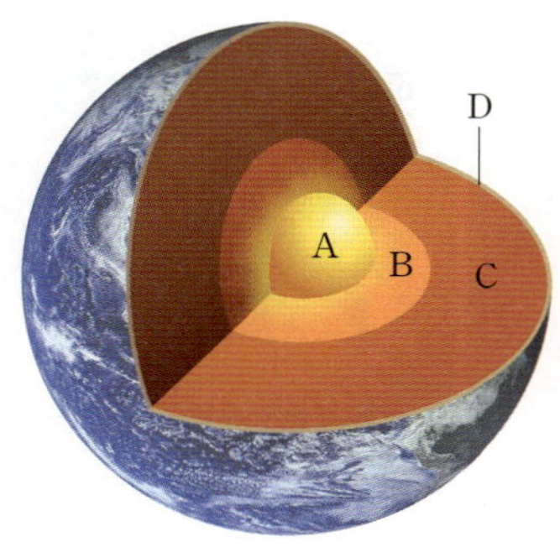

A~D에 대한 설명으로 옳은 것만을 보기에서 있는 대로 고른 것은?

보기
ㄱ. 평균 밀도가 가장 큰 층은 A이다.
ㄴ. 액체 상태로 되어 있는 층은 C이다.
ㄷ. A, B, C, D를 구분하는 기준은 온도이다.

① ㄱ ② ㄴ ③ ㄱ, ㄷ
④ ㄴ, ㄷ ⑤ ㄱ, ㄴ, ㄷ

12 생물권에 대한 설명으로 옳은 것만을 보기에서 있는 대로 고른 것은?

보기
ㄱ. 지구의 표면을 변화시키기도 한다.
ㄴ. 기권, 수권, 지권, 외권에 모두 분포한다.
ㄷ. 인간을 제외한 지구상의 모든 생물체를 포함한다.

① ㄱ ② ㄷ ③ ㄱ, ㄴ
④ ㄴ, ㄷ ⑤ ㄱ, ㄴ, ㄷ

13 외권에 대한 설명으로 옳은 것만을 보기에서 있는 대로 고른 것은?

보기
ㄱ. 지구를 둘러싸고 있는 기권의 바깥 영역이다.
ㄴ. 태양 에너지는 외권을 통해 들어온다.
ㄷ. 지구의 자기장이 생성되는 곳이다.

① ㄱ ② ㄷ ③ ㄱ, ㄴ
④ ㄴ, ㄷ ⑤ ㄱ, ㄴ, ㄷ

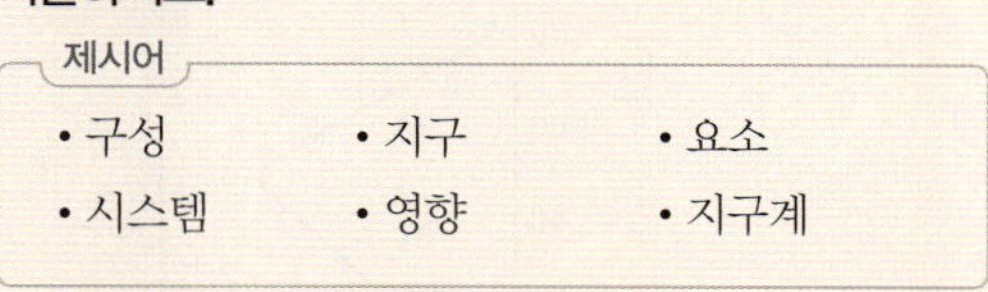

14 지구시스템의 정의를 아래 제시어를 모두 포함하여 서술하시오.

제시어
• 구성 • 지구 • 요소
• 시스템 • 영향 • 지구계

____

15 그림은 기권에서 높이에 따른 기온 분포를 나타낸 것이다.

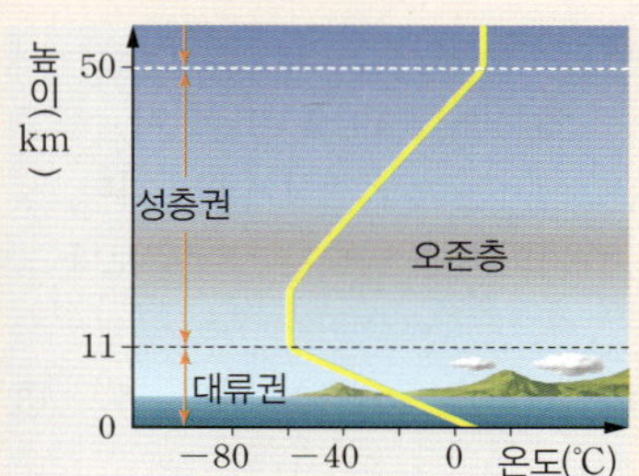

성층권에서 대류가 일어나지 않는 까닭을 아래 제시어를 모두 포함하여 서술하시오.

제시어
• 성층권 • 찬 공기 • 따뜻한 공기
• 아래쪽 • 위쪽 • 밀도

____

16 그림은 지권의 성층 구조를 나타낸 것이다.

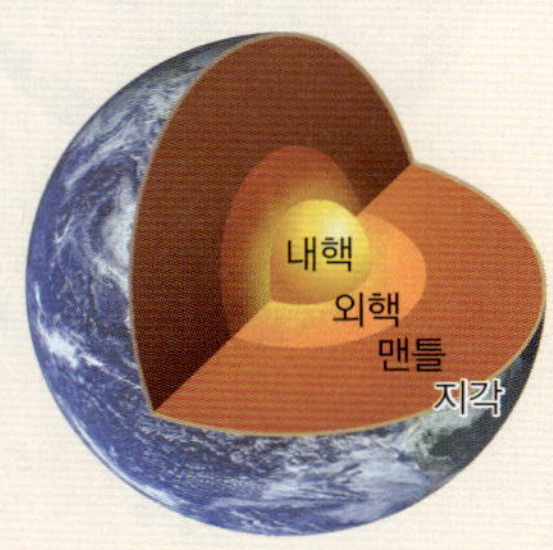

지권의 성층 구조에 따른 밀도 분포를 아래 제시어를 모두 포함하여 서술하시오.

제시어
• 지각 • 맨틀 • 외핵
• 내핵 • 규산염 • 철
• 니켈 • 압력

____

정답과 해설 34쪽

해설 영상

01 그림은 높이에 따른 기권의 기온 분포를 나타낸 것이다.

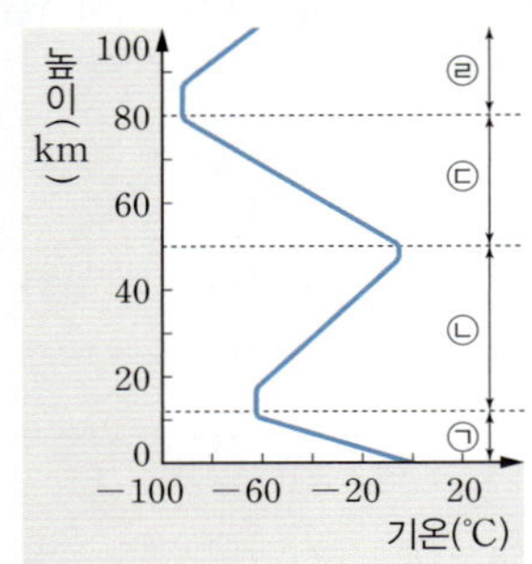

이에 대한 설명으로 옳은 것만을 보기에서 있는 대로 고른 것은?

보기
ㄱ. ㉡에서는 태양풍을 차단한다.
ㄴ. ㉢에서는 기상 현상이 활발하다.
ㄷ. 대기의 평균 밀도는 ㉠이 ㉣보다 크다.

① ㄱ　　　　② ㄷ　　　　③ ㄱ, ㄴ
④ ㄴ, ㄷ　　　⑤ ㄱ, ㄴ, ㄷ

02 그림은 수권의 분포를 나타낸 것이다.

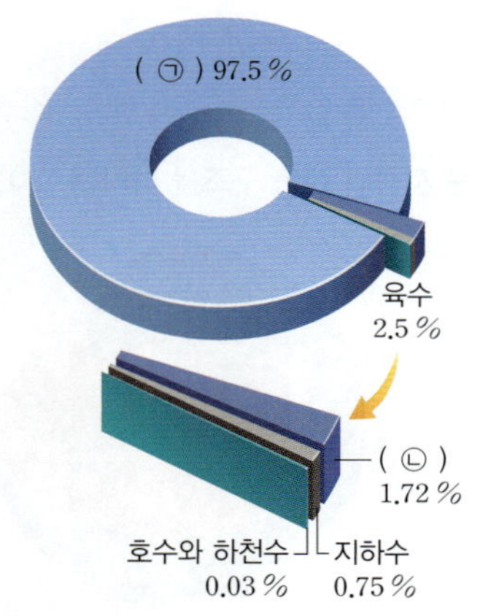

이에 대한 설명으로 옳은 것만을 보기에서 있는 대로 고른 것은?

보기
ㄱ. 수권의 대부분은 담수이다.
ㄴ. ㉠은 해수이고, ㉡은 빙하이다.
ㄷ. 인간이 생활하는 데 직접적으로 이용할 수 있는 물은 수권의 약 0.78 %이다.

① ㄱ　　　　② ㄷ　　　　③ ㄱ, ㄴ
④ ㄴ, ㄷ　　　⑤ ㄱ, ㄴ, ㄷ

03 그림은 지권의 성층 구조를 나타낸 것이다.

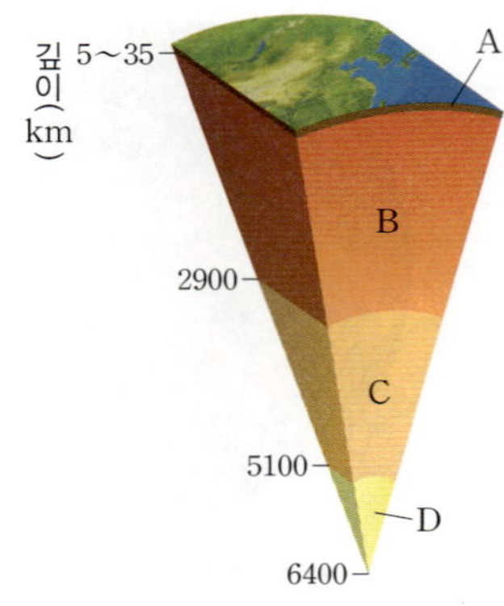

이에 대한 설명으로 옳은 것만을 보기에서 있는 대로 고른 것은?

보기
ㄱ. 밀도의 크기는 A>B>C>D이다.
ㄴ. C와 D의 경계에서는 물질의 화학 조성이 급변한다.
ㄷ. 각 층의 경계에서는 지진파의 속도가 급변한다.

① ㄱ　　　　② ㄷ　　　　③ ㄱ, ㄴ
④ ㄴ, ㄷ　　　⑤ ㄱ, ㄴ, ㄷ

04 그림 (가)와 (나)는 기권에서 높이에 따른 기온 변화를 나타낸 것이다.

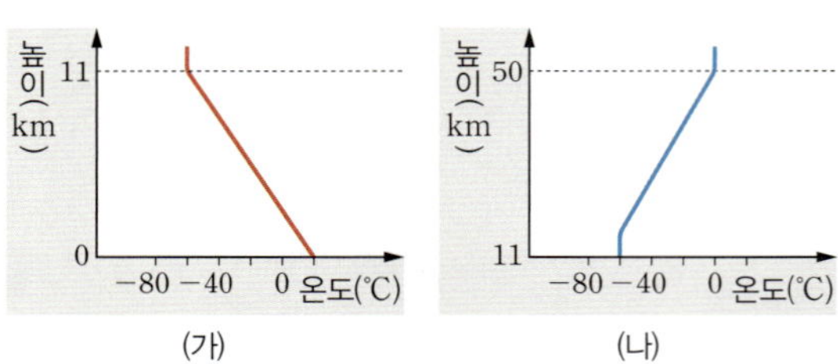

이에 대한 설명으로 옳은 것만을 보기에서 있는 대로 고른 것은?

보기
ㄱ. (나)에서 위로 갈수록 기온이 높아지는 까닭은 태양에 가까워지기 때문이다.
ㄴ. 높이에 따른 기온 변화율은 (가)가 (나)보다 크다.
ㄷ. (가)는 (나)보다 대기가 불안정하다.

① ㄱ　　　　② ㄷ　　　　③ ㄱ, ㄴ
④ ㄴ, ㄷ　　　⑤ ㄱ, ㄴ, ㄷ

10 지구시스템의 상호작용

내 교과서와 비교
동아 96~101쪽
미래엔 108~111쪽
비상 98~101쪽
지학사 108~111쪽
천재 104~107쪽

핵심 KEYWORD

- 에너지원
- 물의 순환
- 탄소의 순환
- 지구시스템의 상호작용

❶ 지구시스템의 에너지원과 에너지양의 상대적 비율

지구시스템에 영향을 미치는 에너지원의 크기는 태양 에너지>지구 내부 에너지>조력 에너지 순이다.

❷ 방사성 원소의 붕괴

지각과 맨틀의 암석 속에 들어 있는 우라늄, 토륨 등의 원소 중 일부는 원자핵이 불안정하여 시간이 지나면서 원자핵이 쪼개지고 이 과정에서 열이 발생한다. 이를 방사성 원소의 붕괴라고 말한다.

▲ 지구시스템의 에너지원

1 지구시스템의 에너지원 지구시스템은 기상 현상, 지진이나 화산 활동, 해수의 운동 등에 의해 끊임없이 변화하고 있다. 이러한 지구시스템의 여러 가지 현상을 일으키는 에너지원❶에는 태양 에너지, 지구 내부 에너지, 조력 에너지가 있다.

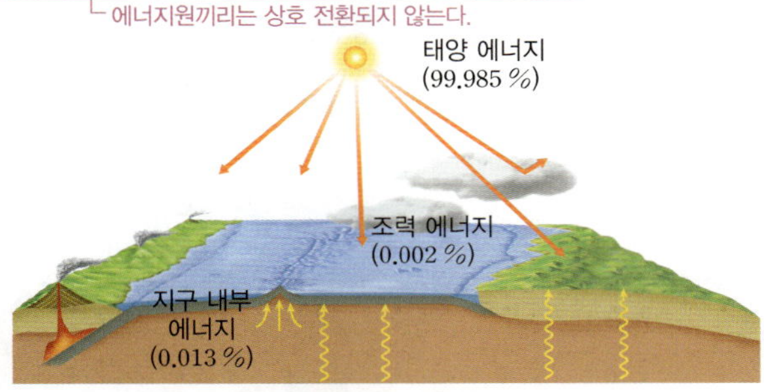

▲ 지구시스템의 에너지원

① **태양 에너지**: 태양의 중심부에서 일어나는 수소 핵융합 반응에 의해 발생하여 지구에 도달하는 에너지로, 지구시스템의 에너지원 중 가장 많은 양을 차지하며, 지구시스템의 모든 요소에 영향을 주는 근원적인 에너지이다. 대기와 물을 순환시켜 기상 현상, 해류, 풍화와 침식 작용으로 지표의 변화를 일으키고, 생물에 흡수되어 생명 활동에 필요한 에너지로 이용되며, 화석 연료의 근원이 된다.

② **지구 내부 에너지**: 지각과 맨틀 속에 포함된 방사성 원소가 붕괴❷할 때 방출되는 열과 지구가 형성되는 과정에서 지구 내부에 축적된 열에 의해 발생하는 에너지이다. 외핵의 운동을 일으켜 지구 자기장이 형성될 수 있게 하고, 맨틀 대류를 일으켜 판을 운동시킴으로써 대륙을 움직이고 화산 활동, 지진 같은 지각 변동을 일으킨다.

③ **조력 에너지**: 달과 태양의 인력으로 발생하는 에너지이다. 지구가 자전하면서 밀물과 썰물을 일으키고, 해수면 높이를 변하게 하여 해안 지역의 지형과 생태계에 영향을 미친다.
달이 태양보다 지구에 훨씬 가까우므로 달의 인력이 태양의 인력보다 크게 작용한다.

탐구분석 자연 현상을 일으키는 지구시스템의 에너지원 알아보기

그림은 지구시스템에서 일어나는 자연 현상 중 일부를 나타낸 것이다.

▲ 태풍
태양 에너지

▲ 밀물과 썰물
조력 에너지

▲ 화산 활동
지구 내부 에너지

● 결과 및 해석

❶ 태풍은 태양 에너지에 의해, 밀물과 썰물은 조력 에너지에 의해, 화산 활동은 지구 내부 에너지에 의해 발생한다.

❷ 우리 주변에서 일어나는 자연 현상 중 바람이나 비를 비롯한 기상 현상, 해류, 풍화 작용, 광합성 등은 태양 에너지에 의한 것이고, 판의 운동과 지진, 화산 등의 지각 변동은 지구 내부 에너지에 의한 것이며, 밀물과 썰물 등의 조석 현상은 조력 에너지에 의한 것이다.

1 물의 순환

① 물의 순환: 물은 주로 태양 에너지를 흡수 또는 방출하며 고체, 액체, 기체로 상태가 변하면서 지구시스템의 각 권역 사이를 이동하며 순환한다. 물의 순환은 태양 에너지의 흐름과 함께 일어난다.

② 물의 순환 과정에서 일어나는 현상

• 수권의 물은 태양 에너지를 흡수하여 수증기가 되고, 수증기의 일부는 응결하여 구름이 되어 비 또는 눈이나 태풍 등의 여러 가지 날씨의 변화를 일으킨다.   저위도의 에너지를 고위도로 전달한다.

• 수권의 물은 빙하, 강물, 지하수 등의 형태로 풍화와 침식 작용을 일으켜 폭포, 석회동굴, 곡류, U자곡 등을 만들면서 지표의 변화를 일으킨다.

❸ 증산(蒸 찌다, 散 흩다) 작용
식물이 뿌리를 통해 흡수한 물을 잎에 있는 기공을 통해 수증기 형태로 대기 중으로 내보내는 작용

• A, B: 수권의 물은 태양 에너지를 흡수하여 수증기가 되어 기권으로 이동한다.
• C: 식물의 증산 작용❸으로 물이 생물권에서 기권으로 이동한다.
• D: 기권의 물은 에너지를 방출하면서 응결하여 구름이 되었다가 비나 눈의 형태로 육지와 바다로 이동한다.
• E, F: 육지의 물은 하천수, 지하수 등으로 흘러 바다로 이동한다.

2 탄소의 순환

① 탄소의 순환: 탄소는 지구시스템에서 다양한 형태로 존재하며, 지구시스템의 각 권역 사이를 순환하면서 에너지의 흐름도 같이 일어난다. 탄소는 기권에서는 이산화 탄소나 메테인, 수권에서는 탄산 이온, 지권에서는 석회암(탄산염)❹ 또는 화석 연료, 생물권에서는 유기물의 형태로 존재한다.   탄소의 분포량이 가장 많은 곳은 지권의 석회암이다.

❹ 석회암
석회암($CaCO_3$)은 해수에 녹아 있던 탄산 이온이 침전하여 형성되거나 해양 생물의 골격을 이루고 있던 탄산 칼슘 성분이 퇴적되어 형성된다.

② 탄소의 순환 과정에서 일어나는 현상: 화산이 분출하면서 이산화 탄소가 화산 가스의 형태로 방출되고, 이산화 탄소는 광합성을 통해 식물로 흡수되며, 생물의 사체가 화석 연료를 형성하여 지권에 퇴적된다. 화석 연료의 연소를 통해 이산화 탄소가 기권으로 방출되고, 이산화 탄소는 해수에 용해되어 탄산 이온이 되며, 탄산 이온이 침전하거나 해양 생물의 골격이 퇴적되어 석회암을 형성한다.

탄소의 순환에서는 탄소 순환 과정에서 일어나는 현상을 통해 탄소가 어느 권역에서 어느 권역으로 이동하는지가 중요해.

• A: 화석 연료가 연소되는 과정에서 지권의 탄소가 이산화 탄소 형태로 기권으로 배출된다.
• B: 화산이 분출할 때 이산화 탄소가 화산 가스에 포함되어 지권의 탄소가 기권 또는 수권으로 방출된다.
• C, D: 식물의 광합성에 의해 기권의 탄소가 생물권으로 이동하고, 생물의

호흡에 의해 이산화 탄소가 생물권에서 기권으로 방출된다.
• E, F: 기권의 이산화 탄소는 해수에 용해되어 수권으로 이동하고, 수온이 상승하면 기체의 용해도가 낮아져 수권의 탄소가 기권으로 방출된다.   이산화 탄소는 수온이 낮을수록 물에 잘 녹는다.
• G, H: 해수에 용해되어 있던 탄산 이온이 탄산 칼슘을 형성하면서 침전하여 해저에 퇴적되어 석회암을 형성하여 수권에 있던 탄소가 지권으로 이동한다. 해양 생물의 골격이 해저에 퇴적되어 석회암을 형성하여 생물권에 있던 탄소가 지권으로 이동한다.   산호, 조개껍데기 등
• I: 생물체의 사체가 퇴적되어 화석 연료를 형성하면서 생물권의 탄소가 지권으로 이동한다.

1 지구시스템의 상호작용의 특징 지구시스템의 구성 요소들은 끊임없이 서로 영향을 주고 받는데, 이를 지구시스템의 상호작용[5]이라고 한다. 이처럼 지구시스템 권역들 간의 상호 작용[6]은 지구 생명체의 존속에 기여하고 있다.

영향 근원	기권	수권	지권	생물권
기권	기단의 상호작용, 전선의 형성, 일기 변화	해류의 발생, 수증기의 응결과 강수	바람에 의한 풍화와 침식 작용	이산화 탄소와 산소의 공급, 바람에 의한 종자와 포자 운반
수권	수증기 공급, 이산화 탄소와 산소의 흡수 및 방출	해수의 혼합과 순환	강물과 빙하의 침식 작용, 석회 동굴의 형성	생물의 서식처 제공, 세포 내의 물 공급
지권	지구 복사 에너지 방출, 화산 분출로 인한 화산 가스 방출	지권 물질의 용해와 이동, 지진 해일의 발생	판의 운동에 의한 지형 변화 및 지각 변동	생물의 영양분 공급, 대륙 이동에 의한 서식처 변화
생물권	광합성과 호흡 작용, 증산 작용	생물체에 의해 해수에 용해된 물질의 제거	생물에 의한 풍화와 침식 작용, 토양, 석회암, 화석 연료의 생성	포식 동물과 먹이 순환

탐구분석 지구시스템의 상호작용 알아보기

다음은 나일강의 변화에 따른 계절별 고대 이집트인들의 생활 모습을 나타낸 것이다.

▲ 홍수의 계절(6월~7월)　▲ 생장의 계절(10월~1월)　▲ 수확의 계절(2월~5월)

○결과 및 해석

①

구분	생활 모습
홍수의 계절	많은 비가 내림(기권 ↔ 수권), 나일강의 범람으로 강 주변에 퇴적물이 쌓임(수권 ↔ 지권), 나일강은 이집트를 연결하는 교통로의 역할을 함(수권 ↔ 생물권)
생장의 계절	범람했던 강물이 빠지면서 토지가 비옥해짐(수권 ↔ 지권), 토지에 농부들이 씨를 뿌리고 식물을 재배함(지권 ↔ 생물권), 이집트인들은 가축을 이용하여 농사를 지음(생물권 ↔ 생물권)
수확의 계절	고대 이집트인들이 작물을 거두어들여 식량을 얻음(생물권 ↔ 생물권)

② 나일강의 변화는 고대 이집트인들에게 풍부한 물과 식량을 제공하였으며, 고대 이집트 문명이 발달하는 데 중요한 역할을 하였다.

2 지구시스템의 균형 지구시스템은 서로 상호작용을 하며 균형을 유지한다. 지구시스템의 어느 한 권역에 변화가 생기면 다른 권역에도 영향을 준다. 지구시스템의 균형이 깨지는 원인은 자연적 요인과 인위적 요인으로 구분할 수 있다.

① 자연적 요인: 지진, 화산 활동, 지진 해일[7] 등을 일으키는 지각 변동

② 인위적 요인: 환경오염, 삼림 벌채, 댐 건설, 지구 온난화 등의 인간 활동

③ 지진 해일로 인한 침수, 열대 우림 파괴, 북극 해빙 등 지구시스템의 급격한 변화[8]는 생명체의 존속을 위협할 수 있다.

④ 지구시스템에 변화가 발생하면 인간을 비롯한 지구의 생명체들도 영향을 받으므로 지구시스템이 균형을 이루도록 보전해야 한다.

---

❺ 지구시스템의 상호작용

지구시스템의 상호작용은 생물권과 기권, 기권과 지권과 같이 각 권역 간의 상호작용도 있지만, 생물권을 구성하는 요소 등 각 권역 내의 구성 요소 간의 상호작용도 있다.

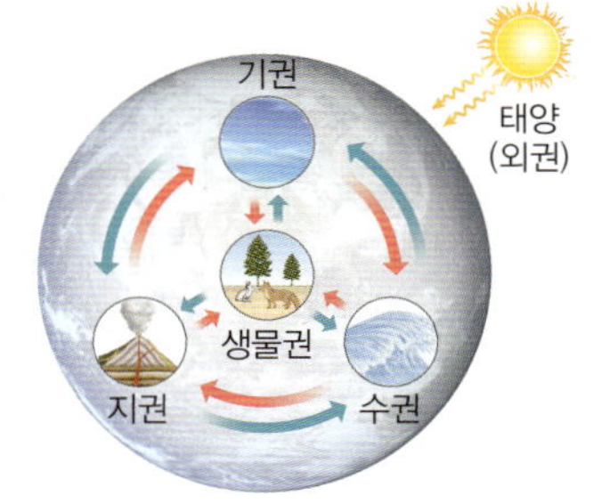

❻ 외권과의 상호작용

· 기권 ↔ 외권: 오존층에서 자외선 흡수, 오로라, 유성 등
· 지권 ↔ 외권: 지구 자기장 형성 등

❼ 지진 해일

해저에 지각 변동이 생겨서 일어나는 해일로, 해안 근처의 얕은 곳에서 물결의 높이가 급격히 높아지는 현상

❽ 지구시스템의 변화

지구시스템을 구성하는 요소와 상호작용은 매우 복잡하여 지구시스템 내에서 일어나는 변화를 예측하는 것은 어렵다.

개념 확인하기

1 다음은 지구시스템의 에너지원에 대한 설명이다. ( ) 안에 알맞은 말을 쓰시오.

(1) 지구시스템의 에너지원 중 가장 많은 양을 차지하는 것은 (   )이다.

(2) 지구 내부 에너지는 지각과 맨틀 속에 포함된 (   )이/가 붕괴할 때 방출하는 열에 의해 발생한다.

(3) (   ) 에너지는 달과 태양의 인력으로 발생하는 에너지이다.

탐구 확인

2 다음 ( ) 안에 알맞은 말을 순서대로 쓰시오.

> 우리 주변에서 일어나는 자연 현상 중 바람이나 비를 비롯한 기상 현상, 해류, 풍화 작용, 광합성 등은 ㉠(   ) 에너지에 의한 것이고, 판의 운동과 지진, 화산 활동 등의 지각 변동은 ㉡(   ) 에너지에 의한 것이며, 조석 현상은 ㉢(   ) 에너지에 의한 것이다.

3 그림은 물의 순환을 나타낸 것이다.

이에 대한 설명으로 옳은 것은 ○, 옳지 않은 것은 ×로 표시하시오.

(1) 물의 순환 과정에서 에너지의 흐름이 일어난다. (   )

(2) 수권의 물은 물의 순환 과정에서 날씨의 변화를 일으킨다. (   )

(3) 수권의 물은 물의 순환 과정에서 풍화와 침식 작용을 일으켜 지표의 변화를 일으킨다. (   )

4 그림은 탄소의 순환을 나타낸 것이다.

( ) 안에 알맞은 말을 쓰시오.

(1) 화석 연료의 연소를 통해 탄소는 (   )에서 기권으로 이동한다.

(2) 광합성 과정을 통해 탄소는 (   )에서 (   )(으)로 이동한다.

(3) 해수의 온도가 높을수록 수권에서 기권으로 이동하는 탄소의 양이 (   )한다.

5 지구시스템의 상호작용에 대한 설명으로 옳은 것은 ○, 옳지 않은 것은 ×로 표시하시오.

(1) 화산 활동으로 분출된 화산재는 지구 기온을 변하게 한다. (   )

(2) 지진 해일의 발생은 지권과 수권의 상호작용에 해당한다. (   )

(3) 지구시스템의 균형은 인위적 요인에 의해서만 깨어진다. (   )

6 다음 현상은 각각 어떤 권역들 사이의 상호작용에 해당하는지 쓰시오.

(1) 해수면 위에서 지속적으로 부는 바람에 의해 일정한 방향으로 해류가 발생한다.
(   ) ↔ (   )

(2) 화산이 폭발하여 화산재가 대기로 방출되어 기온이 낮아진다. (   ) ↔ (   )

(3) 생물은 호흡과 광합성을 하며 산소와 이산화 탄소를 흡수하거나 방출한다.
(   ) ↔ (   )

(4) 파도에 의해 해안 지역의 암석이 침식되어 절벽이나 동굴이 만들어진다.
(   ) ↔ (   )

개념 적용하기

정답과 해설 35쪽

A 지구시스템의 에너지원

01 지구시스템의 에너지원에 대한 설명으로 옳은 것만을 보기에서 있는 대로 고른 것은?

보기
ㄱ. 항상 외권으로부터 공급된다.
ㄴ. 지구에서 물질 순환을 일으킨다.
ㄷ. 가장 많은 양을 차지하는 것은 태양 에너지이다.

① ㄱ   ② ㄷ   ③ ㄱ, ㄴ
④ ㄴ, ㄷ   ⑤ ㄱ, ㄴ, ㄷ

02 태양 에너지에 대한 설명으로 옳지 <u>않은</u> 것은?

① 기상 현상을 일으킨다.
② 지구 자기장을 발생시킨다.
③ 수소 핵융합 반응으로 발생한다.
④ 대기와 물을 순환시키는 에너지이다.
⑤ 화석 연료의 근원이 되는 에너지이다.

03 지구 내부 에너지에 대한 설명으로 옳은 것만을 보기에서 있는 대로 고른 것은?

보기
ㄱ. 맨틀 대류를 일으킨다.
ㄴ. 지구 생성 초기에는 존재하지 않았다.
ㄷ. 방사성 원소의 붕괴열과 관련이 있다.

① ㄱ   ② ㄴ   ③ ㄱ, ㄷ
④ ㄴ, ㄷ   ⑤ ㄱ, ㄴ, ㄷ

04 그림 (가)~(다)는 지구시스템에서 일어나는 자연 현상을 나타낸 것이다.

(가)   (나)   (다)

이에 대한 설명으로 옳은 것만을 보기에서 있는 대로 고른 것은?

보기
ㄱ. (가)는 지구 내부 에너지에 의해 발생한다.
ㄴ. (나)의 근원은 태양 복사 에너지이다.
ㄷ. (다)는 지구 내부 에너지에 의해 일어난다.

① ㄱ   ② ㄷ   ③ ㄱ, ㄴ
④ ㄴ, ㄷ   ⑤ ㄱ, ㄴ, ㄷ

B 지구시스템의 물질 순환과 에너지 흐름

05 물의 순환에 대한 설명으로 옳은 것만을 보기에서 있는 대로 고른 것은?

보기
ㄱ. 물의 순환은 에너지의 흐름과 함께 일어난다.
ㄴ. 물의 순환 과정에서 날씨의 변화가 나타난다.
ㄷ. 물의 순환은 지표의 변화를 일으킨다.

① ㄱ   ② ㄴ   ③ ㄱ, ㄴ
④ ㄱ, ㄷ   ⑤ ㄱ, ㄴ, ㄷ

06 그림은 물의 순환을 나타낸 것이다.

이에 대한 설명으로 옳은 것만을 보기에서 있는 대로 고른 것은?

보기
ㄱ. A, B, C 과정에서 물의 역학적 에너지가 감소한다.
ㄴ. D는 E와 F로 이동한다.
ㄷ. E는 지표의 변화를 일으킨다.

① ㄱ　　　② ㄷ　　　③ ㄱ, ㄴ
④ ㄴ, ㄷ　　　⑤ ㄱ, ㄴ, ㄷ

07 탄소의 순환에 대한 설명으로 옳지 <u>않은</u> 것은?

① 탄소는 지구시스템의 각 권역을 순환한다.
② 탄소의 분포량이 가장 많은 곳은 지권이다.
③ 화석 연료의 연소로 탄소는 지권에서 기권으로 이동한다.
④ 생물권에서 탄소는 주로 이산화 탄소, 메테인 등의 형태로 존재한다.
⑤ 수권의 탄산 이온은 석회암 또는 해양 생물의 골격을 만드는 데 주로 이용된다.

08 그림은 탄소의 순환을 나타낸 것이다.

이에 대한 설명으로 옳은 것은?

① B에 의해 지권의 탄소는 증가한다.
② E와 F에 의해 이동하는 탄소의 양은 같다.
③ 탄소가 생물권으로 유입되는 과정은 C뿐이다.
④ 탄소가 생물권에서 유출되는 과정은 D와 I 이외에도 존재한다.
⑤ 탄소가 기권으로 유입되는 과정은 모두 인간에 의해 일어난다.

C 지구시스템의 상호작용

09 지구시스템의 상호작용에 대한 설명으로 옳지 <u>않은</u> 것은?

① 지구시스템은 상호작용하여 균형을 유지한다.
② 지구시스템의 상호작용은 각 권역 사이에서만 일어난다.
③ 지구시스템의 구성 요소들은 끊임없이 서로 영향을 주고 받는다.
④ 지구시스템의 상호작용은 지구 생명체의 존속에 기여하고 있다.
⑤ 지구시스템의 한 권역에 변화가 생기면 다른 권역에도 영향을 준다.

10

그림은 지구시스템 구성 요소의 상호작용을 나타낸 것이다.

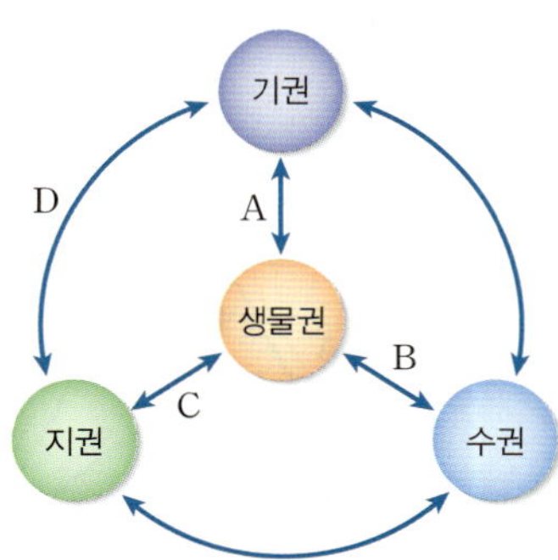

이에 대한 설명으로 옳은 것만을 보기에서 있는 대로 고른 것은?

보기

ㄱ. 식물이 광합성을 통해 이산화 탄소를 흡수하고 산소를 방출하는 현상은 A에 해당한다.
ㄴ. 화산 가스가 방출되는 과정은 D에 해당한다.
ㄷ. C에 해당하는 과정으로 화석 연료의 생성이 있다.

① ㄱ　　　　② ㄷ　　　　③ ㄱ, ㄴ
④ ㄴ, ㄷ　　　⑤ ㄱ, ㄴ, ㄷ

11

표는 나일강의 변화에 따른 계절별 고대 이집트인들의 생활 모습을 설명한 것이다.

계절	생활 모습
홍수의 계절	비가 많이 내려 나일강이 범람하여 강 주변의 넓은 지역에서 홍수가 발생하였다.
생장의 계절	범람했던 강물이 빠지면서 비옥해진 토지에 농부들이 씨를 뿌렸다.
수확의 계절	작물을 거두어들였다.

이에 대한 설명으로 옳은 것만을 보기에서 있는 대로 고른 것은?

보기

ㄱ. 홍수의 계절에 기권과 수권의 상호작용이 일어났다.
ㄴ. 생장의 계절에 수권과 지권의 상호작용이 일어났다.
ㄷ. 수확의 계절에 생물권과 생물권의 상호작용이 일어났다.

① ㄱ　　　　② ㄷ　　　　③ ㄱ, ㄴ
④ ㄴ, ㄷ　　　⑤ ㄱ, ㄴ, ㄷ

12

태양 에너지의 역할에 대해 아래 제시어를 모두 포함하여 서술하시오.

제시어

• 지구	• 이용	• 대기
• 물	• 순환	• 생명 활동

13

그림은 물의 순환 과정을 나타낸 것이다.

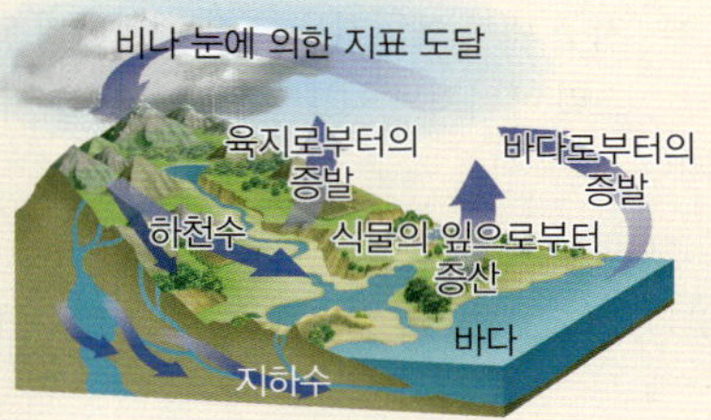

이 과정에서 일어나는 현상을 아래 제시어를 모두 포함하여 서술하시오.

제시어

• 구름	• 비	• 날씨의 변화
• 풍화	• 침식	• 지표

14

식물의 광합성 과정에서 일어나는 기권과 생물권 사이의 상호작용을 아래 제시어를 모두 포함하여 서술하시오.

제시어

• 식물	• 기권
• 이산화 탄소	• 산소
• 광합성	• 흡수
• 배출	• 포도당
• 영향	• 생물권

정답과 해설 37쪽

해설 영상

01 그림은 지구시스템의 에너지원을 나타낸 것이다.

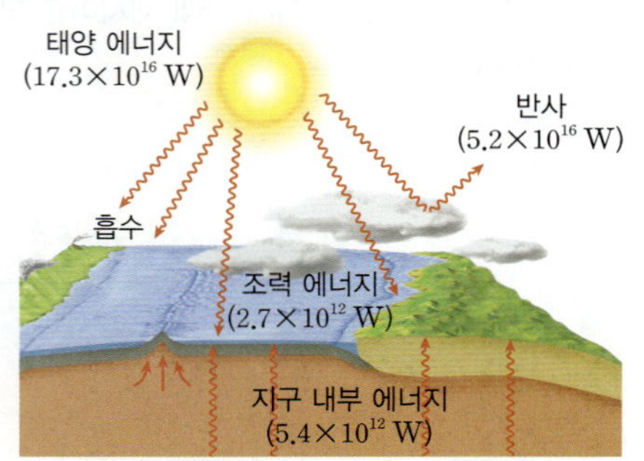

이에 대한 설명으로 옳은 것만을 보기에서 있는 대로 고른 것은?

보기
ㄱ. 지구는 입사되는 태양 에너지의 약 70 %를 흡수한다.
ㄴ. 지구 내부 에너지는 조력 에너지의 약 2배이다.
ㄷ. 조력 에너지는 지표 변화에 영향을 미치지 않는다.

① ㄱ ② ㄷ ③ ㄱ, ㄴ
④ ㄴ, ㄷ ⑤ ㄱ, ㄴ, ㄷ

02 그림은 지구시스템에서 일어나는 물의 순환을 나타낸 모식도이다.

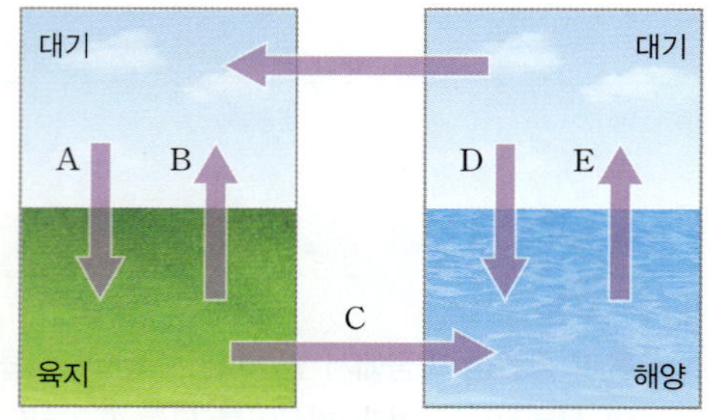

이에 대한 설명으로 옳은 것만을 보기에서 있는 대로 고른 것은?

보기
ㄱ. C 과정에서 지표의 변화가 일어난다.
ㄴ. A에 의해 이동하는 물의 양은 B에 의해 이동하는 물의 양과 같다.
ㄷ. D에 의해 이동하는 물의 양은 E에 의해 이동하는 물의 양보다 작다.

① ㄱ ② ㄴ ③ ㄱ, ㄷ
④ ㄴ, ㄷ ⑤ ㄱ, ㄴ, ㄷ

03 그림은 지구시스템의 탄소 순환을 나타낸 모식도이고, 표는 C와 D의 자연 현상을 나타낸 것이다. (가)~(라)는 각각 지권, 수권, 기권, 생물권 중 하나이고, A~D는 자연 현상이다.

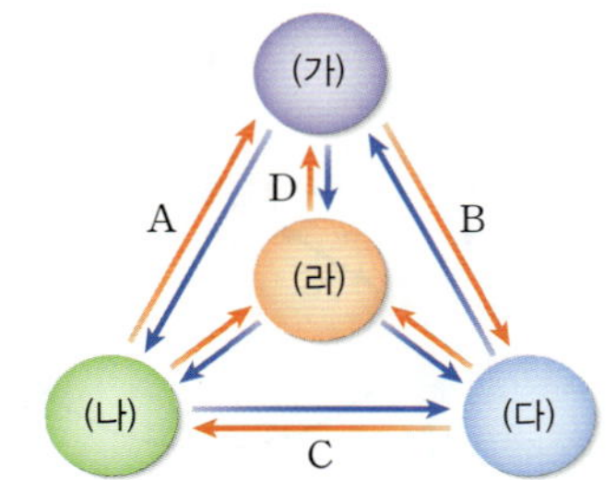

구분	자연 현상
C	탄산 이온의 섭취
D	해저 화산의 분출

이에 대한 설명으로 옳은 것만을 보기에서 있는 대로 고른 것은?

보기
ㄱ. (라)는 지권이다.
ㄴ. 대기 중의 이산화 탄소가 물에 녹아 들어가는 것은 A에 해당한다.
ㄷ. 화석 연료의 생성은 B에 해당한다.

① ㄱ ② ㄴ ③ ㄷ
④ ㄱ, ㄴ ⑤ ㄴ, ㄷ

04 표는 지구시스템의 상호작용을 나타낸 것이다. (가)~(라)는 각각 지권, 수권, 기권, 생물권 중 하나이고, A~D는 이들 사이의 상호작용이다.

구성 요소	(가)	(나)	(다)	(라)
(가)		A		
(나)			B	
(다)				C
(라)	D			

이에 대한 설명으로 옳은 것만을 보기에서 있는 대로 고른 것은?

보기
ㄱ. A가 해류의 발생, B가 호흡 작용이라면, (가)는 수권이다.
ㄴ. C가 화산 가스 방출, D가 지진 해일의 발생이라면, (나)는 생물권이다.
ㄷ. (가)가 기권, (나)가 수권, (다)가 지권이라면, 화석 연료 생성은 C에 해당한다.

① ㄱ ② ㄴ ③ ㄱ, ㄷ
④ ㄴ, ㄷ ⑤ ㄱ, ㄴ, ㄷ

지권의 변화

내 교과서와 비교

동아 102~107쪽
미래엔 112~118쪽
비상 102~107쪽
지학사 112~117쪽
천재 108~115쪽

❶ 변동대

지구 내부 에너지의 급격한 방출로 화산 활동이나 지진 등의 지각 변동이 자주 일어나는 지역이다. 지진이 자주 발생하는 지역을 지진대, 화산이 자주 발생하는 지역을 화산대라고 한다. 지진대와 화산대는 전 세계에 고르게 분포하지 않고, 특정한 지역에 띠 모양으로 분포한다.

❷ 판

지각과 맨틀의 최상부를 포함한 두께 약 100 km의 암석권을 판이라고 한다. 지각과 맨틀의 경계에서는 구성 물질이 달라지며, 판과 연약권의 경계에서는 물질의 유동성이 달라진다.

❸ 화강암과 현무암

화강암은 규산염 광물 중 석영, 장석과 같이 밀도가 작은 무색 광물의 함량이 높아 밀도가 작다. 현무암은 감람석, 휘석, 각섬석과 같이 밀도가 큰 유색 광물의 함량이 높아 밀도가 크다.

🅐 판 구조론과 판의 경계

1 판 구조론 지각과 맨틀의 윗부분은 구성 암석과 그 성질에 따라 암석권과 연약권으로 구분하고, 포함하는 지각의 종류에 따라 대륙판과 해양판으로 구분한다.

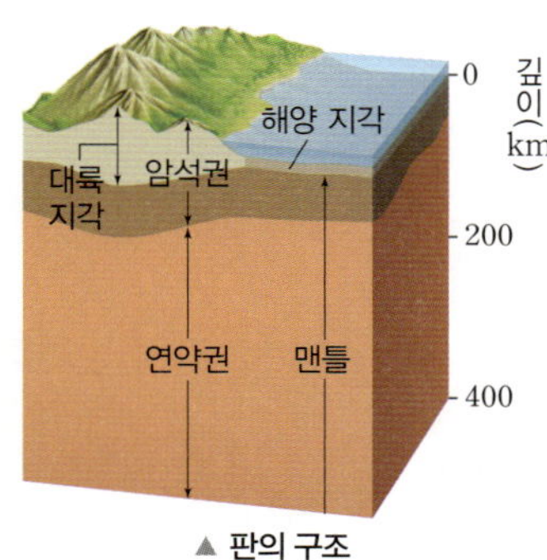

▲ 판의 구조

① **암석권**: 지각과 상부 맨틀의 일부를 포함한 두께 약 100 km 구간의 단단한 부분을 암석권이라고 한다. 암석권은 지구의 변동대❶를 따라 여러 개의 조각으로 구분되어 있는데, 이 조각을 판❷이라고 한다.

② **연약권**: 암석권 아래의 깊이 약 100~400 km 구간의 부분적으로 용융되어 있는 부분을 연약권이라고 한다. 연약권은 고체 상태이지만 유동성이 있다. 연약권에서는 맨틀 상부와 하부의 온도 차이로 인해 맨틀의 대류가 일어난다.

③ **대륙판**: 대륙판은 대륙 지각과 상부 맨틀의 일부로 구성되어 있어 두께가 두꺼우며, 화강암질❸ 암석으로 이루어져 있어 밀도가 작다.

④ **해양판**: 해양판은 해양 지각과 상부 맨틀의 일부로 구성되어 있어 두께가 얇으며, 현무암질❸ 암석으로 이루어져 있어 밀도가 크다.

⑤ **판 구조론**: 지권의 표면은 크고 작은 여러 개의 판으로 나누어져 있고, 각각의 판은 연약권에서의 맨틀 대류를 따라 천천히 이동하여 판의 경계에서 지진이나 화산 활동, 습곡 산맥 등과 같은 지각 변동이 일어난다는 이론이다.

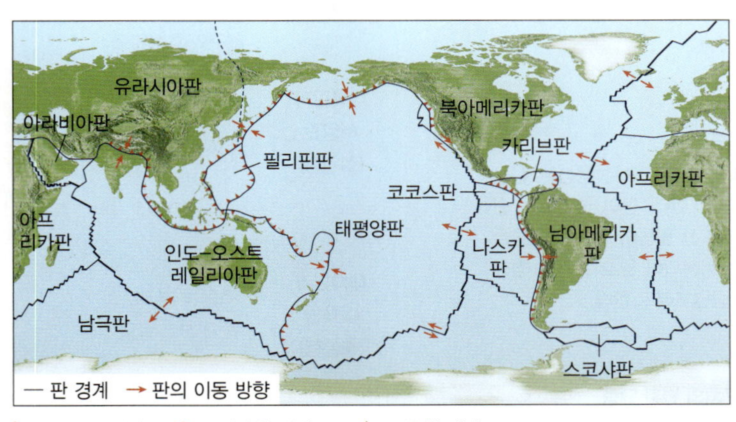

▲ 전 세계 판의 경계와 이동 방향

⑥ **맨틀 대류에 의한 판의 이동**: 맨틀 상부와 하부의 온도 차이에 의해 맨틀에서 대류가 일어나면 연약권 위에 있는 판은 대류 방향을 따라 이동한다. 맨틀 대류가 상승하는 곳에는 판이 양쪽으로 이동하므로 해령이 형성되고, 하강하는 곳에는 판이 충돌하므로 해구나 습곡 산맥이 형성된다.

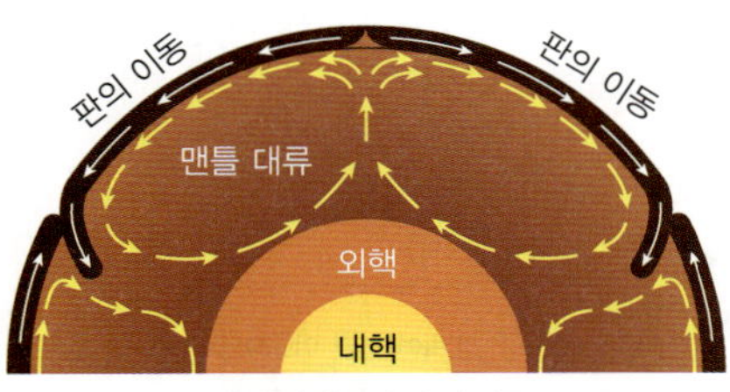

▲ 맨틀 대류와 판의 이동

2 판의 경계 판 이동의 원동력은 맨틀 대류이고, 각각의 판은 서로 다른 속도와 방향으로 이동한다. 판의 경계는 서로 인접해 있는 두 판의 상대적인 이동 방향에 따라 구분한다.

① 발산형 경계: 맨틀 대류가 상승하면서 서로 인접해 있는 두 판이 양쪽으로 갈라져 서로 멀어지는 경계이다. 발산형 경계에서는 판이 갈라지는 틈 사이로 새로운 판이 생성되면서 대륙이 갈라지거나 새로운 해양이 생성된다.

② 수렴형 경계: 맨틀 대류가 하강하면서 서로 인접해 있는 두 판이 가까워지는 경계이다. 수렴형 경계에서는 두 판이 충돌(충돌형 경계)하거나, 밀도가 큰 판이 밀도가 작은 판의 아래로 섭입하면서 판이 소멸(섭입형 경계)한다.

③ 보존형 경계: 인접해 있는 두 판이 서로 반대 방향으로 어긋나게 이동하는 경계이다. 보존형 경계에서는 판이 생성하거나 소멸하지 않는다.

3 판의 경계에서 나타나는 여러 가지 지형과 지각 변동

① 발산형 경계

유형	특징	지각 변동	예	모형
해양판과 해양판	해령❹ 발달	지진, 화산 활동	대서양 중앙 해령, 동태평양 해령, 인도양 해령	
대륙판과 대륙판	열곡대❺ 발달	지진, 화산 활동	동아프리카 열곡대	

② 수렴형 경계

유형	특징	지각 변동	예	모형
해양판과 해양판 (섭입형)	해양판의 섭입❻으로 해구와 호상열도❼ 발달	지진, 화산 활동	마리아나 해구	
대륙판과 해양판 (섭입형)	해구와 호상열도 발달	지진, 화산 활동	일본 해구, 인도네시아 화산섬	
	해구와 습곡 산맥 발달 심해저에서 움푹 들어간 좁고 깊은 골짜기	지진, 화산 활동	페루–칠레 해구, 안데스산맥	
대륙판과 대륙판 (충돌형)	충돌형 경계로 습곡 산맥 발달 지층이 양쪽에서 미는 힘을 받아 휘어지고, 위로 솟아올라 형성된 산맥	지진	히말라야산맥	

③ 보존형 경계

유형	특징	지각 변동	예	모형
대륙판과 해양판	변환 단층 발달	지진	산안드레아스 단층	
해양판과 해양판	변환 단층❽ 발달	지진	해령과 해령 사이의 변환 단층	

---

❹ 해령
바닷속에 있는 해저 산맥으로 맨틀 대류가 상승하는 곳을 따라서 분포한다. 해령에서는 해양판이 생성되어 양쪽으로 갈라져 이동하면서 해양저가 확장된다.

❺ 열곡과 열곡대
발산형 경계에 발달한 폭이 좁고 깊은 V자 모양의 골짜기를 열곡이라고 하고, 열곡이 길게 이어진 지형을 열곡대라고 한다.

❻ 섭입(攝 당기다, 入 들다)
지구의 표층을 이루는 판이 서로 충돌하여 한 판이 다른 판의 밑으로 들어가는 현상

❼ 호상열도
바다에서 화산 활동으로 생성된 섬을 화산섬이라고 한다. 판이 섭입되는 경계를 따라 화산 활동이 일어나면 섬들이 일렬로 형성되어 원호 모양을 형성하므로 호상열도라고 한다.

❽ 해령 근처의 변환 단층
바닷속에 있는 해령은 수많은 단층에 의해서 끊어져 있는데, 해령을 끊고 있는 단층 부분 중 단층을 경계로 두 판이 서로 반대 방향으로 이동하는 부분만 변환 단층에 해당한다.

보존형 경계에서는 마그마의 작용이 없기 때문에 화산 활동은 일어나지 않아.

1 지구 내부 에너지로 인한 지각 변동

① **지구 내부 에너지**: 지구가 생성될 당시에 축적된 에너지 또는 지구 내부 물질에 포함된 방사성 동위 원소들이 붕괴하면서 생성되는 에너지이다. 지진과 화산 활동은 지구 내부 에너지가 지표로 방출되면서 일어난다. 지구 내부 에너지는 지권에서 지진, 화산 활동, 맨틀 대류, 판의 이동 등의 지각 변동을 일으켜 지구시스템의 각 권역에 영향을 준다.

② **지진**: 지층이 오랫동안 힘을 받으면 변형이 일어나며 에너지가 축적되는데, 어느 한계에 도달하면 지층이 끊어지고 단층[9]이 형성되면서 축적된 에너지가 지진파로 방출된다. 이 에너지가 진동으로 퍼져 나가면서 땅이 흔들리는 현상을 지진이라고 한다. 판의 이동과 섭입, 마그마의 이동 및 화산 폭발, 지하동굴의 붕괴 등으로 지진이 발생할 수 있다.

③ **화산 활동**: 지구 내부의 열 또는 압력의 변화로 지구 내부의 온도가 암석의 녹는점보다 높아지면, 암석은 부분적으로 용융되어 마그마를 형성한다. 지하의 마그마가 지각의 약한 부분을 뚫고 지표로 이동하거나 분출되는 현상을 화산 활동이라 한다. 화산 활동이 일어나면 화산 가스, 화산 쇄설물[10], 용암 등이 방출된다.

    └ 대부분이 수증기이며, 이산화 탄소, 이산화 황 등이 포함
    └ 마그마에서 화산 가스가 빠져나가고 남은 고온의 액체 물질

2 지진과 화산 활동의 피해

① **지진으로 인한 피해**: 지진으로 인하여 산사태가 발생하고, 지표면이 갈라져서 도로와 건물이 붕괴한다. 가스 누출이나 전기 누전으로 화재가 발생할 수 있으며, 해저에서 지진이 발생하면 지진 해일[11]이 발생하기도 한다.

② **화산 활동으로 인한 피해**: 기권으로 방출된 화산 가스는 산성비를 내려 생명체에 피해를 주며 토양을 산성화시킨다. 염소나 이산화 황 등의 유독 가스는 생명체에 피해를 준다. 화산 쇄설물은 햇빛을 차단하거나 항공기의 운항에 지장을 주기도 한다. 용암은 흘러내리면서 주변 지형을 변화시키고 산불을 발생시키며, 농경지나 마을을 뒤덮어서 인명과 재산 피해를 발생시킨다.

▲ 지진에 의해 무너진 건물(튀르키예, 2023)

▲ 지진 해일에 의한 침수(일본, 2011)

▲ 화산재로 덮인 밭(인도네시아, 2016)

▲ 용암으로 인한 도로 파괴(하와이, 2018)

---

❾ 단층

암석으로 이루어진 지층이 오랫동안 힘을 받으면 변형되다가 어느 순간에 지층이 끊어지면서 진동이 발생한다. 이렇게 지층이 끊어지는 현상을 단층이라고 하며, 단층이 생길 때 지진이 발생한다.

❿ 화산 쇄설물

화산 활동으로 분출되는 고체 물질로, 입자의 크기에 따라 화산진, 화산재, 화산력, 화산암괴 등으로 구분한다. 화산재나 화산진은 작고 가벼워 대기 중에 오래 머물러 햇빛을 차단하고 정밀 기계에 고장을 일으킨다.

⓫ 지진 해일

해저 지진에 의해 발생한 해파로, 파장은 수백 km, 주기는 수십 분 정도이다. 지진 해일은 해안에 접근함에 따라 속도가 느려지며, 파고는 높아진다.

화산 분출이 지구시스템에 미치는 영향 알아보기

다음은 통가 화산 분출이 지구시스템에 미치는 영향을 나타낸 자료이다.

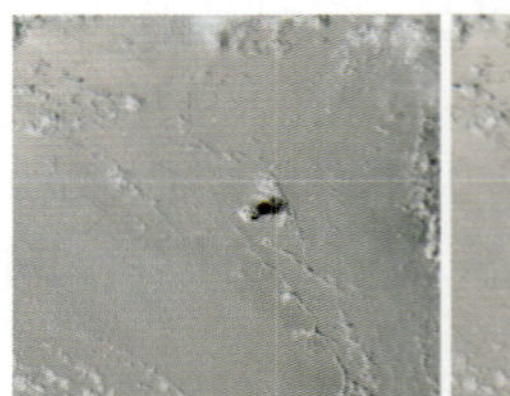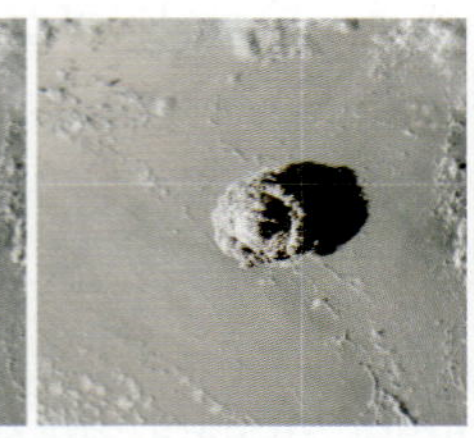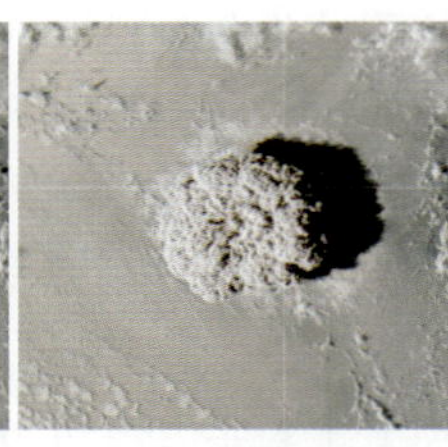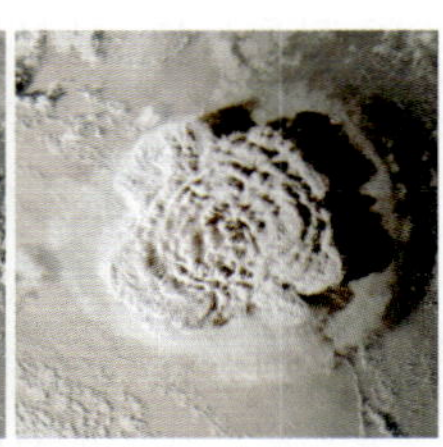

▲ 국제우주정거장(ISS)과 인공위성에서 촬영한 통가 화산 분출

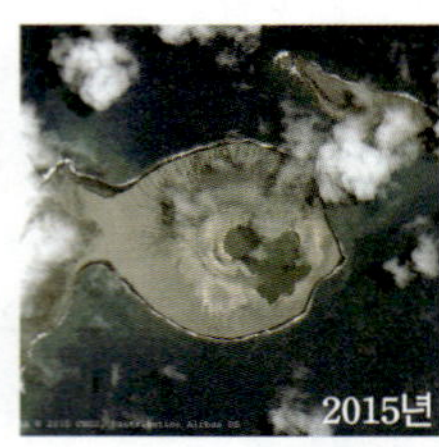

▲ 화산 분출로 인한 지형의 변화

○ 결과 및 해석

❶ 통가 화산 분출[12]이 지구시스템의 각 권역에 미친 영향과 화산 분출로 발생한 환경적, 사회 · 경제적 피해 내용을 조사해 보자.

통가 화산 분출은 지권, 수권, 기권, 외권, 생물권에 영향을 미쳤다. 분출 전 하나의 섬이 두 개의 섬으로 분리가 되어 지권의 변화가 생겼으며, 화산 분출로 생긴 충격파가 수권인 바다의 표면에 영향을 주어 지진 해일을 일으켰다. 기권으로 분출된 화산재와 수증기는 일시적으로 지구의 평균 기온에 영향을 줄 수 있으며, 외권과 관련해서는 화산 분출로 방출된 수증기가 남극 오존층 구멍을 크게 하여 외권에서 유입되는 자외선의 양을 늘렸고, 전리권에서도 허리케인을 능가하는 초강력 바람이 몰아치고 이상 전류가 흘렀다. 통가 전체가 화산재와 분출물로 덮여 공항의 활주로, 건물, 농작물 등에 큰 피해를 입었으며, 통가 인구의 80 % 이상이 영향을 받았다. 화산 폭발로 해저 케이블이 손상되어 인터넷을 사용할 수 없었다. 대기 중에 방출된 이산화 황과 산화 질소는 물과 결합하여 산성비로 내려, 지역 주민들뿐만 아니라 농작물 재배에도 악영향을 미칠 수 있다.

❷ 지구와 생명 시스템 측면에서 화산 분출로 인한 피해를 줄이기 위한 대책을 토의해 보자.

화산 분출의 위험을 완전히 없앨 수는 없지만, 피해를 줄이기 위한 대책을 마련할 필요가 있다. 화산 활동에 대한 데이터와 정보를 수집하고, 화산 분출의 징후를 조기에 감지할 필요가 있다. 화산 분출 예보 시스템이 마련된다면 지역 사회에 충분한 대피 시간을 제공할 수 있다. 화산 위험 지역 내의 주민들을 위한 대피소를 마련하고 평소에 안전하게 대피할 수 있는 교육도 필요하다. 특히 다리, 도로, 통신 시설 등 중요 인프라에 대한 보호 조치를 강화한다면 피해를 줄일 수 있을 것이다.

3 지진과 화산의 이용

① 지진의 이용: 지진이 일어날 때 발생하는 지진파를 분석하면 지구 내부 구조와 물질에 대한 정보를 얻을 수 있다. 지진파를 이용하여 유용한 지하자원이 매장된 지역을 찾을 수도 있다.

② 화산의 이용: 화산 활동으로 만들어진 지형과 온천은 관광 자원으로 이용된다. 화산 주변의 지열은 온수 공급이나 난방, 발전 등에 활용된다. 화산 활동으로 인해 식물이 자라는 데 필요한 광물질이 포함된 비옥한 토양이 만들어지며, 유용한 광물을 공급하여 다양한 지하자원을 제공한다.

▲ 관광 자원으로 이용

▲ 지열 발전

---

⑫ 통가 화산 분출

원래 두 개의 작은 섬으로 이루어져 있던 섬이 2015년의 화산 분출로 하나로 합쳐졌다. 이후 2022년의 폭발(20.5°S, 175.4°W)로 섬의 대부분이 사라졌다. 2022년의 폭발은 매우 거대하여 폭발로 인한 충격파는 전 세계를 3회 일주하였고, 화산재는 약 55 km 상공까지 상승하였으며, 지진 해일이 발생하였다.

개념 확인하기

1 다음은 판 구조론에 대한 설명이다. ( ) 안에 알맞은 말이나 숫자를 쓰시오.

(1) 지권의 표면은 크고 작은 여러 개의 ( ) (으)로 나누어져 있다.

(2) 판은 ( )을/를 따라 이동하며 판의 경계에서 여러 가지 지각 변동을 일으킨다.

(3) 암석권은 지각과 상부 맨틀의 일부를 포함한 두께 약 ( ) km 구간의 단단한 부분이다.

2 그림은 판의 구조를 나타낸 것이다.

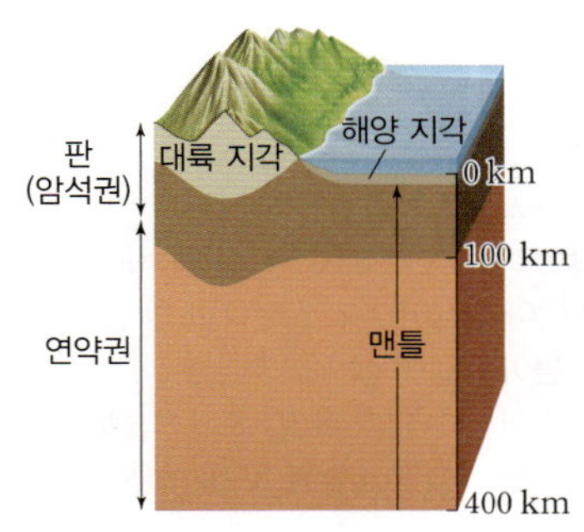

이에 대한 설명으로 옳은 것은 ○, 옳지 <u>않은</u> 것은 ×로 표시하시오.

(1) 판은 지각으로만 이루어져 있다. ( )

(2) 대륙판은 해양판보다 두껍다. ( )

(3) 판의 두께는 약 100 km이다. ( )

(4) 연약권은 판에 포함되지 않는다. ( )

3 다음 ( ) 안에 알맞은 말을 쓰시오.

> 발산형 경계에서는 판이 갈라지는 틈 사이로 새로운 판이 생성되면서 대륙이 갈라지거나 새로운 해양이 생성된다. 해양에서는 해령이 발달하고, 대륙에서는 ( )이/가 발달한다.

4 그림 A∼C는 판의 경계를 나타낸 것이다.

( ) 안에 알맞은 기호를 쓰시오.

(1) 판의 소멸이 일어나는 판의 경계는 ( )이다.

(2) 호상열도가 발달하는 판의 경계는 ( )이다.

(3) 화산 활동이 활발한 판의 경계는 ( )이다.

(4) 지진 활동이 활발한 판의 경계는 ( )이다.

5 지진과 화산에 대한 설명으로 옳은 것은 ○, 옳지 <u>않은</u> 것은 ×로 표시하시오.

(1) 지진과 화산 활동을 일으키는 에너지원은 지구 내부 에너지이다. ( )

(2) 지진으로 화재가 발생할 수 있다. ( )

(3) 지진은 항상 화산 활동을 동반한다. ( )

(4) 화산 활동으로 인해 비옥한 토양이 만들어진다. ( )

탐구 확인

6 화산 활동이 지구시스템에 미치는 영향에 대한 설명으로 옳은 것은 ○, 옳지 <u>않은</u> 것은 ×로 표시하시오.

(1) 해저에서 일어난 화산 분출로 생긴 충격파는 바다의 표면에 영향을 주어 지진 해일을 일으킨다. ( )

(2) 기권으로 분출된 화산 가스는 산성비를 내리게 하여 토양을 산성화시킨다. ( )

(3) 화산 가스는 사람에게 직접적인 피해를 주지 않는다. ( )

(4) 화산 활동으로 만들어진 지형과 온천은 관광 자원으로 이용된다. ( )

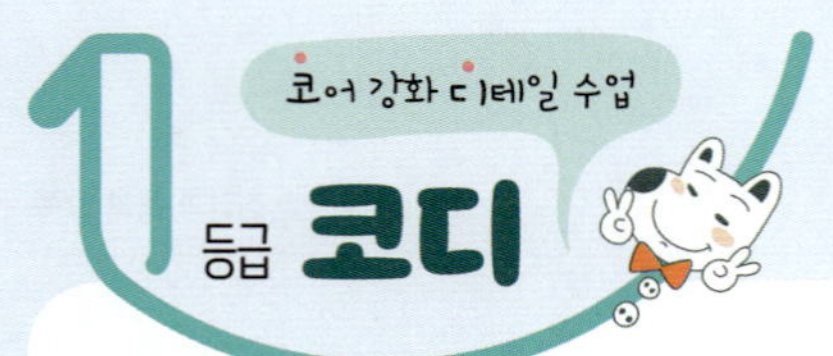

화산의 종류

정답과 해설 38쪽

화산의 종류에 따라 화산 활동의 유형과 화산으로 인한 피해가 어떻게 달라지는지 알아봅시다.

강의 영상

디테일 Point

◉ 순상 화산: 현무암질 용암 분출

• 화산의 형태

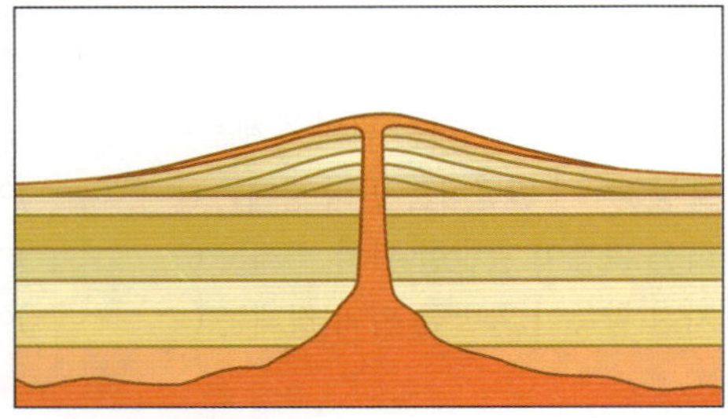

• 화산 활동의 특징
조용히 분출하고 경사가 완만한 방패 모양의 순상 화산이나 용암 대지를 만든다.

❶ 현무암질 마그마는 SiO_2 함량이 적고 온도가 높아 점성이 낮고 화산 가스의 양이 적다.
 ➡ 유동성이 커서 용암이 잘 흐른다.
 ➡ 화산 가스의 양이 적어 조용히 분출한다.
 ➡ 화산 쇄설물의 양이 많지 않아 화산 쇄설물로 인한 피해가 적다.
 ➡ 용암으로 인한 피해가 크다.
❷ 예: 하와이 화산(미국), 한라산(대한민국)

디테일 Up 순상 화산: 완만한 경사면을 가진 밑바닥의 면적이 넓은 화산이다. 점성이 낮은 현무암질 용암의 분출에 의해서 형성된다.

◉ 성층 화산: 안산암질 용암 분출

• 화산의 형태

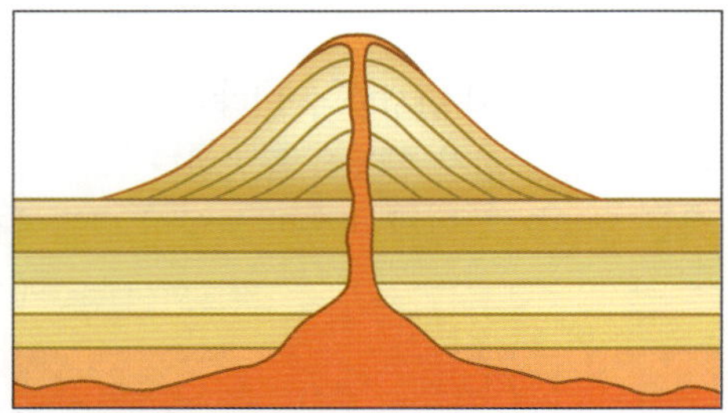

• 화산 활동의 특징
폭발적으로 격렬하게 분출하여 경사가 급한 사면을 갖는 화산을 만든다.

❶ 안산암질 마그마는 현무암질 마그마에 비해 SiO_2 함량이 많고 온도가 낮아 점성이 높고 화산 가스의 양이 많다.
 ➡ 점성이 높아 용암이 잘 흐르지 않는다.
 ➡ 화산 가스의 양이 많아 폭발적으로 격렬하게 분출한다.
 ➡ 다량의 화산 쇄설물이 분출되므로 화산 쇄설물로 인한 피해가 크다.
 ➡ 용암으로 인한 피해는 적다.
❷ 예: 피나투보 화산(필리핀), 세인트헬렌스 화산(미국)

디테일 Up 성층 화산: 원뿔 모양의 화산이다. 안산암질 마그마가 분출하는 지역에서 반복적으로 분출된 화산 쇄설물과 용암이 겹겹이 쌓여 만들어진다.

디테일 예제

오른쪽 그림의 화산 모양을 보고, 하와이 화산과 세인트헬렌스 화산이 분출하였을 때 두 화산의 피해 양상은 어떻게 달랐는지 서술하시오.

____

____

____

▲ 하와이 화산

▲ 세인트헬렌스 화산

화산대와 마그마 생성 장소

정답과 해설 38쪽

마그마 생성 장소는 지구과학에 나오는 내용이지만 통합과학에서
배운 내용만으로도 심화 내용으로 시험 문제에 출제될 수 있습니다.

강의 영상

화산대	통합과학 ➕ 지구과학	마그마 생성 장소

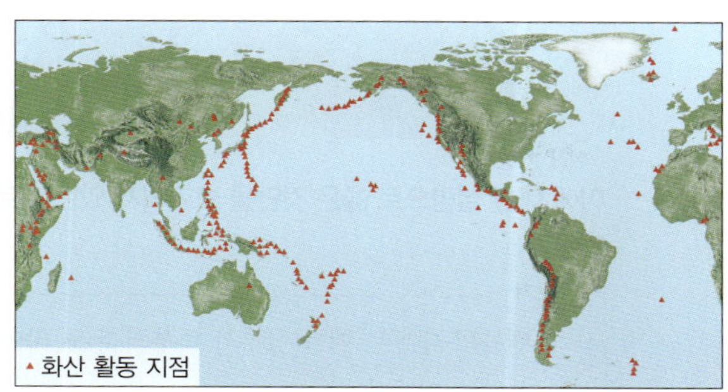

개념 화산 활동은 지구상의 특정 지역에서 일어난다. 화산
활동이 자주 일어나는 지역을 화산대라고 한다. 화산
대는 판의 경계와 거의 일치한다.

적용 화산대는 지진대 및 판의 경계와 거의 일치한다.

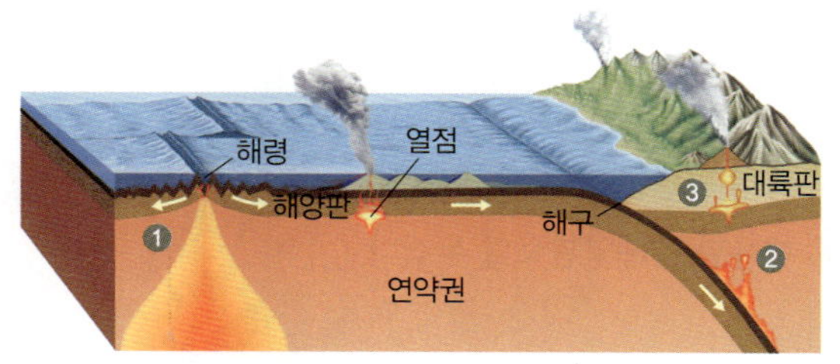

개념 ①에서는 현무암질 마그마가 생성된다. ②에서는 현
무암질 마그마가 생성되어 위로 상승하여 ③에서 안
산암질 마그마가 생성된다.

적용 ①의 해령에서는 현무암질 용암이 분출하고, ③의 섭
입대에서는 안산암질 용암에 의한 화산 활동이 일어
난다.

디테일 Point

● **판의 경계에 따라 생성되는 마그마의 특징**

❶ 해령이나 열곡대와 같이 발산형 경계의 지하에서는 현무암질 마그마가 생성되므로 아이슬란드와 같이 발산형 경계가 위치한 곳에서
는 현무암질 용암에 의한 화산 활동이 자주 일어난다.

❷ 섭입형 경계가 발달하는 태평양의 가장자리에서는 안산암질 마그마에 의한 화산 활동이 활발하므로 폭발적으로 분출하는 격렬한 화
산 활동이 자주 일어나며, 이들 지역에서는 다량의 화산 쇄설물이 분출하는 화산 활동으로 인해 화산 쇄설물에 의한 피해가 크다.

디테일 예제

1 그림은 전 세계 판의 경계를 나타낸 것이다.

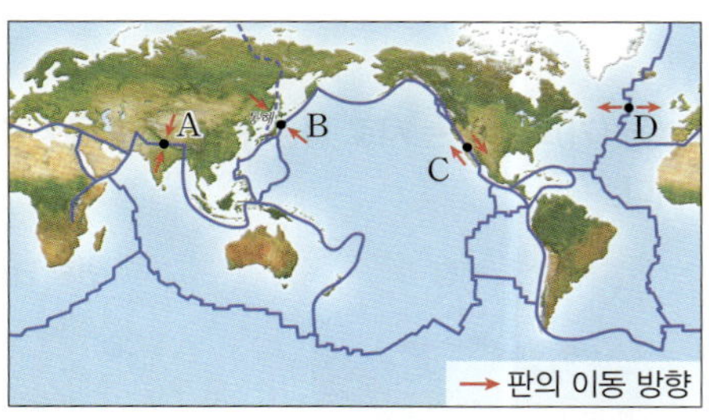

이에 대한 설명으로 옳은 것은 ○, 옳지 <u>않은</u> 것은 ×로 표시하
시오.

(1) A와 C에서는 화산 활동이 활발하다. ( )

(2) B와 D에서는 지진과 화산 활동이 활발하다. ( )

(3) B와 D는 판의 경계 유형이 같다. ( )

(4) 지진대는 대부분 판의 경계를 따라 분포한다. ( )

(5) 화산대는 대부분 판의 경계를 따라 분포한다. ( )

(6) 지진대, 화산대, 판의 경계는 거의 일치한다. ( )

2 그림은 마그마의 생성 장소를 나타낸 것이다.

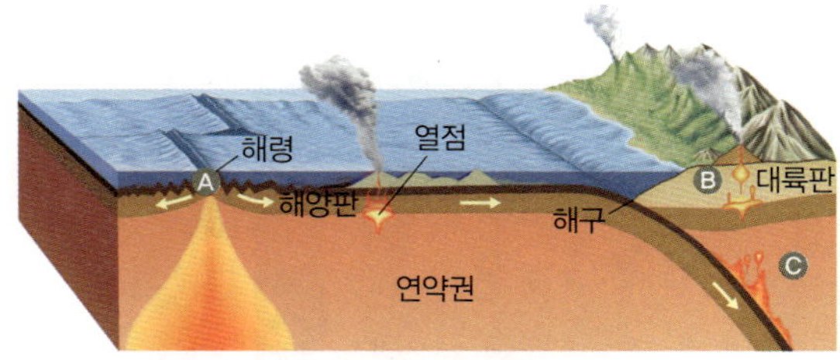

이에 대한 설명으로 옳은 것은 ○, 옳지 <u>않은</u> 것은 ×로 표시하
시오.

(1) A에서는 현무암질 마그마가 생성된다. ( )

(2) A에서는 안산암질 용암이 분출한다. ( )

(3) B에서는 안산암질 용암이 분출한다. ( )

(4) C에서는 안산암질 마그마가 생성된다. ( )

(5) A에서 일어나는 화산 활동은 대부분 조용하다. ( )

(6) B에서 일어나는 화산 활동은 대부분 격렬하다. ( )

적용하기

01 판 구조론에 대한 설명으로 옳지 <u>않은</u> 것은?

① 지구의 표면은 여러 조각의 판으로 나누어져 있다.
② 판은 성질에 따라 암석권과 연약권으로 구분한다.
③ 각각의 판들은 서로 다른 방향으로 이동하고 있다.
④ 판의 이동에 의해 지각 변동이 일어난다.
⑤ 대륙판은 해양판보다 두껍다.

02 그림은 판의 구조를 나타낸 것이다.

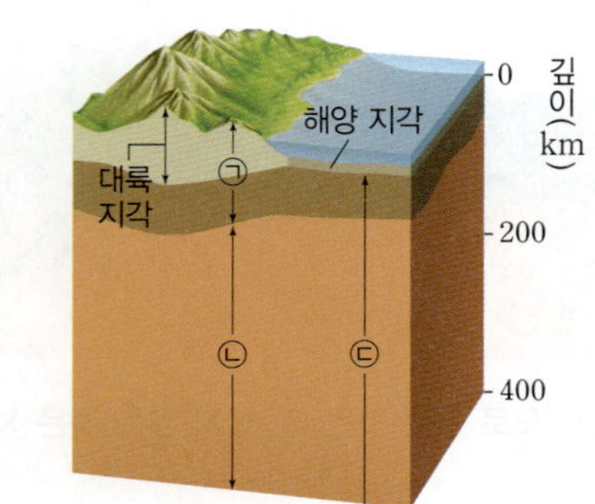

이에 대한 설명으로 옳지 <u>않은</u> 것은?

① ㉠의 두께는 약 100 km이다.
② ㉡은 액체 상태로 존재한다.
③ ㉠은 ㉡보다 단단하다.
④ ㉢은 지각보다 밀도가 크다.
⑤ ㉠은 ㉡보다 밀도가 작다.

03 그림은 맨틀 대류에 의한 판의 이동을 나타낸 것이다.

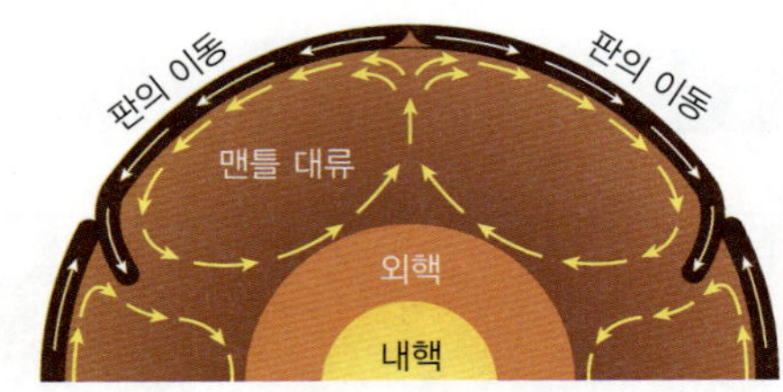

이에 대한 설명으로 옳은 것만을 보기에서 있는 대로 고른 것은?

> **보기**
>
> ㄱ. 맨틀의 대류는 맨틀 상부와 하부의 온도 차이 때문에 일어난다.
> ㄴ. 맨틀 대류가 상승하는 곳에서는 판이 양쪽으로 이동한다.
> ㄷ. 맨틀 대류가 하강하는 곳에서는 해령이 생성된다.

① ㄱ   ② ㄷ   ③ ㄱ, ㄴ
④ ㄱ, ㄷ   ⑤ ㄱ, ㄴ, ㄷ

04 그림 (가)와 (나)는 서로 다른 판의 경계 유형을 나타낸 것이다.

이에 대한 설명으로 옳지 <u>않은</u> 것은?

① (가)는 발산형 경계이다.
② (나)는 보존형 경계이다.
③ (가)에서는 판이 생성된다.
④ (나)에서는 지진이 활발하지 않다.
⑤ 화산 활동은 (가)가 (나)보다 활발하다.

중요

05 그림 (가)와 (나)는 판의 충돌형 경계와 섭입형 경계를 순서 없이 나타낸 것이다.

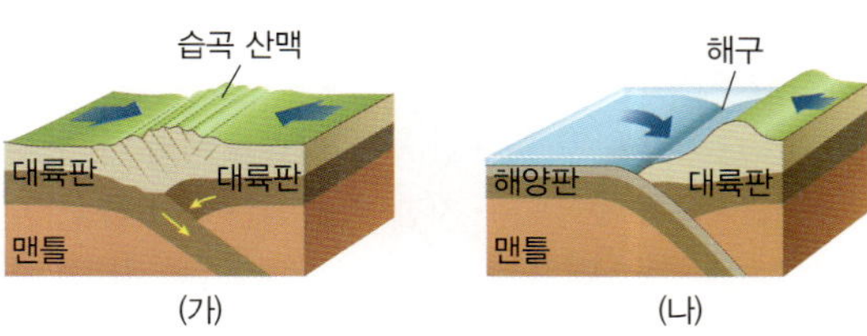

이에 대한 설명으로 옳은 것만을 보기에서 있는 대로 고른 것은?

보기
ㄱ. (가)는 충돌형 경계이다.
ㄴ. (나)에서는 판이 소멸된다.
ㄷ. 맨틀 대류의 하강부는 (나)의 아래쪽에만 존재한다.

① ㄱ　　　　② ㄷ　　　　③ ㄱ, ㄴ
④ ㄱ, ㄷ　　　⑤ ㄱ, ㄴ, ㄷ

06 그림은 산안드레아스 단층의 모습을 나타낸 것이다.

이에 대한 설명으로 옳은 것만을 보기에서 있는 대로 고른 것은?

보기
ㄱ. 단층을 경계로 양쪽의 지각이 어긋나 있다.
ㄴ. 단층 부근에서 화산 활동이 자주 일어난다.
ㄷ. 단층의 양쪽 지각 모두 하나의 판에 속한다.

① ㄱ　　　　② ㄷ　　　　③ ㄱ, ㄴ
④ ㄱ, ㄷ　　　⑤ ㄱ, ㄴ, ㄷ

07 그림은 아이슬란드 열곡대의 모습을 나타낸 것이다.

이에 대한 설명으로 옳은 것만을 보기에서 있는 대로 고른 것은?

보기
ㄱ. 골짜기의 폭은 점점 좁아지는 중이다.
ㄴ. 골짜기 양쪽의 암석은 서로 다른 판에 속한다.
ㄷ. 이 지역의 지하에는 맨틀 대류의 상승부가 위치한다.

① ㄱ　　　　② ㄷ　　　　③ ㄱ, ㄴ
④ ㄴ, ㄷ　　　⑤ ㄱ, ㄴ, ㄷ

β　지권의 변화가 지구시스템에 미치는 영향

08 지진과 화산 활동에 대한 설명으로 옳지 <u>않은</u> 것은?

① 단층은 지진 발생 후 지진파가 전파되는 과정에서 생성된다.
② 지하에 있던 마그마가 지각의 약한 부분을 뚫고 분출하여 화산 활동이 일어난다.
③ 화산 활동을 일으키는 마그마는 암석이 부분 용융되어 만들어진다.
④ 지층이 오랫동안 힘을 받아 변형이 일어나면서 축적된 에너지가 방출되어 지진이 일어난다.
⑤ 지진과 화산 활동은 지구 내부 에너지가 방출되면서 일어나는 현상이다.

09 그림 (가)와 (나)는 지진과 화산 활동의 영향을 순서 없이 나타낸 것이다.

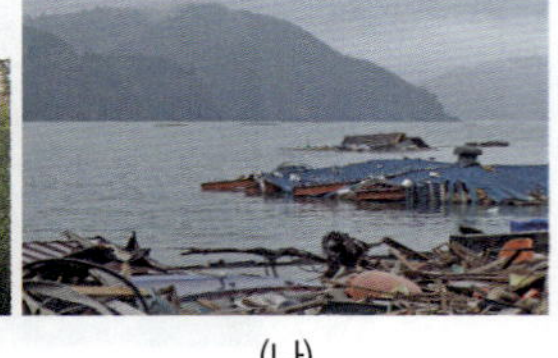

(가)   (나)

이에 대한 설명으로 옳은 것만을 보기에서 있는 대로 고른 것은?

보기
ㄱ. (가)는 주변 지형을 변화시킨다.
ㄴ. (나)는 지권의 변화가 수권에 영향을 준 예이다.
ㄷ. (가)와 (나)는 모두 지구 내부 에너지가 방출되면서 발생한 것이다.

① ㄱ   ② ㄷ   ③ ㄱ, ㄴ
④ ㄴ, ㄷ   ⑤ ㄱ, ㄴ, ㄷ

10 지권의 변화가 지구시스템에 미치는 영향과 피해 대책에 대한 설명으로 옳지 <u>않은</u> 것은?

① 화산 가스는 산성비를 내리게 한다.
② 화산 활동이 활발한 지역은 지진이 거의 발생하지 않는다.
③ 화산 분출물에 포함된 성분은 비옥한 토양을 만들 수 있다.
④ 건물에 내진 설계를 적용하여 지진 피해를 줄일 수 있다.
⑤ 인공위성으로 지형의 변화를 관측하여 화산 활동의 피해를 줄일 수 있다.

11 판 구조론을 아래 제시어를 모두 포함하여 서술하시오.

제시어
• 지각 변동   • 판   • 여러 개
• 운동   • 지진   • 화산 활동

12 그림은 판의 수렴형 경계의 두 가지 유형을 나타낸 것이다.

(가)와 (나)에서 형성되는 지형을 아래 제시어를 모두 포함하여 서술하시오.

제시어
• 해구   • 대륙판   • 습곡 산맥
• 밀도   • 섭입   • 소멸

13 지진으로 인해 발생하는 피해와 지진을 이용하는 방법을 아래 제시어를 모두 포함하여 서술하시오.

제시어
• 산사태   • 도로
• 건물   • 가스 누출
• 전기 누전   • 화재
• 지진   • 지진파
• 지구 내부 구조   • 지구 내부 물질

정답과 해설 39쪽

해설 영상

01 그림은 전 세계의 판 경계와 판의 이동 방향을 나타낸 것이다.

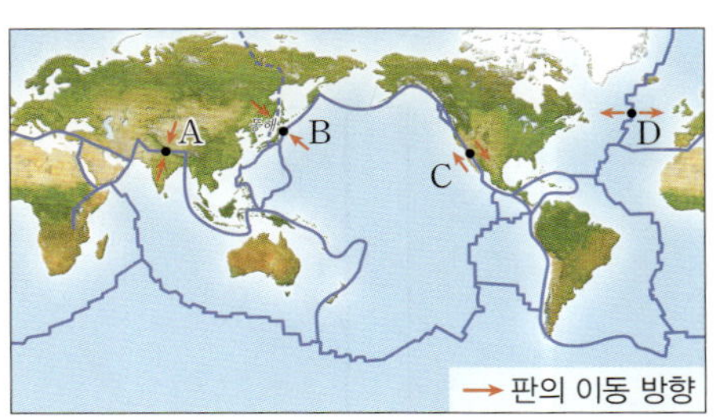

A~D 지역에 대한 설명으로 옳은 것만을 보기에서 있는 대로 고른 것은?

보기
ㄱ. A 지역에서는 지진과 화산 활동이 활발하다.
ㄴ. C 지역에서는 판과 판의 충돌이 일어난다.
ㄷ. 암석의 나이는 B 지역이 D 지역보다 많다.

① ㄱ　　② ㄷ　　③ ㄱ, ㄴ
④ ㄴ, ㄷ　　⑤ ㄱ, ㄴ, ㄷ

02 그림은 서로 다른 판의 경계 유형 A, B, C를 나타낸 것이다.

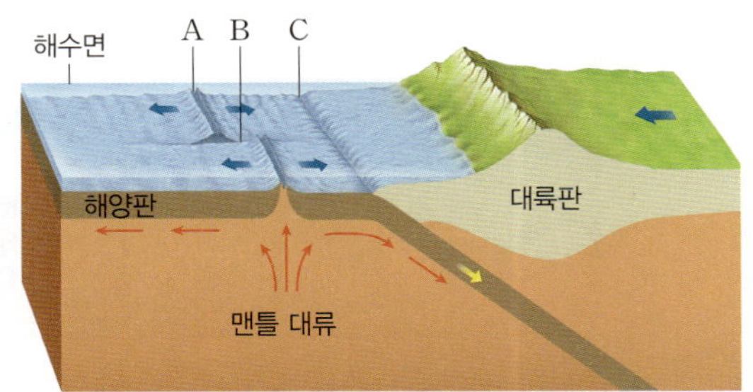

A, B, C에 대한 설명으로 옳은 것만을 보기에서 있는 대로 고른 것은?

보기
ㄱ. 화산 활동은 A가 C보다 활발하다.
ㄴ. B의 아래에는 맨틀 대류의 상승부가 있다.
ㄷ. 이웃한 두 판의 밀도 차이는 C에서 가장 크다.

① ㄱ　　② ㄴ　　③ ㄱ, ㄷ
④ ㄴ, ㄷ　　⑤ ㄱ, ㄴ, ㄷ

03 그림 (가)와 (나)는 지진으로 인한 피해를 나타낸 것이다.

(가) 건물 붕괴　　(나) 지진 해일로 인한 침수

이에 대한 설명으로 옳은 것만을 보기에서 있는 대로 고른 것은?

보기
ㄱ. (가)는 (나)보다 예측이 어렵다.
ㄴ. (가)와 (나)에서 모두 화재가 발생할 수 있다.
ㄷ. (가)와 (나)는 모두 대규모의 인명과 재산 피해를 유발한다.

① ㄱ　　② ㄴ　　③ ㄱ, ㄷ
④ ㄴ, ㄷ　　⑤ ㄱ, ㄴ, ㄷ

04 그림 (가)와 (나)는 서로 다른 화산 활동의 피해 모습을 나타낸 것이다.

(가)　　(나)

이에 대한 설명으로 옳은 것만을 보기에서 있는 대로 고른 것은?

보기
ㄱ. 화산 쇄설물에 의한 피해는 (가)가 (나)보다 크다.
ㄴ. (가)와 같은 화산은 폭발적으로 분출하였다.
ㄷ. (나)와 같은 화산은 관광 자원으로 이용할 수 있다.

① ㄱ　　② ㄷ　　③ ㄱ, ㄷ
④ ㄴ, ㄷ　　⑤ ㄱ, ㄴ, ㄷ

실력 확인하기

09 지구시스템의 구성 요소

01 태양계와 지구시스템에 대한 설명으로 옳은 것만을 보기에서 있는 대로 고른 것은?

보기
ㄱ. 태양계는 지구시스템의 구성 요소이다.
ㄴ. 태양계의 구성 천체들은 모두 태양을 중심으로 공전한다.
ㄷ. 지구는 태양계에서 유일하게 생명체가 존재하는 행성이다.

① ㄱ   ② ㄷ   ③ ㄱ, ㄴ
④ ㄴ, ㄷ   ⑤ ㄱ, ㄴ, ㄷ

02 지구시스템의 구성 요소에 대한 설명으로 옳은 것만을 보기에서 있는 대로 고른 것은?

보기
ㄱ. 지권은 모두 지각으로 이루어져 있다.
ㄴ. 수권은 지권과 기권 사이에 분포한다.
ㄷ. 기권은 지구를 둘러싼 대기가 분포하는 영역이다.

① ㄱ   ② ㄷ   ③ ㄱ, ㄴ
④ ㄴ, ㄷ   ⑤ ㄱ, ㄴ, ㄷ

03 그림은 지권의 성층 구조를 나타낸 것이다.

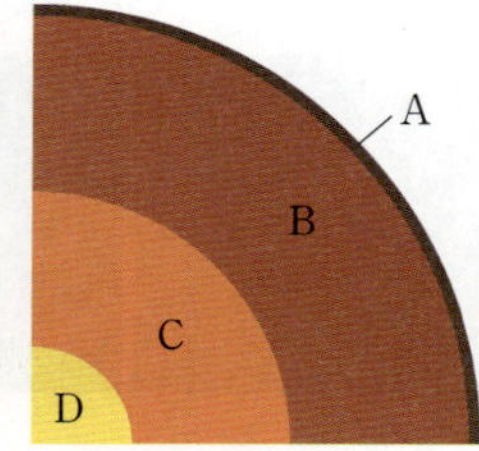

이에 대한 설명으로 옳은 것만을 보기에서 있는 대로 고른 것은?

보기
ㄱ. A의 두께는 모두 일정하다.
ㄴ. B는 지구 전체 부피의 약 50 %를 차지한다.
ㄷ. C는 액체, D는 고체 상태이다.

① ㄱ   ② ㄷ   ③ ㄱ, ㄴ
④ ㄴ, ㄷ   ⑤ ㄱ, ㄴ, ㄷ

04 그림은 고위도, 중위도, 저위도에서 측정한 깊이에 따른 해수의 온도 분포를 A, B, C로 순서 없이 나타낸 것이다.

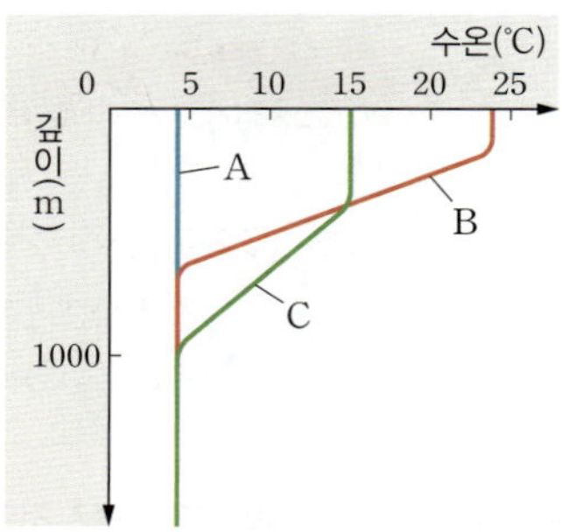

이에 대한 설명으로 옳은 것만을 보기에서 있는 대로 고른 것은?

보기
ㄱ. A에서는 수온 약층이 나타나지 않는다.
ㄴ. 해수의 연직 혼합은 B가 C보다 활발하다.
ㄷ. B는 C보다 고위도이다.

① ㄱ   ② ㄴ   ③ ㄱ, ㄷ
④ ㄴ, ㄷ   ⑤ ㄱ, ㄴ, ㄷ

05 그림은 지구시스템의 구성 요소를 나타낸 것이다. A~D는 각각 지권, 수권, 기권, 외권 중 하나이다.

이에 대한 설명으로 옳은 것만을 보기에서 있는 대로 고른 것은?

보기
ㄱ. 생물권은 A와 B 영역에만 분포한다.
ㄴ. 지구시스템의 권역을 이루는 물질의 평균 밀도는 A>B>C>D이다.
ㄷ. D의 지구 자기장은 지상의 생명체를 보호한다.

① ㄱ   ② ㄷ   ③ ㄱ, ㄴ
④ ㄴ, ㄷ   ⑤ ㄱ, ㄴ, ㄷ

10 지구시스템의 상호작용

06 그림은 탄소의 순환 과정 중 일부를 나타낸 것이다.

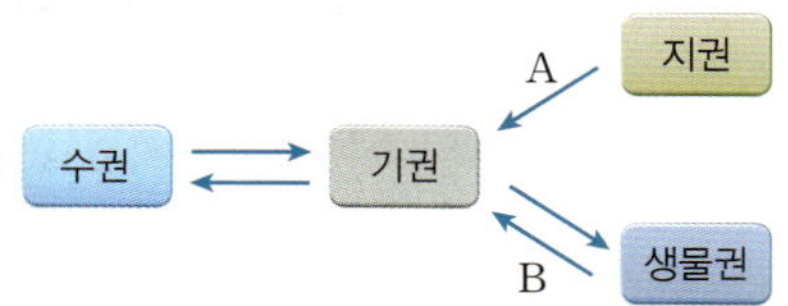

이에 대한 설명으로 옳은 것만을 보기에서 있는 대로 고른 것은?

보기
ㄱ. 화산 가스의 방출은 A에 해당한다.
ㄴ. B 과정에서 탄소는 이산화 탄소의 형태로 이동한다.
ㄷ. A와 B 과정이 활발해지면 지구 온난화가 심해진다.

① ㄱ 　② ㄴ 　③ ㄱ, ㄷ
④ ㄴ, ㄷ 　⑤ ㄱ, ㄴ, ㄷ

07 표는 지구시스템의 에너지원과 발생 원인을 나타낸 것이다.
이에 대한 설명으로 옳은 것만을 보기에서 있는 대로 고른 것은?

에너지원	발생 원인
A	태양
B	지구 내부 방사성 물질의 붕괴
C	달과 태양의 인력

보기
ㄱ. 에너지양의 크기는 A>B>C 순이다.
ㄴ. 판의 이동을 일으키는 에너지원은 B이다.
ㄷ. 파력 발전에 이용하는 에너지원은 C이다.

① ㄱ 　② ㄷ 　③ ㄱ, ㄴ
④ ㄴ, ㄷ 　⑤ ㄱ, ㄴ, ㄷ

08 물의 순환과 에너지 흐름에 대한 설명으로 옳은 것만을 보기에서 있는 대로 고른 것은?

보기
ㄱ. 물의 순환은 태양 에너지에 의해 일어난다.
ㄴ. 수권의 물은 태양 에너지를 방출하여 수증기가 된다.
ㄷ. 수증기는 에너지를 흡수하여 구름이 된다.

① ㄱ 　② ㄷ 　③ ㄱ, ㄴ
④ ㄴ, ㄷ 　⑤ ㄱ, ㄴ, ㄷ

09 그림은 지구시스템의 물질 순환과 에너지 흐름의 일부를 나타낸 것이다.

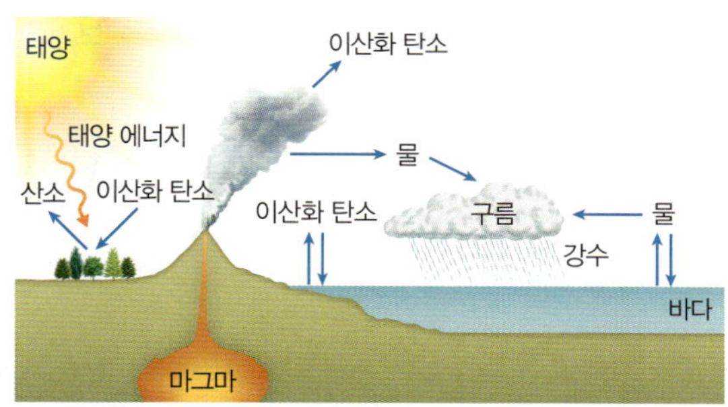

이에 대한 설명으로 옳은 것만을 보기에서 있는 대로 고른 것은?

보기
ㄱ. 마그마는 태양 에너지에 의해 생성된다.
ㄴ. 대기 중의 수증기는 강수 현상에 의해 바다로 돌아간다.
ㄷ. 대기 중 이산화 탄소의 일부는 광합성에 의해 유기물로 전환된다.

① ㄱ 　② ㄷ 　③ ㄱ, ㄴ
④ ㄴ, ㄷ 　⑤ ㄱ, ㄴ, ㄷ

중요
10 그림은 지구시스템의 상호작용을 나타낸 것이다.

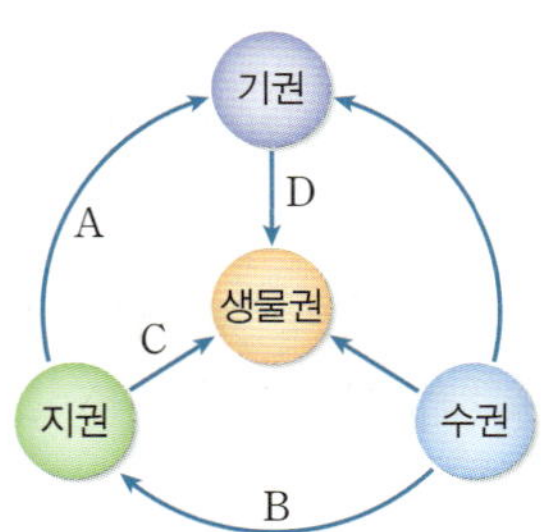

이에 대한 설명으로 옳은 것만을 보기에서 있는 대로 고른 것은?

보기
ㄱ. 화산재가 햇빛을 차단하는 현상은 A의 예에 해당한다.
ㄴ. 지진 해일이 발생하는 과정은 B의 예에 해당한다.
ㄷ. 화산 활동으로 생태계가 파괴되는 과정은 C, D와 관련이 있다.

① ㄱ 　② ㄴ 　③ ㄷ
④ ㄱ, ㄷ 　⑤ ㄴ, ㄷ

11 지권의 변화

11 판 구조론에 대한 설명으로 옳은 것만을 보기에서 있는 대로 고른 것은?

> **보기**
> ㄱ. 지구 표면은 여러 개의 판으로 이루어져 있다.
> ㄴ. 판은 맨틀 대류에 의해 이동한다.
> ㄷ. 판이 이동하는 속도는 모두 같다.

① ㄱ ② ㄷ ③ ㄱ, ㄴ
④ ㄴ, ㄷ ⑤ ㄱ, ㄴ, ㄷ

12 그림은 어느 지역에 나타난 판의 수렴형 경계를 나타낸 것이다.
이 지역에 대한 설명으로 옳은 것만을 보기에서 있는대로 고른 것은?

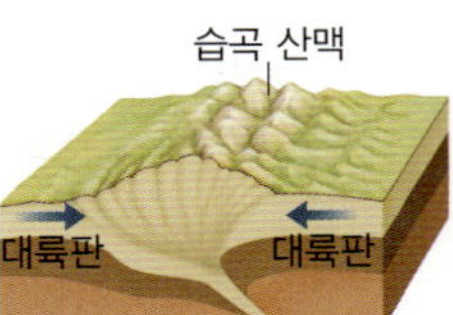

> **보기**
> ㄱ. 습곡 산맥이 발달한다.
> ㄴ. 판의 섭입이 일어난다.
> ㄷ. 화산 활동이 활발하다.

① ㄱ ② ㄴ ③ ㄱ, ㄴ
④ ㄱ, ㄷ ⑤ ㄱ, ㄴ, ㄷ

중요
13 그림은 전 세계의 판 경계와 이동 방향을 나타낸 것이다.

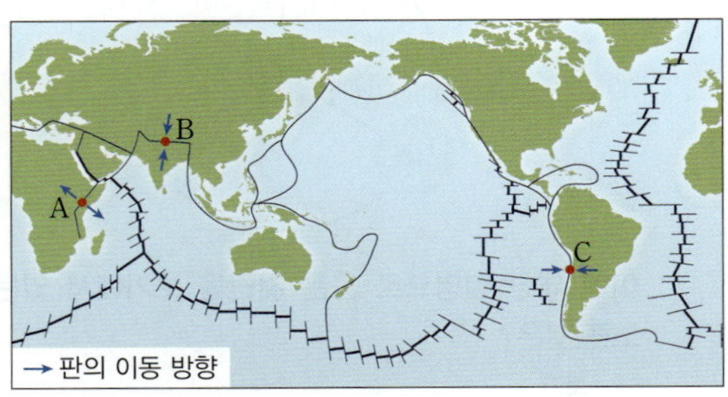

판의 경계 A~C에 대한 설명으로 옳은 것만을 보기에서 있는 대로 고른 것은?

> **보기**
> ㄱ. A에서는 화산 활동이 활발하다.
> ㄴ. B에서는 습곡 산맥이 발달한다.
> ㄷ. 인접한 두 판의 밀도 차가 가장 큰 곳은 C이다.

① ㄱ ② ㄴ ③ ㄱ, ㄷ
④ ㄴ, ㄷ ⑤ ㄱ, ㄴ, ㄷ

14 그림은 판 경계의 종류를 구분하기 위한 흐름도이다.

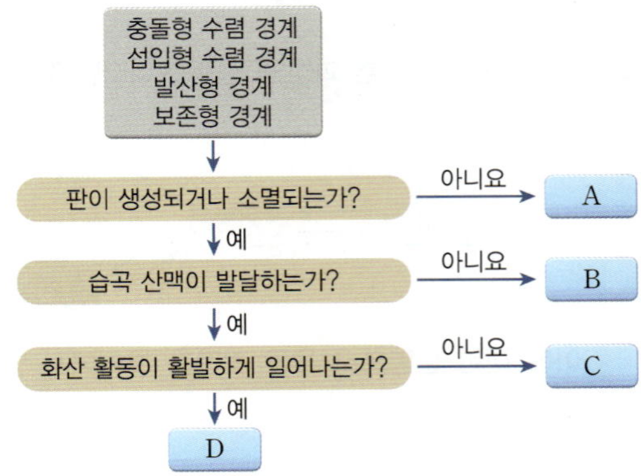

판 경계 A~D에 대한 설명으로 옳지 <u>않은</u> 것은?

① A는 육지에는 나타나지 않는다.
② B에서는 지진이 활발하다.
③ C에서는 습곡 산맥이 생성된다.
④ D에서는 해구가 형성된다.
⑤ 태평양 가장자리에 주로 발달하는 경계는 D이다.

15 지진이 지구시스템에 미치는 영향에 대한 설명으로 옳은 것만을 보기에서 있는 대로 고른 것은?

> **보기**
> ㄱ. 지진 발생과 화재 발생은 관련이 없다.
> ㄴ. 지진파를 이용하여 지구 내부 구조를 알아낼 수 있다.
> ㄷ. 해저에서 발생하는 지진은 사회·경제적 피해를 유발하지 않는다.

① ㄱ ② ㄴ ③ ㄱ, ㄷ
④ ㄴ, ㄷ ⑤ ㄱ, ㄴ, ㄷ

16 화산 활동이 지구시스템에 미치는 영향에 대한 설명으로 옳은 것만을 보기에서 있는 대로 고른 것은?

> **보기**
> ㄱ. 화산재는 지구의 평균 기온을 낮춘다.
> ㄴ. 화산 쇄설물이 용암과 섞여 흐르면서 생태계가 파괴된다.
> ㄷ. 화산 활동이 일어난 지역은 아무것도 자랄 수 없게 된다.

① ㄱ ② ㄷ ③ ㄱ, ㄴ
④ ㄴ, ㄷ ⑤ ㄱ, ㄴ, ㄷ

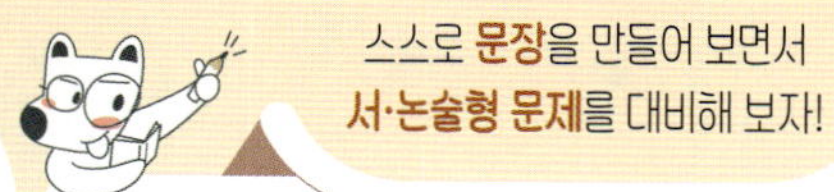

17 다음은 기권의 성층권에 대한 설명이다.

> ㉠성층권은 대류권과 다르게 구름이 생성되지 않는다. 따라서 성층권의 아랫부분은 항공기의 항로로 이용된다.

성층권에서 ㉠과 같은 현상이 나타나는 까닭을 서술하시오.

____

____

18 다음은 해수의 혼합층에 대한 설명이다.

> 해수의 표층에는 수온이 높고 깊이에 따른 수온 변화가 거의 없는 층이 형성되어 있는데, 이를 혼합층이라고 한다.

혼합층이 가장 두껍게 형성되는 위도대와 그 까닭을 서술하시오.

____

____

19 그림은 지구시스템에서 일어나는 탄소의 순환 중 일부를 나타낸 것으로, (가)~(다)는 지구시스템의 구성 요소이다.

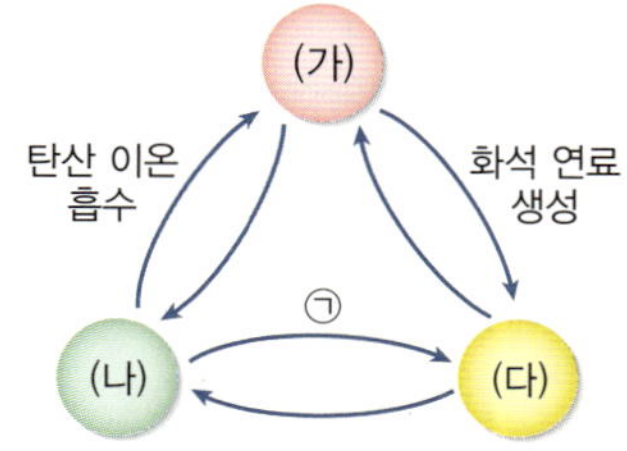

(1) (가), (나), (다)에 해당하는 지구시스템의 구성 요소는 각각 무엇인지 쓰시오.

____

(2) ㉠에 해당하는 상호작용의 예와 그 까닭을 한 가지만 서술하시오.

____

____

20 그림은 탄소의 순환 과정을 나타낸 모식도이다.

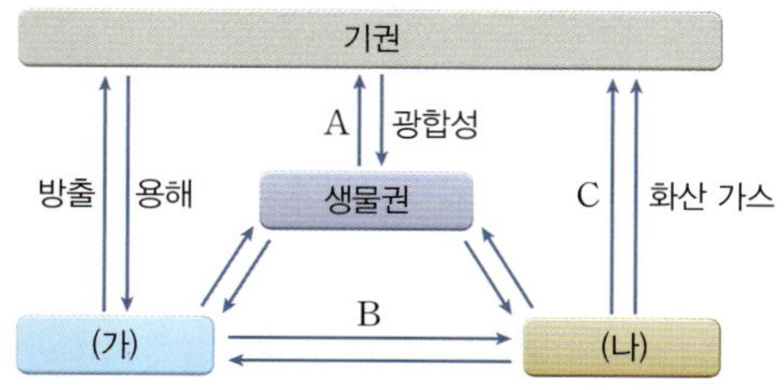

(1) (가)와 (나)에 해당하는 지구 시스템의 구성 요소와 A, B, C에 해당하는 예를 각각 한 가지씩 쓰시오.

(2) 최근 들어 화석 연료의 사용 증가로 지구 온난화가 진행되어 지구의 평균 기온이 상승하고 있다. 이와 같은 현상이 나타날 때, 기권과 지구 전체에 분포하는 탄소량은 어떻게 변하는지 서술하시오.

____

____

논술형

21 그림은 어느 화산의 분출 모습을 나타낸 것이다.

(1) 화산 분출로 발생할 수 있는 환경적 피해, 사회·경제적 피해를 각각 한 가지씩 서술하시오.

____

____

(2) 화산 피해를 줄일 수 있는 대책을 한 가지만 서술하시오.

____

다음은 지권에서 일어나는 지각 변동인 지진과 화산 분출이 지구시스템에 미치는 영향을 알아보기 위한 탐구 과정이다.

연계 탐구 분석 진도 교재 120쪽
화산 분출이 지구시스템에 미치는 영향 알아보기

[탐구 과정]

그림 A는 2023년 튀르키예·시리아 대지진이 발생한 후의 모습을, B는 국제우주정거장(ISS)과 인공위성에서 촬영한 통가 화산 분출 모습을 나타낸 것이다.

A. 튀르키예·시리아 대지진

B. 통가 화산 분출

(가) A와 B 현상을 일으키는 지구시스템의 에너지원을 조사한다.

(나) A와 B 현상으로 나타나는 환경적, 사회·경제적 피해 내용을 조사한다.

(다) 지구와 생명 시스템 측면에서 지진과 화산 분출로 인한 피해를 줄이기 위한 대책을 토의하여 수립한다.

결과

구분	지진	화산 분출
환경적 피해	• 산사태, 지진 해일(쓰나미)이 발생한다. • 숲이 파괴되고 물이 오염된다.	• 용암: 지형이 변하고 산사태가 발생한다. • ㉠( ): 산성비를 내리게 하거나 온실 효과에 영향을 준다. • ㉡( ): 햇빛을 차단하여 지구의 평균 기온을 낮춘다.
사회·경제적 피해	• 도로, 건물, 가스관의 붕괴로 교통마비, 화재 등이 발생한다. • 인명 피해, 재산 피해, 질병 등이 발생한다.	• ㉢( ): 도로, 농경지 등이 파괴된다. • 화산재: 항공기 운항을 방해하여 물류 수송에 차질이 발생한다.
대책	㉣( ) 설치, 인공위성을 이용한 지형 변화 관측, ㉤( ) 설계 적용, 화산 주변 ㉥( ) 쌓기, 안전 교육 시행 등	

정리 & 해석

1. 지진과 화산 분출을 일으키는 지구시스템의 에너지원은 __________ 에너지이다.

2. 판의 경계에서는 ㉠__________ 에너지의 방출로 지진, 화산 분출과 같은 ㉡(지권, 수권)의 변화가 일어나면서 지구시스템에 다양한 영향을 미친다.

→ 화산 분출로 화산재가 햇빛을 차단하여 지구의 평균 기온을 ㉢(낮추는, 높이는) 것과 화산 가스가 ㉣__________ 효과에 영향을 주는 것은 기권에 영향을 미치는 것이다.

→ 해저에서 발생한 지진에 의해 지진 해일(쓰나미)이 발생하는 것은 ㉤__________ 에/게 영향을 미치는 것이다.

해석 Tip
화산 활동이 일어날 때 분출되는 화산 분출물에는 용암, 화산 가스, 화산재를 포함하는 화산 쇄설물이 있다. 화산 분출물의 종류에 따라 영향을 미치는 지구시스템의 요소가 다를 수 있음을 파악한다.

1 그림 (가)는 전 세계 지진과 화산의 분포를, (나)는 주요 판의 분포와 A~F 지역에서 판의 상대적인 이동 방향을 나타낸 것이다.

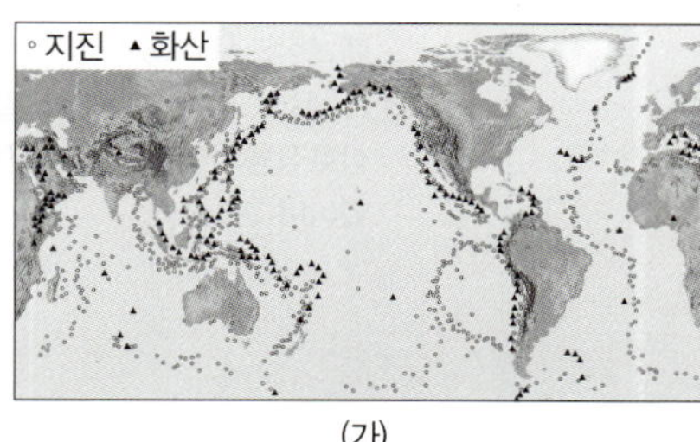

(가)

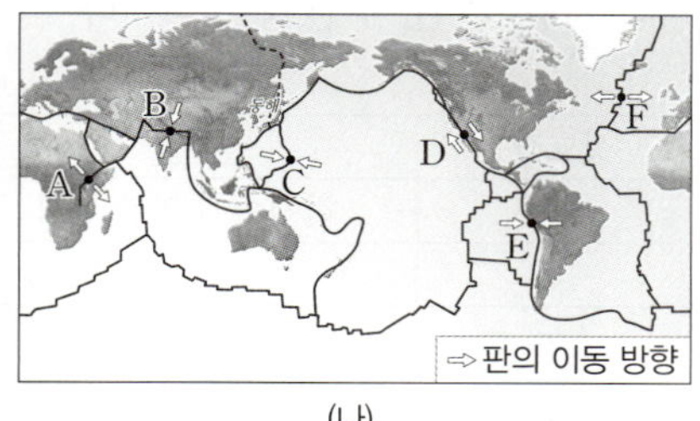

(나)

(1) 지진과 화산 활동이 일어나는 지역의 특징을 판의 경계와 관련지어 쓰고, 그 까닭을 서술하시오.

____

____

(2) (나)의 A~F 지역 중 지진과 화산 활동이 모두 활발하게 일어나는 지역을 쓰고, 지각 변동이 일어나는 원인을 지구시스템의 에너지원과 관련지어 서술하시오.

____

____

지진, 화산 활동이 일어나는 지역이 대체로 판의 경계와 일치하고 있음을 파악하고, 그 까닭을 판의 상대적인 운동과 관련지어 생각한다. 또한, 충돌형 수렴 경계와 보존형 경계에서는 화산 활동의 거의 일어나지 않는 것에 유의한다.

2 그림 (가)와 (나)는 각각 다른 지각 변동에 의해 발생한 자연 현상을 나타낸 것이다.

(가) 용암 분출

(나) 지진 해일에 의한 침수

(1) (가)와 (나)의 현상은 지각 변동이 지구시스템의 어떤 권역에 영향을 미친 경우인지 쓰고, (가)에 의한 피해를 줄이기 위한 대책을 한 가지만 서술하시오.

____

____

(2) (가) 이외에 화산 활동이 일어날 때 분출된 화산재와 화산 가스가 각각 기권에 미치는 영향에 대해 서술하시오.

____

____

(3) (나) 이외의 지진에 의한 피해를 줄이기 위한 대책과 지진을 이용하는 사례를 각각 한 가지씩 서술하시오.

____

____

지진과 화산 활동은 다양한 지구시스템에 영향을 미치고 있다. 지각 변동으로 어떤 권역에 변화가 나타나는지 파악한다. 또한, 화산 활동이 일어날 때 분출되는 화산재와 화산 가스는 기권에 서로 반대되는 영향을 미치고 있음에 유의한다.

■ 2018학년도 수능 지구과학 I 2번

그림은 지구계의 권역과 각 권역의 상호작용을, 표는 상호작용 ㉠, ㉡, ㉢의 예를 나타낸 것이다. A, B, C는 각각 지권, 기권, 수권 중 하나이다.

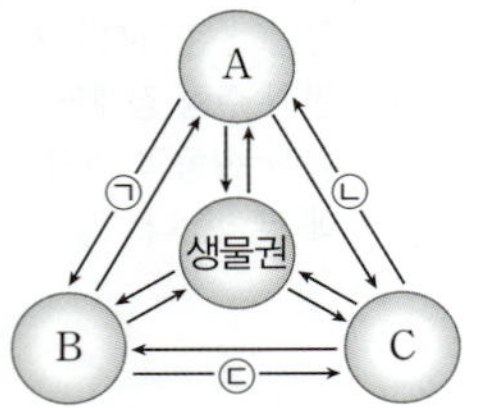

상호작용	예
㉠	하천수에 의한 침식
㉡	( )
㉢	화산 가스의 분출

이에 대한 설명으로 옳은 것만을 〈보기〉에서 있는 대로 고른 것은? [3점]

보기
ㄱ. A는 수권이다.
ㄴ. 탄소의 양은 B에 가장 많다.
ㄷ. 지진 해일의 발생은 ㉡의 예에 해당한다.

① ㄱ   ② ㄴ   ③ ㄷ
④ ㄱ, ㄴ   ⑤ ㄱ, ㄷ

풀이 전략

① 주어진 지구계의 상호작용 예를 이용하여 A, B, C가 어느 권역에 해당하는지 파악한다.
② A, B, C 권역 사이에 일어나는 상호작용의 예를 알고, 구분할 수 있어야 한다.

출제 경향

- 지구계의 상호작용을 이용하여 지구계 권역을 묻는 문항이 자주 출제된다.
- 지구계 구성 요소 간의 다양한 상호작용을 묻는 문항이 출제된다.
- 지구계의 상호작용과 탄소 순환, 물의 순환을 연관 지어 사고하는 문항이 출제된다.

자료 풀이

- 지구계는 구성 요소 사이에 끊임없이 상호작용이 일어나는 과정에서 물질이 순환하고 에너지가 이동하여 균형을 이루고 있다.
- 지구계는 한 권역에 변화가 생기면 다른 권역에도 영향을 미친다.

선택지 풀이

㉠ 하천수에 의한 침식은 수권이 지권에 영향을 미치는 상호작용(㉠)이고, 화산 가스의 분출은 지권이 기권에 영향을 미치는 상호작용(㉢)이므로 A는 수권, B는 지권, C는 기권이다.

㉡ 지구계에서 탄소는 각 구성 요소 사이를 순환하고, 각 권역에서 다른 형태로 존재하며, 지권(B)에 가장 많이 저장되어 있다.

✗ 지진 해일의 발생은 지권에서 일어난 변화가 수권에 영향을 미치는 것이므로 B에서 일어난 변화가 A에 영향을 미치는 상호작용이다. ㉡은 기권(C)에서 일어난 변화가 수권(A)에 영향을 미치는 상호작용이므로 강수 현상 등이 해당된다.

함정 피하기

지진 해일의 발생이 어떤 권역 간의 상호작용인지 파악할 수 있어야 하며, 탄소가 가장 많이 분포하고 있는 권역을 알아 두어야 한다.

같은 자료 / 다른 보기

1. ㉡을 일으키는 에너지원은 조력 에너지이다.   (○ , ×)
2. C에서 탄소는 이산화 탄소로 존재한다.   (○ , ×)
3. 화석 연료의 연소는 B의 탄소량을 증가시킨다.   (○ , ×)

정답 1. × 2. ○ 3. ×

1

┃ 2023학년도 11월 고1 전국연합학력평가 11번 변형

그림 (가)는 지구시스템에서 물의 순환을, (나)는 지구시스템 구성 요소들의 상호작용을 나타낸 것이다.

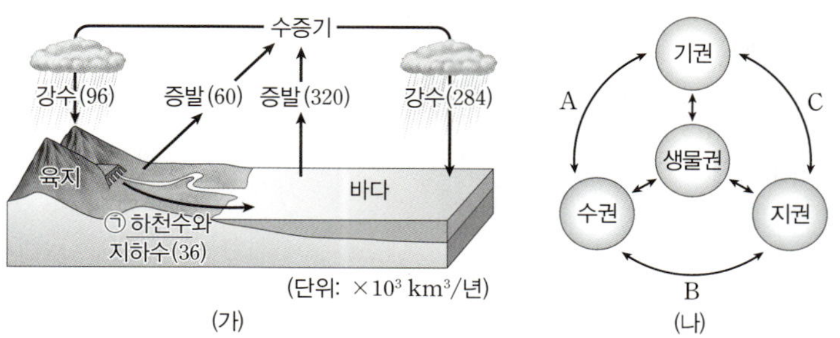

이에 대한 설명으로 옳은 것만을 보기에서 있는 대로 고른 것은?

> **보기**
>
> ㄱ. (가)의 바다에서 강수량과 증발량은 같다.
> ㄴ. A의 예로 바람에 의한 해수 혼합이 있다.
> ㄷ. ㉠에 의한 암석의 침식은 B에 해당한다.

① ㄱ ② ㄷ ③ ㄱ, ㄴ
④ ㄴ, ㄷ ⑤ ㄱ, ㄴ, ㄷ

수능 코디

대기, 육지, 바다는 모두 유입되는 물의 양과 방출되는 물의 양이 같은 평형 상태이다.
바람에 의한 해수의 혼합, 하천수에 의한 암석의 침식이 일어나는 과정에서 상호작용하는 권역을 생각해 본다.

2

┃ 2022학년도 11월 고1 전국연합학력평가 12번

그림은 지구시스템을 구성하는 권역 간 상호작용의 예를 구분하는 과정을 나타낸 것이다.

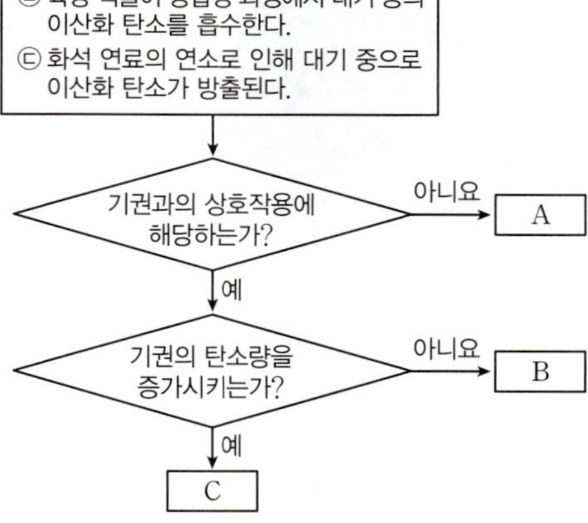

A~C로 옳은 것은?

	A	B	C		A	B	C
①	㉠	㉡	㉢	②	㉠	㉢	㉡
③	㉡	㉠	㉢	④	㉡	㉢	㉠
⑤	㉢	㉠	㉡				

수능 코디

지진에 의해 해일이 발생하는 것은 지구계 구성 요소 중 어느 권역과 어느 권역의 상호작용인지 생각해 본다. 광합성 과정과 화석 연료의 연소로 인해 기권의 탄소량이 어떻게 변하는지 생각해 본다.

2020학년도 9월 고1 전국연합학력평가 13번

3 그림 (가)는 지구시스템에서 물의 순환을, (나)는 강원도 영월의 동강 유역에 위치한 한반도 모양의 지형을 나타낸 것이다.

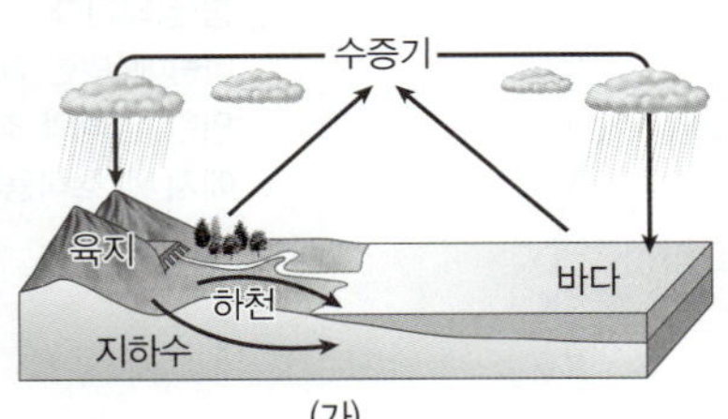

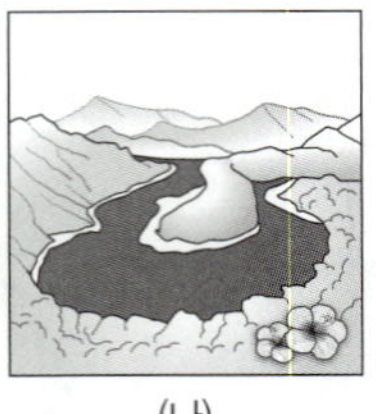

이에 대한 설명으로 옳은 것만을 보기에서 있는 대로 고른 것은?

보기

ㄱ. (가)에서 물질과 에너지가 이동한다.

ㄴ. (가)의 주된 에너지원은 태양 에너지이다.

ㄷ. (나)는 (가) 과정에 의해 지표가 변화되어 형성된 지형이다.

① ㄱ　　　　　② ㄴ　　　　　③ ㄱ, ㄷ

④ ㄴ, ㄷ　　　　⑤ ㄱ, ㄴ, ㄷ

수능 코디

물의 순환을 일으키는 근원 에너지가 무엇인지 생각해 보고, 물의 순환 과정에서 생기는 현상에는 어떤 것들이 있는지 생각해 본다.

2023학년도 9월 고1 전국연합학력평가 15번

4 그림은 지구시스템에서 일어나는 자연 현상 A, B, C를 나타낸 것이다.

A. 대기 중으로 화산 가스 방출

B. 해수의 증발로 인한 태풍 발생

C. 식물체로부터 석탄 생성

A, B, C를 지구시스템 구성 요소들의 상호작용으로 표현할 때 가장 적절한 것은?

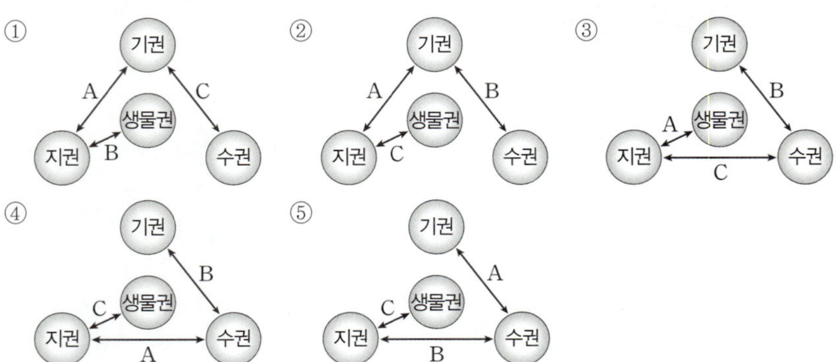

수능 코디

화산 가스의 방출, 태풍의 발생, 석탄의 생성 과정은 어느 권역들 간의 상호작용인지 생각해 본다.

5 그림 (가)는 물의 순환 과정을, (나)는 지구시스템 구성 요소들의 상호작용을 나타낸 것이다.

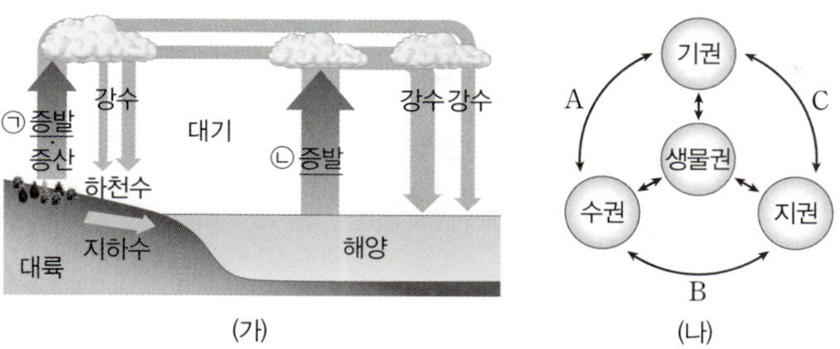

이에 대한 설명으로 옳은 것만을 보기에서 있는 대로 고른 것은?

> 보기
>
> ㄱ. ㉠은 B에 해당한다.
> ㄴ. ㉡의 주된 에너지는 지구로부터 얻는다.
> ㄷ. 물의 순환 과정을 통해 물질과 에너지가 이동한다.

① ㄱ 　　② ㄷ 　　③ ㄱ, ㄴ
④ ㄴ, ㄷ 　　⑤ ㄱ, ㄴ, ㄷ

수능 코디

증발을 일으키는 에너지원과 증발이 일어나는 과정에서 상호작용하는 권역이 무엇인지 생각해 본다.

6 그림은 지구시스템에서 기권과 A, B, C와의 상호작용 ㉠, ㉡, ㉢을, 표는 상호작용의 예를 나타낸 것이다. A, B, C는 각각 지권, 수권, 생물권 중 하나이다.

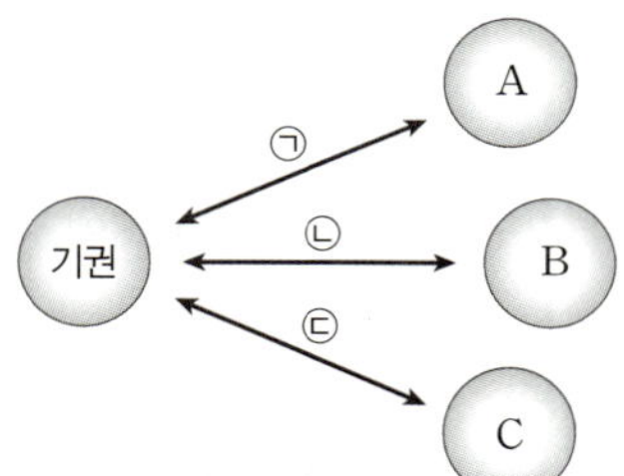

상호작용의 예
㉠ 혼합층의 형성
㉡ 화산 가스의 분출
㉢ 식물의 증산 작용

A~C로 옳은 것은?

	A	B	C			A	B	C
①	수권	지권	생물권		②	수권	생물권	지권
③	지권	수권	생물권		④	지권	생물권	수권
⑤	생물권	수권	지권					

수능 코디

혼합층의 형성, 화산 가스의 분출, 식물의 증산 작용은 기권과 어느 권역의 상호작용인지 생각해 본다.

12 중력과 역학 시스템

내 교과서와 비교
동아 114~119쪽
미래엔 124~131쪽
비상 112~117쪽
지학사 124~129쪽
천재 122~127쪽

❶ 알짜힘

물체에 여러 힘이 동시에 작용할 때 작용한 모든 힘들의 합력과 같은 효과를 내는 하나의 힘

물체에 하나의 힘만 작용하면 '힘=알짜힘'이다.

A 물체에 작용하는 힘과 운동

1 힘 물체의 모양이나 운동 상태를 변화시키는 원인 ➡ 물체에 작용하는 알짜힘❶에 따라 물체의 속력이나 운동 방향이 달라진다.

2 물체에 작용하는 힘과 물체의 운동

구분	물체의 운동 방향과 나란한 방향으로 힘이 작용할 때		물체의 운동 방향과 나란하지 않은 방향으로 힘이 작용할 때	
	같은 방향	반대 방향	수직인 방향	비스듬한 방향
예	운동 방향 → 힘의 방향	운동 방향 → 힘의 방향	운동 방향 → 힘의 방향	운동 방향 → 힘의 방향
운동 상태 변화	속력이 빨라진다. 운동 방향 변화 ×	속력이 느려진다. 운동 방향 변화 ×	운동 방향만 계속 바뀐다. 속력이 일정한 원운동	속력과 운동 방향이 모두 변한다. 포물선 운동

중학교에서는 중력을 지구가 물체를 끌어당기는 힘이라고 배웠어. 사실 우리 주위의 물체들 사이에도 중력이 작용하지만 질량이 큰 지구가 당기는 중력의 크기에 비해 물체 사이에 작용하는 중력은 크기가 매우 작아 그 영향을 관찰하기 어려워. 그래서 지구의 중력을 지구가 물체를 끌어당기는 힘이라고 표현하기도 해.

❷ 중력과 무게

· 물체에 작용하는 중력의 크기를 무게라고 하며, 같은 물체라도 중력이 다른 곳에서는 무게가 달라진다.
· 지구 표면에서 질량이 1 kg인 물체의 무게는 9.8 N이다.

B 중력과 역학 시스템

1 중력 질량이 있는 모든 물체가 서로 끌어당기는 힘으로, 물체가 서로 접촉해 있거나 떨어져 있어도 작용한다. ➡ 중력의 단위: N(뉴턴)

두 물체 사이에 작용하는 중력

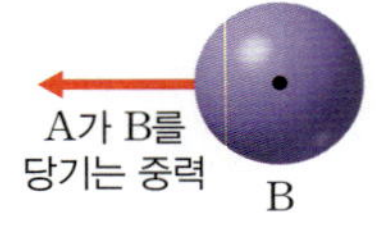

A가 B를 당기는 중력과 B가 A를 당기는 중력은 항상 쌍으로 나타나며 서로 크기가 같고 방향은 반대이다.

① **중력의 방향**: 서로를 중심 방향으로 끌어당기는 방향으로 작용한다.
② **중력의 크기❷**: 물체의 질량이 클수록, 두 물체 사이의 거리가 가까울수록 중력의 크기가 크다. ─두 물체의 질량의 곱에 비례하고, 두 물체 사이의 거리의 제곱에 반비례한다.

2 역학 시스템과 중력

① 여러 가지 힘이 작용하여 운동 질서가 유지되는 체계를 역학 시스템이라고 하며, 특히 중력은 지구 표면의 물체뿐만 아니라 지구 주위의 모든 물체에 끊임없이 작용하며 물체의 운동에 영향을 준다. └ 달, 인공위성 등
② **지구에서의 중력**: 지구 중심 방향(=연직 방향❸)으로 작용한다. ➡ 지표면 근처에서 운동하는 물체가 아래로 떨어지는 것은 중력이 작용하기 때문이다.

예 빗방울이 땅으로 떨어진다. 번지 점프를 하면 아래로 떨어진다.

지구의 중력에 의한 현상 ▶

❸ 연직(鉛 납, 直 곧다) 방향

실에 추를 매달아 가만히 들고 있을 때 실이 나타내는 방향으로, 실이 끊어질 때 추가 지표면으로 향하는 직선 방향과 같다. 일반적으로 지구 중심 방향을 의미하는 지구 중력의 방향을 연직 방향이라고 한다.

1 속력과 속도

① 이동 거리와 변위 [4]

- **이동 거리**: 물체가 움직인 경로를 따라 실제로 움직인 총 길이
- **변위**: 운동 경로에 관계없이 물체의 직선 방향의 위치 변화량 ➡ 처음 위치에서 나중 위치까지의 직선 거리와 방향

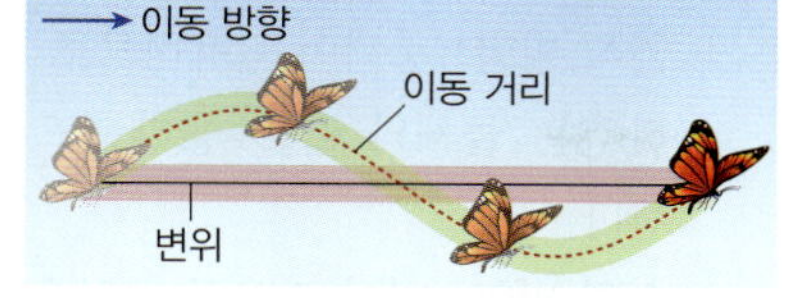

▲ 나비의 이동 거리와 변위

② 속력과 속도

- **속력**: 물체의 빠르기를 나타내는 물리량으로 일정한 시간 동안 이동한 거리를 나타낸다.
- **속도**: 물체의 빠르기(=속력)와 운동 방향을 함께 나타내는 물리량으로 일정한 시간 동안의 위치 변화량(변위)를 나타낸다. ─ 속도의 방향=운동 방향

─ 속력과 속도의 단위는 같다.

$$속력 = \frac{이동\ 거리}{걸린\ 시간} \quad (단위: m/s,\ km/h)$$

$$속도 = \frac{위치\ 변화량(변위)}{걸린\ 시간} \quad (단위: m/s,\ km/h)$$

2 가속도 운동

① 속도 변화와 운동

─ 알짜힘이 작용하지 않아서 속력이나 운동 방향이 변하지 않는다.

- **등속 운동** [5]: 물체의 속도가 일정한 운동 ➡ 물체에 작용하는 알짜힘은 0이다.
- **가속도 운동**: 물체의 속도가 변하는 운동 ➡ 속력이 일정하게 증가하거나 감소하는 운동, 속력은 변하지 않고 운동 방향이 변하는 운동, 속력과 운동 방향이 모두 변하는 운동 등은 모두 가속도 운동이다. ─ 우리 주변의 대부분의 물체는 가속도 운동을 한다.

② 가속도: 물체의 속도가 시간에 따라 변하는 정도를 나타내는 물리량으로, 단위 시간 동안의 속도 변화량을 뜻한다.

$$가속도 = \frac{속도\ 변화량}{걸린\ 시간} = \frac{나중\ 속도 - 처음\ 속도}{걸린\ 시간} \quad (단위: m/s^2)$$

- $1\ m/s^2$는 1초 동안 속력이 $1\ m/s$씩 증가할 때의 가속도의 크기를 의미한다.
- 물체의 속력이 증가할 때는 가속도의 방향이 속도 방향과 같고, 속력이 감소할 때는 가속도의 방향이 속도 방향과 반대이다.

3 자유 낙하 운동 지표면 근처에서 물체가 중력만을 받아 아래로 떨어지는 운동

① 물체의 운동: 물체에 일정한 크기의 중력이 운동 방향과 같은 방향(연직 방향)으로 계속 작용한다. ➡ 물체는 1초마다 속력이 약 $9.8\ m/s$씩 일정하게 증가하는 가속도 운동을 한다. 이처럼 가속도가 일정한 운동을 등가속도 운동이라고 한다. ─ 속력이 시간에 비례하여 일정하게 증가한다.

② 중력 가속도(g) [6]: 물체에 작용하는 지구 중력에 의해 생기는 가속도로, 지표면 근처에서 운동하는 물체의 중력 가속도의 크기는 질량에 관계없이 약 $9.8\ m/s^2$로 일정하다.

▲ 자유 낙하하는 물체

③ 질량이 다른 물체의 자유 낙하 운동: 지표면 근처에서 중력 가속도의 크기는 물체의 질량에 관계없이 모두 같으므로, 같은 높이에서 동시에 자유 낙하하는 모든 물체는 질량에 관계없이 지표면에 동시에 도달한다. [7]

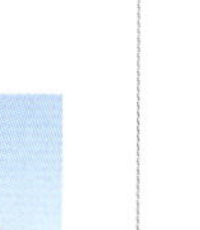

[4] 물체의 이동 거리와 변위

- 물체가 직선을 따라 운동할 때 운동 방향이 바뀌지 않으면 이동 거리와 변위는 같다.
- 물체가 직선 운동을 하지 않을 때는 이동 거리가 변위의 크기보다 항상 크다.
- 물체가 출발하여 제자리로 돌아올 때의 변위는 0이 된다.

[5] 등속 운동의 예

에스컬레이터나 무빙워크를 탄 사람의 운동, 컨베이어 벨트 위에 놓인 물체의 운동 등

[6] 중력 가속도(g)

- 지표면 근처에서 중력 가속도는 약 $9.8\ m/s^2$이며, 위도나 높이에 따라 약간의 차이가 있다.
- 중력 가속도의 방향은 중력의 방향과 같고, 중력 가속도와 질량을 곱하면 물체에 작용하는 중력의 크기가 된다.

[7] 깃털과 구슬의 자유 낙하 운동

공기 중에서는 중력뿐만 아니라 공기 저항도 있기 때문에 공기 저항을 많이 받는 깃털보다 구슬이 먼저 떨어진다. 그러나 공기 저항을 무시하면, 즉 깃털과 구슬이 자유 낙하하면 질량에 관계없이 깃털과 구슬은 동시에 바닥에 떨어진다.

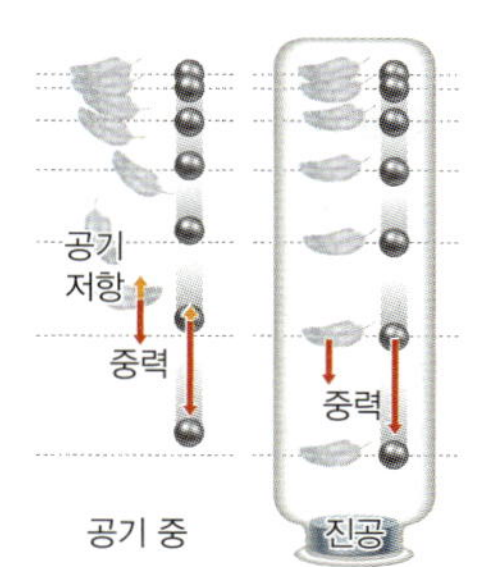

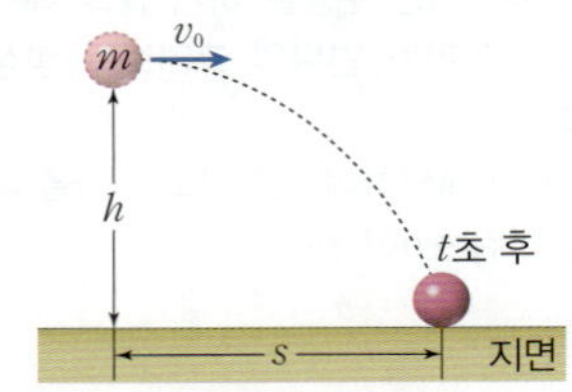

❽ 물체의 운동 분석

- 연직 방향: 지면에 도달할 때의 속력을 v, 중력 가속도를 g라고 하면 $v=gt$이다. 이때 물체의 역학적 에너지가 보존되므로 $mgh=\frac{1}{2}mv^2$에서 $v=\sqrt{2gh}$로도 나타낼 수 있다.
- 수평 방향: 이동 거리는 시간에 비례하므로 $s=v_0t$이다.

❾ 구간(區 구역, 間 사이) 거리
어떤 지점과 다른 지점 사이의 거리

❿ 구간 평균 속력 구하는 법

$$구간\ 평균\ 속력=\frac{구간\ 거리}{시간\ 간격}$$

➡ A가 0.1초부터 0.2초까지 0.1초 동안 낙하한 거리는 0.147 m이므로 이 구간에서 평균 속력은 $\frac{0.147\ \text{m}}{0.1\ \text{s}}=1.47\ \text{m/s}$이다.

---

4 수평 방향으로 던진 물체의 운동 수평 방향으로 던진 물체는 운동 방향이 계속 변하며, 비스듬하게 아래로 떨어지는 운동을 한다.

① 물체의 운동: 물체에 일정한 크기의 중력이 연직 방향으로 작용한다.
- 연직 방향: 중력이 작용하므로 자유 낙하하는 물체와 같이 등가속도 운동을 한다. 가속도가 9.8 m/s²로 일정
- 수평 방향: 힘이 작용하지 않으므로 등속 운동을 한다.

② 수평 방향으로 던진 속력이 다를 때의 물체의 운동: 물체는 연직 방향으로 자유 낙하 운동을 하므로 지표면으로 떨어질 때까지 걸린 시간은 같고, 수평 방향으로 던진 속력이 클수록 더 먼 곳까지 이동한다. 수평 방향으로 이동하는 거리는 물체를 던진 속력에 비례

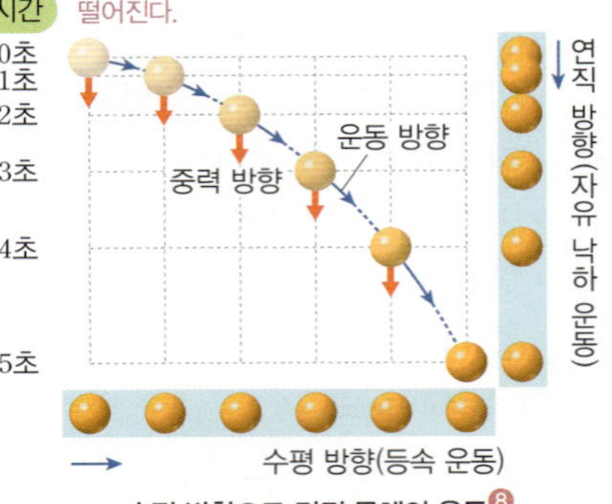

▲ 수평 방향으로 던진 물체의 운동 ❽

수평 방향으로 던지는 속력이 다를 때 물체의 운동

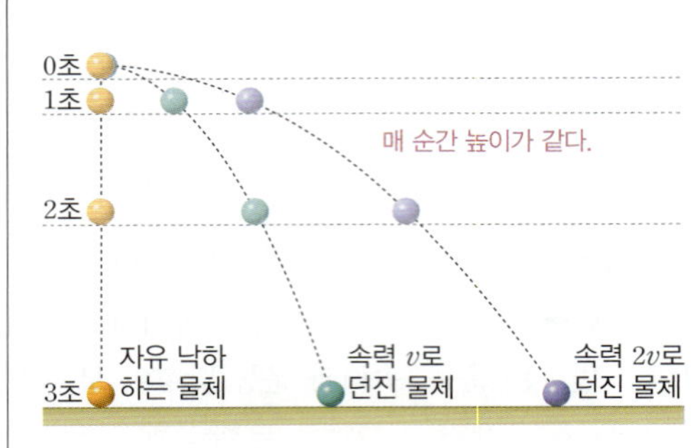

❶ 연직 방향: 물체는 자유 낙하 운동을 하므로 같은 시간 동안 같은 거리만큼 연직 방향으로 떨어진다. 따라서 물체를 던진 속력에 관계없이 자유 낙하하는 물체와 지면에 동시에 도달한다.

❷ 수평 방향: 물체는 수평 방향으로 등속 운동을 하므로 수평 방향으로 던진 속력이 클수록 같은 시간 동안, 즉 지면에 도달할 때까지 걸린 시간 동안 더 먼 곳까지 이동한다.

탐구 분석 자유 낙하와 수평으로 던진 물체의 운동 비교하기

그림은 쇠구슬 발사 장치를 이용하여 쇠구슬 A는 자유 낙하하고, 쇠구슬 B는 A와 같은 높이에서 수평 방향으로 운동하도록 장치한 후 동시에 운동시켜 그 모습을 0.1초 간격으로 다중 섬광 사진으로 나타낸 것이다.

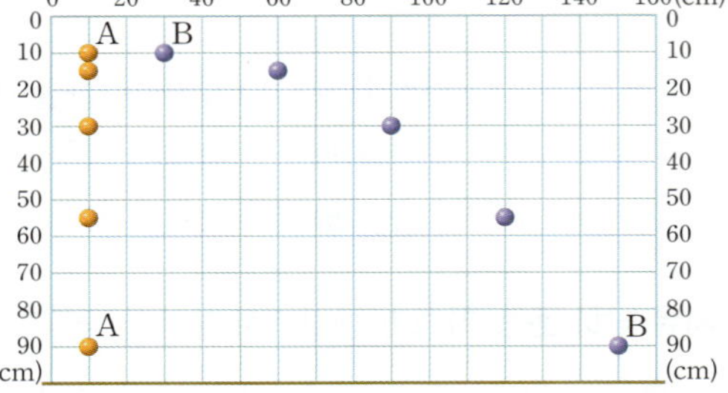

⊙ 결과 및 해석

시간(초)			0~0.1	0.1~0.2	0.2~0.3	0.3~0.4
A	연직 방향	구간 거리(m) ❾	0.049	0.147	0.245	0.343
		구간 평균 속력(m/s) ❿	0.49	1.47	2.45	3.43
B	연직 방향	구간 거리(m)	0.049	0.147	0.245	0.343
		구간 평균 속력(m/s)	0.49	1.47	2.45	3.43
	수평 방향	구간 거리(m)	0.3	0.3	0.3	0.3
		구간 평균 속력(m/s)	3	3	3	3

(연직 방향 구간 평균 속력 행에 +0.98씩 증가 표시: 0.49 → 1.47 → 2.45 → 3.43)

❶ 자유 낙하하는 A는 연직 방향으로 속력이 일정하게 증가한다. ➡ 등가속도 운동을 한다.

❷ 수평 방향으로 던진 B는 연직 방향 속력은 A와 같이 속력이 일정하게 증가하고, 수평 방향 속력은 일정하다. ➡ 연직 방향으로는 자유 낙하 운동과 같이 등가속도 운동을 하고, 수평 방향으로는 등속 운동을 한다.

D 지구 주위에서의 운동

1 뉴턴의 사고 실험[11] 뉴턴은 달이 지구의 중력을 받지만 지구로 떨어지지 않고 지구 주위를 공전하는 까닭을 수평 방향으로 던진 물체의 운동을 통해 설명하였다.

① 뉴턴의 사고 실험: 지구의 높은 산꼭대기에서 수평 방향으로 대포알을 점점 빠른 속력으로 발사할 때, 매우 빠른 특정한 속력으로 던지면 대포알은 지구로 떨어지지 않고 지구 주위를 돌 수 있다고 생각하였다.

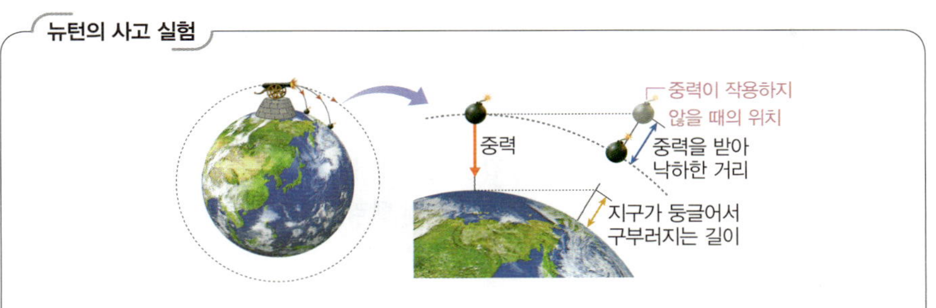

❶ 대포알은 중력을 받아 지구 표면을 향해 낙하한다.
❷ 대포알을 던지는 속력이 빠를수록 수평 방향으로 더 멀리까지 날아가서 떨어진다.
❸ 대포알을 던지는 속력이 어떤 특정한 속력에 도달하면, 대포알이 지구 표면을 향해 낙하하지만 지구가 둥글기 때문에 지구 표면에 닿지 않고 지구 주위를 계속해서 돌 수 있다.[12]

② 달과 인공위성의 운동: 뉴턴의 사고 실험과 같은 원리로, 달과 인공위성은 중력의 영향을 받아 계속 아래로 떨어지고 있지만 지구가 둥글기 때문에 지구 표면에 떨어지지 않고 지구 주위를 도는 원운동을 한다.

2 원운동 물체가 원 궤도를 그리며 도는 운동

① 원운동의 조건: 물체가 원운동을 하기 위해서는 물체가 그리는 원 궤도의 중심 방향으로 물체를 끌어당기는 힘이 필요하다.

② 물체의 원운동

• 물체의 운동 방향과 수직으로 작용하는 힘 때문에 물체의 운동 방향이 계속 변한다.
➡ 물체는 힘을 받아 가속도 운동[13]을 한다.
• 원운동하는 물체에 작용하는 힘이 없어지면 공은 그 순간 원의 접선 방향(=운동 방향)으로 날아간다.

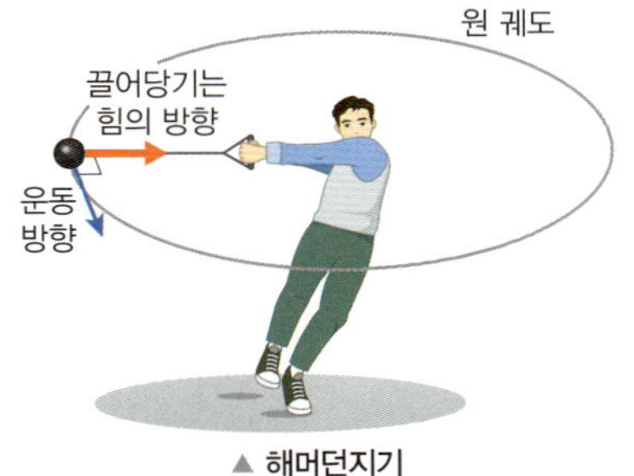

3 중력에 의한 원운동 지구 주위를 공전하는 물체는 일정한 크기의 중력이 지구 중심 방향으로 작용하므로 원운동을 한다. 즉, 중력에 의한 원운동은 지구 중심 방향의 가속도 운동이다.

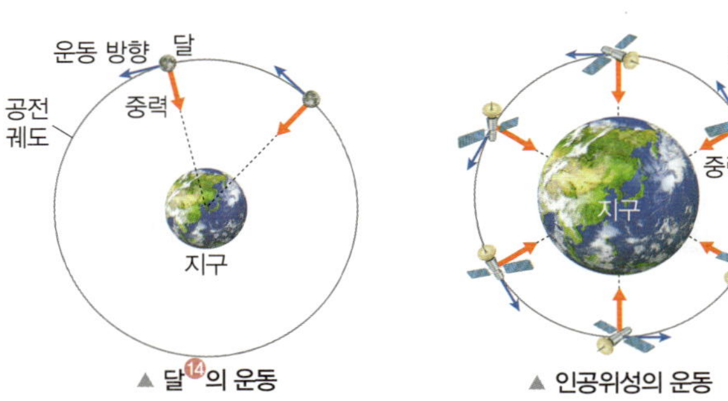

[11] 사고(思 생각하다, 考 곰곰이 생각하다) 실험

직접 하기 힘든 실험을 머릿속에서 논리적인 생각으로 진행하여 결론을 내리는 실험

[12] 물체가 지구를 한 바퀴 돌기 위한 속력

자유 낙하하는 물체는 1초에 약 5 m 떨어진다. 지구는 둥글기 때문에 한 지점을 기준으로 수평 방향으로 8 km를 이동한 지점과 기준점의 높이 차는 약 5 m이다.

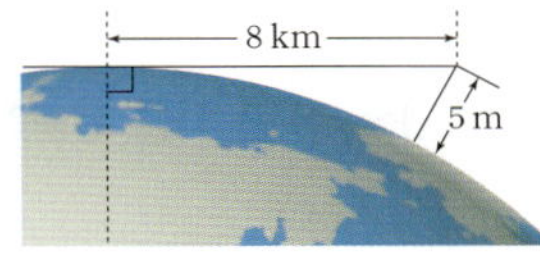

따라서 공기 저항을 무시할 때 수평 방향으로 8 km/s의 속력으로 던진 물체는 1초 동안 5 m 떨어지므로 지표면에 닿지 않고 계속 지구 주위를 돌 수 있다.

[13] 원운동과 가속도의 방향 변화

• 가속도의 방향은 힘의 방향과 같다.
• 원운동을 하려면 중심 방향으로 작용하는 힘이 있어야 한다.
  ➡ 원운동할 때 가속도 방향은 원 궤도의 중심 방향이므로 가속도의 방향이 계속 변한다.
• 등속 원운동은 가속도의 크기는 일정하고 방향은 계속 변하는 운동이다.

[14] 달과 지구에서의 물체의 운동

• 달처럼 질량이 있는 천체는 지구와 같이 주위의 물체에 중력을 작용한다. 따라서 달 표면에서 운동하는 물체는 달의 중력을 받아 가속도 운동을 한다.
• 달 표면에서 중력은 지구의 약 $\frac{1}{6}$이다.
  ➡ 지구에서와 같은 높이에서 자유 낙하하는 물체는 지구에서보다 느리게 떨어진다.
  ➡ 지구에서와 같은 높이에서 수평 방향으로 던진 물체는 지구에서보다 느리게 떨어지고, 더 멀리 날아간다.

개념 확인하기

1 그림 (가)~(라)는 운동하는 물체에 작용하는 힘의 방향을 나타낸 것이다.

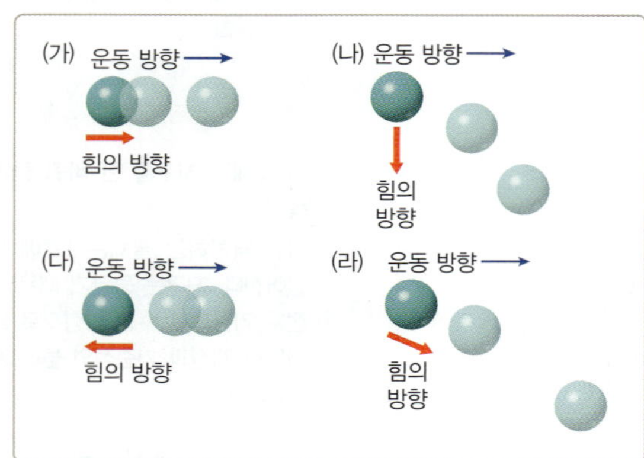

(가)~(라) 중 다음 설명에 해당하는 것을 있는 대로 골라 쓰시오.

(1) 속력만 변하는 경우　　　　　　　(　　　　)
(2) 운동 방향만 변하는 경우　　　　　(　　　　)
(3) 속력과 운동 방향이 모두 변하는 경우 (　　　　)

2 다음은 중력에 대한 설명이다. (　　) 안에 알맞은 말을 쓰시오.

(1) 중력은 (　　　　)이/가 있는 모든 물체가 서로 끌어당기는 힘이다.
(2) 지구 주위에 있는 모든 물체는 지구로부터 지구 (　　　　) 방향으로 중력을 받는다.
(3) 물체에 작용하는 지구 중력에 의해 생기는 가속도를 (　　　　)(이)라고 하며, 지표면 근처에서는 약 $9.8 \, \text{m/s}^2$이다.

3 다음 (　　) 안에 알맞은 말을 써서 수식을 완성하시오.

(1) 속력 $= \dfrac{(\quad\quad\quad)}{\text{걸린 시간}}$

(2) $(\quad\quad\quad) = \dfrac{\text{위치 변화량}}{\text{걸린 시간}}$

(3) 가속도 $= \dfrac{(\quad\quad\quad) \text{ 변화량}}{\text{걸린 시간}}$

4 어떤 물체를 높은 곳에서 가만히 놓은 후 5초가 지났을 때 이 물체의 속력은 몇 m/s인지 구하시오. (단, 공기 저항은 무시하고, 중력 가속도는 $9.8 \, \text{m/s}^2$이다.)

5 지표면에서 중력을 받아 운동하는 물체에 대한 설명으로 옳은 것은 ○, 옳지 **않은** 것은 ×로 표시하시오.

(1) 자유 낙하하는 물체의 속력은 일정하다.　(　　　　)
(2) 자유 낙하하는 물체와 수평 방향으로 던진 물체의 가속도는 같다.　(　　　　)
(3) 질량이 달라도 중력 가속도는 같다.　(　　　　)
(4) 수평 방향으로 던진 물체에 작용하는 중력의 방향은 일정하다.　(　　　　)
(5) 같은 높이에서 수평 방향으로 던진 속력이 빠르면 지면에 더 빨리 도달한다.　(　　　　)

탐구 확인

6 그림은 지면으로부터 같은 높이에서 공 **A**를 가만히 놓는 순간 동일한 공 **B**를 수평 방향으로 던지는 모습을 나타낸 것이다. (　　) 안에 알맞은 말을 쓰시오. (단, 공의 크기와 공기 저항은 무시한다.)

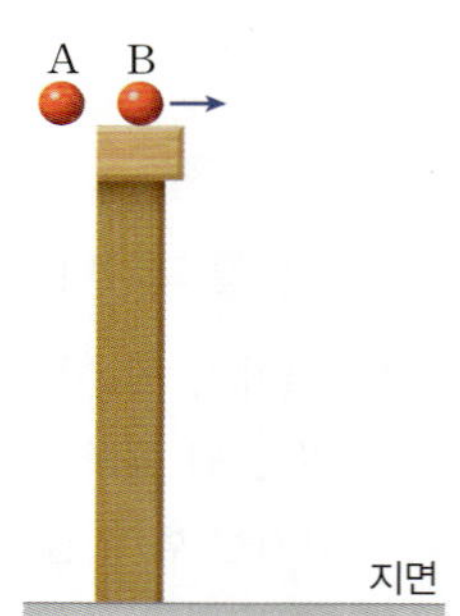

(1) A는 지구로부터 (　　　　)을/를 받아 자유 낙하 운동을 한다.
(2) B는 수평 방향으로는 (　　　　) 운동을 한다.
(3) 매 순간 A와 B의 (　　　　) 방향의 속력은 서로 같다.
(4) 지면에 닿는 순간 속력은 A가 B보다 (　　　　).

7 지구 주위에서 중력을 받아 운동하는 물체에 대한 설명으로 옳은 것은 ○, 옳지 **않은** 것은 ×로 표시하시오.

(1) 달에 작용하는 중력의 방향은 달의 운동 방향과 같다.　(　　　　)
(2) 원운동하는 인공위성에 작용하는 중력의 크기는 일정하다.　(　　　　)
(3) 지구 주위에서 원운동하는 물체에 작용하는 중력의 방향은 일정하다.　(　　　　)

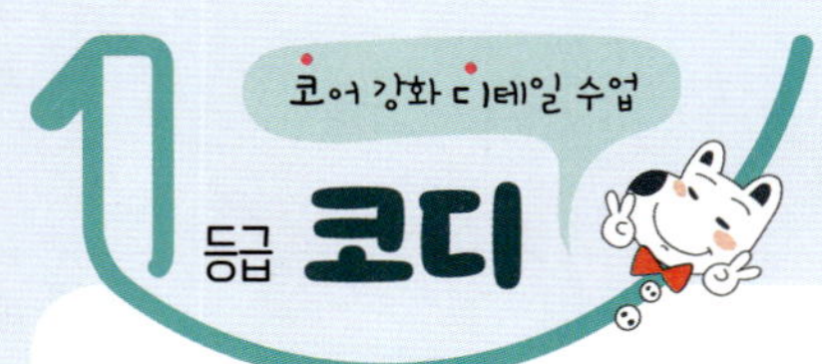

직선을 따라 운동하는 물체의 운동과 그래프

정답과 해설 45쪽

그래프를 알면 물체의 운동을 쉽게 설명할 수 있습니다. 등속 운동과 등가속도 운동을 나타낸 그래프로 물체의 운동을 설명해 봅시다.

● 등속 운동 운동 방향과 빠르기가 일정한 운동

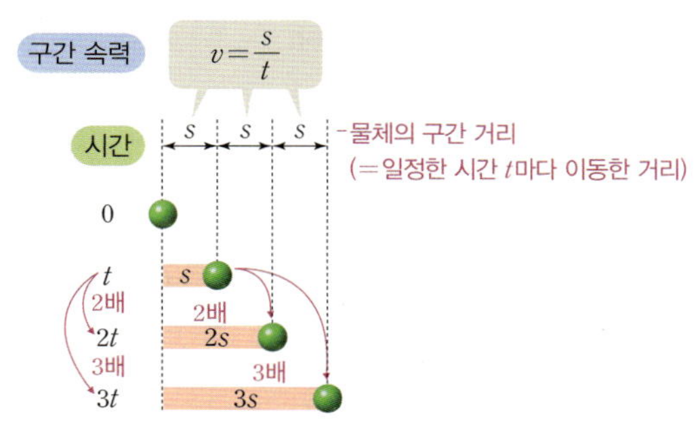

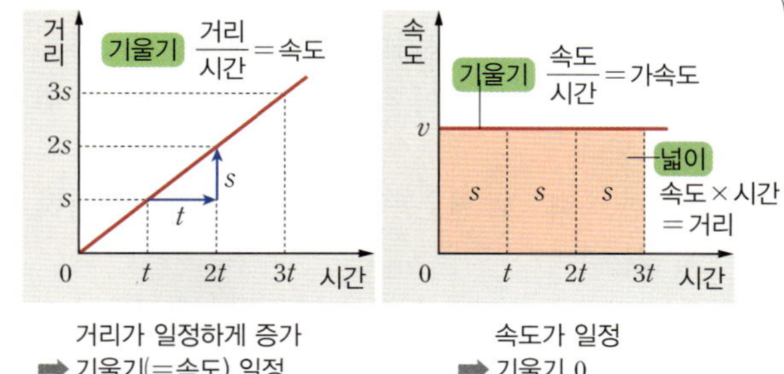

거리가 일정하게 증가
➡ 기울기(=속도) 일정

속도가 일정
➡ 기울기 0

❶ 등속 운동하는 물체의 구간 거리는 s로 일정하다. ➡ 구간 속력이 v로 일정
❷ 전체 이동 거리는 s, $2s$, $3s$로 시간에 비례하여 증가한다.

❶ 거리 – 시간 그래프에서 기울기는 속도이다.
➡ 시간이 지나도 기울기가 일정
❷ 속도 – 시간 그래프에서 넓이는 이동 거리이다.
➡ 이동 거리가 시간에 비례하여 증가

● 등가속도 운동 단위 시간당 속도 변화가 일정한 운동

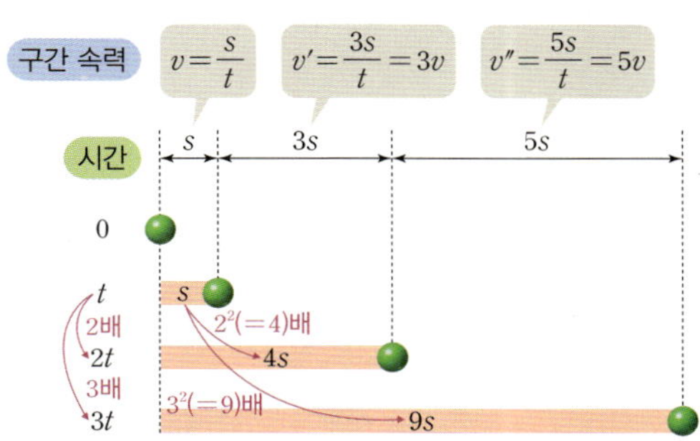

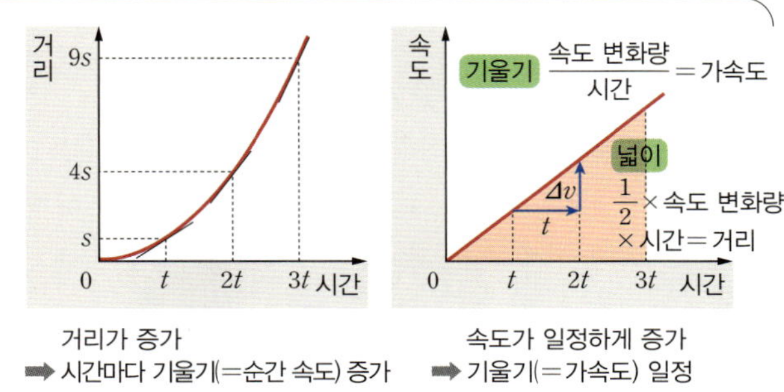

거리가 증가
➡ 시간마다 기울기(=순간 속도) 증가

속도가 일정하게 증가
➡ 기울기(=가속도) 일정

❶ 정지 상태에서 출발하여 등가속도 운동하는 물체의 구간 거리는 s, $3s$, $5s$로 증가한다. ➡ 구간 속력이 v, $3v$, $5v$로 증가
❷ 일정한 시간 t마다 구간 속력이 $2v$씩 증가한다. ➡ 가속도가 $a=\dfrac{2v}{t}$로 일정
❸ 전체 이동 거리는 s, $4s$, $9s$로 시간의 제곱에 비례하여 증가한다.

❶ 거리 – 시간 그래프에서 기울기는 속도이다.
➡ 시간이 지나면 기울기가 증가
❷ 속도 – 시간 그래프에서 기울기는 가속도이다.
➡ 시간이 지나도 기울기가 일정
❸ 속도 – 시간 그래프에서 넓이는 이동 거리이다.
➡ 이동 거리=$\dfrac{1}{2}$×속도 변화량×시간인데 속도가 시간에 비례하므로 이동 거리는 시간의 제곱에 비례하여 증가

디테일 예제

1 그림은 직선을 따라 운동하는 물체의 시간에 따른 속력을 나타낸 것이다.

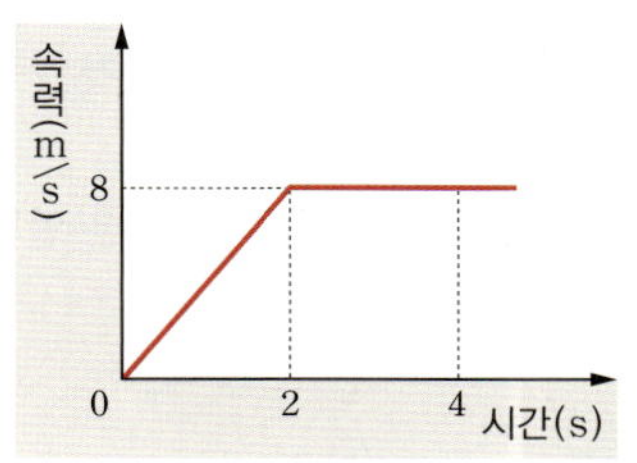

(1) 0~2초 동안 물체의 가속도는 일정하다. (○ , ×)

(2) 0~2초 동안 물체의 속력은 일정하다. (○ , ×)

(3) 0~4초 동안 물체가 이동한 거리는 32 m이다. (○ , ×)

(4) 물체의 이동 거리는 2~4초 동안이 0~2초 동안의 2배이다. (○ , ×)

(5) 0~2초 동안 물체의 전체 이동 거리는 시간에 비례하여 증가한다. (○ , ×)

(6) 0~4초 동안 물체의 평균 속력은 6 m/s이다. (○ , ×)

개념 적용하기

A 물체에 작용하는 힘과 운동

01 물체에 작용하는 힘에 대한 설명으로 옳은 것은?

① 물체에 알짜힘이 작용하면 운동 상태가 변한다.
② 운동하는 물체에 힘이 작용하지 않으면 물체가 멈추게 된다.
③ 일정한 속력으로 원운동하는 물체에는 힘이 작용하지 않는다.
④ 운동 방향에 수직으로 힘이 작용하면 물체의 속력이 빨라진다.
⑤ 운동 방향과 비스듬히 힘이 작용하면 물체의 운동 방향은 변하지 않고 속력만 변한다.

02 그림은 빗면을 따라 올라가던 물체가 최고점에서 정지하였다가 다시 내려오는 모습을 나타낸 것이다.

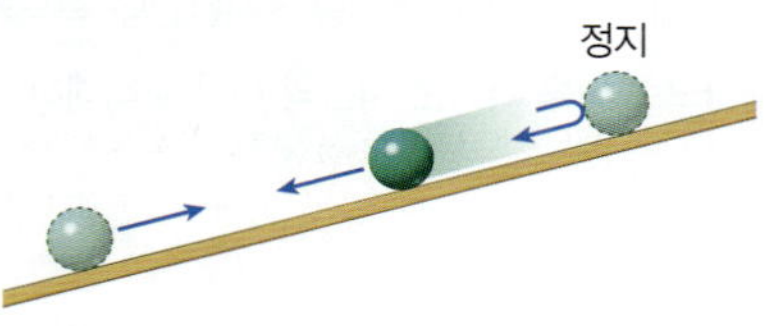

이에 대한 설명으로 옳은 것만을 보기에서 있는 대로 고른 것은? (단, 모든 마찰과 공기 저항은 무시한다.)

보기
ㄱ. 올라가는 동안 알짜힘과 속도의 방향은 같다.
ㄴ. 최고점에서 물체에 작용하는 알짜힘은 0이다.
ㄷ. 내려오는 동안 알짜힘의 방향은 운동 방향과 같다.

① ㄱ ② ㄷ ③ ㄱ, ㄴ
④ ㄴ, ㄷ ⑤ ㄱ, ㄴ, ㄷ

B 중력과 역학 시스템

03 그림은 물체 A, B 사이에 작용하는 중력을 나타낸 것이다. 질량은 A가 B보다 크다.

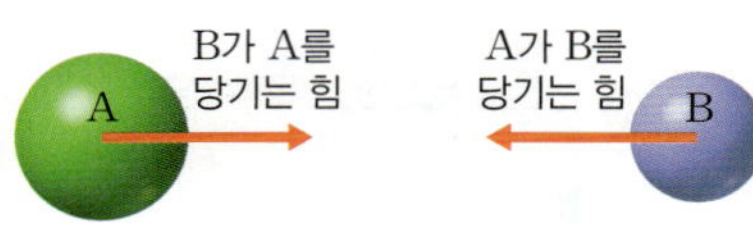

이에 대한 설명으로 옳은 것만을 보기에서 있는 대로 고른 것은?

보기
ㄱ. 중력은 질량이 있는 물체 사이의 상호작용이다.
ㄴ. A가 B를 당기는 힘의 크기는 B가 A를 당기는 힘의 크기보다 크다.
ㄷ. A와 B 사이의 거리가 멀어지면 A가 B를 당기는 힘의 크기는 감소한다.

① ㄱ ② ㄷ ③ ㄱ, ㄴ
④ ㄱ, ㄷ ⑤ ㄴ, ㄷ

04 그림 (가)~(다)는 지표면이나 지구 주위에서 일어나는 자연 현상을 나타낸 것이다.

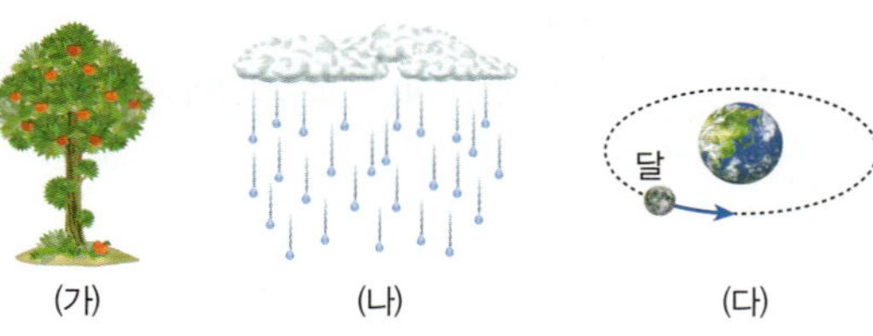

이에 대한 설명으로 옳은 것만을 보기에서 있는 대로 고른 것은?

보기
ㄱ. 나무에 매달린 사과에는 중력이 작용하지 않는다.
ㄴ. 빗방울이 아래로 떨어지는 것은 중력이 작용하기 때문이다.
ㄷ. 달에 작용하는 중력의 방향은 일정하다.

① ㄱ ② ㄴ ③ ㄱ, ㄴ
④ ㄱ, ㄷ ⑤ ㄴ, ㄷ

C 지구 표면에서 물체의 운동

05 그림은 마찰이 없는 수평면에서 정지해 있던 물체가 일정한 가속도로 운동하여 4초 후 속력이 $12\,\text{m/s}$가 된 모습을 나타낸 것이다.

물체의 가속도의 크기는?

① $2\,\text{m/s}^2$　　　② $3\,\text{m/s}^2$　　　③ $4\,\text{m/s}^2$

④ $6\,\text{m/s}^2$　　　⑤ $12\,\text{m/s}^2$

06 그림은 질량이 다른 물체 A, B를 같은 높이에서 가만히 놓아 자유 낙하시키는 모습을 나타낸 것이다. 질량은 A가 B보다 크다.
A, B의 운동에 대한 설명으로 옳은 것은? (단, 물체의 크기는 무시한다.)

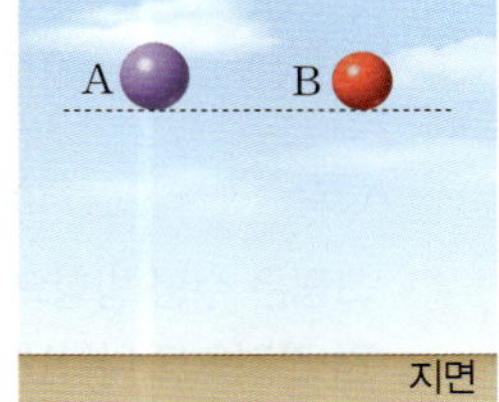

① 가속도는 A가 B보다 크다.
② 물체에 작용하는 중력의 크기는 서로 같다.
③ A에 작용하는 중력은 점점 감소한다.
④ 지면에 도달하기 직전 속력은 A가 B보다 빠르다.
⑤ 지면까지 낙하하는 데 걸린 시간은 A와 B가 같다.

중요
07 그림은 자유 낙하하는 물체의 속력을 시간에 따라 나타낸 것이다.

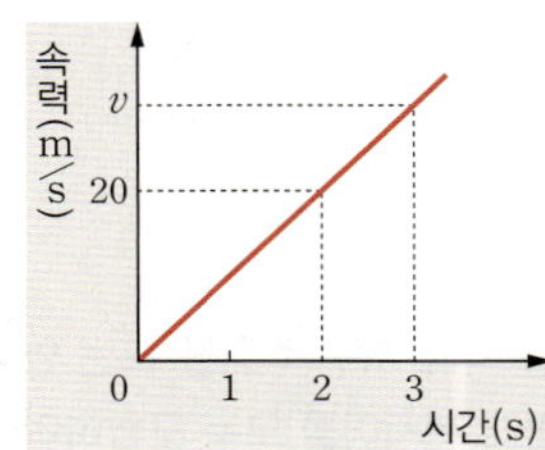

1~3초 동안 물체가 낙하한 거리 s와 3초일 때 물체의 속력 v로 옳은 것은?

	$s(\text{m})$	$v(\text{m/s})$		$s(\text{m})$	$v(\text{m/s})$
①	40	25	②	40	30
③	45	25	④	45	30
⑤	60	25			

08 그림은 물체를 $10\,\text{m/s}$의 속력으로 수평 방향으로 던졌더니 2초 후 물체가 지면에 도달한 모습을 나타낸 것이다.

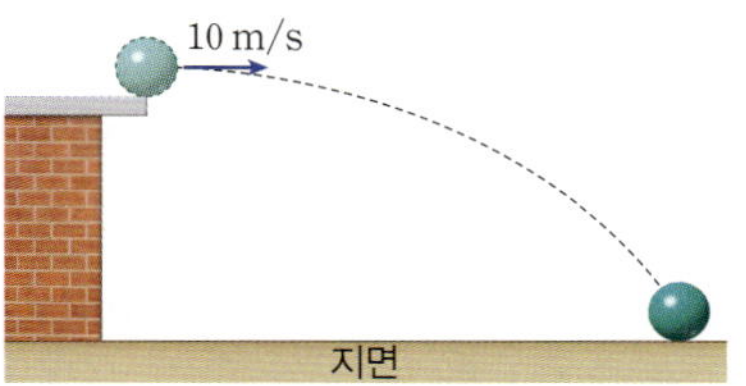

물체의 운동에 대한 설명으로 옳은 것만을 보기에서 있는 대로 고른 것은? (단, 중력 가속도는 $10\,\text{m/s}^2$이고, 공기 저항은 무시한다.)

보기
ㄱ. 물체의 수평 방향 가속도는 0이다.
ㄴ. 물체가 수평 방향으로 이동한 거리는 20 m이다.
ㄷ. 지면에 도달하기 직전 물체의 속력은 20 m/s이다.

① ㄴ　　　② ㄷ　　　③ ㄱ, ㄴ

④ ㄱ, ㄷ　　　⑤ ㄱ, ㄴ, ㄷ

중요
09 그림은 물체 A를 가만히 놓는 순간 물체 B를 수평 방향으로 던진 후 A, B의 위치를 일정한 시간 간격으로 나타낸 것이다. A, B의 질량은 같다.

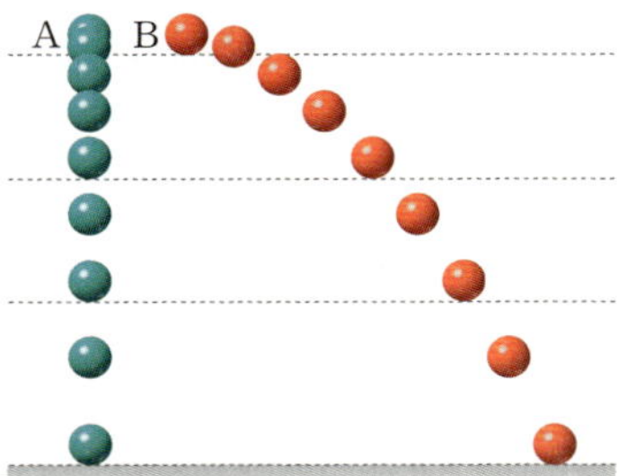

이에 대한 설명으로 옳은 것만을 보기에서 있는 대로 고른 것은? (단, 공기 저항은 무시한다.)

보기
ㄱ. 물체에 작용하는 중력의 크기는 같다.
ㄴ. 같은 높이에서 속력은 B가 A보다 크다.
ㄷ. 가속도의 크기는 B가 A보다 크다.

① ㄱ　　　② ㄷ　　　③ ㄱ, ㄴ

④ ㄴ, ㄷ　　　⑤ ㄱ, ㄴ, ㄷ

10 그림은 물체 A와 B를 수평 방향으로 같은 속력으로 던지는 모습을 나타낸 것이다. 처음 높이는 A가 B의 2배이다.

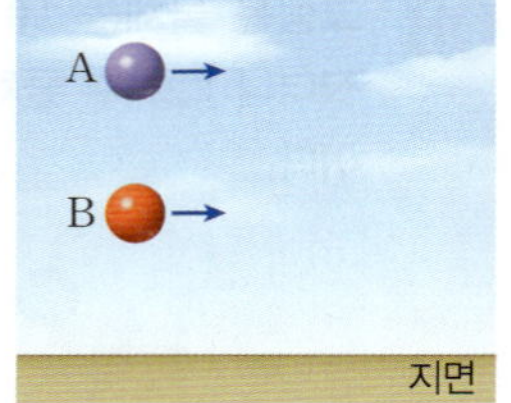

지면에 도달할 때까지 B가 수평 방향으로 이동한 거리를 L이라고 할 때 지면에 도달할 때까지 A가 수평 방향으로 이동한 거리는? (단, 공기 저항은 무시한다.)

① L ② $\sqrt{2}L$ ③ $\sqrt{3}L$ ④ $2L$ ⑤ $4L$

D 지구 주위에서의 운동

11 다음은 뉴턴의 사고 실험에 관한 설명이다.

> 지구에서 물체를 수평 방향으로 던지면 운동 경로가 아래로 휘어지며 지구 표면에 떨어지는 운동을 한다. 물체를 던지는 속력을 빠르게 할수록 점점 더 먼 거리를 날아가 떨어지는데, ㉠물체를 어떤 특정한 속력으로 던지면 물체가 지구 주위를 돌게 된다.

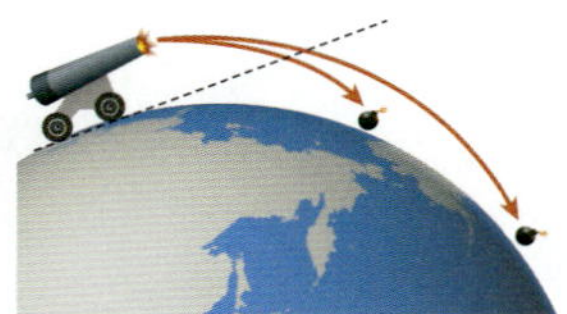

㉠에 대한 설명으로 옳은 것만을 보기에서 있는 대로 고른 것은?

보기
ㄱ. 물체에는 중력이 작용하지 않는다.
ㄴ. 물체는 지구 중심 방향의 가속도 운동을 한다.
ㄷ. 이 실험으로 인공위성이 지구 주위를 도는 원리를 설명할 수 있다.

① ㄱ ② ㄴ ③ ㄱ, ㄴ
④ ㄴ, ㄷ ⑤ ㄱ, ㄴ, ㄷ

12 원 궤도를 따라 지구를 공전하는 달의 운동에 대한 설명으로 옳은 것은?

① 달에 작용하는 알짜힘은 0이다.
② 달에 작용하는 중력의 방향은 일정하다.
③ 달에 작용하는 중력의 크기는 일정하다.
④ 달에 작용하는 중력 방향과 달의 운동 방향은 같다.
⑤ 달에 작용하는 중력은 지구에 작용하는 중력보다 크다.

13 그림은 운동하는 물체에 힘 F_1, F_2가 각각 운동 방향, 운동 방향에 수직인 방향으로 동시에 작용하는 모습을 나타낸 것이다.

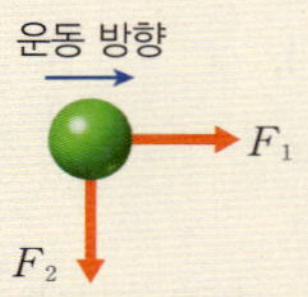

두 힘이 물체의 운동에 미치는 영향을 각각 쓰고, 이 물체의 운동 상태가 어떻게 변할지 아래 제시어를 모두 포함하여 서술하시오.

제시어
• 속력   • 운동 방향   • 힘

14 그림은 수평 방향으로 던진 물체의 위치를 일정한 시간 간격으로 나타낸 것이다.

이 물체의 운동을 아래 제시어를 모두 포함하여 서술하시오. (단, 공기 저항은 무시한다.)

제시어
• 등가속도 운동   • 등속 운동   • 수평 방향
• 연직 방향   • 중력   • 힘

15 원 궤도를 따라 지구 주위를 도는 인공위성의 운동의 특징을 아래 제시어를 모두 포함하여 서술하시오.

제시어
• 가속도 운동   • 가속도의 방향
• 가속도의 크기   • 중력

01 그림은 마찰이 없는 수평면의 점 a에 정지해 있던 물체에 힘을 작용했을 때 물체가 점 b를 지나 점 c에서 정지한 모습을 나타낸 것이다. 물체에는 a에서 b까지는 힘 F_1이 작용하였고, b에서 c까지는 힘 F_2와 F_3이 작용하였으며 F_1과 F_2의 방향은 같다.

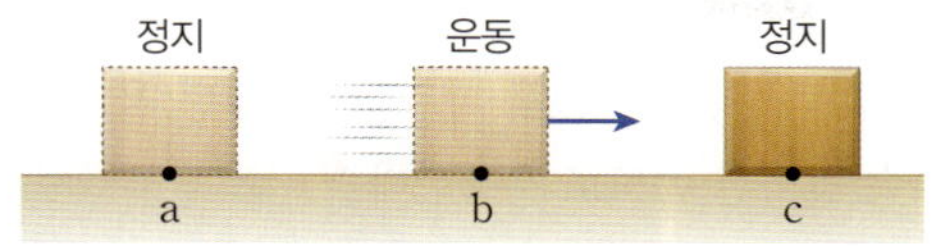

이에 대한 설명으로 옳은 것만을 보기에서 있는 대로 고른 것은? (단, 물체의 크기는 무시한다.)

보기
ㄱ. F_1은 운동 방향과 나란한 방향으로 작용한다.
ㄴ. 힘의 크기는 F_2가 F_3보다 크다.
ㄷ. F_1과 F_3의 방향은 같다.

① ㄱ 　　② ㄴ　　　 ③ ㄱ, ㄴ
④ ㄱ, ㄷ　　 ⑤ ㄴ, ㄷ

02 그림과 같이 0초일 때 물체 A는 수평 방향으로 20 m/s의 속력으로 던지고 물체 B는 가만히 놓았더니 1초일 때 A와 B가 충돌하였다.

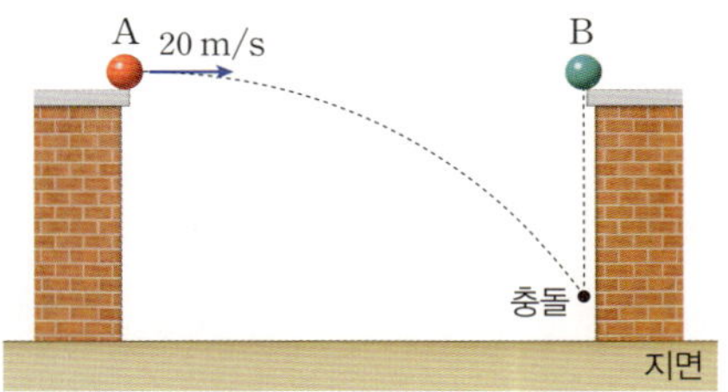

이에 대한 설명으로 옳은 것만을 보기에서 있는 대로 고른 것은? (단, 중력 가속도는 $10 \ m/s^2$이고, 물체의 크기와 공기 저항은 무시한다.)

보기
ㄱ. 가속도의 크기는 A가 B보다 크다.
ㄴ. 0~1초 동안 A가 수평 방향으로 이동한 거리는 B가 낙하한 거리의 4배이다.
ㄷ. A를 더 빠른 속력으로 던지면 충돌하지 않는다.

① ㄱ 　　② ㄴ　　　 ③ ㄱ, ㄷ
④ ㄴ, ㄷ　　 ⑤ ㄱ, ㄴ, ㄷ

03 그림은 기준선 P에서 물체 A를 수평 방향으로 던지는 순간 기준선 Q에서 물체 B는 가만히 놓고 물체 C는 수평 방향으로 A와 같은 속력으로 던지는 모습을 나타낸 것이다. 지면으로부터 높이는 P가 Q의 2배이고, B는 2초 후에 지면에 도달하였다.

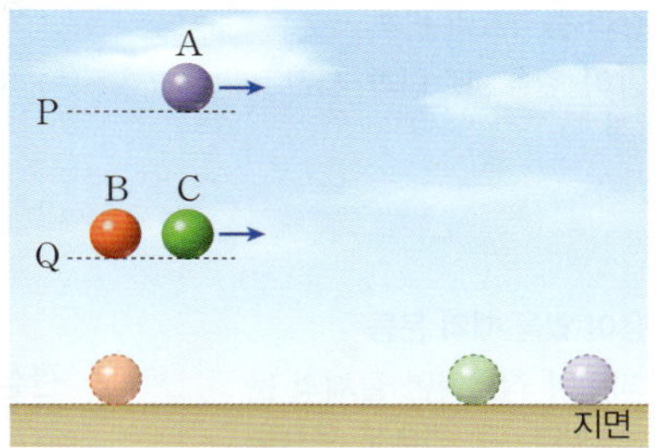

이에 대한 설명으로 옳은 것만을 보기에서 있는 대로 고른 것은? (단, 물체의 크기와 공기 저항은 무시한다.)

보기
ㄱ. A는 4초일 때 지면에 도달한다.
ㄴ. 지면에 도달할 때까지 수평 방향으로 이동한 거리는 A가 C의 $\sqrt{2}$배이다.
ㄷ. 지면에 도달하기 직전 속력은 B와 C가 같다.

① ㄴ 　　② ㄷ　　　 ③ ㄱ, ㄷ
④ ㄴ, ㄷ　　 ⑤ ㄱ, ㄴ, ㄷ

04 그림은 지표면으로부터 같은 높이에서 질량이 같은 포탄 A, B, C를 수평 방향으로 쏘았을 때, 세 포탄의 운동 경로를 나타낸 것이다. C는 지구 주위를 한 바퀴 원운동하였다.

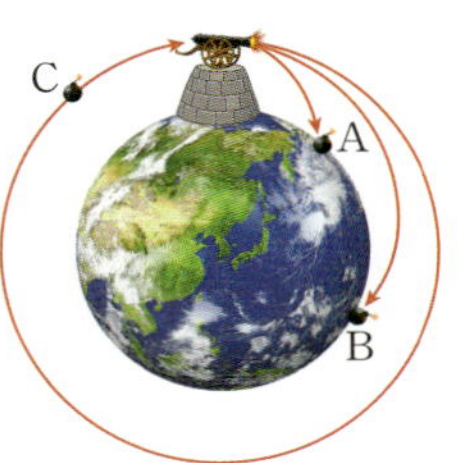

이에 대한 설명으로 옳은 것만을 보기에서 있는 대로 고른 것은? (단, 중력 가속도는 일정하고, 공기 저항은 무시한다.)

보기
ㄱ. 포탄을 쏜 속력은 C>B>A이다.
ㄴ. 운동하는 동안 C에는 중력이 작용하지 않는다.
ㄷ. 운동하는 동안 A, B, C의 가속도 크기는 같다.

① ㄱ 　　② ㄴ　　　 ③ ㄷ
④ ㄱ, ㄷ　　 ⑤ ㄱ, ㄴ, ㄷ

13 충돌과 안전장치

내 교과서와 비교
동아 120~127쪽
미래엔 132~137쪽
비상 118~123쪽
지학사 130~135쪽
천재 128~133쪽

❶ 상호작용이 있을 때의 운동

물체에 알짜힘이 작용하면 물체의 운동 상태가 변한다. 즉, 가속도 운동을 한다. 이때 물체의 질량이 작을수록, 물체에 작용하는 알짜힘이 클수록 물체의 가속도가 커진다. 이를 가속도 법칙이라고 한다.

＋동아, 비상 교과서에 있어요
❷ 갈릴레이의 사고 실험

갈릴레이는 사고 실험을 통해 마찰이 없는 면에서 운동하는 물체의 관성을 설명하였다.

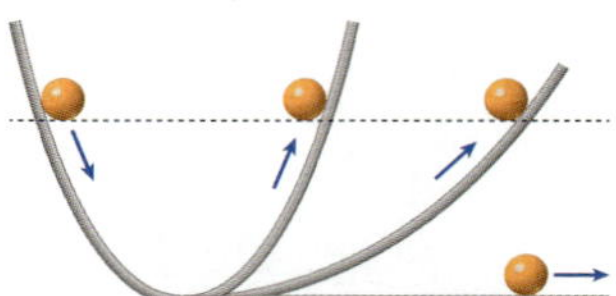

마찰이 없는 빗면의 한 점에 공을 놓으면 공은 빗면의 기울기와 관계없이 처음 높이까지 굴러 올라간다. 그러나 빗면의 기울기가 낮아져 수평이 되면 공이 처음 높이까지 올라갈 수 없으므로 관성에 의해 계속 등속 운동을 한다.

❸ 운동량의 방향

운동량은 속도를 이용하여 나타내는데, 속도는 방향을 포함하는 물리량이므로 운동량도 방향이 있다. 이때 운동량의 방향은 속도의 방향과 같다.
물체가 직선상에서 운동할 때 어느 한쪽 방향을 (＋)으로 나타내면 반대 방향은 (−)으로 나타낸다.

A 관성

1 관성 물체에 상호작용이 없을 때❶ 물체가 현재의 운동 상태를 유지하려는 성질
└ 알짜힘이 작용하지 않을 때

① 관성 법칙: 물체에 외부에서 힘이 작용하지 않을 때 정지해 있던 물체는 계속 정지해 있고, 운동하던 물체는 계속 일정한 속도로 운동한다.❷ └ 등속 운동을 한다.

② 관성의 크기: 질량이 큰 물체일수록 관성이 크다. ➡ 자전거와 버스가 같은 속도로 운동할 때 질량이 큰 버스가 자전거보다 운동 상태를 바꾸기 어렵다.
└ 멈추거나 운동 방향을 바꾸기 어렵다.

2 관성에 의한 현상

정지해 있는 물체의 관성

버스가 갑자기 출발하면 계속 정지해 있으려는 관성 때문에 승객의 몸이 뒤로 쏠린다.

동전이 놓인 카드를 손가락으로 빠르게 튕기면, 동전은 계속 정지해 있으려는 관성 때문에 그대로 있고 카드만 빼낼 수 있다.

운동하고 있는 물체의 관성

버스가 갑자기 정지하면 버스와 같은 속도로 계속 운동하려는 관성 때문에 승객의 몸이 앞으로 쏠린다.

걷다가 발이 돌에 걸리면 계속 운동하려는 관성 때문에 몸은 앞으로 나아가려고 하므로 중심을 잃는다.

B 운동량과 충격량

1 운동량 운동하는 물체의 질량과 속도를 곱한 물리량

$$운동량(p) = 질량(m) \times 속도(v) \ (단위: kg \cdot m/s)$$

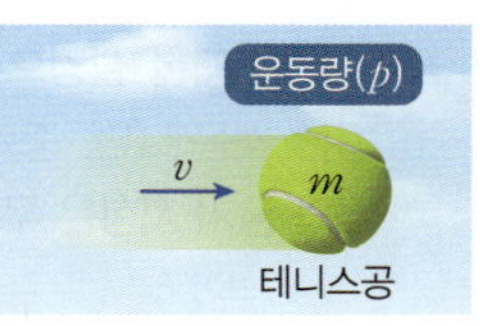

▲ 공의 운동량

① 운동량의 크기: 물체의 질량이 클수록, 속도가 클수록 운동량이 크다.

· 질량이 같은 볼링공을 던질 때, 속도가 큰 볼링공의 운동량이 크다.

· 야구공과 기차가 각각 150 km/h의 속도로 운동할 때, 질량이 큰 기차의 운동량이 야구공보다 크다.

· 정지한 물체는 속도가 0이므로 운동량이 0이다.

② 운동량의 방향❸: 속도의 방향과 같다. └ 물체의 운동 방향과 같다.

2 충격량 물체에 힘이 작용할 때 물체에 작용한 힘과 힘이 작용한 시간을 곱한 물리량

힘이 시간 t 동안 작용

힘 F

▲ 물체가 받은 충격량

$$충격량(I) = 힘(F) \times 힘이\ 작용한\ 시간(\varDelta^{\text{④}}t)\ (단위: N \cdot s)$$

① **충격량의 크기**: 물체에 힘이 작용할 때 힘의 크기가 클수록, 힘이 작용하는 시간이 길수록 충격량이 크다.
- 일정한 크기의 힘이 작용할 때 힘이 작용한 시간이 길수록 충격량이 증가한다.
- 충격량의 크기가 일정할 때 힘이 작용한 시간이 길수록 힘의 크기는 감소한다.

② **충격량의 방향**: 물체에 작용하는 힘의 방향과 같다.

③ **힘–시간 그래프와 충격량**: 물체에 작용한 힘과 시간의 관계를 나타낸 그래프에서 충격량의 크기는 그래프 아랫부분의 넓이와 같다.
  - 힘이 일정할 때, 힘이 일정하지 않을 때, 힘이 일정하게 변할 때 모두 그래프 아랫부분의 넓이는 충격량의 크기와 같다.

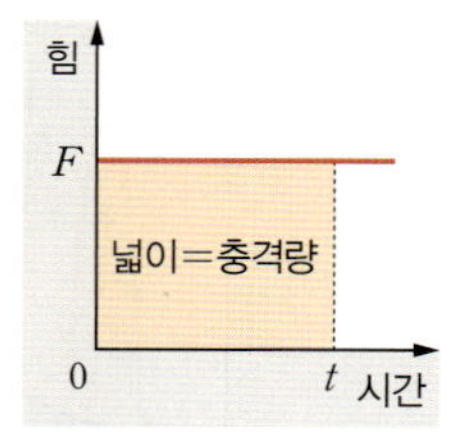

▲ 힘이 일정할 때

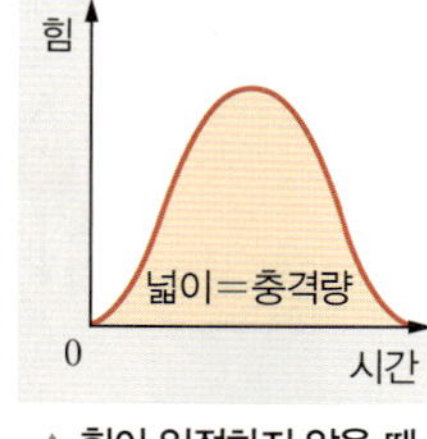

▲ 힘이 일정하지 않을 때

3 운동량과 충격량의 관계

① 물체에 일정한 시간 동안 힘이 작용하면 물체의 속도가 변하므로 운동량이 변한다. 즉, 물체가 받은 충격량만큼 물체의 운동량이 변한다.❺❻
  ┌ 힘이 작용하면 물체의 운동 상태가 변한다.

$$충격량 = 운동량의\ 변화량 = 나중\ 운동량 - 처음\ 운동량$$

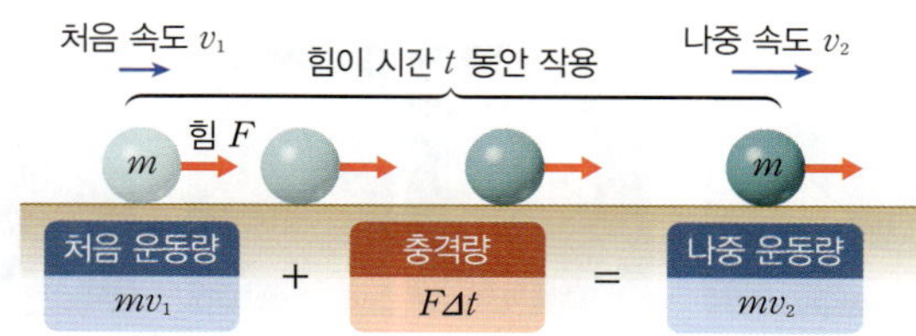

② 운동 방향으로 충격량을 받으면 운동량이 증가하고, 운동 방향과 반대 방향으로 충격량을 받으면 운동량이 감소한다. ─ 충격량 방향이 힘 방향이므로 힘과 운동 방향의 관계와 같다.

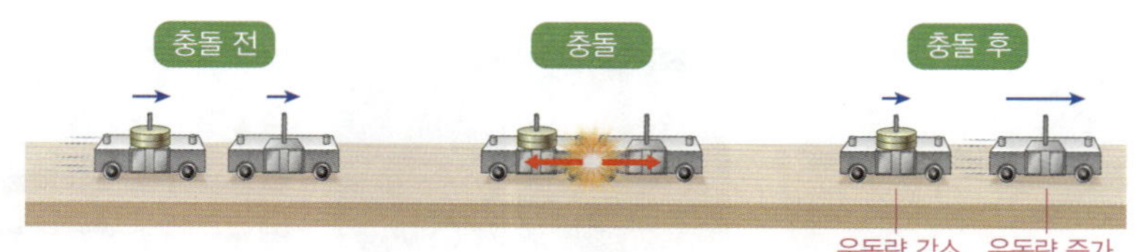

➡ 두 물체가 주고받은 충격량의 크기가 같으면 운동량 변화량의 크기도 같으므로 질량이 작은 물체일수록 속도 변화가 더 크다.

③ 물체가 받은 충격량이 클수록 운동량의 변화량이 커진다. ➡ 물체에 큰 힘을 주거나 힘을 작용하는 시간이 길어지면 물체의 운동량이 더 크게 변한다.

충격량과 운동량 변화량의 관계

면봉의 충격량이 클수록 속도 변화가 크므로 더 멀리 날아간다.

빨대의 길이에 따라 힘을 받는 시간이 달라진다.

❶ 긴 빨대 A의 입구 근처에 면봉을 넣고 바람을 다른 세기로 불어 본다.
  ➡ 바람을 세게 불수록 면봉이 받는 충격량이 커지므로 멀리 날아간다.
❷ 긴 빨대 A와 짧은 빨대 B의 입구 근처에 면봉을 넣고 바람을 같은 세기로 불어 본다.
  ➡ 빨대가 길수록 면봉이 힘을 받는 시간이 길어지므로 충격량이 커져 멀리 날아간다.

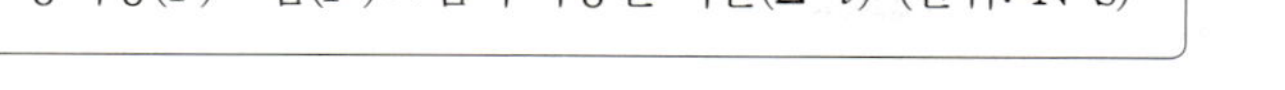

④ $\varDelta$ (델타)

$\varDelta$(델타)는 물리량의 변화량을 나타낼 때 사용하는 그리스 문자로, 시간 변화량은 $\varDelta t$, 속도 변화량은 $\varDelta v$로 나타낼 수 있다.

❺ 단위로 이해하는 운동량과 충격량의 관계

충격량의 단위는 $N \cdot s$이다. 이때 N은 힘의 단위로, $N = kg \cdot m/s^2$이다. 따라서 $[N \cdot s] = [kg \cdot m/s^2] \times [s] = [kg \cdot m/s]$이므로, 충격량의 단위는 운동량의 단위와 같다.

＋ 미래엔 교과서에 있어요
❻ 자유 낙하 운동하는 물체에서 운동량과 충격량의 관계

자유 낙하하는 물체의 속도 변화량은 중력 가속도와 낙하 시간의 곱이므로 운동량의 변화량은 다음과 같다.
운동량의 변화량
  ＝질량×(중력 가속도×낙하 시간)
한편, 자유 낙하하는 물체가 받은 충격량은 물체에 작용하는 중력과 낙하 시간의 곱이고, 중력은 질량과 중력 가속도의 곱이므로 다음과 같다.
충격량＝중력×낙하 시간
  ＝(질량×중력 가속도)×낙하 시간
따라서 자유 낙하하는 물체에 작용하는 충격량은 운동량의 변화량과 같다.

✚ 천재, 지학사 교과서에 있어요

❼ 물체가 충돌할 때 받는 평균 힘

일반적으로 충돌하는 물체에 작용하는 힘의 크기는 일정하지 않고 시간에 따라 변한다. 이때 충격량을 힘이 작용한 시간으로 나누어 평균 힘을 구할 수 있다.

$$평균\ 힘(\overline{F}) = \frac{충격량(I)}{시간(\Delta t)}$$

$$= \frac{운동량의\ 변화량(\Delta p)}{시간(\Delta t)}$$

❽ 충돌할 때 받는 힘 때문에 물체의 모양이 변하는 경우

· 힘은 물체의 운동 상태나 모양을 바꾼다.
· 물체가 충돌할 때 깨지는 것은 물체가 받는 힘의 최댓값이 물체가 버틸 수 있는 한계를 넘어섰기 때문이다.
· 충돌 시간이 길면 충돌할 때 받는 힘의 최댓값이 물체가 버틸 수 있는 한계를 넘지 않는다.

❾ 안전사고를 예방하기 위한 여러 가지 안전장치

· 자전거 안장: 안장 아래에 용수철이 있어 자전거를 타는 동안 바닥으로부터 충격을 받는 시간을 길게 하여 충격을 줄여 준다.
· 운동 선수의 보호대: 경기에서 선수끼리 충돌이 일어날 때 보호대가 압축되면서 충돌 시간을 길게 하여 몸이 받는 충격을 줄여 준다.
· 어린이 보호 구역의 안전 속도: 자동차의 속도를 줄이면 자동차가 멈추기까지 자동차의 운동량의 변화량이 작아지므로 자동차와 충돌할 때 사람에게 작용하는 충격량의 크기가 작아져 피해를 줄일 수 있다.
  충격량의 크기 자체를 줄이는 것도 피해를 줄이는 방법 중 하나이다.

C 충격을 줄이기 위한 방법

1 충격량이 같을 때 힘과 시간의 관계 충격량은 힘과 시간의 곱이므로 충격량이 같을 때 물체에 작용한 힘과 시간은 반비례한다.❼ ➡ 물체가 받은 충격량이 같을 때 힘이 작용한 시간이 길수록 물체가 받는 힘의 최댓값이 작아진다.

> **충돌할 때 받는 힘과 시간의 관계**
>
> ❶ 달걀 A, B는 자유 낙하 운동을 하므로 같은 높이에서 연직 방향의 속력이 같다. 따라서 바닥과 충돌 직전 A, B의 운동량은 같고, 충돌 후 정지하므로 충돌 후 운동량도 0으로 같다.
>   ➡ 달걀의 운동량 변화량이 같다.=달걀이 받은 충격량의 크기가 같다.=힘−시간 그래프에서 아랫부분의 넓이는 같다.
> ❷ 딱딱한 나무판에 충돌한 A보다 푹신한 방석에 충돌한 B가 충돌하는 시간이 길다.

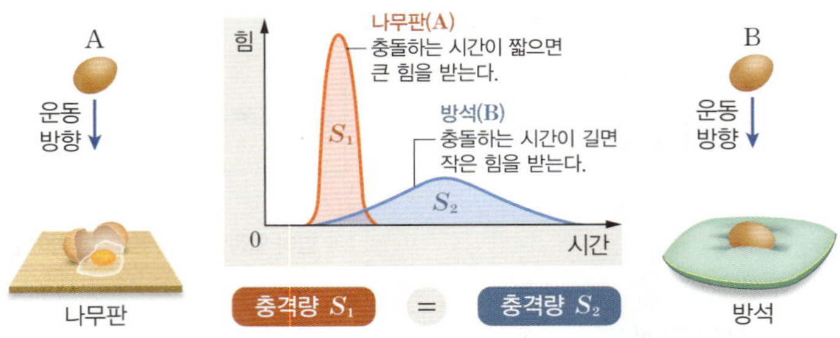

> · A, B가 받은 충격량은 같은데, 충돌 시간은 B가 A보다 길므로 충돌할 때 받는 힘은 B가 A보다 작아 B는 잘 깨지지 않는다.❽

2 충돌과 안전장치 충돌 과정에서 관성에 의해 사람의 몸이 계속 움직이려는 것을 방지하거나, 힘이 작용하는 시간을 길게 하여 사람이 받는 힘의 크기를 작아지게 한다.❾
충돌에 의한 피해는 충격량이 클 때보다 충돌하는 동안 받는 평균 힘 또는 힘의 최댓값이 클 때 그 피해가 더 크다.

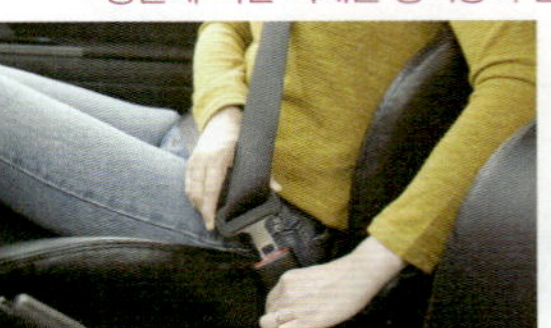
안전띠
달리던 자동차가 갑자기 정지할 때 관성에 의해 몸이 앞으로 튀어 나가는 것을 막아 준다.

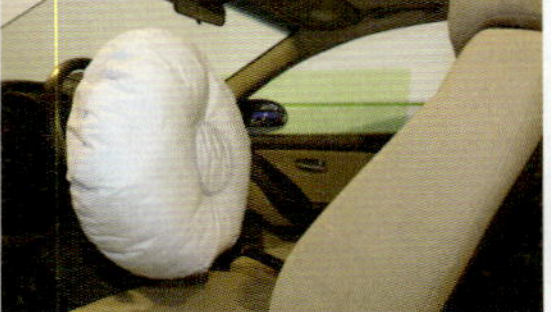
에어백
몸이 차 내부에 부딪칠 때 충돌 시간을 길게 하여 충격을 줄여 준다.

범퍼 − 내부가 비어 있어 잘 찌그러진다.
충돌 시 찌그러지면서 충돌 시간을 길게 하여 충격을 줄여 준다.

보호 난간
자동차가 충돌할 때 찌그러지며 멈추는 시간을 길게 하여 탑승자가 받는 힘을 줄여 준다.

포수용 글러브
두툼하게 만들어서 야구공을 잡을 때 충돌 시간을 길게 하여 손이 받는 힘을 줄여 준다.

경기용 안전 매트 − 탄성이 있다.
몸이 바닥에 떨어질 때 충돌 시간을 길게 하여 운동 선수가 받는 힘을 줄여 준다.

안전모
충격 흡수재는 충돌 시간을 길게 하여 머리가 받는 힘을 줄여 주고, 턱 끈은 관성에 의해 안전모가 벗겨지는 것을 막는다.

공기가 든 충전재
상품이 다른 물체나 상자에 부딪칠 때 충돌 시간을 길게 하여 상품이 받는 힘을 줄여 주므로 상품이 깨지는 것을 막아 준다.

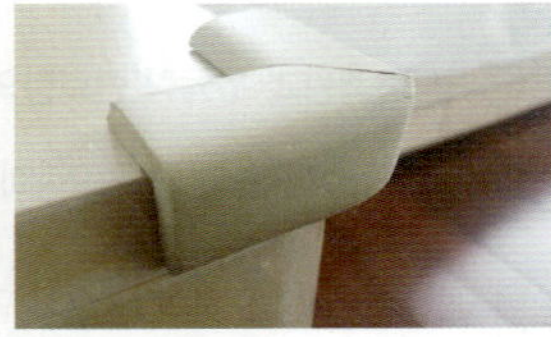
모서리 보호대
푹신한 보호대로 모서리를 덮어 모서리와 사람이 부딪칠 때 충돌 시간을 길게 하여 충격을 줄여 준다.

1 다음 ( ) 안에 알맞은 말을 쓰시오.

(1) ( )은 상호작용이 없을 때 물체가 운동 상태를 그대로 유지하려는 성질이다.

(2) ( )이 큰 물체일수록 관성이 크다.

2 질량이 5 kg인 물체가 10 m/s의 속력으로 운동하고 있다. 물체의 운동량의 크기를 구하시오.

3 어떤 물체에 10 N의 힘을 1분 동안 작용하였다. 물체가 받은 충격량의 크기를 구하시오.

4 다음 ( ) 안에 알맞은 말을 쓰시오.

(1) 물체의 질량이 같을 때 속도가 클수록 운동량의 크기가 ( ).

(2) 물체가 받은 충격량은 ( )와/과 같다.

(3) 물체에 일정한 크기의 힘이 작용할 때 힘이 작용하는 시간이 짧을수록 충격량이 ( ).

(4) 충격량이 일정할 때 충돌 시간이 길수록 충돌할 때 받는 힘의 크기가 ( ).

5 그림 (가), (나)는 질량이 같고 정지해 있던 물체 A, B에 작용한 힘을 시간에 따라 나타낸 것이다. (가), (나)에서 그래프와 시간 축이 이루는 넓이는 S로 같다.

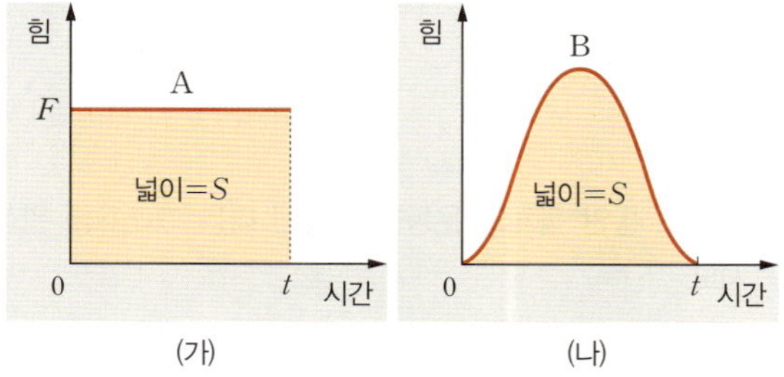

이에 대한 설명으로 옳은 것은 ○, 옳지 <u>않은</u> 것은 ×로 표시하시오.

(1) A에 작용하는 힘의 크기는 일정하다. ( )

(2) A, B가 받은 충격량의 크기는 같다. ( )

(3) 시간 t일 때 A, B의 속력은 같다. ( )

(4) A, B가 받는 힘의 평균값은 같다. ( )

6 그림은 질량 2 kg인 물체가 정지 상태에서 5초 동안 자유 낙하하여 지면에 충돌한 후 정지한 모습을 나타낸 것이다.

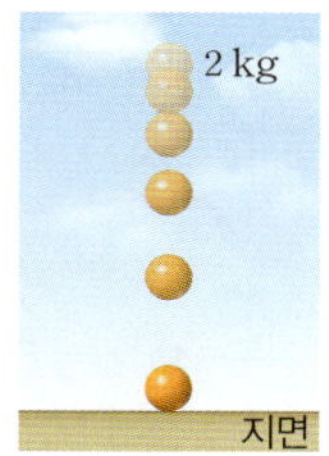

이에 대한 설명으로 옳은 것은 ○, 옳지 <u>않은</u> 것은 ×로 표시하시오. (단, 중력 가속도의 크기는 10 m/s²이다.)

(1) 물체에 작용한 중력의 크기는 20 N이다. ( )

(2) 5초 동안 물체가 중력으로부터 받은 충격량의 크기는 50 N·s이다. ( )

(3) 충돌 직전 물체의 운동량의 크기는 100 kg·m/s이다. ( )

(4) 충돌 직전 물체의 속력은 50 m/s이다. ( )

(5) 지면과 충돌하는 동안 물체가 지면으로부터 받은 충격량은 50 N·s이다. ( )

(6) 물체가 중력으로부터 받은 충격량의 크기와 지면으로부터 받은 충격량의 크기는 같다. ( )

7 그림은 같은 높이에서 동일한 달걀 A, B를 가만히 놓아 각각 나무판과 방석에 충돌시킬 때 충돌하는 순간부터 정지할 때까지 나무판과 방석이 달걀에 작용한 힘을 시간에 따라 나타낸 것이다.

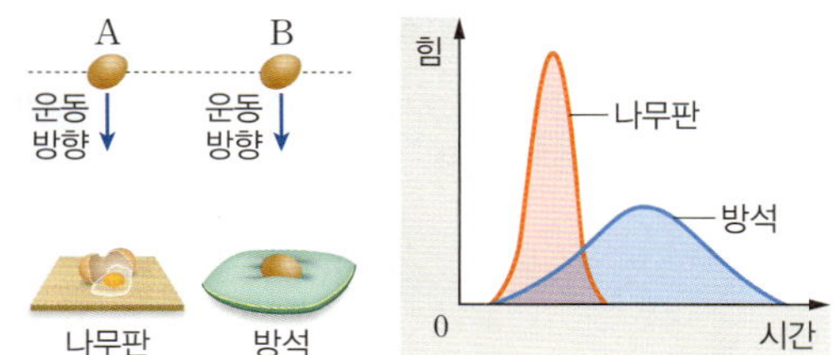

다음 ( ) 안에 등호 또는 부등호를 넣어 각 물리량의 크기를 비교하시오. (단, 나무판과 방석에 충돌하는 동안 달걀에 작용하는 중력은 무시한다.)

(1) 충돌 직전 A의 운동량 ( ) 충돌 직전 B의 운동량

(2) 충돌하는 동안 A가 받은 충격량 ( ) 충돌하는 동안 B가 받은 충격량

(3) A가 나무판과 충돌하는 시간 ( ) B가 방석과 충돌하는 시간

(4) A가 받은 힘의 평균값 ( ) B가 받은 힘의 평균값

힘, 가속도, 운동량, 충격량의 관계

정답과 해설 48쪽

물체에 힘이 작용할 때 물체의 가속도, 운동량, 충격량을 모두 물어볼 수 있습니다. 이들의 관계를 파악하여 고난도 문제에 대비해 봅시다.

강의 영상

● 물체에 알짜힘이 작용할 때

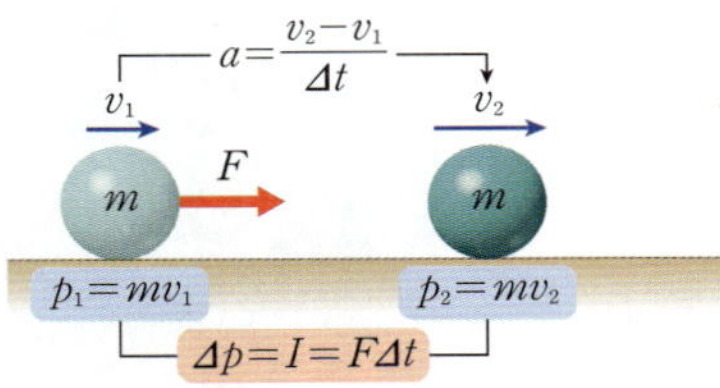

물체에 알짜힘이 작용하면 물체의 운동 상태가 변한다.
→ 알짜힘이 작용하면 속도가 변한다.
→ 알짜힘이 작용하면 운동량이 변한다.
→ 알짜힘이 작용할 때 운동량의 변화량은 물체가 받은 충격량과 같다.

디테일 Point

힘과 질량 및 가속도의 관계는 물리학에서 배우는 내용이지만 개념은 어렵지 않아.

● 힘과 가속도의 관계

물체에 힘이 작용하면 속도가 변하고, 단위 시간당 속도의 변화량은 가속도를 의미한다.

❶ 알짜힘과 가속도의 관계

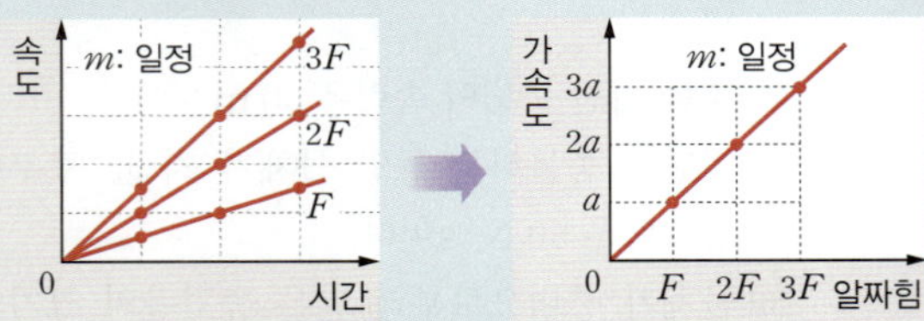

→ 알짜힘의 크기가 클수록 가속도가 크다.

❷ 질량과 가속도의 관계

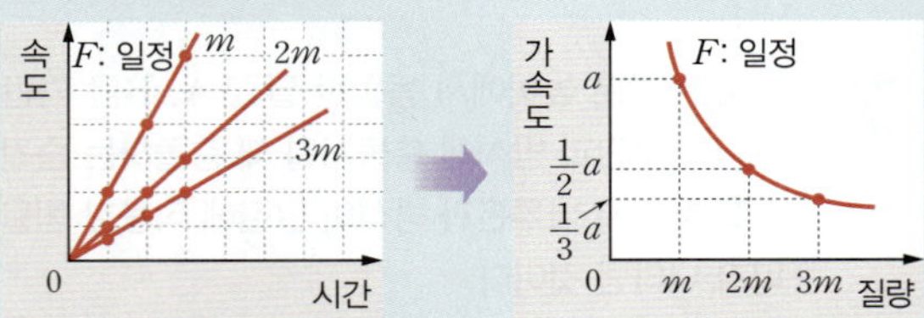

→ 질량이 클수록 가속도가 작다.

디테일 Up 가속도의 크기(a)는 힘의 크기(F)에 비례하고 질량(m)에 반비례한다.

$$a = \frac{F}{m} \rightarrow F = ma$$

● 힘과 운동량, 충격량의 관계

물체에 힘이 작용하면 속도가 변하므로 물체의 운동량도 변하고, 운동량의 변화량은 충격량을 의미한다.

❶ 물체에 작용하는 알짜힘은 질량과 가속도의 곱이다.

$$F = ma = m \times \left(\frac{v_2 - v_1}{\Delta t} \right) = \frac{mv_2 - mv_1}{\Delta t} = \frac{p_2 - p_1}{\Delta t}$$

→ 알짜힘은 단위 시간당 운동량의 변화량과 같다.

$$F = \frac{\Delta p}{\Delta t}$$

→ 운동량의 변화량이 (힘×힘이 작용한 시간)이므로 충격량과 같다.

$$\Delta p = F \Delta t = I$$

❷ 운동량 – 시간 그래프와 속도 – 시간 그래프: 질량이 일정할 때 운동량은 속도에 비례하므로 두 그래프는 모양이 같다.

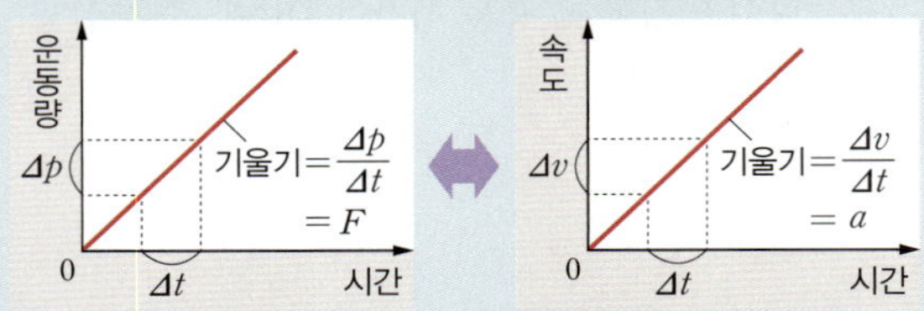

→ 운동량 – 시간 그래프에서 기울기는 알짜힘이고, 속도 – 시간 그래프에서 기울기는 가속도이다.

디테일 예제

1 그림과 같이 마찰이 없는 수평면에서 0초일 때 2 m/s의 속력으로 운동하고 있는 질량이 1 kg인 물체에 2 N의 힘을 2초 동안 작용하였다.

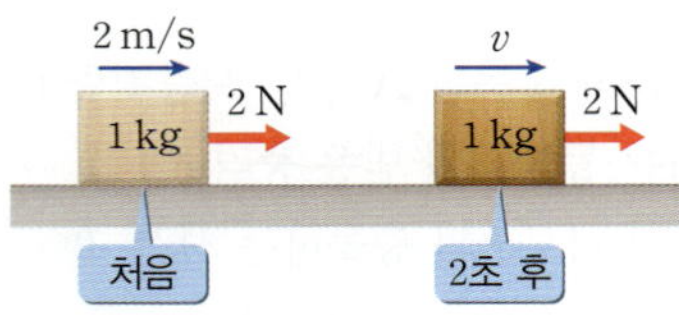

(1) 물체가 받은 충격량의 크기를 구하시오.

(2) 2초 후 물체의 속력 v를 구하시오.

(3) 0~2초 동안 물체의 운동을 나타낸 다음 그래프를 완성하시오.

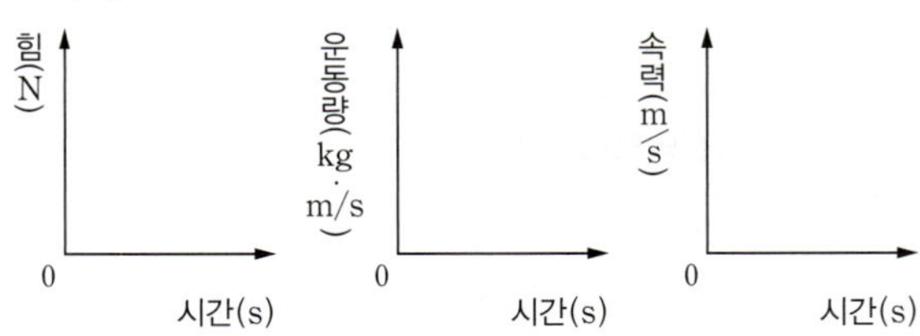

(4) 물체의 가속도의 크기를 구하시오.

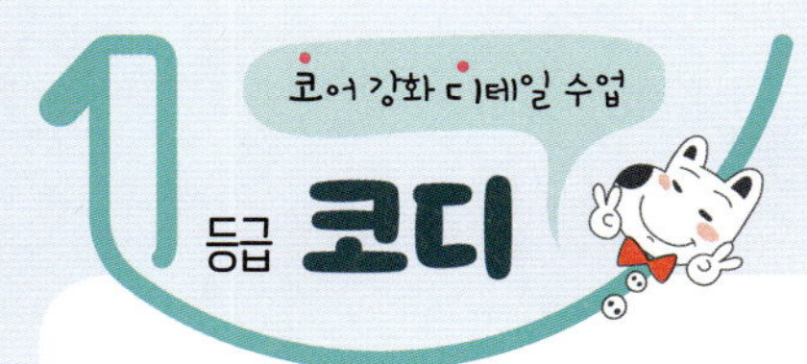

운동량 보존 법칙

정답과 해설 49쪽

운동량 보존 법칙은 물리학에 나오는 내용이지만 통합과학에서 배운 내용만으로도 관련 문제를 풀이할 수 있습니다.

강의 영상

충격량과 운동량의 관계 — 통합과학 + 물리학 — 운동량 보존 법칙

충격량과 운동량의 관계

개념 물체가 힘을 받으면 속도가 변하므로 운동량이 변한다.

충격량＝운동량의 변화량＝나중 운동량－처음 운동량

적용 두 물체가 충돌할 때 운동 방향으로 충격량을 받은 물체는 충격량 크기만큼 운동량이 증가하고, 운동 방향과 반대 방향으로 충격량을 받은 물체는 그만큼 운동량이 감소한다.

$$\text{A: } m_1v_1 - F\Delta t = m_1v_1' \quad \text{B: } m_2v_2 + F\Delta t = m_2v_2'$$

운동량 보존 법칙

개념 두 물체가 충돌할 때 외부에서 힘이 작용하지 않으면 충돌 전과 충돌 후의 운동량은 일정하게 보존된다.

충돌 전 운동량의 총합＝충돌 후 운동량의 총합

적용 질량이 m_1, m_2인 두 물체 A, B가 각각 v_1, v_2의 속력으로 운동하다가 충돌 후 속력이 v_1', v_2'이 되었다면 다음 관계가 성립한다.

$$m_1v_1 + m_2v_2 = m_1v_1' + m_2v_2'$$

디테일 Point

❶ A가 받은 충격량의 크기는 $m_1v_1' - m_1v_1$, B가 받은 충격량의 크기는 $m_2v_2' - m_2v_2$이다.

❷ A가 받은 충격량과 B가 받은 충격량은 크기는 같고 방향은 반대이므로 $m_1v_1' - m_1v_1 = -(m_2v_2' - m_2v_2)$에서 $m_1v_1 + m_2v_2 = m_1v_1' + m_2v_2'$이다. ➡ 운동량 보존 법칙 유도

❸ 운동량 보존 법칙(관계식)을 이용하지 않고도 운동량과 충격량의 관계로부터 충돌 후 각 물체의 속력 변화, 물체가 받은 힘을 알 수 있다.

디테일 예제

1 그림 (가)는 일직선상에서 물체 A와 B가 서로를 향해 운동하는 모습을 나타낸 것이다. A, B의 운동량의 크기는 p로 같고, 질량은 A가 B의 2배이다. 그림 (나)는 A와 B가 충돌한 후 서로 반대 방향으로 운동하는 모습을 나타낸 것이다. (단, 물체의 크기와 모든 마찰은 무시한다.)

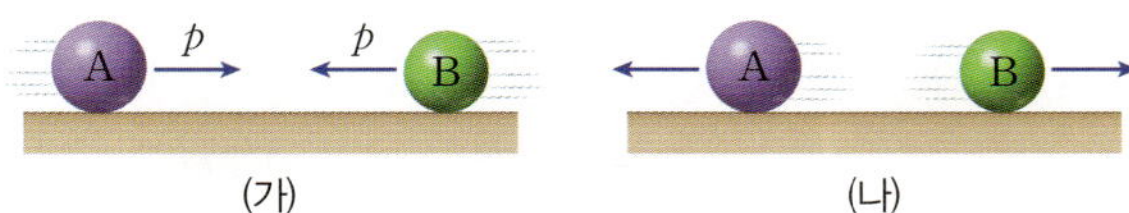

(1) 충돌 전 A와 B의 운동량의 합은 0이다. (○, ×)

(2) 충돌 전 속력은 A와 B가 같다. (○, ×)

(3) 충돌하는 동안 A와 B가 받은 충격량의 크기는 같다. (○, ×)

(4) 충돌 전과 후 운동량의 변화량의 크기는 A가 B보다 크다. (○, ×)

(5) 충돌 후 A와 B의 운동량의 합은 0이다. (○, ×)

(6) 충돌 후 속력은 A가 B의 2배이다. (○, ×)

2 그림 (가)는 일직선상에서 질량이 각각 3 kg, 5 kg인 물체 A, B가 서로를 향해 각각 5 m/s, 3 m/s의 속력으로 운동하는 모습을 나타낸 것이다. 그림 (나)는 A, B가 충돌한 후 (가)에서와 반대 방향으로 각각 2 m/s, v의 속력으로 운동하는 모습을 나타낸 것이다. (단, 물체의 크기와 모든 마찰은 무시한다.)

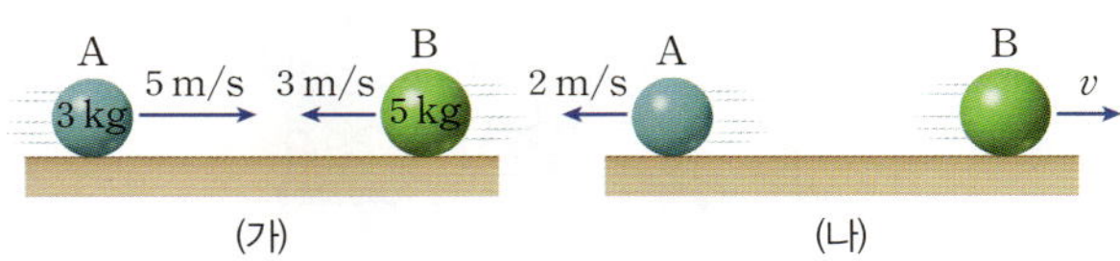

(1) 충돌 전 두 물체의 운동량의 합은 30 kg·m/s이다. (○, ×)

(2) 충돌 후 A의 운동량의 크기는 6 kg·m/s이다. (○, ×)

(3) 충돌 과정에서 A가 받은 충격량의 크기는 21 N·s이다. (○, ×)

(4) 충돌 과정에서 B의 운동량 변화량의 크기는 21 kg·m/s이다. (○, ×)

(5) 충돌 후 B의 속력 v는 1.2 m/s이다. (○, ×)

(6) 충돌 후 두 물체의 운동량의 합은 충돌 전보다 작아진다. (○, ×)

A 관성

01 다음은 물체의 성질에 대한 설명이다.

> 다른 물체나 외부와 상호작용하지 않으면 물체는 ㉠자신의 운동 상태를 유지한다. 즉, 물체에 알짜힘이 작용하지 않으면 정지해 있던 물체는 계속 정지해 있고, 운동하던 물체는 ㉡일정한 운동 상태를 유지한다.

이에 대한 설명으로 옳은 것만을 보기에서 있는 대로 고른 것은?

보기
ㄱ. ㉠과 같은 성질을 '관성'이라고 한다.
ㄴ. ㉡은 '등속 운동'이다.
ㄷ. 물체의 질량과는 관계없다.

① ㄱ ② ㄷ ③ ㄱ, ㄴ
④ ㄱ, ㄷ ⑤ ㄴ, ㄷ

02 그림은 달리던 버스가 갑자기 정지할 때 버스를 타고 있는 사람들의 몸이 앞으로 쏠리는 모습을 나타낸 것이다.

이와 같은 원리로 설명할 수 있는 현상을 보기에서 있는 대로 고른 것은?

보기
ㄱ. 달리던 사람이 돌부리에 걸려 넘어진다.
ㄴ. 물 로켓이 물을 뿜으며 위로 날아간다.
ㄷ. 공을 세게 던질수록 공이 빠르게 날아간다.

① ㄱ ② ㄷ ③ ㄱ, ㄴ
④ ㄱ, ㄷ ⑤ ㄴ, ㄷ

B 운동량과 충격량

03 그림은 전체 질량이 각각 $80\ kg$, $2500\ kg$인 자전거와 트럭이 $10\ m/s$의 일정한 속력으로 일직선상에서 운동하는 모습을 나타낸 것이다.

이에 대한 설명으로 옳은 것만을 보기에서 있는 대로 고른 것은?

보기
ㄱ. 관성은 트럭이 자전거보다 크다.
ㄴ. 자전거의 운동량은 $800\ kg \cdot m/s$이다.
ㄷ. 트럭에 작용하는 알짜힘은 0이다.

① ㄱ ② ㄷ ③ ㄱ, ㄴ
④ ㄴ, ㄷ ⑤ ㄱ, ㄴ, ㄷ

04 그림은 질량이 다른 물체 A, B를 0초일 때 서로 다른 높이에서 동시에 가만히 놓아 자유 낙하시키는 모습을 나타낸 것이다. A는 3초일 때 지면에 충돌한다.

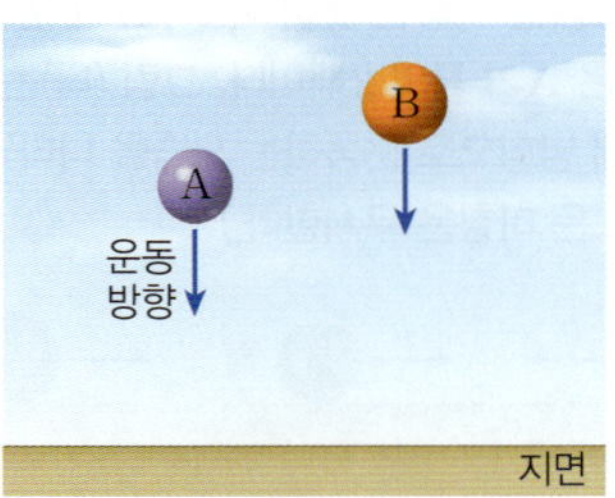

이에 대한 설명으로 옳은 것만을 보기에서 있는 대로 고른 것은?

보기
ㄱ. A의 운동량은 2초일 때가 1초일 때의 2배이다.
ㄴ. B가 0~1초 동안 받은 충격량과 1~2초 동안 받은 충격량은 같다.
ㄷ. 2초일 때 A, B의 운동량은 같다.

① ㄱ ② ㄷ ③ ㄱ, ㄴ
④ ㄴ, ㄷ ⑤ ㄱ, ㄴ, ㄷ

05 그림은 질량 1000 kg인 자동차가 20 m/s의 속력으로 달리다가 벽에 충돌하여 정지한 모습을 나타낸 것이다. 자동차가 벽으로부터 힘을 받은 시간은 0.5초이다.

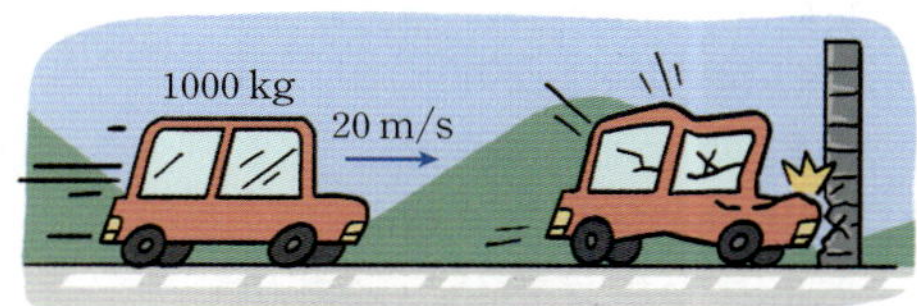

벽과 충돌하는 동안 자동차가 벽으로부터 받은 평균 힘의 크기는? (단, 공기 저항과 모든 마찰은 무시한다.)

① 2000 N ② 4000 N ③ 10000 N
④ 20000 N ⑤ 40000 N

06 표는 각각 일정한 속력 v_1, v_2로 운동하던 물체 A, B가 벽에 충돌하여 정지할 때까지 걸린 시간과 물체가 받은 평균 힘의 크기를 나타낸 것이다. 질량은 A가 B의 2배이다.

물체	평균 힘(N)	걸린 시간(s)
A	100	2
B	200	1

$v_1 : v_2$는?

① 1 : 1 ② 1 : 2 ③ 1 : 4
④ 2 : 1 ⑤ 3 : 1

07 그림은 직선상에서 운동하는 질량 2kg인 물체의 운동량을 시간에 따라 나타낸 것이다.

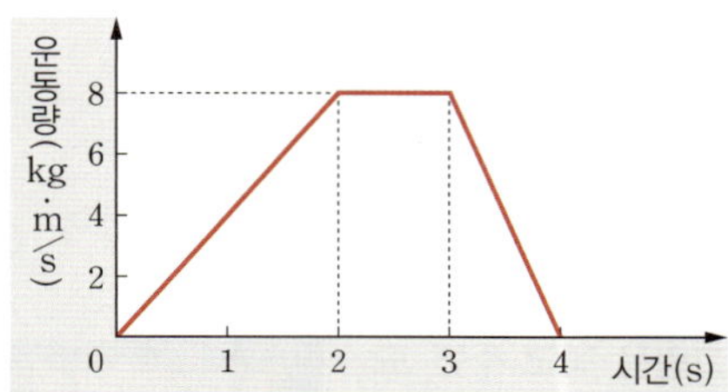

이에 대한 설명으로 옳은 것만을 보기에서 있는 대로 고른 것은?

보기
ㄱ. 2초일 때 물체의 속력은 4 m/s이다.
ㄴ. 1초일 때 물체에 작용하는 알짜힘의 크기는 8 N 이다.
ㄷ. 0~2초 동안 물체가 받은 충격량은 3~4초 동안 의 2배이다.

① ㄱ ② ㄷ ③ ㄱ, ㄴ
④ ㄱ, ㄷ ⑤ ㄴ, ㄷ

중요! 08 그림 (가)는 동일한 달걀을 같은 높이에서 가만히 놓아 서로 다른 바닥 A, B로 떨어뜨렸을 때 B와 충돌한 달걀만 깨지는 모습을 나타낸 것이다. 그림 (나)는 (가)에서 달걀이 A, B에 충돌하는 동안 받은 힘을 시간에 따라 나타낸 것이다. ㉠, ㉡이 시간 축과 이루는 넓이는 각각 S_1, S_2이다.

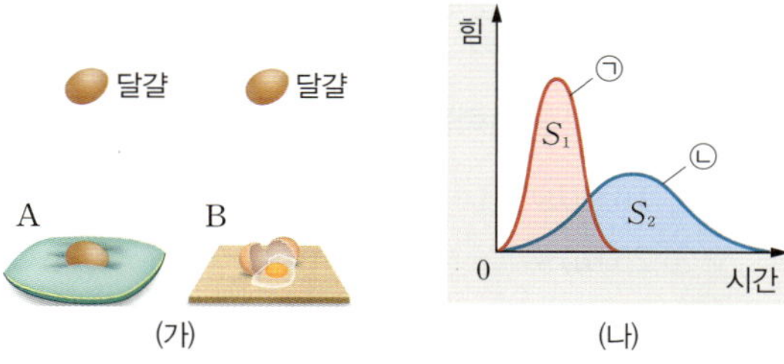

이에 대한 설명으로 옳은 것은? (단, 공기 저항과 충돌하는 동안 중력으로부터 받은 충격량은 무시한다.)

① $S_1 > S_2$이다.
② ㉠은 B에 충돌했을 때의 그래프이다.
③ 바닥으로부터 받은 충격량은 A가 B보다 작다.
④ 충돌하는 동안 달걀이 받은 평균 힘의 크기는 ㉠과 ㉡이 같다.
⑤ 바닥에 충돌하기 직전 달걀의 운동량은 A에 충돌할 때가 B에 충돌할 때보다 크다.

중요! 09 그림은 마찰이 없는 수평면에서 5 m/s의 속력으로 운동하던 물체에 운동 방향으로 작용한 힘을 시간에 따라 나타낸 것이다. 물체의 질량은 2 kg이다.

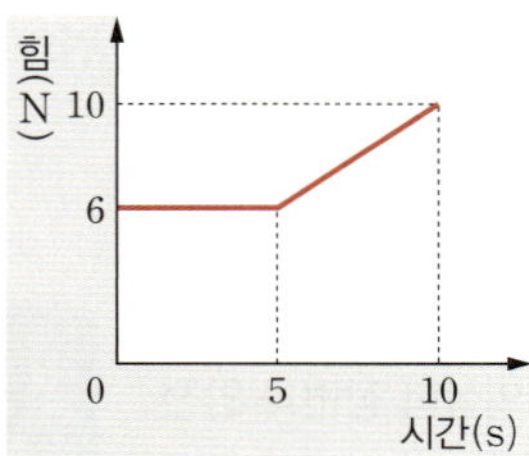

이에 대한 설명으로 옳은 것만을 보기에서 있는 대로 고른 것은?

보기
ㄱ. 0~5초 동안 물체의 운동량의 크기는 일정하게 증가한다.
ㄴ. 5~10초 동안 물체가 받은 충격량의 크기는 40 N·s이다.
ㄷ. 물체의 속력은 10초일 때가 5초일 때의 2배이다.

① ㄱ ② ㄷ ③ ㄱ, ㄴ
④ ㄴ, ㄷ ⑤ ㄱ, ㄴ, ㄷ

10 다음은 마찰이 없는 수평면에서 직선 운동하는 물체에 충격량이 작용할 때에 관한 자료이다.

> • 물체의 질량: 2 kg   • 처음 속력: 20 m/s
> • 충격량의 크기: 20 N·s
> • 충격량의 방향: 운동 방향과 반대 방향

물체의 나중 속력은?

① 10 m/s   ② 15 m/s   ③ 20 m/s
④ 25 m/s   ⑤ 30 m/s

C 충격을 줄이기 위한 방법

11 그림은 충돌에 의한 피해를 줄이기 위한 기구나 장치를 나타낸 것이다.

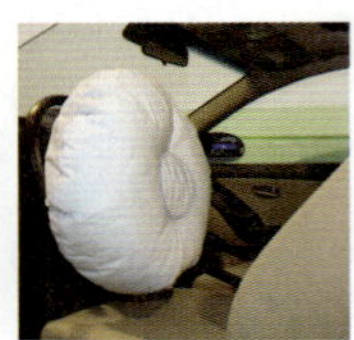

안전 매트   모서리 보호대   자동차 에어백

이 방법들에 공통으로 적용되는 원리는?

① 사람과 물체의 충돌 시간을 줄인다.
② 충돌 직전 사람의 운동량을 크게 한다.
③ 사람이 받는 충격량의 크기를 작게 한다.
④ 충돌하는 동안 사람이 받는 힘의 크기를 줄인다.
⑤ 충돌 전후 사람의 운동량 변화량의 크기를 줄인다.

12 그림은 자동차가 벽에 충돌하는 모의실험 장면과 안전 장치를 나타낸 것이다.
이에 대한 설명으로 옳은 것만을 보기에서 있는 대로 고른 것은?

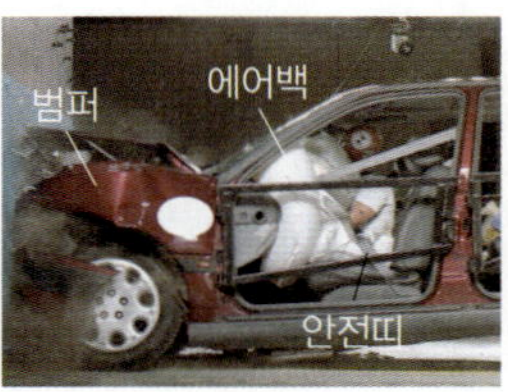

> 보기
>
> ㄱ. 범퍼는 찌그러지지 않게 튼튼하게 만들어야 한다.
> ㄴ. 에어백은 인체 모형이 받는 충격량을 줄인다.
> ㄷ. 안전띠는 인체 모형이 관성 때문에 앞으로 튀어 나가는 것을 막는다.

① ㄱ   ② ㄴ   ③ ㄷ
④ ㄱ, ㄷ   ⑤ ㄴ, ㄷ

13 그림은 수평면 위에 정지해 있던 질량 2 kg인 물체에 작용한 알짜힘을 시간에 따라 나타낸 것이다.
2초일 때 물체의 속력을 구하는 과정과 답을 아래 제시어를 모두 포함하여 서술하시오.

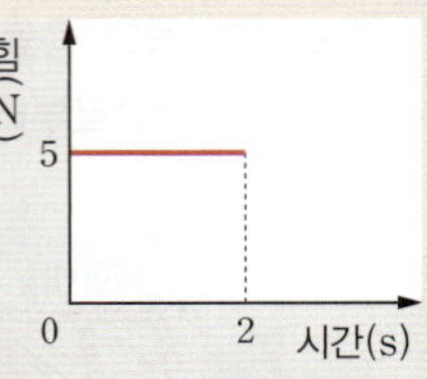

> 제시어
>
> • 운동량   • 운동량 변화량
> • 충격량   • 힘 – 시간 그래프의 넓이

14 그림은 동일한 달걀을 같은 높이에서 가만히 놓아 떨어뜨린 모습을 나타낸 것이다.
달걀이 서로 다른 바닥과 충돌할 때 운동량 변화량을 비교하고, 단단한 바닥에 충돌한 경우에만 달걀이 깨진 까닭을 아래 제시어를 모두 포함하여 서술하시오. (단, 공기 저항은 무시한다.)

> 제시어
>
> • 운동량 변화량   • 자유 낙하 운동
> • 충격량   • 충돌 시간
> • 충돌 직전 속력   • 힘

15 그림은 학교 주변 도로에서 자동차가 천천히 운동하도록 속도를 제한하는 표지판을 나타낸 것이다.
자동차 속도를 제한하는 까닭을 아래 제시어를 모두 포함하여 서술하시오.

> 제시어
>
> • 속도   • 운동량   • 충격량

해설 영상

고난도 도전하기

01 그림은 질량이 각각 2 kg, 4 kg인 물체 A, B의 운동을 0.1초 간격으로 나타낸 다중 섬광 사진이다.

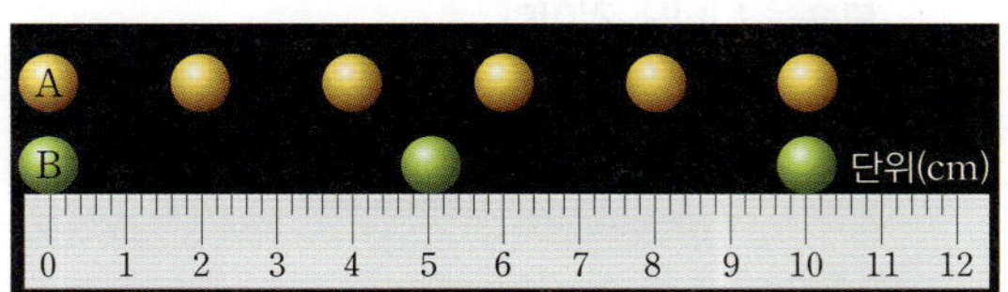

이에 대한 설명으로 옳은 것만을 보기에서 있는 대로 고른 것은? (단, 물체의 크기는 무시한다.)

보기
- ㄱ. 관성은 A가 B보다 크다.
- ㄴ. A에 작용하는 알짜힘은 0이다.
- ㄷ. B의 운동량은 1 kg·m/s이다.

① ㄴ　　　　② ㄷ　　　　③ ㄱ, ㄴ
④ ㄴ, ㄷ　　　⑤ ㄱ, ㄴ, ㄷ

02 그림은 v_0의 속력으로 운동하는 물체에 운동 방향으로 작용한 알짜힘을 시간에 따라 나타낸 것이다. 물체의 속력은 4초일 때가 2초일 때의 2배이다.

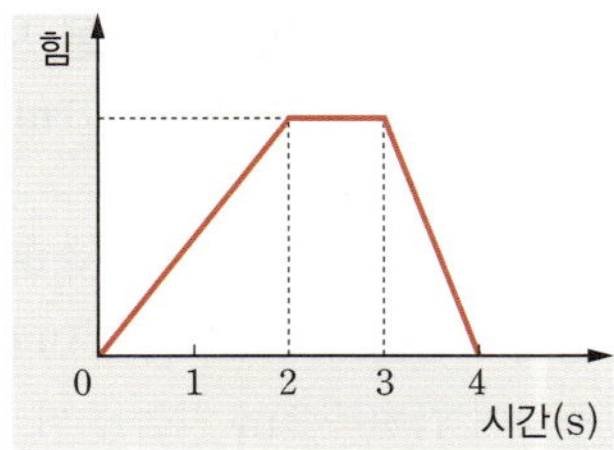

4초일 때 물체의 속력은?

① $4v_0$　　　　② $5v_0$　　　　③ $6v_0$
④ $8v_0$　　　　⑤ $12v_0$

03 그림은 하키 선수가 스틱으로 하키 퍽을 때려 처음과 반대 방향으로 운동하도록 하는 모습을 나타낸 것이다. 퍽의 질량은 m이고, 충돌 전과 후의 속력은 각각 v, $2v$이다. 퍽과 스틱의 충돌 시간은 t이다.

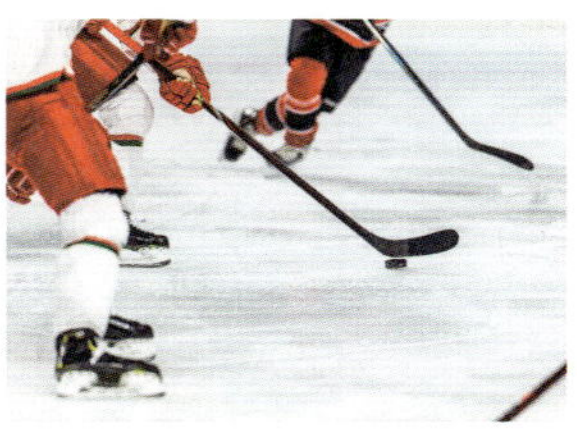

퍽과 스틱의 충돌에 대한 설명으로 옳은 것만을 보기에서 있는 대로 고른 것은? (단, 모든 마찰은 무시한다.)

보기
- ㄱ. 충돌 전과 후 퍽의 운동량 변화량의 크기는 mv이다.
- ㄴ. 스틱이 퍽으로부터 받은 충격량의 크기는 $3mv$이다.
- ㄷ. 퍽이 받은 평균 힘의 크기는 $\dfrac{mv}{t}$이다.

① ㄱ　　　　② ㄴ　　　　③ ㄱ, ㄴ
④ ㄱ, ㄷ　　　⑤ ㄴ, ㄷ

04 그림 (가)는 마찰이 없는 수평면에서 질량 m인 물체 A가 일정한 속력 v_0으로 정지해 있는 물체 B를 향해 운동하는 모습을 나타낸 것이다. 그림 (나)는 충돌하는 동안 A가 B로부터 받은 힘의 크기를 시간에 따라 나타낸 것이다. 충돌 전과 후 A의 운동 방향은 같고, 충돌 후 A와 B의 속력은 같다.

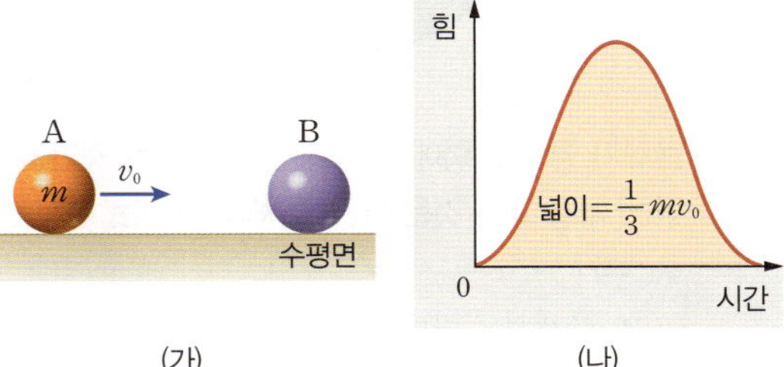

B의 질량은?

① $\dfrac{m}{3}$　　　② $\dfrac{m}{2}$　　　③ $\dfrac{2m}{3}$
④ m　　　　⑤ $2m$

실력 확인하기

12 중력과 역학 시스템

01 그림은 질량이 $3\,kg$인 물체가 직선상에서 운동할 때 물체의 속력을 시간에 따라 나타낸 것이다.

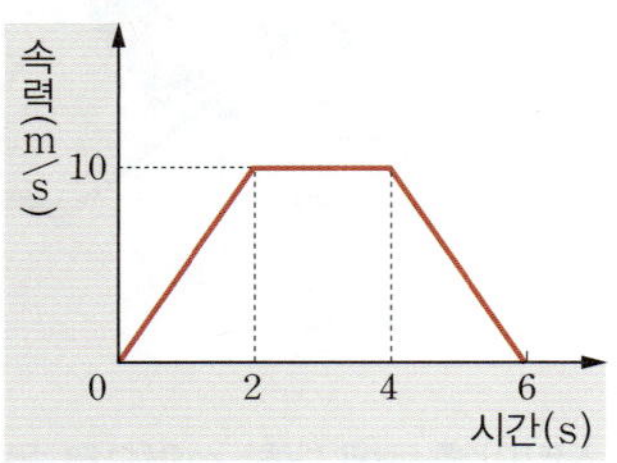

이에 대한 설명으로 옳은 것만을 보기에서 있는 대로 고른 것은?

보기
ㄱ. 0~2초 동안 물체의 가속도의 크기는 증가한다.
ㄴ. 3초일 때 물체에 작용하는 알짜힘의 크기는 $30\,N$이다.
ㄷ. 5초일 때 물체에 작용하는 알짜힘의 방향은 운동 방향과 반대이다.

① ㄱ　　　　② ㄴ　　　　③ ㄷ
④ ㄱ, ㄷ　　　⑤ ㄴ, ㄷ

02 그림은 지구상의 점 p에 있던 물체를 비스듬히 던져 물체가 점 q를 통과하는 모습을 나타낸 것이다.

물체가 받는 중력에 대한 설명으로 옳은 것만을 보기에서 있는 대로 고른 것은? (단, 물체의 크기는 무시한다.)

보기
ㄱ. 물체의 질량이 클수록 중력의 크기가 크다.
ㄴ. p와 q에서 물체가 받는 중력의 크기는 같다.
ㄷ. p와 q에서 물체가 받는 중력의 방향은 같다.

① ㄱ　　　　② ㄷ　　　　③ ㄱ, ㄴ
④ ㄴ, ㄷ　　　⑤ ㄱ, ㄴ, ㄷ

03 그림은 마찰이 없는 수평면에서 운동하는 물체에 크기가 일정한 힘을 운동 방향과 반대 방향으로 계속 작용하는 모습을 나타낸 것이다.

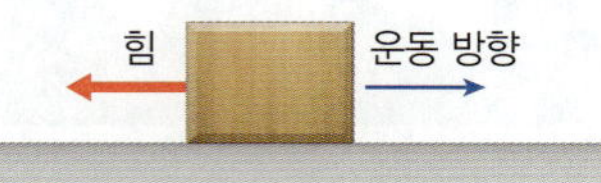

이 물체의 속력을 시간에 따라 나타낸 것으로 가장 적절한 것은?

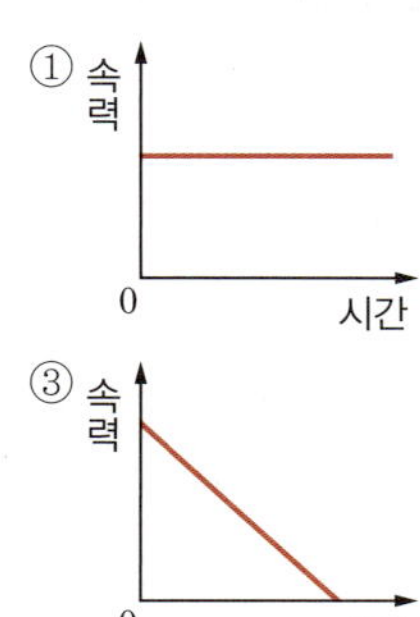
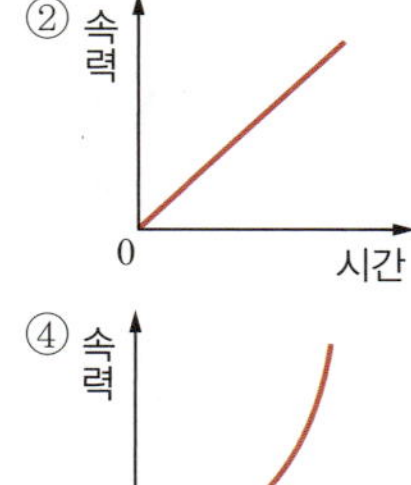
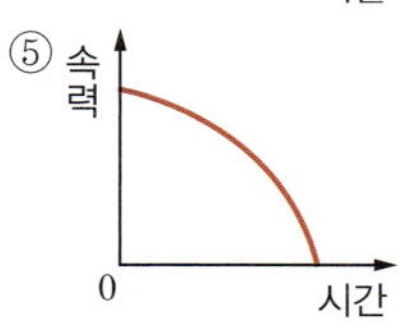

04 그림은 질량이 $2\,kg$인 물체가 정지해 있다가 자유 낙하하여 $2\,m$ 지점을 통과할 때까지 물체의 위치를 0.1초 간격으로 나타낸 것이다.

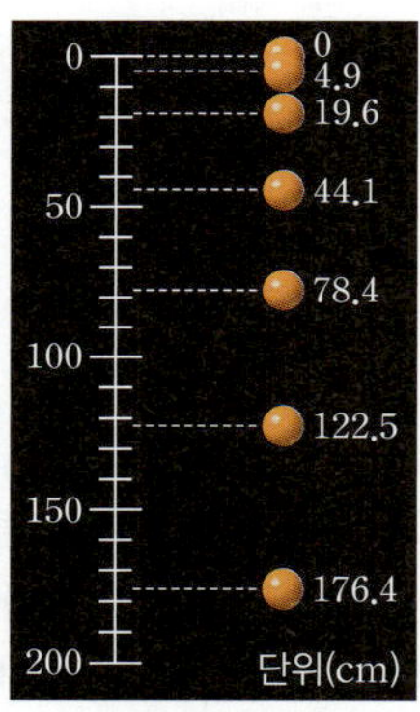

이에 대한 설명으로 옳은 것만을 보기에서 있는 대로 고른 것은? (단, 중력 가속도는 $9.8\,m/s^2$이다.)

보기
ㄱ. $4.9\,cm$ 낙하했을 때 물체의 속력은 $4.9\,cm/s$이다.
ㄴ. 물체가 받는 중력의 크기는 $19.6\,N$이다.
ㄷ. 질량이 클수록 $2\,m$ 지점을 더 빠른 속력으로 통과한다.

① ㄱ　　　　② ㄴ　　　　③ ㄱ, ㄷ
④ ㄴ, ㄷ　　　⑤ ㄱ, ㄴ, ㄷ

중요

05

그림과 같이 쇠구슬 발사 장치를 이용해 쇠구슬 A는 자유 낙하시키고 쇠구슬 B는 수평 방향으로 튀어 나가도록 하였다.

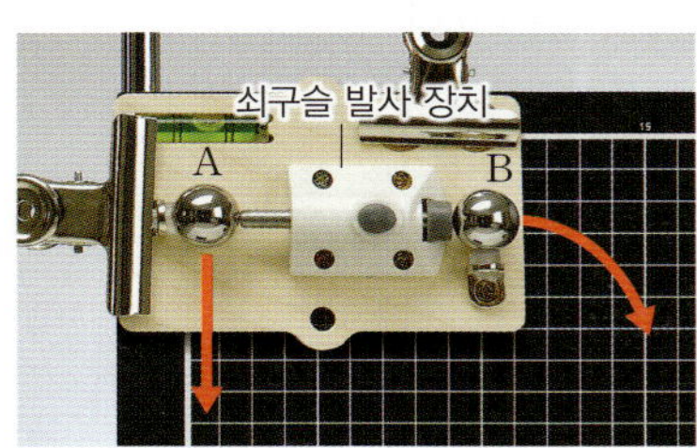

A와 B의 운동에 대한 설명으로 옳은 것만을 보기에서 있는 대로 고른 것은? (단, 공기 저항은 무시한다.)

보기

ㄱ. A, B에 작용하는 중력의 방향은 같다.
ㄴ. 가속도의 크기는 B가 A보다 크다.
ㄷ. A, B의 높이는 항상 같다.

① ㄱ   ② ㄴ   ③ ㄱ, ㄷ
④ ㄴ, ㄷ   ⑤ ㄱ, ㄴ, ㄷ

고난도

06

그림은 지면 위의 한 점 P에서 공 A는 가만히 놓아 자유 낙하시키고, 공 B와 C는 수평으로 던졌을 때 공이 기준선 Q를 지나 빗면에 충돌할 때까지 공의 운동 경로를 나타낸 것이다.

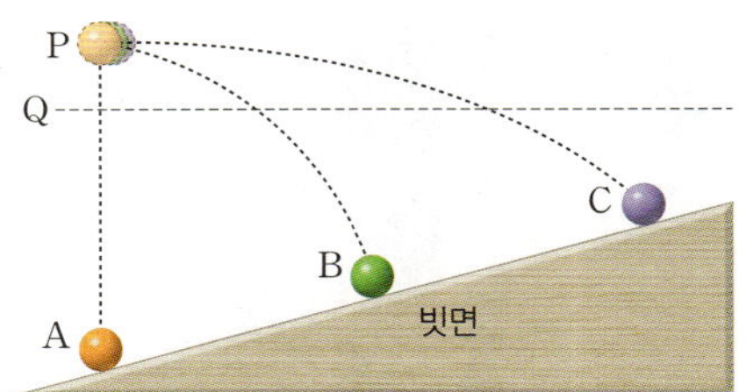

이에 대한 설명으로 옳은 것만을 보기에서 있는 대로 고른 것은? (단, 공의 크기와 공기 저항은 무시한다.)

보기

ㄱ. Q에서 공의 속력은 C가 가장 크다.
ㄴ. Q에서 가속도의 크기는 A가 가장 크다.
ㄷ. P에서 빗면까지 운동하는 데 걸린 시간은 A가 가장 작다.

① ㄱ   ② ㄴ   ③ ㄱ, ㄷ
④ ㄴ, ㄷ   ⑤ ㄱ, ㄴ, ㄷ

07

그림 (가)는 인공위성이 발사 전 지표면에 정지해 있는 모습을, (나)는 인공위성이 지구 주위에서 원운동하는 모습을 나타낸 것이다.

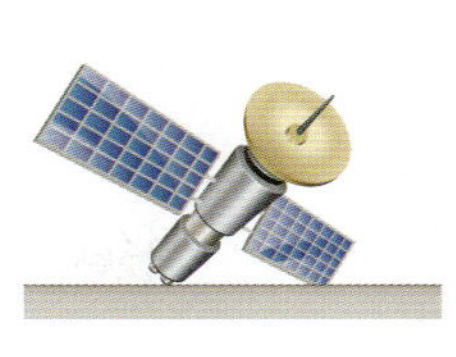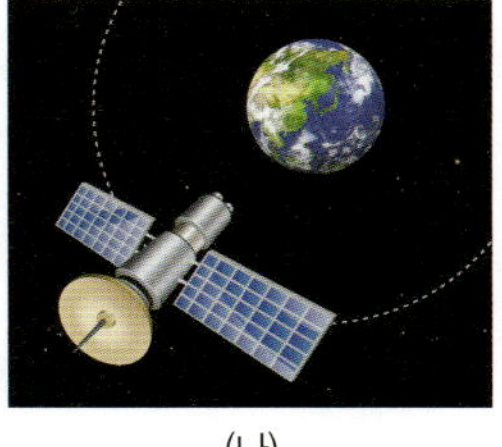

(가)   (나)

이에 대한 설명으로 옳은 것만을 보기에서 있는 대로 고른 것은? (단, 인공위성의 질량은 일정하다.)

보기

ㄱ. (가)에서 인공위성이 받는 중력은 0이다.
ㄴ. (나)에서 인공위성이 받는 중력의 방향은 일정하다.
ㄷ. 인공위성이 받는 중력의 크기는 (나)에서가 (가)에서보다 작다.

① ㄱ   ② ㄷ   ③ ㄱ, ㄴ
④ ㄴ, ㄷ   ⑤ ㄱ, ㄴ, ㄷ

08

중력과 역학 시스템에 대한 설명으로 옳은 것은?

① 지표면에 정지한 물체에는 중력이 작용하지 않는다.
② 물체가 지구에서 멀어질수록 중력의 크기는 감소한다.
③ 지구 주위를 원운동하는 물체에 작용하는 알짜힘은 0이다.
④ 지표면 근처에서 중력의 크기는 물체의 질량과 관계없이 일정하다.
⑤ 지구 주위를 원운동하는 우주 정거장 내부에는 중력이 작용하지 않는다.

13 충돌과 안전장치

09

한 방향으로 운동하는 물체의 운동량과 충격량에 대한 설명으로 옳은 것은?

① 운동량은 물체의 속도의 제곱에 비례한다.
② 속도 변화가 클수록 충격량의 크기가 크다.
③ 물체에 힘이 작용한 시간이 짧을수록 충격량이 크다.
④ 운동량과 충격량의 방향이 같으면 운동량의 크기가 감소한다.
⑤ 물체의 가속도가 속도의 방향과 반대일 때 운동량과 충격량의 방향은 같다.

10 다음은 어느 순간 물체 A, B, C의 운동 상태를 나타낸 것이다.

> • 0.2 m/s의 속력으로 등속 운동하는 질량 0.5 kg인 장난감 자동차 A
> • 정지 상태에서 2 m/s²의 일정한 가속도로 운동을 시작하는 질량 2 kg인 모형 로켓 B
> • 정지해 있다가 아래 방향으로 떨어지기 시작하는 질량 0.1 kg인 야구공 C

위의 순간으로부터 2초 후 A, B, C의 운동량의 크기를 옳게 비교한 것은? (단, 중력 가속도는 9.8 m/s²이고 공기 저항은 무시한다.)

① A>B>C   ② A>C>B   ③ B>A>C
④ B>C>A   ⑤ C>A>B

11 그림은 마찰이 없는 수평면에 정지해 있는 물체에 일정한 방향으로 작용한 알짜힘의 크기를 시간에 따라 나타낸 것이다.
2초일 때 물체의 운동량의 크기가 p_0이라면 4초일 때 운동량의 크기는?

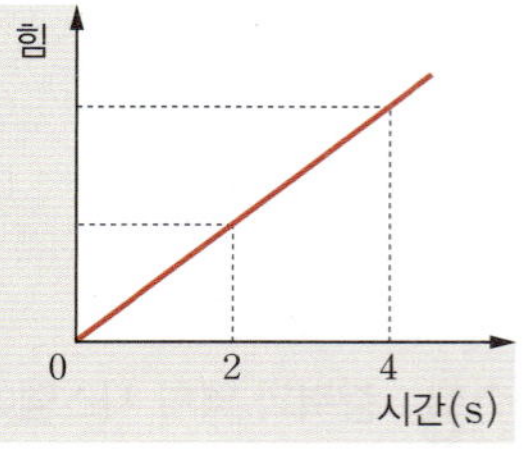

① $2p_0$ ② $3p_0$ ③ $4p_0$
④ $5p_0$ ⑤ $8p_0$

중요

12 그림은 마찰이 없는 수평면에서 5 m/s의 속력으로 운동하던 물체가 벽에 수직으로 충돌한 후 반대 방향으로 v의 속력으로 운동하는 모습을 나타낸 것이다. 물체의 질량은 4 kg이다.

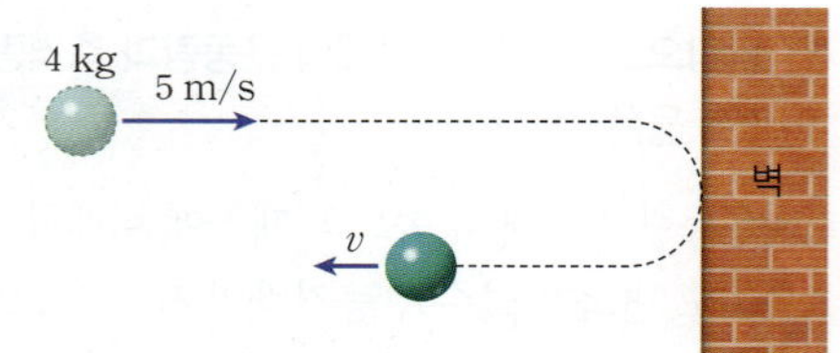

충돌하는 동안 벽이 물체에 작용한 충격량의 크기가 32 N·s일 때 v는?

① 2 m/s   ② 3 m/s   ③ 4 m/s
④ 5 m/s   ⑤ 6 m/s

고난도

13 그림은 마찰이 없는 수평면에서 운동하는 물체에 작용한 알짜힘의 크기를 시간에 따라 나타낸 것이다. 물체의 질량은 4 kg이고 알짜힘의 방향은 일정하다. 2초일 때 물체의 속력은 0이다.

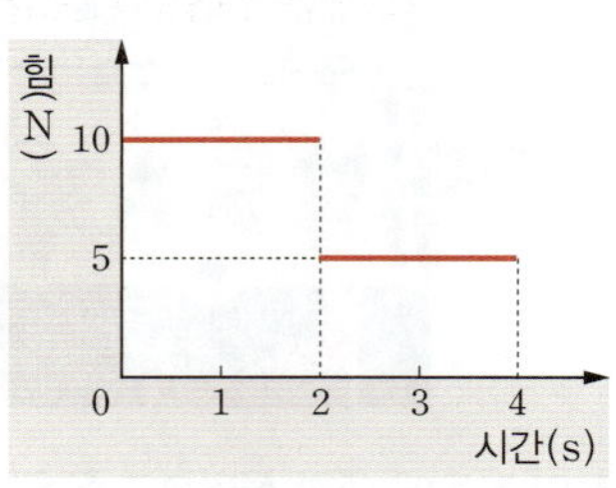

이에 대한 설명으로 옳은 것만을 보기에서 있는 대로 고른 것은?

> 보기
> ㄱ. 0초일 때 물체의 운동량의 크기는 20 kg·m/s 이다.
> ㄴ. 4초일 때 물체의 속력은 5 m/s이다.
> ㄷ. 0초일 때와 4초일 때 물체의 운동 방향은 같다.
> ㄹ. 0초부터 4초까지 물체의 운동량 변화량의 크기 는 10 kg·m/s이다.

① ㄱ   ② ㄴ   ③ ㄱ, ㄹ
④ ㄷ, ㄹ   ⑤ ㄱ, ㄴ, ㄷ

14 그림 (가)는 포수가 미트로 야구공을 받는 모습을, (나)는 동일한 야구공 A, B가 v_0의 속력으로 미트에 닿는 순간부터 정지할 때까지의 속력을 시간에 따라 나타낸 그래프이다. t_A, t_B는 각각 A, B가 정지할 때까지 걸린 시간이다.

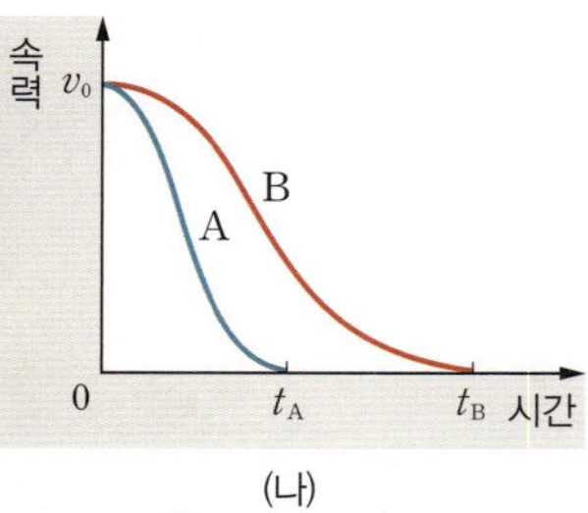

(가)   (나)

미트와 충돌하는 동안 A가 B보다 큰 값을 갖는 물리량만을 보기에서 있는 대로 고른 것은?

> 보기
> ㄱ. 야구공의 운동량의 변화량의 크기
> ㄴ. 야구공이 포수에게 작용한 충격량의 크기
> ㄷ. 야구공이 받은 평균 힘의 크기

① ㄴ   ② ㄷ   ③ ㄱ, ㄴ
④ ㄱ, ㄷ   ⑤ ㄴ, ㄷ

15 그림은 질량이 같은 세 공 A, B, C를 같은 높이에서 동시에 수평 방향으로 던졌을 때 공의 위치를 일정한 시간 간격으로 나타낸 것이다. 세 공은 바닥에 충돌하여 정지하였다. (단, 공의 크기와 공기 저항은 무시한다.)

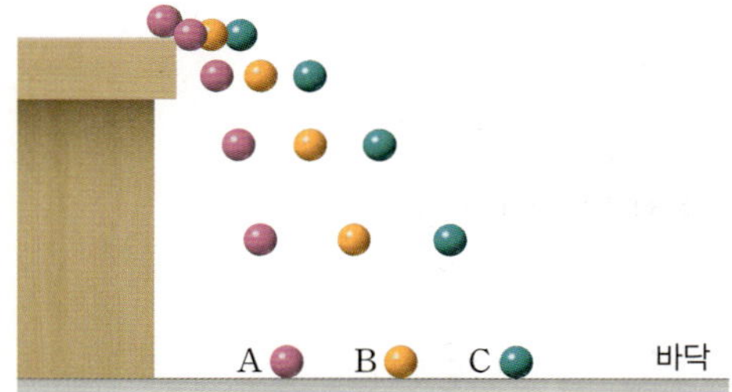

(1) A, B, C가 던져진 순간부터 바닥에 도달하기까지 걸리는 시간을 비교하시오.

____

____

(2) A, B, C의 운동 경로가 차이가 나는 까닭을 서술하시오.

____

____

(3) A, B, C가 바닥으로부터 받은 충격량의 크기를 비교하여 서술하시오.

____

____

16 그림은 지구 주위에서 원운동하는 물체 A와 자유 낙하 운동하는 물체 B를 나타낸 것이다.

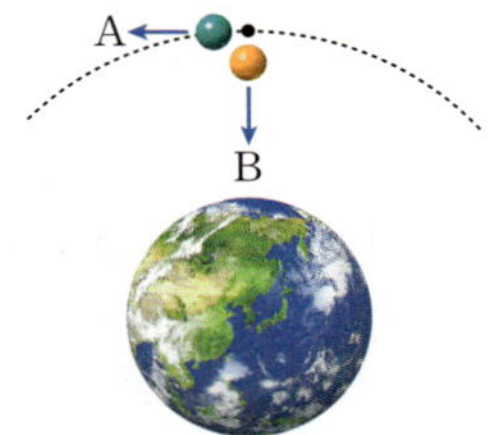

A와 B에 작용하는 힘의 공통점과 차이점을 각각 하나씩 서술하시오.

____

____

____

17 그림 (가), (나)는 원주민이 길이가 다른 대롱 모양의 바람총에 작은 화살을 넣고 입으로 불어 쏘는 모습을 나타낸 것이다.

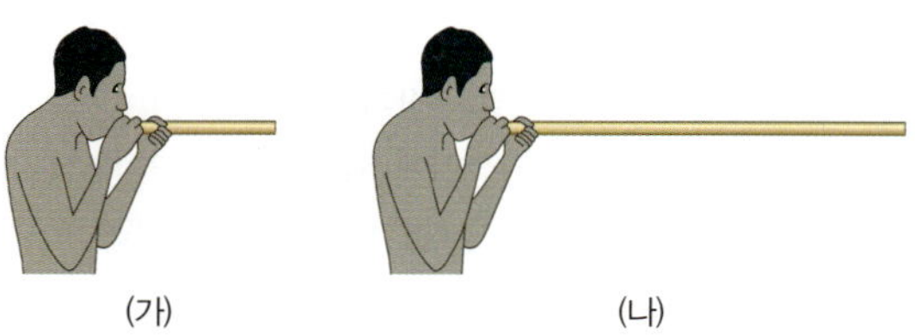

(가)보다 (나)에서 화살이 더 멀리 날아가는 까닭을 서술하시오.

____

____

18 다음은 자동차가 충돌할 때 운전자가 받는 힘에 관한 설명이다.

> 가벼운 소형 승용차와 무거운 대형 트럭이 같은 속력으로 달리다 정면 충돌하는 교통사고가 발생하는 경우, 승용차 운전자가 트럭 운전자보다 더 큰 힘을 받아 더 위험하다.
>
> 
>

(1) 충돌하는 동안 승용차와 트럭이 받는 충격량의 크기를 비교하여 서술하시오.

____

____

(2) (1)과 관련하여 승용차 운전자가 받는 힘이 트럭 운전자보다 큰 까닭을 서술하시오. (단, 운전자의 질량은 같다.)

____

____

(3) 자동차 충돌 사고에서 운전자의 안전을 지키기 위한 방법을 한 가지만 서술하고, 그 원리를 운동량과 충격량을 이용하여 서술하시오.

____

____

수행평가 맛보기

다음은 자유 낙하와 수평으로 던진 물체의 운동을 비교하기 위한 실험 과정이다.

자유 낙하와 수평으로 던진 물체의 운동 비교하기

[실험 과정]

(가) 모눈종이(눈금판)를 수직으로 세우고, 모눈종이 앞에 쇠구슬 발사 장치를 고정한다.

(나) 쇠구슬 발사 장치에 쇠구슬 A는 자유 낙하하고, B는 수평 방향으로 운동하도록 장치한다.

(다) 삼각대에 스마트 기기를 고정하여 쇠구슬이 떨어지는 모습 전체를 촬영할 수 있도록 삼각대의 위치를 조정한다.

(라) 발사 장치를 작동해 두 쇠구슬이 동시에 운동하는 모습을 다중 섬광 사진으로 촬영하여 쇠구슬의 움직임을 비교한다.

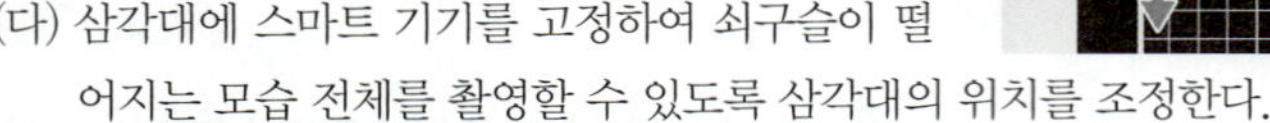

결과

- A, B가 바닥에 떨어지는 데 걸리는 시간은 (   ).
- A, B가 같은 시간 간격마다 이동한 거리를 다음 표에 기록한다.

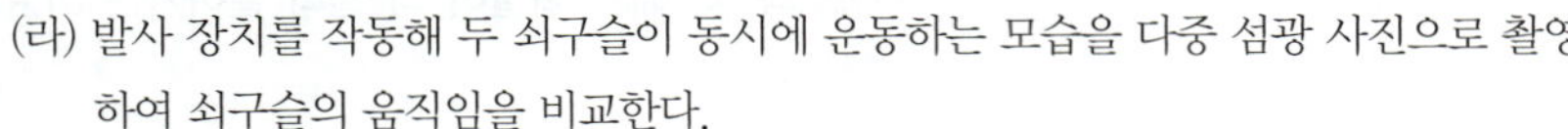

시간(초)			0~0.1	0.1~0.2	0.2~0.3	0.3~0.4	0.4~0.5
A	연직 방향	구간 거리(cm)	4.9	14.7	24.5	34.3	44.1
B	연직 방향	구간 거리(cm)	4.9	14.7	24.5	34.3	44.1
	수평 방향	구간 거리(cm)	10	10	10	10	10

정리 & 해석

1. 같은 시간 간격마다 이동한 거리를 이용하여 A, B의 속력을 비교할 수 있다.

➡ A는 같은 시간 간격마다 연직 방향으로 이동한 거리가 ㉠____________ 하므로 A의 연직 방향 속력은 시간에 따라 ㉡____________.

➡ B는 같은 시간 간격마다 수평 방향으로 이동한 거리가 ㉢____________ 하므로 B의 수평 방향 속력은 시간에 따라 ㉣____________.

➡ B는 같은 시간 간격마다 연직 방향으로 이동한 거리가 ㉤____________ 하므로 B의 연직 방향 속력은 시간에 따라 ㉥____________.

2. A, B가 연직 방향으로 같은 운동을 하는 까닭은 연직 방향으로 ____________ 이 작용하여 속력이 일정하게 증가하기 때문이다.

3. B가 수평 방향으로 속력이 일정한 운동을 하는 까닭은 수평 방향으로 ____________ 때문이다.

힘이 작용할 때와 힘이 작용하지 않을 때 물체의 속력 변화를 알고 탐구 결과를 해석해야 한다. 또한 물체에 작용하는 중력이 물체의 운동에 어떤 영향을 미치는지 파악하도록 한다.

1 그림은 지표면 근처에서 같은 높이에서 자유 낙하하는 물체 A와 수평으로 던진 물체 B의 운동을 같은 시간 간격마다 모눈종이에 나타낸 것이다.

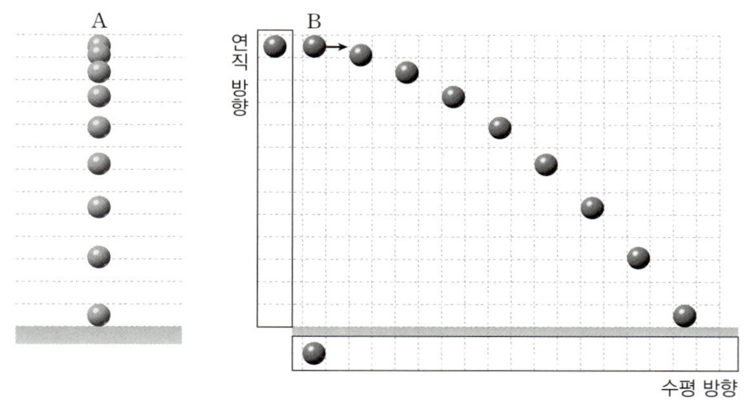

(1) B의 위치를 수평 방향과 연직 방향으로 나누어 위 그림의 빈칸에 그리시오.

(2) A, B의 시간에 따른 속력 변화를 그래프로 나타내시오.

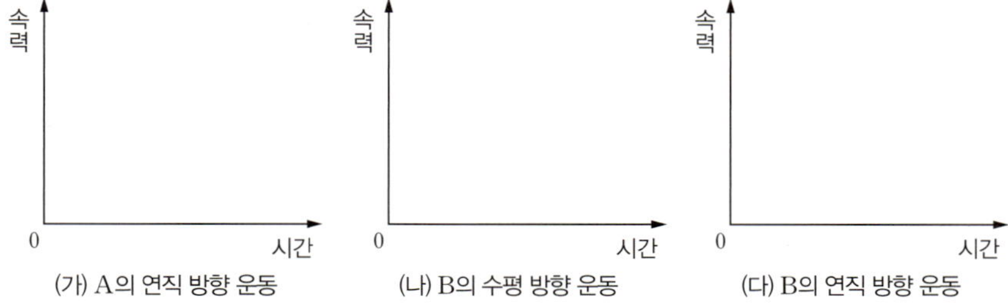

2 그림과 같이 자 위에 두 원형 나무 도막 A, B를 놓고 자의 중앙을 손가락으로 누른 후 자 끝을 화살표 방향으로 쳐서 A, B를 떨어뜨린다.

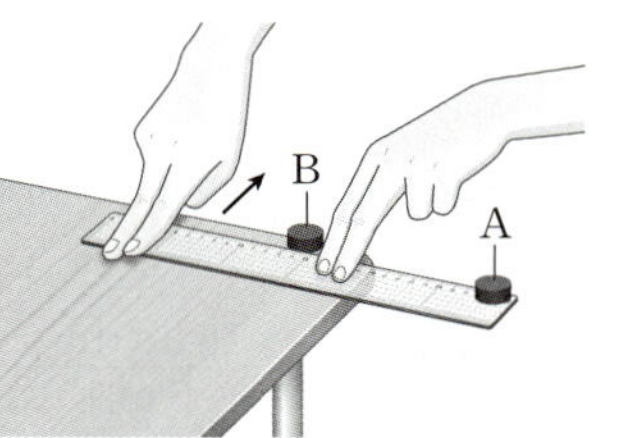

(1) A, B는 각각 어떤 운동을 하는지 구분하시오.
- 자유 낙하하는 물체: ㉠(   )
- 수평 방향으로 던진 물체: ㉡(   )

(2) A, B가 바닥에 도달하는 순서를 비교하고 그 까닭을 서술하시오.

____

____

(3) 만약 같은 실험을 달에 가서 할 때, A, B가 바닥에 떨어지는 데 걸리는 시간은 지구에서 실험을 할 때와 어떻게 달라지는지 그 까닭과 함께 서술하시오.

____

____

| 2024학년도 수능 물리학I 7번

그림 (가)와 같이 마찰이 없는 수평면에서 등속도 운동을 하던 수레가 벽과 충돌한 후, 충돌 전과 반대 방향으로 등속도 운동을 한다. 그림 (나)는 수레의 속도와 수레가 벽으로부터 받은 힘의 크기를 시간 t에 따라 나타낸 것이다. 수레와 벽이 충돌하는 0.4초 동안 힘의 크기를 나타낸 곡선과 시간 축이 만드는 면적은 $10\,\mathrm{N\cdot s}$이다.

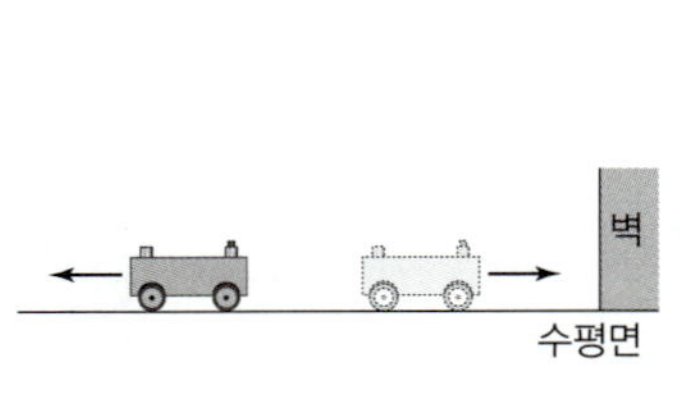

(가)

(나)

이에 대한 설명으로 옳은 것만을 〈보기〉에서 있는 대로 고른 것은?

보기
ㄱ. 충돌 전후 수레의 운동량 변화량의 크기는 $10\,\mathrm{kg\cdot m/s}$이다.
ㄴ. 수레의 질량은 $2\,\mathrm{kg}$이다.
ㄷ. 충돌하는 동안 벽이 수레에 작용한 평균 힘의 크기는 $40\,\mathrm{N}$이다.

① ㄱ　　　② ㄷ　　　③ ㄱ, ㄴ　　　④ ㄴ, ㄷ　　　⑤ ㄱ, ㄴ, ㄷ

풀이 전략

① (나)의 속도 – 시간 그래프에서 충돌 과정에서 속도 변화를 이용해 충돌 전과 후의 운동량 변화량을 구한다.

② (나)의 힘 – 시간 그래프에서 물체에 작용한 충격량의 크기를 파악한다.

출제 경향

• 속도 – 시간 그래프를 이용해 충돌 전과 후의 속도를 파악하고 이를 바탕으로 운동량 변화량을 구할 수 있어야 한다.

• 속도는 방향이 있는 물리량이므로 $(+)$, $(-)$의 부호가 변하면 운동 방향이 변한다는 것을 이해하고 있어야 한다.

• 힘 – 시간 그래프에서 그래프와 시간 축이 만드는 넓이가 충격량임을 알아야 한다.

• 충격량의 정의와 충격량과 운동량의 관계를 이용해 물체에 작용하는 힘을 구할 수 있어야 한다.

자료　풀이

• 속도 – 시간 그래프에서 속도의 부호가 충돌 전과 후에 반대이므로, 수레의 질량을 m이라고 할 때 충돌 전후 운동량 변화량은 $-2m-(3m)=-5m$이다.

• 힘 – 시간 그래프에서 그래프와 시간 축이 만드는 면적은 벽이 수레에 작용한 충격량이므로 충돌 과정에서 수레에 작용한 충격량의 크기는 $10\,\mathrm{N\cdot s}$이다.

선택지　풀이

ㄱ 충돌 과정에서 수레가 받은 충격량의 크기가 $10\,\mathrm{N\cdot s}$이므로 수레의 운동량 변화량의 크기는 $10\,\mathrm{kg\cdot m/s}$이다.

ㄴ 수레의 속도 변화량의 크기가 $5\,\mathrm{m/s}$이므로 질량은 $\dfrac{10\,\mathrm{kg\cdot m/s}}{5\,\mathrm{m/s}}=2\,\mathrm{kg}$이다.

ㄷ $I=F\varDelta t$에서 충돌 시간이 0.4초이므로 충돌 과정에서 수레에 작용한 평균 힘의 크기는 $F=\dfrac{10\,\mathrm{N\cdot s}}{0.4\,\mathrm{s}}=25\,\mathrm{N}$이다.

함정 피하기

속도는 방향이 있는 물리량이므로 속도 – 시간 그래프에서 양수와 음수일 때 운동 방향이 반대임을 놓치지 않아야 한다.

같은 자료　다른 보기

1. 수레가 받은 충격량의 방향은 충돌 후 수레의 운동 방향과 같다. 　(○ , ×)

2. 충돌 전 수레의 운동량의 크기는 $6\,\mathrm{kg\cdot m/s}$이다. 　(○ , ×)

3. 충돌하는 동안 수레가 벽에 작용한 평균 힘의 크기는 $4\,\mathrm{N}$이다. 　(○ , ×)

정답 1. ○ 2. ○ 3. ×

1 ▎2025학년도 6월 고3 모의평가 물리학Ⅰ 2번

그림은 수평면에서 실선을 따라 운동하는 물체의 위치를 일정한 시간 간격으로 나타낸 것이다. Ⅰ, Ⅱ, Ⅲ은 각각 직선 구간, 반원형 구간, 곡선 구간이다.

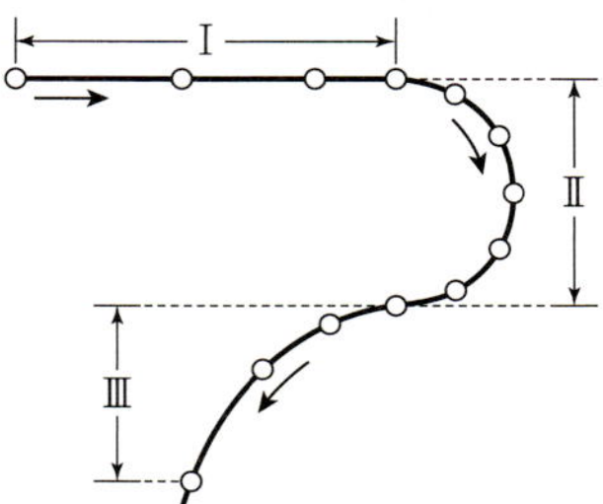

이에 대한 설명으로 옳은 것만을 보기에서 있는 대로 고른 것은?

보기

ㄱ. Ⅰ에서 물체의 속력은 변한다.
ㄴ. Ⅱ에서 물체에 작용하는 알짜힘의 방향은 물체의 운동 방향과 같다.
ㄷ. Ⅲ에서 물체의 운동 방향은 변하지 않는다.

① ㄱ　　　　　② ㄴ　　　　　③ ㄱ, ㄷ
④ ㄴ, ㄷ　　　　⑤ ㄱ, ㄴ, ㄷ

수능 코디

물체의 위치를 일정한 시간 간격으로 나타냈으므로 각 구간에서 물체의 속력을 비교할 수 있다.

---

2 ▎2023학년도 11월 고1 전국연합학력평가 13번

그림과 같이 동일한 높이에서 가만히 놓은 물체 A와 수평 방향으로 던진 물체 B, C가 각각 경로를 따라 운동한다. 수평 도달 거리는 C가 B보다 크다.

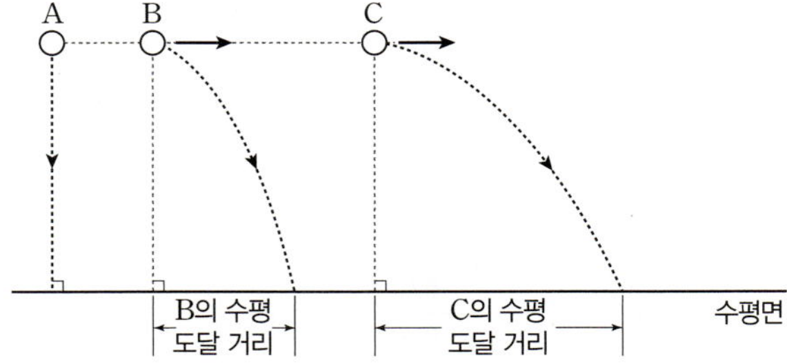

이에 대한 설명으로 옳은 것만을 보기에서 있는 대로 고른 것은? (단, 물체의 크기, 공기 저항은 무시한다.)

보기

ㄱ. A에 작용하는 중력의 방향은 A의 운동 방향과 같다.
ㄴ. 운동을 시작한 순간부터 수평면에 도달할 때까지 걸린 시간은 B가 A보다 크다.
ㄷ. 물체의 수평 방향 속력은 C가 B보다 크다.

① ㄱ　　　　　② ㄴ　　　　　③ ㄱ, ㄷ
④ ㄴ, ㄷ　　　　⑤ ㄱ, ㄴ, ㄷ

수능 코디

수평 방향으로 던진 물체는 연직 방향으로는 자유 낙하 운동을 하므로 같은 높이에서 던진 물체는 수평면에 도달하는 데 걸리는 시간이 같다.

ǀ 2023학년도 6월 고3 모의평가 물리학I 9번

3 그림 (가)는 수평면에서 질량이 각각 2 kg, 3 kg인 물체 A, B가 각각 6 m/s, 3 m/s의 속력으로 등속도 운동하는 모습을 나타낸 것이다. 그림 (나)는 A와 B가 충돌하는 동안 A가 B에 작용한 힘의 크기를 시간에 따라 나타낸 것이다. 곡선과 시간 축이 만드는 면적은 6 N·s이다.

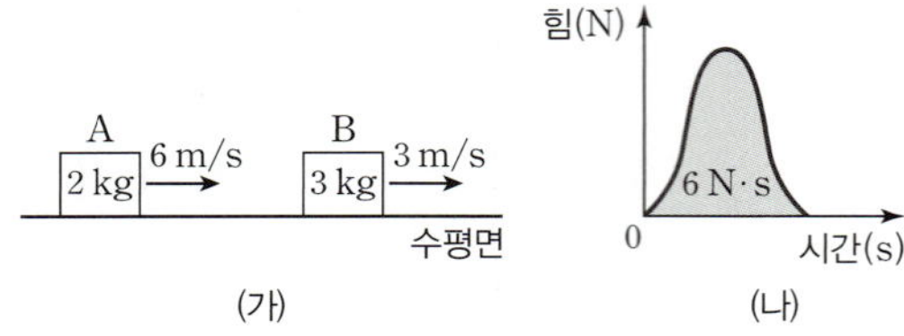

충돌 후, 등속도 운동하는 A, B의 속력을 각각 v_A, v_B라 할 때, $\dfrac{v_B}{v_A}$는? (단, A와 B는 동일 직선상에서 운동한다.)

① $\dfrac{4}{3}$　　　② $\dfrac{3}{2}$　　　③ $\dfrac{5}{3}$　　　④ 2　　　⑤ $\dfrac{5}{2}$

ǀ 2025학년도 9월 고3 모의평가 물리학I 10번

4 다음은 수레를 이용한 충격량에 대한 실험이다.

[실험 과정]

(가) 그림과 같이 속도 측정 장치, 힘 센서를 수평면상의 마찰이 없는 레일과 수직하게 설치한다.

(나) 레일 위에서 질량이 0.5 kg인 수레 A가 일정한 속도로 운동하여 고정된 힘 센서에 충돌하게 한다.

(다) 속도 측정 장치를 이용하여 충돌 직전과 직후 A의 속도를 측정한다.

(라) 충돌 과정에서 힘 센서로 측정한 시간에 따른 힘 그래프를 통해 충돌 시간을 구한다.

(마) A를 질량이 1.0 kg인 수레 B로 바꾸어 (나)~(라)를 반복한다.

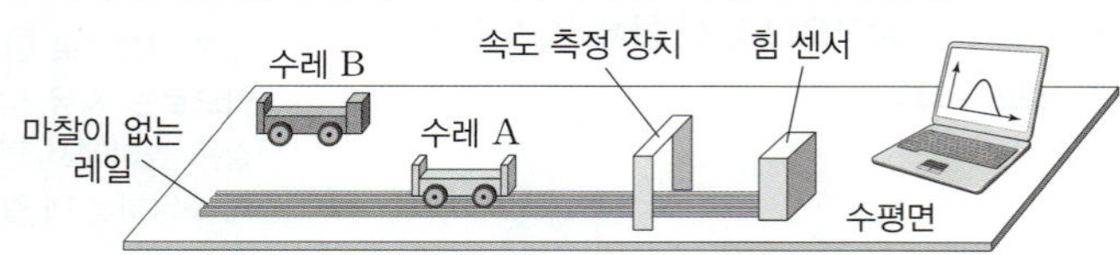

[실험 결과]

수레	질량(kg)	속도(m/s)		충돌 시간(s)
		충돌 직전	충돌 직후	
A	0.5	0.4	−0.2	0.02
B	1.0	0.4	−0.1	0.05

※ 충돌 시간: 수레가 힘 센서로부터 힘을 받는 시간

이에 대한 설명으로 옳은 것만을 보기에서 있는 대로 고른 것은?

보기

ㄱ. 충돌 직전 운동량의 크기는 A가 B보다 작다.

ㄴ. 충돌하는 동안 힘 센서로부터 받은 충격량의 크기는 A가 B보다 크다.

ㄷ. 충돌하는 동안 힘 센서로부터 받은 평균 힘의 크기는 A가 B보다 작다.

① ㄱ　　　② ㄴ　　　③ ㄱ, ㄷ　　　④ ㄴ, ㄷ　　　⑤ ㄱ, ㄴ, ㄷ

5 그림 (가)의 Ⅰ~Ⅲ과 같이 마찰이 없는 수평면에서 운동량의 크기가 p로 같은 물체 A, B가 서로를 향해 등속도 운동을 하다가 충돌한 후 각각 등속도 운동을 하고, 이후 B는 벽과 충돌한 후 운동량의 크기가 $\frac{1}{3}p$인 등속도 운동을 한다. 그림 (나)는 (가)에서 B가 받은 힘의 크기를 시간에 따라 나타낸 것이다. B와 A, B와 벽의 충돌 시간은 각각 T, $2T$이고, 곡선과 시간 축이 만드는 면적은 각각 $2S$, S이다. A, B의 질량은 각각 m, $2m$이다.

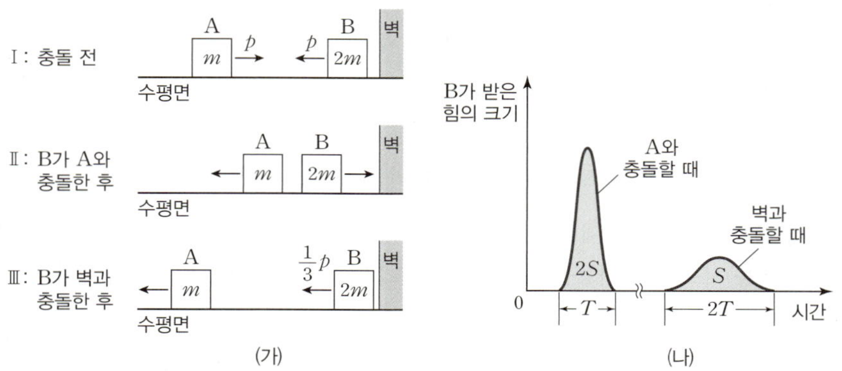

이에 대한 설명으로 옳은 것만을 보기에서 있는 대로 고른 것은? (단, A, B는 동일 직선 상에서 운동한다.)

[보기]
ㄱ. B가 받은 평균 힘의 크기는 A와 충돌하는 동안과 벽과 충돌하는 동안이 같다.
ㄴ. Ⅱ에서 B의 운동량의 크기는 $\frac{1}{3}p$이다.
ㄷ. Ⅲ에서 물체의 속력은 A가 B의 2배이다.

① ㄱ　　　　　② ㄴ　　　　　③ ㄷ
④ ㄱ, ㄴ　　　　⑤ ㄴ, ㄷ

6 그림 (가)는 $+x$ 방향으로 속력 v로 등속도 운동하던 물체 A가 구간 P를 지난 후 속력 $2v$로 등속도 운동하는 것을, (나)는 $+x$ 방향으로 속력 $3v$로 등속도 운동하던 물체 B가 P를 지난 후 속력 v_B로 등속도 운동하는 것을 나타낸 것이다. A, B는 질량이 같고, P에서 같은 크기의 일정한 힘을 $+x$ 방향으로 받는다.

이에 대한 설명으로 옳은 것만을 보기에서 있는 대로 고른 것은? (단, 물체의 크기는 무시한다.)

[보기]
ㄱ. P를 지나는 데 걸리는 시간은 A가 B보다 크다.
ㄴ. 물체가 받은 충격량의 크기는 (가)에서가 (나)에서보다 크다.
ㄷ. $v_B = 4v$이다.

① ㄱ　　　　　② ㄷ　　　　　③ ㄱ, ㄴ
④ ㄴ, ㄷ　　　　⑤ ㄱ, ㄴ, ㄷ

14 생명 시스템의 기본 단위

내 교과서와 비교
동아 134~139쪽
미래엔 144, 150~153쪽
비상 128~131쪽
지학사 142~147쪽
천재 140~145쪽

❶ 세포소기관
세포 내에서 특정한 기능을 수행하는 기관이다.

❷ 동물과 식물의 구성 단계 비교
• [동물의 구성 단계]
세포 → 조직 → 기관 → 기관계 → 개체
• [식물의 구성 단계]
세포 → 조직 → 조직계 → 기관 → 개체
동물에는 조직계가 없고 기관계가 있으며, 식물에는 조직계가 있고 기관계가 없다.

❸ 인지질
세포막, 핵막 등 생체막을 구성하는 주요 성분으로 지질의 한 종류이다. 인산이 있는 머리 부분은 물에 잘 섞이고 (친수성), 2개의 지방산이 있는 꼬리 부분은 물에 잘 섞이지 않는다(소수성).

🅰 생명 시스템의 기본 단위, 세포

1 생명 시스템 구성 요소 간의 상호작용으로 생명 현상이 나타나는 체계

2 세포 세포는 각 세포소기관의 다양한 기능과 세포소기관❶ 사이의 밀접한 상호작용에 의해 생명 현상이 나타나는 하나의 생명 시스템이다.

① 생명체를 구성하는 구조적 단위이며, 생장 및 생식 등 다양한 생명 현상이 일어나는 기능적 단위이다.
② 생명체를 이루는 조직이나 기관에 따라 세포의 모양과 기능이 다르다.❷

3 세포의 구조와 기능 세포는 세포질에 있는 핵, 라이보솜, 골지체, 엽록체, 마이토콘드리아 등 서로 다른 기능을 하는 여러 세포소기관과 세포막 등으로 구성된다.

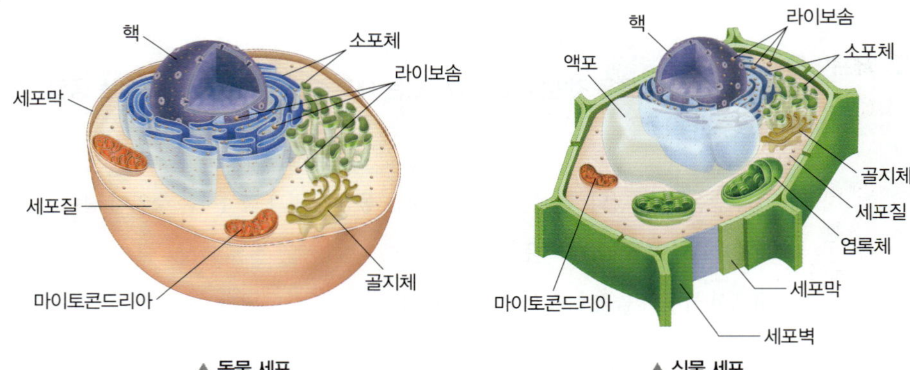

세포소기관	동물 세포	식물 세포
핵	유전정보가 저장된 유전물질인 DNA가 들어 있으며, 세포의 생명활동을 조절한다.	
세포질	여러 가지 세포소기관이 있는 곳으로 다양한 생명활동이 일어난다.	
라이보솜	작은 알갱이 모양으로, 유전물질로부터 전달받은 유전정보에 따라 단백질을 합성한다.	
소포체	라이보솜에서 합성한 단백질을 골지체나 세포의 다른 부위로 운반한다.	
골지체	소포체에서 운반된 단백질을 변형하고 분비하는 데 관여한다.	
마이토콘드리아	세포의 생명활동에 필요한 에너지를 생성하는 세포호흡이 일어난다.	
엽록체	없음.	빛에너지를 흡수하여 포도당을 합성하는 광합성이 일어난다.
액포	없거나 작음.	영양분, 색소, 노폐물 등을 저장하며, 세포의 성장과 삼투압 유지에 관여한다. 성숙한 식물 세포일수록 크게 발달한다.
세포막	세포를 둘러싸는 막으로, 세포 안을 주변 환경과 분리하며, 세포 안팎의 물질 출입을 조절한다.	
세포벽	없음.	세포막 바깥쪽에 있는 단단한 막으로, 세포의 형태를 유지하고 세포를 보호한다.

└ 동물 세포와 식물 세포의 차이점

🅱 세포막을 통한 물질의 이동

1 세포막의 구조와 역할 세포막은 인지질❸과 단백질로 이루어져 있으며, 인지질 2중층에 군데군데 단백질이 박혀 있거나 파묻혀 있는 구조이다.

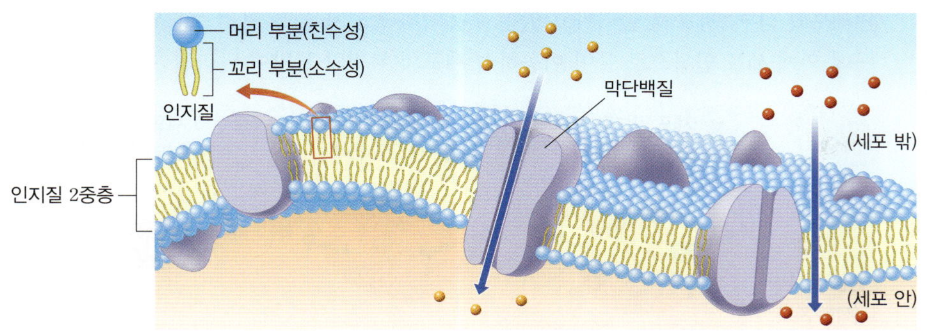

▲ 세포막의 구조

물 분자와 쉽게 결합하는 성질
물 분자와 쉽게 결합하지 못하는 성질

① **인지질 2중층**[4]: 인지질은 친수성인 머리 부분이 물과 접한 바깥쪽을 향하고, 소수성인 꼬리 부분이 안쪽으로 서로 마주 보며 2중층으로 배열된다. 인지질 2중층은 유동성이 있어 인지질의 움직임에 따라 단백질도 움직인다.

② **막단백질**: 세포막에는 인지질 2중층을 관통하거나 표면에 붙어 있는 단백질이 존재하는데, 이를 막단백질이라고 한다.

③ **세포막의 역할**: 세포막은 세포의 형태를 유지하며 세포 안에서 화학 반응이 일어날 수 있는 독립적인 환경을 조성하고, 다양한 물질의 출입을 조절한다.

2 세포막을 통한 물질의 이동

① **선택적 투과성**: 세포막은 물질의 종류, 크기 등에 따라 물질의 이동이 다르게 일어나는데 이를 선택적 투과성이라고 한다.

② **확산**[5]: 분자가 스스로 운동하여 농도가 높은 쪽에서 농도가 낮은 쪽으로 퍼져 나가는 현상이다.
└ 에너지 사용하지 않음.

- 세포막을 경계로 농도가 높은 쪽에서 낮은 쪽으로 물질이 확산한다.
- 물질은 종류에 따라 인지질 2중층을 직접 통과하거나 막단백질을 통해 확산한다.

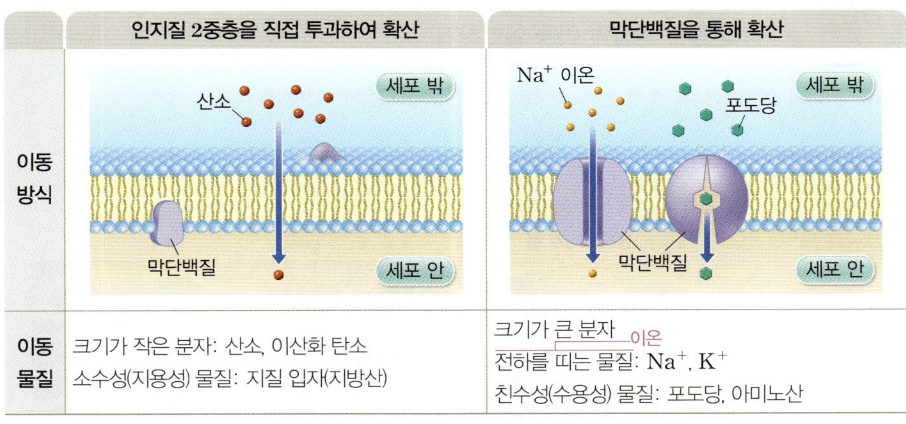

이동 방식	인지질 2중층을 직접 투과하여 확산	막단백질을 통해 확산
이동 물질	크기가 작은 분자: 산소, 이산화 탄소 소수성(지용성) 물질: 지질 입자(지방산)	크기가 큰 분자 전하를 띠는 물질: Na⁺, K⁺ 친수성(수용성) 물질: 포도당, 아미노산

이온

③ **삼투**: 세포막과 같은 반투과성막[6]을 경계로 농도 차이가 나는 두 용액이 있을 때 농도가 낮은 용액에서 높은 용액으로 물과 같은 용매가 이동하는 현상으로 확산의 한 종류이다.
에너지 사용하지 않음. ┘

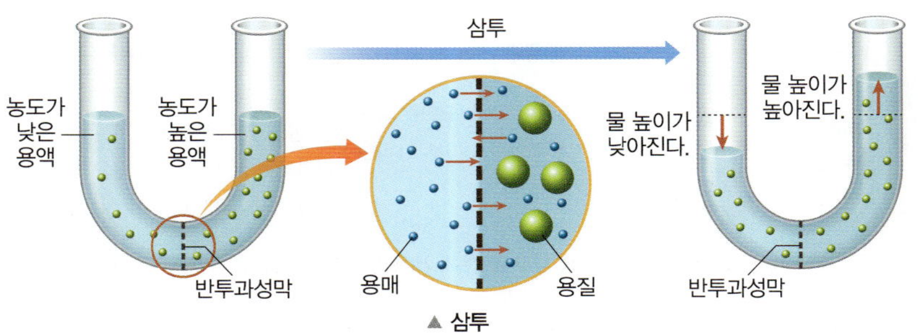

④ 세포와 삼투: 세포를 둘러싸고 있는 수용액의 농도가 세포 안의 농도와 다르면 삼투에 의해 세포 안팎으로 물이 이동하여 세포의 부피와 모양이 달라질 수 있다.

	세포 안보다 낮은 농도의 용액 ❼	세포 안과 같은 농도의 용액 ❽	세포 안보다 높은 농도의 용액 ❾
동물 세포 (적혈구)	 세포 안으로 들어오는 물의 양이 많아 세포가 부풀다가 터진다.	세포 안팎으로 물이 출입하는 양이 같아 세포의 부피 변화가 없다.	 세포 밖으로 나가는 물의 양이 많아 세포가 쭈그러든다.
식물 세포	세포 안으로 들어오는 물의 양이 많아 세포가 팽팽해진다.	세포 안팎으로 물이 출입하는 양이 같아 세포의 부피 변화가 없다.	세포 밖으로 빠져나가는 물의 양이 많아 세포질이 수축하여 세포막과 세포벽이 분리된다. ❿

⑤ 일상생활 속 삼투 예
저농도 ┌───────┐ 고농도
• 배추를 소금물에 담가 두면 배추의 숨이 죽는 현상
• 식물의 뿌리털이 토양에서 물을 흡수하는 현상
고농도 ┌───────┐ 저농도

---

❼ 저장액

세포 속 액체보다 농도가 낮은 용액. 세포를 넣었을 때 세포 밖의 물이 세포 안으로 이동하게 하는 용액

❽ 등장액

혈액이나 체액 등 세포 속 액체와 삼투압이 같은 용액. 세포를 넣었을 때, 세포 안으로 들어오는 물의 양과 세포 밖으로 나가는 물의 양이 같다.

❾ 고장액

세포 속 액체보다 농도가 높은 용액. 세포를 넣었을 때 세포에 있는 물을 세포 밖으로 이동하게 하는 용액

❿ 원형질 분리

식물 세포에서 세포질이 수축하면서 세포막이 세포벽으로부터 분리되는 현상을 원형질 분리라고 한다.

식물 세포가 농도가 낮은 용액에서 동물 세포처럼 터지지 않는 까닭은 식물 세포는 세포막 바깥에 단단한 세포벽이 있기 때문이야.

＋미래엔 교과서에 있어요

달걀을 이용한 물질 이동 실험

겉껍데기가 제거된 날달걀을 증류수와 10 % 소금물에 각각 담가 두었다가 20분 후 달걀의 질량 변화를 측정한 것이다.

⬇ **결과**

증류수	10 % 소금물
증류수의 물 분자가 달걀로 이동하기 때문에 달걀의 질량이 증가하였다.	달걀에 있던 물 분자가 소금물 쪽으로 이동하기 때문에 달걀의 질량이 감소하였다.

탐구 분석 막을 통한 물질의 이동 실험하기

붉은 양파의 겉 표피에 증류수와 20 % 설탕물을 각각 떨어뜨렸을 때의 변화를 비교한 것이다.

◉ 결과 및 해석

구분	증류수와 설탕물을 떨어뜨리기 전	증류수	20 % 설탕물
양파 표피세포의 모습	변화 없다.	양파 표피세포의 부피가 커졌다.	세포막과 세포벽이 분리되었다.

❶ 막을 통한 물질의 이동으로 세포의 모양이 변했다.

구분	증류수	20 % 설탕물
물질의 이동 결과	증류수는 세포보다 농도가 낮으므로 세포 안으로 이동하는 물의 양이 많아지기 때문에 세포의 부피가 커졌다.	세포보다 농도가 높아 세포 밖으로 이동하는 물의 양이 많아지기 때문에 세포질의 부피가 점점 줄어들면서 세포막과 세포벽의 분리가 일어났다.

❷ 실험 결과를 바탕으로 세포막은 선택적 투과를 통해 세포 안팎으로 물질의 출입을 조절하여 세포 내부에서 생명활동이 일어날 수 있는 환경을 유지함을 알 수 있다.

1 생명 시스템과 세포에 관한 설명으로 옳은 것은 ○, 옳지 않은 것은 ×로 표시하시오.

⑴ 여러 구성 요소가 상호작용하여 다양한 생명활동을 수행하는 것을 생명 시스템이라고 한다. (　　)

⑵ 개체의 생명 시스템을 유기적으로 구성하는 구조적, 기능적 기본 단위는 세포이다. (　　)

⑶ 생명체를 이루는 조직이나 기관과 상관없이 세포의 모양과 기능은 모두 동일하다. (　　)

2 다음은 세포소기관의 이름들이다. (　　) 안에 각 설명에 해당하는 세포소기관을 골라 쓰시오.

> 핵, 라이보솜, 소포체, 마이토콘드리아, 엽록체

⑴ 광합성 (　　　　)
⑵ 단백질합성 (　　　　)
⑶ 단백질 운반 (　　　　)
⑷ 세포의 생명활동 조절 (　　　　)
⑸ 생명활동에 필요한 에너지 공급 (　　　　)

3 그림은 동물 세포의 구조를 나타낸 것이다.

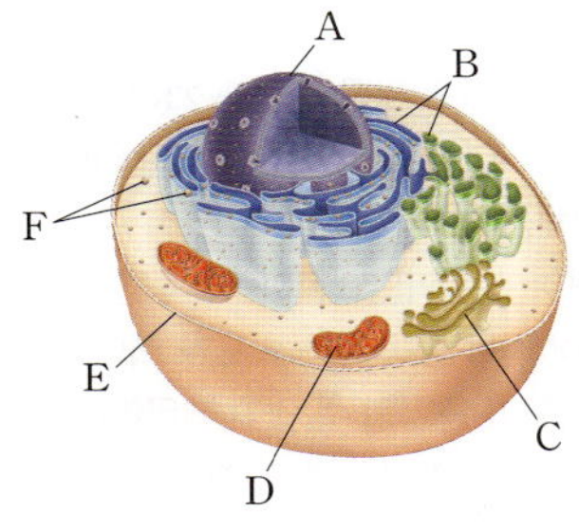

A~F에 대한 설명으로 옳은 것은 ○, 옳지 않은 것은 ×로 표시하시오.

⑴ A는 유전물질이 들어 있는 핵이다. (　　)

⑵ B는 라이보솜에서 합성한 단백질을 세포의 다른 부위로 운반하는 소포체이다. (　　)

⑶ C는 빛에너지를 흡수하여 유기물을 합성하는 엽록체이다. (　　)

⑷ D는 소포체에서 운반된 단백질을 변형하여 세포 안팎으로 분비하는 골지체이다. (　　)

⑸ E는 세포를 둘러 싸고 세포 안팎의 물질 출입을 조절하는 세포막이다. (　　)

⑹ F는 DNA의 유전정보에 따라 지질을 합성한다. (　　)

4 그림은 세포막의 구조를 나타낸 것이다.

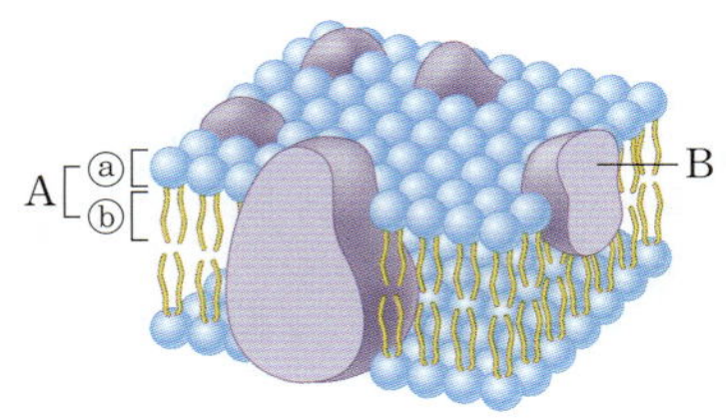

(　　) 안에 알맞은 말을 쓰시오.

⑴ A는 세포막의 구성 성분인 (　　　　)이다.

⑵ ⓐ는 A의 머리 부분으로 물과 잘 섞이는 (　　　　)을/를 띤다.

⑶ ⓑ는 A의 꼬리 부분으로 물과 잘 섞이지 않는 (　　　　)을/를 띤다.

⑷ B는 (　　　　)(으)로 세포가 영양분을 받아들이고 노폐물을 내보내는 물질 이동 통로가 된다.

5 세포막을 통한 물질의 이동에 대한 설명으로 옳은 것은 ○, 옳지 않은 것은 ×로 표시하시오.

⑴ 산소는 세포막을 직접 투과한다. (　　)
⑵ Na^+은 세포막을 직접 투과한다. (　　)
⑶ 포도당은 세포막의 막단백질을 통해 이동한다. (　　)

6 그림 (가)와 (나)는 붉은 양파 표피세포에 증류수와 20 % 설탕물을 각각 떨어뜨렸을 때의 모습을 나타낸 것이다.

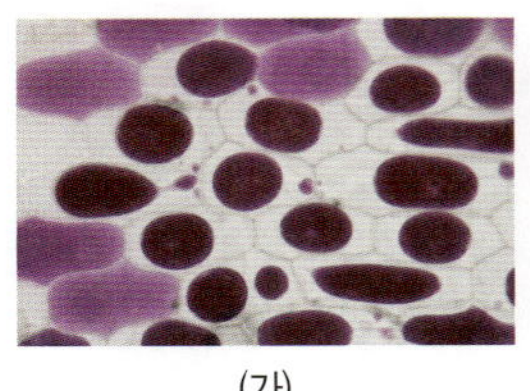
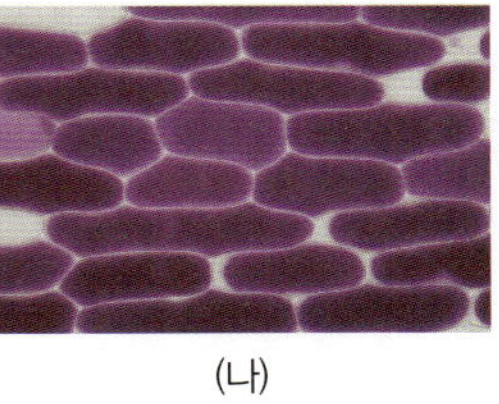
(가)　　　　　　　　(나)

이에 대한 설명으로 옳은 것은 ○, 옳지 않은 것은 ×로 표시하시오.

⑴ 20 % 설탕물을 떨어뜨린 양파 표피세포는 (가)이다. (　　)

⑵ (나)는 세포 안으로 이동하는 물의 양보다 세포 밖으로 이동하는 물의 양이 더 많다. (　　)

⑶ (가)와 (나)의 변화는 세포막을 통한 물 분자의 확산으로 나타나는 현상이다. (　　)

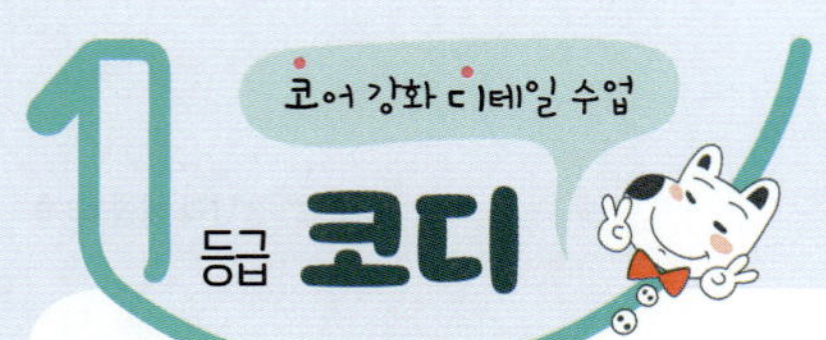

세포막을 통한 물질의 확산

정답과 해설 58쪽

물질이 이동하는 방식과 세포 안팎의 농도 차에 따라
이동 속도가 달라짐을 알 수 있습니다.

강의 영상

기체나 용액 속에서 농도가 높은
쪽에서 낮은 쪽으로 분자가 스스로
운동하여 이동하는 현상

농도가 같아질 때까지 일어나며
농도 차이가 클수록 확산 속도가
빠르다.

외부에서 에너지 공급이 필요하지
않으며 분자 운동에 의해 자발적으
로 일어난다.

물질은 종류에 따라 인지질 2중층을
직접 통과하거나 막단백질을 통해 확
산한다.

디테일 Point

○ 인지질 2중층을 직접 통과하는 확산(단순확산)

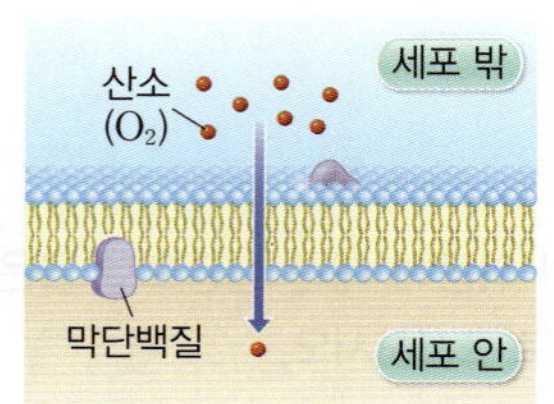

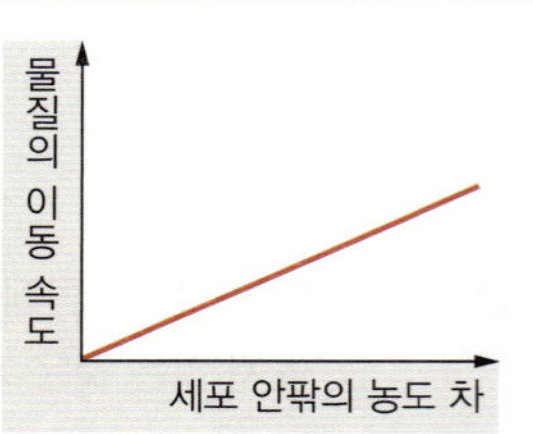

❶ 세포막을 경계로 세포 안팎의 농도 차이가 클수록 물질의 이
동 속도가 증가한다.

❷ 산소, 이산화 탄소와 같이 크기가 작고 극성이 약한 물질이
이동하는 방식이다.

○ 막단백질을 통한 확산(촉진확산)

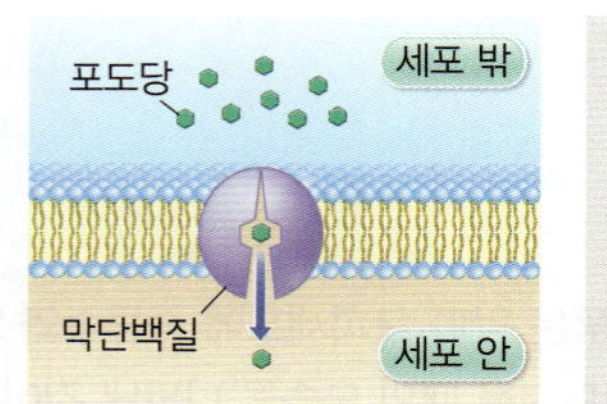

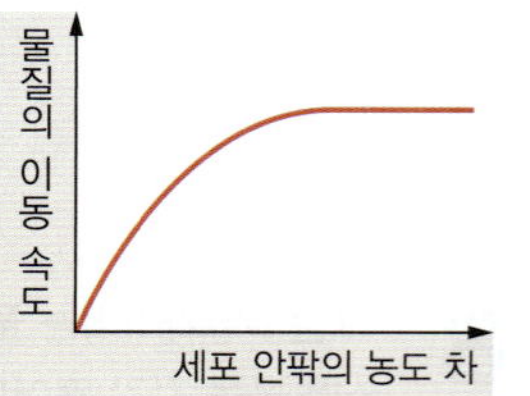

❶ 세포막을 경계로 세포 안팎의 농도 차이가 클수록 물질의 이
동 속도가 증가하다가 최대 속도에 도달하면 더 이상 증가하
지 않고 일정해진다.

→ 확산에 관여하는 막단백질이 모두 물질의 이동에 이용되
고 있는 경우 물질의 이동 속도가 최대에 도달하여 더 이
상 이동 속도가 증가할 수 없기 때문이다.

❷ 포도당, 아미노산과 같이 크기가 크고 극성을 띠는 물질이나
Na^+, K^+과 같이 전하를 띠는 물질이 이동하는 방식이다.

디테일 예제

1 그림은 물질 A, B의 세포막을 통한 이동 속도를 각 물질
의 세포 안팎의 농도 차에 따라 나타낸 것이다.

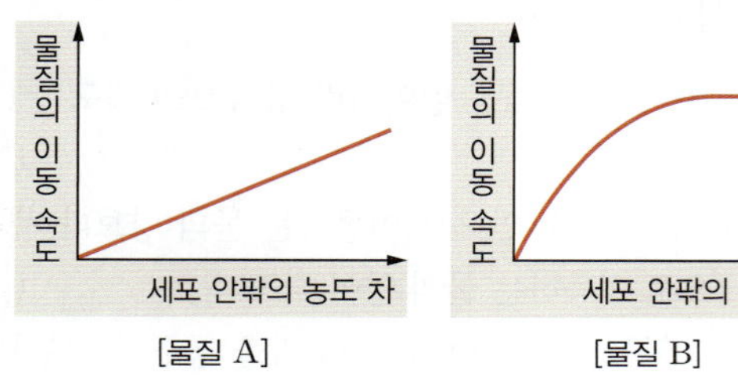

물질 A와 B는 Na^+과 산소 중 하나이다. 이에 대한 설명으로
옳은 것은 ○, 옳지 <u>않은</u> 것은 ×로 표시하시오.

⑴ 물질 A는 Na^+, 물질 B는 산소이다. (○, ×)

⑵ 물질 A는 인지질 2중층을 직접 통과할 수 있다. (○, ×)

⑶ 이산화 탄소, 포도당, 아미노산은 물질 A와 동일한 방식으로
이동한다. (○, ×)

⑷ 물질 B는 막단백질을 통해 확산된다. (○, ×)

⑸ 물질 B의 이동 속도는 세포 안팎의 농도 차에 비례하여 증가
한다. (○, ×)

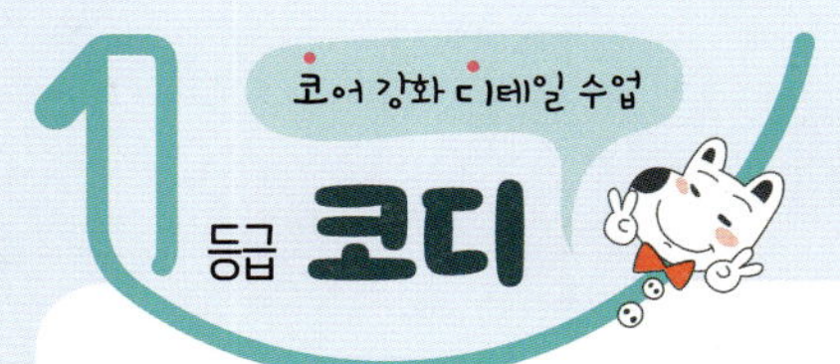

삼투 현상

용액, 용매, 용질 개념을 적용하여
삼투 현상을 이해해 봅시다.

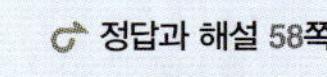

강의 영상

디테일 Point

● 용액, 용매, 용질 개념으로 이해하기

- **용액**: 용매에 용질이 녹아 있는 상태
- **용매**: 기체나 고체가 액체에 녹아 있는 용액에서 액체
- **용질**: 기체나 고체가 액체에 녹아 있는 용액에서 녹아 있는 물질(기체나 고체가 이에 해당됨.)

> 용질 + 용매 = 용액

예   설탕   +   물   = 설탕 용액
    (용질)   (용매)

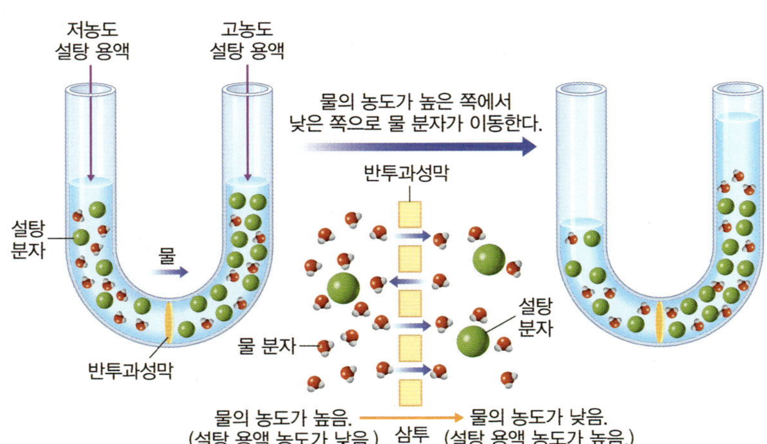

충분한 시간이 지나면 용액의 높이가 변하지 않는 평형 상태에 도달한다.
→ 반투과성막을 통해 양방향으로 이동하는 물 분자의 수가 같아지므로 겉으로 보기에는 물이 이동하지 않는 것처럼 보인다.

저농도 설탕 용액 = 물(용매)에 적은 양의 설탕(용질)이 들어 있다. = 설탕 농도 낮고 물 농도 높다.
고농도 설탕 용액 = 물(용매)에 많은 양의 설탕(용질)이 들어 있다. = 설탕 농도 높고 물 농도 낮다.

삼투 = 물 분자의 확산

삼투 현상이 일어나는 까닭: 삼투는 반투과성막을 사이에 두고 농도 차이가 나는 두 용액이 있을 때, 두 용액의 농도 차이를 없애기 위해 일어나는 현상이다. 용질이 반투과성막을 통과하지 못할 때 용매인 물이 이동하는 현상으로 이때 물 분자는 물의 농도가 높은 곳에서 낮은 곳으로 이동한다. 즉 용매인 물 분자의 확산을 삼투라고 한다.

디테일 예제

1   그림은 U자관 가운데를 반투과성막으로 막고 A와 B에 서로 다른 농도의 수용액을 넣고 일정 시간이 지난 후 일어난 변화를 나타낸 것이다.

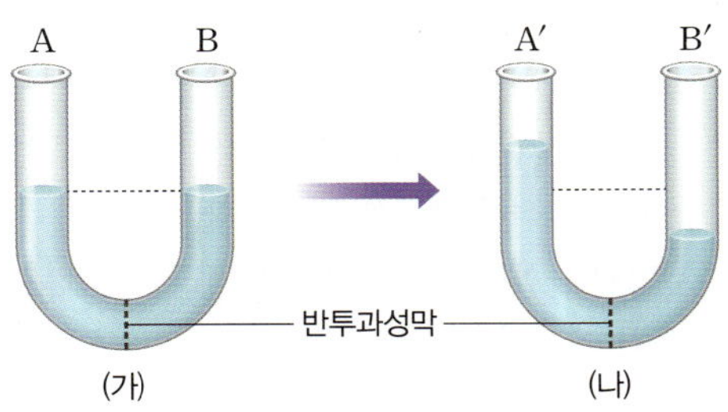

이에 대한 설명으로 옳은 것만을 보기에서 모두 골라 쓰시오.

보기

ㄱ. 용매와 용질 모두 반투과성막을 통과한다.

ㄴ. (가)에서 수용액의 농도는 A가 B보다 높다.

ㄷ. (가)에서 (나)로 변할 때 에너지가 소모된다.

ㄹ. 농도가 높은 쪽에서 낮은 쪽으로 용질이 이동한다.

ㅁ. 농도가 낮은 B에서 농도가 높은 A로 물이 이동한다.

ㅂ. 시간이 지날수록 A′와 B′의 농도 차이는 점점 줄어든다.

(   )

개념 적용하기

01 생명 시스템에 대한 설명으로 옳은 것만을 보기에서 있는 대로 고른 것은?

보기

ㄱ. 구성 요소 간의 상호작용으로 생명 현상이 나타나는 체계이다.

ㄴ. 세포는 생명 현상이 나타나는 하나의 생명 시스템이다.

ㄷ. 여러 개의 세포가 모여 하나의 생명 시스템을 이룰 수 있다.

① ㄱ   ② ㄴ   ③ ㄱ, ㄷ
④ ㄴ, ㄷ   ⑤ ㄱ, ㄴ, ㄷ

02 세포에 대한 설명으로 옳지 <u>않은</u> 것은?

① 생명체를 구성하는 구조적 단위이다.
② 생명 현상이 일어나는 기능적 단위이다.
③ 세포소기관의 상호작용으로 생명 현상이 나타난다.
④ 동물은 세포, 조직, 조직계, 기관, 개체의 구성 단계를 가진다.
⑤ 생명체를 이루는 조직이나 기관에 따라 세포의 모양과 기능이 다르다.

03 그림은 동물 세포의 구조를 나타낸 것이다.

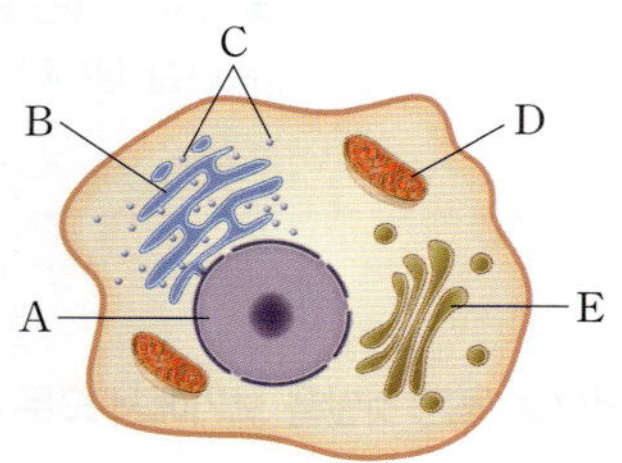

A~E 세포소기관의 이름과 기능을 옳게 짝 지은 것은?

① A: 골지체 – 유전물질인 DNA가 들어 있다.
② B: 소포체 – 탄수화물을 변형하고 분비하는 데 관여한다.
③ C: 라이보솜 – 영양분을 저장하여 세포의 삼투압 유지에 관여한다.
④ D: 마이토콘드리아 – 세포호흡이 일어난다.
⑤ E: 엽록체 – 유전정보에 따라 단백질을 합성한다.

04 그림은 식물 세포의 구조를 나타낸 것이다.

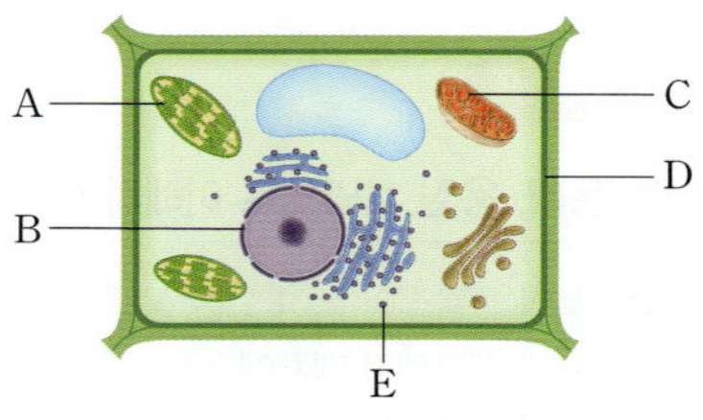

A~E에 대한 설명으로 옳지 <u>않은</u> 것은?

① A는 엽록체로 광합성이 일어난다.
② B에는 유전물질이 들어 있다.
③ C는 세포의 생명활동에 필요한 에너지를 생성한다.
④ D는 세포 안팎의 물질 출입을 조절한다.
⑤ E는 유전정보에 따라 지방을 합성한다.

05 그림 (가)와 (나)는 엽록체와 마이토콘드리아를 순서 없이 나타낸 것이다.

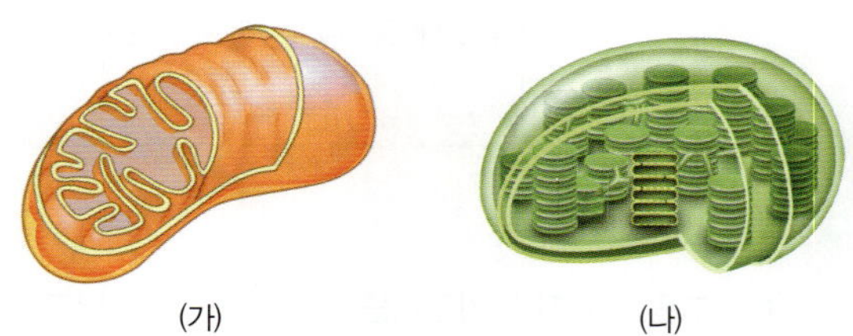

이에 대한 설명으로 옳지 <u>않은</u> 것은?

① (가)는 마이토콘드리아이다.
② (가)에서 세포의 생명활동에 필요한 에너지를 생성하는 물질대사가 일어난다.
③ (나)는 식물 세포에 존재한다.
④ (나)는 유기물을 분해하여 세포의 생명활동에 필요한 에너지를 생산한다.
⑤ (가), (나)는 모두 에너지전환에 관여한다.

B 세포막을 통한 물질의 이동

06 그림은 세포막의 구조를 모식적으로 나타낸 것이다.

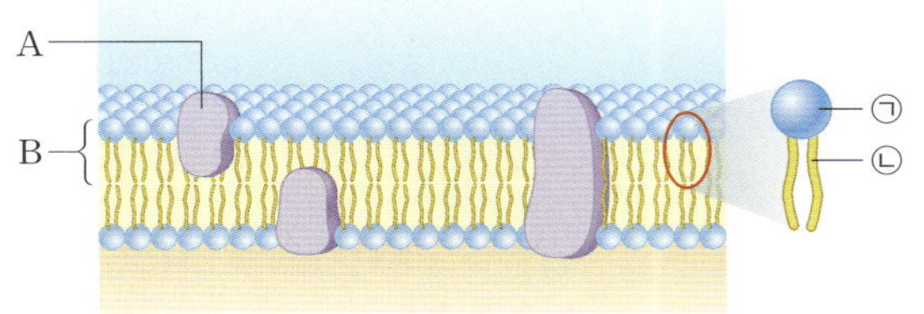

이에 대한 설명으로 옳지 <u>않은</u> 것은?

① A는 지질 성분이다.
② B는 인지질이다.
③ B는 서로 마주 보며 2중층을 형성한다.
④ ㉠은 물과 접하는 쪽으로 향한다.
⑤ ㉡은 물과 잘 섞이지 않는 소수성을 띤다.

07 세포막을 통한 물질의 이동에 대한 설명으로 옳지 <u>않은</u> 것은?

① 세포막을 통해 O_2의 확산이 일어난다.
② 세포막은 모든 물질을 투과시킬 수 있다.
③ 삼투에 의한 물질의 이동이 일어날 수 있다.
④ Na^+은 세포막에 있는 막단백질을 통해 세포막을 이동한다.
⑤ 세포막을 통한 물질의 이동으로 세포 내부의 환경이 일정하게 유지된다.

08 그림은 세포막을 통한 물질의 이동 방식을 나타낸 것이다.

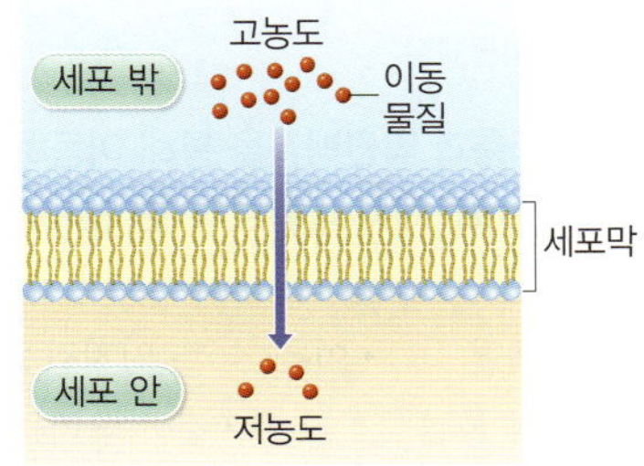

이와 같은 방식으로 세포막을 투과하는 물질로 옳은 것은?

① K^+ ② Na^+ ③ CO_2
④ 포도당 ⑤ 아미노산

09 그림 (가)와 (나)는 세포막을 통해 물질이 이동하는 두 가지 방식을 나타낸 것이다.

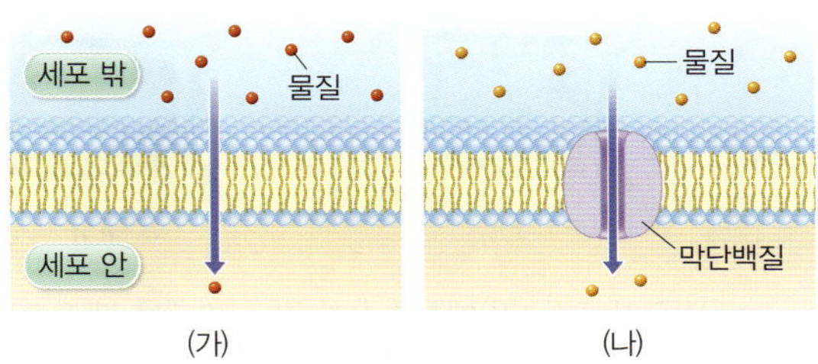

이에 대한 설명으로 옳지 <u>않은</u> 것은?

① 지용성 물질은 (가) 방식으로 이동한다.
② 전하를 띠는 물질은 (나) 방식으로 이동한다.
③ (가), (나) 모두 확산에 의해 물질이 이동한다.
④ (가) 방식으로 물질이 이동할 때 에너지가 소모된다.
⑤ (가)와 (나) 모두 물질이 고농도에서 저농도로 이동한다.

10 그림은 세포막을 통해 물질이 이동하는 예이다.

이처럼 물질의 종류, 크기 등에 따라 세포막을 통한 물질의 이동이 다르게 일어나는 것을 무엇이라고 하는지 쓰시오.

11 삼투에 대한 설명으로 옳은 것만을 보기에서 있는 대로 고른 것은?

> **보기**
> ㄱ. 용질이 세포막을 통해 확산되어 일어나는 현상이다.
> ㄴ. 물이 용액의 농도가 낮은 쪽에서 높은 쪽으로 이동하는 현상이다.
> ㄷ. 식물이 뿌리에서 물을 흡수할 때 주변 토양에서 뿌리털 세포 안쪽으로 물이 이동하는 원리와 같다.

① ㄱ ② ㄷ ③ ㄱ, ㄴ
④ ㄴ, ㄷ ⑤ ㄱ, ㄴ, ㄷ

중요
12 그림은 식물 세포를 어떤 용액에 일정 시간 담가 둔 후 일어난 변화를 나타낸 것이다.

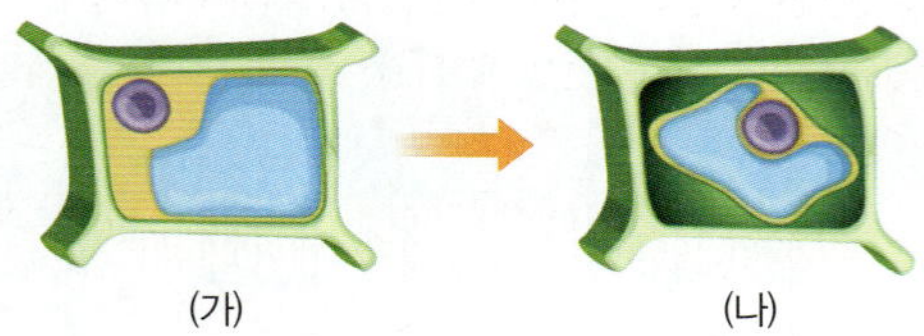

(가)　　　　　　(나)

식물 세포가 (가)에서 (나)와 같이 변했을 때 일어난 변화에 대한 설명으로 옳지 <u>않은</u> 것은?

① 액포의 크기가 작아졌다.
② 세포에서 물이 빠져나갔다.
③ 세포막과 세포벽이 분리되었다.
④ 세포질의 부피는 변하지 않는다.
⑤ 식물 세포보다 높은 농도의 용액에 담가 두었을 때 나타나는 현상이다.

중요
13 그림은 적혈구를 농도가 서로 다른 용액 (가)～(다)에 넣었을 때 일어나는 변화를 나타낸 것이다.

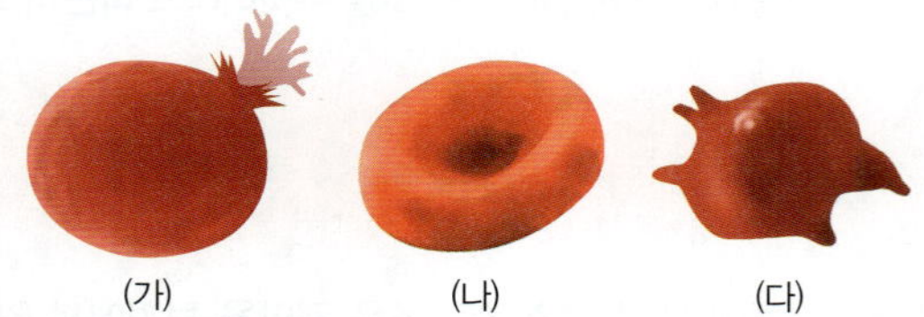

(가)　　　　　(나)　　　　　(다)

이에 대한 설명으로 옳은 것만을 보기에서 있는 대로 고른 것은?

보기
ㄱ. (가) 용액에서 적혈구 내로 많은 물이 이동하여 적혈구가 팽창한다.
ㄴ. (나) 용액에서는 적혈구 안과 밖으로 이동하는 물의 양이 같다.
ㄷ. 용액의 농도가 높은 순서는 (다) > (나) > (가)이다.

① ㄱ　　　　② ㄴ　　　　③ ㄷ
④ ㄱ, ㄴ　　　⑤ ㄱ, ㄴ, ㄷ

14 세포막의 기능을 아래 제시어를 모두 포함하여 서술하시오.

제시어
| • 물질 출입 | • 분리 | • 세포 |
| • 세포막 | • 조절 | • 주변 환경 |

____

15 그림은 생리식염수에 담가 두었던 적혈구를 용액 X에 넣었을 때 일어난 변화를 나타낸 것이다.

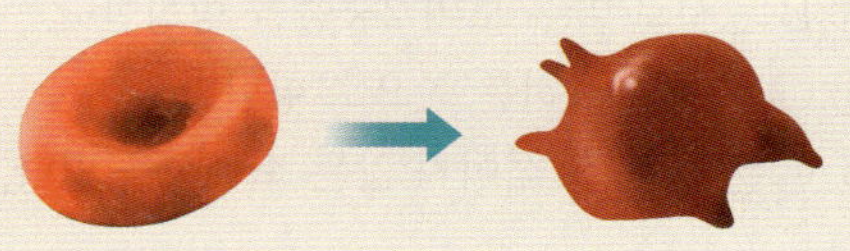

생리식염수　　　　　　용액 X

적혈구의 형태에 변화가 나타나는 까닭을 아래 제시어를 모두 포함하여 서술하시오.

제시어
| • 경계 | • 물 | • 세포막 | • 세포질 |
| • 용매 | • 고농도 | • 저농도 | • 적혈구 |

____

16 그림은 세포막의 구조를 나타낸 것이다.

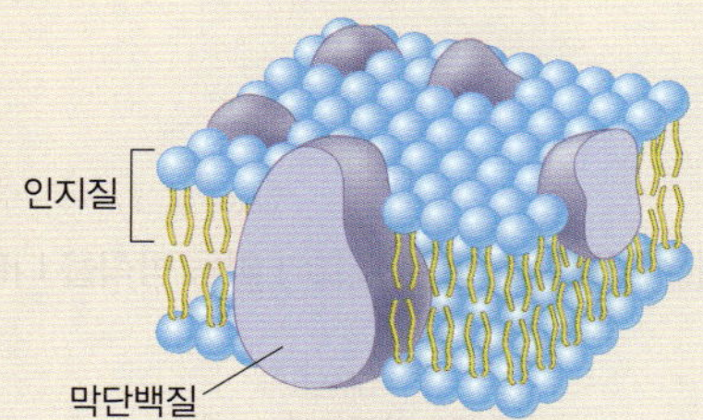

인지질 2중층과 막단백질을 통해 이동하는 물질의 특징을 각각 아래 제시어를 모두 포함하여 서술하시오.

제시어
• 막단백질	• 이온	• 인지질 2중층
• 지용성 물질		• 전하를 띠는 물질
• 크기가 작은 분자		• 크기가 큰 분자

____

01 그림은 동물 세포를 나타낸 것이고, 표는 세포소기관 A~D의 기능을 나타낸 것이다.

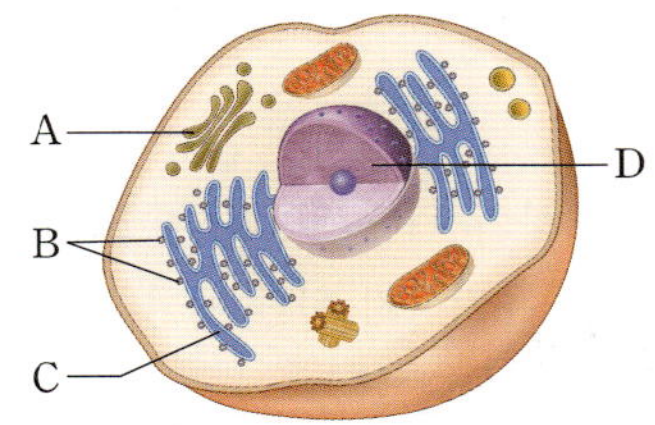

세포소기관	기능
A	물질 ㉠을 막으로 싸서 분비한다.
B	물질 ㉠을 합성한다.
C	물질 ㉠의 운반 통로 역할을 한다.
D	물질 ㉠에 대한 유전정보가 들어 있다.

이에 대한 설명으로 옳지 <u>않은</u> 것은?

① B는 라이보솜이다.
② C에서 DNA가 합성된다.
③ D에는 유전물질이 존재한다.
④ 물질 ㉠은 단백질이다.
⑤ 물질 ㉠의 이동 경로는 B → C → A이다.

02 그림은 세포막을 통한 물질의 이동 방식 (가)와 (나)를 나타낸 것이다.

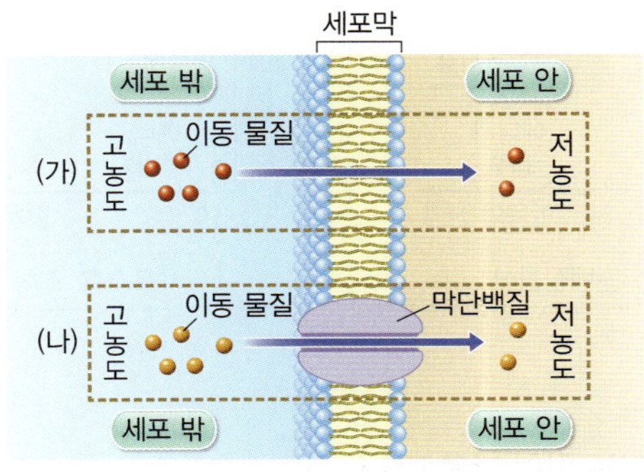

이에 대한 설명으로 옳은 것만을 보기에서 있는 대로 고른 것은?

보기
ㄱ. 지용성인 물질은 (가)의 방식으로 이동한다.
ㄴ. 전하를 띠는 물질은 (나)의 방식으로만 세포막을 투과할 수 있다.
ㄷ. 한 세포에서 (가), (나)를 통한 물질의 이동이 동시에 일어날 수 없다.

① ㄱ   ② ㄴ   ③ ㄱ, ㄴ
④ ㄱ, ㄷ   ⑤ ㄱ, ㄴ, ㄷ

03 다음은 세포막을 통한 물질의 이동을 알아보기 위한 실험이다.

[실험 과정]

(가) A에는 인지질 2중층으로 된 막을, B에는 인지질 2중층과 막단백질로 이루어진 막을 설치한다.

(나) A와 B의 막 왼쪽에는 포도당 수용액을, 오른쪽에는 증류수를 넣은 후 포도당 농도를 측정하였다.

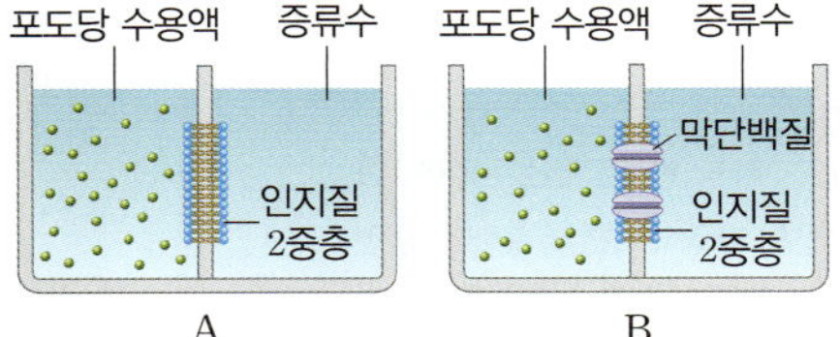

[실험 결과]

A의 오른쪽 용액에서는 포도당이 검출되지 않았고, B의 오른쪽 용액에서는 포도당이 검출되었다.

이에 대한 설명으로 옳은 것만을 보기에서 있는 대로 고른 것은?

보기
ㄱ. 실험 결과 A의 오른쪽 용액의 수위가 낮아진다.
ㄴ. B에서 포도당은 막단백질을 통해 이동하였다.
ㄷ. B와 같은 방식으로 Na^+이 세포막을 이동한다.

① ㄱ   ② ㄴ   ③ ㄷ
④ ㄱ, ㄴ   ⑤ ㄱ, ㄴ, ㄷ

04 그림은 반투과성막을 사이에 두고 농도가 다른 설탕 용액 A와 B가 있을 때의 물질 이동을 나타낸 것이다.

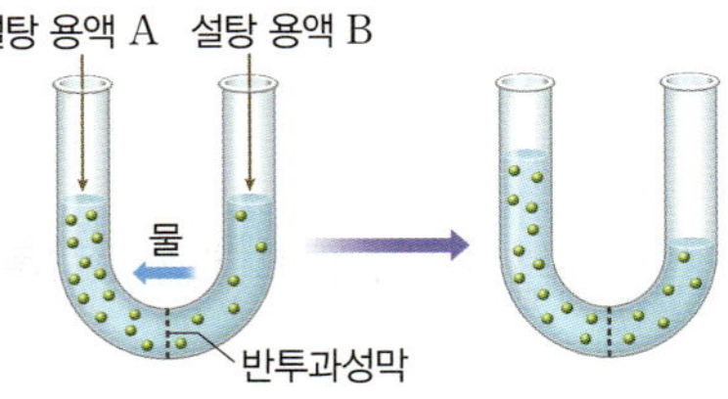

이에 대한 설명으로 옳은 것만을 보기에서 있는 대로 고른 것은?

보기
ㄱ. 설탕은 반투과성막을 투과하지 못한다.
ㄴ. 설탕 용액 B의 농도가 A의 농도보다 높다.
ㄷ. 삼투 현상으로 물이 반투과성막을 투과한다.

① ㄱ   ② ㄴ   ③ ㄷ
④ ㄱ, ㄴ   ⑤ ㄱ, ㄷ

15 물질대사와 효소

내 교과서와 비교
동아 140~145쪽
미래엔 145~149쪽
비상 132~135쪽
지학사 148~151쪽
천재 146~151쪽

핵심 KEYWORD

- 물질대사
- 효소
- 활성화에너지

화학 반응은 원소 사이의 화학 결합의 파괴와 생성을 통해 반응 전 물질과는 화학적 성질이 다른 물질이 만들어지는 과정이야. 이때 화학 반응 전 물질을 반응물, 반응 후 물질을 생성물이라고 해.

❶ 생체촉매
자연 상태에서 효소는 생물체 내에서만 합성되므로 생체촉매라고 한다.

❷ 동화(同 같다, 化 되다)작용
저분자 물질이 고분자 물질로 합성되는 과정

❸ 이화(異 다르다, 化 되다)작용
고분자 물질이 저분자 물질로 분해되는 과정

❹ 에너지 출입
동화작용은 에너지를 흡수하므로 생성물의 에너지가 반응물의 에너지보다 많은 흡열 반응이고, 이화작용은 에너지를 방출하므로 생성물의 에너지가 반응물의 에너지보다 적은 발열 반응이다.

❺ 촉매(觸 닿다, 媒 매개하다)
화학 반응에 참여하여 반응 속도를 변화시키지만 반응 전후에 소모되거나 변성이 일어나지 않는 물질을 촉매라고 한다.

❻ 단계적 반응
생물체 내에서 일어나는 화학 반응은 효소에 의해 단계적으로 일어난다. 그 결과 생물체 밖에서 일어나는 화학 반응과는 달리 에너지가 한꺼번에 방출되어 소모되지 않는다.

A 물질대사

1 물질대사 생명체 내에서 생명활동을 유지하기 위해 일어나는 모든 화학 반응을 말한다. 생명체는 물질대사를 통해 생명활동을 유지하기 위한 에너지를 얻고, 세포를 구성하는 물질과 생리 조절에 필요한 물질을 합성한다.
① 생체촉매❶인 효소가 관여한다.
② 물질대사에는 반드시 에너지 출입이 함께 일어난다.

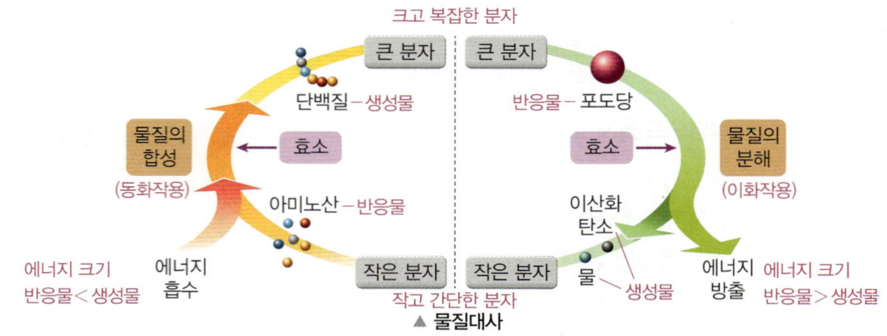

▲ 물질대사

2 물질대사의 구분 물질대사에는 물질을 합성하는 반응과 물질을 분해하는 반응이 있다.

구분	물질을 합성하는 반응(동화작용)❷	물질을 분해하는 반응(이화작용)❸
물질 변화	작은 분자로 큰 분자를 합성 (저분자 물질 ➡ 고분자 물질)	큰 분자를 작은 분자로 분해 (고분자 물질 ➡ 저분자 물질)
에너지 출입❹	에너지 저장(흡열 반응)	에너지 방출(발열 반응)
반응의 예	광합성, 단백질합성	세포호흡, 소화

3 물질대사와 생명체 밖에서 일어나는 화학 반응 비교

구분	물질대사	생명체 밖에서 일어나는 화학 반응
환경 조건	체온 범위 저온(약 37 °C), 저압(대기압)에서 일어날 수 있다.	고온(400 °C 이상), 고압에서 일어난다.
촉매❺	생체촉매인 효소가 필요하다.	촉매 없이도 일어날 수 있다.
에너지 출입	반응이 단계적❻으로 일어나 에너지가 소량씩 방출되거나 흡수된다.	반응이 한 번에 일어나 다량의 에너지가 한꺼번에 방출되거나 흡수된다.
예	세포호흡	연소

ß 효소의 작용과 효소의 활용

1 효소 생명체 내에서 만들어지며 생명체 내에서 일어나는 화학 반응이 빠르고 쉽게 일어나도록 촉진하는 물질이다.

2 효소의 기능 활성화에너지를 감소시켜 화학 반응의 반응 속도[7]를 빠르게 한다.

- **활성화에너지**: 화학 반응이 일어나려면 일정량 이상의 에너지를 가진 반응 분자들 사이에 충돌이 일어나야 한다. 이때 화학 반응을 일으킬 수 있는 분자의 최소 운동 에너지를 활성화에너지라고 한다.

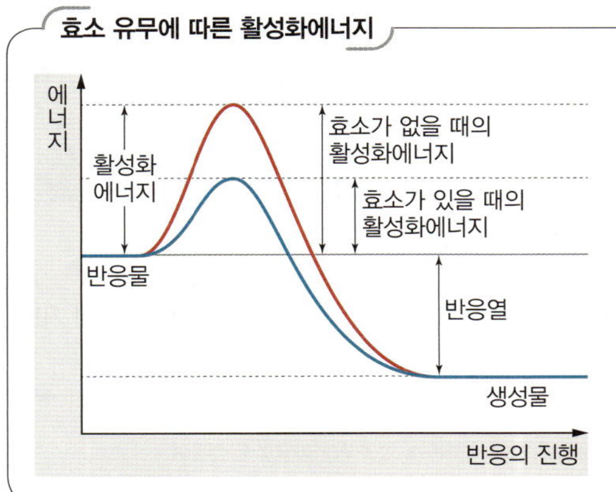

- 활성화에너지가 낮으면 반응 속도가 빠르고, 활성화에너지가 높으면 반응 속도가 느리다.
- 효소가 없을 때보다 효소가 있을 때 활성화에너지가 더 낮다.
  ➡ 효소가 있을 때 반응이 빨리 일어난다.
- 반응열은 반응물의 에너지와 생성물의 에너지 차이이다.
  ➡ 효소의 유무에 관계없이 일정하다.

3 효소의 특성

① 효소의 주성분은 단백질로 이루어져 있어 효소마다 고유한 입체 구조를 갖는다.
  ➡ 고온에서 변성[8]될 수 있다.
② 기질특이성[9]: 효소는 종류에 따라 입체 구조가 맞는 특정 반응물하고만 결합하여 촉매 작용을 한다. └ 기질
③ 반복 사용 가능: 효소는 반응물과 일시적으로 결합하고, 화학 반응이 끝나면 생성물과 분리되어 반응 전과 동일한 상태가 되므로 새로운 반응물과 결합하여 재사용될 수 있다. ➡ 적은 양의 효소로도 많은 양의 기질에 반응을 일으킬 수 있다.

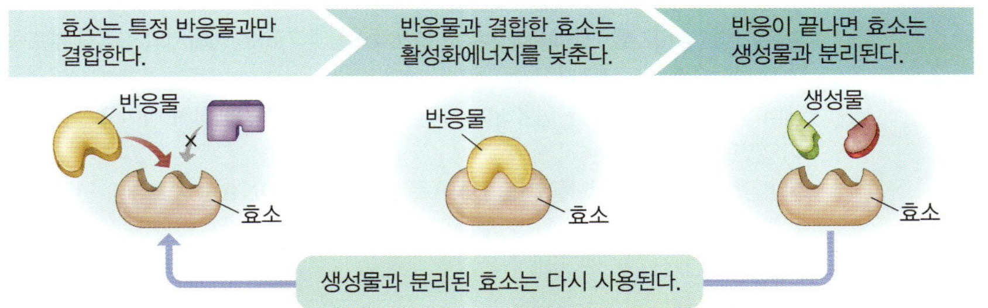

▲ 효소의 작용 원리　효소는 화학 반응 과정에서 변화하지 않고, 반응이 끝나면 새로운 반응물과 결합하여 촉매 작용을 반복한다.

4 효소와 생명 현상

① 음식물 소화: 음식물에 들어 있는 큰 분자의 영양소들을 세포가 흡수할 수 있는 작은 분자로 분해하는 과정에 여러 가지 소화효소가 작용한다.
② 생식과 유전: 생식 과정에서 생식세포를 형성하고, 생물의 유전 현상이 일어날 때 여러 가지 효소가 작용한다.
③ 성장: 성장 과정에서 세포 수가 증가하는 데 필요한 여러 물질이 합성될 때 효소가 작용한다.
④ 혈액 응고: 출혈이 생겼을 때 혈액을 응고시켜 피가 멎는 과정에 효소가 작용한다.
⑤ 해독 작용: 노폐물이나 해로운 물질의 독성을 약화시키는 데 효소가 작용한다.
  └ 간에서 독성이 강한 암모니아를 독성이 적은 요소로 만들거나 알코올을 분해하는 데 효소가 관여한다.

활성화에너지는 화학 반응에서 반응물의 원자 사이의 결합을 끊는 데 필요한 에너지로 반응물이 넘어야 하는 일종의 에너지 장벽이야. 그래서 그 크기는 반응의 종류에 따라 다를 수 있어.

[7] 반응 속도
화학 반응이 진행되면 반응물의 농도는 감소하고 생성물의 농도는 증가한다. 이때 반응물이나 생성물의 농도가 변하는 속도가 화학 반응 종류에 따라 다르다. 따라서 반응 속도는 시간에 따른 반응물의 농도 변화량, 혹은 시간에 따른 생성물의 농도 변화량으로 나타낸다.

[8] 효소의 변성
효소의 주성분은 단백질이므로 높은 온도에서는 그 구조가 변하는데 이를 변성이라고 한다. 변성된 효소는 입체 구조가 변해 반응물과 결합하지 못하므로 효소로서의 기능을 잃는다.

[9] 기질특이성
효소와 결합하는 특정 반응물을 기질이라고 하며, 효소가 구조적으로 맞는 특정 한 가지 기질에만 작용하는 특성을 말한다.

효소에 의한 반응 속도가 최대일 때의 온도를 최적온도라고 하는데, 최적온도는 효소의 종류에 따라 달라. 일반적으로 우리 몸속 효소는 체온 범위(35~40 °C)일 때 반응 속도가 가장 빨라.

⑩ **카탈레이스**

과산화 수소(H_2O_2)가 분해되어 물과 산소가 만들어지는 반응($2H_2O_2 \rightarrow 2H_2O+O_2$)을 촉매하는 효소이며 우리 몸속의 간, 적혈구, 콩팥에 존재한다. 몸속에 과산화 수소가 존재하면 물질대사에 방해가 되므로 카탈레이스가 이를 신속하게 분해시킨다.

$$2H_2O_2 \xrightarrow{\text{카탈레이스}} 2H_2O+O_2$$

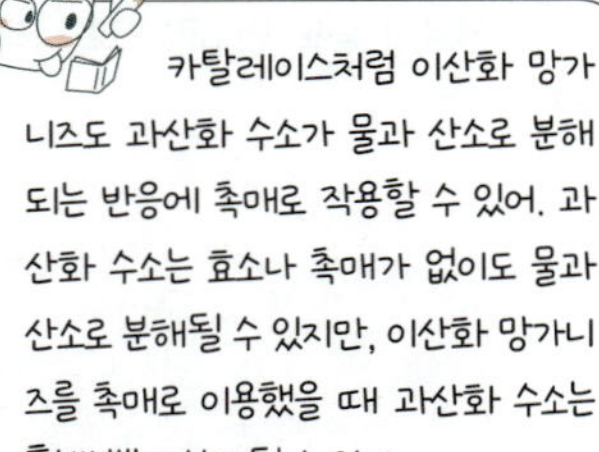

카탈레이스처럼 이산화 망가니즈도 과산화 수소가 물과 산소로 분해되는 반응에 촉매로 작용할 수 있어. 과산화 수소는 효소나 촉매가 없이도 물과 산소로 분해될 수 있지만, 이산화 망가니즈를 촉매로 이용했을 때 과산화 수소는 훨씬 빨리 분해될 수 있어.

⑪ **발효(酸 술이 괴다, 酵 삭히다)**

미생물이 유기물을 분해하는 세포호흡의 하나로, 발효 결과 사람에게 유용한 물질이 생성된다.

⑫ **엿기름**

보리에 물을 부어 싹만 틔운 후 바로 건조시킨 것으로 이름과는 달리 기름이 아니다. 보리의 싹이라는 뜻에서 맥아[맥(麥 보리), 아(芽 싹)]라고도 한다.

▲ 맥아

효소 작용의 원리에 관한 실험하기

3 % 과산화 수소수를 넣은 세 개의 시험관 A~C에, 시험관 A에는 아무 것도 넣지 않고, 시험관 B에는 생간 조각을, 시험관 C에는 감자 조각을 각각 넣은 후 관찰하고 추가 실험(❷, ❸)을 한 것이다.

◦결과 및 해석

구분	시험관 A	시험관 B	시험관 C
❶ B, C에 조각 넣은 후	변화 없음.	기포 발생	기포 발생
❷ 불씨를 넣은 경우	변화 없음.	불씨가 잘 탐.	불씨가 잘 탐.
❸ 반응이 끝난 후 과산화 수소수를 더 넣은 경우	변화 없음.	기포 다시 발생	기포 다시 발생

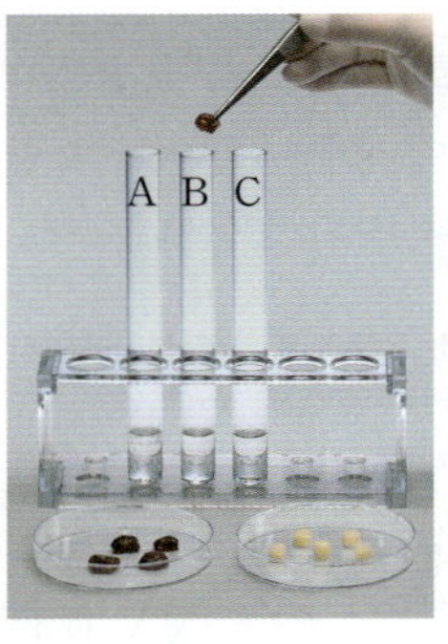

❶ 생간과 감자에 들어 있는 효소(카탈레이스⑩)가 과산화 수소의 분해를 촉진한다.
❷ 불씨가 밝게 잘 타는 것을 통해 과산화 수소가 분해되어 발생하는 기체는 산소임을 알 수 있다.
❸ 효소는 반응이 끝난 후에 생성물과 분리되어 재사용되기 때문에 과산화 수소수를 추가로 넣으면 기포가 다시 발생한다.

5 효소의 활용

효소의 장점
효소는 화학 반응을 낮은 온도와 압력에서 빠르게 일어나게 하므로 안전하며, 반복하여 사용할 수 있고 에너지와 반응 시간을 줄일 수 있어 경제적이고 친환경적이다.

식품	• 발효⑪ 식품: 미생물의 효소를 이용하여 고추장, 된장, 치즈, 요구르트 등 제조 • 연육제: 배나 키위와 같은 과일에 들어 있는 단백질분해효소로 고기를 연하게 한다. • 식혜: 엿기름⑫에 들어 있는 아밀레이스로 밥의 녹말을 엿당으로 분해하여 만든다.
생활용품	• 효소 세제: 빨래 찌든 때의 주성분인 단백질, 지방을 분해하는 효소가 들어 있다. • 치약: 치아에 붙은 탄수화물을 분해하는 효소가 들어 있다. • 세안제: 각질분해효소와 피지분해효소가 들어 있다. • 화장지, 종이: 식물의 섬유소를 분해하는 효소를 활용하여 화장지와 종이를 생산한다.
의약품	• 요검사지, 혈당 측정기: 포도당 산화효소를 이용하여 오줌 속에 포도당이 있는지 진단하거나, 혈액에 포도당량이 얼마나 되는지 측정한다. • 소화제: 소화제에는 아밀레이스, 단백질 소화효소, 지방 소화효소가 들어 있어 소화를 돕는다.
기타	• 환경 분야: 미생물의 효소를 이용하여 생활 하수나 공장 폐수에 있는 환경오염 물질을 제거한다. • 섬유 산업: 청바지를 가공할 때 섬유소 분해효소를 첨가하여 청바지의 질감을 부드럽게 하고 부분적으로 물이 빠진 느낌을 내기도 한다. • 에너지: 미생물의 효소를 이용하여 식물체의 탄수화물을 분해하여 바이오에탄올 같은 바이오 연료를 만든다. • 생명공학: 새로운 유전자를 가진 DNA를 만들기 위해 DNA를 자르거나 연결하는 데 효소를 이용한다.

▲ 다양한 효소의 활용 예

개념 확인하기

1 다음은 물질대사에 대한 설명이다. (   ) 안에 알맞은 말을 쓰시오.

(1) 물질대사는 생명체 내에서 생명활동을 유지하기 위해 일어나는 모든 (   )이다.

(2) 생명체 내에서 작은 분자를 큰 분자로 합성하는 반응이 일어날 때 에너지는 (   )된다.

(3) 물질대사가 일어날 때 생체촉매인 (   )이/가 관여한다.

2 다음은 여러 가지 물질대사의 예이다. 동화작용이면 '동화', 이화작용이면 '이화'를 쓰시오.

(1) 간세포가 알코올 성분을 분해한다.　　(　　　)

(2) 세포가 복제하기 위해 DNA를 합성한다.
　　　　　　　　　　　　　　　　(　　　)

(3) 소화효소가 음식물 속 영양소를 분해한다.
　　　　　　　　　　　　　　　　(　　　)

(4) 몸의 구성 성분인 뼈와 근육 등을 합성한다.
　　　　　　　　　　　　　　　　(　　　)

(5) 몸이 성장할 때 성장에 필요한 물질을 합성한다.
　　　　　　　　　　　　　　　　(　　　)

(6) 영양소는 세포호흡을 통해 근육 운동에 필요한 에너지를 생산한다.　　　　　　(　　　)

3 그림은 생명체 내에서 화학 반응이 일어날 때의 에너지 변화를 나타낸 것이다.

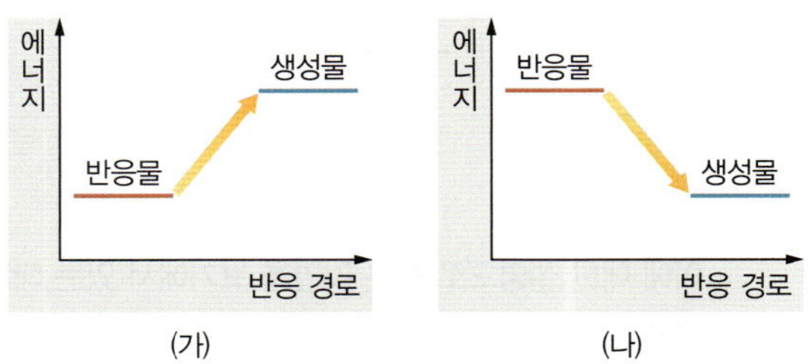

(가)와 (나)에 관한 설명으로 옳은 것은 ○, 옳지 <u>않은</u> 것은 ×로 표시하시오.

(1) (가)와 같은 화학 반응으로 광합성이 있다.　(　　)

(2) (가)는 에너지가 방출되는 화학 반응이다.　(　　)

(3) 음식물의 소화는 (나)와 같은 에너지 변화를 나타낸다.　　　　　　　　　　　　(　　)

(4) (나)는 저분자 물질을 고분자 물질로 합성하는 반응이다.　　　　　　　　　　　(　　)

4 효소에 대한 설명으로 옳은 것은 ○, 옳지 <u>않은</u> 것은 ×로 표시하시오.

(1) 효소는 재사용할 수 없다.　　　　　(　　)

(2) 효소의 주성분은 단백질이다.　　　　(　　)

(3) 효소는 생명체 밖에서도 작용할 수 있다.　(　　)

(4) 효소는 생성물과 결합하여 활성화에너지를 높인다.
　　　　　　　　　　　　　　　　(　　)

(5) 한 종류의 효소는 여러 종류의 반응물에 작용한다.
　　　　　　　　　　　　　　　　(　　)

(6) 효소는 구조적으로 맞는 특정 반응물과만 결합한다.
　　　　　　　　　　　　　　　　(　　)

(7) 높은 온도로 인해 효소의 구조가 변해도 효소의 기능은 유지된다.　　　　　　　(　　)

(8) 화학 반응이 끝나면 생성물과 분리되어 새로운 반응물과 결합할 수 있다.　　　　(　　)

5 다음은 효소의 특성에 관한 설명이다.

> 효소와 결합하는 특정 반응물을 (   )이라고 하며, 한 가지 효소가 한 가지 (   )에만 작용하는 특성을 (   )특이성이라고 한다.

(　　) 안에 공통으로 들어갈 말을 쓰시오.

6 그림 (가)와 (나)는 동일한 어떤 화학 반응에서 효소가 있을 때와 없을 때 에너지 변화를 순서 없이 나타낸 것이다.

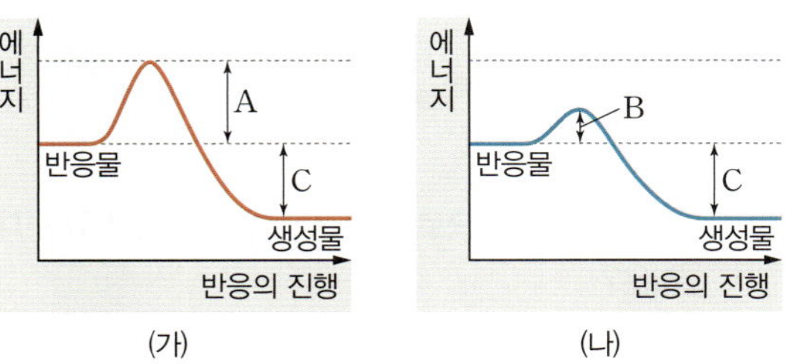

(가)와 (나)에 대한 설명으로 옳은 것은 ○, 옳지 <u>않은</u> 것은 ×로 표시하시오.

(1) 효소가 없을 때 활성화에너지는 A＋C이다.
　　　　　　　　　　　　　　　　(　　)

(2) 효소가 있을 때 활성화에너지는 B이다.　(　　)

(3) (나)는 효소가 있을 때 화학 반응의 에너지 변화를 나타낸 것이다.　　　　　　　(　　)

(4) 효소의 유무와 상관없이 C는 변하지 않는다.
　　　　　　　　　　　　　　　　(　　)

개념 적용하기

A 물질대사

01 물질대사에 대한 설명으로 옳지 <u>않은</u> 것은?

① 물질대사에는 효소가 관여한다.
② 생명체 내에서 일어나는 화학 반응이다.
③ 세포호흡이 일어날 때 에너지가 방출된다.
④ 광합성은 포도당을 이산화 탄소로 분해하는 반응이다.
⑤ 물질대사가 일어날 때 반드시 에너지 출입이 발생한다.

중요
02 그림은 물질대사 (가)와 (나) 과정을 나타낸 것이다.

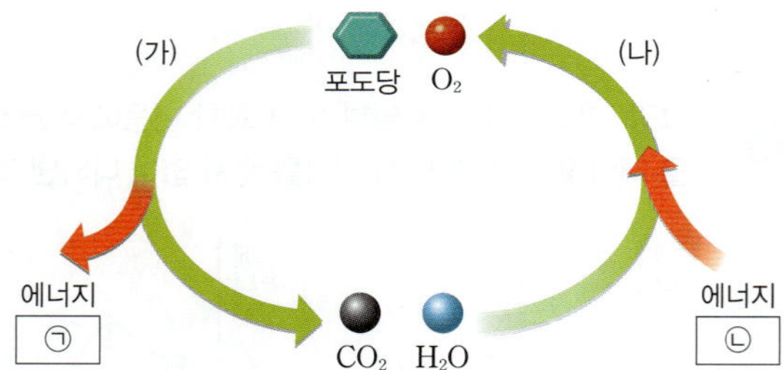

이에 대한 설명으로 옳은 것만을 보기에서 있는 대로 고른 것은?

보기
ㄱ. (가)는 광합성이다.
ㄴ. (나)는 세포호흡이다.
ㄷ. ㉠은 흡수, ㉡은 방출이다.
ㄹ. (가), (나)는 모두 효소가 관여한다.
ㅁ. (가)는 이화작용이고, (나)는 동화작용이다.
ㅂ. 저분자 물질로부터 고분자 물질을 합성하는 반응은 (나)이다.

① ㄱ, ㄷ, ㅁ
② ㄱ, ㄹ, ㅁ
③ ㄴ, ㄷ, ㅂ
④ ㄷ, ㄹ, ㅂ
⑤ ㄹ, ㅁ, ㅂ

중요
03 그림은 한 분자의 포도당이 생명체 내에서 세포호흡으로 분해될 때와 생명체 밖에서 연소될 때의 에너지 변화를 순서 없이 나타낸 것이다.

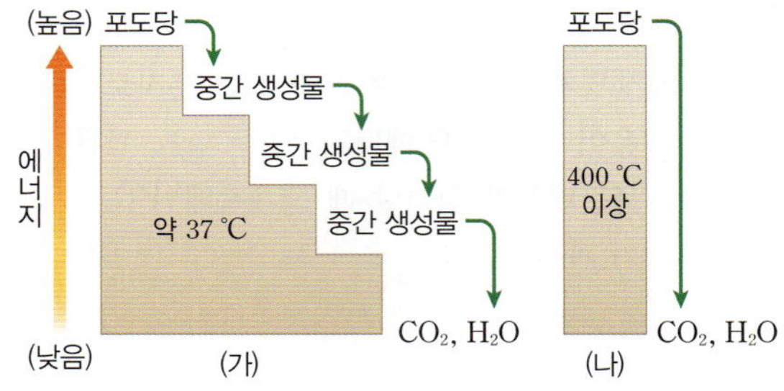

이에 대한 설명으로 옳지 <u>않은</u> 것은?

① (가)는 에너지를 방출하는 반응이다.
② (가)는 단계적으로 일어나는 반응이다.
③ (가)는 (나)보다 낮은 온도에서 일어난다.
④ (가)와 (나) 모두 효소의 작용으로 포도당을 분해한다.
⑤ 포도당이 연소될 때 다량의 에너지가 한꺼번에 방출된다.

04 그림은 생명체 내에서 일어나는 물질대사의 에너지 변화를 나타낸 것이다.

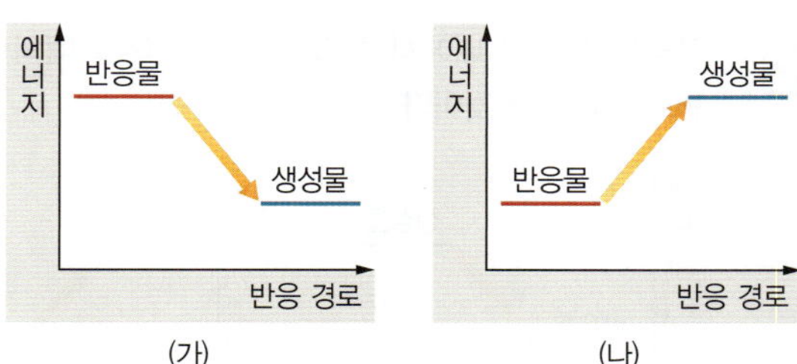

이에 대한 설명으로 옳은 것만을 보기에서 있는 대로 고른 것은?

보기
ㄱ. (가)는 에너지를 흡수하는 반응이다.
ㄴ. (가)는 고분자 물질을 저분자 물질로 분해하는 반응에서 나타나는 에너지 변화이다.
ㄷ. 세포호흡이 일어날 때는 (나)와 같은 에너지 변화가 나타난다.

① ㄱ
② ㄴ
③ ㄷ
④ ㄱ, ㄷ
⑤ ㄱ, ㄴ, ㄷ

05 그림은 생명체 내에서 단백질을 합성하는 물질대사를 나타낸 것이다.

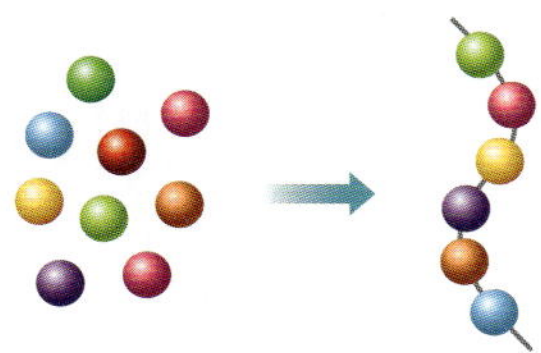

이에 대한 설명으로 옳은 것만을 보기에서 있는 대로 고른 것은?

보기

ㄱ. 에너지를 흡수하는 반응이다.
ㄴ. 저분자 물질로부터 고분자 물질을 합성하는 반응이다.
ㄷ. 아미노산이 가진 에너지양보다 단백질이 가진 에너지양이 많다.

① ㄱ　　　② ㄴ　　　③ ㄷ
④ ㄱ, ㄴ　　　⑤ ㄱ, ㄴ, ㄷ

ß 효소의 작용과 효소의 활용

06 그림은 어떤 효소가 작용하는 화학 반응을 나타낸 것이다.

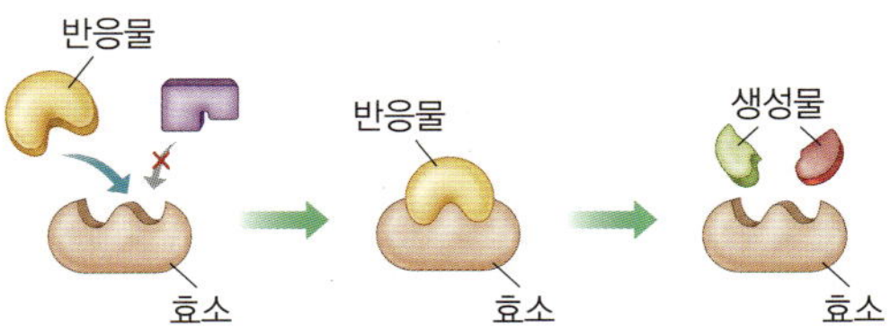

이에 대한 설명으로 옳은 것만을 보기에서 있는 대로 고른 것은?

보기

ㄱ. 화학 반응이 끝나면 효소는 생성물과 분리된다.
ㄴ. 효소는 입체 구조가 들어맞는 반응물과만 결합하여 화학 반응에 참여한다.
ㄷ. 반응물과 결합한 효소는 입체 구조가 변성되어 더 이상 화학 반응에 참여할 수 없다.

① ㄱ　　　② ㄴ　　　③ ㄷ
④ ㄱ, ㄴ　　　⑤ ㄱ, ㄴ, ㄷ

07 그림은 생명체 내에서 일어나는 어떤 화학 반응에서 효소 X가 있을 때와 없을 때 에너지 변화를 나타낸 것이다.

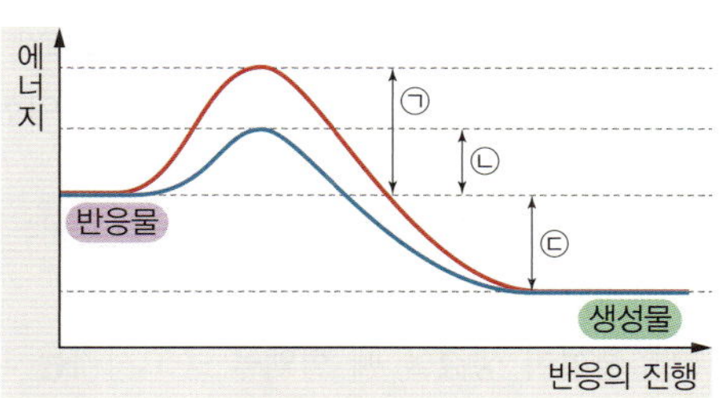

이에 대한 설명으로 옳은 것만을 보기에서 있는 대로 고른 것은?

보기

ㄱ. 효소 X가 없을 때 활성화에너지는 ㉠이다.
ㄴ. 효소 X가 있을 때 활성화에너지는 ㉡+㉢이다.
ㄷ. 고분자 물질이 저분자 물질로 분해되는 반응의 에너지 변화를 나타낸 것이다.

① ㄱ　　　② ㄴ　　　③ ㄷ
④ ㄱ, ㄷ　　　⑤ ㄱ, ㄴ, ㄷ

08 다음은 효소의 작용을 알아보기 위한 실험이다.

[실험 과정]

(가) 시험관 A~C에 과산화 수소수를 각각 같은 양 넣는다.

(나) A에는 생간을, B에는 감자를 각각 넣고 C에는 아무 처리도 하지 않는다.

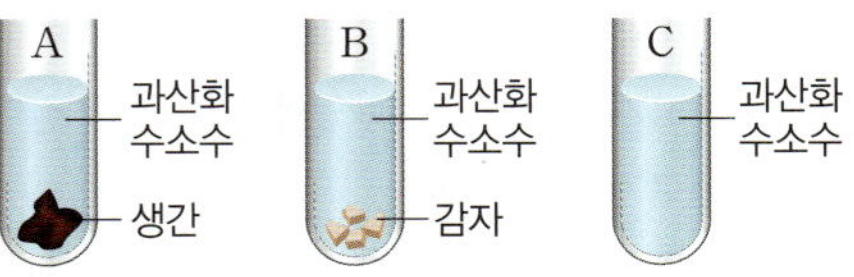

[실험 결과]

시험관 A와 B에서만 기포가 발생하였다.

이에 대한 설명으로 옳은 것만을 보기에서 있는 대로 고른 것은?

보기

ㄱ. 시험관 A와 B에서 발생한 기포는 산소이다.
ㄴ. 시험관 A와 B에서 과산화 수소의 분해 반응이 일어난다.
ㄷ. 시험관 A, B에서 일어나는 화학 반응에는 모두 카탈레이스가 효소로 작용한다.

① ㄱ　　　② ㄴ　　　③ ㄷ
④ ㄱ, ㄴ　　　⑤ ㄱ, ㄴ, ㄷ

09 효소와 관련된 생명 현상에 대한 설명으로 옳지 **않은** 것은?

① 음식물의 소화에 여러 가지 소화효소가 작용한다.
② 사람의 모세혈관에서 허파꽈리로 이산화 탄소가 이동한다.
③ 노폐물이나 해로운 독성을 약화시키는 데 효소가 작용한다.
④ 출혈이 생겼을 때 혈액을 응고시키는 과정에 효소가 작용한다.
⑤ 생물의 성장 과정에 필요한 여러 물질이 합성될 때 효소가 작용한다.

11 그림 (가), (나)는 생명체에서 일어나는 두 가지 물질대사를 나타낸 것이다.

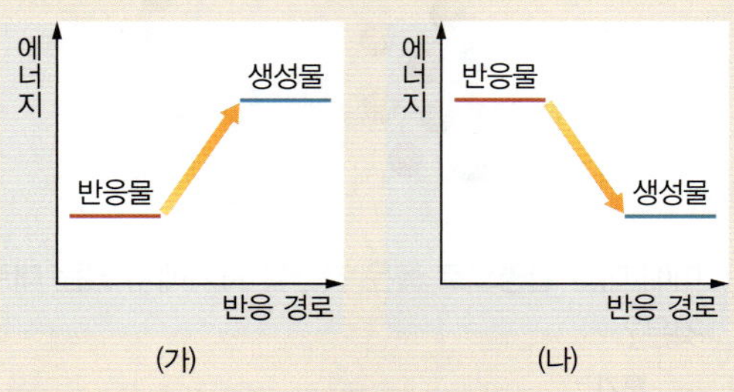

(가)와 (나) 두 가지 물질대사의 차이점을 아래 제시어를 모두 포함하여 서술하시오.

> **제시어**
> • 작은 분자   • 큰 분자
> • 에너지 흡수   • 에너지 방출
> • 합성하는 반응   • 분해하는 반응

____

____

12 생명체 내에서 일어나는 세포호흡과 생명체 밖에서 일어나는 연소의 차이점을 아래 제시어를 모두 포함하여 서술하시오.

> **제시어**
> • 저온, 저기압   • 고온, 고기압
> • 생체촉매(효소)   • 다량의 에너지
> • 반응이 한 번에   • 소량의 에너지

____

____

중요
10 다음은 효소가 생활 속에서 활용되는 사례를 나타낸 것이다.

> (가) 고기를 재울 때 파인애플을 함께 갈아서 넣으면 고기가 연해진다.
> (나) 화장지, 종이를 생산할 때 식물의 섬유소를 분해하는 효소를 활용한다.

이에 대한 설명으로 옳은 것만을 보기에서 있는 대로 고른 것은?

> **보기**
> ㄱ. (가)에서 가열한 파인애플을 갈아서 고기에 넣어도 고기는 연해진다.
> ㄴ. (가)의 효소는 고분자 물질을 저분자 물질로 분해하는 화학 반응에 관여한다.
> ㄷ. (나)의 효소를 (가)에 이용하더라도 고기는 연해진다.

① ㄱ   ② ㄴ   ③ ㄷ
④ ㄱ, ㄴ   ⑤ ㄱ, ㄴ, ㄷ

13 효소의 특성을 아래 제시어를 모두 포함하여 서술하시오.

> **제시어**
> • 단백질   • 구조적으로 맞는
> • 재사용   • 주성분
> • 반응물   • 촉매 작용
> • 생성물과 분리

____

____

🔗 정답과 해설 61쪽
해설 영상

01 그림은 한 분자의 포도당($C_6H_{12}O_6$)이 생명체 내에서 세포호흡으로 분해될 때와 생명체 밖에서 연소될 때의 에너지 변화를 순서 없이 나타낸 것이다.

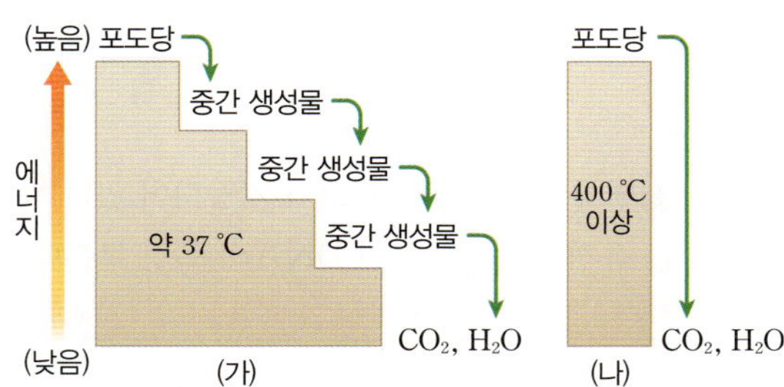

이에 대한 설명으로 옳은 것만을 보기에서 있는 대로 고른 것은?

보기
ㄱ. 한 분자의 포도당으로 (가)를 통해 생성되는 CO_2양과 (나)를 통해 생성되는 CO_2양은 같다.
ㄴ. (가)와 (나)의 활성화에너지는 크기가 동일하다.
ㄷ. $\dfrac{\text{(나)가 일어나는 온도}}{\text{(가)가 일어나는 온도}} > 1$이다.

① ㄱ　　　　② ㄴ　　　　③ ㄷ
④ ㄱ, ㄷ　　　⑤ ㄴ, ㄷ

02 그림은 식물 세포에서 일어나는 어떤 물질대사의 에너지 변화를 나타낸 것이다.

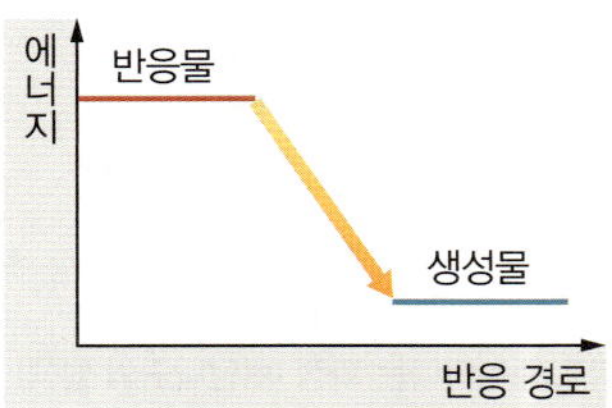

이에 대한 설명으로 옳은 것만을 보기에서 있는 대로 고른 것은?

보기
ㄱ. 에너지가 방출되는 반응이다.
ㄴ. 광합성의 에너지 변화와 유사하다.
ㄷ. 이 반응은 400 ℃ 이상에서 일어날 수 있다.

① ㄱ　　　　② ㄴ　　　　③ ㄱ, ㄴ
④ ㄱ, ㄷ　　　⑤ ㄱ, ㄴ, ㄷ

03 그림은 어떤 화학 반응에서 효소의 유무에 따른 에너지 변화를 나타낸 것이다.

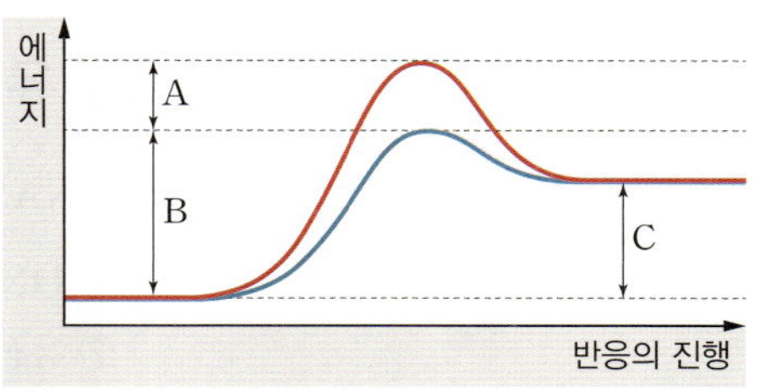

이에 대한 설명으로 옳은 것만을 보기에서 있는 대로 고른 것은?

보기
ㄱ. 효소가 있을 때 활성화에너지는 B+C이다.
ㄴ. 효소가 없을 때 활성화에너지는 A+B이다.
ㄷ. 이 화학 반응 결과 방출되는 에너지는 C이다.

① ㄱ　　　　② ㄴ　　　　③ ㄱ, ㄴ
④ ㄴ, ㄷ　　　⑤ ㄱ, ㄴ, ㄷ

04 다음은 감자에 들어 있는 효소 X의 작용을 알아보는 실험이다.

[실험 과정]
(가) 삼각 플라스크 A~C에 과산화 수소수를 각각 100 mL씩 넣는다.
(나) 삼각 플라스크 A에는 증류수 100 mL, B에는 20분간 가열한 감자즙 100 mL, C에는 가열하지 않은 감자즙을 100 mL 넣는다.
(다) 삼각 플라스크 A~C의 입구에 고무풍선을 동시에 끼우고 고무풍선의 변화를 관찰한다.

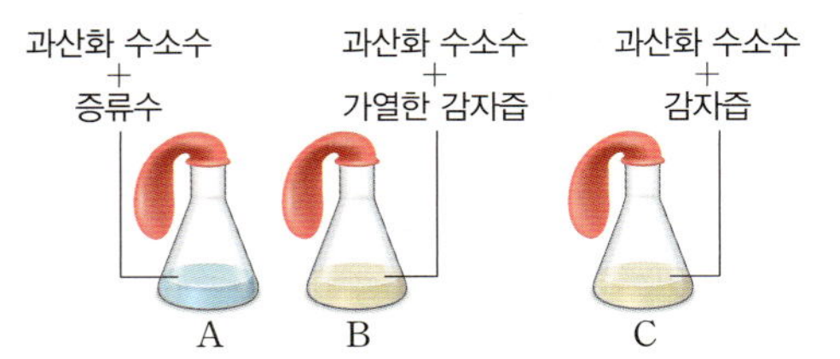

이에 대한 설명으로 옳지 <u>않은</u> 것을 모두 고르면? (2개)
① 효소 X는 과산화 수소 분해를 촉진한다.
② A의 고무풍선을 벗기고 입구에 향불을 갖다 대면 향불이 꺼진다.
③ B, C에서 모두 기포가 발생한다.
④ C에서 기포가 발생한다.
⑤ C의 고무풍선이 플라스크 A의 고무풍선보다 빠르게 부풀어 오른다.

16 세포 내 정보의 흐름

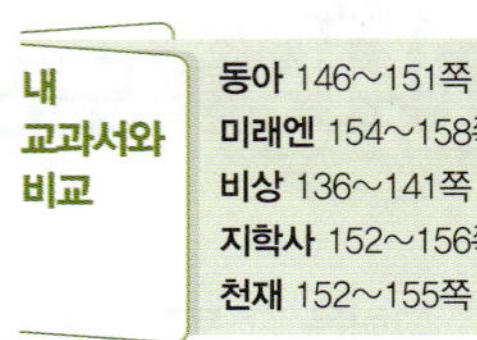

핵심 KEYWORD

- 유전자와 단백질의 관계
- 생명중심원리
- 3염기조합과 코돈

최근에는 RNA 합성만 하는 유전자도 있다는 것이 알려져 유전자를 'DNA 염기서열에서 특정 단백질이나 RNA를 만들 수 있는 단위'로 정의하고 있어.

❶ DNA와 염색체
염색체는 DNA를 포함하며, 분열 중인 세포에서 막대 모양으로 관찰된다.

❷ 형질(形 모양, 質 바탕)
피부색, 눈꺼풀 모양, 혈액형 등과 같이 생물이 나타내는 특성

❸ 유전자와 단백질의 관계를 알려 주는 예
- 백색증 토끼는 멜라닌 합성효소 유전자의 이상으로 멜라닌 합성효소를 만들지 못해 털색이 희고 눈 색이 빨갛다.
- 젖당분해효소를 만드는 유전자에 이상이 있어 젖당분해효소를 만들지 못하는 사람은 우유 속 젖당을 분해하지 못한다.

❹ 멜라닌
동물 조직에 있는 흑갈색의 색소 단백질로, 그 양에 따라 털색, 피부색 등이 결정된다.

A 유전자와 단백질

1 DNA와 유전자

① DNA: 세포의 핵 속에 있으며, 생명체의 모든 유전정보가 저장되어 있다. ❶
② 유전자: 생물의 형질❷을 결정하는 유전정보가 저장된 DNA의 특정 부분이다.

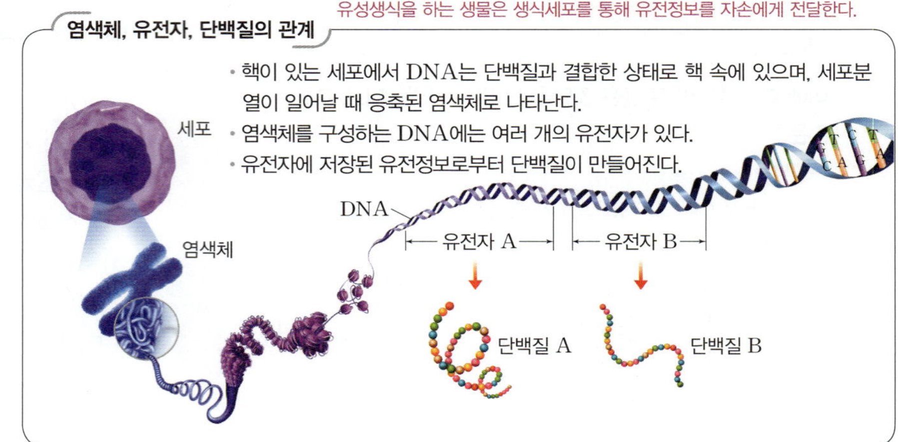

2 유전자와 단백질

① 유전자에는 특정 단백질을 구성하는 아미노산의 종류, 개수, 결합 순서에 관한 정보가 저장되어 있다.
② 유전정보에 따라 세포에서 만들어지는 단백질의 종류와 양이 달라지면 형질이 달라질 수 있다.
③ 유전자의 유전정보에 따라 효소를 비롯한 다양한 단백질이 합성되고, 단백질의 작용으로 여러 가지 형질이 나타난다. ❸

유전정보에 따라 세포에서 만들어지는 단백질의 종류와 양이 달라지면 형질이 달라질 수 있다.

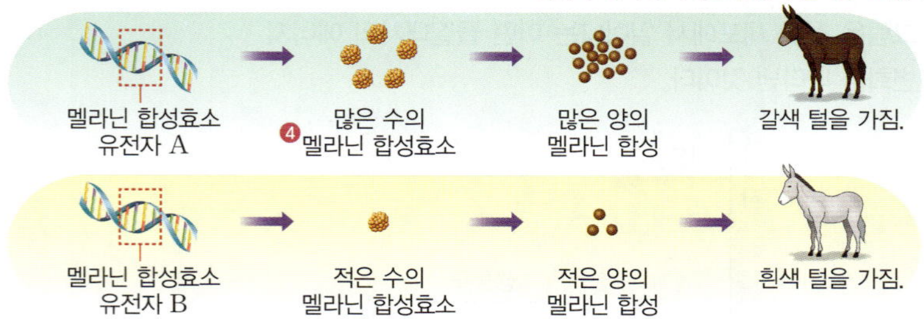

▲ 유전자에 따라 형질이 다르게 나타나는 과정 예(당나귀의 털색)

B 세포에서 유전정보의 흐름

1 생명중심원리

생명중심원리 DNA의 유전정보가 RNA를 거쳐 단백질로 전달되는 원리로, 유전정보가 세포에서 전사와 번역 과정을 겪으며 흐르는 과정을 설명한다.

핵 속에서 일어난다.   세포질의 라이보솜에서 일어난다.

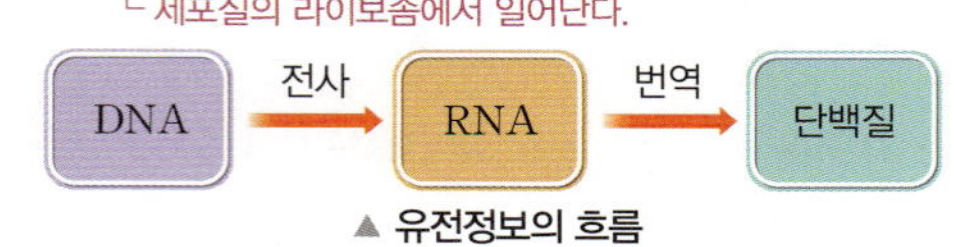

▲ 유전정보의 흐름

2 유전정보의 저장과 유전부호❺

① 유전정보는 유전자의 DNA 염기서열에 저장되어 있다. 염기가 배열된 순서는 아미노산이 결합하는 순서를 결정하고, 이에 따라 단백질이 만들어져 형질로 나타난다. ➡ 염기서열에 따라 유전정보가 달라진다.

② 유전부호: DNA와 RNA의 염기가 배열된 순서가 특정 아미노산을 지정하는 규칙이다. 연속된 3개의 염기가 조합되어 아미노산 하나를 지정한다.

· 3염기조합: 연속된 3개의 염기로 된 DNA의 유전부호이다.

· 코돈❻: DNA로부터 전사되어 연속된 3개의 염기로 된 RNA의 유전부호이다. DNA 3염기조합에 대해 상보적인 염기서열로 되어 있다.

③ 유전부호 체계의 공통성: 세균에서부터 사람에 이르기까지 거의 모든 생명체의 유전부호와 전사 및 번역 과정은 동일하다.

➡ 지구상의 생물이 공통조상으로부터 진화해 온 것을 의미한다.

3 유전정보의 전달과 단백질합성

전사	핵 속에 있는 DNA 이중나선 중 한쪽 가닥의 염기에 상보적인 염기를 가진 RNA 뉴클레오타이드가 결합하여 RNA가 합성된다. ➡ DNA와 상보적인 염기서열을 갖는 RNA가 합성된다.❼	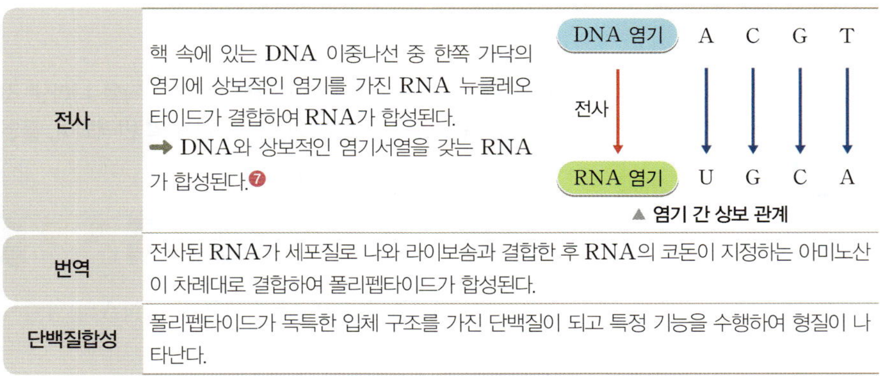
번역	전사된 RNA가 세포질로 나와 라이보솜과 결합한 후 RNA의 코돈이 지정하는 아미노산이 차례대로 결합하여 폴리펩타이드가 합성된다.	
단백질합성	폴리펩타이드가 독특한 입체 구조를 가진 단백질이 되고 특정 기능을 수행하여 형질이 나타난다.	

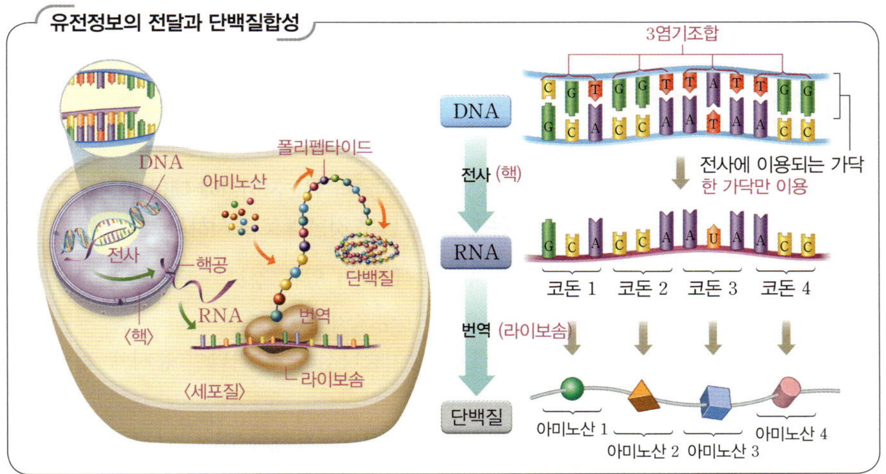

4 유전자이상과 유전질환

① 유전자이상: DNA나 RNA의 염기가 1개만 바뀌거나 없어지거나 끼어 들어와도 유전부호가 바뀌어 지정하는 아미노산의 종류가 달라지고 단백질이 정상적으로 만들어지지 않을 수 있다.

② 유전자이상에 따른 유전질환: 유전자이상 → 특정 단백질 이상 → 유전질환 발생

예 낫모양적혈구빈혈증: 헤모글로빈 유전자의 DNA 염기서열 중 염기 1개가 다른 염기로 바뀐 결과 돌연변이 헤모글로빈이 만들어진다. 돌연변이 헤모글로빈에 의해 원반 모양의 정상 적혈구 대신 만들어진 낫모양의 적혈구는 산소를 운반하는 능력이 떨어져 빈혈을 일으킨다.❽

└ 유전자나 염색체의 변화로 부모에게 없던 형질이 갑자기 나타나는 현상으로 자손에게 유전된다.

---

❺ **유전부호**
단백질을 구성하는 아미노산이 20종류이므로 DNA의 유전부호도 20종류 이상이어야 한다. 4종류의 염기가 3개씩 조합을 이루면 4^3=64종류의 유전부호가 만들어져 20종류의 아미노산을 지정하고도 남는다. 따라서 하나의 아미노산을 지정하는 유전부호는 여러 개가 될 수 있다.

❻ **코돈의 종류**
3염기조합과 마찬가지로 코돈도 4^3=64종류이다. 이중에서 61종류는 아미노산을 지정하는 코돈이고, 3종류는 지정하는 아미노산은 없고 번역을 끝내는 종결 코돈이다.

DNA로부터 RNA가 합성되는 과정은 정보를 베껴 쓴다는 의미로 '전사'라 하고, RNA로부터 단백질이 합성되는 과정은 RNA의 코돈을 아미노산 서열로 바꾸는 것이므로 '번역'이라고 해.

❼ **DNA와 RNA 상보 관계**
RNA에는 타이민(T) 대신 유라실(U)이 있으므로 DNA의 아데닌(A)은 RNA의 유라실(U)로 전사된다.

DNA에서 바로 단백질이 만들어지지 않고 RNA를 거치는 까닭은 DNA는 분자의 크기가 커서 핵막을 통과할 수 없기 때문에 단백질합성에 필요한 유전정보의 특정 부분만 RNA로 전달하는 거야.

❽ **정상 적혈구와 낫모양적혈구**
낫모양적혈구는 정상 적혈구(원반 모양)에 비해 산소 운반 능력이 떨어지고 모세혈관을 막아 혈액의 흐름을 방해하여 신체 여러 기관을 손상시킨다.

▲ 정상 적혈구   ▲ 낫모양적혈구

1 다음은 생물의 형질을 결정하는 유전정보에 대한 설명이다. ( ) 안에 알맞은 말을 쓰시오.

(1) 생명체의 모든 유전정보는 세포 (　　　)의 DNA에 저장되어 있다.

(2) (　　　)은/는 DNA에서 생물의 형질을 결정하는 유전정보가 있는 특정 부위이다.

(3) 유전자에 저장된 유전정보에 따라 (　　)이/가 합성되고, 그 작용으로 (　　)이/가 나타난다.

2 그림은 세포 내에서 유전정보를 저장하고 있는 물질의 구조를 나타낸 것이다.

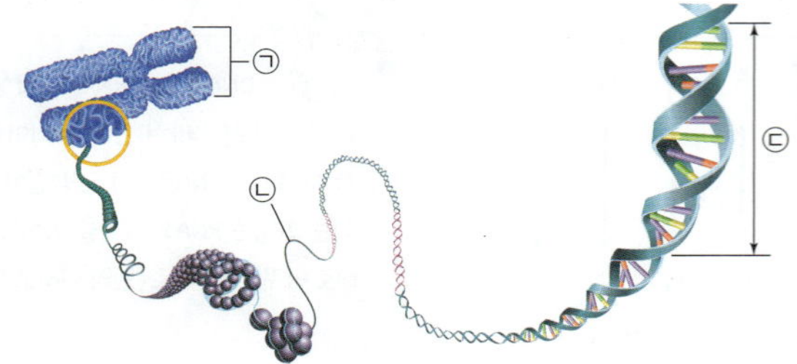

㉠, ㉡, ㉢이 무엇인지 쓰시오.

3 그림은 생명중심원리에 따른 유전정보의 흐름을 나타낸 것이다.

(1) (가)와 (나)에 해당하는 용어를 각각 쓰시오.

(2) 동물 세포 내에서 (가)와 (나)가 일어나는 세포소기관을 각각 쓰시오.

(3) 이처럼 DNA의 유전정보가 RNA를 거쳐 단백질로 전달되는 원리를 무엇이라고 하는지 쓰시오.

4 다음은 유전부호에 대한 설명이다. ( ) 안에 알맞은 말을 쓰시오.

(1) (　　　)은/는 DNA에서 하나의 아미노산을 지정하는 유전부호가 되는 연속된 (　　)개의 염기이다.

(2) (　　　)은/는 RNA에서 하나의 아미노산을 지정하는 유전부호가 되는 연속된 (　　)개의 염기이다.

(3) 유전부호는 DNA와 RNA에서 각각 (　　) 종류가 만들어질 수 있어 약 (　　)종류의 아미노산을 모두 지정할 수 있다.

(4) 지구상 모든 생명체의 유전부호 체계는 (　　　).

5 그림은 DNA로부터 유전정보가 RNA로 전달되는 과정에서 염기 간 상보 관계를 나타낸 것이다.

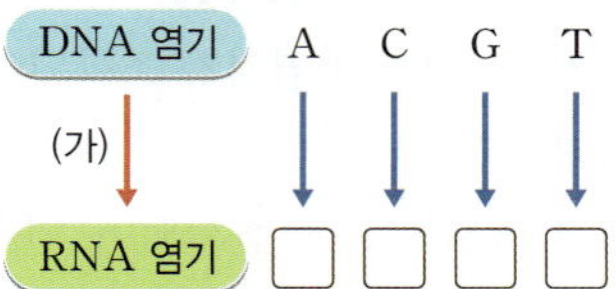

(1) DNA로부터 유전정보가 RNA로 전달되는 과정 (가)를 무엇이라고 하는지 쓰시오.

(2) DNA 염기와 상보 관계에 있는 RNA 염기를 각각 쓰시오.

6 그림은 어떤 DNA 이중나선 중 한 가닥을 나타낸 것이다. (단, 왼쪽 첫 번째 염기부터 전사 및 번역되며, 돌연변이는 고려하지 않는다.)

(1) 이 DNA 가닥으로부터 전사된 RNA의 염기서열을 쓰시오.

(2) 이 DNA 가닥으로부터 전사된 RNA가 지정하는 아미노산의 최대 개수를 쓰시오.

7 유전정보의 전달과 유전자이상에 대한 설명으로 옳은 것은 ○, 옳지 **않은** 것은 ×로 표시하시오.

(1) 유전자에 들어 있는 정보는 단백질과 RNA 합성에 관한 정보이다. (　　)

(2) DNA 이중나선의 두 가닥이 동시에 전사에 이용된다. (　　)

(3) DNA의 한쪽 가닥과 그 가닥으로부터 전사된 RNA는 염기서열이 서로 같다. (　　)

(4) 전사는 핵 속에서 일어나고 폴리펩타이드 합성은 세포질의 라이보솜에서 일어난다. (　　)

(5) 어떤 단백질이 300개의 아미노산으로 구성되어 있다면 이 단백질에 대한 유전정보를 저장하고 있는 DNA는 최소 100개의 염기로 구성되어 있다. (　　)

(6) DNA의 염기가 1개만 바뀌거나 없어지거나 끼어들어와도 아미노산서열이 바뀔 수 있다. (　　)

(7) 낫모양적혈구빈혈증은 헤모글로빈 유전자의 염기 3개가 바뀌어 발생한 유전질환이다. (　　)

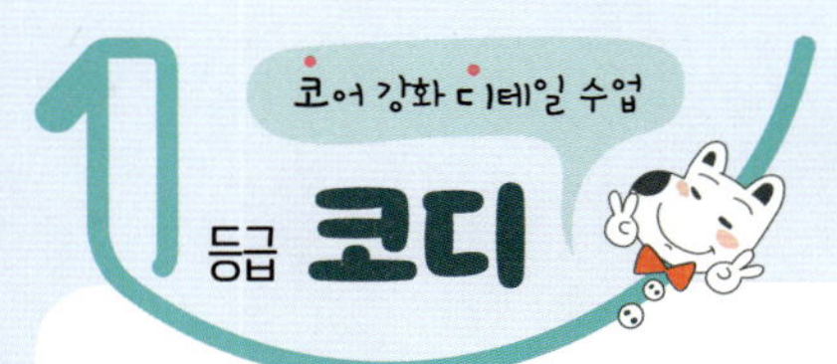

유전부호의 조합과 번역

정답과 해설 62쪽

DNA와 RNA의 염기의 조합인 유전부호로부터 합성될 단백질의 아미노산 종류와 배열 순서를 유추할 수 있습니다.

강의 영상

디테일 Point

◉ 하나의 아미노산을 지정하는 데 필요한 유전부호의 수

염기 수	만들어질 수 있는 유전부호	유전부호의 종류
1개일 경우	A, G, C, T	4^1=4종류
2개일 경우	AA, AG, AC, AT, GA, GG, GC, GT,…	4^2=16종류
3개일 경우	AAA, AGA, ACA, ATA, AAG, AAC, AAT, AGG,…	4^3=64종류

❶ 유전부호는 DNA와 RNA의 염기가 배열된 순서가 특정 아미노산을 지정하는 규칙을 말한다. 단백질을 구성하는 아미노산이 20종류이므로 아미노산을 지정하는 유전부호도 20종류 이상이어야 한다.

❷ 염기 1개 또는 염기 2개가 부호화된다면 만들어지는 유전부호의 수는 4종류 또는 16종류이므로 20종류의 아미노산을 지정하기에는 부족하다. 그러나 염기 3개가 부호화된다면 64종류의 유전부호가 만들어지므로 20종류의 아미노산을 충분히 지정할 수 있다.

◉ 유전부호 해독

코돈 표(RNA 유전부호 표)
코돈 표는 RNA의 3개의 염기조합(코돈)이 어떤 아미노산의 결합을 지정하는지 알려 주는 표이다. 코돈 표를 보고 어떤 아미노산이 지정되는지 알 수 있다. 결국 DNA와 RNA의 염기가 배열된 순서를 알면 그로부터 합성될 단백질의 아미노산의 종류와 배열 순서를 유추할 수 있다.

[코돈 표]

UUU	페닐 알라닌	UCU	세린	UAU	타이로신	UGU	시스테인	AUU	아이소류신	ACU	트레오닌	AAU	아스파라진	AGU	세린
UUC	페닐 알라닌	UCC	세린	UAC	타이로신	UGC	시스테인	AUC	아이소류신	ACC	트레오닌	AAC	아스파라진	AGC	세린
UUA	류신	UCA	세린	UAA	연결 멈춤	UGA	연결 멈춤	AUA	아이소류신	ACA	트레오닌	AAA	라이신	AGA	아르지닌
UUG	류신	UCG	세린	UAG	연결 멈춤	UGG	트립토판	AUG	메싸이오닌	ACG	트레오닌	AAG	라이신	AGG	아르지닌
CUU	류신	CCU	프롤린	CAU	히스티딘	CGU	아르지닌	GUU	발린	GCU	알라닌	GAU	아스파트산	GGU	글라이신
CUC	류신	CCC	프롤린	CAC	히스티딘	CGC	아르지닌	GUC	발린	GCC	알라닌	GAC	아스파트산	GGC	글라이신
CUA	류신	CCA	프롤린	CAA	글루타민	CGA	아르지닌	GUA	발린	GCA	알라닌	GAA	글루탐산	GGA	글라이신
CUG	류신	CCG	프롤린	CAG	글루타민	CGG	아르지닌	GUG	발린	GCG	알라닌	GAG	글루탐산	GGG	글라이신

❶ 3염기조합과 마찬가지로 코돈도 4^3=64종류이다. 이중에서 61종류는 아미노산을 지정하는 코돈이고, 3종류(UAA, UAG, UGA)는 지정하는 아미노산은 없고 번역을 끝내는 코돈(연결 멈춤)이다.

❷ RNA의 코돈은 DNA의 3염기조합에 대해 상보적인 염기서열로 되어 있다.

❸ 연속된 염기 3개의 조합은 64종류이고 아미노산은 20종류이므로, 여러 종류의 유전부호가 동일한 아미노산을 지정하기도 한다. 단, 한 종류의 유전부호가 여러 가지의 아미노산을 지정할 수는 없다. ㉔ 발린을 지정하는 코돈은 GUU, GUC, GUA, GUG로 4종류이다.

❹ 유전부호는 세균에서 사람에 이르기까지 지구상의 거의 모든 생명체에서 동일하게 사용된다.

디테일 Up 코돈 표는 RNA 염기와 아미노산과의 관계이므로, DNA 염기서열을 생각할 때에는 전사에 이용된 가닥인지 이용되지 않은 가닥인지 꼼꼼히 살펴보아야 한다.

디테일 예제

1 그림은 DNA의 유전정보가 RNA로 전달되고, RNA의 코돈에 따라 단백질이 합성되는 과정의 일부를 나타낸 것이다. (단, 왼쪽 첫 번째 염기부터 번역된다.)

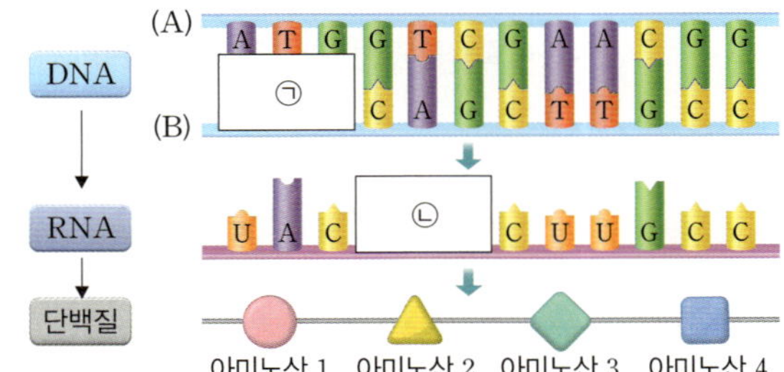

위 코돈 표를 참고하여 이에 대한 설명으로 옳은 것은 ○, 옳지 않은 것은 ×로 표시하시오.

⑴ DNA (A) 가닥에서 RNA가 전사되었다. (　　)

⑵ DNA (B) 가닥에서 ㉠의 염기서열은 UAC이다. (　　)

⑶ RNA에서 ㉡의 염기서열은 GTC이다. (　　)

⑷ 아미노산 3을 지정하는 코돈은 GAA이다. (　　)

⑸ 단백질을 이루는 아미노산 1~4는 '타이로신-발린-류신-알라닌'이다. (　　)

⑹ 한 종류의 아미노산을 지정하는 코돈의 종류는 여러 가지일 수 있다. (　　)

개념 적용하기

01 DNA와 유전자에 대한 설명으로 옳지 <u>않은</u> 것은?

① 유전정보가 저장된 DNA의 특정 부분을 유전자라고 한다.

② DNA는 세포의 핵 속에 단백질과 결합한 형태로 존재한다.

③ 유성생식을 하는 생물은 생식세포를 통해 DNA를 자손에게 전달한다.

④ 서로 다른 유전자에는 서로 다른 단백질에 대한 유전정보가 저장되어 있다.

⑤ 생물의 형질을 결정하는 유전정보는 DNA의 아미노산서열에 저장되어 있다.

중요
02 그림은 사람의 세포 내에서 유전정보를 저장하고 있는 물질의 구조를 나타낸 것이다.

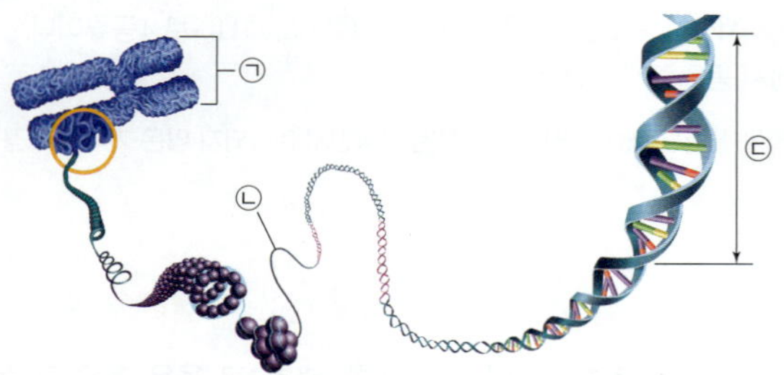

이에 대한 설명으로 옳은 것은? (단, 돌연변이는 고려하지 않는다.)

① ㉠은 염색체이며, 세포가 분열할 때 관찰할 수 있다.

② ㉡은 단백질이며, 구성하는 단위체는 아미노산이다.

③ ㉡을 구성하는 염기는 아데닌(A), 구아닌(G), 사이토신(C), 유라실(U)이다.

④ 사람의 세포에서 ㉢의 수는 ㉠의 수와 같다.

⑤ ㉢의 유전정보는 ㉡의 당과 인산에 저장되어 있으며, 이중나선구조를 이룬다.

03 그림은 두 당나귀의 털색이 각각 갈색과 흰색을 띠는 과정을 나타낸 것이다.

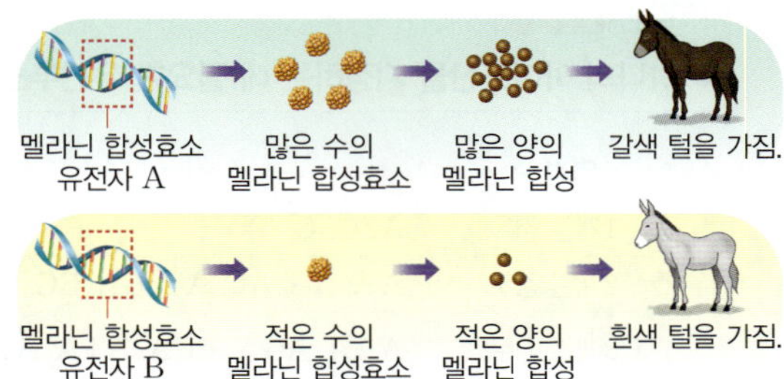

이에 대한 설명으로 옳은 것은?

① 유전자의 본체는 단백질이다.

② 핵 속에서 멜라닌 합성효소가 만들어진다.

③ 멜라닌 합성효소의 단위체는 뉴클레오타이드이다.

④ 유전정보에 따라 세포에서 만들어지는 멜라닌 합성효소의 양이 달라진다.

⑤ 당나귀의 털색이 갈색이나 흰색을 띠게 하는 유전자의 DNA 염기서열은 동일하다.

중요
04 그림은 우리 몸에서 합성된 젖당분해효소가 우유 속의 젖당을 분해하는 과정을 나타낸 것이다.

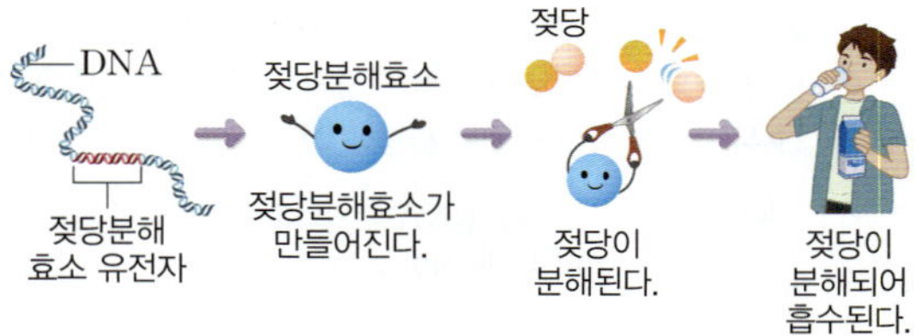

이에 대한 설명으로 옳은 것만을 보기에서 있는 대로 고른 것은?

보기
ㄱ. 유전자에는 젖당분해효소에 대한 유전정보가 있다.
ㄴ. 젖당분해효소를 구성하는 단백질은 라이보솜에서 합성된다.
ㄷ. 젖당분해효소 유전자에 이상이 생기면 우유 속 젖당 분해 과정에 이상이 생길 수 있다.

① ㄱ　　　② ㄷ　　　③ ㄱ, ㄴ

④ ㄴ, ㄷ　　　⑤ ㄱ, ㄴ, ㄷ

B 세포에서 유전정보의 흐름

05 그림은 사람의 세포에서 일어나는 유전정보의 흐름을 나타낸 것이다.

이에 대한 설명으로 옳은 것은? (단, 돌연변이는 고려하지 않는다.)

① ㉠은 RNA이다.
② ㉠은 핵에만 있고 세포질에는 없다.
③ (가) 과정은 라이보솜에서 일어난다.
④ (나) 과정은 핵 속에서 일어난다.
⑤ DNA의 아데닌(A)은 ㉠의 타이민(T)으로 전사된다.

06 그림은 사람의 세포에서 DNA의 유전정보를 이용하여 단백질이 합성되기까지의 과정 (가)와 (나)를 나타낸 것이다.

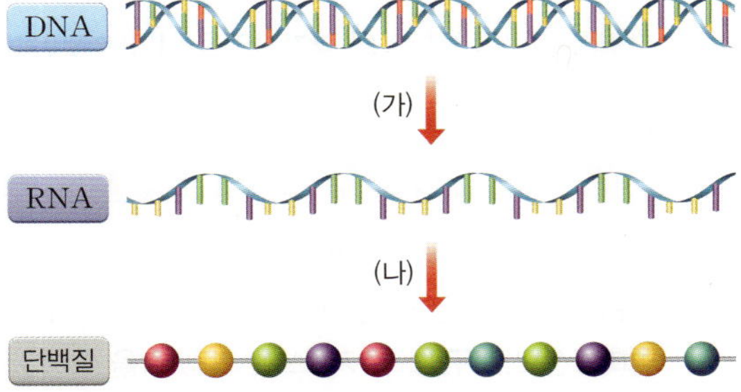

이에 대한 설명으로 옳은 것은?

① (가)는 번역, (나)는 전사이다.
② (가)에서 RNA의 유전정보가 DNA로 전달된다.
③ (나)를 통해 폴리뉴클레오타이드가 합성된다.
④ DNA의 연속된 3개의 염기를 코돈이라고 한다.
⑤ (나)에서 RNA의 염기서열에 의해 단백질의 아미노산서열이 결정된다.

07 그림 (가)~(다)는 각각 DNA와 그로부터 전사된 RNA, 번역된 폴리펩타이드를 순서 없이 나타낸 것이다.

이에 대한 설명으로 옳지 않은 것은? (단, 왼쪽 첫 번째 염기부터 전사, 번역되며, 돌연변이는 고려하지 않는다.)

① (가)를 구성하는 단위체는 디옥시라이보스를 당으로 가진다.
② (나)는 펩타이드결합을 포함한다.
③ 번역은 (가)의 유전정보로 (나)가 합성되는 것이다.
④ (다)의 연속된 염기 3개가 하나의 아미노산을 지정한다.
⑤ (가)의 코돈에 따라 아미노산이 순서대로 결합하여 폴리펩타이드가 합성된다.

08 그림은 식물 세포 내에서 유전정보가 전달되는 과정을 나타낸 것이다.

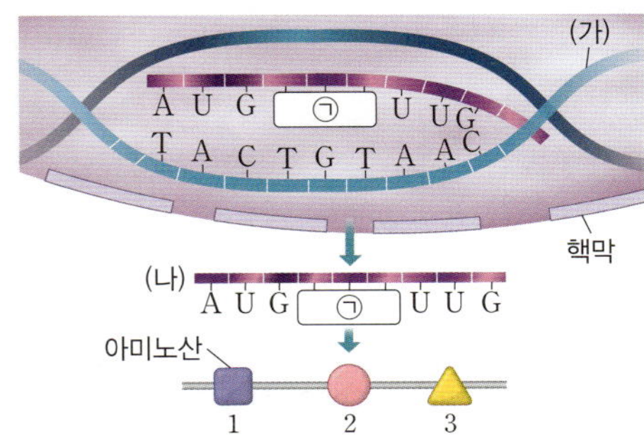

이에 대한 설명으로 옳은 것만을 보기에서 있는 대로 고른 것은? (단, RNA의 왼쪽 첫 번째 염기부터 번역되며, 돌연변이는 고려하지 않는다.)

> **보기**
> ㄱ. (나)는 (가)로부터 전사되었다.
> ㄴ. ㉠은 왼쪽부터 순서대로 UCU이다.
> ㄷ. 아미노산 1을 지정하는 3염기조합은 TAC이다.

① ㄱ   ② ㄴ   ③ ㄱ, ㄷ
④ ㄴ, ㄷ   ⑤ ㄱ, ㄴ, ㄷ

[09~10] 그림은 어떤 DNA 한쪽 가닥의 염기서열 중 일부를 나타낸 것이다. (단, 왼쪽 첫 번째 염기부터 전사, 번역되며, 돌연변이는 고려하지 않는다.)

09 이 DNA로부터 전사된 RNA의 염기서열을 쓰시오.

10 이에 대한 설명으로 옳은 것만을 보기에서 있는 대로 고른 것은?

보기
ㄱ. 3개의 코돈이 모여 하나의 아미노산을 지정한다.
ㄴ. 전사된 RNA에서 세 번째 아미노산을 지정하는 코돈은 CCG이다.
ㄷ. 이 DNA로부터 합성된 폴리펩타이드는 최대 4개의 아미노산으로 구성된다.

① ㄱ   ② ㄴ   ③ ㄷ
④ ㄱ, ㄴ   ⑤ ㄴ, ㄷ

11 낫모양적혈구빈혈증에 대한 설명으로 옳지 <u>않은</u> 것은?
① DNA 염기서열이 바뀌면 단백질의 아미노산 서열이 바뀔 수 있다.
② 낫모양적혈구는 정상 헤모글로빈 유전자의 염기 1개가 바뀌어 생성된다.
③ 낫모양적혈구는 정상 적혈구에 비해 산소를 운반하는 능력이 떨어진다.
④ 헤모글로빈을 구성하는 아미노산의 종류가 하나 바뀌면 RNA의 염기서열이 바뀐다.
⑤ 돌연변이 헤모글로빈 유전자의 염기서열은 정상 헤모글로빈 유전자의 염기서열과 다르다.

12 유전정보의 흐름 중 전사 과정을 아래 제시어를 모두 포함하여 서술하시오.

제시어
· DNA   · RNA   · 상보적인 염기서열

13 사람의 인슐린 유전자를 대장균에 넣으면 대장균에서 사람의 인슐린을 합성할 수 있다. 이로부터 알 수 있는 내용을 아래 제시어를 모두 포함하여 서술하시오.

제시어
· 공통조상   · 유전부호 체계   · 진화

14 그림은 전사된 RNA의 염기서열을 나타낸 것이다.

이 RNA에서 왼쪽 첫 번째부터 유전부호가 시작된다면 이로부터 합성되는 폴리펩타이드는 총 몇 개의 아미노산으로 구성되는지 쓰고, 그 까닭을 아래 제시어를 모두 포함하여 서술하시오. (단, 돌연변이는 고려하지 않는다.)

제시어
· 연속된   · 염기   · 아미노산을 지정

정답과 해설 64쪽

해설 영상

01 그림은 전사 과정의 일부를 나타낸 것이고, 표는 유전부호의 일부를 나타낸 것이다.

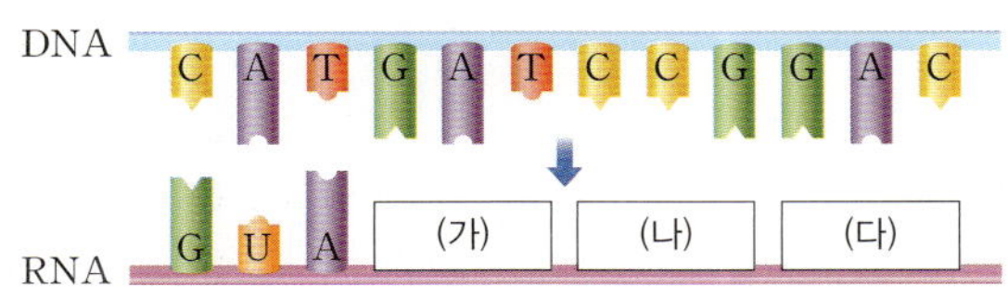

코돈	아미노산	코돈	아미노산
AUC	아이소류신	CGG	아르지닌
CUA	류신	GGC	글라이신
CUG		GUC	발린

이에 대한 설명으로 옳은 것만을 보기에서 있는 대로 고른 것은? (단, 돌연변이는 고려하지 않는다.)

보기
ㄱ. (나)에 해당하는 코돈은 GGC이다.
ㄴ. 코돈 1개가 2종류의 아미노산을 지정한다.
ㄷ. (가)와 (다)가 지정하는 아미노산은 모두 류신이다.

① ㄱ　　　② ㄴ　　　③ ㄱ, ㄷ
④ ㄴ, ㄷ　　　⑤ ㄱ, ㄴ, ㄷ

02 그림은 어떤 DNA 한 가닥과 이로부터 전사된 RNA 및 이 RNA로부터 번역된 단백질의 아미노산 서열을, 표는 유전부호의 일부를 나타낸 것이다.

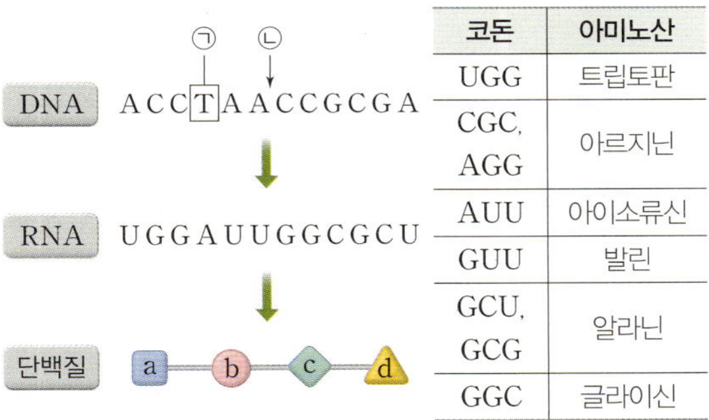

코돈	아미노산
UGG	트립토판
CGC, AGG	아르지닌
AUU	아이소류신
GUU	발린
GCU, GCG	알라닌
GGC	글라이신

이에 대한 설명으로 옳은 것만을 보기에서 있는 대로 고른 것은? (단, 왼쪽 첫 번째 염기부터 번역되며, 돌연변이는 고려하지 않는다.)

보기
ㄱ. 아미노산 ⓐ는 트립토판이다.
ㄴ. ㉠ 부분의 염기 T이 C으로 바뀌면 아미노산 ⓒ가 다른 아미노산으로 바뀐다.
ㄷ. ㉡ 부분에 염기 A이 1개 삽입되면 세 번째 아미노산은 아르지닌이 된다.

① ㄱ　　　② ㄴ　　　③ ㄷ
④ ㄴ, ㄷ　　　⑤ ㄱ, ㄴ, ㄷ

03 그림 (가)는 동물 세포의 구조를, (나)는 세포에서의 유전 정보의 흐름을 나타낸 것이다.

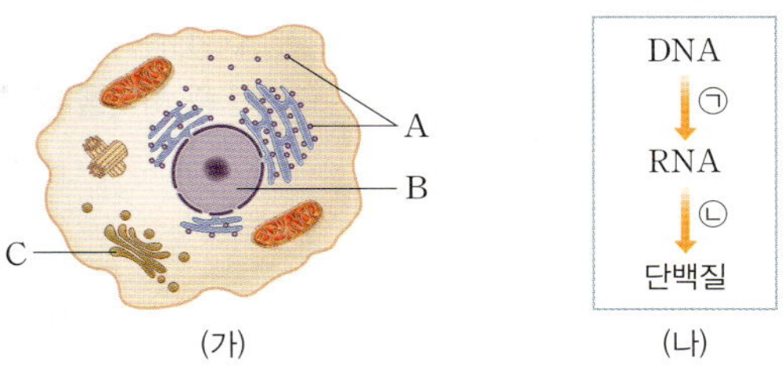

이에 대한 설명으로 옳은 것만을 보기에서 있는 대로 고른 것은?

보기
ㄱ. A에서는 코돈이 지정하는 순서대로 아미노산이 결합한다.
ㄴ. B에서 ㉠ 과정이 일어난다.
ㄷ. C에서 ㉡ 과정에 필요한 효소가 합성된다.

① ㄱ　　　② ㄴ　　　③ ㄷ
④ ㄱ, ㄴ　　　⑤ ㄱ, ㄴ, ㄷ

04 그림은 정상 헤모글로빈과 낫모양적혈구 헤모글로빈의 생성 과정을 비교하여 나타낸 것이다.

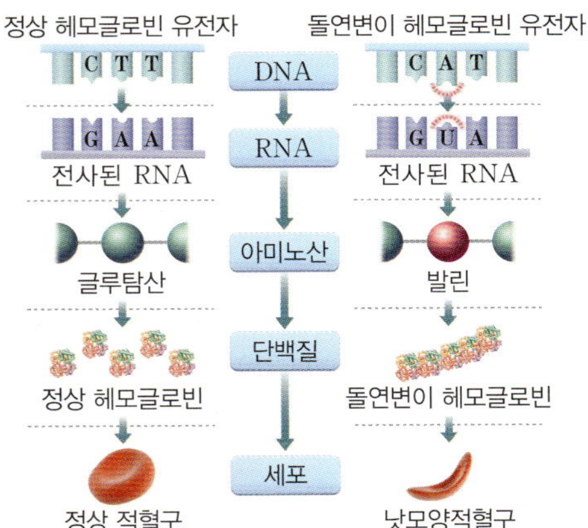

이에 대한 설명으로 옳지 <u>않은</u> 것은?

① 유전자에 의해 만들어진 단백질에 따라 다양한 형질이 결정된다.
② 코돈 GAA와 GUA는 서로 다른 아미노산을 지정한다.
③ 낫모양적혈구의 헤모글로빈을 구성하는 아미노산 개수는 정상 헤모글로빈과 다르다.
④ 단백질을 구성하는 아미노산의 종류가 달라지면 단백질의 기능이 달라진다.
⑤ 헤모글로빈 유전자의 염기서열 변화로 인해 헤모글로빈의 구조 변화가 일어났다.

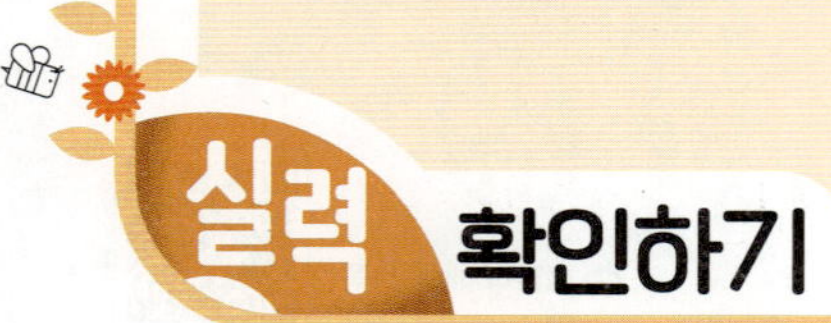

14 생명 시스템의 기본 단위

중요

01 그림은 동물 세포의 구조를, A~E는 각각 핵, 라이보솜, 소포체, 골지체, 마이토콘드리아 중 하나를 나타낸 것이다.

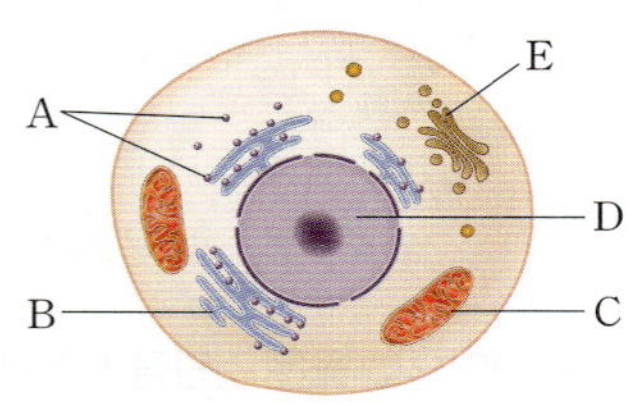

㉠, ㉡에 들어갈 세포소기관으로 옳게 짝 지은 것은?

> ㉠ 속에 있는 DNA에 저장된 유전정보가 세포질에 있는 ㉡ (으)로 전달되어 생명체에 필요한 여러 가지 단백질이 합성된다.

	㉠	㉡
①	A: 라이보솜	C: 마이토콘드리아
②	A: 라이보솜	B: 소포체
③	B: 소포체	A: 라이보솜
④	D: 핵	A: 라이보솜
⑤	D: 핵	E: 골지체

02 그림은 식물 세포의 구조를, A~C는 엽록체, 마이토콘드리아, 라이보솜을 순서 없이 나타낸 것이다.

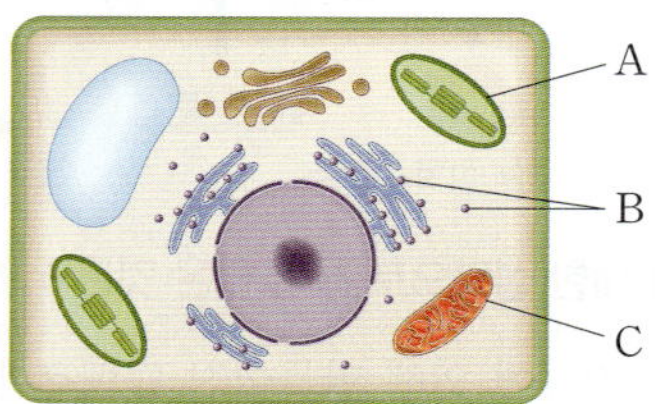

이에 대한 설명으로 옳은 것만을 보기에서 있는 대로 고른 것은?

> **보기**
> ㄱ. A는 빛에너지를 이용하여 유기물을 합성한다.
> ㄴ. B에서 생명활동에 필요한 에너지가 생성된다.
> ㄷ. C는 동물 세포에도 존재한다.

① ㄱ　　　② ㄴ　　　③ ㄱ, ㄷ
④ ㄴ, ㄷ　　　⑤ ㄱ, ㄴ, ㄷ

03 그림은 세포막을 통한 물질 A의 이동을 나타낸 것이다.

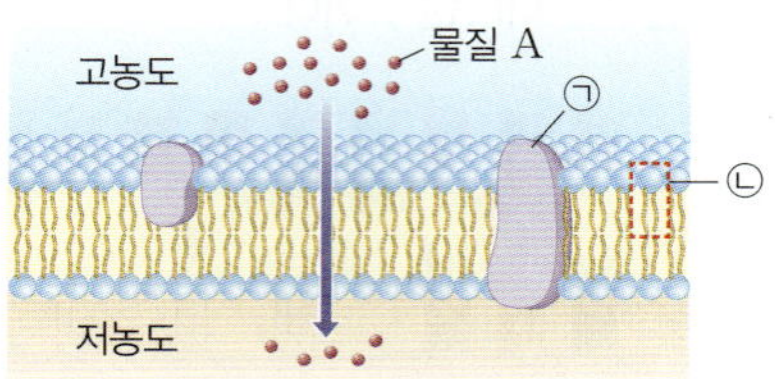

이에 대한 설명으로 옳은 것만을 보기에서 있는 대로 고른 것은?

> **보기**
> ㄱ. 포도당, 아미노산은 ㉠을 통해 세포막을 통과한다.
> ㄴ. ㉡은 친수성 부분과 소수성 부분을 모두 가지고 있다.
> ㄷ. 산소는 물질 A와 같은 방식으로 세포막을 통과할 수 있다.

① ㄱ　　　② ㄴ　　　③ ㄱ, ㄷ
④ ㄴ, ㄷ　　　⑤ ㄱ, ㄴ, ㄷ

고난도

04 그림 (가)는 어떤 식물에서 얻은 세포의 모습을, (나)와 (다)는 이 세포를 각각 증류수와 20 % 소금물에 넣고 10분이 지났을 때의 모습을 나타낸 것이다. A와 B는 세포막과 세포벽 중 하나이다.

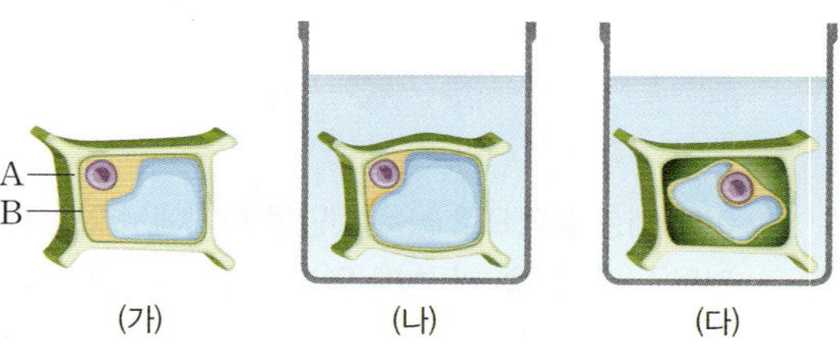

이에 대한 설명으로 옳은 것만을 보기에서 있는 대로 고른 것은?

> **보기**
> ㄱ. A는 세포벽으로 물질이 통과하지 못한다.
> ㄴ. (나)는 식물 세포를 20 % 소금물에 넣은 모습이다.
> ㄷ. (다)에서 식물 세포의 세포질 부피는 줄어들었다.

① ㄱ　　　② ㄷ　　　③ ㄱ, ㄴ
④ ㄴ, ㄷ　　　⑤ ㄱ, ㄴ, ㄷ

15 물질대사와 효소

05 그림은 생명체에서 일어나는 물질대사 (가)와 (나)를 나타낸 것이다.

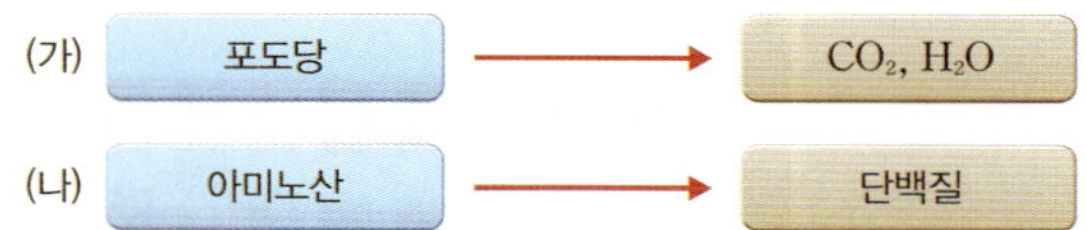

이에 대한 설명으로 옳은 것만을 보기에서 있는 대로 고른 것은?

보기
ㄱ. 엽록체에서 (가) 반응이 일어난다.
ㄴ. (나)에서 에너지가 흡수된다.
ㄷ. (가)와 (나)에 모두 생체촉매가 관여한다.

① ㄱ ② ㄴ ③ ㄱ, ㄷ
④ ㄴ, ㄷ ⑤ ㄱ, ㄴ, ㄷ

06 다음은 세탁 세제에 대한 설명이다.

┌─────────┐
│   ㉠   │이/가 들어 있는 세탁 세제는 단백질, 지방 성분을 분해하여 일반 세제로는 잘 지워지지 않는 얼룩과 찌든 때를 효과적으로 제거할 수 있다.

㉠에 대한 설명으로 옳은 것만을 보기에서 있는 대로 고른 것은?

보기
ㄱ. 주성분은 탄수화물이다.
ㄴ. 반응물과 함께 분해된다.
ㄷ. 화학 반응의 활성화에너지를 낮춘다.

① ㄱ ② ㄷ ③ ㄱ, ㄴ
④ ㄴ, ㄷ ⑤ ㄱ, ㄴ, ㄷ

중요
07 그림은 어떤 화학 반응의 에너지 변화를, ㉠과 ㉡은 각각 효소가 있을 때와 없을 때 중 하나를 나타낸 것이다.

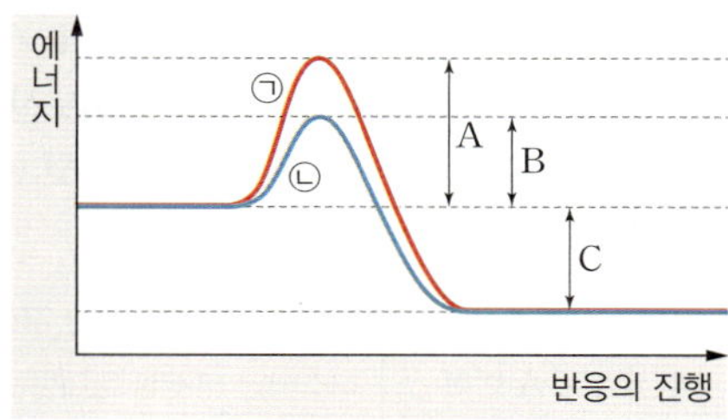

이 화학 반응의 활성화에너지를 옳게 짝 지은 것은?

	효소가 있을 때	효소가 없을 때
①	A	B
②	A	C
③	B	A
④	B	C
⑤	C	A

08 다음은 생간과 감자를 이용한 과산화 수소 분해 실험이다.

(가) 시험관 I~III에 각각 3 % 과산화 수소수를 15 mL씩 넣는다.
(나) 시험관 I은 그대로 두고, II와 III에는 비슷한 크기의 생간 조각과 감자 조각을 각각 넣는다.

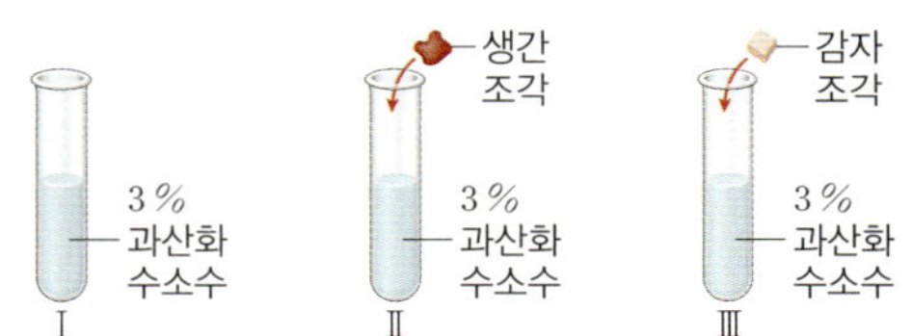

(다) 시험관 I~III에서 기포 발생 여부를 관찰한다.

[결과]

시험관	I	II	III
기포 발생 여부	발생하지 않음.	발생함.	발생함.

이에 대한 설명으로 옳은 것만을 보기에서 있는 대로 고른 것은?

보기
ㄱ. 생간과 감자에는 모두 과산화 수소 분해를 촉진하는 물질이 들어 있다.
ㄴ. 시험관 II에서 발생한 기포는 이산화 탄소이다.
ㄷ. 기포 발생이 끝난 시험관 III에 과산화 수소수를 더 넣으면 기포가 다시 발생한다.

① ㄱ ② ㄴ ③ ㄱ, ㄷ
④ ㄴ, ㄷ ⑤ ㄱ, ㄴ, ㄷ

09 표는 특정 염기서열이 반복되는 RNA I~III과 이를 시험관에서 번역하여 얻은 단백질의 아미노산 구성을 나타낸 것이다. RNA I~III은 모두 왼쪽 첫 번째 염기부터 번역된다.

RNA		아미노산 구성
I	CA 반복	히스티딘 – 트레오닌 반복
II	CCG 반복	프롤린 반복
III	CAGC 반복	글루타민 – 프롤린 – 알라닌 – 세린 반복

이에 대한 설명으로 옳은 것만을 보기에서 있는 대로 고른 것은? (단, 돌연변이는 고려하지 않는다.)

보기
ㄱ. 코돈 ACA는 히스티딘을 지정한다.
ㄴ. 코돈 CCG와 CCA는 같은 아미노산을 지정한다.
ㄷ. RNA III에서 왼쪽 두 번째 염기부터 번역되어도 폴리펩타이드에 알라닌이 있다.

① ㄱ　　　② ㄴ　　　③ ㄷ
④ ㄱ, ㄴ　　⑤ ㄴ, ㄷ

중요
10 그림은 사람의 세포에서 일어나는 유전정보의 흐름을 나타낸 것이다. I과 II는 번역과 전사를 순서 없이 나타낸 것이고, (가)와 (나)는 DNA와 단백질을 순서 없이 나타낸 것이다.

이에 대한 설명으로 옳은 것만을 보기에서 있는 대로 고른 것은?

보기
ㄱ. (가)는 단백질이다.
ㄴ. I과 II에 모두 효소가 관여한다.
ㄷ. 라이보솜에서 II가 일어난다.

① ㄴ　　　② ㄷ　　　③ ㄱ, ㄴ
④ ㄱ, ㄷ　　⑤ ㄴ, ㄷ

11 그림은 사람의 유전정보의 흐름을 나타낸 것이다. ㉠~㉣은 각각 아데닌(A), 타이민(T), 유라실(U), 사이토신(C) 중 하나이다. (가)와 (나)는 코돈과 3염기조합을 순서 없이 나타낸 것이다.

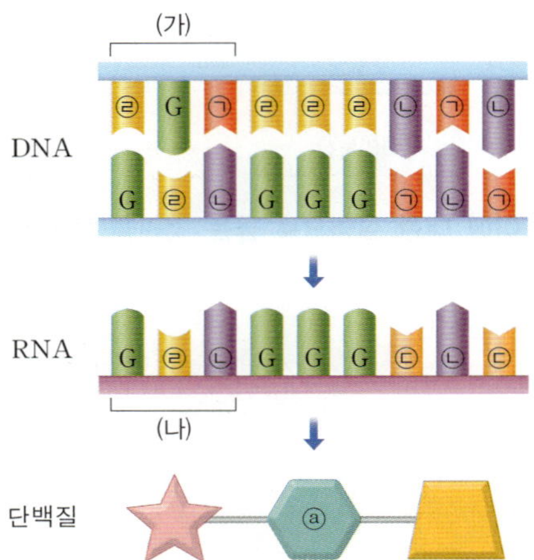

이에 대한 설명으로 옳은 것은? (단, 돌연변이는 고려하지 않는다.)

① (가)는 코돈이다.
② ㉡은 아데닌(A)이다.
③ ㉢은 타이민(T)이다.
④ ⓐ를 지정하는 RNA 염기서열은 CCC이다.
⑤ DNA의 3염기조합이 1개의 단백질을 지정한다.

중요
12 그림은 어떤 세포에서 일어나는 유전정보의 흐름을, 표는 일부 코돈이 지정하는 아미노산을 나타낸 것이다. ㉠과 ㉡은 각각 ⓐ~ⓔ 중 하나이다.

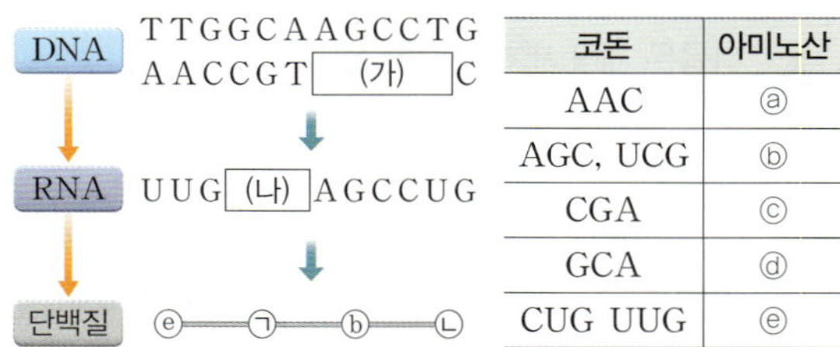

코돈	아미노산
AAC	ⓐ
AGC, UCG	ⓑ
CGA	ⓒ
GCA	ⓓ
CUG UUG	ⓔ

이에 대한 설명으로 옳은 것만을 보기에서 있는 대로 고른 것은? (단, 돌연변이는 고려하지 않는다.)

보기
ㄱ. (가)에서 아데닌(A)은 1개 있다.
ㄴ. (나)는 CGU이다.
ㄷ. ㉡은 ⓔ이다.

① ㄱ　　　② ㄴ　　　③ ㄱ, ㄷ
④ ㄴ, ㄷ　　⑤ ㄱ, ㄴ, ㄷ

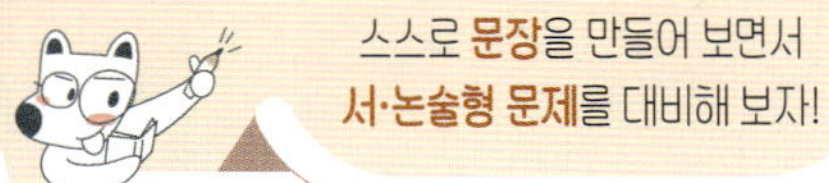

13 다음은 동물 세포와 식물 세포에 있는 세포소기관을 나타낸 것이다.

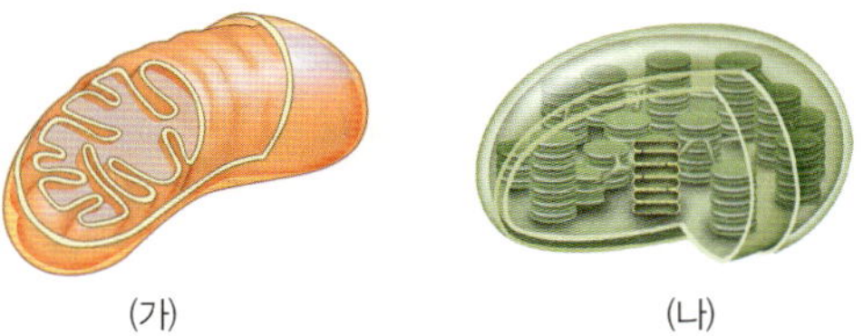

(가)   (나)

(가)와 (나)의 이름을 쓰고, 각각의 기능을 에너지전환 과정과 관련지어 서술하시오.

---

14 그림은 반투과성막을 사이에 두고 농도가 다른 용액 A와 B가 있을 때 일어나는 물질의 이동을 나타낸 것이다.

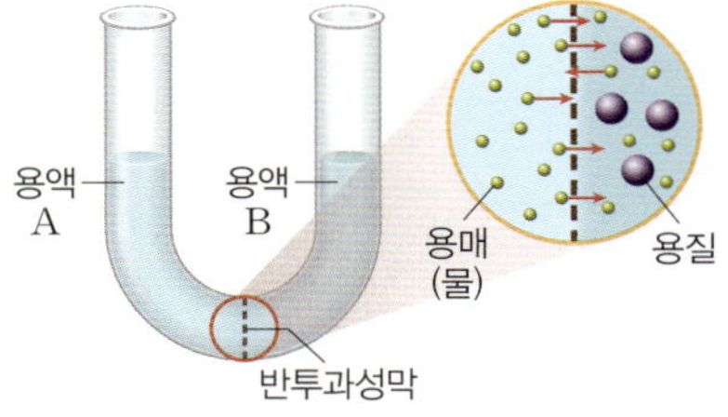

시간이 지나면 용액 A와 용액 B의 높이가 어떻게 변할지 쓰고, 그 까닭을 물질의 이동과 관련지어 서술하시오.

---

15 그림은 효소의 작용 원리를 나타낸 것이다.

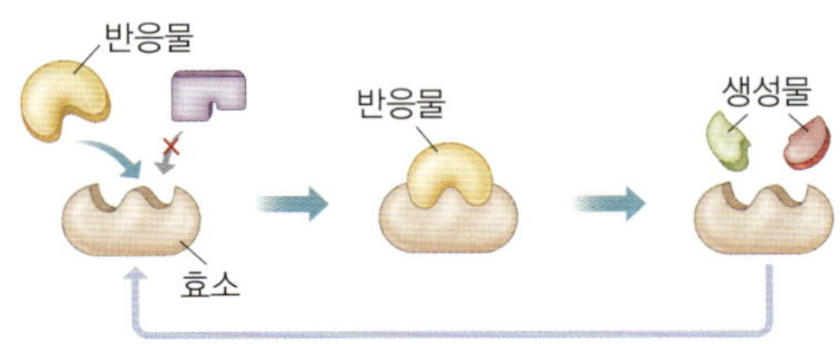

효소의 특성을 효소의 입체 구조와 관련지어 서술하시오.

---

16 우리 몸은 체온이 정상보다 높아지면 피부 근처의 혈관을 확장하거나 땀 분비를 촉진함으로써 체온을 내리려는 작용을 한다. 그 까닭을 효소와 관련지어 서술하시오.

---

17 그림은 DNA의 유전부호를 이루는 염기의 개수가 다른 경우를 나타낸 것이다.

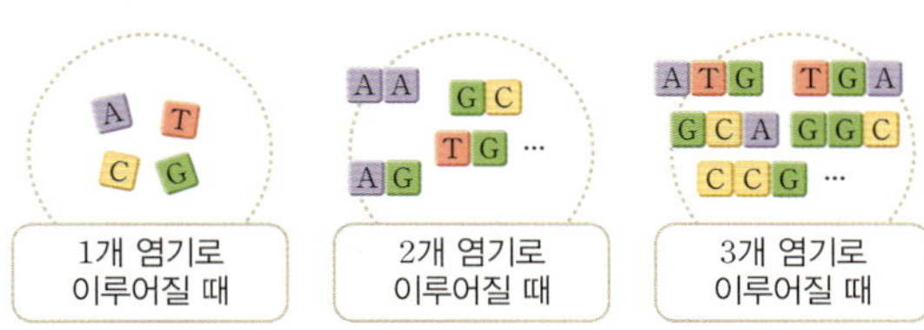

아미노산 하나를 지정하는 유전부호는 몇 개의 염기로 이루어지는지 쓰고, 그렇게 판단한 까닭을 서술하시오.

---

18 그림은 어떤 세포에서 일어나는 유전정보의 흐름을, 표는 일부 코돈이 지정하는 아미노산을 나타낸 것이다. (단, 왼쪽 첫 번째 염기부터 전사, 번역되며, 돌연변이는 고려하지 않는다.)

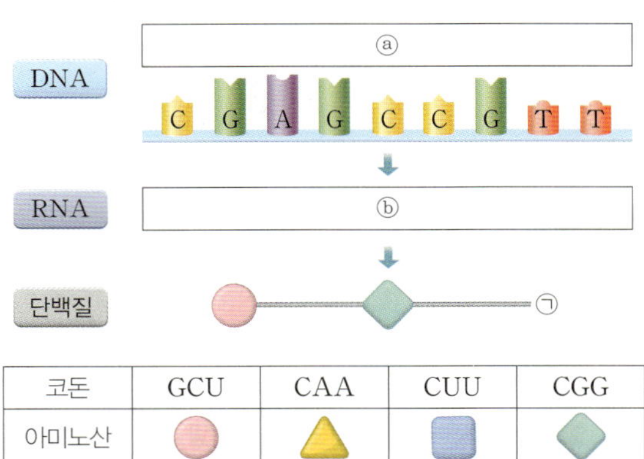

코돈	GCU	CAA	CUU	CGG
아미노산	●	▲	■	◆

(1) ⓑ에서 유라실(U)의 개수가 몇 개인지 쓰고, 그렇게 판단한 까닭을 서술하시오.

---

(2) ㉠이 어떤 아미노산인지 표시하고, 그렇게 판단한 까닭을 서술하시오.

수행평가 맛보기

다음은 카탈레이스에 의해 과산화 수소가 분해되는 화학 반응이 어떻게 일어나는지 알아보기 위한 탐구 과정이다.

 진도 교재 180쪽
효소의 작용 원리에 관한 실험하기

[탐구 과정]

1 시험관 A~C에 3 % 과산화 수소수를 5 mL씩 넣는다.

2 날감자와 삶은 감자를 비슷한 크기로 작게 자른다.

3 시험관 B에는 날감자 조각을, 시험관 C에는 삶은 감자 조각을 넣고 기포가 발생하는지 관찰한다.

4 향에 불을 붙였다 끈 후, 꺼져 가는 불씨를 시험관 A~C에 각각 넣고 불씨의 변화를 관찰한다.

5 거품이 가라앉은 후 시험관 A~C에 과산화 수소수를 5 mL씩 더 넣고, 기포가 발생하는지 관찰한다.

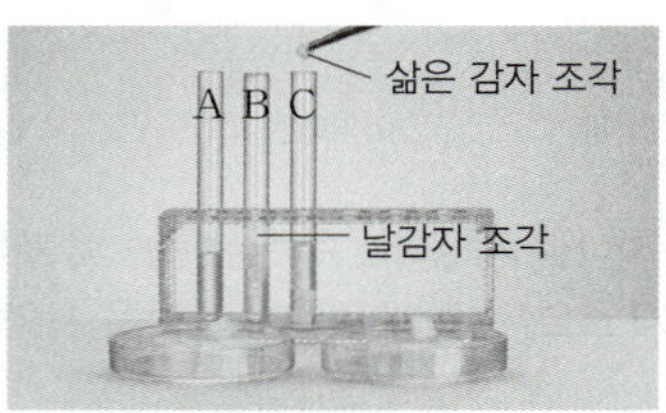

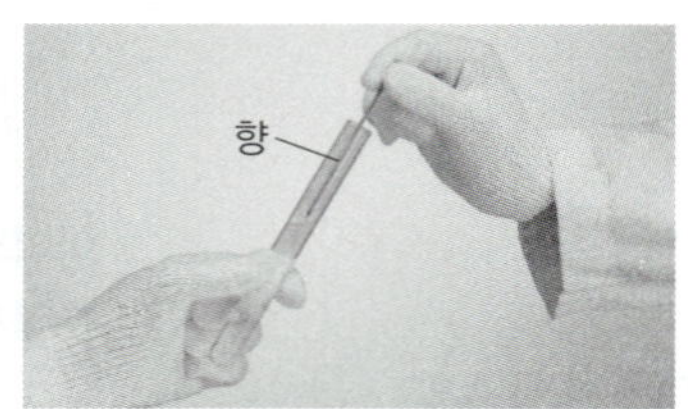

● 결과

구분	시험관 A	시험관 B	시험관 C
과정 3	변화 없음.	기포 발생	㉠( ).
과정 4	변화 없음.	㉡불씨가 ( ).	변화 없음.
과정 5	변화 없음.	㉢( )	변화 없음.

● 정리 & 해석

해석 Tip

감자 조각에 들어 있는 효소의 역할을 알고, 효소의 특성을 통해 탐구 결과를 해석해야 한다.

1. 감자에 들어 있는 효소 ___________ 이/가 과산화 수소의 분해를 촉진한다.

2. 과정 4에서 꺼져 가는 불씨를 넣었을 때 시험관 B에서 불씨가 ㉠___________ 것으로 보아 과산화 수소가 분해되어 발생하는 기체는 ㉡___________ 임을 알 수 있다.

3. 과정 5에서 과산화 수소수를 추가로 더 넣었을 때 시험관 B에서 ㉠___________ 이/가 발생한다.

→ 효소는 반응이 끝난 후에 생성물과 분리되어 ㉡___________ 될 수 있기 때문이다.

4. 시험관 C에서는 시험관 B와 같은 결과가 나타나지 않는다.

→ 삶은 감자 조각에는 ___________ 로 인해 변성된 효소가 들어 있다.

→ 변성된 효소는 활성을 잃어 화학 반응을 촉진할 수 없다.

1 다음은 카탈레이스에 의해 과산화 수소가 분해되는 화학 반응이 어떻게 일어나는지 알아보기 위한 실험 과정 중 일부이다.

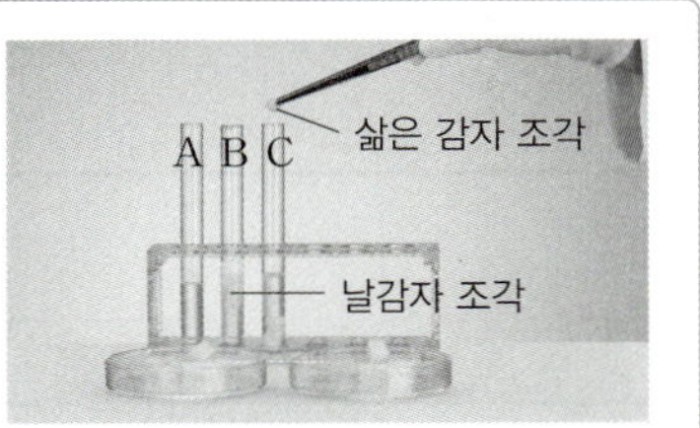

1 시험관 A~C에 3 % 과산화 수소수를 5 mL 씩 넣는다.
2 시험관 B에는 날감자 조각을, 시험관 C에는 삶은 감자 조각을 넣고 기포가 발생하는지 관찰한다.

꺼져 가는 불씨를 넣으면 오른쪽 그림의 생간을 넣었을 때와 같이 불씨가 살아나는 시험관을 쓰고, 꺼져 가던 불씨가 살아나는 까닭을 서술하시오.

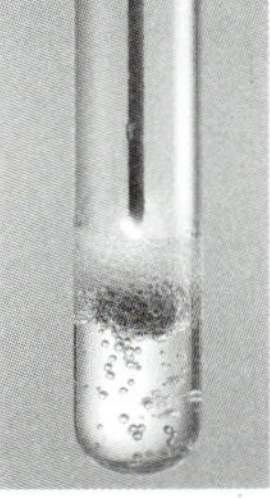

카탈레이스의 작용으로 화학 반응이 촉진되어 기포가 빠르게 발생하는데, 기포의 성분이 무엇인지 알아내는 데 초점을 맞춰 이해하도록 한다.

2 다음은 시험관 A~C에 과산화 수소수를 같은 양씩 넣고, A에는 생간 조각을, B에는 감자 조각을 각각 넣고, C에는 아무 처리도 하지 않고 기포 발생 여부를 관찰한 것이다.

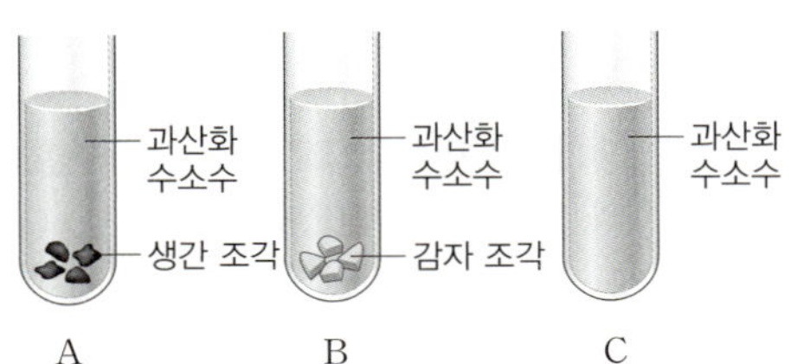

구분	시험관 A	시험관 B	시험관 C
기포 발생 여부	기포 발생	기포 발생	기포 발생 안 함.

(1) 날것의 생간 조각과 감자 조각을 사용하는 까닭을 서술하시오.

(2) 시험관 A와 B에서 발생한 기포는 어떤 기체인지 쓰고, 그렇게 생각한 까닭을 서술하시오.

(3) 시험관 A와 B에서는 기포가 발생하였지만 시험관 C에서는 기포가 발생하지 않은 까닭을 서술하시오.

효소의 작용 원리에 초점을 맞춰 이해하도록 한다.

수능 맛보기

그림은 유전정보 흐름의 일부를 나타낸 것이다.

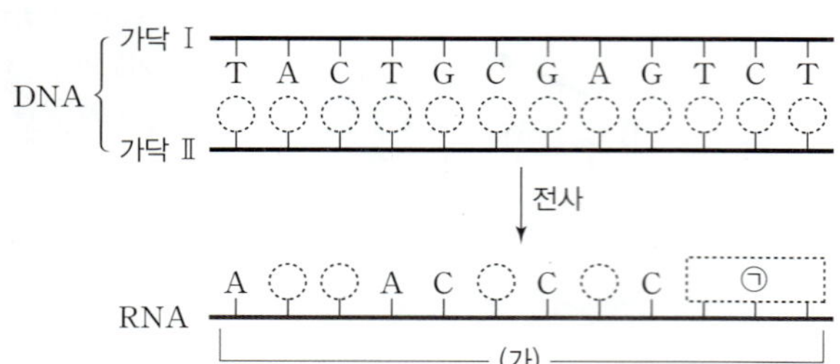

이에 대한 옳은 설명만을 〈보기〉에서 있는 대로 고른 것은? (단, 돌연변이는 고려하지 않는다.)

보기
ㄱ. I이 전사에 이용되었다.
ㄴ. ㉠의 염기서열은 UCU이다.
ㄷ. (가)에 있는 코돈의 개수는 12개이다.

① ㄱ　　② ㄷ　　③ ㄱ, ㄴ　　④ ㄴ, ㄷ　　⑤ ㄱ, ㄴ, ㄷ

자료 풀이

- DNA 두 가닥 중 한 가닥을 원본으로 하여 상보적인 염기서열을 갖는 RNA로 전사된다. DNA의 가닥 I이 RNA 가닥과 상보적인 염기쌍을 형성하므로, 가닥 I이 전사 과정에서 원본으로 사용되었음을 알 수 있다.

- 아데닌(A)은 타이민(T)과, 구아닌(G)은 사이토신(C)과 상보적인 염기쌍을 이룬다. DNA와 RNA의 염기 종류에서 아데닌(A), 구아닌(G), 사이토신(C)은 공통이다. 하지만 RNA에는 타이민(T)이 없고 대신 유라실(U)이 있다.

선택지 풀이

㉠ DNA 가닥 I과 RNA의 염기가 상보적인 결합을 형성하므로 가닥 I이 전사에 이용되었다.

✗. ㉠의 염기서열은 AGA이다.

✗. (가)를 구성하는 염기는 12개이다. 연속된 3개의 염기가 1개의 코돈을 구성하므로 12÷3=4, 최대 4개의 코돈이 있다.

같은 자료 / 다른 보기

1. RNA의 염기 1개가 아미노산 1개를 지정한다. 　(○ , ×)

2. ㉠에서 아데닌(A)의 개수는 2개이다. 　(○ , ×)

3. 핵에서 전사가 일어난다. 　(○ , ×)

정답 1. × 2. ○ 3. ○

풀이 전략

- 상보적인 염기 결합을 이용하여 DNA의 두 가닥 중 어떤 가닥이 전사의 원본으로 사용되었는지 찾는다.
- 코돈의 정의를 생각해 보고, (가)를 구성하는 염기의 개수로부터 몇 개의 코돈이 있는지 적용한다.

출제 경향

- DNA의 두 가닥 중 한 가닥이 원본이 되고 이 원본에 상보결합을 하는 RNA 가닥으로 전사함을 알고 있어야 한다.
- 상보결합을 하는 염기는 정해져 있으므로, 그 종류를 알고 있어야 한다.
- DNA와 RNA를 구성하는 염기의 종류를 알고 있어야 한다. 특히, 타이민(T)은 DNA에는 있지만 RNA에는 없고, 유라실(U)은 RNA에는 있지만, DNA에는 없음을 조심해야 한다.
- 코돈의 정의를 알고 있어야 한다.

함정 피하기

- DNA의 염기를 채우면서 U을 쓰면 안되고, RNA의 염기를 채우면서 T을 쓰지 않도록 한다.
- 가닥 II의 빈칸에 가닥 I에 상보적인 염기를 쓰다가 갑자기 가닥 I과 동일한 염기를 쓰지 않도록 한다.

1 | 2022학년도 9월 고1 전국연합학력평가 3번

그림은 동물 세포의 구조를 나타낸 것이다. A, B, C는 각각 핵, 라이보솜, 소포체 중 하나이다.

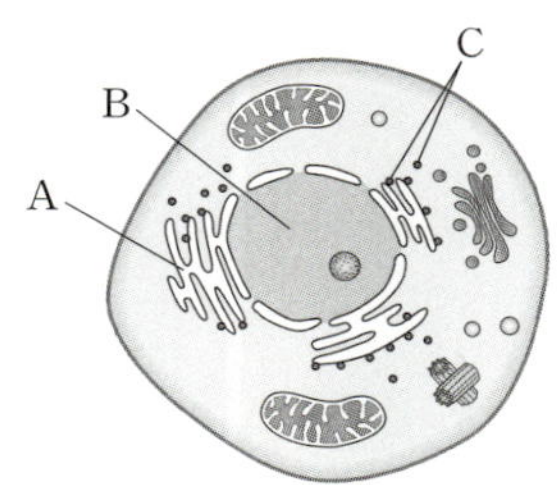

이에 대한 설명으로 옳은 것만을 보기에서 있는 대로 고른 것은?

> **보기**
> ㄱ. A는 소포체이다.
> ㄴ. B에는 DNA가 있다.
> ㄷ. C에서 광합성이 일어난다.

① ㄴ ② ㄷ ③ ㄱ, ㄴ
④ ㄱ, ㄷ ⑤ ㄴ, ㄷ

수능 코디

광합성은 식물 세포의 엽록체에서 일어난다.

---

2 | 2022학년도 9월 고1 전국연합학력평가 9번

그림은 물질 ㉠과 ㉡이 세포막을 통해 확산하는 방향을 나타낸 것이다.

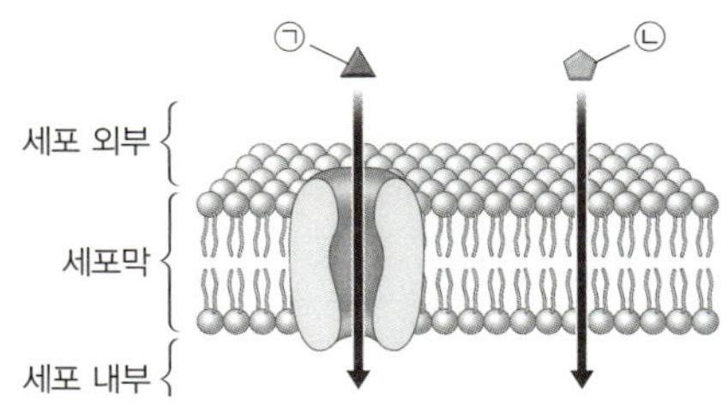

이에 대한 설명으로 옳은 것만을 보기에서 있는 대로 고른 것은?

> **보기**
> ㄱ. ㉠의 농도는 세포 외부에서가 세포 내부에서보다 낮다.
> ㄴ. ㉡에 해당하는 물질로는 포도당이 있다.
> ㄷ. 세포막은 선택적 투과성이 있다.

① ㄱ ② ㄷ ③ ㄱ, ㄴ
④ ㄴ, ㄷ ⑤ ㄱ, ㄴ, ㄷ

수능 코디

세포막을 통한 물질의 이동은 물질의 종류에 따라 선택적으로 일어나는데, 이를 선택적 투과성이라고 한다.

2022학년도 9월 고1 전국연합학력평가 11번

3 그림은 카탈레이스의 유무에 따른 과산화 수소 분해 반응에서의 에너지 변화를 나타낸 것이다.

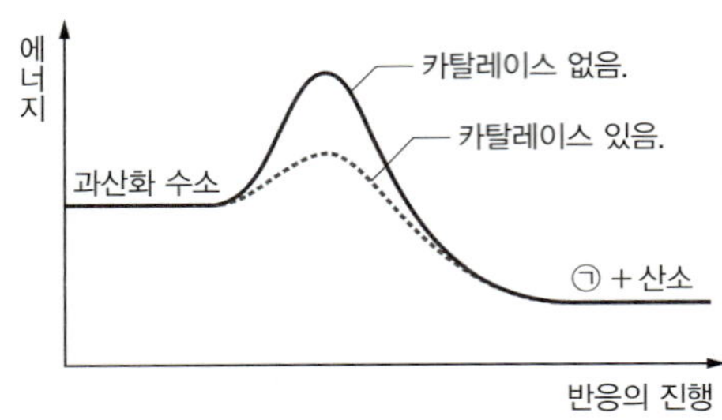

이에 대한 설명으로 옳은 것만을 보기에서 있는 대로 고른 것은?

보기

ㄱ. ㉠은 물(H_2O)이다.

ㄴ. 카탈레이스는 과산화 수소 분해 반응의 활성화에너지를 낮춘다.

ㄷ. 카탈레이스는 과산화 수소가 분해되는 속도를 감소시킨다.

① ㄱ ② ㄷ ③ ㄱ, ㄴ

④ ㄴ, ㄷ ⑤ ㄱ, ㄴ, ㄷ

수능 코디

활성화에너지가 낮을수록 화학 반응 속도는 빠르다. 효소는 활성화에너지를 감소시켜 화학 반응 속도를 빠르게 한다.

2023학년도 11월 고1 전국연합학력평가 8번 변형

4 다음은 감자즙을 이용한 효소 작용 확인 실험이다.

• 감자즙에 있는 효소는 과산화 수소 분해 반응에서 촉매로 작용한다.

[실험 과정]

(가) 시험관 I과 II에 각각 3 % 과산화 수소수 5 mL를 넣는다.

(나) 시험관 I과 II 중 하나에는 감자즙 2 mL를, 다른 하나에는 증류수 2 mL를 넣은 직후 5분 동안 시험관 I과 II에서 기포가 발생하는지를 관찰한다.

[실험 결과]

시험관	I	II
결과	기포가 발생하지 않음.	㉠기포가 발생함.

이에 대한 설명으로 옳은 것만을 보기에서 있는 대로 고른 것은?

보기

ㄱ. ㉠은 산소이다.

ㄴ. 실험 결과에서 $\dfrac{\text{시험관 I의 과산화 수소의 양}}{\text{시험관 II의 과산화 수소의 양}} < 1$이다.

ㄷ. 과산화 수소 분해 반응의 활성화에너지는 시험관 I보다 시험관 II에서 더 높다.

① ㄱ ② ㄴ ③ ㄷ

④ ㄱ, ㄴ ⑤ ㄴ, ㄷ

수능 코디

감자에 들어 있는 효소는 카탈레이스이다.

5 그림은 어떤 세포에서 일어나는 유전정보의 흐름을, 표는 일부 코돈이 지정하는 아미노산을 나타낸 것이다. ㉠과 ㉡은 각각 ⓐ~ⓔ 중 하나이다.

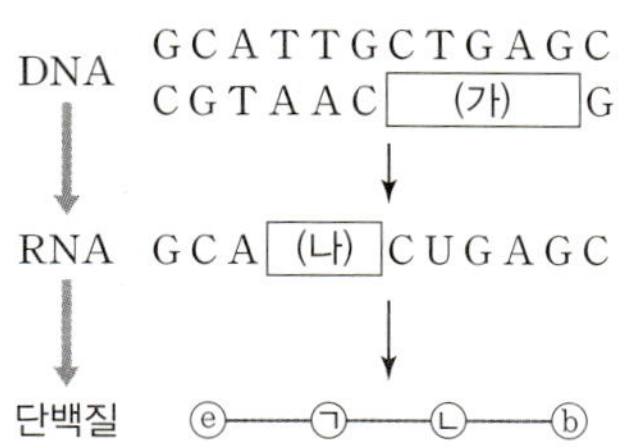

코돈	아미노산
AAC	ⓐ
AGC, UCG	ⓑ
CGA	ⓒ
CUG, UUG	ⓓ
GCA	ⓔ

이에 대한 설명으로 옳은 것만을 보기에서 있는 대로 고른 것은? (단, 돌연변이는 고려하지 않는다.)

보기
ㄱ. (가)에서 구아닌(G)의 수는 1이다.
ㄴ. (나)는 TTG이다.
ㄷ. ㉡은 ⓓ이다.

① ㄱ   ② ㄴ   ③ ㄱ, ㄷ
④ ㄴ, ㄷ   ⑤ ㄱ, ㄴ, ㄷ

코돈은 DNA로부터 전사된 RNA의 유전부호이다. 연속된 3개의 RNA 염기가 한 조가 되어 아미노산 1개를 지정한다.

---

6 그림은 세포에서 일어나는 유전정보의 흐름을 나타낸 것이다. ㉠~㉣은 각각 아데닌(A), 유라실(U), 타이민(T), 사이토신(C) 중 하나이고, (가)와 (나)는 각각 번역과 전사 중 하나이다.

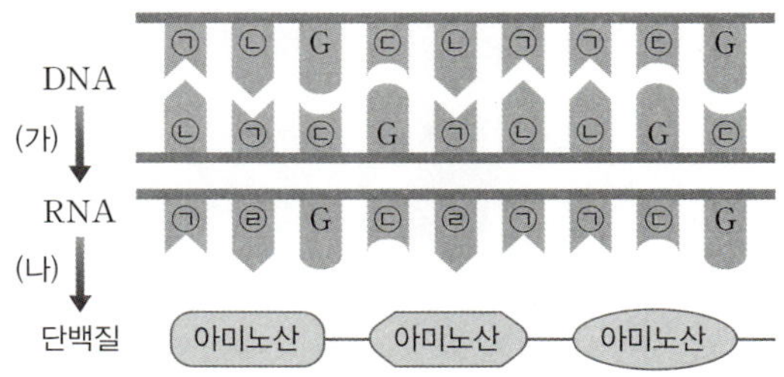

이에 대한 설명으로 옳은 것만을 보기에서 있는 대로 고른 것은? (단, 돌연변이는 고려하지 않는다.)

보기
ㄱ. (가)는 번역이다.
ㄴ. ㉡은 아데닌(A)이다.
ㄷ. DNA의 단위체는 뉴클레오타이드이다.

① ㄱ   ② ㄷ   ③ ㄱ, ㄴ
④ ㄴ, ㄷ   ⑤ ㄱ, ㄴ, ㄷ

타이민(T)은 DNA에는 있고, RNA에는 없다. 유라실(U)은 RNA에는 있고, DNA에는 없다.

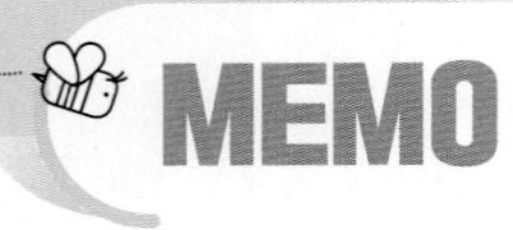
MEMO

MEMO

HIGH TOP

내신 탑티어

고등학교
통합과학 1

하이탑	중학	과학 1, 2, 3
	고등	**22개정** 통합과학1, 통합과학2, 물리학, 화학, 생명과학, 지구과학
		15개정 물리학Ⅰ, 물리학Ⅱ, 화학Ⅰ, 화학Ⅱ, 생명과학Ⅰ, 생명과학Ⅱ, 지구과학Ⅰ, 지구과학Ⅱ
내신 탑티어	중학	과학 1~3학년 1·2학기
	고등	**22개정** 통합과학1, 통합과학2

동아출판

📞 **Telephone** 1644-0600
🏠 **Homepage** www.bookdonga.com
✉ **Address** 서울시 영등포구 은행로 30 (우 07242)

• 정답과 해설은 동아출판 홈페이지 내 학습자료실에서 내려받을 수 있습니다.
• 교재에서 발견된 오류는 동아출판 홈페이지 내 정오표에서 확인 가능하며, 잘못 만들어진 책은 구입처에서 교환해 드립니다.
• 학습 상담, 제안 사항, 오류 신고 등 어떠한 이야기라도 들려주세요.

2022 개정 교육과정

HIGH TOP

TOP TIER

1등급으로 티어 오르는

내신 탑티어

2권 시험대비 교재

고등학교
통합과학 1

동아출판

HIGH TOP
내신 탑티어

HIGH TOP 내신 탑티어 고등 통합과학1

집필진	강태욱 고승현 권오성 나지원 이희나 조향숙
발행일	2024년 11월 20일
인쇄일	2025년 6월 30일
펴낸곳	동아출판㈜
펴낸이	이욱상
등록번호	제300-1951-4호(1951. 9. 19.)
개발총괄	김영지
개발책임	박병희
개발	최은정 이지은 오상근 권혜선
디자인책임	목진성
디자인	권구철 송현아 이소연 강혜빈 ARTICON
대표번호	1644-0600
주소	서울시 영등포구 은행로 30 (우 07242)

HIGH TOP

내신 탑티어

통합과학 1

시험대비
교재

차례

Ⅰ 과학의 기초 001~014

Ⅱ 물질과 규칙성 015~165

Ⅲ 시스템과 상호작용 166~372

A 시간과 공간

핵심 1 자연 세계의 규모

구분	미시 세계	❶ ☐☐ 세계
정의	아주 작은 물체나 현상을 다루는 세계	큰 물체나 현상을 다루는 세계
예	원자, 분자, 이온 등	태양계, 나무, 태풍 등
예	▼ 수소 원자 전자 원자핵 • [공간 규모] 지름: 0.1 nm • [시간 규모] 　전자의 공전 시간: 150 as	▼ 사람 • [공간 규모] 성인 키: 1~2 m • [시간 규모] 　평균 수명: 80 년

핵심 2 시간과 공간의 측정

1. 과거: 천문학적 현상을 이용하여 주로 거시 세계의 시간을 측정하고, 눈으로 보이는 움직임이나 도구를 이용하여 물체의 길이를 측정했다.
2. 현재: 빛의 진동수를 이용해 시간을 측정하는 ❷ ☐☐☐☐시계로 정밀한 시간을 측정하고, 전자 현미경, 레이저 빛, 위성 위치 확인 시스템 등을 이용하여 다양한 길이를 측정한다.

B 기본량과 단위

핵심 3 기본량과 유도량

구분	❸ ☐☐☐	유도량
정의	물리량에서 가장 기본이 되는 양으로, 다른 물리량으로 바꿔서 사용할 수 없는 고유한 양	기본량을 조합해 유도하는 물리량으로, 기본량 이외의 모든 물리량에 해당
예	시간, 길이, 질량, 전류, 온도, 광도, 물질량	넓이, 부피, 속력, 가속도, 힘, 밀도, 압력, 농도 등

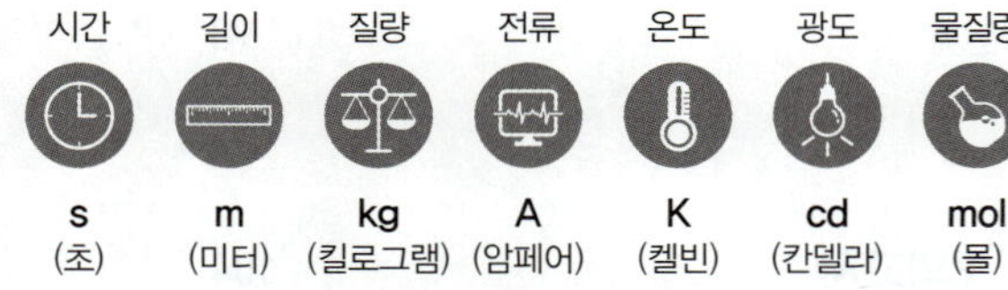

▲ 7개의 기본량과 기본 단위

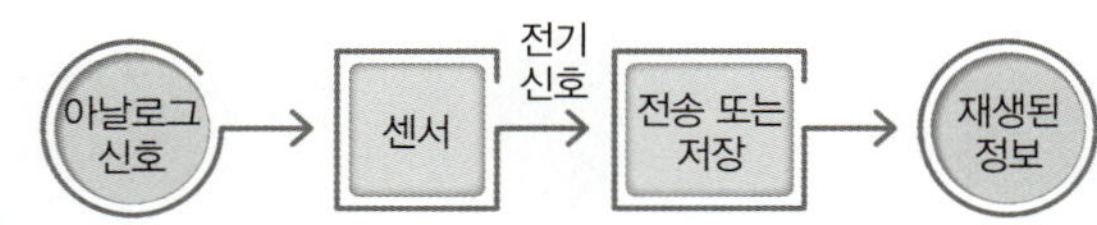

▲ 속력의 단위 유도

C 측정 표준과 정보

핵심 4 측정과 어림

구분	❹ ☐☐	어림
정의	어떠한 양을 재는 활동	어떠한 양을 추정하는 활동
예	측정 도구를 사용하여 건물의 높이를 측정하는 경우	층수를 세서 건물의 높이를 대략 가늠하는 경우

1. ❺ ☐☐ ☐☐: 어떠한 양을 측정하는 기준으로 쓰기 위하여 단위를 정의하고, 이를 재현하는 측정 기기, 측정 방법, 체계를 정한 것
2. 일상생활에서 측정 표준의 활용: 실내 공기 질 측정, 층간 소음 차단 성능 검사, 도시 미세 먼지 농도 확인, 식품 속 첨가물 표시, 스포츠 선수의 약물 검사, 의료 분야의 건강 상태 확인 등

핵심 5 정보와 디지털 기술

1. 신호: 인간을 둘러싼 자연의 변화가 전달되는 것으로 대부분 ❻ ☐☐☐☐☐ 신호이다.
2. 정보: 자연의 신호를 측정하고 분석하여 만든 유의미한 형태

신호		정보
태양 에너지가 빛의 형태로 지구에 도달한 뒤 물체에 반사되어 눈에 도달	➡	물체에 대한 시각 정보 생성
지진파 측정 및 분석	➡	지구 내부 구조나 지구 내부에서 일어나는 변화 파악

3. 센서: 자연계의 아날로그 신호를 받아들여 ❼ ☐☐ 신호로 바꾸어 주는 장치 ➡ 다양한 센서의 발달로 더 많은 디지털 정보를 얻게 되었다.
4. 정보 처리 시스템 과정: 발생된 아날로그 신호는 센서를 거쳐 ❽ ☐☐☐ 신호로 변환되어 인류에게 유용한 정보가 된다.

아날로그 신호 → 센서 → 전기 신호 → 전송 또는 저장 → 재생된 정보

5. 디지털 정보의 활용: 디지털 정보는 전송 과정에서 거의 손상되지 않고, 저장과 분석이 쉽다.
• 과학 기술의 발달로 디지털 정보를 처리하는 속도가 크게 증가하였으며, 정보 통신 기술이 함께 발전하면서 현대 문명에 큰 변화를 가져왔다.

실전 별별다 대비 문제

A 시간과 공간

001 하중상

시간과 길이의 측정에 대한 설명으로 옳은 것만을 보기에서 있는 대로 고른 것은?

보기
- ㄱ. 원자와 같이 눈에 보이지 않는 규모의 물체는 측정할 수 없다.
- ㄴ. 자연을 탐구하려면 측정하는 대상의 규모를 고려해야 한다.
- ㄷ. 원자에서 나오는 빛의 진동수를 이용한 세슘 원자시계로 시간을 정확하게 측정할 수 있다.

① ㄱ   ② ㄷ   ③ ㄱ, ㄴ
④ ㄴ, ㄷ   ⑤ ㄱ, ㄴ, ㄷ

002 하중상

그림은 수소 원자와 태양계 일부를 설명한 자료를 나타낸 것이다.

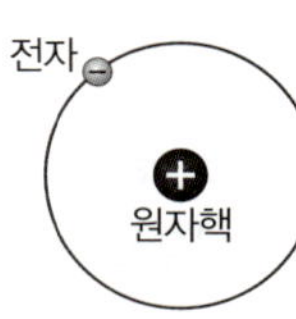

수소 원자
- 수소 원자의 지름: 0.1 nm
- 전자가 원자핵 주위를 도는 데 걸리는 시간: 약 150 as

(가)

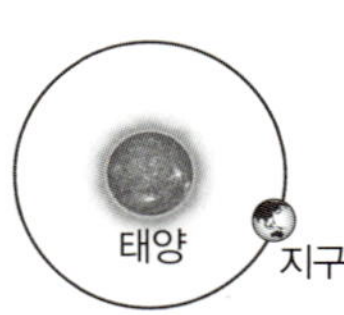

태양 – 지구
- 지구와 태양 사이의 거리: 1 AU
- 지구가 공전하는 데 걸리는 시간: 365일

(나)

이에 대한 설명으로 옳은 것만을 보기에서 있는 대로 고른 것은?

보기
- ㄱ. 시간의 규모는 (가)가 (나)보다 크다.
- ㄴ. (나)는 거시 세계에 해당한다.
- ㄷ. 미시 세계를 나타내는 길이의 단위로 nm는 적합하다.

① ㄱ   ② ㄷ   ③ ㄱ, ㄴ
④ ㄴ, ㄷ   ⑤ ㄱ, ㄴ, ㄷ

B 기본량과 단위

003 하중상 (중요)

그림은 국제단위계의 기본량과 단위를 나타낸 것이다.

이에 대한 설명으로 옳은 것만을 보기에서 있는 대로 고른 것은?

보기
- ㄱ. 기본량은 측정할 수 있는 양이다.
- ㄴ. 속력은 기본량에 해당하지 않는다.
- ㄷ. 전류를 나타내는 기본량의 단위는 A이다.

① ㄱ   ② ㄴ   ③ ㄱ, ㄷ
④ ㄴ, ㄷ   ⑤ ㄱ, ㄴ, ㄷ

004 하중상

그림은 기본량과 유도량에 대한 학생 A, B, C의 대화를 나타낸 것이다.

제시한 내용이 옳은 학생만을 있는 대로 고른 것은?

① A   ② C   ③ A, B
④ B, C   ⑤ A, B, C

중요
005 (하 중 상)

표는 여러 가지 유도량과 그 단위를 나타낸 것이다.

유도량	속력	힘	밀도	ⓛ
단위	m/s	㉠	kg/m³	mol/m³

이에 대한 설명으로 옳은 것만을 보기에서 있는 대로 고른 것은?

보기

ㄱ. 속력을 구성하는 기본량은 길이와 시간에 해당한다.
ㄴ. ㉠에 들어갈 단위는 m/s²이다.
ㄷ. ⓛ에 들어갈 유도량은 농도이다.

① ㄱ　　　　② ㄴ　　　　③ ㄱ, ㄷ
④ ㄴ, ㄷ　　　⑤ ㄱ, ㄴ, ㄷ

중요
006 (하 중 상)

표는 과학실 (가)와 (나)에서 측정한 자연 현상 보고서의 일부를 나타낸 것이다.

구분	(가)	(나)
미세 먼지 농도 (μg/m³)	15	11
기온 (℃)	19	19
습도 (%)	51	48
풍속 (m/s)	3.5	7.0

이에 대한 설명으로 옳은 것만을 보기에서 있는 대로 고른 것은?

보기

ㄱ. 보고서에 제시된 물리량은 모두 단위가 있다.
ㄴ. ℃는 국제단위계의 기본량 단위에 해당하지 않는다.
ㄷ. (가)에 비해 (나)에서의 미세 먼지 농도가 낮은 것은 기온과 관련이 있다.

① ㄱ　　　　② ㄴ　　　　③ ㄱ, ㄷ
④ ㄴ, ㄷ　　　⑤ ㄱ, ㄴ, ㄷ

007 (하 중 상)　　　

기본량은 국제도량형총회에서 규정한 단위를 사용해 표현해야 한다. 그 까닭이 무엇인지 기본 상수와 관련지어 서술하시오.

C　측정 표준과 정보

중요
008 (하 중 상)

그림은 측정과 어림에 대한 학생 A, B, C의 대화를 나타낸 것이다.

제시한 내용이 옳은 학생만을 있는 대로 고른 것은?

① A　　　　② C　　　　③ A, B
④ B, C　　　⑤ A, B, C

009 (하 중 상)

그림은 측정하는 양이 측정 도구의 눈금과 정확하게 일치하지 않는 경우의 모습을 나타낸 것이다.

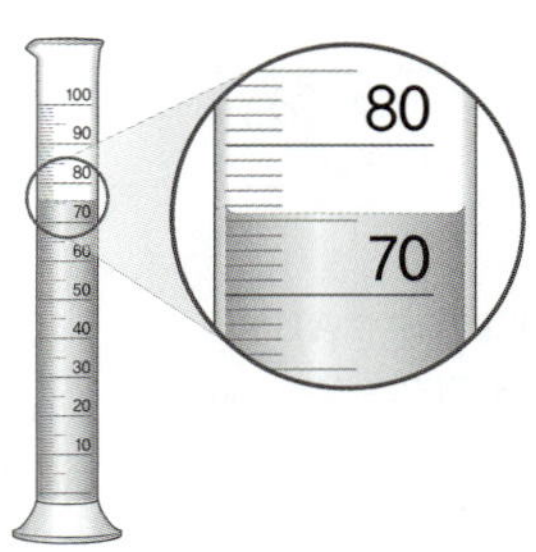

액체의 양이 75 mL와 76 mL의 중간에 위치할 때, 이에 대한 설명으로 옳은 것만을 보기에서 있는 대로 고른 것은?

보기

ㄱ. 75 mL로 읽는다.
ㄴ. 눈금실린더에서 양쪽 끝의 눈금을 읽는다.
ㄷ. 두 눈금 사이를 10등분하여 액체의 부피를 측정한다.

① ㄱ　　　　② ㄷ　　　　③ ㄱ, ㄴ
④ ㄴ, ㄷ　　　⑤ ㄱ, ㄴ, ㄷ

[010~011] 그림은 일상생활에서 측정 표준이 활용되는 모습을 나타낸 것이다.

010

이에 대한 설명으로 옳은 것만을 보기에서 있는 대로 고른 것은?

보기

ㄱ. (가)를 통해 시민들은 폭염에 대비할 수 있다.
ㄴ. (나)를 통해 제한된 속도 이상으로 주행하는 자동차를 단속한다.
ㄷ. 측정 표준은 일상생활에서만 유용하게 활용된다.

① ㄱ ② ㄷ ③ ㄱ, ㄴ
④ ㄴ, ㄷ ⑤ ㄱ, ㄴ, ㄷ

011

일상생활에서 측정 표준이 활용되는 다른 사례를 한 가지 언급하고, 그 유용성을 서술하시오.

012

그림 (가)는 아날로그 온도 정보를, (나)는 (가)를 디지털 온도 정보로 바꾼 것을 나타낸 것이다.

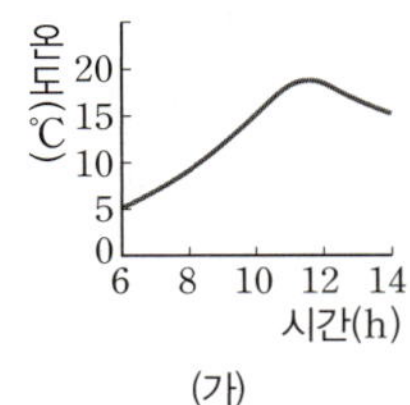
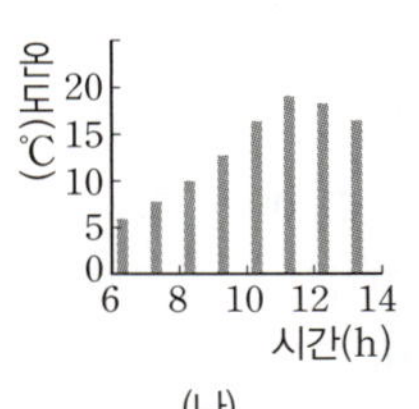

이에 대한 설명으로 옳은 것만을 보기에서 있는 대로 고른 것은?

보기

ㄱ. (가)는 시간에 따라 연속적으로 변한다.
ㄴ. (가)에 비해 (나)는 정보의 저장과 분석이 쉽다.
ㄷ. 대부분의 전자 기기는 (가)와 같은 형태로 정보를 처리한다.

① ㄱ ② ㄷ ③ ㄱ, ㄴ
④ ㄴ, ㄷ ⑤ ㄱ, ㄴ, ㄷ

013

그림은 병원에서 초음파 진단기와 적외선 온도계를 사용하는 모습을 나타낸 것이다.

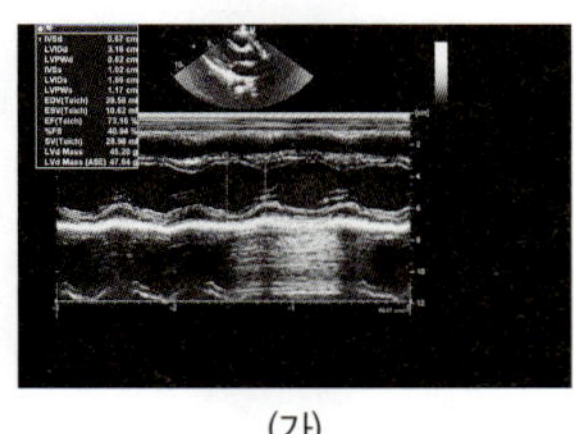
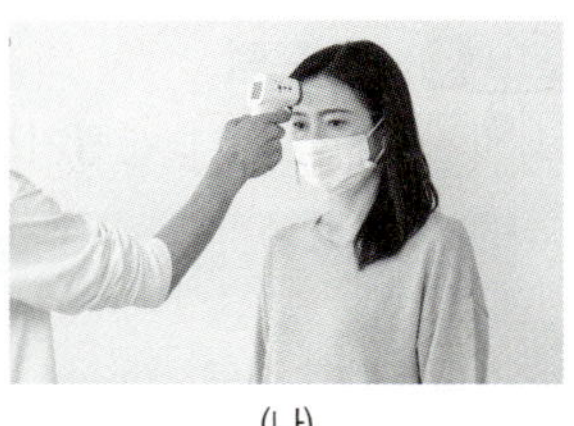

(가) (나)

두 기기의 센서에 대한 설명으로 옳은 것만을 보기에서 있는 대로 고른 것은?

보기

ㄱ. (가), (나) 모두 아날로그 신호를 센서로 받아들인다.
ㄴ. (나)는 광센서를 이용한다.
ㄷ. 두 센서를 이용해 얻은 디지털 정보는 전송 과정에서 손상될 수 있다.

① ㄱ ② ㄷ ③ ㄱ, ㄴ
④ ㄴ, ㄷ ⑤ ㄱ, ㄴ, ㄷ

014

그림은 아날로그 신호가 센서를 거쳐 디지털 정보로 전환되는 정보 시스템 과정을 나타낸 것이다.

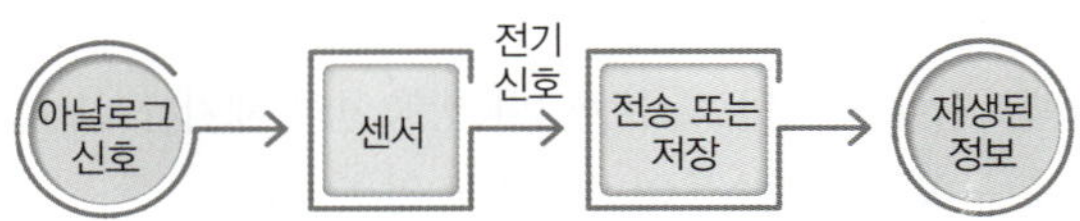

이러한 디지털 정보가 현대 문명에 큰 변화를 가져오게 된 까닭을 서술하시오.

03 우주 초기에 형성된 원소

A 스펙트럼과 우주의 구성 원소

핵심 1 스펙트럼

1. ❶□□□□□: 분광기로 빛을 파장에 따라 나눈 것

2. 스펙트럼의 종류

연속 스펙트럼	모든 파장에서 연속적인 빛이 나타나는 스펙트럼
❷□□ 스펙트럼	• 연속 스펙트럼을 배경으로 검은색 흡수선이 나타나는 스펙트럼 • 고온의 별에서 방출된 빛이 저온의 기체를 통과할 때 특정 파장의 빛을 흡수하여 생성된다.
방출 스펙트럼	• 검은 바탕에 몇 개의 밝은 방출선이 나타나는 스펙트럼 • 기체 방전관에서 나오는 빛이나 고온의 별 주변에서 가열된 기체가 방출하는 빛에서 관찰된다.

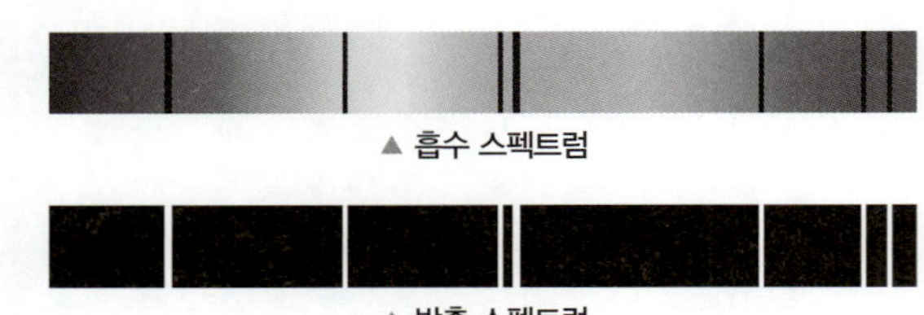

▲ 흡수 스펙트럼

▲ 방출 스펙트럼

핵심 2 스펙트럼의 이용

1. 원소의 구별

• 스펙트럼에 나타나는 선의 위치, 굵기, 개수는 원소의 종류에 따라 다르게 나타난다.

• 스펙트럼을 관찰하면 원소의 ❸□□를 구별할 수 있다.

수소
헬륨
네온

2. 별의 구성 원소 분석: 별빛의 스펙트럼을 원소의 스펙트럼과 비교하여 별을 구성하고 있는 원소를 알 수 있다.

별

3. 우주의 구성 원소 파악

• 스펙트럼에 나타난 흡수선이나 방출선의 세기를 분석하여 별을 구성하는 원소들의 질량비도 알 수 있다.

• 천체의 스펙트럼을 분석하여 우주를 구성하는 원소의 대부분은 수소와 헬륨이며, 수소와 헬륨의 질량비가 약 3 : 1인 것을 알아내었다.

B 우주 초기의 원소 형성

핵심 3 빅뱅 우주론

1. ❹□□□□□: 약 138억 년 전 모든 물질과 에너지가 모인 한 점에서 대폭발(빅뱅)이 일어나 우주가 시작되었고, 우주가 계속 팽창하여 현재와 같은 우주를 이루었다는 이론

2. 빅뱅 우주론의 확립 과정: 허블이 외부 은하를 관측하여 우주가 팽창하고 있음을 알아냄. → 가모프의 빅뱅 우주론과 호일의 정상 우주론이 대립함. → 펜지어스와 윌슨이 우주 배경 복사를 발견하여 빅뱅 우주론이 인정됨.

핵심 4 물질을 구성하는 입자

모든 물질은 원자로 이루어져 있으며, 원자는 원자핵과 전자로, 원자핵은 양성자와 중성자로, 양성자와 중성자는 ❺□□로 이루어져 있다.

핵심 5 대폭발(빅뱅) 이후 원자와 우주의 형성 과정

1. 우주의 탄생: 약 138억 년 전 대폭발(빅뱅)로 우주가 탄생하였다.

2. 최초의 입자 형성: 대폭발(빅뱅) 직후 쿼크와 ❻□□ 같은 최초의 기본 입자가 형성되었다.

3. 양성자와 중성자의 형성: 쿼크가 결합하여 양성자(수소 원자핵)와 중성자를 형성하였다.

4. 헬륨 원자핵의 형성: 대폭발(빅뱅) 이후 약 3분 뒤, 양성자 2개와 중성자 2개가 결합하여 헬륨 원자핵을 형성하였다. ➡ 수소 원자핵과 헬륨 원자핵의 질량비가 약 3 : 1이 됨.

5. 원자의 형성: 대폭발(빅뱅) 이후 약 38만 년 뒤, 우주의 온도가 약 3000 K까지 낮아졌을 때, 원자핵과 전자가 결합하여 원자를 형성하였다. 수소 원자핵과 전자 1개가 결합하여 ❼□□ □□를, 헬륨 원자핵과 전자 2개가 결합하여 헬륨 원자를 형성하였다. ➡ 우주 배경 복사 방출

6. 별과 은하의 형성: 대폭발(빅뱅) 직후 만들어진 수소 원자와 헬륨 원자는 대폭발(빅뱅) 이후 수억 년이 지나는 동안 중력에 의해 모여 별과 은하를 형성하였고, 현재까지도 우주를 이루는 물질의 대부분을 차지하고 있다.

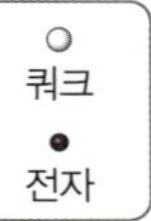

실전 별별다 대비 문제

 정답과 해설 72쪽

A 스펙트럼과 우주의 구성 원소

015 (하중상)

스펙트럼에 대한 설명으로 옳은 것만을 보기에서 있는 대로 고른 것은?

보기
ㄱ. 원소의 종류에 따라 다르게 나타난다.
ㄴ. 원소의 온도에 따라 다르게 나타난다.
ㄷ. 원소의 질량을 측정하는 데 이용된다.

① ㄱ   ② ㄷ   ③ ㄱ, ㄴ
④ ㄴ, ㄷ   ⑤ ㄱ, ㄴ, ㄷ

016 (하중상)

스펙트럼의 종류에 대한 설명으로 옳은 것만을 보기에서 있는 대로 고른 것은?

보기
ㄱ. 모든 광원에서 연속 스펙트럼이 방출된다.
ㄴ. 흡수 스펙트럼은 선 스펙트럼에 해당된다.
ㄷ. 광원에서 방출된 빛이 저온의 기체를 통과하면 방출 스펙트럼이 만들어진다.

① ㄱ   ② ㄴ   ③ ㄱ, ㄷ
④ ㄴ, ㄷ   ⑤ ㄱ, ㄴ, ㄷ

017 (하중상) · 서술형

원소의 스펙트럼에서 원소마다 다른 것은 무엇인지 두 가지 이상 쓰시오.

018 (하중상) · 서술형

흡수 스펙트럼에 보이는 검은색 흡수선이 생성되는 과정을 서술하시오.

019 (하중상)

그림은 스펙트럼에 대해 학생 A, B, C가 나눈 대화이다.

제시한 내용이 옳은 학생만을 있는 대로 고른 것은?

① A   ② C   ③ A, B
④ B, C   ⑤ A, B, C

중요 020 (하중상)

그림은 세 원소 A, B, C의 스펙트럼을 나타낸 것이다.

이에 대한 설명으로 옳은 것만을 보기에서 있는 대로 고른 것은?

보기
ㄱ. 원소마다 스펙트럼선의 위치가 다르다.
ㄴ. 원소마다 스펙트럼선의 개수가 다르다.
ㄷ. 원자 번호는 C가 가장 작다.

① ㄱ   ② ㄴ   ③ ㄱ, ㄴ
④ ㄴ, ㄷ   ⑤ ㄱ, ㄴ, ㄷ

021 하⬤상

그림은 세 종류의 스펙트럼을 나타낸 것이다.

이에 대한 설명으로 옳은 것만을 보기에서 있는 대로 고른 것은?

보기

ㄱ. 기체의 온도는 A가 B보다 높다.
ㄴ. A와 B는 동일한 원소에 의해 생성되었다.
ㄷ. A와 B를 합치면 C를 얻을 수 있다.

① ㄱ ② ㄴ ③ ㄱ, ㄴ
④ ㄱ, ㄷ ⑤ ㄱ, ㄴ, ㄷ

022 하⬤상

그림은 어느 별의 스펙트럼을 나타낸 것이다.

이에 대한 설명으로 옳은 것만을 보기에서 있는 대로 고른 것은?

보기

ㄱ. 흡수선의 파장은 서로 다르다.
ㄴ. 흡수선의 굵기는 일정하지 않다.
ㄷ. 스펙트럼을 분석하여 별을 구성하는 원소의 질량비를 알아낼 수 있다.

① ㄱ ② ㄷ ③ ㄱ, ㄴ
④ ㄴ, ㄷ ⑤ ㄱ, ㄴ, ㄷ

[023~024] 다음은 별 A와 B의 스펙트럼의 일부와 원소 a, b, c, d의 스펙트럼을 나타낸 것이다.

중요 023 하⬤상

별 A와 B에 모두 존재하는 원소만을 있는 대로 고른 것은?

① a ② b ③ c
④ a, b ⑤ c, d

024 하⬤상

이에 대한 설명으로 옳은 것만을 보기에서 있는 대로 고른 것은?

보기

ㄱ. 별 A에는 최소 세 종류의 원소가 존재한다.
ㄴ. 원소 c는 A와 B 어느 별에도 들어 있지 않다.
ㄷ. 별 A와 B의 구성 원소는 다르다.

① ㄴ ② ㄷ ③ ㄱ, ㄴ
④ ㄱ, ㄷ ⑤ ㄱ, ㄴ, ㄷ

중요

025 (하)(중)**상**

천체의 스펙트럼에 대한 설명으로 옳은 것만을 보기에서 있는 대로 고른 것은?

보기
ㄱ. 천체의 스펙트럼에 방출선은 나타나지 않는다.
ㄴ. 흡수선의 세기를 분석하여 천체를 구성하는 원소의 질량비를 알 수 있다.
ㄷ. 천체의 스펙트럼을 이용하여 별이 주로 수소로 이루어졌음을 알아내었다.

① ㄱ　　　　② ㄴ　　　　③ ㄱ, ㄷ
④ ㄴ, ㄷ　　　⑤ ㄱ, ㄴ, ㄷ

중요

026 (하)(중)**상**

그림은 어느 원소 A와 B의 스펙트럼을 나타낸 것이다.

이에 대한 설명으로 옳은 것만을 보기에서 있는 대로 고른 것은?

보기
ㄱ. ㉠과 ㉡은 파장이 같다.
ㄴ. A와 B는 서로 다른 원소의 스펙트럼이다.
ㄷ. A와 B의 방출선은 전자가 높은 에너지 준위에서 낮은 에너지 준위로 이동할 때 생성된다.

① ㄱ　　　　② ㄴ　　　　③ ㄱ, ㄷ
④ ㄴ, ㄷ　　　⑤ ㄱ, ㄴ, ㄷ

β　우주 초기의 원소 형성

중요

027 (하)**중**(상)

빅뱅 우주론에 대한 설명으로 옳은 것만을 보기에서 있는 대로 고른 것은?

보기
ㄱ. 허블이 외부 은하를 관측한 후 주장하였다.
ㄴ. 우주가 팽창해도 우주의 밀도는 일정하다.
ㄷ. 우주 배경 복사는 빅뱅 우주론의 증거이다.

① ㄱ　　　　② ㄷ　　　　③ ㄱ, ㄴ
④ ㄴ, ㄷ　　　⑤ ㄱ, ㄴ, ㄷ

028 (하)**중**(상)

물질을 구성하는 입자에 대한 설명으로 옳은 것은?

① 원자는 양전하를 띤다.
② 원자핵은 전자 주위를 돌고 있다.
③ 중성자와 전자는 기본 입자이다.
④ 원자핵은 양성자와 전자로 이루어져 있다.
⑤ 양성자와 중성자는 모두 쿼크로 이루어져 있다.

029 (하)**중**(상)

헬륨 원자핵에 대한 설명으로 옳지 <u>않은</u> 것은?

① 전기적으로 중성이다.
② 대폭발(빅뱅) 이후 약 3분이 지났을 때 생성되었다.
③ 양성자 2개와 중성자 2개가 결합하였다.
④ 수소 원자핵보다 나중에 만들어졌다.
⑤ 질량은 수소 원자핵의 약 4배이다.

중요

030 (하중상)

대폭발(빅뱅) 이후 생성된 입자 중 기본 입자만을 보기에서 있는 대로 고른 것은?

보기
ㄱ. 양성자　　　　　　ㄴ. 전자
ㄷ. 쿼크　　　　　　　ㄹ. 중성자
ㅁ. 헬륨 원자핵

① ㄱ　　　　② ㄴ, ㄷ　　　　③ ㄷ, ㅁ
④ ㄱ, ㄹ, ㅁ　　　⑤ ㄴ, ㄷ, ㄹ

031 (하중상)

그림은 어느 우주론에서 시간에 따른 우주의 크기 변화를 나타낸 것이다.

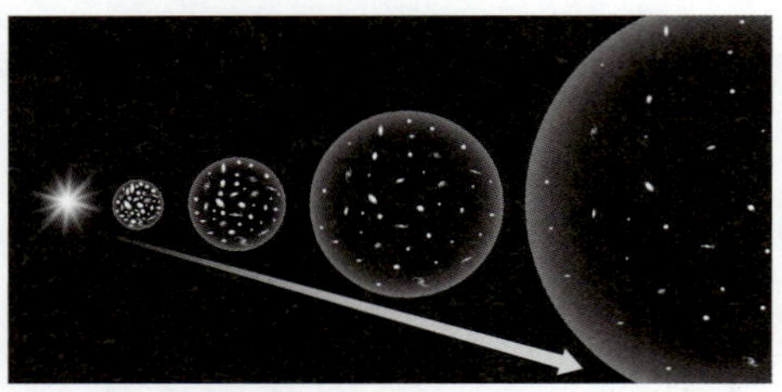

이 우주론에 대한 설명으로 옳은 것만을 보기에서 있는 대로 고른 것은?

보기
ㄱ. 우주는 시작도 끝도 없다.
ㄴ. 시간이 지날수록 우주의 온도는 낮아진다.
ㄷ. 시간이 지날수록 은하 사이의 거리는 멀어진다.

① ㄱ　　　　② ㄷ　　　　③ ㄱ, ㄴ
④ ㄴ, ㄷ　　　⑤ ㄱ, ㄴ, ㄷ

032 (하중상)

다음은 대폭발(빅뱅) 이후 생성된 입자들을 나타낸 것이다.

(가) 양성자　　　　　(나) 전자
(다) 헬륨 원자핵　　　(라) 수소 원자
(마) 쿼크

입자가 생성된 순서대로 옳게 나열한 것은?

① (가) → (나) → (다) → (라)
② (나) → (가) → (라) → (다)
③ (다) → (나) → (마) → (라)
④ (라) → (다) → (나) → (가)
⑤ (마) → (가) → (다) → (라)

033 (하중상)

대폭발(빅뱅) 이후 우주 초기에 생성된 입자들을 생성된 시간 순서대로 옳게 나열한 것은?

① 전자, 쿼크 → 수소 원자 → 양성자, 중성자
② 전자, 쿼크 → 양성자, 중성자 → 수소 원자
③ 양성자, 중성자 → 전자, 쿼크 → 수소 원자
④ 수소 원자 → 전자, 쿼크 → 양성자, 중성자
⑤ 수소 원자 → 양성자, 중성자 → 전자, 쿼크

034 (하중상)　　　

우주 초기 입자의 생성과 관련하여 대폭발(빅뱅) 이후 약 3분이 지났을 때 일어난 사건을 서술하시오.

035 (하중상)

우주 초기의 원소 형성에 대한 설명으로 옳지 <u>않은</u> 것은?

① 우주 초기에 수소는 헬륨보다 많이 생성되었다.
② 우주에서 가장 먼저 생성된 원자핵은 수소 원자핵이다.
③ 현재 우주에 존재하는 수소의 대부분은 우주 초기에 생성된 것이다.
④ 우주 초기에 생성된 헬륨은 현재의 우주에는 거의 존재하지 않는다.
⑤ 우주 초기에 생성된 수소와 헬륨은 중력에 의해 모여 별과 은하를 형성하였다.

036 하중상 서술형

대폭발(빅뱅) 이후 약 38만 년이 지났을 때, 수소 원자와 헬륨 원자가 형성되었다. 이 시기에 수소 원자와 헬륨 원자는 각각 무슨 입자가 몇 개씩 결합하여 만들어졌는지 서술하시오.

[037 ~ 038] 그림 (가)와 (나)는 대폭발(빅뱅) 이후 서로 다른 시기의 우주 모습을 순서 없이 나타낸 것이다. ㉠과 ㉡은 각각 전자와 중성자 중 하나이다.

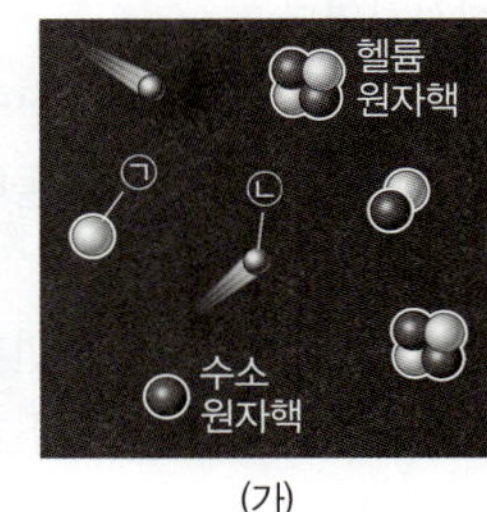

(가)

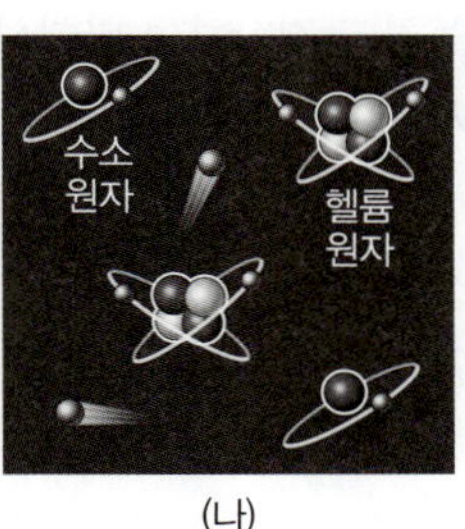

(나)

037 하중상

㉠과 ㉡에 대한 설명으로 옳은 것만을 보기에서 있는 대로 고른 것은?

보기
ㄱ. 대폭발(빅뱅) 이후 ㉠은 ㉡보다 나중에 생성되었다.
ㄴ. ㉠은 전기적으로 양전하를 띤다.
ㄷ. ㉠과 ㉡의 전하량의 합은 0이다.

① ㄱ　　　　② ㄴ　　　　③ ㄱ, ㄴ
④ ㄱ, ㄷ　　　⑤ ㄴ, ㄷ

중요 038 하중상

이에 대한 설명으로 옳은 것만을 보기에서 있는 대로 고른 것은?

보기
ㄱ. (가) 시기에 우주의 온도는 약 3000 K보다 낮다.
ㄴ. 우주 배경 복사는 (나) 시기에만 있었다.
ㄷ. 우주는 (가)에서 (나)로 변하였다.

① ㄱ　　　　② ㄴ　　　　③ ㄱ, ㄷ
④ ㄴ, ㄷ　　　⑤ ㄱ, ㄴ, ㄷ

중요 039 하중상

그림은 우주 초기 입자의 생성과 관련하여 어느 시기에 일어난 반응을 나타낸 것이다.

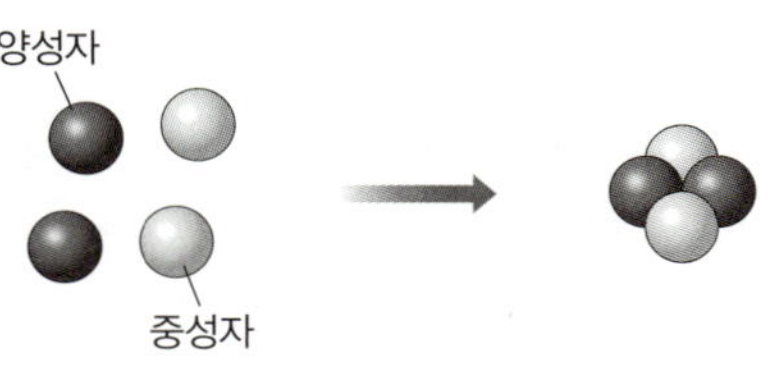

이에 대한 설명으로 옳은 것만을 보기에서 있는 대로 고른 것은?

보기
ㄱ. 이 반응으로 우주에 새로운 원소가 생성되었다.
ㄴ. 이 시기 이전에 우주에서 수소와 헬륨의 질량비는 약 3 : 1이었다.
ㄷ. 우주의 온도는 반응이 일어나기 전이 반응이 일어난 후보다 낮다.

① ㄱ　　　　② ㄴ　　　　③ ㄱ, ㄴ
④ ㄱ, ㄷ　　　⑤ ㄴ, ㄷ

040 하중상

그림은 우주 초기에 양성자와 중성자로부터 헬륨 원자핵이 형성되는 과정을 나타낸 것이다.

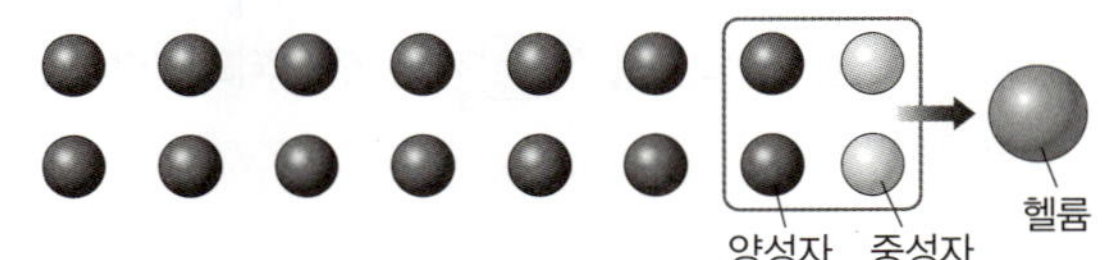

이에 대한 설명으로 옳은 것만을 보기에서 있는 대로 고른 것은?

보기
ㄱ. 이 시기에 우주의 온도는 약 3000 K이다.
ㄴ. 이 시기 이후 수소와 헬륨의 질량비는 약 3 : 1이다.
ㄷ. 헬륨 원자핵의 생성 이후 수소 원자핵과 헬륨 원자핵의 개수비는 약 12 : 1이다.

① ㄱ　　　　② ㄴ　　　　③ ㄱ, ㄷ
④ ㄴ, ㄷ　　　⑤ ㄱ, ㄴ, ㄷ

04 지구와 생명체를 이루는 원소의 생성

A 별에서 생성된 원소

핵심 1 별의 탄생

1. **❶◻◻◻**의 형성: 성간 물질이 모여 성운을 만들고, 성운의 일부가 중력에 의해 수축하여 원시별이 생성된다.

2. 별의 탄생: 중력 수축으로 원시별의 중심부 온도가 1000만 K 이상이 되면 수소 핵융합 반응이 일어나 별이 탄생한다.

핵심 2 철보다 가벼운 원소의 형성

1. **❷◻◻◻◻◻◻◻◻**: 수소 원자핵 4개가 융합하여 헬륨 원자핵이 생성되는 반응

- 수소 핵융합 반응이 일어나는 동안 별은 중력과 내부 압력이 평형을 이루어 일정한 크기를 유지한다.
- 질량이 큰 별일수록 수소 핵융합 반응이 지속되는 시간이 짧다.

2. 헬륨 핵융합 반응: 헬륨 원자핵 3개가 융합하여 탄소 원자핵이 생성되는 반응

- 중심부의 수소가 모두 헬륨으로 바뀌면, 별의 중심부는 수축하면서 온도가 높아지고, 중심부 외곽의 수소층에서 수소 핵융합 반응이 일어나 별은 팽창한다.
- 중력 수축으로 중심부의 온도가 높아지면, 중심부에서는 헬륨 핵융합 반응이 일어나 탄소가 생성된다.

3. 질량이 태양 정도인 별

- 헬륨이 모두 탄소로 바뀌면 탄소핵이 수축하여 온도가 높아지고, 탄소핵 외곽에서 헬륨 핵융합 반응이 일어나 별은 팽창한다.
- 질량이 태양 정도인 별은 탄소까지 생성된 중심부만 남고, 나머지 물질을 우주 공간으로 방출한다.

4. 질량이 태양보다 큰 별

- 질량이 태양보다 큰 별은 핵융합 반응이 계속 일어나 산소, 네온, 마그네슘, 규소, 황, **❸◻**까지 생성되고, 별의 크기는 매우 커진다.

핵심 3 철보다 무거운 원소의 형성

1. **❹◻◻◻◻◻**: 질량이 매우 큰 별은 중심부에서 철이 생성된 이후 중심부가 수축하다가 급격히 폭발하여 초신성이 된다.

- 초신성 폭발 과정에서 철보다 무거운 원소인 구리, 금, 우라늄 등이 생성된다. 생성된 원소들은 별을 이루던 물질과 함께 우주 공간으로 방출된다.
- 초신성 폭발로 방출된 물질들은 초신성 잔해를 이루고, 새로운 별을 탄생시키는 재료가 된다.

B 태양계와 지구의 형성

핵심 4 태양계의 형성

1. 태양계 성운의 형성: 초신성 폭발로 방출된 기체와 먼지가 성운을 형성하였고, 이 중 하나가 태양계 성운이 되었다.

2. 원시 태양의 형성: 태양계 성운이 회전 수축하여 중심부에는 **❺◻◻◻◻**이 형성되고, 주변에는 **❻◻◻**이 형성되었다.

3. 미행성의 형성: 원시 태양은 중심부에서 수소 핵융합 반응이 일어나 태양이 되었고, 원반을 이루던 입자들은 서로 충돌하고 결합하여 미행성을 형성하였다.

4. 원시 행성의 형성: 미행성들은 서로 충돌하고 성장하여 원시 행성을 형성하였고, 원시 행성이 미행성들과 충돌하여 행성으로 성장하였다.

5. 태양계의 형성: 강력한 태양풍이 남아 있던 기체와 먼지를 날려 보내 행성과 위성 등이 드러나면서 행성의 형성 과정이 끝나고 현재와 같은 태양계가 형성되었다.

핵심 5 지구의 형성

1. 미행성체의 충돌: 원시 지구에 미행성체들이 충돌하면서 지구의 크기와 질량이 증가하였다.

2. 마그마의 바다: 미행성체의 충돌열로 지표면과 지구 전체가 거의 녹아 마그마의 바다가 형성되었다.

3. 맨틀과 핵의 분리: 마그마의 바다에서 철과 니켈 등 무거운 물질이 중심부로 가라앉아 핵을 형성하였고, 규소와 산소 등 **❼◻◻◻** 물질은 떠올라서 맨틀을 형성하였다.

4. 원시 지각의 형성: 미행성체의 충돌이 줄어들면서 지구의 표면이 냉각되어 원시 지각이 형성되었다.

5. 원시 바다의 형성: 대기 중의 수증기가 냉각되어 내린 비가 낮은 곳으로 모여들어 원시 바다를 형성하였다.

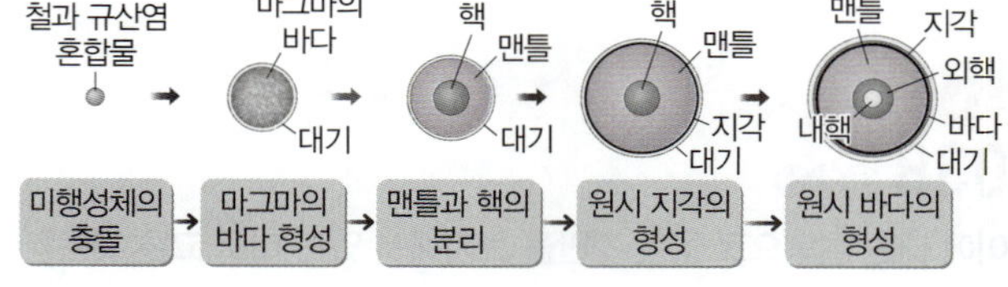

핵심 6 생명체의 형성

- 최초의 **❽◻◻◻**는 지구 탄생 후 수억 년이 지나고 바다에서 탄생하였을 것으로 추정된다.
- 처음에는 단순한 구조의 생명체만이 존재하였으나, 시간이 지나면서 점점 복잡해지고 다양한 생명체가 나타났다.

A 별에서 생성된 원소

041 하중상

원시별의 형성에 대한 설명으로 옳지 <u>않은</u> 것은?

① 원시별은 밀도와 온도가 높은 성운에서 형성된다.
② 성운은 주로 수소와 헬륨, 먼지로 이루어져 있다.
③ 성운을 수축하게 하는 힘은 중력이다.
④ 성운은 회전하면서 수축한다.
⑤ 수축하는 성운의 중심부에서 원시별이 형성된다.

042 하중상

별에서 일어나는 수소 핵융합 반응에 대한 설명으로 옳은 것만을 보기에서 있는 대로 고른 것은?

보기
ㄱ. 별 내부에서 온도가 약 1000만 K 이상인 영역에서 일어난다.
ㄴ. 수소 원자핵 4개가 융합하여 헬륨 원자핵 1개를 생성하는 반응이다.
ㄷ. 핵융합 반응 과정에서 질량 손실이 일어난다.

① ㄱ   ② ㄴ   ③ ㄱ, ㄴ
④ ㄴ, ㄷ   ⑤ ㄱ, ㄴ, ㄷ

043 하중상    서술형

별의 탄생 직후 별의 중심에서 생성되는 원소와 그 원소가 생성되는 반응은 무엇인지 쓰시오.

[044~045] 다음은 중심부에서 핵융합 반응이 더 이상 일어나지 않는 별 (가)와 (나)의 내부 구조를 나타낸 것이다.

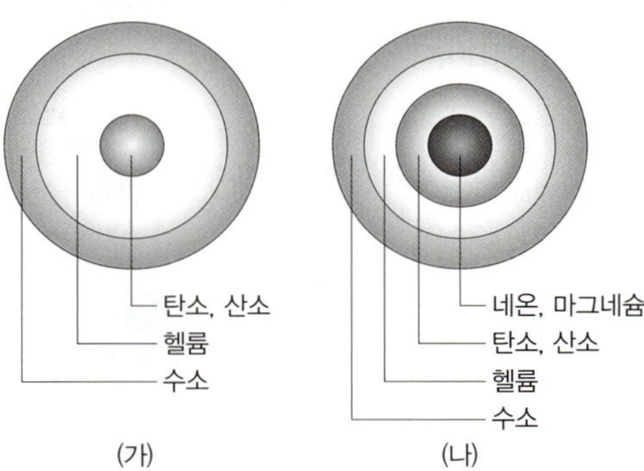

중요 044 하중상

이에 대한 설명으로 옳은 것만을 보기에서 있는 대로 고른 것은?

보기
ㄱ. 별의 크기는 (가)가 (나)보다 작다.
ㄴ. 별 중심부의 온도는 (가)가 (나)보다 높다.
ㄷ. 별 내부에서 생성된 원소의 종류는 (나)가 (가)보다 많다.

① ㄱ   ② ㄴ   ③ ㄱ, ㄷ
④ ㄴ, ㄷ   ⑤ ㄱ, ㄴ, ㄷ

045 하중상    서술형

별 (가)와 (나)에서 생성된 원소로부터 별의 질량은 어떻게 다른지 서술하시오.

046 (하)중(상)

그림은 별의 중심부에서 일어나는 수소 핵융합 반응에 대해 학생 A, B, C가 나눈 대화이다.

제시한 내용이 옳은 학생만을 있는 대로 고른 것은?

① A   ② B   ③ A, C
④ B, C   ⑤ A, B, C

047 (하)중(상)

그림은 어느 별의 탄생 직후의 모습을 나타낸 것이다. 별의 중심부인 A 영역에서는 수소 핵융합 반응이 일어나고 있다.

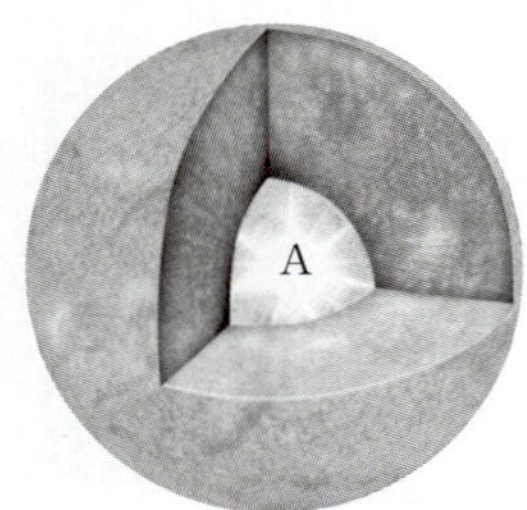

이에 대한 설명으로 옳은 것만을 보기에서 있는 대로 고른 것은?

보기
ㄱ. A 영역은 모두 수소로 이루어져 있다.
ㄴ. A 영역의 평균 온도는 약 1000만 K보다 높다.
ㄷ. 이 별은 중력과 내부 압력이 평형을 이루고 있다.

① ㄱ   ② ㄴ   ③ ㄱ, ㄷ
④ ㄴ, ㄷ   ⑤ ㄱ, ㄴ, ㄷ

048 (하)중(상)

그림은 중심부의 헬륨핵은 수축하고, 전체 크기는 커지고 있는 어느 별의 모습을 나타낸 것이다.

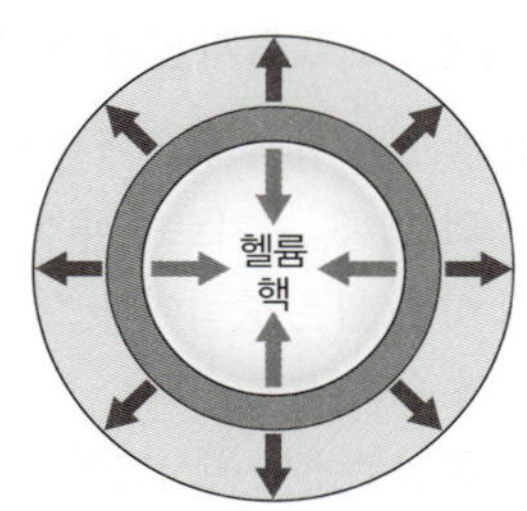

이 별에 대한 설명으로 옳은 것만을 보기에서 있는 대로 고른 것은?

보기
ㄱ. 수소 핵융합 반응이 일어나고 있다.
ㄴ. 중심부의 온도는 점점 낮아지고 있다.
ㄷ. 헬륨핵에서는 내부 압력이 중력보다 크다.

① ㄱ   ② ㄴ   ③ ㄱ, ㄷ
④ ㄴ, ㄷ   ⑤ ㄱ, ㄴ, ㄷ

049 (하)중(상) 

별의 중심부에서 일어나는 수소 핵융합 반응이 끝나고, 헬륨 핵융합 반응이 일어나기까지 별의 크기와 중심부 온도는 어떻게 변하는지 서술하시오.

050 (하)(중)(상)

질량이 태양 정도인 별의 진화 과정에 대한 설명으로 옳은 것만을
보기에서 있는 대로 고른 것은?

보기

ㄱ. 별의 진화 과정에서 초신성 폭발을 겪게 된다.
ㄴ. 중심부에서 핵융합 반응으로 만들어질 수 있는 가장 무거
운 원소는 탄소이다.
ㄷ. 중심부에서 핵융합 반응이 끝나면 중심부만 남고, 나머지
물질은 우주 공간으로 방출된다.

① ㄱ　　　　　② ㄴ　　　　　③ ㄱ, ㄷ
④ ㄴ, ㄷ　　　　⑤ ㄱ, ㄴ, ㄷ

051 (하)(중)(상)

그림은 어느 초신성이 폭발하여 생긴 잔해를 나타낸 것이다.

이에 대한 설명으로 옳은 것만을 보기에서 있는 대로 고른 것은?

보기

ㄱ. 폭발 과정에서 철보다 무거운 원소가 생성되었다.
ㄴ. 폭발 과정에서 우주 공간에 여러 가지 원소를 방출하였다.
ㄷ. 폭발을 일으키기 직전에 이 별의 질량은 태양보다 작았다.

① ㄱ　　　　　② ㄷ　　　　　③ ㄱ, ㄴ
④ ㄴ, ㄷ　　　　⑤ ㄱ, ㄴ, ㄷ

052 (하)(중)(상) 중요

그림 (가)는 고온의 기체 방전관에서 관찰한 수소, 헬륨, 탄소의
스펙트럼을, (나)는 별 S의 흡수 스펙트럼을 나타낸 것이다. (가)
와 (나)에서 관측한 스펙트럼의 파장 영역은 동일하다.

이에 대한 설명으로 옳은 것만을 보기에서 있는 대로 고른 것은?

보기

ㄱ. (가)의 스펙트럼에서는 방출선이 나타난다.
ㄴ. 별 S에는 탄소가 헬륨보다 풍부하게 포함되어 있다.
ㄷ. 별 S에 포함된 헬륨은 모두 별 내부의 핵융합 반응으로
생성되었다.

① ㄱ　　　　　② ㄴ　　　　　③ ㄱ, ㄷ
④ ㄴ, ㄷ　　　　⑤ ㄱ, ㄴ, ㄷ

053 (하)(중)(상) 중요

그림 (가)와 (나)는 어느 별의 내부에서 동시에 일어나고 있는 서
로 다른 종류의 핵융합 반응을 나타낸 것이다.

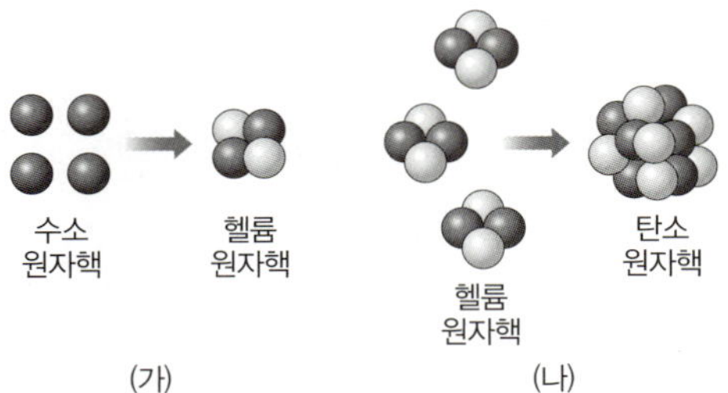

이에 대한 설명으로 옳은 것만을 보기에서 있는 대로 고른 것은?

보기

ㄱ. (가)는 (나)보다 별의 중심부에서 일어난다.
ㄴ. 핵융합 반응이 일어나고 있는 곳의 온도는 (가)가 (나)보
다 낮다.
ㄷ. 핵융합 반응 과정에서 일어나는 질량 손실은 (가)에서만
일어난다.

① ㄱ　　　　　② ㄴ　　　　　③ ㄱ, ㄷ
④ ㄴ, ㄷ　　　　⑤ ㄱ, ㄴ, ㄷ

ⓑ 태양계와 지구의 형성

054 (하)(중)(상)

태양계 성운에 대한 설명으로 옳지 <u>않은</u> 것은?

① 태양계 성운은 내부의 밀도가 일정하였다.
② 태양계 성운은 더 큰 성운의 한 부분이었다.
③ 태양계 성운은 초신성 폭발의 잔해를 포함하고 있었다.
④ 태양계 성운은 시간이 지나면서 원반 모양을 형성하였다.
⑤ 태양계 성운은 시간이 지나면서 회전 속도가 점점 빨라졌다.

055 (하)(중)(상)

태양계의 형성 과정에 대한 설명으로 옳은 것만을 보기에서 있는 대로 고른 것은?

보기
ㄱ. 태양계 성운의 중심부에서 원시 태양이 생성되었다.
ㄴ. 태양계 성운의 원반을 이루고 있던 물질은 미행성을 형성
  하였다.
ㄷ. 행성은 미행성의 충돌과 병합으로 형성되었다.

① ㄱ   ② ㄴ   ③ ㄱ, ㄷ
④ ㄴ, ㄷ   ⑤ ㄱ, ㄴ, ㄷ

중요 056 (하)(중)(상)

지구의 형성 과정 중 마그마의 바다 시기에 대한 설명으로 옳은 것만을 보기에서 있는 대로 고른 것은?

보기
ㄱ. 지구 중심부에 핵이 존재하였다.
ㄴ. 지구 대기 성분에 변화가 생겼다.
ㄷ. 지구에는 원시적인 생명체만 존재하였다.

① ㄱ   ② ㄴ   ③ ㄱ, ㄷ
④ ㄴ, ㄷ   ⑤ ㄱ, ㄴ, ㄷ

057 (하)(중)(상)  서술형

태양계의 형성 과정에서 태양계 성운에 초신성 폭발의 잔해가 포함되어 있었다고 추정하는 까닭을 서술하시오.

058 (하)(중)(상)

다음은 지구의 형성 과정에서 있었던 사건을 순서 없이 나타낸 것이다.

(가) 핵의 형성
(나) 원시 바다의 형성
(다) 원시 지각의 형성
(라) 마그마의 바다 형성
(마) 원시 지구의 형성

사건이 일어난 순서대로 옳게 나열한 것은?

① (가) → (나) → (다) → (라) → (마)
② (라) → (가) → (다) → (나) → (마)
③ (라) → (마) → (나) → (다) → (가)
④ (마) → (라) → (가) → (나) → (다)
⑤ (마) → (라) → (가) → (다) → (나)

중요
059 하중상

지구의 생명체에 대한 설명으로 옳은 것만을 보기에서 있는 대로 고른 것은?

보기

ㄱ. 최초의 생명체는 바다에서 탄생하였을 것이다.

ㄴ. 생명체의 종류는 20억 년 전이 현재보다 다양하다.

ㄷ. 생명체의 구조는 지구 탄생 직후가 현재보다 복잡하다.

① ㄱ   ② ㄴ   ③ ㄱ, ㄴ

④ ㄴ, ㄷ   ⑤ ㄱ, ㄴ, ㄷ

060 하중상

그림 (가)와 (나)는 지구와 목성의 내부 구조를 순서 없이 나타낸 것이다.

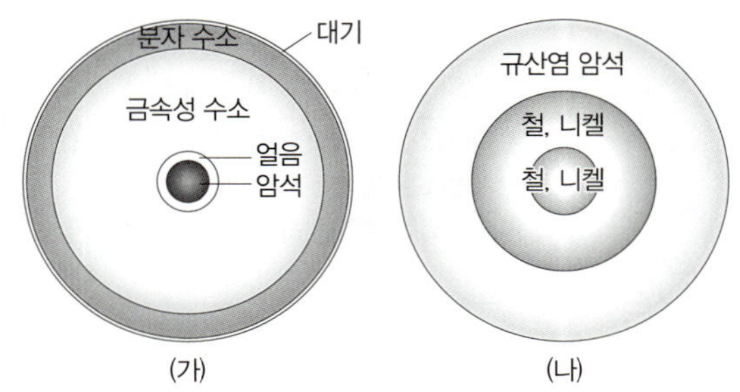

이에 대한 설명으로 옳은 것만을 보기에서 있는 대로 고른 것은?

보기

ㄱ. (가)는 지구이다.

ㄴ. 행성의 평균 밀도는 (가)가 (나)보다 크다.

ㄷ. 원시 태양과 원시 행성 사이의 거리는 (가)가 (나)보다 멀다.

① ㄱ   ② ㄷ   ③ ㄱ, ㄴ

④ ㄴ, ㄷ   ⑤ ㄱ, ㄴ, ㄷ

061 하중상

지구형 행성이 목성형 행성보다 무거운 원소의 비율이 높아지게 된 과정을 서술하시오.

062 하중상

그림은 지구와 인간의 몸을 구성하는 원소의 질량비를 나타낸 것이다.

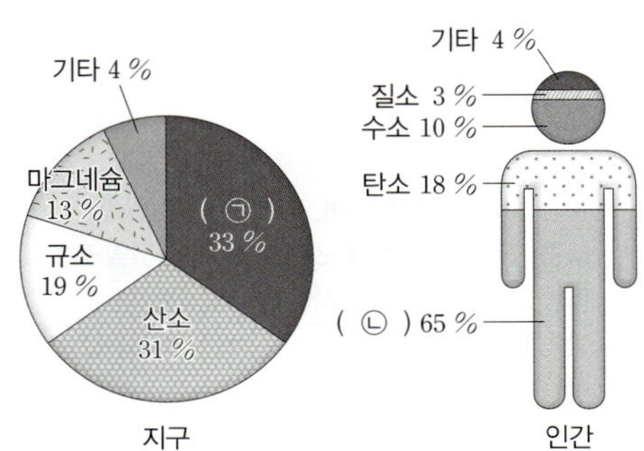

이에 대한 설명으로 옳은 것만을 보기에서 있는 대로 고른 것은?

보기

ㄱ. ㉠은 철이다.

ㄴ. 동일한 별에서 ㉠은 ㉡보다 먼저 생성된다.

ㄷ. ㉠과 ㉡은 모두 태양계 형성 이후에 생성된 원소이다.

① ㄱ   ② ㄴ   ③ ㄱ, ㄴ

④ ㄴ, ㄷ   ⑤ ㄱ, ㄴ, ㄷ

05 원소의 주기성

정답과 해설 76쪽

A 원소와 주기율표

핵심 1 우리 주변의 원소

물질	우주	지구 대기	지각	생명체
원소	수소, 헬륨 등	질소, 산소 등	산소, 규소, 알루미늄 등	산소, 탄소, 수소, 질소 등

핵심 2 주기율표

1. 현대의 주기율표: 원소들이 ❶□□ □□ 순으로 배열되어 있다.

❷□□	주기율표의 가로줄로, 1~7주기가 있다.
❸□	• 주기율표의 세로줄로, 1~18족이 있다. • 같은 족 원소들은 화학적 성질이 비슷하다.

B 원소의 분류

핵심 3 금속 원소와 비금속 원소

구분	금속 원소	비금속 원소
주기율표에서의 위치	왼쪽과 가운데	오른쪽 (단, H는 제외)
실온에서의 상태	고체 (단, Hg은 액체)	기체, 고체 (단, Br_2은 액체)
열, 전기 전도성	열과 전기를 잘 전달한다.	열과 전기를 잘 전달하지 않는다.
이온의 형성	전자를 잃고 ❹□이온이 되기 쉽다.	전자를 얻어 ❺□이온이 되기 쉽다.

핵심 4 알칼리 금속과 할로젠

알칼리 금속	• H를 제외한 주기율표의 1족 원소이다. 예 Li, Na, K 등 • 실온에서 고체 상태이며, 은백색의 광택을 띤다. • 다른 금속에 비해서 밀도가 작고, 칼로 잘릴 정도로 무르다. • 공기 중의 산소와 반응하여 광택을 잃는다. • 물과 반응하여 ❻□□ 기체를 발생시키고, 반응 후 수용액은 ❼□□을 띤다. • 산소, 물과 반응하는 것을 막기 위해 석유나 액체 파라핀에 넣어 보관한다. • 원자 번호가 클수록 반응성이 ❽□다. → Li<Na<K
할로젠	• 주기율표의 ❾□족 원소이다. 예 F, Cl, Br, I 등 • 실온에서 이원자 분자로 존재하며, 원소마다 고유의 색을 띤다. • 금속과 반응하여 염을 생성한다. • 수소와 반응하여 수소 화합물을 생성한다. • 원자 번호가 작을수록 반응성이 ❿□다. → $F_2>Cl_2>Br_2>I_2$

C 전자 배치와 원소의 주기성

핵심 5 원자의 구조

1. 원자는 원자핵과 전자로 이루어져 있고, 원자핵은 양성자와 중성자로 이루어져 있다.
2. 한 원자를 구성하는 양성자수와 ⑪□□ 수는 같다. ➡ 원자는 전기적으로 중성이다.

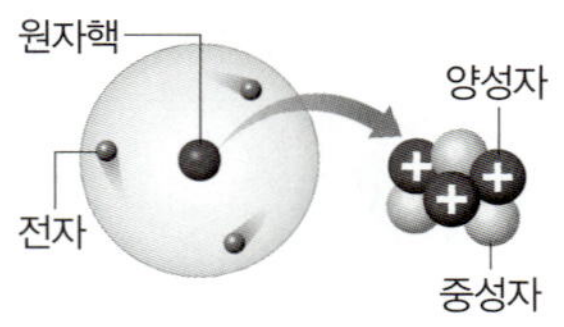

핵심 6 원자의 전자 배치

1. 전자 배치의 원리
• 원자핵 주위에 전자가 존재하는 궤도를 전자 껍질이라고 한다.
• 전자는 특정한 에너지 준위를 가진 전자 껍질에만 존재하며, 원자핵에서 가까운 전자 껍질부터 차례대로 채워진다. ➡ 첫 번째 전자 껍질에는 전자가 최대 ⑫□개, 두 번째 전자 껍질에는 전자가 최대 ⑬□개가 채워진다.

2. 원자가 전자: 가장 바깥 전자 껍질에 들어 있어 화학 결합에 참여하는 전자이다. ➡ 원소의 화학적 성질을 결정한다.
3. 전자 배치에 따른 원소의 주기성

같은 주기	전자가 들어 있는 ⑭□□□□□가 같다.
같은 족	• ⑮□□□ □□ □가 같다. → 같은 족 원소들은 화학적 성질이 비슷하다. (단, H 및 3~12족 원소는 예외) • 18족 원소는 화학 결합을 하지 않으므로 원자가 전자 수가 0이다.

4. 원소의 주기성이 나타나는 까닭: 원자 번호가 증가함에 따라 원소의 화학적 성질을 결정하는 ⑯□□□□ □□의 수가 주기적으로 변하기 때문이다.

주기 \ 족	1	2	13	14	15	16	17	18
1	H		전자 껍질 · 전자 · 원자핵					He
2	Li	Be	B	C	N	O	F	Ne
3	Na	Mg	Al	Si	P	S	Cl	Ar
원자가 전자 수	1	2	3	4	5	6	7	0

정답과 해설 76쪽

A 원소와 주기율표

063 (하중상)

원소에 대한 설명으로 옳은 것만을 보기에서 있는 대로 고른 것은?

보기
ㄱ. 우리 주변의 물질은 다양한 원소로 이루어져 있다.
ㄴ. 지구 대기에는 질소와 산소가 많이 포함되어 있다.
ㄷ. 자연을 구성하는 원소에는 성질이 비슷한 원소들이 있다.

① ㄱ
② ㄴ
③ ㄱ, ㄷ
④ ㄴ, ㄷ
⑤ ㄱ, ㄴ, ㄷ

중요

064 (하중상)

그림은 현대의 주기율표에 대한 학생 A, B, C의 대화를 나타낸 것이다.

제시한 내용이 옳은 학생만을 있는 대로 고른 것은?

① A
② C
③ A, B
④ B, C
⑤ A, B, C

065 (하중상)

현대의 주기율표에서 원소들을 배열한 기준으로 옳은 것은?

① 원자량
② 중성자수
③ 원자의 크기
④ 원자 번호
⑤ 전자 껍질 수

B 원소의 분류

066 (하중상)

금속 원소와 비금속 원소에 대한 설명으로 옳지 않은 것은?

① 금속 원소는 실온에서 대부분 고체 상태로 존재한다.
② 비금속 원소는 금속 원소보다 열을 잘 전달한다.
③ 금속 원소는 비금속 원소보다 전기를 잘 전달한다.
④ 금속 원소는 전자를 잃고 양이온이 되기 쉽다.
⑤ 비금속 원소는 전자를 얻어 음이온이 되기 쉽다.

067 (하중상)

다음은 세 가지 원소를 나열한 것이다.

F(플루오린)   Cl(염소)   Br(브로민)

이 원소들의 공통점으로 옳은 것은?

① 금속 원소이다.
② 17족 원소이다.
③ 주기가 같다.
④ 열과 전기를 모두 잘 전달한다.
⑤ 물과 반응하여 수소 기체를 발생시킨다.

중요 068 (하중상)

그림은 주기율표의 일부에 (가)~(라) 영역을 나타낸 것이다.

족 주기	1	2	13	14	15	16	17	18
1								
2	(가)	(나)					(다)	(라)
3	(가)	(나)					(다)	(라)
4	(가)	(나)						

이에 대한 설명으로 옳은 것만을 보기에서 있는 대로 고른 것은?

[보기]
ㄱ. (가)와 (나)에 속하는 원소는 모두 금속 원소이다.
ㄴ. (라)에 속하는 원소는 모두 비금속 원소이다.
ㄷ. (다)에 속하는 원소는 다른 원소와 화학 결합을 형성하지 않는다.

① ㄱ　　　② ㄴ　　　③ ㄱ, ㄴ
④ ㄴ, ㄷ　　　⑤ ㄱ, ㄴ, ㄷ

중요 069 (하중상)

그림은 주기율표의 일부를 나타낸 것이다.

족 주기	1	2	13	14	15	16	17	18
1								
2	A	B					C	
3							D	

이에 대한 설명으로 옳은 것만을 보기에서 있는 대로 고른 것은? (단, A~D는 임의의 원소 기호이다.)

[보기]
ㄱ. A와 B는 같은 주기 원소이다.
ㄴ. B와 C는 화학적 성질이 비슷하다.
ㄷ. C와 D는 모두 비금속 원소이다.

① ㄱ　　　② ㄴ　　　③ ㄱ, ㄷ
④ ㄴ, ㄷ　　　⑤ ㄱ, ㄴ, ㄷ

070 (하중상)  서술형

다음은 알칼리 금속 M의 성질을 알아보기 위한 실험이다.

[실험 과정 및 결과]
(가) M을 칼로 잘랐더니, 자른 단면의 광택이 금방 사라졌다.
(나) 물이 담긴 비커에 쌀알 크기의 M을 넣었더니, 격렬하게 반응하여 기체가 발생하였다.

이 실험 결과를 근거로 알칼리 금속의 보관 방법을 서술하시오. (단, M은 임의의 원소 기호이다.)

중요 071 (하중상)

다음은 나트륨(Na)의 성질을 알아보기 위한 실험이다.

[실험 과정 및 결과]
(가) 나트륨을 칼로 잘랐더니, 자른 단면의 광택이 사라졌다.
(나) 물이 담긴 비커에 쌀알 크기의 나트륨을 넣었더니, 격렬하게 반응하여 기체가 발생하였다.
(다) (나)의 비커에 　⑦　 을/를 넣었더니, 붉은색으로 변하였다.

이에 대한 설명으로 옳은 것만을 보기에서 있는 대로 고른 것은?

[보기]
ㄱ. (가)에서 나트륨은 공기 중의 산소와 반응한다.
ㄴ. (나)에서 발생한 기체는 산소이다.
ㄷ. '페놀프탈레인 용액'은 ⑦으로 적절하다.

① ㄱ　　　② ㄴ　　　③ ㄱ, ㄷ
④ ㄴ, ㄷ　　　⑤ ㄱ, ㄴ, ㄷ

중요 072 (하중상)  서술형

그림은 알칼리 금속의 성질을 알아보기 위한 실험이다.

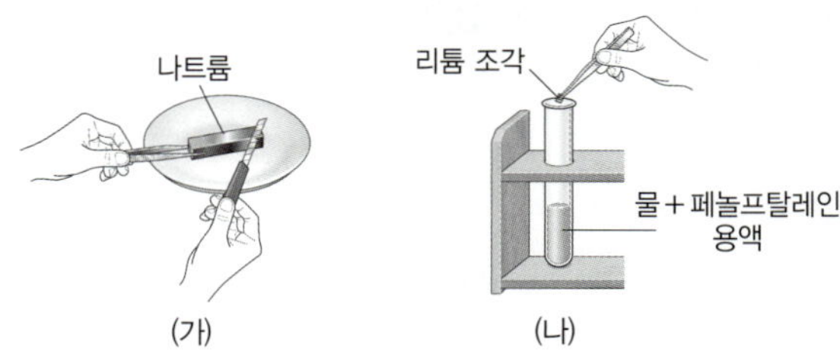

(1) (가)에서 나트륨의 단단한 정도를 쓰고, 이를 근거로 알칼리 금속의 성질을 서술하시오.

(2) (나)에서 리튬이 반응하는 모습과 수용액의 색 변화를 서술하시오.

C 전자 배치와 원소의 주기성

073 하중상

원자의 구조에 대한 설명으로 옳은 것만을 보기에서 있는 대로 고른 것은?

보기
ㄱ. 원자핵은 양(+)전하를 띤다.
ㄴ. 전자는 원자핵 주위에 위치한다.
ㄷ. 한 원자를 구성하는 양성자수와 전자 수는 같다.

① ㄱ   ② ㄴ   ③ ㄱ, ㄷ
④ ㄴ, ㄷ   ⑤ ㄱ, ㄴ, ㄷ

중요 074 하중상

그림은 원자 X의 전자 배치를 모형으로 나타 낸 것이다.
X의 주기 번호를 a, 족 번호를 b라고 할 때 $a+b$를 쓰시오. (단, X는 임의의 원소 기호이 다.)

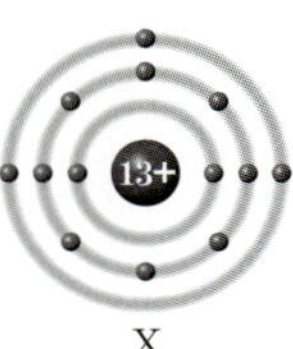

중요 075 하중상

그림은 원자 X에서 전자가 들어 있는 전자 껍질 A~C를 모형으로 나타낸 것이다.

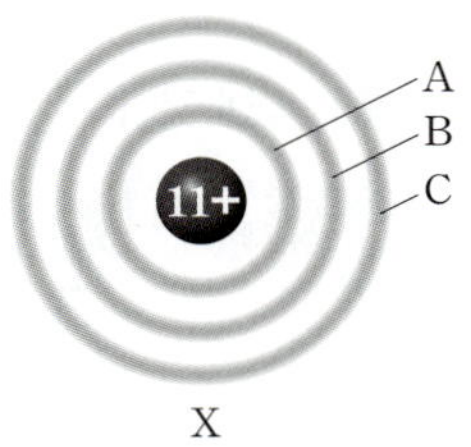

이에 대한 설명으로 옳은 것만을 보기에서 있는 대로 고른 것은? (단, X는 임의의 원소 기호이다.)

보기
ㄱ. A에 들어 있는 전자 수는 C에 들어 있는 전자 수의 2배 이다.
ㄴ. 에너지 준위는 C>B이다.
ㄷ. C에 들어 있는 전자는 화학 결합에 참여한다.

① ㄱ   ② ㄴ   ③ ㄱ, ㄷ
④ ㄴ, ㄷ   ⑤ ㄱ, ㄴ, ㄷ

중요 076 하중상

그림은 주기율표의 일부를 나타낸 것이다.

주기＼족	1	2	13	14	15	16	17	18
2	A						B	C
3	D						E	

이에 대한 설명으로 옳은 것만을 보기에서 있는 대로 고른 것은? (단, A~E는 임의의 원소 기호이다.)

보기
ㄱ. 물과 반응하는 정도는 D가 A보다 크다.
ㄴ. 원자가 전자 수는 C가 B보다 크다.
ㄷ. 수소와 반응하는 정도는 E가 B보다 크다.

① ㄱ   ② ㄴ   ③ ㄱ, ㄷ
④ ㄴ, ㄷ   ⑤ ㄱ, ㄴ, ㄷ

중요 077 하중상

그림은 원자 A와 B의 전자 배치를 모형으로 나타낸 것이다.

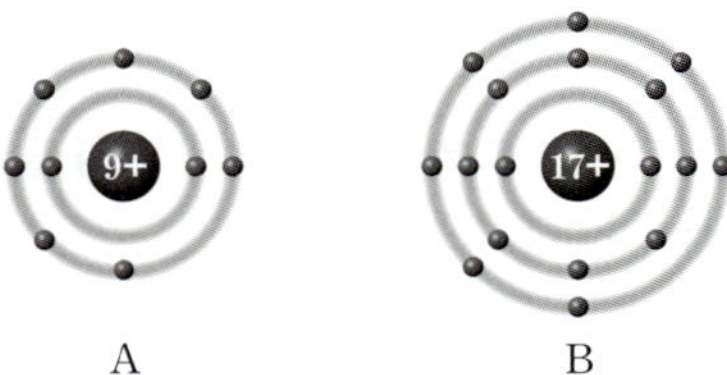

이에 대한 설명으로 옳지 않은 것은? (단, A와 B는 임의의 원소 기호이다.)

① A와 B는 같은 족 원소이다.
② A는 실온에서 A_2로 존재한다.
③ B가 수소와 반응하여 생성된 화합물을 물에 녹이면 산성 을 띤다.
④ B는 전자를 잃어 양이온이 되기 쉽다.
⑤ 수소와 반응하는 정도는 A_2가 B_2보다 크다.

078 하중상

표는 할로젠 X_2, Y_2, Z_2에 대한 자료이다. X~Z는 각각 F, Cl, Br 중 하나이다.

할로젠	X_2	Y_2	Z_2
Na과의 반응	매우 격렬하게 반응함.	격렬하게 반응함.	잘 반응함.
수소 화합물 수용액의 액성	산성	㉠	㉡

이에 대한 설명으로 옳은 것만을 보기에서 있는 대로 고른 것은?

보기

ㄱ. ㉠은 '산성'이다.

ㄴ. ㉡은 '염기성'이다.

ㄷ. 전자가 들어 있는 전자 껍질 수는 Y>X이다.

① ㄱ   ② ㄴ   ③ ㄱ, ㄷ
④ ㄴ, ㄷ   ⑤ ㄱ, ㄴ, ㄷ

079 하중상

서술형

그림은 원자 A~D의 원자가 전자 수와 전자가 들어 있는 전자 껍질 수를 나타낸 것이다.

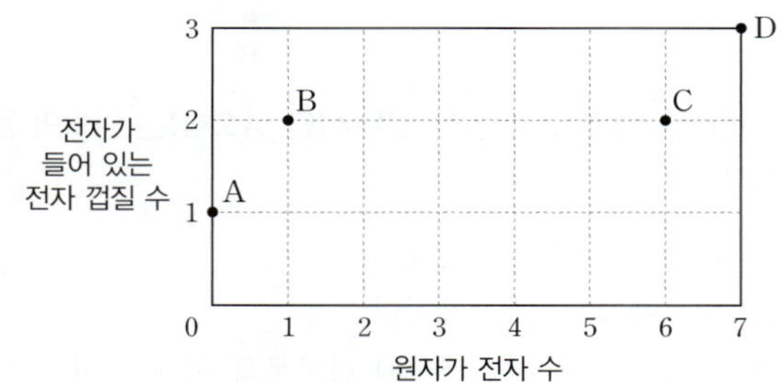

A~D를 각각 금속 원소와 비금속 원소로 분류하고, 그렇게 판단한 근거를 서술하시오. (단, A~D는 임의의 원소 기호이다.)

080 하중상 중요

그림은 원자 A~C의 전자 배치를 모형으로 나타낸 것이다.

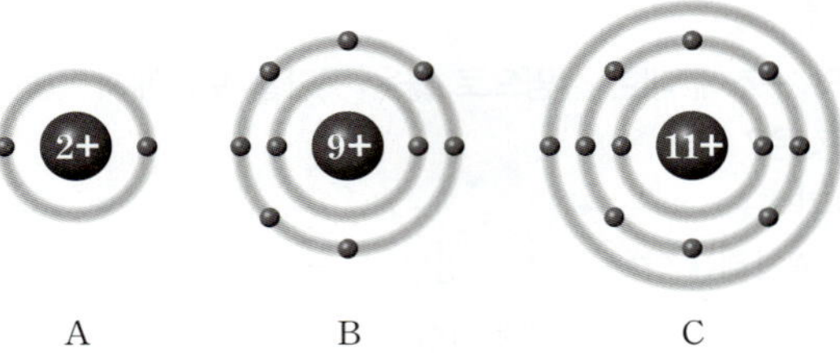

이에 대한 설명으로 옳은 것만을 보기에서 있는 대로 고른 것은? (단, A~C는 임의의 원소 기호이다.)

보기

ㄱ. A는 전자를 얻어 음이온이 되기 쉽다.

ㄴ. 원자가 전자 수는 A가 C보다 크다.

ㄷ. C는 B_2보다 전류가 잘 흐른다.

① ㄱ   ② ㄷ   ③ ㄱ, ㄴ
④ ㄴ, ㄷ   ⑤ ㄱ, ㄴ, ㄷ

081 하중상 중요

그림은 주기율표의 일부를 나타낸 것이다.

족 주기	1	2	13	14	15	16	17	18
2	A						B	
3		C					D	

이에 대한 설명으로 옳은 것만을 보기에서 있는 대로 고른 것은? (단, A~D는 임의의 원소 기호이다.)

보기

ㄱ. 전자가 들어 있는 전자 껍질 수는 A>B이다.

ㄴ. B와 D는 화학적 성질이 비슷하다.

ㄷ. 전기 전도성은 C>D_2이다.

① ㄱ   ② ㄴ   ③ ㄱ, ㄷ
④ ㄴ, ㄷ   ⑤ ㄱ, ㄴ, ㄷ

082 하중상

그림은 몇 가지 원소를 기준 (가)와 (나)에 따라 분류한 것이다.

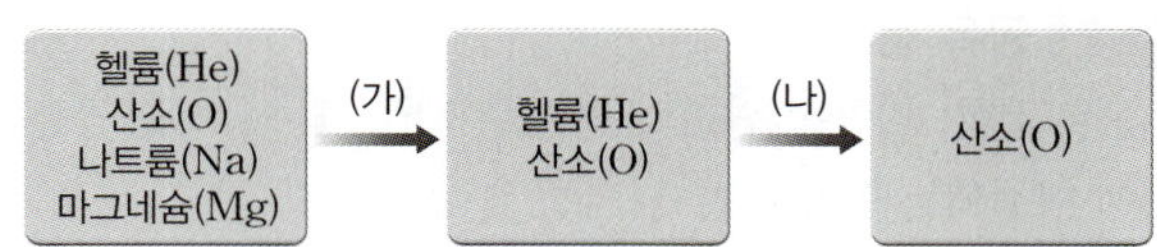

(가)와 (나)로 가장 적절한 것을 보기에서 옳게 고른 것은?

> **보기**
> ㄱ. 전기 전도성이 있다.
> ㄴ. 비금속 원소이다.
> ㄷ. 전자를 얻어 음이온이 되기 쉽다.

	(가)	(나)		(가)	(나)
①	ㄱ	ㄴ	②	ㄱ	ㄷ
③	ㄴ	ㄱ	④	ㄴ	ㄷ
⑤	ㄷ	ㄴ			

083 하중상

표는 알칼리 금속 또는 할로젠 A~D의 전기 전도성과 원자가 전자 수를 나타낸 것이다.

구분	A	B	C	D
전기 전도성	있음	㉠	없음	㉡
원자가 전자 수	a	b	b	a

이에 대한 설명으로 옳은 것만을 보기에서 있는 대로 고른 것은? (단, A~D는 임의의 원소 기호이다.)

> **보기**
> ㄱ. $a=1$, $b=7$이다.
> ㄴ. '있음'은 ㉠으로 적절하다.
> ㄷ. '없음'은 ㉡으로 적절하다.

① ㄱ　　　② ㄴ　　　③ ㄱ, ㄷ

④ ㄴ, ㄷ　　　⑤ ㄱ, ㄴ, ㄷ

084 하중상

표는 1, 2주기 원자 A~C의 전자 수를 나타낸 것이다. A~C는 모두 다른 족 원소이다.

원자	A	B	C
전자 수	x	$x+2$	$x+7$

이에 대한 설명으로 옳은 것만을 보기에서 있는 대로 고른 것은? (단, A~C는 임의의 원소 기호이다.)

> **보기**
> ㄱ. A는 비금속 원소이다.
> ㄴ. 원자가 전자 수는 A > B이다.
> ㄷ. C는 16족 원소이다.

① ㄱ　　　② ㄴ　　　③ ㄱ, ㄴ

④ ㄱ, ㄷ　　　⑤ ㄱ, ㄴ, ㄷ

중요 085 하중상

다음은 주기율표의 빗금 친 부분에 위치하는 원자 A~E에 대한 자료이다.

주기 \ 족	1	2	16	17	18
1	▨				▨
2				▨	
3	▨			▨	

- A와 D는 원자가 전자 수가 같다.
- B와 D는 같은 주기 원소이다.
- C와 E는 화학적 성질이 비슷하다.
- E는 할로젠 중 반응성이 가장 크다.

이에 대한 설명으로 옳은 것만을 보기에서 있는 대로 고른 것은? (단, A~E는 임의의 원소 기호이다.)

> **보기**
> ㄱ. 전자 수는 A > B이다.
> ㄴ. A와 C는 전자가 들어 있는 전자 껍질 수가 같다.
> ㄷ. 원자가 전자 수는 D > E이다.

① ㄱ　　　② ㄷ　　　③ ㄱ, ㄴ

④ ㄴ, ㄷ　　　⑤ ㄱ, ㄴ, ㄷ

06 화학 결합과 물질의 성질

A 화학 결합의 원리

핵심 1 18족 원소의 전자 배치와 화학 결합의 원리

1. 18족 원소의 전자 배치: 가장 바깥 전자 껍질에 전자가 모두 채워진 안정한 전자 배치를 이룬다.

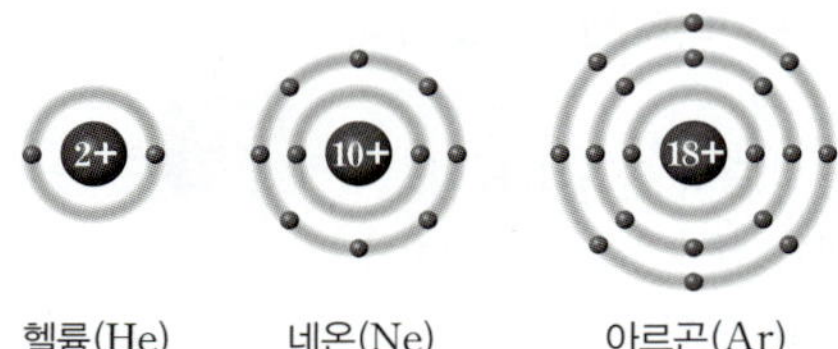

- 반응성이 매우 작고 안정하여 다른 원소와 화학 결합을 형성하지 않고, 1개의 원자로 존재한다. ➡ 원자가 전자 수는 ❶◯이다.
- 18족 원소 이외의 원소들은 화학 결합을 하여 ❷◯족 원소와 같은 전자 배치를 이룬다.

B 화학 결합의 형성

핵심 2 이온의 형성

양이온	음이온
금속 원소의 원자가 전자를 ❸◯고 18족 원소와 같은 전자 배치를 이룬다.	비금속 원소의 원자가 전자를 ❹◯어 18족 원소와 같은 전자 배치를 이룬다.

핵심 3 이온 결합

1. 이온 결합: 금속 원소의 ❺◯◯◯과 비금속 원소의 ❻◯◯◯ 사이에 정전기적 인력이 작용하여 형성되는 화학 결합
2. 전자의 이동: 전자는 ❼◯◯ 원소의 원자에서 ❽◯◯◯ 원소의 원자로 이동한다.
3. 이온 결합에서 이온의 전자 배치: 금속 원소의 양이온은 이전 주기의 18족 원소와 같은 전자 배치를 이루고, 비금속 원소의 음이온은 같은 주기의 18족 원소와 같은 전자 배치를 이룬다.

예 염화 나트륨의 형성

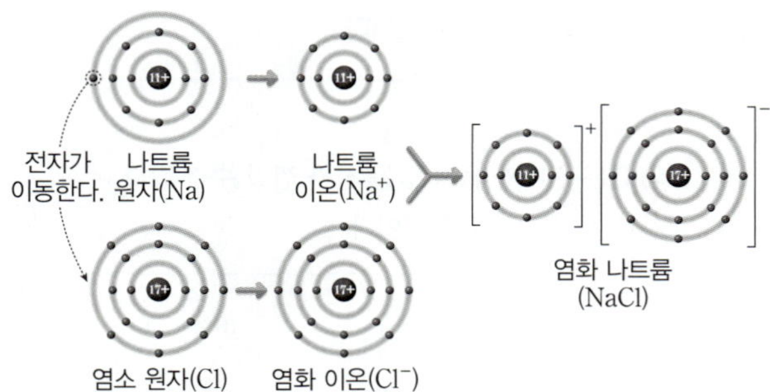

핵심 4 공유 결합

1. 공유 결합: 비금속 원소의 원자들이 ❾◯◯◯을 공유하여 형성되는 화학 결합
2. 공유 결합에서 원자의 전자 배치: 비금속 원소의 원자들은 같은 주기의 18족 원소와 같은 전자 배치를 이룬다.

예 물 분자의 형성

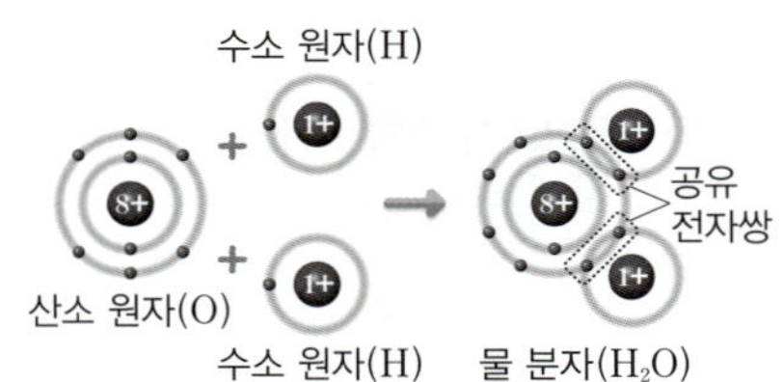

3. 공유 결합의 종류

단일 결합	이중 결합	삼중 결합
전자쌍 1개를 공유	전자쌍 ❿◯개를 공유	전자쌍 3개를 공유
9+ 9+	8+ 8+	7+ 7+

C 화학 결합의 종류에 따른 물질의 성질

핵심 5 이온 결합 물질과 공유 결합 물질의 성질

1. 실온에서의 상태
- 이온 결합 물질은 무수히 많은 양이온과 음이온이 규칙적으로 결합하여 반복되는 구조인 결정으로 존재한다.
- 공유 결합 물질은 대부분 독립적인 ⓫◯◯로 존재한다.

2. 전기 전도성

이온 결합 물질	공유 결합 물질
• 고체 상태에서 ⓬◯다.	• 대부분 고체 상태에서 ⓮◯다.
• 수용액 상태에서 ⓭◯다.	• 대부분 수용액 상태에서 ⓯◯다.
➡ 이온들이 자유롭게 이동할 수 있기 때문이다.	➡ 전기적으로 중성인 분자로 존재하기 때문이다.
예 염화 나트륨 수용액의 전기 전도성	예 설탕 수용액의 전기 전도성

정답과 해설 78쪽

A 화학 결합의 원리

086 하중상

18족 원소에 대한 설명으로 옳은 것만을 보기에서 있는 대로 고른 것은?

보기
ㄱ. 가장 바깥 전자 껍질에 전자가 최대로 채워져 있다.
ㄴ. 원자가 전자 수는 8이다.
ㄷ. 금속 원소와 화학 결합을 형성한다.

① ㄱ   ② ㄴ   ③ ㄱ, ㄴ
④ ㄱ, ㄷ   ⑤ ㄴ, ㄷ

087 하중상

다음은 세 가지 원소를 나열한 것이다.

헬륨(He)   네온(Ne)   아르곤(Ar)

이에 대한 설명으로 옳지 않은 것은?

① 18족 원소이다.
② 비금속 원소로 전자를 얻기 쉽다.
③ 안정한 전자 배치를 이룬다.
④ 반응성이 매우 작아 다른 원소와 화학 결합을 형성하지 않는다.
⑤ 헬륨은 광고용 풍선 기구에 이용된다.

088 하중상 서술형

그림은 원자 X의 전자 배치를 모형으로 나타낸 것이다.

X는 다른 원소와 거의 반응하지 않고 원자 상태로 존재하는데, 그 까닭을 전자 배치와 관련 지어 서술하시오. (단, X는 임의의 원소 기호이다.)

089 하중상 중요

그림은 원자 A와 B의 전자 배치를 모형으로 나타낸 것이다.

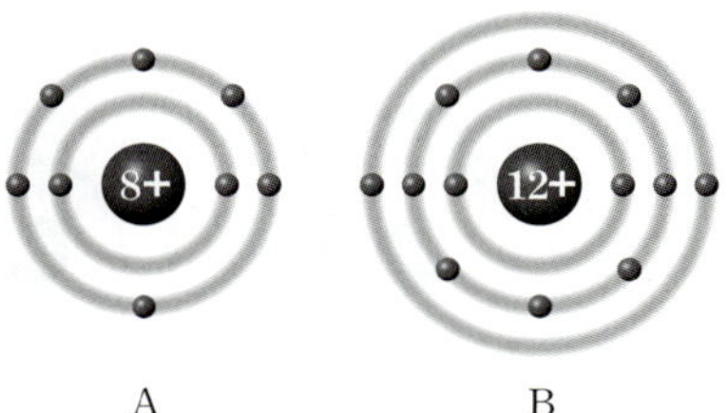

이에 대한 설명으로 옳은 것만을 보기에서 있는 대로 고른 것은? (단, A와 B는 임의의 원소 기호이다.)

보기
ㄱ. A는 가장 바깥 전자 껍질에 전자가 최대로 채워져 있다.
ㄴ. B는 전자 2개를 잃고 18족 원소와 같은 전자 배치를 이룬다.
ㄷ. A와 B는 서로 전자를 공유하여 18족 원소와 같은 전자 배치를 이룬다.

① ㄱ   ② ㄴ   ③ ㄱ, ㄷ
④ ㄴ, ㄷ   ⑤ ㄱ, ㄴ, ㄷ

B 화학 결합의 형성

090 하중상 중요

그림은 원자 A와 B의 전자 배치를 모형으로 나타낸 것이다.

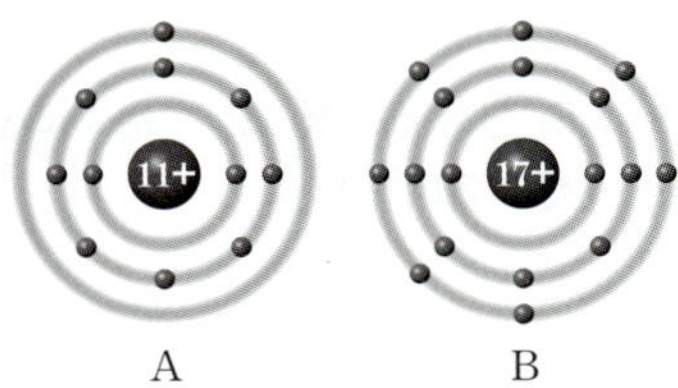

A와 B로 이루어진 안정한 화합물에 대한 설명으로 옳은 것만을 보기에서 있는 대로 고른 것은? (단, A와 B는 임의의 원소 기호이다.)

보기
ㄱ. 화합물이 형성될 때 전자는 A에서 B로 이동한다.
ㄴ. 화학식은 AB이다.
ㄷ. A와 B의 전자 배치는 모두 네온(Ne)과 같다.

① ㄱ   ② ㄷ   ③ ㄱ, ㄴ
④ ㄴ, ㄷ   ⑤ ㄱ, ㄴ, ㄷ

091 하중상

그림은 세 가지 이온 X^{a+}, Y^{b-}, Z^{c-}의 전자 배치를 모형으로 나타낸 것이다.

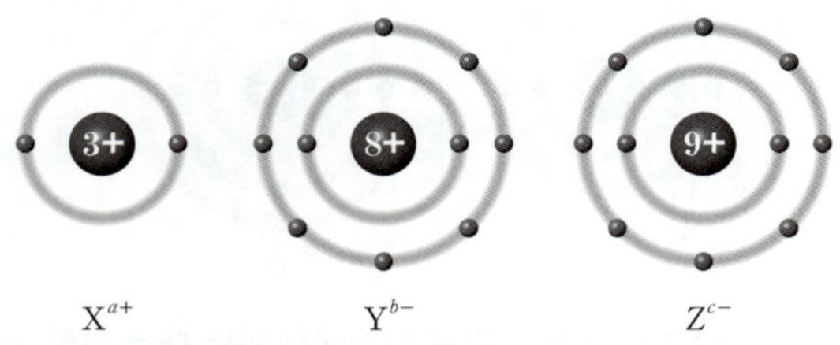

이에 대한 설명으로 옳은 것만을 보기에서 있는 대로 고른 것은? (단, $X \sim Z$는 임의의 원소 기호이다.)

보기
ㄱ. X와 Y는 같은 주기 원소이다.
ㄴ. X와 Y는 2 : 1의 개수비로 결합하여 안정한 화합물을 생성한다.
ㄷ. YZ_2는 이온 결합 물질이다.

① ㄱ   ② ㄷ   ③ ㄱ, ㄴ
④ ㄴ, ㄷ   ⑤ ㄱ, ㄴ, ㄷ

092 하중상

서술형

그림은 원자 A와 B의 전자 배치를 모형으로 나타낸 것이다. (단, A와 B는 임의의 원소 기호이다.)

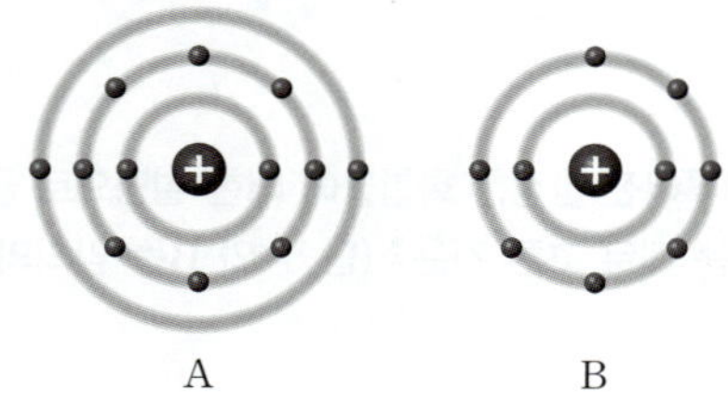

(1) A와 B가 안정한 화합물을 생성하는 과정을 전자의 이동을 포함하여 서술하시오.

(2) A와 B로 이루어진 안정한 화합물의 화학식을 쓰고, 그렇게 판단한 근거를 서술하시오.

093 하중상

그림은 A_2를 화학 결합 모형으로 나타낸 것이다.

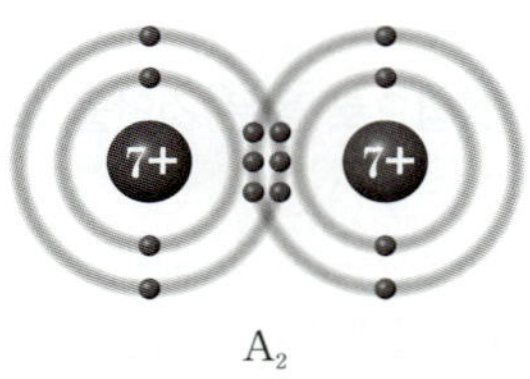

A_2

이에 대한 설명으로 옳은 것만을 보기에서 있는 대로 고른 것은? (단, A는 임의의 원소 기호이다.)

보기
ㄱ. A의 원자가 전자 수는 5이다.
ㄴ. A_2는 분자로 존재한다.
ㄷ. A_2에는 삼중 결합이 있다.

① ㄱ   ② ㄴ   ③ ㄱ, ㄷ
④ ㄴ, ㄷ   ⑤ ㄱ, ㄴ, ㄷ

094 하중상

그림은 원자 $A \sim C$의 전자 배치를 모형으로 나타낸 것이다.

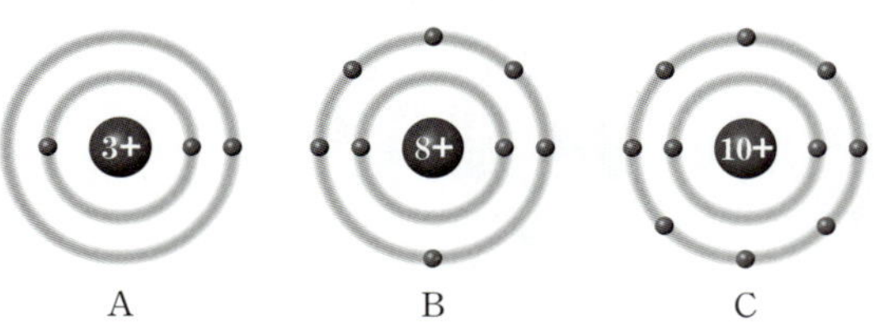

이에 대한 설명으로 옳은 것만을 보기에서 있는 대로 고른 것은? (단, $A \sim C$는 임의의 원소 기호이다.)

보기
ㄱ. A^+의 전자 배치는 C와 같다.
ㄴ. B가 전자 2개를 얻으면 C와 같은 전자 배치를 이룬다.
ㄷ. B와 C로 이루어진 물질은 공유 결합 물질이다.

① ㄱ   ② ㄴ   ③ ㄱ, ㄷ
④ ㄴ, ㄷ   ⑤ ㄱ, ㄴ, ㄷ

095 (하중상)

표는 18족 원소를 제외한 원자 A~C에 대한 자료 중 일부를 나타낸 것이다.

원자	A	B	C
원자가 전자 수		1	
전자가 들어 있는 전자 껍질 수	1	3	
전자 수			7

이에 대한 설명으로 옳은 것만을 보기에서 있는 대로 고른 것은? (단, A~C는 임의의 원소 기호이다.)

보기
ㄱ. BA는 이온 결합 물질이다.
ㄴ. CA_3은 전자쌍을 공유하고 있다.
ㄷ. B와 C는 1 : 1의 개수비로 결합하여 안정한 화합물을 생성한다.

① ㄱ　　　　② ㄷ　　　　③ ㄱ, ㄴ
④ ㄴ, ㄷ　　　⑤ ㄱ, ㄴ, ㄷ

096 (하중상)

그림은 화합물 XY를 화학 결합 모형으로 나타낸 것이다.

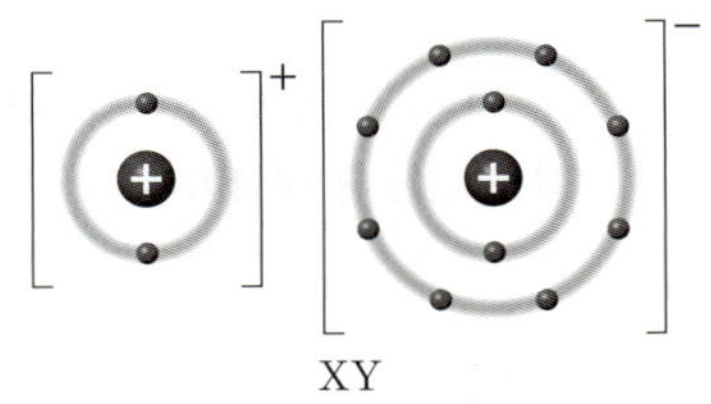

XY

이에 대한 설명으로 옳은 것만을 보기에서 있는 대로 고른 것은? (단, X와 Y는 임의의 원소 기호이다.)

보기
ㄱ. X와 Y는 모두 2주기 원소이다.
ㄴ. X와 Y의 원자가 전자 수의 차는 4이다.
ㄷ. Y_2에서 Y 원자 사이에 공유한 전자쌍 수는 1이다.

① ㄱ　　　　② ㄴ　　　　③ ㄱ, ㄷ
④ ㄴ, ㄷ　　　⑤ ㄱ, ㄴ, ㄷ

097 (하중상)

표는 원자 또는 이온의 전자 수를 나타낸 것이다.

원자 또는 이온	A^{2+}	B^-	C	D^{2+}
전자 수	10	10	10	18

이에 대한 설명으로 옳은 것만을 보기에서 있는 대로 고른 것은? (단, A~D는 임의의 원소 기호이다.)

보기
ㄱ. B와 C는 같은 주기 원소이다.
ㄴ. AB_2에서 A와 B의 전자 배치는 모두 C와 같다.
ㄷ. B와 D는 2 : 1의 개수비로 결합하여 이온 결합 물질을 생성한다.

① ㄱ　　　　② ㄷ　　　　③ ㄱ, ㄴ
④ ㄴ, ㄷ　　　⑤ ㄱ, ㄴ, ㄷ

098 (하중상)

그림은 화합물 XY와 ZY_2를 화학 결합 모형으로 나타낸 것이다.

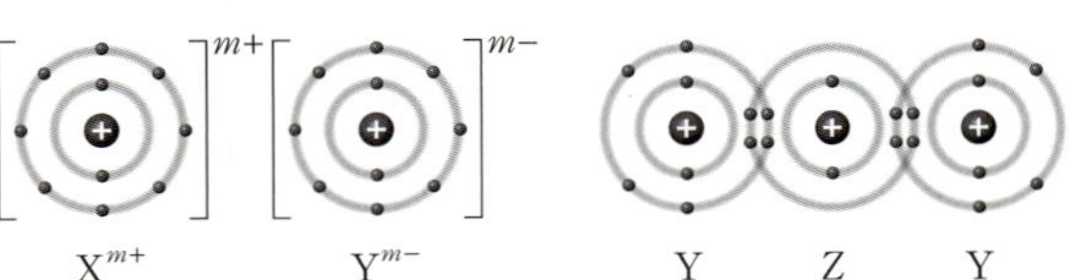

X^{m+}　　Y^{m-}　　　Y　Z　Y

이에 대한 설명으로 옳은 것만을 보기에서 있는 대로 고른 것은? (단, X~Z는 임의의 원소 기호이다.)

보기
ㄱ. ZY_2에는 이중 결합이 있다.
ㄴ. $m=2$이다.
ㄷ. X와 Y는 같은 주기 원소이다.

① ㄱ　　　　② ㄷ　　　　③ ㄱ, ㄴ
④ ㄴ, ㄷ　　　⑤ ㄱ, ㄴ, ㄷ

099 (하)중(상)

다음은 일상생활에서 사용되는 제품과 이와 관련된 물질에 대한 설명이다.

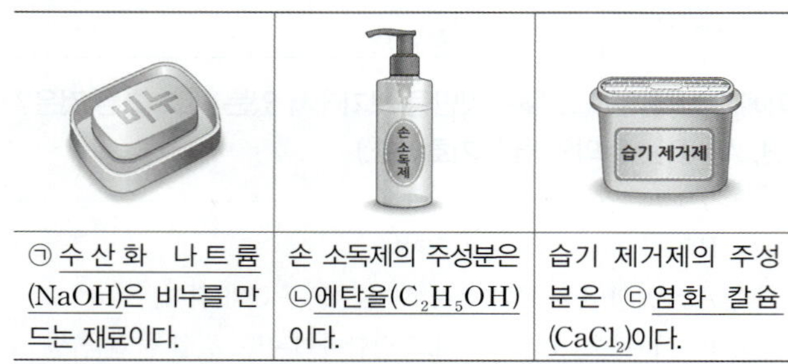

㉠ 수산화 나트륨 (NaOH)은 비누를 만드는 재료이다.	손 소독제의 주성분은 ㉡에탄올(C_2H_5OH)이다.	습기 제거제의 주성분은 ㉢염화 칼슘 ($CaCl_2$)이다.

이에 대한 설명으로 옳은 것만을 보기에서 있는 대로 고른 것은?

> **보기**
> ㄱ. ㉠은 이온 결합 물질이다.
> ㄴ. ㉡과 ㉢의 화학 결합의 종류는 같다.
> ㄷ. ㉢ 수용액은 전기 전도성이 있다.

① ㄱ 　② ㄴ 　③ ㄱ, ㄷ
④ ㄴ, ㄷ 　⑤ ㄱ, ㄴ, ㄷ

C 화학 결합의 종류에 따른 물질의 성질

중요
100 (하)중(상)

그림은 화합물 AB를 화학 결합 모형으로 나타낸 것이다.

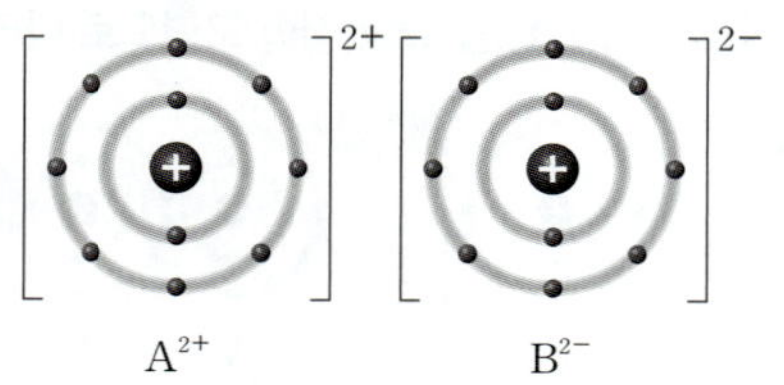

이에 대한 설명으로 옳은 것만을 보기에서 있는 대로 고른 것은? (단, A와 B는 임의의 원소 기호이다.)

> **보기**
> ㄱ. 원자 번호는 B > A이다.
> ㄴ. AB가 형성될 때 전자는 B에서 A로 이동한다.
> ㄷ. AB는 수용액 상태에서 전기 전도성이 있다.

① ㄱ 　② ㄷ 　③ ㄱ, ㄴ
④ ㄴ, ㄷ 　⑤ ㄱ, ㄴ, ㄷ

---

101 (하)중(상)

그림은 세 가지 물질을 주어진 기준에 따라 분류한 것이다.

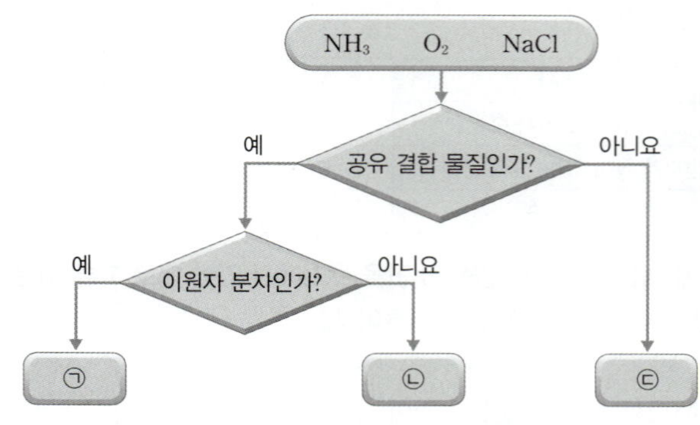

이에 대한 설명으로 옳은 것만을 보기에서 있는 대로 고른 것은?

> **보기**
> ㄱ. ㉠에는 이중 결합이 있다.
> ㄴ. ㉡의 공유 전자쌍 수는 3이다.
> ㄷ. ㉢은 수용액에서 전기 전도성이 있다.

① ㄱ 　② ㄴ 　③ ㄱ, ㄷ
④ ㄴ, ㄷ 　⑤ ㄱ, ㄴ, ㄷ

중요
102 (하)중(상)

표는 물질 (가)~(다)의 전기 전도성을 나타낸 것이다. (가)~(다)는 각각 염화 칼슘, 질산 칼륨, 설탕 중 하나이다.

물질	(가)	(나)	(다)
고체 상태의 전기 전도성	없음	없음	㉠
수용액 상태의 전기 전도성	있음	없음	있음

이에 대한 설명으로 옳은 것만을 보기에서 있는 대로 고른 것은?

> **보기**
> ㄱ. ㉠은 '있음'이다.
> ㄴ. (가)는 이온 결합 물질이다.
> ㄷ. (나)는 설탕이다.

① ㄱ 　② ㄴ 　③ ㄱ, ㄷ
④ ㄴ, ㄷ 　⑤ ㄱ, ㄴ, ㄷ

103 (하)(중)(상)

표는 물질 A와 B의 전기 전도성을 나타낸 것이다. A와 B는 각각 염화 나트륨(NaCl)과 포도당($C_6H_{12}O_6$) 중 하나이고, (가)와 (나)는 각각 고체와 수용액 중 하나이다.

물질		A	B
상태에 따른 전기 전도성	(가)	없음	있음
	(나)	없음	㉠

이에 대한 설명으로 옳은 것만을 보기에서 있는 대로 고른 것은?

보기
ㄱ. B는 염화 나트륨이다.
ㄴ. (나)는 고체이다.
ㄷ. ㉠은 '있음'이다.

① ㄱ   ② ㄴ   ③ ㄷ
④ ㄱ, ㄴ   ⑤ ㄴ, ㄷ

중요★
104 (하)(중)(상)

다음은 물질 A~C의 전기 전도성을 알아보기 위한 실험이다. A~C는 각각 염화 마그네슘, 염화 칼슘, 포도당 중 하나이다.

[실험 과정]
(가) 고체 물질 A~C를 홈판의 홈에 넣고, 전기 전도성 측정기로 전류가 흐르는지 확인한다.
(나) (가)의 물질 A~C에 각각 증류수를 넣어 수용액을 만든 다음, 전기 전도성 측정기로 전류가 흐르는지 확인한다.

[실험 결과]

물질 상태	A	B	C
고체	×	×	×
수용액	×	○	○

(○: 전류가 흐름, ×: 전류가 흐르지 않음)

이에 대한 설명으로 옳은 것만을 보기에서 있는 대로 고른 것은?

보기
ㄱ. A는 포도당이다.
ㄴ. B는 수용액 상태에서 이온이 자유롭게 이동한다.
ㄷ. C는 고체 상태에서 이온이 존재하지 않는다.

① ㄱ   ② ㄴ   ③ ㄱ, ㄴ
④ ㄴ, ㄷ   ⑤ ㄱ, ㄴ, ㄷ

중요★
105 (하)(중)(상)

다음은 2, 3주기 원소 X, Y와 X, Y로 이루어진 물질에 대한 자료이다.

- 원자 X와 Y의 전자 수의 차는 2이다.
- XY와 Y_2에서 구성 이온과 원자는 모두 네온(Ne)과 같은 전자 배치를 이룬다.

이에 대한 설명으로 옳은 것만을 보기에서 있는 대로 고른 것은? (단, X와 Y는 임의의 원소 기호이다.)

보기
ㄱ. XY가 형성될 때 전자는 X에서 Y로 이동한다.
ㄴ. XY 수용액은 전기 전도성이 있다.
ㄷ. Y_2에는 이중 결합이 있다.

① ㄱ   ② ㄷ   ③ ㄱ, ㄴ
④ ㄴ, ㄷ   ⑤ ㄱ, ㄴ, ㄷ

106 (하)(중)(상) 
서술형

그림은 염화 나트륨(NaCl), 질산 나트륨($NaNO_3$), 설탕($C_{12}H_{22}O_{11}$)을 주어진 기준에 따라 분류한 것이다.

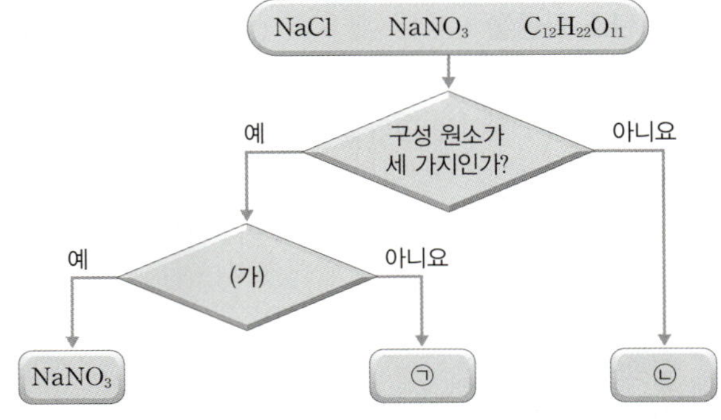

(1) 분류 기준 (가)로 적절한 것과 그렇게 판단한 근거를 함께 서술하시오.

(2) ㉠과 ㉡에 해당하는 물질을 쓰고, 화학 결합의 종류를 각각 서술하시오.

07 자연의 구성 물질

↻ 정답과 해설 80쪽

A 지각을 구성하는 물질의 규칙성

핵심 1 규산염 광물

지각을 이루고 있는 암석은 대부분 ❶[ ][ ][ ] 광물로 이루어져 있다.

- Si−O 사면체: 규소 원자 1개와 산소 원자 4개가 공유 결합한 규산염 광물의 기본 구조
- Si−O 사면체로 이루어진 기본 골격에 결합 구조와 사면체 사이에 금속 원소의 이온이 결합하면 다양한 종류의 광물이 만들어진다.

광물	감람석	휘석	각섬석	흑운모	석영
사면체 결합	독립형 구조	단사슬 구조	복사슬 구조	판상 구조	망상 구조
성질	잘 깨짐, 풍화에 약함.	기둥 모양의 결정	기둥 모양의 결정	얇게 쪼개짐.	깨짐, 풍화에 강함.

핵심 2 단위체

1. ❷[ ][ ][ ]: 크고 복잡한 물질을 만들 때 기본 단위로 반복되어 사용되는 물질
2. 규산염 광물의 단위체: Si−O 사면체이다.
3. 다양한 규산염 광물: 규산염 광물은 Si−O 사면체의 결합 구조에 따라 다양한 종류의 광물을 만든다.

B 생명체를 구성하는 물질의 규칙성

핵심 3 탄소 화합물

1. 탄소 화합물: 탄소 원자를 중심으로 수소, 산소, 질소, 황 등 여러 원소가 결합된 화합물
   예 탄수화물, 단백질, 지질, 핵산
2. ❷[ ][ ][ ]들이 반복해서 결합하여 이루어진 거대한 분자

C 단백질의 규칙성

핵심 4 단백질의 단위체와 단백질의 형성 과정

1. ❸[ ][ ][ ][ ]: 단백질의 단위체, 생명체에 약 20종류가 있다.
2. 펩타이드결합: 2개의 아미노산이 결합할 때 두 아미노산 사이에서 ❹[ ] 분자 1개가 빠져나오면서 일어나는 결합
3. 단백질의 형성: 여러 개의 아미노산이 펩타이드결합으로 연결되어 ❺[ ][ ][ ][ ][ ][ ]를 형성하고, 폴리펩타이드가 입체 구조를 형성하여 단백질이 된다.

4. 단백질의 종류: 단백질의 입체 구조는 아미노산의 종류, 수, 결합 순서에 의해 달라진다. 단백질의 ❻[ ][ ] 구조에 따라 그 기능이 달라진다.

▲ 단백질의 형성 과정

D 핵산의 규칙성

핵심 5 핵산의 단위체와 핵산의 형성 과정

1. 뉴클레오타이드: 핵산의 단위체 → 인산, 당, 염기가 1:1:1로 결합되어 있으며, ❼[ ][ ]에는 아데닌(A), 구아닌(G), 사이토신(C), 타이민(T), 유라실(U)이 있다.
2. 핵산의 형성: 한 뉴클레오타이드의 ❽[ ][ ]이 다른 뉴클레오타이드의 ❾[ ]과 공유 결합으로 연결되며, 이러한 결합이 반복되어 폴리뉴클레오타이드를 형성한다.
- DNA와 유전정보: 아데닌(A), 구아닌(G), 사이토신(C), 타이민(T)을 염기로 가진 4종류의 뉴클레오타이드가 다양한 순서로 결합한다. 그 결과 염기서열이 다양한 DNA가 만들어져 서로 다른 ❿[ ][ ][ ][ ]를 저장할 수 있다.

핵심 6 DNA와 RNA의 비교

DNA	구분	RNA
폴리뉴클레오타이드 두 가닥이 꼬여 있는 ⓫[ ][ ][ ][ ] 구조	분자 구조	폴리뉴클레오타이드 한 가닥으로 된 단일 가닥 구조
디옥시라이보스	당	⓬[ ][ ][ ][ ]
아데닌(A), 구아닌(G), 사이토신(C), ⓭[ ][ ][ ]( )	염기	아데닌(A), 구아닌(G), 사이토신(C), 유라실(U)
유전정보 저장	기능	유전정보 전달, ⓮[ ][ ] 합성 관여

핵심 7 DNA 염기의 상보결합

- DNA는 마주 보는 두 가닥의 염기가 ⓯[ ][ ]적으로 결합하여, 한 가닥의 염기서열을 알면 다른 가닥의 염기서열을 알 수 있다.

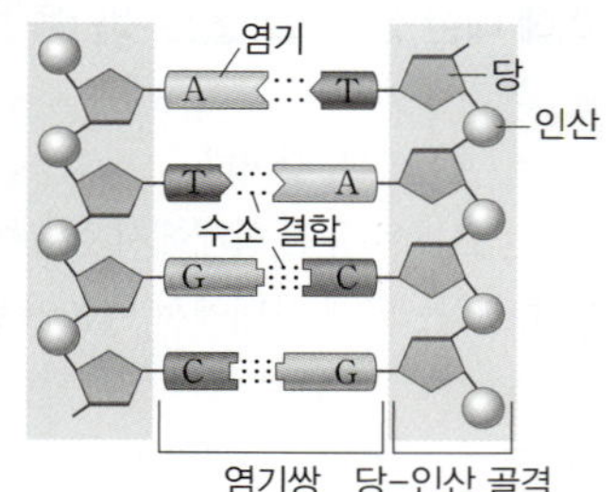

▲ DNA 염기의 상보적 결합

↻ 정답과 해설 80쪽

A 지각을 구성하는 물질의 규칙성

107 하중상
광물에 대한 설명으로 옳지 <u>않은</u> 것은?

① 광물은 암석으로 이루어져 있다.
② 광물은 일정한 화학 조성을 갖는다.
③ 광물은 자연에서 고체 상태로 산출된다.
④ 광물 중 가장 많은 것은 규산염 광물이다.
⑤ 지각에 들어 있는 광물은 종류가 매우 다양하다.

108 하중상
그림은 규산염 광물에 대해 학생 A, B, C가 나눈 대화이다.

제시한 내용이 옳은 학생만을 있는 대로 고른 것은?

① A   ② B   ③ A, C
④ B, C   ⑤ A, B, C

109 하중상
그림은 Si−O 사면체의 모양을 나타낸 것이다.
Si−O 사면체에 대한 설명으로 옳은 것만을 보기에서 있는 대로 고른 것은?

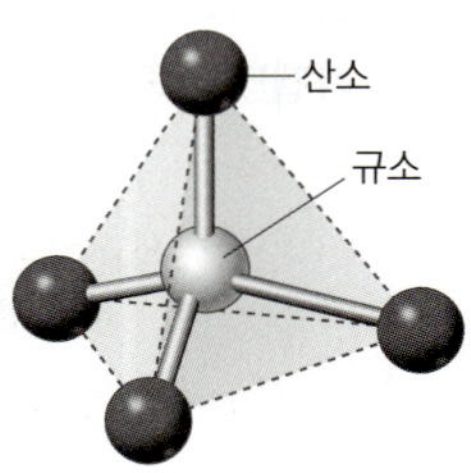

보기
ㄱ. 정사면체 모양이다.
ㄴ. 규소와 산소는 이온 결합을 하고 있다.
ㄷ. 규소 원자 1개와 산소 원자 4개로 이루어져 있다.

① ㄱ   ② ㄴ   ③ ㄱ, ㄷ
④ ㄴ, ㄷ   ⑤ ㄱ, ㄴ, ㄷ

110 하중상  서술형
그림은 휘석과 흑운모의 모습을 나타낸 것이다.

두 광물의 결합 구조와 광물의 특성을 각각 서술하시오.

중요
111 하중상
그림 (가)~(다)는 각각 감람석, 각섬석, 석영의 모습을 나타낸 것이다.

이에 대한 설명으로 옳은 것만을 보기에서 있는 대로 고른 것은?

보기
ㄱ. 풍화에 가장 강한 것은 (가)이다.
ㄴ. 쪼개지는 성질이 있는 것은 (나)이다.
ㄷ. (가), (나), (다)는 모두 규산염 광물이다.

① ㄱ   ② ㄷ   ③ ㄱ, ㄴ
④ ㄴ, ㄷ   ⑤ ㄱ, ㄴ, ㄷ

112 하중상  서술형
다음은 여러 가지 규산염 광물을 나타낸 것이다.

감람석	휘석	각섬석
흑운모	석영	

(1) 깨지는 성질이 있는 규산염 광물을 있는 대로 쓰시오.

(2) Si−O 사면체의 결합 구조에 따라 규산염 광물이 다양하게 생성되는 까닭을 서술하시오.

중요 113 하중상

그림은 규산염 광물 (가)~(다)의 결합 구조를 나타낸 것이다.

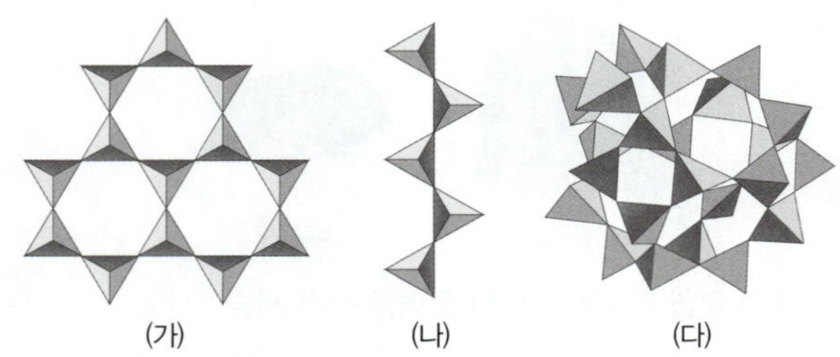

(가)   (나)   (다)

이에 대한 설명으로 옳은 것만을 보기에서 있는 대로 고른 것은?

보기
ㄱ. (가)의 결합 구조는 망상 구조이다.
ㄴ. (나)에서 사면체와 사면체는 산소를 공유한다.
ㄷ. 사면체 당 공유하는 산소의 수는 (나)가 (다)보다 많다.

① ㄱ   ② ㄴ   ③ ㄱ, ㄷ
④ ㄴ, ㄷ   ⑤ ㄱ, ㄴ, ㄷ

B 생명체를 구성하는 물질의 규칙성

114 하중상

다음은 세 학생이 탄소 화합물에 대해 나눈 대화이다.

• 현중: 탄소 원소를 중심으로 기본 단위체가 만들어져.
• 시은: 탄수화물은 펩타이드결합을 갖고 있어.
• 지민: 핵산은 뉴클레오타이드의 단위체라고 할 수 있어.

제시한 내용이 옳은 학생만을 있는 대로 고른 것은?

① 현중   ② 현중, 시은   ③ 현중, 지민
④ 시은, 지민   ⑤ 현중, 시은, 지민

115 하중상

다음 중 작고 간단한 단위체가 연결되어 형성된 고분자 화합물로 옳은 것은?

① 물   ② 핵산   ③ 무기염류
④ 아미노산   ⑤ 뉴클레오타이드

C 단백질의 규칙성

116 하중상

단백질에 대한 설명으로 옳은 것은?

① 단백질의 단위체는 뉴클레오타이드이다.
② 단백질에는 DNA와 RNA 두 종류가 있다.
③ 단백질은 입체 구조가 변하여도 기능이 달라지지 않는다.
④ 단백질은 생명체 내에서 물질대사와 생리 작용을 조절할 수 있다.
⑤ 생명체를 구성하는 단백질은 입체 구조가 서로 다른 20종류가 있다.

[117~118] 그림 (가)는 생명체를 구성하는 어떤 물질을, (나)는 (가)를 구성하는 단위체의 분자 구조를 나타낸 것이다.

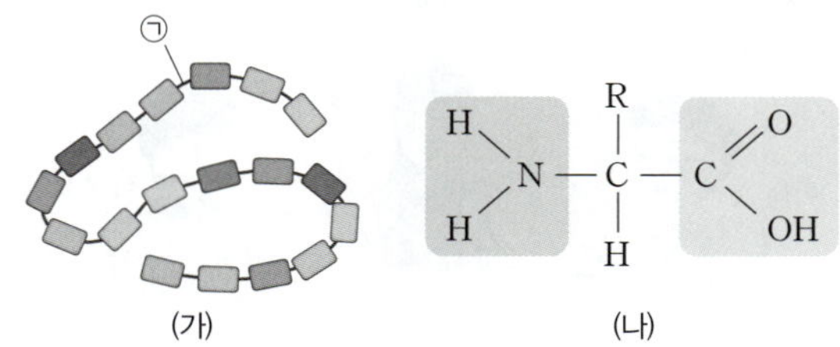

(가)   (나)

117 하중상

(가)와 (나)는 각각 무엇의 구조를 나타낸 것인지 옳게 짝 지은 것은?

	(가)	(나)
①	단백질	펩타이드
②	펩타이드	단백질
③	아미노산	펩타이드
④	펩타이드	아미노산
⑤	폴리펩타이드	아미노산

중요 118 하중상

(가)와 (나)에 대한 설명으로 옳은 것은?

① (가)의 ㉠은 펩타이드결합이다.
② (가)는 생명체의 유전정보를 전달한다.
③ (가)를 구성하는 (나)의 종류는 4종류가 있다.
④ 2분자의 (나)가 결합할 때 물 분자 2개가 빠져나온다.
⑤ (가)의 입체 구조는 (나)의 배열 순서에 관계없이 일정하다.

119 (하중상)

그림은 단백질의 형성 과정을 나타낸 것이다. A와 B는 단백질의 단위체를 나타낸다.

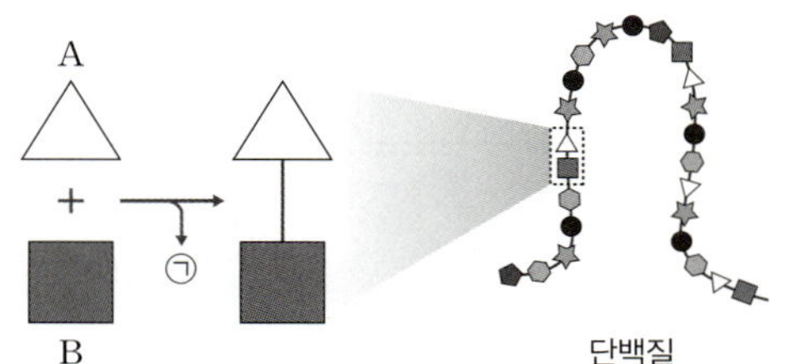

이에 대한 설명으로 옳은 것만을 보기에서 있는 대로 고른 것은?

보기
ㄱ. ㉠은 물(H_2O)이다.
ㄴ. A와 B는 모두 탄소 화합물에 해당한다.
ㄷ. 아미노산의 결합 순서와 개수에 따라 단백질의 종류가 달라진다.

① ㄱ ② ㄷ ③ ㄱ, ㄴ
④ ㄴ, ㄷ ⑤ ㄱ, ㄴ, ㄷ

120 (하중상)

그림은 어떤 단백질의 입체 구조를 나타낸 것이다.

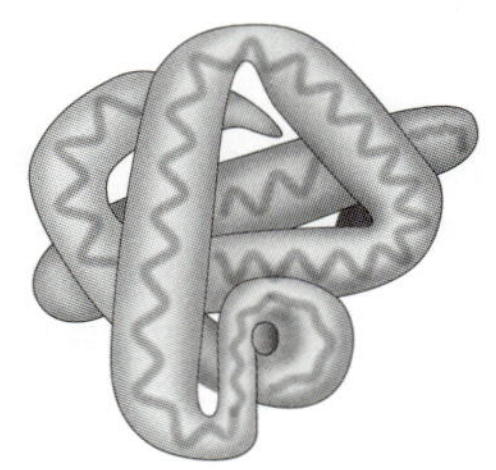

이에 대한 설명으로 옳은 것만을 보기에서 있는 대로 고른 것은?

보기
ㄱ. 모든 단백질의 입체 구조는 동일하다.
ㄴ. 폴리펩타이드가 휘거나 접혀 독특한 입체 구조를 이룬다.
ㄷ. 단백질은 입체 구조가 변하여도 고유한 기능은 달라지지 않는다.

① ㄱ ② ㄴ ③ ㄱ, ㄴ
④ ㄱ, ㄷ ⑤ ㄴ, ㄷ

121 (하중상)

그림은 사람의 적혈구 속 헤모글로빈과 머리카락 속 케라틴을 나타낸 것이다.

적혈구 속 헤모글로빈   머리카락 속 케라틴

이에 대한 설명으로 옳은 것만을 보기에서 있는 대로 고른 것은?

보기
ㄱ. 헤모글로빈과 케라틴은 모두 단백질에 해당한다.
ㄴ. 헤모글로빈과 케라틴은 모두 고유의 입체 구조를 가진다.
ㄷ. 헤모글로빈과 케라틴을 구성하는 아미노산의 종류와 결합 순서가 동일하다.

① ㄱ ② ㄷ ③ ㄱ, ㄴ
④ ㄴ, ㄷ ⑤ ㄱ, ㄴ, ㄷ

 핵산의 규칙성

122 (하중상)

핵산에 대한 설명으로 옳지 <u>않은</u> 것은?

① 고분자 탄소 화합물이다.
② 인산, 당, 염기로 구성되어 있다.
③ 뉴클레오타이드가 길게 연결된 구조이다.
④ 생명체의 유전정보 저장과 전달을 담당한다.
⑤ 염기서열에 따라 다양한 입체 구조와 기능을 갖는다.

123 (하중상)

그림은 핵산을 구성하는 단위체의 구조를 나타낸 것이다.

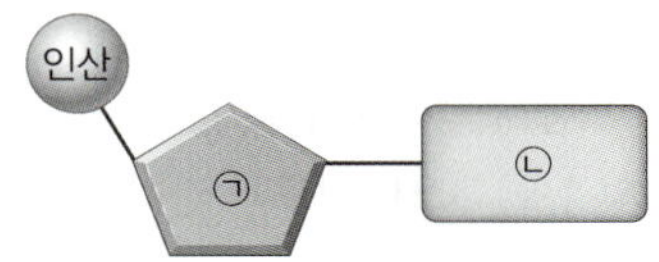

이에 대한 설명으로 옳은 것은?

① 이 단위체의 종류는 20종류이다.
② ㉠은 다른 단위체의 ㉡과 결합한다.
③ 이 단위체를 폴리펩타이드라고 한다.
④ DNA와 RNA를 구성하는 ㉡의 종류는 같다.
⑤ DNA와 RNA를 구성하는 ㉠의 종류는 다르다.

124  하중상　서술형

그림 (가)는 DNA의 구조 중 일부를, (나)는 DNA를 구성하는 단위체를 모형으로 나타낸 것이다. A는 아데닌, G는 구아닌, C는 사이토신이며, ㉠은 U(유라실)와 T(타이민) 중 하나이다.

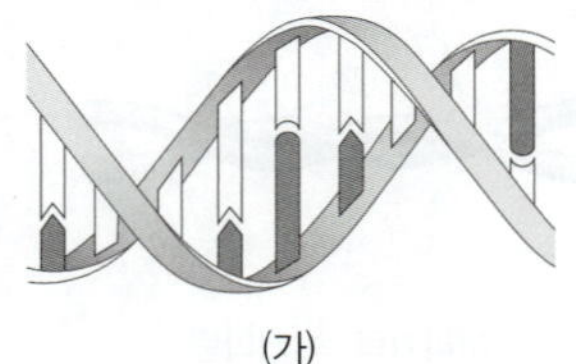
(가)

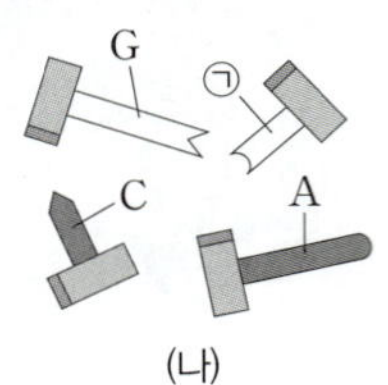
(나)

(1) (가)에 대한 설명으로 옳은 것을 보기에서 있는 대로 골라 기호를 쓰시오.

보기
ㄱ. 유전정보를 저장한다.
ㄴ. 아데닌(A)은 사이토신(C)과 짝을 이루어 결합한다.
ㄷ. 염기가 바깥쪽 골격을 이루고 안쪽으로는 당과 인산이 결합한다.

(2) (나)에서 ㉠이 무엇인지 쓰고, 그렇게 판단한 까닭을 서술 하시오.

중요 125 하중상

그림 (가)와 (나)는 DNA와 RNA를 순서 없이 나타낸 것이다.

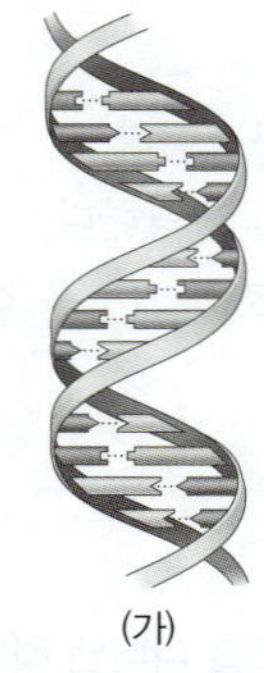
(가)

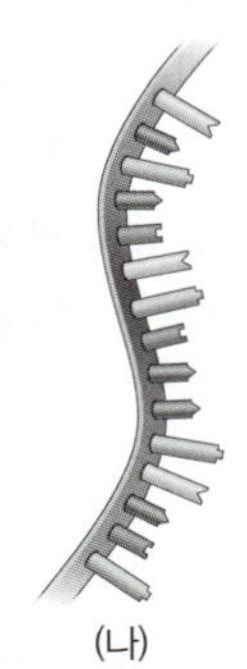
(나)

이에 대한 설명으로 옳은 것은? (단, 돌연변이는 고려하지 않는다.)

① (가)와 (나)에 포함된 당의 종류는 동일하다.
② (가)는 5종류의 뉴클레오타이드가 다양한 순서로 결합하여 만들어진다.
③ (가)에서 한쪽 가닥의 염기서열을 알면 다른 한 가닥의 염기서열을 알 수 있다.
④ (나)를 구성하는 구아닌(G)과 사이토신(C)의 개수는 항상 같다.
⑤ (가)와 (나)를 구성하는 뉴클레오타이드는 염기로 아데닌(A), 구아닌(G), 타이민(T)을 공통으로 갖는다.

126 하중상

그림은 이중 가닥 DNA X를 나타낸 것이다.

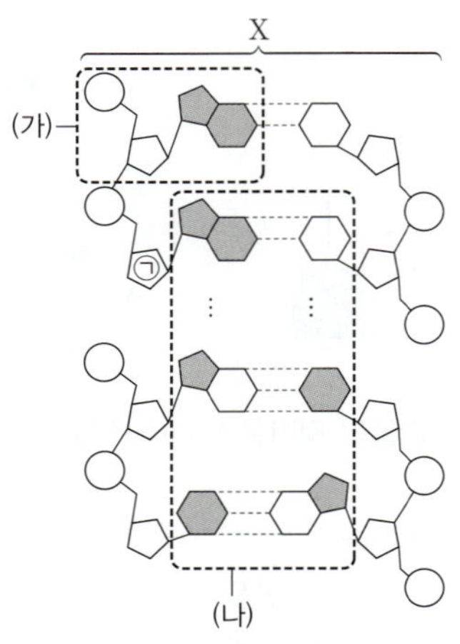
(가)
(나)

이에 대한 설명으로 옳은 것만을 보기에서 있는 대로 고른 것은? (단, 돌연변이는 고려하지 않는다.)

보기
ㄱ. ㉠은 디옥시라이보스이다.
ㄴ. (가)는 뉴클레오타이드이다.
ㄷ. (나)에서 아데닌(A)의 수와 타이민(T)의 수는 같다.

① ㄱ　　　　② ㄴ　　　　③ ㄷ
④ ㄱ, ㄷ　　　⑤ ㄱ, ㄴ, ㄷ

중요 127 하중상

표 (가)는 생명체를 구성하는 물질 A와 B에서 특징 ㉠과 ㉡의 해당 여부를, (나)는 ㉠과 ㉡을 순서 없이 나타낸 것이다. 물질 A와 B는 단백질과 핵산 중 하나이다.

물질＼특징	A	B
㉠	ⓐ	○
㉡	○	×

(가)

특징(㉠, ㉡)
• 기본 단위가 아미노산이다.
• 구성 원소에 탄소가 있다.

(나)

이에 대한 설명으로 옳은 것만을 보기에서 있는 대로 고른 것은?

보기
ㄱ. ⓐ는 '○'이다.
ㄴ. A는 핵산이다.
ㄷ. B는 서로 다른 뉴클레오타이드의 당과 인산의 공유 결합으로 이루어져 있다.

① ㄱ　　　　② ㄴ　　　　③ ㄷ
④ ㄱ, ㄷ　　　⑤ ㄴ, ㄷ

08 물질의 전기적 성질과 활용

A 물질의 전기적 성질

핵심 1 물질을 이루는 원자

1. 원자의 구조: 원자는 양(+)전하를 띠는 원자핵과 음(−)전하를 띠는 전자로 이루어져 있다.

2. 원자핵과 전자는 다른 종류의 전하를 띠므로 서로 끌어당기는 ❶□□□이 작용한다. ➡ 전자는 원자핵과의 전기력에 의해 ❷□□되어 있다.

▲ 원자에 속박된 전자

핵심 2 물질의 전기적 성질

1. ❸□□□□: 많은 원자가 결합하여 물질을 이룰 때 원자에 속박되지 않고 물질 속에서 자유롭게 이동하는 전자

2. 자유 전자의 이동과 물질의 전기적 성질: 물질 내 자유 전자의 이동에 따라 물질의 전기 전도성이 달라진다.

물질 내 자유 전자	원자에 속박된 전자
▲ 도체	▲ 부도체
전압을 걸면 자유 전자가 일정한 방향으로 이동하여 전류가 흐른다.	전압을 걸어도 자유 전자가 거의 없어 전류가 잘 흐르지 않는다.

핵심 3 물질의 전기적 성질에 따른 구분과 활용

❹□□	❺□□□	❻□□□
자유 전자가 많아 전류가 잘 흐르는 물질	자유 전자가 거의 없어 전류가 잘 흐르지 않는 물질	특정 조건에서 전류가 흐르는 물질
금속, 흑연 등	플라스틱, 고무 등	규소(Si), 저마늄(Ge) 등
전기 부품이나 전기 장치를 연결하는 소재로 활용한다.	전기 절연 소재로 활용한다.	각종 센서 및 전자 제품의 부품에 활용한다.

B 반도체

핵심 4 반도체

1. 순수한 반도체: 순수한 규소나 저마늄처럼 어떠한 불순물도 첨가하지 않은 반도체 ➡ ❼□□□□가 거의 없어 전압을 걸어도 전류가 거의 흐르지 않는다.

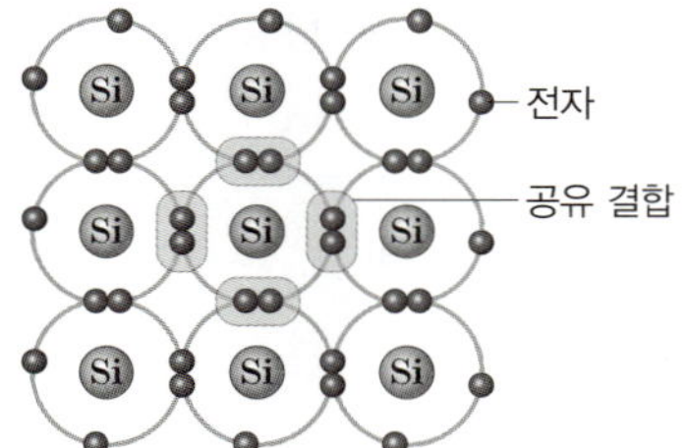

규소, 저마늄은 원자가 전자가 4개인 14족 원소로, 이웃한 원자끼리 4개의 전자쌍을 공유해 공유 결합을 형성한다.

2. 불순물 반도체: 순수한 반도체에 특정 불순물을 첨가(도핑)하여 물질의 ❽□□□ 성질을 변화시킨 반도체

n형 반도체	p형 반도체
원자가 전자가 ❾□개인 원소를 첨가	원자가 전자가 ❿□개인 원소를 첨가
공유 결합에 참여하지 않고 남는 전자가 자유 전자가 되어 이동하면서 전류가 흐른다.	공유 결합에서 전자가 부족하여 생긴 빈 자리(양공)로 주변의 전자가 이동하여 전류가 흐른다.

핵심 5 반도체 소자의 활용

⓫□□□□	발광 다이오드(LED)
• 전류를 한 방향으로 흐르게 한다. • 교류를 직류로 바꾸는 장치에 이용한다.	• 전류가 흐르면 빛을 낸다. • 조명 장치, 영상 표시 장치에 이용한다.
⓬□□□□□	집적 회로
• 회로에서 전압이나 전류 흐름을 조절한다. • 크기와 소비 전력이 작아 대부분의 전자 제품에 이용한다.	• 많은 반도체 소자를 하나의 칩으로 정밀하게 부착하여 만든다. • 신호 전달이 빠르고 에너지 소모가 작다.
센서	태양 전지
반도체를 이용하여 온도, 습도, 압력의 변화를 감지한다.	빛을 받으면 ⓭□□가 흐르는 반도체 소자를 이용한다.

실전 별별다 대비 문제

A 물질의 전기적 성질

128 하(중)상

물질을 이루는 원자에 대한 설명으로 옳은 것만을 보기에서 있는 대로 고른 것은?

보기
ㄱ. 원자는 원자핵과 전자로 이루어져 있다.
ㄴ. 전자는 양(+)전하를 띤다.
ㄷ. 원자핵과 전자 사이에는 서로 끌어당기는 방향으로 전기력이 작용한다.

① ㄱ   ② ㄴ   ③ ㄱ, ㄴ
④ ㄱ, ㄷ   ⑤ ㄴ, ㄷ

중요
129 하(중)상

그림은 물질의 전기적 성질에 대해 학생 A, B, C가 나눈 대화이다.

제시한 내용이 옳은 학생만을 있는 대로 고른 것은?

① A   ② C   ③ A, B
④ B, C   ⑤ A, B, C

130 하(중)상

다음 물질들의 전기 전도도를 비교한 것으로 옳은 것은?

① 구리 > 다이오드 > 플라스틱
② 구리 > 플라스틱 > 다이오드
③ 다이오드 > 구리 > 플라스틱
④ 다이오드 > 플라스틱 > 구리
⑤ 플라스틱 > 다이오드 > 구리

131 하(중)상

물질의 전기적 성질과 활용에 대한 설명으로 옳은 것은?

① 도체는 전기 절연 소재로 활용된다.
② 순수한 상태의 반도체는 전류가 잘 흐른다.
③ 규소, 저마늄 등은 반도체 소자의 재료로 사용된다.
④ 대부분의 전기 기구에는 도체와 반도체만 쓰인다.
⑤ 부도체는 자유 전자가 많아 전류가 잘 흐르지 않는다.

132 하(중)상

그림은 수소 원자의 중심에 있는 입자 A와 A 주위를 운동하는 입자 B를 나타낸 것이다.

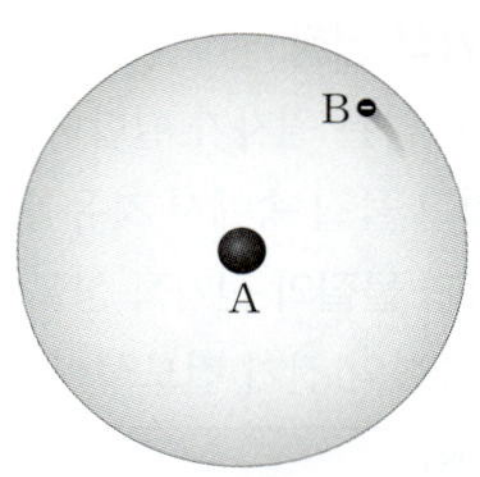

이에 대한 설명으로 옳은 것만을 보기에서 있는 대로 고른 것은?

보기
ㄱ. A는 양(+)전하를 띤다.
ㄴ. A와 B의 전하량의 크기는 같다.
ㄷ. B는 전기력에 의해 A에 속박되어 있다.

① ㄱ   ② ㄷ   ③ ㄱ, ㄴ
④ ㄴ, ㄷ   ⑤ ㄱ, ㄴ, ㄷ

133 하(중)상   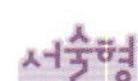 서술형

도체와 비교했을 때 부도체의 전기 전도성을 자유 전자와 관련지어 서술하시오.

134 하 중 상

그림은 고체 물질 X를 전원과 전구에 연결하였을 때 전구에서 빛이 방출되는 모습을 나타낸 것이다.

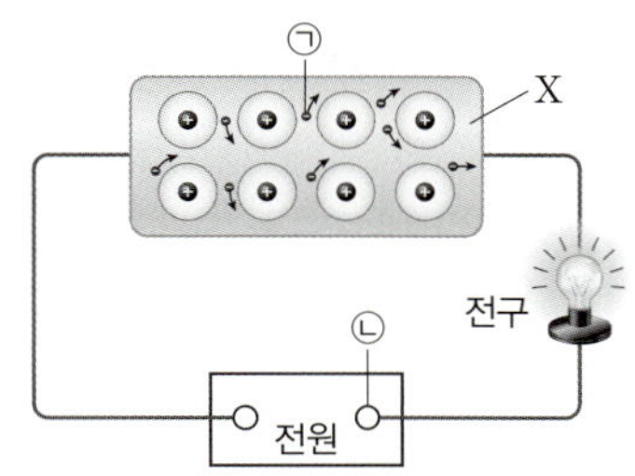

이에 대한 설명으로 옳지 <u>않은</u> 것은?

① ㉠은 자유 전자이다.
② ㉡은 (＋)극이다.
③ 전류는 전원 → X → 전구 방향으로 흐른다.
④ X는 도체이다.
⑤ 전원의 연결 방향을 반대로 바꾸어도 전구에서 빛이 방출된다.

중요
135 하 중 상

다음은 반도체 칩을 구성하는 물질 A, B, C에 대한 설명이다.

- 물질 A: 칩 외부를 감싸 전류가 외부로 흐르지 않도록 한다.
- 물질 B: 칩의 내부에 있으며 특정 조건에 따라 전류 흐름이 달라진다.
- 물질 C: 칩 안의 물질 B와 외부 전선을 연결하여 전류가 흐르도록 한다.

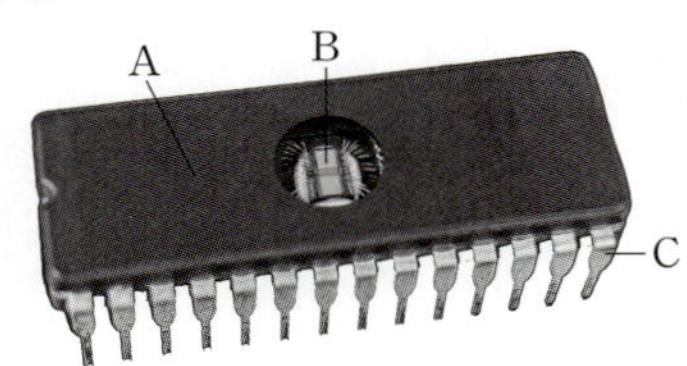

A, B, C에 해당하는 물질의 종류로 가장 적절한 것은?

	A	B	C
①	도체	반도체	부도체
②	도체	부도체	반도체
③	부도체	도체	반도체
④	부도체	반도체	도체
⑤	반도체	도체	부도체

[136 ~ 138] 표는 물질의 전기적 성질에 따른 특징과 쓰임새를 나타낸 것이다.

구분	도체	반도체	부도체
자유 전자	㉠	순수한 상태에서는 자유 전자가 거의 없지만 특정 조건에 따라 자유 전자가 생겨 전류가 흐른다.	자유 전자가 거의 없어 전류가 잘 흐르지 않는다.
물질	철, 구리	㉡	고무, 다이아몬드
쓰임새	여러 전기 부품을 연결하는 전선	각종 전자 제품의 전류 제어 장치	㉢

136 하 중 상  서술형

㉠에 들어갈 내용을 '자유 전자'를 포함하여 한 문장으로 서술하시오.

137 하 중 상

㉡에 해당하는 물질로 옳은 것은?

① 나무　　　② 유리　　　③ 흑연
④ 저마늄　　　⑤ 플라스틱

138 하 중 상

㉢의 예로 가장 적절한 것은?

① 정전기 방지 패드
② 디지털 카메라의 광센서
③ 피뢰침과 지면을 연결하는 도선
④ 스마트 기기의 화면 발광 부품
⑤ 전선 피복 같은 전기 절연 소재

[139 ~ 140] 다음은 발광 다이오드(LED)를 이루는 물질의 전기적 성질에 대한 설명이다.

> 전류가 흐를 때 빛을 내는 ⊙ 물질과 이를 둘러싸 전류가 외부로 흐르는 것을 막는 ⓛ 물질, 외부 전원과 연결하는 ⓒ 물질로 이루어져 있다.

중요★
139 (하)중상

이에 대한 설명으로 옳은 것만을 보기에서 있는 대로 고른 것은?

> **보기**
> ㄱ. ⊙은 자유 전자가 ⓒ보다 적다.
> ㄴ. ⓛ은 전기 전도성이 ⊙보다 좋다.
> ㄷ. ⓒ은 자유 전자가 많아 전류가 잘 흐른다.

① ㄱ ② ㄷ ③ ㄱ, ㄴ
④ ㄱ, ㄷ ⑤ ㄴ, ㄷ

140 (하)중상

ⓒ에 해당하는 물질로 가장 적절한 것은?

① 고무 ② 구리 ③ 규소
④ 나무 ⑤ 유리

중요★
141 (하)중상

그림 (가)와 (나)는 전구와 전원에 도체와 부도체 중 하나를 연결한 모습을 순서 없이 나타낸 것으로, (가)만 전구에 불이 켜졌다.

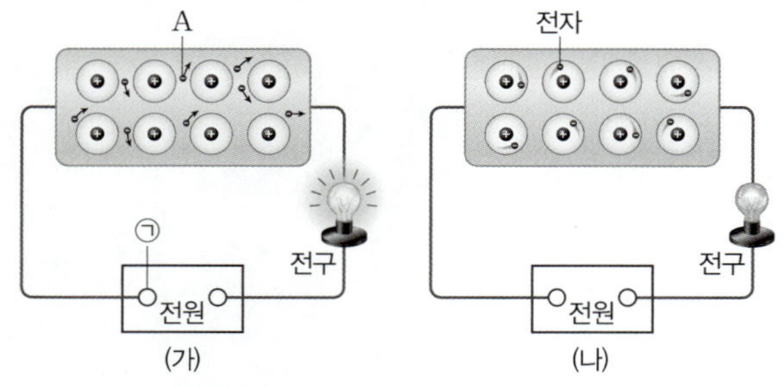

이에 대한 설명으로 옳은 것만을 보기에서 있는 대로 고른 것은?

> **보기**
> ㄱ. A는 원자에 속박된 전자이다.
> ㄴ. 전원의 ⊙은 (−)극이다.
> ㄷ. (나)에서 전원의 극이 반대가 되면 전구에 불이 켜진다.

① ㄴ ② ㄷ ③ ㄱ, ㄷ
④ ㄴ, ㄷ ⑤ ㄱ, ㄴ, ㄷ

ꞵ 반도체

142 (하)중상

다음 중 반도체에 해당하는 물질을 모두 고르면? (2개)

① 고무 ② 구리 ③ 규소
④ 흑연 ⑤ 저마늄

143 (하)중상

불순물 반도체에 대한 설명으로 옳은 것만을 보기에서 있는 대로 고른 것은?

> **보기**
> ㄱ. 순수한 반도체에 원자가 전자가 5개인 원소를 첨가하면 전기 전도도가 커진다.
> ㄴ. 전기 저항이 도체보다 작아 전류가 잘 흐른다.
> ㄷ. 외부 조건을 바꾸어도 전기적 성질이 일정하게 유지된다.

① ㄱ ② ㄴ ③ ㄱ, ㄷ
④ ㄴ, ㄷ ⑤ ㄱ, ㄴ, ㄷ

144 (하)중상

순수한 반도체에 대한 설명으로 옳은 것만을 보기에서 있는 대로 고른 것은?

> **보기**
> ㄱ. 순수한 반도체의 원자가 전자는 4개이다.
> ㄴ. 상온에서 순수한 반도체의 전기 전도성은 도체와 비슷하다.
> ㄷ. 규소는 지각의 대부분을 차지하는 규산염 광물로 존재한다.

① ㄱ ② ㄴ ③ ㄱ, ㄴ
④ ㄱ, ㄷ ⑤ ㄴ, ㄷ

145 (하)중상

불순물 반도체에 대한 설명으로 옳지 <u>않은</u> 것은?

① 순수한 반도체보다 전기 전도도가 크다.
② 순수한 반도체에 불순물을 첨가하여 만든다.
③ 불순물로 인해 전기적 성질을 제어하기 어렵다.
④ 15족 원소 인(P)을 도핑하면 자유 전자가 많아진다.
⑤ 원자가 전자가 3개인 붕소(B)를 도핑하면 p형 반도체가 된다.

146  서술형

순수한 반도체를 이용해 p형 반도체와 n형 반도체를 만드는 방법
을 각각 서술하시오.

147 (하)(중)(상)

그림 (가)와 (나)는 반도체 소자인 다이오드와 발광 다이오드를 나
타낸 것이다.

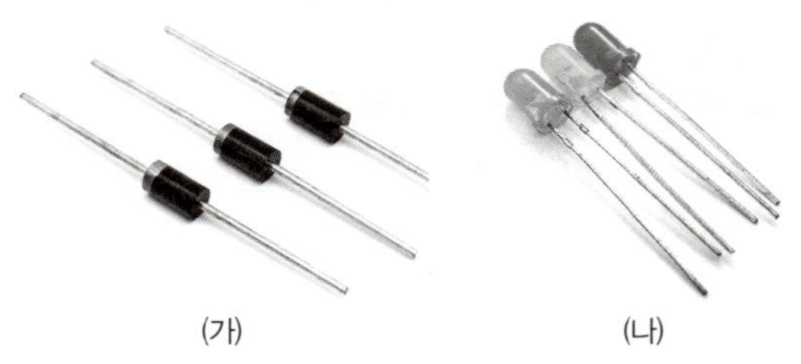

이에 대한 설명으로 옳은 것만을 보기에서 있는 대로 고른 것은?

보기
ㄱ. (가)는 약한 전류를 크게 한다.
ㄴ. (나)는 전류가 흐르면 빛을 방출한다.
ㄷ. (가)와 (나) 모두 전류를 한쪽 방향으로만 흐르게 하는 특
   성이 있다.

① ㄱ　　　　　② ㄴ　　　　　③ ㄱ, ㄷ
④ ㄴ, ㄷ　　　　⑤ ㄱ, ㄴ, ㄷ

148 (하)(중)(상) 중요

다음은 반도체 소자 A, B, C에 대한 설명이다.

- 반도체 소자 A: 외부 조건에 따라 전기적 성질이 변하므로
  외부의 변화를 감지할 수 있다.
- 반도체 소자 B: 전류가 흐를 때 빛을 방출한다.
- 반도체 소자 C: 빛을 받으면 전류가 흐른다.

A~C를 활용한 사례로 가장 적절한 것은?

	A	B	C
①	센서	태양 전지	컴퓨터 모니터
②	센서	LED 가로등	태양 전지
③	센서	LED 가로등	컴퓨터 모니터
④	태양 전지	센서	LED 가로등
⑤	태양 전지	컴퓨터 모니터	LED 가로등

149 (하)(중)(상) 중요

그림은 규소(Si)로 이루어진 반도체 X와 X에 붕소(B)를 도핑한
반도체 Y의 원자가 전자의 배열을 나타낸 것이다.

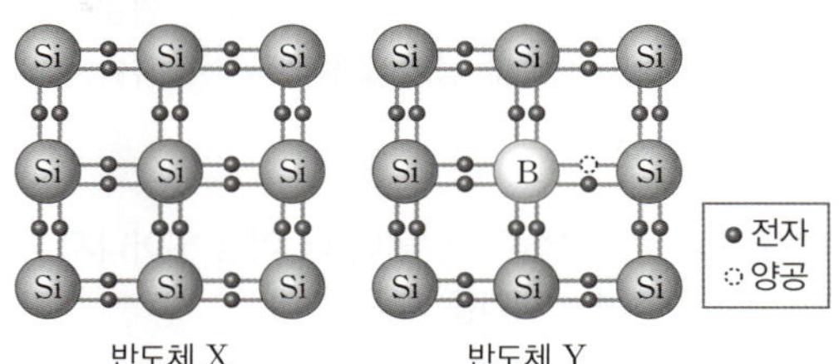

이에 대한 설명으로 옳은 것만을 보기에서 있는 대로 고른 것은?

보기
ㄱ. 상온에서 X의 전기 저항은 구리보다 작다.
ㄴ. Y는 p형 반도체이다.
ㄷ. 전기 전도도는 X가 Y보다 크다.

① ㄱ　　　　　② ㄴ　　　　　③ ㄱ, ㄷ
④ ㄴ, ㄷ　　　　⑤ ㄱ, ㄴ, ㄷ

150 (하)(중)(상)

그림 (가)와 같이 반도체 X, Y로 만든 다이오드를 전원 장치와
저항에 연결했더니 저항에 전류가 흘렀다. 그림 (나)는 X를 구성
하는 원소와 원자가 전자의 배열을 나타낸 것이다. X, Y는 p형
반도체와 n형 반도체를 순서 없이 나타낸 것이다.

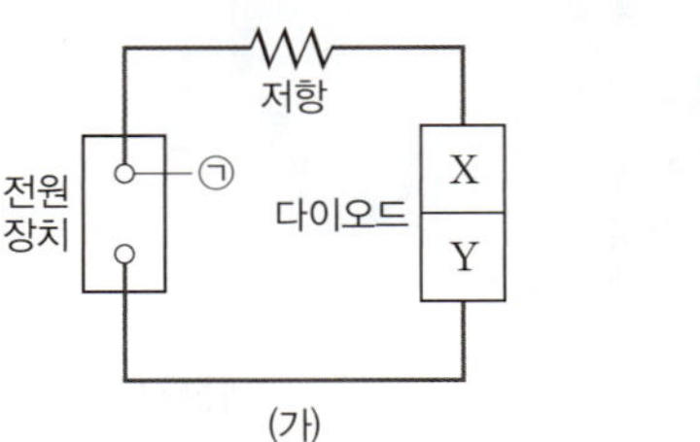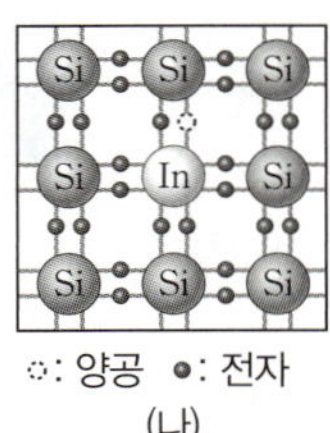

이에 대한 설명으로 옳은 것은?

① X는 n형 반도체이다.
② Y의 전기 전도도는 저항보다 크다.
③ 인듐(In)의 원자가 전자는 5개이다.
④ (가)에서 X와 Y를 반대로 연결해도 저항에 전류가 흐른다.
⑤ 자유 전자는 다이오드 → 저항 → ㉠ 방향으로 이동한다.

151

다음은 별의 진화에 대한 설명이다.

> 중심부의 수소가 모두 헬륨으로 바뀌면 수소 핵융합 반응이 더 이상 일어나지 않으므로 별의 중심부는 수축하면서 온도가 높아진다.

별의 중심부에서 수소 핵융합 반응이 더 이상 일어나지 않을 때, 별의 중심부가 수축하는 까닭을 서술하시오.

152

그림은 탄소핵이 형성된 별의 내부 구조를 나타낸 것이다. B와 C 영역에서는 핵융합 반응이 일어나고 있다.

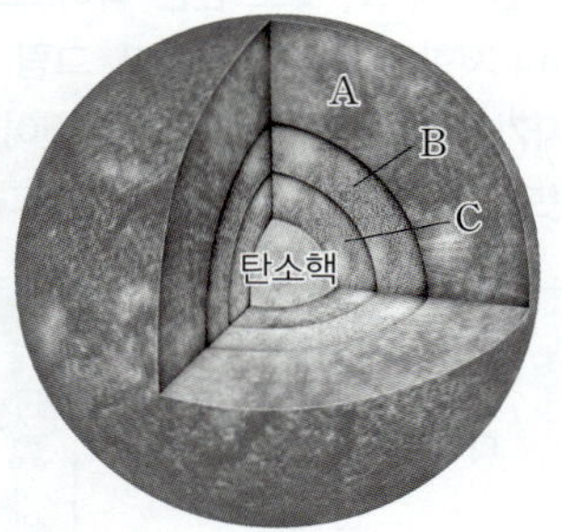

(1) B와 C 영역에서 일어나는 핵융합 반응의 종류를 쓰시오.

(2) A, B, C 영역에 각각 존재하는 원소와 그 기원을 서술하시오.

153

그림은 질량이 매우 큰 별의 내부 구조를 나타낸 것이다.

별의 내부에서 다양한 종류의 무거운 원소가 생성되었음에도 우주에서 무거운 원소가 차지하는 비율이 수소와 헬륨이 차지하는 비율보다 매우 작은 까닭을 서술하시오.

154

표는 지구와 목성의 구성 물질을 나타낸 것이다.

행성	지구	목성
구성 물질	규산염, 금속 산화물	수소, 헬륨

(1) 지구와 목성을 이루는 구성 물질의 녹는점을 비교하여 서술하시오.

(2) 지구와 목성을 형성한 미행성들이 만들어질 때의 온도 환경을 비교하여 설명하시오.

(3) (1)과 (2)에 근거하여 지구와 목성의 구성 물질이 달라진 까닭을 서술하시오.

155 논술형

2. 원소의 형성

다음 제시문을 읽고 물음에 답하시오.

제시문

(가) 우주에 존재하는 다양한 원소 중 수소와 헬륨은 대부분 대폭발(빅뱅) 이후 우주 초기의 원소 형성 과정을 통해 형성되었고, 소량의 리튬을 제외한 헬륨보다 무거운 원소들은 대부분 별 내부에서 핵융합 반응을 통해 형성되었거나 초신성이 폭발하는 과정을 통해 형성되었다.

원소	형성 과정
수소, 헬륨	대폭발(빅뱅) 이후 우주 초기의 원소 형성 과정을 통해 형성
탄소, 산소, 네온, 마그네슘, 규소, 황, 철	별 내부의 핵융합 반응을 통해 형성
구리, 금, 은, 우라늄	초신성 폭발을 통해 형성

(나) 한편, 별 내부에서 수소 핵융합 반응이 일어나 헬륨 원자핵이 형성되기 위해서는 약 1000만 K의 온도가 필요하고, 헬륨 핵융합 반응으로 탄소 원자핵이 형성되기 위해서는 약 1억 K의 온도가 필요하다.

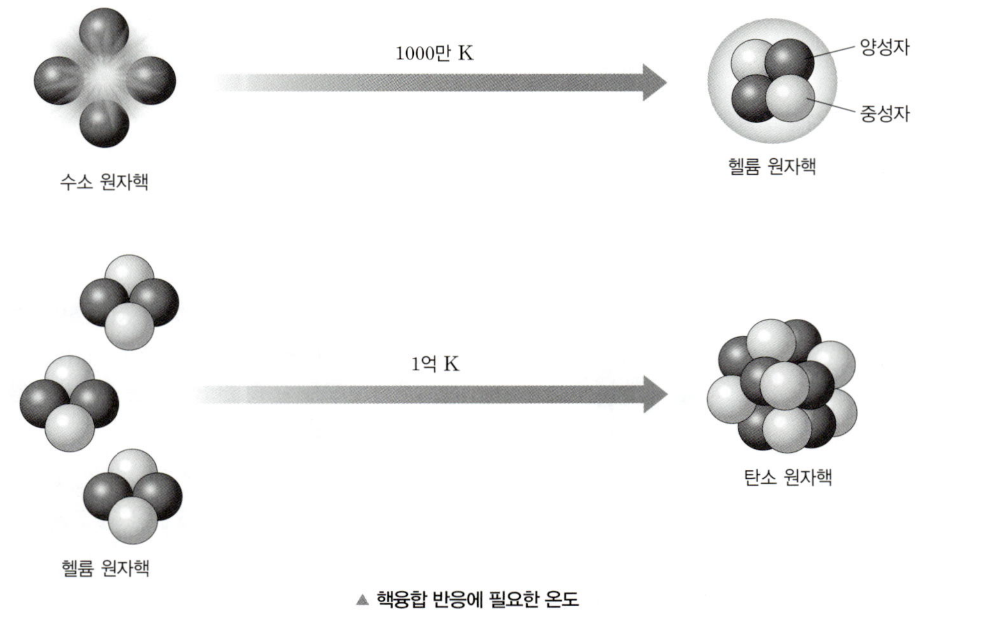

▲ 핵융합 반응에 필요한 온도

우주의 역사에서 무거운 원소가 별의 내부에서만 형성될 수 있었던 까닭을 다음의 조건에 맞게 서술하시오.

- 대폭발(빅뱅) 이후 우주의 온도 변화를 포함하시오.
- 우주 초기 원소 형성과 별 내부에서 원소 형성의 관계를 포함하시오.
- 별의 내부에서 핵융합 반응에 의한 원소의 형성 과정을 포함하시오.

156

3. 자연을 구성하는 원소

그림은 주기율표에서 18족 원소를 제외한 2주기 원소의 원자 번호에 따른 물리량 (가)와 (나)를 나타낸 것이다.

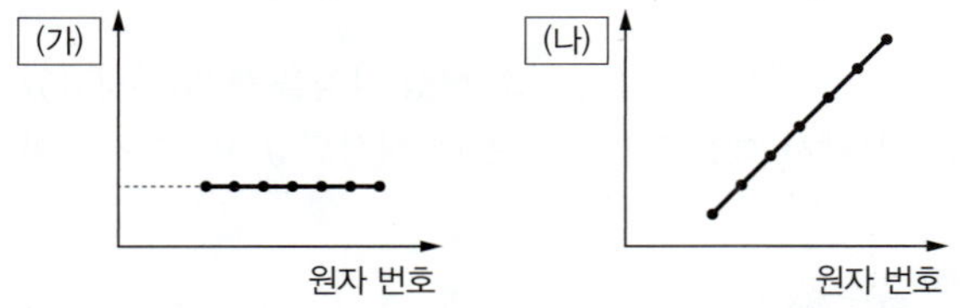

(가)와 (나)로 적절한 물리량을 각각 쓰고, 그 까닭을 서술하시오.

157

3. 자연을 구성하는 원소

다음은 알칼리 금속 X, Y의 성질을 알아보기 위한 실험이다. (단, X와 Y는 임의의 원소 기호이다.)

[실험 과정]

(가) 물이 담긴 시험관 A와 B에 금속 조각 X, Y를 각각 넣고 반응 정도를 관찰한다.

(나) A와 B에서 발생한 기체를 모아 성냥불을 대어 본다.

(다) A와 B에 페놀프탈레인 용액을 넣고 색 변화를 관찰한다.

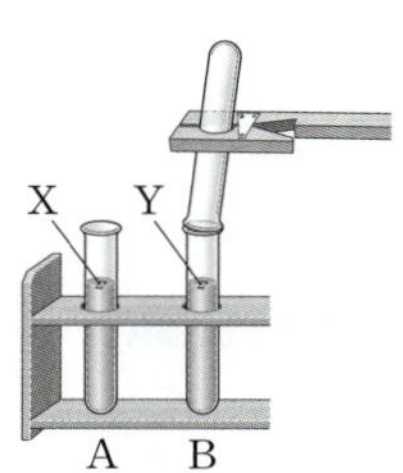

[실험 결과]

과정	결과
(가)	A와 B에서 모두 기체가 발생하였고, A에서가 B에서보다 격렬하게 반응하였다.
(나)	A와 B에서 모두 '퍽' 소리가 났다.
(다)	A와 B에서 수용액은 모두 붉은색으로 변하였다.

(1) (가)에서 발생한 기체의 종류를 실험 결과를 근거로 서술하시오.

(2) 금속 X와 Y에서 전자가 들어 있는 전자 껍질 수를 실험 결과를 근거로 비교하시오.

158

3. 자연을 구성하는 원소

다음은 선생님이 학생들에게 제시한 탐구 과제이다.

설탕, 포도당, 염화 나트륨, 질산 칼륨을 다음과 같이 화학 결합의 종류에 따라 분류할 수 있는 실험을 설계하고 수행하시오.

공유 결합 물질	설탕, 포도당
이온 결합 물질	염화 나트륨, 질산 칼륨

탐구 과제를 해결하기 위해 수행해야 하는 실험 방법을 수용액에서의 입자 상태와 관련지어 서술하시오.

159

3. 자연을 구성하는 원소

그림은 원자 A~D의 전자 배치 모형을, 표는 A~D로 이루어진 화합물 (가)~(라)의 구성 원소를 나타낸 것이다. (가)~(라)의 구성 원소는 모두 18족 원소와 같은 전자 배치를 이룬다. (단, A~D는 임의의 원소 기호이다.)

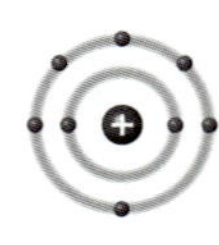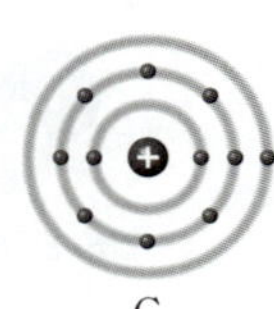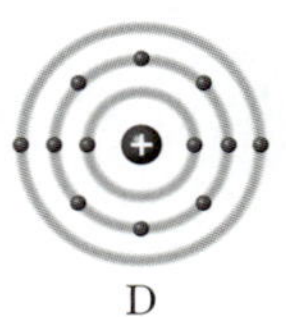

화합물	(가)	(나)	(다)	(라)
구성 원소	A, B	A, D	B, C	B, D

(1) (가)~(라)를 각각 이온 결합 물질과 공유 결합 물질로 분류하고, 그렇게 판단한 근거를 서술하시오.

(2) A와 C로 이루어진 안정한 화합물의 화학식을 쓰고, 그렇게 판단한 근거를 서술하시오. (단, A와 C로 이루어진 화합물에서 A와 C는 모두 네온과 같은 전자 배치를 이룬다.)

160 논술형

다음 제시문을 읽고 물음에 답하시오.

제시문

(가) 알칼리 금속은 반응성이 매우 커서 공기 중의 산소와 빠르게 반응하고, 물과도 격렬하게 반응한다.

▲ 알칼리 금속을 칼로 자르면 단면의 광택이 사라진다.

▲ 알칼리 금속은 물과 격렬하게 반응하여 수소 기체를 발생시킨다.

(나) 알칼리 금속은 공기 중의 산소 또는 물과 반응할 때 전자 1개를 잃는다. 이때 잃는 전자는 원자가 전자이다. 원자가 전자는 원자의 전자 배치에서 가장 바깥 전자 껍질에 들어 있는 전자로 안쪽 전자 껍질에 들어 있는 전자보다 원자핵과의 정전기적 인력이 작다. 따라서 알칼리 금속인 리튬(Li), 나트륨(Na), 칼륨(K)의 전자 배치로 알칼리 금속의 반응 정도를 파악할 수 있다.

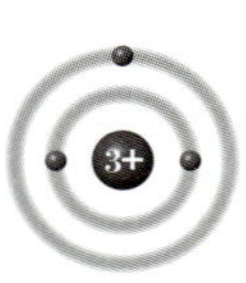
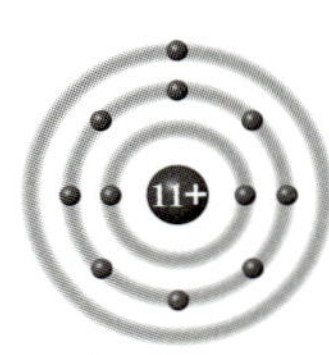
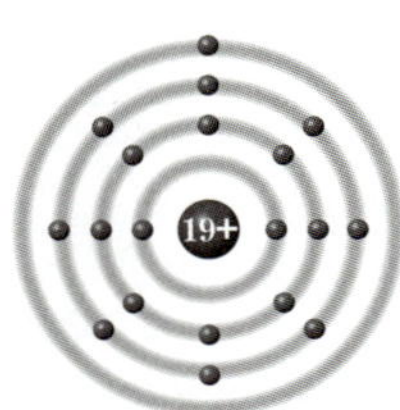

리튬(Li)　　　　나트륨(Na)　　　　칼륨(K)

▲ 알칼리 금속의 전자 배치 모형

(1) 알칼리 금속은 은백색의 광택을 띤다. 알칼리 금속을 칼로 자르면 단면의 광택이 사라지는 까닭을 서술하시오.

(2) 리튬(Li), 나트륨(Na), 칼륨(K)과 물의 반응 정도를 부등호를 이용하여 비교하시오.

(3) (2)의 판단 근거를 다음 조건을 모두 이용하여 서술하시오.

- 알칼리 금속이 물과 반응할 때 전자의 이동을 포함하시오.
- 알칼리 금속의 전자 배치에서 원자가 전자와 원자핵의 정전기적 인력을 관련지으시오.
- 알칼리 금속의 반응 정도를 원자 번호와 관련지으시오.

서·논술형 대비 문제

161

3. 자연을 구성하는 원소

그림은 규산염 광물 (가)~(다)의 결합 구조를 나타낸 것이다.

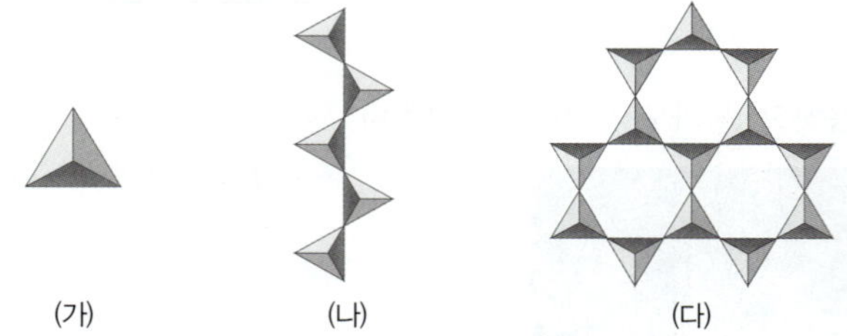

(1) (가), (나), (다)에서 Si−O 사면체 사이에 공유하는 산소의 수는 어떻게 달라지는지 서술하시오.

(2) (가), (나), (다)에서 각각 규소 원자 1개당 공유하고 있는 산소 원자의 수를 서술하시오.

162

3. 자연을 구성하는 원소

다음은 단백질의 구조를 알아보는 모의 실험이다.

(가) 단백질의 단위체 부품 ㉠, ㉡과 펩타이드결합 막대 부품을 다음과 같이 준비하였다.

부품	모양	개수(개)
단위체 ㉠		10
단위체 ㉡		?
펩타이드결합 막대		20

(나) 그림과 같이 ㉠과 펩타이드결합 막대로만 모형 X를, ㉡과 펩타이드결합 막대로만 모형 Y를 만들었다. X와 Y를 만들고 남은 부품은 없다.

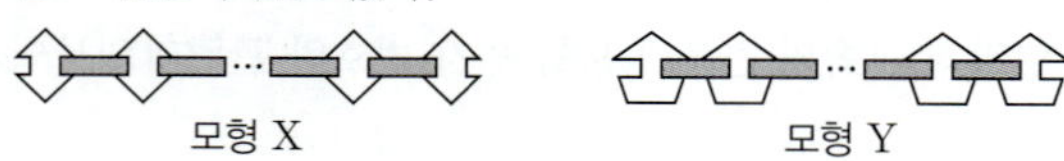

(1) 모형 X를 만드는 데 필요한 펩타이드결합 막대의 수를 쓰고, 그렇게 판단한 까닭을 서술하시오.

(2) 모형 X와 Y에 사용되는 펩타이드결합 막대 부품의 개수의 크기를 비교하고, 그렇게 판단한 까닭을 서술하시오.

163

3. 자연을 구성하는 원소

그림은 5개의 염기쌍으로 이루어진 어떤 이중 가닥 DNA X를 나타낸 것이다. 이 DNA에서 구아닌(G)의 함량은 30 %이다. 염기 ⓐ는 사이토신(C)과 타이민(T) 중 하나이고, 염기 ⓑ는 아데닌(A)과 구아닌(G) 중 하나이다.

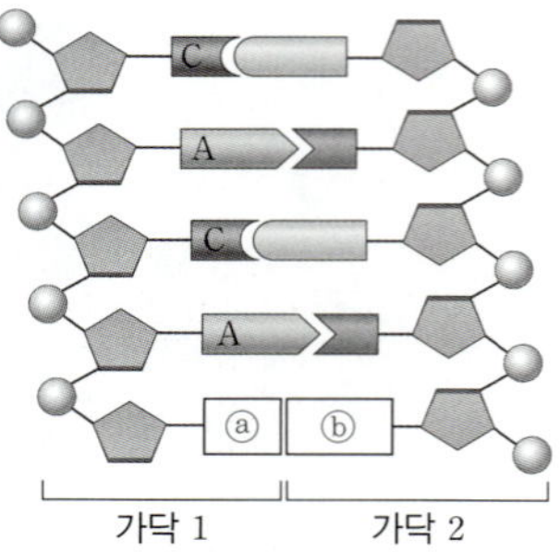

(1) DNA X를 구성하는 뉴클레오타이드의 총 개수를 쓰시오.

(2) 가닥 2의 염기를 위에서부터 순서대로 쓰시오. (단, ⓑ를 제외하고 4개만 쓰시오.)

(3) ⓐ와 ⓑ에 해당하는 염기를 쓰고, 그렇게 생각한 까닭을 서술하시오.

164

3. 자연을 구성하는 원소

그림은 태양 전지를 이용해 전기 에너지를 생산하고 LED 전등으로 빛을 방출하는 가로등을 나타낸 것이다.

태양 전지와 LED 전등에 사용하는 반도체 소자의 전기적 성질을 각각 서술하시오.

165 논술형

다음 제시문을 읽고 물음에 답하시오.

제시문

(가) 도체는 전기 전도성이 좋아 전선 내부의 도선, 피뢰침 등 전류가 잘 흘러야 하는 곳에 쓰인다. 부도체는 전류가 거의 흐르지 않기 때문에 전기 작업을 할 때 끼는 절연 장갑이나 전선 피복 등을 만들 때 사용한다. 반도체 칩에서 내부의 반도체 회로를 보호하고 오작동을 막기 위해 표면을 코팅할 때도 부도체가 쓰인다. 반도체는 빛, 열, 전기, 자기, 압력 등 외부 조건에 따라 전기적 성질이 바뀌는 특성이 있어 대부분의 전자 기기나 첨단 기술의 핵심 부품으로 쓰인다.

▲ 피뢰침

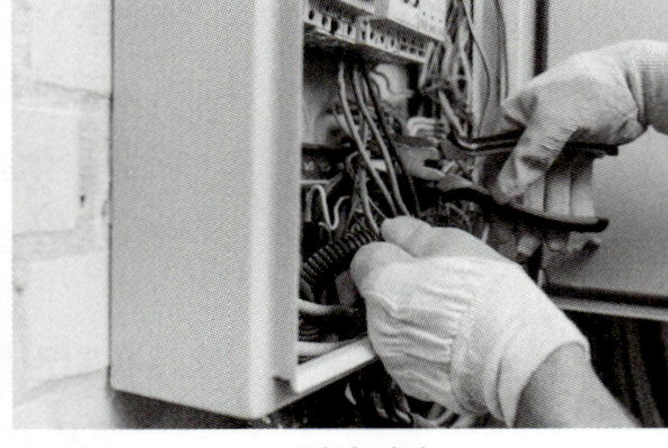

▲ 절연 장갑

▲ 다양한 전자 기기

(나) 겨울철에 장갑을 끼면 스마트 기기를 작동하기 어렵다. 스마트 기기는 인체에 흐르는 미세한 전류로 접촉 여부를 인식하여 작동하므로 폴리에스터로 이루어진 장갑을 끼면 스마트 기기를 작동할 수 없다. 이를 해결하기 위해 개발된 스마트 기기용 장갑은 전도성 실을 이용하여 전류가 흐르게 한다. 전도성 실은 실처럼 얇게 만든 금속을 폴리에스터와 섞어 만든 것으로 스마트 기기용 장갑 외에도 정전기 방지 작업복이나 신발, 정전기 방지 팔찌에 사용되고 있다.

(다) 스마트 의류는 기존의 섬유에 디지털 정보 기술이 결합된 신개념 의류이다. 최근에는 전류가 흐르는 전도성 섬유 자체에 정보 통신 기술을 적용하여 착용자의 상태를 감지하고 스스로 판단하여 필요한 기능을 수행하는 형태로 발전하고 있다. 예를 들어 야외에서 기온 변화가 큰 날에는 스마트 의류가 발열 기능을 수행하여 체온 유지에 도움을 준다. 히텍스는 전도성 고분자를 섬유에 인쇄하여 전기 에너지를 열에너지로 바꾸는 섬유로, 배터리를 연결하면 섬유가 따뜻하게 데워진다.

(1) 제시문 (가)와 (나)를 이용해 폴리에스터의 전기적 성질을 자유 전자와 전류 흐름으로 쓰고, 그렇게 생각한 까닭을 서술하시오.

(2) 제시문 (다)를 읽고 스마트 의류에서 도체, 반도체, 부도체를 활용하는 방안을 각각 하나씩 서술하시오.

09 지구시스템의 구성 요소

A 지구시스템

핵심 1 태양계의 구성 요소인 지구

1. ❶☐☐☐: 태양과 태양 주위를 공전하는 구성 천체의 중력으로 유지되는 역학적 시스템
2. **태양계의 구성 천체:** 태양계는 태양을 중심으로 행성, 위성, 왜소 행성, 소행성, 혜성 등으로 이루어져 있다.
- 태양은 태양계 전체 질량의 약 99 % 이상을 차지한다.
- 태양계 천체들은 태양을 중심으로 일정한 궤도를 따라 공전하면서 서로 상호작용을 하고 있다.
3. **지구:** 지구는 8개의 행성 중 하나이고, 태양 및 다른 천체들과 서로 영향을 주고받으며 하나의 계를 이루고 있다.

핵심 2 지구시스템(지구계)

1. ❷☐☐☐☐☐(지구계): 지구를 구성하는 요소들이 서로 영향을 주고받으며 시스템을 이루고 있다.
- 지구는 태양계라는 더 큰 시스템을 이루는 요소이면서 그 자체로도 하나의 시스템이다.
- 지구시스템은 기권, 수권, 지권, 생물권, 외권으로 이루어져 있다.

B 지구시스템의 구성 요소

핵심 3 기권

기권은 대기가 분포하는 영역으로, 지표면으로부터 높이 약 1000 km까지 분포한다.

1. ❸☐☐☐: 높이 약 0~11 km의 위로 올라갈수록 기온이 낮아지는 영역. 대류가 활발하며, 기상 현상이 일어난다.
2. **성층권:** 높이 약 11~50 km의 위로 올라갈수록 기온이 높아지는 영역. 안정한 층으로, 높이 약 20~30 km에 ❹☐☐☐이 있다.
3. **중간권:** 높이 약 50~80 km의 위로 올라갈수록 기온이 낮아지는 영역. 대류는 일어나지만, 기상 현상은 일어나지 않는다.
4. **열권:** 높이 약 80~1000 km의 위로 올라갈수록 기온이 높아지는 영역. 공기가 매우 희박하여 낮과 밤의 기온 차가 크고, 오로라가 나타나기도 한다.
5. **기권의 역할**
- 온실 효과를 일으켜 적당한 온도를 유지한다.
- 호흡과 광합성에 필요한 산소와 이산화 탄소를 공급한다.
- 외권으로부터 오는 유해한 전자기파와 유성체를 막아 준다.

핵심 4 수권

수권의 약 97 %는 해수이며, 육수의 대부분은 빙하이다.

1. ❺☐☐☐: 깊이에 따른 수온의 변화가 거의 없이 수온이 높고 일정한 층. 바람이 강하게 불수록 두께가 두껍다.
2. **수온 약층:** 수온이 급격하게 낮아지는 안정한 층. 혼합층과 심해층 사이의 물질과 에너지 교환을 ❻☐☐한다.
3. **심해층:** 수온이 낮고 일정한 층. 계절이나 위도에 따른 수온 변화가 거의 없다.
4. **수권의 역할:** 지구의 온도를 일정하게 유지하고, 생명체에 서식 공간을 제공하며, 물질을 공급한다.

핵심 5 지권

지구의 표면과 지구의 내부를 지권이라고 한다.

1. ❼☐☐: 지표에서부터 깊이 약 5~35 km까지의 구간으로, 규산염 물질로 구성되어 있으며, 대륙 지각이 해양 지각보다 두껍다.
2. **맨틀:** 깊이 약 2900 km까지의 구간으로, 지구 전체 부피의 약 80 %를 차지한다.
3. **외핵:** 깊이 약 2900~5100 km의 구간으로, 주로 철과 니켈 등의 무거운 물질로 구성되어 있고, ❽☐☐ 상태이다.
4. **내핵:** 깊이 약 5100~6400 km의 구간으로, 주로 철과 니켈 등의 무거운 물질로 구성되어 있고, 고체 상태이다.
5. **지권의 역할:** 생명체에 서식 공간을 제공하고, 생명 활동에 필요한 물질을 공급한다.

핵심 6 ❾☐☐☐

인간을 포함한 동물, 식물, 미생물 등 지구상의 모든 생명체를 생물권이라고 한다.

1. **생물권의 분포:** 지권, 수권, 기권에 걸쳐 분포한다.
2. **생물권의 역할:** 광합성과 호흡을 통해 대기 중의 이산화 탄소와 산소 농도를 변화시킨다. 풍화를 일으켜 지구 표면을 변형시키고, 미생물은 토양의 성분을 변화시킨다.

핵심 7 외권

지구를 둘러싸고 있는 기권 바깥의 우주 영역을 외권이라고 한다.

1. **외권의 역할:** 태양 에너지는 식물의 광합성에 쓰이고, 대기와 해양의 순환을 일으킨다.
2. ❿☐☐ ☐☐☐: 외핵에서 철과 니켈의 대류로 발생한 지구 자기장은 우주선과 고에너지 입자를 차단하여 지구의 생명체를 보호한다.

A 지구시스템

166 하중상

지구시스템과 태양계에 대한 설명으로 옳은 것만을 보기에서 있는 대로 고른 것은?

보기

ㄱ. 시스템은 상호작용하는 여러 요소들로 이루어진다.
ㄴ. 지구시스템과 태양계라는 시스템은 각각 독립적인 별도의 시스템이다.
ㄷ. 태양계에 속한 천체들은 서로 영향을 주고받으며 하나의 시스템을 이루고 있다.

① ㄱ   ② ㄷ   ③ ㄱ, ㄴ
④ ㄱ, ㄷ   ⑤ ㄴ, ㄷ

167 하중상   서술형

다음 ( ) 안에 알맞은 말을 쓰시오.

지구는 태양계에서 생명체가 살아가고 있는 유일한 행성이다. 행성에 생명체가 존재하기 위해서는 행성에 안정적으로 에너지를 공급해 주는 ㉠( )와/과 액체 상태의 ㉡( )이/가 있어야 한다.

168 하중상

지구시스템의 상호작용에 대한 설명으로 옳은 것만을 보기에서 있는 대로 고른 것은?

보기

ㄱ. 지구는 상호작용하는 여러 요소로 이루어진 하나의 시스템이다.
ㄴ. 현재 지구의 모습은 태양계에서 일어난 상호작용의 결과이다.
ㄷ. 지구는 태양계에서 태양 이외의 천체들과는 상호작용을 하지 않는다.

① ㄱ   ② ㄷ   ③ ㄱ, ㄴ
④ ㄴ, ㄷ   ⑤ ㄱ, ㄴ, ㄷ

169 하중상

태양계에서 중력이 작용한 예에 대한 설명으로 옳은 것만을 보기에서 있는 대로 고른 것은?

보기

ㄱ. 성운에서 태양이 탄생하는 데 작용하였다.
ㄴ. 미행성체들이 충돌하여 지구가 형성되는 데 작용하였다.
ㄷ. 태양과 행성이 일정한 거리를 유지할 수 있도록 작용한다.

① ㄱ   ② ㄷ   ③ ㄱ, ㄴ
④ ㄴ, ㄷ   ⑤ ㄱ, ㄴ, ㄷ

중요 170 하중상

그림은 태양계 구성 천체들의 모습을 나타낸 것이다.

이에 대한 설명으로 옳은 것만을 보기에서 있는 대로 고른 것은?

보기

ㄱ. 태양계는 중력으로 유지되는 역학적 시스템이다.
ㄴ. 지구시스템은 태양계라는 더 큰 시스템의 구성 요소이다.
ㄷ. 태양계에서 지구시스템에 가장 큰 영향을 미치는 천체는 태양이다.

① ㄱ   ② ㄷ   ③ ㄱ, ㄴ
④ ㄴ, ㄷ   ⑤ ㄱ, ㄴ, ㄷ

171 하중상

지구시스템에 대한 설명으로 옳은 것만을 보기에서 있는 대로 고른 것은?

보기
ㄱ. 태양계라는 시스템에 속해 있다.
ㄴ. 지권, 기권, 수권으로 구성되어 있다.
ㄷ. 지구시스템에서 일어나는 모든 현상은 태양 에너지에 의해서 일어난다.

① ㄱ ② ㄴ ③ ㄱ, ㄷ
④ ㄴ, ㄷ ⑤ ㄱ, ㄴ, ㄷ

172 하중상

그림은 자전축이 기울어진 상태로 태양 주위를 공전하는 지구의 모습을 나타낸 것이다.

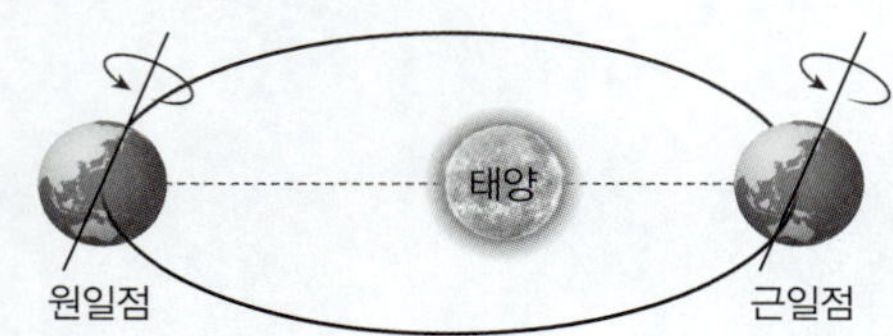

지구시스템과 태양에 대한 설명으로 옳은 것만을 보기에서 있는 대로 고른 것은?

보기
ㄱ. 태양은 지구시스템의 유일한 에너지원이다.
ㄴ. 지구의 기울어진 자전축은 지구시스템에서 일어나는 현상에 영향을 주기도 한다.
ㄷ. 지구가 받는 태양 에너지양은 근일점에 있을 때가 원일점에 있을 때보다 많다.

① ㄱ ② ㄴ ③ ㄱ, ㄷ
④ ㄴ, ㄷ ⑤ ㄱ, ㄴ, ㄷ

B 지구시스템의 구성 요소

173 하중상

지구시스템의 구성 요소에 대한 설명으로 옳지 <u>않은</u> 것은?

① 기권은 지표면으로부터 높이 약 1000 km까지 분포한다.
② 지권은 지구의 표면과 지구 내부를 포함한다.
③ 생물권은 지권, 기권, 수권에 분포한다.
④ 수권은 모두 액체 상태로 이루어져 있다.
⑤ 지구의 기권 바깥 영역에도 지구시스템의 구성 요소가 포함되어 있다.

174 하중상

그림은 지구시스템의 구성 요소를 나타낸 것이다.

이에 대한 설명으로 옳은 것만을 보기에서 있는 대로 고른 것은?

보기
ㄱ. 지구시스템은 지권, 수권, 기권, 생물권, 외권으로 이루어져 있다.
ㄴ. 외권은 다른 구성 요소와 상호작용하지 않는다.
ㄷ. 생물권은 지권, 수권, 기권에만 분포한다.

① ㄱ ② ㄴ ③ ㄱ, ㄷ
④ ㄴ, ㄷ ⑤ ㄱ, ㄴ, ㄷ

175 (하)(중)(상)

기권의 층상 구조에 대한 설명으로 옳지 <u>않은</u> 것은?

① 기권은 대기의 구성 성분에 따라 대류권, 성층권, 중간권, 열권으로 구분한다.
② 대류권은 위로 갈수록 기온이 낮아지고, 기상 현상이 일어난다.
③ 성층권은 위로 갈수록 기온이 높아지는 구간으로 안정한 층이다.
④ 중간권은 위로 갈수록 기온이 낮아지고, 대류가 일어난다.
⑤ 열권은 위로 갈수록 기온이 높아지고, 대기가 희박하다.

176 (하)(중)(상)

수권에 대한 설명으로 옳은 것만을 보기에서 있는 대로 고른 것은?

> 보기
> ㄱ. 염수보다 담수가 많다.
> ㄴ. 위도에 따른 에너지 불균형을 해소한다.
> ㄷ. 지구에서 물은 고체, 액체, 기체로 존재한다.

① ㄱ   ② ㄴ   ③ ㄱ, ㄷ
④ ㄴ, ㄷ   ⑤ ㄱ, ㄴ, ㄷ

중요☆
177 (하)(중)(상)

수권의 역할에 대한 설명으로 옳은 것만을 보기에서 있는 대로 고른 것은?

> 보기
> ㄱ. 생명체에 서식 공간을 제공한다.
> ㄴ. 생명체에 필요한 물질을 공급한다.
> ㄷ. 지구의 온도를 일정하게 유지한다.

① ㄱ   ② ㄷ   ③ ㄱ, ㄴ
④ ㄴ, ㄷ   ⑤ ㄱ, ㄴ, ㄷ

178 (하)(중)(상)

지권에 대한 설명으로 옳은 것은?

① 지권은 모두 고체 상태이다.
② 철의 함량비가 가장 높은 곳은 지각이다.
③ 육지 생물에게 서식처와 영양분을 공급한다.
④ 지권의 변화는 기권과 생물권에 영향을 주지 않는다.
⑤ 지표면에서 깊이 약 $100 \, km$까지만 지권에 포함된다.

179 (하)(중)(상)

다음은 기권에서 일어나는 여러 가지 자연 현상을 나타낸 것이다.

> (가) 비구름이 생성된다.
> (나) 유성이 나타난다.
> (다) 오로라가 나타난다.

기권에서 자연 현상 (가)~(다)가 나타나는 층을 옳게 연결한 것은?

	(가)	(나)	(다)
①	대류권	성층권	중간권
②	대류권	중간권	열권
③	대류권	열권	중간권
④	성층권	중간권	열권
⑤	중간권	성층권	대류권

[180 ~ 181] 그림은 높이에 따른 기권의 기온 분포를 나타낸 것이다.

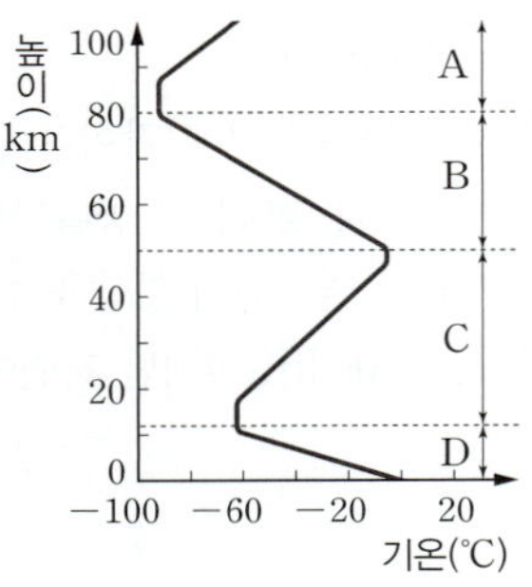

180 (하)중상

이에 대한 설명으로 옳은 것만을 보기에서 있는 대로 고른 것은?

보기
ㄱ. 기권은 기온 분포에 따라 4개의 층으로 구분된다.
ㄴ. B와 C 사이에는 물질 교환이 일어나지 않는다.
ㄷ. 대류가 활발한 구간은 B와 D이다.

① ㄱ   ② ㄴ   ③ ㄱ, ㄷ
④ ㄴ, ㄷ   ⑤ ㄱ, ㄴ, ㄷ

181 (하)중상

A~D에 대한 설명으로 옳은 것만을 보기에서 있는 대로 고른 것은?

보기
ㄱ. 공기의 밀도는 A가 B보다 크다.
ㄴ. 생물권은 C보다 D에 많이 분포한다.
ㄷ. 하루 중 온도 변화가 가장 큰 구간은 D이다.

① ㄱ   ② ㄴ   ③ ㄱ, ㄷ
④ ㄴ, ㄷ   ⑤ ㄱ, ㄴ, ㄷ

182 (하)중상

그림은 지표면에서 50 km까지의 높이에 따른 기온 변화를 나타낸 것이다.

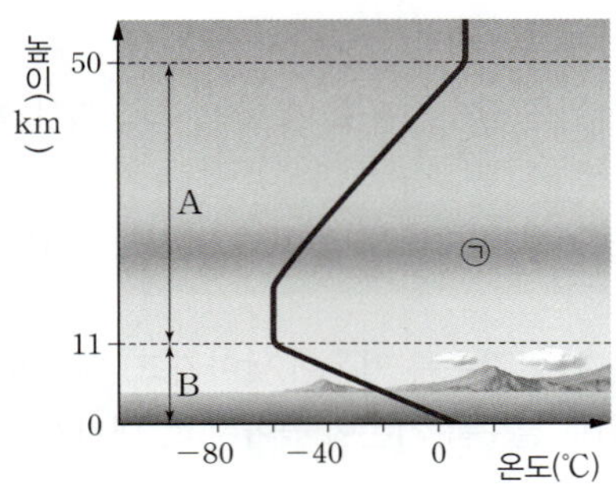

이에 대한 설명으로 옳은 것만을 보기에서 있는 대로 고른 것은?

보기
ㄱ. A에서 위로 갈수록 기온이 높아지는 까닭은 태양과의 거리가 가까워지기 때문이다.
ㄴ. B에서 위로 갈수록 기온이 낮아지는 까닭은 지표 복사 에너지가 감소하기 때문이다.
ㄷ. ㉠에서는 자외선의 흡수가 일어난다.

① ㄱ   ② ㄴ   ③ ㄱ, ㄷ
④ ㄴ, ㄷ   ⑤ ㄱ, ㄴ, ㄷ

183 (하)중상

그림은 수권의 분포를 나타낸 것이다.

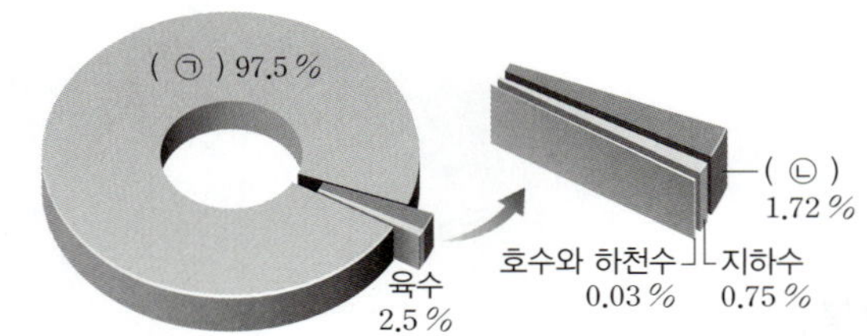

이에 대한 설명으로 옳은 것만을 보기에서 있는 대로 고른 것은?

보기
ㄱ. ㉠은 담수이다.
ㄴ. ㉡은 빙하이다.
ㄷ. 인간이 생활하는 데 직접 이용할 수 있는 물은 수권의 약 1 % 미만이다.

① ㄱ   ② ㄴ   ③ ㄱ, ㄷ
④ ㄴ, ㄷ   ⑤ ㄱ, ㄴ, ㄷ

184 하중상

그림은 깊이에 따른 해수의 수온 분포를 나타낸 것이다.

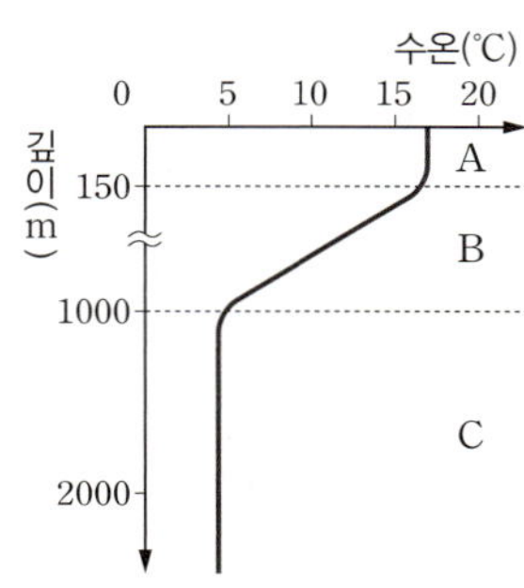

A~C층에 대한 설명으로 옳은 것만을 보기에서 있는 대로 고른 것은?

보기

ㄱ. 위도에 따른 두께 변화는 A층이 가장 크다.

ㄴ. B층은 해수의 연직 운동이 가장 활발하다.

ㄷ. 대양에서 가장 두꺼운 층은 C층이다.

① ㄱ   ② ㄴ   ③ ㄱ, ㄷ
④ ㄴ, ㄷ   ⑤ ㄱ, ㄴ, ㄷ

185 하중상

지권에 대한 설명으로 옳은 것만을 보기에서 있는 대로 고른 것은?

보기

ㄱ. 지권은 온도 분포에 따라 지각, 맨틀, 외핵, 내핵으로 구분한다.

ㄴ. 지권에서 액체 상태로 존재하는 층은 맨틀과 외핵이다.

ㄷ. 내핵과 외핵은 구성 물질이 거의 같다.

① ㄱ   ② ㄷ   ③ ㄱ, ㄴ
④ ㄴ, ㄷ   ⑤ ㄱ, ㄴ, ㄷ

186 하중상

그림은 해수에서 A, B, C층의 위도에 따른 깊이를 나타낸 것이다. A, B, C는 각각 혼합층, 수온 약층, 심해층 중 하나이다.

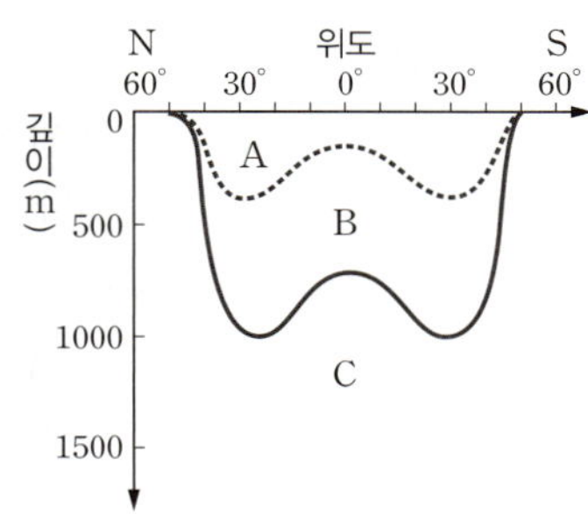

A~C층에 대한 설명으로 옳은 것만을 보기에서 있는 대로 고른 것은?

보기

ㄱ. A층의 깊이는 바람의 영향을 받는다.

ㄴ. 깊이에 따른 수온 변화는 B층이 가장 크다.

ㄷ. 계절에 따른 수온 변화는 C층이 가장 크다.

① ㄱ   ② ㄷ   ③ ㄱ, ㄴ
④ ㄴ, ㄷ   ⑤ ㄱ, ㄴ, ㄷ

187 하중상 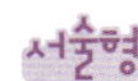 서술형

그림 (가)는 외권의 영향이 기권을 통과하여 생물권에 영향을 주는 경우를, (나)는 외권의 영향이 기권에 의해 차단되어 생물권에 영향을 주지 않는 경우를 나타낸 모식도이다.

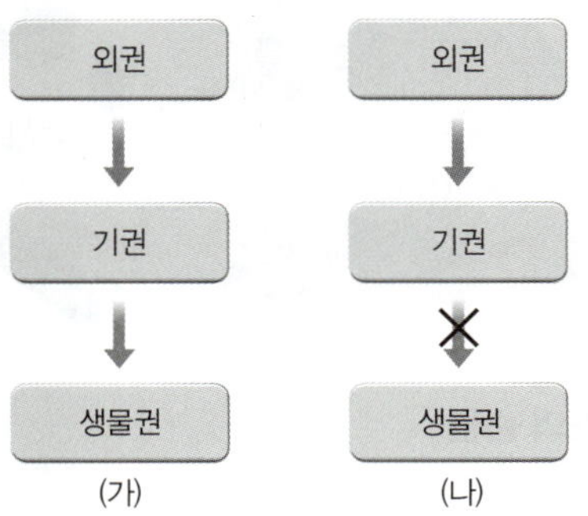

(가)와 (나)에 해당하는 예를 각각 한 가지씩 서술하시오.

10 지구시스템의 상호작용

A 지구시스템의 에너지원

핵심 1 지구시스템의 에너지원

지구시스템의 여러 가지 현상을 일으키는 에너지원에는 태양 에너지, 지구 내부 에너지, 조력 에너지가 있다.

1. ❶ ⬚⬚⬚⬚⬚ : 태양에서 발생하여 지구에 도달하는 에너지로, 지구시스템의 에너지원 중 가장 많은 양을 차지한다. 기상 현상, 지표 변화를 일으키고, 화석 연료의 근원이 된다.

2. **지구 내부 에너지**: 지각과 맨틀 속의 방사성 원소가 붕괴할 때 방출되는 열과 미행성의 충돌 등 지구 형성 과정에서 축적된 열에 의해 발생하는 에너지이며, 지진, 화산 활동 등의 지각 변동을 일으킨다.

3. **조력 에너지**: 달과 태양의 ❷ ⬚⬚으로 발생하는 에너지로, 밀물과 썰물 등 조석 현상을 일으킨다.

B 지구시스템의 물질 순환과 에너지 흐름

핵심 2 물의 순환

1. **물의 순환**: 물은 태양 에너지를 흡수 또는 방출하며 지구 시스템의 각 권역 사이를 순환한다. 물의 순환으로 날씨의 변화나 지표의 변화가 일어난다.

2. **물의 순환 과정에서 일어나는 현상**

• 물은 태양 에너지를 흡수하여 ❸ ⬚⬚⬚가 되고, 수증기는 응결하여 구름이 되어 비 또는 눈으로 날씨의 변화를 일으킨다.

• 물은 빙하, 강물, 지하수 등의 형태로 풍화와 침식 작용을 일으켜 지표의 변화를 일으킨다.

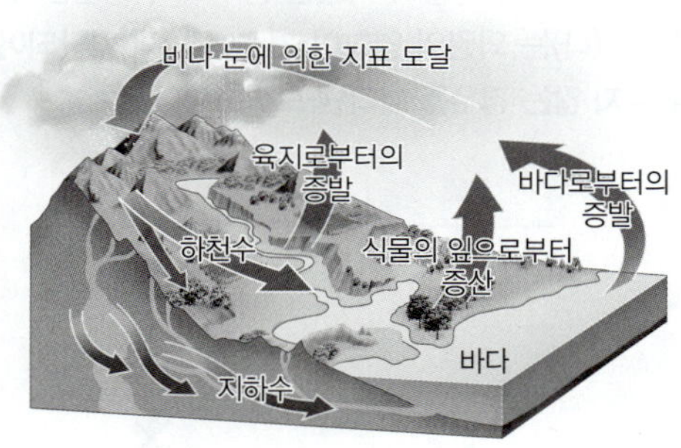

핵심 3 탄소의 순환

1. **탄소의 순환**: 탄소는 기권에서는 ❹ ⬚⬚⬚ ⬚⬚, 수권에서는 탄산 이온, 지권에서는 석회암(탄산염) 또는 화석 연료, 생물권에서는 유기물의 형태로 존재한다.

2. **탄소의 순환 과정에서 일어나는 현상**

• 화산이 분출하면서 이산화 탄소가 화산 가스의 형태로 방출되고, 이산화 탄소는 광합성을 통해 식물로 흡수되며, 생물의 사체가 화석 연료를 형성하여 지권에 퇴적된다.

• 화석 연료의 연소를 통해 이산화 탄소가 기권으로 방출되고, 이산화 탄소는 해수에 용해되어 탄산 이온이 되며, 탄산 이온이 침전하거나 해양 생물의 골격이 퇴적되어 ❺ ⬚⬚⬚을 형성한다.

C 지구시스템의 상호작용

핵심 4 지구시스템의 ❻ ⬚⬚⬚⬚의 특징

지구시스템의 구성 요소들은 끊임없이 서로 영향을 주고받으며 지구 생명체의 존속에 기여하고 있다.

1. ❼ ⬚⬚⬚ ⇔ 기권: 식물은 기권의 이산화 탄소를 흡수하여 광합성을 한다.

2. ❽ ⬚⬚ ⇔ 기권: 화산 활동으로 분출된 화산재와 화산 가스가 지구의 기온을 변하게 한다.

3. **수권 ⇔ 지권**: 수권의 해수는 파도를 일으켜 해안 지형을 변하게 한다.

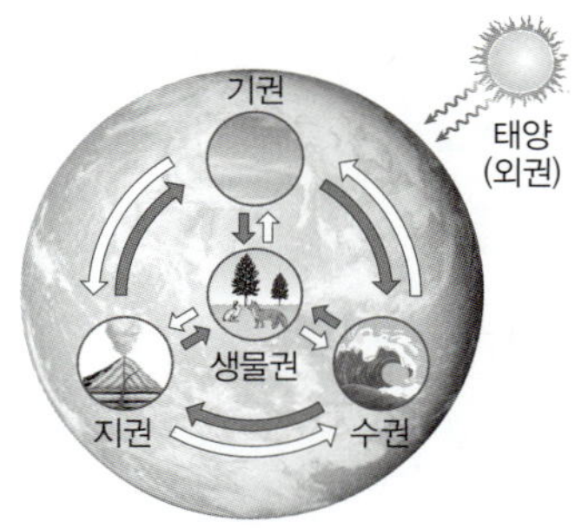

핵심 5 지구시스템의 ❾ ⬚⬚

지구시스템은 서로 상호작용하며, 어느 한 권역에 변화가 생기면 다른 권역에도 영향을 준다.

1. **자연적 요인**: 지진, 화산 활동, 지진 해일 등을 일으키는 지각 변동

2. **인위적 요인**: 환경오염, 삼림 벌채, 댐 건설, 지구 온난화 등의 인간 활동

3. **지구시스템의 균형 변화**

• 지진 해일로 인한 침수, 열대 우림 파괴, 북극 해빙 등 지구 시스템의 급격한 변화는 생명체의 존속을 위협할 수 있다.

• 지구시스템에 변화가 발생하면 인간을 비롯한 지구의 생명체들도 영향을 받으므로 균형을 이루도록 보전해야 한다.

실전 별별다 대비 문제

A 지구시스템의 에너지원

188 하중상

지구시스템의 에너지원에 대한 설명으로 옳은 것만을 보기에서 있는 대로 고른 것은?

보기
- ㄱ. 태양 에너지는 태양 내부에서 핵융합 반응에 의해 생성된다.
- ㄴ. 지표면에서 일어나는 지권의 변화는 모두 지구 내부 에너지에 의한 것이다.
- ㄷ. 조력 에너지는 밀물과 썰물을 일으킨다.

① ㄴ 　② ㄷ 　③ ㄱ, ㄴ
④ ㄱ, ㄷ 　⑤ ㄴ, ㄷ

189 하중상

지구 내부 에너지에 대한 설명으로 옳은 것만을 보기에서 있는 대로 고른 것은?

보기
- ㄱ. 암석 속에 들어 있는 방사성 원소의 붕괴열을 포함하고 있다.
- ㄴ. 미행성의 충돌 등 지구 형성 과정에서 축적된 열을 포함하고 있다.
- ㄷ. 달과 태양의 인력으로 발생하는 에너지가 포함되어 있다.

① ㄱ 　② ㄴ 　③ ㄱ, ㄴ
④ ㄴ, ㄷ 　⑤ ㄱ, ㄴ, ㄷ

190 하중상

다음 (가)~(다)는 바다에서 일어나는 자연 현상이다.

- (가) 밀물로 인한 갯벌 침수
- (나) 파도에 의한 해안 침식
- (다) 해저 지진으로 인한 지진 해일

(가)~(다)를 일으키는 에너지원을 옳게 연결한 것은?

	(가)	(나)	(다)
①	태양	지구 내부	조력
②	태양	조력	지구 내부
③	지구 내부	태양	조력
④	조력	태양	지구 내부
⑤	조력	지구 내부	태양

중요

191 하중상

지구시스템의 에너지 흐름에 대한 설명으로 옳은 것만을 보기에서 있는 대로 고른 것은?

보기
- ㄱ. 기권과 외권 사이에서는 에너지가 이동한다.
- ㄴ. 태양 에너지가 수권에 흡수되면 물을 순환시킨다.
- ㄷ. 태양 에너지가 지권에 흡수되면 에너지는 더 이상 이동하지 않는다.

① ㄴ 　② ㄷ 　③ ㄱ, ㄴ
④ ㄱ, ㄷ 　⑤ ㄱ, ㄴ, ㄷ

192 하중상  서술형

다음 (가)와 (나)는 지구시스템에서 일어나는 현상을 나타낸 것이다.

구분	지구시스템에서 일어나는 현상
(가)	빙하에 의한 지표의 변화
(나)	지진으로 인한 산사태

(가)와 (나)를 일으키는 지구시스템의 에너지원을 각각 쓰시오.

B 지구시스템의 물질 순환과 에너지 흐름

193 하중상

지구시스템에서 일어나는 물의 순환에 대한 설명으로 옳지 <u>않은</u> 것은?

① 물의 순환 과정에서 고체, 액체, 기체로 상태가 변한다.
② 물이 순환하는 권역은 수권, 기권, 생물권이다.
③ 물의 순환 과정에서 날씨의 변화가 나타난다.
④ 물의 순환은 에너지의 이동과 함께 일어난다.
⑤ 물의 순환은 생명체의 생명 활동을 유지하게 한다.

194 하중상

그림은 지구시스템의 구성 요소 사이에서 일어나는 물의 순환과 이동량을 나타낸 것이다.

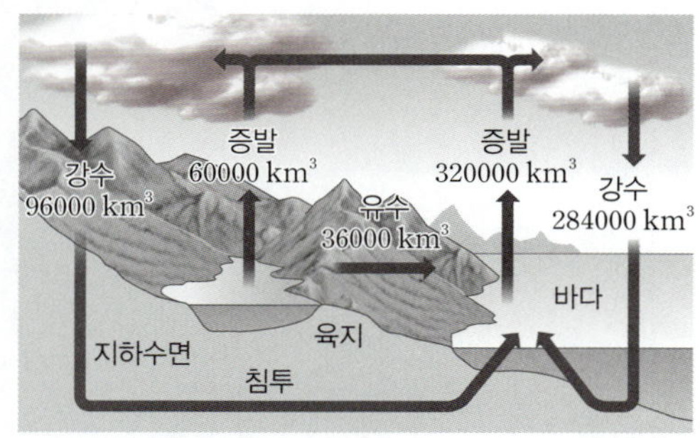

이에 대한 설명으로 옳은 것만을 보기에서 있는 대로 고른 것은?

보기
ㄱ. 물의 순환은 기상 현상을 일으킨다.
ㄴ. 물의 순환 과정에서 지표의 변화가 나타난다.
ㄷ. 지구시스템 전체에서 증발량과 강수량은 같다.

① ㄴ   ② ㄷ   ③ ㄱ, ㄴ
④ ㄱ, ㄷ   ⑤ ㄱ, ㄴ, ㄷ

195 하중상

그림은 지구시스템에서 탄소가 순환하는 과정의 일부를 나타낸 것이다.

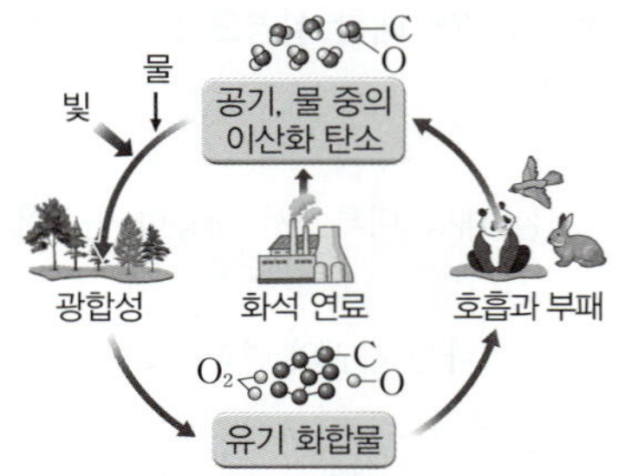

탄소의 순환에 대한 설명으로 옳지 <u>않은</u> 것은?

① 생물권에 존재하는 탄소량은 점점 증가한다.
② 호흡과 연소는 대기 중의 탄소량을 증가시킨다.
③ 지구시스템에서 탄소는 다양한 형태로 존재한다.
④ 지권에서 탄소는 화석 연료나 석회암으로 존재한다.
⑤ 탄소의 순환 과정에서 에너지도 이동한다.

196 하중상   서술형

물의 순환 중 증발과 강수 과정에서 일어나는 에너지 흐름을 서술하시오.

197 하중상

그림은 지구시스템의 구성 요소 사이의 탄소 순환을 나타낸 모식도이다.

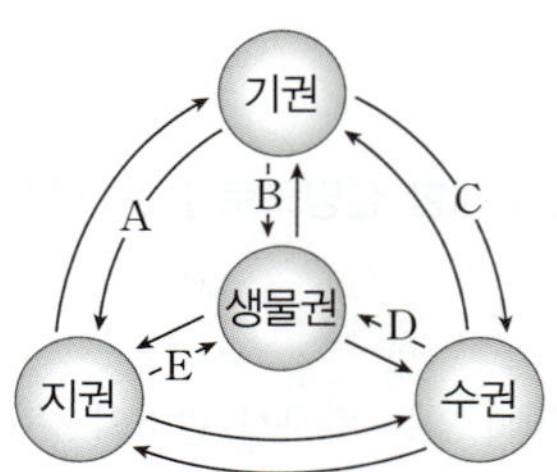

A~E에 해당하는 탄소 순환의 예로 옳은 것은?

① A – 화산 가스가 분출된다.
② B – 식물이 호흡 작용을 한다.
③ C – 식물이 광합성 작용을 한다.
④ D – 해양 생물이 탄산 이온을 흡수한다.
⑤ E – 화석 연료가 생성된다.

중요
198 하중상

그림은 탄소가 순환하는 과정의 일부를, 표는 지구 전체의 탄소 분포비를 나타낸 것이다.

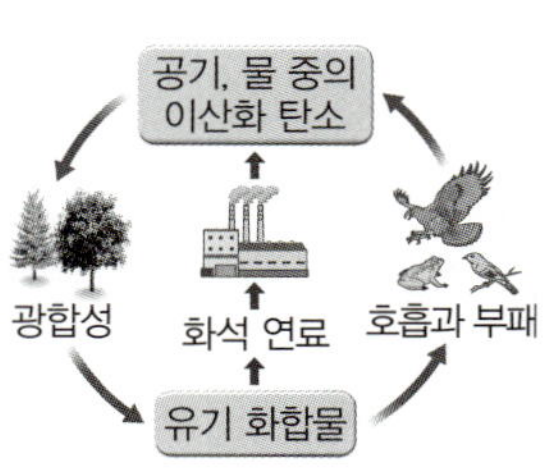

구분	분포비(%)
대기	0.001
해수	0.07
생물체	0.007
석회암(탄산염)	86.41
퇴적암(유기 탄소)	13.5
석유, 석탄	0.012

이에 대한 설명으로 옳은 것만을 보기에서 있는 대로 고른 것은?

보기
ㄱ. 기권과 생물권에서 탄소는 동일한 형태로 존재한다.
ㄴ. 지구시스템에서 탄소가 가장 많이 분포하는 곳은 지권이다.
ㄷ. 화석 연료 사용량이 증가하면 지권의 탄소량이 증가한다.

① ㄱ   ② ㄴ   ③ ㄱ, ㄷ
④ ㄴ, ㄷ   ⑤ ㄱ, ㄴ, ㄷ

중요
199 하중상

그림은 지구 전체의 평균적인 물의 순환을 나타낸 것이다.

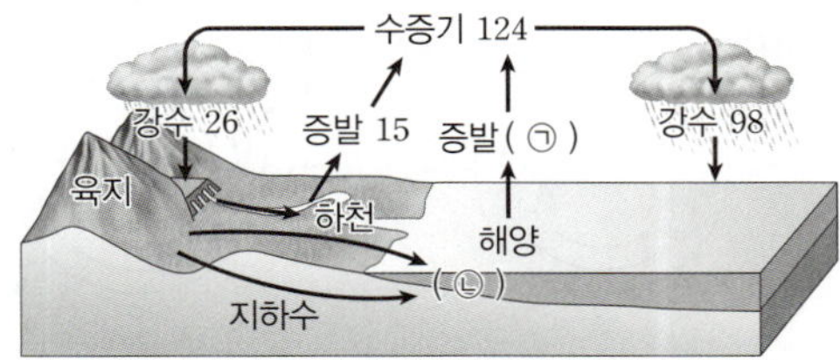

이에 대한 설명으로 옳은 것만을 보기에서 있는 대로 고른 것은?

보기
ㄱ. 물의 순환 과정에서 에너지의 흐름도 나타난다.
ㄴ. 해양에서 증발에 의해 대기로 이동하는 물의 양 ㉠은 98000 km³/년이다.
ㄷ. 육지에서 하천수와 지하수의 형태로 해양으로 이동하는 물의 양 ㉡은 11000 km³/년이다.

① ㄴ   ② ㄷ   ③ ㄱ, ㄴ
④ ㄱ, ㄷ   ⑤ ㄱ, ㄴ, ㄷ

중요
200 하중상

그림은 육지, 바다, 대기에서 이동하는 물의 양을 나타낸 것이다. a, b, c는 각각 대기를 통해 육지에서 바다로 이동하는 물의 양, 대기를 통해 바다에서 육지로 이동하는 물의 양, 지표수나 지하수를 통해 육지에서 바다로 이동하는 물의 양이다.

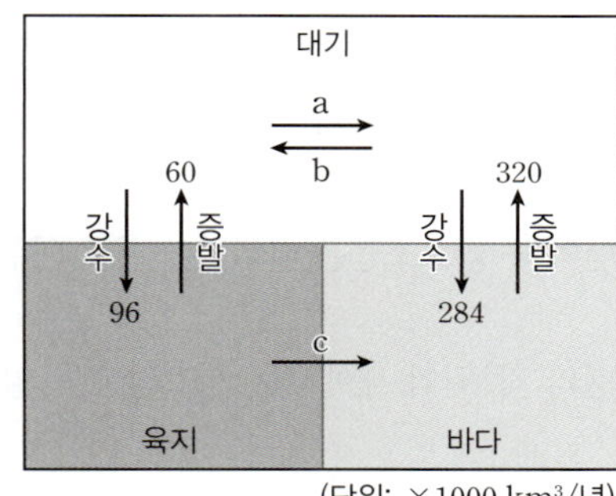

이에 대한 설명으로 옳은 것만을 보기에서 있는 대로 고른 것은?

보기
ㄱ. c는 36이다.
ㄴ. a−b=−36이다.
ㄷ. c 과정에서 지표의 변화가 나타난다.

① ㄴ   ② ㄷ   ③ ㄱ, ㄴ
④ ㄱ, ㄷ   ⑤ ㄱ, ㄴ, ㄷ

201 하중상   서술형

다음은 석회 동굴의 생성 과정을 설명한 것이다.

(가) 이산화 탄소가 비나 호수에 녹는다.
(나) 호숫물이 지하로 스며들어 석회암을 녹인다.
(다) 석회암이 녹은 물에서 이산화 탄소가 빠져나간다.
(라) 물속의 석회 물질이 침전되어 종유석이나 석순을 만든다.

탄소가 지구시스템의 구성 요소 중 어디에서 어디로 이동하는지 (가)~(라) 과정의 경로를 각각 서술하시오.

C 지구시스템의 상호작용

202 (하중상)

지구시스템의 상호작용에 대한 설명으로 옳지 <u>않은</u> 것은?

① 지구시스템은 서로 상호작용을 하며 균형을 유지한다.
② 어느 한 권역에 변화가 생기면 다른 권역에도 영향을 준다.
③ 지구의 생명체는 지구시스템의 변화에 영향을 받으며 살아 간다.
④ 지구시스템의 구성 요소들은 끊임없이 서로 영향을 주고받 는다.
⑤ 지구시스템의 각 권역 내에서는 상호작용이 일어나지 않 는다.

203 (하중상) 서술형

물의 순환 과정에서 일어나는 지표면의 풍화와 침식 작용은 지구 시스템의 어느 권역 사이의 상호작용인지 서술하시오.

204 (하중상)

그림 (가)와 (나)는 지구시스템의 균형이 깨진 예를 나타낸 것이다.

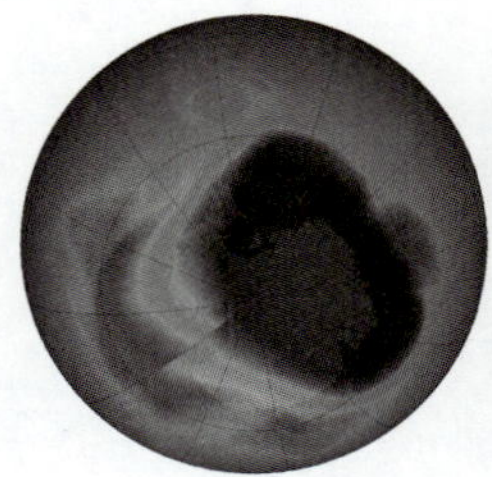

(가) 오존층 파괴   (나) 지진 해일로 인한 침수

이에 대한 설명으로 옳은 것만을 보기에서 있는 대로 고른 것은?

보기
ㄱ. (가)는 인위적 요인에 의한 것이다.
ㄴ. (나)는 자연적 요인에 의한 것이다.
ㄷ. (가)와 (나)는 모두 인간 생활에 영향을 준다.

① ㄱ   ② ㄴ   ③ ㄱ, ㄴ
④ ㄱ, ㄷ   ⑤ ㄱ, ㄴ, ㄷ

205 (하중상)

그림은 지구시스템의 구성 요소 사이의 상호작용을 나타낸 것 이다.

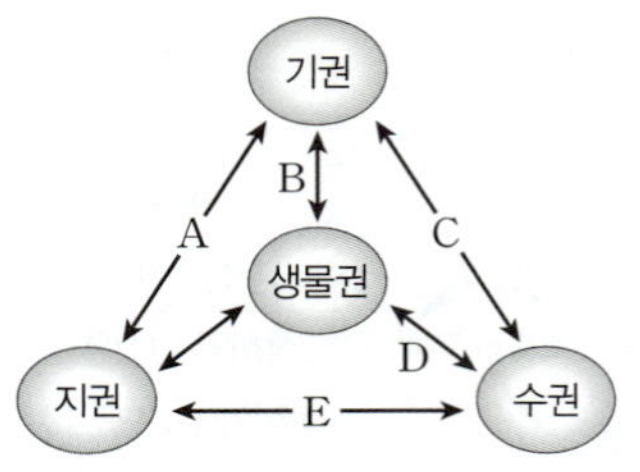

A~E의 예로 옳은 것은?

① A – 화산재의 분출로 기온이 낮아진다.
② B – 엘니뇨가 발생하여 이상 기상 현상이 나타난다.
③ C – 해저에서 발생한 지진으로 지진 해일이 발생한다.
④ D – 열대 우림이 파괴되어 지구 온난화가 가속화된다.
⑤ E – 생물의 사체가 퇴적되어 화석 연료가 생성된다.

206 (하중상)

그림 (가)와 (나)는 각각 생물권 형성 이전과 이후의 지구시스템 구성 요소의 상호작용을 나타낸 것이다.

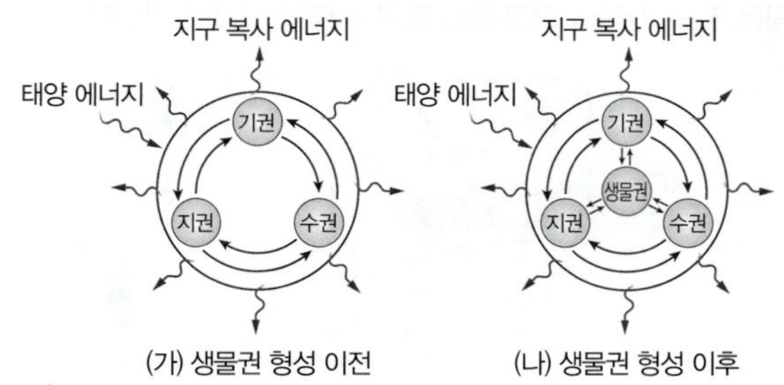

이에 대한 설명으로 옳은 것만을 보기에서 있는 대로 고른 것은?

보기
ㄱ. 지구시스템과 외권 사이에 에너지의 이동이 일어난다.
ㄴ. 생물권은 다른 구성 요소에서 영향을 받지만, 영향을 주 지는 못한다.
ㄷ. 지구시스템 구성 요소의 상호작용은 (가)보다 (나)에서 복 잡해졌다.

① ㄱ   ② ㄴ   ③ ㄱ, ㄷ
④ ㄴ, ㄷ   ⑤ ㄱ, ㄴ, ㄷ

207 (하중상)

그림은 지구시스템의 구성 요소 사이의 상호작용을 나타낸 것이다.

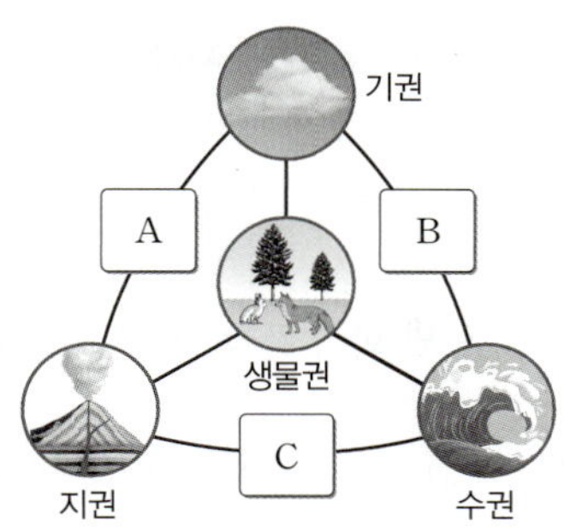

A∼C에 해당하는 예를 보기에서 골라 옳게 짝지은 것은?

보기
ㄱ. 바람에 의한 퇴적물의 이동
ㄴ. 파도에 의한 해안 절벽의 형성
ㄷ. 해수면의 온도 상승에 의한 태풍의 발생

	A	B	C		A	B	C
①	ㄱ	ㄴ	ㄷ	②	ㄱ	ㄷ	ㄴ
③	ㄴ	ㄱ	ㄷ	④	ㄴ	ㄷ	ㄱ
⑤	ㄷ	ㄱ	ㄴ				

중요

208 (하중상)

지구시스템의 균형이 깨지는 현상에 대한 설명으로 옳은 것만을 보기에서 있는 대로 고른 것은?

보기
ㄱ. 지구시스템의 균형이 깨지면 생명체의 존속이 위협받을 수도 있다.
ㄴ. 환경오염은 지구시스템의 균형이 깨지는 현상과 직접적인 관련이 없다.
ㄷ. 지구 온난화는 인간의 활동으로 지구시스템의 균형이 위협받는 예에 해당한다.

① ㄱ   ② ㄴ   ③ ㄱ, ㄴ
④ ㄱ, ㄷ   ⑤ ㄱ, ㄴ, ㄷ

209 (하중상)

지구시스템의 상호작용 중 기권과 생물권의 상호작용 예를 두 가지만 서술하시오.

중요

210 (하중상)

지구시스템의 균형에 대한 설명으로 옳지 <u>않은</u> 것은?

① 지구시스템은 각 권역 간의 상호작용을 통해 균형을 유지한다.
② 삼림 벌채는 지구시스템의 균형이 깨지는 인위적 요인에 해당한다.
③ 해저 화산 폭발은 지구시스템의 균형이 깨지는 자연적 요인에 해당한다.
④ 지구시스템의 상호작용으로 일어나는 변화를 예측하는 것은 어렵지 않다.
⑤ 지구시스템을 구성하는 권역 간의 상호작용은 지구 생명체의 존속에 기여한다.

11 지권의 변화

A 판 구조론과 판의 경계

핵심 1 판 구조론

1. ❶□□□(판): 지각과 상부 맨틀의 일부를 포함한 두께 약 100 km 구간의 단단한 부분이다.
2. 연약권: 암석권 아래 깊이 약 100~400 km 구간의 부분 용융되어 있는 구간이며, 맨틀의 ❷□□가 일어난다.
3. 대륙판: 밀도가 작은 화강암질 암석으로, 두께가 두껍다.
4. 해양판: 밀도가 큰 현무암질 암석으로, 두께가 얇다.
5. ❸□□□: 지권의 표면은 크고 작은 여러 개의 판으로 나누어져 있고, 각각의 판은 맨틀 대류를 따라 천천히 이동하여 판의 경계에서 지진이나 화산 활동, 습곡 산맥 등과 같은 지각 변동이 일어난다는 이론

핵심 2 판의 경계

인접해 있는 두 판의 상대적인 이동 방향에 따라 발산형 경계, 수렴형 경계, 보존형 경계로 구분한다.

1. 발산형 경계: 맨틀 대류가 상승하고 두 판이 양쪽으로 갈라져 서로 ❹□□□□ 경계이다. 새로운 판이 생성되면서 대륙이 갈라지거나 새로운 해양이 생성된다.
2. 수렴형 경계: 맨틀 대류가 하강하고 두 판이 가까워지는 경계이다. 두 판이 충돌(충돌형 경계)하거나, 밀도가 큰 판이 아래로 섭입(❺□□□ 경계)하면서 판이 소멸한다.
3. 보존형 경계: 두 판이 서로 반대 방향으로 어긋나게 이동하는 경계이다. 판이 생성하거나 소멸하지 않는다.

핵심 3 판의 경계에서 나타나는 지형과 지각 변동

1. 발산형 경계: 해양에서는 해령이 발달하고, 대륙에서는 열곡대가 발달하며, 지진과 화산 활동이 활발하다.
2. 수렴형 경계: 충돌형 경계에서는 습곡 산맥이 발달하고 지진이 활발하며, 섭입형 경계에서는 해구가 발달하고 지진과 화산 활동이 활발하다.
3. 보존형 경계: ❻□□□□□이 발달하며, 지진이 활발하다.

B 지권의 변화가 지구 시스템에 미치는 영향

핵심 4 지구 내부 에너지로 인한 지각 변동

1. ❼□□: 지층이 오랫동안 힘을 받으면 변형이 일어나며 에너지가 축적되고, 어느 한계에 도달하면 지층이 끊어지고 단층이 형성되면서 지진이 발생한다. 판의 이동과 섭입, 마그마의 이동 및 화산 폭발, 지하 동굴의 붕괴 등으로 발생할 수 있다.
2. 화산 활동: 지구 내부의 온도가 암석의 녹는점보다 높아지면, 암석은 부분적으로 용융되어 ❽□□□를 형성한다. 지하의 마그마가 지각의 약한 부분을 뚫고 지표로 이동하거나 분출되는 현상을 화산 활동이라고 한다.

핵심 5 지진과 화산 활동의 영향

1. 지진의 영향: 산사태가 발생하고 지표면이 갈라져서 도로와 건물이 붕괴한다. 가스 누출이나 전기 누전으로 화재가 발생할 수 있으며, 지진 해일이 발생하기도 한다.
2. 화산 활동의 영향: 화산 가스, 화산 쇄설물, 용암이 방출된다. 화산 가스는 산성비를 내려 생명체에 피해를 주며, 토양을 산성화시킨다. 염소나 이산화 황 등의 유독 가스는 생명체에 피해를 준다. ❾□□□□□은 햇빛을 차단하거나 항공기의 운항에 지장을 주기도 한다. 용암은 흘러내리면서 주변 지형을 변화시키고 산불을 발생시키며, 농경지나 마을을 뒤덮어서 인명과 재산 피해를 발생시킨다.

▲ 지진으로 인한 건물 붕괴   ▲ 용암으로 인한 도로 붕괴

핵심 6 지진과 화산의 이용

1. 지진의 이용: 지진파를 이용하면 지구 내부 구조와 물질에 관한 정보를 얻을 수 있다. 지진파를 이용하여 유용한 지하자원이 매장된 지역을 찾을 수도 있다.
2. 화산의 이용: 화산 활동으로 만들어진 지형과 온천은 관광 자원으로 이용된다. 화산 주변의 ❿□□은 온수 공급이나 난방, 발전 등에 활용된다. 화산 활동으로 비옥한 토양이 만들어지며, 다양한 지하자원을 제공한다.

정답과 해설 90쪽

A 판 구조론과 판의 경계

211 하중상

판 구조론에 대한 설명으로 옳지 <u>않은</u> 것은?

① 판은 맨틀 대류에 의해 움직인다.
② 판은 암석권과 연약권으로 구분한다.
③ 판은 지각과 맨틀의 최상부를 포함한다.
④ 판의 경계를 따라 지구의 변동대가 분포한다.
⑤ 지구의 표면은 여러 조각의 판으로 나누어져 있다.

212 하중상

그림은 판 구조론에 대해 학생 A, B, C가 나눈 대화이다.

제시한 내용이 옳은 학생만을 있는 대로 고른 것은?

① A   ② B   ③ A, C
④ B, C   ⑤ A, B, C

213 하중상

대륙판과 해양판의 특징에 대한 설명으로 옳은 것만을 보기에서 있는 대로 고른 것은?

보기
ㄱ. 대륙판에 해양 지각이 포함된 예도 있다.
ㄴ. 해양판과 대륙판이 만나는 곳에서는 대륙판이 해양판의 아래로 섭입한다.
ㄷ. 판의 평균 두께는 대륙판이 해양판보다 두껍다.

① ㄱ   ② ㄴ   ③ ㄱ, ㄴ
④ ㄱ, ㄷ   ⑤ ㄴ, ㄷ

중요 214 하중상

그림 (가)와 (나)는 서로 다른 유형의 판 경계를 나타낸 것이다.

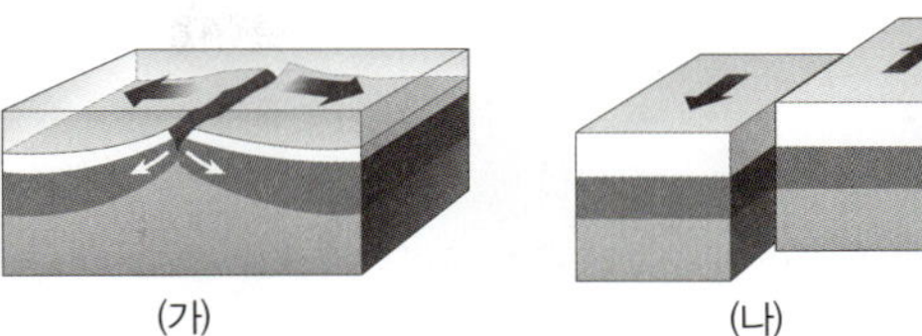

이에 대한 설명으로 옳은 것만을 보기에서 있는 대로 고른 것은?

보기
ㄱ. (가)에서는 판이 생성된다.
ㄴ. 화산 활동은 (가)가 (나)보다 활발하다.
ㄷ. (가)와 (나)는 서로 인접한 곳에서 나타난다.

① ㄱ   ② ㄷ   ③ ㄱ, ㄴ
④ ㄴ, ㄷ   ⑤ ㄱ, ㄴ, ㄷ

215 하중상

그림은 맨틀 대류와 판의 운동을 모식적으로 나타낸 것이다.

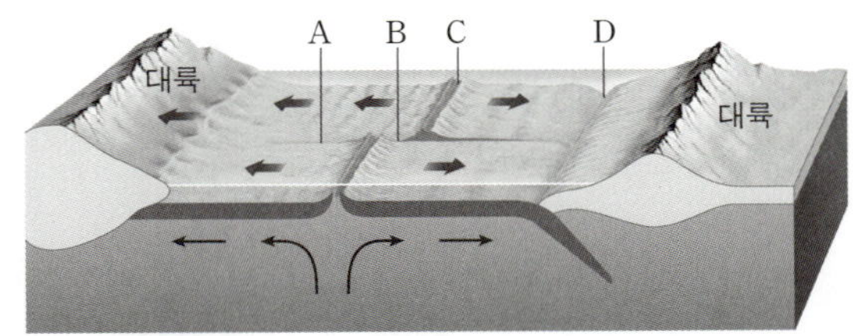

A~D에 대한 설명으로 옳지 <u>않은</u> 것은?

① A는 판의 경계에 해당하지 않는다.
② B는 판의 경계에 해당한다.
③ C는 맨틀 대류의 상승부에 위치한다.
④ D는 판이 소멸하는 경계이다.
⑤ D에서는 화산 활동이 활발하다.

216 하중상

변환 단층에 대한 설명으로 옳은 것만을 보기에서 있는 대로 고른 것은?

보기
ㄱ. 지진이 활발하게 일어난다.
ㄴ. 해양판과 해양판 사이에서만 나타난다.
ㄷ. 두 판이 서로 반대 방향으로 어긋나게 이동한다.

① ㄱ   ② ㄴ   ③ ㄱ, ㄴ
④ ㄱ, ㄷ   ⑤ ㄱ, ㄴ, ㄷ

[217~218] 그림은 해양판과 해양판이 만나는 판의 경계를 나타낸 것이다.

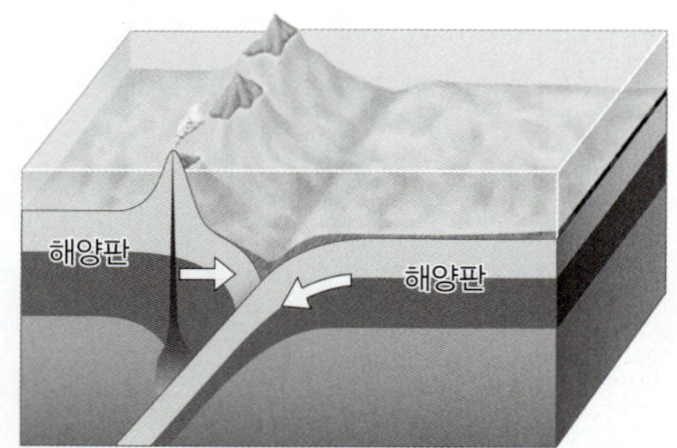

중요 217 하중상

이 경계에서 일어나는 현상에 대한 설명으로 옳지 않은 것은?

① 습곡 산맥이 발달한다.
② 호상열도가 발달한다.
③ 판의 소멸이 일어난다.
④ 화산 활동이 활발하다.
⑤ 맨틀 대류가 하강한다.

218 하중상   서술형

두 해양판의 움직임을 판의 밀도와 관련지어 서술하시오.

중요 219 하중상

판에 대한 설명으로 옳은 것만을 보기에서 있는 대로 고른 것은?

보기
ㄱ. 판의 두께는 약 100 km이다.
ㄴ. 판은 지권에서 지각에 해당하는 부분이다.
ㄷ. 지표면에서 판이 존재하지 않는 부분도 있다.

① ㄱ   ② ㄴ   ③ ㄱ, ㄴ
④ ㄱ, ㄷ   ⑤ ㄴ, ㄷ

중요 220 하중상

암석권과 연약권에 대한 설명으로 옳은 것만을 보기에서 있는 대로 고른 것은?

보기
ㄱ. 암석권은 연약권 위에 놓여 있다.
ㄴ. 판이라 불리는 부분은 암석권이다.
ㄷ. 평균 밀도는 암석권이 연약권보다 크다.

① ㄱ   ② ㄷ   ③ ㄱ, ㄴ
④ ㄴ, ㄷ   ⑤ ㄱ, ㄴ, ㄷ

221 하중상   서술형

암석권과 연약권의 물질의 상태와 유동성 차이를 서술하시오.

222 (하)(중)(상)

그림은 판의 구조를 나타낸 것이다.

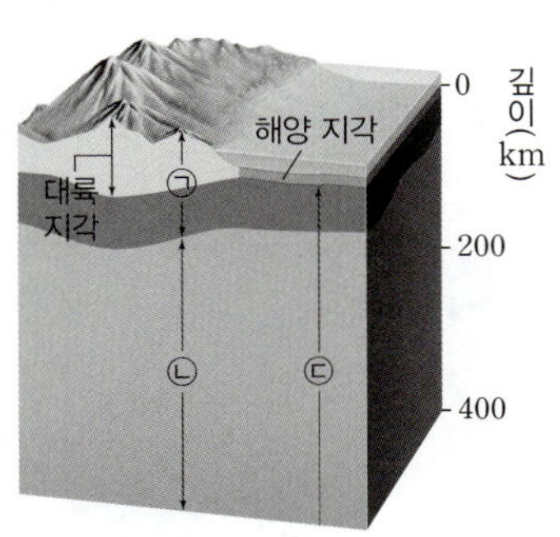

이에 대한 설명으로 옳은 것만을 보기에서 있는 대로 고른 것은?

보기
ㄱ. 판에 해당하는 것은 ㉠이다.
ㄴ. ㉡에서는 맨틀 대류가 일어난다.
ㄷ. ㉢에서 물질의 조성과 밀도는 일정하다.

① ㄱ
② ㄷ
③ ㄱ, ㄴ
④ ㄴ, ㄷ
⑤ ㄱ, ㄴ, ㄷ

223 (하)(중)(상)

대륙판과 해양판의 구성은 어떻게 다른지 서술하시오.

중요
224 (하)(중)(상)

그림은 판의 경계와 판의 운동을 나타낸 것이다.

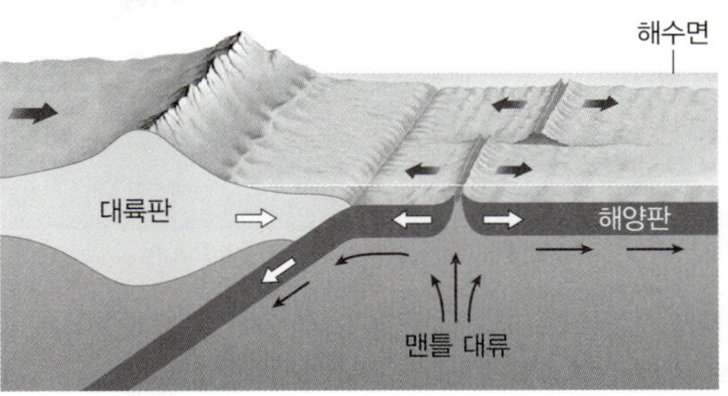

이에 대한 설명으로 옳은 것만을 보기에서 있는 대로 고른 것은?

보기
ㄱ. 판의 세 가지 경계가 모두 나타난다.
ㄴ. 판이 발산하는 곳에서는 판이 생성된다.
ㄷ. 화산 활동은 발산형 경계에서 가장 활발하다.

① ㄱ
② ㄴ
③ ㄱ, ㄴ
④ ㄱ, ㄷ
⑤ ㄱ, ㄴ, ㄷ

중요
225 (하)(중)(상)

그림은 전 세계 판의 경계와 판의 이동 방향 및 판 경계 ㉠~㉧을 나타낸 것이다.

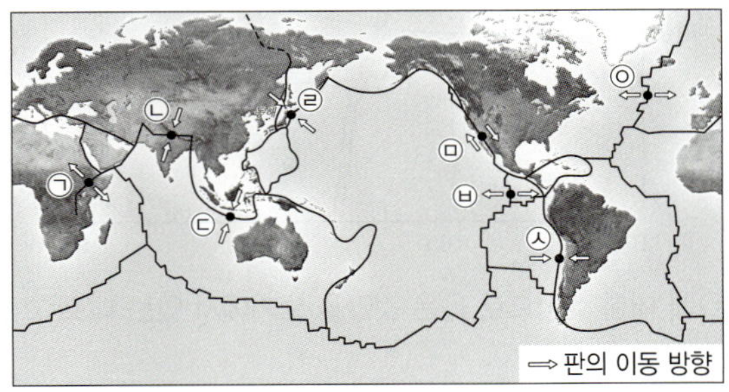

이에 대한 설명으로 옳지 않은 것은?

① ㉡, ㉢, ㉣, ㉦은 수렴형 경계이다.
② ㉠, ㉥, ㉧은 발산형 경계이다.
③ ㉡, ㉤에서는 화산 활동이 활발하지 않다.
④ 판 경계에서 판의 이동 방향은 일정하다.
⑤ 판의 경계는 지진대와 거의 일치한다.

226 (하)(중)(상)

그림 (가)와 (나)는 태평양과 대서양에서의 지각과 맨틀의 이동 방향을 순서 없이 나타낸 것이다.

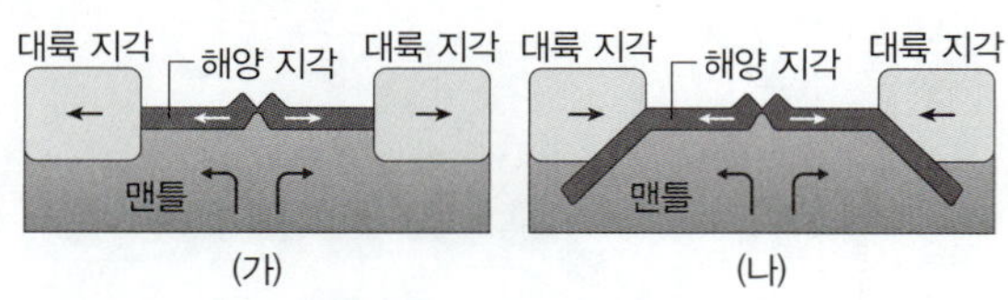

이에 대한 설명으로 옳은 것만을 보기에서 있는 대로 고른 것은?

보기
ㄱ. (가)는 대서양의 모습을 나타낸 것이다.
ㄴ. 판의 개수는 (가)와 (나)에서 같다.
ㄷ. 대륙 주변부에서 지진 활동은 (가)가 (나)보다 활발하다.

① ㄱ   ② ㄷ   ③ ㄱ, ㄴ
④ ㄴ, ㄷ   ⑤ ㄱ, ㄴ, ㄷ

중요 227 (하)(중)(상)

그림은 어느 해양 지각의 연령 분포를 나타낸 것이다.

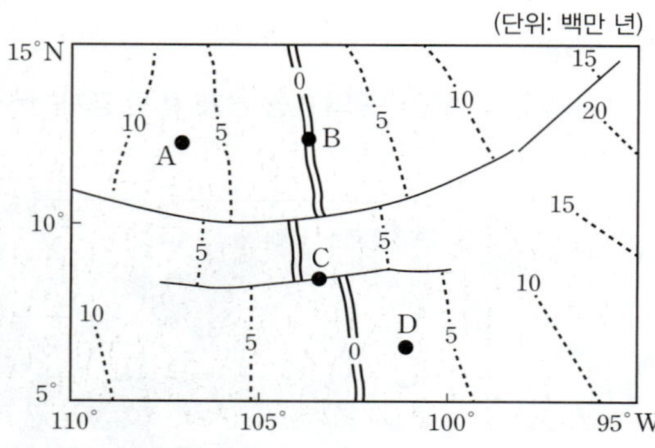

A~D에 대한 설명으로 옳은 것만을 보기에서 있는 대로 고른 것은?

보기
ㄱ. 화산 활동이 가장 활발한 곳은 B이다.
ㄴ. C에서는 판과 판의 충돌이 일어난다.
ㄷ. 해저 퇴적물의 두께는 D가 A보다 두껍다.

① ㄱ   ② ㄴ   ③ ㄱ, ㄴ
④ ㄱ, ㄷ   ⑤ ㄴ, ㄷ

β 지권의 변화가 지구 시스템에 미치는 영향

중요 228 (하)(중)(상)

그림은 인공위성으로 촬영한 통가 화산 분출의 모습을 나타낸 것이다.

이에 대한 설명으로 옳은 것만을 보기에서 있는 대로 고른 것은?

보기
ㄱ. 통가 화산 분출로 지권에 변화가 생겼다.
ㄴ. 통가 화산 분출은 기권에도 영향을 미쳤다.
ㄷ. 통가 화산 분출은 경제적인 피해를 유발한다.

① ㄱ   ② ㄷ   ③ ㄱ, ㄴ
④ ㄴ, ㄷ   ⑤ ㄱ, ㄴ, ㄷ

229 (하)(중)(상)

그림 (가)와 (나)는 각각 지진과 화산 활동으로 인한 피해를 나타낸 것이다.

(가)   (나)

이에 대한 설명으로 옳은 것만을 보기에서 있는 대로 고른 것은?

보기
ㄱ. (가)는 관광 자원으로 이용된다.
ㄴ. (나)로 인해 토양이 비옥해질 수 있다.
ㄷ. (가)와 (나)는 모두 인명 피해를 가져온다.

① ㄱ   ② ㄴ   ③ ㄱ, ㄷ
④ ㄴ, ㄷ   ⑤ ㄱ, ㄴ, ㄷ

230 (하)(중)(상)

다음은 지진으로 인한 피해를 나타낸 것이다.

> 큰 규모의 지진이 발생하면 건물이 무너지고 시설물이 붕괴
> 하여 대규모의 인명 피해와 함께 ㉠화재가 발생하기도 한다.

지진으로 인해 ㉠ 현상이 나타나게 되는 과정을 서술하시오.

---

232 (하)(중)(상)

그림 (가)와 (나)는 화산을 이용하는 모습을 나타낸 것이다.

(가) 지열 발전소   (나) 화산 지형

이에 대한 설명으로 옳은 것만을 보기에서 있는 대로 고른 것은?

> 보기
>
> ㄱ. (가)는 조력 에너지를 이용하는 것이다.
> ㄴ. (나)는 관광 자원으로 이용되기도 한다.
> ㄷ. 화산 활동은 피해를 주는 동시에 긍정적인 역할도 한다.

① ㄱ   ② ㄷ   ③ ㄱ, ㄴ

④ ㄴ, ㄷ   ⑤ ㄱ, ㄴ, ㄷ

---

231 (하)(중)(상)

지권의 변화가 지구시스템에 미치는 영향에 대한 설명으로 옳은
것만을 보기에서 있는 대로 고른 것은?

> 보기
>
> ㄱ. 지구 내부를 탐사하는 데 지진을 이용할 수 있다.
> ㄴ. 화산은 지구 내부의 에너지와 물질이 방출되는 과정이다.
> ㄷ. 지진과 화산은 모두 지권을 제외한 다른 권역에만 영향을
>   준다.

① ㄱ   ② ㄷ   ③ ㄱ, ㄴ

④ ㄴ, ㄷ   ⑤ ㄱ, ㄴ, ㄷ

---

233 (하)(중)(상)

해저 지진에 의해 발생한 지진 해일은 지구시스템에 미치는 영향
중 어느 권역에서 어떤 변화를 불러왔는지 서술하시오.

12 중력과 역학 시스템

A 물체에 작용하는 힘과 운동

핵심 1 물체에 작용하는 힘과 물체의 운동

물체에 작용하는 알짜힘에 따라 물체의 속력이나 운동 방향이 달라진다.

- 물체의 운동 방향과 나란하게 힘이 작용하면 속력이 변한다.
- 물체의 운동 방향과 ❶[ ][ ]인 방향으로 힘이 작용하면 속력은 일정하고 운동 방향이 변한다.
- 물체의 운동 방향과 비스듬한 방향으로 힘이 작용하면 속력과 운동 방향이 모두 변한다.

B 중력과 역학 시스템

핵심 2 중력

1. 중력: 질량이 있는 모든 물체가 서로 끌어당기는 힘으로, 중력의 단위는 N(뉴턴)이다.

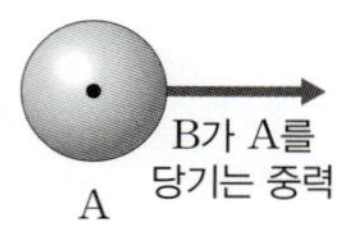
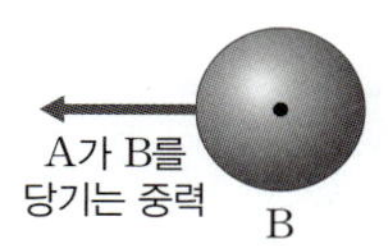

- 중력의 방향: 서로를 중심 방향으로 끌어당기는 방향
- 중력의 크기: 물체의 질량이 클수록, 두 물체 사이의 거리가 가까울수록 ❷[ ]다.
2. 지구에서의 중력: ❸[ ][ ] [ ][ ] 방향으로 작용하며, 지구 표면의 물체뿐만 아니라 지구 주위의 모든 물체에 작용한다.

C 지구 표면에서 물체의 운동

핵심 3 물체의 운동의 표현

속력	속도	가속도
이동 거리 / 걸린 시간	위치 변화량 / 걸린 시간	❹[ ][ ] 변화량 / 걸린 시간

핵심 4 자유 낙하 운동

1. 자유 낙하 운동: 물체에 일정한 크기의 ❺[ ][ ]이 연직 방향으로 작용한다.
- ❻[ ][ ] [ ][ ][ ]: 지구 중력에 의해 생기는 가속도 ➡ 질량에 관계없이 약 $9.8\ \mathrm{m/s^2}$로 일정하다.
- 자유 낙하하는 물체는 중력 가속도로 등가속도 운동을 하므로 물체의 속력은 시간에 비례하여 일정하게 증가한다.

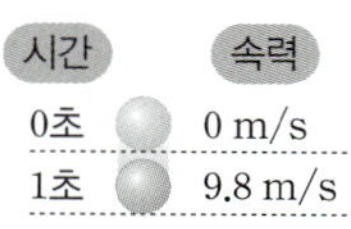
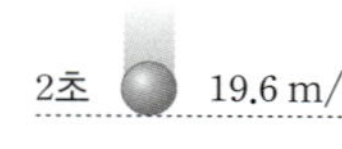

▲ 자유 낙하하는 물체

2. 자유 낙하하는 물체의 질량이 다를 때: 같은 높이에서 동시에 자유 낙하하는 모든 물체는 질량에 관계없이 속력이 1초마다 중력 가속도의 크기만큼 증가한다. ➡ 같은 높이에서 자유 낙하하는 물체들은 지표면에 동시에 도달한다.

핵심 5 수평 방향으로 던진 물체의 운동

1. 수평 방향으로 던진 물체의 운동: 물체에 일정한 크기의 중력이 연직 방향으로 작용한다.

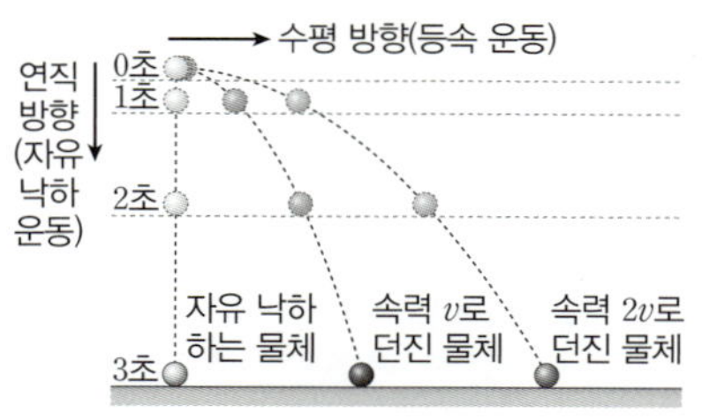

- 연직 방향: 중력이 작용하므로 자유 낙하하는 물체와 같이 중력 가속도로 ❼[ ][ ][ ][ ] 운동을 한다.
- 수평 방향: 힘이 작용하지 않으므로 ❽[ ][ ] 운동을 한다.
2. 수평 방향으로 던진 속력이 다를 때: 물체는 연직 방향으로 자유 낙하 운동을 하므로 수평 방향 속력과 관계없이 지표면에 떨어질 때까지 걸린 시간은 같지만 수평 방향으로 던진 속력이 클수록 더 먼 곳까지 이동한다.

D 지구 주위에서의 운동

핵심 6 뉴턴의 사고 실험

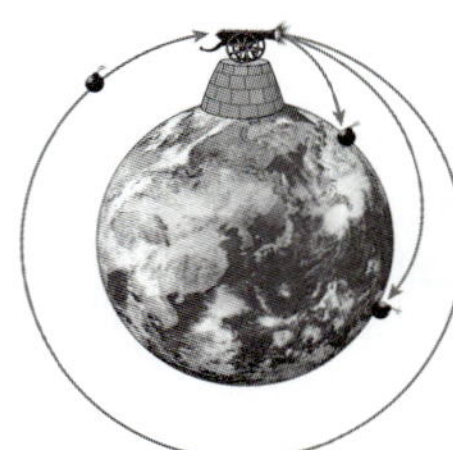

속력이 빠를수록 대포알이 수평 방향으로 더 멀리까지 날아가서 떨어진다.

매우 빠른 특정한 속력으로 던지면 대포알은 중력을 받아 지구 표면으로 낙하하지만 지구가 둥글기 때문에 지구 주위를 계속해서 돌 수 있다.

핵심 7 중력에 의한 지구 주위에서의 원운동

1. 원운동: 물체가 원 궤도를 그리며 도는 운동
- 원운동의 조건: 원 궤도의 중심 방향으로 작용하는 힘
- 물체의 원운동: 운동 방향과 수직으로 작용하는 힘 때문에 물체의 운동 방향이 계속 변한다. ➡ ❾[ ][ ][ ] 운동
2. 중력에 의한 원운동: 지구 주위를 공전하는 물체는 일정한 크기의 중력이 ❿[ ][ ] [ ][ ] 방향으로 작용한다. ➡ ❿[ ][ ] [ ][ ] 방향의 가속도 운동

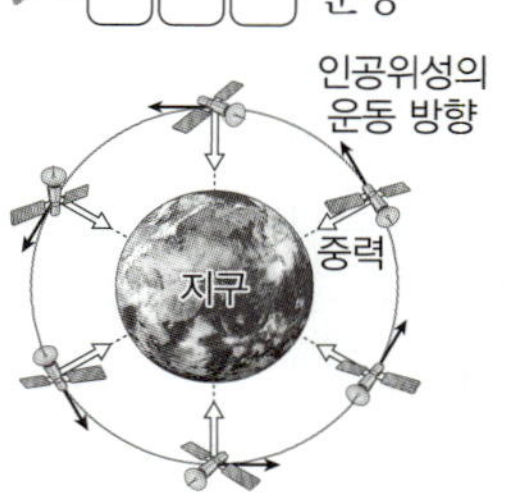

정답과 해설 93쪽

A 물체에 작용하는 힘과 운동

234 하중상

물체에 작용하는 알짜힘과 운동 변화에 대한 설명으로 옳은 것만을 보기에서 있는 대로 고른 것은?

보기
ㄱ. 알짜힘이 0이면 운동하던 물체는 정지한다.
ㄴ. 알짜힘의 방향과 운동 방향이 같으면 속력이 증가한다.
ㄷ. 알짜힘이 운동 방향과 수직인 방향으로 작용하면 속력이 감소한다.

① ㄱ   ② ㄴ   ③ ㄱ, ㄷ
④ ㄴ, ㄷ   ⑤ ㄱ, ㄴ, ㄷ

235 하중상 서술형

수평면에서 일정한 속력으로 운동하는 물체에 힘이 작용하지 않을 때와 운동 방향과 반대 방향으로 힘이 작용할 때 물체의 운동 변화를 각각 서술하시오.

중요
236 하중상

그림은 가만히 놓은 물체의 운동 경로를 나타낸 것이다. 물체는 구간 A에서 자유 낙하 운동하고, 구간 B에서 원 궤도를 따라 운동하며, 구간 C에서 수평으로 던진 물체와 같이 운동하여 지면에 도달하였다.

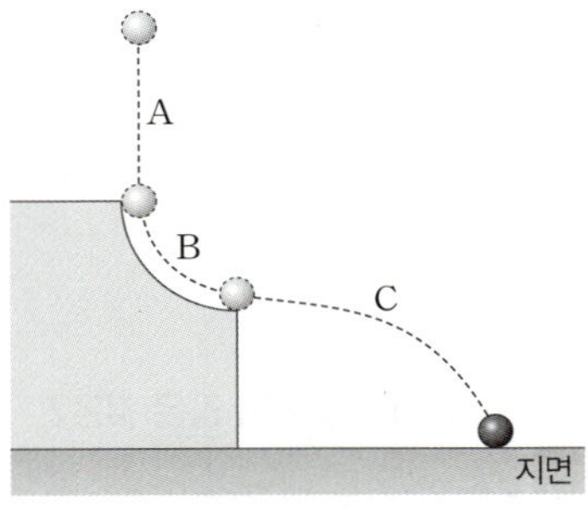

A~C 중 물체에 작용한 알짜힘의 방향과 물체의 운동 방향이 나란하지 않은 구간을 있는 대로 고른 것은? (단, 모든 마찰과 공기 저항은 무시한다.)

① A   ② B   ③ C
④ B, C   ⑤ A, B, C

237 하중상

그림은 일정한 속력으로 원운동하는 대관람차의 탑승칸에 작용하는 힘과 운동에 대한 학생 A, B, C의 대화를 나타낸 것이다.

제시한 내용이 옳은 학생만을 있는 대로 고른 것은?

① A   ② B   ③ C
④ B, C   ⑤ A, B, C

B 중력과 역학 시스템

238 하중상

다음은 지구의 중력에 대한 학생 A, B, C의 대화를 나타낸 것이다.

제시한 내용이 옳은 학생만을 있는 대로 고른 것은?

① A   ② C   ③ A, B
④ B, C   ⑤ A, B, C

239 (하)(중)(상)

다음은 어떤 시스템에 대한 설명이다.

> 여러 가지 힘이 작용하여 운동 질서가 유지되는 체계

이 시스템에서 작용하는 힘의 예로 옳지 <u>않은</u> 것은?

① 수영: 사람이 물로부터 받는 부력
② 번개: 구름과 지면 사이에 작용하는 중력
③ 별똥별: 운석과 지구 사이에 작용하는 중력
④ 나침반: 자침과 지구 사이에 작용하는 자기력
⑤ 등산화: 산길과 등산화 사이에 작용하는 마찰력

240 (하)(중)(상)

표는 물체에 힘이 작용하여 나타나는 현상을 나타낸 것이다.

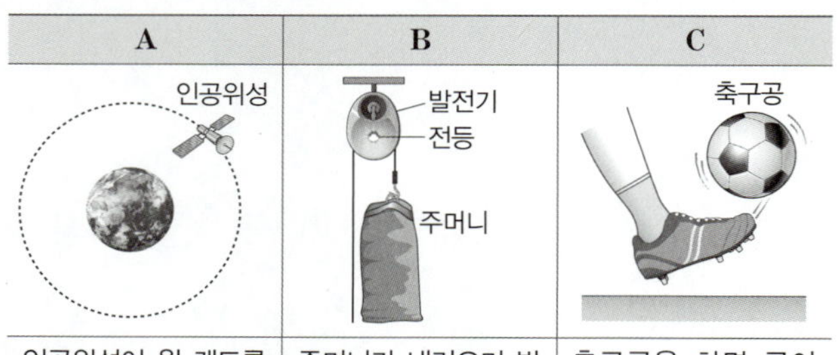

A	B	C
인공위성이 원 궤도를 따라 지구 주위를 공전한다.	주머니가 내려오며 발전기에 연결된 전등이 켜진다.	축구공을 차면 공이 포물선을 그리며 아래로 떨어진다.

중력에 의한 현상과 관련이 있는 것만을 있는 대로 고른 것은?

① A
② B
③ A, C
④ B, C
⑤ A, B, C

241 (하)(중)(상)

지구가 물체에 작용하는 중력에 대한 설명으로 옳은 것만을 보기에서 있는 대로 고른 것은?

> 보기
>
> ㄱ. 지구 중심 방향으로 작용한다.
> ㄴ. 물체의 질량이 달라도 중력의 크기는 일정하다.
> ㄷ. 지구와 물체 사이의 거리가 멀수록 중력의 크기가 감소한다.

① ㄱ
② ㄴ
③ ㄱ, ㄴ
④ ㄱ, ㄷ
⑤ ㄱ, ㄴ, ㄷ

중요 242 (하)(중)(상)

그림은 두 물체 A와 B가 서로에게 작용하는 중력을 나타낸 것이다.

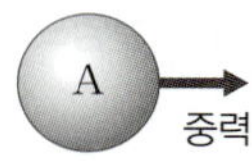

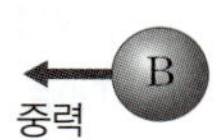

A의 질량이 B의 질량보다 크다고 할 때에 대한 설명으로 옳은 것만을 보기에서 있는 대로 고른 것은?

> 보기
>
> ㄱ. A의 질량이 클수록 A가 받는 중력이 크다.
> ㄴ. A의 질량이 클수록 B가 받는 중력이 크다.
> ㄷ. A와 B 사이의 거리가 멀어지면 B가 받는 중력의 크기는 작아진다.

① ㄱ
② ㄷ
③ ㄱ, ㄴ
④ ㄴ, ㄷ
⑤ ㄱ, ㄴ, ㄷ

243 (하)(중)(상) 서술형

지구 표면이나 지구 주위에서 물체에 중력이 작용하여 물체가 운동하는 예를 한 가지 제시하고, 힘과 운동의 관계를 적용하여 운동 방향과 속력의 변화를 서술하시오.

C 지구 표면에서 물체의 운동

244 (하)(중)(상)

속도와 가속도에 대한 설명으로 옳지 <u>않은</u> 것은?

① 가속도는 1초 동안의 속도 변화량이다.
② 가속도의 단위는 m/s^2이다.
③ 물체의 속력이 일정할 때 가속도는 항상 0이다.
④ 속도 방향과 힘의 방향이 수직이면 운동 방향이 변한다.
⑤ 직선을 따라 운동하는 물체의 속력이 빨라질 때 속도와 가속도의 방향은 같다.

245

그림은 지면으로부터 높이가 h인 곳에서 질량이 각각 m, $2m$, $3m$인 물체 A, B, C가 동시에 자유 낙하하는 모습을 나타낸 것이다.

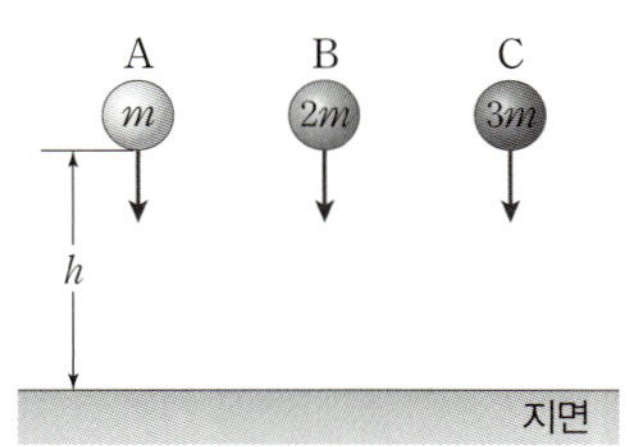

(1) 6초 후 물체 A, B, C의 속력의 비를 쓰시오.

(2) (1)과 같이 생각한 까닭을 서술하시오.

246

수평으로 던진 물체가 운동하는 동안 방향이 일정한 물리량만을 보기에서 있는 대로 고른 것은? (단, 공기 저항은 무시한다.)

> 보기
>
> ㄱ. 물체의 속도　　　　　ㄴ. 물체의 가속도
> ㄷ. 물체에 작용하는 중력

① ㄱ　　　　② ㄷ　　　　③ ㄱ, ㄴ
④ ㄴ, ㄷ　　　⑤ ㄱ, ㄴ, ㄷ

247

그림은 세 공 A, B, C를 같은 높이에서 동시에 수평 방향으로 던 졌을 때 공의 위치를 일정한 시간 간격으로 나타낸 것이다.

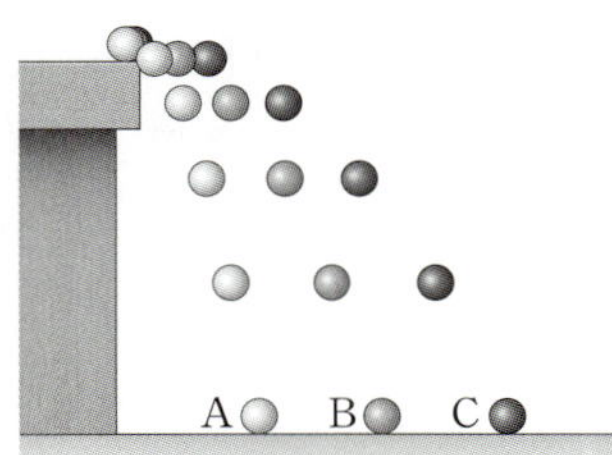

같은 높이에서 세 공이 같은 값을 갖는 물리량만을 보기에서 있는 대로 고른 것은? (단, 공기 저항은 무시한다.)

> 보기
>
> ㄱ. 수평 방향 속력　　　　ㄴ. 연직 방향 속력
> ㄷ. 가속도의 크기

① ㄱ　　　　② ㄴ　　　　③ ㄱ, ㄴ
④ ㄴ, ㄷ　　　⑤ ㄱ, ㄴ, ㄷ

248

그림은 직선을 따라 등가속도 운동하는 장난감 자동차의 모습을 0.1초 간격으로 나타낸 것이다.

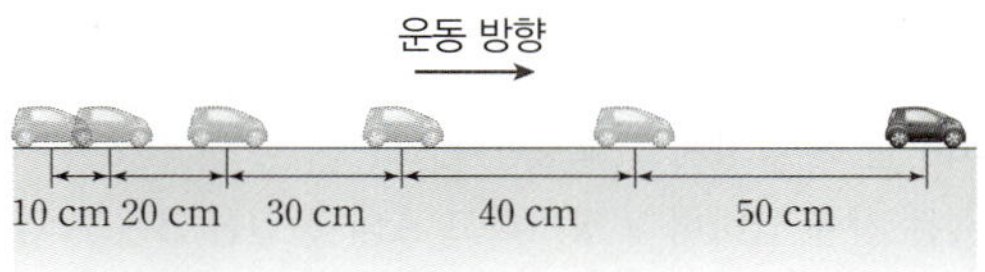

이 장난감 자동차의 가속도의 크기는?

① 1 m/s^2　　② 2 m/s^2　　③ 5 m/s^2
④ 10 m/s^2　　⑤ 20 m/s^2

249

그림은 보트가 점 p에서 점 q까지 곡선 경로를 따라 일정한 속력으로 운동하는 경로를 나타낸 것이다. p에서 q까지 보트의 운동에 대한 설명으로 옳은 것만을 보기에서 있는 대로 고른 것은?

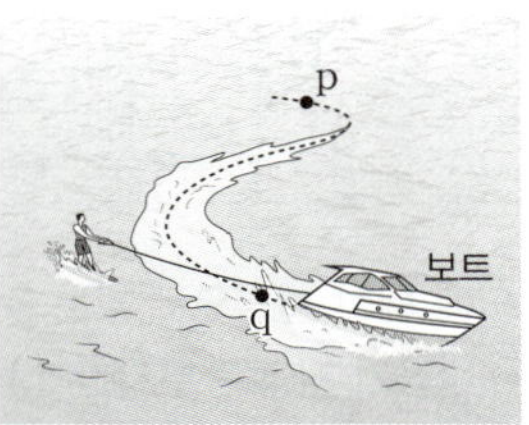

> 보기
>
> ㄱ. 속도가 일정한 운동이다.
> ㄴ. 보트에는 알짜힘이 작용한다.
> ㄷ. 운동 방향과 가속도의 방향이 같다.

① ㄱ　　　　② ㄴ　　　　③ ㄷ
④ ㄱ, ㄷ　　　⑤ ㄴ, ㄷ

250

그림은 물체를 10 m/s의 속력으로 수평으로 던졌더니 4초 후 물체가 지면에 도달한 모습을 나타낸 것이다.

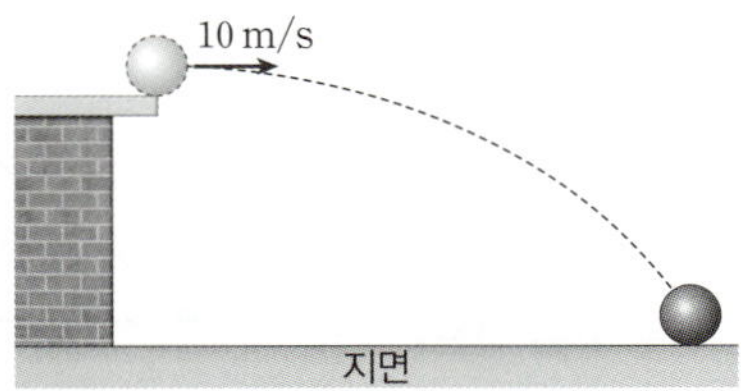

0~4초 동안 물체의 운동에 대한 설명으로 옳은 것은? (단, 중력 가속도는 10 m/s^2이고, 공기 저항은 무시한다.)

① 단위 시간 동안 속도 변화량의 크기는 증가한다.
② 가속도 방향은 운동 방향과 같다.
③ 수평 방향으로 이동한 거리는 40 m이다.
④ 던진 속력을 2배로 하면 8초일 때 지면에 도달한다.
⑤ 지면에 도달하는 순간 수평 방향과 연직 방향의 속력은 같다.

251 (하)(중)(상)

다음은 자유 낙하하는 쇠구슬 A와 수평 방향으로 발사한 쇠구슬 B의 운동에 관한 실험이다.

[실험 과정]

(가) 쇠구슬 발사 장치를 고정한다.
(나) A는 자유 낙하하게 장치하고 A와 동일한 B는 A와 같은 높이에서 수평 방향으로 동시에 발사되도록 장치한다.
(다) 쇠구슬 발사 장치를 작동하여 A, B의 위치를 일정 시간 간격으로 표시한다.

[실험 결과]

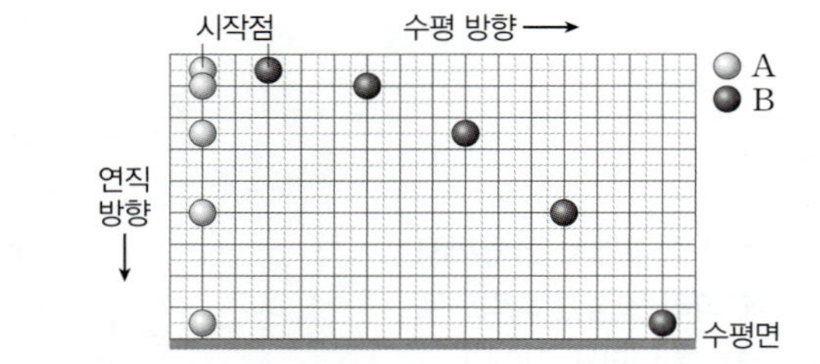

이에 대한 설명으로 옳은 것만을 보기에서 있는 대로 고른 것은? (단, 공기 저항은 무시한다.)

보기
ㄱ. A와 B의 높이는 항상 같다.
ㄴ. 수평면에 도달하는 시간은 A와 B가 같다.
ㄷ. B에 작용하는 알짜힘의 방향은 연직 방향이다.

① ㄱ   ② ㄴ   ③ ㄱ, ㄴ
④ ㄴ, ㄷ   ⑤ ㄱ, ㄴ, ㄷ

252 (하)(중)(상)

그림은 지표면 근처에서 자유 낙하하는 물체의 속력을 시간에 따라 나타낸 것이다.
이에 대한 설명으로 옳은 것만을 보기에서 있는 대로 고른 것은?

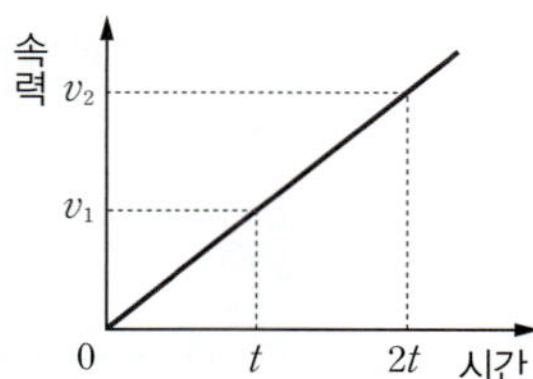

보기
ㄱ. $v_2 = 2v_1$이다.
ㄴ. 물체에 작용하는 중력의 크기는 점점 증가한다.
ㄷ. $t \sim 2t$ 동안 이동한 거리는 $0 \sim t$ 동안 이동한 거리의 4배이다.

① ㄱ   ② ㄷ   ③ ㄱ, ㄴ
④ ㄴ, ㄷ   ⑤ ㄱ, ㄴ, ㄷ

[253~255] 그림은 질량이 1 kg인 물체 A를 0초일 때 공중에서 가만히 놓았더니, 질량이 2 kg인 물체 B를 1초일 때 10 m/s의 속력으로 지난 후 3초일 때 지면에 도달하는 모습을 나타낸 것이다. A가 B를 통과하는 순간 B를 가만히 놓았다. (단, 물체의 크기와 공기 저항은 무시한다.)

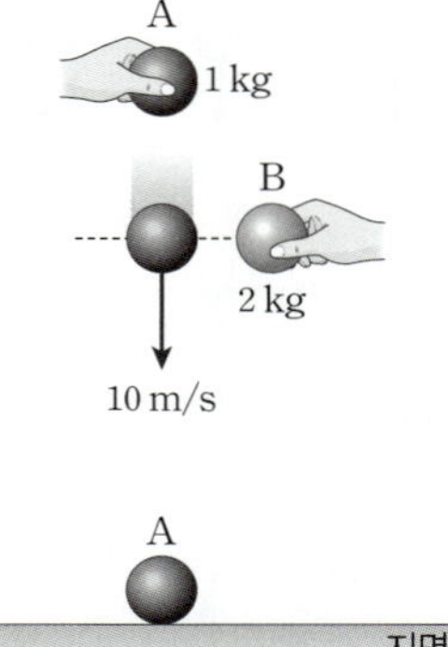

253 (하)(중)(상)

B의 속력이 10 m/s가 되는 순간 A의 속력은?

① 20 m/s   ② 30 m/s   ③ 40 m/s
④ 50 m/s   ⑤ 60 m/s

254 (하)(중)(상)

A, B의 운동에 대한 설명으로 옳은 것만을 보기에서 있는 대로 고른 것은?

보기
ㄱ. A와 B의 가속도 방향은 같다.
ㄴ. B에 작용하는 중력의 크기는 A의 2배이다.
ㄷ. 시간이 지날수록 A와 B의 속력 차는 증가한다.

① ㄱ   ② ㄴ   ③ ㄱ, ㄴ
④ ㄱ, ㄷ   ⑤ ㄱ, ㄴ, ㄷ

255 (하)(중)(상)

A가 지면에 도달할 때 B의 높이는?

① 10 m   ② 20 m   ③ 25 m
④ 30 m   ⑤ 45 m

256 하 중 상

그림은 동일한 두 공 A, B를 같은 높이에서 A는 자유 낙하시키고, B는 수평 방향으로 던진 모습을 나타낸 것이다.

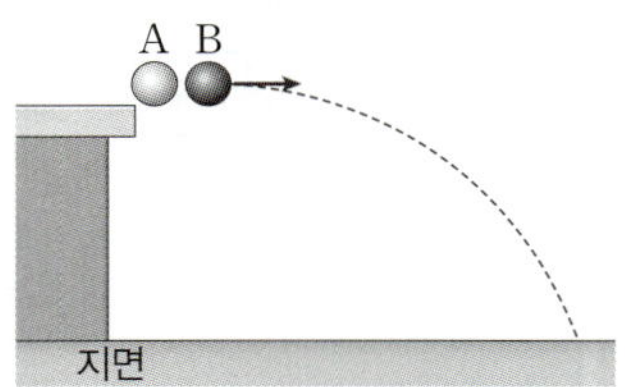

이에 대한 설명으로 옳은 것은? (단, 공기 저항은 무시한다.)

① 공에 작용하는 알짜힘의 크기는 B가 A보다 크다.
② A, B 모두 운동 방향과 같은 방향으로 힘을 받는다.
③ 지면에 도달할 때까지 걸린 시간은 B가 A보다 길다.
④ A, B 모두 연직 방향으로 속력이 일정한 운동을 한다.
⑤ 같은 시간 동안 A, B가 연직 방향으로 이동한 거리는 같다.

257 하 중 상

그림과 같이 0초일 때 자동차 A가 기준선 P를 통과하는 순간 P에 정지해 있던 자동차 B가 A와 같은 방향으로 출발하여 A, B가 각각 등가속도 운동을 한다. 4초일 때 A가 B보다 앞서 있는 거리는 16 m이고, 0초일 때 A의 속력과 4초일 때 B의 속력은 20 m/s로 같다.

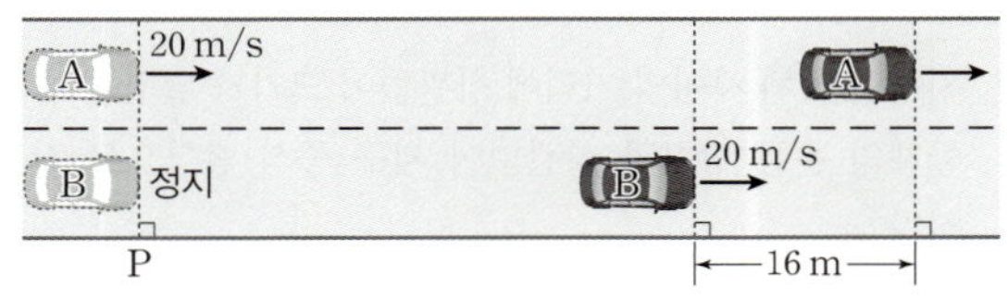

A, B의 가속도의 크기를 각각 a_A, a_B라고 할 때, $a_A : a_B$는? (단, 물체의 크기는 무시한다.)

① 1 : 2
② 2 : 1
③ 2 : 3
④ 3 : 2
⑤ 3 : 5

258 하 중 상

그림은 빗면을 따라 등가속도 운동하는 물체의 모습을 나타낸 것이다. 물체는 점 p를 속력 v로 통과하여 점 r까지 올라갔다가 다시 점 p를 통과한다. 점 q는 p와 r에서 거리가 같은 점이다.

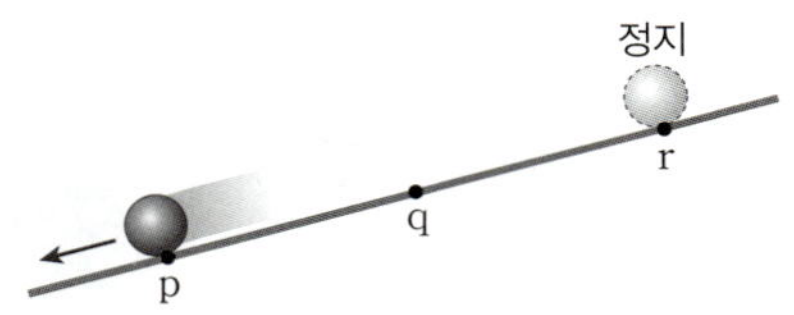

이에 대한 설명으로 옳은 것만을 보기에서 있는 대로 고른 것은? (단, 물체의 크기와 모든 마찰, 공기 저항은 무시한다.)

보기

ㄱ. p에서 물체의 속력은 내려올 때와 올라갈 때가 같다.
ㄴ. q에서 물체의 가속도 방향은 물체가 올라갈 때와 내려올 때가 반대이다.
ㄷ. 물체가 내려오는 동안 물체의 속력은 p에서가 q에서의 2배이다.

① ㄱ
② ㄴ
③ ㄱ, ㄴ
④ ㄴ, ㄷ
⑤ ㄱ, ㄴ, ㄷ

259 하 중 상

그림과 같이 물체 A를 가만히 놓는 순간 A와 같은 높이에서 물체 B를 수평 방향으로 속력 v로 던졌더니, A와 B가 각각 경로를 따라 운동하여 수평선 P, Q를 통과하였다. P와 Q의 높이 차는 h이고, P에서 B의 수평 방향 속력과 연직 방향 속력은 같고, A의 속력은 Q에서가 P에서의 2배이다.

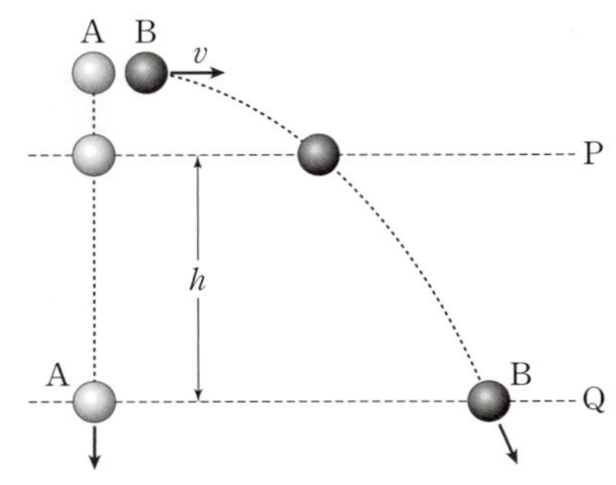

P에서 Q까지 B가 수평 방향으로 이동한 거리는? (단, 물체의 크기와 공기 저항은 무시한다.)

① $\frac{1}{3}h$
② $\frac{1}{2}h$
③ $\frac{2}{3}h$
④ h
⑤ $\frac{4}{3}h$

D 지구 주위에서의 운동

260 하중상

다음은 뉴턴의 사고 실험에 대한 설명이다.

  그림과 같이 공기 저항을 무시할 때 지구에서 물체를 수평 방향으로 던지면 운동 경로가 아래로 휘어지며 지표면에 떨어지는 운동을 한다. 이때 물체를 던지는 속력을 빠르게 할수록 점점 더 먼 거리를 날아가 떨어지고 ㉠물체를 어떤 특정한 속력으로 던지면 물체가 지구 주위를 돌게 된다.

이에 대한 설명으로 옳은 것만을 보기에서 있는 대로 고른 것은?

보기
ㄱ. 던지는 속력이 빠를수록 물체에 작용하는 중력의 크기는 증가한다.
ㄴ. ㉠과 같은 상태에서 물체에 작용하는 알짜힘은 0이다.
ㄷ. 이 사고 실험으로 달이 지구 주위를 도는 원리를 설명할 수 있다.

① ㄱ ② ㄴ ③ ㄷ
④ ㄱ, ㄷ ⑤ ㄴ, ㄷ

261 하중상

그림 (가)는 연직 아래 방향으로 떨어지는 사과 A를, (나)는 지구 주위를 일정한 속력으로 원운동하는 인공위성 B를 나타낸 것이다.

(가) (나)

이에 대한 설명으로 옳은 것만을 보기에서 있는 대로 고른 것은?

보기
ㄱ. A의 운동 방향은 중력 가속도의 방향과 같다.
ㄴ. B에 작용하는 중력의 크기와 방향은 일정하다.
ㄷ. (가)와 (나) 모두 지구 중력에 의한 역학 시스템에서의 운동에 해당한다.

① ㄱ ② ㄴ ③ ㄷ
④ ㄱ, ㄷ ⑤ ㄴ, ㄷ

262 하중상   서술형

그림은 지구 주위에서 일정한 속력으로 원운동을 하는 인공위성을 나타낸 것이다.

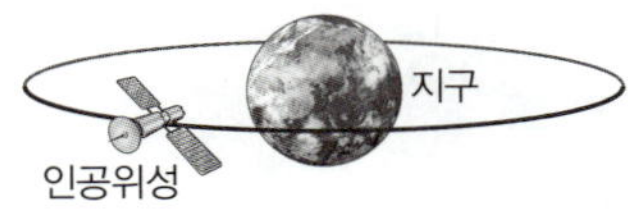

인공위성에 작용하는 중력의 크기와 방향을 인공위성의 운동과 관련지어 서술하시오.

263 하중상

다음은 물체에 작용하는 힘 ㉠과 물체의 운동에 대한 설명이다.

㉠에 대한 설명으로 옳은 것만을 보기에서 있는 대로 고른 것은?

보기
ㄱ. 지구와 물체 사이의 거리에 상관없이 크기가 일정하다.
ㄴ. 물체의 운동 방향과 상관없이 지구 중심 방향으로 작용한다.
ㄷ. 물체의 질량과는 상관없이 지구 질량에 따라 크기가 정해진다.

① ㄱ ② ㄴ ③ ㄷ
④ ㄱ, ㄷ ⑤ ㄴ, ㄷ

13 충돌과 안전장치

정답과 해설 96쪽

A 관성

핵심 1 관성

1. 관성: 물체에 상호작용이 없을 때 물체가 현재의 운동 상태를 유지하려는 성질
- 관성 법칙: 물체에 외부에서 ❶◯이 작용하지 않을 때 정지해 있던 물체는 계속 정지해 있고, 운동하던 물체는 계속 일정한 속도로 운동한다.
- 관성의 크기: ❷◯◯이 큰 물체일수록 관성이 크다.
2. 관성에 의한 현상: 버스가 갑자기 출발하면 계속 정지해 있으려는 관성 때문에 승객의 몸이 뒤로 쏠리고, 버스가 갑자기 정지하면 계속 운동하려는 관성 때문에 승객의 몸이 앞으로 쏠린다.

B 운동량과 충격량

핵심 2 운동량과 충격량

1. ❸◯◯◯: 운동하는 물체의 질량과 속도를 곱한 물리량

$$운동량(p) = 질량(m) \times 속도(v) \quad (단위: kg \cdot m/s)$$

- 운동량의 크기: 물체의 질량이 클수록, 속도가 클수록 크다.
- 운동량의 방향: ❹◯◯의 방향과 같다.
2. ❺◯◯◯: 물체에 힘이 작용할 때 물체에 작용한 힘과 힘이 작용한 시간을 곱한 물리량

$$충격량(I) = 힘(F) \times 힘이 작용한 시간(\Delta t) \quad (단위: N \cdot s)$$

- 충격량의 크기: 물체에 작용한 힘의 크기가 클수록, 힘이 작용하는 시간이 길수록 크다.
- 충격량의 방향: 물체에 작용한 ❻◯의 방향과 같다.

핵심 3 힘-시간 그래프와 충격량

물체에 작용한 힘과 시간의 관계를 나타낸 그래프에서 충격량의 크기는 그래프 아랫부분의 ❼◯◯와 같다.

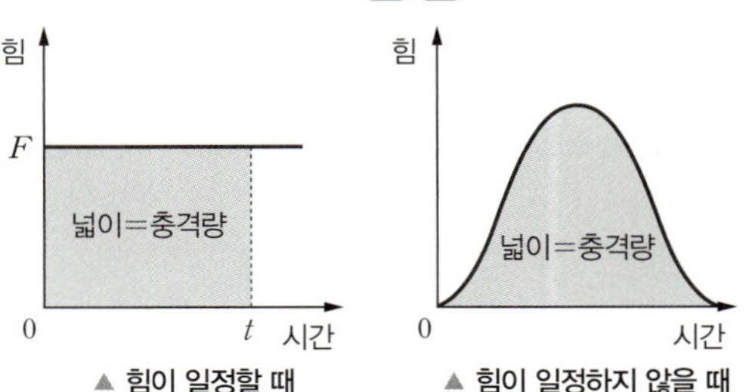

핵심 4 운동량과 충격량의 관계

1. 운동량과 충격량의 관계: 물체가 받은 ❽◯◯◯은 물체의 운동량 변화량과 같다.

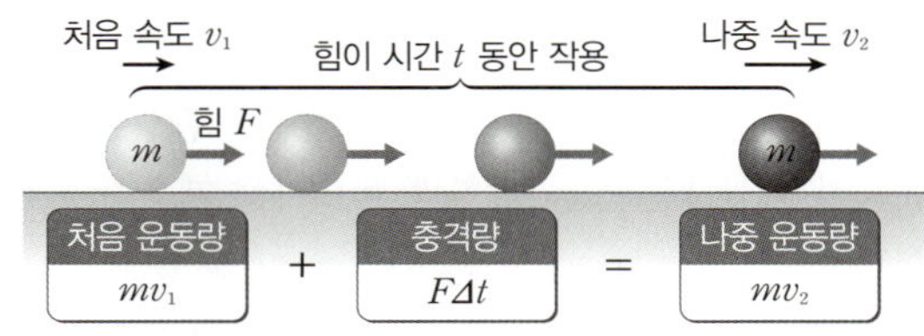

충격량 = 운동량의 변화량 = 나중 운동량 - 처음 운동량

2. 충격량의 방향과 운동량: 운동 방향으로 충격량을 받으면 운동량이 증가하고, 운동 방향과 반대 방향으로 충격량을 받으면 운동량이 감소한다.
3. 충격량의 크기와 운동량: 물체에 큰 힘을 주거나 힘을 작용하는 시간이 길어지면 충격량이 커지므로 물체의 운동량이 더 ❾◯게 변한다.

C 충격을 줄이기 위한 방법

핵심 5 충돌할 때 받는 힘과 시간의 관계

1. 충격량이 같을 때 힘과 시간의 관계: 물체에 작용한 힘과 시간은 반비례한다. ➡ 힘이 작용한 시간이 길수록 물체가 받는 ❿◯의 최댓값이 ⓫◯◯진다.

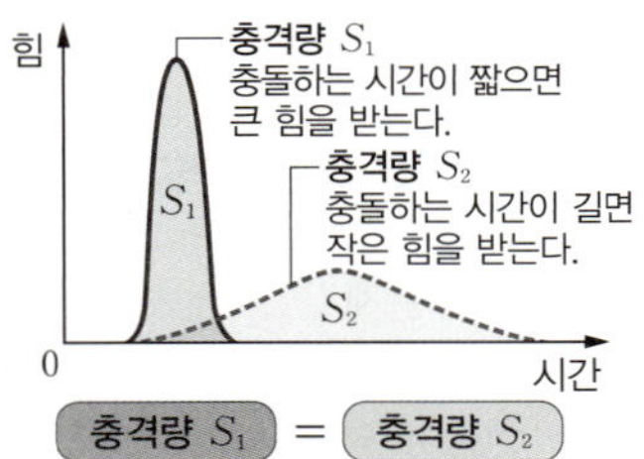

핵심 6 충돌과 안전장치

1. 원리: 충돌 과정에서 ⓬◯◯에 의해 사람의 몸이 계속 움직이려는 것을 방지하거나, 힘이 작용하는 시간을 ⓭◯게 하여 사람이 받는 힘의 크기를 작아지게 한다.
2. 안전장치의 예

안전띠	자동차가 갑자기 정지할 때 관성에 의해 몸이 앞으로 튀어 나가는 것을 막아 준다.
에어백	몸이 차 내부에 부딪칠 때 충돌 시간을 길게 하여 충격을 줄여 준다.
안전 매트	몸이 바닥에 떨어질 때 충돌 시간을 길게 하여 사람이 받는 힘을 줄여 준다.
공기가 든 충전재	상품이 상자에 부딪칠 때 충돌 시간을 길게 하여 상품이 받는 힘을 줄여 주므로 파손을 방지한다.

A 관성

264 (하)(중)(상)

관성에 대한 설명으로 옳지 <u>않은</u> 것은?

① 물체가 운동 상태를 유지하려고 하는 성질이다.
② 정지해 있던 물체는 계속 정지해 있으려고 한다.
③ 물체의 질량과는 상관없이 속력이 클수록 관성이 크다.
④ 운동하던 물체는 운동 방향과 빠르기를 계속 유지하려고 한다.
⑤ 물체에 작용하는 알짜힘이 0이면 운동하던 물체는 관성에 의해 등속 운동을 한다.

265 (하)(중)(상)

다음은 야구장의 안전장치에 대한 설명이다.

야구장에 있는 푹신한 재질로 만들어진 펜스는 공을 잡기 위해 달리던 야구 선수가 곧바로 정지하지 못하고 펜스와 충돌할 때 충돌 시간을 길게 하여 선수를 다치지 않게 보호한다.

밑줄 친 부분을 설명하는 원리로 설명할 수 있는 것만을 보기에서 있는 대로 고른 것은?

보기
ㄱ. 야구공을 가만히 놓으면 공이 아래로 떨어진다.
ㄴ. 물속에 풍선을 넣었다 놓으면 풍선이 위로 떠오른다.
ㄷ. 걷다가 발이 돌에 걸리면 중심을 잃고 앞으로 넘어진다.

① ㄱ   ② ㄴ   ③ ㄷ
④ ㄱ, ㄷ   ⑤ ㄴ, ㄷ

중요
266 (하)(중)(상)

관성과 가장 관련이 <u>없는</u> 현상은?

① 발이 돌부리에 걸리면 몸 전체가 앞으로 넘어진다.
② 소금 통을 위아래로 흔들면 구멍에서 소금이 나온다.
③ 큰 화물선은 작은 어선에 비해 방향을 바꾸기 어렵다.
④ 달리던 버스가 급정거하면 승객들의 몸이 앞쪽으로 쏠린다.
⑤ 장대높이뛰기 선수가 착지하는 위치에 푹신한 매트를 둔다.

267 (하)(중)(상)   서술형

다음은 물체의 운동에 관한 사고 실험이다.

질량이 있는 물체는 관성이 있다. 정지해 있던 버스가 갑자기 출발하면 <u>승객의 몸이 뒤로 쏠린다. 이는 정지해 있던 물체가 계속 정지해 있으려는 관성 때문이다.</u> 한편 일정한 속도로 달리던 버스가 갑자기 멈추면 (가)

밑줄 친 부분을 참고하여 (가)에 들어갈 내용을 서술하시오.

268 (하)(중)(상)

그림은 동전이 놓인 카드를 빠르게 퉁길 때 동전은 그대로 있고 카드만 빠져 나가는 모습을 나타낸 것이다. 이와 같은 원리로 설명할 수 있는 현상만을 보기에서 있는 대로 고른 것은?

보기

ㄱ.

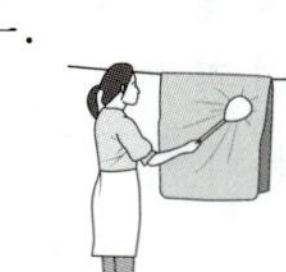
ㄴ.

ㄷ.

육상 선수가 스타팅 블록을 밀면서 빠르게 출발한다. | 이불 먼지떨이로 이불을 쳐서 먼지를 턴다. | 풍선 속 공기가 빠지면서 풍선은 앞으로 나아간다.

① ㄱ   ② ㄴ   ③ ㄷ
④ ㄱ, ㄷ   ⑤ ㄴ, ㄷ

B 운동량과 충격량

269 하 중 상

그림은 물체의 운동량과 충격량에 대한 학생 A, B, C의 대화를 나타낸 것이다.

제시한 내용이 옳은 학생만을 있는 대로 고른 것은?

① A   ② C   ③ A, C
④ B, C   ⑤ A, B, C

270 하 중 상

운동하는 물체의 운동량과 충격량에 대한 설명으로 옳은 것은?

① 물체의 속력이 클수록 운동량이 크다.
② 일정한 빠르기로 원운동하는 물체는 운동량이 변하지 않는다.
③ 운동량과 충격량의 방향이 같으면 운동량의 크기가 감소한다.
④ 운동량 변화량이 일정할 때 물체에 힘이 작용한 시간이 짧을수록 충격량이 크다.
⑤ 달리던 물체가 충돌하여 멈출 때가 튕겨 나올 때보다 물체가 받는 충격량이 크다.

271 하 중 상

그림은 질량이 각각 10 kg, 2000 kg인 자전거와 트럭이 같은 속력으로 운동하는 모습을 나타낸 것이다.

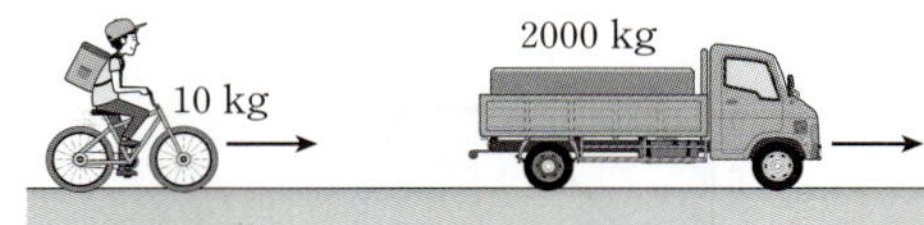

자전거의 운동량의 크기가 $50 \ \text{kg} \cdot \text{m/s}$일 때 트럭의 운동량의 크기는?

① $1000 \ \text{kg} \cdot \text{m/s}$ ② $2000 \ \text{kg} \cdot \text{m/s}$
③ $5000 \ \text{kg} \cdot \text{m/s}$ ④ $10000 \ \text{kg} \cdot \text{m/s}$
⑤ $20000 \ \text{kg} \cdot \text{m/s}$

[272 ~ 273] 표는 마찰이 없는 수평면에 정지해 있는 물체 A~D의 질량과 물체에 수평 방향으로 일정하게 작용한 힘의 크기, 힘을 작용한 시간을 나타낸 것이다.

물체	질량(kg)	힘의 크기(N)	힘을 작용한 시간(s)
A	5	5	12
B	5	3	25
C	4	20	3
D	1	3	10

중요

272 하 중 상

이에 대한 설명으로 옳은 것만을 보기에서 있는 대로 고른 것은?

보기
ㄱ. A가 받은 충격량의 크기는 $60 \ \text{N} \cdot \text{s}$이다.
ㄴ. B의 운동량 변화량의 크기는 $15 \ \text{kg} \cdot \text{m/s}$이다.
ㄷ. 물체가 받은 충격량의 크기는 D가 C의 2배이다.

① ㄱ   ② ㄴ   ③ ㄱ, ㄴ
④ ㄱ, ㄷ   ⑤ ㄴ, ㄷ

273 하 중 상

힘을 작용한 후 속력이 같은 것끼리 옳게 짝 지은 것은?

① A, B   ② A, C   ③ B, C
④ B, D   ⑤ C, D

중요 274 (하중상)

그림은 직선상에서 운동하는 질량 4 kg인 물체의 운동량을 시간에 따라 나타낸 것이다.

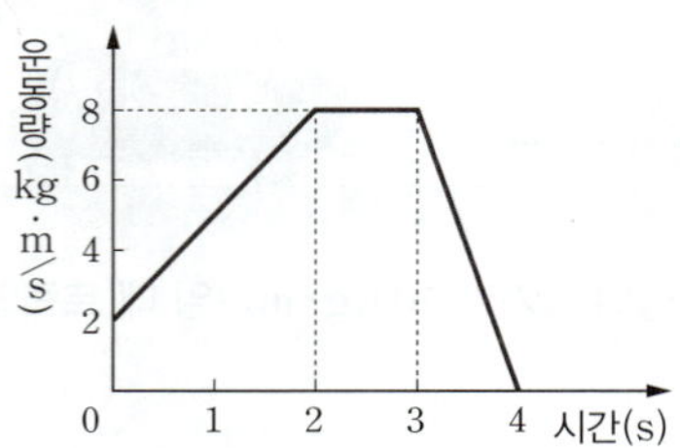

이에 대한 설명으로 옳은 것만을 보기에서 있는 대로 고른 것은?

보기
ㄱ. 0초일 때 물체의 속력은 2 m/s이다.
ㄴ. 물체가 받은 충격량의 크기는 0~2초 동안이 3~4초 동안보다 작다.
ㄷ. 0~4초 동안 물체가 받은 충격량은 16 N·s이다.

① ㄴ ② ㄷ ③ ㄱ, ㄴ
④ ㄱ, ㄷ ⑤ ㄴ, ㄷ

275 (하중상)

그림은 질량이 각각 2 kg, 4 kg인 물체 A, B의 운동을 일정한 시간 간격으로 나타낸 다중 섬광 사진이다.

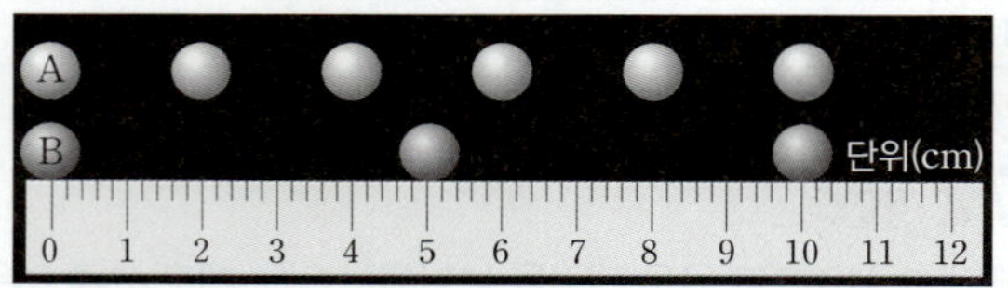

A의 운동량의 크기가 p일 때 B의 운동량의 크기는?

① $2p$ ② $2.5p$ ③ $4p$
④ $5p$ ⑤ $10p$

276 (하중상)

그림은 마찰이 없는 수평면에서 물체 A가 정지해 있는 물체 B를 향해 일정한 속력 $3v$로 운동하는 모습을 나타낸 것이다. 충돌 후 A와 B는 한 덩어리가 되어 속력 v로 운동하였다.

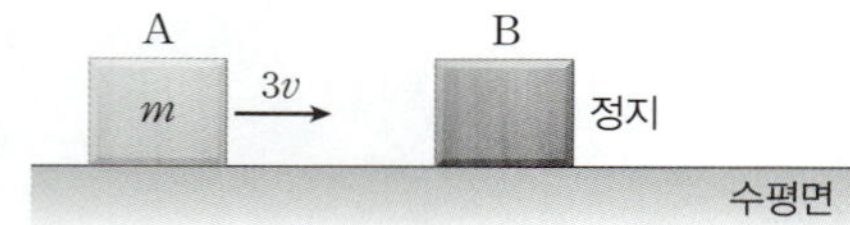

A의 질량이 m일 때 B의 질량은?

① m ② $2m$ ③ $3m$
④ $4m$ ⑤ $6m$

277 (하중상)

그림과 같이 질량이 같은 자동차 A와 B가 각각 20 m/s, 10 m/s의 일정한 속력으로 운동하다가 벽에 충돌하여 정지하였다.

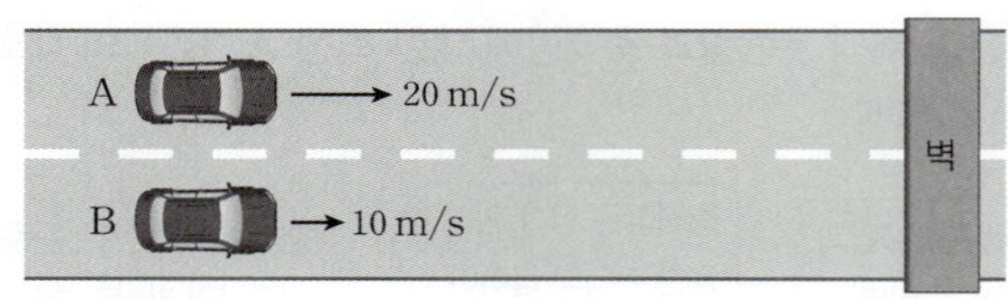

이에 대한 설명으로 옳은 것만을 보기에서 있는 대로 고른 것은?

보기
ㄱ. 충돌 전 자동차의 운동량의 크기는 A가 B의 2배이다.
ㄴ. 정지할 때까지 A, B의 운동량 변화량의 크기는 같다.
ㄷ. 정지할 때까지 벽이 A, B로부터 받은 충격량의 크기는 같다.

① ㄱ ② ㄴ ③ ㄱ, ㄴ
④ ㄱ, ㄷ ⑤ ㄴ, ㄷ

중요 278 (하중상)

그림은 마찰이 없는 수평면에서 5 m/s의 속력으로 운동하던 공이 벽에 수직으로 충돌한 후 반대 방향으로 v의 속력으로 운동하는 모습을 나타낸 것이다. 공의 질량은 2 kg이다. 충돌하는 동안 벽이 공으로부터 받은 충격량의 크기는 20 N·s이다.

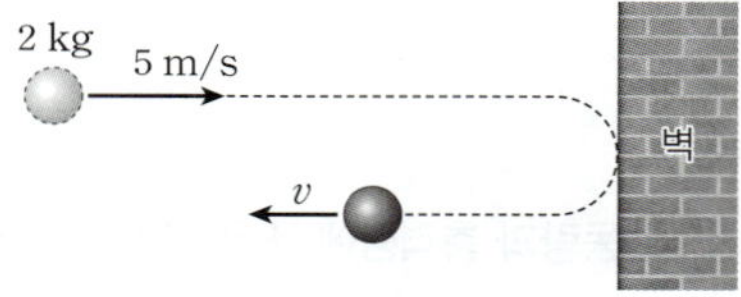

이에 대한 설명으로 옳은 것만을 보기에서 있는 대로 고른 것은?

보기
ㄱ. 충돌 전과 후 공의 속력은 같다.
ㄴ. 충돌 전과 후 공의 운동량은 같다.
ㄷ. 충돌 전 공의 운동량 방향과 벽이 받은 충격량의 방향은 같다.

① ㄱ ② ㄴ ③ ㄱ, ㄷ
④ ㄴ, ㄷ ⑤ ㄱ, ㄴ, ㄷ

279 하중상

다음은 실에 매달려 일정한 속력으로 원운동을 하는 추의 운동에 관한 학생의 분석이다.

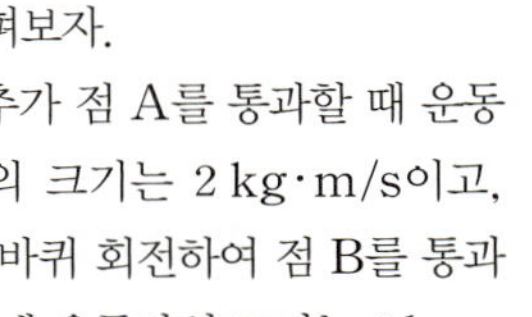
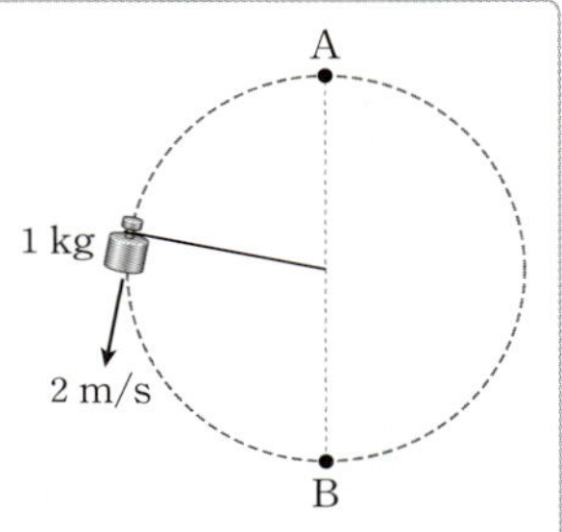

그림과 같이 질량 $1\,\text{kg}$인 추가 수평면에서 $2\,\text{m/s}$의 일정한 속력으로 원운동하는 경우를 살펴보자.

추가 점 A를 통과할 때 운동량의 크기는 $2\,\text{kg·m/s}$이고, 반 바퀴 회전하여 점 B를 통과할 때 운동량의 크기는 $2\,\text{kg·m/s}$이다. A에서 B까지 추의 운동량의 크기가 변하지 않으므로 추가 받은 충격량은 0이다.

위 글에서 잘못된 부분을 찾아 옳게 고쳐 서술하시오.

280 하중상

그림 (가)는 마찰이 없는 수평면에서 물체 A, B가 접촉하여 등속 운동하는 모습을, (나)는 (가)에서 A와 B가 분리된 후 분리되기 전과 같은 방향으로 등속 운동하는 모습을 나타낸 것이다. A, B의 질량은 각각 $2\,\text{kg}$, $1\,\text{kg}$이고, 분리 전과 후 A의 속력은 각각 $2\,\text{m/s}$, $1\,\text{m/s}$이다.

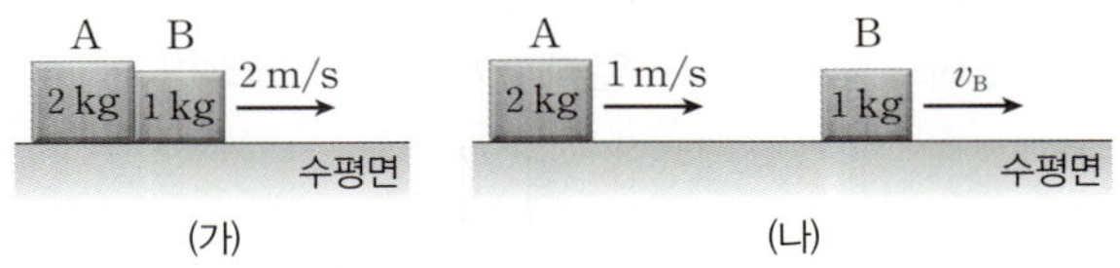

이에 대한 설명으로 옳은 것은?

① (가)에서 운동량은 A와 B가 같다.
② 분리되는 동안 A와 B가 받은 충격량의 방향은 같다.
③ 분리되는 동안 A가 받은 충격량의 크기는 $6\,\text{N·s}$이다.
④ 분리되기 전과 후의 운동량 변화량의 크기는 B가 A보다 크다.
⑤ 분리 후 B의 속력은 $4\,\text{m/s}$이다.

281 하중상

그림과 같이 일직선상에서 $20\,\text{m/s}$의 속력으로 운동하고 있는 질량이 $2\,\text{kg}$인 물체에 운동 방향과 반대 방향으로 크기가 F인 힘을 작용하였더니 6초 후 물체가 정지하였다.

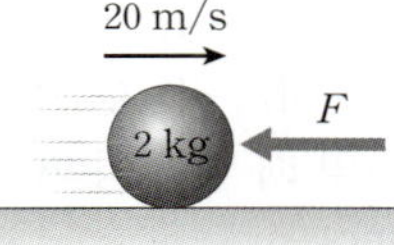

F를 시간 t에 따라 나타낸 그래프로 가장 적절한 것은? (단, 공기 저항과 모든 마찰은 무시한다.)

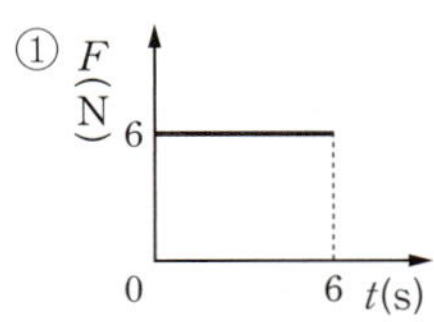

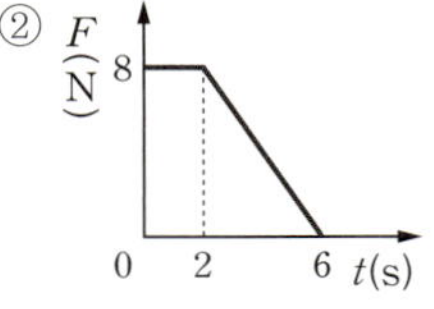

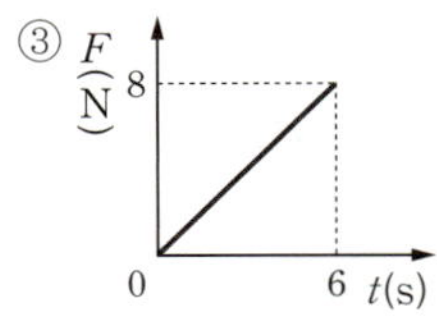

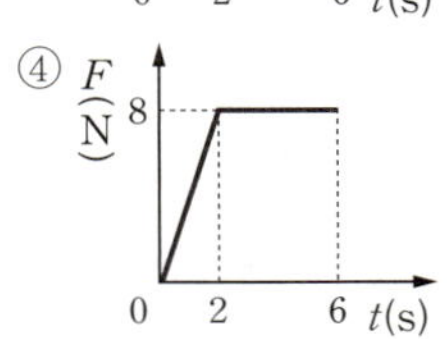

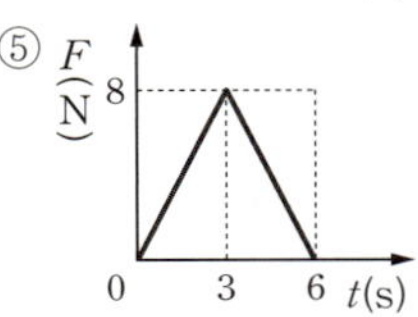

282 하중상

그림은 수평면에 정지해 있는 질량이 $2\,\text{kg}$인 물체에 작용한 알짜 힘을 시간에 따라 나타낸 것이다.

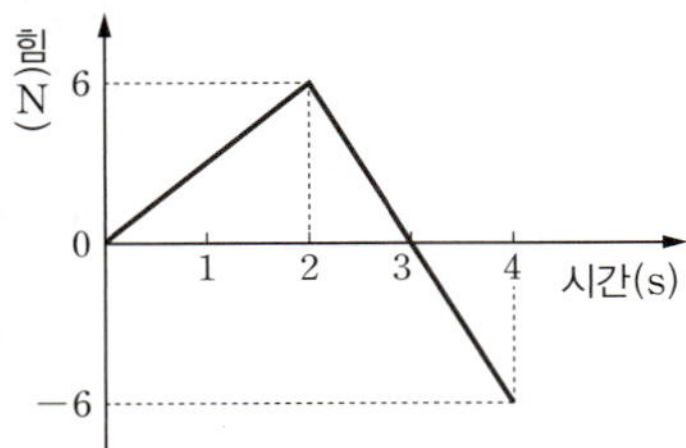

이에 대한 설명으로 옳은 것만을 보기에서 있는 대로 고른 것은?

보기

ㄱ. 3초일 때 물체의 운동량은 0이다.
ㄴ. 2초일 때와 4초일 때 물체의 운동량은 같다.
ㄷ. 물체가 받은 충격량의 크기는 0~4초 동안이 0~2초 동안의 2배이다.

① ㄴ   ② ㄷ   ③ ㄱ, ㄴ
④ ㄱ, ㄷ   ⑤ ㄴ, ㄷ

283 하중상

그림은 수평면에서 운동하는 질량이 $5\,kg$인 물체에 운동 방향과 나란하게 작용한 알짜힘의 크기를 시간에 따라 나타낸 것이다. 2초일 때 힘의 방향이 반대로 바뀌었고, 4초일 때 물체가 정지하였다.

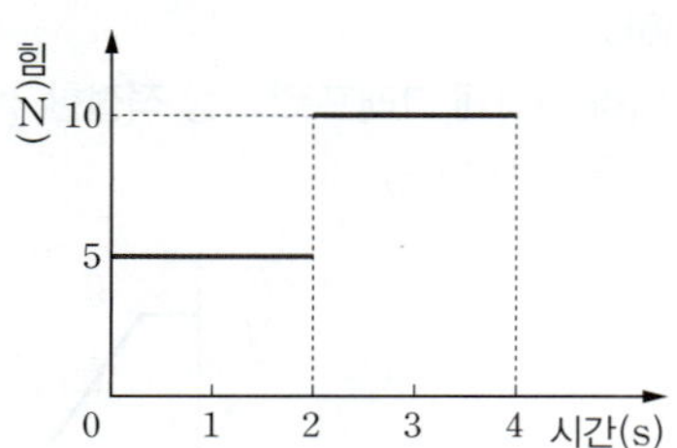

이에 대한 설명으로 옳은 것만을 보기에서 있는 대로 고른 것은?

보기
ㄱ. 0초부터 4초까지 물체가 받은 충격량의 크기는 $10\,N\cdot s$이다.
ㄴ. 0초일 때 물체의 운동량의 크기는 $30\,kg\cdot m/s$이다.
ㄷ. 2초일 때 물체의 속력은 $4\,m/s$이다.

① ㄴ   ② ㄷ   ③ ㄱ, ㄴ
④ ㄱ, ㄷ   ⑤ ㄱ, ㄴ, ㄷ

284 하중상

그림 (가)는 마찰이 없는 수평면에서 질량 m인 물체 A가 일정한 속력 v_0으로 정지해 있는 물체 B를 향해 운동하는 모습을 나타낸 것이다. 그림 (나)는 충돌하는 동안 A가 B로부터 받은 충격량의 크기를 시간에 따라 나타낸 것이다. (나)의 그래프에서 색칠한 부분의 넓이는 $\dfrac{4}{3}mv_0$이고, 충돌 후 A와 B의 속력은 같다.

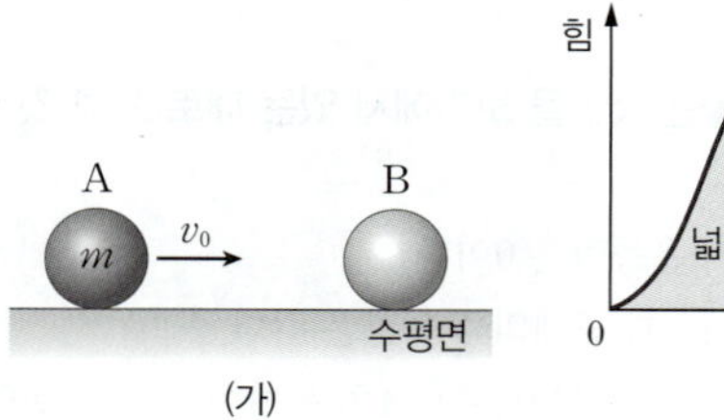

(가)   (나)

B의 질량은?

① $\dfrac{2}{3}m$ ② m ③ $\dfrac{4}{3}m$
④ $2m$ ⑤ $4m$

285 하중상

그림은 마찰이 없는 수평면에서 서로 반대 방향으로 등속 운동하던 사람 A, B가 충돌한 후 함께 오른쪽으로 등속 운동하는 모습을 나타낸 것이다.

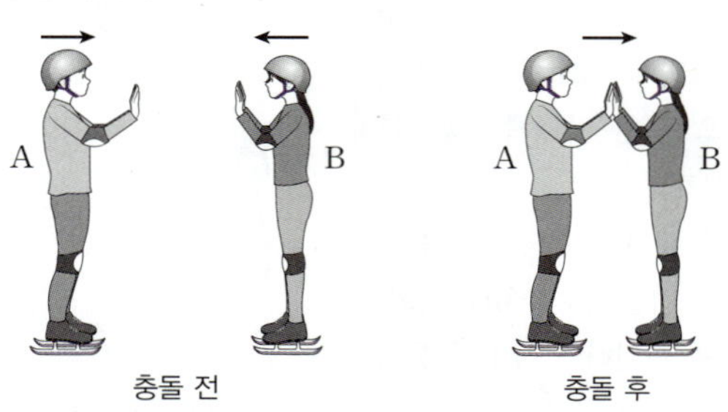

이에 대한 설명으로 옳은 것만을 보기에서 있는 대로 고른 것은?

보기
ㄱ. 충돌 전 운동량의 크기는 A가 B보다 크다.
ㄴ. 충돌하는 동안 받은 힘의 크기는 A와 B가 같다.
ㄷ. 충돌하는 동안 받은 충격량의 크기는 B가 A보다 크다.

① ㄱ   ② ㄴ   ③ ㄱ, ㄴ
④ ㄴ, ㄷ   ⑤ ㄱ, ㄴ, ㄷ

286 하중상

그림 (가)는 마찰이 없는 수평면에서 질량 $10\,kg$인 물체에 힘 F_1, F_2가 각각 운동 방향, 운동 반대 방향으로 작용하는 모습을 나타낸 것이다. 그림 (나)는 F_1, F_2의 크기를 시간에 따라 나타낸 것이다. 물체의 운동량은 1초일 때가 0초일 때의 4배이다.

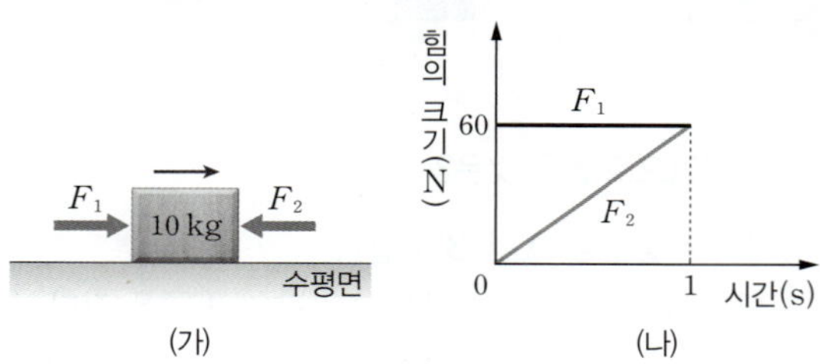

(가)   (나)

0초일 때 물체의 속력은?

① $1\,m/s$ ② $2\,m/s$ ③ $3\,m/s$
④ $4\,m/s$ ⑤ $5\,m/s$

287 (하)(중)(상)

그림은 일상생활에서 충돌 사고의 피해를 줄이기 위한 안전장치를 나타낸 것이다.

자동차 범퍼

안전모

이 안전장치에 적용된 원리를 이용한 장치로 옳은 것만을 보기에서 있는 대로 고른 것은?

보기
ㄱ. 탄성이 있는 자전거 안장의 용수철
ㄴ. 충돌 시 부풀어 오르는 자동차 에어백
ㄷ. 탄성이 큰 소재로 만든 장대높이뛰기용 장대

① ㄱ   ② ㄴ   ③ ㄱ, ㄴ
④ ㄴ, ㄷ   ⑤ ㄱ, ㄴ, ㄷ

288 (하)(중)(상)

다음은 충돌과 관련된 과학 원리에 대한 설명이다.

물체가 충돌할 때 운동량의 변화량이 같은 경우, 충돌 시간이 길어지면 물체가 받는 평균 힘의 크기가 작아진다.

이와 같은 원리가 이용되는 장치로 적절하지 않은 것은?

① 
배에 매단 타이어

② 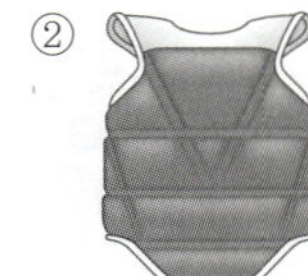
푹신한 태권도 보호대

③ 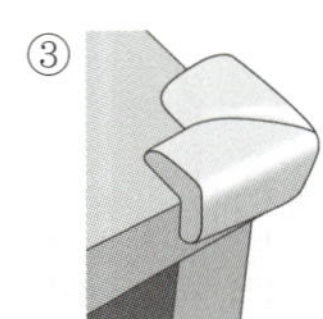
유아 보호용 모서리 쿠션

④ 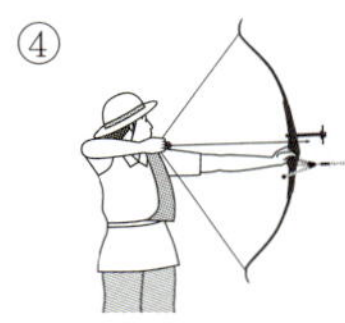
탄성이 큰 소재로 만드는 활

⑤ 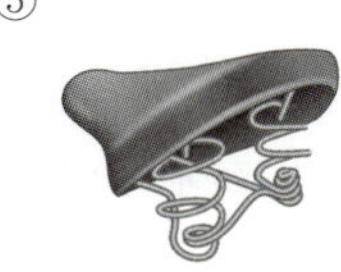
자전거 안장 아래의 용수철

289 (하)(중)(상) 서술형

그림은 자동차가 벽에 충돌하는 모의실험 장면을 나타낸 것이다.

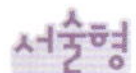
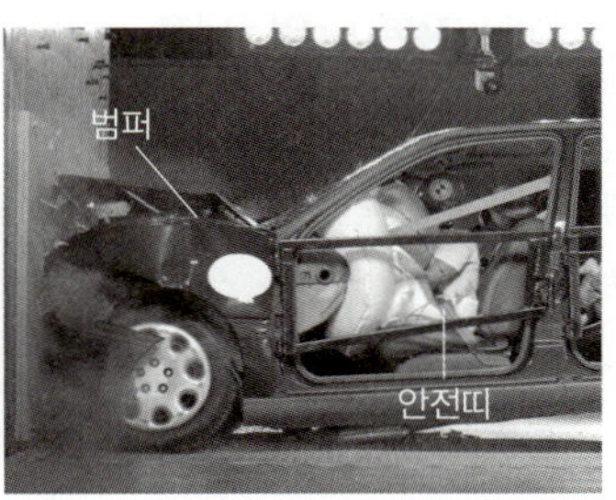

범퍼와 안전띠가 사람이 받는 피해를 줄이는 원리를 다음 제시어를 모두 포함하여 서술하시오.

관성, 충격량, 충돌 시간, 힘

중요

290 (하)(중)(상)

그림 (가)는 포수가 미트로 야구공을 받는 모습을, (나)는 동일한 야구공 A, B가 v_0의 속력으로 미트에 닿는 순간부터 정지할 때까지의 속력을 시간에 따라 나타낸 것이다. t_A, t_B는 각각 A, B가 정지할 때까지 걸린 시간이다.

(가)

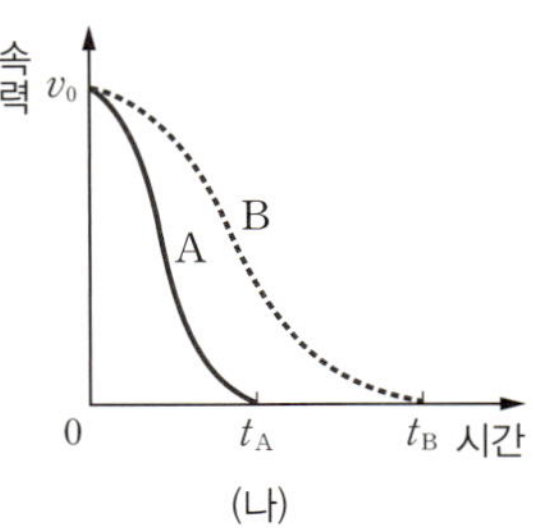

(나)

공이 미트와 충돌하는 동안 B가 A보다 작은 값을 갖는 물리량만을 보기에서 있는 대로 고른 것은?

보기
ㄱ. 공의 운동량 변화량
ㄴ. 공이 받은 평균 힘의 크기
ㄷ. 포수가 공에 작용하는 충격량의 크기

① ㄱ   ② ㄴ   ③ ㄱ, ㄷ
④ ㄴ, ㄷ   ⑤ ㄱ, ㄴ, ㄷ

14 생명 시스템의 기본 단위

↻ 정답과 해설 100쪽

A 생명 시스템의 기본 단위, 세포

핵심 1 생명 시스템

1. 생명 시스템: 구성 요소 간의 상호작용으로 생명 현상이 나타나는 체계
2. 세포는 여러 세포소기관이 상호작용하는 ❶□□□□ □이다.

핵심 2 세포

1. ❷□□: 생명체를 구성하는 구조적 단위이며, 생명 현상이 일어나는 기능적 단위
2. 생명체의 구성 단계: 개체는 세포의 단순한 집합이 아니라, 세포로 구성된 각 부분이 유기적으로 상호작용하는 생명 시스템이다.
- 동물의 구성 단계: 세포 → 조직 → 기관 → 기관계 → 개체
- 식물의 구성 단계: 세포 → 조직 → 조직계 → 기관 → 개체
3. 세포소기관의 종류와 기능

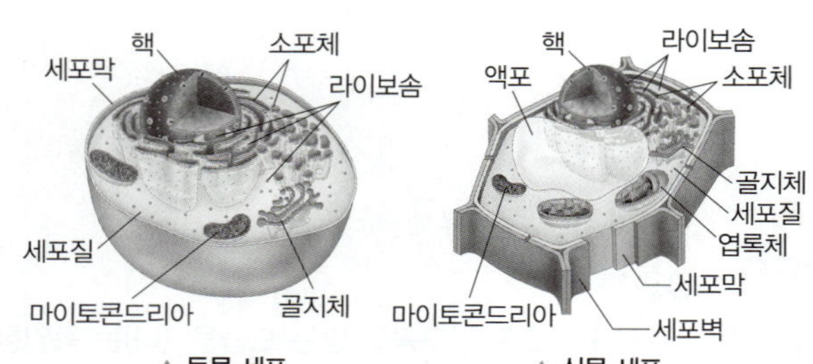

▲ 동물 세포　　　▲ 식물 세포

핵	유전물질인 ❸□□□가 들어 있으며, 세포의 생명활동 조절
세포질	세포소기관이 있는 곳, 다양한 생명활동이 일어남.
라이보솜	유전물질로부터 전달받은 유전정보에 따라 ❹□ 합성
❺□□□	라이보솜에서 합성한 단백질을 세포의 다른 부위로 운반
골지체	소포체에서 운반된 단백질을 변형하고 분비
마이토 콘드리아	세포의 생명활동에 필요한 에너지를 생성하는 ❻□호흡 일어남.
❼□□□	빛에너지를 흡수하여 포도당을 합성하는 광합성이 일어남.
액포	성숙한 ❽□□ 세포에서 발달, 세포의 삼투압 유지에 관여
❾□□□	세포 안팎의 물질 출입 조절
세포벽	세포막 바깥쪽에 있는 단단한 막, 세포 형태 유지 및 보호

B 세포막을 통한 물질의 이동

핵심 3 세포막의 구조와 기능

1. 세포막의 구조: ❿□□□ 2중층에 막단백질이 군데군데 박혀 있다.
2. 세포막의 기능: 세포 형태 유지, 세포 안에서 화학 반응이 일어날 수 있는 독립된 환경 조성, 물질의 선택적 출입 조절

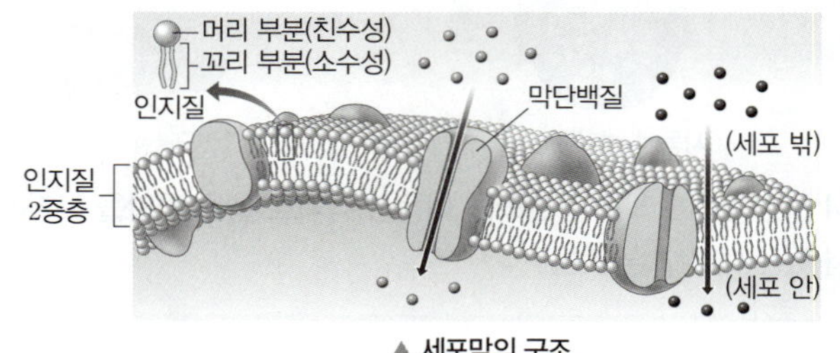

▲ 세포막의 구조

핵심 4 세포막의 선택적 투과성

1. ⓫□□□ □□: 물질의 종류, 크기 등에 따라 세포막을 통한 물질의 이동이 다르게 일어난다.
2. 확산: 물질의 농도가 높은 쪽에서 농도가 낮은 쪽으로 물질이 이동하는 현상

인지질 2중층을 통한 확산	막단백질을 통한 확산
• 크기가 작은 분자: O_2, CO_2 • 소수성(지용성) 물질: 지질 입자	• 크기가 큰 분자: 포도당, 아미노산 • 전하를 띠는 물질: Na^+, K^+

핵심 5 세포막에서 삼투에 의한 물의 이동

1. 삼투: 반투과성막을 경계로 농도가 다른 두 용액이 있을 때 농도가 ⓬□□ 쪽에서 ⓭□□ 쪽으로 용매인 물이 이동하는 현상

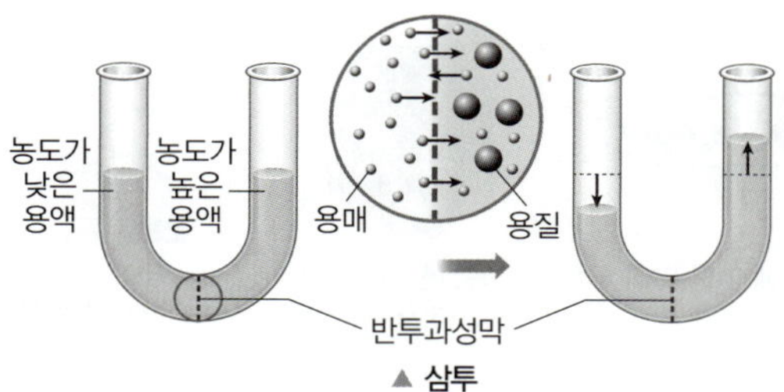

▲ 삼투

2. 세포와 삼투: 세포가 세포 안쪽보다 농도가 ⓮□□ 용액에 있을 때는 세포 바깥쪽에서 안쪽으로 물이 들어오고, 세포가 세포 안쪽보다 농도가 ⓯□□ 용액에 있을 때는 세포 안쪽에서 바깥쪽으로 물이 빠져나감.

실전 별별다 대비 문제

A 생명 시스템의 기본 단위, 세포

291 (하중상)

생명 시스템에 대한 설명으로 옳지 <u>않은</u> 것은?

① 생명 시스템을 구성하는 기본 단위는 세포이다.
② 여러 구성 요소가 상호작용하여 생명활동을 한다.
③ 생물 개체는 몸을 구성하는 요소가 상호작용하는 생명 시스템이다.
④ 하나의 세포는 생명활동을 수행하지 못하므로 생명 시스템이라고 볼 수 없다.
⑤ 생물권에서 생물은 기권, 수권, 지권의 환경과 상호작용하며 생명 시스템을 이루고 있다.

292 (하중상)

동물과 식물의 공통된 구성 단계로 옳지 <u>않은</u> 것은?

① 세포   ② 조직   ③ 조직계
④ 기관   ⑤ 개체

293 (하중상)

다음은 어떤 시스템에 대한 설명이다.

> 구성 요소 간의 상호작용으로 생명 현상이 나타나는 체계

이 시스템에 대한 설명으로 옳은 것만을 보기에서 있는 대로 고른 것은?

보기
ㄱ. 생명 시스템이다.
ㄴ. 기본 단위는 세포이다.
ㄷ. 단 하나의 세포로도 독립적인 생명활동이 가능한 시스템을 가지는 생물을 단세포 생물이라고 한다.

① ㄱ   ② ㄴ   ③ ㄱ, ㄴ
④ ㄱ, ㄷ   ⑤ ㄱ, ㄴ, ㄷ

294 (하중상)

그림은 세 학생이 세포에 대해 나눈 대화이다.

제시한 내용이 옳은 학생만을 있는 대로 고른 것은?

① 재민   ② 재민, 연우   ③ 재민, 주한
④ 연우, 주한   ⑤ 재민, 연우, 주한

295 (하중상)

그림은 동물 세포의 구조를 나타낸 것이다. A~E는 세포막, 골지체, 마이토콘드리아, 핵, 소포체를 순서 없이 나타낸 것이다.

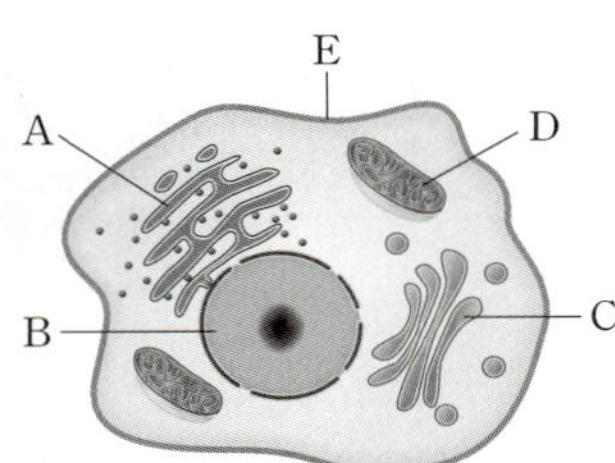

A~E에 대한 설명으로 옳은 것을 모두 고르면? (2개)

① A는 핵이고, 세포의 생명활동을 조절한다.
② B에는 유전정보를 가지고 있는 분자가 들어 있다.
③ C는 골지체이고, 단백질이 합성된다.
④ D는 마이토콘드리아이고, 생명활동에 필요한 에너지가 생성된다.
⑤ E는 세포벽이고 모든 물질을 투과시킨다.

296 하중상

그림은 식물 세포의 구조를 나타낸 것이다.

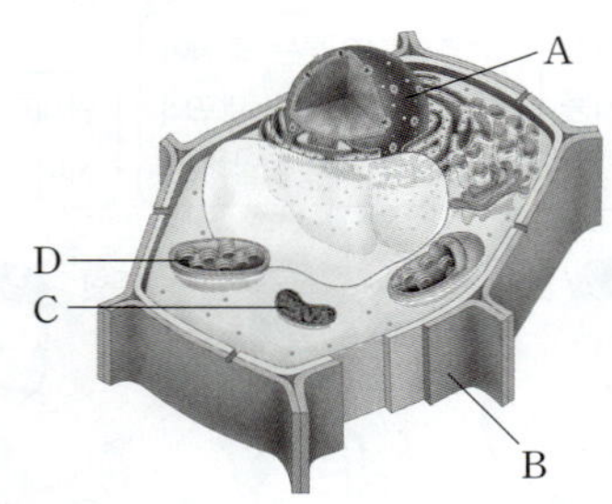

이에 대한 설명으로 옳은 것을 보기에서 있는 대로 고른 것은?

보기
ㄱ. A에는 DNA가 들어 있다.
ㄴ. B는 세포 안팎으로의 물질 출입을 조절한다.
ㄷ. C와 D에서 에너지 전환이 일어난다.

① ㄱ
② ㄴ
③ ㄷ
④ ㄱ, ㄷ
⑤ ㄴ, ㄷ

297 하중상

그림 (가), (나)는 각각 마이토콘드리아, 엽록체 중 하나이다.

(가)　　　　　　(나)

이에 대한 설명으로 옳지 <u>않은</u> 것을 모두 고르면? (2개)

① (가)는 마이토콘드리아이다.
② (가)는 동물 세포와 식물 세포에 모두 존재한다.
③ (가)는 빛에너지를 이용하여 생명활동에 필요한 에너지를 생성한다.
④ (나)는 산소를 이용해 포도당을 합성한다.
⑤ (나)에서는 빛에너지를 화학 에너지로 전환하는 화학 반응이 일어난다.

298 하중상

다음은 생명 시스템의 구성 체계에 대한 설명이다.

각각의 생명체는 빛, 공기, 물 등의 주변 환경요인 및 다른 생명체와 ⑦ 하며 다양한 생명활동을 수행하는 하나의 생명 시스템이다. 이러한 생명체는 모두 ⓒ (으)로 이루어져 있다. 동물이나 식물과 같은 ⓒ 생물은 모양과 기능이 비슷한 세포가 모여 ② 을/를 이루고, 여러 ② 이/가 모여 고유한 형태와 기능을 하는 ⑩ 을/를 이룬다. 그리고 여러 ⑩ 이/가 모여 정교한 체제를 갖추고 독립적인 생활을 하는 개체를 구성한다.

⑦~⑩에 들어갈 말로 옳게 짝 지은 것은?

	⑦	ⓒ	ⓒ	②	⑩
①	상호작용	조직	단세포	기관	세포
②	상호작용	세포	다세포	조직	기관
③	상호작용	세포	다세포	기관	조직
④	단절	세포	단세포	조직	기관
⑤	단절	조직	다세포	세포	기관

중요 299 하중상

다음은 세포소기관 A~C의 특징을 표로 나타낸 것이다. A~C는 각각 라이보솜, 소포체, 골지체 중 하나이다.

세포소기관	특징
A	물질 ⑦을 합성한다.
B	물질 ⑦의 운반 통로 역할을 한다.
C	물질 ⑦을 막으로 싸서 분비한다.

이에 대한 설명으로 옳은 것만을 보기에서 있는 대로 고른 것은?

보기
ㄱ. 물질 ⑦은 단백질이다.
ㄴ. A는 라이보솜이고, B는 골지체이다.
ㄷ. C는 동물 세포와 식물 세포에 모두 있다.

① ㄱ
② ㄴ
③ ㄱ, ㄷ
④ ㄴ, ㄷ
⑤ ㄱ, ㄴ, ㄷ

300 하중상

세포막에 대한 설명으로 옳은 것만을 보기에서 있는 대로 고른 것은?

보기

ㄱ. 세포의 형태를 유지한다.
ㄴ. 물질의 종류에 따라 물질을 선택적으로 투과시킨다.
ㄷ. 세포 안에서 화학 반응이 일어날 수 있도록 독립적인 환경을 조성한다.

① ㄱ   ② ㄴ   ③ ㄱ, ㄴ
④ ㄱ, ㄷ   ⑤ ㄱ, ㄴ, ㄷ

301 하중상

세포막을 통한 물질의 이동에 대한 설명으로 옳은 것은?

① 물질의 종류에 관계없이 잘 투과시킨다.
② 삼투에 의한 물질 이동은 일어나지 않는다.
③ 인지질 2중층에서는 확산이 일어나지 않는다.
④ 산소는 세포막에 있는 막단백질을 통해 확산한다.
⑤ 세포막을 통한 물질의 이동으로 세포 내부의 환경이 일정하게 유지된다.

302 하중상

그림은 세포막의 구조를 나타낸 것이다. A~C는 각각 인지질, 막단백질, 인지질 2중층을 순서 없이 나타낸 것이다.

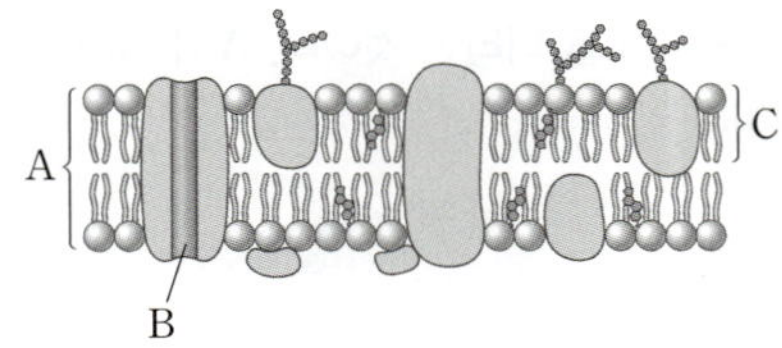

이에 대한 설명으로 옳은 것만을 보기에서 있는 대로 고른 것은?

보기

ㄱ. A는 인지질 2중층이다.
ㄴ. B를 통해 세포 안팎의 물질의 출입을 조절할 수 있다.
ㄷ. C는 소수성 머리, 친수성 꼬리로 이루어져 있다.

① ㄱ   ② ㄷ   ③ ㄱ, ㄴ
④ ㄴ, ㄷ   ⑤ ㄱ, ㄴ, ㄷ

303 하중상

그림은 어떤 과학자가 인지질을 이용해 만든 구조물의 단면을 나타낸 것이다.

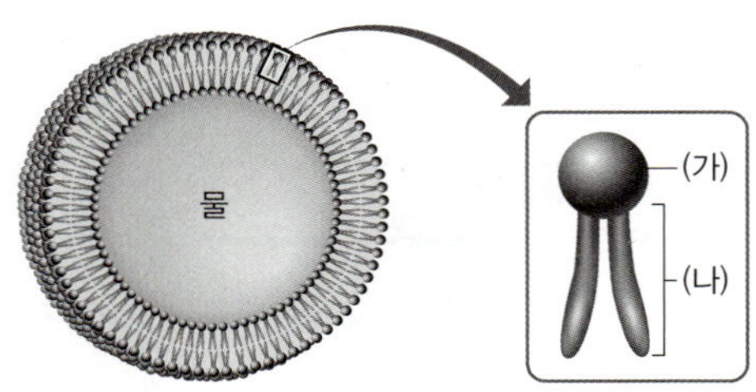

이에 대한 설명으로 옳지 않은 것은?

① (가)는 친수성, (나)는 소수성을 띤다.
② 인지질이 2중층을 이루고 있는 구조이다.
③ 인지질의 위치는 고정되어 있지 않고 유동적이다.
④ 인지질의 지방산이 있는 부위가 물과 접하고 있다.
⑤ 이 구조물을 내부의 물과 농도가 다른 용액에 넣으면 삼투가 일어날 수 있다.

304 하중상

그림은 세포막을 통한 물질 A의 이동 방식을 나타낸 것이다.

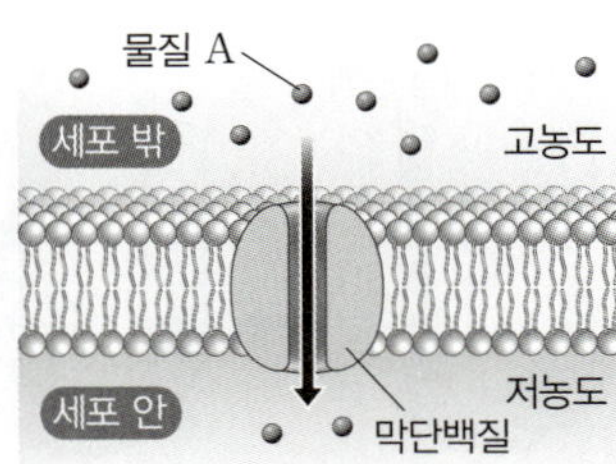

이에 대한 설명으로 옳은 것만을 보기에서 있는 대로 고른 것은?

보기

ㄱ. 물질 A의 이동 방식은 확산이다.
ㄴ. 아미노산은 물질 A와 같은 방식으로 세포막을 이동한다.
ㄷ. 물질 A가 세포 안쪽으로 이동하기 위해서는 에너지가 필요하다.

① ㄱ   ② ㄴ   ③ ㄱ, ㄴ
④ ㄱ, ㄷ   ⑤ ㄱ, ㄴ, ㄷ

305 하 중 상

그림은 세포막을 통한 물질의 이동 방식 (가)와 (나)를 나타낸 것이다.

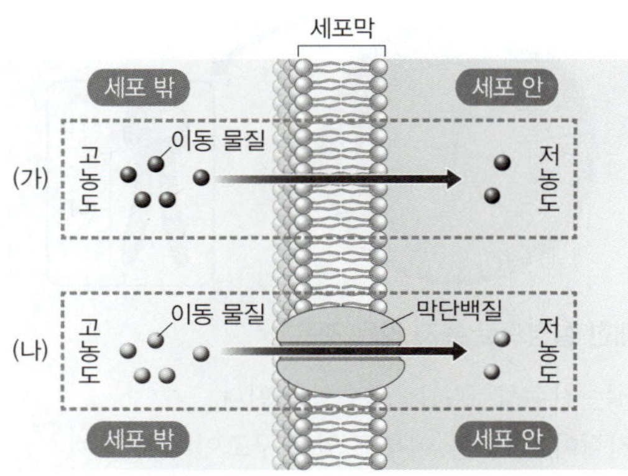

이에 대한 설명으로 옳은 것만을 보기에서 있는 대로 고른 것은?

보기
ㄱ. (가), (나) 모두 물질의 이동 방식은 확산이다.
ㄴ. 산소(O_2)는 (가)와 같은 방식으로 세포막을 투과한다.
ㄷ. (나)에서 물질의 이동에는 막단백질이 이용된다.

① ㄱ   ② ㄴ   ③ ㄱ, ㄴ
④ ㄱ, ㄷ   ⑤ ㄱ, ㄴ, ㄷ

306 하 중 상

그림은 U자 관 가운데를 세포막과 같은 반투과성막으로 막고 설탕 용액의 농도를 좌우 다르게 했을 때 일정 시간이 지난 후 일어난 변화를 나타낸 것이다.

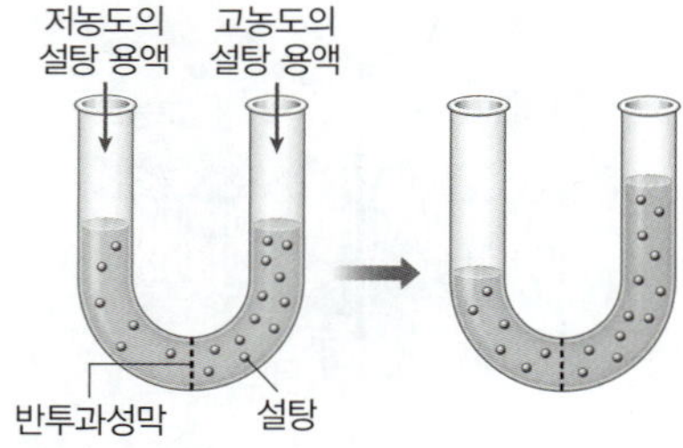

이에 대한 설명으로 옳은 것은?

① 설탕 분자가 반투과성막을 통과한다.
② 용매와 용질 모두 반투과성막을 통과한다.
③ 설탕 농도가 높은 용액에서 낮은 용액으로 물이 이동한다.
④ 토양 속 물이 식물의 뿌리세포로 흡수되는 원리와 같은 현상이다.
⑤ 시간이 흐름에 따라 왼쪽 용액과 오른쪽 용액의 농도 차이가 커진다.

307 하 중 상

그림은 사람의 세포막과 쥐의 세포막을 융합시킨 다음, 시간 경과에 따른 세포막의 변화를 나타낸 것이다.

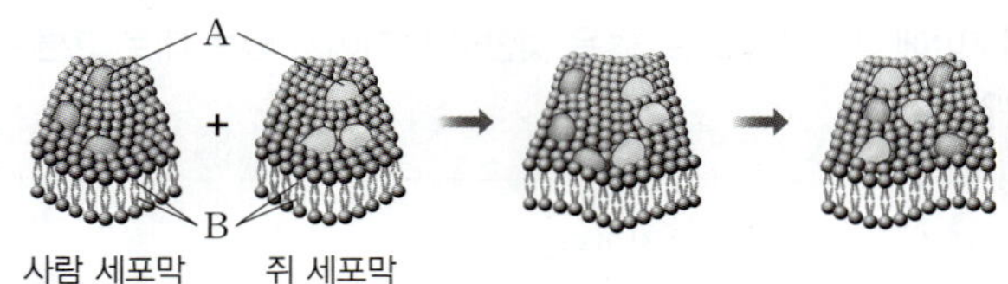

이에 대한 설명으로 옳은 것만을 보기에서 있는 대로 고른 것은?

보기
ㄱ. A는 인지질이다.
ㄴ. B는 세포막에서 2중층을 형성한다.
ㄷ. A는 유동성이 있는 B 사이에서 움직일 수 있다.

① ㄱ   ② ㄴ   ③ ㄱ, ㄴ
④ ㄴ, ㄷ   ⑤ ㄱ, ㄴ, ㄷ

308 하 중 상

삼투 현상에 대한 예로 옳은 것만을 보기에서 있는 대로 고른 것은?

보기
ㄱ. 식물의 뿌리털이 토양에서 물을 흡수하는 현상
ㄴ. 배추를 소금물에 담가 두면 배추의 숨이 죽는 현상
ㄷ. 허파꽈리에서 모세혈관으로 산소(O_2)가 확산되는 현상

① ㄱ   ② ㄷ   ③ ㄱ, ㄴ
④ ㄴ, ㄷ   ⑤ ㄱ, ㄴ, ㄷ

중요

309 하 중 상

그림은 세포막의 구조를 나타낸 것이다. A와 B는 세포막을 이루는 주요 물질이다.

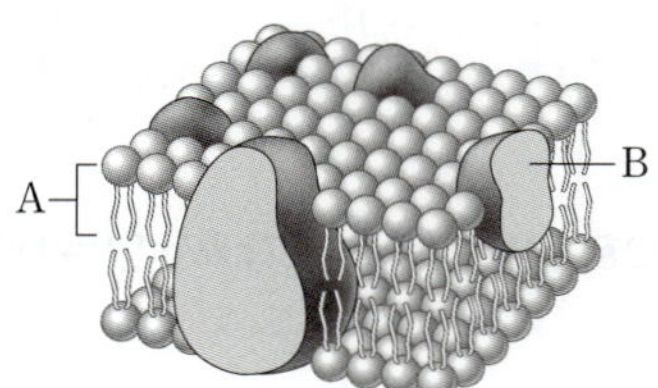

(1) A와 B는 각각 무엇인지 쓰시오.

(2) A로 이루어진 2중층을 직접 통과하여 이동하는 물질과, B를 통해 이동하는 물질의 특징을 각각 서술하시오.

310 하중상

그림 (가)는 어떤 식물 세포를 설탕 용액 A에 넣고 충분한 시간이
지난 후의 상태를, (나)는 (가)의 식물 세포를 설탕 용액 B로 옮기
고 충분한 시간이 지난 후의 상태를 나타낸 것이다.

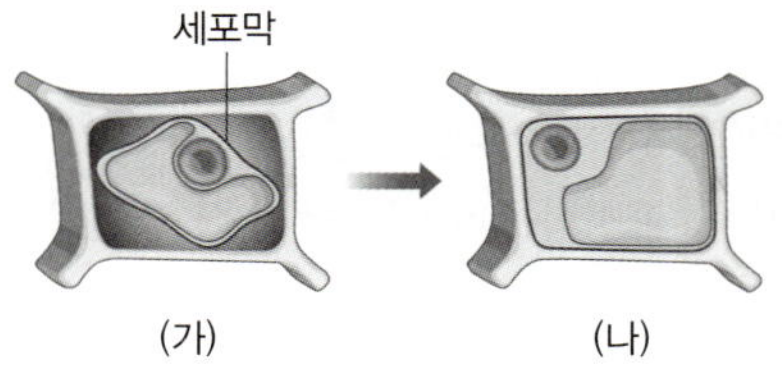

이에 대한 설명으로 옳은 것만을 보기에서 있는 대로 고른 것은?

보기
ㄱ. 설탕 용액의 농도는 A가 B보다 높다.
ㄴ. 세포막에 대한 투과성은 설탕보다 물이 크다.
ㄷ. (가)에서는 세포질에서 세포 밖으로 물이 확산된다.

① ㄱ   ② ㄷ   ③ ㄱ, ㄴ
④ ㄴ, ㄷ   ⑤ ㄱ, ㄴ, ㄷ

311 하중상

다음은 용액의 농도에 따른 붉은 양파 표피세포의 변화를 관찰하
는 실험이다.

[과정]
(가) 붉은 양파 표피에 가로, 세로 5 mm 크기로 칼집을 낸 후
    핀셋으로 벗긴다.
(나) 벗겨 낸 양파 표피 조각을 증류수와 10 % 소금물이 담긴
    페트리 접시에 각각 담가 둔다.
[결과]

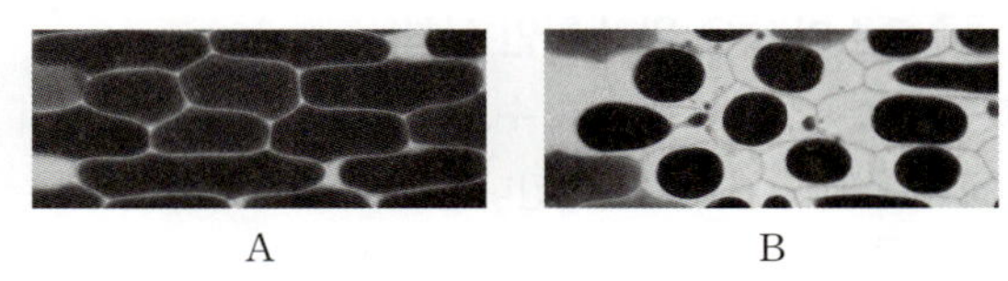

이에 대한 설명으로 옳은 것만을 보기에서 있는 대로 고른 것은?

보기
ㄱ. A는 증류수, B는 10 % 소금물에 담가 둔 후 관찰한 결
   과이다.
ㄴ. B는 삼투에 의해 물이 이동하여 나타나는 현상이다.
ㄷ. B에서 세포질의 부피가 줄어들어 세포막과 세포벽이 분
   리된 것을 관찰할 수 있다.

① ㄱ   ② ㄴ   ③ ㄱ, ㄴ
④ ㄱ, ㄷ   ⑤ ㄱ, ㄴ, ㄷ

312 하중상

그림은 적혈구를 증류수에 넣었을 때의 변화를 나타낸 것이다.

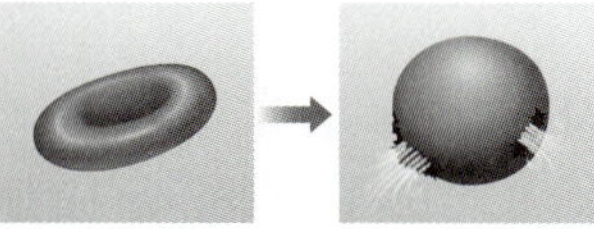

이에 대한 설명으로 옳은 것만을 보기에서 있는 대로 고른 것은?

보기
ㄱ. 삼투 현상이 일어난다.
ㄴ. $\dfrac{\text{적혈구에서 증류수로 이동하는 물의 양}}{\text{증류수에서 적혈구로 이동하는 물의 양}} < 1$이다.
ㄷ. 적혈구 세포질의 농도보다 증류수의 농도가 더 낮다.

① ㄱ   ② ㄴ   ③ ㄱ, ㄴ
④ ㄱ, ㄷ   ⑤ ㄱ, ㄴ, ㄷ

313 하중상

다음은 세포막을 통한 물질의 이동을 알아보는 실험이다.

[과정]
(가) 3개의 비커에 증류수, 10 % 소금물, 20 % 소금물을 각각
    200 mL씩 넣는다.
(나) 겉껍데기를 제거한 같은 크기의 달걀 A~C를 준비하고,
    각각의 질량을 측정한다.
(다) 그림과 같이 비커에 달걀 A~C를 넣고 일정 시간 둔다.

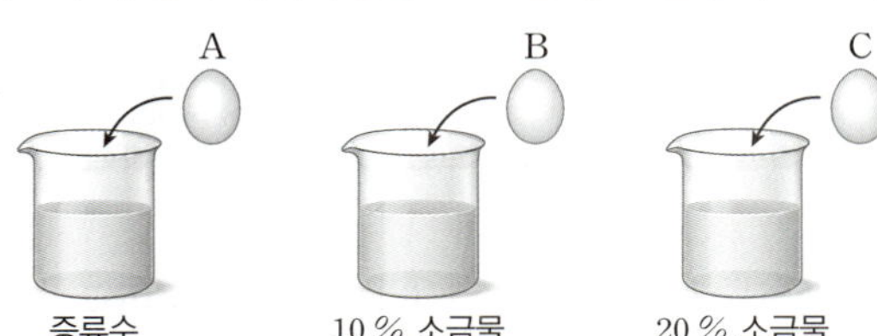

(라) 달걀 A~C를 비커에서 꺼내어 각각의 질량을 측정한다.
[결과]

달걀	A	B	C
나중 질량(g) − 처음 질량(g)	ⓐ	−1.8	?

이에 대한 설명으로 옳은 것만을 보기에서 있는 대로 고른 것은?

보기
ㄱ. ⓐ는 0보다 작다.
ㄴ. (다)의 A~C를 넣은 비커에서 모두 삼투가 일어난다.
ㄷ. 실험 결과 달걀에서 빠져나간 물의 양은 C가 가장 많다.

① ㄱ   ② ㄷ   ③ ㄱ, ㄴ
④ ㄴ, ㄷ   ⑤ ㄱ, ㄴ, ㄷ

15 물질대사와 효소

↻ 정답과 해설 101쪽

A 물질대사

핵심 1 물질대사

1. ❶⬜⬜⬜⬜ : 생명체 내에서 생명활동을 유지하기 위해 일어나는 모든 화학 반응
- 생체촉매인 ❷⬜⬜가 관여한다.
- 여러 중간 단계를 거친다.
- 반드시 ❸⬜⬜⬜ 출입이 일어난다.

2. 물질대사의 구분

물질을 합성하는 반응	물질을 분해하는 반응
• 작은 분자로 큰 분자를 합성함. • 에너지를 ❹⬜⬜(흡열 반응)	• 큰 분자를 작은 분자로 분해함. • 에너지를 ❺⬜⬜(발열 반응)
에너지 - 생성물 / 반응물 / 흡수된 에너지 / 반응의 진행	에너지 - 반응물 / 생성물 / 방출된 에너지 / 반응의 진행
반응물 에너지 < 생성물 에너지	반응물 에너지 > 생성물 에너지
예 광합성, 단백질합성	예 소화, 세포호흡

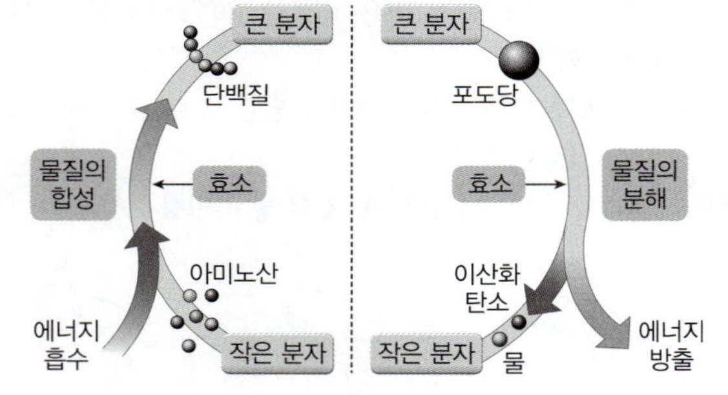

3. 물질대사와 생명체 밖에서 일어나는 화학 반응 비교

물질대사	구분	생명체 밖에서 일어나는 화학 반응
저온(약 37 ℃), 저압(대기압)에서 일어날 수 있다.	환경 조건	고온, 고압에서 일어난다.
생체촉매인 ❻⬜⬜가 필요하다.	촉매	촉매 없이도 일어날 수 있다.
반응이 ❼⬜⬜⬜으로 일어나 에너지가 소량씩 방출되거나 흡수된다. 예 세포호흡	에너지 출입	반응이 ❽⬜ 번에 일어나 다량의 에너지가 한꺼번에 방출되거나 흡수된다. 예 연소

B 효소의 작용과 효소의 활용

핵심 2 효소

1. 효소: 생명체 내에서 물질대사가 빠르고 쉽게 일어나도록 하는 물질(생체촉매)이다.

2. 효소의 기능: 활성화에너지를 낮춰 화학 반응의 반응 속도를 ❾⬜⬜⬜ 한다.
- ❿⬜⬜⬜에너지: 화학 반응이 일어나는 데 필요한 최소한의 에너지

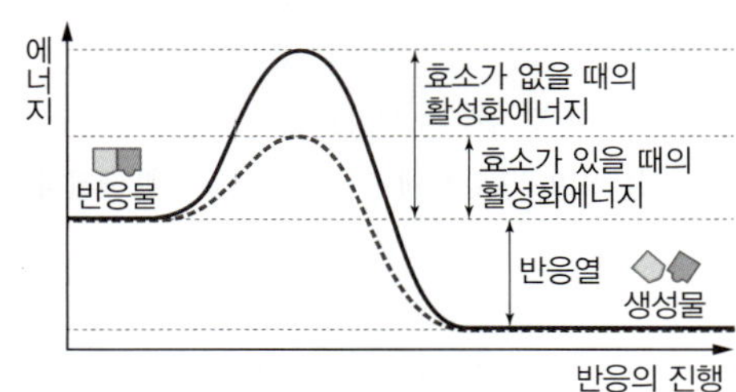

▲ 효소의 유무에 따른 활성화에너지

3. 효소의 특성
- 효소의 주성분은 ⓫⬜⬜⬜이다.
- 효소는 종류에 따라 구조적으로 맞는 특정 반응물하고만 결합한다. ➡ ⓬⬜⬜특이성
- 효소는 반응이 끝난 후 반복해서 사용 가능하다.

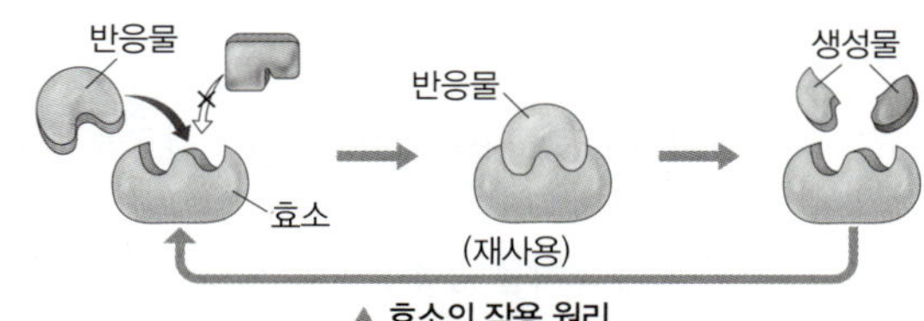

▲ 효소의 작용 원리

핵심 3 효소의 작용 원리 확인 실험

1. 과산화 수소 분해: 과산화 수소(H_2O_2)는 자연 상태에서 물(H_2O)과 ⓭⬜⬜로 분해된다.

2. ⓮⬜⬜⬜⬜⬜: 생간과 감자에 들어 있는 효소로 과산화 수소 분해 반응을 촉진한다.

시험관	A	B	C
내용물	과산화 수소수	과산화 수소수 +생간	과산화 수소수 + 감자
결과	기포 발생 안 함.	기포 발생	기포 발생
분석	과산화 수소 분해 반응이 매우 느리게 일어난다.	과산화 수소 분해 반응이 빠르게 일어난다.	과산화 수소 분해 반응이 빠르게 일어난다.
결론	생간과 감자에 들어 있는 효소인 카탈레이스는 과산화 수소 분해 반응을 촉진한다.		

↻ 정답과 해설 101쪽

A 물질대사

314 (하 중 상)

물질대사에 대한 설명으로 옳지 <u>않은</u> 것은?

① 생체촉매가 관여한다.
② 고온, 고압에서만 일어난다.
③ 반드시 에너지 출입이 일어난다.
④ 생명체 내에서 일어나는 모든 화학 반응이다.
⑤ 생명체는 물질대사를 통해 얻은 물질과 에너지를 이용한다.

315 (하 중 상)

다음은 생명체 내에서 일어나는 화학 반응에 대한 설명이다.

> 생명체 내에서는 생명을 유지하기 위해 끊임없이 여러 화학 반응이 일어난다. 탄수화물, 단백질 등의 큰 분자가 작은 분자로 분해되거나, 작은 분자가 다시 다른 물질로 합성되는 것과 같이 생명체 내에서 일어나는 모든 화학 반응을 ㉠ (이)라고 한다.
> 생명체는 ㉠ 을/를 통해 얻은 물질과 에너지를 이용하여 다양한 생명활동을 할 수 있다.

㉠에 공통으로 들어갈 말을 쓰시오.

중요 316 (하 중 상)

에너지가 방출되는 반응으로 옳지 <u>않은</u> 것은?

① 라이보솜에서 단백질이 합성된다.
② 과산화 수소가 물과 산소로 분해된다.
③ 간에서 글라이코젠이 포도당으로 분해된다.
④ 음식물을 먹으면 위와 장에서 소화작용이 일어난다.
⑤ 세포호흡을 통해 포도당이 이산화 탄소와 물로 분해된다.

중요 317 (하 중 상)

그림 (가), (나)는 생명체에서 일어나는 물질대사를 나타낸 것이다.

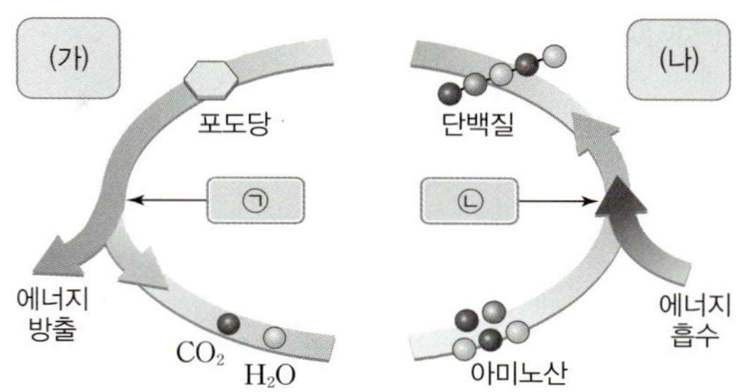

이에 대한 설명으로 옳은 것만을 보기에서 있는 대로 고른 것은? (단, ㉠은 생명체 내에서 합성되어 물질대사에 관여하는 물질이다.)

> 보기
> ㄱ. (가)는 큰 분자를 작은 분자로 분해하는 반응이다.
> ㄴ. (나)에서 반응물보다 생성물의 에너지양이 더 크다.
> ㄷ. ㉠과 ㉡은 효소이다.

① ㄱ   ② ㄴ   ③ ㄱ, ㄴ
④ ㄱ, ㄷ   ⑤ ㄱ, ㄴ, ㄷ

318 (하 중 상)

그림은 세포 내에서 일어나는 어떤 화학 반응의 에너지 변화를 나타낸 것이다.

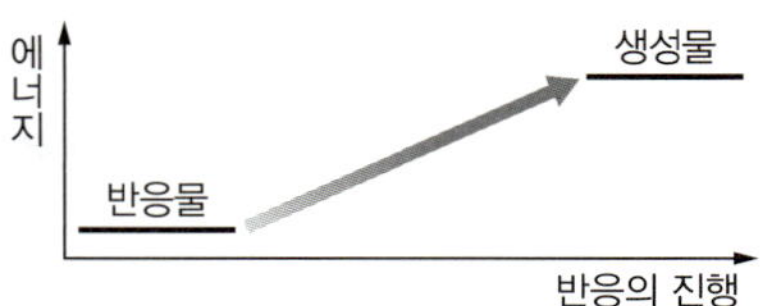

이와 같은 에너지 변화를 나타내는 것만을 보기에서 있는 대로 고른 것은?

> 보기
> ㄱ. 광합성   ㄴ. 세포호흡
> ㄷ. 단백질합성   ㄹ. 영양소 소화

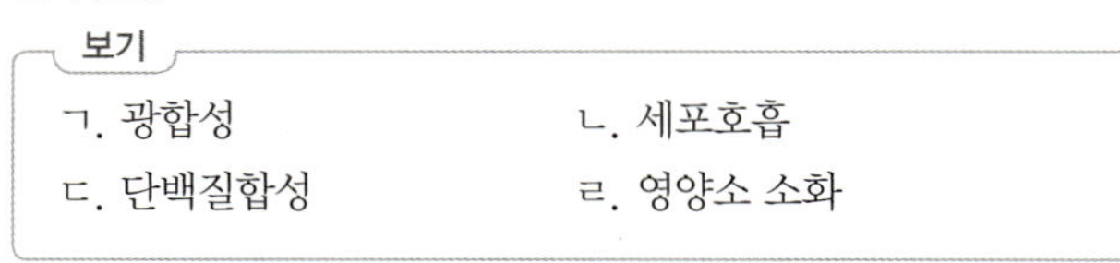
① ㄱ, ㄷ   ② ㄴ, ㄷ   ③ ㄴ, ㄹ
④ ㄱ, ㄴ, ㄷ   ⑤ ㄱ, ㄷ, ㄹ

319 (하중상)

그림은 생명체 내에서 일어나는 어떤 화학 반응의 에너지 변화를 나타낸 것이다.

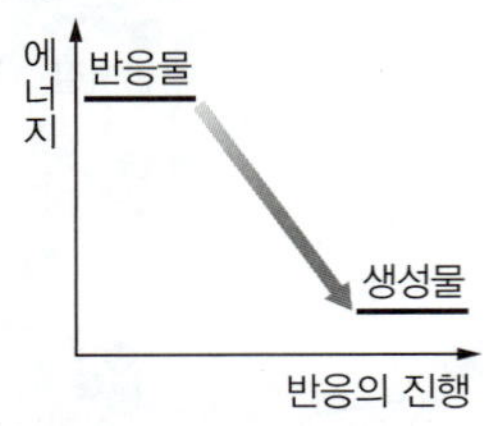

이에 대한 설명으로 옳은 것만을 보기에서 있는 대로 고른 것은?

> 보기
> ㄱ. 발열 반응이다.
> ㄴ. 에너지를 흡수하는 반응이다.
> ㄷ. 세포호흡을 통해 포도당이 분해되는 반응은 이와 같은 에너지 변화를 나타낸다.

① ㄱ   ② ㄴ   ③ ㄷ
④ ㄱ, ㄷ   ⑤ ㄴ, ㄷ

중요 320 (하중상)

그림은 물질대사 (가), (나)에서의 에너지 변화를 나타낸 것이다.

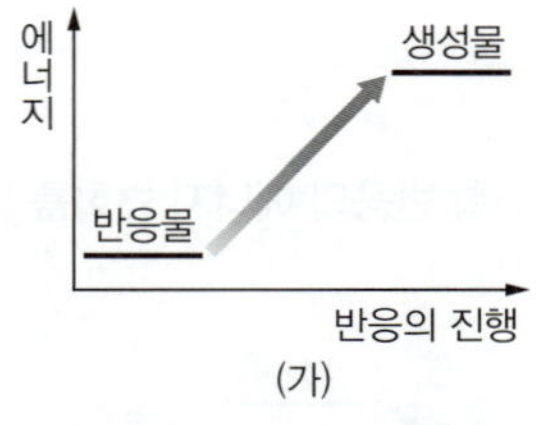
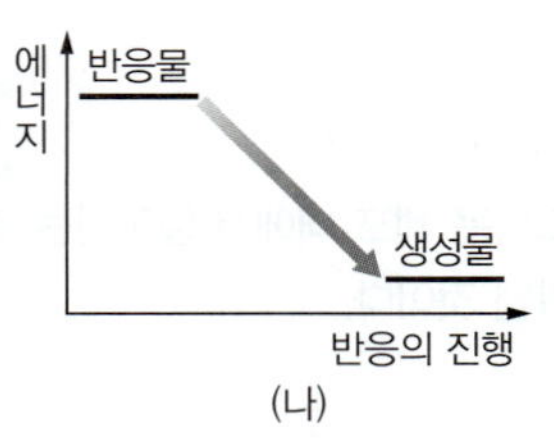

이에 대한 설명으로 옳은 것만을 보기에서 있는 대로 고른 것은?

> 보기
> ㄱ. (가)는 에너지를 방출, (나)는 에너지를 흡수하는 반응이다.
> ㄴ. 복잡한 화합물을 간단한 화합물로 변화시키는 물질대사는 (나)이다.
> ㄷ. 아밀레이스에 의해 녹말이 엿당으로 분해되는 반응은 (나)와 같은 에너지 출입이 일어난다.

① ㄱ   ② ㄷ   ③ ㄱ, ㄴ
④ ㄴ, ㄷ   ⑤ ㄱ, ㄴ, ㄷ

중요 321 (하중상)

그림 (가)와 (나)는 같은 양의 포도당이 생명체 내에서 세포호흡으로 분해될 때와 생명체 밖에서 연소될 때의 에너지 변화를 순서 없이 나타낸 것이다.

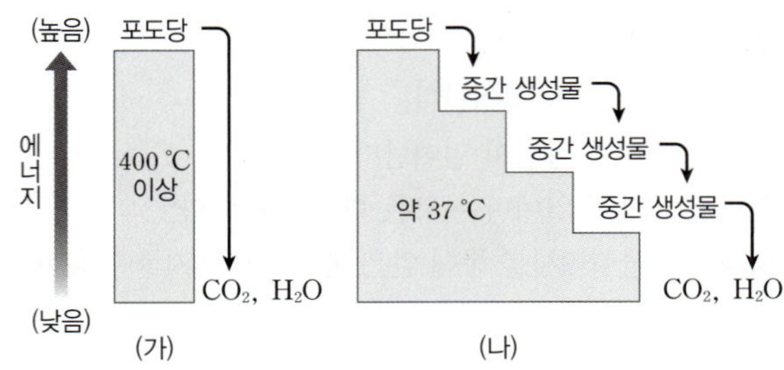

이에 대한 설명으로 옳지 <u>않은</u> 것은?

① (가)는 연소이다.
② (나)에는 효소가 관여한다.
③ (나)는 에너지가 단계적으로 방출된다.
④ (나)는 마이토콘드리아에서 일어나는 물질대사이다.
⑤ (가), (나)의 결과 방출되는 에너지의 총량은 (가)가 더 크다.

ᵦ 효소의 작용과 효소의 활용

322 (하중상)

다음은 물질대사에 대한 설명이다.

> 화학 반응에서 ⓐ 을/를 낮추어 화학 반응의 반응 속도를 증가시키는 물질을 ⓑ (이)라고 하며, 생명체 내에서 일어나는 화학 반응에서는 ⓒ 이/가 이러한 역할을 한다.

ⓐ~ⓒ에 들어갈 말로 옳게 짝 지은 것은?

	ⓐ	ⓑ	ⓒ
①	활성화에너지	촉매	반응물
②	활성화에너지	촉매	효소
③	활성화에너지	반응물	효소
④	물질대사	촉매	효소
⑤	물질대사	반응물	촉매

중요
323 (하)(중)(상)

효소에 대한 설명으로 옳지 <u>않은</u> 것은?

① 물질대사에는 효소가 관여한다.

② 활성화에너지를 낮추는 역할을 한다.

③ 아밀레이스, 카탈레이스의 반응물은 같다.

④ 효소 종류에 따라 고유의 입체 구조를 가진다.

⑤ 반응이 끝난 후에도 변하지 않고 그대로 남아 재사용될 수 있다.

324 (하)(중)(상)

다음 중 효소에 의한 생명활동으로 옳지 <u>않은</u> 것은?

① 생식과 유전 현상에 여러 가지 효소가 작용한다.

② 출혈이 생겼을 때 혈액을 응고시키는 효소가 작용한다.

③ 우리 몸에 들어온 노폐물이나 해로운 물질의 독성을 약화시키는 데 효소가 작용한다.

④ 배추를 소금물에 담가 두면 효소의 작용으로 배추에 있던 물이 빠져나와 배추의 숨이 죽는다.

⑤ 음식물에 들어 있는 큰 분자의 영양소들이 작은 분자로 분해될 때 여러 소화효소가 작용한다.

중요
325 (하)(중)(상)

그림은 생명체 내에서 일어나는 어떤 화학 반응에서 효소 X의 유무에 따른 에너지 변화를 나타낸 것이다.

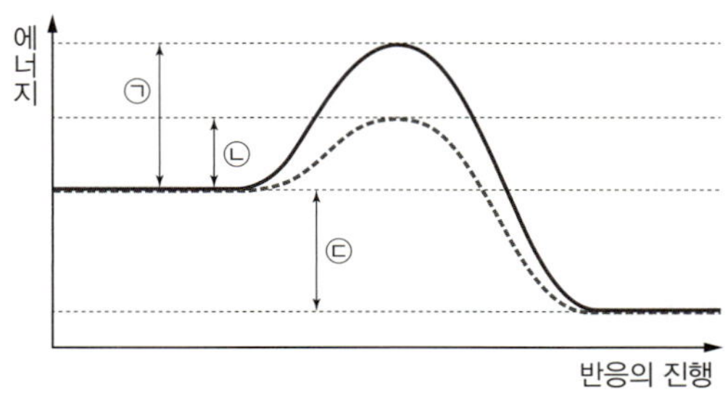

이 화학 반응에서 효소가 없을 때와 있을 때의 활성화에너지를 옳게 짝 지은 것은?

	효소가 없을 때 활성화에너지	효소가 있을 때 활성화에너지
①	㉠	㉡
②	㉡	㉠
③	㉠	㉡＋㉢
④	㉠＋㉢	㉡
⑤	㉡＋㉢	㉠＋㉢

326 (하)(중)(상)

그림은 효소가 없을 때와 있을 때 어떤 화학 반응의 에너지 변화를 나타낸 것이다.

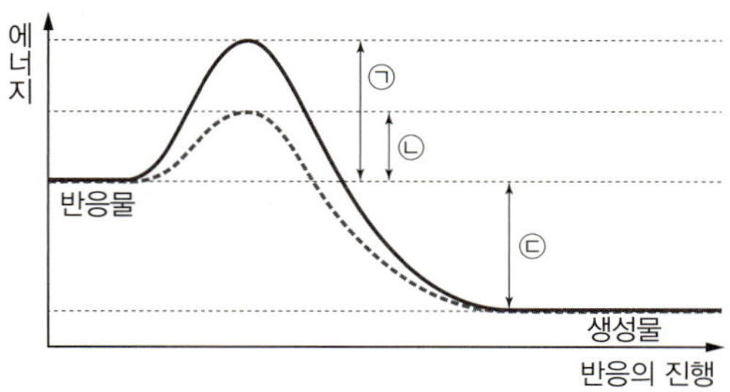

이에 대한 설명으로 옳은 것만을 보기에서 있는 대로 고른 것은?

보기
ㄱ. 이 효소는 발열 반응에 관여하는 효소이다.

ㄴ. 효소가 있을 때 이 반응의 활성화에너지는 ㉠이다.

ㄷ. 효소의 작용으로 (㉠－㉡)만큼 활성화에너지가 감소한다.

① ㄱ   ② ㄴ   ③ ㄱ, ㄴ

④ ㄱ, ㄷ   ⑤ ㄱ, ㄴ, ㄷ

327 (하)(중)(상)

그림은 어떤 효소의 작용을 나타낸 것이다. A~C는 각각 반응물, 생성물, 효소를 순서 없이 나타낸 것이다.

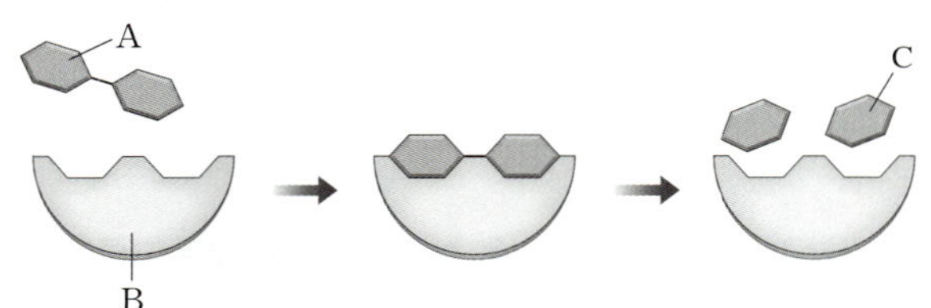

이에 대한 설명으로 옳은 것만을 보기에서 있는 대로 고른 것은?

보기
ㄱ. A는 반응물이다.

ㄴ. B는 고분자를 저분자로 분해하는 데 관여하는 효소이다.

ㄷ. C는 활성화에너지를 낮춘다.

① ㄱ   ② ㄷ   ③ ㄱ, ㄴ

④ ㄴ, ㄷ   ⑤ ㄱ, ㄴ, ㄷ

328 하 중 상

그림은 생명체 내에서 일어나는 어떤 화학 반응에서의 효소 작용을 나타낸 것이다.

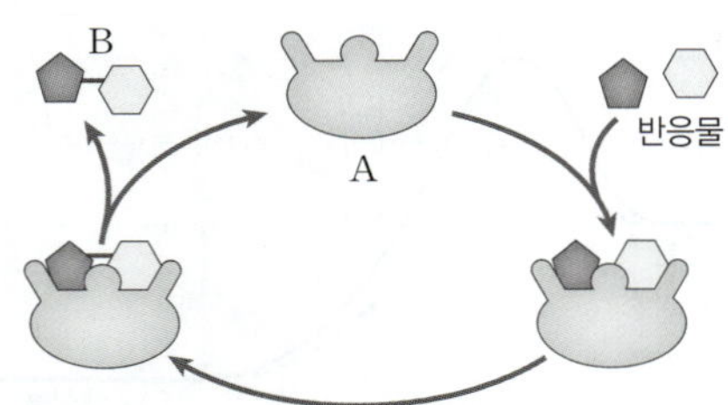

이에 대한 설명으로 옳은 것만을 보기에서 있는 대로 고른 것은?

보기
ㄱ. A의 주성분은 단백질이다.
ㄴ. 이 효소는 에너지가 흡수되는 반응에 관여한다.
ㄷ. B는 반응이 끝나면 A의 입체 구조를 변화시킨다.

① ㄱ 　② ㄷ 　③ ㄱ, ㄴ
④ ㄴ, ㄷ 　⑤ ㄱ, ㄴ, ㄷ

329 하 중 상

그림 ㉠, ㉡은 각각 효소가 있을 때와 없을 때 어떤 화학 반응의 에너지 변화를 순서 없이 나타낸 것이다.

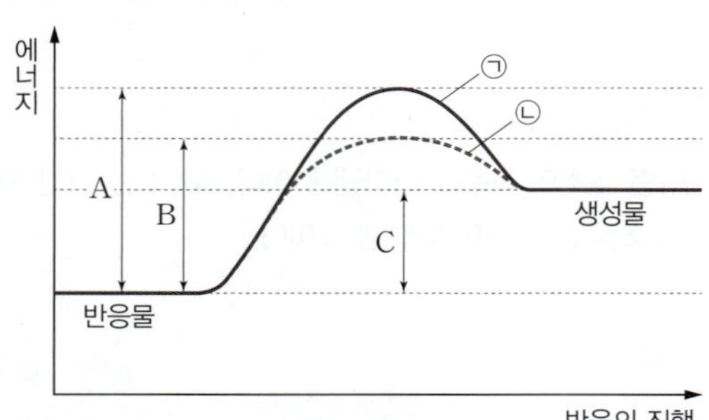

이에 대한 설명으로 옳은 것만을 보기에서 있는 대로 고른 것은?

보기
ㄱ. 이 효소가 없을 때 활성화에너지는 B이다.
ㄴ. 이 반응은 저분자 물질을 고분자 물질로 합성하는 반응이다.
ㄷ. 효소가 있을 때 화학 반응의 에너지 변화를 나타낸 것은 ㉠이다.

① ㄱ 　② ㄴ 　③ ㄱ, ㄴ
④ ㄱ, ㄷ 　⑤ ㄱ, ㄴ, ㄷ

330 하 중 상 

그림은 어떤 효소의 작용을 나타낸 것이다.

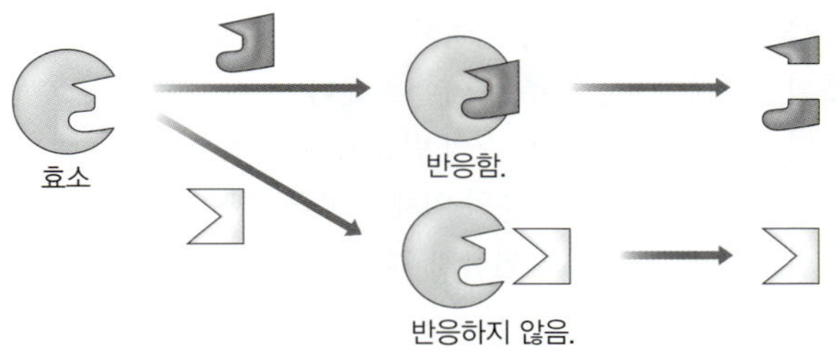

이를 통해 알 수 있는 효소의 특성을 서술하시오.

331 하 중 상

다음은 효소의 작용을 알아보는 실험이다.

[실험 과정]
(가) 시험관 A~C에 과산화 수소수를 같은 양씩 넣는다.
(나) A에는 생간을, B에는 감자를 각각 넣고 C에는 아무 처리도 하지 않는다.

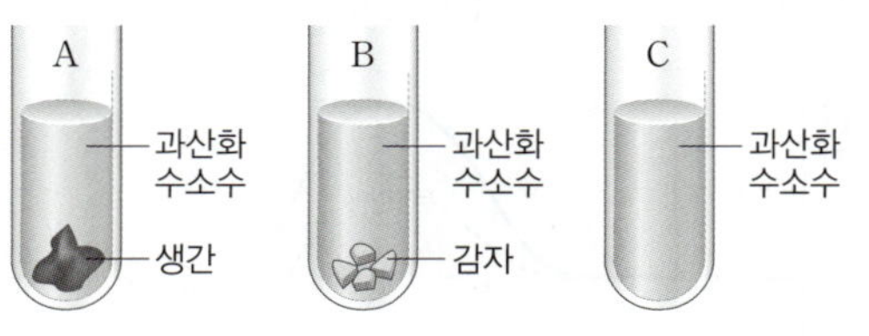

[실험 결과]
시험관 A와 B에서만 기포가 발생하였다.

이에 대한 설명으로 옳은 것만을 보기에서 있는 대로 고른 것은?

보기
ㄱ. A와 B에서 발생하는 기포는 동일한 기체 성분이다.
ㄴ. 과산화 수소 분해 반응의 활성화에너지는 A가 C보다 크다.
ㄷ. A와 B에는 과산화 수소 분해 반응을 촉매하는 물질이 들어 있다.

① ㄱ 　② ㄴ 　③ ㄱ, ㄴ
④ ㄱ, ㄷ 　⑤ ㄱ, ㄴ, ㄷ

332 (하)(중)(상)

다음은 감자에 들어 있는 효소를 이용한 과산화 수소 분해 실험이다.

[실험 과정]
(가) 시험관 A~C에 과산화 수소수를 같은 양씩 넣는다.
(나) A에는 아무 것도 넣지 않고, B에는 익힌 감자 조각 4개, C에는 생감자 조각 4개를 각각 넣는다.

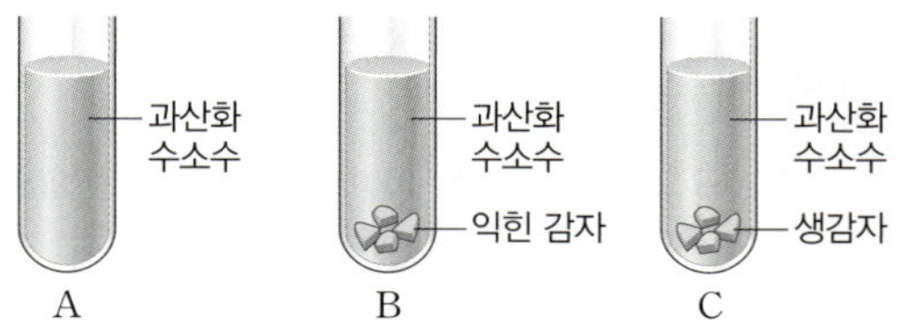

[실험 결과]
시험관 C에서만 기포가 발생하였다.

이에 대한 설명으로 옳은 것만을 보기에서 있는 대로 고른 것은?

보기
ㄱ. A와 B에서는 과산화 수소가 분해되지 않았다.
ㄴ. B의 익힌 감자 속에 들어 있는 효소는 열로 변성이 일어났다.
ㄷ. C의 감자 속에 들어 있는 성분이 과산화 수소 분해 반응의 활성화에너지를 낮춘다.

① ㄱ ② ㄴ ③ ㄱ, ㄴ
④ ㄱ, ㄷ ⑤ ㄱ, ㄴ, ㄷ

중요
333 (하)(중)(상)

그림은 효소가 없을 때 과산화 수소 분해 반응의 에너지 변화를 나타낸 것이다. 표는 3 % 과산화 수소수가 10 mL 든 시험관 A와 B에 각각 ㉠과 ㉡ 중 하나를 넣었을 때 기포 발생 결과를 나타낸 것이다. (단, ㉠과 ㉡은 각각 감자즙과 증류수 중 하나이다.)

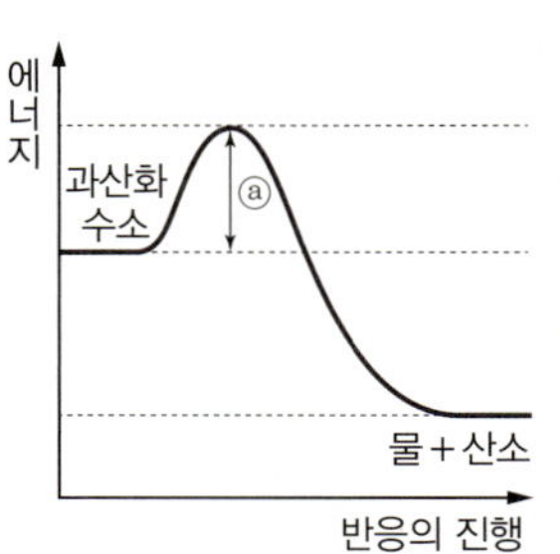

시험관	시험관에 넣은 용액(mL)			기포 발생 결과
	3 % 과산화 수소수	㉠	㉡	
A	10	3	0	발생함.
B	10	0	3	발생하지 않음.

이에 대한 설명으로 옳지 않은 것은?

① ㉠에는 카탈레이스가 존재한다.
② ㉠에는 ⓐ를 감소시키는 물질이 들어 있다.
③ ㉡은 증류수이다.
④ A에서 발생한 기포는 산소(O_2)이다.
⑤ A와 B에서 과산화 수소가 분해되는 속도는 같다.

334 (하)(중)(상)

다음은 과산화 수소 분해 실험이다.

[실험 과정]
다음과 같이 과산화 수소수와 감자 조각을 넣은 삼각 플라스크 A~C에 고무풍선을 씌우고 일정 시간이 지난 후 고무풍선의 변화를 관찰하였다.

삼각 플라스크	A	B	C
과산화 수소수	100 mL	100 mL	150 mL
감자 조각	0개	4개	4개

[실험 결과]

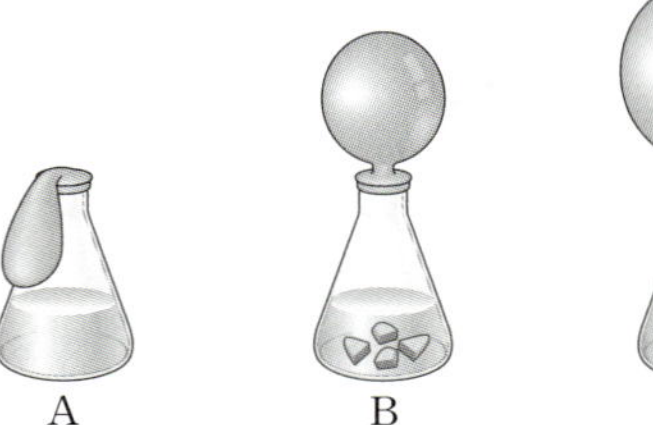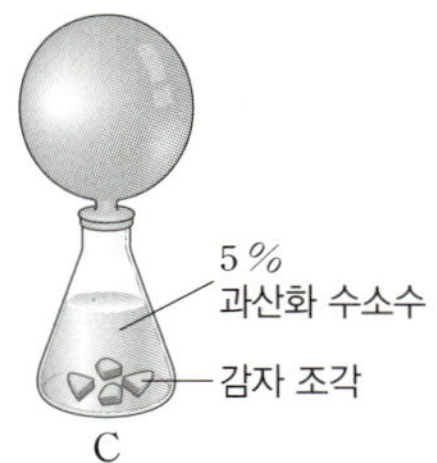

이에 대한 설명으로 옳은 것만을 보기에서 있는 대로 고른 것은?

보기
ㄱ. 풍선이 부풀어 오른 까닭은 과산화 수소의 분해로 산소 기체가 발생했기 때문이다.
ㄴ. 효소의 양이 일정할 때 과산화 수소의 양이 많을수록 기포 발생량이 많다.
ㄷ. 시험관 B에 감자 조각을 더 넣어 주면 고무풍선이 더 부풀어 오를 것이다.

① ㄱ ② ㄴ ③ ㄱ, ㄴ
④ ㄱ, ㄷ ⑤ ㄱ, ㄴ, ㄷ

335 (하)(중)(상)

다음은 일상생활에서 효소가 사용되는 예를 설명한 것이다.

(가) 효소 세제를 이용해 옷에 묻은 기름때를 제거한다.
(나) 밥에 보리 가루(엿기름) 물을 넣어 식혜를 만든다.

이에 대한 설명으로 옳은 것만을 보기에서 있는 대로 고른 것은?

보기
ㄱ. (가)의 효소는 (나) 과정에 사용할 수 없다.
ㄴ. (가)와 (나)는 모두 물질 합성을 촉진하는 효소를 이용한 것이다.
ㄷ. (나)에서 작용한 보리 가루 속 효소의 반응물은 밥 속의 녹말이다.

① ㄱ ② ㄴ ③ ㄱ, ㄴ
④ ㄱ, ㄷ ⑤ ㄱ, ㄴ, ㄷ

16 세포 내 정보의 흐름

A DNA의 유전정보와 단백질

핵심 1 DNA와 유전자

1. DNA: 세포 핵 속에 있으며, 생명체의 ❶□□□□□가 저장되어 있다.

2. ❷□□□: 유전정보가 저장된 ❸□□□의 특정 부분으로 하나의 DNA에는 많은 유전자가 있다.

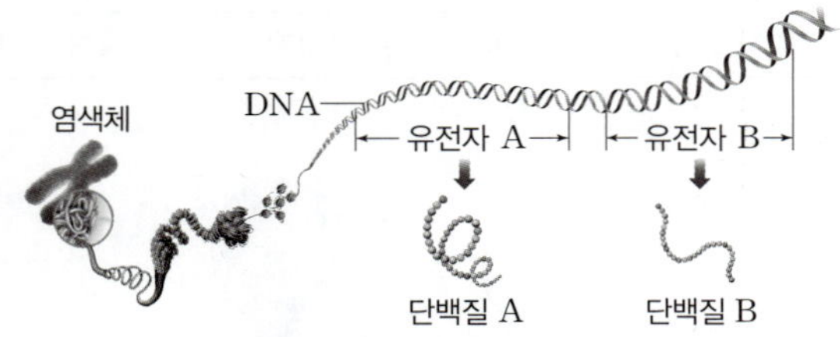

▲ DNA와 유전자

핵심 2 유전자와 단백질

1. 유전자의 유전정보에 따라 다양한 ❹□□□이 합성되고, 단백질의 작용으로 형질이 나타난다.

2. 유전자가 다르면 합성되는 단백질의 양이나 종류가 달라지고, 그에 따라 ❺□□이 다르게 나타난다.

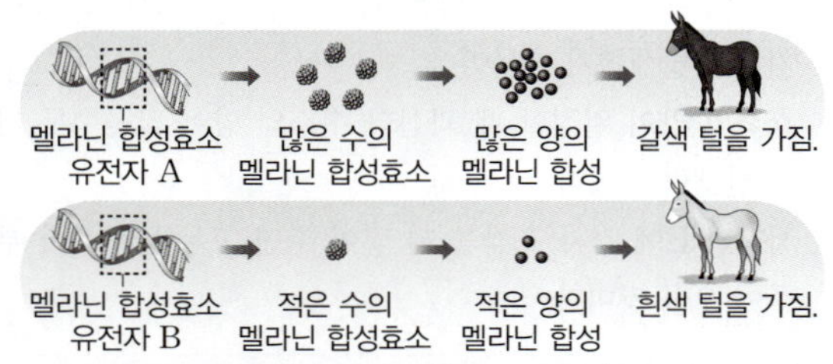

▲ 유전자에 따라 형질이 다르게 나타나는 과정 (예: 당나귀 털색)

B 세포에서 유전정보의 흐름

핵심 3 생명중심원리

1. ❻□□□□□□: 세포 내 유전정보가 DNA에서 RNA를 거쳐 단백질로 전달된다.

DNA —전사→ RNA —번역→ 단백질

	❼□□	❽□□
장소	핵 속에서 일어남.	세포질의 라이보솜에서 일어남.
의미	DNA → RNA로 유전정보 전달	RNA의 유전정보 → 단백질 합성

핵심 4 유전정보의 전달과 단백질합성 과정

1. 유전부호: 연속된 3개의 염기가 한 조가 되어 하나의 아미노산을 지정한다.

• ❾□□□□□: 3개 염기로 이루어진 DNA의 유전부호

• ❿□□: 3개 염기로 이루어진 RNA의 유전부호

• 유전부호의 공통성: 지구상의 거의 모든 생물은 동일한 유전부호 체계를 사용한다. ➡ 공통조상으로부터 진화하였음을 의미

2. 유전정보의 전달과 단백질합성

전사	DNA 한쪽 가닥의 염기에 상보적인 염기서열을 가진 ⓫□□□가 합성됨.
번역	RNA의 코돈이 지정하는 아미노산이 펩타이드결합으로 연결되어 ⓬□□□이 합성됨.

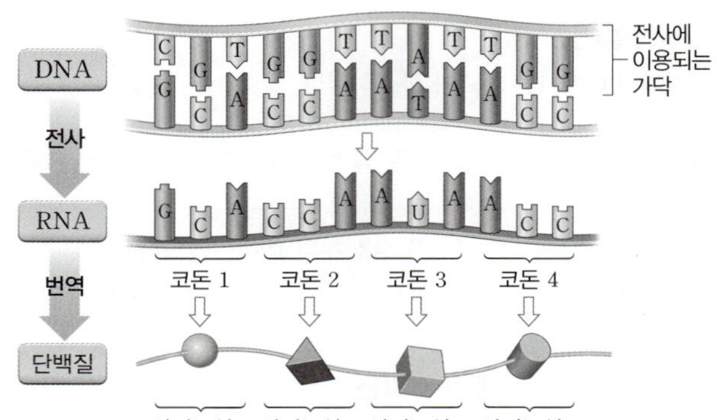

▲ 유전정보의 전달과 단백질합성

핵심 5 유전자이상

1. ⓭□□□이상: DNA나 RNA의 염기가 1개만 바뀌거나 없어지거나 끼어 들어와도 유전부호가 바뀌어 지정하는 아미노산의 종류가 달라지고 단백질이 정상적으로 만들어지지 않을 수 있다.

2. 유전자이상에 따른 유전질환: 유전자이상 → 특정 ⓮□□□ 이상 → 유전질환 발생

예 낫모양적혈구빈혈증: 헤모글로빈 유전자의 DNA 염기서열 중 염기 ⓯□개가 다른 염기로 바뀐 결과 돌연변이 헤모글로빈이 만들어진다.

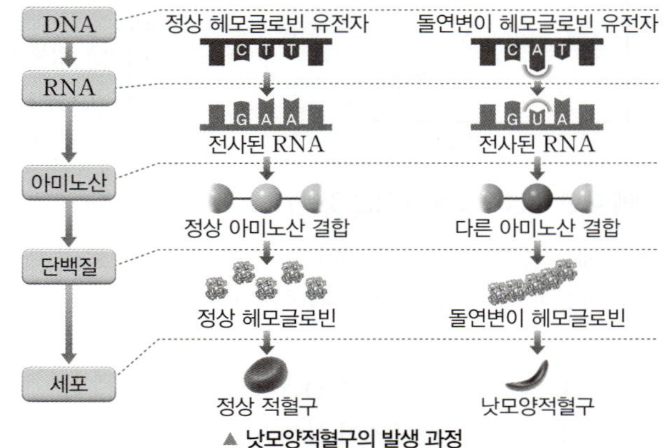

▲ 낫모양적혈구의 발생 과정

A DNA의 유전정보와 단백질

336 (하중상)

유전자에 대한 설명으로 옳지 <u>않은</u> 것은?

① 세포 핵 속의 DNA에 있다.

② 생물의 형질에 대한 정보가 저장되어 있다.

③ 하나의 세포에 포함된 유전자 수는 염색체 수와 같다.

④ DNA에서 유전정보가 있는 특정 부위의 염기서열이다.

⑤ 유전자의 유전정보에 따라 합성된 단백질에 의해 형질이 나타난다.

337 (하중상)

다음은 세 학생이 유전자에 대해 나눈 대화이다.

> • 서연: DNA 한 분자에는 1개의 유전자가 들어 있어.
> • 세은: 각 유전자에는 특정 단백질에 관한 정보가 저장되어 있어.
> • 지훈: 유전자의 유전정보에 따라 합성된 단백질에 의해 유전 형질이 나타나.

제시한 내용이 옳은 학생만을 있는 대로 고른 것은?

① 세은   ② 지훈   ③ 서연, 세은

④ 세은, 지훈   ⑤ 서연, 세은, 지훈

338 (하중상)

다음은 사람의 유전정보에 대한 자료이다.

> 부모가 자손에게 특정한 형질을 물려줄 때 부모로부터 자손에게 전달되는 것은 ⑦ 을/를 만드는 데 필요한 정보이며, 이 정보는 세포 핵 속의 ⓒ 에 저장되어 있다.

⑦과 ⓒ에 해당하는 물질을 옳게 짝 지은 것은?

	⑦	ⓒ
①	DNA	RNA
②	DNA	단백질
③	단백질	탄수화물
④	단백질	DNA
⑤	RNA	단백질

339 (하중상)

그림은 사람의 세포 내에서 유전정보를 저장하고 있는 물질의 구조를 나타낸 것이다. ⑦~ⓒ은 DNA, 염색체, 유전자를 순서 없이 나타낸 것이며, ⓒ은 특정 유전정보가 저장되어 있는 부위이다.

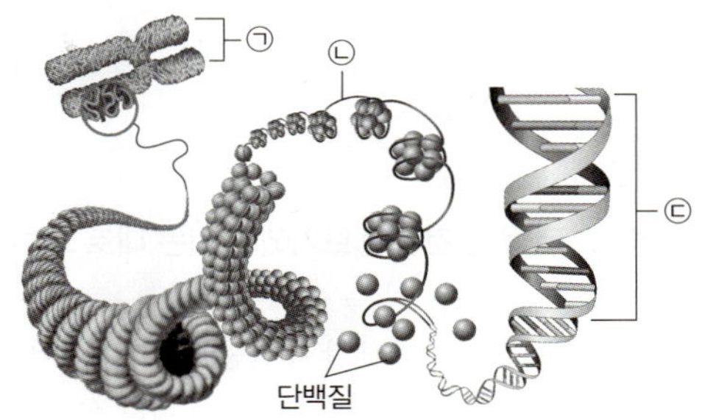

이에 대한 설명으로 옳은 것은? (단, 돌연변이는 고려하지 않는다.)

① ⑦은 RNA로 구성되어 있다.

② 세포가 분열할 때 ⑦을 관찰할 수 있다.

③ ⓒ을 구성하는 단위체는 아미노산이다.

④ ⓒ을 구성하는 염기는 아데닌(A), 구아닌(G), 사이토신(C), 유라실(U)이다.

⑤ ⓒ의 유전정보는 DNA의 인산에 저장되어 있다.

340 (하중상)

다음은 어떤 동물의 털이 갈색을 띠게 되는 과정을 나타낸 것이다.

> (가) 유전자 A로부터 멜라닌 합성효소가 만들어진다.
> (나) 멜라닌 합성효소에 의해 멜라닌이 합성된다.
> (다) 멜라닌에 의해 털이 갈색을 띤다.

이에 대한 설명으로 옳은 것만을 보기에서 있는 대로 고른 것은?

> 보기
> ㄱ. 핵 속에 유전자 A가 있다.
> ㄴ. 이 동물의 털색은 형질이다.
> ㄷ. 유전자 A에 이상이 생겨 멜라닌 합성효소가 결핍되면 동물의 털색이 달라질 수 있다.

① ㄱ   ② ㄷ   ③ ㄱ, ㄴ

④ ㄴ, ㄷ   ⑤ ㄱ, ㄴ, ㄷ

341 하중상

그림은 갈색 털을 가진 사슴에서 유전자 A가 발현되어 갈색 털이 나타나기까지의 과정을 나타낸 것이다.

이에 대한 설명으로 옳은 것만을 보기에서 있는 대로 고른 것은?

보기
ㄱ. 유전자 A에는 멜라닌에 대한 유전정보가 저장되어 있다.
ㄴ. 사슴의 털색은 유전자 A의 유전정보에 따라 합성된 단백질의 작용으로 나타난다.
ㄷ. 유전자 A에 이상이 생겨 멜라닌 합성효소가 결핍되면 흰색 털이 나타날 수 있다.

① ㄱ　　　　　② ㄴ　　　　　③ ㄱ, ㄴ
④ ㄴ, ㄷ　　　　⑤ ㄱ, ㄴ, ㄷ

B 세포에서 유전정보의 흐름

중요

342 하중상

그림은 사람의 세포에서 일어나는 유전정보의 흐름을 나타낸 것이다.

이에 대한 설명으로 옳은 것은?

① (가)는 번역, (나)는 전사이다.
② (나)는 핵 속에서 일어난다.
③ (가)와 (나) 모두 효소가 관여한다.
④ 유전정보는 단백질에 저장되어 있다.
⑤ (나)에서 RNA의 코돈과 단백질의 아미노산이 상보적으로 결합한다.

343 하중상

다음 용어를 이용하여 유전정보의 흐름 중 전사 과정을 간단히 서술하시오.

DNA, RNA, 상보적인 염기서열

344 하중상

다음은 유전부호 체계에 대한 학생 A~E의 발표 내용이다.

• 학생 A: 전사되어 형성된 RNA의 염기서열은 전사에 사용된 DNA 가닥의 염기서열과 같다.
• 학생 B: DNA의 염기를 2개씩 조합하여 유전부호를 만들면 모든 종류의 아미노산을 지정할 수 있다.
• 학생 C: 유전부호 체계는 생물종의 고유한 특성임을 알 수 있다.
• 학생 D: 유전부호 체계의 공통성으로부터 지구상의 생물이 공통조상으로부터 진화했음을 알 수 있다.
• 학생 E: 사람의 인슐린 유전자를 대장균의 DNA에 삽입하여 사람의 인슐린을 생산할 수 있다.

A~E 중 옳은 내용을 발표한 학생의 수는?

① 1　　　　　② 2　　　　　③ 3
④ 4　　　　　⑤ 5

345 하중상

그림은 세포 내 유전정보의 흐름을 나타낸 것이다. (가)와 (나)는 DNA와 RNA 중 하나이다.

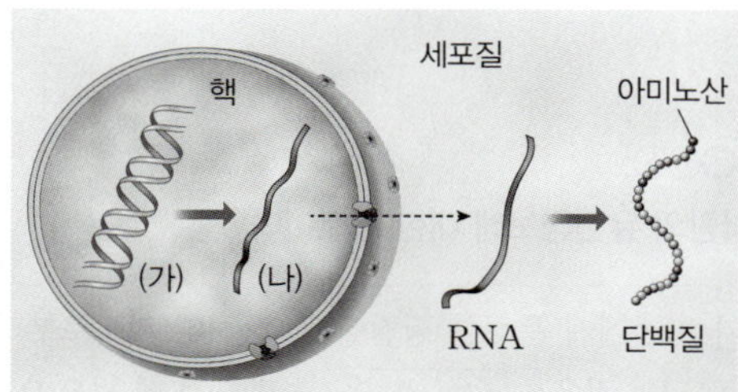

이에 대한 설명으로 옳은 것만을 보기에서 있는 대로 고른 것은?

보기
ㄱ. 코돈은 (가)에 있는 3개의 연속된 염기이다.
ㄴ. (나)는 단위체가 펩타이드결합으로 연결되어 형성된다.
ㄷ. 유전형질이 나타나는 과정에서 (가)의 유전정보가 (나)로 전사된다.

① ㄱ　　　　　② ㄴ　　　　　③ ㄷ
④ ㄱ, ㄷ　　　　⑤ ㄱ, ㄴ, ㄷ

346 하중상

표는 사람의 세포에서 유전정보로부터 단백질이 합성되는 과정의 특징을 나타낸 것이고, Ⅰ과 Ⅱ는 번역과 전사 과정을 순서 없이 나타낸 것이다.

과정	특징
Ⅰ	코돈이 지정하는 대로 아미노산을 연결하여 단백질이 합성된다.
Ⅱ	㉠

이에 대한 설명으로 옳은 것만을 보기에서 있는 대로 고른 것은?

보기
ㄱ. 과정 Ⅰ을 통해 폴리뉴클레오타이드가 합성된다.
ㄴ. 과정 Ⅰ이 과정 Ⅱ보다 먼저 일어난다.
ㄷ. DNA에서 RNA로 유전정보가 전달되는 것은 ㉠에 해당한다.

① ㄱ   ② ㄴ   ③ ㄷ
④ ㄱ, ㄷ   ⑤ ㄴ, ㄷ

중요
347 하중상

그림은 세포에서 유전정보 흐름의 일부를 나타낸 것이다. ⓐ와 ⓑ는 3염기조합과 코돈을 순서 없이 나타낸 것이다. ㉠은 아데닌(A), 구아닌(G), 사이토신(C), 유라실(U) 중 하나이다.

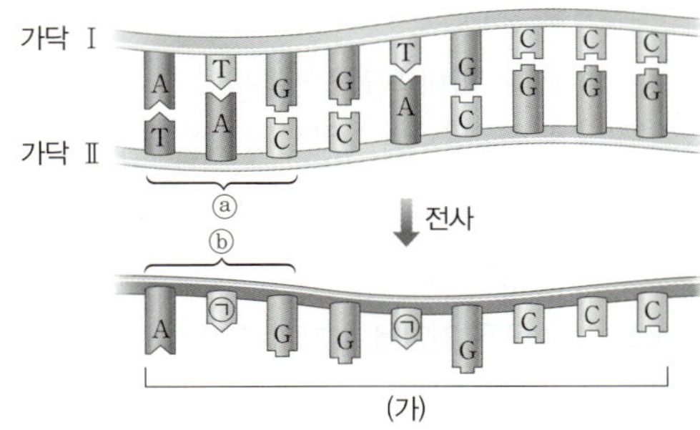

이에 대한 설명으로 옳지 않은 것은? (단, 왼쪽 첫 번째 염기부터 전사, 번역되며 돌연변이는 고려하지 않는다.)

① ⓐ는 3염기조합이다.
② (가)에 있는 라이보스는 9개이다.
③ RNA는 가닥 Ⅱ로부터 전사되었다.
④ (가)에 있는 코돈의 개수는 9개이다.
⑤ ㉠에 해당하는 염기는 가닥 Ⅰ과 Ⅱ에 없다.

348 하중상

다음은 이중 가닥 DNA의 염기서열 일부와 이 중 한 가닥으로부터 전사된 RNA의 염기서열을 나타낸 것이다. (단, 왼쪽 첫 번째 염기부터 전사, 번역되며 돌연변이는 고려하지 않는다.)

DNA	(가) TGGAAA ㉠ GGC
	(나) ㉡ TTTTCTCCG
RNA	(다) UGG ㉢ AGAGGC

(1) ㉠~㉢에 알맞은 염기서열을 왼쪽부터 순서대로 쓰시오.

(2) RNA는 (가)와 (나) 가닥 중 무엇으로부터 전사되었는지 쓰고, 그 까닭을 서술하시오.

349 하중상

그림은 어떤 세포에서 일어나는 유전정보의 흐름을 나타낸 것이다. (가)는 번역과 전사 중 하나이며, ⓐ는 단백질의 단위체이다.

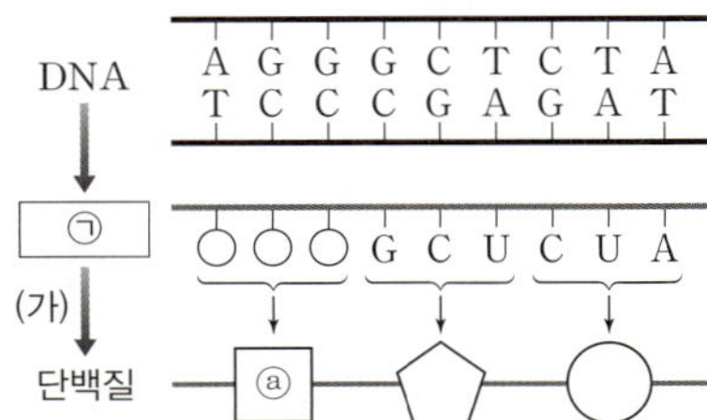

이에 대한 설명으로 옳은 것만을 보기에서 있는 대로 고른 것은? (단, 왼쪽 첫 번째 염기부터 전사, 번역되며, 돌연변이는 고려하지 않는다.)

보기
ㄱ. ㉠은 RNA이다.
ㄴ. ⓐ를 지정하는 코돈은 UCC이다.
ㄷ. (가) 과정에서는 ㉠의 염기 3개가 단백질의 아미노산 1개를 지정한다.

① ㄱ   ② ㄴ   ③ ㄱ, ㄷ
④ ㄴ, ㄷ   ⑤ ㄱ, ㄴ, ㄷ

350 (하중상)

그림은 사람의 세포에서 일어나는 유전정보의 흐름을 나타낸 것이다. (가)는 각각 번역과 전사 중 하나이며, ⓐ와 ⓑ는 단백질의 단위체이다.

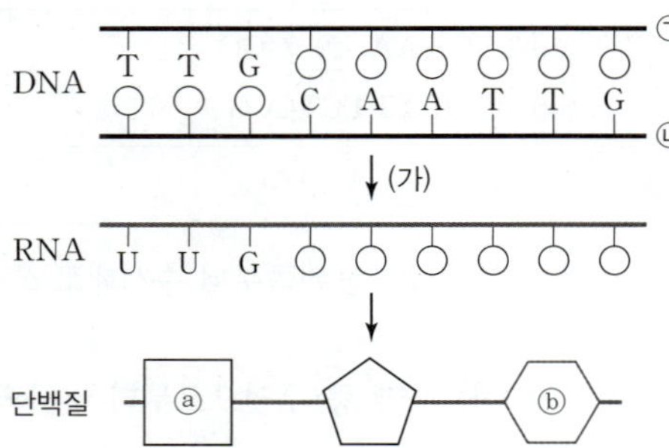

이에 대한 설명으로 옳은 것만을 보기에서 있는 대로 고른 것은? (단, 왼쪽 첫 번째 염기부터 전사, 번역되며, 돌연변이는 고려하지 않는다.)

보기
ㄱ. (가)는 핵 속에서 일어난다.
ㄴ. ⓐ와 ⓑ를 지정하는 코돈은 같다.
ㄷ. DNA 이중 가닥 ㉠과 ㉡ 중 전사에 이용된 것은 ㉠이다.

① ㄱ   ② ㄴ   ③ ㄷ
④ ㄱ, ㄷ   ⑤ ㄱ, ㄴ, ㄷ

351 (하중상)

그림은 어떤 DNA의 염기서열 일부와 그에 따라 합성된 단백질의 아미노산서열 일부를 나타낸 것이다.

DNA 염기서열

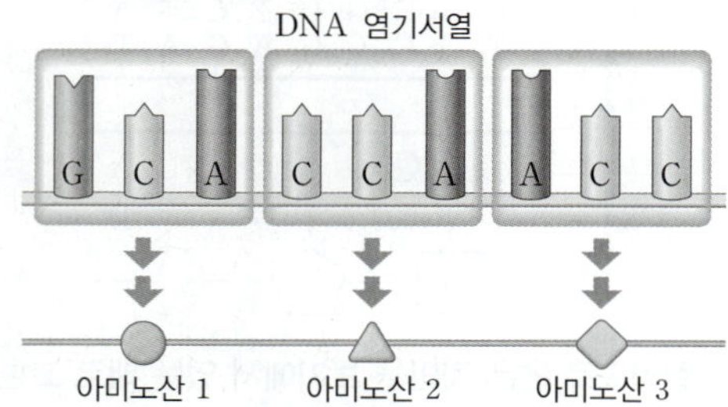

이에 대한 설명으로 옳은 것은? (단, 돌연변이는 고려하지 않는다.)

① 3종류의 염기는 3종류의 아미노산만 지정할 수 있다.
② 3개의 염기가 한 조가 되어 1개의 아미노산을 지정한다.
③ 3염기조합은 최대 16종류의 아미노산을 지정할 수 있다.
④ 아미노산 서열에 저장된 유전부호가 DNA의 염기서열로 바뀐다.
⑤ DNA 염기서열은 세포질의 라이보솜에서 직접 아미노산 서열로 번역된다.

352 (하중상) 

그림은 어떤 핵산의 구조와 염기서열을 나타낸 것이다. (단, 돌연변이는 고려하지 않는다.)

(1) 이에 대한 설명으로 옳은 것만을 보기에서 있는 대로 골라 쓰시오.

보기
ㄱ. ㉠에 3염기조합이 있다.
ㄴ. ㉠의 염기 1개가 아미노산 1개를 지정한다.
ㄷ. ㉡은 당과 인산의 결합으로 연결되어 있다.

(2) 이 핵산에서 왼쪽 첫 번째부터 유전부호가 시작된다면 이로부터 합성되는 폴리펩타이드는 총 몇 개의 아미노산으로 구성되는지 쓰고, 그렇게 판단한 까닭을 서술하시오.

353 (하중상)

다음은 낫모양적혈구빈혈증에 대한 설명이다.

- 낫모양적혈구의 헤모글로빈은 정상 적혈구의 헤모글로빈과 달리 서로 연결되어 막대 모양을 이룬다.
- 낫모양적혈구의 헤모글로빈 유전자는 ㉠정상 적혈구의 헤모글로빈 유전자의 염기서열 중 타이민(T) 하나가 아데닌(A)을 바뀌어 생성된다.

이에 대한 설명으로 옳은 것만을 보기에서 있는 대로 고른 것은?

보기
ㄱ. ㉠으로 인해 헤모글로빈의 입체 구조가 변할 수 있다.
ㄴ. 산소 운반 능력은 낫모양적혈구가 정상 적혈구보다 뛰어나다.
ㄷ. 정상 적혈구와 낫모양적혈구에서 헤모글로빈 유전자의 염기서열이 서로 다르다.

① ㄱ   ② ㄴ   ③ ㄱ, ㄷ
④ ㄴ, ㄷ   ⑤ ㄱ, ㄴ, ㄷ

354 하중상

다음은 어떤 세포의 DNA 이중 가닥 중 전사에 사용된 가닥의 염기서열과 이로부터 합성된 폴리펩타이드 (가)의 아미노산서열을 나타낸 것이다.

DNA	TACAAACGGATATGC
(가)	메싸이오닌 – 페닐알라닌 – 알라닌 – 타이로신 – 트레오닌

이에 대한 설명으로 옳은 것은? (단, 왼쪽 첫 번째 염기부터 전사, 번역되며, 돌연변이는 고려하지 않는다.)

① (가)에는 5개의 펩타이드결합이 있다.

② 페닐알라닌을 지정하는 코돈은 UUU이다.

③ 아미노산서열에 저장된 유전부호가 DNA의 염기서열로 바뀐다.

④ DNA의 3염기조합과 단백질의 아미노산이 상보적으로 결합한다.

⑤ DNA 염기서열은 세포질의 라이보솜에서 직접 아미노산 서열로 번역된다.

중요 355 하중상

표는 특정 염기서열이 반복되는 RNA I～III과 이를 시험관에서 번역하여 얻은 단백질의 아미노산 구성을 나타낸 것이다. RNA I과 II는 왼쪽 첫 번째 염기부터 번역되고, RNA III은 왼쪽 세 번째 염기부터 번역된다.

RNA		아미노산 구성
I	A 반복	라이신 반복
II	AG 반복	아르지닌 – 글루탐산 반복
III	AAG 반복	글루탐산 반복

이에 대한 설명으로 옳은 것만을 보기에서 있는 대로 고른 것은? (단, 돌연변이는 고려하지 않는다.)

보기
ㄱ. 코돈 AGA는 아르지닌을 지정한다.
ㄴ. 코돈 GAG와 GAA는 같은 아미노산을 지정한다.
ㄷ. 3개의 코돈이 모여 하나의 아미노산을 지정한다.

① ㄱ   ② ㄷ   ③ ㄱ, ㄴ
④ ㄴ, ㄷ   ⑤ ㄱ, ㄴ, ㄷ

중요 356 하중상

그림은 어떤 세포에서 일어나는 유전정보 흐름을, 표는 일부 코돈이 지정하는 아미노산을 나타낸 것이다. (단, 돌연변이는 고려하지 않는다.)

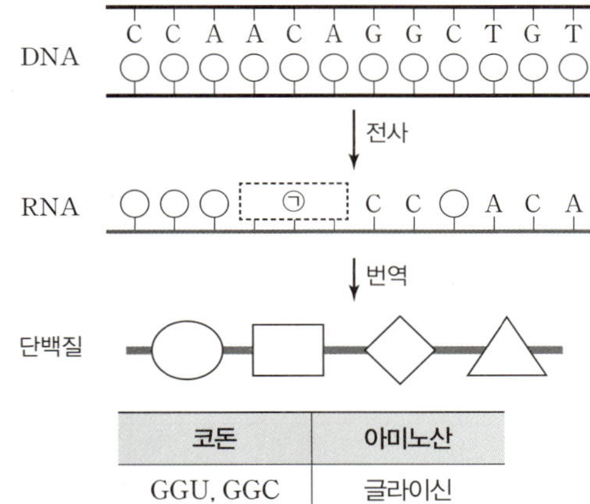

코돈	아미노산
GGU, GGC	글라이신
UGU	시스테인
CCA, CCG	프롤린
ACA	트레오닌

이에 대한 설명으로 옳은 것만을 보기에서 있는 대로 고른 것은?

보기
ㄱ. ㉠의 염기서열은 UCU이다.
ㄴ. 한 종류의 아미노산을 지정하는 코돈은 한 종류만 있다.
ㄷ. 번역이 끝나면 글라이신 – 시스테인 – 프롤린 – 트레오닌의 폴리펩타이드가 합성된다.

① ㄱ   ② ㄴ   ③ ㄷ
④ ㄱ, ㄷ   ⑤ ㄱ, ㄴ, ㄷ

357 하중상  서술형

정상 적혈구와 낫모양적혈구의 헤모글로빈 유전자의 염기서열을 조사하면 그림과 같이 1개의 염기가 다르다.

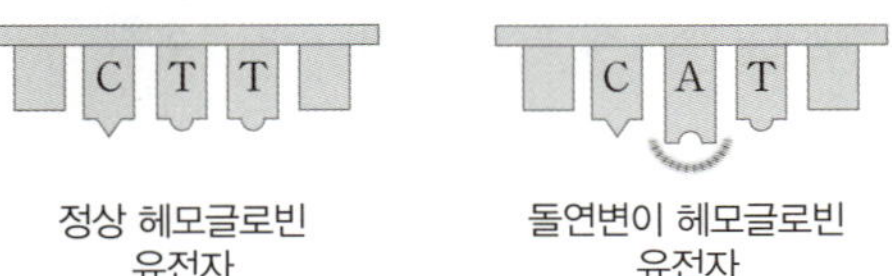

이처럼 DNA의 염기 1개의 차이가 형질의 차이로 나타날 수 있는 까닭을 생명중심원리에 따른 유전정보의 흐름과 관련지어 서술하시오.

358

다음은 해수의 연직 수온 분포에 대한 설명이다.

> 해수면에서부터 연직 아래쪽으로 수온을 측정하면 표층에는 ㉠수온이 일정한 층이 나타나고, 그 아래로 ㉡수온이 급격하게 낮아지는 층이 나타난다.

(1) ㉠과 ㉡에 해당하는 층의 이름을 쓰시오.

(2) ㉠은 어느 작용으로 형성되는지 서술하시오.

359

그림은 지구시스템에서 일어나는 탄소의 순환 중 일부를 나타낸 것이고, A~C는 지구시스템의 구성 요소이다.

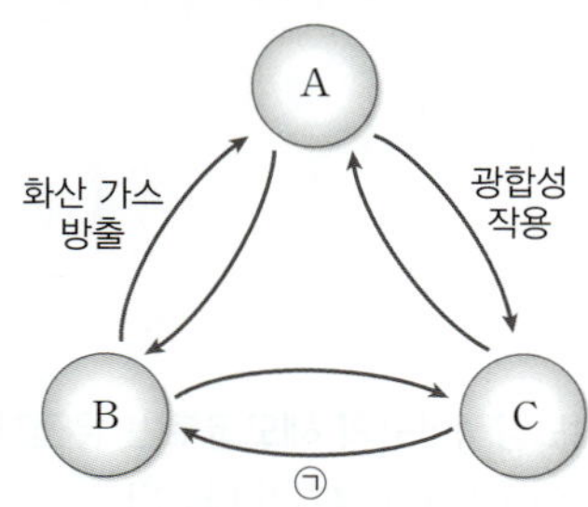

(1) A~C에 해당하는 지구시스템의 구성 요소와 그 까닭을 서술하시오.

(2) ㉠에 해당하는 상호작용의 예를 두 가지만 서술하시오.

360

그림은 지구시스템에서의 탄소 순환을 나타낸 것이다.

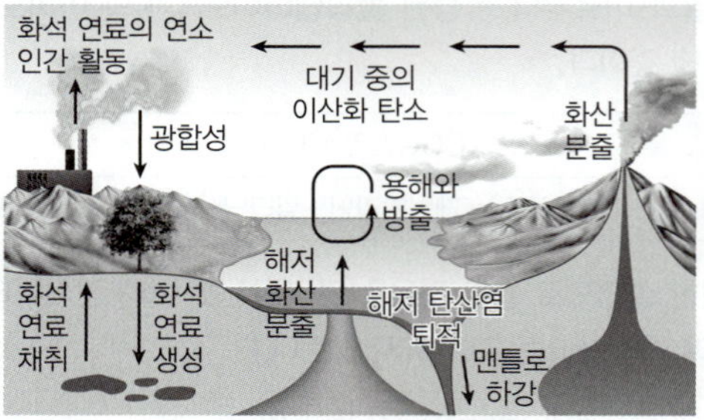

지구시스템의 각 권역에서 탄소는 어떤 형태로 존재하는지 서술하시오.

361

다음은 2022년에 남태평양에 있는 통가에서 발생한 해저 화산 분출의 영향을 설명한 것이다.

> 2022년 1월 통가 홍가통가 섬 근처의 해저 화산에서 역대급 규모의 화산 분화가 발생하였다. 해저 화산의 분화로 ㉠전 세계 여러 지역에 지진 해일이 발생하였고, 분출된 화산재와 화산 가스는 약 55 km 상공까지 상승하며 많은 양의 수증기가 발생하여 남극 주변의 ㉡오존층 구멍이 커졌다.

(1) ㉠에서 나타나는 지구시스템의 구성 요소 간의 상호작용 두 가지를 모두 서술하시오.

(2) ㉡으로 인해 나타날 수 있는 현상과 영향받는 지구시스템의 구성 요소를 서술하시오.

362 논술형

다음 제시문을 읽고 물음에 답하시오.

제시문

지진과 화산 활동은 지권에서 발생하는 지각 변동으로, 대규모의 인명과 재산 피해를 가져올 수 있다. 지진이 발생하면 도로와 건물이 붕괴하고, 산사태가 발생하며, 지진 해일이 발생할 수 있다. 건물 붕괴와 지진 해일은 대규모의 인명 피해와 재산 피해를 유발한다. 화산이 분출하면 다양한 화산 분출물이 발생하여 다량의 화산재와 용암 등이 주변의 생태계를 파괴하고, 인명 피해를 가져올 수 있다.

▲ 지진으로 인한 건물 붕괴

▲ 지진 해일에 의한 침수 피해

▲ 화산재로 덮인 밭

▲ 용암으로 인한 도로 파괴

지진과 화산 활동으로 인한 피해를 줄이기 위한 대책을 다음의 조건에 맞게 서술하시오.

- 지진과 화산 활동과 관련하여 어떤 데이터와 정보를 수집해야 하는지를 포함하시오.
- 지진과 화산 활동과 관련하여 어떤 예보를 할 수 있는지 포함하시오.
- 지진과 화산 활동으로 인한 피해를 줄이는 방안을 포함하시오.

서·논술형 대비 문제

363
5. 역학 시스템

그림과 같이 뉴턴은 지구에서 물체를 수평 방향으로 점점 빠르게 던지는 사고 실험을 하였다.

이 사고 실험의 결과를 이용하여 인공위성이 지표면으로 떨어지지 않고 지구 주위를 원운동할 수 있는 까닭을 중력과 관련지어 서술하시오. (단, 지구는 완전한 구이고, 공기 저항은 무시한다.)

364
5. 역학 시스템

그림과 같이 물체를 수평 방향으로 10 m/s의 속력으로 던졌더니, 물체가 4초 후에 지면에 도달하였다.
4초 동안 물체의 수평 방향 및 연직 방향 속력과 시간의 관계를 다음 그래프에 각각 그리고, 그렇게 생각한 까닭을 서술하시오. (단, 중력 가속도는 10 m/s²이고, 공기 저항은 무시한다.)

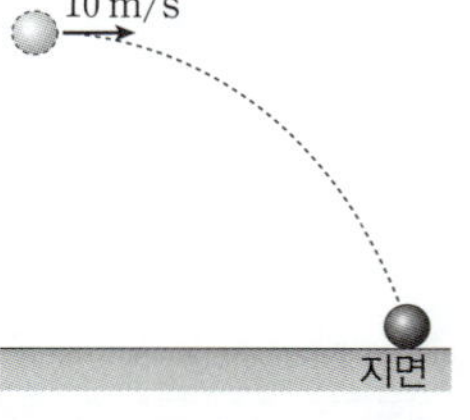

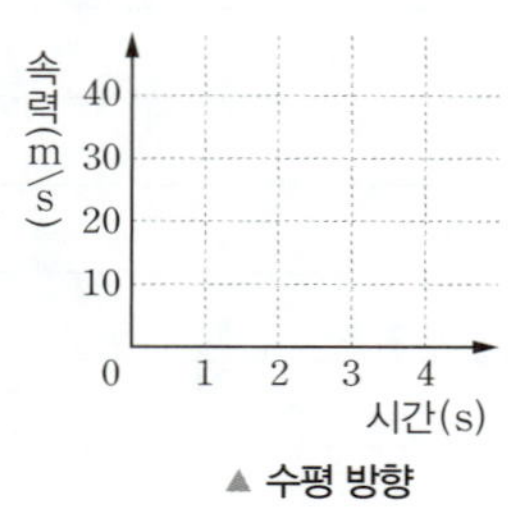

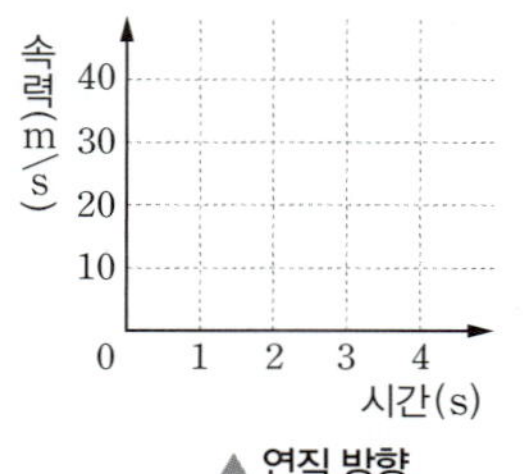

365
5. 역학 시스템

다음은 자동차에 탑승할 때 안전띠를 매야 하는 까닭에 대한 설명이다.

> 달리던 자동차가 충돌하면 자동차 안에 타고 있던 사람은 몸이 갑자기 앞으로 쏠려 차 내부에 부딪치거나, 심하면 자동차 바깥으로 튀어 나가 크게 다칠 수 있다. 이러한 일을 방지하기 위해 자동차에 탑승할 때는 반드시 안전띠를 매야 한다.

밑줄 친 부분과 같은 일이 일어나는 까닭을 자동차의 운동 상태 변화와 사람의 관성으로 서술하시오.

366
5. 역학 시스템

그림은 높이뛰기 선수가 떨어지는 곳에 안전 매트를 설치하여 선수가 받는 충격을 줄이는 것을 나타낸 것이다.

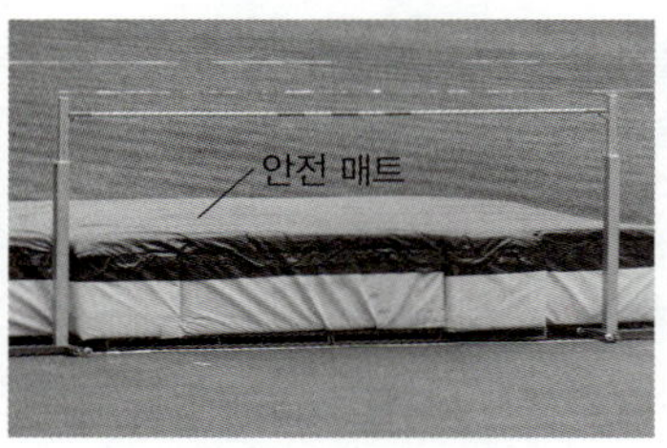

(1) 선수가 받는 충격을 줄이는 원리를 서술하시오.

(2) 이와 같은 원리로 충돌 시 발생하는 피해를 줄이는 예를 한 가지만 서술하시오.

367 논술형

다음 제시문을 읽고 물음에 답하시오.

제시문

(가) 충돌 사고에서 물체가 받는 피해를 줄이려면 ㉠물체가 받는 충격량을 줄여야 한다. 충격량은 물체에 작용한 힘과 힘이 작용한 시간의 곱이다. 물체에 힘이 작용하면 물체의 속도가 변하므로 물체가 충격량을 받으면 속도가 변한다. 따라서 두 물체가 충돌할 때 물체가 받는 충격량은 물체의 속도 변화량에 비례한다. 만약 충격량이 일정한 경우에 충돌 사고의 피해를 줄이려면 충돌 시간을 길게 하여 ㉡물체에 작용하는 힘의 크기를 줄여야 한다.

(나) 학교 주위나 마을 길에서는 속도 제한 표시를 볼 수 있다. 이는 도로를 통행하는 자동차의 속력을 제한하여 충돌 사고가 발생했을 때 피해를 줄이기 위한 것이다. 충돌 전 속력이 빠를수록 운동량이 커서 사고가 일어났을 때 받는 충격량이 크다.

▲ 속도 제한 표지판

(다) 벌집 구조는 속이 빈 육각형 기둥 모양의 격자 구조이다. 벌집 구조는 적은 양의 재료로 외부의 충격을 효율적으로 지탱할 수 있다. 벌집 구조는 외부에서 충격이 가해졌을 때 찌그러지면서 충돌에 의한 에너지를 흡수한다. 벌집 구조는 고속 열차의 앞 부분에 들어 있는 고성능 충격 흡수 장치인 허니콤이나 종이를 벌집 구조로 만든 포장재 등 일상생활에서 다양하게 쓰이고 있다.

▲ 고속 열차의 허니콤

▲ 벌집 구조를 이용한 포장재

(1) 제시문 (나)와 (다)에 제시된 사례가 ㉠과 ㉡ 중 어디에 해당하는지 각각 서술하시오.

(2) 제시문 (나), (다)에 제시된 사례 외에 ㉠과 ㉡에 해당하는 사례를 한 가지씩 서술하시오.

서·논술형 대비 문제

368

그림은 어떤 물질 A와 B가 세포 안팎의 농도 차에 따라 확산하는 속도를 나타낸 것이다.

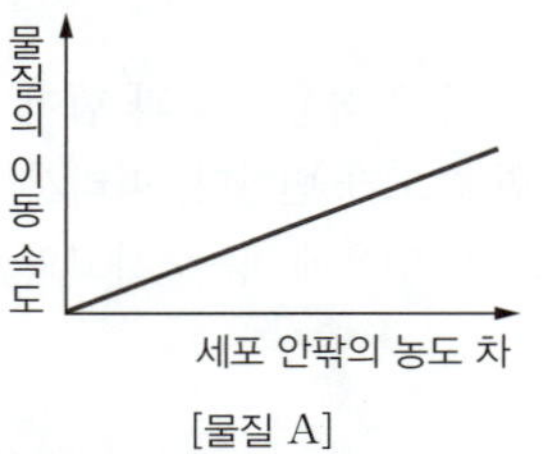

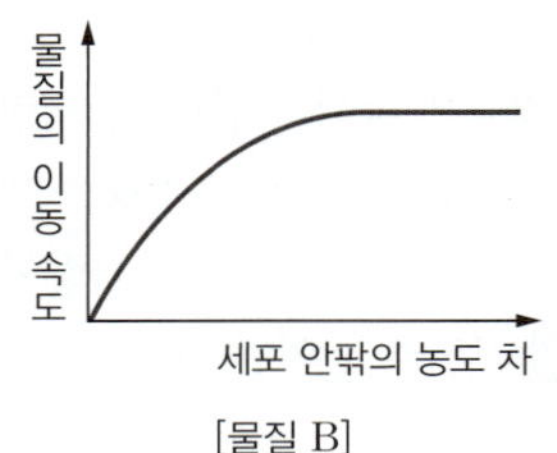

물질 A와 B가 각각 산소(O_2), 포도당 중 하나라고 할 때, 물질 A와 B는 각각 무엇인지 쓰고, 그렇게 판단한 까닭을 서술하시오.

369

그림은 양파 표피세포를 각각 농도가 서로 다른 용액 A와 B에 넣고 일정 시간이 지났을 때의 모습을 나타낸 것이다.

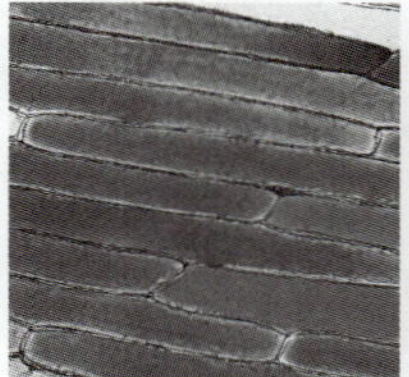
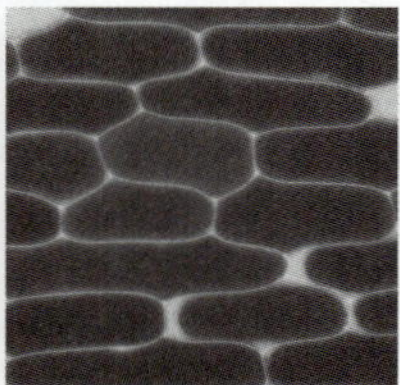
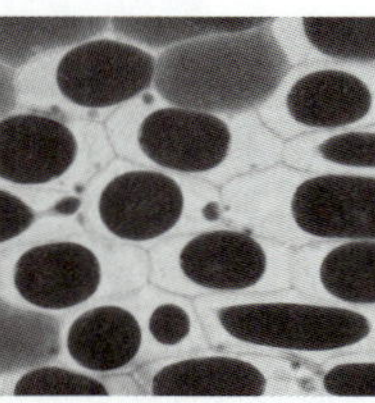

용액 A와 B에 넣기 전 양파 표피세포   용액 A에 넣은 세포 (가)   용액 B에 넣은 세포 (나)

용액 A와 용액 B의 농도를 비교하고, 그렇게 판단한 까닭을 서술하시오.

370

우리 몸이 체온을 적절한 온도로 일정하게 유지해야만 하는 까닭을 효소의 특성과 관련지어 서술하시오.

371

그림 (가)는 우리 몸에서 일어나는 어떤 화학 반응에서 효소가 작용하지 않을 때 에너지 변화를 나타낸 것이며, (나)는 두 종류의 물질대사에 작용하는 효소 X와 효소 Y를 나타낸 것이다.

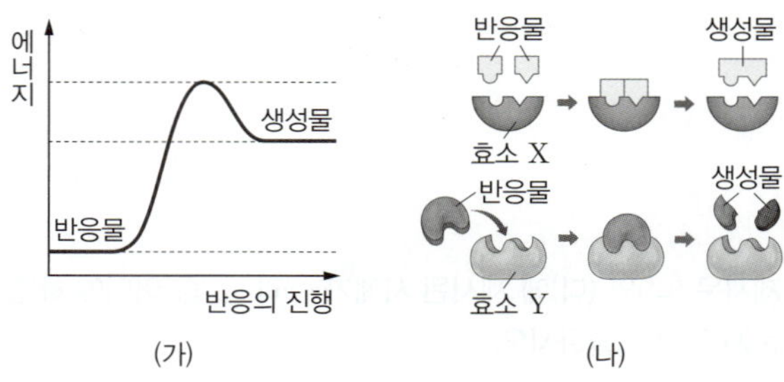

그림 (가)에서 활성화에너지 변화를 일으킬 수 있는 효소가 있다면 그림 (나)의 효소 X와 효소 Y 중 어떤 효소인지 쓰고, 그렇게 판단한 까닭을 서술하시오.

---

372 논술형

다음 제시문을 읽고 물음에 답하시오.

제시문

(가) 생명체는 DNA를 다음 세대로 전달하여 생명의 연속성을 유지한다. 그런데 세균에서 사람에 이르기까지 지구상의 모든 생명체는 같은 유전부호 체계를 사용한다. 즉 생물의 종류에 관계없이 같은 코돈은 같은 아미노산을 지정한다. 예를 들어 코돈 UUU는 사람이나 대장균에서 모두 페닐알라닌이라는 아미노산을 지정한다.

(나) 지구시스템에 존재하는 생명체의 대부분은 DNA에서 RNA로, RNA에서 단백질로 정보가 변환되는 체계적인 정보의 흐름을 따른다.

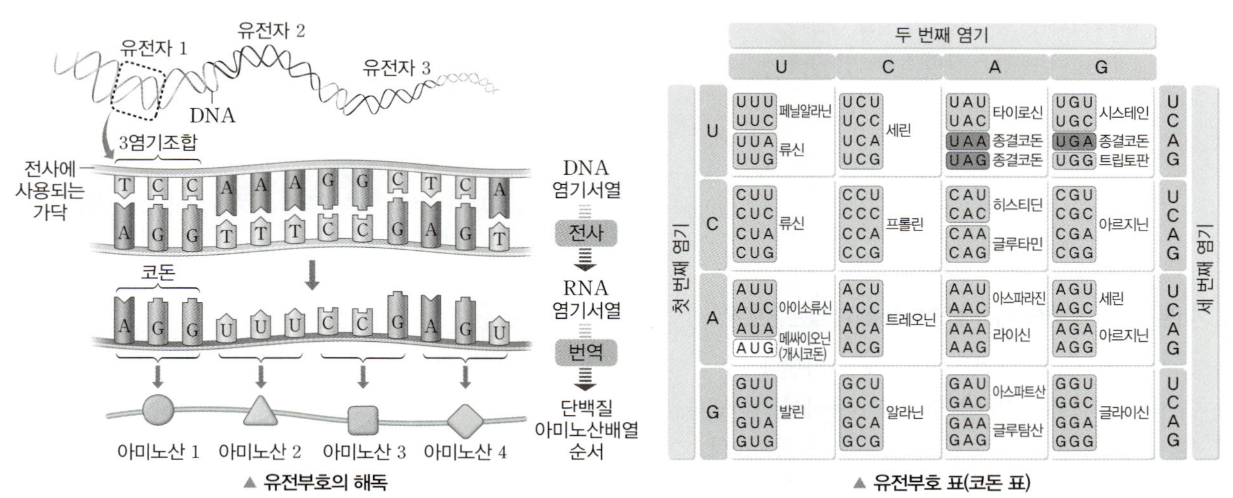

▲ 유전부호의 해독

		두 번째 염기		
	U	C	A	G
U	UUU UUC 페닐알라닌 / UUA UUG 류신	UCU UCC UCA UCG 세린	UAU UAC 타이로신 / UAA 종결코돈 / UAG 종결코돈	UGU UGC 시스테인 / UGA 종결코돈 / UGG 트립토판	U C A G
C	CUU CUC CUA CUG 류신	CCU CCC CCA CCG 프롤린	CAU CAC 히스티딘 / CAA CAG 글루타민	CGU CGC CGA CGG 아르지닌	U C A G
A	AUU AUC 아이소류신 / AUA / AUG 메싸이오닌(개시코돈)	ACU ACC ACA ACG 트레오닌	AAU AAC 아스파라진 / AAA AAG 라이신	AGU AGC 세린 / AGA AGG 아르지닌	U C A G
G	GUU GUC GUA GUG 발린	GCU GCC GCA GCG 알라닌	GAU GAC 아스파트산 / GAA GAG 글루탐산	GGU GGC GGA GGG 글라이신	U C A G

(첫 번째 염기 / 세 번째 염기)

▲ 유전부호 표(코돈 표)

그림은 생명공학기술을 이용하여 사람의 인슐린 단백질을 대장균에서 생산하는 과정을 나타낸 것이다.

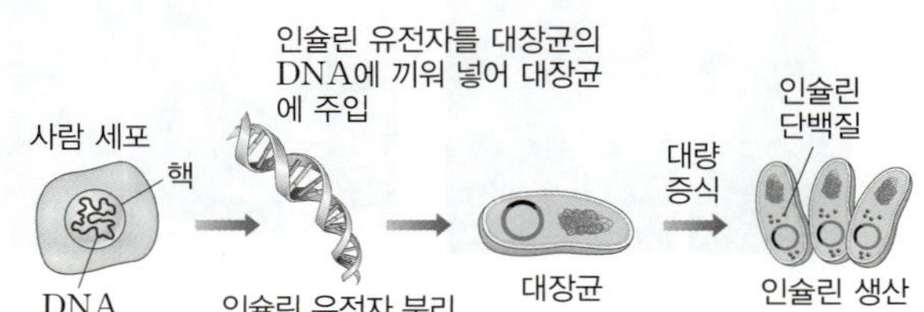

사람의 인슐린 유전자를 대장균에 넣으면 대장균에서 사람의 인슐린 단백질을 생산할 수 있다. 이 기술이 가능한 까닭을 서술하시오.

1 그림은 원자핵 모형과 지구에서 가장 가까운 별을 나타낸 것이다.

이에 대한 설명으로 옳은 것만을 보기에서 있는 대로 고른 것은?

보기
ㄱ. (가)는 미시 세계에 해당한다.
ㄴ. (가)와 (나)는 공간 규모가 서로 다르다.
ㄷ. (가)와 (나)는 같은 장비로 관측할 수 있다.

① ㄱ　　　　② ㄴ　　　　③ ㄱ, ㄴ
④ ㄴ, ㄷ　　　⑤ ㄱ, ㄴ, ㄷ

2 기본량과 유도량에 대한 설명으로 옳지 <u>않은</u> 것은?

① 밀도는 온도의 단위를 이용하여 나타낸다.
② 속력은 길이와 시간의 단위를 이용하여 나타낸다.
③ 넓이와 부피는 같은 기본량을 조합해 정의한다.
④ 기본량은 다른 물리량을 활용하여 표현할 수 없다.
⑤ 기본량은 국제단위계의 표준화된 단위를 사용한다.

3 그림은 빛을 이용해 길이를 측정하는 방법을 나타낸 것이다.

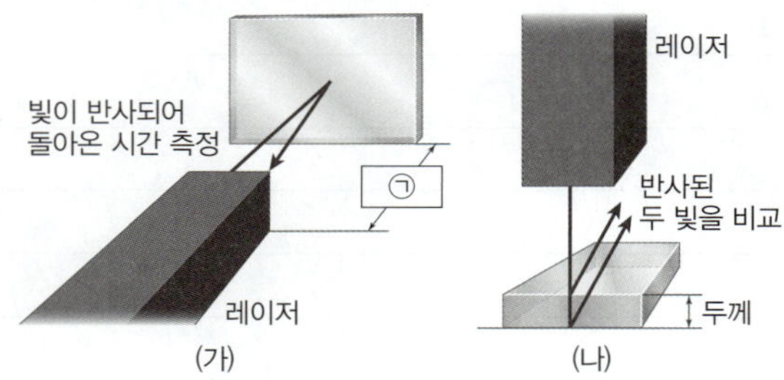

이에 대한 설명으로 옳은 것만을 보기에서 있는 대로 고른 것은?

보기
ㄱ. 빛의 진동수가 일정함을 이용한 방법이다.
ㄴ. ㉠은 레이저와 거울 사이의 거리에 해당한다.
ㄷ. (가)와 (나)가 가능한 것은 정확한 시간을 측정할 수 있는 기술이 있기 때문이다.

① ㄱ　　　　② ㄷ　　　　③ ㄱ, ㄴ
④ ㄴ, ㄷ　　　⑤ ㄱ, ㄴ, ㄷ

4 그림은 우리 생활에서 제공되는 몇 가지 정보를 나타낸 것이다.

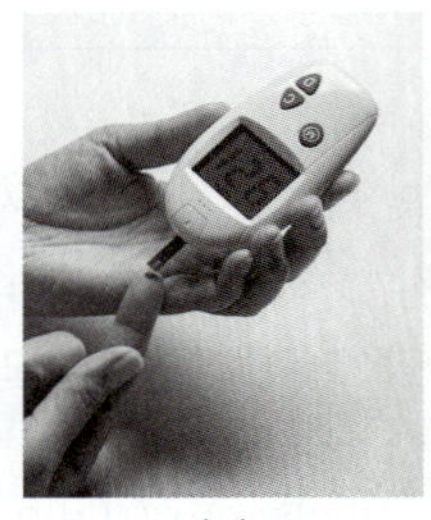

이에 대한 설명으로 옳은 것만을 보기에서 있는 대로 고른 것은?

보기
ㄱ. (가)는 층간 소음을 대비할 수 있게 해 준다.
ㄴ. (나)는 호흡기 질환이 있는 사람들에게 유용한 정보가 된다.
ㄷ. (가)와 (나)는 측정 표준을 활용하여 제공되는 정보이다.

① ㄴ　　　　② ㄷ　　　　③ ㄱ, ㄴ
④ ㄴ, ㄷ　　　⑤ ㄱ, ㄴ, ㄷ

5 그림은 아날로그 속력계와 디지털 속력계를 각각 나타낸 것이다.

이에 대한 설명으로 옳은 것만을 보기에서 있는 대로 고른 것은?

보기
ㄱ. (가)와 (나) 모두 연속적으로 신호를 받아들인다.
ㄴ. (가)와 (나)에서 측정하는 물리량은 기본량이다.
ㄷ. (가)와 (나)를 이용하면 속력을 디지털 형태로 저장할 수 있다.

① ㄱ　　　　② ㄴ　　　　③ ㄱ, ㄷ
④ ㄴ, ㄷ　　　⑤ ㄱ, ㄴ, ㄷ

1 별 내부의 원소 생성에 대한 설명으로 옳지 <u>않은</u> 것은?

① 별 내부에서 가장 먼저 생성된 원소는 헬륨이다.
② 헬륨 핵융합 반응으로 생성되는 원소는 탄소이다.
③ 핵융합 반응으로 생성되는 가장 마지막 원소는 철이다.
④ 탄소는 핵융합 반응을 통해 더 무거운 원소를 만들 수 있다.
⑤ 별 내부에서는 화학 반응을 통해 새로운 원소가 만들어지기도 한다.

3 미행성체에 대한 설명으로 옳은 것만을 보기에서 있는 대로 고른 것은?

보기
ㄱ. 행성을 이루지 못하고 남은 천체이다.
ㄴ. 원시 태양 주위를 공전하는 동안 서로 충돌하고 병합하였다.
ㄷ. 원시 태양에서 가장 가까운 곳과 가장 먼 곳에서 만들어진 것은 구성 성분이 달랐다.

① ㄱ 　② ㄷ 　③ ㄱ, ㄴ
④ ㄴ, ㄷ 　⑤ ㄱ, ㄴ, ㄷ

2 그림은 중심부의 핵융합 반응이 끝난 어느 별의 내부 구조를 나타낸 것이다.

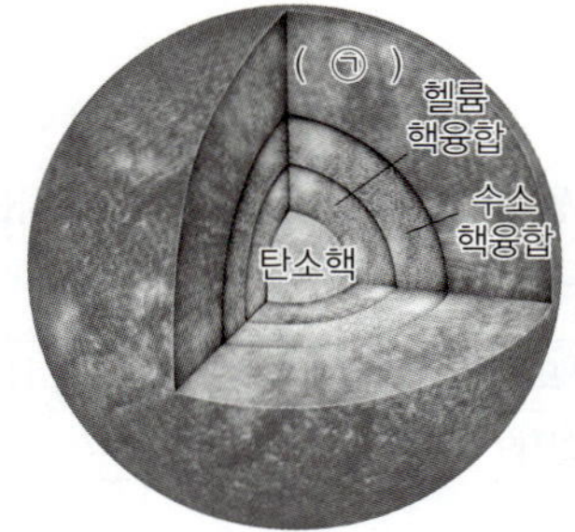

이에 대한 설명으로 옳은 것만을 보기에서 있는 대로 고른 것은?

보기
ㄱ. 이 별의 질량은 태양과 비슷하다.
ㄴ. 폭발을 일으키기 직전의 모습이다.
ㄷ. ㉠을 이루고 있는 물질은 중심에서 더 멀어질 것이다.

① ㄱ 　② ㄴ 　③ ㄱ, ㄷ
④ ㄴ, ㄷ 　⑤ ㄱ, ㄴ, ㄷ

4 그림은 중심부의 핵융합 반응이 끝난 어느 별의 내부 구조를 나타낸 것이다.

이 별에 대한 설명으로 옳은 것만을 보기에서 있는 대로 고른 것은?

보기
ㄱ. 규소는 ㉠에 해당될 수 있다.
ㄴ. 중심부의 온도는 태양보다 높다.
ㄷ. 초신성 폭발이 일어나면 철보다 무거운 원소를 만들 수 있다.

① ㄱ 　② ㄴ 　③ ㄱ, ㄷ
④ ㄴ, ㄷ 　⑤ ㄱ, ㄴ, ㄷ

5 지구의 형성 과정에 대한 설명으로 옳은 것만을 보기에서 있는 대로 고른 것은?

> 보기
> ㄱ. 미행성체의 충돌로 원시 지구의 크기가 커졌다.
> ㄴ. 원시 바다가 생성된 후 원시 지각이 생성되었다.
> ㄷ. 마그마의 바다가 생긴 후 무거운 물질들은 지구 중심으로 가라앉았다.

① ㄱ　　　　② ㄴ　　　　③ ㄱ, ㄷ
④ ㄴ, ㄷ　　　⑤ ㄱ, ㄴ, ㄷ

6 현대의 주기율표에 대한 설명으로 옳지 <u>않은</u> 것은?

① 세로줄을 족이라고 한다.
② 원소들을 원자 번호순으로 배열하였다.
③ 같은 족에 속하는 원소들은 원자가 전자 수가 같다.
④ 같은 주기에 속하는 원소들은 전자가 들어 있는 전자 껍질 수가 같다.
⑤ 비슷한 성질을 갖는 원소들을 같은 가로줄에 배열하였다.

7 그림은 주기율표의 일부를 나타낸 것이다.

족 주기	1	2	13	14	15	16	17	18
1	(가)							
2	(나)						(다)	
3		(라)						

(가)~(라)에 대한 설명으로 옳은 것만을 보기에서 있는 대로 고른 것은?

> 보기
> ㄱ. 금속 원소는 세 가지이다.
> ㄴ. (나)와 (라)는 모두 광택이 있다.
> ㄷ. (가)와 (다)는 반응하여 수소 화합물을 생성한다.

① ㄱ　　　　② ㄷ　　　　③ ㄱ, ㄴ
④ ㄴ, ㄷ　　　⑤ ㄱ, ㄴ, ㄷ

8 다음은 알칼리 금속인 리튬(Li)의 성질을 알아보기 위한 실험이다.

> [실험 과정 및 결과]
> (가) 리튬을 칼로 자른 단면은 은백색의 광택을 띠었으나 곧바로 광택이 사라졌다.
> (나) 리튬 조각을 물에 넣었더니 물 위를 떠다니면서 반응하여 기포가 발생하였다.
> (다) (나)의 수용액에 페놀프탈레인 용액을 몇 방울 떨어뜨렸더니 붉은색으로 변하였다.

실험 결과에 대한 해석으로 옳은 것만을 보기에서 있는 대로 고른 것은?

> 보기
> ㄱ. 리튬은 무른 금속이다.
> ㄴ. 리튬의 밀도는 물보다 크다.
> ㄷ. 리튬과 물이 반응한 수용액은 염기성을 띤다.

① ㄱ　　　　② ㄴ　　　　③ ㄱ, ㄷ
④ ㄴ, ㄷ　　　⑤ ㄱ, ㄴ, ㄷ

9 표는 원자 또는 이온 A~C를 구성하는 입자 수를 나타낸 것이다.

원자 또는 이온	A	B	C
전자 수	10	10	10
양성자수	10	9	12

이에 대한 설명으로 옳은 것만을 보기에서 있는 대로 고른 것은?

> 보기
> ㄱ. A는 실온에서 이원자 분자로 존재한다.
> ㄴ. B는 비금속 원소이다.
> ㄷ. B와 C는 1 : 2의 개수비로 결합하여 이온 결합 물질을 생성한다.

① ㄱ　　　　② ㄴ　　　　③ ㄱ, ㄷ
④ ㄴ, ㄷ　　　⑤ ㄱ, ㄴ, ㄷ

10 그림 (가)는 고체 상태인 염화 나트륨의 구조를, (나)는 염화 나트륨 수용액에 전원을 연결했을 때 이온의 이동을 모형으로 나타낸 것이다. ㉠과 ㉡은 각각 나트륨 이온(Na^+)과 염화 이온(Cl^-) 중 하나이다.

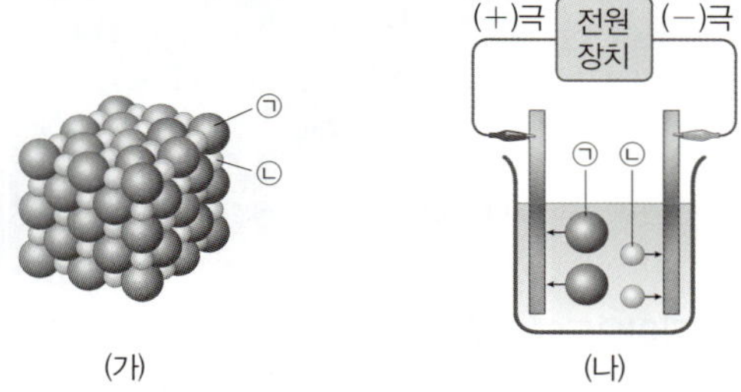

이에 대한 설명으로 옳은 것만을 보기에서 있는 대로 고른 것은?

보기
ㄱ. 염화 나트륨 수용액은 전기 전도성이 있다.
ㄴ. ㉠은 Cl^-이다.
ㄷ. 전자 수는 ㉠과 ㉡이 같다.

① ㄱ
② ㄷ
③ ㄱ, ㄴ
④ ㄴ, ㄷ
⑤ ㄱ, ㄴ, ㄷ

11 그림 (가)는 규산염 광물의 단위체 구조를, (나)는 A, B 중 하나의 전자 배치를 나타낸 것이다.

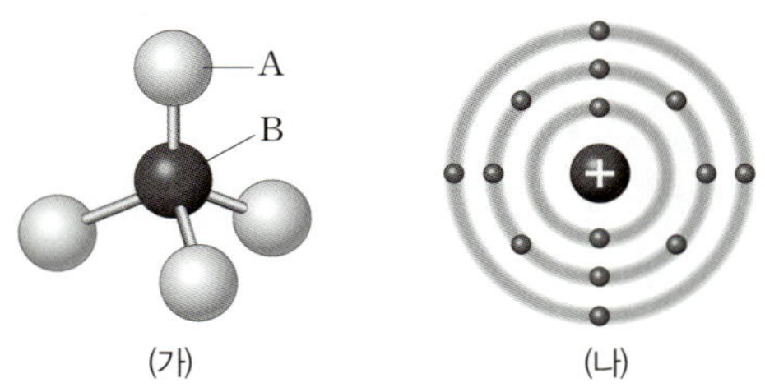

이에 대한 설명으로 옳은 것만을 보기에서 있는 대로 고른 것은?

보기
ㄱ. (나)는 A의 전자 배치이다.
ㄴ. B는 4개의 공유 결합을 형성할 수 있다.
ㄷ. 사면체와 사면체는 B를 공유하면서 결합한다.

① ㄱ
② ㄴ
③ ㄱ, ㄷ
④ ㄴ, ㄷ
⑤ ㄱ, ㄴ, ㄷ

12 다음은 사람을 구성하는 물질 A와 B에 대한 설명이다.

• A는 생명체의 유전정보를 저장하거나 전달한다.
• B는 효소, 근육, 머리카락의 주요 구성 물질이다.

A와 B로 가장 적절한 것은?

	A	B
①	단백질	핵산
②	핵산	단백질
③	핵산	탄수화물
④	탄수화물	핵산
⑤	탄수화물	단백질

13 그림은 항체 X의 구조를 나타낸 것이다. ㉠은 항체를 이루고 있는 물질의 단위체를 나타낸다.

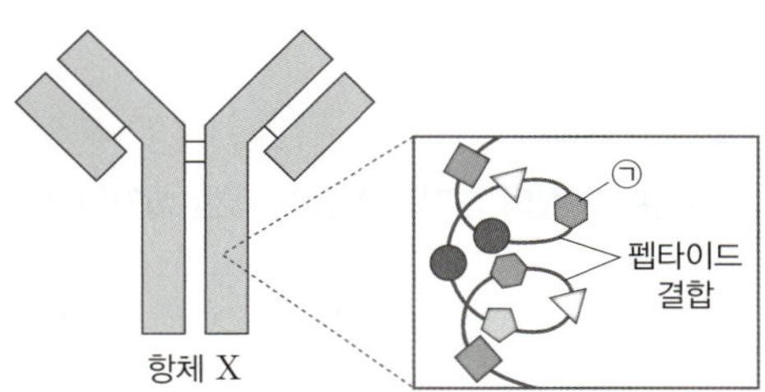

이에 대한 설명으로 옳은 것만을 보기에서 있는 대로 고른 것은?

보기
ㄱ. ㉠은 뉴클레오타이드이다.
ㄴ. 항체 X의 주성분은 단백질이다.
ㄷ. 항체 X의 입체 구조는 단위체의 배열 순서와 관계 없다.

① ㄱ
② ㄴ
③ ㄷ
④ ㄱ, ㄴ
⑤ ㄴ, ㄷ

14 그림은 집적 회로(IC)에 대한 학생 A, B, C의 대화를 나타낸 것이다.

제시한 내용이 옳은 학생만을 있는 대로 고른 것은?

① A
② B
③ A, C
④ B, C
⑤ A, B, C

15 다음은 물질의 전기적 성질에 대한 설명이다.

> 　⑤　은/는 특정 조건에 따라 전기적 성질이 변하는 특성이 있다. 　⑤　의 대표적인 물질 　ⓒ　은/는 지각을 구성하는 원소 중 산소 다음으로 풍부하며 주로 　ⓒ　(으)로 존재한다.

⑤~ⓒ에 들어갈 말로 가장 적절한 것은?

	⑤	ⓒ	ⓒ
①	도체	규소	규산염 광물
②	도체	저마늄	탄소 화합물
③	반도체	규소	규산염 광물
④	반도체	저마늄	탄소 화합물
⑤	부도체	규소	탄소 화합물

16 그림은 전원 장치의 회로 기판에 있는 다이오드를 나타낸 것이다.

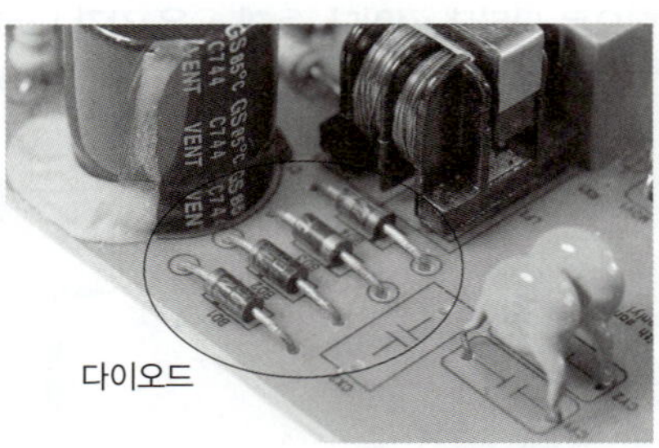

다이오드에 대한 설명으로 옳은 것만을 보기에서 있는 대로 고른 것은?

> **보기**
> ㄱ. 내부에는 도체만 들어 있다.
> ㄴ. 전류가 한 방향으로만 흐른다.
> ㄷ. 상온에서 자유 전자가 많아 도체보다 전류가 잘 흐른다.

① ㄴ
② ㄷ
③ ㄱ, ㄴ
④ ㄱ, ㄷ
⑤ ㄴ, ㄷ

서술형

17 별의 진화 과정에서 철보다 가벼운 원소와 철보다 무거운 원소의 생성 과정은 무엇이 다른지 서술하시오.

____

____

____

18 그림은 원소 X, Y의 원자 모형을 각각 나타낸 것이다. (단, X와 Y는 임의의 원소 기호이다.)

(1) X와 Y의 전자 배치를 위 그림에 각각 나타내시오. (단, 전자는 ●으로 나타내시오.)

(2) X와 Y를 각각 금속 원소 또는 비금속 원소로 분류하고, 그렇게 판단한 근거를 서술하시오.

19 규산염 광물의 기본 단위체는 어떤 원소로 이루어져 있으며, 어떤 모양을 하고 있는지 서술하시오.

20 표는 생물 (가)와 (나)의 DNA를 구성하는 4종류의 염기 아데닌(A), 구아닌(G), 사이토신(C), 타이민(T)의 비율을 나타낸 것이다. ㉠과 ㉡은 사이토신(C)과 타이민(T) 중 하나이다.

생물	염기의 비율(%)			
	A	G	㉠	㉡
(가)	33	?	33	?
(나)	?	ⓐ	28	22

(1) ㉠이 무엇인지 쓰고, 그렇게 판단한 까닭을 서술하시오.

(2) ⓐ에 알맞은 수를 쓰고, 그렇게 판단한 까닭을 서술하시오.

21 그림은 전선의 도선을 이루는 물질 A와 전선 피복을 이루는 물질 B를 나타낸 것이다.

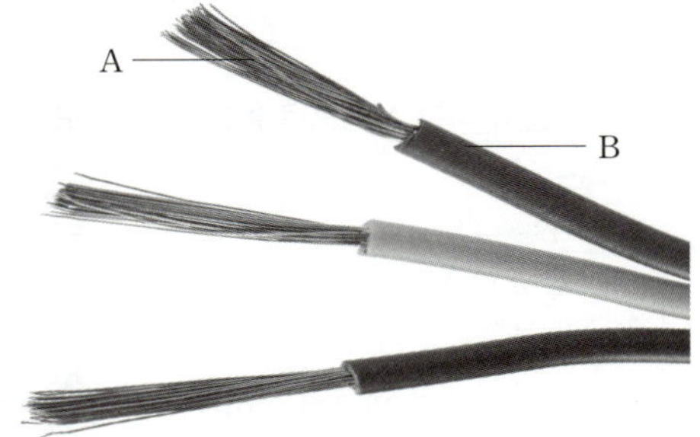

A와 B의 전기적 성질이 차이가 나는 까닭을 전하의 이동으로 서술하시오.

1 질량이 태양 정도인 별에 대한 설명으로 옳은 것만을 보기에서 있는 대로 고른 것은?

보기
ㄱ. 별에서 생성되는 가장 무거운 원소는 탄소이다.
ㄴ. 진화 과정에서 초신성 폭발을 거치지 않는다.
ㄷ. 철이 생성될 수 있는 별보다 수명이 길다.

① ㄱ ② ㄷ ③ ㄱ, ㄴ
④ ㄴ, ㄷ ⑤ ㄱ, ㄴ, ㄷ

2 그림은 별 내부의 핵융합 반응이 모두 끝난 두 별 (가)와 (나)의 내부 구조를 나타낸 것이다.

이에 대한 설명으로 옳은 것만을 보기에서 있는 대로 고른 것은?

보기
ㄱ. 질량은 (가)가 (나)보다 크다.
ㄴ. 시간이 지나면 (가)는 (나)로 진화한다.
ㄷ. 초신성 폭발이 일어날 수 있는 별은 (나)이다.

① ㄱ ② ㄷ ③ ㄱ, ㄴ
④ ㄴ, ㄷ ⑤ ㄱ, ㄴ, ㄷ

3 별의 탄생에 대한 설명으로 옳은 것만을 보기에서 있는 대로 고른 것은?

보기
ㄱ. 별이 탄생할 때까지 성운을 수축시키는 힘은 중력이다.
ㄴ. 수소 핵융합 반응이 일어나지 않아도 별이 탄생할 수 있다.
ㄷ. 별이 생성되기 위해서는 원시별의 중심부 온도가 1000만 K에 도달해야 한다.

① ㄴ ② ㄷ ③ ㄱ, ㄴ
④ ㄱ, ㄷ ⑤ ㄱ, ㄴ, ㄷ

4 태양계 행성의 형성에 대한 설명으로 옳은 것만을 보기에서 있는 대로 고른 것은?

보기
ㄱ. 행성은 태양계 원반에 있던 물질로부터 형성되었다.
ㄴ. 미행성의 충돌과 병합으로 행성이 형성되었다.
ㄷ. 원시 행성들의 공전 방향은 모두 같았다.

① ㄱ ② ㄷ ③ ㄱ, ㄴ
④ ㄴ, ㄷ ⑤ ㄱ, ㄴ, ㄷ

5 지구의 원소에 대한 설명으로 옳은 것만을 보기에서 있는 대로 고른 것은?

보기
ㄱ. 지구에 가장 많이 존재하는 원소는 태양계에서도 가장 많다.
ㄴ. 지구에 존재하는 원소는 모두 태양에서 형성된 것이다.
ㄷ. 지구에는 태양계 형성 이전에 생성된 원소들이 존재한다.

① ㄱ ② ㄷ ③ ㄱ, ㄴ
④ ㄴ, ㄷ ⑤ ㄱ, ㄴ, ㄷ

6 다음은 네 가지 원소를 나열한 것이다.

> 플루오린   염소   브로민   아이오딘

이 원소들의 공통점으로 옳은 것만을 보기에서 있는 대로 고른 것은?

ㄱ. 전자가 들어 있는 전자 껍질 수가 3이다.
ㄴ. 원자가 전자 수가 7이다.
ㄷ. 실온에서 원자 상태로 존재한다.

① ㄱ   ② ㄴ   ③ ㄱ, ㄷ
④ ㄴ, ㄷ   ⑤ ㄱ, ㄴ, ㄷ

---

7 그림은 원자 A~C의 전자 배치를 모형으로 나타낸 것이다.

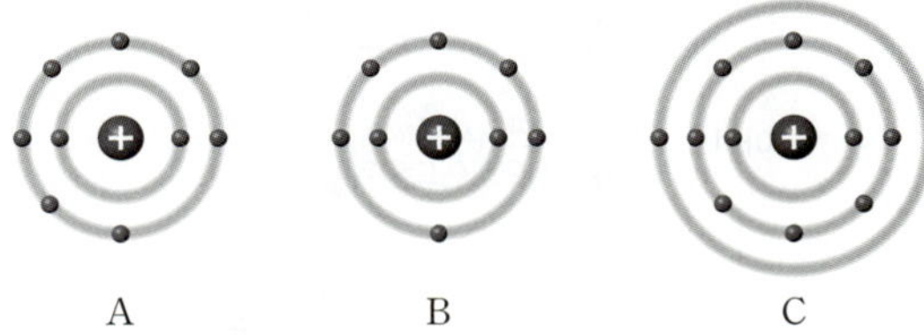

A~C에 대한 설명으로 옳은 것만을 보기에서 있는 대로 고른 것은? (단, A~C는 임의의 원소 기호이다.)

ㄱ. 금속 원소는 한 가지이다.
ㄴ. A와 B는 같은 주기 원소이다.
ㄷ. 원자가 전자 수는 A가 가장 크다.

① ㄱ   ② ㄴ   ③ ㄱ, ㄷ
④ ㄴ, ㄷ   ⑤ ㄱ, ㄴ, ㄷ

---

8 다음은 원자 번호가 20 이하인 원자 A~C에 대한 자료이다.

원자	A	B	C
원자가 전자 수	$\dfrac{1}{2}$	2	$\dfrac{2}{3}$
전자가 들어 있는 전자 껍질 수			

- 전자 수의 비는 A : B = 1 : 2이다.

이에 대한 설명으로 옳은 것만을 보기에서 있는 대로 고른 것은? (단, A~C는 임의의 원소 기호이다.)

ㄱ. A와 B는 같은 주기 원소이다.
ㄴ. C는 전자를 잃고 양이온이 되기 쉽다.
ㄷ. 원자가 전자 수는 B가 C의 3배이다.

① ㄱ   ② ㄷ   ③ ㄱ, ㄴ
④ ㄴ, ㄷ   ⑤ ㄱ, ㄴ, ㄷ

---

9 다음은 화학 결합에 대한 설명이다.

> 원자들은 ⑴ ㉠ 족 원소와 같은 전자 배치를 이루기 위해 화학 결합을 형성한다. 이 과정에서 원자들은 ㉡ 을/를 잃거나 얻기도 하고 ㉢원자들 사이에 ㉡ 을/를 공유하기도 한다.

이에 대한 설명으로 옳은 것만을 보기에서 있는 대로 고른 것은?

ㄱ. ㉠은 '18'이다.
ㄴ. ㉡은 '양성자'이다.
ㄷ. ㉢에 의해 생성된 화학 결합 물질에서 구성 원소는 모두 비금속 원소이다.

① ㄱ   ② ㄴ   ③ ㄱ, ㄷ
④ ㄴ, ㄷ   ⑤ ㄱ, ㄴ, ㄷ

10 그림은 화합물 AB와 C_2D를 화학 결합 모형으로 나타낸 것이다.

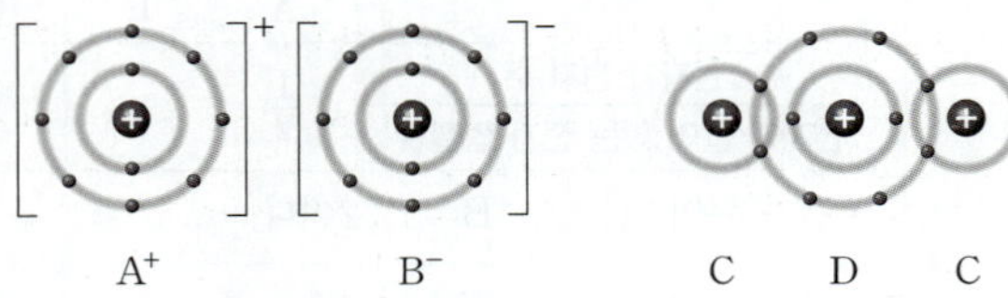

이에 대한 설명으로 옳은 것만을 보기에서 있는 대로 고른 것은? (단, A~D는 임의의 원소 기호이다.)

> **보기**
> ㄱ. AB는 수용액 상태에서 전기 전도성이 있다.
> ㄴ. AC는 이온 결합 물질이다.
> ㄷ. 공유 전자쌍 수는 D_2가 B_2보다 크다.

① ㄱ ② ㄷ ③ ㄱ, ㄴ
④ ㄴ, ㄷ ⑤ ㄱ, ㄴ, ㄷ

11 그림은 어느 규산염 광물의 결합 구조를 나타낸 것이다.

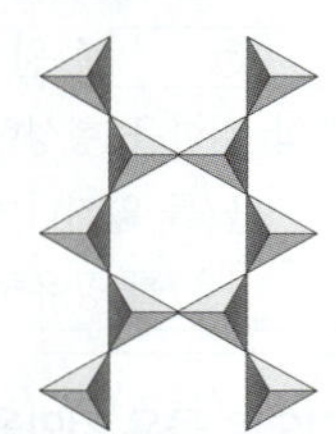

이 광물에 대한 설명으로 옳은 것만을 보기에서 있는 대로 고른 것은?

> **보기**
> ㄱ. 깨지는 성질이 있다.
> ㄴ. 기둥 모양의 결정을 갖는다.
> ㄷ. Si 원자의 수 : O 원자의 수=1 : 2.5이다.

① ㄱ ② ㄴ ③ ㄷ
④ ㄴ, ㄷ ⑤ ㄱ, ㄴ, ㄷ

12 표 (가)는 생명체를 구성하는 물질의 두 가지 특징을, (나)는 (가)의 특징 중 물질 A와 B가 갖는 특징의 개수를 나타낸 것이다. A와 B는 각각 단백질과 핵산 중 하나이다.

특징	물질	특징의 개수
• 단위체로 구성된다.	A	2
• 항체의 주성분이다.	B	1
(가)		(나)

이에 대한 설명으로 옳은 것만을 보기에서 있는 대로 고른 것은?

> **보기**
> ㄱ. A는 입체 구조가 변하면 고유의 기능을 잃는다.
> ㄴ. B에는 펩타이드결합이 있다.
> ㄷ. B는 생명체에서 유전정보를 저장하거나 전달한다.

① ㄱ ② ㄴ ③ ㄱ, ㄴ
④ ㄱ, ㄷ ⑤ ㄴ, ㄷ

13 그림은 DNA, RNA, 단백질을 구분하는 과정이다.

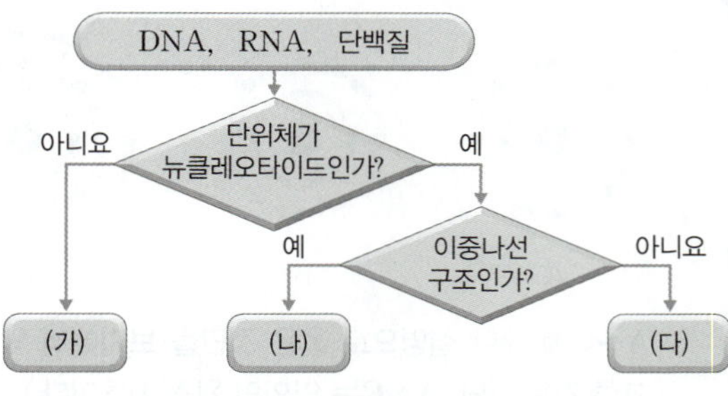

(가)~(다)에 해당하는 물질을 옳게 짝 지은 것은?

	(가)	(나)	(다)
①	DNA	RNA	단백질
②	DNA	단백질	RNA
③	단백질	RNA	DNA
④	단백질	DNA	RNA
⑤	RNA	DNA	단백질

14 다음은 어떤 물질의 전기적 특성을 설명한 것이다.

- 절대 온도 0 K에서는 자유 전자가 없어 전류가 흐르지 않는다.
- 특정 조건에서 전기적 성질이 변한다.

이 물질에 해당하는 것은?

① 철 ② 구리 ③ 규소
④ 고무 ⑤ 알루미늄

15 다음은 물질 A의 전기적 성질을 활용한 사례를 설명한 것이다.

A의 전기적 성질을 이용한 유기 발광 다이오드(OLED)는 휘어지는 영상 표시 장치에 활용될 수 있다.

A에 대한 설명으로 옳은 것만을 보기에서 있는 대로 고른 것은?

ㄱ. 상온에서 전기 전도도는 도체와 비슷하다.
ㄴ. 전류가 흐르면 빛을 내는 성질이 있다.
ㄷ. 전류가 한 방향으로만 흐른다.

① ㄱ ② ㄷ ③ ㄱ, ㄴ
④ ㄴ, ㄷ ⑤ ㄱ, ㄴ, ㄷ

16 그림은 마이크로컨트롤러가 내장된 장치에 포함된 반도체 소자를 나타낸 것이다.

이에 대한 설명으로 옳은 것만을 보기에서 있는 대로 고른 것은?

ㄱ. 다이오드는 한 방향으로만 전류를 흐르게 한다.
ㄴ. 트랜지스터는 전류 흐름을 제어한다.
ㄷ. 발광 다이오드(LED)는 빛을 받으면 전류를 흐르게 한다.

① ㄱ ② ㄷ ③ ㄱ, ㄴ
④ ㄴ, ㄷ ⑤ ㄱ, ㄴ, ㄷ

서술형

17 그림 (가)와 (나)는 각각 지구 중심에 핵이 생기기 전과 후의 모습을 나타낸 것이다.

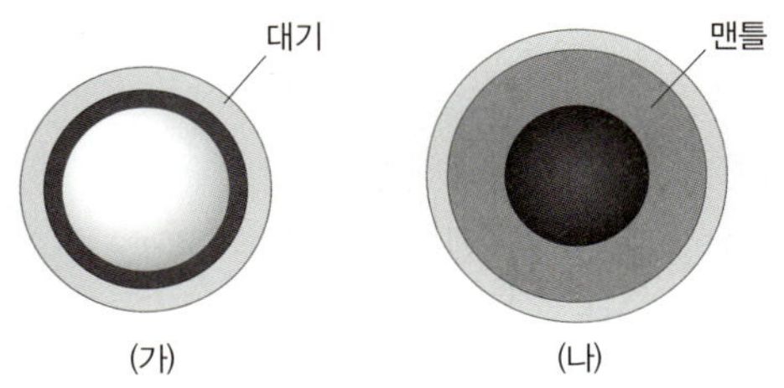

(가)에서 (나)로 변하는 동안 지구 중심부의 밀도가 어떻게 변하였는지와 밀도가 달라진 까닭을 서술하시오.

18 다음은 물질 A와 B의 전기적 성질을 알아보는 실험이다. A와 B는 각각 포도당($C_6H_{12}O_6$)과 황산 구리(Ⅱ)($CuSO_4$) 중 하나이다.

[실험 과정]
(가) 비커에 고체 A를 넣고 전기 전도성 측정기를 이용하여 전기 전도성을 확인한다.
(나) (가)의 비커에 증류수를 넣어 고체 A를 녹인 후 전기 전도성을 확인한다.
(다) 고체 B를 이용하여 과정 (가)와 (나)를 반복한다.

[실험 결과]
• 물질 A, B의 상태에 따른 전기 전도성

물질	고체 상태	수용액 상태
A	없음	없음
B	㉠	있음

(1) ㉠으로 적절한 것을 쓰고, 그렇게 판단한 근거를 서술하시오.

(2) 물질 A와 B의 화학 결합의 종류를 전기적 성질을 근거로 각각 서술하시오.

19 Si−O 사면체의 구조와 관련지어 규산염 광물의 종류가 다양한 까닭을 서술하시오.

20 그림은 DNA의 구조를 나타낸 것이다. 간단한 단위체의 조합으로 이루어진 DNA가 다양한 유전정보를 저장할 수 있는 원리를 단위체의 종류와 관련지어 서술하시오.

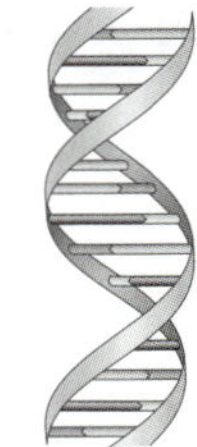

21 다음은 반도체 소자에 관한 설명이다.

반도체 소자는 반도체가 갖는 전기적 특성을 이용한 전기 부품이다. 다양한 전기적 특성을 갖는 반도체 소자는 ㉠휴대용 태양 전지, ㉡대형 전광판 등에 활용된다.

휴대용 태양 전지

대형 전광판

㉠과 ㉡에 활용되는 반도체 소자의 전기적 성질을 각각 서술하시오.

1 표는 대기에서 높이에 따른 기온과 기압 및 평균 분자량을 나타낸 것이다.

높이 (km)	기온 (℃)	기압 (hPa)	평균 분자량
0	15.0	1013	28.96
10	−49.9	265	28.96
20	−56.5	55	28.96
50	−2.5	0.8	28.96
100	−78.1	3.2×10^{-4}	28.40
120	86.9	2.5×10^{-5}	26.20

이에 대한 설명으로 옳은 것만을 보기에서 있는 대로 고른 것은?

보기
ㄱ. 높이가 높아짐에 따라 기압이 높아진다.
ㄴ. 높이 20~50 km에서 공기의 상하 운동이 활발하다.
ㄷ. 높이 50 km 아래에서는 대기의 조성비가 일정하다.

① ㄱ　　　　② ㄷ　　　　③ ㄱ, ㄴ
④ ㄴ, ㄷ　　　⑤ ㄱ, ㄴ, ㄷ

2 지권의 역할에 대한 설명으로 옳은 것만을 보기에서 있는 대로 고른 것은?

보기
ㄱ. 생명체에 서식 공간을 제공한다.
ㄴ. 생명 활동에 필요한 물질을 공급한다.
ㄷ. 다른 권역과의 상호작용은 활발하지 않다.

① ㄱ　　　　② ㄷ　　　　③ ㄱ, ㄴ
④ ㄴ, ㄷ　　　⑤ ㄱ, ㄴ, ㄷ

3 그림 (가)는 기권의 성층 구조를, (나)는 수권 중 해수의 성층 구조를 나타낸 것이다.

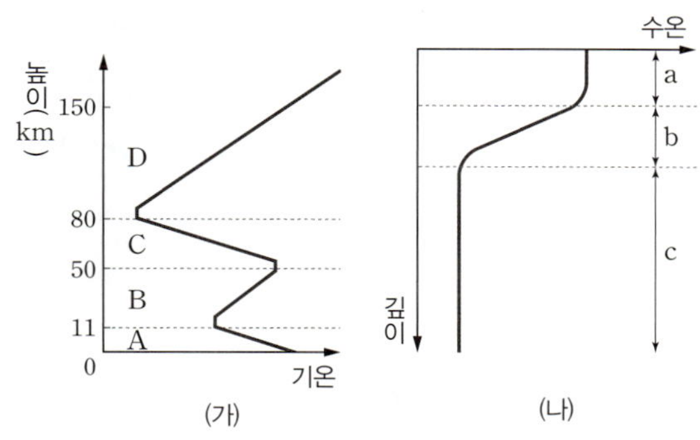

이에 대한 설명으로 옳지 않은 것은?

① A층과 a층은 대류가 활발하게 일어난다.
② B층과 b층은 안정한 층이다.
③ C층의 기온이 위로 갈수록 낮아지는 까닭은 지구 복사 에너지의 영향이다.
④ D층과 c층은 낮과 밤의 온도 변화가 크다.
⑤ (가)와 (나)의 성층 구조는 연직 온도 분포를 기준으로 구분한다.

4 외권에 대한 설명으로 옳은 것만을 보기에서 있는 대로 고른 것은?

보기
ㄱ. 태양 에너지는 외권을 통해 들어온다.
ㄴ. 지구로 날아오는 태양풍은 주로 외권에서 막아준다.
ㄷ. 지구시스템의 다른 구성 요소와의 물질 순환은 에너지 순환보다 자유롭다.

① ㄱ　　　　② ㄷ　　　　③ ㄱ, ㄴ
④ ㄴ, ㄷ　　　⑤ ㄱ, ㄴ, ㄷ

5 그림은 단위 시간 동안 이동하는 물의 양을 나타낸 것이다.

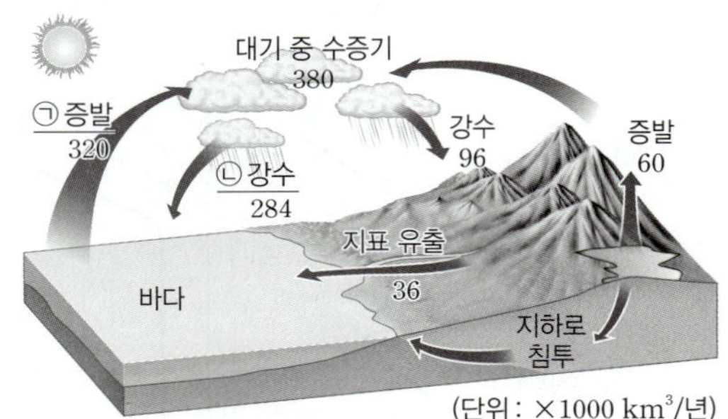

이에 대한 설명으로 옳은 것만을 보기에서 있는 대로 고른 것은?

보기

ㄱ. ㉠ 과정에서 물은 에너지를 흡수한다.

ㄴ. ㉡ 과정에서 에너지의 흐름이 나타난다.

ㄷ. 물의 순환을 일으키는 에너지원은 태양 에너지이다.

① ㄱ ② ㄷ ③ ㄱ, ㄴ

④ ㄴ, ㄷ ⑤ ㄱ, ㄴ, ㄷ

6 그림은 지구시스템에서 탄소의 순환 과정을 나타낸 것이다.

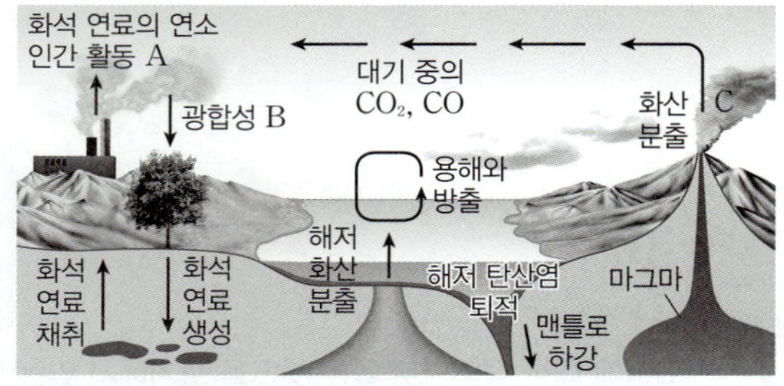

이에 대한 설명으로 옳은 것만을 보기에서 있는 대로 고른 것은?

보기

ㄱ. A와 C 과정으로 대기 중의 탄소량이 증가한다.

ㄴ. B 과정은 대기 중의 탄소량을 감소시킨다.

ㄷ. 지권의 탄소는 대부분 화석 연료로 존재한다.

① ㄱ ② ㄷ ③ ㄱ, ㄴ

④ ㄴ, ㄷ ⑤ ㄱ, ㄴ, ㄷ

7 그림은 전 세계 판의 분포와 이동 방향을 나타낸 것이다.

A~C 지역에 해당하는 판의 경계를 보기에서 옳게 연결한 것은?

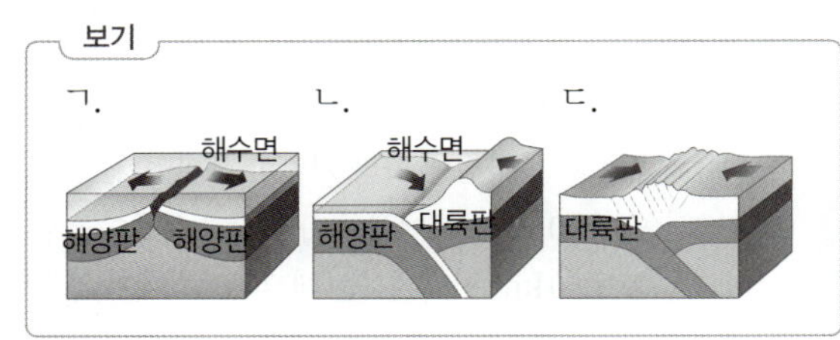

	A	B	C			A	B	C
①	ㄱ	ㄴ	ㄷ		②	ㄱ	ㄷ	ㄴ
③	ㄴ	ㄱ	ㄷ		④	ㄷ	ㄱ	ㄴ
⑤	ㄷ	ㄴ	ㄱ					

8 그림은 진공 중에서 가벼운 깃털과 무거운 쇠구슬을 동시에 가만히 놓았을 때 자유 낙하하는 모습을 일정한 시간 간격으로 나타낸 것이다.

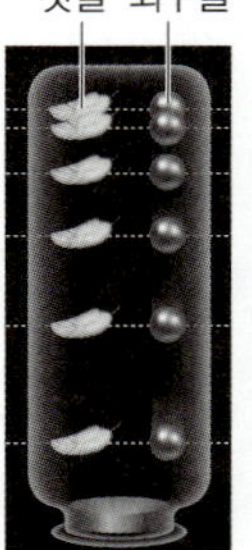

이에 대한 설명으로 옳지 <u>않은</u> 것은?

① 깃털과 쇠구슬의 가속도 크기는 같다.

② 매 순간 깃털과 쇠구슬의 속력은 서로 같다.

③ 깃털과 쇠구슬에 작용하는 중력의 크기는 같다.

④ 같은 시간 동안 두 물체가 낙하하는 거리는 같다.

⑤ 깃털의 운동 방향은 깃털에 작용하는 중력 방향과 같다.

9 표는 일정한 높이에서 수평 방향으로 던진 물체의 처음 속력, 던진 순간부터 수평면에 도달할 때까지 걸린 시간, 수평 이동 거리를 나타낸 것이다.

던진 속력	걸린 시간	수평 이동 거리
v	㉠	R
$2v$	t	㉡

㉠, ㉡에 들어갈 값으로 가장 적절한 것은? (단, 물체의 크기와 공기 저항은 무시한다.)

	㉠	㉡			㉠	㉡
①	$0.5t$	R		②	$0.5t$	$2R$
③	t	R		④	t	$2R$
⑤	$2t$	R				

10 그림은 질량이 $2m$인 공 A를 높이 $2h$인 곳에서, 질량이 m인 공 B를 높이 h인 곳에서 동시에 가만히 놓아 낙하시키는 모습을 나타낸 것이다. p는 A가 h만큼 낙하한 지점이다.

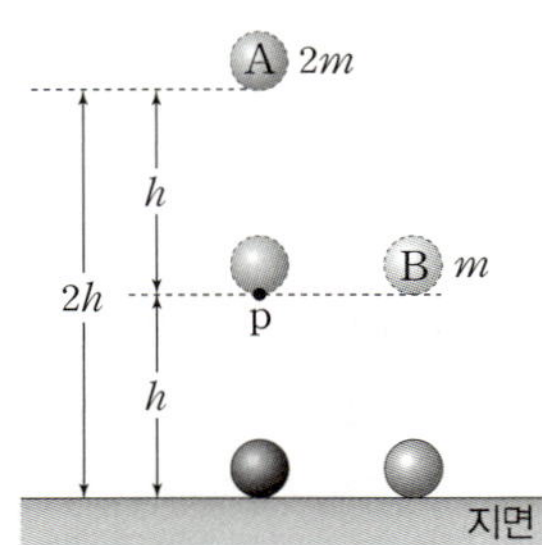

이에 대한 설명으로 옳은 것만을 보기에서 있는 대로 고른 것은? (단, 물체의 크기와 공기 저항은 무시한다.)

보기
ㄱ. A가 p에 도달하는 순간 B는 지면에 도달한다.
ㄴ. 출발점에서 지면에 도달할 때까지 걸린 시간은 A가 B의 2배이다.
ㄷ. 지면에서 A의 속력은 p에서의 2배이다.

① ㄱ　　　　② ㄴ　　　　③ ㄱ, ㄴ
④ ㄴ, ㄷ　　　⑤ ㄱ, ㄴ, ㄷ

11 그림은 지구 주위에서 일정한 속력으로 원운동하는 물체 A와 자유 낙하하는 물체 B를 나타낸 것이다.

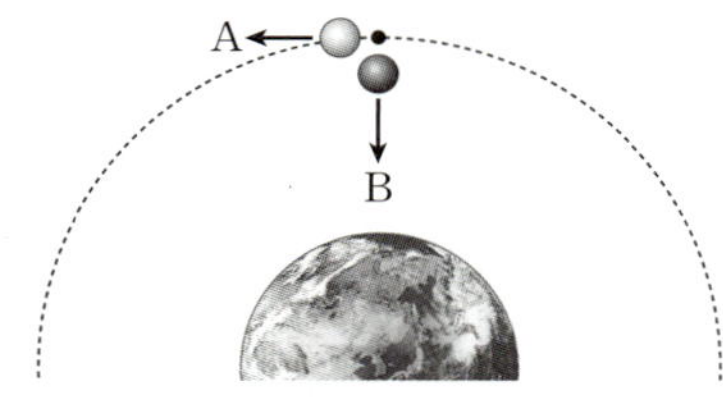

이에 대한 설명으로 옳은 것만을 보기에서 있는 대로 고른 것은?

보기
ㄱ. A의 가속도의 방향은 일정하다.
ㄴ. A에 작용하는 중력의 크기는 일정하다.
ㄷ. B가 낙하할수록 B에 작용하는 중력의 크기는 점점 증가한다.

① ㄱ　　　　② ㄴ　　　　③ ㄱ, ㄷ
④ ㄴ, ㄷ　　　⑤ ㄱ, ㄴ, ㄷ

12 그림은 컬링 경기에서 스톤 A가 정지해 있는 스톤 B를 향해 일정한 속력으로 운동하는 모습을 나타낸 것이다. A, B의 질량은 같고, 충돌 후 A는 정지하였고 B는 운동하였다.

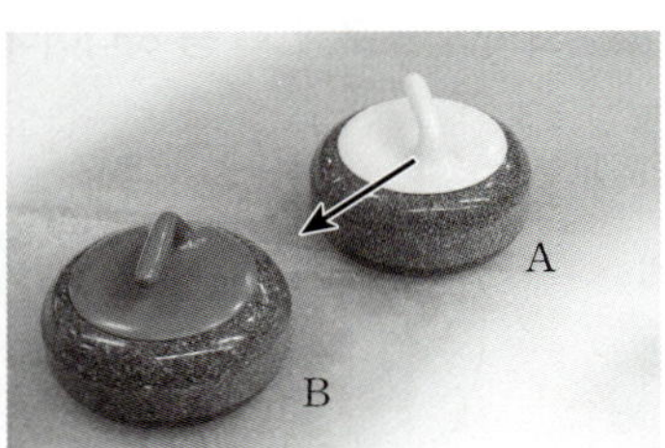

이에 대한 설명으로 옳은 것만을 보기에서 있는 대로 고른 것은? (단, 스톤의 크기와 모든 마찰은 무시한다.)

보기
ㄱ. 충돌 전 A의 운동 방향과 충돌 후 B의 운동 방향은 같다.
ㄴ. 스톤이 받은 충격량의 크기는 A와 B가 같다.
ㄷ. 충돌 후 B의 속력은 충돌 전 A의 속력과 같다.

① ㄱ　　　　② ㄷ　　　　③ ㄱ, ㄴ
④ ㄱ, ㄷ　　　⑤ ㄱ, ㄴ, ㄷ

13 그림은 등속 운동하던 물체 A가 정지해 있던 물체 B와 충돌하는 동안 A가 B에 작용한 힘의 크기를 시간에 따라 나타낸 것으로, 그래프 아랫부분의 넓이는 4 N·s이다. A의 질량은 2 kg이고, 충돌 전 속력은 5 m/s이며, 충돌 후 속력은 A가 B의 3배이다.

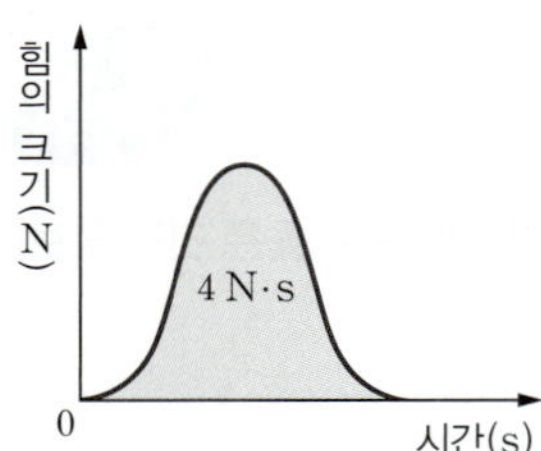

B의 질량은? (단, A, B는 충돌 전후 동일 직선상에 있다.)

① 1 kg   ② 2 kg   ③ 3 kg

④ 4 kg   ⑤ 6 kg

14 그림은 동물 세포의 구조를 나타낸 것이다. A~C는 각각 마이토콘드리아, 소포체, 핵 중 하나이다.

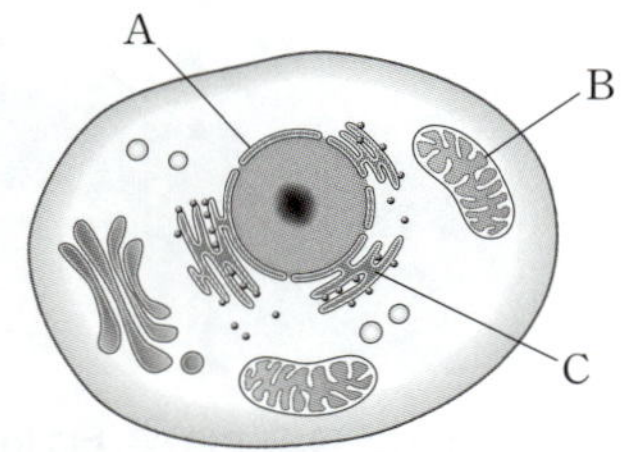

A~C에 대한 설명으로 옳은 것만을 보기에서 있는 대로 고른 것은?

보기
ㄱ. A에는 유전물질이 있다.
ㄴ. B에서 생명활동에 필요한 에너지를 생산한다.
ㄷ. C에 노폐물이 저장된다.

① ㄱ   ② ㄷ   ③ ㄱ, ㄴ

④ ㄴ, ㄷ   ⑤ ㄱ, ㄴ, ㄷ

15 그림은 세포막을 통한 물질 이동 방식 A와 B를, 표의 I과 II는 A와 B의 예를 순서 없이 나타낸 것이다.

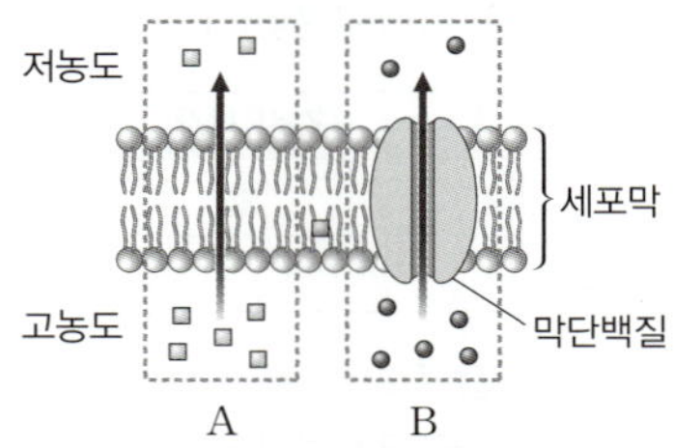

이동 방식	예
I	허파꽈리와 모세혈관 사이에서 기체 교환이 일어난다.
II	혈액에서 조직세포로 포도당이 이동한다.

이에 대한 설명으로 옳은 것만을 보기에서 있는 대로 고른 것은?

보기
ㄱ. A의 예는 II이다.
ㄴ. B는 에너지를 사용하여 물질을 이동시킨다.
ㄷ. B는 포도당이 혈액에서 조직세포로 이동하는 방식이다.

① ㄴ   ② ㄷ   ③ ㄱ, ㄴ

④ ㄴ, ㄷ   ⑤ ㄱ, ㄴ, ㄷ

16 다음은 세포에서 일어나는 세포호흡을 나타낸 것이다. ㉠과 ㉡은 각각 O_2와 CO_2 중 하나이다.

포도당, ㉠ ⟶ 세포호흡 ⟶ H_2O, ㉡

이에 대한 설명으로 옳은 것만을 보기에서 있는 대로 고른 것은?

보기
ㄱ. ㉠은 O_2이다.
ㄴ. 효소가 관여하는 반응이다.
ㄷ. 세포호흡은 에너지 방출 반응이다.

① ㄱ   ② ㄷ   ③ ㄱ, ㄴ

④ ㄴ, ㄷ   ⑤ ㄱ, ㄴ, ㄷ

17 그림은 과산화 수소 분해 반응에서의 에너지 변화를 나타 낸 것으로, ㉠과 ㉡은 각각 생체촉매인 카탈레이스가 없을 때와 있을 때 중 하나이다.

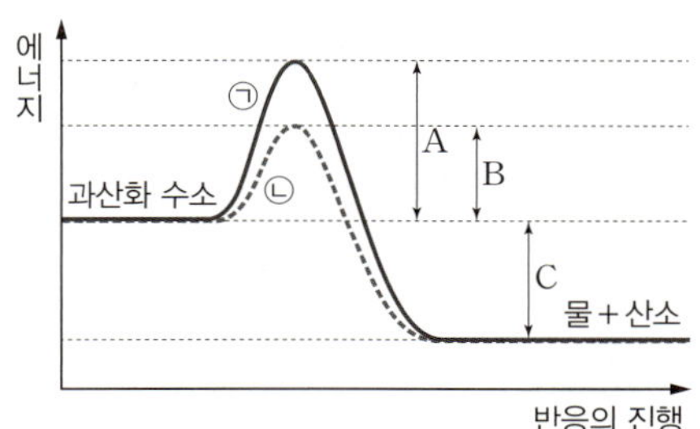

이에 대한 설명으로 옳은 것만을 보기에서 있는 대로 고른 것은?

보기

ㄱ. ㉡은 카탈레이스가 있을 때 에너지 변화이다.

ㄴ. 카탈레이스가 있을 때 활성화에너지는 B＋C이다.

ㄷ. 과산화 수소는 ㉠일 때보다 ㉡일 때 더 빠르게 분 해된다.

① ㄱ   ② ㄴ   ③ ㄱ, ㄷ

④ ㄴ, ㄷ   ⑤ ㄱ, ㄴ, ㄷ

18 그림은 당나귀의 털색이 다르게 나타나게 되는 과정을 나 타낸 것이다.

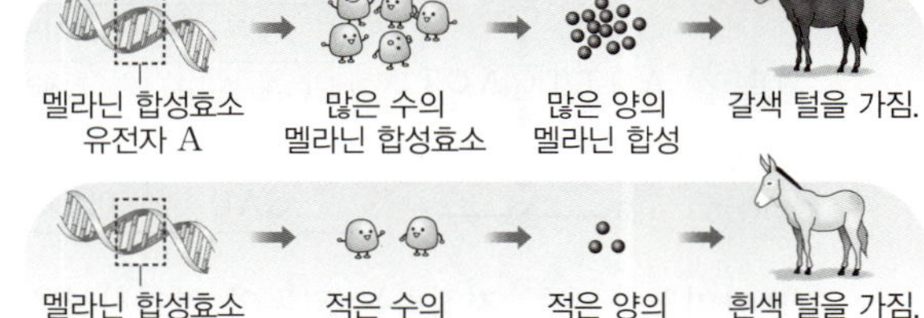

이에 대한 설명으로 옳지 <u>않은</u> 것은?

① 당나귀의 털색은 유전형질이다.

② 핵 속에서 멜라닌 합성효소가 만들어진다.

③ 멜라닌의 양에 따라 다양한 털색이 나타난다.

④ 멜라닌 합성효소 유전자의 유전정보는 DNA의 염 기서열에 저장되어 있다.

⑤ 유전정보에 따라 세포에서 만들어지는 멜라닌 합성 효소의 양이 달라질 수 있다.

19 그림은 유전정보의 흐름을 나타낸 것이다. ㉠~㉢은 각각 아데닌(A), 유라실(U), 구아닌(G) 중 하나이며, (가)는 번 역과 전사 중 하나이다.

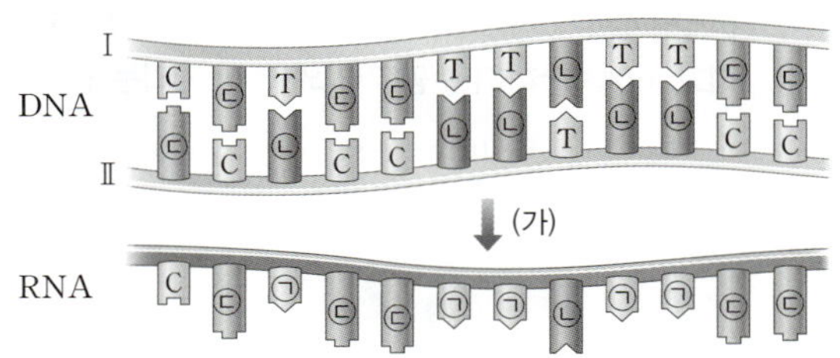

이에 대한 설명으로 옳은 것만을 보기에서 있는 대로 고른 것은? (단, 돌연변이는 고려하지 않는다.)

보기

ㄱ. ㉠은 아데닌(A)이다.

ㄴ. (가)는 세포질의 라이보솜에서 일어난다.

ㄷ. DNA 가닥 I과 Ⅱ 중 전사에 이용된 것은 Ⅱ이다.

① ㄱ   ② ㄴ   ③ ㄷ

④ ㄱ, ㄷ   ⑤ ㄱ, ㄴ, ㄷ

서술형

20 다음은 화석 연료의 생성 과정을 설명한 것이다.

> 광합성을 하는 생물은 태양 에너지를 생물의 생장에 필요한 화학 에너지로 저장한다. 생명 활동을 하던 일 부 생물의 사체는 지층에 묻혀 석유와 석탄 등의 화석 연료의 형태로 지권에 저장된다.

화석 연료가 생성될 때까지 지구시스템의 구성 요소 사이 에서 일어난 에너지의 흐름을 서술하시오.

21 그림은 수평면 위의 물체가 점 p에서 점 q까지 일정한 속력으로 직선 운동하다가 q에서 수평면을 떠나 운동하여 지면 위의 점 r에 도달하는 모습을 나타낸 것이다. 물체가 p에서 q까지 이동한 거리와 걸린 시간은 각각 10 m, 2초이고, q에서 r까지 수평 거리와 연직 거리는 같다.

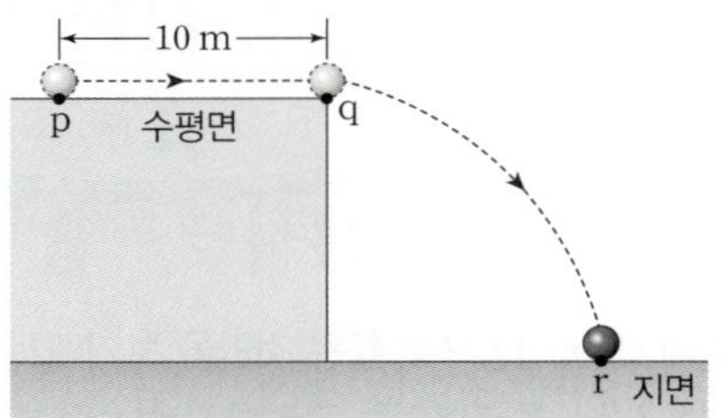

q에서 r까지 수평 거리를 풀이 과정을 포함하여 구하시오. (단, 중력 가속도는 10 m/s²이다.)

22 버스가 갑자기 출발할 때 몸이 뒤로 쏠리는 것과 같은 원리로 설명할 수 있는 현상의 예를 두 가지만 서술하시오.

23 그림 (가)와 (나)는 적혈구를 증류수에 넣었을 때의 변화와 소금물에 넣었을 때의 변화를 순서 없이 나타낸 것이다.

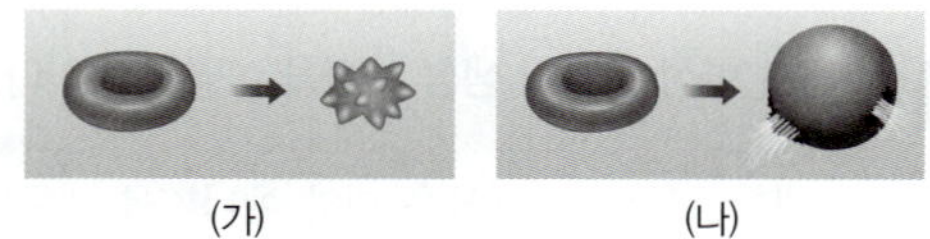

(1) (가), (나)에서 적혈구의 세포막을 통해 이동하는 물질을 쓰시오.

(2) (가), (나)에서 물질의 이동 방향을 물질의 이동 원리와 관련지어 서술하시오.

24 그림은 각각 효소가 없을 때와 있을 때 어떤 화학 반응의 에너지 변화를 순서 없이 나타낸 것이다.

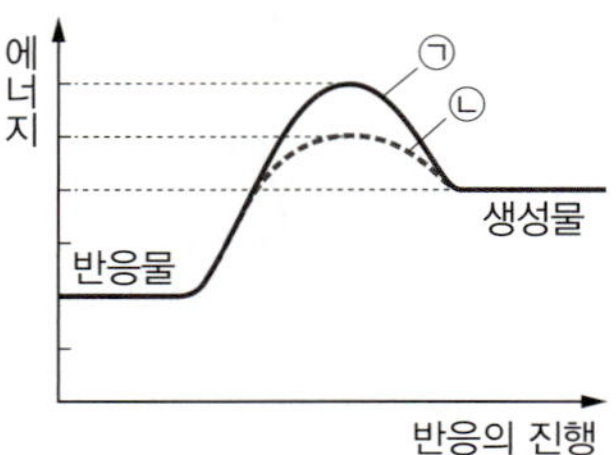

(1) 이 화학 반응의 에너지 출입 방향(흡수 또는 방출)을 쓰고, 그렇게 판단한 까닭을 서술하시오.

(2) ㉠과 ㉡ 중 효소가 있을 때의 화학 반응 그래프를 고르고, 그렇게 판단한 까닭을 서술하시오.

25 그림은 이중 가닥인 DNA 중 한 가닥과 그로부터 전사된 RNA 가닥 및 이 RNA로부터 번역되어 합성된 단백질의 아미노산서열을, 표는 유전부호의 일부를 나타낸 것이다. (단, 왼쪽 첫 번째 염기부터 전사, 번역되며, 돌연변이는 고려하지 않는다.)

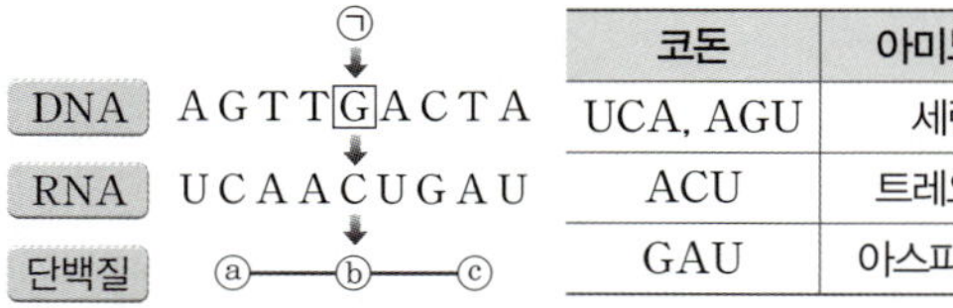

코돈	아미노산
UCA, AGU	세린
ACU	트레오닌
GAU	아스파트산

(1) 아미노산 ⓑ를 지정하는 코돈의 염기서열을 쓰시오.

(2) ㉠ 부분의 염기 G이 C으로 바뀌면 아미노산 ⓑ는 어떤 아미노산으로 지정되는지 쓰고, 그렇게 되는 까닭을 서술하시오. (단, 생명중심원리의 단계가 모두 포함되어야 함.)

1 지권에 대한 설명으로 옳은 것만을 보기에서 있는 대로 고른 것은?

보기
> ㄱ. 대륙 지각은 해양 지각보다 넓은 면적을 차지한다.
> ㄴ. 지권에서 가장 큰 부피를 차지하는 층은 맨틀이다.
> ㄷ. 외핵에서는 지구 자기장이 생성된다.

① ㄱ   ② ㄷ   ③ ㄱ, ㄴ
④ ㄴ, ㄷ   ⑤ ㄱ, ㄴ, ㄷ

2 그림은 기권, 생물권, 지권 사이에서 탄소가 순환하는 과정을 나타낸 모식도이다.

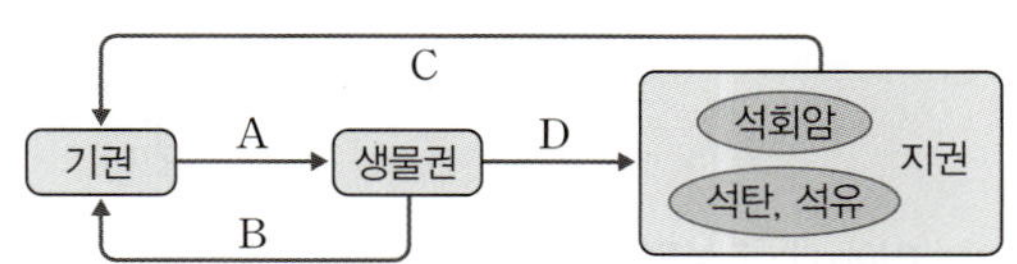

이에 대한 설명으로 옳은 것만을 보기에서 있는 대로 고른 것은?

보기
> ㄱ. 호흡 작용은 A에 해당한다.
> ㄴ. B와 C가 활발해지면 지구 온난화 현상이 심해진다.
> ㄷ. D의 과정에 의한 탄소의 이동은 최근에는 거의 일어나지 않는다.

① ㄱ   ② ㄴ   ③ ㄷ
④ ㄱ, ㄴ   ⑤ ㄴ, ㄷ

3 그림은 생물권의 분포 영역을 나타낸 것이다.

이에 대한 설명으로 옳은 것만을 보기에서 있는 대로 고른 것은?

보기
> ㄱ. 기권에서 생물권은 모든 층에 서식한다.
> ㄴ. 수권에서 생물권은 혼합층에만 분포한다.
> ㄷ. 지권과 생물권은 상호작용한다.

① ㄱ   ② ㄴ   ③ ㄷ
④ ㄱ, ㄷ   ⑤ ㄴ, ㄷ

4 다음은 지구 환경에서 일어나는 여러 가지 자연 현상들을 나타낸 것이다.

> (가) 물의 순환에 의해 기상 현상이 나타난다.
> (나) 우리나라에서 지진으로 산사태가 발생하였다.
> (다) 우리나라 서해안에서 밀물과 썰물이 일어난다.

(가)~(다)의 현상을 일으키는 주된 에너지원으로 가장 적절한 것은?

	(가)	(나)	(다)
①	태양 에너지	지구 내부 에너지	조력 에너지
②	태양 에너지	조력 에너지	지구 내부 에너지
③	지구 내부 에너지	조력 에너지	태양 에너지
④	지구 내부 에너지	태양 에너지	조력 에너지
⑤	조력 에너지	지구 내부 에너지	태양 에너지

5 그림은 지구시스템에서 물의 순환과 대륙, 해양, 대기에서 이동하는 물의 양을 나타낸 것이다.

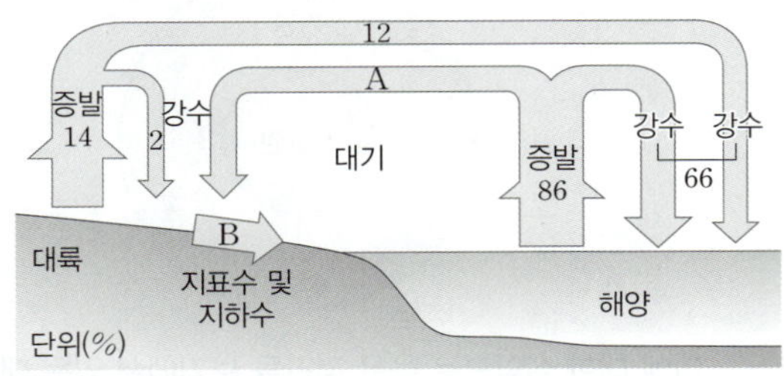

이에 대한 설명으로 옳은 것만을 보기에서 있는 대로 고른 것은?

보기
ㄱ. A의 양은 20단위이다.
ㄴ. B는 지표의 변화를 일으킨다.
ㄷ. 지구 내부 에너지에 의해 물이 이동한다.

① ㄱ   ② ㄴ   ③ ㄱ, ㄷ
④ ㄴ, ㄷ   ⑤ ㄱ, ㄴ, ㄷ

6 그림은 지구시스템 구성 요소의 상호작용을 나타낸 것이다.

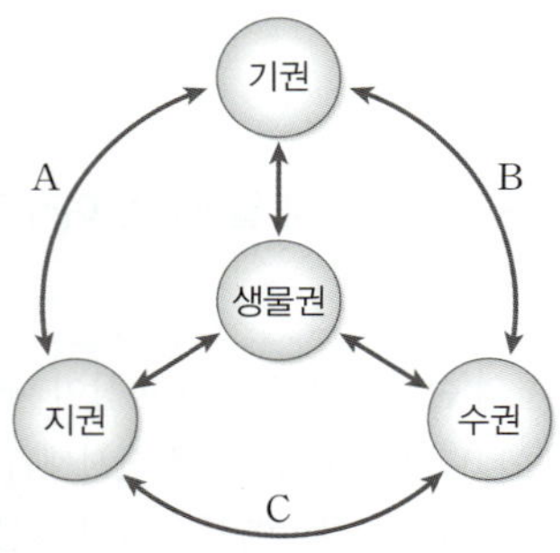

이에 대한 설명으로 옳은 것만을 보기에서 있는 대로 고른 것은?

보기
ㄱ. 화산 가스의 분출은 A에 해당한다.
ㄴ. 태풍의 발생은 B에 해당한다.
ㄷ. 빙하의 이동은 C에 해당한다.

① ㄱ   ② ㄴ   ③ ㄱ, ㄷ
④ ㄴ, ㄷ   ⑤ ㄱ, ㄴ, ㄷ

7 그림 (가)와 (나)는 지각 변동이 활발한 두 판의 경계를 모식적으로 나타낸 것이다.

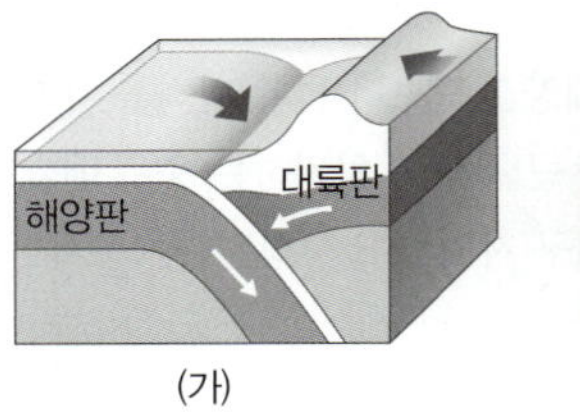

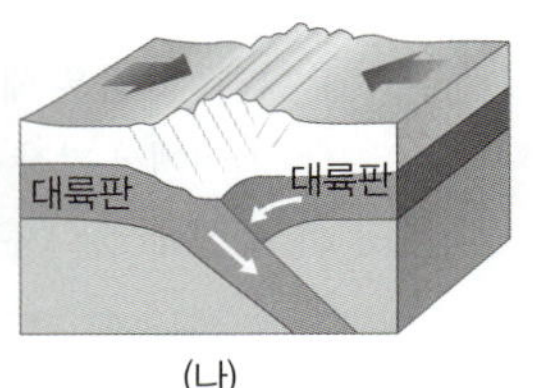

(가)   (나)

이에 대한 설명으로 옳은 것만을 보기에서 있는 대로 고른 것은?

보기
ㄱ. (가)에서는 호상열도가 생성된다.
ㄴ. 안데스산맥은 (나)에 해당한다.
ㄷ. 화산 활동은 (가)가 (나)보다 활발하다.

① ㄴ   ② ㄷ   ③ ㄱ, ㄴ
④ ㄱ, ㄷ   ⑤ ㄴ, ㄷ

8 그림은 질량이 2 kg인 물체가 직선상에서 운동할 때 물체의 속력을 시간에 따라 나타낸 것이다.

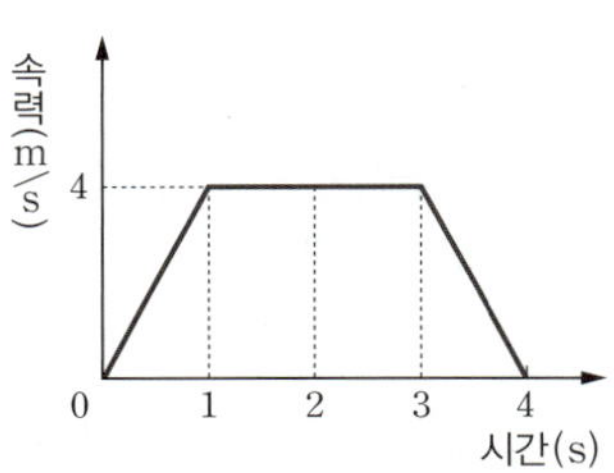

이에 대한 설명으로 옳은 것만을 보기에서 있는 대로 고른 것은?

보기
ㄱ. 물체의 가속도는 0~1초 동안이 3~4초 동안보다 크다.
ㄴ. 1~3초 동안 물체의 이동 거리는 시간에 비례하여 증가한다.
ㄷ. 3초일 때 물체의 운동량은 8 kg·m/s이다.
ㄹ. 0~4초 동안 평균 속력은 12 m/s이다.

① ㄱ, ㄴ   ② ㄴ, ㄷ   ③ ㄴ, ㄹ
④ ㄱ, ㄴ, ㄷ   ⑤ ㄴ, ㄷ, ㄹ

9 그림은 **0**초일 때 점 **p**에서 가만히 놓아 자유 낙하시킨 물체가 시간 t일 때 점 **q**를 통과하고 점 **r**를 속력 v로 통과하는 모습을 나타낸 것이다.

q와 **r** 사이의 거리는? (단, 중력 가속도는 g이다.)

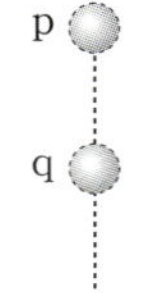
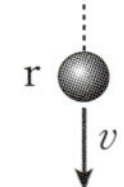

① $\dfrac{1}{2}\left(\dfrac{v^2}{g}-gt^2\right)$ ② $\dfrac{1}{2}\left(\dfrac{v^2}{g}+gt^2\right)$

③ $\dfrac{v^2}{2g}-gt^2$ ④ $\dfrac{v^2}{g}-gt^2$

⑤ $\dfrac{v^2}{g}+gt^2$

---

10 다음은 중력을 받는 물체의 운동에 대한 실험이다.

[실험 과정]

(가) 그림과 같이 수평면으로부터 일정한 높이에 쇠구슬 발사 장치를 고정한다.

(나) 쇠구슬을 수평 방향으로 발사한 후, 0.1초 간격으로 위치를 표시하고, 수평 방향 구간 거리 R와 연직 방향 구간 거리 H를 측정한다.

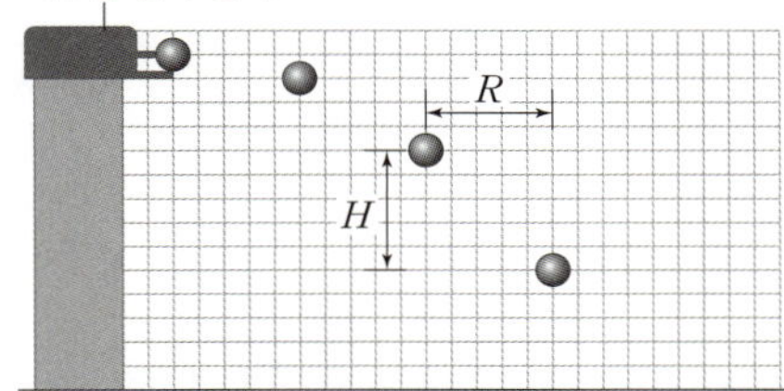

(다) 쇠구슬을 발사하는 속력만 다르게 하여 (나)를 반복한다.

[실험 결과]

과정	시간(초)	0~0.1	0.1~0.2	0.2~0.3
(나)	R(m)	0.20	0.20	0.20
	H(m)	0.05	0.15	0.25
(다)	R(m)	0.40	0.40	0.40
	H(m)		㉠	

이에 대한 설명으로 옳은 것만을 보기에서 있는 대로 고른 것은?

보기

ㄱ. 처음 속력은 (다)에서가 (나)에서의 2배이다.

ㄴ. 가속도의 크기는 (다)에서가 (나)에서보다 크다.

ㄷ. ㉠은 0.15보다 크다.

① ㄱ   ② ㄷ   ③ ㄱ, ㄷ

④ ㄴ, ㄷ   ⑤ ㄱ, ㄴ, ㄷ

---

11 그림은 같은 높이에서 물체 **A**를 가만히 놓는 순간 물체 **B**를 수평 방향으로 던지는 모습을 나타낸 것이다. 기준선 **P**는 수평면과 나란하다.

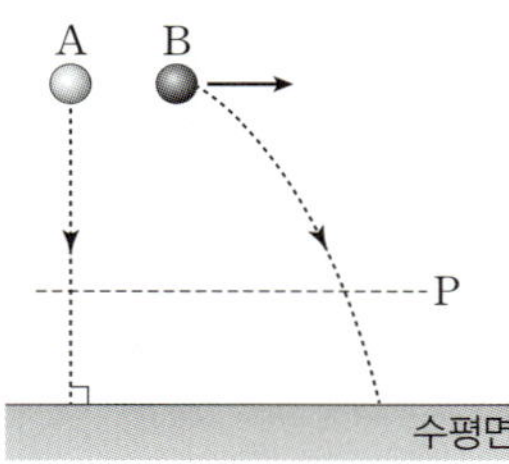

이에 대한 설명으로 옳은 것만을 보기에서 있는 대로 고른 것은? (단, 물체의 크기와 공기 저항은 무시한다.)

보기

ㄱ. A와 B는 P를 동시에 통과한다.

ㄴ. 낙하하는 동안 A, B의 가속도는 같다.

ㄷ. 수평면에 닿기 직전 속력은 B가 A보다 빠르다.

① ㄱ   ② ㄷ   ③ ㄱ, ㄴ

④ ㄴ, ㄷ   ⑤ ㄱ, ㄴ, ㄷ

---

12 그림 (가)는 10 m/s의 속력으로 다가오던 질량 0.2 kg인 공을 발로 찼더니 공이 5 m/s의 속력으로 처음과 반대 방향으로 운동하는 모습을 나타낸 것이다. 그림 (나)는 공을 차는 0.1초 동안 공이 발로부터 받은 힘의 크기를 시간에 따라 나타낸 것이다.

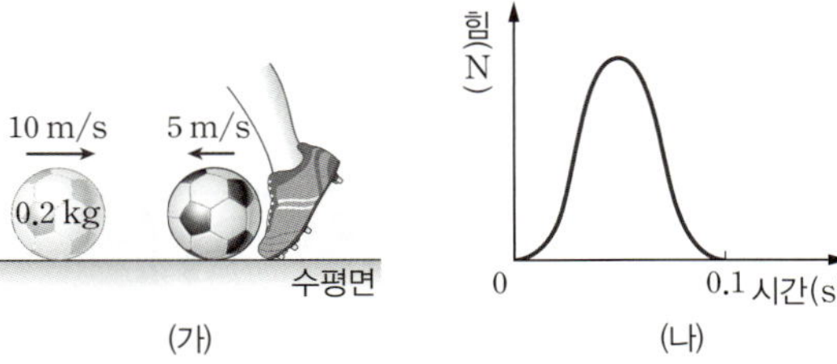

0초부터 0.1초까지 공의 운동에 대한 설명으로 옳은 것만을 보기에서 있는 대로 고른 것은? (단, 공의 크기와 모든 마찰, 공기 저항은 무시한다.)

보기

ㄱ. 공이 받은 평균 힘의 크기는 30 N이다.

ㄴ. 공의 운동량 변화량의 크기는 1 kg·m/s이다.

ㄷ. 발이 공으로부터 받은 충격량의 크기는 공이 발로부터 받은 충격량보다 작다.

① ㄱ   ② ㄷ   ③ ㄱ, ㄴ

④ ㄴ, ㄷ   ⑤ ㄱ, ㄴ, ㄷ

13 그림은 자동차가 벽에 충돌하는 모의실험에 대한 세 학생 A, B, C의 대화를 나타낸 것이다.

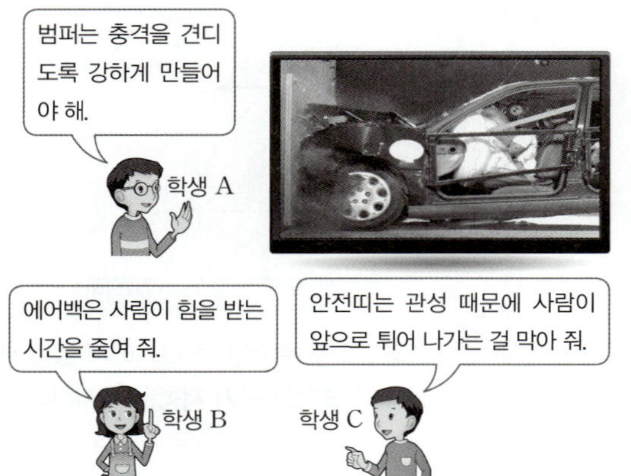

제시한 내용이 옳은 학생만을 있는 대로 고른 것은?

① A   ② C   ③ A, B
④ B, C   ⑤ A, B, C

14 그림은 식물 세포의 구조를 나타낸 것이다. A~C는 각각 라이보솜, 엽록체, 마이토콘드리아 중 하나이다.

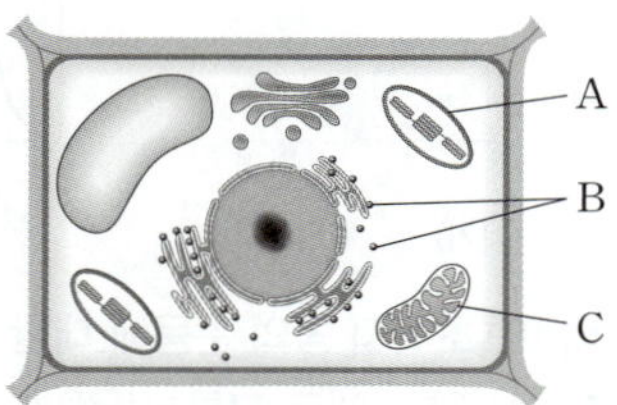

A~C에 대한 설명으로 옳은 것만을 보기에서 있는 대로 고른 것은?

보기
ㄱ. A에서 빛에너지가 화학 에너지로 전환된다.
ㄴ. B에서 단백질이 합성된다.
ㄷ. C는 동물 세포에도 존재한다.

① ㄱ   ② ㄷ   ③ ㄱ, ㄴ
④ ㄴ, ㄷ   ⑤ ㄱ, ㄴ, ㄷ

15 그림 (가)는 세포막을 통해 포도당이 이동하는 과정을, (나)는 세포막을 통해 산소 기체가 이동하는 과정을 나타낸 것이다.

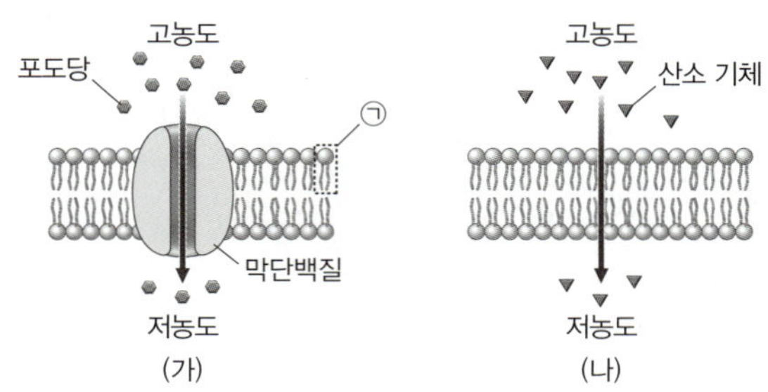

이에 대한 설명으로 옳은 것만을 보기에서 있는 대로 고른 것은?

보기
ㄱ. ㉠는 인지질이다.
ㄴ. (가)에서 포도당의 확산에 에너지가 사용되지 않는다.
ㄷ. Na^+은 (나)와 같은 방식으로 세포막을 통과한다.

① ㄱ   ② ㄷ   ③ ㄱ, ㄴ
④ ㄴ, ㄷ   ⑤ ㄱ, ㄴ, ㄷ

16 그림에서 I과 II는 생명체에서 일어나는 물질대사인 광합성과 세포호흡을 순서 없이 나타낸 것이다.

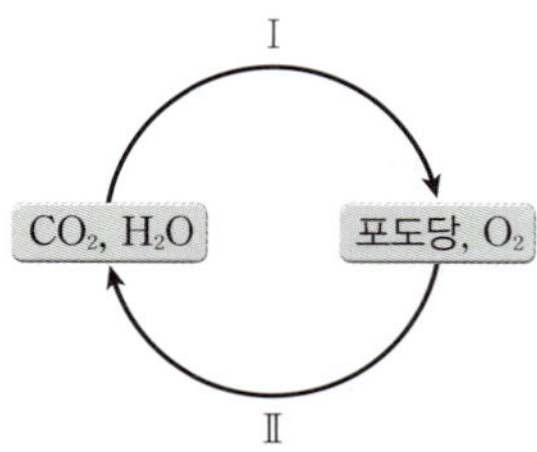

이에 대한 설명으로 옳은 것만을 보기에서 있는 대로 고른 것은?

보기
ㄱ. I은 마이토콘드리아에서 일어나는 물질대사이다.
ㄴ. II는 에너지 방출 반응이다.
ㄷ. 식물 세포에서는 I, II가 모두 일어난다.

① ㄱ   ② ㄷ   ③ ㄱ, ㄴ
④ ㄴ, ㄷ   ⑤ ㄱ, ㄴ, ㄷ

17 다음은 생간과 감자를 이용한 과산화 수소 분해 실험이다.

[실험 과정]

(가) 시험관 I~III에 각각 3 % 과산화 수소수를 15 mL
씩 넣는다.

(나) 시험관 I은 그대로 두고, 시험관 II와 III에는 비슷
한 크기의 생간 조각과 감자 조각을 각각 넣는다.

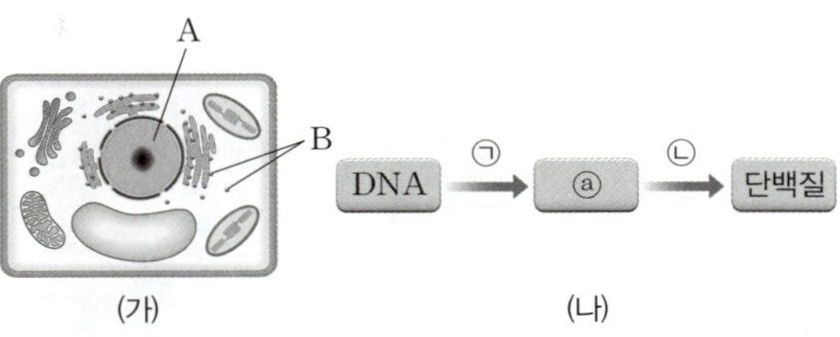

[실험 결과]

시험관	I	II	III
기포 발생 여부	발생 안 함.	발생함.	발생함.

이에 대한 설명으로 옳은 것만을 보기에서 있는 대로 고른
것은?

보기

ㄱ. 시험관 I보다 시험관 II의 과산화 수소 분해 반응
속도가 빠르다.

ㄴ. 시험관 II와 시험관 III에서 일어나는 반응의 활성
화에너지는 시험관 I보다 낮다.

ㄷ. 시험관 II와 시험관 III에 꺼져가는 불씨를 대면 불
씨가 다시 살아난다.

① ㄱ ② ㄷ ③ ㄱ, ㄷ

④ ㄴ, ㄷ ⑤ ㄱ, ㄴ, ㄷ

18 다음은 사람의 유전정보에 대한 학생 A~E의 발표 내용
이다.

- 학생 A: 염색체는 DNA를 포함하고 있다.
- 학생 B: DNA의 단위체는 뉴클레오타이드이다.
- 학생 C: 하나의 DNA에는 하나의 유전자가 있다.
- 학생 D: 유전정보는 유전자의 DNA 염기서열에 저
장되어 있다.
- 학생 E: 사람의 유전자는 세균과 유전부호 체계가 다
르므로 세균에서 형질로 발현되지 않는다.

A~E 중 옳은 내용을 발표한 학생의 수는?

① 1명 ② 2명 ③ 3명

④ 4명 ⑤ 5명

19 그림 (가)는 어떤 세포의 구조를, (나)는 이 세포에서 일어
나는 유전정보의 흐름을 나타낸 것이다. A와 B는 라이보
솜과 핵 중 하나를, ㉠과 ㉡은 번역과 전사 중 하나이다.

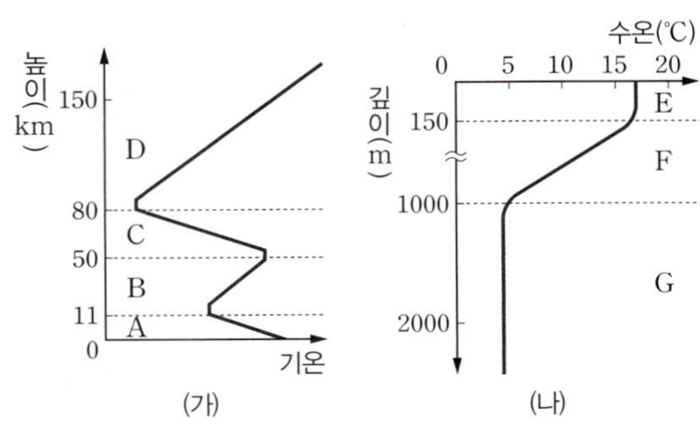

이에 대한 설명으로 옳은 것은? (단, 돌연변이는 고려하지
않는다.)

① ⓐ는 이중나선구조이다.

② A에서 ㉠과 ㉡이 모두 일어난다.

③ ㉡에서 아미노산 사이의 펩타이드결합이 형성된다.

④ ㉡에서 연속된 4개의 염기가 하나의 아미노산을 지
정한다.

⑤ DNA를 구성하는 염기의 비율이 같으면 저장된 유
전정보도 같다.

서술형

20 그림 (가)와 (나)는 각각 기권과 수권 중 해수의 온도 분포
를 나타낸 것이다.

(가)와 (나)에서 안정한 층을 각각 쓰고, 공통으로 안정한
까닭을 서술하시오.

21 그림은 지구 주위를 일정한 속력으로 원운동하는 우주 정거장에서 우주인이 작업 중에 망치를 놓친 모습을 나타낸 것이다.

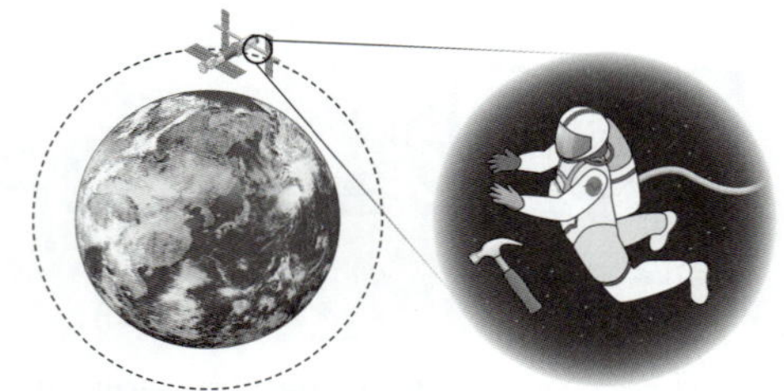

이 망치가 중력을 받아 지구 표면으로 떨어질 것인지 예상하고, 그렇게 생각한 까닭을 서술하시오.

22 그림은 수평인 얼음판 위에서 질량이 60 kg인 선수 A가 질량이 40 kg인 선수 B를 밀기 전과 후의 모습을 나타낸 것이다. A와 B는 동일 직선상에서 운동하며, 밀기 전 A의 속력은 6 m/s이고, 밀기 전과 후 B의 속력은 각각 2 m/s, 5 m/s이다.

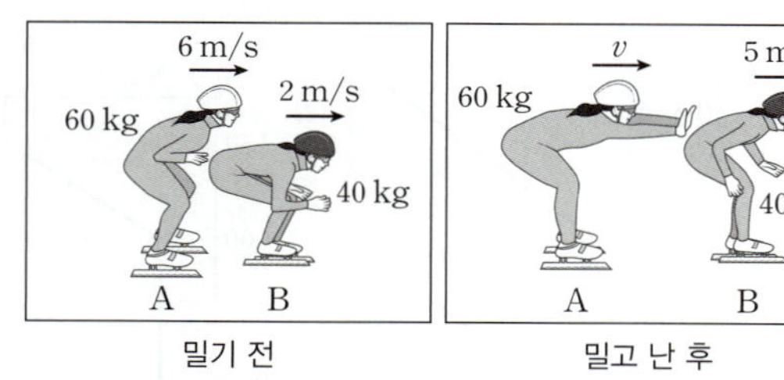

B를 민 후 A의 속력 v를 다음 제시어를 모두 포함하여 풀이 과정과 함께 구하시오.

> 운동량, 운동량 변화량, 충격량

23 그림은 이산화 탄소가 모세혈관에서 허파꽈리로, 산소가 허파꽈리에서 모세혈관으로 이동하는 것을 나타낸 것이다.

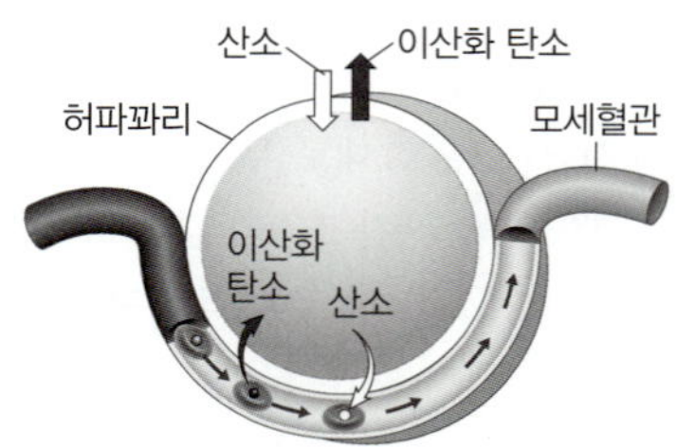

허파꽈리와 모세혈관 사이에서 산소와 이산화 탄소가 세포막을 통과하는 방식을 서술하시오.

24 표는 이중 가닥으로 이루어진 어떤 DNA의 각 가닥의 염기 조성 비율과, 이 DNA의 한 가닥으로부터 전사된 RNA의 염기 조성 비율을 나타낸 것이다. I~III은 각각 이중 가닥으로 이루어진 DNA의 각 가닥과 전사된 RNA 중 하나이고, ㉠~㉢은 서로 다른 종류의 염기이다. (단, 돌연변이는 고려하지 않는다.)

구분	염기 조성 비율(%)					
	A	㉠	G	㉡	㉢	계
I	30	0	35	20	15	100
II	15	0	20	?	?	100
III	30	15	?	?	0	100

(1) ㉠이 어떤 염기인지 쓰고, 그렇게 판단한 까닭을 서술하시오.

(2) 전사에 사용된 DNA 가닥이 무엇인지 쓰고, 그렇게 판단한 까닭을 서술하시오.

MEMO

MEMO

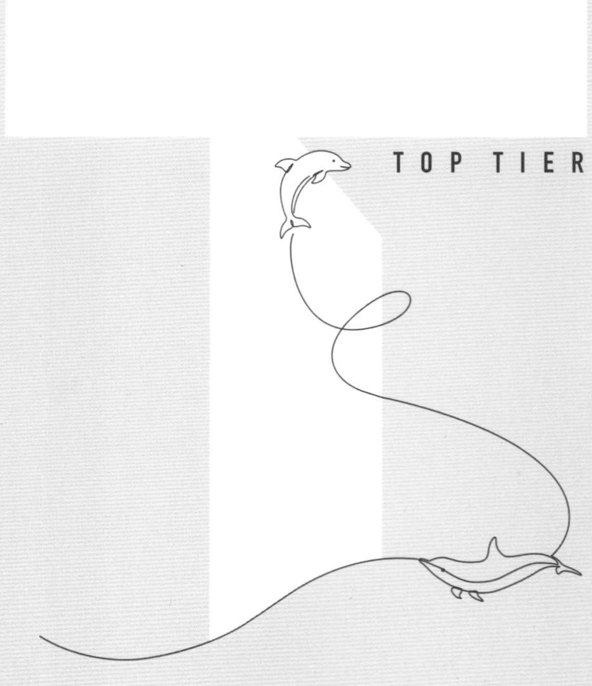
TOP TIER

2022 개정 교육과정

HIGH TOP

TOP TIER

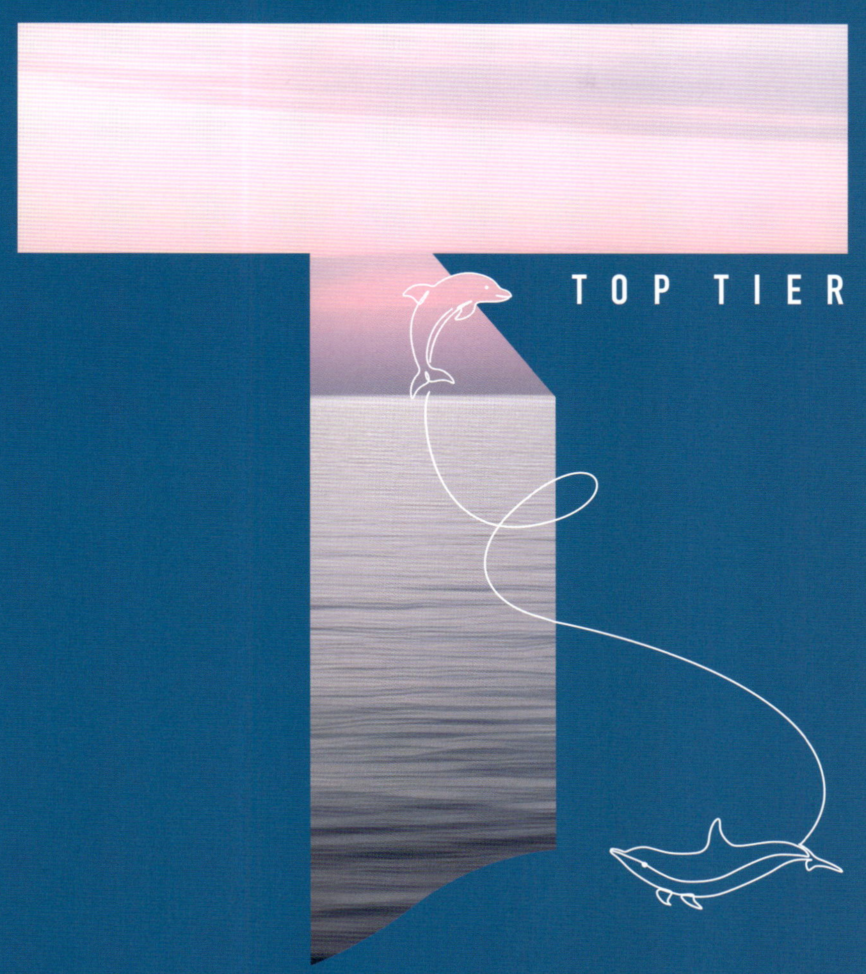

1등급으로 티어 오르는

내신 탑티어

정답과 해설

고등학교
통합과학 1

동아출판

○ **결과**
같다

○ **정리 & 해석**
1. ㉠ 일정하게 증가, ㉡ 일정하게 증가한다. ㉢ 일정, ㉣ 일정하다. ㉤ 일정하게 증가, ㉥ 일정하게 증가한다
2. 중력
3. 작용하는 힘이 없기

1 (1)

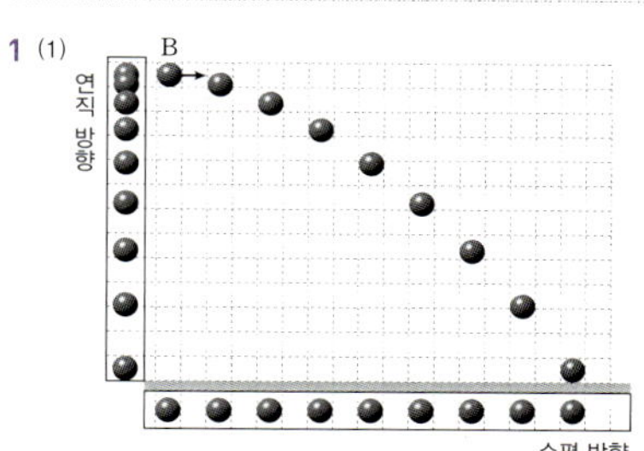

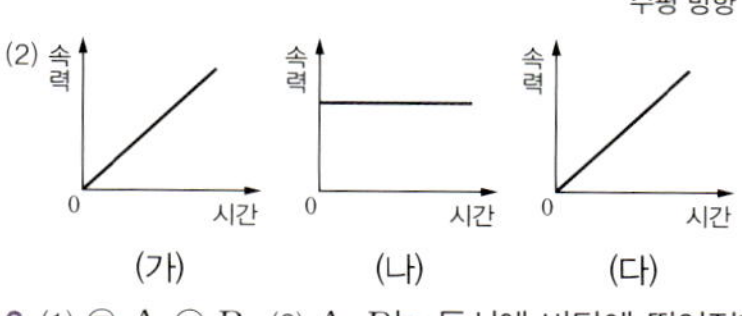

2 (1) ㉠ A ㉡ B (2) A, B는 동시에 바닥에 떨어진다. A, B는 연직 방향으로 자유 낙하 운동을 하고, 자유 낙하하는 물체의 가속도는 질량에 관계없이 중력 가속도로 같아 시간에 따른 속력 변화량이 같다. 따라서 A, B가 바닥에 도달하는 데 걸리는 시간이 같다. (3) 달 표면에서의 중력은 지구에서보다 작으므로 중력 가속도도 지구에서보다 작다. 따라서 시간에 따른 속력 변화량이 작아지므로 A, B가 바닥에 도달하는 데 걸리는 시간은 지구에서보다 길다.

1 ① 2 ③ 3 ③ 4 ① 5 ⑤ 6 ③

6 생명 시스템

14 생명 시스템의 기본 단위

1 (1) ○ (2) ○ (3) × 2 (1) 엽록체 (2) 라이보솜 (3) 소포체 (4) 핵 (5) 마이토콘드리아 3 (1) ○ (2) ○ (3) × (4) × (5) ○ (6) × 4 (1) 인지질 (2) 친수성 (3) 소수성 (4) 막단백질 5 (1) ○ (2) × (3) ○ 6 (1) ○ (2) × (3) ○

예제 1 (1) × (2) ○ (3) × (4) ○ (5) ×

예제 1 ㄴ, ㅁ, ㅂ

01 ⑤ 02 ④ 03 ④ 04 ⑤ 05 ④ 06 ①
07 ② 08 ③ 09 ④ 10 선택적 투과성 11 ④
12 ④ 13 ⑤ 14 세포막은 세포를 둘러싸는 막으로 세포 안을 주변 환경과 분리하며, 세포 안팎으로 물질 출입을 조절한다. 15 세포막을 경계로 저농도인 적혈구 세포질에서 고농도인 용액 X로 용매인 물이 이동하기 때문이다. 16 인지질 2중층을 직접 투과하는 물질은 크기가 작은 분자, 지용성 물질이다. 막단백질을 통과하여 이동하는 물질은 크기가 큰 분자, 이온과 같이 전하를 띠는 물질이다.

01 ② 02 ③ 03 ⑤ 04 ⑤

15 물질대사와 효소

1 (1) 화학 반응 (2) 흡수 (3) 효소 2 (1) 이화 (2) 동화 (3) 이화 (4) 동화 (5) 동화 (6) 이화 3 (1) ○ (2) × (3) ○ (4) × 4 (1) × (2) ○ (3) ○ (4) × (5) × (6) ○ (7) × (8) ○ 5 기질 6 (1) × (2) ○ (3) ○ (4) ○

01 ④ 02 ⑤ 03 ④ 04 ② 05 ⑤ 06 ④
07 ④ 08 ⑤ 09 ② 10 ② 11 (가)는 작은 분자로 큰 분자를 합성하는 반응으로 에너지를 흡수하는 반응이다. (나)는 큰 분자를 작은 분자로 분해하는 반응으로 에너지를 방출하는 반응이다. 12 세포호흡은 생체 촉매인 효소가 작용하여 저온, 저기압에서도 일어난다. 반응이 여러 단계를 거치며 일어나 소량의 에너지가 단계적으로 방출된다. 반면 연소는 고온, 고기압에서 일어난다. 연소는 반응이 한 번에 일어나며 다량의 에너지가 한 번에 방출된다. 13 효소의 주성분은 단백질로 이루어져 있으며 효소는 구조적으로 맞는 특정 반응물과만 결합하여 촉매 작용을 한다. 효소는 화학 반응이 끝나면 생성물과 분리되고 새로운 반응물과 결합하여 재사용될 수 있다.

01 ④ 02 ① 03 ② 04 ②, ③

16 세포 내 정보의 흐름

1 (1) 핵 (2) 유전자 (3) 단백질, 형질
2 ㉠ 염색체, ㉡ DNA, ㉢ 유전자 3 (1) (가) 전사 (나) 번역 (2) (가) 핵 (나) 라이보솜 (3) 생명중심원리
4 (1) 3염기조합, 3 (2) 코돈, 3 (3) 64, 20 (4) 동일하다
5 (1) 전사 (2) UGCA 6 (1) UGGAAAUCUGGC
(2) 4개 7 (1) ○ (2) × (3) × (4) ○ (5) × (6) ○ (7) ×

예제 1 (1) ○ (2) × (3) × (4) × (5) × (6) ○

01 ⑤ 02 ① 03 ④ 04 ⑤ 05 ① 06 ⑤
07 ① 08 ⑤ 09 AUGCCAGGCUUG 10 ③
11 ④ 12 전사는 DNA의 유전정보가 RNA로 전달되는 과정으로, 전사 결과 DNA의 염기서열에 상보적인 염기서열을 가진 RNA가 합성된다. 13 사람과 대장균의 유전부호 체계는 동일하다. 따라서 사람과 대장균은 공통조상으로부터 진화해 왔음을 알 수 있다. 14 이 RNA로부터 합성되는 폴리펩타이드는 총 4개의 아미노산으로 구성된다. RNA의 연속된 3개의 염기가 1개의 아미노산을 지정한다. 이 RNA는 총 12개의 염기로 구성되므로, 12÷3=4개의 아미노산을 지정한다.

01 ③ 02 ① 03 ④ 04 ③

01 ④ 02 ③ 03 ⑤ 04 ② 05 ④ 06 ②
07 ③ 08 ③ 09 ⑤ 10 ⑤ 11 ② 12 ③
13 (가)는 마이토콘드리아, (나)는 엽록체이다. 마이토콘드리아는 세포호흡을 통해 포도당의 화학 에너지를 세포의 생명활동에 필요한 에너지로 전환하며, 엽록체는 광합성을 통해 빛에너지를 포도당의 화학 에너지로 전환한다. 14 반투과성막을 사이에 두고 용질의 농도는 용액 B가 높다. 삼투 현상에 의해 물(용매)의 양이 더 많은 용액 A에서 용액 B로 물이 반투과성막을 통과하여 이동한다. 따라서 용액 B의 높이가 올라간다. 15 효소는 입체 구조에 맞는 특정 반응물하고만 결합할 수 있기 때문에 구조가 맞지 않는 다른 물질에는 작용하지 않는다. 반응 후에

도 입체 구조에 변화가 없기 때문에 다시 반응물과 결합하여 촉매 작용을 할 수 있다. 16 효소의 주성분은 단백질로 체온이 정상보다 높아지면 효소의 주성분인 단백질이 변성되어 우리 몸에서 일어나는 많은 화학 반응들이 정상적으로 일어나지 못하게 되므로 체온을 낮춰 효소의 변성을 막는다. 17 생명체를 구성하는 아미노산은 약 20개이므로, 유전부호는 20개 이상 있어야 한다. DNA를 구성하는 염기는 4종류이므로, 유전부호가 1개의 염기로 이루어질 때 4종류의 유전부호, 2개의 염기로 이루어질 때 16종류의 유전부호, 3개 염기로 이루어질 때 64종류의 유전부호가 만들어진다. 따라서 유전부호는 3개의 염기로 이루어져야 한다. 18 (1) 1개. 아미노산 ●을 지정하는 코돈이 GCU이므로 DNA 이중 가닥 중 'CGAGCCGTT'가 전사에 사용된 가닥임을 알 수 있다. 따라서 ㉤의 염기서열은 GCUCGGCAA이므로 유라실(U)은 1개 있다. (2) ㉠－▲. DNA 이중 가닥 중에서 전사에 이용된 가닥은 'CGAGCCGTT'이다. 따라서 세 번째 아미노산을 지정하는 3염기조합은 GTT이고, 코돈은 CAA이므로 ㉠은 표의 ▲임을 알 수 있다.

○ **결과**
㉠ 변화 없음, ㉡ 살아남, ㉢ 기포 발생

○ **정리 & 해석**
1. 카탈레이스
2. ㉠ 살아나는, ㉡ 산소
3. ㉠ 기포, ㉡ 재사용
4. 열

1 B시험관. 날감자 속에 들어 있는 카탈레이스가 과산화 수소가 물과 산소로 분해되는 반응을 촉진하여 산소 기체가 빠르게 발생한다. 꺼져 가던 불씨는 산소에 의해 연소가 활발하게 일어나 불씨가 살아나게 된다.
2 (1) 효소의 주성분은 단백질이므로 열로 익힌 것을 사용하면 효소가 변성되어 효소로서의 기능을 할 수 없기 때문이다. (2) 산소. 생간과 감자에는 카탈레이스라는 효소가 들어 있다. 카탈레이스는 과산화 수소가 산소와 물로 분해되는 반응의 활성화에너지를 낮춰 과산화 수소 분해 반응을 촉진하므로 A와 B에서 발생한 기포는 산소이다. (3) 과산화 수소에 생간이나 감자를 넣었을 때 카탈레이스의 작용으로 과산화 수소 분해 반응이 촉진되므로 산소가 생성되는 속도가 빨라져 기포가 빠르게 발생하는 것을 관찰할 수 있다. 하지만 C에는 효소가 들어 있지 않아 과산화 수소 분해 반응이 촉진되지 않으므로 산소가 생성되는 속도가 매우 느려 기포를 관찰하기 어렵다.

1 ③ 2 ② 3 ③ 4 ① 5 ③ 6 ②

빠른 정답 진도교재

I 과학의 기초

1 과학의 기초

01 과학의 기본량

개념 확인하기 ──────── 10쪽

1 (1) ○ (2) × (3) ○ (4) × 2 (1) × (2) ○ (3) × (4)
○ 3 (1) 미시 (2) 규모 (3) 속력 (4) 세슘 원자시계 4
(1) × (2) × (3) × (4) ○ 5 (1) ⓑ (2) ⓔ (3) ⓛ (4) ⑦
(5) ⓒ 6 (1) 기본량 (2) ⑦ s(초), ⓛ kg(킬로그램) (3) ⑦
길이(시간), ⓛ 시간(길이) 7 (1) ○ (2) ○ (3) ×

개념 적용하기 ──────── 11쪽

01 ④ 02 ③ 03 ③ 04 ② 05 ③

02 측정 표준과 정보

개념 확인하기 ──────── 14쪽

1 (1) ⑦ 측정, ⓛ 어림 (2) 측정 도구 (3) 측정 표준
2 (1) 어림 (2) 측정 (3) 측정 (4) 어림 3 (1) ○ (2) ×
(3) ○ 4 (1) 신호 (2) 정보 (3) 센서 5 B, D 6 (1) ○
(2) ○ (3) × 7 (1) ○ (2) × (3) ○

개념 적용하기 ──────── 15쪽

01 ⑤ 02 ② 03 ① 04 ④ 05 ④

실력 확인하기 ──────── 16~17쪽

01 ③ 02 ⑤ 03 ③ 04 ④ 05 ③ 06 ②
07 ④ 08 (가) 속력, (나) 가속도, 속력은 일정한 시간
동안 이동한 거리를 의미하고, 가속도는 일정한 시간 동
안 속도의 변화를 의미하므로 두 유도량에 공통적으로
포함된 기본량은 길이와 시간이다. 09 광센서, 적외선
을 감지하여 화면에 보여 준다. 10 적외선 열화상
카메라는 광센서로 아날로그 신호인 적외선을 감지하여
전기 신호로 변환한 다음 디지털 정보로 전환하여 시각화
한다.

II 물질과 규칙성

2 원소의 형성

03 우주 초기에 형성된 원소

개념 확인하기 ──────── 24쪽

1 (1) 고온, 방출 (2) 원소 (3) 수소 (4) 입자 2 (1) ○
(2) × (3) ○ (4) ○ 3 (1) ○ (2) × (3) ○ 4 원자핵
5 (1) 나중에 (2) 먼저 (3) A 6 (1) 2, 2 (2) 2 (3) 38,
3000 (4) 3, 1

등급 코디 ──────── 25쪽

예제 1 (1) ○ (2) × 예제 2 (1) ○ (2) ×

개념 적용하기 ──────── 26~28쪽

01 ⑤ 02 ⑤ 03 ③ 04 ② 05 ④ 06 ⑤
07 ③ 08 ③ 09 ③ 10 ④ 11 ② 12 ③
13 ④ 14 고온의 별에서 방출된 빛이 저온의 기체를
통과할 때 기체가 특정 파장의 빛을 흡수하여 생성된다.
15 원소마다 고유의 스펙트럼이 다르므로 원소의 스펙트
럼을 별의 스펙트럼과 비교하면 별의 구성 원소를 알 수
있다. 16 쿼크들이 결합하여 양성자와 중성자를 만들
었고, 대폭발(빅뱅) 후 약 3분이 되었을 때 양성자 2개와
중성자 2개가 결합하여 헬륨 원자핵을 만들었다. 대폭발
(빅뱅) 후 약 38만 년이 지나 수소 원자핵과 전자 1개가
결합하여 수소 원자를, 헬륨 원자핵과 전자 2개가 결합하
여 헬륨 원자를 형성하였다.

고난도 도전하기 ──────── 29쪽

01 ⑤ 02 ⑤ 03 ④ 04 ②

04 지구와 생명체를 이루는 원소의 생성

개념 확인하기 ──────── 33쪽

1 (1) 1000만 (2) 중심부 (3) 원시 태양 2 (1) ○ (2) ×
(3) × (4) ○ 3 (1) 태양 (2) 작 (3) 낮 4 (1) 헬륨 (2)
탄소 (3) 철 (4) 구리, 우라늄 5 (1) × (2) ○ (3) ○
(4) × 6 (1) ○ (2) ○ (3) × (4) ×

개념 적용하기 ──────── 34~36쪽

01 ② 02 ⑤ 03 ④ 04 ③ 05 ① 06 ⑤
07 ② 08 ④ 09 무거운 10 ② 11 ⑤
12 ③ 13 성운이 중력에 의해 수축하여 원시별이 만
들어지고, 계속되는 수축으로 중심부 온도가 1000만 K
이상이 되면 수소 핵융합 반응이 일어나 별이 탄생한다.
14 별의 중심부에서 수소 핵융합 반응이 끝나면 헬륨이
수축하면서 중심부의 온도가 높아지고, 헬륨 핵융합 반응
이 일어나 탄소 원자핵이 만들어진다. 15 태양계 성운이
회전 수축하여 중심에는 원시 태양이 형성되었고, 주변에
는 원반이 만들어졌다. 원반의 물질들은 서로 결합하고
충돌하여 미행성을 형성하였고, 미행성이 충돌하여 원시
행성을 형성하였다. 원시 행성이 미행성들과 충돌하면서
점점 커지며 행성이 형성되었다.

고난도 도전하기 ──────── 37쪽

01 ⑤ 02 ② 03 ③ 04 ①

실력 확인하기 ──────── 38~41쪽

01 ② 02 ① 03 ⑤ 04 ② 05 ⑤ 06 ②
07 ③ 08 ④ 09 ② 10 ④ 11 ④ 12 ③
13 ③ 14 ③ 15 별에서 나온 빛이 별의 대기를 이
루는 원소에 의해 흡수되어 생성되었다. 16 허블이 외
부 은하를 관측하여 멀리 있는 은하일수록 더 빨리 멀어
진다는 사실로부터 우주가 팽창하고 있음을 증명하였다.
17 (1) 헬륨 원자핵이 만들어지기 직전의 우주에서는 양
성자가 중성자보다 많았다. (2) 헬륨 원자핵이 생성된 이
후 우주의 온도가 낮아져 무거운 원소의 원자핵을 만들
수 있는 온도가 되지 못했기 때문이다. 18 (1) 별의 중
심부에 탄소핵이 만들어지기까지 별의 크기는 커지고, 중
심부의 온도는 높아진다. (2) 탄소핵이 수축하여 탄소 핵
융합 반응이 일어날 정도로 온도를 높일 수 없기 때문이
다. 19 (1) 현재 태양의 중심부에서는 수소 핵융합 반
응이 일어나지만, 원시 태양(⑦)의 중심부에서는 수소 핵
융합 반응이 일어나지 않는다. (2) 태양이 생성된 이후 태
양에서는 무거운 원소가 생성되지 않았지만, 태양계의 구
성 물질에 이미 무거운 원소가 포함되어 있기 때문이다.

수행평가 맛보기 ──────── 42~43쪽

○ 결과
⑦ 방출선, ⓛ 방출선, ⓒ 흡수선, ⓔ 나트륨, ⓜ 칼슘

○ 정리 & 해석
1. ⑦ 방출, ⓛ 다르다
2. ⑦ 흡수, ⓛ 특정 파장의 빛이 흡수되었기
3. ⑦ 원소의 종류, ⓛ 수소, 헬륨, 나트륨, ⓒ 수소, 칼슘
4. 질량비

1 (1) A: 방출 스펙트럼, B: 흡수 스펙트럼, C: 연속 스
펙트럼, B
(2) A, B, 방출 스펙트럼(A)은 고온의 기체를 구성하는
원소가 특정 파장의 빛을 방출하기 때문에 나타나며, 흡
수 스펙트럼(B)은 고온의 별에서 방출된 빛이 저온의 기
체(별의 대기)를 통과할 때 기체가 특정 파장의 빛을 흡
수하기 때문에 나타난다.
2 (1) ・공통점: 검은 바탕에 밝은 색의 방출선이 나타
난다.
・차이점: 원소의 종류에 따라 방출선의 위치와 개수가
다르게 나타난다.
(2) A: 수소, 헬륨, 나트륨, B: 수소, 칼슘
(3) 별을 구성하는 원소의 종류, 스펙트럼에 나타나는 선
의 위치와 개수는 원소의 종류에 따라 다르게 나타나기
때문이다.

수능 맛보기 ──────── 44~47쪽

1 ⑤ 2 ② 3 ④ 4 ① 5 ② 6 ③

3 자연을 구성하는 원소

05 원소의 주기성

개념 확인하기 ──────── 51쪽

1 원소 2 (1) 원자 번호 (2) ⑦ 주기, ⓛ 족 (3) ⑦ 전자
껍질, ⓛ 원자가 전자 (4) ⑦ 2, ⓛ 6 3 (1) × (2) ×
(3) ○ (4) × 4 (1) N, O, F, Cl (2) Li, Na (3) F, Cl
5 (1) 알칼리 (2) 할로젠 (3) 알칼리 (4) 알칼리 6 (1)
× (2) × (3) ○ (4) ○ (5) × 7 (1) ⑦ 2, ⓛ 3 (2) ⑦
7, ⓛ 1 (3) ⑦ 17, ⓛ 1

등급 코디 ──────── 52쪽

예제 1 (1) ○ (2) ○ (3) ×
예제 2 (1) 수소(H_2) (2) 무색에서 붉은색으로 변한다.

등급 코디 ──────── 53쪽

예제 1 (1) 1 (2) 1 (3) 1 (4) 1 (5) 1 (6) 3 (7) 3 (8) 3
(9) 2 (10) 1 (11) 10 (12) 10 (13) 10 (14) 2 (15) 0
(16) 17 (17) 17 (18) 17 (19) 3 (20) 7

개념 적용하기 ──────── 54~56쪽

01 ④ 02 ⑤ 03 ③ 04 ④ 05 ⑤ 06 ④
07 ⑤ 08 ③ 09 ② 10 ③ 11 ⑤ 12 ④
13 ⑤ 14 2주기, 17족 15 (가)는 '광택이 있다, 열과
전기 전도성이 있다', (나)는 '광택이 없다, 열과 전기 전도
성이 없다'가 적절하다. (가)에 속한 원소들은 주기율표의
왼쪽에 위치하는 금속 원소이고, (나)에 속한 원소들은 주
기율표의 오른쪽에 위치하는 비금속 원소이기 때문이다.
16 리튬과 나트륨은 모두 주기율표의 1족에 속하는 알칼
리 금속으로 화학적 성질이 비슷하다. 따라서 리튬 대신
나트륨으로 실험해도 기포가 발생하고(⑦), 물과 반응한
수용액은 염기성을 띠므로 붉은색으로 변한다(ⓛ).

고난도 도전하기 ──────── 57쪽

01 ③ 02 ④ 03 ③ 04 ④

06 화학 결합과 물질의 성질

1 (1) 18족 (2) ⊙ 2, ⓒ 8 (3) 18 **2** (1) ○ (2) × (3) ×
3 (1) ○ (2) ○ (3) ○ (4) × **4** (1) 공유 (2) ⊙ C, ⓒ A
(3) ⊙ 음, ⓒ 양 **5** (1) 공유 (2) 공유 (3) 이온 (4) 이온
6 (가) 염화 나트륨(NaCl), 수산화 마그네슘(Mg(OH)$_2$)
(나) 포도당(C$_6$H$_{12}$O$_6$), 뷰테인(C$_4$H$_{10}$)
7 A: 염화 나트륨, B: 설탕

예제 **1** (1) ⊙ 금속, ⓒ 1, ⓒ 잃 (2) ⊙ 비금속, ⓒ 2, ⓒ 얻
(3) ⊙ 2 : 1, ⓒ A$_2$B

예제 **1** (1) ⊙ 비금속, ⓒ 2 (2) ⊙ 비금속, ⓒ 1
(3) ⊙ 2, ⓒ 2, ⓒ 1, ⓔ 2, ⓜ AB$_2$

01 ⑤ **02** ③ **03** ② **04** ④ **05** ① **06** ⑤
07 ③ **08** ① **09** ③ **10** ① **11** ⑤ **12** ④
13 ③ **14** 18족 원소와 같은 전자 배치를 이루기 위해
A는 전자 1개를 잃어 A$^+$이 되고, B는 전자 1개를 얻어
B$^-$이 된 다음, A$^+$과 B$^-$이 정전기적 인력으로 결합을
형성한다. **15** X 수용액에서 X는 전기적으로 중
성인 분자로 존재하여 전기 전도성이 없는 것으로 보아
공유 결합으로 이루어진 물질이다. **16** Li$_2$O, LiCl,
MgO, MgCl$_2$, 이온 결합 물질은 금속 원소의 양이온과
비금속 원소의 음이온이 전기적으로 중성이 되는 개수비
로 결합하여 형성되기 때문이다.

01 ① **02** ⑤ **03** ⑤ **04** ②

07 자연의 구성 물질

1 (1) 사면체 (2) 규소, 산소 (3) 판 **2** 단위체 **3** (1)
아미노산 (2) 뉴클레오타이드 **4** (1) 탄소 (2) 단위체
5 (1) 종류, 결합(배열) (2) 펩타이드 (3) 폴리펩타이드
(4) 입체 구조 (5) 효소 **6** ⊙ 물, ⓒ 펩타이드, ⓒ 폴리
펩타이드 **7** (1) ○ (2) ○ (3) ○ (4) × (5) × (6) ×
(7) ○ (8) × (9) × (10) × **8** ⊙ 당, ⓒ 염기, ⓒ 뉴클레
오타이드
9 ⊙ 디옥시라이보스, ⓒ 이중나선, ⓒ U

예제 **1** (1) ○ (2) ○ (3) × (4) ○ (5) × (6) ○
예제 **2** (1) 100 (2) 30 (3) 20 (4) 20

01 ④ **02** ③ **03** ② **04** ⑤ **05** ②, ④
06 ⑤ **07** ⑤ **08** ② **09** ⑤ **10** ④
11 TCGGTC **12** ④ **13** 규산염 광물의 단위체는
Si−O 사면체이고, 사면체는 이웃하는 다른 사면체와 산
소를 공유하며, 사면체의 결합 구조에 따라 다양한 종류
의 규산염 광물이 만들어진다. **14** 헤모글로빈과 케라
틴을 구성하는 아미노산의 종류와 개수 및 결합 순서가
다르기 때문에 단백질의 입체 구조와 기능이 서로 다르
다. **15** 4종류의 뉴클레오타이드가 결합하는 순서에 따
라 염기서열이 다양한 DNA가 만들어지며, DNA의 염
기서열에 따라 다양한 유전정보를 저장할 수 있다.

01 ④ **02** ⑤ **03** ③ **04** ③

08 물질의 전기적 성질과 활용

1 (1) 전기력 (2) 자유 전자 (3) 전기적 (4) 도체 (5) 부
도체 **2** (1) ○ (2) × (3) ○ (4) × **3** (1) ○ (2) ○
(3) × **4** (1) 규소 (2) 규산염 (3) 자유 전자 (4) n형
5 (1) ○ (2) × (3) ○ **6** (1) ⓒ (2) ○ (3) ⓒ

01 ① **02** ② **03** ⑤ **04** ④ **05** ② **06** ④
07 ③ **08** 도체는 원자에 속박되지 않고 자유롭게 이
동할 수 있는 자유 전자가 많아 전류가 잘 흐른다. 반면
부도체는 자유 전자가 거의 없어 전류가 잘 흐르지 못한
다. **09** 순수한 반도체에 불순물을 도핑하여 불순물
반도체를 만들면 전자나 양공(빈 자리)이 생겨 전기 전도
성이 좋아진다. **10** 다이오드는 p형 반도체와 n형 반
도체를 결합한 반도체 소자로, 전류를 한 방향으로만 흐
르게 하는 특성이 있어 교류를 직류로 바꾸는 전자 부품
에 이용한다.

01 ① **02** ② **03** ④ **04** ⑤

01 ④ **02** ② **03** ① **04** ③ **05** ④ **06** ⑤
07 ④ **08** ④ **09** ② **10** ② **11** ③ **12** ③
13 ④ **14** ④ **15** ② **16** ① **17** ② **18** ①
19 ③ **20** ⑤ **21** (1) 광택이 빠르게 사라졌다. 알칼
리 금속은 공기 중의 산소와 반응하여 산화물을 형성하
므로 칼로 자른 단면의 광택이 빠르게 사라지기 때문이
다. (2) 칼로 자른 단면의 광택은 빠르게 사라졌고, 물과
반응하여 수소 기체를 발생시켰으며, 반응 후 수용액은
붉은색으로 변하였다. **22** (1) A 수용액은 전기적으
로 중성인 분자가 존재하므로 전기 전도성이 없다. B 수
용액은 전하를 띤 이온이 자유롭게 이동할 수 있으므로
전기 전도성이 있다. (2) A는 공유 결합 물질이므로 비금
속 원소로 구성된다. B는 이온 결합 물질이므로 금속 원
소와 비금속 원소로 구성된다. **23** (1) A는 물이고,
B는 펩타이드결합이다. (2) X에 존재하는 펩타이드결합
의 개수는 9개이다. 이웃한 2개의 아미노산이 결합할 때
1개의 펩타이드결합이 만들어지기 때문이다. (3) 입체 구
조가 다른 두 가지 단백질이 만들어질 것이다. 폴리펩타
이드가 접히고 구부러져서 입체 구조를 가진 단백질이 만
들어지는데 아미노산의 종류, 수, 결합 순서가 다르면 입
체 구조가 다른 단백질이 만들어지기 때문이다.
24 전기 전도도는 (나)가 (가)보다 크다. 순수한 반도체에
원자가 전자가 5개인 비소를 도핑하면 자유 전자가 생겨
전류가 쉽게 흐르기 때문이다.

○ **결과**

⊙ 없음, ⓒ 없음, ⓒ 있음, ⓔ 있음

○ **정리 & 해석**

1. ⊙ 없고, ⓒ 있다. ⓒ 강하게 결합하여 이동할 수 없
기, ⓔ 나뉘어져 전류를 흘려 주면 양이온은 (−)극
쪽으로, 음이온은 (+)극 쪽으로 이동하기
2. ⊙ 없고, ⓒ 없다. ⓒ 전기적으로 중성인 분자로 이
루어져 있기

1 (1) 증류수를 넣어 녹인 후, 전기 전도성 측정기로 각
수용액에 전류가 흐르는지 확인한다.
(2) A: 설탕, 설탕은 전기적으로 중성인 분자로 이루어
져 있어 고체 상태와 수용액 상태에서 모두 전기 전도성
이 없으므로 (가)와 (나)에서 모두 전류가 흐르지 않는다.
B: 염화 나트륨, 염화 나트륨은 고체 상태에서 이온들이
강하게 결합하고 있어 (가)에서는 전류가 흐르지 않지만,
수용액 상태에서 전하를 띤 이온들이 이동하므로 (나)에
서는 전류가 흐른다.
2 (1) ⊙은 고체이고, ⓒ은 수용액이다.
(2) 이온 결합 물질: 염화 칼슘과 황산 구리(Ⅱ), 고체 상
태에서는 전기 전도성이 없지만, 수용액 상태에서는 전
기 전도성이 있으므로 이온 결합 물질이다.
공유 결합 물질: 포도당과 녹말, 고체 상태와 수용액 상태
에서 모두 전기 전도성이 없으므로 공유 결합 물질이다.

○ **결과**

1. 뉴클레오타이드 **2.** 1 : 1 : 1 **3.** ⊙ 당, ⓒ 인산
4. 이중나선

○ **정리 & 해석**

1. ⊙ 두, ⓒ 폴리뉴클레오타이드, ⓒ 한 뉴클레오타이
드의 당과 다른 뉴클레오타이드의 인산
2. ⊙ 바깥쪽, ⓒ 안쪽, ⓒ 타이민(T), ⓔ 사이토신(C)

1 (1)

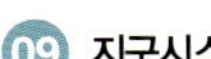

(2) DNA를 구성하는 단위체는 4종류이다. DNA를 구
성하는 단위체는 뉴클레오타이드로 당, 인산, 염기가
1 : 1 : 1로 결합한 화합물이다. 염기가 아데닌(A), 구아
닌(G), 사이토신(C), 타이민(T)으로 4종류이기 때문에
단위체도 4종류가 된다.
2 (1) ⓐ는 8이다. 염기 간 상보결합을 고려할 때, 아데
닌(A)의 수와 타이민(T)의 개수가 같고, 사이토신(C)과
구아닌(G)의 개수가 같다. 구아닌(G)이 12개이므로 구
아닌과 상보결합하는 사이토신(C)도 12개이고, 4종류의
염기 개수를 모두 더했을 때 뉴클레오타이드 모형의 개
수인 40이 나와야 하므로 아데닌(A)과 타이민(T)은 각
각 8개이다.
(2) 염기의 종류와 개수는 같지만 모둠 A와 B에서 염기
의 배열 순서를 다르게 했으므로 제작한 DNA 모형의
차이가 발생했다.

1 ① **2** ④ **3** ④ **4** ⑤ **5** ⑤ **6** ③

Ⅲ 시스템과 상호작용

4 지구시스템

09 지구시스템의 구성 요소

1 (1) 중력 (2) 지권 (3) 성층권, 수온 약층 (4) 지권
2 (1) × (2) ○ (3) ○ (4) × **3** (1) ○ (2) × (3) ○
(4) × **4** (1) 혼합층 (2) C (3) B **5** (1) ○ (2) × (3) ○
(4) × **6** 지구 자기장

01 ⑤ **02** ② **03** ③ **04** ② **05** ② **06** ③
07 ① **08** ④ **09** ⑤ **10** ④ **11** ① **12** ①
13 ③ **14** 지구를 구성하는 요소들이 서로 영향을 주
고받으며 시스템을 이루고 있는 것을 지구시스템 또는 지
구계라고 한다. **15** 성층권에서는 아래쪽에 밀도가 큰
찬 공기가 있고, 위쪽에는 밀도가 작은 따뜻한 공기가 있
으므로 대류가 일어나지 않는다. **16** 지각은 규산염
암석으로 이루어져 있고, 맨틀은 지각보다 밀도가 큰 암
석으로 이루어져 있다. 외핵과 내핵은 철과 니켈로 이루
어져 있지만, 내핵은 외핵보다 압력이 높으므로 내핵의
밀도가 외핵보다 높다. 따라서 지각 → 맨틀 → 외핵 →
내핵으로 갈수록 밀도가 높아진다.

01 ② **02** ④ **03** ② **04** ④

10 지구시스템의 상호작용

개념 확인하기 ──────────── 112쪽

1 (1) 태양 에너지 (2) 방사성 원소 (3) 조력 2 ㉠ 태양, ㉡ 지구 내부, ㉢ 조력 3 (1) ○ (2) ○ (3) ○ 4 (1) 지권 (2) 기권, 생물권 (3) 증가 5 (1) ○ (2) ○ (3) × 6 (1) 기권, 수권 (2) 지권, 기권 (3) 생물권, 기권 (4) 수권, 지권

개념 적용하기 ──────────── 113~115쪽

01 ④ 02 ② 03 ③ 04 ② 05 ⑤ 06 ④ 07 ④ 08 ④ 09 ② 10 ⑤ 11 ⑤ 12 태양 에너지는 지구에서 대기와 물을 순환시키고, 생명 활동에 필요한 에너지로 이용된다. 13 물이 순환하는 과정에서 구름, 비, 눈 등 날씨의 변화가 일어나고, 풍화와 침식을 일으켜 지표를 변화시킨다. 14 식물은 기권의 이산화 탄소를 흡수하여 광합성을 하여 포도당을 만들고, 이 과정에서 산소를 생성하여 기권으로 배출함으로써 생물권과 기권은 서로 영향을 주고받는다.

고난도 도전하기 ──────────── 116쪽

01 ③ 02 ③ 03 ① 04 ⑤

11 지권의 변화

개념 확인하기 ──────────── 121쪽

1 (1) 판 (2) 맨틀 대류 (3) 100 2 (1) × (2) ○ (3) ○ (4) ○ 3 열곡대 4 (1) B (2) B (3) A, B (4) A, B, C 5 (1) ○ (2) ○ (3) × (4) ○ 6 (1) ○ (2) ○ (3) × (4) ○

등급 코디
──────────── 122쪽

예제 1 하와이 화산이 분출하였을 때는 다량의 용암이 흘러 용암으로 인한 피해가 컸을 것이고, 세인트헬렌스 화산이 분출하였을 때는 다량의 화산 쇄설물이 분출되어 화산 쇄설물에 의한 피해가 컸을 것이다.

등급 코디
──────────── 123쪽

예제 1 (1) × (2) ○ (3) × (4) ○ (5) ○ (6) ○
예제 2 (1) ○ (2) × (3) ○ (4) × (5) ○ (6) ○

개념 적용하기 ──────────── 124~126쪽

01 ② 02 ② 03 ③ 04 ④ 05 ③ 06 ① 07 ④ 08 ① 09 ⑤ 10 ② 11 지구의 표면은 크고 작은 여러 개의 판으로 이루어져 있고, 판들이 운동하는 과정에서 지진, 화산 활동과 같은 지각 변동이 일어난다. 12 (가)에서는 두 대륙판이 충돌하여 습곡 산맥이 형성되고, (나)에서는 밀도가 큰 판이 밀도가 작은 판의 아래로 섭입되면서 판이 소멸하고 해구가 발달한다. 13 지진이 발생하면 산사태가 발생하고, 도로가 갈라지고, 건물이 붕괴하며, 이에 따라 가스 누출이나 전기 누전으로 화재가 발생한다. 지진이 일어날 때 발생하는 지진파는 지구 내부 구조와 지구 내부 물질을 알아내는 데 이용할 수 있다.

고난도 도전하기 ──────────── 127쪽

01 ② 02 ③ 03 ⑤ 04 ⑤

실력 확인하기 ──────────── 128~131쪽

01 ② 02 ② 03 ② 04 ① 05 ④ 06 ⑤ 07 ③ 08 ① 09 ④ 10 ④ 11 ③ 12 ① 13 ⑤ 14 ① 15 ② 16 ③ 17 성층권은 위로 올라갈수록 기온이 높아지므로 대류가 일어나지 않아 구름이 생성되지 않는다. 18 중위도, 중위도에서 바람이 가장 강하게 불기 때문이다.

---

19 (1) (가) 생물권, (나) 수권, (다) 지권 (2) 탄산염 퇴적, 해수에 용해되어 있던 탄산 이온이 침전하여 해저에 퇴적된다. 20 (1) (가) 수권, (나) 지권, A - 호흡, B - 탄산염 퇴적, C - 화석 연료 연소 (2) 기권의 탄소량은 증가하지만, 지구 전체의 탄소량은 변화하지 않는다. 21 (1) 환경적 피해로 용암과 화산재로 화산 주변의 생태계가 파괴된다. 사회·경제적 피해로 용암이나 화산 분출물로 인명과 재산 피해가 발생한다. (2) 화산 활동에 대한 데이터와 정보를 수집하고, 화산 분출의 징후를 조기에 감지하는 화산 분포 예보 시스템을 마련한다

수행평가 맛보기 ──────────── 132~133쪽

● 결과

㉠ 화산 가스, ㉡ 화산재, ㉢ 용암, ㉣ 지진계, ㉤ 내진, ㉥ 제방

● 정리 & 해석

1. 지구 내부
2. ㉠ 지구 내부, ㉡ 지권, ㉢ 낮추는, ㉣ 온실, ㉤ 수권

1 (1) 지진과 화산 활동이 일어나는 지역은 좁고 긴 띠 모양으로, 대체로 판의 경계에 분포한다. 지진과 화산 활동은 대부분 판의 경계에서 판의 상대적인 운동으로 인해 발생하기 때문이다. (2) A, C, E, F, 지진이나 화산 활동과 같은 지각 변동은 지구 내부 에너지가 지표로 방출되면서 일어난다.
2 (1) (가) 지권, (나) 수권, 화산 주변에 제방을 쌓는다. 화산 분출구 주변에 댐과 수로를 건설한다. 용암에 물을 뿌린다. 등 (2) 화산 활동이 일어날 때 대기 중으로 방출된 화산재는 햇빛을 차단하여 지구의 평균 기온을 낮춘다. 그러나 대기 중으로 방출된 이산화 탄소나 수증기 같은 화산 가스는 온실 효과를 일으켜 지구의 평균 기온을 높인다. (3) 대책: 인공위성을 이용한 지형 변화 관측, 지진계 설치, 내진 설계 적용, 안전 교육 시행 등
지진을 이용하는 사례: 지진파를 이용하여 지구 내부 구조와 구성 물질을 연구한다. 지하자원을 탐사한다. 터널이나 댐 건설 등에 이용한다. 등

수능 맛보기 ──────────── 134~137쪽

1 ④ 2 ① 3 ⑤ 4 ② 5 ② 6 ①

5 역학 시스템

12 중력과 역학 시스템

개념 확인하기 ──────────── 142쪽

1 (1) (가), (다) (2) (나) (3) (라) 2 (1) 질량 (2) 중심 (3) 중력 가속도 3 (1) 이동 거리 (2) 속도 (3) 속도 4 (1) 49 m/s 5 (1) × (2) ○ (3) ○ (4) ○ (5) × 6 (1) 중력 (2) 등속 (3) 연직 (4) 작다 7 (1) × (2) ○ (3) ×

등급 코디
──────────── 143쪽

예제 1 (1) ○ (2) × (3) × (4) ○ (5) × (6) ○

개념 적용하기 ──────────── 144~146쪽

01 ① 02 ② 03 ④ 04 ② 05 ② 06 ⑤ 07 ② 08 ③ 09 ③ 10 ② 11 ④ 12 ③ 13 F_1은 물체의 속력을 빠르게 하고 F_2는 물체의 운동 방향을 바꾼다. 두 힘이 동시에 작용하면 물체는 속력이 점점 빨라지면서 아래쪽으로 휘어지는 운동을 한다. 14 수평 방향으로는 힘이 작용하지 않으므로 등속 운동을 하고, 연직 방향으로는 중력만 작용하므로 등가속도 운동을 한다. 15 인공위성은 지구로부터 중력을 받아 가속도의 크기가 일정하고 가속도의 방향은 지구 중심 방향인 가속도 운동을 한다.

고난도 도전하기 ──────────── 147쪽

01 ① 02 ② 03 ① 04 ④

---

13 충돌과 안전장치

개념 확인하기 ──────────── 151쪽

1 (1) 관성 (2) 질량 2 50 kg·m/s 3 600 N·s 4 (1) 크다 (2) 운동량의 변화량 (3) 작다 (4) 작다 5 (1) ○ (2) ○ (3) ○ (4) ○ (5) × (6) ○ 6 (1) ○ (2) × (3) ○ (4) ○ 7 (1) = (2) = (3) < (4) >

등급 코디
──────────── 152쪽

예제 1 (1) 4 N·s (2) 6 m/s
(3) 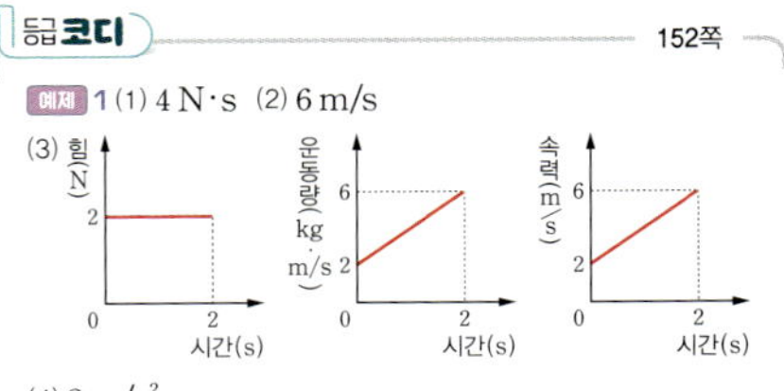

(4) 2 m/s²

등급 코디
──────────── 153쪽

예제 1 (1) ○ (2) × (3) ○ (4) × (5) ○ (6) ×
예제 2 (1) × (2) ○ (3) ○ (4) ○ (5) ○ (6) ×

개념 적용하기 ──────────── 154~156쪽

01 ③ 02 ④ 03 ⑤ 04 ③ 05 ⑤ 06 ② 07 ① 08 ② 09 ⑤ 10 ① 11 ④ 12 ③ 13 힘-시간 그래프의 넓이가 10 N·s이므로 물체가 받은 충격량은 10 N·s이다. 충격량은 운동량 변화량이므로 2초일 때 물체의 운동량은 10 kg·m/s이다. 질량이 2 kg이므로 2초일 때 속력은 5 m/s이다. 14 달걀이 같은 높이에서 자유 낙하 운동하므로 충돌 직전 속력이 같아 충돌 전후 운동량 변화량도 같다. 달걀이 받은 충격량은 같지만 단단한 바닥에 떨어졌을 때 충돌 시간이 작으므로 달걀이 받는 힘이 더 크기 때문에 달걀이 깨진다.
15 운동량은 속도에 비례하므로 속도가 작을수록 운동량이 작아 충돌할 때 받는 충격량을 작게 하여 피해를 줄일 수 있다.

고난도 도전하기 ──────────── 157쪽

01 ① 02 ③ 03 ② 04 ②

실력 확인하기 ──────────── 158~161쪽

01 ③ 02 ① 03 ③ 04 ② 05 ③ 06 ① 07 ② 08 ② 09 ② 10 ④ 11 ③ 12 ② 13 ① 14 ② 15 (1) A, B, C는 모두 연직 방향으로 자유 낙하 운동을 하므로 바닥에 도달하기까지 걸리는 시간은 모두 같다. (2) A, B, C의 수평 방향 속력이 다르기 때문이다. (3) 바닥에 충돌하기 직전 속력은 C>B>A이므로 충돌하여 정지할 때까지 바닥으로부터 받은 충격량의 크기는 C>B>A이다. 16 · 공통점: A, B에 모두 중력이 작용한다. / A, B에 지구 중심 방향으로 힘이 작용한다. 등 · 차이점: A에 작용하는 힘의 크기는 일정하고 B에 작용하는 힘의 크기는 점점 증가한다. / A에 작용하는 힘의 방향은 변하고 B에 작용하는 힘의 방향은 일정하다. / A에 작용하는 힘은 A의 운동 방향에 수직이고, B에 작용하는 힘은 B의 운동 방향과 같다. 등 17 힘이 작용하는 시간이 (가)보다 (나)에서 더 크므로 화살이 받는 충격량도 크다. 따라서 바람총을 떠날 때 화살의 운동량(속력)이 (가)보다 (나)에서 더 크기 때문에 더 멀리 날아간다. 18 (1) 충돌하는 동안 승용차와 트럭이 주고받는 힘의 크기가 같고, 충돌 시간도 같으므로 충돌하는 동안 승용차와 트럭이 받는 충격량의 크기는 같다. (2) 충격량이 같으므로 운동량의 변화량도 같다. 그런데 승용차의 질량이 작으므로 속도 변화량은 승용차가 트럭보다 크다. 가속도의 크기는 단위 시간 동안 속도 변화량이므로 가속도는 승용차 운전자가 더 크다. 따라서 승용차 운전자에게 더 큰 힘이 작용한다. (3) 운전자의 운동량 변화량의 크기를 줄이면 충격량이 감소하므로 제한 속도를 지키고 과속하지 않는다. / 에어백을 설치하면 같은 충격량을 받더라도 운전자가 자동차와 충돌하는 시간을 길게 하여 운전자가 받는 힘의 크기가 작아진다. / 범퍼가 잘 찌그러져야 같은 충격량을 받더라도 자동차가 충돌하는 시간이 길어져 자동차가 받는 평균 힘의 크기가 감소한다. 등

314 ②   315 물질대사   316 ①   317 ⑤
318 ①   319 ④   320 ④   321 ⑤   322 ②
323 ③   324 ④   325 ①   326 ④   327 ③
328 ③   329 ②   330 효소는 입체 구조가 맞는 특정 반응물과만 결합하여 화학 반응에 참여한다.
331 ④   332 ⑤   333 ⑤   334 ③   335 ④

16 세포 내 정보의 흐름

❶ 유전정보   ❷ 유전자   ❸ DNA   ❹ 단백질
❺ 형질   ❻ 생명중심원리   ❼ 전사   ❽ 번역
❾ 3염기조합   ❿ 코돈   ⓫ RNA   ⓬ 단백질
⓭ 유전자   ⓮ 단백질   ⓯ 1(한)

336 ③   337 ④   338 ④   339 ②   340 ⑤
341 ④   342 ③   343 전사는 DNA의 유전정보가 RNA로 전달되는 과정으로, 전사 결과 DNA의 염기서열에 상보적인 염기서열을 가진 RNA가 합성된다.
344 ②   345 ③   346 ③   347 ④
348 (1) ㉠ AGA, ㉡ ACC, ㉢ AAA   (2) RNA는 (나) 가닥으로부터 전사되었다. RNA의 왼쪽 일곱 번째부터의 염기 AGAGGC와 DNA (나) 가닥의 왼쪽 일곱 번째부터의 염기 TCTCCG가 상보결합하기 때문이다.
349 ③   350 ①   351 ②   352 (1) ㄷ   (2) 합성되는 폴리펩타이드는 총 4개의 아미노산으로 구성된다. ㉠에는 총 12개의 염기가 있는데, 3개의 염기가 한 조를 이루어 아미노산 1개를 지정한다. 따라서 12÷3=4로 4개의 아미노산을 지정한다.   353 ③   354 ②
355 ③   356 ③   357 정상 헤모글로빈 유전자의 염기서열 중 염기 1개, 즉 타이민(T)이 아데닌(A)으로 바뀐 결과, 전사된 RNA의 염기서열도 아데닌(A) 하나가 유라실(U)로 바뀌었다. 그 결과 코돈이 지정하는 아미노산이 바뀌었고, 아미노산의 종류가 바뀌면서 헤모글로빈의 입체 구조가 변화되었다.

358 (1) ㉠은 혼합층이고, ㉡은 수온 약층이다.
(2) 태양 에너지가 표층 해수를 가열하는 작용과 바람이 해수를 혼합시키는 작용으로 형성된다.
359 (1) 화산 가스 방출로 탄소는 지권에서 기권으로 이동하므로 B는 지권, A는 기권. 광합성 작용으로 탄소는 기권에서 생물권으로 이동하므로 C는 생물권이다.
(2) ㉠은 탄소가 생물권에서 지권으로 이동하는 과정으로, 해양 생물의 골격이 지권에 퇴적되어 석회암을 생성한다. 또한, 생물의 사체가 화석 연료를 형성하여 지권에 퇴적된다.
360 기권에서는 이산화 탄소나 메테인으로, 수권에서는 탄산 이온으로, 지권에서는 석회암이나 화석 연료로, 생물권에서는 유기 화합물의 형태로 존재한다.
361 (1) 지진 해일이 발생하는 것은 지권과 수권의 상호작용이고, 화산재와 화산 가스가 대기로 방출되는 것은 지권과 기권의 상호작용이다.
(2) 오존층 구멍이 커지면 지상에 도달하는 자외선의 양이 증가하여 생물권에 영향을 미친다.
362 지진 활동으로 인한 피해를 줄이기 위해 건물이나 구조물에 내진 설계를 적용하고, 지진 해일 예보, 지진 발생 시 행동 요령에 대한 안전 교육을 시행한다. 화산 활동으로 인한 피해를 줄이기 위해 지진 정보 수집, 인공위성을 이용한 지형 변화 관측 등을 실시하여 화산 분출 예보 시스템을 마련하고, 미리 대피할 수 있도록 한다.
363 물체를 매우 빠른 특정 속력으로 던지면 물체는 중력을 받아 계속 아래 방향으로 떨어지지만 지구가 둥글기 때문에 지표면에 닿지 않고 지구 주위를 원운동할 수 있게 된다. 인공위성에도 일정한 크기의 중력이 작용하므로

특정 속력으로 운동하면 지표면에 닿지 않고 지구 주위를 원운동할 수 있다.

364

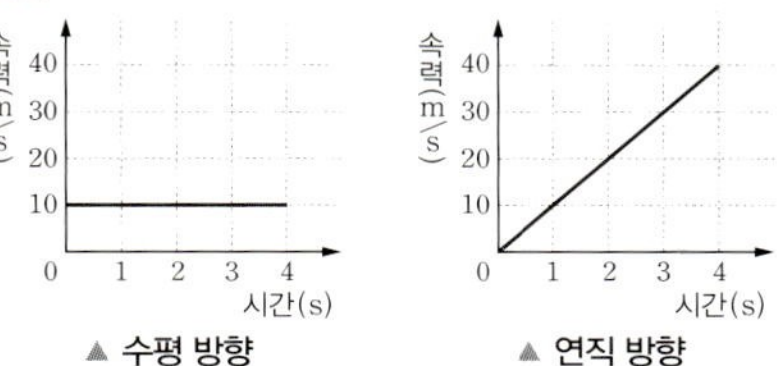

물체는 수평 방향으로 작용하는 힘이 없어 등속 운동을 하므로 수평 방향의 속력-시간 그래프는 시간 축에 나란한 직선 모양이다. 따라서 0~4초 동안 물체의 속력은 처음 속력 10 m/s로 일정하다. 그리고 물체는 연직 방향으로 중력을 받아 자유 낙하 운동을 하므로 물체의 속력은 1초에 10 m/s씩 증가한다. 따라서 연직 방향의 속력-시간 그래프는 기울기가 일정한 직선 모양이며, 4초일 때 물체의 속력은 40 m/s이다.
365 자동차가 갑자기 멈출 때 사람은 계속 운동하려는 관성이 있으므로 몸이 앞쪽으로 쏠린다.
366 (1) 충격량이 같을 때 충돌 시간이 길어지면 선수가 받는 힘의 크기가 작아진다.
(2) 자동차의 에어백은 자동차가 충돌하여 사람이 차 내부에 부딪칠 때 사람에게 힘이 작용하는 시간을 길게 하여 사람이 받는 힘의 크기를 줄인다. / 선박 외부의 타이어는 선박이 부두나 다른 배와 충돌할 때 힘이 작용하는 시간을 길게 하여 선박이 받는 힘의 크기를 줄인다. / 스펀지가 들어 있는 안전모는 머리를 부딪칠 때 힘이 작용하는 시간을 길게 하여 사람이 받는 힘의 크기를 줄인다. 등
367 (1) (나)는 충돌 전 속력을 줄여 운동량 변화량을 줄이므로 충격량을 줄이는 ㉠에 해당하고, (다)는 벌집 구조가 찌그러지면서 충돌 시간을 길게 하여 힘의 크기를 줄이는 ㉡에 해당한다.
(2) • ㉠에 해당하는 사례: 충돌 전에 자동차 브레이크를 밟아 속력을 최대한 줄이면 운동량 변화량이 감소하여 충격량을 줄일 수 있다. / 도로에 과속 방지턱을 설치하여 자동차의 과속을 막아 충격량을 줄인다. 등
• ㉡에 해당하는 사례: 자동차가 충돌할 때 범퍼가 찌그러지며 충돌 시간이 길어져 자동차가 받는 힘의 크기가 감소한다. / 머리 부분이 충돌할 때 안전모 안에 들어 있는 스펀지가 압축되며 충돌 시간을 길게 하여 힘의 크기를 줄인다. 등
368 물질 A는 산소(O_2), 물질 B는 포도당이다. 산소와 같이 크기가 작은 기체 분자는 직접 세포막(인지질 2중층)을 통과할 수 있기 때문에 농도 차이에 비례하여 물질의 이동 속도가 증가할 수 있다. 그러나 포도당과 같이 크기가 큰 물질은 막단백질을 통해 이동하므로 초기에는 물질의 이동 속도가 증가하다 최대 속도에 도달하면 막단백질이 모두 물질의 이동에 이용되고 있기 때문에 더 이상 증가하지 않는다.
369 용액 A 농도<용액 B 농도. 용액 A에서는 용액 A(저농도)의 물이 세포 안쪽(고농도)으로 이동하여 세포질 부피가 증가하였고, 용액 B에서는 세포질(저농도)의 물이 용액 B(고농도)로 이동하여 세포질 부피가 감소하였으므로 '(용액 A의 농도)<(표피세포 세포질의 농도)<(용액 B의 농도)'임을 알 수 있다.
370 효소의 주성분은 단백질이다. 단백질은 온도에 의해 입체 구조가 변성되는 특성을 가지고 있다. 따라서 우리 몸이 체온을 적절한 온도로 일정하게 유지하지 않으면 효소의 입체 구조에 변화가 일어나 여러 가지 물질대사 반응에 관여하는 효소들이 그 기능을 할 수 없게 되기 때문이다.
371 효소 X. 그림 (가)는 생성물의 에너지가 반응물의 에너지보다 큰 것으로 보아 에너지를 흡수하여 작은 분자를 큰 분자로 합성하는 반응(동화작용)의 에너지 변화를 나타낸 것임을 알 수 있다. 그림 (나)에서는 효소 X는 작은 분자를 큰 분자로 합성하는 반응에 관여하고 있고, 효소 Y는 큰 분자가 작은 분자로 분해하는 반응에 관여하고 있음을 알 수 있다. 따라서 효소 X는 그림 (가) 반응의 활성화에너지를 낮춰 반응을 촉진할 수 있다.
372 사람과 대장균 둘 다 유전정보가 DNA에서 RNA로, RNA에서 단백질로 변환되는 정보의 흐름을 따른다.

또 사람과 대장균 모두 같은 유전부호 체계를 사용한다. 따라서 사람의 인슐린 유전자는 대장균에서도 사람 세포에서와 같은 RNA 염기서열로 전사되며, 대장균에서도 같은 코돈은 같은 아미노산을 지정하므로 사람의 인슐린 단백질과 같은 단백질을 합성하게 된다.

이동할 수 있으므로 수용액 상태에서 전기 전도성이 있다. 따라서 수용액 상태에서 전류가 잘 흐르는지 확인할 수 있는 실험이 필요하므로 각 물질을 증류수에 녹인 후 전기 전도성 측정기를 담가 보아 전류가 흐르는지 확인한다.

159 (1) 이온 결합 물질은 (나), (다), (라)이고, 공유 결합 물질은 (가)이다. (가)는 비금속 원소인 A, B로 이루어진 공유 결합 물질, (나)는 비금속 원소인 A와 금속 원소인 D로 이루어진 이온 결합 물질, (다)는 비금속 원소인 B와 금속 원소인 C로 이루어진 이온 결합 물질, (라)는 비금속 원소인 B와 금속 원소인 D로 이루어진 이온 결합 물질이기 때문이다.

(2) C_2A, 18족 원소인 네온과 같은 전자 배치를 이루기 위해 A는 전자 2개를 얻어 A^{2-}이 되고, C는 전자 1개를 잃어 C^+이 된다. 따라서 A^{2-}과 C^+이 1 : 2의 개수비로 결합하므로 A와 C로 이루어진 화합물의 화학식은 C_2A이다.

160 (1) 알칼리 금속은 공기 중의 산소와 빠르게 반응하여 산화물을 형성하므로 알칼리 금속을 칼로 자르면 단면의 은백색 광택이 사라진다.

(2) 칼륨(K)>나트륨(Na)>리튬(Li)

(3) 알칼리 금속은 물과 반응할 때 전자 1개를 잃는데, 이때 잃는 전자는 가장 바깥 전자 껍질에 들어 있는 원자가 전자이다. 전자 껍질이 원자핵에서 멀어질수록 전자 껍질에 들어 있는 전자와 원자핵과의 인력이 작아져 전자를 떼어 내기 쉬워진다. 따라서 알칼리 금속 원소의 원자 번호가 클수록 반응에 참여하는 원자가 전자는 원자핵에서 더 멀리 떨어진 전자 껍질에 들어 있어 더 쉽게 떼어 낼 수 있으므로 알칼리 금속의 반응 정도는 원자 번호가 커질수록 커진다.

161 (1) (가) → (나) → (다)로 가면서 Si−O 사면체 사이에 공유하는 산소의 수는 점점 많아진다.

(2) 규소 원자 1개당 공유하고 있는 산소 원자의 수는 (가)에서 0개, (나)에서 2개, (다)에서 3개이다.

162 (1) 9개. n개의 단위체가 결합할 때 $n-1$개의 펩타이드결합 막대를 사용하기 때문이다.

(2) 모형 Y에 사용되는 펩타이드결합 막대 부품의 개수가 모형 X에 사용되는 것보다 더 많다. 모형 X를 만들 때에는 펩타이드결합 막대 부품이 9개 필요하지만, 모형 Y를 만들 때에는 11개가 필요하다.

163 (1) 10 개 (2) GTGT (3) ⓐ−사이토신(C), ⓑ−구아닌(G). 이 DNA에서 ⓐ와 ⓑ를 제외하고 구아닌(G)이 2개이므로 ⓐ와 ⓑ 중 1개는 구아닌(G)이다. ⓑ는 아데닌(A)과 구아닌(G) 중 하나라고 했으므로, ⓑ가 구아닌(G)이다. ⓐ는 ⓑ와 상보결합하므로 사이토신(C)이다.

164 태양 전지에 사용하는 반도체 소자는 빛을 받으면 전류가 흐르는 성질이 있고, LED 전등에 사용하는 반도체 소자는 전류가 흐르면 빛을 내는 성질이 있다.

165 (1) 폴리에스터로 구성된 장갑으로는 스마트 기기를 작동하기 어려우므로 폴리에스터는 부도체이다. 폴리에스터는 자유 전자가 거의 없어 전류가 잘 흐르지 않는 전기적 성질이 있다.

(2) 전류가 흐를 때 전기 에너지를 열에너지로 바꾸는 전도성 고분자 섬유는 도체이다. 반도체는 착용자의 상태와 야외 기온 변화를 감지하는 센서로 사용할 수 있다. 부도체는 배터리를 감싸 전류가 밖으로 흐르지 않게 하거나 전류가 흐를 필요가 없는 부분의 옷감으로 사용할 수 있다.

Ⅲ 시스템과 상호작용

09 지구시스템의 구성 요소

48쪽

❶ 태양계 ❷ 지구시스템 ❸ 대류권 ❹ 오존층 ❺ 혼합층 ❻ 차단 ❼ 지각 ❽ 액체 ❾ 생물권 ❿ 지구 자기장

주제별 난이도별 다 주는
실전 대비 문제
49~53쪽

166 ④ **167** ㉠ 중심별, ㉡ 물 **168** ③ **169** ⑤ **170** ⑤ **171** ① **172** ④ **173** ④ **174** ③ **175** ① **176** ④ **177** ⑤ **178** ③ **179** ② **180** ⑤ **181** ② **182** ④ **183** ④ **184** ① **185** ② **186** ③ **187** (가) 태양에서 오는 가시광선이 지표면에 도달하여 광합성에 이용된다. (나) 유성이 떨어지다가 대기 중에서 다 타서 지표면에 떨어지지 않는다.

10 지구시스템의 상호작용

54쪽

❶ 태양 에너지 ❷ 인력 ❸ 수증기 ❹ 이산화 탄소 ❺ 석회암 ❻ 상호작용 ❼ 생물권 ❽ 지권 ❾ 균형

주제별 난이도별 다 주는
실전 대비 문제
55~59쪽

188 ④ **189** ③ **190** ④ **191** ③ **192** (가) 태양 에너지, (나) 지구 내부 에너지 **193** ② **194** ⑤ **195** ① **196** 증발이 일어나는 과정에서 물은 태양 에너지를 흡수하여 수증기가 되고, 수증기가 비 또는 눈이 되어 내릴 때는 숨은열을 방출한다. **197** ④ **198** ② **199** ④ **200** ⑤ **201** (가) 기권에서 수권으로 이동한다. (나) 지권에서 수권으로 이동한다. (다) 수권에서 기권으로 이동한다. (라) 수권에서 지권으로 이동한다. **202** ⑤ **203** 지표면의 풍화와 침식 작용은 수권과 지권의 상호작용이다. **204** ⑤ **205** ① **206** ③ **207** ② **208** ④ **209** 식물은 기권의 이산화 탄소를 흡수하여 광합성을 한다. 바람에 의한 식물의 종자와 포자가 운반된다. 등 **210** ④

11 지권의 변화

60쪽

❶ 암석권 ❷ 대류 ❸ 판 구조론 ❹ 멀어지는 ❺ 섭입형 ❻ 변환 단층 ❼ 지진 ❽ 마그마 ❾ 화산 쇄설물 ❿ 지열

주제별 난이도별 다 주는
실전 대비 문제
61~65쪽

211 ② **212** ④ **213** ④ **214** ⑤ **215** ⑤ **216** ④ **217** ① **218** 밀도가 큰 해양판이 밀도가 작은 해양판의 아래로 섭입한다. **219** ① **220** ③ **221** 암석권은 단단한 고체로 이루어져 있고, 연약권은 부분 용융되어 있어 유동성이 있는 고체로 이루어져 있다. **222** ③ **223** 대륙판은 대륙 지각과 맨틀의 최상부로 이루어져 있고, 해양판은 해양 지각과 맨틀의 최상부로 이루어져 있다. **224** ④ **225** ④ **226** ① **227** ① **228** ⑤ **229** ④ **230** 지진이 발생하면 건물이 흔들리고 붕괴하는 과정에서 가스가 누출되거나 전기가 누전되어 화재가 발생하기도 한다. **231** ③ **232** ④ **233** 지진인 해저에서 지각 변동으로 발생한 해저 지진이 수권인 바다에 영향을 주어 해안 근처에 해일을 일으키고, 이에 따라 재산과 인명 피해가 발생하였으므로 생물권에도 영향을 주었다.

12 중력과 역학 시스템

66쪽

❶ 수직 ❷ 크 ❸ 지구 중심 ❹ 속도 ❺ 중력 ❻ 중력 가속도 ❼ 등가속도 ❽ 등속 ❾ 가속도 ❿ 지구 중심

주제별 난이도별 다 주는
실전 대비 문제
67~72쪽

234 ② **235** 물체에 힘이 작용하지 않으면 계속 일정한 속력으로 운동하고, 물체의 운동 방향과 반대 방향으로 힘이 작용하면 운동 방향은 변하지 않고 속력이 감소한다. **236** ④ **237** ④ **238** ③ **239** ② **240** ⑤ **241** ④ **242** ⑤ **243** 자유 낙하 운동하는 물체에는 중력이 운동 방향으로 작용하므로 운동 방향은 변하지 않고 속력이 일정하게 증가한다. / 지구 주위를 도는 인공위성에는 중력이 운동 방향과 수직인 방향으로 작용하므로 속력은 일정하고 운동 방향이 계속 변한다. / 수평으로 던진 물체에는 연직 방향으로 중력이 작용하므로 운동 방향에 비스듬하게 중력이 작용한다. 따라서 운동 방향과 속력이 계속 변한다. 등 **244** ③ **245** (1) 1 : 1 : 1 (2) 자유 낙하하는 물체의 가속도는 질량에 관계없이 중력 가속도로 같으므로 시간에 따른 속력 변화량이 같다. **246** ④ **247** ④ **248** ④ **249** ② **250** ③ **251** ⑤ **252** ② **253** ① **254** ③ **255** ② **256** ⑤ **257** ⑤ **258** ① **259** ④ **260** ③ **261** ② **262** 인공위성은 지구로부터 거리가 일정한 원 궤도를 따라 일정한 속력으로 원운동을 하므로 인공위성에 작용하는 중력의 크기는 일정하고 중력의 방향은 운동 방향에 수직인 지구 중심 방향이다. **263** ②

13 충돌과 안전장치

73쪽

❶ 힘 ❷ 질량 ❸ 운동량 ❹ 속도 ❺ 충격량 ❻ 힘 ❼ 넓이 ❽ 충격량 ❾ 크 ❿ 힘 ⓫ 작아 ⓬ 관성 ⓭ 길

주제별 난이도별 다 주는
실전 대비 문제
74~79쪽

264 ③ **265** ③ **266** ⑤ **267** 승객의 몸이 앞으로 쏠린다. 이는 운동하던 물체가 계속 운동하려는 관성 때문이다. **268** ② **269** ③ **270** ① **271** ④ **272** ① **273** ③ **274** ① **275** ④ **276** ② **277** ① **278** ③ **279** A와 B에서 운동량의 방향이 반대 방향이므로 A에서 B까지 추의 운동량 변화량의 크기는 $4 \, kg \cdot m/s$이다. 따라서 추가 받은 충격량의 크기는 $4 \, N \cdot s$이다. **280** ② **281** ④ **282** ① **283** ④ **284** ⑤ **285** ③ **286** ① **287** ③ **288** ④ **289** 범퍼는 충격량의 크기가 같더라도 충돌 시간을 길게 해서 사람이 받는 힘의 크기를 줄이고, 안전띠는 충돌 시 관성에 의해 사람이 앞으로 튀어 나가는 것을 막아 준다. **290** ②

14 생명 시스템의 기본 단위

80쪽

❶ 생명 시스템 ❷ 세포 ❸ DNA ❹ 단백질 ❺ 소포체 ❻ 세포 ❼ 엽록체 ❽ 식물 ❾ 세포막 ❿ 인지질 ⓫ 선택적 투과성 ⓬ 낮은 ⓭ 높은 ⓮ 낮은 ⓯ 높은

주제별 난이도별 다 주는
실전 대비 문제
81~85쪽

291 ④ **292** ③ **293** ⑤ **294** ③ **295** ②, ④ **296** ④ **297** ③, ④ **298** ② **299** ③ **300** ⑤ **301** ⑤ **302** ③ **303** ④ **304** ③ **305** ⑤ **306** ④ **307** ④ **308** ③ **309** (1) A: 인지질, B: 막단백질 (2) A(인지질)로 이루어진 인지질 2중층을 직접 통과하는 물질은 크기가 작거나 지용성인 물질이고, B(막단백질)를 통과하여 이동하는 물질은 크기가 크거나 이온과 같이 전하를 띠는 물질이다. **310** ⑤ **311** ⑤ **312** ④ **313** ④

15 물질대사와 효소

86쪽

❶ 물질대사 ❷ 효소 ❸ 에너지 ❹ 흡수 ❺ 방출 ❻ 효소 ❼ 단계적 ❽ 한 ❾ 빠르게 ❿ 활성화 ⓫ 단백질 ⓬ 기질 ⓭ 산소 ⓮ 카탈레이스

빠른 정답 시험대비 교재

I 과학의 기초

01 과학의 기본량 ~ 02 측정 표준과 정보
4쪽

❶ 거시 ❷ 세슘 원자 ❸ 기본량 ❹ 측정 ❺ 측정 표준 ❻ 아날로그 ❼ 전기 ❽ 디지털

주제별 난이도별 다 주는
실전 대비 문제
5~7쪽

001 ④ 002 ② 003 ⑤ 004 ③ 005 ③ 006 ④ 007 기본량의 단위를 시간이 지나도 변하지 않는 기본 상수를 구하는 실험 방법을 사용해 정의하여 현재 가장 정확한 단위 체계이기 때문이다. 008 ① 009 ② 010 ③ 011 미세 먼지 농도를 측정하여 시민들이 호흡기 질환을 대비할 수 있도록 행동 요령을 안내한다. 012 ③ 013 ③ 014 과학 기술이 발달함에 따라 디지털 정보를 처리하는 속도가 크게 증가하였고, 정보 통신 기술이 함께 발전하였기 때문이다.

II 물질과 규칙성

03 우주 초기에 형성된 원소
8쪽

❶ 스펙트럼 ❷ 흡수 ❸ 종류 ❹ 빅뱅 우주론 ❺ 쿼크 ❻ 전자 ❼ 수소 원자

주제별 난이도별 다 주는
실전 대비 문제
9~13쪽

015 ⑤ 016 ② 017 선의 위치, 선의 개수, 선의 굵기 등 018 고온의 별에서 방출된 빛이 저온의 기체를 통과할 때 기체가 특정 파장의 빛을 흡수하여 생성된다. 019 ③ 020 ③ 021 ③ 022 ⑤ 023 ① 024 ④ 025 ④ 026 ④ 027 ② 028 ⑤ 029 ① 030 ② 031 ④ 032 ⑤ 033 ② 034 양성자 2개와 중성자 2개가 결합하여 헬륨 원자핵이 만들어졌다. 035 ④ 036 수소 원자는 수소 원자핵과 전자 1개가 결합하여 만들어졌고, 헬륨 원자는 헬륨 원자핵과 전자 2개가 결합하여 만들어졌다. 037 ① 038 ④ 039 ① 040 ④

04 지구와 생명체를 이루는 원소의 생성
14쪽

❶ 원시별 ❷ 수소 핵융합 반응 ❸ 철 ❹ 초신성 폭발 ❺ 원시 태양 ❻ 원반 ❼ 가벼운 ❽ 생명체

주제별 난이도별 다 주는
실전 대비 문제
15~19쪽

041 ⑤ 042 ⑤ 043 헬륨, 수소 핵융합 반응 044 ③ 045 별 내부에서 생성된 원소의 종류는 (나)가 (가)보다 더 많으므로 별의 질량은 (나)가 (가)보다 크다. 046 ③ 047 ④ 048 ① 049 수소 핵융합 반응이 끝난 별의 중심부는 수축하고, 외곽은 팽창한다. 따라서 별의 크기는 커지고, 중심부의 온도는 높아진다. 050 ④ 051 ③ 052 ① 053 ② 054 ① 055 ⑤ 056 ④ 057 지구를 비롯한 태양계의 행성에 철보다 무거운 원소가 포함되어 있지만, 원시 태양의 생성 이후 태양계 내에서는 철보다 무거운 원소가 만들어지지 않았기 때문이다. 058 ⑤ 059 ① 060 ② 061 원시 태양에 가까운 곳은 온도가 높은 환경이었으므로 녹는점이 높은 물질이 미행성을 형성하였고, 그 미행성의 충돌과 병합으로 무거운 원소의 비율이 높은 지구형 행성을 형성하였기 때문이다. 062 ①

05 원소의 주기성
20쪽

❶ 원자 번호 ❷ 주기 ❸ 족 ❹ 양 ❺ 음 ❻ 수소 ❼ 염기성 ❽ 크 ❾ 17 ❿ 크 ⓫ 전자 ⓬ 2 ⓭ 8 ⓮ 전자 껍질 수 ⓯ 원자가 전자 수 ⓰ 원자가 전자

주제별 난이도별 다 주는
실전 대비 문제
21~25쪽

063 ⑤ 064 ② 065 ④ 066 ② 067 ② 068 ③ 069 ③ 070 알칼리 금속은 공기 중의 산소, 물과 잘 반응하므로 공기(산소)와 물의 접촉을 차단할 수 있도록 석유, 액체 파라핀 등에 넣어 보관한다. 071 ③ 072 (1) 나트륨은 칼로 쉽게 잘릴 정도로 무르며, 나트륨은 알칼리 금속에 속하므로 알칼리 금속은 무르다. (2) 물과 격렬하게 반응하여 수소 기체가 발생하고, 반응 후 수용액은 붉은색으로 변한다. 073 ⑤ 074 16 075 ⑤ 076 ① 077 ④ 078 ③ 079 금속 원소는 B이고, 비금속 원소는 A, C, D이다. A는 1주기 18족 원소, B는 2주기 1족 원소, C는 2주기 16족 원소, D는 3주기 17족 원소이다. B는 주기율표의 왼쪽에 위치하는 금속 원소이다. A, C, D는 주기율표의 오른쪽에 위치하는 비금속 원소이다. 080 ② 081 ④ 082 ④ 083 ① 084 ④ 085 ③

06 화학 결합과 물질의 성질
26쪽

❶ 0 ❷ 18 ❸ 잃 ❹ 얻 ❺ 양이온 ❻ 음이온 ❼ 금속 ❽ 비금속 ❾ 전자쌍 ❿ 2 ⓫ 분자 ⓬ 없 ⓭ 있 ⓮ 없 ⓯ 없

주제별 난이도별 다 주는
실전 대비 문제
27~31쪽

086 ① 087 ② 088 X는 가장 바깥 전자 껍질에 전자가 8개 채워진 안정한 상태이므로 다른 원소와 거의 반응하지 않고 원자 상태로 존재한다. 089 ② 090 ③ 091 ③ 092 (1) A는 전자 2개를 잃어 A^{2+}이 되고, 이때 전자는 A 원자에서 B 원자로 이동하여 B는 전자 1개를 얻어 B^-이 된다. A^{2+}과 B^-이 정전기적 인력으로 결합하여 화합물을 생성한다. (2) AB_2, 네온의 전자 배치를 이루는 A, B의 이온은 각각 A^{2+}과 B^-이다. 이온 결합 물질은 전기적으로 중성이므로 A^{2+}과 B^-은 1 : 2의 개수비로 결합하여 화합물 AB_2를 생성한다. 093 ⑤ 094 ② 095 ① 096 ③ 097 ⑤ 098 ③ 099 ① 100 ② 101 ⑤ 102 ④ 103 ④ 104 ③ 105 ③ 106 (1) 구성 원소가 세 가지인 물질은 $NaNO_3$과 $C_{12}H_{22}O_{11}$이고, 이 중 $NaNO_3$은 이온 결합 물질이고, $C_{12}H_{22}O_{11}$은 공유 결합 물질이다. 이로부터 기준 (가)는 이온 결합 물질에만 적용되는 '수용액 상태에서 전기 전도성이 있는가?', '이온 결합 물질인가?' 등이 적절하다. (2) ㉠은 $C_{12}H_{22}O_{11}$이고, ㉡은 NaCl이므로 화학 결합의 종류는 ㉠이 공유 결합, ㉡이 이온 결합이다.

07 자연의 구성 물질
32쪽

❶ 규산염 ❷ 단위체 ❸ 아미노산 ❹ 물 ❺ 폴리펩타이드 ❻ 입체 ❼ 염기 ❽ 인산 ❾ 당 ❿ 유전정보 ⓫ 이중나선 ⓬ 라이보스 ⓭ 타이민, T ⓮ 단백질 ⓯ 상보

주제별 난이도별 다 주는
실전 대비 문제
33~36쪽

107 ① 108 ⑤ 109 ③ 110 휘석은 단사슬 구조로, 한 줄로 길게 기둥 모양의 결정을 가진다. 흑운모는 판상 구조로, 판 모양을 따라 얇게 쪼개진다. 111 ④ 112 (1) 감람석, 석영 (2) Si−O 사면체들이 독립적으로 이루어진 구조, 한 줄 또는 두 줄로 길게 이어진 구조, 평면의 판 모양으로 이어진 구조, 입체적으로 이어진 구조 등의 다양한 형태로 결합하여 규산염 광물을 만들기 때문이다. 113 ② 114 ① 115 ② 116 ④ 117 ⑤ 118 ① 119 ⑤ 120 ② 121 ③ 122 ⑤ 123 ⑤ 124 (1) ㄱ (2) ㉠은 타이민(T)이다. 타이민(T)은 DNA의 염기이고, 유라실(U)은 RNA의 염기이기 때문이다. 125 ③ 126 ⑤ 127 ④

08 물질의 전기적 성질과 활용
37쪽

❶ 전기력 ❷ 속박 ❸ 자유 전자 ❹ 도체 ❺ 부도체 ❻ 반도체 ❼ 자유 전자 ❽ 전기적 ❾ 5 ❿ 3 ⓫ 다이오드 ⓬ 트랜지스터 ⓭ 전류

주제별 난이도별 다 주는
실전 대비 문제
38~41쪽

128 ④ 129 ③ 130 ① 131 ③ 132 ⑤ 133 부도체는 자유 전자가 거의 없어 전기 전도성이 도체에 비해 매우 낮다. 134 ③ 135 ④ 136 자유 전자가 많아 전류가 잘 흐른다. 137 ④ 138 ⑤ 139 ④ 140 ② 141 ① 142 ③, ⑤ 143 ① 144 ④ 145 ③ 146 순수한 반도체에 원자가 전자가 3개인 원소를 도핑하면 p형 반도체가 되고, 원자가 전자가 5개인 원소를 도핑하면 n형 반도체가 된다. 147 ④ 148 ② 149 ② 150 ⑤

주제별 난이도별 다 주는
서·논술형 대비 문제
42~47쪽

151 별의 중심으로 향하는 중력이 별의 내부 압력보다 크기 때문이다.
152 (1) B 영역에서는 수소 핵융합 반응이 일어나고, C 영역에서는 헬륨 핵융합 반응이 일어난다. (2) A 영역: 우주 초기에 생성된 수소와 헬륨, B 영역: 우주 초기에 생성된 수소와 헬륨 및 별에서 생성된 헬륨, C 영역: 우주 초기에 생성된 헬륨과 별에서 생성된 헬륨 및 별에서 생성된 탄소
153 우주에 존재하는 수소와 헬륨 중 일부가 별을 만드는 재료로 이용되었고, 별을 이루는 수소와 헬륨 중 일부만 핵융합 반응을 통해 무거운 원소를 만들었기 때문이다.
154 (1) 구성 물질의 녹는점은 지구가 목성보다 높다. (2) 지구를 형성한 미행성은 목성을 형성한 미행성보다 높은 온도 환경에서 생성되었다. (3) 지구를 형성한 미행성이 생성된 온도가 높은 환경에서는 녹는점이 높은 물질만 고체를 형성할 수 있었기 때문이다.
155 대폭발(빅뱅) 이후 우주에서는 수소와 헬륨 원자핵이 형성되었지만, 그 이후 우주의 온도는 점점 낮아지므로 더 이상의 원자핵은 형성하기 어려웠다. 따라서 우주 공간에서 핵융합 반응이 일어나 새로운 원자핵이 형성될 수 있을 정도로 온도가 높은 곳은 별의 내부밖에 없었으므로 무거운 원소는 별의 내부에서 핵융합 반응으로 형성되었다.
156 (가)는 원자 번호가 증가하더라도 그 값이 일정하므로 '전자가 들어 있는 전자 껍질 수'가 적절하다. 이는 같은 주기 원소에서 전자가 들어 있는 전자 껍질 수가 같기 때문이다. (나)는 원자 번호가 증가함에 따라 일정한 간격으로 증가하므로 '원자가 전자 수'가 적절하다. 이는 같은 주기에서 18족 원소를 제외하고 원자 번호가 1만큼 증가할 때 원자가 전자 수가 1만큼 증가하기 때문이다.
157 (1) (나)에서 모은 기체에 성냥불을 대어 보았을 때 '퍽' 소리를 내며 타는 것으로 보아 (가)에서 발생한 기체는 잘 타는 성질이 있는 수소이다. (2) 전자가 들어 있는 전자 껍질 수는 X > Y이다. (가)에서 물과의 반응 정도는 A에서가 B에서보다 격렬한데, 알칼리 금속의 반응 정도는 원자 번호가 클수록 커지기 때문이다.
158 공유 결합 물질인 설탕, 포도당은 수용액에서 전기적으로 중성인 분자로 존재하므로 수용액 상태에서 전기 전도성이 없다. 이온 결합 물질인 염화 나트륨, 질산 칼륨은 수용액에서 양이온과 음이온으로 나누어져 자유롭게

I 과학의 기초

1 ③ 2 ① 3 ④ 4 ④ 5 ①

II 물질과 규칙성

1 ⑤ 2 ③ 3 ④ 4 ⑤ 5 ③ 6 ⑤
7 ④ 8 ③ 9 ② 10 ③ 11 ②
12 ② 13 ④ 14 ② 15 ③ 16 ①

17 철보다 가벼운 원소는 별 내부에서 핵융합 반응을 통해 생성되었고, 철보다 무거운 원소는 초신성이 폭발하는 과정에서 생성되었다.

18 (1)

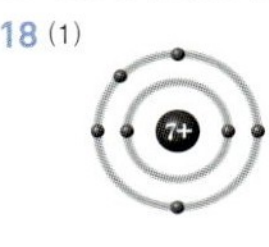 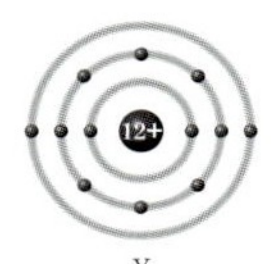

(2) X는 2주기 15족 원소이므로 비금속 원소이고, Y는 3주기 2족 원소이므로 금속 원소이다.

19 Si−O 사면체는 규소 1개를 중심으로 산소 4개가 결합하여 정사면체 모양을 하고 있다. 20 (1) ㉠은 타이민(T)이다. 생물 (가)의 DNA에서 아데닌(A)과 ㉠의 비율이 같으므로, 아데닌(A)과 ㉠은 상보결합하는 타이민(T)이라는 것을 알 수 있다. (2) ⓐ는 22이다. 구아닌(G)과 사이토신(C)은 상보결합하므로, 생물 (나)의 DNA에서 구아닌(G)과 사이토신(C)의 염기 비율은 같다.

21 A는 자유 전자가 많아 전류가 잘 흐르지만 B는 자유 전자가 거의 없어 전류가 흐르지 않는다.

1 ⑤ 2 ② 3 ④ 4 ⑤ 5 ② 6 ②
7 ⑤ 8 ③ 9 ④ 10 ⑤ 11 ②
12 ④ 13 ④ 14 ③ 15 ④ 16 ③

17 마그마의 바다 상태에서 무거운 물질이 지구 중심부로 가라앉으면서 지구 중심부에 핵이 형성되었고, 가벼운 물질이 위로 떠올라 맨틀을 형성하면서 지구 중심부의 밀도가 증가하였다. 18 (1) ㉠은 '없음'이다. 수용액 상태에서 전기 전도성이 있는 B는 이온 결합 물질인 황산 구리(II)($CuSO_4$)이다. 황산 구리(II)($CuSO_4$)는 고체 상태에서 이온이 자유롭게 이동하지 못하므로 전기 전도성이 없다. (2) A는 고체 상태와 수용액 상태에서 모두 전기 전도성이 없으므로 공유 결합으로 이루어져 있고, B는 고체 상태에서 전기 전도성이 없고 수용액 상태에서 전기 전도성이 있으므로 이온 결합으로 이루어져 있다. 19 Si−O 사면체의 결합 구조가 다양하고, 사면체와 다른 사면체 사이에 결합하는 금속 이온의 종류와 비율에 따라 다양한 규산염 광물이 만들어지기 때문이다. 20 유전정보는 유전자를 이루는 DNA의 염기서열에 저장되어 있다. DNA의 단위체는 뉴클레오타이드인데, DNA 뉴클레오타이드는 염기(아데닌, 구아닌, 타이민, 사이토신)에 따라 4종류가 있다. 염기가 다른 4종류의 뉴클레오타이드가 다양한 순서로 결합하여 염기서열이 다른 DNA가 만들어지므로 다양한 유전정보를 저장할 수 있다. 21 ㉠에 활용되는 반도체 소자는 빛을 받으면 전류가 흐르는 전기적 성질이 있고, ㉡에 활용되는 반도체 소자는 전류가 흐를 때 빛을 방출하는 전기적 성질이 있다.

III 시스템과 상호작용

1 ② 2 ③ 3 ④ 4 ③ 5 ⑤ 6 ③
7 ④ 8 ③ 9 ④ 10 ① 11 ④
12 ⑤ 13 ④ 14 ③ 15 ② 16 ⑤
17 ③ 18 ② 19 ③ 20 외권으로 들어온 태양 에너지는 광합성 과정을 통해 화학 에너지의 형태로 생물권에 저장되었다가 화석 연료의 생성 과정을 통해 지권으로 이동한다.

21 q에서 물체의 속력은 $\frac{10\,m}{2\,s}=5$ m/s이다. 물체가 q에서 r까지 이동하는 데 걸린 시간을 t라고 하면 지면에 도달하기 직전 물체의 연직 방향 속력은 $10t$이고, 평균 속력은 $5t$이다. 따라서 낙하 거리는 평균 속력×시간 $=5t\times t=5t^2$이다. 이 시간 동안 물체의 수평 이동 거리는 $5t$이므로 $5t^2=5t$에서 $t=1$초이다. 따라서 q에서 r까지 수평 거리는 5 m이다. 22 종이 위에 동전을 놓고 종이를 빠르게 당기면 동전이 따라오지 않고 제자리에 있다. / 막대기로 이불을 털면 먼지가 떨어진다. / 달리던 버스가 갑자기 멈추면 사람들이 앞으로 쏠린다. / 걷다가 돌부리에 발이 걸리면 몸이 앞으로 쏠린다. 등 23 (1) 물 (2) (가)는 적혈구를 소금물에 넣었을 때 소금물보다 농도가 낮은 적혈구에 있는 물이 소금물 쪽으로 이동하여 적혈구의 부피가 줄어든 것이고, (나)는 적혈구를 증류수에 넣었을 때 적혈구보다 농도가 낮은 증류수에서 적혈구 쪽으로 물이 이동하여 적혈구의 부피가 점점 증가하다가 터지는 것을 나타낸 것이다. 이것은 농도 차이가 나는 두 용액 사이에서 물이 농도가 낮은 쪽에서 높은 쪽으로 이동하는 삼투로 인해 나타나는 현상이다. 24 (1) 반응물보다 생성물의 에너지양이 높은 것으로 보아 저분자 물질로 고분자 물질을 합성하는 반응이며, 에너지를 흡수한다. (2) ㉡. 효소는 활성화에너지를 낮추기 때문에 활성화에너지가 높은 ㉠이 효소가 없을 때의 반응이고, 활성화에너지가 낮은 ㉡이 효소가 있을 때의 반응이다.

25 (1) ACU (2) ㉠ 부분의 염기가 G에서 C으로 바뀌면 DNA의 두 번째 3염기조합이 TCA가 되며, 그로부터 전사된 RNA의 코돈이 AGU가 된다. AGU가 지정하는 아미노산은 세린이다. 따라서 ㉠ 부분의 염기 G이 C으로 바뀌었을 때 아미노산 ⓑ는 세린이다.

1 ④ 2 ② 3 ③ 4 ① 5 ② 6 ⑤
7 ② 8 ② 9 ① 10 ① 11 ⑤
12 ① 13 ② 14 ⑤ 15 ③ 16 ④
17 ⑤ 18 ③ 19 ③ 20 B와 F. 아래쪽의 온도가 낮고, 위로 갈수록 온도가 높아지는 안정한 상태이기 때문이다. 21 우주인이 망치를 놓아도 망치는 수평 방향의 속력이 있으므로 지구 표면으로 떨어지지 않고 우주 정거장과 함께 일정한 속력으로 원운동을 한다. 22 B의 처음 운동량은 80 kg·m/s이고 나중 운동량은 200 kg·m/s이므로 B의 운동량 변화량은 120 kg·m/s이다. 따라서 B가 받은 충격량은 처음 운동 방향으로 120 N·s이다. A는 운동 방향과 반대 방향으로 120 N·s의 충격량을 받으므로 $60\,kg\times(v-6)\,m/s=-120\,kg\cdot m/s$에서 $v=4$ m/s이다. 23 산소와 이산화 탄소는 인지질 2중층을 직접 투과할 수 있다. 따라서 농도가 높은 쪽에서 낮은 쪽으로 허파꽈리의 세포막 인지질 2중층을 직접 통과하여 확산한다. 24 (1) ㉠은 유라실이다. ㉠은 III에만 있고, 유라실(U)은 이중 가닥인 DNA의 각 가닥에는 없고 RNA에만 있기 때문이다.

(2) 전사에 사용된 DNA 가닥은 II이다. ㉠이 유라실(U)이므로 전사된 RNA는 III인데, III에서 ㉠(U)의 비율이 15 %이므로 전사에 사용된 DNA 가닥에서 아데닌(A)의 비율이 15 %이어야 한다. 따라서 아데닌(A)의 비율이 15 %인 가닥 II가 전사에 사용된 가닥임을 알 수 있다.

HIGH TOP

내신 탑티어

통합과학1

정답과 해설

Ⅰ 과학의 기초

1 과학의 기초

01 과학의 기본량

개념 확인하기　　　　　　　　　　　10쪽

1 (1) ○ (2) × (3) ○ (4) ×
2 (1) × (2) ○ (3) × (4) ○
3 (1) 미시 (2) 규모 (3) 속력 (4) 세슘 원자시계
4 (1) × (2) × (3) × (4) ○
5 (1) ⓓ (2) ⓔ (3) ⓛ (4) ⓖ (5) ⓒ
6 (1) 기본량 (2) ⓖ s(초), ⓛ kg(킬로그램) (3) ⓖ 길이(시간), ⓛ 시간(길이)
7 (1) ○ (2) ○ (3) ×

1 (1) 자연 세계에는 원자처럼 작은 미시 세계와 우주처럼 큰 거시 세계가 존재한다.
(2) 나노미터 단위는 미시 세계의 공간 규모이고, 미터 단위는 거시 세계의 공간 규모이다.
(3) 큰 물체와 현상을 다루는 세계는 거시 세계이다.
(4) 미시 세계와 거시 세계는 특성과 탐구 방법이 다르다.

2 (1) 우주 망원경은 멀리 있는 천체까지의 거리를 측정할 수 있는 기구이다.
(2) 과거에는 태양의 위치나 달의 모양과 같은 천문학적 현상으로 시간을 측정하여 정확도가 떨어졌다.
(3) 측정 기술의 발달로 인간이 경험할 수 있는 자연 세계가 크게 확장되었다.
(4) 위성 위치 확인 시스템은 위성 신호를 이용하여 위치를 측정하는 기술로, 위치를 정밀하게 알 수 있어서 낯선 길도 쉽게 찾아갈 수 있다.

3 (1) 원자, 분자, 이온과 같이 아주 작은 물체나 현상을 다루는 세계를 미시 세계라고 한다.
(2) 자연 현상은 시간과 공간의 규모가 매우 다양하다.
(3) 레이저를 이용하여 길이를 측정하는 방법은 빛의 속력이 일정한 성질을 이용한다.
(4) 현대에는 세슘 원자시계를 이용하여 매우 정확하고 정밀하게 시간을 측정한다.

4 (1) 길이는 기본량, 넓이와 부피는 유도량에 해당한다.
(2) 밀도를 구하기 위해 필요한 물리량은 질량과 부피이지만, 부피는 기본량이 아니라 유도량에 해당한다. 밀도의 단위는 kg/m^3 이므로 밀도를 구하기 위해 필요한 기본량은 질량과 길이이다.
(3) 기본량의 단위는 국제단위계에 따라 기본 단위를 정해서 사용한다.
(4) 유도량은 기본량을 조합해서 유도하는 물리량이다.

5 전류의 기본 단위는 A(암페어), 길이의 기본 단위는 m(미터), 온도의 기본 단위는 K(켈빈), 시간의 기본 단위는 s(초), 질량의 기본 단위는 kg(킬로그램)이다.

6 (1) 물리량에서 가장 기본이 되는 양을 기본량이라고 한다.
(2) 기본량의 단위 중 시간의 단위는 s(초)이고, 질량의 단위는 kg(킬로그램)이다.
(3) 속력(m/s)은 이동 거리를 시간으로 나눈 값에 해당하므로 기본량 중 길이(m)와 시간(s) 단위를 이용하여 나타낼 수 있다.

7 (1) 단위를 사용하면 자연 현상을 명확히 표현할 수 있다.
(2) 길이의 단위인 m(미터), 부피의 단위인 m^3(세제곱미터), L(리터)를 사용하면 길이나 부피의 양을 정확하게 파악할 수 있다.
(3) 속력의 단위를 사용하면 숫자를 비교하여 빠르기를 정확히 비교할 수 있다.

개념 적용하기　　　　　　　　　　　11쪽

01 ④　　**02** ③　　**03** ③　　**04** ②　　**05** ③

01 • 학생 B: 자연에서 일어나는 현상들은 시간 규모와 공간 규모가 매우 다양하다.
• 학생 C: 현대에는 시간과 공간의 측정 기술이 발전하여 다양한 규모의 측정이 이루어지고 있으며, 과학에서는 두 규모를 정밀하게 측정하는 것이 중요하다.
바로 알기 | • 학생 A: 자연 세계는 크게 미시 세계와 거시 세계로 구분할 수 있으며, 미시 세계만으로 이루어져 있지 않고 두 세계가 공존한다.

02 ①, ② 과거에는 천체의 모양 변화를 이용하여 시간을 측정하였으나, 현대에는 세슘 원자시계를 이용하여 정밀하게 시간을 측정할 수 있다.
④ 위성 위치 확인 시스템(GPS)을 이용하면 넓은 영역에서 자신의 위치를 확인할 수 있어 GPS를 이용하여 모르는 길도 쉽게 찾아갈 수 있다.
⑤ 최근 발전된 우주 망원경을 이용하여 멀리 있는 천체까지의 거리를 더 정확하게 측정할 수 있다.
바로 알기 | ③ 레이저 빛으로 정밀하게 길이를 측정하는 원리는 빛의 속력이 일정함을 이용해 빛이 왕복하는 데 걸리는 시간을 재는 것이다.

03 ㄱ. (가) 수소 원자는 미시 세계, (나) 안드로메다 은하는 거시 세계에 해당한다.
ㄷ. (나)를 관측하는 도구는 우주 망원경에 해당하므로 크기가 매우 작은 미시 세계의 현상을 관찰하는 데 사용할 수 없다.
바로 알기 | ㄴ. 미시 세계도 크기를 측정할 수 있으며, 나노 단위의 물체인 경우 전자 현미경을 이용하여 관찰하고 분석할 수 있다.

04 ㄷ. 주어진 기본량은 다른 물리량을 활용하여 표현할 수 없는 고유한 양이다.

바로 알기 | ㄱ. 시간의 기본 단위는 s(초)이다.

ㄴ. 질량의 기본 단위는 kg(킬로그램)이다.

05 ㄱ. 부피는 가로×세로×높이에 해당하는 양이므로 단위는 m^3이다.

ㄷ. (가)~(라) 단위에 공통적으로 포함된 기본량의 단위는 m(미터)이므로 그 기본량은 길이이다.

바로 알기 | ㄴ. m/s^2은 단위 시간 동안의 속도 변화이므로 가속도의 단위이다.

---

02 측정 표준과 정보

개념 확인하기
14쪽

1 (1) ㉠ 측정, ㉡ 어림 (2) 측정 도구 (3) 측정 표준
2 (1) 어림 (2) 측정 (3) 측정 (4) 어림
3 (1) ○ (2) × (3) ○　　　　**4** (1) 신호 (2) 정보 (3) 센서
5 B, D　　　　**6** (1) ○ (2) ○ (3) ×
7 (1) ○ (2) × (3) ○

1 (1) 어떠한 양을 재는 활동을 측정이라 하고 어떠한 양을 추정하는 활동을 어림이라고 한다.

(2) 양을 측정할 때에는 적절한 측정 단위와 측정 도구를 사용해야 한다.

(3) 측정 표준은 어떠한 양을 측정할 때 공통적으로 사용할 수 있는 단위에 대한 기준으로 일상생활에서 신뢰할 수 있는 측정 결과를 얻기 위해 사용한다.

2 (1), (4) 측정 도구 없이 현재 알고 있는 정보를 이용해 그 양을 대략 가늠했으므로 어림한 것이다.

(2), (3) 측정 도구를 사용해서 길이와 부피를 측정한 것이다.

3 (2) 측정 표준에는 측정 단위, 측정 방법, 표준 물질 등이 포함된다.

4 (1) 인간을 둘러싼 자연의 변화가 인간에게 전달되는 것을 신호라고 한다.

(2) 자연에서 발생하는 다양한 신호를 통해 정보를 얻는다.

(3) 센서는 자연의 아날로그 신호를 받아들여 전기 신호로 바꾸어 주는 장치로, 센서를 이용하면 자연의 신호를 보다 효율적으로 측정할 수 있다.

5 • 학생 B: 센서는 자연의 아날로그 신호를 디지털 신호로 바꾸어 주는 장치이다.

• 학생 D: 정보 통신은 디지털 정보를 활용한 것이고, 정보 통신 기술의 발전으로 현대 문명이 많이 변화되었다.

바로 알기 | • 학생 A: 자연에서 나오는 신호는 대부분 연속적인 아날로그 신호이다.

• 학생 C: 디지털 정보는 아날로그 신호보다 저장과 분석이 훨씬 쉽다.

6 (1) 자연에서 발생하는 다양한 신호를 통해 정보를 얻을 수 있다.

(2) 아날로그 신호를 디지털 정보로 전환하면 저장과 전송 과정에서 정보의 손실이 거의 없다.

(3) 스마트 기기로 촬영한 사진과 영상은 디지털 정보로 이루어져 있다.

7 (1), (3) 사회 관계망 서비스(SNS)로 사진을 공유하는 것과 원격으로 교육을 받는 것은 디지털 정보를 활용하는 것이다.

(2) 디지털 정보를 이용하면 시장에 가지 않고 온라인으로 물건을 구매할 수 있다.

개념 적용하기
15쪽

01 ⑤　　**02** ①　　**03** ①　　**04** ④　　**05** ④

01 ⑤ 과학 탐구에서 어림은 그 양을 대략 가늠하는 일로 측정 도구와 측정 방법을 결정하는 데 도움이 된다.

바로 알기 | ① 물체의 질량, 길이, 부피 등의 양을 재는 활동은 측정이다.

② 어림은 측정 경험, 과학적인 사고 과정, 자료 등을 바탕으로 수행한다.

③ 측정 표준을 이용하여 제공되는 정보는 신뢰할 수 있다.

④ 측정 표준에는 표준화된 측정 단위 외에도 측정 방법, 측정 도구, 표준 물질 등이 포함된다.

02 ②, ③ 체온, 혈압, 혈당을 측정하거나 스포츠 경기 전 약물 검사 시 측정 표준이 활용된다.

④, ⑤ 고속 도로 위 차량의 과속을 측정하는 감시 카메라와 새로 지은 건물에서 발생하는 화학 물질의 농도를 측정하고 관리할 때에도 측정 표준이 활용된다.

바로 알기 | ① 미술전 유화를 제작하는 것은 작가마다의 개인적 성향에 따라 작품의 유형이 달라질 수 있으므로 측정 표준이 활용되지 않는다.

03 ㄱ. 큐빗은 고대 이집트에서 사용했던 길이에 대한 단위 중 하나로, 측정한 길이를 큐빗 길이의 배수로 나타낼 수 있다.

바로 알기 | ㄴ. 사람마다 팔꿈치에서부터 손가락 끝까지의 길이가 모두 다르므로 1큐빗의 길이는 일정하지 않다.

ㄷ. 사람마다 팔 길이가 다르므로 같은 길이를 측정해도 측정값이 다르다.

04 • 학생 B: 현대에는 정보 통신에 대부분 디지털 정보가 활용되고 있다.

• 학생 C: 디지털 정보를 활용한 정보 통신의 발전은 현대 사회의 여러 분야에서 디지털 정보가 유용하게 이용되며 많은 영향을 끼치고 있다.

바로 알기 | • 학생 A: 디지털 신호보다 아날로그 신호가 저장이나 전송할 때 손상되기 쉽다.

05 (가)는 위성 위치 확인 시스템을 이용한 내비게이션을, (나)는 과속 단속 카메라의 모습을 나타낸 것이다.

ㄴ, ㄷ. 두 장치는 아날로그 신호를 디지털 정보로 저장하여 전송하며 전송 과정에서 디지털 정보는 거의 손상되지 않는다.

바로 알기 | ㄱ. 두 장치 모두 아날로그 신호를 센서로 받아들여 디지털 신호로 바꾸어 준다.

실력 확인하기
16～17쪽

01 ③　　**02** ⑤　　**03** ③　　**04** ④　　**05** ③
06 ②　　**07** ④　　**08** 해설 참조　**09** 해설 참조
10 해설 참조

01 ㄱ. 공간 규모를 비교했을 때 (가)가 (나)보다 크다.

ㄷ. 허블이나 제임스 웹과 같은 우주 망원경으로 우주를 관찰할 수 있게 되어 인간의 경험 범위가 확장되었다.

바로 알기 | ㄴ. 고양이는 상대적으로 큰 물체로 거시 세계에 해당한다.

02 ㄱ, ㄷ. (가)인 GPS는 위성 신호를 이용하여 위치를 측정하는 기술로, 넓은 영역에서 사용할 수 있을 뿐만 아니라 미세한 이동 거리도 측정하는 현대적 방법이다. (다)인 전자 현미경은 광학 현미경보다 확대율이 높아 나노 단위의 물체를 관찰하고 분석할 수 있는 현대적 측정 방법이다.

ㄴ. (가)와 같이 GPS를 사용하여 거시 세계를 측정할 수 있고, (나)와 같이 전자 현미경으로 미시 세계를 관찰할 수 있다.

03 ①, ② 온도, 전류는 모두 기본량에 해당하며, 온도의 단위는 K(켈빈), 전류의 단위는 A(암페어)이다.

④ 유도량은 기본량을 조합해 만든 물리량이므로 유도량의 단위는 기본량의 단위를 조합하여 사용한다.

⑤ 속력의 단위는 m/s로 일정한 시간 동안 이동한 거리에 해당한다. 따라서 길이와 시간 단위의 조합으로 표현한다.

바로 알기 | ③ 기본량은 다른 물리량을 활용하여 표현할 수 없다.

04 ㄴ. 현재 기본량의 단위는 시간이 지나도 변하지 않는 기본 상수를 구하는 실험 방법을 사용하여 정의하고 있다. 이는 기본 상수를 구하는 새로운 방법이 발명되면 기본량의 단위에 대한 정의가 변경될 수도 있음을 의미한다.

ㄷ. k(킬로)나 m(밀리)와 같이 기본량의 값에서 크거나 작은 값을 간단하게 나타내기 위해 접두어를 사용하여 표현하기도 한다.

바로 알기 | ㄱ. 기본량은 국제단위계(SI)에 따라 기본 단위를 정해 사용한다.

05 ㄱ. 센서는 자연에서 발생하는 다양한 아날로그 신호를 전기 신호로 바꾸어 주는 장치이다.

ㄴ. 각 센서는 자연에서 오는 아날로그 신호를 디지털 정보로 전환한다.

바로 알기 | ㄷ. 센서는 감지하는 신호의 종류에 따라 광센서, 화학 센서, 가속도 센서, 압력 센서, 음향 센서, 온도 센서, 힘 센서 등 여러 종류가 있다.

06 ㄷ. (가)인 아날로그 신호가 (나)인 디지털 신호로 변환되면 컴퓨터로 정보를 처리하고 저장할 수 있다.

바로 알기 | ㄱ, ㄴ. (가)는 아날로그 신호, (나)는 디지털 신호이다. 아날로그 신호는 디지털 신호에 비해 전송할 때 손상되기 쉽다.

07 ㄴ. 스마트 앱으로 검색된 정보는 미세 먼지뿐만 아니라 대기 환경에 대한 정보를 제공해 주므로 환경에 대한 대책을 마련하는 데 도움을 줄 수 있다.

ㄷ. 대기 환경 정보를 디지털 정보로 수집 및 관리하여 디지털 기기를 통해 전달해 준다.

바로 알기 | ㄱ. 초미세 먼지의 농도는 $4\ \mu g/m^3$이고, 오존의 농도는 0.0203 ppm으로 두 유도량의 단위는 같지 않다.

08 (가)와 (나)의 단위에는 길이 단위(m)와 시간 단위(s)가 포함되어 있다.

모범 답안 ▶ (가) 속력, (나) 가속도, 속력은 일정한 시간 동안 이동한 거리를 의미하고, 가속도는 일정한 시간 동안 속도의 변화를 의미하므로 두 유도량에 공통적으로 포함된 기본량은 길이와 시간이다.

채점 기준	배점(%)
(가)와 (나)의 유도량을 모두 옳게 쓰고, 공통으로 포함된 기본량과 그 까닭을 모두 옳게 서술한 경우	100
(가)와 (나)의 유도량을 모두 옳게 쓰고, 공통으로 포함된 기본량만 옳게 서술한 경우	50
(가)와 (나)의 유도량만 옳게 쓴 경우	20

09 (가)와 (나) 모두 적외선을 감지하는 광센서를 이용한다.

모범 답안 ▶ 광센서, 적외선을 감지하여 화면에 보여 준다.

채점 기준	배점(%)
광센서와 그 원리를 옳게 서술한 경우	100
광센서만 쓴 경우	20

10 적외선 열화상 카메라는 광센서가 내장되어 있고, 발생하는 아날로그 신호를 디지털 정보로 전환한다.

모범 답안 ▶ 적외선 열화상 카메라는 광센서로 아날로그 신호인 적외선을 감지하여 전기 신호로 변환한 다음 디지털 정보로 전환하여 시각화한다.

채점 기준	배점(%)
광센서로 아날로그 신호인 적외선을 디지털 정보로 전환한다는 의미를 모두 옳게 서술한 경우	100
광센서를 언급하지는 않았지만, 아날로그 신호를 디지털 정보로 전환한다는 것을 옳게 서술한 경우	50
광센서만 언급한 경우	20

II 물질과 규칙성

2 원소의 형성

03 우주 초기에 형성된 원소

1 (1) 방출 스펙트럼은 고온의 기체를 구성하는 원소가 특정 파장의 빛을 방출할 때 나타난다.

(2) 별빛의 스펙트럼과 원소의 스펙트럼을 비교하면 별을 구성하는 원소를 알 수 있다.

(3) 스펙트럼 분석을 통해 우주를 구성하는 원소 중에서 수소와 헬륨이 가장 많은 것을 알아내었다.

(4) 대폭발(빅뱅) 직후 우주의 온도와 밀도가 감소하면서 가장 먼저 만들어진 기본 입자는 쿼크와 전자이다.

2 (1) 원소 A, B, C의 스펙트럼은 검은 바탕에 여러 개의 밝은 방출선이 나타나므로 방출 스펙트럼이다.

(2) 원소 A와 B의 스펙트럼에 있는 붉은색 선은 위치가 다르므로 파장이 각각 다른 빛이다.

(3) 스펙트럼에 있는 방출선의 개수는 원소의 종류에 따라 각각 다르게 나타난다.

(4) 원소의 종류에 따라 스펙트럼이 다르게 나타나므로, 스펙트럼으로 원소를 구분할 수 있다.

3 (1) 약 138억 년 전 매우 뜨겁고 밀도가 높은 한 점에서 대폭발(빅뱅)이 일어나 우주가 탄생하였다.

(2) 대폭발(빅뱅) 이후 우주가 팽창하면서 우주의 온도는 점점 낮아졌다.

(3) 대폭발(빅뱅) 이후 우주가 팽창하면서 우주의 밀도는 점점 낮아졌다.

4 원자를 구성하는 중심 입자로, 원자의 중심에 있고 양전하(+)를 띠는 입자는 원자핵이다. 원자에서 전자는 원자핵의 주변을 돌고 있다.

5 대폭발(빅뱅) 직후 가장 먼저 생성된 입자는 쿼크와 전자(B)이며, 수소 원자핵인 양성자(A)는 쿼크가 결합하여 만들어졌다. 원자는 원자핵과 전자가 결합하여 만들어졌으므로 수소 원자(D)는 헬륨 원자핵(C)보다 나중에 만들어졌다.

6 (1), (2) 양성자 2개와 중성자 2개가 결합하여 헬륨 원자핵이 형성되었고, 헬륨 원자핵과 전자 2개가 결합하여 헬륨 원자가 형성되었다.

(3) 대폭발(빅뱅) 후 약 38만 년 뒤, 우주의 온도가 약 3000 K까지 낮아졌을 때 원자핵과 전자가 결합하여 원자를 형성하였다.

(4) 헬륨 원자핵의 형성으로 수소 원자핵과 헬륨 원자핵의 질량비는 약 3 : 1이 되었다.

1등급 코디 25쪽

예제 1 (1) ○ (2) ×
예제 2 (1) ○ (2) ×

예제 1 (1) 원자는 대폭발(빅뱅) 후 약 38만 년이 지났을 때 형성되었다.

(2) 우주의 밀도는 시간이 지날수록 점점 낮아졌다. 따라서 우주의 밀도는 (가)가 (나)보다 높다.

예제 2 (1) 원자의 형성으로 빛과 물질의 분리가 일어나 우주 배경 복사가 방출되었다.

(2) 원자의 형성으로 우주는 불투명한 우주에서 투명한 우주로 바뀌었다. 따라서 우주가 투명한 시기는 (나)이다.

01 ① 연속 스펙트럼에는 모든 파장에서 연속적인 색이 나타난다.

② 기체 방전관에서 나오는 빛이나 고온의 별 주변에서 가열된 기체가 특정 파장의 빛을 방출할 때 방출 스펙트럼을 볼 수 있다.

③ 연속 스펙트럼을 배경으로 검은색 흡수선이 나타나는 스펙트럼을 흡수 스펙트럼이라고 한다.

④ 원소는 특정 파장의 빛만 흡수하거나 방출하므로 동일한 원소의 스펙트럼에서 나타나는 흡수선과 방출선의 파장은 같다.

바로 알기 | ⑤ 스펙트럼에 나타나는 선의 위치, 굵기, 개수는 원소의 종류마다 다르게 나타난다.

02 ①, ③, ④ 햇빛과 백열전구에서 나오는 빛을 분광기로 관측하면 연속 스펙트럼을 관찰할 수 있다.

② 스펙트럼은 분광기를 통과한 빛이 파장에 따라 나뉘어 보이는 것이므로, 붉은색 빛과 푸른색 빛은 파장이 다르다.

바로 알기 | ⑤ 고온의 기체 방전관에서 나오는 빛을 분광기로 관찰하면 방출 스펙트럼이 나타난다.

03 ㄱ. 별빛을 분광기에 통과시키면 파장에 따라 여러 가지 색깔의 빛으로 나누어진다.

ㄴ. 별빛의 스펙트럼 선폭을 분석하면 별을 구성하는 원소의 질량비를 알 수 있으므로 별에서 가장 많은 원소를 알 수 있다.

바로 알기 | ㄷ. 별빛의 스펙트럼에 나타나는 흡수선이나 방출선의 굵기는 별을 구성하는 원소의 스펙트럼에 따라 다르다.

04 ㄴ. 흡수 스펙트럼에 나타나는 검은색 흡수선은 해당 파장의 빛이 저온의 기체에 흡수되어 생성된다.

바로 알기 | ㄱ. 연속 스펙트럼의 배경에 검은색 흡수선이 나타나므로 흡수 스펙트럼이다.

ㄷ. 별의 스펙트럼에 나타나는 검은색 흡수선은 별을 구성하는 여러 기체에 의해 생성된 것이다.

05 A, B, D의 방출선이 나타나는 위치는 별의 스펙트럼에서 나타나는 흡수선의 위치와 일치하므로 별에 포함되어 있는 원소는 A, B, D이다.

06 ㄱ. 우주에 가장 많이 존재하는 원소는 수소이다.

ㄴ. 태양 표면을 이루고 있는 원소 중 가장 많은 원소는 수소이고, 두 번째로 많은 원소는 헬륨이다.

ㄷ. 현재 우주에 존재하는 수소의 대부분은 우주 초기에 형성된 것이다.

07 ㄱ. 지구상의 모든 물질은 원자로 이루어져 있다.

ㄷ. 양성자와 중성자는 기본 입자인 쿼크로 이루어져 있다.

바로 알기 | ㄴ. 원자는 원자핵과 전자가 결합하여 형성되었다.

08 ① 빅뱅 우주론에서 우주는 약 138억 년 전 한 점에서 대폭발(빅뱅)이 일어나 시작되었다.

② 빅뱅 우주론에서 우주의 크기는 대폭발(빅뱅) 이후 점점 커지고 있다.

④ 빅뱅 우주론에서 우주의 밀도는 대폭발(빅뱅) 이후 점점 낮아지고 있다.

⑤ 빅뱅 우주론은 가모프 등이 주장한 이론이다.

바로 알기 | ③ 빅뱅 우주론에서 우주의 온도는 대폭발(빅뱅) 이후 점점 낮아지고 있다.

09 ㄱ. 대폭발(빅뱅) 이후 우주는 점점 커지고 있으므로 우주는 (가)에서 (나)로 변하였다.

ㄷ. 우주가 팽창함에 따라 우주의 온도는 점점 낮아지므로 우주의 온도는 (가)가 (나)보다 높다.

바로 알기 | ㄴ. 우주가 팽창하더라도 은하의 크기는 변하지 않는다.

10 ㄴ, ㄷ. 헬륨 원자핵(C)은 대폭발(빅뱅) 이후 약 3분이 지났을 때 형성되었다. 수소 원자(B)는 대폭발(빅뱅) 이후 약 38만 년이 지났을 때 형성되었으며, 수소 원자(B)는 수소 원자핵인 양성자(A)와 전자(D)가 결합하여 만들어졌다.

바로 알기 | ㄱ. 전자(D)는 기본 입자이므로 양성자(A)보다 먼저 형성되었다.

11 ㄷ. (가)는 양성자인 수소 원자핵이고, (나)는 헬륨 원자핵이다. 우주에 존재하는 수소와 헬륨의 질량비는 약 3 : 1이므로 (가)와 (나)의 질량비는 약 3 : 1이다.

바로 알기 | ㄱ. ㉠은 수소 원자핵이므로 양성자이고, ㉡은 중성자이다.

ㄴ. 수소 원자핵인 (가)는 헬륨 원자핵인 (나)보다 먼저 만들어졌다.

12 ③ 기본 입자에 해당되는 전자는 가장 먼저 만들어진 입자이다.

바로 알기 | ① 기본 입자는 쿼크와 전자이다.

② 수소 원자핵은 양성자이므로 전자를 포함하지 않는다.

④ 가장 먼저 형성된 입자는 기본 입자이며, 수소 원자핵인 양성자는 기본 입자가 아니다.

⑤ 수소 원자핵은 헬륨 원자핵보다 질량이 작다.

13 ㄴ. 헬륨 원자핵이 생성된 시기는 대폭발(빅뱅) 이후 약 3분이 지났을 때이다.

ㄷ. 대폭발(빅뱅) 이후 약 38만 년이 지났을 때, 우주의 온도는 약 3000 K이었으며, 이때 원자가 생성되었다.

바로 알기 | ㄱ. 기본 입자인 쿼크가 결합하여 양성자와 중성자를 만들었다.

14 흡수 스펙트럼은 저온의 기체가 특정 파장의 빛을 흡수하여 생성된다.

모범 답안 ▶ 고온의 별에서 방출된 빛이 저온의 기체를 통과할 때 기체가 특정 파장의 빛을 흡수하여 생성된다.

채점 기준	배점(%)
제시어를 모두 포함하여 흡수 스펙트럼이 생성되는 원리를 옳게 서술한 경우	100
제시어의 일부만 포함하여 흡수 스펙트럼이 생성되는 원리를 옳게 서술한 경우	50
그 외의 오답	0

15 별빛의 스펙트럼에 나타난 흡수선은 별의 대기를 구성하는 원소들이 특정 파장의 빛을 흡수하여 나타나므로 별의 스펙트럼을 이용하면 별을 구성하는 원소를 알 수 있다.

모범 답안 ▶ 원소마다 고유의 스펙트럼이 다르므로 원소의 스펙트럼을 별의 스펙트럼과 비교하면 별의 구성 원소를 알 수 있다.

채점 기준	배점(%)
제시어를 모두 포함하여 별의 스펙트럼을 이용하여 별의 구성 원소를 파악할 수 있는 까닭을 옳게 서술한 경우	100
제시어의 일부만 포함하여 별의 스펙트럼을 이용하여 별의 구성 원소를 파악할 수 있는 까닭을 옳게 서술한 경우	50
그 외의 오답	0

16 대폭발(빅뱅) 이후 가장 먼저 생성된 입자는 기본 입자인 쿼크와 전자이다. 기본 입자 중 하나인 쿼크로부터 양성자와 중성자가 생성되었고, 이후 헬륨 원자핵이 생성되었으며, 시간이 더 지나 원자가 생성되었다.

모범 답안 ▶ 쿼크들이 결합하여 양성자와 중성자를 만들었고, 대폭발(빅뱅) 후 약 3분이 되었을 때 양성자 2개와 중성자 2개가 결합하여 헬륨 원자핵을 만들었다. 대폭발(빅뱅) 후 약 38만 년이 지나 수소 원자핵과 전자 1개가 결합하여 수소 원자를, 헬륨 원자핵과 전자 2개가 결합하여 헬륨 원자를 형성하였다.

채점 기준	배점(%)
제시어를 모두 포함하여 기본 입자로부터 원자가 형성되기까지의 과정을 옳게 서술한 경우	100
제시어의 일부만 포함하여 기본 입자로부터 원자가 형성되기까지의 과정을 옳게 서술한 경우	50
그 외의 오답	0

01 ⑤   **02** ⑤   **03** ④   **04** ②

01 ㄱ. 방출선 a와 b는 같은 붉은색 선이더라도 위치가 다르므로 파장이 다른 빛이다.

ㄴ. 별의 대기에는 원소 A의 스펙트럼은 포함하지 않지만, 원소 B의 스펙트럼은 포함하고 있다. 그러나 B 이외에도 흡수선이 있는 것으로 보아 다른 원소도 포함하고 있다. 따라서 별의 대기에는 적어도 두 가지 이상의 원소가 포함되어 있다.

ㄷ. 낮은 에너지 준위에 있는 전자가 높은 에너지 준위로 이동할 때, 빛을 흡수하므로 검은색 흡수선을 생성한다. 따라서 검은색 흡수선인 ㉠은 전자가 에너지 준위가 낮은 궤도에서 에너지 준위가 높은 궤도로 이동할 때 생성된다.

02 ㄱ. ㉠은 대폭발(빅뱅) 직후 전자와 함께 가장 먼저 생성된 입자인 쿼크이다.

ㄴ. ㉡은 쿼크로부터 생성된 양성자이다. 양성자와 중성자의 전하량의 합은 +1이다.

ㄷ. 헬륨 원자핵 1개가 만들어질 때 양성자 2개와 중성자 2개가 결합하였다. 양성자 1개인 ㉡과 헬륨 원자핵의 질량비는 약 1 : 4이다.

03 ㄴ. 우주와 태양에서 관측된 빛의 스펙트럼을 원소의 스펙트럼과 비교하여 분석하면 수소와 헬륨(㉠)의 질량비를 알아낼 수 있다.

ㄷ. 헬륨(㉠)이 우주보다 태양에서 더 많이 존재하는 까닭은 태양의 중심부에서 수소 핵융합 반응에 의해 수소가 헬륨으로 생성되기 때문이다.

바로 알기 | ㄱ. 헬륨(㉠)의 비율은 우주보다 태양에서 더 크므로 (가)는 우주에 존재하는 원소의 비율, (나)는 태양에 존재하는 원소의 비율이다.

04

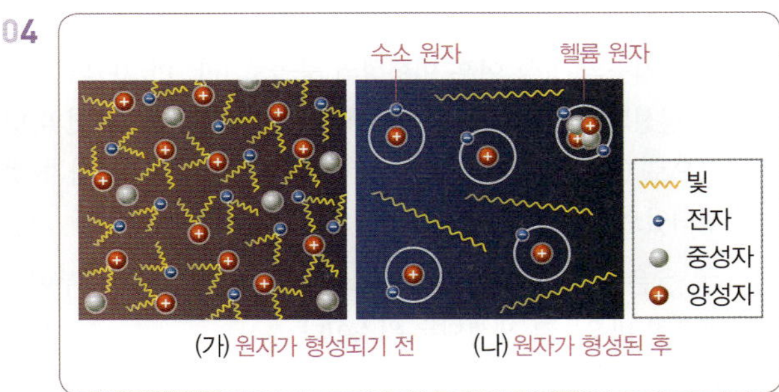

(가)는 원자가 형성되기 전의 우주 모습이고, (나)는 원자가 형성된 후의 우주 모습이다.

ㄷ. 시간이 지남에 따라 우주의 온도는 점점 낮아지므로 우주의 온도는 (가)가 (나)보다 높다.

바로 알기 | ㄱ. 우주 배경 복사는 (가)에서 (나)로 변하는 시기에 생성되었다. 따라서 (가) 시기의 빛은 우주 배경 복사가 아니다.

ㄴ. 원자는 원자핵과 전자가 결합하여 형성되므로 (나) 시기에도 원자핵은 존재한다.

---

04 지구와 생명체를 이루는 원소의 생성

1 (1) 1000만 (2) 중심부 (3) 원시 태양
2 (1) ○ (2) × (3) × (4) ○   **3** (1) 태양 (2) 작 (3) 낮
4 (1) 헬륨 (2) 탄소 (3) 철 (4) 구리, 우라늄
5 (1) × (2) ○ (3) × (4) ×   **6** (1) ○ (2) ○ (3) × (4) ×

1 (1) 수소 핵융합 반응은 원시별의 중심부 온도가 1000만 K 이상이 되면 일어난다.

(2) 탄소, 질소, 산소 등 철보다 가벼운 원소는 별의 중심부에서 핵융합 반응으로 만들어진다.

(3) 태양계 성운이 회전 수축하여 성운의 중심부에서는 원시 태양이 만들어지고, 주변에는 원반이 형성되었다.

2 (1) A는 양성자인 수소 원자핵이다.

(2) B는 중성자이다.

(3), (4) 방금 태어난 별의 중심부에서는 수소 원자핵 4개가 결합하여 헬륨 원자핵이 생성되는 수소 핵융합 반응이 일어난다.

3 (1) A는 질량이 태양 정도인 별이고, B는 질량이 태양보다 큰 별이다.

(2) 별의 질량은 탄소까지 생성된 A가 철까지 생성된 B보다 작다.

(3) 핵융합 반응이 끝난 후 별의 중심 온도는 질량이 큰 B가 질량이 작은 A보다 높다.

4 (1) 수소 핵융합 반응으로 수소 원자핵 4개가 융합하여 헬륨 원자핵 1개가 생성된다.

(2) 헬륨 핵융합 반응으로 헬륨 원자핵이 융합하여 탄소 원자핵이 생성된다.

(3) 질량이 매우 큰 별의 중심부에서 핵융합 반응으로 만들어질 수 있는 마지막 원소는 철이다.

(4) 핵융합 반응 이후에 초신성이 폭발하여 만들어지는 원소는 구리, 우라늄 등이 있다.

5 (1) 태양계 성운이 수축하여 태양계를 형성하였으므로 태양계 성운의 크기는 현재의 태양계 크기보다 크다.

(2) 행성은 태양계 성운의 원반을 이루고 있던 물질들이 서로 충돌하거나 병합하여 만들어졌다.

(3) 미행성의 충돌로 지구의 온도가 상승하여 마그마의 바다가 형성되었다.

(4) 지구는 마그마의 바다 상태에서 무거운 물질은 가라앉아 핵을 형성하였고, 가벼운 물질은 위로 떠서 맨틀을 형성하였다.

6 (1) 우주에서 가장 많은 질량비를 차지하고 있는 원소는 74 %인 수소이다.

(2) 우주를 구성하는 원소들은 수소와 헬륨이고, 수소와 헬륨은 대부분 우주 초기에 만들어졌다.

(3) 지구를 구성하는 규소와 철은 태양계가 형성되기 이전에

별에서 생성되었다.

⑷ 인간을 구성하는 산소는 대부분 별의 핵융합 반응으로 생성되었다.

개념 적용하기
34~36쪽

01 ②	02 ⑤	03 ④	04 ③	05 ①
06 ⑤	07 ②	08 ④	09 무거운	10 ②
11 ⑤	12 ③	13 해설 참조	14 해설 참조	
15 해설 참조				

01 ① 성운의 일부가 중력에 의해 수축하여 밀도가 큰 곳에서 원시별이 생성된다.

③ 원시별은 수소 핵융합 반응을 시작하면서 별이 되므로, 방금 태어난 별은 수소 핵융합 반응을 한다.

④ 질량이 태양 정도인 별의 중심부에서는 헬륨 핵융합 반응으로 탄소까지 생성될 수 있다.

⑤ 질량이 큰 별의 초신성 폭발 과정에서 철보다 무거운 원소가 생성된다.

바로 알기 | ② 원시별 중심부의 온도가 약 1000만 K에 도달하면 수소 핵융합 반응이 일어나 별이 탄생한다.

02 ㄱ. 중심부에서 탄소까지 생성되는 동안 별은 팽창하였으므로 별의 크기는 태양보다 크다.

ㄴ. 중심부에서 탄소까지 생성되는 별은 질량이 태양 정도인 별이다.

ㄷ. 별 중심부의 탄소는 헬륨 핵융합 반응으로 생성된 것이다.

03 ④ 중심부에서 핵융합 반응으로 철까지 생성된 별은 시간이 지나면 초신성 폭발을 한다.

바로 알기 | ① 질량이 작은 태양에서는 철이 생성되지 않는다.

② 중심부에서 철이 생성되는 별은 태양보다 질량이 크다.

③ 별의 중심부로 갈수록 더 무거운 원소의 핵융합 반응이 일어나므로 별의 중심부로 갈수록 온도가 높아진다.

⑤ 중심부에서 철까지 생성된 별은 초신성 폭발을 거쳐 철보다 무거운 원소를 만들 수 있다.

04 ㄱ. 핵융합 반응이 일어나는 온도는 산소(A)가 생성되는 반응이 헬륨(B)이 생성되는 반응보다 높다.

ㄴ. 별의 중심부에서 핵융합 반응으로 철(C)을 생성하는 별은 질량이 태양보다 크다.

바로 알기 | ㄷ. 규소(D)는 별 내부에서 핵융합 반응으로도 생성된다.

05 ① 초신성의 폭발 과정에서 초신성을 구성하는 원소와 같은 잔해들이 우주 공간으로 방출된다.

바로 알기 | ② 대폭발(빅뱅) 직후에는 아직 별이 생성되지 않았으므로 초신성 폭발이 일어날 수 없다.

③, ④ 그림은 초신성 폭발의 잔해로, 초신성 폭발은 별이 진화하는 마지막 단계에서 일어난다.

⑤ 초신성의 잔해는 별을 이루던 물질들로 이루어졌으므로 철보다 무거운 원소뿐만 아니라 철보다 가벼운 원소들도 포함하고 있다.

06 ⑤ 원시 행성은 미행성체의 충돌과 병합으로 만들어졌다.

바로 알기 | ① 태양계 성운은 초신성 폭발의 잔해를 포함하고 있으므로 태양계 형성 이전에도 초신성 폭발은 일어났다.

② 태양계 성운은 회전 수축하여 원반 모양을 형성하였다.

③ 행성과 위성은 태양계 성운의 주변인 원반에서 형성되었다.

④ 원시 행성에 미행성이 충돌하면서 크기가 점점 커져 행성을 형성하였으므로 원시 행성의 크기는 현재의 행성보다 작다.

07 ㄷ. 지구와 생명체를 구성하는 원소들은 대부분 태양계 형성 이전에 생성되었으므로 지구 탄생 이전에 생성되었다.

바로 알기 | ㄱ. 생명체를 구성하는 원소 중 가장 많은 원소는 산소이다.

ㄴ. 지구에 가장 많은 원소는 철이다.

08 ㄴ. ㉡은 원시 행성으로, 미행성체들의 충돌과 병합에 의해 형성되었다.

ㄷ. 태양계 성운은 중력에 의해 수축하며, 수축은 별 내부에서 핵융합 반응이 일어나기 전까지 계속된다.

바로 알기 | ㄱ. ㉠은 원시 태양으로, 수소 핵융합 반응이 일어나기 전의 태양이다.

09 원시 태양에 가까운 곳은 온도가 높은 환경이었으므로 녹는점이 높은 규산염 물질이나 금속 산화물처럼 무거운 물질이 뭉쳐져서 미행성체를 만들었고, 원시 태양에서 먼 곳은 온도가 낮은 환경이었으므로 녹는점이 낮은 가벼운 물질들이 미행성체를 만들었다.

10 ㄴ. 지구의 원시 바다는 대기 중의 수증기가 응결하여 비가 되어 내린 후 빗물이 낮은 곳으로 모여들어 형성되었다.

바로 알기 | ㄱ. 지구에서 최초의 생명체는 바다에서 탄생하였을 것으로 추정된다.

ㄷ. 원시 지구에 미행성체들이 충돌하면서 지구의 표면 온도가 높아져 지구는 마그마의 바다 상태가 되었다.

11 원시 지구의 형성 이후 미행성의 충돌로 (마) 마그마의 바다가 형성되었으며, (다) 맨틀과 핵이 분리되었다. 지표면의 냉각으로 (나) 원시 지각이 형성된 이후에 (라) 원시 바다가 형성되었으며, 바다에서 (가) 최초의 생명체가 탄생하였다.

12 ㄱ. ㉠은 지구에 가장 많은 원소인 철이다. 철은 별 내부에서 핵융합 반응으로 생성되는 원소이다.

ㄴ. ㉡은 지구에서 두 번째로 많은 원소인 산소이고, ㉢은 인간의 몸을 구성하는 원소 중 가장 많은 산소이다.

바로 알기 | ㄷ. 지구와 인간의 몸을 구성하는 원소 중 수소는 우주 초기에 생성된 원소이다.

13 별은 성운에서 만들어지며, 성운을 이루고 있던 물질이 중력에 의해 수축하여 원시별을 형성한 후, 원시별의 중심부에서 수소 핵융합 반응이 일어나면 별이 탄생한다.

모범 답안 ▶ 성운이 중력에 의해 수축하여 원시별이 만들어지고, 계속되는 수축으로 중심부 온도가 1000만 K 이상이 되면 수소 핵융합 반응이 일어나 별이 탄생한다.

채점 기준	배점(%)
제시어를 모두 포함하여 별의 탄생 과정을 옳게 서술한 경우	100
제시어의 일부만 포함하여 별의 탄생 과정을 옳게 서술한 경우	50
그 외의 오답	0

14 그림은 헬륨 핵융합 반응을 나타낸 것이다. 헬륨 핵융합 반응으로 생성되는 원소는 탄소이다.

모범 답안 ▶ 별의 중심부에서 수소 핵융합 반응이 끝나면 헬륨이 수축하면서 중심부의 온도가 높아지고, 헬륨 핵융합 반응이 일어나 탄소 원자핵이 만들어진다.

채점 기준	배점(%)
제시어를 모두 포함하여 탄소 원자핵이 만들어지기까지의 과정을 옳게 서술한 경우	100
제시어의 일부만 포함하여 탄소 원자핵이 만들어지기까지의 과정을 옳게 서술한 경우	50
그 외의 오답	0

15 태양계 성운이 회전 수축하여 중심부에서는 원시 태양을 거쳐 태양이 형성되었고, 원반에서는 미행성체들이 행성을 형성하였다.

모범 답안 ▶ 태양계 성운이 회전 수축하여 중심에는 원시 태양이 형성되었고, 주변에는 원반이 만들어졌다. 원반의 물질들은 서로 결합하고 충돌하여 미행성을 형성하였고, 미행성이 충돌하여 원시 행성을 형성하였다. 원시 행성이 미행성들과 충돌하면서 점점 커지며 행성이 형성되었다.

채점 기준	배점(%)
제시어를 모두 포함하여 태양계 성운에서 행성이 만들어지기까지의 과정을 옳게 서술한 경우	100
제시어의 일부만 포함하여 태양계 성운에서 행성이 만들어지기까지의 과정을 옳게 서술한 경우	50
그 외의 오답	0

고난도 도전하기
37쪽

01 ⑤　　02 ②　　03 ③　　04 ①

01 ㄱ. 별의 중심부 외곽에서 수소 핵융합 반응과 헬륨 핵융합 반응이 일어나고 있으므로 별은 팽창하고 있다.

ㄴ. 별이 팽창함에 따라 표면 온도는 점점 낮아진다.

ㄷ. 수소 핵융합 반응이 일어나면 헬륨이 생성되고, 헬륨 핵융합 반응이 일어나면 탄소가 생성된다.

02 ㄷ. 질량이 작은 (가)는 질량이 큰 (나)보다 별의 중심부에서 수소 핵융합 반응이 일어나는 시간이 길다.

바로 알기 | ㄱ. 별의 진화 과정에서 탄소까지 생성되는 (가)는 질량이 작은 별이며, 구리까지 생성되는 (나)는 질량이 큰 별이다.

ㄴ. 별의 진화 과정에서 표면 온도의 변화는 질량이 큰 (나)가

질량이 작은 (가)보다 크다.

03 ㄱ. 태양계 성운은 초신성 폭발의 잔해를 포함한 성운에서 생성되었다.

ㄴ. 원시 태양(㉠)에서는 수소 핵융합 반응이 일어나지 않으므로 중심부 온도는 1000만 K보다 낮다.

바로 알기 | ㄷ. 지구형 행성과 목성형 행성의 구성 성분은 다르며, 이들은 미행성체가 형성될 때부터 성분이 달랐다.

04 ㄱ. 생명체를 구성하는 주요 원소 중 가장 많은 원소는 산소(C)이며, 다음으로 많은 원소는 탄소(D)이다.

바로 알기 | ㄴ. 지구에 가장 많은 원소인 철(E)은 초신성 폭발 이전에 별 내부의 핵융합 반응으로 생성될 수 있다.

ㄷ. 우주에 가장 많은 두 가지 원소는 수소(A)와 헬륨(B)이며, 우주 초기에 형성되었다.

실력 확인하기
38~41쪽

01 ②　　02 ①　　03 ⑤　　04 ②　　05 ⑤
06 ②　　07 ③　　08 ④　　09 ②　　10 ④
11 ④　　12 ③　　13 ③　　14 ③
15 해설 참조　16 해설 참조　17 (1) 해설 참조　(2) 해설 참조
18 (1) 해설 참조　(2) 해설 참조　19 (1) 해설 참조　(2) 해설 참조

01 ㄴ. B는 흡수 스펙트럼으로 저온의 기체를 통과한 빛에서 나타나는 스펙트럼이며, C는 방출 스펙트럼으로 고온의 기체가 방출한 빛에서 나타나는 스펙트럼이다. 따라서 B를 만든 기체는 C를 만든 기체보다 온도가 낮다.

바로 알기 | ㄱ. 기체 방전관에서 나오는 빛은 C와 같은 방출 스펙트럼이 나타난다.

ㄷ. B와 C의 스펙트럼에 나타나는 흡수선과 방출선의 파장이 다르므로 B와 C는 다른 원소에 의해 만들어진 스펙트럼이다.

02 ㄱ. 원소의 스펙트럼에서 방출선이 나타나는 위치는 원소마다 다르다.

바로 알기 | ㄴ. 스펙트럼에서 흡수선이나 방출선의 개수는 원자 번호와 같지 않다.

ㄷ. 동일한 원소의 스펙트럼에서 나타나는 방출선의 굵기는 선마다 다르다.

03 ㄱ. 별의 스펙트럼은 검은색 흡수선이 나타나는 흡수 스펙트럼이다.

ㄴ. 별의 스펙트럼에 나타나는 흡수선에 A와 B의 방출선에 해당하는 선이 모두 있으므로 별에는 A와 B가 들어 있다.

ㄷ. 별의 스펙트럼에 나타난 흡수선에 A와 B의 방출선 이외의 흡수선도 있으므로 A와 B 이외의 원소도 포함되어 있다.

04 대폭발(빅뱅) 이후 입자는 쿼크(A)와 전자(B) 등 기본 입자가 가장 먼저 생성되었으며, 쿼크(A)로부터 수소 원자핵(E)인 양성자와 중성자(C)가 생성되었고, 양성자와 중성자(C)가 결합하여 헬륨 원자핵(F)을 만들었다. 이후 수소 원자핵(E)과 전자(B)가 결합하여 수소 원자(D)가 생성되었다.

05

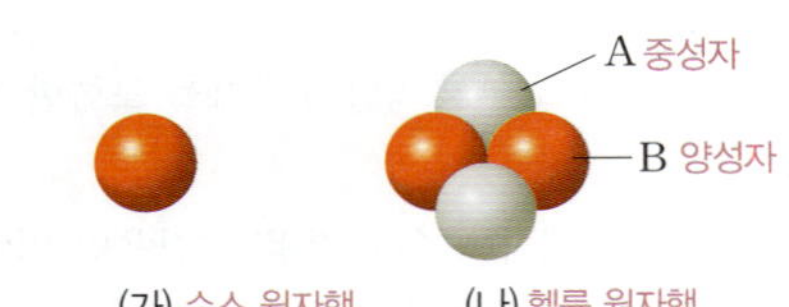

(가)는 양성자 1개인 수소 원자핵, (나)는 양성자 2개와 중성자 2개가 결합한 헬륨 원자핵이다.

ㄱ. (가)는 수소 원자핵, (나)는 헬륨 원자핵이다. 중성자인 A와 양성자인 B는 모두 쿼크로부터 만들어졌다.

ㄴ. 양성자와 중성자의 질량은 비슷하고, 헬륨 원자핵은 양성자 2개와 중성자 2개로 이루어졌으므로 수소 원자핵과 헬륨 원자핵의 질량비는 약 $1 : 4$이다.

ㄷ. (가)는 (나)보다 먼저 만들어졌고, 우주의 온도는 점점 낮아졌으므로 생성 당시 우주의 온도는 (가)가 (나)보다 높다.

06

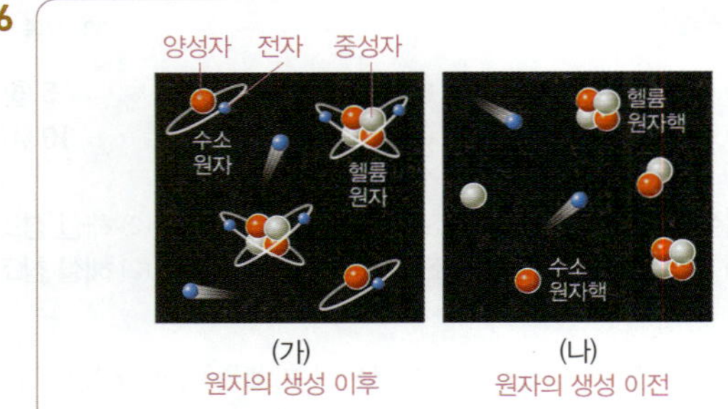

(가)는 양성자와 전자가 결합하여 수소 원자를, 헬륨 원자핵과 전자가 결합하여 헬륨 원자를 생성하였으므로 원자의 생성 이후이고, (나)는 원자의 생성 이전이다.

ㄴ. (가)는 원자의 생성 이후이고, (나)는 원자의 생성 이전이므로 우주의 나이는 (가)가 (나)보다 많다.

바로 알기 | ㄱ. 우주는 (나)에서 (가)로 바뀌었으므로 우주가 투명해진 시기는 (가)이다.

ㄷ. (나)도 헬륨 원자핵이 형성된 이후이므로 수소와 헬륨의 질량비는 (가)와 (나)에서 같다.

07 ㄱ. 현재 태양의 중심부에서는 수소 핵융합 반응이 일어나고 있다.

ㄴ. (가)에서 중심부의 수소가 모두 핵융합 반응을 하면 (나)와 같은 상태가 되면서 별이 팽창한다.

바로 알기 | ㄷ. 헬륨 핵융합 반응은 수소 핵융합 반응보다 높은 온도에서 일어나므로 별 중심부의 온도는 (나)가 (가)보다 높다.

08 ① 태양계 성운이 회전하면서 중력에 의해 수축하여 중심부에서는 원시 태양이 만들어졌다.

② 원반에 있던 물질은 서로 결합하여 미행성체를 형성하였다.

③ 미행성체는 서로 충돌과 병합하여 행성과 위성을 만들었다.

⑤ 태양에서 가까운 곳에서는 주로 암석으로 구성된 지구형 행성이 만들어졌다.

바로 알기 | ④ 지구형 행성은 규산염과 금속 산화물처럼 무거운 성분들로 이루어졌다.

09 ㄴ. 질량이 매우 큰 별은 중심부에서 철이 생성된 이후 핵융합 반응이 멈추면서 중심부가 수축하다가 급격히 폭발하여 초신성이 된다. 초신성이 폭발하면 철보다 무거운 원소들이 생성된다.

바로 알기 | ㄱ. 원자는 대폭발(빅뱅) 이후 약 38만 년이 지나 생성되었다.

ㄷ. 지구에 있는 원소들은 대부분 태양계 성운이 형성되기 전에 생성되었다.

10 가장 먼저 일어난 사건은 (다) 수소 원자의 형성이며, 수소 원자가 모여서 (가) 최초의 별을 만들었고, 별의 잔해에서 (라) 태양계 성운이 형성되었으며, 태양계 성운의 중심부에서 (나) 원시 태양이 형성되었다.

11 ㄴ. 마그마의 바다는 미행성의 충돌 열에 의해 지구의 표면이 녹아 형성되었다.

ㄷ. 마그마의 바다가 생성되어 지구 내부에서 물질이 움직일 수 있게 되자 무거운 원소가 중심부로 가라앉아 핵을 형성하였다.

바로 알기 | ㄱ. 마그마의 바다 상태의 지구 표면이 냉각되어 원시 지각이 형성되었다.

12 ㄱ. 지구에 가장 많은 원소는 철이며, 두 번째로 많은 원소는 산소이다.

ㄷ. 생명체에 가장 많은 원소는 산소이며, 산소는 태양계 형성 이전에 별에서 핵융합 반응으로 만들어졌다.

바로 알기 | ㄴ. 태양계 형성 이후에 태양에서는 수소 핵융합 반응을 통해 헬륨이 생성되었다.

13 태양계는 태양계 성운으로부터 형성(C)되었으며, 태양계 성운이 회전 수축(D)하여 원반을 형성하고, 원시 태양과 미행성체가 형성(E)되었다. 미행성체는 원시 행성을 형성(A)하고, 원시 행성이 행성과 위성을 형성(B)하여 현재의 태양계가 되었다.

14

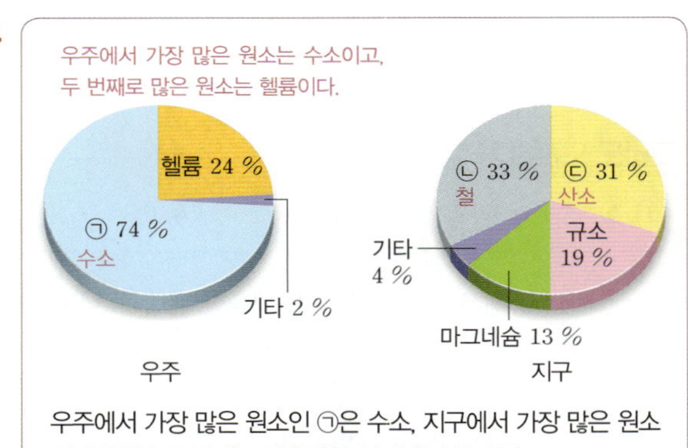

우주에서 가장 많은 원소인 ㉠은 수소, 지구에서 가장 많은 원소인 ⓛ은 철, 두 번째로 많은 원소인 ⓒ은 산소이다.

① 우주에 가장 많은 ㉠은 수소이고, 수소(㉠)는 생명체를 구성하는 원소 중 하나이다.

② 수소(㉠)는 대부분 대폭발(빅뱅) 이후의 우주 초기에 만들어졌다.

④ 지구에 두 번째로 많은 ⓒ은 산소이고, 산소(ⓒ)는 생명체에 가장 많이 존재하는 원소이다.

⑤ 산소(ⓒ)는 별 내부에서 탄소 핵융합 반응의 결과로 생성
되었다.

바로 알기 | ③ ⓒ은 지구에 가장 많은 철이다. 철(ⓒ)은 별 내
부에서 핵융합 반응으로 생성된다.

15 스펙트럼에 나타난 검은 선은 빛이 도달하지 못해 생긴 흡수
선이다.

모범 답안 ▶ 별에서 나온 빛이 별의 대기를 이루는 원소에 의해 흡
수되어 생성되었다.

채점 기준	배점(%)
별의 대기를 이루는 원소에 빛이 흡수되었다고 옳게 서술한 경우	100
빛의 흡수로 생성되었다고만 서술한 경우	50
그 외의 오답	0

16 허블이 외부 은하를 관측하여 우주가 팽창하고 있음을 알아
내었다.

모범 답안 ▶ 허블이 외부 은하를 관측하여 멀리 있는 은하일수록 더
빨리 멀어진다는 사실로부터 우주가 팽창하고 있음을 증명하
였다.

채점 기준	배점(%)
허블이 외부 은하를 관측하여 멀리 있는 은하가 더 빨리 멀어진다는 사실을 옳게 서술한 경우	100
허블이 외부 은하를 관측했다고만 서술한 경우	50
그 외의 오답	0

17 우주 초기에 양성자가 중성자보다 많은 상태에서 양성자 2개
와 중성자 2개가 결합하여 헬륨 원자핵을 형성하였고, 남은
양성자는 수소 원자핵을 형성하였다.

모범 답안 ▶ (1) 헬륨 원자핵이 만들어지기 직전의 우주에서는 양성
자가 중성자보다 많았다.

(2) 헬륨 원자핵이 생성된 이후 우주의 온도가 낮아져 무거운 원소
의 원자핵을 만들 수 있는 온도가 되지 못했기 때문이다.

	채점 기준	배점(%)
(1)	양성자와 중성자 중 어느 것이 더 많았는지를 옳게 서술한 경우	50
	그 외의 오답	0
(2)	우주의 온도가 낮아짐과 무거운 원소의 원자핵을 만들 수 있는 온도가 되지 못함을 모두 옳게 서술한 경우	50
	우주의 온도가 낮아짐과 무거운 원소의 원자핵을 만들 수 있는 온도가 되지 못함 중 한 가지만 옳게 서술한 경우	30
	그 외의 오답	0

18 별의 중심부에서 헬륨 핵융합 반응이 일어날 때까지 중심부
의 온도는 점점 높아진다.

모범 답안 ▶ (1) 별의 중심부에 탄소핵이 만들어지기까지 별의 크기
는 커지고, 중심부의 온도는 높아진다.

(2) 탄소핵이 수축하여 탄소 핵융합 반응이 일어날 정도로 온도를
높일 수 없기 때문이다.

	채점 기준	배점(%)
(1)	별의 크기와 중심부의 온도 변화를 모두 옳게 서술한 경우	50
	별의 크기와 중심부의 온도 변화 중 한 가지만 옳게 서술한 경우	30
	그 외의 오답	0
(2)	탄소핵의 변화와 탄소 핵융합 반응이 일어날 정도의 온도 변화를 모두 옳게 서술한 경우	50
	탄소핵의 변화와 탄소 핵융합 반응이 일어날 정도의 온도 변화 중 한 가지만 옳게 서술한 경우	30
	그 외의 오답	0

19 태양계에는 이미 무거운 원소가 존재하므로 태양은 초신성
폭발의 잔해 속에서 다시 태어난 별임을 알 수 있다.

모범 답안 ▶ (1) 현재 태양의 중심부에서는 수소 핵융합 반응이 일어
나지만, 원시 태양(㉠)의 중심부에서는 수소 핵융합 반응이 일어
나지 않는다.

(2) 태양이 생성된 이후 태양에서는 무거운 원소가 생성되지 않았
지만, 태양계의 구성 물질에 이미 무거운 원소가 포함되어 있기
때문이다.

	채점 기준	배점(%)
(1)	원시 태양과 현재 태양의 차이점을 수소 핵융합 반응으로 옳게 서술한 경우	50
	원시 태양과 현재 태양의 특징 중 한 가지만 옳게 서술한 경우	30
	그 외의 오답	0
(2)	태양계 성운에 초신성 폭발의 잔해가 포함되어 있다고 추론한 까닭을 옳게 서술한 경우	50
	그 외의 오답	0

수행평가 맛보기 42~43쪽

● 결과
㉠ 방출선, ㉡ 방출선, ㉢ 흡수선, ㉣ 나트륨, ㉤ 칼슘

● 정리 & 해석
1. ㉠ 방출, ㉡ 다르다
2. ㉠ 흡수, ㉡ 특정 파장의 빛이 흡수되었기
3. ㉠ 원소의 종류, ㉡ 수소, 헬륨, 나트륨, ㉢ 수소, 칼슘
4. 질량비

1 (1) 해설 참조 (2) 해설 참조
2 (1) 해설 참조 (2) 해설 참조 (3) 해설 참조

1 A는 검은 바탕에 몇 개의 밝은 방출선이 나타나는 방출 스펙
트럼이다. B는 연속 스펙트럼에 검은색 흡수선이 나타나는
흡수 스펙트럼이다. C는 모든 파장에서 연속적인 색이 나타
나는 연속 스펙트럼이다.

모범 답안 ▶ (1) A: 방출 스펙트럼, B: 흡수 스펙트럼, C: 연속 스
펙트럼, B

(2) A, B, 방출 스펙트럼(A)은 고온의 기체를 구성하는 원소가 특정 파장의 빛을 방출하기 때문에 나타나며, 흡수 스펙트럼(B)은 고온의 별에서 방출된 빛이 저온의 기체(별의 대기)를 통과할 때 기체가 특정 파장의 빛을 흡수하기 때문에 나타난다.

	채점 기준	배점(%)
(1)	A, B, C 스펙트럼의 종류 및 별빛의 스펙트럼과 같은 종류의 스펙트럼을 모두 옳게 쓴 경우	50
	별빛의 스펙트럼과 같은 종류의 스펙트럼만 옳게 쓴 경우	30
	A, B, C 스펙트럼의 종류 중 일부만 옳게 쓴 경우	10
	그 외의 오답	0
(2)	선 스펙트럼에 해당하는 스펙트럼의 기호를 옳게 쓰고, 흡수 스펙트럼과 방출 스펙트럼이 나타나는 까닭을 모두 옳게 서술한 경우	50
	흡수 스펙트럼과 방출 스펙트럼이 나타나는 까닭만 옳게 서술한 경우	30
	선 스펙트럼에 해당하는 스펙트럼의 기호만 옳게 쓴 경우	10
	그 외의 오답	0

2 스펙트럼에 나타나는 선의 위치와 개수는 원소의 종류에 따라 다르게 나타나므로 별빛의 스펙트럼을 원소의 스펙트럼과 비교하면 별을 구성하고 있는 원소를 알 수 있고, 스펙트럼에 나타난 흡수선이나 방출선의 세기를 분석하면 별을 구성하는 원소들의 질량비를 알 수 있다.

모범 답안 ▶

(1) • 공통점: 검은 바탕에 밝은 색의 방출선이 나타난다.
  • 차이점: 원소의 종류에 따라 방출선의 위치와 개수가 다르게 나타난다.

(2) A: 수소, 헬륨, 나트륨, B: 수소, 칼슘

(3) 별을 구성하는 원소의 종류, 스펙트럼에 나타나는 선의 위치와 개수는 원소의 종류에 따라 다르게 나타나기 때문이다.

	채점 기준	배점(%)
(1)	스펙트럼의 공통점과 차이점을 모두 옳게 서술한 경우	40
	스펙트럼의 공통점과 차이점 중 한 가지만 옳게 서술한 경우	20
	그 외의 오답	0
(2)	별 A와 B의 대기에 존재하는 원소를 모두 옳게 쓴 경우	20
	별 A와 B의 대기에 존재하는 원소 중 하나의 별에 대해서만 옳게 쓴 경우	10
	그 외의 오답	0
(3)	별빛 스펙트럼을 원소의 스펙트럼과 비교하여 알 수 있는 것을 옳게 쓰고, 그 까닭을 옳게 서술한 경우	40
	별빛 스펙트럼을 원소의 스펙트럼과 비교하여 알 수 있는 것만 옳게 쓴 경우	20
	그 외의 오답	0

1 원자의 형성

풀이 전략

• 대폭발(빅뱅) 후 우주의 온도는 점점 낮아지고 있음을 이해한다.
• 원자가 생성되면서 빛이 분리되어 우주 배경 복사가 방출되었음을 이해한다.

그림 (가)와 (나)는 우주의 진화 과정에서 원자가 생성되기 전과 후의 우주의 모습을 순서 없이 나타낸 것이다.

원자 생성 이전은 빛과 물질이 분리되지 않았다.

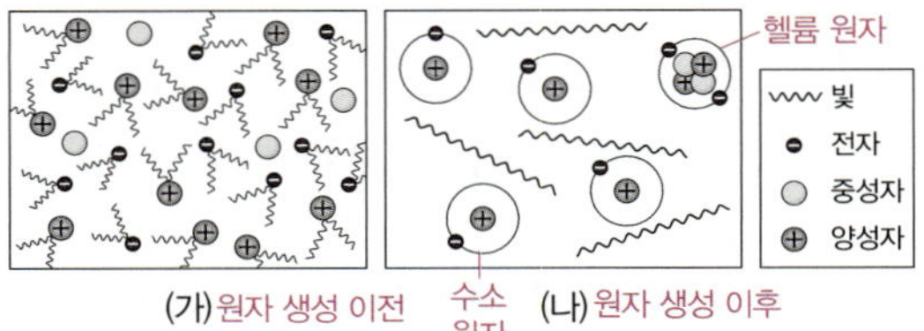

원자가 생성되면서 우주 공간을 채웠던 빛이 우주 배경 복사이다.

이에 대한 설명으로 옳은 것만을 보기에서 있는 대로 고른 것은?

보기

ㄱ. (나)의 빛은 우주 배경 복사이다.
ㄴ. 우주의 진화 과정은 (가) → (나) 순이다.
ㄷ. 우주의 온도는 (가)일 때가 (나)일 때보다 높다.

① ㄱ   ② ㄴ   ③ ㄱ, ㄷ   ④ ㄴ, ㄷ   ✓⑤ ㄱ, ㄴ, ㄷ

자료 풀이

원자가 생기기 전과 원자가 생긴 후의 모습을 비교하여 제시하고 있다. (가)는 원자핵과 전자가 따로 떨어져 있으므로 원자가 생성되기 전이고, (나)는 전자가 원자핵 주위를 돌고 있으므로 원자가 생성된 후이다.

선택지 풀이

ㄱ. 원자가 생성되면서 물질로부터 빠져나온 빛이 우주 공간을 채우게 되었다. 이 빛이 우주 배경 복사이다.

ㄴ. 원자의 생성은 대폭발(빅뱅) 후 약 38만 년이 지났을 때 일어났다. 따라서 우주는 (가)에서 (나)로 진화하였다.

ㄷ. 우주는 팽창함에 따라 온도가 낮아지므로 우주의 온도는 (가)일 때가 (나)일 때보다 높다.

함정 피하기

원자가 생성되기 이전에는 빛과 물질이 분리되지 않았고, 원자가 생성되면서 빛이 물질과 분리되었음을 알아야 한다.

2 정상 우주론

풀이 전략

• 우주의 모형을 나타낸 그림을 해석하여 우주론의 특징을 파악한다.
• 시간에 따른 우주의 크기, 밀도, 온도 변화를 파악한다.

그림은 프레드 호일이 주장한 우주의 모형을 모식적으로 나타낸 것이다.

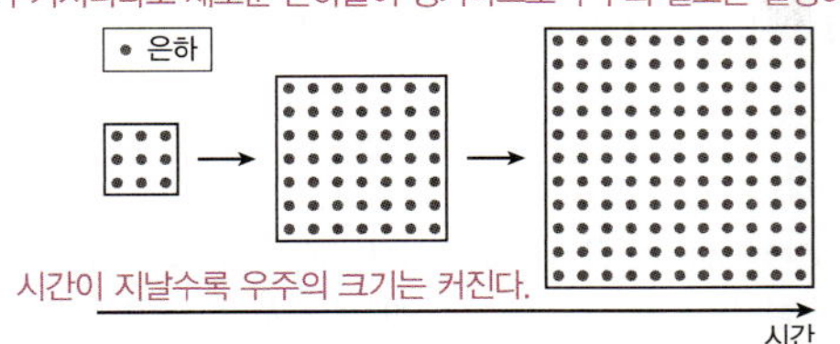

정상 우주론

이 모형에서 시간의 흐름에 따라 일정하게 유지되는 값만을 보기에서 있는 대로 고른 것은?

> **보기**
> ㄱ. 우주의 질량 증가
> ㄴ. 우주의 밀도
> ㄷ. 우주의 크기 증가

① ㄱ　　✓② ㄴ　　③ ㄱ, ㄷ　　④ ㄴ, ㄷ　　⑤ ㄱ, ㄴ, ㄷ

[자료] 풀이

우주 모형에서 우주의 크기가 커지고 있지만, 은하들 사이의 거리는 변하지 않는다. 이 우주 모형은 빅뱅 우주론과 대립했던 정상 우주론의 모형이다.

[선택지] 풀이

ㄴ. 시간이 지나더라도 은하 사이의 거리는 일정하므로 우주의 밀도는 일정하다. 따라서 정상 우주론인 이 모형의 우주는 시간의 흐름에 따라 우주의 밀도가 일정하다.

바로 알기 | ㄱ. 정상 우주론에서는 시간이 지나면서 은하들이 계속 새로 생겨나므로 우주의 질량은 점점 증가한다.

ㄷ. 정상 우주론에서 우주의 크기는 시간이 지나면서 점점 커지고 있다.

3 빅뱅 우주론

[풀이 전략]

• 원자의 형성과 함께 우주 배경 복사가 생성되었음을 고려한다.
• 우주 배경 복사의 생성 전과 후의 차이를 파악한다.

그림은 빅뱅 이후 약 38만 년을 기준으로 원자 형성 이전과 이후를 각각 A와 B 시기로 나타낸 것이다.

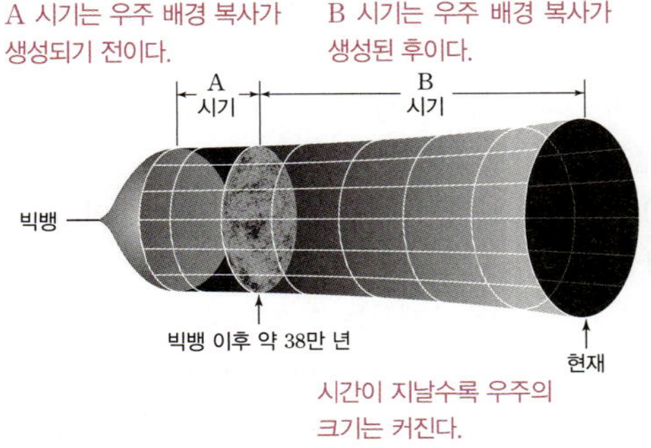

이에 대한 설명으로 옳은 것만을 보기에서 있는 대로 고른 것은?

> **보기**
> ㄱ. A 시기에 빛은 우주 공간을 자유롭게 이동할 수 있다.
> ㄴ. B 시기에 우주 배경 복사의 온도는 계속 낮아진다. 없다.
> ㄷ. 우주의 평균 밀도는 A 시기보다 B 시기가 낮다.

① ㄱ　　② ㄴ　　③ ㄱ, ㄷ　　✓④ ㄴ, ㄷ　　⑤ ㄱ, ㄴ, ㄷ

[자료] 풀이

원자가 형성되면서 빛은 물질과 분리되어 우주 공간을 자유롭게 나아갈 수 있게 되었다. 이 빛이 우주 배경 복사이다.

[선택지] 풀이

ㄴ. 우주 배경 복사는 약 3000 K의 빛으로 방출되었지만, 우주가 팽창함에 따라 우주 배경 복사의 온도는 계속 낮아진다.

ㄷ. 우주가 팽창함에 따라 우주의 평균 밀도는 계속 낮아지므로 우주의 평균 밀도는 B 시기가 A 시기보다 낮다.

바로 알기 | ㄱ. 원자가 형성되기 전인 A 시기에는 빛과 물질이 분리되지 않아 빛이 우주 공간을 자유롭게 이동할 수 없었다.

[함정 피하기]

원자가 형성된 이후 빛이 물질과 분리되어 우주가 투명해졌으므로 원자가 형성되기 이전에는 빛이 우주 공간을 자유롭게 이동하지 못하여 우주가 불투명하였음을 이해하고 있어야 한다.

4 태양계의 형성

[풀이 전략]

• 태양계 성운의 수축으로 원시 태양이 형성됨을 이해한다.
• 행성은 미행성체의 충돌과 병합으로 형성됨을 파악한다.

다음은 태양계가 형성되는 과정을 나타낸 것이다.

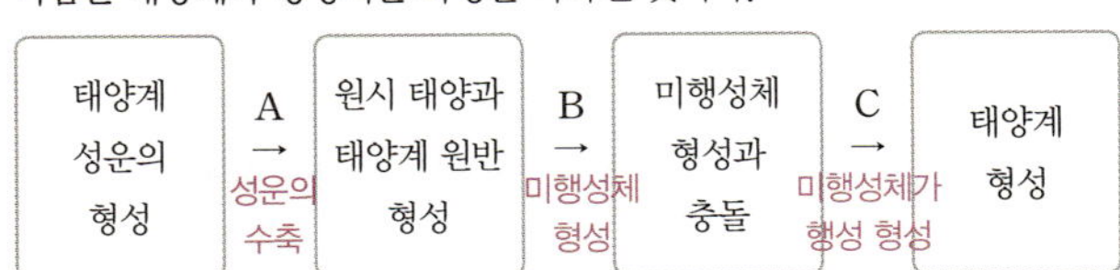

이에 대한 설명으로 옳은 것만을 보기에서 있는 대로 고른 것은?

> **보기**
> ㄱ. A 과정에서 성운 중심부의 온도는 높아진다.
> ㄴ. B 과정에서 원시 태양으로부터의 거리에 따른 물질의 평균 밀도는 일정하다.
> ㄷ. C 과정에서 태양계의 미행성체 수는 계속 증가한다.

✓① ㄱ　　② ㄴ　　③ ㄷ　　④ ㄱ, ㄴ　　⑤ ㄴ, ㄷ

[자료] 풀이

태양계 성운이 회전 수축하여 원반이 형성되었고, 원반의 중심부에서는 원시 태양이 형성되었으며, 원반의 가장자리에서는 미행성체들이 형성되었다. 미행성체들은 충돌과 병합으로 행성을 형성하였다.

ㄱ. 태양계 성운의 수축으로 성운 중심부의 온도가 높아져 원시 태양이 만들어진다.

바로 알기 | ㄴ. 원반에서 미행성체가 만들어질 때 원시 태양에 가까운 곳에서는 녹는점이 높은 물질들이 미행성체를 형성하였고, 원시 태양에서 먼 곳에서는 녹는점이 낮은 물질들이 미행성체를 형성하였다.

ㄷ. 미행성체의 충돌과 병합으로 행성이 형성되면서 미행성체의 수는 점점 감소하였다.

B 과정에서 행성이 형성될 때 지구형 행성과 목성형 행성의 차이가 발생한 까닭을 고려해야 한다.

5 헬륨 원자핵의 형성

• 헬륨 원자핵이 형성된 후 남은 입자로부터 ㉠과 ㉡이 무엇인지 파악해야 한다.

• 헬륨 원자핵의 형성 이후 남은 수소 원자핵의 개수를 이용하여 수소 원자핵과 헬륨 원자핵의 총질량비를 파악해야 한다.

그림은 초기 우주에서 양성자와 중성자가 결합하여 A 원자핵이 만들어지는 과정을 나타낸 것이다. ㉠과 ㉡은 각각 양성자와 중성자 중 하나이다.

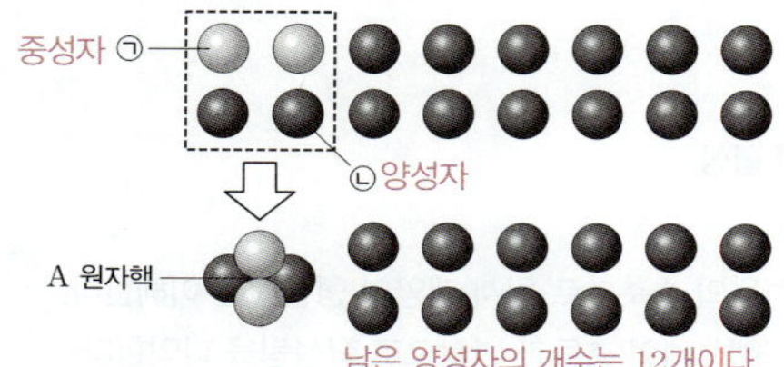

이에 대한 설명으로 옳은 것만을 보기에서 있는 대로 고른 것은?

ㄱ. ㉠은 양성자이다. 중성자
ㄴ. ㉡의 전하량은 0이다. +1
ㄷ. 이 과정 이후 우주에 존재하는 수소 원자핵 총질량은 A 원자핵 총질량의 약 3배가 되었다.

① ㄱ ✓② ㄷ ③ ㄱ, ㄴ ④ ㄴ, ㄷ ⑤ ㄱ, ㄴ, ㄷ

양성자 2개와 중성자 2개가 결합하여 형성된 A 원자핵은 헬륨 원자핵이다. 헬륨 원자핵이 형성되고 남은 입자는 수소 원자핵인 양성자이므로 ㉠은 중성자, ㉡은 양성자이다.

ㄷ. 헬륨 원자핵을 이루는 양성자와 중성자의 개수는 4개이고, 헬륨 원자핵을 만들고 남은 수소 원자핵의 개수는 12개이므로 수소 원자핵과 헬륨 원자핵의 총질량비는 약 3 : 1이다.

바로 알기 | ㄱ. 헬륨 원자핵은 양성자 2개와 중성자 2개가 결합하여 형성되므로 ㉠과 ㉡ 중 하나는 양성자이고, 다른 하나는 중성자이다. 헬륨 원자핵이 형성된 후 남은 입자는 ㉡이므로 ㉡은 수소 원자핵인 양성자이고, ㉠은 중성자이다.

ㄴ. 양성자의 전하량은 +1이고, 중성자의 전하량은 0이므로 ㉡의 전하량은 +1이다.

헬륨 원자핵을 만드는 양성자와 중성자 중에서 어느 것이 양성자이고 어느 것이 중성자인지를 파악하는 과정에서 제시된 그림을 유의 깊게 관찰해야 한다.

6 원자의 형성

• 원자가 생성될 때 우주로 퍼져 나간 빛이 우주 배경 복사가 되었음을 파악한다.

• 수소 원자핵과 헬륨 원자핵의 질량비가 약 3 : 1로 고정된 시기는 대폭발(빅뱅) 이후 약 3분이 지났을 때임을 연관 지어 생각한다.

그림 (가)와 (나)는 원자가 생성되기 전과 후의 우주의 일부를 각각 나타낸 것이다.

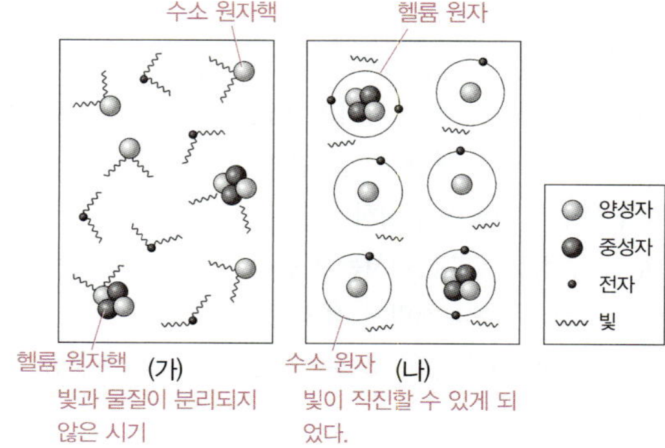

이에 대한 설명으로 옳은 것만을 보기에서 있는 대로 고른 것은?

ㄱ. 우주의 온도는 (가)일 때가 (나)일 때보다 높다.
ㄴ. (나) 초기에 우주로 퍼져 나간 빛은 현재 우주 배경 복사로 관측된다.
ㄷ. 우주에 존재하는 수소 원자핵과 헬륨 원자핵의 질량비가 일정하게 고정된 시기는 (나) 이후이다. 이전

① ㄱ ② ㄷ ✓③ ㄱ, ㄴ ④ ㄴ, ㄷ ⑤ ㄱ, ㄴ, ㄷ

(가)는 빛과 물질이 분리되지 않은 시기, (나)는 원자가 형성되어 전자가 원자핵 주위에 묶이면서 빛이 직진할 수 있게 된 시기이다.

ㄱ. 우주의 온도는 시간이 지남에 따라 점점 낮아졌으므로 우주의 온도는 (가)가 (나)보다 높다.

ㄴ. (나)의 원자가 형성될 때 우주로 퍼져 나간 빛이 우주 배경 복사를 형성하였다.

바로 알기 | ㄷ. 우주에 존재하는 수소 원자핵과 헬륨 원자핵의 질량비가 일정하게 고정된 시기는 헬륨 원자핵이 형성된 직후이므로 (나) 이전이다.

3 자연을 구성하는 원소

05 원소의 주기성

1 원소는 물질을 구성하는 기본 성분으로, 지금까지 알려진 원소는 118가지이며 그중 90여 가지는 자연에서 발견한 것이다.

2 (4) 원자가 전자 수는 주기율표에서 족 번호의 끝자리 수와 같다.

3 (1) 금속 원소는 대체로 주기율표의 왼쪽과 가운데에, 비금속 원소는 대체로 주기율표의 오른쪽에 위치한다.
(2) 실온에서 금속 원소는 대부분 고체 상태로 존재하지만, 비금속 원소는 대부분 고체 상태와 기체 상태로 존재한다.
(4) 특유의 광택이 있는 것은 금속 원소이다.

4 Li, Na, Mg, Ca은 금속 원소이고, N, O, F, Cl는 비금속 원소이다.

5 (4) 알칼리 금속은 물과 격렬하게 반응하여 수소 기체를 생성한다.

6 (1) A와 B는 같은 가로줄에 있으므로 같은 주기 원소이다.
(2) A는 수소(H)이고, 1족 원소이지만 알칼리 금속이 아니다.
(5) G와 H는 모두 세 번째 전자 껍질에 전자가 들어 있지만, 18족 원소가 아니므로 전자가 최대로 배치되어 있지 않다.

7 (1) 전자가 들어 있는 전자 껍질 수는 A가 2, B가 3이므로 A는 2주기 원소, B는 3주기 원소이다.
(2), (3) 가장 바깥 전자 껍질에 들어 있는 전자 수는 A가 7, B가 1이므로 원자가 전자 수는 A가 7, B가 1이다. 따라서 A는 17족 원소, B는 1족 원소이다.

예제 **1** (1) 알칼리 금속을 칼로 자르는 실험으로 알칼리 금속의 굳기를 확인할 수 있다.
(2) 알칼리 금속은 반응성이 커서 공기 중의 산소와 반응하여 산화물을 형성한다. 알칼리 금속은 은백색의 광택을 띠는데, 알칼리 금속을 칼로 자르면 알칼리 금속이 공기 중의 산소와 반응하여 산화물을 형성하면서 광택이 사라지게 된다. 따라서 칼로 잘린 단면의 광택이 사라지는 정도로 알칼리 금속과 산소가 반응하는 정도를 비교할 수 있다.

(3) 알칼리 금속이 산소와 반응하는 정도는 리튬<나트륨<칼륨이다.

예제 **2** (1) 알칼리 금속은 물과 반응하여 수소 기체를 발생시킨다.
(2) 알칼리 금속과 물이 반응한 수용액은 염기성을 띠므로 페놀프탈레인 용액을 떨어뜨리면 무색에서 붉은색으로 변한다.

예제 **1** 원소의 원자 번호는 양성자수와 같고 원자는 전기적으로 중성이므로 원자의 전자 수는 양성자수와 같다. 전자 배치에서 전자는 첫 번째 전자 껍질에는 최대 2개, 두 번째 전자 껍질에는 최대 8개까지 배치될 수 있다.

01 ④ 같은 주기에 속한 원소들은 전자가 들어 있는 전자 껍질 수가 같다.
바로 알기 | ① 생명체는 산소, 탄소, 수소, 질소 등으로 구성되어 있다.
② 현대의 주기율표는 원소를 원자 번호 순으로 배열한 것이다.
③ 주기율표에서 가로줄을 주기라고 하며, 1주기에서 7주기까지 있다.
⑤ 같은 족에 속한 원소들은 원자가 전자 수가 같다.

02 알칼리 금속은 주기율표의 1족에, 할로젠은 주기율표의 17족에 위치한다.

03 ㄱ. 수소(H)를 제외한 1족에 속하는 원소는 알칼리 금속이다.
ㄷ. (다)에 속한 원소들은 같은 족 원소로 원자가 전자 수가 모두 같다.
바로 알기 | ㄴ. (나)에 속한 원소들은 전자가 들어 있는 전자 껍질 수가 같지만 화학적 성질을 결정하는 원자가 전자 수가 다르므로 화학적 성질은 서로 다르다.

04 (가)는 금속 원소, (나)는 비금속 원소이다.
④ 금속 원소는 전기 전도성이 있다.
바로 알기 | ①, ② 주기율표에서 대체로 왼쪽과 가운데에 위치하는 (가)는 금속 원소이고, 대체로 오른쪽에 위치하는 (나)는 비금속 원소이다.
③ 수소(H)는 비금속 원소인 (나)에 속한다.
⑤ 비금속 원소는 실온에서 대부분 고체나 기체 상태로 존재한다.

05 금속 원소는 광택이 있고, 실온에서 대부분 고체 상태로 존재하며, 열과 전기 전도성이 있다.

⑤ 마그네슘은 금속 원소이다.

바로 알기 | ①, ②, ③, ④ 수소, 산소, 염소, 헬륨은 비금속 원소로 광택이 없고 열과 전기 전도성이 없다.

06 ㄴ. 할로젠은 17족 원소로 원자가 전자 수는 모두 7로 같다.

ㄷ. 할로젠은 실온에서 원자 2개가 결합한 이원자 분자로 존재한다.

바로 알기 | ㄱ. 제시된 세 가지 원소는 주기율표의 17족에 속하는 할로젠으로 비금속 원소이다.

07

- (가)~(다)에서 리튬, 나트륨, 칼륨이 모두 물 위에 떠서 반응했다.
  → 알칼리 금속은 물보다 밀도가 작다.
- 알칼리 금속과 물이 반응하는 정도는 (가)<(나)<(다)이다.
  → 반응성은 리튬<나트륨<칼륨이다.
- (가)~(다)에서 페놀프탈레인 용액을 떨어뜨린 물과 알칼리 금속이 반응하여 수용액이 모두 붉게 변했다.
  → 수용액은 염기성을 띤다.

ㄱ. 알칼리 금속인 리튬은 물과 반응하여 수소 기체를 발생시킨다.

ㄴ. 나트륨이 물 위에 떠서 반응하는 것으로 보아 나트륨의 밀도는 물보다 작다.

ㄷ. 페놀프탈레인 용액을 떨어뜨린 물과 칼륨이 반응하여 수용액이 붉은색으로 변하는 것으로 보아 수용액은 염기성을 띤다.

08 Li, Na, F 중 2주기 원소는 Li, F이고 3주기 원소는 Na이므로 ㉠은 F이고, ㉡은 Na이다.

ㄱ. ㉠은 할로젠으로 비금속 원소이고, Li은 금속 원소이다. 따라서 '비금속 원소인가?'는 (가)로 적절하다.

ㄷ. ㉡은 금속 원소이므로 전기 전도성이 있다.

바로 알기 | ㄴ. 할로젠인 ㉠과 알칼리 금속인 Li의 화학적 성질은 서로 다르다.

09 ㄷ. 첫 번째 전자 껍질(A)에는 전자가 최대 2개, 두 번째 전자 껍질(B)에는 전자가 최대 8개까지 배치될 수 있다.

바로 알기 | ㄱ. 원자에서 전자는 특정한 에너지 준위를 갖는 전자 껍질에 존재한다.

ㄴ. 원자핵에 가까울수록 전자 껍질의 에너지 준위가 낮다. 따라서 에너지 준위는 B가 A보다 높다.

10 ① 전자는 특정한 에너지 준위의 전자 껍질에만 존재한다.

② 원자핵에 가까울수록 전자 껍질의 에너지 준위가 낮다. 전자는 에너지 준위가 낮은, 즉 원자핵에 가까운 전자 껍질부터 차례대로 채워진다.

④ 같은 주기에 속한 원소들은 전자가 들어 있는 전자 껍질 수가 같다.

⑤ 원소의 주기성이 나타나는 까닭은 원소의 화학적 성질을 결정하는 원자가 전자 수가 주기적으로 변하기 때문이다.

바로 알기 | ③ 첫 번째 전자 껍질에는 전자가 최대 2개, 두 번째 전자 껍질에는 전자가 최대 8개까지 배치될 수 있다.

11 ㄱ. A의 원자핵에 있는 양성자수가 8이므로 A의 원자 번호는 8이다.

ㄴ. A에서 전자가 들어 있는 전자 껍질 수가 2이므로 A는 2주기 원소이다.

ㄷ. 가장 바깥 전자 껍질에 들어 있는 전자 수가 6이므로 A의 원자가 전자 수는 6이다.

12 ㄴ. A의 원자가 전자 수는 6이며 B는 18족 원소이므로 원자가 전자 수는 0이다. 따라서 원자가 전자 수는 A>B이다.

ㄷ. 원자 번호는 원자의 양성자수와 같다. A의 양성자수가 8, B의 양성자수가 10, C의 양성자수가 12이므로, 원자 번호는 C>B>A이다.

바로 알기 | ㄱ. A는 원자가 전자 수가 6이므로 할로젠이 아니다.

13 ㄱ. C는 3주기 2족 원소이므로 주기율표의 왼쪽에 위치하는 금속 원소이다.

ㄴ. A와 B는 전자가 들어 있는 전자 껍질 수가 2로 같으므로 2주기 원소이다.

ㄷ. B와 D는 원자가 전자 수가 7로 같으므로 17족 원소이며, 화학적 성질이 비슷하다.

14 X의 전자 배치에서 전자가 들어 있는 전자 껍질 수는 2이고 가장 바깥 전자 껍질에 들어 있는 전자 수가 7이므로 X는 2주기 17족 원소이다.

15 주기율표의 왼쪽에 위치하는 B, F, G는 금속 원소이고, 주기율표의 오른쪽에 위치하는 A, C, D, E는 비금속 원소이다.

모범 답안 ▶ (가)는 '광택이 있다. 열과 전기 전도성이 있다', (나)는 '광택이 없다. 열과 전기 전도성이 없다'가 적절하다. (가)에 속한 원소들은 주기율표의 왼쪽에 위치하는 금속 원소이고, (나)에 속한 원소들은 주기율표의 오른쪽에 위치하는 비금속 원소이기 때문이다.

채점 기준	배점(%)
제시어를 모두 포함하여 (가)와 (나)를 모두 옳게 서술한 경우	100
제시어 중 광택, 열과 전기 전도성만 포함하여 (가)와 (나)를 모두 옳게 서술한 경우	50
제시어 중 주기율표, 왼쪽, 오른쪽만 포함하여 (가)와 (나)를 모두 옳게 서술한 경우	30
그 외의 오답	0

16 주기율표의 1족에 속하는 알칼리 금속은 화학적 성질이 비슷하다.

모범 답안 ▶ 리튬과 나트륨은 모두 주기율표의 1족에 속하는 알칼리 금속으로 화학적 성질이 비슷하다. 따라서 리튬 대신 나트륨으로 실험해도 기포가 발생하고(㉠), 물과 반응한 수용액은 염기성을 띠므로 붉은색으로 변한다(㉡).

채점 기준	배점(%)
제시어를 모두 포함하여 ㉠과 ㉡의 변화를 모두 옳게 서술한 경우	100
제시어를 모두 포함하여 ㉠과 ㉡ 중 한 가지의 변화만을 옳게 서술한 경우	50
㉠과 ㉡의 변화만 모두 옳게 서술한 경우	30
그 외의 오답	0

고난도 도전하기

57쪽

01 ③　　02 ④　　03 ③　　04 ④

01 ① 주기율표의 오른쪽에 위치하는 A, B, D는 비금속 원소이다.
② 주기율표의 왼쪽에 위치하는 C, E, F는 금속 원소이다.
④ C와 E는 같은 족에 속하는 원소로 원자가 전자 수가 같아 화학적 성질이 비슷하다.
⑤ 3주기 원소인 C는 전자가 들어 있는 전자 껍질 수가 3이고, 4주기 원소인 F는 전자가 들어 있는 전자 껍질 수가 4이다.
바로 알기 | ③ 17족 원소인 B의 원자가 전자 수는 7이고, 18족 원소인 D의 원자가 전자 수는 0이다.

02

주기\족	1	2	13	14	15	16	17	18
1	A–H							
2							B–F	
3	C–Na						D–Cl	

- A는 원자가 전자 수가 1인 1족 원소이지만 비금속 원소이다.
- B와 D는 원자가 전자 수가 7인 17족 할로젠이고 비금속 원소이다.
- C는 원자가 전자 수가 1인 1족 알칼리 금속이다.

ㄴ. B는 할로젠으로 알칼리 금속인 나트륨과 반응하여 염을 생성한다.
ㄷ. D는 할로젠이며 A인 수소(H)와 반응하여 산성 물질을 생성한다.
바로 알기 | ㄱ. A는 비금속 원소이다. C는 알칼리 금속으로 칼로 잘릴 정도로 무르다.

03 ㄱ. (가)의 실험 결과로 무른 금속이라는 결론을 얻었으므로 '칼륨 조각을 칼로 자른다.'는 ㉠으로 적절하다.
ㄷ. 칼륨과 물이 반응한 수용액이 염기성이라는 결론을 얻었으므로 (다)에서 페놀프탈레인 용액을 떨어뜨린 수용액은 붉은색으로 변한다.
바로 알기 | ㄴ. 칼륨이 물과 반응하여 수소 기체를 발생시킨다는 결론을 얻었으므로 ㉡으로 수소 기체의 성질을 확인하는 실험이 적절하다. ㉡으로 '모은 기체에 성냥불을 대 본다.'가 적절하며, 성냥불을 대 보았을 때 '퍽' 소리가 나는 것으로 수소 기체를 확인할 수 있다. 석회수에 통과시키면 석회수가 뿌옇게 흐려지는 것으로 확인할 수 있는 기체는 이산화 탄소이다.

04

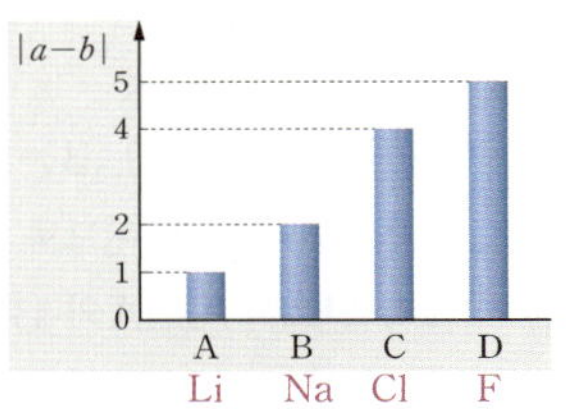

- 알칼리 금속은 1족 원소이므로 원자가 전자 수는 1이고, 할로젠은 17족 원소이므로 원자가 전자 수는 7이다. 따라서 원자가 전자 수(a)는 1 또는 7이다.
- A~D는 모두 2, 3주기 원소이므로 전자가 들어 있는 껍질 수(b)는 2 또는 3이다.
- $|a-b|$가 1이 되려면 $a=1$, $b=2$여야 한다. ➡ A는 2주기 1족 원소이다.
- $|a-b|$가 2가 되려면 $a=1$, $b=3$이어야 한다. ➡ B는 3주기 1족 원소이다.
- $|a-b|$가 4가 되려면 $a=7$, $b=3$이어야 한다. ➡ C는 3주기 17족 원소이다.
- $|a-b|$가 5가 되려면 $a=7$, $b=2$여야 한다. ➡ D는 2주기 17족 원소이다.

ㄴ. B와 C는 모두 3주기 원소이다.
ㄷ. D는 17족에 속하는 할로젠으로 실온에서 이원자 분자로 존재한다.
바로 알기 | ㄱ. A는 알칼리 금속이다.

06 화학 결합과 물질의 성질

개념 확인하기

61쪽

1 (1) 18족 (2) ㉠ 2, ㉡ 8 (3) 18
2 (1) ◯ (2) × (3) ×　　**3** (1) ◯ (2) ◯ (3) ◯ (4) ×
4 (1) 공유 (2) ㉠ C, ㉡ A (3) ㉠ 음, ㉡ 양
5 (1) 공유 (2) 공유 (3) 이온 (4) 이온
6 (가) 염화 나트륨(NaCl), 수산화 마그네슘(Mg(OH)$_2$)
　　(나) 포도당(C$_6$H$_{12}$O$_6$), 뷰테인(C$_4$H$_{10}$)
7 A: 염화 나트륨, B: 설탕

1 (3) 18족 이외의 원소들은 화학 결합을 하여 18족 원소인 비활성 기체의 전자 배치를 이룬다.
2 (1) A는 첫 번째 전자 껍질에 전자 2개가 모두 채워져 있다. B는 두 번째 전자 껍질에, C는 세 번째 전자 껍질에 각각 전자 8개가 모두 채워져 있다. 따라서 A~C는 모두 18족 원소이다.
(2) B는 두 번째 전자 껍질에 전자 8개가 모두 채워져 있는 18족 원소이므로 원자가 전자 수가 0이다.
(3) C는 세 번째 전자 껍질에 전자 8개가 모두 채워져 있으므로 이미 안정한 전자 배치를 하고 있다.
3 (3) 1족 원소인 나트륨은 전자 1개를 잃고 나트륨 이온이 되어 네온과 같은 전자 배치를 이루고, 17족 원소인 염소는 전자 1개를 얻고 염화 이온이 되어 아르곤과 같은 전자 배치를 이룬다. 나트륨 이온과 염화 이온은 서로 반대 전하를 띠므로 정전기적 인력으로 결합하여 이온 결합 물질인 염화 나트륨을 생성한다.

⑷ 산소 분자가 생성될 때 2개의 산소 원자가 각각 2개의 전자쌍을 공유하여 결합을 형성한다.

4 A는 양성자수가 8이므로 산소(O), B는 양성자수가 9이므로 플루오린(F), C는 양성자수가 11이므로 나트륨(Na)이다.

⑴ A와 B는 비금속 원소이므로 A와 B는 공유 결합을 형성한다.

⑵ A는 비금속 원소, C는 금속 원소이므로 A와 C는 이온 결합을 형성하고, 이때 전자는 C에서 A로 이동한다.

⑶ B는 비금속 원소, C는 금속 원소이므로 B와 C가 결합할 때 전자는 C에서 B로 이동하여 B는 음이온이 되고, C는 양이온이 되어 결합을 형성한다.

5 이온 결합 물질은 금속 원소와 비금속 원소로 이루어져 있고, 공유 결합 물질은 비금속 원소로 이루어져 있다.

6 금속 원소와 비금속 원소로 이루어진 염화 나트륨($NaCl$)과 수산화 마그네슘($Mg(OH)_2$)은 이온 결합 물질이고, 비금속 원소로만 이루어진 포도당($C_6H_{12}O_6$)과 뷰테인(C_4H_{10})은 공유 결합 물질이다.

7 이온 결합 물질은 고체 상태에서는 양이온과 음이온이 정전기적 인력으로 결합하고 있어 이동하지 못하므로 전기 전도성이 없고 수용액에서는 양이온과 음이온이 자유롭게 이동할 수 있으므로 전기 전도성이 있다. 따라서 A는 이온 결합 물질인 염화 나트륨이다. 공유 결합 물질은 고체 상태와 수용액 상태에서 모두 전기적으로 중성인 분자로 존재하므로 전기 전도성이 없다. 따라서 B는 공유 결합 물질인 설탕이다.

1등급 코디
62쪽

예제 1 ⑴ ㉠ 금속, ㉡ 1, ㉢ 잃 ⑵ ㉠ 비금속, ㉡ 2, ㉢ 얻
⑶ ㉠ 2 : 1, ㉡ A_2B

예제 1 A는 3주기 1족 원소이므로 금속 원소이다. A는 네온과 같은 전자 배치를 이루기 위해 전자 1개를 잃고 전하가 +1인 양이온이 된다. 한편 B는 2주기 16족 원소이므로 비금속 원소이다. B는 네온과 같은 전자 배치를 이루기 위해 전자 2개를 얻어 전하가 -2인 음이온이 된다. 따라서 A와 B는 2 : 1의 개수비로 결합하여 A_2B를 생성한다.

1등급 코디
63쪽

예제 1 ⑴ ㉠ 비금속, ㉡ 2 ⑵ ㉠ 비금속, ㉡ 1
⑶ ㉠ 2, ㉡ 2, ㉢ 1, ㉣ 2, ㉤ AB_2

예제 1 A는 2주기 16족 원소로 비금속 원소이므로 네온과 같은 전자 배치를 이루기 위해서는 전자 2개가 필요하다. B는 2주기 17족 원소이므로 네온과 같은 전자 배치를 이루기 위해서는 전자 1개가 필요하다. 따라서 안정한 화합물을 생성하기 위해 A 원자 1개가 전자 2개를 내놓고 B 원자 2개는 각각 전자 1개씩을 내놓아 전자쌍 2개를 공유하여 화합물 AB_2를 생성한다.

개념 적용하기
64~66쪽

01 ⑤	**02** ③	**03** ②	**04** ④	**05** ①
06 ⑤	**07** ③	**08** ①	**09** ③	**10** ①
11 ⑤	**12** ④	**13** ③	**14** 해설 참조	
15 해설 참조	**16** 해설 참조			

01 (가)는 18족 원소로 반응성이 매우 작아 비활성 기체라고도 한다. 18족 원소는 가장 바깥 전자 껍질에 전자가 최대로 채워져 있으며, 원자가 전자 수는 0이다.

바로 알기 | ⑤ (가)는 주기율표의 18족 원소로 비활성 기체이므로 다른 원소와 화학 결합을 형성하지 않는다.

02 ㄱ. A~C는 모두 가장 바깥 전자 껍질에 전자가 최대로 채워진 18족 원소이다.

ㄷ. A는 1주기에 속하는 헬륨이다. 헬륨은 반응성이 작고 가벼운 기체로 광고용 풍선에 이용된다.

바로 알기 | ㄴ. A~C의 원자가 전자 수는 모두 0으로 같다.

03 ① 18족에 속하는 비활성 기체는 안정한 전자 배치를 이루고 있어 다른 원소와 화학 결합을 형성하지 않는다. 18족 이외의 원소들은 화학 결합을 하여 18족 원소와 같은 전자 배치를 이룬다.

③ 비금속 원소는 전자를 얻어 음이온이 되기 쉬우므로 비금속 원소의 원자는 전자쌍을 공유하여 화학 결합을 한다.

④ 이온 결합은 금속 원소와 비금속 원소로 이루어진다. 이때 금속 원소의 원자는 전자를 잃어 양이온이 되고, 비금속 원소의 원자는 금속 원소의 원자가 내놓은 전자를 얻어 음이온이 된다.

⑤ 공유 결합 물질은 비금속 원소의 원자들이 전자쌍을 공유하여 독립적인 분자로 존재한다.

바로 알기 | ② 이온 결합 물질을 구성하는 양이온과 음이온의 전하에 따라 결합하는 개수비가 다르다.

04 이온 결합 물질은 금속 원소와 비금속 원소로 이루어진다. 따라서 금속 원소인 Li과 비금속 원소인 F은 이온 결합을 형성한다. H, N, O, F는 모두 비금속 원소이므로 ①, ②, ③, ⑤는 공유 결합을 형성한다.

05 ㄴ. B는 비금속 원소이고, D는 금속 원소이므로 B와 D가 화학 결합을 형성할 때 전자는 D에서 B로 이동한다.

바로 알기 | ㄱ. A는 2주기 1족 원소이다. A는 전자 1개를 잃고 1주기 18족 원소인 헬륨과 같은 전자 배치를 이룬다.

ㄷ. B와 C는 모두 비금속 원소이지만 C는 18족 원소이므로 화학 결합을 형성하지 않는다.

06 ㄱ. A는 비금속 원소이므로 A 원자 2개가 결합하여 생성된 A_2는 공유 결합 물질이다.

ㄴ. C의 원자가 전자 수가 2이므로 전자 2개를 잃어 B와 같은 전자 배치를 이룬다.

ㄷ. A는 비금속 원소이고, C는 금속 원소이므로 A와 C로 이루어진 물질은 이온 결합 물질이다.

07 ㄱ. A는 1족에 속하지만 비금속 원소인 수소(H)이고, B는

비금속 원소이다. 따라서 비금속 원소인 A와 B로 이루어진 A_2B는 공유 결합 물질이고 A와 B는 전자쌍을 공유한다.

ㄴ. B는 비금속 원소이고, C는 금속 원소이므로 B와 C가 결합할 때 전자는 C에서 B로 이동하여 이온이 형성된 다음, 양이온과 음이온이 정전기적 인력으로 결합한다.

바로 알기 | ㄷ. B와 D는 모두 비금속 원소이므로 D_2B는 공유 결합 물질이다.

08 ㄱ. A는 전자 1개를 잃고 A^+이 되었을 때 네온과 같은 전자 배치를 이루므로 3주기 1족 금속 원소이다.

바로 알기 | ㄴ. B는 3주기 2족 원소이고, D는 2주기 16족 원소이므로 B와 D는 같은 주기 원소가 아니다.

ㄷ. C 원자는 전자 수가 10이므로 원자 번호가 10인 네온이다. 따라서 C는 다른 원소와 화학 결합을 형성하지 않는다.

09 ㄱ. A_2에서 A 원자는 전자쌍을 공유하면서 결합하고 있으므로 공유 결합 물질이다. 따라서 공유 결합을 형성하는 A는 비금속 원소이다.

ㄷ. A와 C는 모두 비금속 원소이므로 A_2C는 공유 결합 물질이다.

바로 알기 | ㄴ. B_2에서 B 원자는 전자쌍 3개를 공유하여 네온과 같은 전자 배치를 이루므로 B의 원자가 전자 수는 5이다. C_2에서 C 원자는 전자쌍 2개를 공유하여 네온과 같은 전자 배치를 이루므로 C의 원자가 전자 수는 6이다. 따라서 원자가 전자 수는 C>B이다.

10 ㄱ. A는 금속 원소이고, B는 비금속 원소이므로 (가)가 형성될 때 전자는 금속 원자인 A에서 비금속 원자인 B로 이동한다.

바로 알기 | ㄴ. (가)는 A의 양이온인 A^+과 B의 음이온인 B^-이 1 : 1의 개수비로 결합한 이온 결합 물질이다.

ㄷ. (가)는 실온에서 양이온과 음이온이 반복적으로 결합하여 규칙적인 결정을 이루고 있다.

11 제시된 물질 중 수용액 상태에서 전기 전도성이 있는 물질은 이온 결합 물질인 염화 칼슘과 수산화 마그네슘이다. 포도당과 에탄올은 수용액에서 전기적으로 중성인 분자로 존재하므로 전기 전도성이 없다.

12 ④ (나)는 수용액에서 양이온과 음이온으로 나누어져 자유롭게 이동할 수 있으므로 전기 전도성이 있다.

바로 알기 | ①, ② (가)는 전기적으로 중성인 분자가 결합한 공유 결합 물질이고, (나)는 양이온과 음이온이 연속적으로 결합한 이온 결합 물질이다.

③ (가)는 수용액에서 전기적으로 중성인 분자로 존재하므로 전기 전도성이 없다.

⑤ (나)는 이온 결합 물질이므로 금속 원소와 비금속 원소로 이루어져 있다.

13 ㄱ. 염화 나트륨은 이온 결합 물질이므로 수용액 상태에서 전기 전도성이 있다. 따라서 '있음'은 ㉠으로 적절하다.

ㄴ. 포도당은 공유 결합 물질이므로 수용액 상태에서 전기 전도성이 없다. 따라서 '없음'은 ㉡으로 적절하다.

바로 알기 | ㄷ. 설탕과 염화 칼슘은 상태에 따른 전기 전도성이 서로 다르므로 화학 결합의 종류가 다르다.

14 18족 원소와 같은 전자 배치를 이루기 위해서 A는 전자 1개를 잃어 A^+이 되고, B는 전자 1개를 얻어 B^-이 된다.

모범 답안 ▶ 18족 원소와 같은 전자 배치를 이루기 위해 A는 전자 1개를 잃어 A^+이 되고, B는 전자 1개를 얻어 B^-이 된 다음, A^+과 B^-이 정전기적 인력으로 결합을 형성한다.

채점 기준	배점(%)
제시어를 모두 포함하여 결합의 형성 과정을 옳게 서술한 경우	100
제시어 중 세 가지만 포함하여 결합의 형성 과정을 옳게 서술한 경우	70
제시어 중 두 가지만 포함하여 결합의 형성 과정을 옳게 서술한 경우	40
그 외의 오답	0

15 화합물 X는 수용액 상태에서 전기적으로 중성인 분자로 존재한다.

모범 답안 ▶ X 수용액에서 X는 전기적으로 중성인 분자로 존재하여 전기 전도성이 없는 것으로 보아 공유 결합으로 이루어진 물질이다.

채점 기준	배점(%)
제시어를 모두 포함하여 화학 결합의 종류와 판단 근거를 옳게 서술한 경우	100
제시어 중 세 가지만 포함하여 화학 결합의 종류와 판단 근거를 옳게 서술한 경우	70
제시어 중 두 가지만 포함하여 화학 결합의 종류와 판단 근거를 옳게 서술한 경우	40
그 외의 오답	0

16 금속 원소의 양이온과 비금속 원소의 음이온은 전기적으로 중성이 되도록 결합하여 이온 결합 물질을 형성한다.

모범 답안 ▶ Li_2O, $LiCl$, MgO, $MgCl_2$, 이온 결합 물질은 금속 원소의 양이온과 비금속 원소의 음이온이 전기적으로 중성이 되는 개수비로 결합하여 형성되기 때문이다.

채점 기준	배점(%)
화학식 네 가지를 모두 옳게 쓰고, 제시어를 모두 포함하여 까닭을 옳게 서술한 경우	100
화학식 두 가지를 옳게 쓰고, 제시어를 모두 포함하여 까닭을 옳게 서술한 경우	60
화학식 네 가지만 옳게 쓴 경우	20
그 외의 오답	0

고난도 도전하기 —————————— 67쪽

01 ①   **02** ⑤   **03** ⑤   **04** ②

01

> • X_2Y는 액체 상태와 수용액 상태에서 모두 전기 전도성
>   이 있다. 이온 결합 물질 각 이온의 전자 수는 10이다.
> • X_2Y에서 X, Y는 모두 네온과 같은 전자 배치를 이룬다.
> • X의 원자가 전자 수는 x이고, Y의 원자가 전자 수는 y
>   이며, $x+y>6$이다.

• X_2Y는 이온 결합 물질이므로 금속 원소의 양이온과 비금속
  원소의 음이온이 결합하여 형성된 물질이다.
• 금속 원소 X와 비금속 원소 Y가 2 : 1의 개수비로 결합하므
  로, 이온의 전하량의 비는 1 : 2이며, 각 이온의 전자 수는 10
  이다.
  ➡ X 원자와 Y 원자의 전자 수는 각각 11과 8이거나 12와 6
    이다.
• $x+y>6$이다.
  ➡ X 원자의 전자 수가 11일 때 x는 1이며, Y 원자의 전자
    수가 8일 때 y는 6이다. 따라서 X는 3주기 1족 원소이고,
    Y는 2주기 16족 원소이다.

ㄱ. X_2Y는 액체 상태와 수용액 상태에서 모두 전기 전도성이
있는 것으로 보아 이온 결합 물질이다.

바로 알기 | ㄴ. X는 3주기 1족 원소이고, Y는 2주기 16족 원
소이므로 X는 2주기 원소가 아니다.

ㄷ. 원자가 전자 수는 X가 1이고, Y가 6이다. 따라서
$|x-y|=5$이다.

02

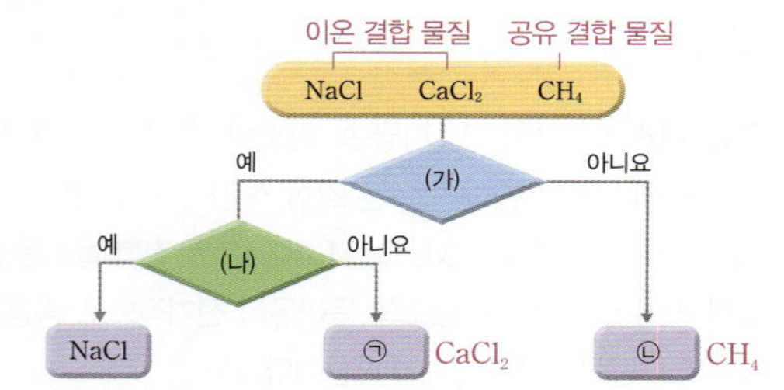

• ㉠은 모든 구성 입자의 전자 배치가 같으므로 $CaCl_2$이고, ㉡
  은 CH_4이다.
• $NaCl$, $CaCl_2$은 이온 결합 물질이고, CH_4은 공유 결합 물질
  이다.
• $NaCl$과 $CaCl_2$은 (가)의 기준에 부합하므로 '수용액 상태에
  서 전기 전도성이 있는가?'는 (가)로 적절하다.

ㄱ. '수용액 상태에서 전기 전도성이 있는가?'는 (가)로 적절
하다.

ㄴ. 기준 (나)에 의해 $NaCl$과 $CaCl_2$을 분류하는데, $NaCl$의
구성 원소는 모두 3주기 원소이고, $CaCl_2$의 구성 원소는 4주
기 원소인 Ca과 3주기 원소인 Cl이다. 따라서 '구성 원소가
같은 주기 원소인가?'는 (나)로 적절하다.

ㄷ. ㉡은 공유 결합 물질이므로 구성 원소는 모두 비금속 원
소이다.

03

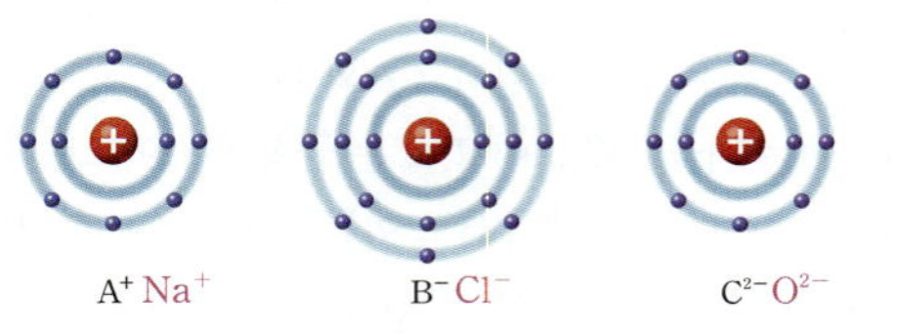

> • A^+은 A 원자가 전자 1개를 잃고 형성된 이온이다.
>   ➡ A는 3주기 1족에 속하는 금속 원소이다.
> • B^-은 B 원자가 전자 1개를 얻어 형성된 이온이다.
>   ➡ B는 3주기 17족에 속하는 비금속 원소이다.
> • C^{2-}은 C 원자가 전자 2개를 얻어 형성된 이온이다.
>   ➡ C는 2주기 16족에 속하는 비금속 원소이다.

ㄱ. A와 B는 모두 3주기 원소이다.

ㄴ. A는 금속 원소이고, C는 비금속 원소이므로 A와 C가
결합할 때 전자는 A에서 C로 이동한다.

ㄷ. B와 C는 모두 비금속 원소이므로 B와 C로 이루어진 물
질은 공유 결합 물질이다.

04

상태 ＼ 물질	A 설탕	B	C
고체	없음	없음	없음
수용액	없음	있음	있음

각각 염화 나트륨, 염화 칼슘 중 하나
A: 공유 결합 물질
B, C: 이온 결합 물질

• A는 고체 상태와 수용액 상태에서 모두 전기 전도성이 없으
  므로 공유 결합 물질이다.
  ➡ A는 설탕이다.
• B와 C는 고체 상태에서 전기 전도성이 없고 수용액 상태에서
  전기 전도성이 있으므로 이온 결합 물질이다.
  ➡ B와 C는 각각 염화 나트륨, 염화 칼슘 중 하나이다.

ㄷ. C는 수용액 상태에서 전기 전도성이 있는 것으로 보아 이
온 결합 물질이다. 따라서 C는 금속 원소와 비금속 원소로 이
루어져 있다.

바로 알기 | ㄱ. A는 고체 상태와 수용액 상태에서 모두 전기
전도성이 없는 것으로 보아 공유 결합 물질인 설탕이다.

ㄴ. B는 수용액 상태에서 전기 전도성이 있는 것으로 보아 이
온 결합 물질이다. B는 고체 상태에서 양이온과 음이온이 정
전기적 인력에 의해 결합하고 있어 이동하지 못하므로 전기
전도성이 없다.

개념 확인하기 72쪽

1 (1) 사면체 (2) 규소, 산소 (3) 판　　　**2** 단위체
3 (1) 아미노산 (2) 뉴클레오타이드
4 (1) 탄소 (2) 단위체
5 (1) 종류, 결합(배열) (2) 펩타이드
　(3) 폴리펩타이드 (4) 입체 구조 (5) 효소
6 ㉠ 물, ㉡ 펩타이드, ㉢ 폴리펩타이드
7 (1) ○ (2) ○ (3) ○ (4) × (5) × (6) × (7) ○ (8) × (9) ×
　(10) ×
8 ㉠ 당, ㉡ 염기, ㉢ 뉴클레오타이드
9 ㉠ 디옥시라이보스, ㉡ 이중나선, ㉢ U

1 (1) 지각을 구성하는 규산염 광물의 기본 구조는 규소 원자와 산소 원자로 이루어진 Si−O 사면체이다.
　(2) Si−O 사면체는 중심에 규소 원자 1개와 각 모서리에 산소 원자 4개가 공유 결합하고 있는 정사면체 모양이다.
　(3) 흑운모는 Si−O 사면체가 얇은 판 모양으로 결합한 판상 구조의 형태이다.
2 크고 복잡한 물질을 만들 때 기본 단위로 반복되어 사용되는 물질을 단위체라고 한다.
3 단백질의 단위체는 아미노산, 핵산의 단위체는 뉴클레오타이드이다.
4 탄소 화합물은 탄소를 기본 골격으로 다른 원소가 결합하여 만들어진 화합물로, 생명체는 탄수화물, 단백질, 지질, 핵산 등과 같은 탄소 화합물로 구성되어 있다.
5 단백질마다 아미노산의 종류와 수, 결합 순서가 모두 다르며, 이에 따라 구부러지고 접히는 방법이 달라져 입체 구조가 달라진다. 입체 구조에 의해 단백질의 기능이 결정된다.
6 단백질의 기본 단위체는 아미노산이며, 펩타이드결합은 두 아미노산이 결합할 때 물 분자 1개가 빠져나오면서 이루어지는 공유 결합이다.
7 (1) DNA는 유전정보를 저장하며, RNA는 유전정보의 전달과 단백질합성에 관여한다.
　(2) 핵산의 단위체는 뉴클레오타이드이고, 뉴클레오타이드는 인산, 당, 염기가 1 : 1 : 1로 결합한 화합물이다.
　(4) 뉴클레오타이드를 구성하는 당은 라이보스와 디옥시라이보스 두 가지이다.
　(5) DNA의 이중 가닥에서 염기가 상보적으로 결합하기 때문에 한 가닥의 염기서열을 안다면 다른 가닥의 염기서열도 알 수 있다.
　(8) RNA는 단일 가닥이다.
　(10) 핵산의 단위체는 뉴클레오타이드이다.
8 뉴클레오타이드는 핵산을 구성하는 단위체로, 인산, 당, 염기가 1 : 1 : 1로 결합한 구조이다.
9 이중나선구조를 이루는 DNA를 구성하는 당은 디옥시라이보스이고, RNA는 DNA의 타이민(T) 대신 유라실(U)을 갖는다.

1등급 코디 73쪽

예제 **1** (1) ○ (2) ○ (3) × (4) ○ (5) × (6) ○
예제 **2** (1) 100 (2) 30 (3) 20 (4) 20

예제 **1** DNA를 구성하는 단위체는 뉴클레오타이드로 염기의 종류에 따라 단위체가 달라진다. DNA를 구성하는 염기 종류는 4종류이므로, DNA를 구성하는 단위체인 뉴클레오타이드 역시 4종류이다. 마주 보는 염기 사이의 상보결합은 수소 결합이다.

예제 **2** DNA X는 이중 가닥이므로 염기 2개가 한 쌍을 이룬다. 50개의 염기쌍을 이루고 있는 염기의 개수는 100개이다. 이중 가닥인 DNA에서 상보결합하는 염기의 양은 같으므로 아데닌(A)의 개수가 30개이면, 타이민(T)의 개수도 30개이다. 아데닌(A)과 타이민(T), 구아닌(G)과 사이토신(C)의 총 염기 개수 합이 100개이므로 구아닌(G)과 사이토신(C)의 염기 개수 합은 40개이다. 구아닌(G)과 사이토신(C)은 상보결합을 하므로 염기 개수가 같아 각각 20개씩 존재한다.

개념 적용하기 74~76쪽

01 ④	02 ③	03 ②	04 ⑤
05 ②, ④	06 ⑤	07 ⑤	08 ②	09 ⑤
10 ④	11 TCGGTC	12 ④	
13 해설 참조	14 해설 참조	15 해설 참조	

01 ①, ② 규산염 광물은 규소 원자 1개와 산소 원자 4개로 이루어진 Si−O 사면체이다.
　③ 규산염 광물은 암석을 구성하는 광물 중 가장 많다.
　⑤ Si−O 사면체로 이루어진 기본 골격에 결합하는 방식에 따라 다양한 규산염 광물이 만들어진다.
　바로 알기 | ④ 감람석은 Si−O 사면체가 독립적으로 존재하는 형태이다.
02 ③ 산소(A)와 규소(B)는 서로 공유 결합을 한다.
　바로 알기 | ① A는 산소 원자이다.
　② B는 규소 원자이다.
　④ 규소(B) 원자의 원자가 전자는 4개이다.
　⑤ Si−O 사면체와 다른 Si−O 사면체는 산소(A)를 공유한다.
03 ㄷ. 규산염 광물의 결합 구조는 Si−O 사면체를 기본 단위체로 한다.
　바로 알기 | ㄱ. Si−O 사면체가 한 줄로 길게 결합한 구조는 단사슬 구조이다.
　ㄴ. 단사슬 구조는 휘석의 결합 구조이다.
04 ㄱ. (가)는 석영, (나)는 흑운모이다.
　ㄴ. 흑운모는 Si−O 사면체로 이루어진 골격 사이에 금속 원소의 이온이 결합하고 있다.
　ㄷ. 석영과 흑운모는 모두 규산염 광물이다.

05 ① 단백질의 단위체는 아미노산이고, 핵산의 단위체는 뉴클레오타이드이다.

③, ⑤ 탄수화물, 지질, 단백질, 핵산 모두 탄소 화합물이므로 탄소 원소를 중심으로 수소, 산소 등의 여러 원자가 결합하여 만들어진다.

06 생명체에 존재하는 아미노산은 약 20종류이다.

07 ㉠과 ㉡은 둘 다 아미노산이고, ㉢은 물, ㉣은 폴리펩타이드이다.

ㄱ. 단백질의 단위체인 아미노산도 탄소 화합물이다.

08 (가)는 아미노산, (나)는 폴리펩타이드, (다)는 단백질이다.

바로 알기 | ㄱ. ㉠은 이웃한 2개의 아미노산 사이를 연결하는 펩타이드결합이다.

ㄴ. 50개의 아미노산으로 구성된 폴리펩타이드에는 49개의 펩타이드결합이 존재한다.

09 (가)는 DNA이고, (나)는 RNA이다.

바로 알기 | ⑤ DNA를 구성하는 당은 디옥시라이보스이고, RNA를 구성하는 당은 라이보스이다.

10 그림의 뉴클레오타이드는 유라실(U)을 염기로 가지고 있으므로 RNA의 단위체이다. 따라서 ㉠은 라이보스이다.

11 DNA의 안쪽은 한쪽 가닥의 염기와 다른 쪽 가닥의 염기가 상보결합하여 염기쌍을 이루고 있다. 아데닌(A)은 타이민(T)하고만 결합하고, 구아닌(G)은 사이토신(C)하고만 결합한다.

12 A는 DNA이고, B는 단백질이다.

바로 알기 | ㄷ. DNA의 단위체는 뉴클레오타이드로 4종류이며, 단백질의 단위체는 아미노산으로 약 20종류이다. 따라서 생명체 내에서 단위체의 종류는 A가 B보다 적다.

13 규산염 광물의 단위체는 규소 원자 1개와 산소 원자 4개로 이루어진 $Si-O$ 사면체이고, 사면체는 이웃하는 사면체와 산소를 공유하여 결합하며, 사면체의 결합 구조에 따라 다양한 종류의 규산염 광물을 만든다.

모범 답안 ❯ 규산염 광물의 단위체는 $Si-O$ 사면체이고, 사면체는 이웃하는 다른 사면체와 산소를 공유하며, 사면체의 결합 구조에 따라 다양한 종류의 규산염 광물이 만들어진다.

채점 기준	배점(%)
제시어를 모두 포함하여 규산염 광물의 종류가 다양한 까닭을 옳게 서술한 경우	100
제시어의 일부만 포함하여 규산염 광물의 종류가 다양한 까닭을 서술한 경우	50
그 외의 오답	0

14 적혈구의 헤모글로빈은 4분자의 폴리펩타이드로 구성된 단백질이며, 케라틴은 피부, 머리카락, 손톱 등을 구성하는 단백질이다.

모범 답안 ❯ 헤모글로빈과 케라틴을 구성하는 아미노산의 종류와 개수 및 결합 순서가 다르기 때문에 단백질의 입체 구조와 기능이 서로 다르다.

채점 기준	배점(%)
제시어를 모두 포함하여 단백질의 구조와 기능을 모두 옳게 서술한 경우	100
제시어의 일부만 포함하여 단백질의 구조와 기능에 대해 일부만 옳게 서술한 경우	50
그 외의 오답	0

15 DNA는 아데닌(A), 구아닌(G), 사이토신(C), 타이민(T)을 가진 4종류의 뉴클레오타이드가 다양한 순서로 결합하여 유전정보를 저장한다.

모범 답안 ❯ 4종류의 뉴클레오타이드가 결합하는 순서에 따라 염기서열이 다양한 DNA가 만들어지며, DNA의 염기서열에 따라 다양한 유전정보를 저장할 수 있다.

채점 기준	배점(%)
제시어를 모두 포함하여 DNA가 다양한 유전정보를 저장할 수 있는 까닭을 옳게 서술한 경우	100
제시어의 일부만 포함하여 DNA가 다양한 유전정보를 저장할 수 있는 까닭을 옳게 서술한 경우	50
그 외의 오답	0

고난도 도전하기 　77쪽

01 ④　　**02** ⑤　　**03** ③　　**04** ③

01 ㄴ. (나)는 각섬석이다. 각섬석은 복사슬 구조를 가지므로 두 줄로 길게 기둥 모양의 결정을 갖는다.

ㄷ. 흑운모와 각섬석에서 규소 원자와 산소 원자의 비는 각각 $2:5$, $4:11$이므로 $\dfrac{규소\ 원자의\ 수}{산소\ 원자의\ 수}$ 는 (가)가 (나)보다 크다.

바로 알기 | ㄱ. (가)는 흑운모이다. 흑운모는 판상 구조를 가지므로 잘 쪼개지는 성질이 있다.

02 핵산은 뉴클레오타이드들이 당-인산 결합으로 연결되어 있고, 단백질은 아미노산들이 펩타이드결합으로 연결되어 있다.

03 100개의 염기쌍은 DNA의 한 가닥에 100개의 염기가 있다는 것을 말하므로, 두 가닥에는 200개의 염기가 있으며, 뉴클레오타이드의 총 개수가 200개임을 뜻한다. 이중나선구조의 DNA에서는 염기 간 상보결합 때문에 아데닌(A)과 타이민(T)의 개수가 같고, 구아닌(G)과 사이토신(C)의 개수가 같다. 즉 A=T, G=C이므로 A+G=T+C이고 (가)와 (나)의 $\dfrac{A+G}{T+C}$의 값은 1로 언제나 같다.

바로 알기 | ㄷ. (가)에서는 염기 조성이 $\dfrac{A+T}{G+C}=\dfrac{3}{2}$이므로 A+T가 120개, G+C가 80개이므로 A=T=60개, G=C=40개이다. (나)에서는 A의 함량이 27.5 %이므로 $A=T=200 \times \dfrac{27.5}{100}=55$개이고, $G=C=(200-55\times2)\div2=45$개이다. (나)의 구아닌(G) 개수는 45개로 (가)의 40개보다 5개 더 많다.

04 DNA X는 총 200개의 염기로, 가닥 Ⅰ과 가닥 Ⅱ의 염기가 각각 100개이다. 가닥 Ⅰ에서 A+T의 함량이 35%라고 했으므로, A+T의 개수는 $100 \times 0.35 = 35$개, G+C의 개수는 65개이다. 가닥 Ⅰ에서 $\frac{C}{A} = \frac{3}{4}$이므로 C의 개수를 $3x$로 가정하면, A의 개수는 $4x$이다. 가닥 Ⅰ의 A와 가닥 Ⅱ의 T는 상보결합을 하므로 개수가 같아서, 가닥 Ⅱ의 T의 개수도 $4x$이다. 가닥 Ⅱ에서 $\frac{T}{C} = \frac{2}{5}$이므로 C의 개수는 $10x$이다. 가닥 Ⅱ의 C는 가닥 Ⅰ의 G와 상보결합을 하므로 개수가 같아서, 가닥 Ⅰ의 G의 개수도 $10x$이다. 따라서 가닥 Ⅰ의 G+C의 개수는 $10x + 3x = 65$로, $x = 5$이다.

표와 같이 x에 5를 대입하면 가닥 Ⅰ의 A, G, C 개수와 가닥 Ⅱ의 T, G, C 개수를 구할 수 있고 가닥 Ⅰ에서 A+T가 35개이므로 가닥 Ⅰ의 T는 15개($= 35 - 4x$)로 구할 수 있다. 가닥 Ⅰ의 T는 가닥 Ⅱ의 A와 상보결합하므로 개수가 같다.

염기	A	T	G	C
가닥 Ⅰ	$4x = 20$	$35 - 4x = 15$	$10x = 50$	$3x = 15$
가닥 Ⅱ	$35 - 4x = 15$	$4x = 20$	$3x = 15$	$10x = 50$

ㄷ. $\frac{A+G}{T+C} = 1$은 DNA 이중나선의 모든 염기의 개수를 대상으로 할 때 성립한다. $\frac{A+G}{T+C}$은 가닥 Ⅰ에서는 $\frac{70}{30} = \frac{7}{3}$이고, 가닥 Ⅱ에서는 $\frac{30}{70} = \frac{3}{7}$이므로 가닥 Ⅰ이 가닥 Ⅱ보다 크다.

바로 알기 | ㄱ. 가닥 Ⅰ에서 아데닌(A)은 20개, 타이민(T)은 15개로 개수가 서로 다르다.

ㄴ. 가닥 Ⅱ에서 구아닌(G)의 개수는 15개이다.

08 물질의 전기적 성질과 활용

개념 확인하기

80쪽

1 (1) 전기력 (2) 자유 전자 (3) 전기적 (4) 도체 (5) 부도체
2 (1) ○ (2) × (3) ○ (4) × **3** (1) ○ (2) ○ (3) ×
4 (1) 규소 (2) 규산염 (3) 자유 전자 (4) n형
5 (1) ○ (2) × (3) ○ **6** (1) ㉡ (2) ㉠ (3) ㉢

1 (2) 원자들이 모여 물질을 이룰 때 원자에 속박되지 않고 자유롭게 이동할 수 있는 전자가 있는데, 이를 자유 전자라고 한다.

(3) 자유 전자가 많아 전류가 잘 흐르는 물질을 도체, 자유 전자가 거의 없어 전류가 거의 흐르지 않는 물질을 부도체(절연체)라고 한다. 반도체는 전기 전도성이 도체와 부도체의 중간 정도인 물질이다.

(4) 도체는 물질 내에서 자유롭게 이동할 수 있는 자유 전자가 많아 전압을 걸면 일정한 방향으로 자유 전자가 이동하면서 전류가 흐른다.

(5) 부도체는 전기 전도도가 매우 작아 전류가 거의 흐르지 않는다. 이를 이용하여 전선의 피복과 같이 전류 흐름을 막아야

하는 부분에 전기 절연 소재로 활용된다.

2 A는 자유 전자가 많으므로 도체이고, B는 자유 전자가 거의 없는 부도체이다.

(1) 도체에 해당하는 물질에는 은, 구리, 금, 철 등의 금속과 흑연 등이 있다.

(2) A는 도체, B는 부도체이므로 전기 전도성은 A가 B보다 좋다.

(3) 도체는 전선, 피뢰침, 정전기 방지 패드 등 전류가 잘 흘러야 하는 곳에 사용된다.

(4) 특정 조건에 따라 전기적 성질을 제어하기 쉬운 것은 반도체이다.

3 (1) 도체에는 원자에 속박되지 않고 물질 내부를 자유롭게 이동할 수 있는 자유 전자가 많다.

(2) 자유 전자가 많은 도체는 전기 전도성이 좋아 전류가 잘 흐른다.

(3) 도체는 전류가 잘 흘러야 하는 곳에 사용한다. 전기 절연 소재로는 전류가 거의 흐르지 않는 부도체를 활용한다.

4 (1) 규소, 저마늄 등은 원자가 전자가 4개인 14족 원소로, 순수한 반도체이다.

(2) 지각에서 산소 다음으로 두 번째로 많은 규소는 주로 규산염 광물이나 이산화 규소의 형태로 존재한다.

(3) 순수한 반도체에 불순물을 첨가(도핑)하면 자유 전자나 양공의 수가 증가하여 순수한 반도체에 비해 전기 전도성이 좋아진다.

(4) n형 반도체는 순수한 반도체에 원자가 전자가 5개인 15족 원소를 도핑하여 만든다. 이때 공유 결합에 참여하지 않고 남는 전자가 자유 전자가 되어 전류를 잘 흐르게 한다.

5 (1) A는 다이오드로, 전류를 한 방향으로만 흐르게 하는 성질이 있어 교류를 직류로 바꾸어 공급하는 장치에 이용된다.

(2) 증폭 기능이나 신호 제어 기능을 하는 B는 트랜지스터이다.

(3) C는 발광 다이오드(LED)로, 반도체 소자를 만드는 구성 물질에 따라 다른 색의 빛을 방출한다.

6 (1) 센서는 조건에 따라 전기적 성질이 달라지는 반도체를 이용하여 온도, 습도, 압력, 빛 등의 변화를 감지한다.

(2) 영상 표시 장치는 전류가 흐르면 빛을 방출하는 발광 다이오드를 사용하여 다양한 색을 표현한다.

(3) 태양 전지는 빛을 받으면 전류가 흐르는 반도체를 이용해 빛에너지를 전기 에너지로 전환한다.

개념 적용하기

81~82쪽

01 ① **02** ② **03** ⑤ **04** ④ **05** ②
06 ④ **07** ③ **08** 해설 참조 **09** 해설 참조
10 해설 참조

01 ① 도체는 자유 전자가 많아 전류가 쉽게 흐른다.

바로 알기 | ② 도체, 반도체, 부도체 중에서 전기 전도성은 도체가 가장 좋다.

③ 부도체는 자유 전자가 거의 없어 전압을 걸어도 전류가 거의 흐르지 않는다.

④ 원자에 속박되지 않고 자유롭게 이동할 수 있는 자유 전자가 많을수록 전기 전도성이 좋다.

⑤ 도체는 전류가 잘 흐르는 물질이다. 전류가 흐르는 것을 방해하는 성질을 전기 저항이라 하고, 전기 저항이 작을수록 전류가 잘 흐르는 좋은 도체이다.

02 ㄷ. (나)에서 전류는 전지의 (+)극에서 전구와 B를 지나 전지의 (−)극으로 흐른다. 전자는 전류의 방향과 반대인 'B → 전구 → 전지' 방향으로 이동한다.

바로 알기 | ㄱ. 전지에 연결해도 전류가 흐르지 않으므로 A는 부도체이다. 부도체는 자유 전자가 거의 없다.

ㄴ. 전지의 연결 방향을 바꿔도 부도체는 자유 전자가 거의 없어 전류가 잘 흐르지 않아 전구가 켜지지 않는다. 전지의 연결 방향과 부도체의 전기적 성질은 관계없다.

03 철사는 도체, 고무장갑은 부도체, 다이오드는 반도체이다. 도체는 전기 전도도가 크고, 부도체는 전기 전도도가 매우 작으며 반도체는 도체와 부도체의 중간이다. 따라서 전기 전도도는 철사＞다이오드＞고무장갑이다.

04 유리는 부도체이고, 유리에 코팅된 층은 전류가 흐르므로 도체이다. 센서는 햇빛이나 전류에 따라 전기적 성질이 바뀌는 반도체를 이용한다.

05 ② 순수한 반도체에는 14족 원소 중 규소, 저마늄 등이 있다.

바로 알기 | ① 지각에 있는 규소는 주로 규산염 광물의 형태로 존재한다.

③ 상온에서 순수한 반도체는 자유 전자가 거의 없어 전류가 아주 약하게 흐른다.

④ 규소에 원자가 전자가 3개인 원소를 도핑하면 공유 결합에서 전자 1개가 부족하여 전자의 빈 자리, 즉 양공이 생긴다.

⑤ 불순물 반도체는 순수한 반도체에 특정 불순물을 첨가하여 전기 전도성을 높인 물질이다. 따라서 불순물 반도체는 순수한 반도체보다 전류가 잘 흐른다.

06 ④ 컴퓨터 중앙 처리 장치(CPU)와 같은 집적 회로는 특정 전압을 걸어 주면 전류가 흐르는 성질을 이용하여 전기 신호를 처리하거나 데이터를 처리한다.

바로 알기 | ① 다이오드는 한 방향으로만 전류가 흐르는 성질이 있어 교류를 직류로 바꾼다.

② 발광 다이오드는 전류가 흐르면 빛을 방출한다.

③ 태양 전지는 p형 반도체와 n형 반도체를 이용해 만든다.

⑤ 반도체 소자는 전기 저항이 도체보다 크지만 특정 조건에 따라 전류 흐름을 제어할 수 있어 다양하게 활용된다.

07 특정 조건에서 전류가 흐르는 물질은 반도체이다.

ㄴ. 전류가 흐르면 빛을 방출하는 소자는 발광 다이오드이다.

ㄷ. 약한 전기 신호를 크게 만드는 증폭기에는 트랜지스터가 쓰인다.

바로 알기 | ㄱ. 전기 기구의 절연 손잡이는 손잡이에 전류가 흐르지 않게 하기 위해 부도체로 만든다.

ㄹ. 전자 부품을 연결하는 전선은 전류를 흐르게 하기 위해 도체로 만든다.

08 도체는 원자에 속박되지 않고 자유롭게 이동할 수 있는 자유 전자가 많아 전류가 잘 흐른다. 반면 부도체는 대부분의 전자가 원자에 속박되어 있어 전류가 거의 흐르지 않는다.

모범 답안 ▶ 도체는 원자에 속박되지 않고 자유롭게 이동할 수 있는 자유 전자가 많아 전류가 잘 흐른다. 반면 부도체는 자유 전자가 거의 없어 전류가 잘 흐르지 못한다.

채점 기준	배점(%)
제시어를 모두 포함하여 도체와 부도체의 전기적 성질이 다른 까닭을 옳게 서술한 경우	100
제시어 중 자유 전자와 전류만 포함하여 옳게 서술한 경우	70
제시어 중 자유 전자만 포함하여 옳게 서술한 경우	30
그 외의 오답	0

09 반도체 소자는 순수한 반도체에 불순물을 도핑하여 전기 전도성을 높인 불순물 반도체로 만든다. 트랜지스터는 약한 전기 신호를 크게 증폭하거나 전류 흐름을 제어하는 기능을 하고, 발광 다이오드는 전류가 흐를 때 빛을 방출하는 기능을 한다.

모범 답안 ▶ 순수한 반도체에 불순물을 도핑하여 불순물 반도체를 만들면 전자나 양공(빈 자리)이 생겨 전기 전도성이 좋아진다.

채점 기준	배점(%)
제시어를 모두 포함하여 반도체의 전기적 성질을 옳게 서술한 경우	100
제시어 중 두 가지만 포함하여 옳게 서술한 경우	70
제시어 중 전기 전도성만 포함하여 옳게 서술한 경우	30
그 외의 오답	0

10 p형 반도체와 n형 반도체를 접합하여 만든 다이오드는 p형 반도체에서 n형 반도체 방향으로만 전류가 흐르는 성질이 있다. 이를 이용하면 전류 방향이 계속 바뀌는 교류를 한 방향으로만 흐르는 직류로 바꿀 수 있다. 가정에 공급되는 전류는 교류이지만 대부분의 전자 제품은 직류를 사용하므로 어댑터를 사용하여 교류를 직류로 바꾼다. 이때 어댑터에 있는 다이오드가 포함된 회로가 교류를 직류로 바꾸는 역할을 한다.

모범 답안 ▶ 다이오드는 p형 반도체와 n형 반도체를 결합한 반도체 소자로, 전류를 한 방향으로만 흐르게 하는 특성이 있어 교류를 직류로 바꾸는 전자 부품에 이용한다.

채점 기준	배점(%)
제시어를 모두 포함하여 다이오드의 구조와 전기적 특성, 활용을 모두 옳게 서술한 경우	100
제시어를 이용하여 다이오드의 전기적 특성과 활용만 옳게 서술한 경우	70
제시어를 이용하여 다이오드의 전기적 특성 또는 활용 중 하나만 옳게 서술한 경우	30
그 외의 오답	0

01 ① **02** ② **03** ④ **04** ⑤

01 (다)에서 회로에 A를 연결했을 때는 전류가 흐르고 (라)에서 회로에 B를 연결했을 때는 전류가 흐르지 않으므로 A는 도체, B는 부도체이다.

ㄱ. 전기 전도성은 도체인 A가 부도체인 B보다 좋다.

바로 알기 | ㄴ. 도체인 A는 원자에 속박되지 않은 자유 전자가 많다. 도체 내의 자유 전자는 전압이 걸리지 않을 때에는 자유롭게 이동하다가 전압을 걸면 자유 전자가 일정한 방향, 즉 (+)극으로 이동하며 전류가 흐르게 된다.

ㄷ. 부도체인 B는 자유 전자가 거의 없어 전기 전도성이 반도체보다 좋지 않다.

02 ㄴ. 비소(As) 주위에는 공유 결합에 참여하지 않고 남는 전자가 1개 있으므로 비소의 원자가 전자는 5개이다.

바로 알기 | ㄱ. Y는 불순물(비소)를 첨가하여 자유 전자가 생기므로 n형 반도체이다.

ㄷ. 순수한 반도체를 도핑하면 전기 전도성이 좋아진다. X에 비소를 도핑하면 자유 전자가 생겨 전류가 더 잘 흐른다. 따라서 전기 전도성은 Y가 X보다 좋다.

03

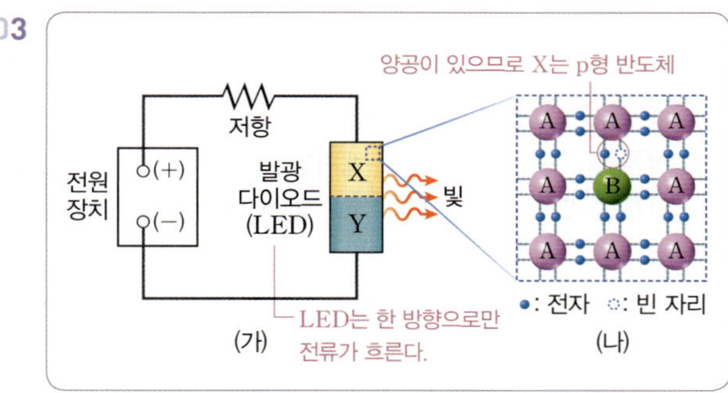

ㄴ. (나)에서 B 주위에 공유 결합에서 전자의 빈 자리인 양공이 있으므로 B의 원자가 전자는 3개이다.

ㄷ. 다이오드의 한 종류인 LED는 한 방향으로만 전류를 흐르게 하는 전기적 성질이 있다. 따라서 전원 장치의 (+)극과 (−)극을 바꾸어 LED에 연결하면 전류가 흐르지 않는다.

바로 알기 | ㄱ. X는 B를 도핑하여 전자의 빈 자리인 양공이 생긴 p형 반도체이다. 따라서 Y는 n형 반도체이다.

04

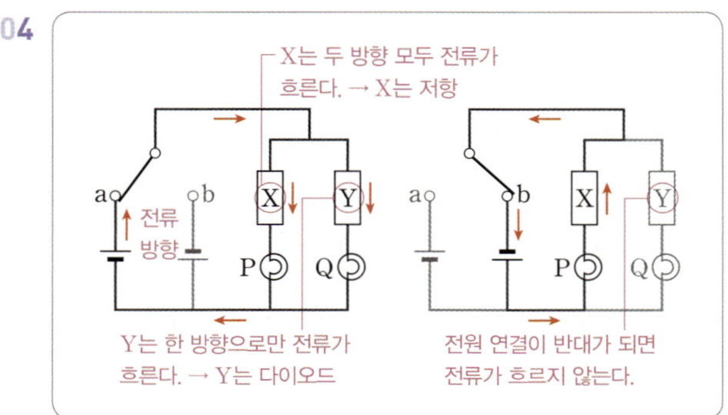

ㄱ. X는 스위치 연결 위치에 상관없이 항상 전류가 흐르므로 전류의 방향에 무관하게 전류가 흐르는 저항이다.

ㄴ. X는 도체인 저항이고 Y는 반도체인 다이오드이므로 전기 전도성은 X가 Y보다 크다.

ㄷ. Y는 스위치를 a에 연결했을 때는 전류가 흐르고 b에 연결했을 때는 전류가 흐르지 않으므로 한 방향으로만 전류를 흐르게 하는 성질이 있다.

01 ④ **02** ② **03** ① **04** ③ **05** ③
06 ⑤ **07** ③ **08** ④ **09** ② **10** ②
11 ③ **12** ③ **13** ④ **14** ④ **15** ②
16 ① **17** ② **18** ① **19** ③ **20** ⑤
21 (1) 해설 참조 (2) 해설 참조 **22** (1) 해설 참조 (2) 해설 참조
23 (1) 해설 참조 (2) 해설 참조 (3) 해설 참조 **24** 해설 참조

01 (가)는 리튬(Li), (나)는 베릴륨(Be), (다)는 플루오린(F), (라)는 나트륨(Na), (마)는 황(S)이다.

ㄴ. 원자가 전자 수는 (다)가 7이고, (마)가 6이므로 (다) > (마)이다.

ㄷ. (가)와 (라)는 같은 족 원소이므로 화학적 성질이 비슷하다.

바로 알기 | ㄱ. 같은 주기 원소들은 전자가 들어 있는 전자 껍질 수가 같으므로 2주기 원소인 (가)와 (나)는 전자가 들어 있는 전자 껍질 수가 같다.

02

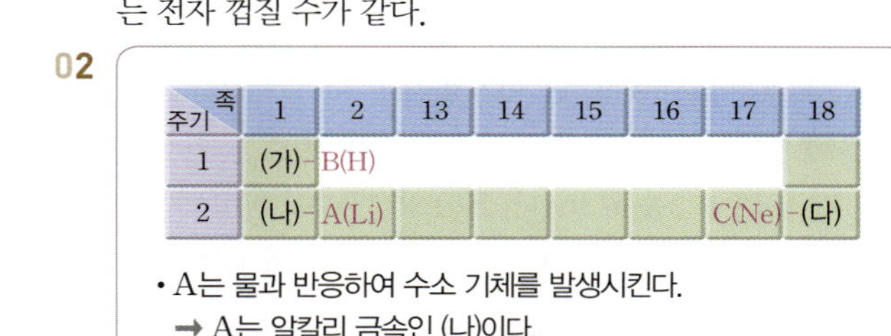

주기＼족	1	2	13	14	15	16	17	18
1	(가)-B(H)							
2	(나)-A(Li)						C(Ne)	(다)

• A는 물과 반응하여 수소 기체를 발생시킨다.
  → A는 알칼리 금속인 (나)이다.
• 원자가 전자 수는 B가 C보다 크다.
  → 원자가 전자 수는 (가)가 1이고, (다)가 0이므로 B는 (가)이고, C는 (다)이다.

ㄷ. A와 B가 결합할 때 A는 전자 1개를 잃고 헬륨과 같은 전자 배치를 이루고, B는 전자 1개를 얻어 헬륨과 같은 전자 배치를 이룬다. 따라서 A와 B는 1 : 1의 개수비로 결합하여 이온 결합을 형성한다.

바로 알기 | ㄱ. A는 1족 원소인 (나)이고, C는 18족 원소인 (다)이므로 같은 족 원소가 아니다.

ㄴ. B는 1주기 1족 원소인 수소(H)이므로 가장 바깥 전자 껍질에 전자가 1개 채워져 있다.

03

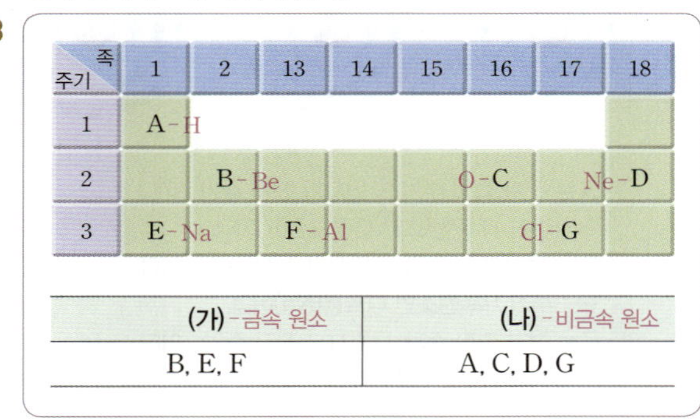

주기＼족	1	2	13	14	15	16	17	18
1	A-H							
2		B-Be				O-C		Ne-D
3	E-Na		F-Al				Cl-G	

(가)-금속 원소	(나)-비금속 원소
B, E, F	A, C, D, G

ㄱ. (가)에 속한 원소는 모두 금속 원소이므로 고체 상태에서 모두 전기 전도성이 있다.

바로 알기 | ㄴ. (나)에 속한 원소는 모두 비금속 원소이다. 그 중 D는 비금속 원소이지만 18족 원소이므로 다른 원소들과 화학 결합을 형성하지 않는다.

ㄷ. (가)에 속한 B, E, F는 금속 원소이므로 전자를 잃고 양이온이 되기 쉽고, (나)에 속한 원소 중 C, G는 전자를 얻어 음이온이 되기 쉽다.

04

원자 또는 이온	Ne	Mg^{2+} A 이온	F^- B 이온
전자 수	㉠ 10	10	10
양성자수	10	12	9

- 원자는 전기적으로 중성이므로 양성자수와 전자 수가 같다.
  → Ne의 전자 수는 10이다.
- A 원자의 전자 수는 12이고, A 이온의 전자 수는 10이다.
  → A 이온은 A 원자가 전자 2개를 잃고 형성된 것으로, 전하가 +2인 양이온이다.
- B 원자의 전자 수는 9이고, B 이온의 전자 수는 10이다.
  → B 이온은 B 원자가 전자 1개를 얻어 형성된 것으로, 전하가 −1인 음이온이다.

ㄱ. Ne은 원자이므로 양성자수와 전자 수가 같다. 따라서 ㉠은 10이다.

ㄷ. B는 양성자수가 9이므로 원자 번호가 9이다. 따라서 B는 플루오린(F)이며 비금속 원소이다.

바로 알기 | ㄴ. A의 양성자수는 12이므로 A는 원자 번호가 12인 3주기 2족 원소이다. B는 양성자수가 9이므로 원자 번호가 9인 2주기 17족 원소이다. 따라서 A와 B는 서로 다른 주기 원소이다.

05 ㄱ. 알칼리 금속은 모두 물과 반응하여 수소 기체를 발생시키고, 반응 후 수용액은 염기성을 띤다. 따라서 ㉠과 ㉡으로 모두 '붉은색'이 적절하다.

ㄴ. A가 물과 반응할 때 물 위에 떠서 반응하는 것으로 보아 A의 밀도는 물보다 작다.

바로 알기 | ㄷ. 알칼리 금속의 반응성은 K>Na>Li이다. 실험 결과로부터 물과의 반응성은 C>B>A이므로 C는 4주기 원소인 K이고, B는 3주기 원소인 Na이다. 따라서 전자가 들어 있는 전자 껍질 수는 C>B이다.

06

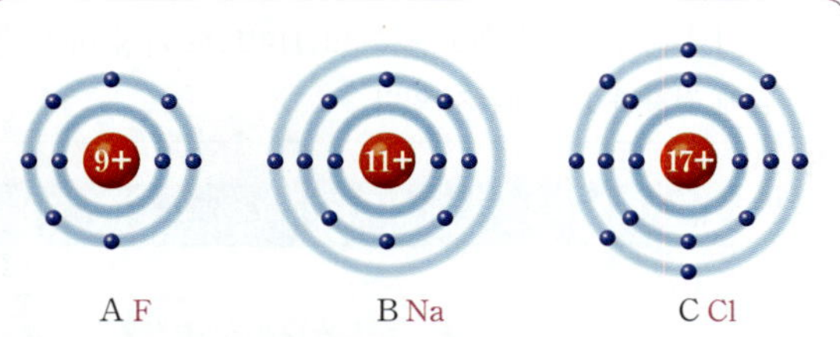

- A는 전자 껍질 수가 2, 원자가 전자 수가 7이다.
  → 2주기 17족 원소인 플루오린(F)이다.
- B는 전자 껍질 수가 3, 원자가 전자 수가 1이다.
  → 3주기 1족 원소인 나트륨(Na)이다.
- C는 전자 껍질 수가 3, 원자가 전자 수가 7이다.
  → 3주기 17족 원소인 염소(Cl)이다.

ㄱ. B와 C는 전자가 들어 있는 전자 껍질 수가 3이므로 모두 3주기 원소이다.

ㄴ. A와 B가 화학 결합을 할 때 A는 전자 1개를 얻어 A^-이 되고, B는 전자 1개를 잃고 B^+이온이 되며, A^-과 B^+은 1 : 1의 개수비로 결합하여 BA를 생성한다.

ㄷ. C는 3주기 17족 원소인 염소(Cl)이다. C는 18족 원소와 같은 전자 배치를 이루려면 전자 1개가 부족하므로 C 원자 2개는 각각 전자를 1개씩 내놓아 전자쌍 1개를 만들고, 이 전자쌍을 공유하여 결합을 생성한다. 즉, $C_2(Cl_2)$에서 공유 전자쌍 수는 1이다.

07

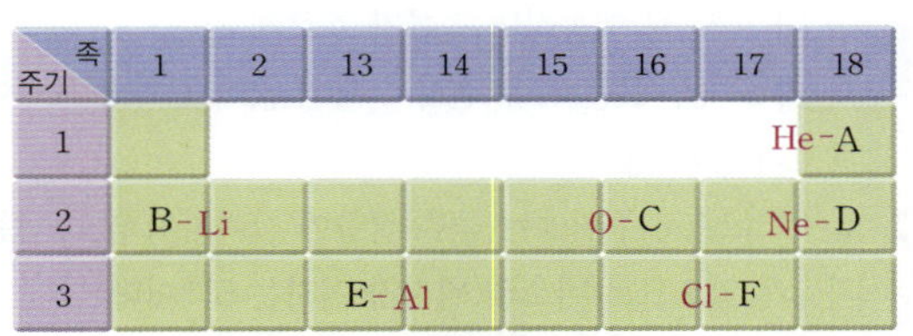

주기 \ 족	1	2	13	14	15	16	17	18
1								He-A
2	B-Li					O-C		Ne-D
3			E-Al				Cl-F	

- B_2C가 형성될 때 B는 전자 1개를 잃고 A와 같은 전자 배치를 이루고, C는 전자 2개를 얻어 D와 같은 전자 배치를 이룬다.
- 18족 원소의 전자 배치를 갖는 C 이온은 전하가 −2인 음이온이고, E 이온은 전하가 +3인 양이온이다.
  → C와 E는 3 : 2의 개수비로 결합한다.
- C와 F는 모두 비금속 원소이다.
  → C와 F로 이루어진 물질은 공유 결합 물질이다.

ㄱ. B_2C가 형성될 때 B는 원자가 전자 수가 1이므로 전자 1개를 잃고 A와 같은 전자 배치를 이룬다. 반면 C는 원자가 전자 수가 6이므로 전자 2개를 얻어 D와 같은 전자 배치를 이룬다.

ㄷ. C와 F는 모두 비금속 원소이므로 C와 F로 이루어진 F_2C는 공유 결합 물질이다.

바로 알기 | ㄴ. 18족 원소와 같은 전자 배치를 이루기 위해서 C는 전자 2개가 부족하고, E는 전자 3개가 많다. 따라서 C와 E는 전자를 주고받아 각각 C^{2-}과 E^{3+}을 생성한 후 3 : 2의 개수비로 결합하여 E_2C_3을 생성한다.

08

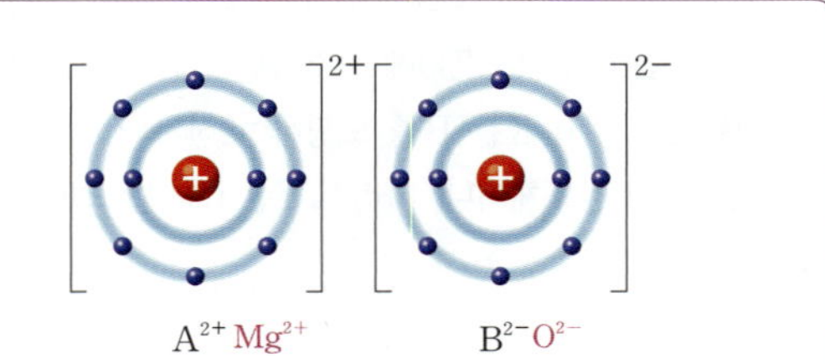

- A^{2+}은 A 원자가 전자 2개를 잃어 형성된다.
  → A는 3주기 2족 원소이다.
- B^{2-}은 B 원자가 전자 2개를 얻어 형성된다.
  → B는 2주기 16족 원소이다.

ㄴ. A의 원자가 전자 수는 2이고, B의 원자가 전자 수는 6이다.

ㄷ. AB는 이온 결합 물질이므로 AB 수용액은 전기 전도성이 있다.

바로 알기 | ㄱ. A는 3주기 원소이고, B는 2주기 원소이다.

09

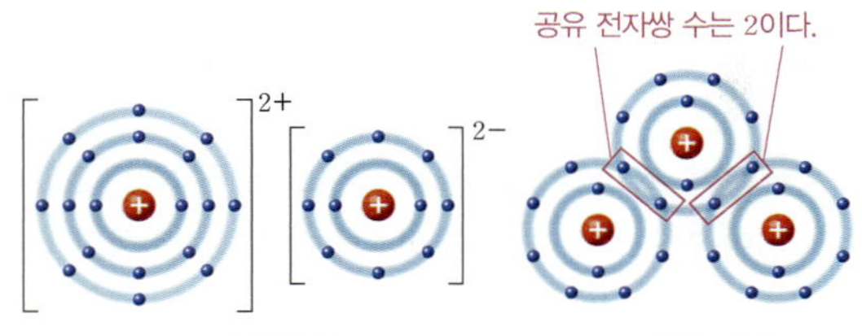

- AB는 이온 결합 물질이다.
- A 이온은 전하가 +2인 양이온이다.
  → A는 4주기 2족 원소이다.
- B 이온은 전하가 −2인 음이온이다.
  → B는 2주기 16족 원소이다.
- BC_2는 공유 결합 물질이다.
- BC_2에서 B 원자 1개가 C 원자 2개와 각각 전자쌍 1개씩을 공유한다.
  → B의 원자가 전자 수는 6이고, C의 원자가 전자 수는 7이다.

① A는 4주기 2족 원소로 금속 원소이다.

③ A는 금속 원소이고, B는 비금속 원소이므로 AB가 형성될 때 전자는 A에서 B로 이동한다.

④ BC_2에서 B 원자 1개는 C 원자 2개와 각각 전자쌍 1개씩을 공유하므로 공유 전자쌍 수는 2이다.

⑤ B는 16족 원소이므로 18족 원소와 같은 전자 배치를 이루기 위해 전자 2개가 필요하다. 따라서 B_2를 형성할 때 B 원자는 각각 전자 2개씩 내어 전자쌍을 공유하므로 B_2에는 이중 결합이 있다.

바로 알기 | ② 원자가 전자 수는 B가 6이고 C가 7이므로 원자가 전자 수는 C>B이다.

10

주기＼족	1	2	13	14	15	16	17	18
1	A-H							
2			B-C		C-O	D-F		
3		E-Al						

화합물	(가)	(나)	(다)
화학식	AD	BC_2	E_xC_y
	HF	CO_2	Al_2O_3

- A와 D는 비금속 원소이므로 AD는 공유 결합 물질이다.
- B와 C는 비금속 원소이므로 BC_2는 공유 결합 물질이다.
- E는 금속 원소이고, C는 비금속 원소이므로 E_xC_y는 이온 결합 물질이다.
- C는 원자가 전자 수가 6이므로 18족 원소와 같은 전자 배치를 이루는 C 이온은 전하가 −2인 음이온이다. E는 원자가 전자 수가 3이므로 18족 원소와 같은 전자 배치를 이루는 E 이온은 전하가 +3인 양이온이다.
  → E와 C는 2 : 3의 개수비로 결합하여 이온 결합 물질을 형성한다.

ㄷ. 18족 원소와 같은 전자 배치를 이루는 C 이온은 전하가 −2인 음이온이고, E 이온은 전하가 +3인 양이온이다. 따라서 E와 C는 2 : 3의 개수비로 결합하여 E_2C_3을 형성하므로 $x+y=5$이다.

바로 알기 | ㄱ. A와 D는 모두 비금속 원소므로 비금속 원소로 이루어진 AD는 공유 결합 물질이다.

ㄴ. (나)는 공유 결합 물질이고, (다)는 이온 결합 물질이므로 (나)와 (다)의 화학 결합의 종류는 서로 다르다.

11 ①, ② Si−O 사면체는 정사면체 모양으로, 규산염 광물의 기본 골격을 이루는 기본 단위체이다.

④ Si−O 사면체는 규소 원자 1개와 산소 원자 4개가 공유 결합을 하고 있다.

⑤ Si−O 사면체가 결합하는 방식에 따라 다양한 규산염 광물이 만들어진다.

바로 알기 | ③ Si−O 사면체는 규소 원자와 산소 원자로 이루어져 있다. 규산염 광물은 Si−O 사면체와 다른 Si−O 사면체 사이에 금속 원자의 이온이 결합하고 있다.

12 ㄱ. (가)는 각섬석, (나)는 석영이다. 각섬석은 쪼개지는 성질이 있다.

ㄷ. 규산염 광물의 기본 단위체는 Si−O 사면체이다. 각섬석과 석영은 Si−O 사면체가 결합한 골격 구조로 되어 있다.

바로 알기 | ㄴ. 각섬석은 석영보다 풍화에 약하다. 따라서 (가)는 (나)보다 풍화에 약하다.

13 ㉠은 단백질이고, ㉡은 핵산이다. 핵산의 기본 단위체인 뉴클레오타이드는 인산, 당, 염기가 1 : 1 : 1로 결합한 물질이다.

14

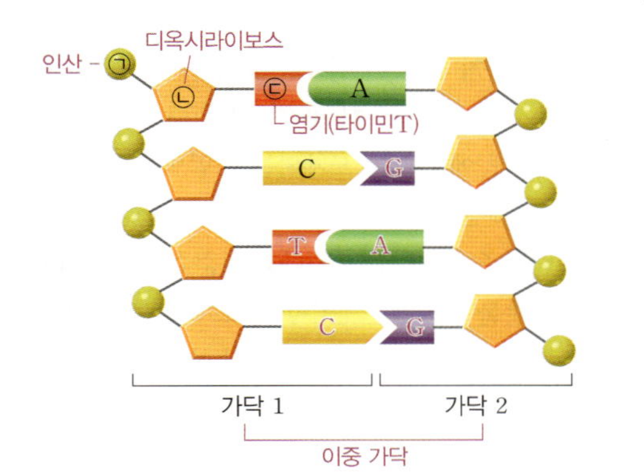

- DNA를 구성하는 당은 디옥시라이보스이다. RNA는 라이보스
- DNA를 구성하는 염기는 아데닌(A), 구아닌(G), 타이민(T), 사이토신(C)의 4종류이다. RNA는 타이민(T) 대신 유라실(U)
- DNA는 두 가닥의 폴리뉴클레오타이드가 결합하여 꼬여 있는 이중나선구조이다. RNA는 단일 가닥
- 마주 보는 두 사슬의 염기는 상보적으로 결합한다. 아데닌(A)은 항상 타이민(T)과 결합하고, 구아닌(G)은 항상 사이토신(C)과 결합한다. 따라서 한 가닥의 염기서열을 알면 다른 가닥의 염기서열을 알 수 있다.
  → ㉢은 아데닌(A)과 상보결합을 하므로 타이민(T)이다.
  → 상보결합하는 염기의 양은 같으므로 아데닌(A)의 비율이 18%이면 타이민(T)의 비율도 18%이다.
  → A+T+G+C=100%이므로, 구아닌(G)+사이토신(C)=64%이다.
  → 구아닌(G)과 사이토신(C)의 양이 같으므로 각각 32%이다.

DNA를 구성하는 단위체는 뉴클레오타이드로 ㉠+㉡+㉢에 해당한다. ㉠은 인산, ㉡은 당, ㉢은 염기이다.

15 14개의 아미노산 사이에 13개의 펩타이드결합이 존재한다.

바로 알기 | ㄱ. 이웃한 아미노산 2개가 결합할 때 물 1분자가 빠져나가면서 펩타이드결합이 형성된다.

ㄷ. 단백질의 입체 구조는 구성하는 아미노산의 개수, 종류, 배열 순서에 따라 달라진다.

16 4개의 특징을 가진 ㉠은 단백질, 3개의 특징을 가진 ㉡은 DNA, 2개의 특징을 가진 ㉢은 RNA이다.

바로 알기 | ㄴ. 몸의 주요 구성 물질은 단백질이고, DNA는 유전정보를 저장한다.

ㄷ. DNA는 이중나선구조이고 RNA는 단일 가닥이다.

17 전원에 연결되는 부분은 전류가 잘 흐르는 도체(A)로 만들고, 그 바깥 부분을 순수한 반도체(B)로 감싸 외부와 절연한다. 어댑터 내부에는 교류를 직류로 바꿔주는 다이오드가 포함되어 있다. 다이오드는 반도체(C)로 만든다.

18 ㄱ. 자유 전자가 많아 전류가 쉽게 흐르는 도체는 전기 전도성이 크고, 순수한 반도체는 자유 전자가 거의 없어 전기 전도성이 작다. 따라서 A는 도체이고 B는 반도체이다. C는 B에 불순물을 첨가하여 전기 전도성을 높인 불순물 반도체이므로 회로에 연결할 때 전류의 세기가 B의 I_0보다 크다.

바로 알기 | ㄴ. 도체인 A에는 자유 전자가 많아 전류가 잘 흐른다.

ㄷ. 반도체는 특정 조건에서 전기적 성질이 바뀌므로 전류 흐름을 제어하기 쉽다. 따라서 반도체는 전류를 한 방향으로만 흐르게 하거나, 약한 전류를 증폭하거나 전류 흐름을 제어하는 전기 소자가 필요한 곳에 사용한다. 즉, 전류가 쉽게 흐르면 되는 곳에 쓰이는 도체와는 쓰임새가 다르므로 전기 기구에서 도체인 A 대신 반도체인 B를 사용할 수는 없다.

19 ㄱ. 14족 원소 중 규소, 저마늄이 순수한 반도체이다.

ㄴ. 불순물 반도체는 순수한 반도체에 불순물을 첨가하여 자유 전자나 양공을 만든다. 따라서 불순물 반도체가 순수한 반도체보다 전기 전도성이 좋다.

바로 알기 | ㄷ. 대형 전광판과 같은 영상 표시 장치는 전류가 흐를 때 빛을 방출하는 발광 다이오드(LED)를 활용한다.

20

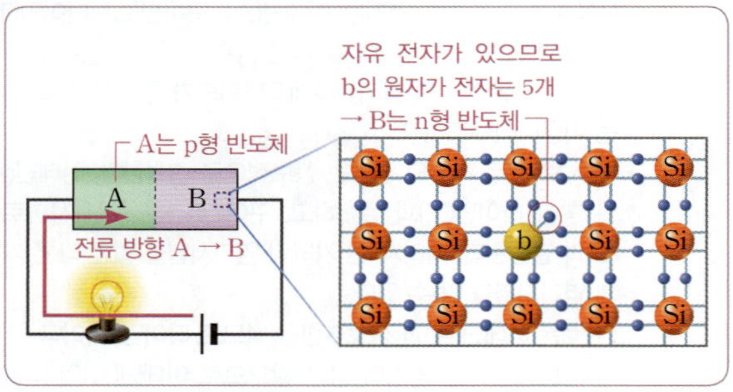

다이오드는 p형 반도체와 n형 반도체로 만든다. B는 원자가 전자가 5개인 불순물 b를 도핑하여 공유 결합에서 남는 전자가 자유 전자가 되는 n형 반도체이다. 따라서 A는 p형 반도체이다.

ㄱ. 순수한 반도체에 원자가 전자가 3개인 원소를 도핑하면 p형 반도체가 된다. A는 p형 반도체이므로 A에 도핑하는 불순물 a의 원자가 전자는 3개이다.

ㄴ. B는 순수한 반도체에 원자가 전자가 5개인 불순물 b를 도핑한 n형 반도체이다.

ㄹ. (가)에서 전류가 '전지 → 전구 → 다이오드의 A → B' 방향으로 흐르므로 다이오드에서는 p형 반도체에서 n형 반도체 방향으로 전류가 흐른다.

바로 알기 | ㄷ. 다이오드는 한 방향으로만 전류를 흐르게 하는 성질이 있으므로 (가)에서 전지를 반대로 연결하면 전류가 흐르지 않아 전구에 불이 켜지지 않는다.

21 리튬, 나트륨, 칼륨 등 알칼리 금속은 화학적 성질이 비슷하다. 알칼리 금속은 공기 중의 산소와 반응하여 산화물을 형성하고, 물과 반응하여 수소 기체를 발생시킨다.

모범 답안 ▶ (1) 광택이 빠르게 사라졌다. 알칼리 금속은 공기 중의 산소와 반응하여 산화물을 형성하므로 칼로 자른 단면의 광택이 빠르게 사라지기 때문이다.

(2) 칼로 자른 단면의 광택은 빠르게 사라졌고, 물과 반응하여 수소 기체를 발생시켰으며, 반응 후 수용액은 붉은색으로 변하였다.

	채점 기준	배점(%)
(1)	㉠으로 적절한 내용을 쓰고, 그 까닭을 알칼리 금속과 산소의 반응을 언급하여 옳게 서술한 경우	50
	㉠으로 광택이 사라진다고만 서술한 경우	30
	그 외의 오답	0
(2)	㉡으로 적절한 내용을 나트륨과 리튬이 화학적 성질이 비슷하다는 것과 관련지어 옳게 서술한 경우	50
	㉡으로 리튬과 결과가 같다고만 서술한 경우	30
	그 외의 오답	0

22 A 수용액에서 A는 전기적으로 중성인 분자 상태로 존재하고, B 수용액에서 B는 양이온과 음이온 상태로 존재한다.

모범 답안 ▶ (1) A 수용액은 전기적으로 중성인 분자가 존재하므로 전기 전도성이 없다. B 수용액은 전하를 띤 이온이 자유롭게 이동할 수 있으므로 전기 전도성이 있다.

(2) A는 공유 결합 물질이므로 비금속 원소로 구성된다. B는 이온 결합 물질이므로 금속 원소와 비금속 원소로 구성된다.

	채점 기준	배점(%)
(1)	각 수용액의 입자 상태와 전기 전도성의 유무를 모두 옳게 서술한 경우	50
	각 수용액의 전기 전도성의 유무만 옳게 서술한 경우	30
	그 외의 오답	0
(2)	화합물 A와 B의 화학 결합의 종류와 구성 원소를 모두 옳게 서술한 경우	50
	화합물 A와 B의 화학 결합의 종류와 구성 원소 중 한 가지만 옳게 서술한 경우	30
	그 외의 오답	0

23 여러 개의 아미노산이 펩타이드결합으로 연결되어 폴리펩타이드를 형성하고, 폴리펩타이드가 입체 구조를 가진 단백질이 된다.

모범 답안 ▶ (1) A는 물이고, B는 펩타이드결합이다.

(2) X에 존재하는 펩타이드결합의 개수는 9개이다. 이웃한 2개의 아미노산이 결합할 때 1개의 펩타이드결합이 만들어지기 때문이다.

(3) 입체 구조가 다른 두 가지 단백질이 만들어질 것이다. 폴리펩타이드가 접히고 구부러져서 입체 구조를 가진 단백질이 만들어지는데 아미노산의 종류, 수, 결합 순서가 다르면 입체 구조가 다른 단백질이 만들어지기 때문이다.

	채점 기준	배점(%)
(1)	아미노산 결합 과정에서 A와 B를 모두 옳게 쓴 경우	20
	아미노산 결합 과정에서 A와 B 중 한 가지만 옳게 쓴 경우	10
(2)	펩타이드결합 개수를 옳게 쓰고 그 까닭을 옳게 서술한 경우	40
	펩타이드결합 개수를 옳게 썼지만 그 까닭을 서술하지 않은 경우	20
	그 외의 오답	0
(3)	폴리펩타이드의 아미노산 수가 달라지면 단백질 입체 구조가 달라지는 것을 옳게 서술한 경우	40
	폴리펩타이드의 아미노산 수가 달라지면 만들어지는 단백질이 달라진다는 것만 서술한 경우	20
	그 외의 오답	0

24 순수한 반도체를 이루는 규소는 원자가 전자 4개가 모두 공유 결합에 참여하기 때문에 자유 전자가 없다. 여기에 원자가 전자가 5개인 비소를 도핑하면 전자 1개가 공유 결합에 참여하지 않고 남아 자유 전자가 된다.

모범 답안 ▶ 전기 전도도는 (나)가 (가)보다 크다. 순수한 반도체에 원자가 전자가 5개인 비소를 도핑하면 자유 전자가 생겨 전류가 쉽게 흐르기 때문이다.

채점 기준	배점(%)
전기 전도도를 비교하고, 그 까닭을 옳게 서술한 경우	100
전기 전도도만 옳게 비교한 경우	40
그 외의 오답	0

◦ 결과
㉠ 없음, ㉡ 없음, ㉢ 있음, ㉣ 있음

◦ 정리 & 해석
1. ㉠ 없고, ㉡ 있다. ㉢ 강하게 결합하여 이동할 수 없기, ㉣ 나뉘어져 전류를 흘려 주면 양이온은 (-)극 쪽으로, 음이온은 (+)극 쪽으로 이동하기
2. ㉠ 없고, ㉡ 없다. ㉢ 전기적으로 중성인 분자로 이루어져 있기

1 (1) 해설 참조 (2) 해설 참조　　　**2** (1) 해설 참조 (2) 해설 참조

1 **모범 답안** ▶ (1) 증류수를 넣어 녹인 후, 전기 전도성 측정기로 각 수용액에 전류가 흐르는지 확인한다.

(2) A: 설탕, 설탕은 전기적으로 중성인 분자로 이루어져 있어 고체 상태와 수용액 상태에서 모두 전기 전도성이 없으므로 (가)와 (나)에서 모두 전류가 흐르지 않는다.

B: 염화 나트륨, 염화 나트륨은 고체 상태에서 이온들이 강하게 결합하고 있어 (가)에서는 전류가 흐르지 않지만, 수용액 상태에서 전하를 띤 이온들이 이동하므로 (나)에서는 전류가 흐른다.

	채점 기준	배점(%)
(1)	수용액에 전류가 흐르는지 확인한다고 옳게 서술한 경우	50
	그 외의 오답	0
(2)	A와 B 물질을 모두 옳게 쓰고, 그 까닭을 옳게 서술한 경우	50
	A와 B 중 하나만 옳게 쓰고, 그 까닭을 옳게 서술한 경우	30
	A와 B 물질만 옳게 쓴 경우	10
	그 외의 오답	0

2 **모범 답안** ▶ (1) ㉠은 고체이고, ㉡은 수용액이다.

(2) 이온 결합 물질: 염화 칼슘과 황산 구리(Ⅱ), 고체 상태에서는 전기 전도성이 없지만, 수용액 상태에서는 전기 전도성이 있으므로 이온 결합 물질이다.

공유 결합 물질: 포도당과 녹말, 고체 상태와 수용액 상태에서 모두 전기 전도성이 없으므로 공유 결합 물질이다.

	채점 기준	배점(%)
(1)	㉠과 ㉡을 옳게 쓴 경우	40
	그 외의 오답	0
(2)	이온 결합 물질과 공유 결합 물질을 모두 옳게 분류하고, 그 까닭을 모두 옳게 서술한 경우	60
	이온 결합 물질과 공유 결합 물질을 모두 옳게 분류하고, 그 까닭을 전기 전도성 차이라고만 서술한 경우	40
	이온 결합 물질과 공유 결합 물질만 모두 옳게 분류한 경우	20
	그 외의 오답	0

수행평가 맛보기 ❷

92~93쪽

○ 결과

1. 뉴클레오타이드 **2.** 1 : 1 : 1 **3.** ㉠ 당, ㉡ 인산 **4.** 이중나선

○ 정리 & 해석

1. ㉠ 두, ㉡ 폴리뉴클레오타이드, ㉢ 한 뉴클레오타이드의 당과 다른 뉴클레오타이드의 인산

2. ㉠ 바깥쪽, ㉡ 안쪽, ㉢ 타이민(T), ㉣ 사이토신(C)

1 (1) 해설 참조 (2) 해설 참조   **2** (1) 해설 참조 (2) 해설 참조

1 모범 답안 ▶

(1)

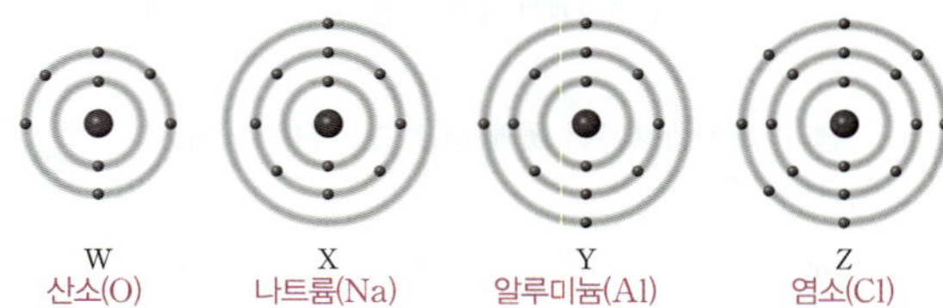

(2) DNA를 구성하는 단위체는 4종류이다. DNA를 구성하는 단위체는 뉴클레오타이드로 당, 인산, 염기가 1 : 1 : 1로 결합한 화합물이다. 염기가 아데닌(A), 구아닌(G), 사이토신(C), 타이민(T)으로 4종류이기 때문에 단위체도 4종류가 된다.

	채점 기준	배점(%)
(1)	염기 간 상보결합을 옳게 그린 경우	50
	상보결합하는 염기서열만 옳게 쓴 경우	30
(2)	DNA를 구성하는 단위체 종류와 그 까닭을 모두 옳게 서술한 경우	50
	DNA를 구성하는 단위체 종류나, 그 까닭 중 하나만 옳게 서술한 경우	30
	그 외의 오답	0

2 모범 답안 ▶ (1) ⓐ는 8이다. 염기 간 상보결합을 고려할 때, 아데닌(A)의 수와 타이민(T)의 개수가 같고, 사이토신(C)과 구아닌(G)의 개수가 같다. 구아닌(G)이 12개이므로 구아닌과 상보결합하는 사이토신(C)도 12개이고, 4종류의 염기 개수를 모두 더했을 때 뉴클레오타이드 모형의 개수인 40이 나와야 하므로 아데닌(A)과 타이민(T)은 각각 8개이다.

(2) 염기의 종류와 개수는 같지만 모둠 A와 B에서 염기의 배열 순서를 다르게 했으므로 제작한 DNA 모형의 차이가 발생했다.

	채점 기준	배점(%)
(1)	ⓐ에 해당하는 수와 그 까닭을 옳게 서술한 경우	50
	ⓐ에 해당하는 수나 그 까닭 중 하나만 옳게 서술한 경우	30
	그 외의 오답	0
(2)	두 모둠에서 만든 DNA 모형에서 차이가 발생한 까닭을 옳게 서술한 경우	50
	그 외의 오답	0

수능 맛보기

94~97쪽

1 ① **2** ④ **3** ④ **4** ⑤ **5** ⑤ **6** ③

---

1 원자의 전자 배치와 화학 결합

풀이 전략

- 원자의 전자 배치를 통해 화학 결합할 때 결합하는 원자의 개수비와 형성하는 화학 결합의 종류를 파악한다.
- 화학 결합의 종류를 통해 공유 결합 물질과 이온 결합 물질을 판단한다.

그림은 원자 W~Z의 전자 배치를 모형으로 나타낸 것이다.

W 산소(O)	X 나트륨(Na)	Y 알루미늄(Al)	Z 염소(Cl)

이에 대한 설명으로 옳은 것만을 보기에서 있는 대로 고른 것은? (단, W~Z는 임의의 원소 기호이다.)

> **보기**
>
> ㉠. XZ 수용액은 전기 전도성이 있다. XZ(NaCl)는 이온 결합 물질
>
> ✗. Z₂W는 이온 결합 물질이다. Z₂W(Cl₂O)는 공유 결합 물질
>
> ✗. W와 Y는 2 : 3으로 결합하여 안정한 화합물을 형성한다. W는 O, Y는 Al이다.

Z_2W ...

✓① ㄱ   ② ㄴ   ③ ㄱ, ㄷ   ④ ㄴ, ㄷ   ⑤ ㄱ, ㄴ, ㄷ

자료 풀이

- W는 2주기 원소이고, 원자가 전자 수가 6이다. ➡ 산소(O)
- X는 3주기 원소이고, 원자가 전자 수가 1이다. ➡ 나트륨(Na)
- Y는 3주기 원소이고, 원자가 전자 수가 3이다. ➡ 알루미늄(Al)
- Z는 3주기 원소이고, 원자가 전자 수가 7이다. ➡ 염소(Cl)

선택지 풀이

ㄱ. XZ는 이온 결합 물질인 염화 나트륨(NaCl)이므로, XZ 수용액은 전기 전도성이 있다.

바로 알기 | ㄴ. W는 산소(O)이고, Z는 염소(Cl)이므로 Z_2W(Cl₂O)는 비금속 원소로 이루어진 공유 결합 물질이다.

ㄷ. W는 산소(O)이고, Y는 알루미늄(Al)으로 W와 Y는 전자를 주고받아 이온 결합을 형성한다. 이때 W는 전자 2개를 얻어 W^{2-}이 되고, Y는 전자 3개를 잃어 Y^{3+}이 되어 3 : 2의 개수비로 결합하여 Y_2W_3(Al₂O₃)을 형성한다.

2 이온의 전자 배치와 공유 결합 모형

풀이 전략

- 이온의 전자 배치 및 공유 결합 모형을 통해 원자의 종류를 파악하고, 화학 결합할 때 결합하는 원자의 개수비와 형성하는 화학 결합의 종류를 예측한다.

그림 (가)는 원자 A와 B가 이온이 되었을 때의 전자 배치를, (나)는 화합물 C_2A의 결합 모형을 나타낸 것이다.

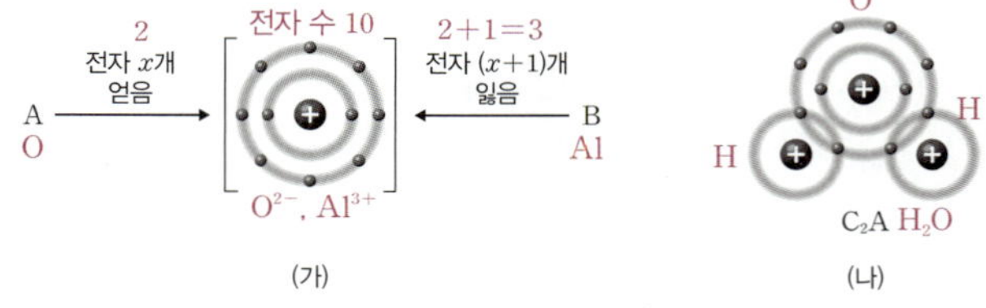

이에 대한 설명으로 옳은 것만을 보기에서 있는 대로 고른 것은? (단, A~C는 임의의 원소 기호이다.)

보기
✗ A와 B는 같은 주기 원소이다.
2주기 3주기
ⓛ A와 B로 이루어진 안정한 화합물의 화학식은 B_2A_3이다. Al_2O_3
ⓒ B와 C로 이루어진 물질은 이온 결합 물질이다.
B는 금속 원소, C는 비금속 원소

① ㄱ　　　② ㄷ　　　③ ㄱ, ㄴ　✓④ ㄴ, ㄷ　　　⑤ ㄱ, ㄴ, ㄷ

자료 풀이

- (나)에서 A 원자는 C 원자 2개와 각각 전자쌍을 1개씩 공유한다. → A의 원자가 전자 수는 6이다.
- (가)에서 A 원자는 전자 x개를 얻어 18족 원소와 같은 전자 배치를 이루므로 얻은 전자 수는 2이다. → $x=2$
- (가)에서 B 원자는 전자 3개를 잃어 18족 원소와 같은 전자 배치를 이룬다. → B는 3주기 13족 원소이다.

선택지 풀이

ㄴ. A 이온은 A^{2-}이고, B 이온은 B^{3+}이므로 A 이온과 B 이온은 $3:2$의 개수비로 결합한다. 따라서 A와 B로 이루어진 화합물의 화학식은 B_2A_3이다.

ㄷ. (가)에서 B는 18족 원소와 같은 전자 배치를 이루기 위해 전자 3개를 잃으므로 금속 원소이다. (나)에서 A와 C는 각각 전자쌍을 공유하여 화합물을 이루므로 A와 C는 모두 비금속 원소이다. 따라서 B와 C로 이루어진 물질은 이온 결합 물질이다.

바로 알기 | ㄱ. A는 2주기 16족 원소이고, B는 3주기 13족 원소이다.

---

3 규산염 사면체의 결합 구조

풀이 전략

- 규산염 사면체의 결합 구조는 이웃하는 규산염 사면체와 공유하는 산소의 수에 따라 달라진다.
- 규산염 사면체의 결합 구조에 따라 다양한 규산염 광물이 만들어진다.

그림 (가)는 규산염 사면체의 구조를, (나)는 어느 규산염 광물의 결합 구조를 나타낸 것이다.

판 모양으로 결합 → 판상 구조 → 흑운모

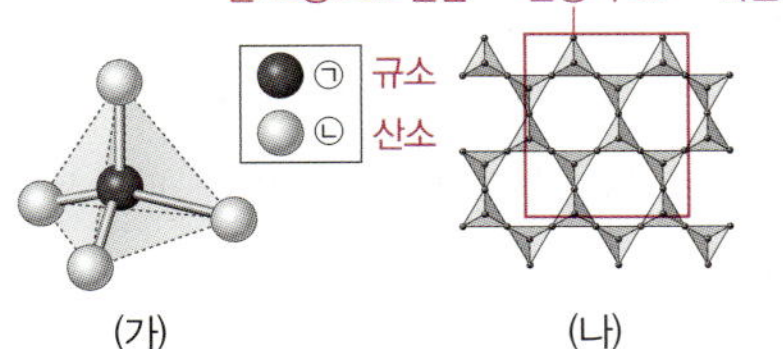

이에 대한 설명으로 옳은 것만을 보기에서 있는 대로 고른 것은?

보기
✗ 지각을 구성하는 원소의 질량비는 ⊙이 ⓛ보다 크다.
작다.
ⓛ 흑운모는 (나)와 같은 결합 구조를 가진다.
ⓒ 규산염 사면체의 결합 구조에 따라 다양한 규산염 광물이 만들어진다.

① ㄱ　　　② ㄷ　　　③ ㄱ, ㄴ　✓④ ㄴ, ㄷ　　　⑤ ㄱ, ㄴ, ㄷ

자료 풀이

규산염 광물은 규소 원자 1개와 산소 원자 4개가 공유 결합한 규산염 사면체를 기본 구조로 한다. 규산염 사면체는 결합 구조와 규산염 사면체로 이루어진 기본 골격 사이에 금속 원소의 이온이 결합하여 다양한 광물이 만들어진다.

선택지 풀이

ㄴ. (나)는 규산염 사면체의 결합 구조가 판상 구조를 이루고 있다. 흑운모는 판상 구조를 갖는 광물이므로 (나)와 같은 결합 구조를 가진다.

ㄷ. 규산염 광물이 다양한 까닭은 규산염 사면체의 결합 구조에 따라 다양한 규산염 광물이 만들어지기 때문이다.

바로 알기 | ㄱ. 사면체의 중심에 있는 원소인 ⊙은 규소, 사면체의 모서리에 있는 ⓛ은 산소이다. 지각을 구성하는 원소의 질량비는 산소가 규소보다 크므로 ⊙이 ⓛ보다 작다.

---

4 단백질과 DNA의 특징

풀이 전략

- 특징을 갖고 있는 물질을 메모한다.
- 물질별로 갖고 있는 특징의 개수를 파악하여 표 2개의 정보를 연결한다.

표 (가)는 인체를 구성하는 물질 A와 B가 갖는 특징을, (나)는 특징 ⊙과 ⓛ을 순서없이 나타낸 것이다. A와 B는 DNA와 단백질 중 하나이다.

물질	특징	특징
A	⊙	• 탄소 화합물이다.—단백질, DNA
B	⊙, ⓛ	• 펩타이드결합이 존재한다.—단백질
(가)		(나)

⊙은 두 물질이 공통으로 갖고 있는 특징이다.

단백질은 특징 두 가지를, DNA는 특징 한 가지를 갖고 있다.

이에 대한 옳은 설명만을 보기에서 있는 대로 고른 것은?

보기
ⓛ ⊙은 '탄소 화합물이다.'이다.
ⓛ A의 기본 단위는 뉴클레오타이드이다.
ⓒ B는 항체의 주성분이다.

① ㄱ　　　② ㄴ　　　③ ㄱ, ㄷ　　　④ ㄴ, ㄷ　✓⑤ ㄱ, ㄴ, ㄷ

자료 풀이

특징(⊙, ⓛ)에서 '탄소 화합물이다.'는 DNA와 단백질 모두 해당하는 특징이고, '펩타이드결합이 존재한다.'는 단백질에만 해당하는 특징이다. 물질 A에 해당하는 특징은 ⊙ 한 가지이므로 물질 A는 DNA이다. 물질 B에 해당하는 특징은 ⊙, ⓛ 두 가지이므로 물질 B는 단백질이다. 특징 ⊙은 DNA와 단백질 둘 다 공통적으로 갖는 특성이므로 '탄소 화합물이다.'에 해당한다. 특징 ⓛ은 단백질만 갖는 특징이므로 '펩타이드결합이 존재한다.'에 해당한다.

선택지 풀이

ㄱ. ⊙은 단백질과 DNA 둘 다 공통적으로 갖는 특성으로 '탄소 화합물이다.'이다.

ㄴ. DNA의 기본 단위는 뉴클레오타이드이다.

ㄷ. 단백질은 항체의 주성분이다.

[함정 피하기]

표의 행과 열의 내용을 잘 확인한다.

5 반도체의 전기적 성질

[풀이 전략]

- 순수한 반도체는 자유 전자가 거의 없지만 도핑을 하면 공유 결합에서 남는 전자 또는 전자의 빈 자리가 생겨 전자가 쉽게 이동할 수 있다.
- 반도체 소자는 전기 신호 처리 기능과 데이터 처리 기능을 활용한다.

다음은 반도체에 관한 설명이다.

불순물 반도체는 ㉠순수한 반도체에 ㉡미량의 다른 원소(불순물)를 첨가하여 만든 소재로 ㉢태양 전지, 스마트폰의 전기 소자 등을 만드는 데 활용된다.

태양 전지
빛을 받으면 전류가 흐르는 반도체 이용

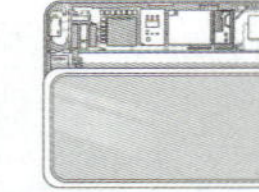

스마트폰의 전기 소자
데이터를 저장하고 처리하는 데 반도체 이용

이에 대한 옳은 설명만을 보기에서 있는 대로 고른 것은?

[보기]

㉠. ㉠은 자유 전자가 거의 없어 부도체에 가깝다.

㉡. ㉡을 통해 ㉠의 전기적 성질을 변화시킬 수 있다.

㉢. ㉢은 빛에너지를 전기 에너지로 전환한다.

① ㄱ   ② ㄴ   ③ ㄱ, ㄷ   ④ ㄴ, ㄷ   ✓⑤ ㄱ, ㄴ, ㄷ

[자료 풀이]

순수한 규소(Si)나 저마늄(Ge)처럼 어떠한 불순물도 첨가하지 않은 반도체를 순수한 반도체라고 한다. 규소, 저마늄은 원자가 전자가 4개인 14족 원소로, 이웃한 원자끼리 4개의 전자쌍을 공유해 공유 결합을 형성하므로 자유 전자가 거의 없어 전압을 걸어도 전류가 거의 흐르지 않는다.

[선택지 풀이]

ㄱ. 규소(Si), 저마늄(Ge) 등은 불순물이 섞이지 않은 순수한 반도체 물질이다. 14족 원소인 규소, 저마늄은 원자가 전자가 4개로, 공유 결합을 형성할 때 모든 원자가 전자가 공유 결합에 참여하고 있어 물질 내 자유 전자가 매우 적다. 따라서 순수한 규소는 거의 부도체에 가깝다.

ㄴ. 순수한 반도체에 불순물을 첨가하는 도핑을 하면 반도체의 전기 전도도가 커진다. 이때 불순물의 농도를 설정하면 전기 전도도를 조절할 수 있다.

ㄷ. 태양 전지에는 빛을 받으면 전류가 흐르는 성질을 가진 반도체 소자를 활용한다. 따라서 태양 전지는 빛에너지를 전기 에너지로 전환한다.

6 물질의 전기적 성질에 따른 구분

[풀이 전략]

- 도체는 전기 전도도가 크고, 부도체는 전기 전도도가 매우 작다.
- 다이오드는 전류를 한 방향으로 흐르게 하는 특징이 있다. 다이오드 내에서는 p형 반도체에서 n형 반도체 방향으로 전류가 흐르고, 그 반대 방향으로는 전류가 흐르지 않는다.

다음은 고체의 전기적 특성을 알아보기 위한 실험이다.

[실험 과정]

(가) 고체 막대 A와 B를 각각 연결할 수 있는 전기 회로를 구성한다. A, B는 도체와 절연체 중 하나이다.

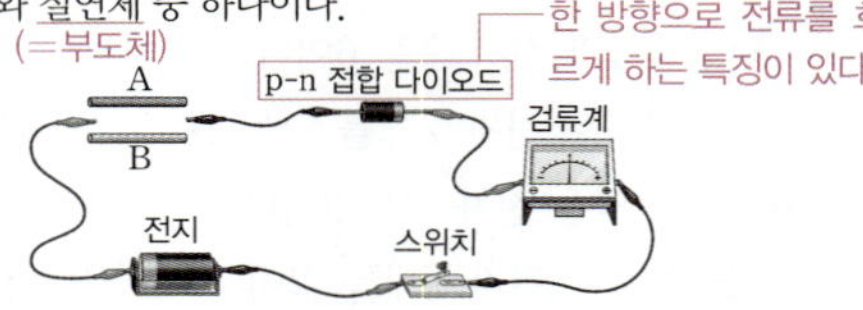

(나) 두 집게를 A의 양 끝 또는 B의 양 끝에 연결하고 스위치를 닫은 후 막대에 흐르는 전류의 유무를 관찰한다.

(다) (가)에서 [㉠]의 양 끝에 연결된 집게를 서로 바꿔 연결한 후 (나)를 반복한다.

[실험 결과]

구분	도체 A	부도체(＝절연체) B
(나)의 결과	○	×
(다)의 결과	×	㉡

(○: 있음, ×: 없음)

이에 대한 옳은 설명만을 보기에서 있는 대로 고른 것은?

[보기]

㉠. 전기 전도도는 A가 B보다 크다.

㉡. 'p-n 접합 다이오드'는 ㉠으로 적절하다.

㉢. ㉡은 '○'이다. (×)

① ㄱ   ② ㄷ   ✓③ ㄱ, ㄴ   ④ ㄴ, ㄷ   ⑤ ㄱ, ㄴ, ㄷ

[자료 풀이]

(나)에서 A를 연결하면 전류가 흐르고, B를 연결하면 전류가 흐르지 않는다. 즉, A는 도체이고 B는 부도체이다. (다)에서 ㉠의 양 끝에 연결된 집게를 서로 바꿔 연결했을 때 도체인 A를 연결해도 전류가 흐르지 않으므로 ㉠은 한 방향으로만 전류를 흐르게 하는 성질이 있다.

[선택지 풀이]

ㄱ. A는 도체이고 B는 부도체(절연체)이다. 따라서 전기 전도도는 도체인 A가 부도체인 B보다 크다.

ㄴ. ㉠은 한 방향으로만 전류를 흐르게 하는 성질이 있으므로 'p-n 접합 다이오드'는 ㉠으로 적절하다.

바로 알기 ㄷ. 부도체는 상온에서 자유 전자가 거의 없어 전압을 걸어도 전류가 흐르지 않는다. B는 부도체이므로 회로에 연결하는 전지의 방향과 관계없이 전류가 흐르지 않는다. 따라서 ㉡은 '×'이다.

Ⅲ 시스템과 상호작용

4 지구시스템

09 지구시스템의 구성 요소

1 (1) 중력 (2) 지권 (3) 성층권, 수온 약층 (4) 지권
2 (1) × (2) ○ (3) ○ (4) × **3** (1) ○ (2) × (3) ○ (4) ×
4 (1) 혼합층 (2) C (3) B   **5** (1) ○ (2) × (3) ○ (4) ×
6 지구 자기장

1 (1), (2) 태양계는 태양과 태양계 구성 천체의 중력으로 유지되는 역학적 시스템이고, 지구시스템은 기권, 수권, 지권, 생물권, 외권으로 이루어져 있다.
(3) 기권의 성층권과 수권의 수온 약층은 위로 갈수록 온도가 높아지는 층으로 안정한 층이다.
(4) 화산은 지구시스템의 구성 요소 중 지권에 속한다.

2 (1) 기권에서 오존층이 존재하는 곳은 성층권이다.
(2) 수권의 해수는 혼합층, 수온 약층, 심해층의 3개의 층으로 구분한다.
(3) 생물권은 기권, 수권, 지권에 걸쳐 분포한다.
(4) 지권에서 가장 큰 부피를 차지하는 층은 맨틀이다.

3 (1) 대륙 지각은 해양 지각보다 두껍다.
(2) 맨틀 내부에서 맨틀 대류가 일어나는 곳은 유동성 있는 고체 상태이다.
(3) 지권의 밀도는 지구 내부로 갈수록 커진다.
(4) 외핵에서는 철과 니켈의 대류로 지구 자기장이 형성된다.

4 (1) 수권 중 해수는 깊이에 따른 수온 분포에 따라 표면에서부터 혼합층(A), 수온 약층(B), 심해층(C)으로 구분한다.
(2) 심해층(C)은 계절에 따른 수온 변화가 거의 없다.
(3) 수온 약층(B)은 연직 운동이 일어나기 어려운 층이다.

5 (1) 지구는 액체 상태의 물이 있어 생명체가 존재할 수 있다.
(2) 생물권은 기권, 지권, 수권과 상호작용을 한다.
(3) 기권은 생명체의 호흡과 광합성에 필요한 기체인 산소와 이산화 탄소 등을 공급한다.
(4) 지권은 생명 활동에 필요한 다양한 물질을 공급한다.

6 외핵의 대류에 의해 발생한 지구 자기장은 우주선과 태양이 방출하는 유해한 고에너지 입자 등을 차단하여 지구의 생명체를 보호한다.

01 ⑤	**02** ③	**03** ③	**04** ②	**05** ②
06 ③	**07** ①	**08** ④	**09** ⑤	**10** ④
11 ①	**12** ①	**13** ③	**14** 해설 참조	
15 해설 참조	**16** 해설 참조			

01 ㄱ, ㄴ. 지구는 태양계의 구성 요소 중 하나이고, 지구를 포함한 태양계의 천체들은 서로 영향을 주고받는다.
ㄷ. 태양계는 구성 천체의 중력으로 유지되는 역학적 시스템이다.

02 ①, ⑤ 지구시스템은 지구를 구성하는 구성 요소들이 서로 영향을 주고받는 상호작용하는 시스템이다.
② 태양계라는 더 큰 시스템을 이루는 요소이다.
④ 지구시스템은 기권, 수권, 지권, 생물권, 외권으로 구성된다.
바로 알기 | ③ 지구는 태양계의 다른 천체들과 영향을 주고받는다.

03 A는 기권, B는 생물권, C는 지권, D는 수권, E는 외권이다.
ㄱ. 기권(A), 지권(C), 수권(D)에는 성층 구조가 나타난다.
ㄴ. 생물권(B)은 기권(A), 지권(C), 수권(D)에 분포한다.
바로 알기 | ㄷ. 외권(E)에서 들어오는 태양 에너지나 운석은 기권(A)이나 지권(C)에 영향을 준다.

04 ② 수권 중 해수는 깊이에 따른 수온 분포를 기준으로, 혼합층, 수온 약층, 심해층의 3개 층으로 구분한다.
바로 알기 | ① 기권은 높이에 따른 기온 분포에 따라 4개 층으로 구분한다.
③ 지권은 구성 물질과 상태에 따라 4개 층으로 구분한다.
④ 생물권은 지권, 수권, 기권에만 분포한다.
⑤ 지구 자기장은 외권에 존재한다.

05 ① 빙하는 수권의 육수 중에서 가장 많다.
③ 외권은 지구를 둘러싸고 있는 기권 바깥의 우주 영역이다.
④ 생물권은 지권, 수권, 기권에만 분포한다.
⑤ 기권은 지구 표면을 둘러싸고 있는 대기가 분포하는 영역이다.
바로 알기 | ② 지하수는 수권의 육수에 해당한다.

06 A는 대류권, B는 성층권, C는 중간권, D는 열권이다.
ㄱ. 기상 현상은 대류권(A)에서만 일어난다.
ㄷ. 열권(D)은 낮과 밤의 기온 변화가 매우 크다.
바로 알기 | ㄴ. 성층권(B)은 안정한 층이므로 공기의 연직 운동이 일어나기 어렵다.

07 ㄱ. 오존층은 높이 약 20~30 km의 성층권 내에 존재한다.
바로 알기 | ㄴ. 기권에서 대류 현상은 대류권과 중간권에서 일어난다.
ㄷ. 대류권에서 위로 갈수록 기온이 낮아지는 까닭은 지표면으로부터 복사되는 지구 복사 에너지가 적어지기 때문이다.

08 ㄴ. 수온 약층(b)은 안정하여 연직 운동이 일어나기 어려우므로 혼합층(a)과 심해층(c) 사이의 물질 교환을 차단한다.
ㄷ. 해수에서 심해층(c)은 다른 층보다 두껍다.
바로 알기 | ㄱ. 혼합층(a)의 두께는 온도가 높은 저위도에서 얇고, 중위도에서 두껍다.

09 ㄱ. 깊이에 따른 수온이 일정한 혼합층은 태양 에너지의 가열과 바람의 혼합 작용으로 생성된다.
ㄴ. 수온 약층은 아래로 갈수록 수온이 급격하게 낮아진다.

ㄷ. 심해층은 태양 에너지가 도달하지 못하여 수온이 낮고, 깊이에 따른 수온 변화가 거의 없는 층이다.

10 ① 지권은 지표면에서부터 깊이 약 6400 km까지 분포한다.
② 지권의 외핵에서는 지구 자기장을 생성한다.
③ 지권은 고체인 지구의 표면과 지구 내부를 포함하는 영역이다.
⑤ 대륙 지각은 상대적으로 밀도가 작은 화강암질 암석으로, 해양 지각은 상대적으로 밀도가 큰 현무암질 암석으로 구성되어 있어 대륙 지각이 해양 지각보다 밀도가 작다.
바로 알기 | ④ 지권의 외핵과 내핵은 철과 니켈로 이루어져 있다.

11 A는 내핵, B는 외핵, C는 맨틀, D는 지각이다.
ㄱ. 평균 밀도는 내핵(A)으로 갈수록 크다.
바로 알기 | ㄴ. 액체 상태로 되어 있는 층은 외핵인 B이다.
ㄷ. 지권은 구성 물질과 그 물질의 상태를 기준으로 A, B, C, D를 구분한다.

12 ㄱ. 생물의 활동은 지구 표면을 변화시킨다.
바로 알기 | ㄴ. 외권에는 생물권이 분포하지 않는다.
ㄷ. 생물권은 인간도 포함한 지구상의 모든 생명체를 말한다.

13 ㄱ, ㄴ. 외권은 지구를 둘러싸고 있는 기권 바깥의 우주 영역으로, 외권을 통해 태양 에너지가 지구로 들어오고, 유해한 전자기파는 외권에서 차단된다.
바로 알기 | ㄷ. 지권의 외핵에서 철과 니켈의 대류에 의해 지구의 자기장이 생성된다.

14 지구시스템에서 지구를 구성하는 요소들은 서로 영향을 주고받으며 하나의 시스템을 이루고 있다.
모범 답안 ▶ 지구를 구성하는 요소들이 서로 영향을 주고받으며 시스템을 이루고 있는 것을 지구시스템 또는 지구계라고 한다.

채점 기준	배점(%)
제시어를 모두 포함하여 지구시스템의 정의를 옳게 서술한 경우	100
제시어의 일부만 포함하여 지구시스템의 정의를 옳게 서술한 경우	50
그 외의 오답	0

15 아래쪽에 무거운 찬 공기가 위치하고, 위쪽에 가벼운 따뜻한 공기가 위치하면 대기가 안정하여 대류가 일어나기 어렵다.
모범 답안 ▶ 성층권에서는 아래쪽에 밀도가 큰 찬 공기가 있고, 위쪽에는 밀도가 작은 따뜻한 공기가 있으므로 대류가 일어나지 않는다.

채점 기준	배점(%)
제시어를 모두 포함하여 성층권에서 대류가 일어나지 않는 까닭을 옳게 서술한 경우	100
제시어의 일부만 포함하여 성층권에서 대류가 일어나지 않는 까닭을 옳게 서술한 경우	50
그 외의 오답	0

16 지구 내부의 밀도 분포는 지구 중심으로 갈수록 커진다.
모범 답안 ▶ 지각은 규산염 암석으로 이루어져 있고, 맨틀은 지각보

다 밀도가 큰 암석으로 이루어져 있다. 외핵과 내핵은 철과 니켈로 이루어져 있지만, 내핵은 외핵보다 압력이 높으므로 내핵의 밀도가 외핵보다 높다. 따라서 지각 → 맨틀 → 외핵 → 내핵으로 갈수록 밀도가 높아진다.

채점 기준	배점(%)
제시어를 모두 포함하여 지권의 성층 구조에 따른 밀도 분포를 옳게 서술한 경우	100
제시어의 일부만 포함하여 지권의 성층 구조에 따른 밀도 분포를 옳게 서술한 경우	50
그 외의 오답	0

고난도 도전하기 108쪽

01 ② **02** ④ **03** ② **04** ④

01 ㉠은 대류권, ㉡은 성층권, ㉢은 중간권, ㉣은 열권이다.
ㄷ. 대기의 평균 밀도는 아래쪽으로 갈수록 커지므로 대류권(㉠)이 열권(㉣)보다 크다.
바로 알기 | ㄱ. ㉡은 성층권으로, 주로 자외선을 흡수한다.
ㄴ. 기상 현상이 활발한 곳은 대류권인 ㉠이다.

02 ㄴ. 수권에서 가장 많은 양을 차지하는 ㉠은 해수이고, 육수에서 가장 많은 양을 차지하는 ㉡은 빙하이다.
ㄷ. 인간이 생활하는 데 직접적으로 이용할 수 있는 물은 호수와 하천수 및 지하수이므로 수권의 약 0.78 %이다.
바로 알기 | ㄱ. 수권의 대부분을 차지하는 ㉠은 해수로, 염수이다.

03

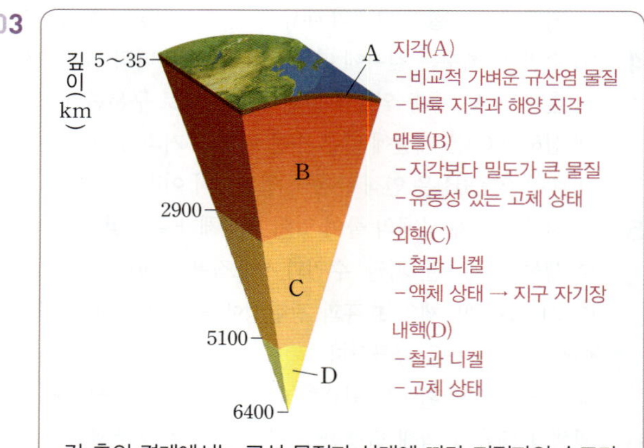

각 층의 경계에서는 구성 물질과 상태에 따라 지진파의 속도가 급변하고, 지구 내부로 갈수록 온도는 높아지며, 밀도가 커진다.

A는 지각, B는 맨틀, C는 외핵, D는 내핵이다.
ㄷ. 각 층의 경계에서는 지진파의 속도가 급변하므로 지진파의 속도 변화로 각 층의 경계를 정할 수 있다.
바로 알기 | ㄱ. 지구 내부로 갈수록 밀도가 커지므로 밀도의 크기는 A<B<C<D이다.
ㄴ. 외핵(C)과 내핵(D)은 구성 물질이 철과 니켈로 같지만, 외핵은 액체, 내핵은 고체로 물질의 상태가 다르다.

04 위로 갈수록 기온이 낮아지는 층은 불안정하며, 위로 갈수록 기온이 높아지는 층은 안정하다.

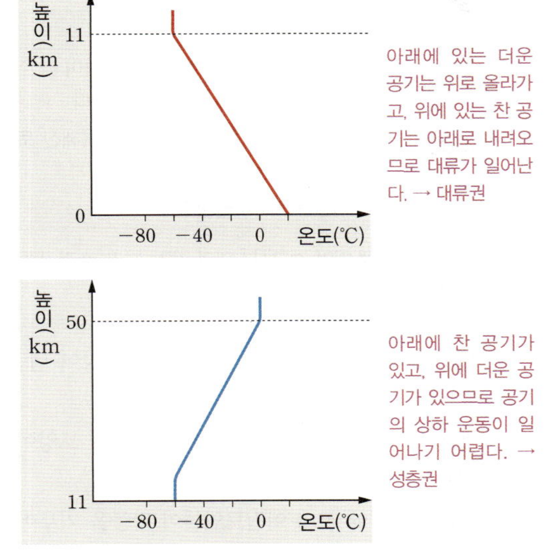

ㄴ. (가)에서는 높이가 약 11 km 변하는 동안 기온은 약 80 ℃가 변하였고, (나)에서는 높이가 약 39 km 변하는 동안 기온이 약 60 ℃가 변하였다. 따라서 높이에 따른 기온 변화율은 (가)가 (나)보다 크다.

ㄷ. (가)는 따뜻한 공기가 아래에 있고, 찬 공기가 위에 있으므로 대기가 불안정하여 대류가 활발하게 일어난다.

바로 알기 | ㄱ. 성층권에서 위로 갈수록 기온이 높아지는 까닭은 오존이 자외선을 흡수하기 때문이다.

🔟 지구시스템의 상호작용

개념 확인하기 — 112쪽

1 (1) 태양 에너지 (2) 방사성 원소 (3) 조력
2 ㉠ 태양, ㉡ 지구 내부, ㉢ 조력
3 (1) ◯ (2) ◯ (3) ◯   **4** (1) 지권 (2) 기권, 생물권 (3) 증가
5 (1) ◯ (2) ◯ (3) ✕
6 (1) 기권, 수권 (2) 지권, 기권 (3) 생물권, 기권 (4) 수권, 지권

1 (1) 지구시스템의 에너지원은 태양 에너지, 지구 내부 에너지, 조력 에너지가 있고, 이 중 가장 많은 양을 차지하는 것은 태양 에너지이다.
(2) 지구 내부 에너지는 지각과 맨틀 속에 포함된 방사성 원소가 붕괴할 때 방출하는 열과 지구 내부에 축적된 열 등에 의해 발생한다.
(3) 조력 에너지는 달과 태양의 인력으로 발생하는 에너지이다.

2 우리 주변에서 일어나는 자연 현상 중 바람이나 비를 비롯한 기상 현상, 해류, 풍화 작용, 광합성 등은 태양(㉠) 에너지에 의한 것이고, 판의 운동과 지진, 화산 활동 등의 지각 변동은 지구 내부(㉡) 에너지에 의한 것이며, 조석 현상은 조력(㉢) 에너지에 의한 것이다.

3 (1) 물의 순환 과정에서는 물질의 순환뿐만 아니라 에너지의 흐름도 같이 일어난다.
(2) 수권의 물은 물이 순환하는 과정에서 비와 눈에 의한 강수 현상을 일으켜 날씨의 변화가 나타난다.
(3) 수권의 물은 물의 순환 과정에서 풍화와 침식 작용을 하여 지표의 변화를 일으킨다.

4 (1) 화석 연료의 연소를 통해 탄소는 지권에서 기권으로 이동한다.
(2) 광합성 과정을 통해 탄소는 기권에서 생물권으로 이동한다.
(3) 해수에 탄산 이온으로 용해되어 있던 탄소는 해수의 온도가 높아지면 이산화 탄소의 형태로 대기 중으로 방출되므로, 해수의 온도가 높을수록 수권에서 기권으로 이동하는 탄소의 양이 증가한다.

5 (1) 화산 활동으로 분출된 화산재가 지구의 기온을 변하게 하는 것은 지권과 기권의 상호작용이다.
(2) 지진 해일의 발생 과정은 지권과 수권의 상호작용이다.
(3) 지구시스템의 균형은 자연적 요인과 인위적 요인에 의해 깨어질 수 있다.

6 (1) 해수면 위에서 지속적으로 부는 바람에 의해 일정한 방향으로 해류가 발생하는 것은 기권과 수권의 상호작용이다.
(2) 화산이 폭발하여 화산재가 대기로 방출되어 기온이 낮아지는 것은 지권과 기권의 상호작용이다.
(3) 생물이 호흡과 광합성을 하여 산소와 이산화 탄소를 흡수하거나 방출하는 것은 생물권과 기권의 상호작용이다.
(4) 파도에 의해 해안 지역의 암석이 침식되어 절벽이나 동굴이 만들어지는 것은 수권과 지권의 상호작용이다.

개념 적용하기 — 113~115쪽

01 ④	**02** ②	**03** ③	**04** ②	**05** ⑤
06 ④	**07** ④	**08** ④	**09** ②	**10** ⑤
11 ⑤	**12** 해설 참조	**13** 해설 참조	**14** 해설 참조	

01 ㄴ. 지구시스템의 에너지원은 물질 순환을 일으킨다.
ㄷ. 지구시스템의 에너지원 중 가장 많은 양을 차지하는 것은 태양 에너지이다.
바로 알기 | ㄱ. 지구시스템의 에너지원 중 태양 에너지는 외권으로부터 공급되지만, 지구 내부 에너지는 지구 내부에서 방출된다.

02 ①, ④ 태양 에너지는 지구시스템에서 대기와 물을 순환시켜 기상 현상을 일으킨다.
③ 태양 에너지는 태양에서 수소 핵융합 반응으로 생성된 에너지이다.
⑤ 태양 에너지는 화석 연료의 근원이 된다.
바로 알기 | ② 지구 자기장을 발생시키는 에너지원은 지구 내부 에너지이다.

03 ㄱ. 맨틀 대류를 일으키는 에너지는 지구 내부 에너지이다.
ㄷ. 지구 내부 에너지는 방사성 원소의 붕괴열과 관련이 있다.

바로 알기 | ㄴ. 지구 생성 초기에는 미행성의 충돌에 의해 발생한 열과 방사성 원소의 붕괴열이 지구 내부 에너지의 열원이었다.

04 ㄷ. 화산 활동을 일으키는 에너지는 지구 내부 에너지이다.
바로 알기 | ㄱ. 태풍은 태양 에너지에 의해 발생한다.
ㄴ. 밀물과 썰물의 근원은 조력 에너지이다.

05 ㄱ. 물의 순환 과정에서 에너지의 흐름도 함께 일어난다.
ㄴ. 날씨의 변화는 물의 순환에 의해 나타난다.
ㄷ. 물은 순환 과정을 통해 풍화와 침식 작용을 하여 지표의 변화를 일으킨다.

06 ㄴ. 수증기가 비나 눈에 의해 지표로 도달(D)하면 하천수(E)와 지하수(F)로 이동하여 바다로 흘러간다.
ㄷ. 하천수(E)가 흐르는 과정에서 곡류를 형성하는 등 지표의 변화를 일으킨다.
바로 알기 | ㄱ. 증발과 증산 과정(A, B, C)에서 물은 태양 에너지를 흡수하여 역학적 에너지가 증가한다.

07 ①, ② 탄소는 탄소의 순환 과정을 통해 지구시스템의 각 권역을 순환하고, 석회암 또는 화석 연료의 형태로 지권에 가장 많이 분포한다.
③ 화석 연료가 연소되면 탄소가 지권에서 기권으로 이동한다.
⑤ 수권의 탄산 이온은 해양 생물의 골격을 만드는 데 이용되기도 하며, 침전하여 석회암을 형성하기도 한다.
바로 알기 | ④ 생물권에서 탄소는 주로 유기물의 형태로 존재한다.

08 ④ 탄소가 생물권에서 유출되는 과정은 호흡(D)과 화석 연료 생성(I) 이외에도 분해에 의해 기권으로 이동하거나 해양 생물의 골격이나 껍데기 등이 퇴적되어 지권의 석회암으로 변하는 것 등이 있다.
바로 알기 | ① 화산 분출(B)로 지권의 탄소는 감소한다.
② 해수에는 다른 형태로 탄소가 유입되거나 유출되는 경로가 있으므로 용해(E)와 방출(F)되는 탄소의 양은 같지 않다.
③ 탄소가 생물권으로 유입되는 과정은 광합성(C) 이외에도 해양 생물의 탄산 이온 흡수 등이 있다.
⑤ 탄소가 기권으로 유입되는 과정은 화산 가스 방출(B)과 같은 자연적 요인도 있다.

09 ①, ⑤ 지구시스템은 한 권역에서 변화가 생기면 다른 권역에도 영향을 주며, 각 권역들이 서로 상호작용하여 균형을 유지하고 있다.
③, ④ 지구시스템의 구성 요소들은 끊임없이 서로 영향을 주고받으며, 지구 생명체의 존속에 기여하고 있다.
바로 알기 | ② 지구시스템의 상호작용은 각 권역 사이에서 일어나기도 하지만, 각 권역 내부에서도 일어난다.

10 ㄱ. 식물이 광합성을 통해 이산화 탄소를 흡수하고, 산소를 방출하는 현상은 기권과 생물권 사이의 상호작용이므로 A에 해당한다.
ㄴ. 화산 가스가 방출되는 과정은 지권과 기권 사이의 상호작용이므로 D에 해당한다.

ㄷ. 화석 연료의 생성은 생물권과 지권 사이의 상호작용이므로 C에 해당한다.

11

계절	생활 모습
홍수의 계절	비가 많이 내려 나일강이 범람하여 강 주변의 넓은 지역에서 홍수가 발생하였다. 기권 ↔ 수권
생장의 계절	범람했던 강물이 빠지면서 비옥해진 토지에 농부들이 씨를 뿌렸다. 수권 ↔ 지권
수확의 계절	작물을 거두어들였다. 생물권 ↔ 생물권

나일강의 변화에 따라 지구시스템의 기권, 지권, 수권, 생물권 등 권역 간의 여러 상호작용이 일어났다.

ㄱ. 홍수의 계절에 강수량이 증가하여 나일강이 범람하였으므로 기권과 수권의 상호작용이 일어났다.
ㄴ. 생장의 계절에 범람했던 강물이 빠져나가 토양이 비옥해졌으므로 수권과 지권의 상호작용이 일어났다.
ㄷ. 수확의 계절에 고대 이집트인들이 작물을 거두어들여 식량을 얻었으므로 생물권과 생물권의 상호작용이 일어났다.

12 태양 에너지는 생명체의 생명 활동에 이용된다.
모범 답안 ▶ 태양 에너지는 지구에서 대기와 물을 순환시키고, 생명 활동에 필요한 에너지로 이용된다.

채점 기준	배점(%)
제시어를 모두 포함하여 태양 에너지의 역할을 옳게 서술한 경우	100
제시어의 일부만 포함하여 태양 에너지의 역할을 옳게 서술한 경우	50
그 외의 오답	0

13 물의 순환 과정에서 날씨와 지표의 변화 등이 나타난다.
모범 답안 ▶ 물이 순환하는 과정에서 구름, 비, 눈 등 날씨의 변화가 일어나고, 풍화와 침식을 일으켜 지표를 변화시킨다.

채점 기준	배점(%)
제시어를 모두 포함하여 물의 순환 과정에서 일어나는 현상을 옳게 서술한 경우	100
제시어의 일부만 포함하여 물의 순환 과정에서 일어나는 현상을 옳게 서술한 경우	50
그 외의 오답	0

14 광합성 과정에서 식물은 이산화 탄소를 흡수하고, 산소를 방출하므로 기권과 생물권은 상호작용한다.
모범 답안 ▶ 식물은 기권의 이산화 탄소를 흡수하여 광합성을 하여 포도당을 만들고, 이 과정에서 산소를 생성하여 기권으로 배출함으로써 생물권과 기권은 서로 영향을 주고받는다.

채점 기준	배점(%)
제시어를 모두 포함하여 식물의 광합성 과정에서 일어나는 기권과 생물권 사이의 상호작용을 옳게 서술한 경우	100
제시어의 일부만 포함하여 식물의 광합성 과정에서 일어나는 기권과 생물권 사이의 상호작용을 옳게 서술한 경우	50
그 외의 오답	0

01 ③ **02** ③ **03** ① **04** ⑤

01 ㄱ. 지구에 입사되는 태양 에너지 17.3×10^{16} W 중 우주로 반사되는 양이 5.2×10^{16} W이므로 지구가 흡수하는 태양 에너지양은 지구로 입사되는 태양 에너지의 약 70 %이다.

ㄴ. 지구 내부 에너지는 5.4×10^{12} W이고, 조력 에너지는 2.7×10^{12} W이므로 지구 내부 에너지는 조력 에너지의 약 2배이다.

바로 알기 | ㄷ. 조력 에너지는 밀물과 썰물을 일으켜 해안 지역에서 지표 변화에 영향을 준다.

02 ㄱ. 육지에서 바다로 물이 이동하는 C 과정에는 하천수나 지하수의 흐름이 있다. 이 과정에서 지표의 변화가 일어난다.

ㄷ. 대기에서는 해양에서 육지로 물이 이동하므로 D에 의해 이동하는 물의 양은 E에 의해 이동하는 물의 양보다 작다.

바로 알기 | ㄴ. 육지에서는 유입되는 물의 양인 A가 유출되는 물의 양인 B+C와 같으므로 A에 의해 이동하는 물의 양은 B에 의해 이동하는 물의 양보다 많다.

03 ㄱ. 탄산 이온 섭취(C)를 통해 탄소는 수권에서 생물권으로 이동하므로 (나)는 생물권, (다)는 수권이다. 해저 화산의 분출(D)로 탄소는 지권에서 기권으로 이동하므로 (가)는 기권, (라)는 지권이다.

바로 알기 | ㄴ. 대기 중의 이산화 탄소가 물에 녹아 들어가면 탄소가 기권에서 수권으로 이동하므로 B에 해당한다.

ㄷ. 화석 연료의 생성 과정에서 탄소는 생물권에서 지권으로 이동하므로 B에 해당하지 않는다.

04

구성 요소	(가)	(나)	(다)	(라)
(가)		A		
(나)			B	
(다)				C
(라)	D			

- A: 해류의 발생(기권-수권), B: 호흡 작용(기권-생물권) → (나): 기권 → (가): 수권, (다): 생물권, (라): 지권
- C: 화산 가스 방출(지권-기권), D: 지진 해일의 발생(지권-수권) → (라): 지권 → (가): 수권, (다): 기권, (나): 생물권
- (가): 기권, (나): 수권, (다): 지권 → (라): 생물권 → 화석 연료의 생성(지권-생물권) → C(기권-생물권)

ㄱ. 해류의 발생(A)은 기권과 수권의 상호작용이고, 호흡 작용(B)은 기권과 생물권의 상호작용이다. (나)는 기권이므로 (가)는 수권, (다)는 생물권이며, (라)는 생물권이다.

ㄴ. 화산 가스 방출(C)은 지권과 기권의 상호작용이고, 지진 해일의 발생(D)은 지권과 수권의 상호작용이다. (라)가 지권이므로 (다)는 기권, (가)는 수권이며, (나)는 생물권이다.

ㄷ. (가)가 기권, (나)가 수권, (다)가 지권이라면, (라)는 생물권이고, 화석 연료 생성은 지권과 생물권의 상호작용이므로 C에 해당한다.

---

⑪ 지권의 변화

1 (1) 판 (2) 맨틀 대류 (3) 100
2 (1) × (2) ○ (3) ○ (4) ○ **3** 열곡대
4 (1) B (2) B (3) A, B (4) A, B, C
5 (1) ○ (2) ○ (3) × (4) ○ **6** (1) ○ (2) ○ (3) × (4) ○

1 (1) 지권의 표면은 크고 작은 여러 개의 판으로 나누어져 있다.

(2) 판은 연약권에서의 맨틀 대류를 따라 천천히 이동하며 판의 경계에서 지진이나 화산 활동 등의 여러 가지 지각 변동을 일으킨다.

(3) 암석권은 지각과 상부 맨틀의 일부를 포함한 두께 약 100 km 구간의 단단한 부분을 말한다.

2 (1) 판은 지각과 맨틀의 최상부를 포함하고 있다.

(2) 대륙판은 대륙 지각과 맨틀 상부, 해양판은 해양 지각과 맨틀 상부로 구성되어 있어 대륙판이 해양판보다 두껍다.

(3) 판은 두께가 약 100 km의 암석권이다.

(4) 연약권은 암석권 아래의 깊이 약 100~400 km 구간으로 판은 연약권 위에 놓여 있다.

3 발산형 경계에서는 판이 갈라지는 틈 사이로 새로운 판이 생성되면서 대륙이 갈라지거나 새로운 해양이 생성된다. 해양에서는 해령이 발달하고, 대륙에서는 열곡대가 발달한다.

4 (1) 판의 소멸이 일어나는 판의 경계는 수렴형(섭입) 경계인 B이다.

(2) 호상열도가 발달하는 판의 경계는 수렴형(섭입) 경계인 B이다.

(3) 화산 활동이 활발한 판의 경계는 발산형 경계인 A, 수렴형(섭입) 경계인 B이다.

(4) 지진 활동이 활발한 판의 경계는 발산형 경계인 A, 수렴형(섭입) 경계인 B, 보존형 경계인 C이다.

5 (1) 지진과 화산 활동은 지구 내부 에너지가 지표로 방출되면서 일어난다.

(2) 지진이 발생하면 건물이 파괴되는 과정에서 가스 누출이나 전기 누전으로 화재가 발생하기도 한다.

(3) 화산 활동은 지진을 동반하지만, 지진은 항상 화산 활동을 동반하지 않는다.

(4) 화산 분출물에 들어 있는 성분으로 인해 시간이 지나면 비옥한 토양이 만들어진다.

6 (1) 해저에서 일어난 화산 분출로 생긴 충격파는 수권인 바다의 표면에 영향을 주어 지진 해일을 일으킬 수 있다.

(2) 기권으로 분출된 화산 가스는 산성비를 내려 생명체에 피해를 주며 토양을 산성화시킨다.

(3) 화산 가스에 포함된 염소나 이산화 황 등의 유독 가스는 생명체에 피해를 준다.

(4) 화산 활동으로 만들어진 지형과 온천은 관광 자원으로 이용된다.

1등급 코디
122쪽

예제 1 하와이 화산이 분출하였을 때는 다량의 용암이 흘러 용암으로 인한 피해가 컸을 것이고, 세인트헬렌스 화산이 분출하였을 때는 다량의 화산 쇄설물이 분출되어 화산 쇄설물에 의한 피해가 컸을 것이다.

예제 1 하와이 화산은 경사가 완만한 순상 화산으로 유동성이 큰 용암이 흘러나와 형성된 지형이다. 이와 같은 화산은 다량의 용암이 흘러나와 비교적 조용한 화산 분출을 일으킨다. 세인트헬렌스 화산은 상대적으로 경사가 급한 성층 화산이다. 이와 같은 화산은 폭발적인 분출을 통해 많은 양의 화산재를 포함한 화산 쇄설물을 방출한다.

1등급 코디
123쪽

예제 1 (1) × (2) ○ (3) × (4) ○ (5) ○ (6) ○
예제 2 (1) ○ (2) × (3) ○ (4) × (5) ○ (6) ○

예제 1 A는 판의 충돌이 일어나는 수렴형 경계이고, B는 판의 섭입이 일어나는 수렴형 경계이다. A에서는 화산 활동이 활발하지 않다. C는 변환 단층이 발달한 보존형 경계이며, D는 판의 발산형 경계이다. 화산 활동은 D에서 활발하지만, C에서는 활발하지 않다. 지진대와 화산대는 대부분 판의 경계를 따라 분포하므로, 지진대, 화산대, 판의 경계는 거의 일치한다.

예제 2 A는 해령이고, 현무암질 마그마가 생성되어 유동성이 큰 현무암질 용암이 분출하므로 비교적 조용한 화산 활동이 일어난다. C에서는 현무암질 마그마가 생성되지만, 상승하는 과정에서 대륙 지각을 녹여 만들어진 유문암질 마그마와 섞이므로 B에서는 안산암질 용암이 분출한다. 안산암질 용암은 대부분 폭발적인 분출을 일으킨다.

개념 적용하기
124~126쪽

| 01 ② | 02 ② | 03 ③ | 04 ④ | 05 ③ |
| 06 ① | 07 ④ | 08 ① | 09 ⑤ | 10 ② |

11 해설 참조 **12** 해설 참조 **13** 해설 참조

01 ① 지구의 표면은 여러 조각의 판으로 나누어져 있다.
③, ④ 각각의 판들은 서로 다른 방향으로 움직이며, 판들의 이동으로 지각 변동이 일어난다.
⑤ 대륙판은 대륙 지각과 상부 맨틀의 일부, 해양판은 해양 지각과 상부 맨틀의 일부로 구성되어 있어 대륙판이 해양판보다 두께가 두껍다.
바로 알기 | ② 판은 연약권 위에 놓인 암석권으로, 연약권은 판에 포함되지 않는다.

02 ① 암석권(㉠)의 두께는 평균 약 100 km이다.
③ ㉠은 지각과 맨틀의 일부를 포함하는 암석권인 판이고, ㉡은 판 아래쪽에 있는 연약권이다. ㉠은 ㉡보다 단단하다.

④ ㉢은 지각 아래쪽의 맨틀로, 지각보다 밀도가 크다.
⑤ ㉠은 ㉡ 위에 떠 있으므로 ㉠이 ㉡보다 밀도가 작다.
바로 알기 | ② 연약권(㉡)은 맨틀 물질이 부분적으로 용융되어 있는 유동성이 있는 고체 상태이다.

03 ㄱ. 맨틀은 맨틀 상부와 하부의 온도 차이 때문에 대류가 일어난다.
ㄴ. 맨틀 대류가 상승하는 곳에서는 판이 양쪽으로 갈라져 발산형 경계가 생성된다.
바로 알기 | ㄷ. 맨틀 대류가 하강하는 곳에서는 판이 소멸하면서 해구가 생성된다.

04 ①, ② (가)는 해령으로 발산형 경계이며, (나)는 변환 단층인 보존형 경계이다.
③ 발산형 경계인 (가)에서는 판이 생성된다.
⑤ (가)는 해령이고, (나)는 변환 단층이므로 화산 활동은 (가)가 (나)보다 활발하다.
바로 알기 | ④ 변환 단층에서는 판이 서로 어긋나므로 지진이 활발하다.

05 ㄱ. (가)는 대륙판과 대륙판이 충돌하여 습곡 산맥이 형성되는 충돌형 경계이다.
ㄴ. (나)는 밀도가 큰 해양판이 다른 판의 아래로 섭입되어 소멸하는 섭입형 경계이다.
바로 알기 | ㄷ. (가)와 (나)는 모두 수렴형 경계이므로 아래쪽에서 맨틀 대류가 하강한다.

06 ㄱ. 산안드레아스 단층은 단층을 경계로 양쪽의 지각이 어긋나 있는 변환 단층이다.
바로 알기 | ㄴ. 산안드레아스 단층은 단층 부근에서 화산 활동이 일어나지 않는다.
ㄷ. 산안드레아스 단층은 단층의 양쪽 지각이 서로 다른 판에 속한다.

07 ㄴ. 아이슬란드 열곡대는 육지에 나타난 판의 발산 경계이므로 골짜기 양쪽의 암석은 서로 다른 판에 속한다.
ㄷ. 이 지역은 판이 발산하는 곳이므로 지하에서는 맨틀 대류가 상승한다.
바로 알기 | ㄱ. 판의 발산으로 골짜기의 폭은 점점 넓어지고 있다.

08 ②, ③ 암석이 부분 용융되어 만들어진 마그마는 지각의 약한 부분을 뚫고 분출하여 화산 활동을 일으킨다.
④ 지층이 오랫동안 힘을 받으면 변형이 일어나면서 에너지가 축적되었다가 단층이 일어나면서 지진으로 에너지가 방출된다.
⑤ 지진과 화산 활동은 지구 내부 에너지가 방출되면서 일어나는 현상이다.
바로 알기 | ① 단층이 생길 때 지진이 발생한다.

09 (가)는 화산 활동의 영향인 용암에 의한 피해이고, (나)는 지진의 영향인 지진 해일에 의한 침수 피해이다.
ㄱ. 화산 활동으로 분출되는 용암과 화산재는 주변 지형을 변화시킨다.

ㄴ. 지진 해일은 해저에서 일어난 지권의 변화가 수권에 영향을 준 예이다.

ㄷ. 지진과 화산 활동은 모두 지구 내부 에너지가 방출되면서 발생한 것이다.

10 ① 화산 가스에 들어 있는 이산화 황이나 이산화 탄소는 빗물에 녹아 들어가 산성비를 내리게 한다.

③ 화산 분출물에 들어 있는 성분으로 인해 시간이 지나면 비옥한 토양이 만들어진다.

④ 건물에 내진 설계를 적용하면 지진 피해를 줄일 수 있다.

⑤ 인공위성으로 지형의 변화를 관측하면 화산 분출 시기를 예측하여 화산 활동의 피해를 줄일 수 있다.

바로 알기 | ② 화산 활동이 일어나기 전과 후에 지진이 발생하므로 화산 활동이 활발한 지역에서는 지진도 활발하다.

11 판 구조론은 지구의 표면이 여러 개의 판으로 이루어져 있으며, 판의 운동으로 지각 변동이 일어난다는 이론이다.

모범 답안 ▶ 지구의 표면은 크고 작은 여러 개의 판으로 이루어져 있고, 판들이 운동하는 과정에서 지진, 화산 활동과 같은 지각 변동이 일어난다.

채점 기준	배점(%)
제시어를 모두 포함하여 판 구조론을 옳게 서술한 경우	100
제시어의 일부만 포함하여 판 구조론을 옳게 서술한 경우	50
그 외의 오답	0

12 충돌형 경계에서는 습곡 산맥이 형성되고, 섭입형 경계에서는 판이 소멸하면서 해구가 발달한다.

모범 답안 ▶ (가)에서는 두 대륙판이 충돌하여 습곡 산맥이 형성되고, (나)에서는 밀도가 큰 판이 밀도가 작은 판의 아래로 섭입되면서 판이 소멸하고 해구가 발달한다.

채점 기준	배점(%)
제시어를 모두 포함하여 (가)와 (나)에서 형성되는 지형을 옳게 서술한 경우	100
제시어의 일부만 포함하여 (가)와 (나)에서 형성되는 지형을 옳게 서술한 경우	50
그 외의 오답	0

13 지진이 발생하면 건물이 붕괴하고, 산사태가 발생하여 인명과 재산 피해가 발생한다. 지진이 일어날 때 지진파를 이용하여 지구 내부 구조와 지구 내부 물질을 알아낼 수 있다.

모범 답안 ▶ 지진이 발생하면 산사태가 발생하고, 도로가 갈라지고, 건물이 붕괴하며, 이에 따라 가스 누출이나 전기 누전으로 화재가 발생한다. 지진이 일어날 때 발생하는 지진파는 지구 내부 구조와 지구 내부 물질을 알아내는 데 이용할 수 있다.

채점 기준	배점(%)
제시어를 모두 포함하여 지진으로 인해 발생하는 피해와 지진을 이용하는 방법을 옳게 서술한 경우	100
제시어의 일부만 포함하여 지진으로 인해 발생하는 피해와 지진을 이용하는 방법을 옳게 서술한 경우	50
그 외의 오답	0

01

- A 지역: 판과 판이 서로 충돌하는 충돌형 경계로, 지진이 활발하고, 암석의 나이가 많다. 습곡 산맥이 발달한다.
- B 지역: 한 판이 다른 판 아래로 섭입하는 섭입형 경계로, 지진과 화산 활동이 활발하고, 판이 소멸하는 곳이므로 암석의 나이가 많다. 해구와 호상열도가 발달한다.
- C 지역: 판과 판이 서로 어긋나는 보존형 경계로, 지진이 활발하고, 판이 생성되거나 소멸하지 않는다. 변환 단층이 발달한다.
- D 지역: 판과 판이 서로 멀어지는 발산형 경계로, 지진과 화산 활동이 활발하고, 암석의 나이가 적다. 해령이나 열곡대가 발달한다.

ㄷ. 암석의 나이는 판이 소멸되는 수렴형 경계인 B 지역이 판이 생성되는 발산형 경계인 D 지역보다 많다.

바로 알기 | ㄱ. 판의 충돌로 습곡 산맥이 생기는 A 지역에서는 지진은 활발하지만, 화산 활동은 활발하지 않다.

ㄴ. C 지역은 판의 보존형 경계인 변환 단층으로 판과 판이 서로 어긋나는 곳이다.

02 ㄱ. 화산 활동은 판이 생성되는 경계인 해령(A)이 판이 소멸하는 경계인 해구(C)보다 활발하다.

ㄷ. 이웃한 두 판의 밀도 차이는 해양판과 대륙판이 만나는 C에서 가장 크다.

바로 알기 | ㄴ. B는 변환 단층으로, 아래에 맨틀 대류의 상승부가 존재하지 않는다.

03 ㄱ. 지진 해일은 지진이 발생한 후 지진 해일이 해안가에 접근하는 시간이 있으므로 때에 따라 예보가 가능하다. 그러나 지진으로 인한 건물 붕괴는 예측하기 어렵다.

ㄴ. 건물이 붕괴하는 과정에서 가스 누출이나 전기 누전으로 화재가 발생하는 현상은 지진 해일로 인한 피해에서도 나타날 수 있으므로 (가)와 (나)에서 모두 화재가 발생할 수 있다.

ㄷ. 지진으로 인한 건물 붕괴와 지진 해일은 모두 대규모의 인명과 재산 피해를 유발한다.

04 ㄱ. (가)는 다량의 화산재가 분출한 화산의 피해 모습이고, (나)는 유동성이 큰 용암이 분출되는 화산의 피해 모습이다. 화산 쇄설물에 의한 피해는 (가)가 (나)보다 크다.

ㄴ. 다량의 화산 쇄설물이 분출되는 화산은 화산 가스의 양이 많아 폭발적으로 격렬하게 분출하였다.

ㄷ. 유동성이 큰 용암이 분출되는 화산은 관광 자원으로 이용되기도 한다.

실력 확인하기
128~131쪽

01 ②	02 ②	03 ②	04 ①	05 ④
06 ⑤	07 ③	08 ①	09 ④	10 ④
11 ③	12 ①	13 ⑤	14 ①	15 ②
16 ③	17 해설 참조	18 해설 참조		
19 (1) 해설 참조 (2) 해설 참조		20 (1) 해설 참조 (2) 해설 참조		
21 (1) 해설 참조 (2) 해설 참조				

01 ㄷ. 태양계에서 생명체가 존재하는 곳은 지구뿐이다.

바로 알기 | ㄱ. 지구는 태양계라는 더 큰 시스템을 이루는 구성 요소이다.

ㄴ. 태양계의 구성 천체 중 위성과 같이 태양을 중심으로 공전하지 않는 천체들도 존재한다.

02 ㄷ. 기권은 지구를 둘러싼 대기가 분포하는 영역으로 지표에서 높이 약 1000 km까지이다.

바로 알기 | ㄱ. 지권은 지각, 맨틀, 외핵, 내핵으로 이루어져 있다.

ㄴ. 수권의 지하수는 지권 속에 들어 있으며, 대기 중의 물은 기권 안에 분포한다.

03 ㄷ. 외핵인 C는 액체, 내핵인 D는 고체 상태이다.

바로 알기 | ㄱ. 지각인 A의 두께는 대륙에서 두껍고, 해양에서 얇다.

ㄴ. 맨틀인 B는 지구 전체 부피의 80 % 이상을 차지한다.

04

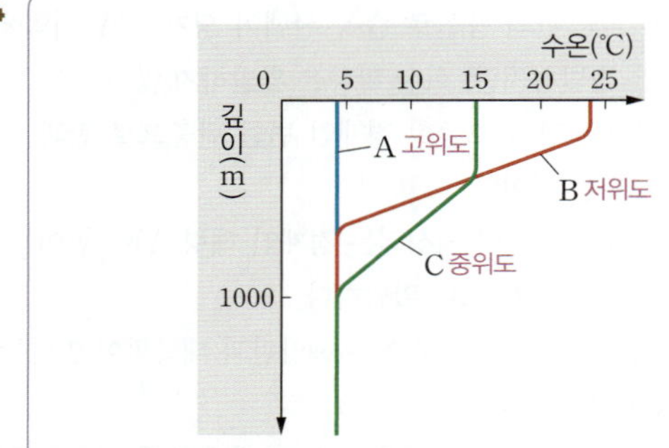

• 저위도(B): 일사량이 많아 표층 수온이 높으므로 수온 약층이 뚜렷하게 발달한다.
• 중위도(C): 바람이 상대적으로 강하게 불어 혼합층이 두껍고, 수온 약층이 깊은 곳에서 나타난다.
• 고위도(A): 일사량이 적어 표층 수온이 매우 낮으므로 혼합층과 수온 약층 등의 해수의 성층 구조가 잘 나타나지 않는다.

ㄱ. 표층 해수의 온도로 보아 A는 고위도, B는 저위도, C는 중위도의 수온 분포이다. 고위도에서는 혼합층과 수온 약층이 나타나지 않는다.

바로 알기 | ㄴ. 수온 약층은 C보다 B에서 강하게 발달한다. 따라서 해수의 연직 혼합은 B가 C보다 어렵다.

ㄷ. B는 저위도이고, C는 중위도이므로 B는 C보다 저위도이다.

05 ㄴ. A는 지권, B는 수권, C는 기권, D는 외권이다. 권역을 이루는 물질의 평균 밀도는 지권>수권>기권>외권이다.

ㄷ. 외권에 있는 지구 자기장은 우주로부터 오는 대전 입자를 막아 지상의 생명체를 보호한다.

바로 알기 | ㄱ. 생물권은 지권과 수권뿐만 아니라 기권에도 분포한다.

06 ㄱ. 화산 가스의 방출로 탄소는 지권에서 기권으로 이동하므로 화산 가스의 방출은 A에 해당한다.

ㄴ. 생물권에서 기권으로 탄소가 이동하는 B 과정은 호흡을 예로 들 수 있다. 이 과정에서 탄소는 이산화 탄소의 형태로 이동한다.

ㄷ. A와 B 과정이 활발해지면 기권의 탄소량이 증가하므로 지구 온난화가 심해진다.

07 ㄱ. 지구시스템에서 가장 많은 양을 차지하는 에너지원은 태양 에너지(A)이고, 가장 적은 양을 차지하는 에너지원은 조력 에너지(C)이다.

ㄴ. 판의 이동을 일으키는 에너지원은 지구 내부 에너지(B)이다.

바로 알기 | ㄷ. 파도를 일으키는 것은 바람이고, 대기의 운동을 일으키는 것은 태양 에너지이므로 파력 발전에 이용하는 에너지원은 태양 에너지(A)이다.

08 ㄱ. 지구시스템에서 물의 순환을 일으키는 에너지는 태양 에너지이다.

바로 알기 | ㄴ. 수권의 물이 증발하여 수증기가 될 때 태양 에너지를 흡수한다.

ㄷ. 수증기는 에너지를 방출하면서 응결하여 구름이 된다.

09 ㄴ. 물의 순환 과정에서 대기 중의 수증기는 강수 과정을 통해 직접 또는 육지를 거쳐 바다로 돌아간다.

ㄷ. 대기 중 이산화 탄소의 일부는 식물의 광합성에 이용되고, 이 과정에서 유기물로 전환되어 생물권으로 이동한다.

바로 알기 | ㄱ. 마그마는 지구 내부 에너지에 의해 생성된다.

10 ㄱ. 화산재가 햇빛을 차단하여 기온이 낮아지는 현상은 지권이 기권에 영향을 주는 현상이므로 A의 예에 해당한다.

ㄷ. 화산 활동으로 생태계가 파괴되는 과정은 화산 활동으로 분출된 화산 가스나 용암 및 화산 쇄설물이 생물권에 영향을 주는 현상이므로 C, D와 관련이 있다.

바로 알기 | ㄴ. 지진 해일이 발생하는 과정은 지권이 수권에 영향을 주는 현상이므로 B의 예에 해당하지 않는다.

11 ㄱ. 지구의 표면은 여러 개의 판으로 나누어져 있고, 경계를 따라 변동대가 나타난다.

ㄴ. 판의 이동은 연약권에서의 맨틀 대류에 의해 일어난다.

바로 알기 | ㄷ. 판이 이동하는 방향과 속도는 각각 다르다.

12 ㄱ. 이 지역은 대륙판과 대륙판이 충돌하여 습곡 산맥이 발달하는 지역이다.

바로 알기 | ㄴ. 판의 충돌형 경계에서는 판의 섭입이 일어나지 않는다.

ㄷ. 지진은 활발하지만, 화산 활동은 활발하지 않다.

13 ㄱ. A는 대륙 내부에서 판이 갈라지는 동아프리카 열곡대이다. 열곡대에서는 지진 및 화산 활동이 활발하다.

ㄴ. B는 대륙판과 대륙판이 충돌하여 히말라야산맥과 같은 습곡 산맥이 형성되는 곳이다.

ㄷ. C는 해양판과 대륙판이 만나는 곳이므로 인접한 두 판의 밀도 차가 가장 크다.

14

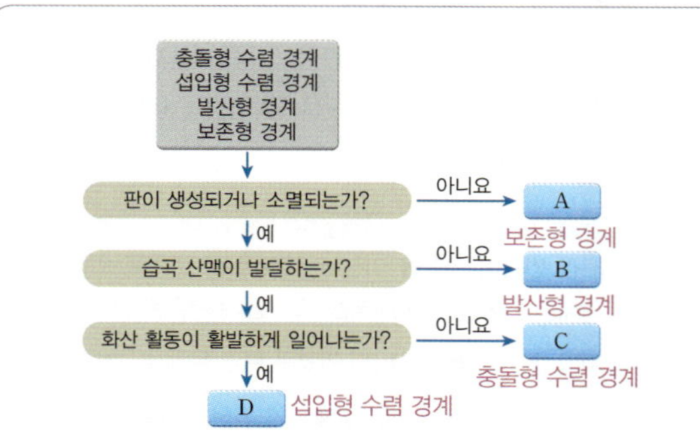

판의 생성과 소멸이 일어나지 않는 A는 보존형 경계이고, 습곡 산맥이 발달하지 않는 B는 발산형 경계이며, 화산 활동이 활발하게 일어나지 않는 C는 충돌형 수렴 경계이다. 따라서 D는 섭입형 수렴 경계이다.

② 발산형 경계(B)에서는 지진이 활발하다.
③ 충돌형 수렴 경계(C)에서는 습곡 산맥이 생성된다.
④ 섭입형 수렴 경계(D)에서는 해구가 형성된다.
⑤ 태평양 가장자리에는 섭입형 수렴 경계(D)가 발달한다.
바로 알기 | ① 보존형 경계(A)는 대부분 해령 부근에서 나타나지만, 산안드레아스 단층처럼 육지에서 나타나기도 한다.

15 ㄴ. 지진파를 이용하여 지각, 맨틀, 외핵, 내핵의 경계를 찾아내었다. 따라서 지진파로 지구 내부 구조를 알아낼 수 있다.
바로 알기 | ㄱ. 지진이 발생하면 건물이 파괴되는 과정에서 가스 누출과 전기 누전으로 화재가 발생한다.
ㄷ. 해저에서 발생하는 지진은 해안가에 지진 해일을 일으켜 사회·경제적 피해를 유발한다.

16 ㄱ. 기권으로 방출된 화산재는 햇빛을 차단하여 지구의 평균 기온을 낮춘다.
ㄴ. 화산 쇄설물이 용암과 섞여 흐르면서 주변의 생태계를 파괴한다.
바로 알기 | ㄷ. 화산 활동이 일어난 지역은 시간이 지나면 땅이 비옥해져서 식물이 더 잘 자란다.

17 구름은 상승 기류가 있는 곳에서 형성되는데, 성층권에서는 상승 기류가 나타나지 않는다.
모범 답안 ▶ 성층권은 위로 올라갈수록 기온이 높아지므로 대류가 일어나지 않아 구름이 생성되지 않는다.

채점 기준	배점(%)
위로 올라갈수록 기온이 높아져 대류가 일어나지 않음을 옳게 서술한 경우	100
위로 올라갈수록 기온이 높아지는 것만 서술한 경우	50
그 외의 오답	0

18 혼합층은 바람에 의한 혼합 작용으로 형성된다. 바람은 저위도보다 중위도에서 강하므로 혼합층은 중위도가 저위도보다 두껍게 형성된다.
모범 답안 ▶ 중위도, 중위도에서 바람이 가장 강하게 불기 때문이다.

채점 기준	배점(%)
중위도와 바람의 세기를 옳게 서술한 경우	100
중위도와 바람의 세기 중 한 가지만 옳게 서술한 경우	50
그 외의 오답	0

19 화석 연료의 생성으로 탄소는 생물권에서 지권으로 이동하므로 (가)는 생물권, (다)는 지권이며, 수권에 녹아 있던 탄산 이온은 해양 생물에 흡수되므로 (나)는 수권이다.
모범 답안 ▶ (1) (가) 생물권, (나) 수권, (다) 지권
(2) 탄산염 퇴적, 해수에 용해되어 있던 탄산 이온이 침전하여 해저에 퇴적된다.

	채점 기준	배점(%)
(1)	(가), (나), (다)에 해당하는 지구시스템의 구성 요소를 모두 옳게 쓴 경우	50
	(가), (나), (다)에 해당하는 지구시스템의 구성 요소 중 일부만 옳게 쓴 경우	30
	그 외의 오답	0
(2)	㉠에 해당하는 상호작용의 예와 그 까닭을 모두 옳게 서술한 경우	50
	㉠에 해당하는 상호작용의 예와 그 까닭 중 일부만 옳게 서술한 경우	30
	그 외의 오답	0

20 기권의 탄소가 용해되거나 기권으로 방출되는 지구시스템의 권역은 수권이므로 (가)는 수권이고, 화산 가스의 방출로 탄소는 지권에서 기권으로 이동하므로 (나)는 지권이다.
모범 답안 ▶ (1) (가) 수권, (나) 지권, A—호흡, B—탄산염 퇴적, C—화석 연료 연소
(2) 기권의 탄소량은 증가하지만, 지구 전체의 탄소량은 변하지 않는다.

	채점 기준	배점(%)
(1)	(가)와 (나)에 해당하는 지구시스템의 구성 요소와 A, B, C에 해당하는 예를 모두 옳게 쓴 경우	50
	A, B, C에 해당하는 예만 옳게 쓴 경우	30
	(가)와 (나)에 해당하는 지구시스템의 구성 요소만 옳게 쓴 경우	20
	그 외의 오답	0
(2)	기권의 탄소량과 지구 전체의 탄소량의 변화를 모두 옳게 쓴 경우	50
	기권의 탄소량과 지구 전체의 탄소량의 변화 중 한 가지만 옳게 쓴 경우	30
	그 외의 오답	0

21 화산 분출은 인명과 재산 피해를 유발하며, 주변 생태계를 파괴한다. 화산 분출 시기를 예측하여 예보를 시행할 수 있다.
모범 답안 ▶ (1) 환경적 피해로 용암과 화산재로 화산 주변의 생태계가 파괴된다. 사회·경제적 피해로 용암이나 화산 분출물로 인명과 재산 피해가 발생한다.
(2) 화산 활동에 대한 데이터와 정보를 수집하고, 화산 분출의 징

후를 조기에 감지하는 화산 분포 예보 시스템을 마련한다.

	채점 기준	배점(%)
(1)	환경적 피해와 사회·경제적 피해를 모두 옳게 서술한 경우	50
	환경적 피해와 사회·경제적 피해 중 한 가지만 옳게 서술한 경우	20
	그 외의 오답	0
(2)	화산 피해를 줄일 수 있는 대책을 옳게 서술한 경우	50
	그 외의 오답	0

수행평가 맛보기

132~133쪽

◦ 결과
㉠ 화산 가스, ㉡ 화산재, ㉢ 용암, ㉣ 지진계, ㉤ 내진, ㉥ 제방

◦ 정리 & 해석
1. 지구 내부
2. ㉠ 지구 내부, ㉡ 지권, ㉢ 낮추는, ㉣ 온실, ㉤ 수권

1 (1) 해설 참조 (2) 해설 참조
2 (1) 해설 참조 (2) 해설 참조 (3) 해설 참조

1 지진과 화산 활동이 일어나는 지역은 거의 일치하며, 주로 대륙 주변부에 좁고 긴 띠 모양으로 판의 경계에 분포한다.

모범 답안 ▶ (1) 지진과 화산 활동이 일어나는 지역은 좁고 긴 띠 모양으로, 대체로 판의 경계에 분포한다. 지진과 화산 활동은 대부분 판의 경계에서 판의 상대적인 운동으로 인해 발생하기 때문이다.
(2) A, C, E, F, 지진이나 화산 활동과 같은 지각 변동은 지구 내부 에너지가 지표로 방출되면서 일어난다.

	채점 기준	배점(%)
(1)	지진과 화산 활동이 일어나는 지역의 특징과 그 까닭을 옳게 서술한 경우	50
	지진과 화산 활동이 일어나는 지역의 특징만 옳게 서술한 경우	20
	그 외의 오답	0
(2)	지진과 화산 활동이 활발하게 일어나는 지역과 지각 변동이 일어나는 원인을 지구시스템의 에너지원과 관련지어 옳게 서술한 경우	50
	지각 변동이 일어나는 원인만 지구시스템의 에너지원과 관련지어 옳게 서술한 경우	30
	지진과 화산 활동이 활발하게 일어나는 지역을 옳게 쓴 경우	10
	그 외의 오답	0

2 **모범 답안 ▶** (1) (가) 지권, (나) 수권, 화산 주변에 제방을 쌓는다, 화산 분출구 주변에 댐과 수로를 건설한다, 용암에 물을 뿌린다. 등
(2) 화산 활동이 일어날 때 대기 중으로 방출된 화산재는 햇빛을 차단하여 지구의 평균 기온을 낮춘다. 그러나 대기 중으로 방출된 이산화 탄소나 수증기 같은 화산 가스는 온실 효과를 일으켜 지

구의 평균 기온을 높인다.
(3) 대책: 인공위성을 이용한 지형 변화 관측, 지진계 설치, 내진 설계 적용, 안전 교육 시행 등
지진을 이용하는 사례: 지진파를 이용하여 지구 내부 구조와 구성 물질을 연구한다, 지하자원을 탐사한다, 터널이나 댐 건설 등에 이용한다. 등

	채점 기준	배점(%)
(1)	지각 변동이 영향을 미친 권역과 화산 분출에 의한 피해를 줄이기 위한 대책을 모두 옳게 서술한 경우	40
	지각 변동이 영향을 미친 권역을 모두 옳게 쓴 경우	20
	화산 분출에 의한 피해를 줄이기 위한 대책을 한 가지 옳게 서술한 경우	20
	그 외의 오답	0
(2)	화산재와 화산 가스가 기권에 미치는 영향을 모두 옳게 서술한 경우	20
	화산재와 화산 가스가 기권에 미치는 영향 중 한 가지만 옳게 서술한 경우	10
	그 외의 오답	0
(3)	지진에 의한 피해를 줄이기 위한 대책과 지진을 이용하는 사례를 모두 옳게 서술한 경우	40
	지진에 의한 피해를 줄이기 위한 대책과 지진을 이용하는 사례 중 한 가지만 옳게 서술한 경우	20
	그 외의 오답	0

수능 맛보기

134~137쪽

1 ④   2 ①   3 ⑤   4 ②   5 ②   6 ①

1 물의 순환과 지구시스템의 상호작용

풀이 전략
• 물의 순환 과정에서 증발량과 강수량의 평형 관계를 파악한다.
• 지구시스템 구성 요소 간의 상호작용 예를 파악한다.

그림 (가)는 지구시스템에서 물의 순환을, (나)는 지구시스템 구성 요소들의 상호작용을 나타낸 것이다.

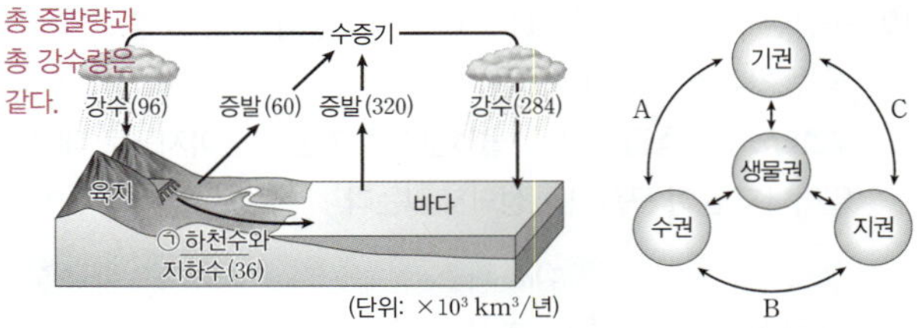

바다에서의 증발량＝바다에서의 강수량＋하천수와 지하수

이에 대한 설명으로 옳은 것만을 보기에서 있는 대로 고른 것은?

> **보기**
> ㄱ. (가)의 바다에서 강수량과 증발량은 같다.
> ㄴ. A의 예로 바람에 의한 해수 혼합이 있다.
> ㄷ. ㉠에 의한 암석의 침식은 B에 해당한다.

① ㄱ   ② ㄷ   ③ ㄱ, ㄴ   ✓④ ㄴ, ㄷ   ⑤ ㄱ, ㄴ, ㄷ

대기, 육지, 바다는 모두 유입되는 물의 양과 방출되는 물의 양이 같은 평형 상태이다. 바람에 의한 해수의 혼합은 기권과 수권의 상호작용에 해당하고, 하천수에 의한 암석의 침식은 수권과 지권의 상호작용에 해당한다.

선택지 풀이

ㄴ. A는 기권과 수권의 상호작용이다. 바람에 의한 해수의 혼합은 기권과 수권의 상호작용(A)에 해당한다.

ㄷ. B는 수권과 지권의 상호작용이다. 하천수에 의한 암석의 침식은 수권과 지권의 상호작용(B)에 해당한다.

바로 알기 | ㄱ. 물의 순환에서 대기 전체로 유입되는 물의 양(증발량)과 대기 전체에서 유출되는 물의 양(강수량)은 같다. 그러나 바다에서의 강수량과 증발량은 같지 않다. 바다에서의 증발량(320)은 바다에서의 강수량(320)과 하천수와 지하수에 의해 바다로 유입되는 물의 양(36)을 합한 것과 같다.

2 지구시스템의 상호작용과 탄소 순환

풀이 전략

• 지진 해일이 발생하는 과정이 어느 권역 간의 상호작용인지 파악한다.

• 육상 식물의 광합성 과정과 화석 연료의 연소 과정에서 기권의 탄소량이 어떻게 변하는지 파악한다.

그림은 지구시스템을 구성하는 권역 간 상호작용의 예를 구분하는 과정을 나타낸 것이다.

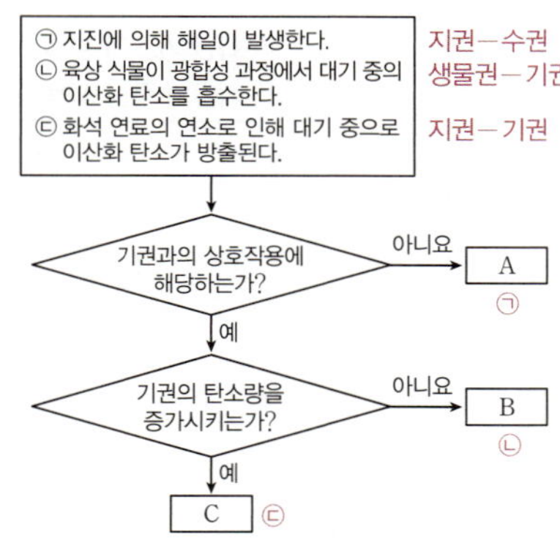

A~C로 옳은 것은?

	A	B	C			A	B	C
✓①	㉠	㉡	㉢		②	㉠	㉢	㉡
③	㉡	㉠	㉢		④	㉡	㉢	㉠
⑤	㉢	㉠	㉡					

자료 풀이

지진에 의해 해일이 발생하는 것은 지권과 수권의 상호작용이다. 광합성 과정은 기권의 탄소량을 감소시키며, 화석 연료의 연소는 기권의 탄소량을 증가시킨다.

선택지 풀이

㉠은 지권과 수권의 상호작용으로 기권과 관련이 없으므로 A에 해당한다. ㉡은 기권의 탄소를 감소시키며, ㉢은 기권의 탄소를 증가시키므로 ㉡은 B이며, ㉢은 C에 해당한다.

3 물의 순환

풀이 전략

• 물의 순환 과정에서 물질 순환과 에너지의 이동을 적용해 본다.

• 물이 순환 과정에서 어떤 지표의 변화가 나타나는지 생각해 본다.

그림 (가)는 지구시스템에서 물의 순환을, (나)는 강원도 영월의 동강 유역에 위치한 한반도 모양의 지형을 나타낸 것이다.

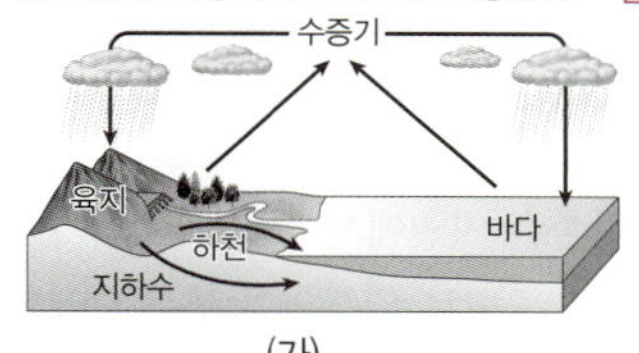

이에 대한 설명으로 옳은 것만을 보기에서 있는 대로 고른 것은?

보기
㉠. (가)에서 물질과 에너지가 이동한다.
㉡. (가)의 주된 에너지원은 태양 에너지이다.
㉢. (나)는 (가) 과정에 의해 지표가 변화되어 형성된 지형이다.

① ㄱ　　　② ㄴ　　　③ ㄱ, ㄷ　　　④ ㄴ, ㄷ　　　✓⑤ ㄱ, ㄴ, ㄷ

자료 풀이

물의 순환을 일으키는 근원 에너지는 태양 에너지로, 물의 순환 과정에서 에너지의 흐름도 함께 나타나며, 지표의 변화도 나타난다.

선택지 풀이

ㄱ. 물의 순환으로 물질이 이동하며, 이 과정에서 에너지도 함께 이동한다.

ㄴ. 물의 순환을 일으키는 에너지는 주로 태양 에너지이다.

ㄷ. (나)의 지형은 흐르는 물에 의한 침식을 받아 형성된 것이므로 물의 순환에 의해 지표가 변화되어 형성된 지형이다.

4 지구시스템의 상호작용

풀이 전략

• 화산 가스의 방출, 태풍의 발생, 석탄 생성 과정이 어느 권역 간의 상호작용인지 파악한다.

그림은 지구시스템에서 일어나는 자연 현상 A, B, C를 나타낸 것이다.

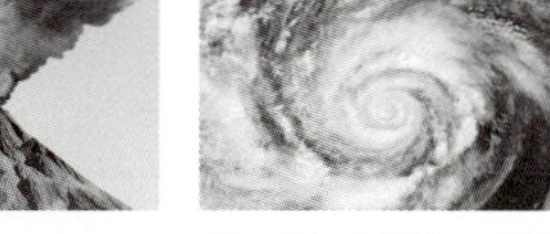

A. 대기 중으로 화산 가스 방출
지권 ↔ 기권

B. 해수의 증발로 인한 태풍 발생
수권 ↔ 기권

C. 식물체로부터 석탄 생성
생물권 ↔ 지권

A, B, C를 지구시스템 구성 요소들의 상호작용으로 표현할 때 가장 적절한 것은?

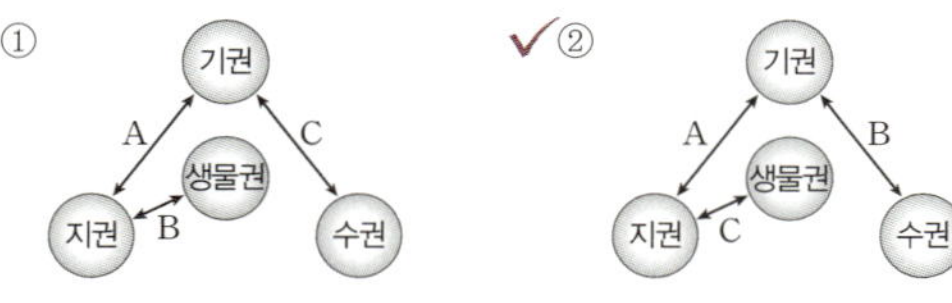

③ 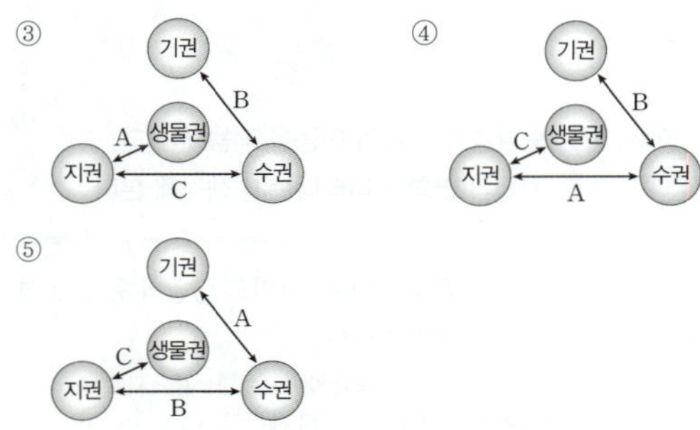

난다.

바로 알기 | ㄱ. 대륙에서 일어나는 증발은 수권과 기권의 상호작용이므로 A에 해당한다.

ㄴ. 해양에서 일어나는 증발은 태양 에너지에 의한 것이므로 ⓒ의 주된 에너지원은 태양으로부터 얻는다.

함정 피하기

각 권역에서 물은 얻은 양과 잃은 양이 같다. 따라서 (가)의 바다에서는 강수량과 육지로부터 유입된 양의 합이 바다에서의 증발량과 같음을 알고, 이를 계산할 수 있어야 한다.

자료 풀이

대기 중으로 화산 가스의 방출은 지권에서 일어난 변화가 기권에 영향을 주는 현상이고, 해수의 증발로 태풍의 발생은 수권의 변화가 기권에 영향을 주는 현상이며, 식물체로부터 석탄의 생성은 생물권이 지권에 영향을 주는 현상이다.

선택지 풀이

A는 지권과 기권의 상호작용이고, B는 기권과 수권의 상호작용이며, C는 생물권과 지권의 상호작용이다.

5 물의 순환과 지구시스템의 상호작용

풀이 전략

• 물의 순환에서 증발이 일어날 때 상호작용하는 지구시스템의 구성 요소를 파악한다.

• 물의 순환과 지구시스템의 상호작용을 연관지어 생각한다.

그림 (가)는 물의 순환 과정을, (나)는 지구시스템 구성 요소들의 상호작용을 나타낸 것이다.
⊙은 대륙에서, ⓒ은 해양에서 일어나는 증발이다.

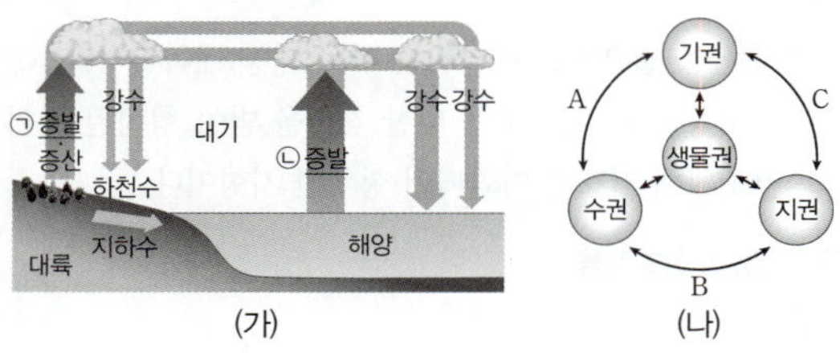

이에 대한 설명으로 옳은 것만을 보기에서 있는 대로 고른 것은?

> 보기
> ✗. ⊙은 B에 해당한다.
> ✗. ⓒ의 주된 에너지는 지구로부터 얻는다.
> ⓒ. 물의 순환 과정을 통해 물질과 에너지가 이동한다.

① ㄱ　　✓② ㄷ　　③ ㄱ, ㄴ　　④ ㄴ, ㄷ　　⑤ ㄱ, ㄴ, ㄷ

자료 풀이

증발을 일으키는 에너지는 태양 에너지이며, 증발이 일어나는 과정은 수권과 기권 사이의 상호작용이다. 물의 순환 과정에서는 물질뿐만 아니라 에너지도 이동한다.

선택지 풀이

ㄷ. 물이 순환하는 과정에서 수증기와 물이 이동하므로 물질이 이동하며, 이 과정에서 에너지가 출입하므로 에너지의 이동도 일어

6 지구시스템의 상호작용

풀이 전략

• 혼합층이 형성되는 과정에서 상호작용하는 지구시스템의 구성 요소를 파악한다.

• 화산 가스가 분출되는 과정에서 상호작용하는 지구시스템의 구성 요소를 파악한다.

• 식물의 증산 작용에서 상호작용하는 지구시스템의 구성 요소를 파악한다.

그림은 지구시스템에서 기권과 A, B, C와 상호작용 ⊙, ⓒ, ⓒ을, 표는 상호작용의 예를 나타낸 것이다. A, B, C는 각각 지권, 수권, 생물권 중 하나이다.

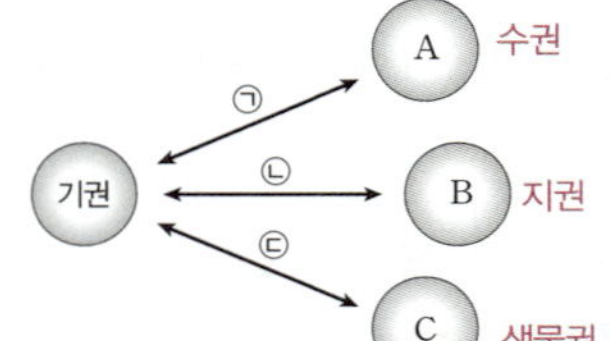

상호작용의 예
⊙ 혼합층의 형성 기권 ↔ 수권(A)
ⓒ 화산 가스의 분출 기권 ↔ 지권(B)
ⓒ 식물의 증산 작용 기권 ↔ 생물권(C)

A~C로 옳은 것은?

	A	B	C		A	B	C
✓①	수권	지권	생물권	②	수권	생물권	지권
③	지권	수권	생물권	④	지권	생물권	수권
⑤	생물권	수권	지권				

자료 풀이

혼합층의 형성은 기권과 수권, 화산 가스의 분출은 지권과 기권, 식물의 증산 작용은 기권과 생물권의 상호작용이다.

선택지 풀이

혼합층의 형성(⊙)은 기권과 수권의 상호작용이므로 A는 수권이다. 화산 가스의 분출(ⓒ)은 지권과 기권의 상호작용이므로 B는 지권이다. 식물의 증산 작용(ⓒ)은 생물권과 기권의 상호작용이므로 C는 생물권이다.

5 역학 시스템

12 중력과 역학 시스템

개념 확인하기
142쪽

1 (1) (가), (다) (2) (나) (3) (라) **2** (1) 질량 (2) 중심 (3) 중력 가속도
3 (1) 이동 거리 (2) 속도 (3) 속도
4 49 m/s **5** (1) × (2) ○ (3) ○ (4) ○ (5) ×
6 (1) 중력 (2) 등속 (3) 연직 (4) 작다 **7** (1) × (2) ○ (3) ×

1 (1) 물체의 운동 방향과 나란하게 힘이 작용하면 물체의 운동 방향은 변하지 않고 속력만 변한다. 이때 같은 방향으로 힘이 작용하면 물체의 속력이 빨라지고, 반대 방향으로 힘이 작용하면 물체의 속력이 느려진다.
(2) 물체의 운동 방향과 수직으로 힘이 작용하면 물체의 속력은 변하지 않고 운동 방향만 변한다.
(3) 물체의 운동 방향과 비스듬하게 힘이 작용하면 물체의 속력과 운동 방향이 모두 변한다.

4 중력을 받아 자유 낙하하는 물체는 속력이 1초마다 9.8 m/s씩 증가한다. 따라서 물체의 속력은 9.8 m/s × 5 = 49 m/s이다.

5 (1) 자유 낙하하는 물체의 속력은 1초마다 9.8 m/s씩 일정하게 증가한다.
(2) 자유 낙하하는 물체와 수평 방향으로 던진 물체에는 모두 중력이 작용하므로 가속도는 중력 가속도로 같다.
(3) 중력 가속도는 질량에 관계없이 일정하다.
(4) 수평 방향으로 던진 물체에 작용하는 중력은 연직 아래 방향으로 일정하다.
(5) 같은 높이에서 던지면 연직 방향으로는 자유 낙하 운동과 같이 중력 가속도로 운동하므로 수평 방향으로 던진 속력에 관계없이 지면에 도달하는 시간이 같다.

6 (1) A는 일정한 크기의 중력을 받아 자유 낙하 운동을 한다.
(2) B는 수평 방향으로는 힘이 작용하지 않으므로 등속 운동을 한다.
(3) B의 연직 방향의 운동은 자유 낙하하는 A와 같다. 따라서 매 순간 A와 B의 연직 방향의 속력은 서로 같다.
(4) 지면에 닿는 순간 A와 B의 연직 방향의 속력은 같지만 B는 수평 방향의 속력이 있으므로 지면에 닿는 순간 속력은 A가 B보다 작다.

7 (1) 원운동하는 물체에 작용하는 힘은 항상 운동 방향과 수직을 이룬다. 따라서 달이 원운동할 때 달에 작용하는 중력 방향은 달의 운동 방향과 항상 수직이다.
(2) 원운동하는 인공위성에 작용하는 중력의 크기는 일정하고, 방향은 지구 중심 방향이다.
(3) 지구 주위에서 원운동하는 물체에 작용하는 중력의 방향은 지구 중심을 향하므로, 매 순간 방향이 변한다.

1등급 코디
143쪽

예제 1 (1) ○ (2) × (3) × (4) ○ (5) × (6) ○

예제 1 (1) 0~2초 동안 속력 – 시간 그래프의 기울기가 일정하므로 물체의 가속도는 일정하다.
(2) 0~2초 동안 물체의 속력은 일정하게 증가한다.
(3) 속력 – 시간 그래프에서 넓이가 이동 거리이다. 0~4초 동안 그래프의 넓이는
$(\frac{1}{2} \times 8 \times 2) + (8 \times 2) = 8 + 16 = 24(m)$이다.
(4) 2~4초 동안 이동한 거리는 16 m이므로 0~2초 동안 이동한 거리인 8 m의 2배이다.
(5) 0~2초 동안 물체가 등가속도 운동을 하므로 물체의 전체 이동 거리는 시간의 제곱에 비례한다.
(6) 0~4초 동안 물체가 이동한 전체 거리가 24 m이므로 평균 속력은 $\frac{24 \text{ m}}{4 \text{ s}} = 6$ m/s이다.

개념 적용하기
144~146쪽

01 ①	**02** ②	**03** ④	**04** ②	**05** ②
06 ⑤	**07** ②	**08** ③	**09** ③	**10** ②
11 ④	**12** ③	**13** 해설 참조	**14** 해설 참조	
15 해설 참조				

01 ① 힘은 물체의 운동 상태를 변하게 하는 원인이다.
바로 알기 | ② 운동하는 물체에 힘이 작용하지 않으면 물체는 원래의 운동 상태를 그대로 유지한다. 물체의 운동 상태가 변하려면 힘이 작용해야 한다.
③ 일정한 속력으로 원운동을 하려면 원 궤도의 중심 방향으로 작용하는 힘이 필요하다.
④, ⑤ 운동 방향에 수직으로 힘이 작용하면 물체의 운동 방향이 변하고 운동 방향과 비스듬히 힘이 작용하면 물체의 운동 방향과 속력이 모두 변한다.

02

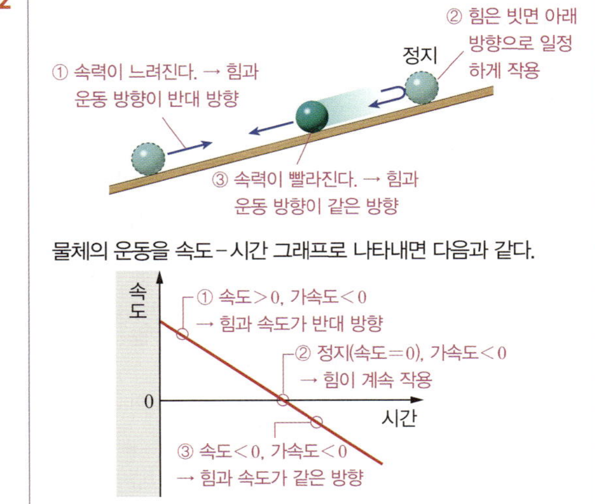

물체의 운동을 속도 – 시간 그래프로 나타내면 다음과 같다.

ㄷ. 내려오는 동안 물체의 운동 방향은 일정하고 속력은 점점 빨라진다. 따라서 물체에 작용하는 알짜힘의 방향은 운동 방향과 같다.

바로 알기 | ㄱ. 올라가는 동안 물체의 운동 방향은 변하지 않고 속력은 점점 느려진다. 따라서 물체에 작용하는 알짜힘의 방향은 운동 방향과 반대이다. 속도의 방향이 운동 방향이므로 알짜힘의 방향은 속도의 방향과 반대이다.

ㄴ. 최고점에서 물체에 작용하는 알짜힘이 0이면 물체는 최고점에서 운동 상태가 변하지 않아야 한다. 그러나 물체가 올라가는 동안 속력이 느려지다가 최고점에서 정지하고, 다시 내려오는 동안 속력이 빨라지므로 물체에는 빗면과 나란하게 빗면 아래 방향으로 일정한 크기의 힘이 작용한다.

03 ㄱ. 중력은 질량이 있는 물체끼리 서로 끌어당기는 힘이다.

ㄷ. 중력의 크기는 물체의 질량이 클수록, 두 물체 사이의 거리가 가까울수록 크다. 따라서 두 물체 사이의 거리가 멀어지면 중력이 작아진다.

바로 알기 | ㄴ. 중력은 질량이 있는 두 물체 사이의 상호작용이므로 A가 B를 당기는 힘의 크기와 B가 A를 당기는 힘의 크기는 같다.

04 ㄴ. 빗방울에 중력이 지구 중심 방향으로 작용하여 아래로 떨어진다.

바로 알기 | ㄱ. 나무에 매달린 사과에도 중력은 작용한다. 다만 나뭇가지가 사과를 위로 당기는 힘을 작용하여 사과에 작용하는 알짜힘은 0이다.

ㄷ. 달에 작용하는 중력은 지구 중심 방향이므로 달의 위치에 따라 매 순간 방향이 변한다.

05 가속도는 단위 시간당 속도 변화량이므로 물체의 가속도는

$$\frac{12\,\text{m/s}-0}{4\,\text{s}}=3\,\text{m/s}^2$$이다.

06 ⑤ A, B를 같은 높이에서 가만히 놓으면 질량에 상관없이 중력 가속도로 자유 낙하한다. 따라서 지면까지 낙하하는 데 걸린 시간은 같다.

바로 알기 | ① A, B의 가속도는 중력 가속도로 같다.

② 물체에 작용하는 중력의 크기는 질량이 클수록 크다. 질량은 A가 B보다 크므로 물체에 작용하는 중력의 크기는 A가 B보다 크다.

③ 지표면 근처에서는 중력 가속도가 일정하므로 A에 작용하는 중력은 일정하다.

④ 가속도가 같고 낙하 시간이 같으므로 속도 변화량이 같다. 따라서 지면에 도달하기 직전 A와 B의 속력은 같다.

07

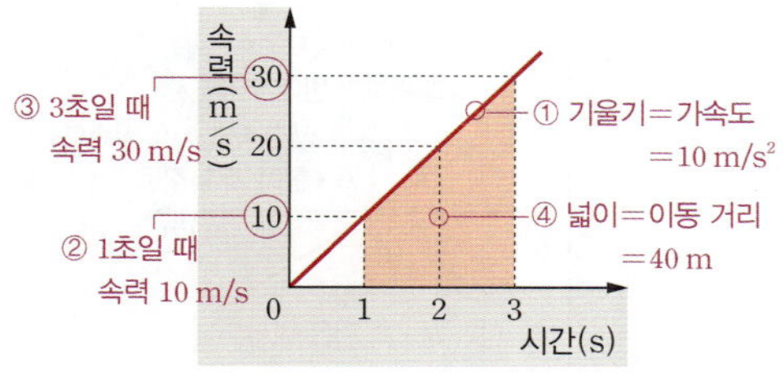

속력 – 시간 그래프에서 넓이는 이동 거리이고 기울기는 가속도이다. 따라서 물체의 가속도가 $10\,\text{m/s}^2$이므로 1초일 때 속력은 10 m/s, 3초일 때 속력 v는 30 m/s이다. 이때 1~3초 동안 그래프의 넓이는 40 m이므로 $s=40$ m이다.

08 ㄱ. 수평 방향으로 던진 물체에는 연직 방향으로 중력이 작용한다. 따라서 물체는 연직 방향으로는 중력 가속도로 등가속도 운동을 하고, 수평 방향으로는 등속 운동을 한다. 따라서 물체의 수평 방향의 가속도는 0이다.

ㄴ. 물체는 수평 방향으로 10 m/s의 속력으로 2초 동안 등속 운동하였으므로 수평 방향으로 이동한 거리는 20 m이다.

바로 알기 | ㄷ. 중력 가속도가 $10\,\text{m/s}^2$이므로 2초 후 물체의 연직 방향 속력은 20 m/s이다. 또한 수평 방향 속력 10 m/s도 있으므로 지면에 도달하기 직전 물체의 속력은 20 m/s보다 크다.

09 ㄱ. A, B의 질량이 같으므로 물체에 작용하는 중력의 크기는 같다.

ㄴ. 같은 높이에서 연직 방향 속력은 A, B가 같지만 B는 수평 방향의 속력이 있으므로 같은 높이에서 속력은 B가 A보다 더 크다.

바로 알기 | ㄷ. A, B의 가속도는 모두 중력 가속도로 같다.

10 A와 B는 연직 방향으로 자유 낙하 운동을 한다. 자유 낙하하는 물체의 역학적 에너지는 보존되므로 중력 가속도를 g, 물체의 처음 높이를 h, 지면에 도달하기 직전 연직 방향의 속력을 v라고 하면 $mgh=\frac{1}{2}mv^2$에서 $v=\sqrt{2gh}$이다. 중력 가속도는 같고, 처음 높이는 A가 B의 2배이므로 지면에 도달하기 직전 연직 방향의 속력은 A가 B의 $\sqrt{2}$배이다. 이때 A, B의 가속도가 일정하므로 같은 시간 동안 속도 변화량이 같다. 즉, 속력은 시간에 비례하여 일정하게 증가하므로 A의 속력이 B의 $\sqrt{2}$배가 되려면 낙하 시간도 A가 B의 $\sqrt{2}$배가 되어야 한다. 한편 A, B가 수평 방향으로 이동한 거리는 낙하 시간에 비례하므로 A가 수평 방향으로 이동한 거리는 B의 $\sqrt{2}$배이다.

11 ㄴ. 지구 주위에서 중력을 받아 운동하는 물체에는 지구 중심 방향으로 중력이 작용한다. 따라서 물체는 지구 중심 방향의 가속도 운동을 한다.

ㄷ. 인공위성도 특정한 속력으로 지구 주위를 원운동하며 지구 중심 방향의 가속도 운동을 한다.

바로 알기 | ㄱ. 원운동하는 물체에는 원 궤도의 중심 방향으로 힘이 작용한다. 지구 주위에서 원운동하는 물체에는 원 궤도의 중심 방향, 즉 지구 중심 방향으로 중력이 작용한다.

12 ③ 달에는 일정한 크기의 중력이 작용하여 달이 원운동한다.

바로 알기 | ① 물체에 작용하는 알짜힘이 0이면 물체는 운동 상태가 변하지 않고 등속 운동을 한다. 달은 원운동하므로 알짜힘이 0이 아니다.

② 달에 작용하는 중력의 방향은 지구 중심 방향으로 달의 위치에 따라 변한다. 달이 원 궤도의 반대편에 있을 때는 중력 방향도 반대가 된다.

④ 달이 원운동을 하므로 중력 방향과 운동 방향은 항상 수직이다.

⑤ 중력은 질량이 있는 두 물체 사이의 상호작용으로, 두 물체가 서로에게 작용하는 중력은 크기가 같고 방향이 반대이다. 따라서 지구가 달에 작용하는 중력의 크기는 달이 지구에 작용하는 중력의 크기와 같다.

13 운동 방향으로 힘이 작용하면 속력이 빨라지고, 운동 방향에 수직으로 힘이 작용하면 운동 방향이 변한다.

모범 답안 ▶ F_1은 물체의 속력을 빠르게 하고 F_2는 물체의 운동 방향을 바꾼다. 두 힘이 동시에 작용하면 물체는 속력이 점점 빨라지면서 아래쪽으로 휘어지는 운동을 한다.

채점 기준	배점(%)
두 힘이 물체의 운동에 미치는 영향을 각각 쓰고, 제시어를 모두 포함하여 물체의 운동 상태 변화를 모두 옳게 서술한 경우	100
제시어 중 두 가지만 포함하여 물체의 운동 상태 변화를 옳게 서술한 경우	70
두 힘이 물체의 운동에 미치는 영향만 옳게 쓴 경우	30
그 외의 오답	0

14 지표면 근처에서 수평 방향으로 던진 물체의 운동을 수평 방향과 연직 방향으로 나누었을 때, 수평 방향으로는 힘이 작용하지 않으므로 운동 상태를 유지하고 연직 방향으로는 중력이 작용하므로 일정한 가속도로 운동한다.

모범 답안 ▶ 수평 방향으로는 힘이 작용하지 않으므로 등속 운동을 하고, 연직 방향으로는 중력만 작용하므로 등가속도 운동을 한다.

채점 기준	배점(%)
제시어를 모두 포함하여 물체의 운동을 옳게 서술한 경우	100
제시어 중 등가속도 운동, 등속 운동만 포함하여 옳게 서술한 경우	60
제시어 중 힘, 중력만 포함하여 옳게 서술한 경우	30
그 외의 오답	0

15 지구 주위를 원운동하는 인공위성에는 크기가 일정한 중력이 지구 중심 방향으로 작용하여 가속도의 크기가 일정하고 방향은 지구 중심 방향인 가속도 운동을 한다.

모범 답안 ▶ 인공위성은 지구로부터 중력을 받아 가속도의 크기가 일정하고 가속도의 방향은 지구 중심 방향인 가속도 운동을 한다.

채점 기준	배점(%)
제시어를 모두 포함하여 인공위성의 운동의 특징을 옳게 서술한 경우	100
제시어 중 세 가지만 포함하여 옳게 서술한 경우	70
제시어 중 중력과 가속도 운동만 포함하여 옳게 서술한 경우	50
그 외의 오답	0

01 ①　　　**02** ②　　　**03** ①　　　**04** ④

01

ㄱ. 정지한 물체에 F_1이 작용하여 운동하므로 힘의 방향과 운동 방향은 같다.

바로 알기 | ㄴ. b에서 c까지 물체의 속력이 느려지다가 c에서 정지하므로 F_2와 F_3의 합력은 물체의 운동 방향과 반대 방향으로 작용한다. F_2의 방향은 F_1과 같으므로 물체의 운동 방향과 같다. 따라서 F_3은 운동 방향과 반대 방향으로 작용하고 힘의 크기는 F_3이 F_2보다 크다.

ㄷ. F_1은 운동 방향으로, F_3은 운동 방향과 반대 방향으로 작용하므로 두 힘의 방향은 반대이다.

02

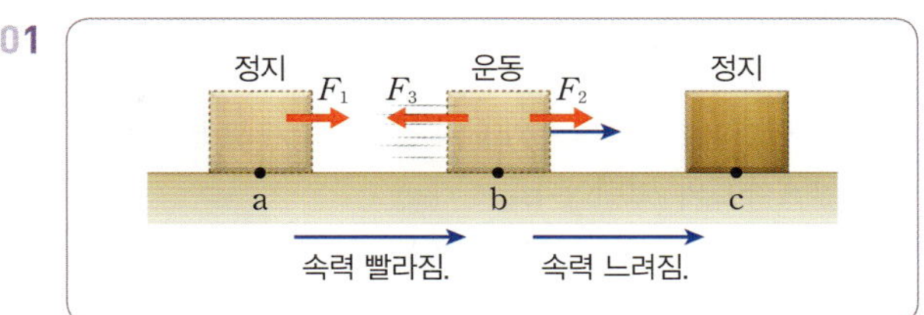

ㄴ. B의 속력은 0초일 때 0이었다가 1초일 때 10 m/s가 되므로 0~1초 동안 B의 평균 속력은 5 m/s이다. 따라서 0~1초 동안 B가 낙하한 거리는 5 m이다. 한편 A는 수평 방향으로 20 m/s의 속력으로 등속 운동을 하므로 1초 동안 수평 방향으로 이동한 거리는 20 m이다. 따라서 A가 수평 방향으로 이동한 거리는 B가 낙하한 거리의 4배이다.

바로 알기 | ㄱ. A, B의 가속도의 크기는 중력 가속도로 같다.

ㄷ. A는 연직 방향으로 B와 같은 자유 낙하 운동을 하므로 연직 방향 높이는 항상 같다. 따라서 A가 수평 방향으로 20 m를 이동한 순간 A와 B는 반드시 충돌한다. A를 더 빠른 속력으로 던지면 A가 20 m를 이동하는 시간이 더 짧으므로 지금보다 더 높은 점에서 충돌한다.

03

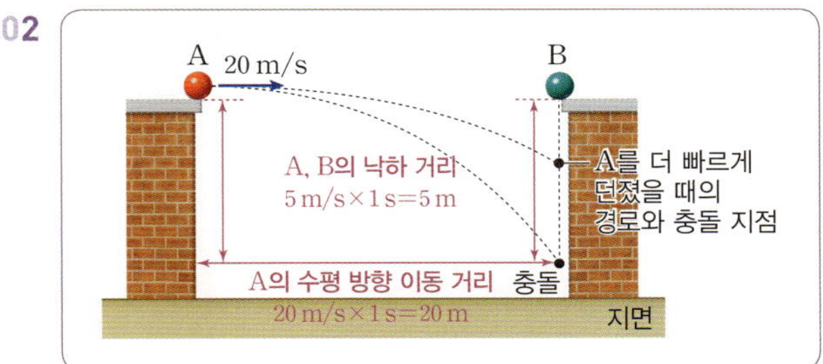

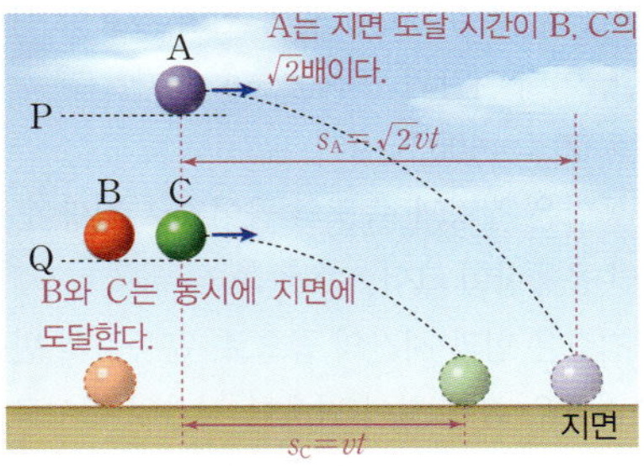

정지 상태에서 출발하여 일정한 가속도로 운동하는 물체의 이동 거리는 시간의 제곱에 비례하므로 물체가 자유 낙하할 때 높이가 2배가 되면 지면에 도달하는 데 걸린 시간은 $\sqrt{2}$배가 된다.

ㄴ. 지면에 도달할 때까지 걸리는 시간이 A가 C의 $\sqrt{2}$배이고 수평 방향의 속력은 A와 C가 같으므로 수평 방향 이동 거리는 A가 C의 $\sqrt{2}$배이다.

바로 알기 | ㄱ. A의 연직 방향 운동은 자유 낙하 운동과 같으므로 A가 지면에 도달하는 데 걸린 시간은 B의 $\sqrt{2}$배인 $2\sqrt{2}$초이다.

ㄷ. 지면에 도달하기 직전 C의 연직 방향 속력은 B와 같다. 그러나 C는 수평 방향의 속력이 있으므로 지면에 도달하기 직전 속력은 C가 B보다 크다.

04 ㄱ. 포탄을 수평 방향으로 쏘았을 때, 속력이 빠를수록 더 멀리 날아가며, 매우 빠른 특정한 속력으로 쏘면 원운동을 한다. 따라서 포탄을 쏜 속력은 C가 가장 크고, 더 멀리 날아간 B의 속력이 A보다 크다.

ㄷ. A, B, C는 지구 중력을 받고 있으므로 가속도의 크기는 중력 가속도로 일정하다.

바로 알기 | ㄴ. C는 지구의 중력을 받아 원운동을 한다. 중력에 의한 원운동은 지구 중심 방향의 가속도 운동이다.

⑬ 충돌과 안전장치

개념 확인하기
151쪽

1 (1) 관성 (2) 질량　　**2** 50 kg·m/s　　**3** 600 N·s
4 (1) 크다 (2) 운동량의 변화량 (3) 작다 (4) 작다
5 (1) ○ (2) ○ (3) ○ (4) ○
6 (1) ○ (2) × (3) ○ (4) ○ (5) × (6) ○
7 (1) = (2) = (3) < (4) >

1 (1) 관성은 물체에 알짜힘이 작용하지 않을 때 운동 상태를 그대로 유지하려는 성질이다.
(2) 질량은 관성의 크기를 나타내는 물리량으로 질량이 클수록 관성이 크다.

2 운동량은 질량과 속력을 곱한 물리량이다.
$5\,\text{kg} \times 10\,\text{m/s} = 50\,\text{kg·m/s}$

3 충격량은 물체에 작용한 힘과 힘이 작용한 시간을 곱한 물리량이다. 이때 시간의 단위는 초(s)이다.
$10\,\text{N} \times 60\,\text{s} = 600\,\text{N·s}$

4 (1) 운동량은 질량과 속도의 곱이므로 질량이 같을 때 속도가 빠르면 운동량이 크다.
(2) 충격량은 힘과 시간의 곱으로, 운동량의 변화량과 같다.
(3) 충격량은 힘과 힘이 작용한 시간의 곱이므로 힘의 크기가 같을 때 힘이 작용한 시간이 짧을수록 충격량이 작다.

(4) 충격량이 같을 때 물체에 작용한 힘과 시간은 반비례하므로 충돌 시간이 길수록 충돌할 때 받는 힘의 크기가 작다.

5 (1) (가)에서 힘의 크기가 F로 일정하다.
(2) (가), (나)에서 그래프가 시간 축과 이루는 넓이가 같으므로 A, B가 받은 충격량의 크기는 같다.
(3) 충격량은 운동량의 변화량과 같다. A, B가 처음에 정지해 있었고, A, B가 받은 충격량이 같으므로 시간 t일 때 A, B의 운동량이 같다. A, B의 질량이 같으므로 속도도 같다.
(4) A, B가 받은 충격량이 같고 힘이 작용한 시간도 같으므로 A, B가 받은 힘의 평균값은 같다.

6 (1) 질량이 2 kg, 중력 가속도가 $10\,\text{m/s}^2$이므로 중력의 크기는 $2\,\text{kg} \times 10\,\text{m/s}^2 = 20\,\text{N}$이다.
(2) 중력의 크기가 20 N이므로 5초 동안 물체가 받은 충격량의 크기는 $20\,\text{N} \times 5\,\text{s} = 100\,\text{N·s}$이다.
(3) 물체가 받은 충격량이 100 N·s이므로 지면과 충돌 직전 물체의 운동량의 크기는 100 kg·m/s이다.
(4) 지면과 충돌 직전 물체의 운동량의 크기는 100 kg·m/s이고, 질량이 2 kg이므로 지면과 충돌 직전 물체의 속력은 50 m/s이다.
(5) 물체는 지면과 충돌하여 정지하므로 물체의 운동량 변화량은 100 kg·m/s이다. 따라서 물체가 지면으로부터 받은 충격량은 100 N·s이다.
(6) 물체가 중력으로부터 받은 충격량의 크기는 100 N·s이고 지면으로부터 받은 충격량의 크기는 100 N·s이므로 물체가 중력으로부터 받은 충격량과 지면으로부터 받은 충격량의 크기는 같다.

7 (1) A, B가 같은 높이에서 자유 낙하하므로 바닥에 도달할 때까지 걸린 시간이 같다. A, B에 중력이 작용하는 시간이 같으므로 A, B가 받은 충격량이 같고, 충돌 직전 A와 B의 운동량은 같다.
(2) 충돌 직전 A, B의 운동량이 같고, 충돌 후 A, B는 정지하므로 충돌하는 동안 A, B가 받은 충격량은 같다.
(3) 그래프에서 A가 나무판과 충돌하는 시간이 B가 방석과 충돌하는 시간보다 작다.
(4) 충격량이 같을 때 충돌하는 시간이 작을수록 힘의 평균값이 크므로 달걀이 받은 힘의 평균값은 A가 B보다 크다.

1등급 코디
152쪽

예제 1 (1) 4 N·s (2) 6 m/s (3) 해설 참조 (4) 2 m/s²

예제 1 (1) 물체가 받은 충격량은 $2\,\text{N} \times 2\,\text{s} = 4\,\text{N·s}$이다.
(2) 물체의 운동량 변화량은 충격량과 같다. 따라서 $1\,\text{kg} \times (v - 2\,\text{m/s}) = 4\,\text{kg·m/s}$에서 $v = 6\,\text{m/s}$이다.

(3) **모범 답안 ▶**

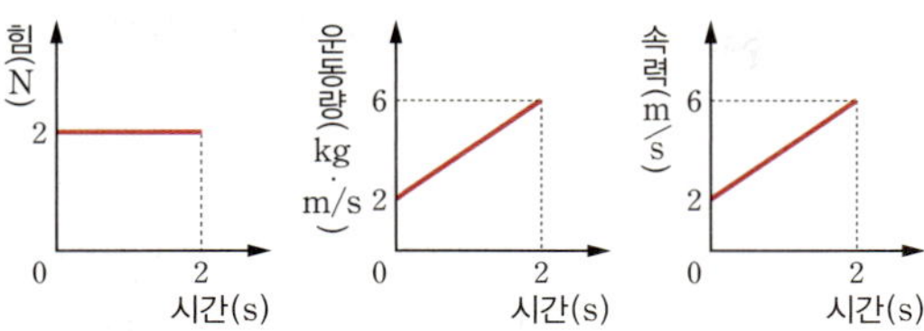

(4) 속력 – 시간 그래프에서 기울기는 가속도이므로 물체
의 가속도는 $\dfrac{6\,\text{m/s}-2\,\text{m/s}}{2\,\text{s}}=2\,\text{m/s}^2$이다.

1등급 코디

153쪽

예제 1 (1) ○ (2) × (3) ○ (4) × (5) ○ (6) ×
예제 2 (1) × (2) ○ (3) ○ (4) ○ (5) ○ (6) ×

예제 1 (1) 운동량은 크기와 방향이 있는 물리량이다. 충돌 전 A
와 B의 운동량의 크기는 같지만 운동 방향이 반대이므
로 운동량의 합은 0이다.
(2) 질량이 A가 B의 2배이고 운동량의 크기는 같으므로
속력은 B가 A의 2배이다.
(3) 충돌하는 동안 A와 B가 서로에게 작용하는 힘의 크
기는 같고 충돌 시간도 같으므로 A, B가 받은 충격량의
크기도 같다.
(4) 충돌하는 동안 A와 B가 주고받은 충격량의 크기가
같으므로 운동량 변화량의 크기도 같다.
(5) A와 B의 충돌 전후 운동량 변화량의 크기가 같은데,
충돌 전 운동량의 크기가 같으므로 충돌 후 운동량의 크
기도 같다. 충돌 후 A, B는 서로 반대 방향으로 운동하
므로 운동량의 합은 0이다.
(6) 충돌 후 운동량의 크기가 같고 질량은 A가 B의 2배
이므로 속력은 B가 A의 2배이다.

예제 2 (1) 운동량은 크기와 방향이 있는 물리량이다. 충돌 전 A
의 운동 방향을 (+)이라고 하면 충돌 전 A, B의 운동량
은 각각 $3\,\text{kg}\times(+5\,\text{m/s})=+15\,\text{kg}\cdot\text{m/s}$,
$5\,\text{kg}\times(-3\,\text{m/s})=-15\,\text{kg}\cdot\text{m/s}$이다. 따라서 두 물체
의 운동량의 합은 0이다.
(2) 충돌 후 A의 속력이 $2\,\text{m/s}$이므로 A의 운동량의 크
기는 $3\,\text{kg}\times2\,\text{m/s}=6\,\text{kg}\cdot\text{m/s}$이다.
(3) 충돌 전과 후 A의 운동량 변화량이
$(-6\,\text{kg}\cdot\text{m/s})-15\,\text{kg}\cdot\text{m/s}=-21\,\text{kg}\cdot\text{m/s}$이므로 A
가 받은 충격량의 크기는 $21\,\text{N}\cdot\text{s}$이다.
(4) A가 받은 충격량의 크기가 $21\,\text{N}\cdot\text{s}$이므로 B가 받은
충격량의 크기도 $21\,\text{N}\cdot\text{s}$이다. 따라서 충돌 과정에서 B
의 운동량 변화량의 크기는 $21\,\text{kg}\cdot\text{m/s}$이다.
(5) 충돌 전 B의 운동량이 $-15\,\text{kg}\cdot\text{m/s}$이고 충돌 과정
에서 B의 운동량 변화량의 크기는 $+21\,\text{kg}\cdot\text{m/s}$이므로

충돌 후 B의 운동량은 $+6\,\text{kg}\cdot\text{m/s}$이다. 따라서 충돌
후 B의 속력은 $\dfrac{6\,\text{kg}\cdot\text{m/s}}{5\,\text{kg}}=1.2\,\text{m/s}$이다.
(6) 충돌 전 A, B의 운동량의 합은 0이고, 충돌 후 A, B
의 운동량은 각각 $-6\,\text{kg}\cdot\text{m/s},+6\,\text{kg}\cdot\text{m/s}$이므로 운
동량의 합은 0이다. 즉, 충돌 후 두 물체의 운동량의 합
은 충돌 전과 같다.

개념 적용하기

154~156쪽

01 ③ **02** ① **03** ⑤ **04** ③ **05** ⑤
06 ② **07** ① **08** ② **09** ⑤ **10** ①
11 ④ **12** ③ **13** 해설 참조 **14** 해설 참조
15 해설 참조

01 ㄱ. 물체에 작용하는 알짜힘이 0일 때 물체는 자신의 운동 상
태를 유지한다. 이를 관성이라고 한다.
ㄴ. 운동 상태가 일정하면 속력과 운동 방향이 일정하므로 물
체는 등속 운동을 한다.
바로 알기 | ㄷ. 질량이 클수록 운동 상태를 바꾸기 어렵기 때
문에 질량이 큰 물체일수록 관성이 크다.

02 달리던 버스가 갑자기 정지할 때 사람들이 앞으로 쏠리는 것
은 관성 때문이다.
ㄱ. 달리던 사람이 돌부리에 걸리면 몸은 관성 때문에 계속
앞으로 나아가려고 하고 발은 돌부리에 걸려 앞으로 나갈 수
없으므로 사람이 앞으로 넘어진다.
바로 알기 | ㄴ. 물 로켓이 물을 뿜으며 위로 날아가는 것은 물
을 아래로 뿜을 때 물 로켓에 위쪽으로 알짜힘이 작용하기 때
문이다.
ㄷ. 공을 세게 던질수록 공이 빠르게 날아가는 것은 공에 작
용하는 충격량이 클수록 운동량 변화량이 크기 때문이다.

03 ㄱ. 질량이 클수록 관성이 크므로 관성은 트럭이 자전거보다
크다.
ㄴ. 자전거의 운동량은 $80\,\text{kg}\times10\,\text{m/s}=800\,\text{kg}\cdot\text{m/s}$이다.
ㄷ. 트럭은 등속 운동을 하므로 트럭에 작용하는 알짜힘이 0
이다. 물체에 작용하는 알짜힘이 0이면 물체의 운동 상태가
변하지 않는다.

04 ㄱ. 정지 상태에서 자유 낙하할 때 물체의 속력은 시간에 비
례하여 일정하게 증가하므로 A의 속력은 2초일 때가 1초일
때의 2배이다. 질량이 같을 때 운동량은 속력에 비례하므로
A의 운동량은 2초일 때가 1초일 때의 2배이다.
ㄴ. 물체가 받은 충격량은 물체에 작용한 힘과 힘이 작용한
시간의 곱이다. B에 작용하는 중력의 크기가 일정하므로
0~1초 동안과 1~2초 동안 B가 받은 충격량은 같다.
바로 알기 | ㄷ. 자유 낙하 운동하는 A, B는 중력 가속도로 등
가속도 운동을 하므로 같은 시간 동안 속력 변화량이 같다.
따라서 2초일 때, A, B의 속력은 같지만 질량이 다르므로 A,
B의 운동량은 다르다.

05 충돌 전 자동차의 운동량은
$1000\,kg \times 20\,m/s = 20000\,kg \cdot m/s$이다. 자동차가 벽에 충돌한 후 정지하므로 정지하기까지 자동차의 운동량의 변화량은 $20000\,kg \cdot m/s$이고, 운동량의 변화량은 충격량과 같다. 이때 자동차와 벽의 충돌 시간이 0.5초이므로 자동차가 벽과 충돌하는 동안 받은 평균 힘의 크기는
$20000\,N \cdot s = F \times 0.5\,s$에서 $F = 40000\,N$이다.

06 충격량은 힘과 힘이 작용한 시간의 곱이므로 A, B가 받은 충격량의 크기는 $200\,N \cdot s$로 같다. 따라서 충돌 전과 후 A, B의 운동량 변화량의 크기가 같으므로 벽에 충돌하기 전 A, B의 운동량은 같다. 운동량의 크기는 질량과 속력의 곱인데 운동량은 일정하고 질량은 A가 B의 2배이므로 속력은 B가 A의 2배이다.

07 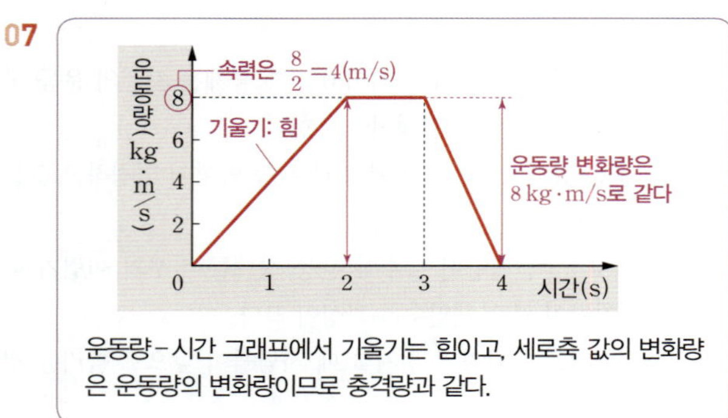

운동량 – 시간 그래프에서 기울기는 힘이고, 세로축 값의 변화량은 운동량의 변화량이므로 충격량과 같다.

ㄱ. 2초일 때 물체의 운동량이 $8\,kg \cdot m/s$이고 질량이 $2\,kg$이므로 속력은 $\dfrac{8\,kg \cdot m/s}{2\,kg}=4\,m/s$이다.

바로 알기 | ㄴ. 운동량 – 시간 그래프에서 기울기는 물체에 작용한 알짜힘의 크기와 같다. 1초일 때 그래프의 기울기는 $\dfrac{8\,kg \cdot m/s}{2\,s}=4\,kg \cdot m/s^2$이므로 알짜힘의 크기는 $4\,N$이다.

ㄷ. 0~2초 동안과 3~4초 동안 물체의 운동량 변화량의 크기가 $8\,kg \cdot m/s$로 같으므로 물체가 받은 충격량의 크기는 같다.

08 ② ㉠은 충돌 시간이 짧고 달걀이 받는 힘의 최댓값이 크므로 B에 충돌하여 달걀이 깨진 경우의 그래프이다.
바로 알기 | ①, ③ 달걀이 A, B에 충돌할 때 운동량 변화량이 같으므로 달걀이 A, B로부터 받은 충격량은 같다. 힘 – 시간 그래프에서 넓이 S_1, S_2는 충격량을 의미하므로 $S_1 = S_2$이다.
④ 달걀이 받은 충격량은 같지만 충돌 시간이 ㉡이 더 길므로 달걀이 받은 평균 힘의 크기는 ㉠이 더 크다.
⑤ 달걀이 같은 높이에서 자유 낙하하므로 바닥에 충돌하기 직전 운동량은 같다.

09

ㄱ. 0~5초 동안 물체에 작용하는 힘의 크기가 일정하므로 물체의 속력은 일정하게 증가한다. 따라서 운동량 변화량의 크기도 일정하게 증가한다.

ㄴ. 5~10초 동안 물체가 받은 충격량의 크기는 그래프의 넓이와 같으므로 $\dfrac{1}{2} \times (6+10)\,N \times (10-5)\,s = 40\,N \cdot s$이다.

ㄷ. 0초일 때 물체의 운동량은 $2\,kg \times 5\,m/s = 10\,kg \cdot m/s$이다. 물체가 받은 충격량은 운동량 변화량과 같으므로 5초일 때 운동량은 $10\,kg \cdot m/s + 30\,kg \cdot m/s = 40\,kg \cdot m/s$, 10초일 때 운동량은 $10\,kg \cdot m/s + 70\,kg \cdot m/s = 80\,kg \cdot m/s$이다. 운동량의 크기는 물체의 속력에 비례하므로 10초일 때 물체의 속력은 5초일 때의 2배이다.

10 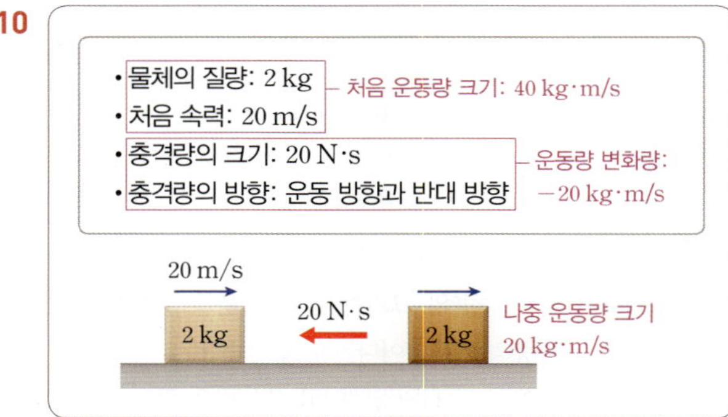

물체의 처음 운동량의 크기가 $40\,kg \cdot m/s$이고 운동 방향과 반대 방향으로 $20\,N \cdot s$의 충격량을 받았으므로 운동량이 감소한다. 따라서 나중 운동량은 $20\,kg \cdot m/s$이고, 나중 속력은 $\dfrac{20\,kg \cdot m/s}{2\,kg}=10\,m/s$이다.

11 안전 매트, 모서리 보호대, 자동차 에어백은 모두 충돌할 때 힘이 작용하는 시간을 길게 하여 사람이 받는 힘의 크기를 줄여 주는 원리를 이용한다.

12 ㄷ. 충돌할 때 관성 때문에 인체 모형이 앞으로 튀어 나가 자동차에 부딪히게 된다. 안전띠는 인체 모형이 관성 때문에 앞으로 튀어 나가는 것을 막아 준다.
바로 알기 | ㄱ. 범퍼는 충돌 과정에서 잘 찌그러져야 충돌 시간을 길게 하여 인체 모형이 받는 힘의 크기를 줄일 수 있다.
ㄴ. 에어백은 충돌 과정에서 인체 모형이 힘을 받는 시간을 길게 하여 인체 모형이 받는 힘의 크기를 줄여 준다.

13 **모범 답안** ▶ 힘 – 시간 그래프의 넓이가 $10\,N \cdot s$이므로 물체가 받은 충격량은 $10\,N \cdot s$이다. 충격량은 운동량 변화량이므로 2초일 때 물체의 운동량은 $10\,kg \cdot m/s$이다. 질량이 $2\,kg$이므로 2초일 때 속력은 $5\,m/s$이다.

채점 기준	배점(%)
제시어를 모두 포함하여 물체의 속력을 구하는 과정과 답을 모두 옳게 서술한 경우	100
제시어를 모두 포함하여 물체의 속력을 구하는 과정을 옳게 서술하였으나 계산값이 옳지 않은 경우	60
제시어를 일부만 포함하여 물체의 속력을 구하는 과정을 옳게 서술한 경우	40
그 외의 오답	0

14 같은 높이에서 자유 낙하하면 바닥에 닿기 직전 속력이 같아서 바닥과 충돌 전후 운동량 변화량이 같다. 충돌 과정에서 달걀이 받은 충격량은 같지만 단단한 바닥에 떨어지면 충돌 시간이 작아 달걀이 받은 힘의 최댓값이 크다.

모범 답안 ▸ 달걀이 같은 높이에서 자유 낙하 운동하므로 충돌 직전 속력이 같아 충돌 전후 운동량 변화량도 같다. 달걀이 받은 충격량은 같지만 단단한 바닥에 떨어졌을 때 충돌 시간이 작으므로 달걀이 받는 힘이 더 크기 때문에 달걀이 깨진다.

채점 기준	배점(%)
제시어를 모두 포함하여 운동량 변화량을 비교하고, 달걀이 깨진 까닭을 모두 옳게 서술한 경우	100
제시어를 모두 포함하여 운동량 변화량과 달걀이 깨진 까닭 중 하나만 옳게 서술한 경우	50
그 외의 오답	0

15 운동량 변화량이 작으면 충돌할 때 받는 충격량이 작아지므로 충돌에 의한 피해를 줄일 수 있다.

모범 답안 ▸ 운동량은 속도에 비례하므로 속도가 작을수록 운동량이 작아 충돌할 때 받는 충격량을 작게 하여 피해를 줄일 수 있다.

채점 기준	배점(%)
제시어를 모두 포함하여 자동차 속도를 제한하는 까닭을 옳게 서술한 경우	100
운동량과 충격량만 포함하여 자동차 속도를 제한하는 까닭을 옳게 서술한 경우	60
그 외의 오답	0

고난도 도전하기

157쪽

01 ①　02 ③　03 ②　04 ②

01 ㄴ. A는 운동 상태가 변하지 않으므로 A에 작용하는 알짜힘은 0이다.

바로 알기 | ㄱ. 질량이 클수록 관성이 크므로 관성은 B가 A보다 크다.

ㄷ. B는 0.1초 동안 5 cm씩 이동하므로 속력은 $\frac{0.05\,\text{m}}{0.1\,\text{s}}=$ 0.5 m/s이다. 질량이 4 kg이므로 B의 운동량은 $4\,\text{kg}\times0.5\,\text{m/s}=2\,\text{kg}\cdot\text{m/s}$이다.

02

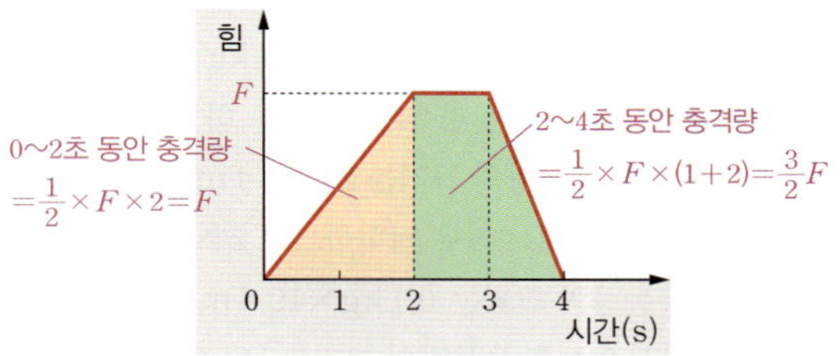

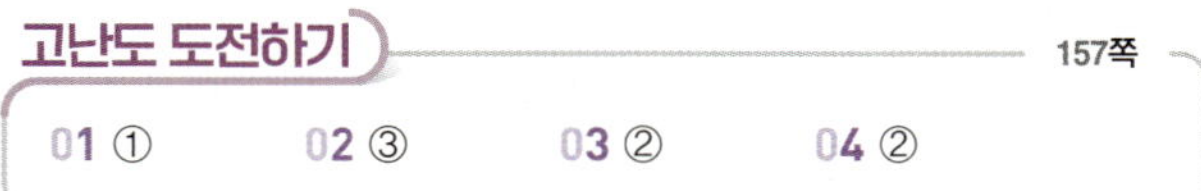

힘-시간 그래프에서 0~2초 동안 물체가 받은 충격량을 S라고 하면 2~4초 동안 물체가 받은 충격량은 $\frac{3S}{2}$이다. 물체의 질량을 m, 2초일 때와 4초일 때 속력을 각각 v, $2v$라고 하면 충격량은 운동량 변화량이므로 $S=mv-mv_0$, $\frac{3S}{2}=2mv-mv$이다. 두 식을 정리하면 $\frac{3}{2}(mv-mv_0)=mv$이므로 $v=3v_0$이다. 따라서 4초일 때 속력은 $2v=6v_0$이다.

03 운동량의 방향은 속도의 방향과 같으며, 물체가 직선상에서 운동할 때 어느 한쪽 방향을 (+)이라고 하면 반대 방향은 (−)으로 나타낸다.

ㄴ. 퍽은 충돌 전후 운동 방향이 처음과 반대 방향이 된다. 퍽의 처음 운동 방향을 (+)이라고 하면 충돌 전 운동량은 mv, 충돌 후 운동량은 $-2mv$이므로 퍽이 스틱으로부터 받은 충격량은 $(-2mv)-mv=-3mv$이다. 즉, 퍽은 운동 방향과 반대 방향으로 $3mv$의 충격량을 받는다. 스틱과 퍽이 받은 충격량의 크기는 서로 같으므로 스틱이 퍽으로부터 받은 충격량의 크기도 $3mv$이다.

바로 알기 | ㄱ. 충돌 전과 후 운동 방향이 반대이므로 퍽의 운동량 변화량의 크기는 $3mv$이다.

ㄷ. 퍽이 받은 충격량의 크기가 $3mv$이므로 충돌하는 동안 퍽이 받은 평균 힘의 크기는 $\frac{3mv}{t}$이다.

04

충돌 전

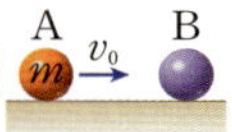

- A의 처음 운동량: mv_0
- B의 처음 운동량: 0

충돌

- A: 운동 방향과 반대 방향으로 충격량 받음 → 속력 감소
- B: A와 반대 방향으로 충격량 받음 → 속력 증가

충돌 후

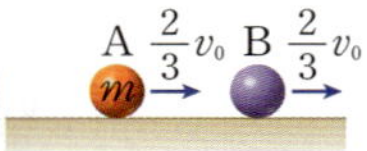

- A의 나중 운동량: $mv_0-\frac{1}{3}mv_0$
- B의 나중 운동량: $\frac{2}{3}Mv_0$

충격량의 방향은 힘의 방향과 같으며, 물체가 직선상에서 운동할 때 어느 한쪽 방향을 (+)이라고 하면 반대 방향은 (−)으로 나타낸다. A의 운동 방향을 (+), 충돌 후 A의 속력을 v라고 하면 A는 운동 방향과 반대 방향으로 충격량을 받으므로 $mv-mv_0=-\frac{1}{3}mv_0$에서 $v=\frac{2}{3}v_0$이다. A와 B가 주고받은 충격량은 크기가 같고 방향이 서로 반대이므로 B가 받은 충격량은 $+\frac{1}{3}mv_0$이다. B의 질량을 M이라고 하면 $M\times\frac{2}{3}v_0=\frac{1}{3}mv_0$에서 $M=\frac{m}{2}$이다.

실력 확인하기

158~161쪽

01 ③	02 ①	03 ③	04 ②	05 ③
06 ①	07 ②	08 ②	09 ②	10 ④
11 ③	12 ②	13 ①	14 ②	

15 (1) 해설 참조 (2) 해설 참조 (3) 해설 참조 　16 해설 참조
17 해설 참조 18 (1) 해설 참조 (2) 해설 참조 (3) 해설 참조

01

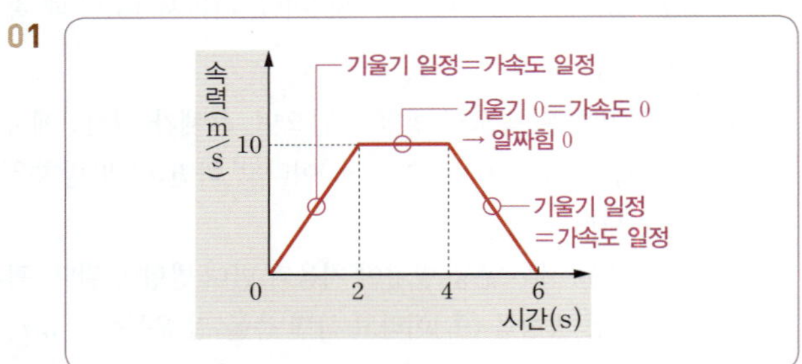

ㄷ. 4~6초 동안 물체의 속력이 감소하므로 물체는 운동 방향과 반대 방향으로 알짜힘을 받는다.

바로 알기 | ㄱ. 속력 – 시간 그래프에서 기울기는 가속도와 같다. 0~2초 동안 기울기가 일정하므로 가속도의 크기는 일정하다.

ㄴ. 2~4초 동안은 속력이 일정하므로 물체에 작용하는 알짜힘이 0이다.

02 ㄱ. 중력의 크기는 물체의 질량에 비례하므로 질량이 클수록 물체에 작용하는 중력의 크기가 더 크다.

바로 알기 | ㄴ. 중력의 크기는 물체 사이의 거리가 멀수록 작다. p보다 q에서 물체가 지구 중심으로부터 더 멀리 있으므로 중력의 크기는 q보다 p에서 더 크다.

ㄷ. 지구 주위에서 물체에 작용하는 중력은 지구 중심 방향이다. 따라서 p와 q에서 물체가 받는 중력의 방향은 다르다.

03 운동 방향과 반대 방향으로 힘이 작용하면 물체의 속력이 감소한다. 힘의 크기가 일정하면 가속도가 일정하므로 속력이 시간에 따라 일정한 비율로 감소한다.

04 ㄴ. 중력 가속도가 $9.8\,m/s^2$이고 질량이 $2\,kg$이므로 물체가 받는 중력의 크기는 $19.6\,N$이다.

바로 알기 | ㄱ. $4.9\,cm$ 낙하했을 때 걸린 시간이 0.1초이다. 0~0.1초 동안 평균 속력이 $49\,cm/s$이므로 0.1초일 때 속력을 v라고 하면 $\dfrac{0+v}{2}=49\,cm/s$에서 $v=98\,cm/s$이다.

ㄷ. 질량과 관계없이 중력 가속도가 일정하므로 단위 시간당 속도 변화량이 같다. 따라서 물체가 $2\,m$ 낙하하는 데 걸리는 시간은 질량과 관계없이 같다.

05 ㄱ. 지표면 근처에서 중력은 연직 방향으로 작용하므로 A, B에 작용하는 중력의 방향은 같다.

ㄷ. B의 연직 방향 운동은 자유 낙하 운동과 같으므로 A와 B의 높이는 항상 같다.

바로 알기 | ㄴ. 지표면 근처에서 운동하는 물체의 가속도의 크기는 질량에 관계없이 약 $9.8\,m/s^2$로 일정하다.

06 ㄱ. 세 공의 연직 방향 운동은 모두 자유 낙하 운동이므로 Q에서 연직 방향 속력은 모두 같다. 그런데 수평 방향 속력은 C가 가장 빠르므로 Q에서 속력은 C가 가장 크다.

바로 알기 | ㄴ. 세 공 모두 중력 가속도로 운동하므로 가속도의 크기는 모두 같다.

ㄷ. 매 순간 연직 방향 높이가 같으므로 연직 방향으로 이동하는 거리가 가장 큰 A가 P에서 빗면까지 운동하는 데 걸린 시간이 가장 크다.

07 ㄷ. 두 물체 사이의 거리가 멀수록 중력의 크기가 감소하므로 인공위성이 받는 중력의 크기는 (나)에서가 (가)보다 작다.

바로 알기 | ㄱ. 지표면에 있는 물체에는 항상 중력이 작용한다. (가)에서 인공위성에는 연직 방향으로 중력이 작용하고, 중력과 반대 방향으로 바닥이 떠받치는 힘이 작용하여 힘의 평형을 이루므로 알짜힘이 0인 상태로 정지해 있다.

ㄴ. 지구 주위를 원운동하는 물체는 중력을 받아 지구 중심 방향의 가속도 운동을 한다. 인공위성의 위치에 따라 지구 중심 방향이 달라지므로 (나)에서 인공위성이 받는 중력의 방향은 계속 변한다.

08 ② 중력의 크기는 두 물체 사이의 거리의 제곱에 반비례하므로 물체가 지구에서 멀어질수록 중력의 크기는 감소한다.

바로 알기 | ① 중력은 지표면을 포함하여 지구 주위에 있는 모든 물체에 작용한다.

③ 지구 주위를 원운동하는 물체는 운동 방향이 계속 바뀌므로 운동 방향에 수직으로 힘을 받는다. 즉, 중력을 받아 지구 중심 방향의 가속도 운동을 한다.

④ 물체의 질량이 클수록 물체에 작용하는 중력의 크기가 크다.

⑤ 우주 정거장 내부에 있는 우주인도 중력을 받아 우주 정거장과 함께 지구 주위를 원운동한다.

09 ② 충격량은 운동량 변화량과 같다. 속도 변화가 클수록 운동량 변화량이 크므로 충격량도 크다.

바로 알기 | ① 운동량은 물체의 질량과 속도의 곱이므로 운동량의 크기는 속력에 비례한다.

③ 충격량은 힘과 힘이 작용한 시간의 곱이므로 물체에 힘이 작용한 시간이 짧을수록 충격량이 작다.

④ 운동량과 충격량의 방향이 같으면 운동량 변화량과 운동량 방향이 같으므로 운동량이 증가한다.

⑤ 물체의 가속도가 속도의 방향과 반대이면 물체에 작용하는 힘이 운동 방향과 반대이다. 충격량의 방향은 힘의 방향이고, 운동량의 방향은 속도의 방향이므로 충격량과 운동량의 방향은 반대이다.

10 A는 등속 운동하므로 2초 후에도 속력이 $0.2\,m/s$이고, 운동량의 크기는 $0.5\,kg×0.2\,m/s=0.1\,kg·m/s$이다. B는 정지 상태에서 $2\,m/s^2$의 가속도 운동을 하므로 2초 후 속력이 $4\,m/s$이고, 운동량의 크기는 $2\,kg×4\,m/s=8\,kg·m/s$이다. C는 정지 상태에서 자유 낙하하므로 2초 후 속력은 $19.6\,m/s$이고, 운동량의 크기는 $0.1\,kg×19.6\,m/s=1.96\,kg·m/s$이다. 따라서 2초 후 운동량의 크기는 B>C>A이다.

11 힘 – 시간 그래프에서 넓이는 물체가 받은 충격량과 같다. 충격량은 운동량의 변화량과 같고, 정지 상태에서 힘이 작용하므로 0~2초 동안 받은 충격량은 2초일 때의 운동량이 된다. 한편 그래프의 기울기가 일정하므로 4초일 때 힘의 크기는 2초일 때 힘의 크기의 2배이다. 따라서 0~4초 동안 그래프의 넓이가 0~2초 동안 그래프의 넓이의 4배이므로 4초일 때 운동량은 $4p_0$이다.

12 충격량은 운동량의 변화량과 같다. 벽이 물체에 작용한 충격량의 방향은 물체의 처음 운동 방향과 반대이므로 물체의 처음 운동 방향을 (+)라고 하면
$4\,kg×(−v−5\,m/s)=−32\,kg·m/s$에서 $v=3\,m/s$이다.

13

ㄱ. 운동하는 물체에 힘이 작용하여 2초일 때 속력이 0이 되었으므로 0~2초 동안 물체가 받은 충격량의 크기가 0초일 때의 운동량의 크기와 같다. 0~2초 동안 그래프의 넓이가 $20\,N·s$이므로 0초일 때 운동량의 크기는 $20\,kg·m/s$이다.

바로 알기 | ㄴ. 2초일 때 운동량이 0이고 2~4초 동안 받은 충격량의 크기가 $10\,N·s$이므로 4초일 때 운동량의 크기는 $10\,kg·m/s$이다. 질량이 $4\,kg$이므로 속력은 $2.5\,m/s$이다.

ㄷ. 2초일 때 물체가 정지하므로 알짜힘의 방향은 0초일 때 물체의 운동 방향과 반대이다. 따라서 2초 이후에 물체는 처음과 반대 방향으로 운동한다.

ㄹ. 0~4초 동안 물체에 일정한 방향으로 힘이 작용하여 물체가 받은 충격량의 크기가 $30\,N·s$이므로 운동량 변화량의 크기도 $30\,kg·m/s$이다.

14 ㄷ. 공의 처음 속력이 v_0으로 같고, 나중 속력은 0이 되므로 A와 B의 운동량 변화량의 크기는 같다. 운동량 변화량은 충격량과 같으므로 A, B가 포수에게 작용한 충격량의 크기도 같다. 그런데 힘이 작용하는 시간은 A가 B보다 짧으므로 공이 받은 평균 힘의 크기는 A가 B보다 크다.

바로 알기 | ㄱ, ㄴ. 야구공의 운동량 변화량의 크기와 야구공이 포수에게 작용한 충격량의 크기는 A와 B가 서로 같다.

15

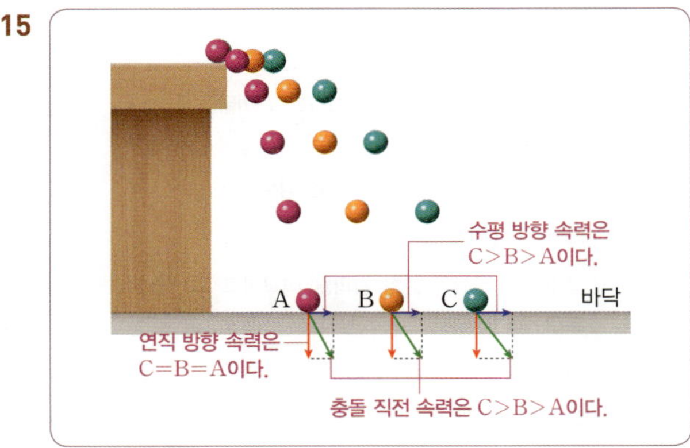

공기 저항을 무시할 때 수평으로 던진 물체는 연직 방향으로는 자유 낙하 운동을 하고, 수평 방향으로는 등속 운동을 한다. 이때 수평 방향의 속력이 빠를수록 바닥에 닿기까지 수평 이동 거리가 크고, 바닥과 충돌 직전의 속력이 크다.

모범 답안 ▶ (1) A, B, C는 모두 연직 방향으로 자유 낙하 운동을 하므로 바닥에 도달하기까지 걸리는 시간은 모두 같다.

(2) A, B, C의 수평 방향 속력이 다르기 때문이다.

(3) 바닥에 충돌하기 직전 속력은 C>B>A이므로 충돌하여 정지할 때까지 바닥으로부터 받은 충격량의 크기는 C>B>A이다.

	채점 기준	배점(%)
(1)	자유 낙하 운동을 언급하고 바닥에 도달하기까지 걸리는 시간을 옳게 비교한 경우	30
	바닥에 도달하기까지 걸리는 시간만 비교한 경우	15
	그 외의 오답	0
(2)	수평 방향 속력이 다르기 때문이라고 서술한 경우	30
	속력이 다르기 때문이라고만 서술한 경우	15
	그 외의 오답	0
(3)	충돌하기 직전 속력을 비교하여 충격량의 크기를 비교한 경우	40
	충격량의 크기만 비교한 경우	20
	그 외의 오답	0

16 지구 주위에서 운동하는 물체에는 지구 중심 방향으로 중력이 작용한다. 중력의 크기는 두 물체 사이의 거리의 제곱에 반비례한다.

모범 답안 ▶ • 공통점: A, B에 모두 중력이 작용한다. / A, B에 지구 중심 방향으로 힘이 작용한다. 등
• 차이점: A에 작용하는 힘의 크기는 일정하고 B에 작용하는 힘의 크기는 점점 증가한다. / A에 작용하는 힘의 방향은 변하고 B에 작용하는 힘의 방향은 일정하다. / A에 작용하는 힘은 A의 운동 방향에 수직이고, B에 작용하는 힘은 B의 운동 방향과 같다. 등

채점 기준	배점(%)
공통점과 차이점을 하나씩 옳게 서술한 경우	100
공통점과 차이점 중 한 가지만 옳게 서술한 경우	50
그 외의 오답	0

17 같은 크기의 힘이 작용할 때 힘이 작용한 시간이 길수록 물체가 받는 충격량이 크다. 정지 상태의 물체가 받은 충격량이 클수록 나중 운동량이 크고 속력이 빠르다.

모범 답안 ▶ 힘이 작용하는 시간이 (가)보다 (나)에서 더 크므로 화살이 받는 충격량도 크다. 따라서 바람총을 떠날 때 화살의 운동량(속력)이 (가)보다 (나)에서 더 크기 때문에 더 멀리 날아간다.

채점 기준	배점(%)
충격량과 운동량을 이용해 옳게 서술한 경우	100
(나)에서 속력이 더 빠르다고만 서술한 경우	30
그 외의 오답	0

18 같은 속력으로 운동하던 두 자동차가 충돌하는 경우 서로에게 작용하는 힘은 크기가 같고 방향이 반대이다. 충돌 시간이 같으므로 자동차가 받은 충격량의 크기가 같고 운동량 변화량이 같다. 그러나 질량이 다르므로 속도 변화량은 질량이 작은 승용차가 크다. 따라서 같은 시간 동안 속도 변화량이 큰 승용차의 가속도가 크므로 운전자의 가속도도 크다. 따라서 승용차 운전자가 트럭 운전자보다 더 큰 힘을 받게 된다.

모범 답안 ▶ (1) 충돌하는 동안 승용차와 트럭이 주고받는 힘의 크기가 같고, 충돌 시간도 같으므로 충돌하는 동안 승용차와 트럭이 받는 충격량의 크기는 같다.

(2) 충격량이 같으므로 운동량의 변화량도 같다. 그런데 승용차의 질량이 작으므로 속도 변화량은 승용차가 트럭보다 크다. 가속도의 크기는 단위 시간 동안 속도 변화량이므로 가속도는 승용차 운전자가 더 크다. 따라서 승용차 운전자에게 더 큰 힘이 작용한다.

(3) 운전자의 운동량 변화량의 크기를 줄이면 충격량이 감소하므로 제한 속도를 지키고 과속하지 않는다. / 에어백을 설치하면 같은 충격량을 받더라도 운전자가 자동차와 충돌하는 시간을 길게 하여 운전자가 받는 힘의 크기가 작아진다. / 범퍼가 잘 찌그러져야 같은 충격량을 받더라도 자동차가 충돌하는 시간이 길어져 자동차가 받는 평균 힘의 크기가 감소한다. 등

	채점 기준	배점(%)
(1)	힘과 시간을 언급하여 충격량의 크기를 옳게 비교한 경우	30
	충격량의 크기만 옳게 비교한 경우	15
	그 외의 오답	0
(2)	운동량과 충격량의 관계, 가속도와 속도 변화량의 관계를 이용하여 그 까닭을 옳게 서술한 경우	30
	운동량의 변화량과 충격량이 같다고만 서술한 경우	10
	그 외의 오답	0
(3)	안전사고 예방 방법 한 가지와 원리를 모두 옳게 서술한 경우	40
	안전사고 예방 방법만 서술한 경우	20
	그 외의 오답	0

수행평가 맛보기 162~163쪽

● **결과**

같다

● **정리 & 해석**

1. ㉠ 일정하게 증가, ㉡ 일정하게 증가한다, ㉢ 일정, ㉣ 일정하다, ㉤ 일정하게 증가, ㉥ 일정하게 증가한다

2. 중력 3. 작용하는 힘이 없기

1 (1) 해설 참조 (2) 해설 참조
2 (1) 해설 참조 (2) 해설 참조 (3) 해설 참조

1 수평으로 던진 물체는 연직 방향으로 자유 낙하 운동, 수평 방향으로 등속 운동을 한다.

모범 답안 ▶ (1)

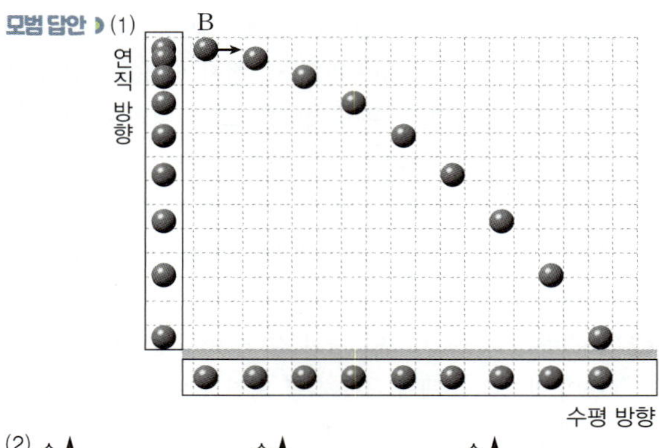

(2)
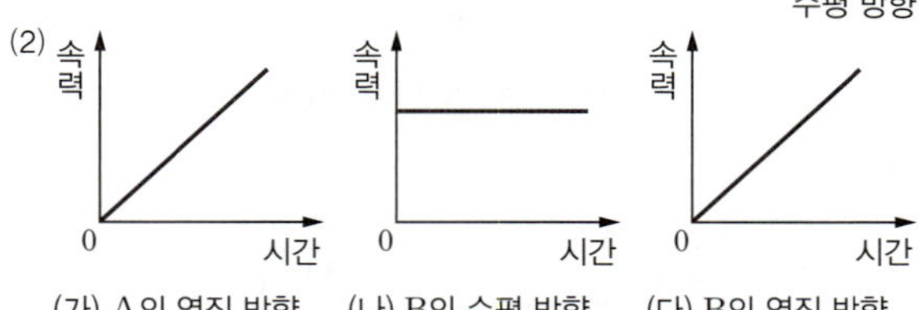

(가) A의 연직 방향 운동 (나) B의 수평 방향 운동 (다) B의 연직 방향 운동

	채점 기준	배점(%)
(1)	B의 위치를 모두 옳게 그린 경우	40
	B의 위치를 수평 방향과 연직 방향 중 하나만 옳게 그린 경우	20
	그 외의 오답	0
(2)	A, B의 그래프를 모두 옳게 나타낸 경우	60
	그래프 두 개만 옳게 나타낸 경우	40
	그래프 한 개만 옳게 나타낸 경우	20
	그 외의 오답	0

2 (3) 달 표면에서 운동하는 물체는 달의 중력을 받아 가속도 운동을 한다.

모범 답안 ▶ (1) ㉠ A ㉡ B

(2) A, B는 동시에 바닥에 떨어진다. A, B는 연직 방향으로 자유 낙하 운동을 하고, 자유 낙하하는 물체의 가속도는 질량에 관계없이 중력 가속도로 같아 시간에 따른 속력 변화량이 같다. 따라서 A, B가 바닥에 도달하는 데 걸리는 시간이 같다.

(3) 달 표면에서의 중력은 지구에서보다 작으므로 중력 가속도도 지구에서보다 작다. 따라서 시간에 따른 속력 변화량이 작아지므로 A, B가 바닥에 도달하는 데 걸리는 시간은 지구에서보다 길다.

	채점 기준	배점(%)
(1)	물체의 운동을 A, B로 옳게 구분한 경우	20
	그 외의 오답	0
(2)	바닥에 동시에 떨어진다고 쓰고, 그 까닭을 옳게 서술한 경우	40
	바닥에 동시에 떨어진다고만 쓴 경우	20
	그 외의 오답	0
(3)	달과 지구에서의 실험 결과를 비교하고 그 까닭을 옳게 서술한 경우	40
	지구에서보다 더 느리게 떨어진다고만 쓴 경우	20
	그 외의 오답	0

1 ①   **2** ③   **3** ③   **4** ①   **5** ⑤   **6** ③

1 물체의 운동

풀이 전략

- 속력은 단위 시간 동안의 이동 거리이다.
- 물체의 위치를 일정한 시간 간격으로 나타내면 물체의 위치 간격을 비교하여 물체의 속력을 비교할 수 있다.

그림은 수평면에서 실선을 따라 운동하는 물체의 위치를 일정한 시간 간격으로 나타낸 것이다. Ⅰ, Ⅱ, Ⅲ은 각각 직선 구간, 반원형 구간, 곡선 구간이다.

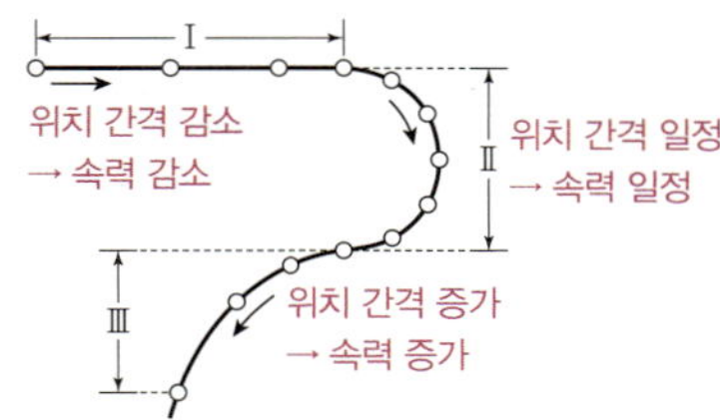

이에 대한 설명으로 옳은 것만을 보기에서 있는 대로 고른 것은?

보기

ㄱ. Ⅰ에서 물체의 속력은 변한다.
ㄴ. Ⅱ에서 물체에 작용하는 알짜힘의 방향은 물체의 운동 방향과 <del>같다.</del> 수직이다.
ㄷ. Ⅲ에서 물체의 운동 방향은 <del>변하지 않는다.</del> 변한다.

✔① ㄱ   ② ㄴ   ③ ㄱ, ㄷ   ④ ㄴ, ㄷ   ⑤ ㄱ, ㄴ, ㄷ

자료 풀이

직선 구간 Ⅰ에서는 같은 시간 동안 물체의 위치 간격이 감소하므로 물체의 속력이 감소한다. 반원형 구간 Ⅱ에서는 같은 시간 동안 물체의 위치 간격이 일정하므로 물체의 속력은 일정하다. 곡선 구간 Ⅲ에서는 같은 시간 동안 물체의 위치 간격이 증가하므로 물체의 속력이 증가한다.

선택지 풀이

ㄱ. Ⅰ에서 물체의 속력은 감소한다.

ㄴ. Ⅱ에서 물체의 속력은 일정하고, 물체는 반원형 구간을 따라 원운동을 한다. 물체가 원운동을 하려면 물체에 원의 중심 방향으로 힘이 작용해야 하므로 물체에 작용하는 알짜힘의 방향은 운동 방향과 수직이다.

ㄷ. 물체의 운동 방향이 변하지 않는 경우는 물체가 직선 구간을 따라 운동할 때이다. 곡선 구간에서 물체의 운동 방향은 계속 변한다.

2 자유 낙하 운동과 수평 방향으로 던진 물체의 운동

풀이 전략

- 수평 방향으로 던진 물체는 연직 방향으로는 중력 가속도로 등가속도 운동을 하고, 수평 방향으로는 등속 운동을 한다.
- 같은 높이에서 자유 낙하하는 물체의 가속도는 중력 가속도로 같다.

- 등속 운동하는 물체의 이동 거리는 시간에 따라 일정하게 증가하므로 속력에 비례한다.

그림과 같이 동일한 높이에서 가만히 놓은 물체 A와 수평 방향으로 던진 물체 B, C가 각각 경로를 따라 운동한다. 수평 도달 거리는 C가 B보다 크다.

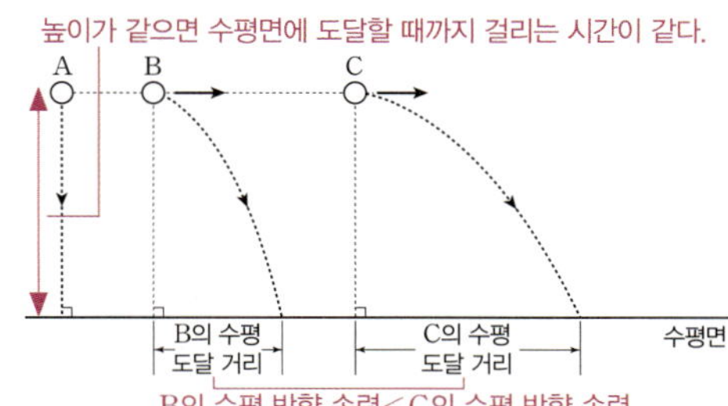

이에 대한 설명으로 옳은 것만을 보기에서 있는 대로 고른 것은? (단, 물체의 크기, 공기 저항은 무시한다.)

보기

ㄱ. A에 작용하는 중력의 방향은 A의 운동 방향과 같다.
ㄴ. 운동을 시작한 순간부터 수평면에 도달할 때까지 걸린 시간은 <del>B가 A 보다 크다.</del> 같다.
ㄷ. 물체의 수평 방향 속력은 C가 B보다 크다.

① ㄱ   ② ㄴ   ✔③ ㄱ, ㄷ   ④ ㄴ, ㄷ   ⑤ ㄱ, ㄴ, ㄷ

자료 풀이

A는 자유 낙하 운동, B와 C는 수평 방향으로 던진 물체의 운동을 한다. A, B, C는 같은 높이에서 중력을 받아 연직 방향으로는 중력 가속도로 등가속도 운동을 하므로 시간에 따른 속력 변화가 같다. 한편 B와 C는 수평 방향으로는 등속 운동을 하므로 수평 도달 거리는 처음 물체를 수평 방향으로 던진 속력에 비례한다.

선택지 풀이

ㄱ. A는 연직 방향으로 자유 낙하 운동을 하므로 중력 방향과 운동 방향이 같다.

ㄴ. B의 연직 방향 운동은 A와 같다. 따라서 운동을 시작한 순간부터 수평면에 도달할 때까지 걸린 시간은 A와 B가 같다.

ㄷ. B와 C는 연직 방향으로는 같은 높이에서 출발하여 중력 가속도로 운동하므로 운동을 시작한 순간부터 수평면에 도달할 때까지 걸린 시간이 같다. 운동 시간이 같으므로 B와 C의 수평 도달 거리는 수평 방향 속력에 비례하는데, 수평 도달 거리는 C가 B보다 크므로 수평 방향 속력은 C가 B보다 크다.

3 운동량과 충격량의 관계

풀이 전략

- 물체가 운동 방향으로 충격량을 받으면 운동량이 증가하고, 운동 방향과 반대 방향으로 충격량을 받으면 운동량이 감소한다.
- 힘 – 시간 그래프에서 그래프 아랫부분의 넓이는 물체가 받은 충격량과 같다.

그림 (가)는 수평면에서 질량이 각각 2 kg, 3 kg인 물체 A, B가 각각 6 m/s, 3 m/s의 속력으로 등속도 운동하는 모습을 나타낸 것이다. 그림 (나)는 A와 B가 충돌하는 동안 A가 B에 작용한 힘의 크기를 시간에 따라 나타낸 것이다. 곡선과 시간 축이 만드는 면적은 6 N·s이다.

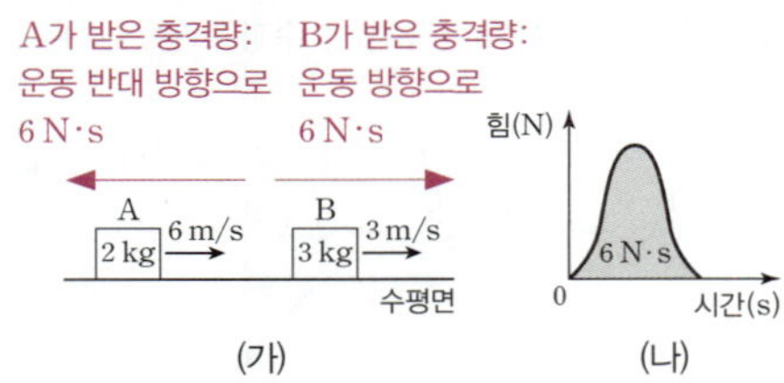

충돌 후, 등속도 운동하는 A, B의 속력을 각각 v_A, v_B라 할 때, $\dfrac{v_B}{v_A}$는? (단, A와 B는 동일 직선상에서 운동한다.)

① $\dfrac{4}{3}$ ② $\dfrac{3}{2}$ ✓③ $\dfrac{5}{3}$ ④ 2   ⑤ $\dfrac{5}{2}$

자료 풀이

A와 B가 충돌할 때 A, B가 주고받은 힘은 크기가 같고 방향이 반대이다. 따라서 A, B가 서로에게 받은 충격량도 크기가 같고 방향이 반대이다. 이때 A는 운동 방향과 반대 방향으로 충격량을 받아 속력이 감소하고, B는 운동 방향으로 충격량을 받아 속력이 증가한다.

선택지 풀이

A, B가 충돌할 때 A, B가 받은 충격량의 크기는 같고 방향은 반대이다. 이때 A는 운동 방향과 반대 방향으로 충격량을 받고 B는 운동 방향으로 충격량을 받는다. (나)에서 그래프 아랫부분의 넓이인 6 N·s는 충격량이고, A, B의 처음 운동 방향을 (+)라고 하면 충돌 전과 후 A의 운동량 변화량은 -6 kg·m/s이고, B의 운동량 변화량은 $+6$ kg·m/s이다. 따라서
2 kg$\times(v_A-6$ m/s$)=-6$ kg·m/s에서 $v_A=3$ m/s이고,
3 kg$\times(v_B-3$ m/s$)=6$ kg·m/s에서 $v_B=5$ m/s이므로
$\dfrac{v_B}{v_A}=\dfrac{5}{3}$이다.

함정 피하기

충격량과 운동량 변화량은 크기와 방향이 있는 물리량이므로 항상 방향에 유의하여야 한다. 이때 처음 운동 방향과 반대 방향으로 충격량을 받으면 물체의 속력이 감소하는데, 만약 처음 운동량보다 큰 충격량을 받으면 운동 방향이 바뀌게 된다.

4 운동량과 충격량

풀이 전략

· 운동량은 질량과 속도의 곱이므로 질량과 속도의 크기에 각각 비례한다.
· 충격량은 물체에 작용한 힘과 힘이 작용한 시간의 곱이고, 충격량을 힘이 작용한 시간으로 나누면 물체에 작용한 평균 힘을 알 수 있다.

다음은 수레를 이용한 충격량에 대한 실험이다.

[실험 과정]

(가) 그림과 같이 속도 측정 장치, 힘 센서를 수평면상의 마찰이 없는 레일과 수직하게 설치한다.

(나) 레일 위에서 질량이 0.5 kg인 수레 A가 일정한 속도로 운동하여 고정된 힘 센서에 충돌하게 한다.

(다) 속도 측정 장치를 이용하여 충돌 직전과 직후 A의 속도를 측정한다.

(라) 충돌 과정에서 힘 센서로 측정한 시간에 따른 힘 그래프를 통해 충돌 시간을 구한다.

(마) A를 질량이 1.0 kg인 수레 B로 바꾸어 (나)~(라)를 반복한다.

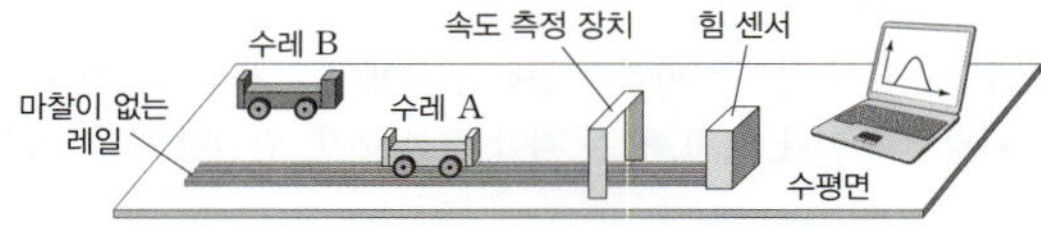

[실험 결과]

충돌 직후 운동 방향이 반대가 된다.

수레	질량(kg)	속도(m/s)		충돌 시간(s)
		충돌 직전	충돌 직후	
A	0.5	0.4	-0.2	0.02
B	1.0	0.4	-0.1	0.05

※ 충돌 시간: 수레가 힘 센서로부터 힘을 받는 시간

이에 대한 설명으로 옳은 것만을 보기에서 있는 대로 고른 것은?

보기

ㄱ. 충돌 직전 운동량의 크기는 A가 B보다 작다.
ㄴ. 충돌하는 동안 힘 센서로부터 받은 충격량의 크기는 A가 B보다 크다. 작다.
ㄷ. 충돌하는 동안 힘 센서로부터 받은 평균 힘의 크기는 A가 B보다 작다. 크다.

✓① ㄱ   ② ㄴ   ③ ㄱ, ㄷ   ④ ㄴ, ㄷ   ⑤ ㄱ, ㄴ, ㄷ

자료 풀이

A, B는 충돌 전후 운동 방향이 반대가 되므로 A, B의 속도 변화량의 크기는 각각 0.6 m/s, 0.5 m/s이다.

선택지 풀이

ㄱ. 충돌 직전 운동량의 크기는 A는 0.5 kg$\times0.4$ m/s$=0.2$ kg·m/s이고, B는 1.0 kg$\times0.4$ m/s$=0.4$ kg·m/s이다.

ㄴ. 충격량의 크기는 운동량 변화량의 크기와 같다. A의 운동량 변화량은 0.5 kg$\times(-0.2$ m/s-0.4 m/s$)=-0.3$ kg·m/s이고, B의 운동량 변화량은 1 kg$\times(-0.1$ m/s-0.4 m/s$)=-0.5$ kg·m/s이다.

ㄷ. 물체가 받은 평균 힘의 크기는 A는 $\dfrac{0.3\ \text{N·s}}{0.02\ \text{s}}=15$ N이고, B는 $\dfrac{0.5\ \text{N·s}}{0.05\ \text{s}}=10$ N이다.

5 물체의 충돌과 충격량

풀이 전략

· 두 물체가 충돌할 때 같은 시간 동안 같은 크기의 힘을 작용하므로 두 물체가 서로에게 받은 충격량의 크기는 같다.

그림 (가)의 I~III과 같이 마찰이 없는 수평면에서 운동량의 크기가 p로 같은 물체 A, B가 서로를 향해 등가속도 운동을 하다가 충돌한 후 각각 등속도 운동을 하고, 이후 B는 벽과 충돌한 후 운동량의 크기가 $\frac{1}{3}p$인 등속도 운동을 한다. 그림 (나)는 (가)에서 B가 받은 힘의 크기를 시간에 따라 나타낸 것이다. B와 A, B와 벽의 충돌 시간은 각각 T, $2T$이고, 곡선과 시간 축이 만드는 면적은 각각 $2S$, S이다. A, B의 질량은 각각 m, $2m$이다.

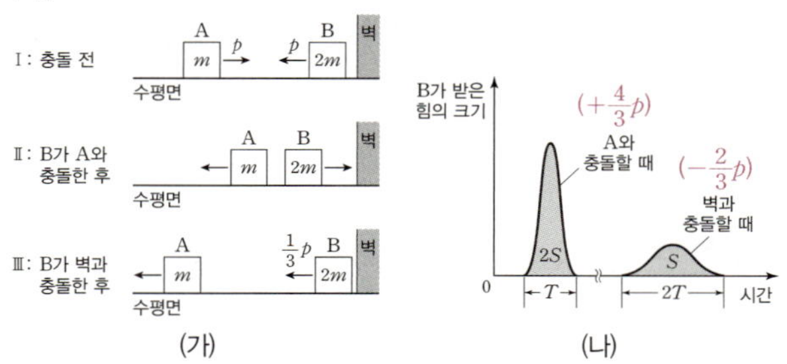

이에 대한 설명으로 옳은 것만을 보기에서 있는 대로 고른 것은? (단, A, B는 동일 직선상에서 운동한다.)

보기

ㄱ. B가 받은 평균 힘의 크기는 A와 충돌하는 동안과 벽과 충돌하는 동안이 같다. $\frac{2S}{T}$ $\frac{S}{2T}$

ㄴ. II에서 B의 운동량의 크기는 $\frac{1}{3}p$이다.

ㄷ. III에서 물체의 속력은 A가 B의 2배이다.

① ㄱ ② ㄴ ③ ㄷ ④ ㄱ, ㄴ ✓⑤ ㄴ, ㄷ

자료 풀이

A의 처음 운동 방향을 (+)이라고 하면 B는 II에서 (+)방향으로 충격량을 받고, III에서 (−)방향으로 충격량을 받는다. B가 A와 충돌할 때 받은 충격량은 $+2S$이고, 벽과 충돌할 때 받은 충격량은 $-S$이다. 따라서 B가 운동하는 동안 받은 전체 충격량은 $2S-S=S$이다. 한편 B의 전체 운동량 변화량의 크기는 $-\frac{1}{3}p-(-p)=+\frac{2}{3}p$이다. 운동량 변화량은 충격량과 같으므로 $S=\frac{2}{3}p$이다.

선택지 풀이

ㄱ. 평균 힘$=\dfrac{충격량}{시간}$이므로 B가 받은 평균 힘의 크기는 A와 충돌할 때는 $\dfrac{2S}{T}$, 벽과 충돌할 때는 $\dfrac{S}{2T}$이다. 따라서 A와 충돌하는 동안 받은 평균 힘의 크기가 벽과 충돌할 때의 4배이다.

ㄴ. B가 A와 충돌할 때 받은 충격량은 $2S=\frac{4}{3}p$이고, 충격량은 운동량 변화량과 같으므로 II에서 B의 운동량을 p_B라고 하면 $p_B-(-p)=\frac{4}{3}p$에서 $p_B=\frac{1}{3}p$이다.

ㄷ. II에서 A와 B가 받은 충격량은 크기가 같고 방향이 반대이다. 따라서 II에서 A의 운동량을 p_A라고 하면 $-p_A-p=-\frac{4}{3}p$에서 $p_A=\frac{1}{3}p$이다. A는 B와 충돌 후 등속도 운동을 하므로 III에서 A의 운동량의 크기는 $\frac{1}{3}p$이다. 즉, III에서 A, B의 운동량의 크기는 같고 질량은 B가 A의 2배이므로 속력은 A가 B의 2배이다.

---

6 등가속도 운동하는 물체의 운동량과 충격량

풀이 전략

물체의 운동 방향으로 일정한 크기의 힘을 받으면 물체는 속력이 일정하게 증가하는 등가속도 운동을 한다. 이때 등가속도 운동하는 물체의 평균 속력은 $\dfrac{(처음 속력+나중 속력)}{2}$이다.

그림 (가)는 $+x$ 방향으로 속력 v로 등속도 운동하던 물체 A가 구간 P를 지난 후 속력 $2v$로 등속도 운동하는 것을, (나)는 $+x$ 방향으로 속력 $3v$로 등속도 운동하던 물체 B가 P를 지난 후 속력 v_B로 등속도 운동하는 것을 나타낸 것이다. A, B는 질량이 같고, P에서 같은 크기의 일정한 힘을 $+x$ 방향으로 받는다.

A, B는 같은 가속도로 등가속도 운동

운동 방향으로 힘을 받으면 속력 증가($v_B>3v$)

P에서 평균 속력$=\dfrac{(v+2v)}{2}=\dfrac{3}{2}v$

P에서 평균 속력$=\dfrac{(3v+v_B)}{2}$

이에 대한 설명으로 옳은 것만을 보기에서 있는 대로 고른 것은? (단, 물체의 크기는 무시한다.)

보기

ㄱ. P를 지나는 데 걸리는 시간은 A가 B보다 크다.

ㄴ. 물체가 받은 충격량의 크기는 (가)에서가 (나)에서보다 크다.

ㄷ. $v_B=4v$이다. $v_B<4v$

① ㄱ ② ㄷ ✓③ ㄱ, ㄴ ④ ㄴ, ㄷ ⑤ ㄱ, ㄴ, ㄷ

자료 풀이

P에서 물체의 운동 방향으로 힘을 받으므로 물체의 속력은 증가한다. 이때 P에서 작용하는 힘의 크기가 일정하므로 A, B는 같은 가속도로 등가속도 운동을 한다. 등가속도 운동하는 물체의 평균 속력은 $\dfrac{(처음 속력+나중 속력)}{2}$이므로 구간 P에서 A의 평균 속력은 $\dfrac{(v+2v)}{2}=\dfrac{3}{2}v$이고, B의 평균 속력은 $\dfrac{(3v+v_B)}{2}$이다.

선택지 풀이

ㄱ. 평균 속력$=\dfrac{이동 거리}{시간}$이므로 이동 거리가 같을 때 평균 속력과 시간은 반비례 관계이다. P에서 A의 평균 속력은 $\dfrac{3}{2}v$이고, B의 평균 속력은 $\dfrac{(3v+v_B)}{2}$인데 v_B는 $3v$보다 크므로 B의 평균 속력은 A보다 크다. 따라서 P를 지나는 데 걸리는 시간은 A가 B보다 크다.

ㄴ. P에서 A, B는 같은 크기의 힘을 받고, 힘을 받은 시간은 A가 B보다 크다. 충격량은 힘이 일정할 때 시간에 비례하므로 물체가 받은 충격량은 (가)에서가 (나)에서보다 크다.

ㄷ. A, B의 질량을 m이라고 하면 A의 운동량의 변화량은 $m(2v-v)=mv$이므로 A가 받은 충격량은 mv이다. 한편 B가 받은 충격량은 $m(v_B-3v)$인데 이 값이 A보다 작으므로 $m(v_B-3v)<mv$에서 $v_B<4v$이다.

6 생명 시스템

14 생명 시스템의 기본 단위

개념 확인하기
171쪽

1 (1) ○ (2) ○ (3) ×
2 (1) 엽록체 (2) 라이보솜 (3) 소포체 (4) 핵 (5) 마이토콘드리아
3 (1) ○ (2) ○ (3) × (4) × (5) ○ (6) ×
4 (1) 인지질 (2) 친수성 (3) 소수성 (4) 막단백질
5 (1) ○ (2) × (3) ○
6 (1) ○ (2) × (3) ○

1 (3) 생명체를 이루는 조직이나 기관에 따라 세포의 모양과 기능이 다르다.

3 (3) 빛에너지를 흡수하여 유기물을 합성하는 세포소기관은 엽록체로 식물 세포에만 있다. 골지체(C)는 소포체에서 운반된 단백질을 변형하여 분비하는 데 관여한다.
(6) 라이보솜은 DNA의 유전정보에 따라 단백질을 합성한다.

4 세포막은 인지질과 단백질(막단백질)로 이루어져 있으며, 인지질 2중층에 군데군데 단백질이 파묻혀 있는 구조이다. 인지질은 친수성인 머리 부분은 바깥쪽을 향하고, 소수성인 꼬리 부분은 안쪽으로 서로 마주 보며 2중층으로 배열된다.

5 (1)~(3) 산소, 이산화 탄소와 같이 크기가 작은 분자, 지질 입자와 같은 소수성 물질은 인지질 2중층을 직접 투과하여 확산하고, 포도당, 아미노산과 같이 크기가 큰 분자, Na^+, K^+과 같은 전하를 띠는 물질은 막단백질을 통해 확산한다.

6 (가)는 20 % 설탕물을 떨어뜨린 양파 표피세포이다. 세포에 있는 물이 세포 밖으로 빠져나가는 양이 많아 세포질이 수축하여 세포막과 세포벽이 분리된다. (나)는 증류수를 떨어뜨린 양파 표피세포이다. 세포 밖의 물이 세포 안으로 이동하게 되어 양파 표피세포의 부피가 커진다.

1등급 코디
172쪽

예제 1 (1) × (2) ○ (3) × (4) ○ (5) ×

예제 1 (1) 물질 A는 인지질 2중층을 직접 투과하는 산소, 물질 B는 막단백질을 통해 세포막을 통과하는 Na^+이다. 인지질 2중층을 직접 투과할 수 있는 물질은 산소, 이산화 탄소와 같이 크기가 작고 극성이 약한 물질이다.
물질 B의 그래프를 보면 초기에는 세포 안팎의 농도 차가 커질수록 물질의 이동 속도가 증가하지만, 농도 차이가 점점 더 커져 물질의 이동에 관여하는 막단백질이 모두 이용되고 있으면 물질의 이동 속도가 최대에 도달하여 더 이상 이동 속도가 증가하지 않는다. 포도당, 아미노산과 같이 크기가 크고 극성을 띠는 물질이나 Na^+, K^+과 같이 전하를 띠는 물질은 막단백질을 통해 확산된다.

1등급 코디
173쪽

예제 1 ㄴ, ㅁ, ㅂ

예제 1 ㄱ. 반투과성막은 물과 같은 용매는 투과시키고 용질은 투과시키지 않는다.
ㄷ. 확산과 삼투에는 에너지가 쓰이지 않는다.
ㄹ. 삼투는 농도가 낮은 용액(B)에서 높은 용액(A)으로 물과 같은 용매가 이동하는 현상이다.

개념 적용하기
174~176쪽

01 ⑤	**02** ④	**03** ④	**04** ⑤	**05** ④
06 ①	**07** ②	**08** ③	**09** ④	
10 선택적 투과성		**11** ④	**12** ④	**13** ⑤
14 해설 참조	**15** 해설 참조	**16** 해설 참조		

01 세포는 각 세포소기관의 다양한 기능과 세포소기관 사이의 밀접한 상호작용에 의해 생명 현상이 나타나는 하나의 생명 시스템이다. 다세포생물의 경우 모양과 기능이 다양한 수많은 세포가 유기적으로 조직되어 독립적인 생활을 할 수 있다.

02 동물의 구성 단계에는 조직계가 없고 기관계가 있다.

03 ① A−핵: 유전물질인 DNA가 들어 있다.
② B−소포체: 라이보솜에서 합성한 단백질을 골지체나 세포의 다른 부위로 운반한다.
③ C−라이보솜: 단백질을 합성하는 곳이다.
⑤ E−골지체: 소포체에서 운반된 단백질을 변형하고 분비한다.

04 A는 엽록체, B는 핵, C는 마이토콘드리아, D는 세포막, E는 라이보솜이다.
바로 알기 | 라이보솜은 유전정보에 따라 단백질을 합성한다.

05 (가)는 마이토콘드리아로 세포호흡을 통해 세포의 생명활동에 필요한 에너지를 생산하고, (나)는 엽록체로 빛에너지를 이용해 이산화 탄소와 물을 이용하여 포도당을 합성하는 광합성을 한다.
바로 알기 | ④ 유기물을 분해하여 세포의 생명활동에 필요한 에너지가 생성되는 곳은 (가) 마이토콘드리아이다.

06 세포막은 인지질 2중층에 군데군데 단백질이 파묻혀 있거나 관통하고 있는 구조이다. 인지질은 친수성인 머리 부분(㉠)이 물과 접한 바깥쪽을 향하고, 소수성인 꼬리 부분(㉡)이 안쪽으로 서로 마주 보며 배열하여 2중층을 이루고 있다.

07 세포막은 모든 물질을 통과시키는 것이 아니라 물질의 종류, 크기 등에 따라 세포막을 통한 물질의 이동이 다르게 일어나도록 하는 선택적 투과성을 가진다.

08 산소나 이산화 탄소와 같이 크기가 매우 작은 기체 분자, 지용성 물질은 인지질 2중층을 직접 통과하여 확산한다.
바로 알기 | K^+, Na^+, 포도당, 아미노산은 모두 막단백질을 통해 세포막을 이동할 수 있다.

09

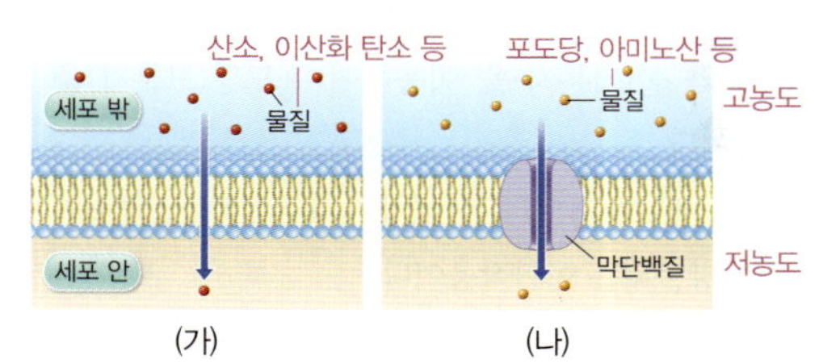

- (가) 인지질 2중층을 직접 통과하여 확산: 산소, 이산화 탄소와 같이 크기가 작은 분자, 지질 입자와 같은 지용성 물질
- (나) 막단백질을 통해 확산: 포도당, 아미노산과 같이 크기가 큰 분자나 Na^+, K^+과 같은 전하를 띠는 물질

바로 알기 | ④ (가), (나) 방식 모두 확산의 원리로 물질이 이동하며 에너지가 소모되지 않는다.

10 세포막은 물질의 종류, 크기 등에 따라 물질의 이동이 다르게 일어나는데 이를 선택적 투과성이라고 한다.

11 삼투는 용매(물)는 통과할 수 있지만 용질은 통과할 수 없는 세포막을 경계로 농도가 다른 두 용액이 있을 때 농도가 낮은 쪽에서 높은 쪽으로 용매인 물이 이동하는 현상이다.

바로 알기 | ㄱ. 물과 같은 용매가 세포막을 통해 확산되어 일어나는 현상이다.

12 식물 세포를 고농도 용액에 담가 두면 삼투로 인해 세포질의 물이 세포 밖으로 빠져나간다. 액포의 크기가 작아지며 세포질의 부피가 작아지고 세포막과 세포벽이 분리된다.

13 (가)는 적혈구의 부피가 커진 것으로 보아 물이 적혈구 안으로 들어가는 양이 많은 상태로, 적혈구 세포질보다 농도가 낮은 용액에 넣었을 때를 나타낸 것이다.

(나)는 적혈구의 부피에 변화가 없는 것으로 보아 적혈구 세포질 농도와 비슷한 용액에 넣었을 때를 나타낸 것이다.

(다)는 적혈구의 부피가 줄어든 것으로 보아 물이 적혈구 밖으로 나가는 양이 많은 상태로, 적혈구 세포질보다 농도가 높은 용액에 넣었을 때를 나타낸 것이다.

14 세포막은 세포 안팎으로 물질 출입을 조절하여 세포에서 물질대사가 잘 일어날 수 있는 독립된 환경을 만든다.

모범 답안 ▶ 세포막은 세포를 둘러싸는 막으로 세포 안을 주변 환경과 분리하며, 세포 안팎으로 물질 출입을 조절한다.

채점 기준	배점(%)
제시어를 모두 포함하여 세포막의 기능을 옳게 서술한 경우	100
제시어의 일부만 포함하여 세포막의 기능을 서술한 경우	50
그 외의 오답	0

15 적혈구를 세포 안쪽보다 농도가 높은 용액에 넣으면 삼투에 의해 적혈구 내부의 물이 빠져나가면서 적혈구가 쭈그러들고, 적혈구를 세포 안쪽보다 농도가 낮은 용액에 넣으면 세포 안으로 들어오는 물의 양이 많아 적혈구가 부풀다가 터진다.

모범 답안 ▶ 세포막을 경계로 저농도인 적혈구 세포질에서 고농도인 용액 X로 용매인 물이 이동하기 때문이다.

채점 기준	배점(%)
제시어를 모두 포함하여 적혈구의 형태가 변하는 까닭을 옳게 서술한 경우	100
제시어의 일부만 포함하여 적혈구의 형태가 변하는 까닭을 서술한 경우	50
그 외의 오답	0

16 인지질: 인산이 있는 머리 부분은 물에 잘 섞이고(친수성), 2개의 지방산이 있는 꼬리 부분은 물에 잘 섞이지 않는다(소수성).

막단백질: 인지질 2중층을 관통하거나 표면에 붙어 있는 단백질이다.

모범 답안 ▶ 인지질 2중층을 직접 투과하는 물질은 크기가 작은 분자, 지용성 물질이다. 막단백질을 통과하여 이동하는 물질은 크기가 큰 분자, 이온과 같이 전하를 띠는 물질이다.

채점 기준	배점(%)
제시어를 모두 포함하여 세포막을 통해 이동하는 물질의 특징을 옳게 서술한 경우	100
제시어의 일부만 포함하여 인지질 2중층이나 막단백질을 통해 이동하는 물질의 특징을 서술한 경우	50
그 외의 오답	0

고난도 도전하기　　　　　177쪽

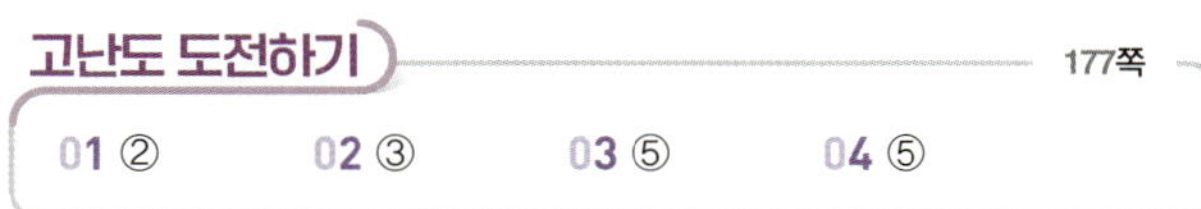

01 물질 ㉠은 단백질이다. 세포질의 라이보솜(B)에서 단백질합성이 일어나고, 소포체(C)에서는 라이보솜에서 합성한 단백질을 골지체(A)로 운반한다.

02 (가)는 물질이 고농도에서 저농도로 세포막을 직접 투과하여 확산하는 방식으로 이산화 탄소, 산소, 지용성 물질 등이 이동하는 방식이다. (나)는 물질이 고농도에서 저농도로 막단백질을 통해 세포막을 통과하여 확산하는 방식으로 K^+, Na^+, 아미노산, 포도당 등이 이동하는 방식이다.

03

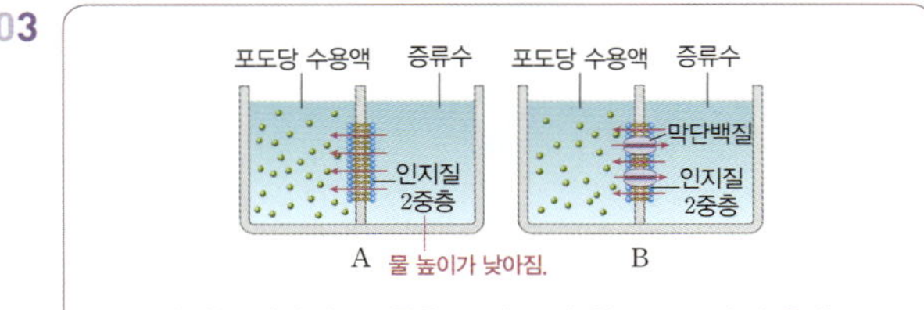

- A에서는 인지질 2중층을 통해 물만 왼쪽 포도당 수용액 쪽으로 확산하므로 오른쪽 용액의 수위가 낮아진다.
- B에서는 물은 인지질 2중층을 통해 왼쪽 포도당 수용액 쪽으로 확산하고, 포도당은 단백질을 통해 오른쪽으로 확산한다.

04 설탕 용액 A의 물 높이가 높아졌으므로 용액 B에서 용액 A로 물의 확산이 일어난 것을 알 수 있다. 따라서 용액 A의 농도가 용액 B의 농도보다 높다.

15 물질대사와 효소

개념 확인하기
181쪽

1 (1) 화학 반응 (2) 흡수 (3) 효소
2 (1) 이화 (2) 동화 (3) 이화 (4) 동화 (5) 동화 (6) 이화
3 (1) ○ (2) × (3) ○ (4) ×
4 (1) × (2) ○ (3) ○ (4) × (5) × (6) ○ (7) × (8) ○
5 기질
6 (1) × (2) ○ (3) ○ (4) ○

1 (1) 물질대사는 생명체 내에서 생명활동을 유지하기 위해 일어나는 모든 화학 반응이다.
(2) 물질을 합성하는 동화작용은 에너지를 흡수하고, 물질을 분해하는 이화작용은 에너지를 방출한다.
(3) 물질대사에는 생체촉매인 효소가 관여한다.

2 (2), (4), (5) 동화작용: 작은 분자로부터 큰 분자를 합성하는 반응으로 에너지를 흡수한다. 예 광합성, 단백질합성 등
(1), (3), (6) 이화작용: 큰 분자를 작은 분자로 분해하는 반응으로 에너지를 방출한다. 예 소화, 세포호흡 등

3 (가)는 동화작용, (나)는 이화작용의 에너지 변화를 나타낸 것이다. 저분자 물질을 고분자 물질로 합성하는 동화작용은 에너지가 흡수되는 반응이고, 생성물이 반응물보다 에너지가 크다. 고분자 물질을 저분자 물질로 분해하는 이화작용은 에너지가 방출되는 화학 반응이고, 반응물이 생성물보다 에너지가 크다.

4 (1) 효소는 반응 전후 변화가 없으므로 반응이 끝나면 촉매 작용을 반복할 수 있다.
(4) 효소는 특정 반응물과 결합하고 활성화에너지를 낮춰 물질대사의 반응 속도를 빠르게 한다.
(5) 한 종류의 효소는 입체 구조에 맞는 한 종류의 반응물과만 결합하여 반응을 촉진한다(기질특이성).
(7) 효소의 주성분은 단백질이므로 고온에서 변성되면 입체 구조가 파괴되어 그 고유 기능을 잃게 된다.

6 (가)는 효소가 없을 때, (나)는 효소가 있을 때의 에너지 변화를 나타낸 것이다. 효소가 없을 때의 활성화에너지는 A, 효소가 있을 때의 활성화에너지는 B이다. C는 반응물의 에너지와 생성물의 에너지 차이인 반응열로 효소의 유무에 관계없이 일정하다.

개념 적용하기
182~184쪽

01 ④	**02** ⑤	**03** ④	**04** ②	**05** ⑤
06 ④	**07** ④	**08** ⑤	**09** ②	**10** ②
11 해설 참조	**12** 해설 참조	**13** 해설 참조		

01 물질대사는 생명활동을 유지하기 위해 생명체 내에서 일어나는 화학 반응으로 물질대사 과정에는 효소가 필요하며 반드시 에너지 출입이 일어난다.

바로 알기 | ④ 광합성은 빛에너지를 흡수하여 이산화 탄소(저분자)와 물(저분자)을 이용하여 포도당(고분자)을 합성하는 반응이다.

02 (가)는 세포호흡으로 큰 분자가 작은 분자로 분해되면서 에너지가 방출되는 이화작용이다.
(나)는 광합성으로 작은 분자가 큰 분자로 합성되면서 에너지가 흡수되는 동화작용이다.

03 (가) 세포호흡은 물질대사로 효소가 작용하지만, (나)는 400 ℃ 이상에서 일어나는 연소 반응으로 효소가 작용하지 않는다.

04 (가)는 고분자 물질이 저분자 물질로 분해되어 에너지가 방출되는 반응이고, (나)는 저분자 물질로 고분자 물질을 합성하는 에너지가 흡수되는 반응이다.
바로 알기 | 세포호흡은 포도당과 같은 고분자 유기물을 저분자인 이산화 탄소와 물로 분해하는 반응이므로 (가)와 같은 에너지 변화가 나타난다.

05 아미노산(저분자)으로 단백질(고분자)을 합성하는 반응은 에너지를 흡수하는 반응이며, 아미노산이 가진 에너지양보다 단백질이 가진 에너지양이 더 많다.
바로 알기 | 단백질의 단위체는 아미노산이므로 그림은 아미노산이 결합하여 폴리펩타이드가 형성되고 있는 물질대사이다.

06

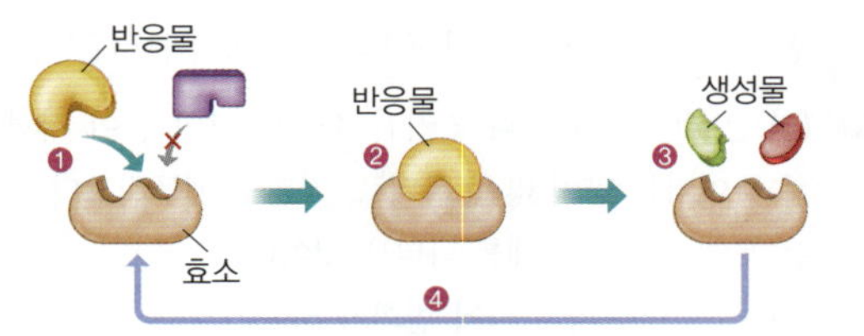

❶ 효소는 특정 반응물하고만 결합한다(기질특이성).
→ 기질이 아닌 물질은 효소와 입체 구조가 맞지 않아 효소와 결합할 수 없다.
❷ 반응물과 결합한 효소는 활성화에너지를 낮춘다.
❸ 반응이 끝나면 효소는 생성물과 분리된다.
❹ 분리된 효소는 촉매 작용을 반복한다(재사용).

바로 알기 | ㄷ. 반응물과 결합한 효소는 화학 반응이 끝나 생성물을 형성한 후에도 입체 구조의 변화가 없으므로 화학 반응에 다시 참여할 수 있다.

07 ㉠은 효소가 없을 때의 활성화에너지, ㉡은 효소가 있을 때의 활성화에너지, ㉢은 반응열이다.
효소는 화학 반응에 참여해 소모되거나 변화되지 않으면서 화학 반응을 촉진하는 물질로, 활성화에너지를 변화시켜 반응 속도를 빠르게 한다. 활성화에너지는 화학 반응이 일어나기 위해 필요한 최소한의 에너지로 활성화에너지가 작으면 반응 속도가 빠르고, 활성화에너지가 크면 반응 속도가 느리다.

08 생간과 감자에는 과산화 수소를 물과 산소로 분해하는 화학 반응을 촉진하는 효소인 카탈레이스가 들어 있다. 따라서 생간과 감자가 들어 있는 시험관 A, B에서는 산소가 빠르게 생성되어 기포가 발생하는 것을 확인할 수 있다.

카탈레이스의 작용으로 과산화 수소가 물과 산소로 분해되어 산소 기체가 빠르게 발생한다.

$$2H_2O_2 \xrightarrow{\text{카탈레이스}} 2H_2O + O_2$$

09 **바로 알기** | ② 사람의 모세혈관에서 허파꽈리로 이산화 탄소가 이동하는 것은 세포막을 통한 물질의 확산에 의한 것이다.

10 효소의 주성분은 단백질이므로 고온에서 변성되면 입체 구조가 변형되어 원래의 기능을 잃게 된다(변성). 한 종류의 효소는 입체 구조에 맞는 한 종류의 반응물과만 결합하여 반응을 촉진한다(기질특이성).

바로 알기 | ㄱ. 가열한 파인애플에는 열로 인해 변성된 효소가 들어 있기 때문에 효소는 활성을 잃은 상태이다. 따라서 가열한 파인애플을 넣은 고기는 연해지지 않는다.

ㄷ. 효소는 종류에 따라 구조적으로 맞는 특정 반응물과만 결합할 수 있으므로 (나)의 섬유소를 분해하는 효소는 (가)에서 고기를 분해할 수 없다.

11 (가)는 작은 분자를 큰 분자로 합성하는 반응인 동화작용이고, (나)는 큰 분자가 작은 분자로 분해되는 반응인 이화작용이다. 동화작용에서는 에너지가 흡수되므로 에너지의 크기가 (반응물)<(생성물)이고, 이화작용에서는 에너지가 방출되므로 에너지의 크기가 (반응물)>(생성물)이다.

모범 답안 ▶ (가)는 작은 분자로 큰 분자를 합성하는 반응으로 에너지를 흡수하는 반응이다. (나)는 큰 분자를 작은 분자로 분해하는 반응으로 에너지를 방출하는 반응이다.

채점 기준	배점(%)
제시어를 모두 포함하여 두 가지 물질대사를 옳게 서술한 경우	100
제시어의 일부만 포함하여 두 가지 물질대사 중 한 가지만 옳게 서술한 경우	50
그 외의 오답	0

12 생명체 내에서 일어나는 물질대사는 반응이 단계적으로 일어나 에너지가 소량씩 방출되거나 흡수되므로 세포에 손상을 입히지 않는다.

모범 답안 ▶ 세포호흡은 생체촉매인 효소가 작용하여 저온, 저기압에서도 일어난다. 반응이 여러 단계를 거치며 일어나 소량의 에너지가 단계적으로 방출된다. 반면 연소는 고온, 고기압에서 일어난다. 연소는 반응이 한 번에 일어나며 다량의 에너지가 한 번에 방출된다.

채점 기준	배점(%)
제시어를 모두 포함하여 세포호흡과 연소를 옳게 서술한 경우	100
제시어의 일부만 포함하여 세포호흡과 연소 중 한 가지만 옳게 서술한 경우	50
그 외의 오답	0

13 효소의 주성분은 단백질이고 한 가지 효소는 한 가지 기질에만 작용하는 기질특이성을 갖는다.

모범 답안 ▶ 효소의 주성분은 단백질로 이루어져 있으며 효소는 구조적으로 맞는 특정 반응물과만 결합하여 촉매 작용을 한다. 효소는 화학 반응이 끝나면 생성물과 분리되고 새로운 반응물과 결합하여 재사용될 수 있다.

채점 기준	배점(%)
제시어를 모두 포함하여 효소의 특성을 옳게 서술한 경우	100
제시어의 일부만 포함하여 효소의 특성 일부만 옳게 서술한 경우	50
그 외의 오답	0

고난도 도전하기

185쪽

01 ④　　**02** ①　　**03** ②　　**04** ②, ③

01 (가)는 세포호흡이고, (나)는 연소이다.

ㄱ. 한 분자의 포도당이 완전히 분해되면 여섯 분자의 이산화 탄소를 생성하는 것은 세포호흡과 연소가 동일하다.

ㄷ. 세포호흡은 저온에서 일어나고 연소 반응은 높은 온도에서 일어난다. 따라서

$$\dfrac{\text{(나) 연소 반응이 일어나는 온도(400 ℃ 이상)}}{\text{(가) 세포호흡이 일어나는 온도(약 37 ℃)}} > 1 \text{이다.}$$

바로 알기 | ㄴ. 세포호흡에는 효소가 관여하여 활성화에너지를 낮춘다. 따라서 효소가 관여하지 않는 연소 반응의 활성화에너지보다 세포호흡의 활성화에너지가 낮다.

02 생성물보다 반응물의 에너지가 더 크므로 이화작용의 에너지 변화이다. 이화작용은 큰 분자가 작은 분자로 분해되는 반응으로 에너지가 방출된다.

바로 알기 | ㄴ. 광합성은 작은 분자를 큰 분자로 합성하는 반응으로 에너지가 흡수된다.

ㄷ. 생명체 안에서 일어나는 대부분의 반응은 저온(약 37 ℃), 대기압에서 일어난다.

03 활성화에너지는 화학 반응이 일어나기 위해 필요한 최소한의 에너지이다. 활성화에너지가 작으면 반응 속도가 빠르고, 활성화에너지가 크면 반응 속도가 느리다. 이 화학 반응은 저분자 물질로 고분자 물질을 합성하는 반응으로 C만큼의 에너지를 흡수하는 화학 반응이다.

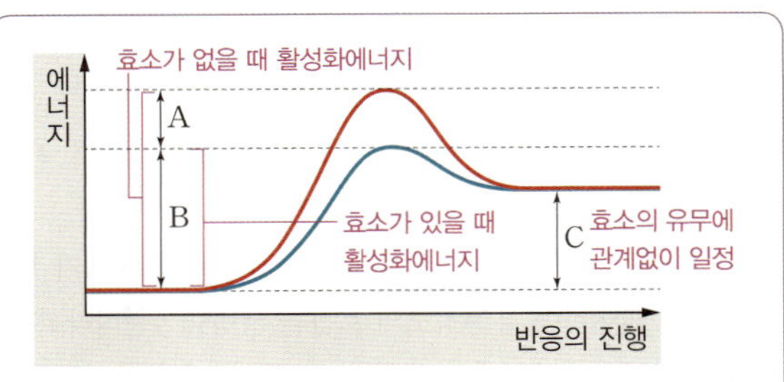

· A+B: 효소가 없을 때의 활성화에너지
· B: 효소가 있을 때의 활성화에너지
· C: 반응열(반응물과 생성물의 에너지 차이로 흡수한 에너지)

바로 알기 | ㄱ. 효소가 있을 때 활성화에너지는 B이다.
ㄷ. 생성물의 에너지가 반응물의 에너지보다 크므로 에너지를 흡수하는 반응이다. C는 반응열로 흡수되는 에너지이다.

04 감자즙에는 과산화 수소 분해 반응을 촉진하는 효소인 카탈레이스가 들어 있어 과산화 수소수에 감자즙을 넣으면 과산소 수소가 분해되어 산소가 발생한다.

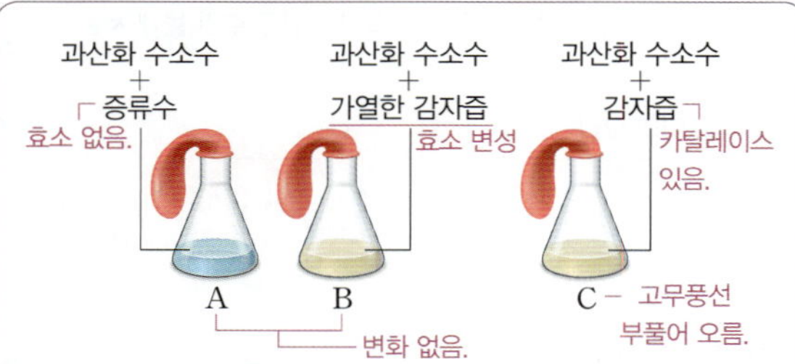

- A: 효소가 없어 과산화 수소 분해 반응이 촉진되지 않는다.
- B: 효소인 카탈레이스가 열로 인해 변성되었으므로 효소의 활성을 잃어 과산화 수소 분해 반응이 촉진되지 않는다.
- C: 카탈레이스가 과산화 수소 분해 반응을 촉진하여 산소가 빠르게 생성된다.
  → 기포가 많이 발생할수록 고무풍선이 부풀어 오르기 때문에 기포 발생이 가장 활발한 플라스크 C의 고무풍선이 플라스크 A와 B보다 빠르게 부풀어 오른다.
  → 고무풍선을 벗기고 입구에 향불을 갖다 대면 향불이 더 잘 타오른다.

16 세포 내 정보의 흐름

개념 확인하기
188쪽

1 (1) 핵 (2) 유전자 (3) 단백질, 형질
2 ㉠ 염색체, ㉡ DNA, ㉢ 유전자
3 (1) (가) 전사 (나) 번역 (2) (가) 핵 (나) 라이보솜
　　(3) 생명중심원리
4 (1) 3염기조합, 3 (2) 코돈, 3 (3) 64, 20 (4) 동일하다
5 (1) 전사 (2) UGCA
6 (1) UGGAAAUCUGGC (2) 4개
7 (1) ○ (2) × (3) × (4) ○ (5) × (6) ○ (7) ×

1 (1) DNA는 세포의 핵 속에 있으며, 생명체의 모든 유전정보가 저장되어 있다.
(2) 유전자는 DNA에서 생물의 형질을 결정하는 유전정보가 저장되어 있는 특정 부분이다.

2 DNA는 단백질과 결합한 상태로 핵 속에 있으며, 세포가 분열할 때 응축하여 막대 모양의 염색체로 나타난다.

3 DNA의 유전정보가 RNA로 전달되고, RNA가 단백질합성에 관여하는 유전정보의 흐름을 생명중심원리라고 한다.

4 (1) DNA에서 3개의 염기가 한 조가 되어 아미노산 하나를 지정하는데 이 유전부호를 3염기조합이라고 한다.
(3) 4종류의 염기가 3개씩 조합을 이루면 64종류(=4^3)의 유전부호가 만들어져 20종류의 아미노산을 지정하고도 남는다.

(4) 세균에서부터 인간에 이르기까지 거의 모든 생명체의 유전부호와 전사 및 번역 과정은 동일하다. 이것은 지구상의 생물이 공통조상으로부터 진화해 온 것을 의미한다.

5 (1) 전사는 DNA에 저장된 유전정보가 RNA로 전달되는 과정으로 DNA 한쪽 가닥의 염기와 상보적인 염기를 가진 RNA 뉴클레오타이드가 결합하여 RNA가 합성된다.
(2) DNA 염기와 RNA 염기의 상보적 관계

DNA	아데닌(A)	사이토신(C)	구아닌(G)	타이민(T)
전사 ↓	↓	↓	↓	↓
RNA	유라실(U)	구아닌(G)	사이토신(C)	아데닌(A)

6 (1) DNA의 아데닌(A)은 RNA의 유라실(U)로 전사된다.
(2) DNA로부터 전사된 RNA에서도 3개의 염기가 한 조가 되어 하나의 아미노산을 지정하므로 12개의 염기는 최대 12÷3=4개의 아미노산을 지정할 수 있다.

7 (2) DNA 한쪽 가닥이 전사에 이용된다.
(3) 전사가 일어난 DNA 가닥의 염기와 RNA의 염기는 상보적 관계이다.
(5) DNA의 연속된 염기 3개가 하나의 아미노산을 지정하므로 300개의 아미노산으로 구성된 단백질은 최소 900개의 DNA 염기가 있어야 한다.
(7) 낫모양적혈구빈혈증은 정상 헤모글로빈 유전자의 염기 중 1개가 바뀌어 나타난다.

1등급 코디
189쪽

예제 1 (1) ○ (2) × (3) × (4) × (5) × (6) ○

예제 1 (1) DNA (A) 가닥의 염기서열이 RNA의 염기와 상보적이므로 DNA (A) 가닥에서 RNA가 전사되었다.
(2) DNA (B) 가닥에서 ㉠의 염기서열은 TAC이다.
(3) RNA에서 ㉡의 염기서열은 CAG이다.
(4) 아미노산 3을 지정하는 코돈은 CUU이다.
(5) 코돈 표에서 UAC는 타이로신, CAG는 글루타민, CUU는 류신, GCC는 알라닌을 지정한다.
(6) 연속된 염기 3개의 조합은 64종류이고, 아미노산은 20종류이므로 여러 가지 유전부호가 한 가지 아미노산을 지정하기도 한다.

개념 적용하기
190~192쪽

01 ⑤	02 ①	03 ④	04 ⑤	05 ①
06 ⑤	07 ①	08 ③		
09 AUGCCAGGCUUG	10 ③	11 ④		
12 해설 참조	13 해설 참조	14 해설 참조		

01 **바로 알기** | 유전정보는 DNA의 염기서열에 저장되어 있다. DNA 염기서열은 전사와 번역을 거쳐 아미노산이 결합하는 순서를 결정한다.

02 ㉠은 염색체, ㉡은 DNA, ㉢은 유전자이다.

바로 알기 | ② DNA를 구성하는 단위체는 뉴클레오타이드
이다.

③ DNA를 구성하는 염기는 아데닌(A), 구아닌(G), 사이토
신(C), 타이민(T)이다.

④ 사람의 유전자의 수는 염색체의 수보다 많다.

⑤ 유전정보는 DNA의 염기서열에 저장되어 있다.

03 유전자의 유전정보에 따라 효소를 비롯한 다양한 단백질이
합성되고, 합성되는 단백질의 종류와 양에 따라 다른 형질이
나타난다.

바로 알기 | ① 유전자의 본체는 DNA이다.

② 멜라닌 합성효소의 주성분인 단백질은 세포질의 라이보솜
에서 만들어진다.

③ 멜라닌 합성효소는 단백질이고, 단백질의 단위체는 아미
노산이다.

⑤ 당나귀 털색이 갈색이나 흰색을 띠게 하는 유전자의 DNA
염기서열은 다르다.

04 젖당분해효소는 단백질로 구성되어 있으며, 단백질은 세포질
의 라이보솜에서 아미노산들이 결합하면서 합성된다.

05 그림은 DNA의 유전정보가 RNA로 전달되고, RNA가 단
백질로 번역되는 생명중심원리를 나타낸 것이다.

바로 알기 | ② 핵 속에서 전사된 RNA는 세포질로 나온다.

③, ④ 전사(가)는 핵 속에서, 번역(나)은 세포질의 라이보솜
에서 일어난다.

⑤ DNA의 아데닌(A)은 RNA의 유라실(U)로 전사된다.

06 전사는 DNA에 저장된 유전정보가 RNA로 전달되는 과정
으로 핵 속에서 일어나고, 번역은 RNA의 유전정보에 따라
단백질이 합성되는 과정으로 세포질의 라이보솜에서 일어
난다.

바로 알기 | ① (가)는 전사, (나)는 번역이다.

② (가)에서 DNA의 정보가 RNA로 전달된다. DNA는 분
자의 크기가 커서 핵막을 통과할 수 없기 때문에 핵에만 있
고, 세포질에는 없다.

③ (나)를 통해 아미노산들이 펩타이드결합으로 연결된 폴리
펩타이드가 합성된다.

④ DNA의 연속된 3개의 염기를 3염기조합이라고 하며,
RNA의 연속된 3개의 염기를 코돈이라고 한다.

07 (가)는 전사된 RNA, (나)는 번역된 폴리펩타이드, (다)는
DNA이다.

③ 번역은 RNA(가)의 유전정보로 폴리펩타이드(나)가 합성
되는 것이다.

④ DNA(다)의 연속된 염기 3개가 하나의 아미노산을 지정
한다.

⑤ RNA(가)의 코돈에 따라 아미노산이 순서대로 결합하여
폴리펩타이드가 합성된다.

바로 알기 | ① DNA(다)를 구성하는 단위체는 디옥시라이보
스를 당으로 가지고, RNA(가)를 구성하는 단위체는 라이보
스를 당으로 가진다.

08 DNA의 (가) 가닥을 원본으로 RNA인 (나)가 전사되었다.
DNA의 타이민(T)은 RNA의 아데닌(A)으로, DNA의 구
아닌(G)은 RNA의 사이토신(C)으로 전사된다. 따라서 ㉠은
왼쪽부터 순서대로 ACA이다.

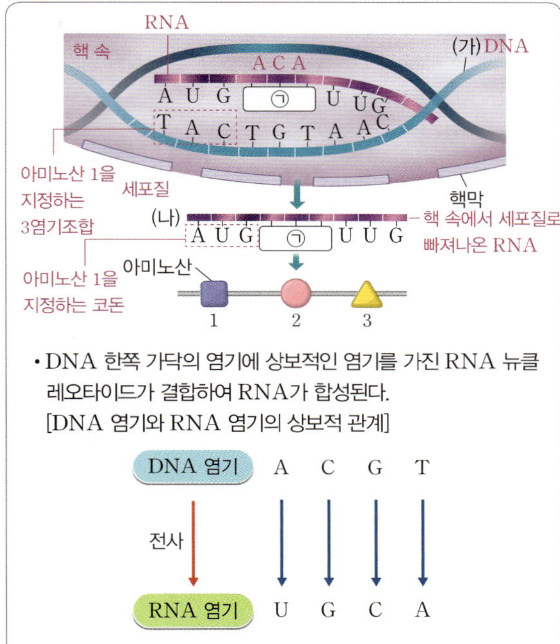

• DNA 한쪽 가닥의 염기에 상보적인 염기를 가진 RNA 뉴클
레오타이드가 결합하여 RNA가 합성된다.
[DNA 염기와 RNA 염기의 상보적 관계]

• DNA 3개의 염기가 한 조가 되어 아미노산 하나를 지정한다
(3염기조합).
• DNA로부터 전사된 RNA에서도 3개의 염기가 한 조가 되
어 하나의 아미노산을 지정한다(코돈).

09 DNA의 아데닌(A)은 RNA의 유라실(U)로, DNA의 타이
민(T)은 RNA의 아데닌(A)으로, DNA의 구아닌(G)은
RNA의 사이토신(C)으로, DNA의 사이토신(C)은 RNA의
구아닌(G)으로 전사된다.

10 DNA 또는 RNA의 3개의 염기가 1개의 아미노산을 지정한
다. 그림의 DNA는 총 12개의 염기로 구성되어 있으므로
12÷3＝4개의 아미노산을 지정한다.

바로 알기 | ㄱ. 1개의 코돈은 1개의 아미노산을 지정한다. 코
돈은 RNA에서 연속된 3개의 염기이다.

ㄴ. DNA에서 3개의 염기가 한 조가 되어 아미노산 하나를
지정하는 유전부호를 3염기조합이라고 하고, DNA로부터 전
사된 RNA에서 3개의 염기가 한 조가 되어 하나의 아미노산
을 지정하는 유전부호를 코돈이라고 한다. 즉 DNA에서 3개
의 염기 CCG는 세 번째 아미노산을 지정하는 3염기조합이
고, 전사된 RNA에서 세 번째 아미노산을 지정하는 코돈은
GGC이다.

11 유전정보의 흐름은 'DNA → RNA → 단백질' 순이다.
RNA의 염기서열이 바뀌면 번역되는 아미노산의 종류가 바
뀔 수 있다.

낫모양적혈구빈혈증은 헤모글로빈 유전자 1개가 바뀌어 헤
모글로빈의 입체 구조가 변해서 적혈구가 낫 모양으로 변하
여 심한 빈혈 증상을 나타내는 유전 질환이다.

12 DNA의 유전정보가 RNA로 전달되고, RNA가 단백질합성에 관여하는 유전정보의 흐름에서 전사는 DNA의 유전정보가 RNA로 전달되는 과정이다.

$$DNA \xrightarrow{\text{전사}} RNA \xrightarrow{\text{번역}} 단백질$$

모범 답안 ▶ 전사는 DNA의 유전정보가 RNA로 전달되는 과정으로, 전사 결과 DNA의 염기서열에 상보적인 염기서열을 가진 RNA가 합성된다.

채점 기준	배점(%)
제시어를 모두 포함하여 전사 과정을 옳게 서술한 경우	100
제시어의 일부만 포함하여 전사 과정을 서술한 경우	50
그 외의 오답	0

13 세균에서부터 인간에 이르기까지 거의 모든 생명체의 유전부호와 전사 및 번역 과정은 동일하다.

모범 답안 ▶ 사람과 대장균의 유전부호 체계는 동일하다. 따라서 사람과 대장균은 공통조상으로부터 진화해 왔음을 알 수 있다.

채점 기준	배점(%)
제시어를 모두 포함하여 유전부호 체계의 공통성과 진화적 의미를 옳게 서술한 경우	100
제시어의 일부만 포함하여 유전부호 체계의 공통성과 진화적 의미 중 한 가지만 옳게 서술한 경우	50
그 외의 오답	0

14 라이보솜에서 RNA의 코돈이 지정하는 아미노산이 차례대로 펩타이드결합으로 연결되어 폴리펩타이드가 합성된다.

모범 답안 ▶ 이 RNA로부터 합성되는 폴리펩타이드는 총 4개의 아미노산으로 구성된다. RNA의 연속된 3개의 염기가 1개의 아미노산을 지정한다. 이 RNA는 총 12개의 염기로 구성되므로, 12÷3＝4개의 아미노산을 지정한다.

채점 기준	배점(%)
제시어를 모두 포함하여 폴리펩타이드를 구성하는 아미노산의 개수와 그 까닭을 옳게 서술한 경우	100
제시어의 일부만 포함하여 폴리펩타이드를 구성하는 아미노산의 개수와 그 까닭 중 한 가지만 서술한 경우	50
그 외의 오답	0

고난도 도전하기　　193쪽

01 ③　　**02** ①　　**03** ④　　**04** ③

01

- DNA의 아데닌(A)은 RNA의 유라실(U)로, DNA의 타이민(T)은 RNA의 아데닌(A)으로 전사된다.
- 코돈 (가)는 류신, (나)는 글라이신, (다)는 류신을 지정한다.

바로 알기 ｜ ㄴ. 여러 개의 코돈이 한 종류의 아미노산을 지정할 수는 있지만 1개의 코돈이 여러 종류의 아미노산을 지정할 수는 없다.

02

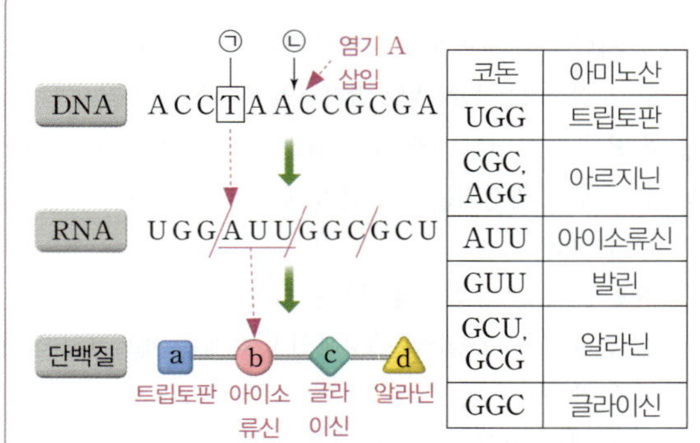

- ㉠ 부분의 염기가 바뀌었을 때 아미노산 c에는 영향을 미치지 않으며, 아미노산 b에 영향을 준다.
  → ㉠의 염기가 T에서 C으로 바뀌면, 코돈 AUU가 코돈 GUU로 바뀐다. DNA의 T은 RNA의 A으로 전사되지만, DNA의 C은 RNA의 G으로 전사되기 때문이다. 따라서 아미노산 b는 아이소류신에서 발린으로 바뀐다.
- ㉡ 부분에 염기 A이 삽입되면,
  [DNA] ACC TAA ACC GCG A
  [RNA] UGG/AUU/UGG CGC U
  [단백질] 트립토판―아이소류신―트립토판―아르지닌
  이렇게 변화된다. 따라서 세 번째 아미노산은 트립토판이 된다.

03

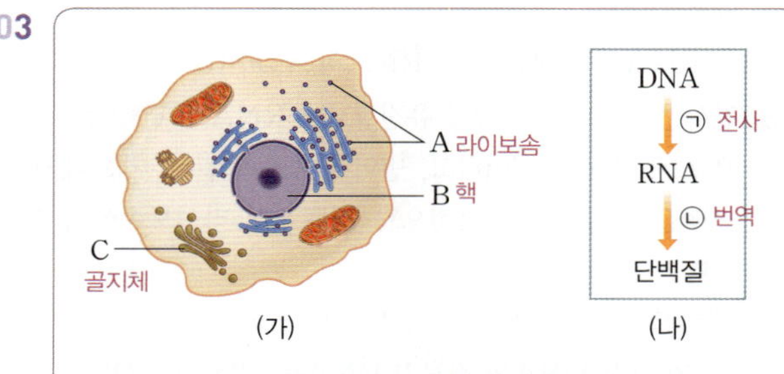

- ㉠과 ㉡은 물질대사에 속하고, 물질대사에는 효소가 관여한다.
- 효소는 단백질로 이루어져 있으며, 단백질은 라이보솜에서 합성된다.

ㄱ. 코돈이 지정하는 순서대로 아미노산이 결합하는 번역은 A(라이보솜)에서 일어난다.

ㄴ. ㉠은 전사로 B(핵)에서 일어난다.

바로 알기 ｜ ㄷ. C(골지체)는 소포체에서 운반된 단백질을 변형하고 분비하는 데 관여한다.

04 낫모양적혈구 헤모글로빈은 정상 헤모글로빈 유전자의 염기 1개가 바뀌면서 나타난 유전자이상이다. 아미노산의 개수에는 변화가 없다.

실력 확인하기　　194～197쪽

01 ④	**02** ③	**03** ⑤	**04** ②	**05** ④
06 ②	**07** ③	**08** ③	**09** ⑤	**10** ⑤
11 ②	**12** ③	**13** 해설 참조	**14** 해설 참조	
15 해설 참조	**16** 해설 참조	**17** 해설 참조	**18** 해설 참조	

01 A는 라이보솜, B는 소포체, C는 마이토콘드리아, D는 핵, E는 골지체이다.

핵 속의 DNA에 저장된 유전정보에 따라 라이보솜에서 단백질이 합성되고, 합성된 단백질은 소포체를 통해 골지체로 운반되어 막으로 싸여 분비된다.

02 A－엽록체: 광합성이 일어나 빛에너지를 화학 에너지로 전환하여 포도당에 저장한다.

B－라이보솜: 단백질을 합성한다.

C－마이토콘드리아: 세포호흡이 일어나 세포의 생명활동에 필요한 형태의 에너지를 생산한다.

바로 알기 | ㄴ. 라이보솜에서는 유전정보에 따라 단백질합성이 일어난다. 생명활동에 필요한 에너지가 합성되는 세포소기관은 C(마이토콘드리아)이다.

03 ㉠은 막단백질, ㉡은 인지질이다. 물질 A는 인지질 2중층을 직접 투과하여 세포막을 통과한다. 물질 A와 같은 방식으로 세포막을 통과하는 물질은 산소, 이산화 탄소, 지질 입자 등이 있다.

04 A는 세포벽, B는 세포막이다. 식물 세포를 세포 안보다 높은 농도의 용액에 담가 두면 삼투에 의해 세포에서 물이 빠져나가 세포질이 수축하여 세포막과 세포벽이 분리되고, 세포 안보다 농도가 낮은 용액에 넣으면 세포 안으로 물이 이동하여 세포가 팽팽해진다.

(나)는 세포의 부피가 커졌으므로 세포 밖에서 세포 안으로 물이 이동한 경우이다. 따라서 (나)는 식물 세포를 증류수에 넣었을 때 상태를 나타낸 것이다.

(다)는 세포의 세포질 부피가 줄어들어 세포막과 세포벽이 분리된 모습이다. 이는 세포 안에서 세포 밖으로 물이 이동하여 세포질 부피가 줄어든 경우이다. 따라서 (다)는 식물 세포를 20 % 소금물에 넣은 상태를 나타낸 것이다.

바로 알기 | ㄱ. 세포 안팎으로 물질이 이동할 수 있기 때문에 (가)와 (나) 같은 변화가 나타난 것이다. 이 실험에서는 물이 세포벽을 통과하였다.

ㄴ. (나)는 식물 세포를 증류수에 넣었을 때의 상태이다.

05 (가)는 마이토콘드리아에서 일어나는 세포호흡, (나)는 단백질합성을 나타낸 것이다. 두 반응 모두 생명체에서 일어나는 화학 반응이므로 생체촉매인 효소가 관여한다. (나)는 저분자 물질인 아미노산으로 고분자 물질인 단백질을 합성하는 화학 반응으로 에너지가 흡수되는 반응이다.

바로 알기 | ㄱ.엽록체에서 일어나는 반응은 광합성이다.

이산화 탄소＋물 ⟶ 포도당＋산소

06 ㉠은 효소이다. 효소는 활성화에너지를 낮추어 화학 반응을 빠르게 일어나게 한다. 때의 성분은 단백질과 지방이고 효소 세제에는 단백질과 지방을 분해하는 효소가 들어 있어 찌든 때를 효과적으로 제거할 수 있다.

바로 알기 | ㄱ. 효소의 주성분은 단백질이다.

ㄴ. 효소는 반응이 끝난 이후에도 분해되거나 변형되지 않으며 재사용된다.

07 효소는 활성화에너지를 낮추므로 효소가 있을 때(㉡)의 활성화에너지는 B, 효소가 없을 때 (㉠)의 활성화에너지는 A이다. C는 반응물의 에너지와 생성물의 에너지 차이인 반응열로 효소 유무에 관계없이 일정하다.

08 생간과 감자에는 과산화 수소를 산소와 물로 분해하는 반응을 촉진하는 카탈레이스가 들어 있다.

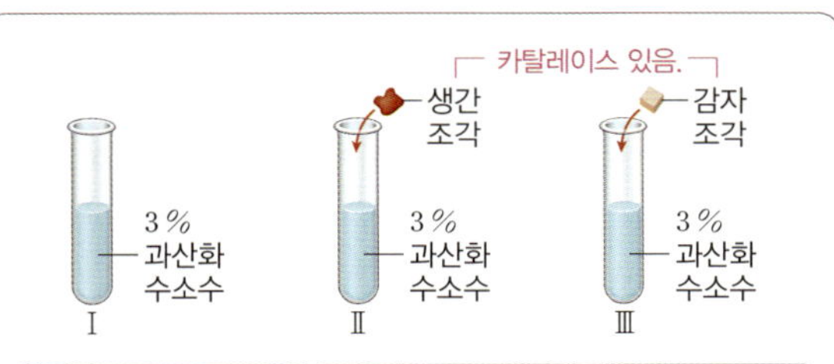

시험관	Ⅰ	Ⅱ	Ⅲ
기포 발생 여부	발생하지 않음.	발생함.	발생함.

- 시험관 Ⅰ에서는 효소가 없으므로 과산화 수소 분해 반응이 촉진되지 않아 기포가 발생하지 않는다.
- 시험관 Ⅱ와 Ⅲ에서 발생한 기포는 과산화 수소가 생간과 감자에 들어 있는 카탈레이스에 의해 분해되어 생긴 산소로, 꺼져 가는 향불을 넣었을 때 불씨의 변화로 확인할 수 있다.
- 반응물인 과산화 수소가 모두 분해되어 기포(산소) 발생이 끝난 시험관 Ⅱ와 시험관 Ⅲ에 반응물인 과산화 수소수를 더 넣어 주면 다시 화학 반응이 일어나기 시작하고 생성물인 산소가 생성되어 기포가 다시 발생한다.
- 효소는 반응이 끝난 후에 생성물과 분리되므로 반응 전과 동일한 상태가 되어 재사용된다.

바로 알기 | ㄴ. 시험관 Ⅱ와 Ⅲ에서 발생한 기포는 과산화 수소가 카탈레이스에 의해 분해되어 생긴 산소이다.

09 번역은 RNA의 코돈에 따라 단백질이 합성되는 과정으로 전사된 RNA가 라이보솜과 결합한 후 RNA의 코돈이 지정하는 아미노산이 펩타이드결합에 의해 순서대로 연결되어 단백질이 합성된다. 이때 연속된 3개의 RNA 염기가 1개의 아미노산을 지정한다.

	RNA	아미노산 구성
Ⅰ	CA 반복	히스티딘 － 트레오닌 반복
Ⅱ	CCG 반복	프롤린 반복
Ⅲ	CAGC 반복	글루타민 － 프롤린 － 알라닌 － 세린 반복

- RNA Ⅰ의 염기서열은 CA가 반복되므로 CACACA CACACA…이다. 여기에서 코돈 CAC가 히스티딘을 지정하고, 코돈 ACA가 트레오닌을 지정함을 알 수 있다.
- RNA Ⅱ의 염기서열은 CCG가 반복되므로 CCGCCG CCGCCG…이다. 여기에서 코돈 CCG가 프롤린을 지정함을 알 수 있다.
- RNA Ⅲ의 염기서열은 CAGC가 반복되므로 CAGCCA GCCAGC… 이다. 여기에서 코돈 CAG는 글루타민을, 코돈 CCA는 프롤린을, 코돈 GCC는 알라닌을, 코돈 AGC는 세린을 지정함을 알 수 있다. 어디에서 번역을 시작하더라도 코돈 CAG, CCA, GCC, AGC가 반복되므로 합성된 폴리펩타이드에는 항상 알라닌이 있다.

ㄴ. RNA Ⅱ의 염기서열에서 CCG와 RNA Ⅲ의 염기서열에서 CCA가 프롤린을 지정함을 알 수 있다.

ㄷ. RNA Ⅲ의 염기서열에서 어디에서 번역을 시작하더라도 코돈 CAG, CCA, GCC, AGC가 반복되므로 합성된 폴리펩타이드에는 항상 알라닌이 있다.

바로 알기 | ㄱ. 코돈 ACA는 트레오닌을 지정한다.

10 (가)는 DNA, (나)는 단백질이다. Ⅰ은 전사, Ⅱ는 번역이다. 전사와 번역 모두 생명체 내에서 일어나는 화학 반응이므로 물질대사에 속한다. 물질대사에는 효소가 관여하므로, Ⅰ과 Ⅱ에 모두 효소가 관여한다. 전사는 핵 속에서, 번역은 세포질의 라이보솜에서 일어난다.

바로 알기 | ㄱ. (가)는 생명체의 유전정보를 저장하고 있는 DNA이다. DNA는 핵산의 한 종류이다.

11 DNA 유전정보가 RNA로 전달되고, RNA가 단백질합성에 관여하는 유전정보의 흐름을 생명중심원리라고 한다.

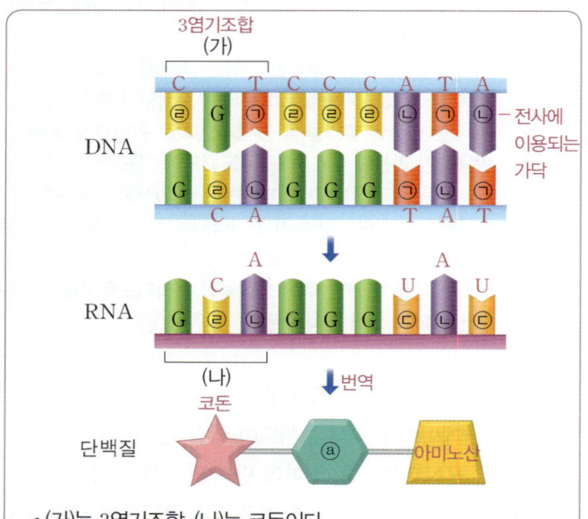

- (가)는 3염기조합, (나)는 코돈이다.
- ㉠은 DNA에서만 발견되므로 A, C, T 중 하나이다. ─타이민(T)
- ㉡은 DNA와 RNA 모두에서 찾을 수 있으므로 A, C 중 하나이다. ─아데닌(A)
- ㉢은 RNA에서만 발견되므로 유라실(U)이다.
- ㉡과 ㉠, ㉡과 ㉢은 상보결합을 한다.
- ㉣은 구아닌(G)과 상보결합하므로 사이토신(C)이다.
  → ㉠은 타이민(T), ㉡은 아데닌(A), ㉢은 유라실(U), ㉣은 사이토신(C)이다.

바로 알기 | ① (가)는 3염기조합, (나)는 코돈이다.

③ ㉢은 유라실(U)이다.

④ ⓐ를 지정하는 RNA 염기서열은 GGG이다.

⑤ DNA의 3염기조합이 1개의 아미노산을 지정한다.

12 DNA 한쪽 가닥의 염기에 상보적인 염기를 가진 RNA 뉴클레오타이드가 결합하여 RNA가 합성된다(전사). DNA로부터 전사된 RNA에서 3개의 염기가 한 조가 되어 하나의 아미노산을 지정하는데 이 유전부호를 코돈이라고 한다. 라이보솜에서 RNA의 코돈이 지정하는 아미노산이 차례대로 펩타이드결합으로 연결되어 폴리펩타이드가 합성된다(번역).

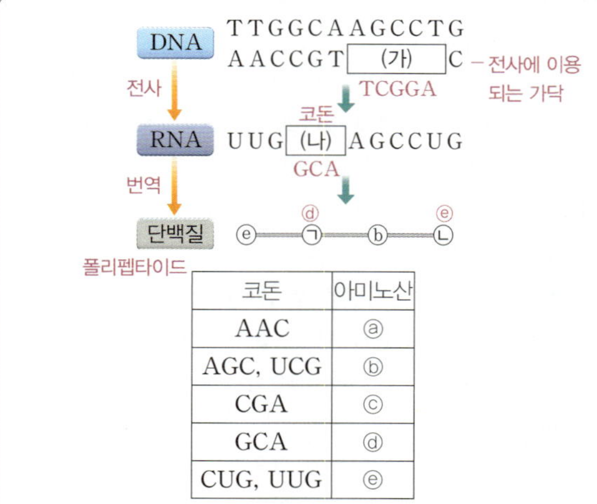

코돈	아미노산
AAC	ⓐ
AGC, UCG	ⓑ
CGA	ⓒ
GCA	ⓓ
CUG, UUG	ⓔ

- (가)는 DNA 한 가닥의 AGCCT와 상보적으로 결합하는 DNA 다른 가닥의 염기이므로 TCGGA이다. 따라서 (가)에 아데닌(A)은 1개 있다.
- (나)는 DNA 염기 CGT와 상보적으로 결합하는 RNA 염기이므로 GCA이다.
- ㉡은 코돈 CUG가 지정하는 아미노산이므로 ⓔ이다.

13 마이토콘드리아는 세포호흡으로 에너지를 생산하고, 엽록체는 광합성으로 에너지를 저장한다.

모범 답안 ▶ (가)는 마이토콘드리아, (나)는 엽록체이다. 마이토콘드리아는 세포호흡을 통해 포도당의 화학 에너지를 세포의 생명활동에 필요한 에너지로 전환하며, 엽록체는 광합성을 통해 빛에너지를 포도당의 화학 에너지로 전환한다.

채점 기준	배점(%)
(가)와 (나)의 이름을 옳게 쓰고 각각 그곳에서 일어나는 에너지전환 과정을 옳게 서술한 경우	100
(가)와 (나) 중 한 가지의 이름과 그곳에서 일어나는 에너지전환 과정만 옳게 서술한 경우	50
(가)와 (나)의 이름만 쓴 경우	30
그 외의 오답	0

14 반투과성막을 경계로 농도가 다른 물질이 있을 때 농도가 낮은 쪽에서 농도가 높은 쪽으로 용매(물)가 이동한다.

모범 답안 ▶ 반투과성막을 사이에 두고 용질의 농도는 용액 B가 높다. 삼투 현상에 의해 물(용매)의 양이 더 많은 용액 A에서 용액 B로 물이 반투과성막을 통과하여 이동한다. 따라서 용액 B의 높이가 올라간다.

채점 기준	배점(%)
용액 A와 용액 B의 높이 변화와 그 까닭을 모두 옳게 서술한 경우	100
용액 A와 용액 B의 높이 변화와 그 까닭 중 한 가지만 옳게 서술한 경우	50
그 외의 오답	0

15 효소는 입체 구조에 맞는 특정 반응물에만 결합하고, 반응 후에도 구조는 변하지 않는다.

모범 답안 ▶ 효소는 입체 구조에 맞는 특정 반응물하고만 결합할 수 있기 때문에 구조가 맞지 않는 다른 물질에는 작용하지 않는다. 반응 후에도 입체 구조에 변화가 없기 때문에 다시 반응물과 결합하여 촉매 작용을 할 수 있다.

채점 기준	배점(%)
효소의 특성을 반응 전과 반응 후로 구분하여 효소의 입체 구조와 관련지어 옳게 서술한 경우	100
효소의 특성을 반응 전이나 반응 후 효소의 입체 구조와 관련지어 일부만 옳게 서술한 경우	50
그 외의 오답	0

16 효소는 주성분이 단백질이므로 높은 온도에서 입체 구조가 변한다. 변성된 효소는 반응물과 결합하지 못하므로 촉매 기능을 잃는다.

모범 답안 ▶ 효소의 주성분은 단백질로 체온이 정상보다 높아지면 효소의 주성분인 단백질이 변성되어 우리 몸에서 일어나는 많은 화학 반응들이 정상적으로 일어나지 못하게 되므로 체온을 낮춰 효소의 변성을 막는다.

채점 기준	배점(%)
체온 조절의 필요성을 효소의 특성과 관련지어 옳게 서술한 경우	100
효소의 특성은 썼지만 체온 조절과 관련지어 서술하지 않은 경우	50
그 외의 오답	0

17 유전부호가 아미노산을 지정하므로 아미노산 개수와 같거나, 아미노산 개수보다 유전부호의 개수가 많아야 한다.

모범 답안 ▶ 생명체를 구성하는 아미노산은 약 20개이므로, 유전부호는 20개 이상 있어야 한다. DNA를 구성하는 염기는 4종류이므로, 유전부호가 1개의 염기로 이루어질 때 4종류의 유전부호가, 2개의 염기로 이루어질 때 16종류의 유전부호가, 3개 염기로 이루어질 때 64종류의 유전부호가 만들어진다. 따라서 유전부호는 3개의 염기로 이루어져야 한다.

채점 기준	배점(%)
유전부호의 개수를 옳게 쓰고 그렇게 판단한 까닭을 옳게 서술한 경우	100
유전부호의 개수를 옳게 썼지만 그렇게 판단한 까닭을 옳게 서술하지 못한 경우	50
그 외의 오답	0

18 아미노산 ●을 지정하는 코돈은 GCU이고, 아미노산 ◆을 지정하는 코돈은 CGG이므로 ⓑ의 염기서열은 'GCUCGG–'로 시작함을 알 수 있다. DNA 두 가닥 중 제시된 한 가닥의 염기서열은 'CGAGCC–'로 ⓑ와 상보적이므로 전사에 사용된 가닥임을 알 수 있다.

모범 답안 ▶ (1) 1개. 아미노산 ●을 지정하는 코돈이 GCU이므로 DNA 이중 가닥 중 'CGAGCCGTT'가 전사에 사용된 가닥임을 알 수 있다. 따라서 ⓑ의 염기서열은 GCUCGGCAA이므로 유라실(U)은 1개 있다.

(2) ⑦ – ⚠. DNA 이중 가닥 중에서 전사에 이용된 가닥은 'CGAGCCGTT'이다. 따라서 세 번째 아미노산을 지정하는 3 염기조합은 GTT이고, 코돈은 CAA이므로 ⑦은 표의 ⚠임을 알 수 있다.

	채점 기준	배점(%)
(1)	유라실(U)의 개수와 그렇게 판단한 까닭을 모두 옳게 서술한 경우	50
	유라실(U)의 개수는 썼지만 그렇게 판단한 까닭을 서술하지 않은 경우	30
(2)	아미노산을 옳게 표시하고 그렇게 판단한 까닭을 모두 옳게 서술한 경우	50
	아미노산의 표시는 옳게 했지만 그렇게 판단한 까닭을 서술하지 않은 경우	30
	그 외의 오답	0

○ 결과
⑦ 변화 없음, ⓛ 살아남, ⓒ 기포 발생

○ 정리 & 해석
1. 카탈레이스   **2.** ⑦ 살아나는, ⓛ 산소
3. ⑦ 기포, ⓛ 재사용   **4.** 열

1 해설 참조   **2** (1) 해설 참조 (2) 해설 참조

1 **모범 답안 ▶** (1) B시험관. 날감자 속에 들어 있는 카탈레이스가 과산화 수소가 물과 산소로 분해되는 반응을 촉진하여 산소 기체가 빠르게 발생한다. 꺼져 가던 불씨는 산소에 의해 연소가 활발하게 일어나 불씨가 살아나게 된다.

채점 기준	배점(%)
불씨가 살아나는 시험관을 옳게 쓰고, 불씨가 살아나는 까닭을 옳게 서술한 경우	100
불씨가 살아나는 시험관을 옳게 썼지만, 불씨가 살아나는 까닭을 옳게 서술하지 않은 경우	50
그 외의 오답	0

2 **모범 답안 ▶** (1) 효소의 주성분은 단백질이므로 열로 익힌 것을 사용하면 효소가 변성되어 효소로서의 기능을 할 수 없기 때문이다.

(2) 산소. 생간과 감자에는 카탈레이스라는 효소가 들어 있다. 카탈레이스는 과산화 수소가 산소와 물로 분해되는 반응의 활성화 에너지를 낮춰 과산화 수소 분해 반응을 촉진하므로 A와 B에서 발생한 기포는 산소이다.

(3) 과산화 수소에 생간이나 감자를 넣었을 때 카탈레이스의 작용으로 과산화 수소 분해 반응이 촉진되므로 산소가 생성되는 속도가 빨라져 기포가 빠르게 발생하는 것을 관찰할 수 있다. 하지만 C에는 효소가 들어 있지 않아 과산화 수소 분해 반응이 촉진되지 않으므로 산소가 생성되는 속도가 매우 느려 기포를 관찰하기 어렵다.

	채점 기준	배점(%)
(1)	생간과 생감자를 사용하는 까닭을 옳게 서술한 경우	30
	그 외의 오답	0
(2)	발생한 기포를 옳게 쓰고, 그렇게 판단한 까닭을 옳게 서술한 경우	30
	발생한 기포를 옳게 썼지만, 그렇게 판단한 까닭을 옳게 서술하지 않은 경우	20
	발생한 기포만 쓴 경우	10
	그 외의 오답	0
(3)	시험관 C에서 기포가 발생하지 않은 까닭을 기포가 발생하는 경우와 비교하여 옳게 서술한 경우	40
	시험관 C에서 기포가 발생하지 않은 까닭만 옳게 서술한 경우	20
	그 외의 오답	0

수능 맛보기

200~203쪽

1 ③　　**2** ②　　**3** ③　　**4** ①　　**5** ③　　**6** ②

1 동물 세포의 구조와 기능

[풀이 전략]

・동물 세포에 존재하는 세포소기관의 구조와 기능을 생각해 보고 적용한다.

그림은 동물 세포의 구조를 나타낸 것이다. A, B, C는 각각 핵, 라이보솜, 소포체 중 하나이다.

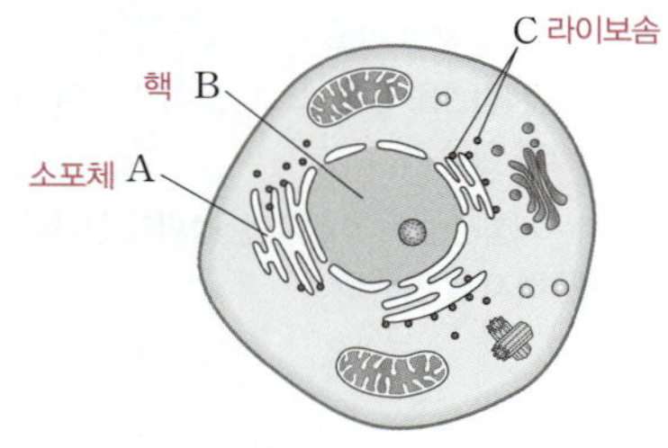
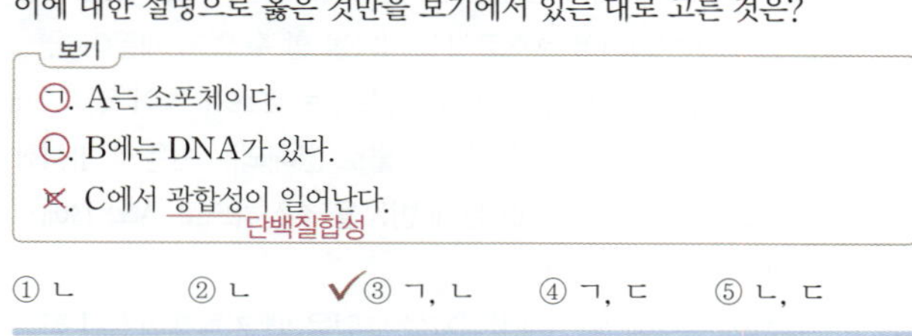

이에 대한 설명으로 옳은 것만을 보기에서 있는 대로 고른 것은?

보기
ㄱ. A는 소포체이다.
ㄴ. B에는 DNA가 있다.
✗. C에서 광합성이 일어난다.
　　　　　단백질 합성

① ㄴ　　② ㄷ　　✔③ ㄱ, ㄴ　　④ ㄱ, ㄷ　　⑤ ㄴ, ㄷ

[자료 풀이]

A는 소포체, B는 핵, C는 라이보솜이다. 그림은 동물 세포의 구조를 나타낸 것이므로 식물 세포에 존재하는 세포벽, 엽록체는 존재하지 않는다.

[선택지 풀이]

ㄱ. A의 일부는 핵막과 연결되어 있으며, 표면에 라이보솜이 붙어 있는 것으로 보아 소포체임을 알 수 있다.

ㄴ. B는 핵으로 유전물질인 DNA가 존재한다.

ㄷ. C는 라이보솜으로 유전물질로부터 전달받은 유전정보에 따라 단백질을 합성한다. 광합성은 식물 세포에 있는 엽록체에서 일어난다.

[함정 피하기]

라이보솜이 유전물질로부터 전달받은 유전정보에 따라 단백질을 합성하므로 DNA가 세포질에 있는 라이보솜에 존재할 수 있다고 생각할 수 있지만, DNA는 핵 속에만 존재하며, 라이보솜은 RNA를 통해 유전정보를 전달받아 단백질을 합성한다.

2 세포막을 통한 물질의 이동

[풀이 전략]

・세포막을 통해 물질이 확산되는 방식은 막단백질을 통한 방식과 인지질 2중층을 직접 투과하는 방식이 있음을 상기한다.

・그림에서 확산 방향을 나타내고 있으므로 확산 방향을 보고 물질의 농도를 정확하게 파악한다.

그림은 물질 ㉠과 ㉡이 세포막을 통해 확산하는 방향을 나타낸 것이다.

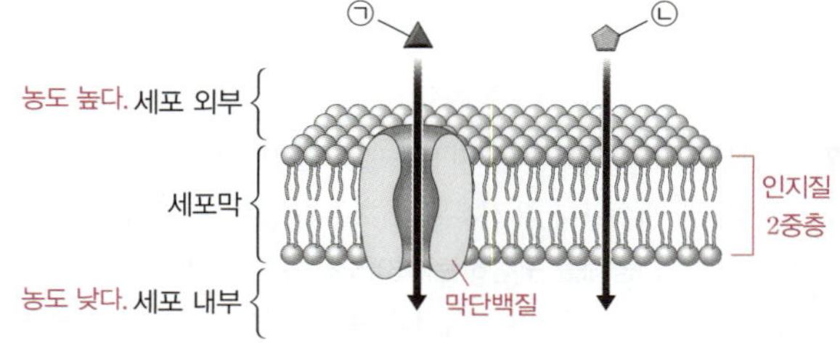
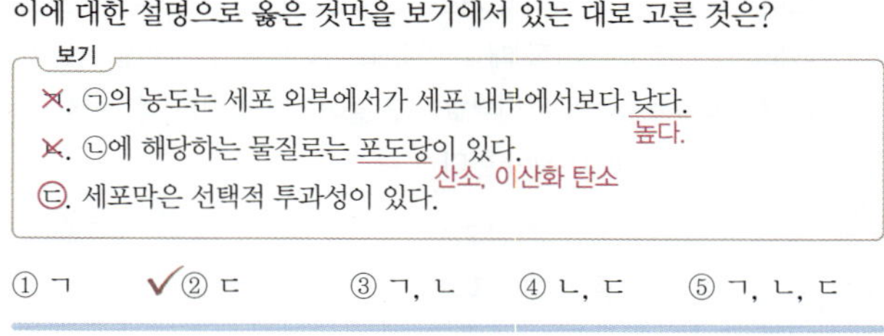

이에 대한 설명으로 옳은 것만을 보기에서 있는 대로 고른 것은?

보기
✗. ㉠의 농도는 세포 외부에서가 세포 내부에서보다 낮다.
　　　　　　　　　　　　　　　　　　　　　　높다.
✗. ㉡에 해당하는 물질로는 포도당이 있다.
　　　　　　　　　　　산소, 이산화 탄소
㉢. 세포막은 선택적 투과성이 있다.

① ㄱ　　✔② ㄷ　　③ ㄱ, ㄴ　　④ ㄴ, ㄷ　　⑤ ㄱ, ㄴ, ㄷ

[자료 풀이]

・물질 ㉠은 막단백질을 통해, 물질 ㉡은 세포막을 직접 투과하여 확산한다. ㉠과 ㉡ 모두 세포 외부에서 내부로 이동하고 있다. 따라서 ㉠과 ㉡의 농도는 세포 외부가 세포 내부보다 더 높다는 것을 알 수 있다.

・막단백질을 통해 이동하는 물질의 종류는 Na^+, K^+과 같은 이온과 포도당, 아미노산 등이 있으며 인지질 2중층을 직접 투과하는 물질로는 산소, 이산화 탄소, 지질 입자 등이 있다.

[선택지 풀이]

ㄱ. ㉠이 세포 외부에서 내부로 확산되고 있으므로 ㉠의 농도는 세포 내부보다 외부에서 더 높다.

ㄴ. ⓒ은 세포막을 직접 투과하는 물질이므로 산소, 이산화 탄소, 지질 입자 등이다. 포도당은 ⓐ과 같이 막단백질을 통해 세포막을 이동할 수 있다.

ㄷ. 세포막은 물질의 종류에 따라 선택적으로 투과시키는 성질을 가진다.

세포막을 경계로 농도가 높은 쪽에서 낮은 쪽으로 물질이 확산한다. 물질은 종류에 따라 인지질 2중층을 직접 통과하거나 막단백질을 통해 확산한다.

3 효소 유무에 따른 활성화에너지 변화

풀이 전략

· 효소의 유무에 따라 활성화에너지가 달라지는 점을 판단한다.

그림은 카탈레이스의 유무에 따른 과산화 수소 분해 반응에서의 에너지 변화를 나타낸 것이다.

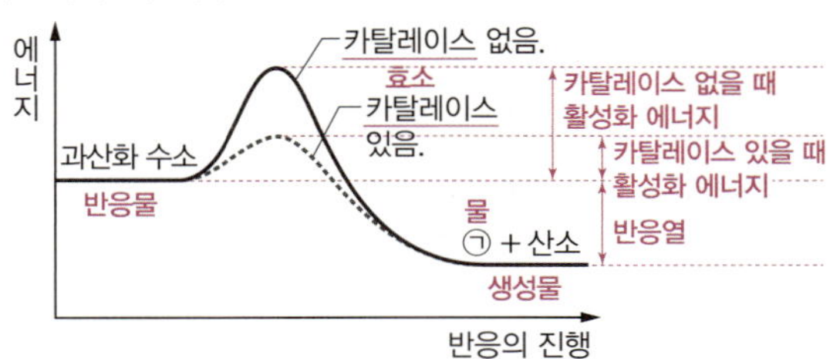

이에 대한 설명으로 옳은 것만을 보기에서 있는 대로 고른 것은?

보기
ㄱ. ⓐ은 물(H_2O)이다.
ㄴ. 카탈레이스는 과산화 수소 분해 반응의 활성화에너지를 낮춘다.
✗. 카탈레이스는 과산화 수소가 분해되는 속도를 감소시킨다.

① ㄱ　　② ㄷ　　✓③ ㄱ, ㄴ　　④ ㄴ, ㄷ　　⑤ ㄱ, ㄴ, ㄷ

자료 **풀이**

· 카탈레이스는 생명체에 존재하는 생체촉매로 화학 반응의 활성화에너지를 낮추는 역할을 한다. 활성화에너지가 낮을수록 화학 반응은 빠르고 쉽게 일어난다.

· 과산화 수소는 카탈레이스의 작용으로 분해되어 물과 산소를 생성한다.

선택지 **풀이**

ㄱ. 과산화 수소 분해 반응은

$2H_2O_2(l) \rightarrow 2H_2O(l) + O_2(g)$로 ⓐ은 물($H_2O$)이다.

ㄴ. 카탈레이스는 생명체 내에서 과산화 수소를 분해하는 반응의 생체촉매인 효소로 활성화에너지를 낮춘다.

ㄷ. 카탈레이스가 과산화 수소 분해 반응의 활성화에너지를 낮추기 때문에 생체 내에서 과산화 수소는 빠른 속도로 분해된다.

함정 피하기

효소는 활성화에너지를 낮추는 역할을 하는 것이므로, 과산화 수소 분해 반응 결과 방출되는 에너지양에는 변화가 없다. 효소는 화학 반응 후에도 분해되거나 다른 물질로 변하지 않는다.

4 감자즙의 카탈레이스로 과산화 수소 분해 확인 실험

풀이 전략

· 감자즙에는 효소인 카탈레이스가 들어 있음을 상기한다.

· 효소의 유무에 따라 기포 발생 여부가 달라짐을 파악한다.

다음은 감자즙을 이용한 효소 작용 확인 실험이다.

· 감자즙에 있는 효소는 과산화 수소 분해 반응에서 촉매로 작용한다.

과산화 수소 → 물 + 산소

[실험 과정]

(가) 시험관 I과 II에 각각 3 % 과산화 수소수 5 mL를 넣는다.

(나) 시험관 I과 II 중 하나에는 감자즙 2 mL를, 다른 하나에는 증류수 2 mL를 넣은 직후 5분 동안 시험관 I과 II에서 기포가 발생하는지를 관찰한다.

[실험 결과]

시험관	I 증류수	II 감자즙
결과	기포가 발생하지 않음.	ⓐ기포가 발생함.

이에 대한 설명으로 옳은 것만을 보기에서 있는 대로 고른 것은?

보기
ㄱ. ⓐ은 산소이다.
✗. 실험 결과에서 $\dfrac{\text{시험관 I의 과산화 수소의 양}}{\text{시험관 II의 과산화 수소의 양}} < 1$이다.
✗. 과산화 수소 분해 반응의 활성화에너지는 시험관 I보다 시험관 II에서 더 높다.

✓① ㄱ　　② ㄴ　　③ ㄷ　　④ ㄱ, ㄴ　　⑤ ㄴ, ㄷ

자료 **풀이**

· 시험관 I에는 기포가 발생하지 않은 것으로 보아 효소가 작용하지 않았으므로 I은 증류수를 넣은 시험관이다.

· 시험관 II에서는 기포가 발생했으므로 감자즙을 넣은 시험관이고, 기포는 과산화 수소 분해 결과 생성된 산소이다.

선택지 **풀이**

ㄱ. ⓐ은 과산화 수소 분해 결과 생성된 산소이다.

ㄴ. 실험 결과의 시험관 I에서 과산화 수소 분해는 느리게 일어나고 있고, 시험관 II에서는 효소에 의해 과산화 수소 분해가 빠르게 진행되고 있다. 따라서 시험관 I의 과산화 수소의 양이 시험관 II의 과산화 수소의 양보다 많으므로

$\dfrac{\text{시험관 I의 과산화 수소의 양}}{\text{시험관 II의 과산화 수소의 양}} > 1$이다.

ㄷ. 시험관 I에서는 효소 없이 자연 상태에서 과산화 수소 분해 반응이 아주 천천히 일어나고, 시험관 II에서는 효소의 작용으로 과산화 수소 분해 반응이 빠르게 일어난다. 효소는 활성화에너지를 낮추기 때문에 화학 반응이 빠르고 쉽게 일어날 수 있도록 한다. 따라서 시험관 I보다 시험관 II에서 활성화에너지가 더 낮다.

함정 피하기

시험관 I에서 효소가 없어도 과산화 수소 분해 반응이 천천히 일어난다.

5 세포에서 일어나는 유전정보의 흐름(1)

풀이 전략

- 상보적인 염기 결합을 이용하여 DNA의 두 가닥 중 전사의 원본을 찾고, (가)와 (나)의 빈칸을 채운다.
- RNA의 염기서열을 왼쪽부터 3개씩 묶은 후(코돈 파악), 코돈이 지정하는 아미노산을 찾는다.

그림은 어떤 세포에서 일어나는 유전정보의 흐름을, 표는 일부 코돈이 지정하는 아미노산을 나타낸 것이다. ㉠과 ㉡은 각각 ⓐ~ⓔ 중 하나이다.

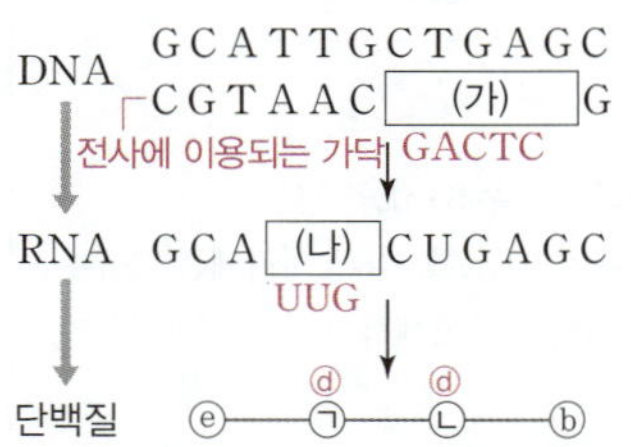

코돈	아미노산
AAC	ⓐ
AGC, UCG	ⓑ
CGA	ⓒ
CUG, UUG	ⓓ
GCA	ⓔ

이에 대한 설명으로 옳은 것만을 보기에서 있는 대로 고른 것은? (단, 돌연변이는 고려하지 않는다.)

보기

㉠. (가)에서 구아닌(G)의 수는 1이다.

✗. (나)는 TTG이다.

㉢. ㉡은 ⓓ이다.

① ㄱ　　② ㄴ　　✓③ ㄱ, ㄷ　　④ ㄴ, ㄷ　　⑤ ㄱ, ㄴ, ㄷ

자료 풀이

- 이중 가닥 DNA에서 마주 보는 염기는 상보결합을 한다.
- (가)는 CTGAG와 마주 보는 염기이므로, C에 대응하여 G을, T에 대응하여 A을, G에 대응하여 C을, A에 대응하여 T을 쓴다. DNA의 두 가닥 중 한 가닥을 원본으로 하여 RNA로 전사되는데, DNA의 원본에 대해 상보결합을 하는 염기를 갖는 RNA 뉴클레오타이드가 연결된다.
- 왼쪽부터 세 개의 염기를 읽었을 때 RNA의 염기서열 'GCA'는 DNA의 'CGT'에 대하여 상보적이므로 아래쪽 DNA 가닥이 전사에 이용되는 것임을 알 수 있다. (나)는 DNA의 'AAC'에 상보적인 염기서열이므로 A에 대응하여 U을, C에 대응하여 G을 쓴다.
- RNA의 연속된 3개의 염기가 한 조를 이뤄 아미노산을 지정하므로, 'GCA' 'UUG' 'CUG' 'AGC'가 지정하는 아미노산을 표에서 찾는다. 'UUG'와 'CUG' 모두 ⓓ를 지정한다.

선택지 풀이

ㄱ. (가)는 CTGAG와 상보적으로 결합하는 염기이므로 GACTC이다. 따라서 구아닌(G)의 수는 1이다.

ㄷ. ㉡은 코돈 CUG가 지정하는 ⓓ이다.

바로 알기 | ㄴ. (나)는 RNA이므로 UUG이다.

함정 피하기

RNA의 염기서열은 DNA의 두 가닥 중 전사에 사용되지 않은 가닥과 같아 보인다. 단, RNA에는 유라실(U)이 있고, DNA에는 타이민(T)이 있으므로 이 부분은 주의해야 한다.

6 세포에서 일어나는 유전정보의 흐름(2)

풀이 전략

- ㉠~㉣ 중 ㉡은 DNA에만 있고, ㉣은 RNA에만 있음을 파악한다.
- 전사는 DNA에서 RNA로 유전정보가 이동하는 것이고, 번역은 RNA에서 단백질로 유전정보가 이동하는 것임을 안다.

그림은 세포에서 일어나는 유전정보의 흐름을 나타낸 것이다. ㉠~㉣은 각각 아데닌(A), 유라실(U), 타이민(T), 사이토신(C) 중 하나이고, (가)와 (나)는 각각 번역과 전사 중 하나이다.

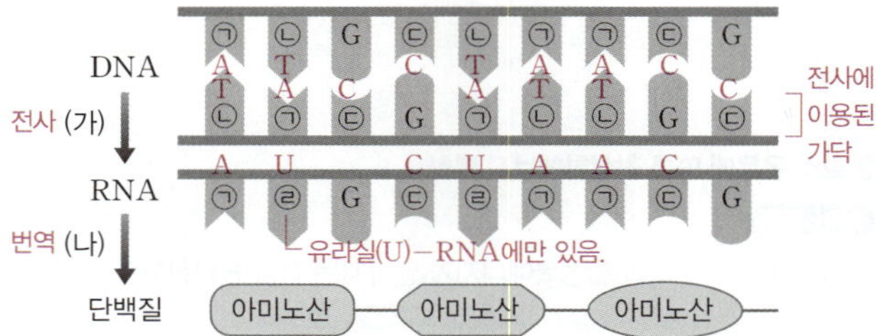

이에 대한 설명으로 옳은 것만을 보기에서 있는 대로 고른 것은? (단, 돌연변이는 고려하지 않는다.)

보기

✗. (가)는 번역이다.

✗. ㉡은 아데닌(A)이다.

㉢. DNA의 단위체는 뉴클레오타이드이다.

① ㄱ　　✓② ㄷ　　③ ㄱ, ㄴ　　④ ㄴ, ㄷ　　⑤ ㄱ, ㄴ, ㄷ

자료 풀이

- DNA로부터 RNA가 만들어지는 과정을 전사, RNA로부터 단백질이 만들어지는 과정을 번역이라고 한다.
- DNA를 구성하는 염기는 ㉠, ㉡, ㉢, G이고, RNA를 구성하는 염기는 ㉠, ㉢, ㉣, G이다. ㉡은 DNA에는 있고 RNA에는 없으므로 타이민(T)이다. ㉣은 RNA에는 있고 DNA에는 없으므로 유라실(U)이다. DNA에서 G과 ㉢이 마주 보고 상보결합을 하므로 ㉢은 사이토신(C)이다.
- 이중 가닥 DNA에서 한 가닥을 원본으로 하여 상보결합을 하는 염기서열을 갖는 RNA가 전사된다. DNA 이중 가닥의 왼쪽으로부터 세 번째 염기서열을 비교해 보면, RNA의 G에 상보적인 염기를 갖는 DNA 가닥은 아래 위치하는 가닥이므로, DNA 이중 가닥 중 아래 위치하는 가닥이 전사의 원본으로 사용되는 가닥이다.

선택지 풀이

ㄷ. DNA의 단위체는 인산, 당, 염기로 구성된 뉴클레오타이드이다.

바로 알기 | ㄱ. (가)는 DNA에 저장된 유전정보가 RNA로 전달되므로 전사이고, (나)는 RNA의 유전정보로부터 단백질이 합성되므로 번역이다.

ㄴ. ㉠은 아데닌(A), ㉡은 타이민(T), ㉢은 사이토신(C), ㉣은 유라실(U)이다.

Ⅰ 과학의 기초

1 과학의 기초

01 과학의 기본량 ~ 02 측정 표준과 정보

4쪽

❶ 거시　　❷ 세슘 원자　　❸ 기본량　　❹ 측정
❺ 측정 표준　　❻ 아날로그　　❼ 전기　　❽ 디지털

주제별 난이도별
다 주는 실전 대비 문제

5~7쪽

001 ④	**002** ④	**003** ⑤	**004** ③	**005** ③
006 ②	**007** 해설 참조		**008** ①	**009** ②
010 ③	**011** 해설 참조		**012** ③	**013** ③
014 해설 참조				

001 ㄴ. 자연 현상을 탐구할 때에는 측정하는 대상의 규모가 미시 세계인지 거시 세계인지 고려해야 한다.
ㄷ. 세슘 원자에서 나오는 빛의 진동수를 이용하여 시간을 정확하게 측정할 수 있다.
바로 알기 | ㄱ. 원자처럼 눈에 보이지 않는 규모의 물체도 측정할 수 있다.

002 ㄴ. (나)는 우리가 일상에서 관측 가능한 세계이므로 거시 세계에 해당된다.
ㄷ. 수소 원자와 같은 미시 세계의 길이를 나타낼 때 nm(나노미터) 단위를 사용하고, 태양계와 같은 거시 세계를 나타낼 때 길이의 단위는 AU(천문단위)를 사용한다.
바로 알기 | ㄱ. 수소 원자는 미시 세계, 태양계의 일부는 거시 세계에 해당하므로 시간의 규모는 (나)가 (가)보다 크다.

003 ㄱ. 기본량은 측정할 수 있는 물리량이다.
ㄴ. 속력의 단위는 m/s로 유도량에 해당한다.
ㄷ. 전류는 기본량에 해당하며 단위는 A(암페어)이다.

004 • 학생 A: cd(칸델라)는 광도를 나타내는 단위이다.
• 학생 B: 넓이(m^2), 부피(m^3)는 모두 기본량 중 길이(m)로 이루어진 유도량이다.
바로 알기 | • 학생 C: 압력의 단위는 $kg/m \cdot s^2$으로 온도의 단위인 K(켈빈)과 무관하다.

005 ㄱ. 속력의 단위는 m/s이므로 속력을 구성하는 기본량은 길이와 시간이다.
ㄷ. ㉡은 단위 부피당 물질량이므로 농도이다.
바로 알기 | ㄴ. ㉠에 들어가는 것은 힘의 단위로 $kg \cdot m/s^2$이다.

006 ㄴ. 온도의 국제단위계 기본 단위는 K(켈빈)이다.
바로 알기 | ㄱ. 습도는 단위가 없는 물리량으로 단위 없이 %(퍼센트)로만 나타낸다.
ㄷ. (가)와 (나)에서의 기온이 같으므로 두 장소에서 미세 먼

지 농도가 차이나는 것은 기온과 무관하다.

007 국제단위계(SI)는 과학, 기술, 산업 등 다양한 분야에서 국제적으로 통용되는 단위 체계로, 기본량의 단위를 시간이 지나도 변하지 않는 기본 상수를 구하는 실험 방법을 사용하여 정의하고 있어 현재 가장 불변의 단위이다.
모범 답안 ▶ 기본량의 단위를 시간이 지나도 변하지 않는 기본 상수를 구하는 실험 방법을 사용해 정의하여 현재 가장 정확한 단위 체계이기 때문이다.

채점 기준	배점(%)
시간이 지나도 변하지 않는 기본 상수를 구하는 실험 방법을 사용해서 정의된 단위임을 옳게 서술한 경우	100
기본 상수를 사용한다고만 서술한 경우	30
그 외의 오답	0

008 **바로 알기 |** • 학생 B: 양을 측정할 때에는 적절한 측정 단위와 측정 도구를 사용해야 한다.
• 학생 C: 과학 탐구에서 어림은 측정 경험, 과학적인 사고 과정, 자료 등을 바탕으로 수행하는 것으로 막연하게 추정하는 활동이 아니다.

009 ㄷ. 액체의 양이 측정 도구의 눈금과 정확하게 일치하지 않는 경우 측정 도구의 눈금 사이를 10등분 하여 읽는다.
바로 알기 | ㄱ. 측정 도구의 눈금 사이를 10등분하여 읽어야 하므로 75.5 mL로 읽는다.
ㄴ. 유리 끝 쪽의 눈금으로 읽지 않는다.

010 ㄱ. (가)의 폭염주의보를 보고 시민들은 폭염에 대비해 더운 시간에 외출을 하지 않는 등의 대비를 할 수 있다.
ㄴ. (나)의 카메라가 제한된 속도 이상으로 주행하는 자동차를 단속한다.
바로 알기 | ㄷ. 측정 표준은 일상생활뿐만 아니라 과학, 산업, 문화 등 여러 분야에서 다양하게 활용된다.

011 측정 표준이 일상생활에서 활용되는 사례로는 미세 먼지 농도 안내, 공사장 소음 측정, 식품 속 첨가물 표시, 자동차 부품 생산 등이 있다.
예시 답안 ▶ 미세 먼지 농도를 측정하여 시민들이 호흡기 질환을 대비할 수 있도록 행동 요령을 안내한다.

채점 기준	배점(%)
측정 표준의 활용 사례와 유용성을 모두 옳게 서술한 경우	100
두 가지 설명 중 한 가지만 옳게 서술한 경우	30
그 외의 오답	0

012 ㄱ. (가)는 시간에 따라 연속적으로 변하는 아날로그 신호로 나타낸 정보이다.
ㄴ. (가)의 아날로그 신호를 디지털 신호로 변환하여 나타낸 (나)는 정보의 저장과 분석이 쉽다.
바로 알기 | ㄷ. (가)는 아날로그 신호, (나)는 디지털 신호로 나타낸 정보이다. 대부분의 전자 기기는 (나)와 같은 형태로 정보를 저장하여 처리한다.

013 ㄱ. (가)는 초음파를, (나)는 적외선을 센서로 받아들이며,

초음파와 적외선은 모두 아날로그 신호이다.

ㄴ. (나)는 측정 대상에서 방출되는 적외선을 받아들여 온도를 측정하는 광센서를 이용한다.

바로 알기 | ㄷ. 두 센서를 이용해 얻은 디지털 정보는 전송 과정에서 거의 손상되지 않는다.

014 디지털 정보는 전송 과정에서 거의 손상되지 않으며 저장과 분석이 용이하다.

모범 답안 ▶ 과학 기술이 발달함에 따라 디지털 정보를 처리하는 속도가 크게 증가하였고, 정보 통신 기술이 함께 발전하였기 때문이다.

채점 기준	배점(%)
과학 기술이 발달함에 따라 디지털 정보를 처리하는 속도가 증가한 것과 정보 통신 기술이 발전한 것을 모두 옳게 서술한 경우	100
두 가지 설명 중 한 가지만 옳게 서술한 경우	30
그 외의 오답	0

Ⅱ 물질과 규칙성

2 원소의 형성

03 우주 초기에 형성된 원소

8쪽

❶ 스펙트럼 ❷ 흡수 ❸ 종류 ❹ 빅뱅 우주론
❺ 쿼크 ❻ 전자 ❼ 수소 원자

주제별 난이도별
다 주는 **실전 대비 문제**

9~13쪽

015 ㄱ. 원소의 스펙트럼은 원소의 종류에 따라 다르게 나타난다.

ㄴ. 고온의 기체에서는 특정 파장의 빛을 방출하고, 저온의 기체에서는 특정 파장의 빛을 흡수하므로 스펙트럼은 원소의 온도에 따라 다르게 나타난다.

바로 알기 | ㄷ. 스펙트럼은 원소의 질량을 측정하는 데 이용되지 않는다.

016 ㄴ. 선 스펙트럼에는 흡수 스펙트럼과 방출 스펙트럼이 있다.

바로 알기 | ㄱ. 연속 스펙트럼은 햇빛이나 백열등에서 나타난다.

ㄷ. 광원에서 방출된 빛이 저온의 기체를 통과하면 흡수 스

펙트럼이 만들어진다.

017 원소의 스펙트럼에 나타나는 흡수선이나 방출선의 위치, 개수, 굵기는 원소마다 다르다.

모범 답안 ▶ 선의 위치, 선의 개수, 선의 굵기 등

채점 기준	배점(%)
선의 위치, 선의 개수, 선의 굵기 중 두 가지 이상 쓴 경우	100
선의 위치, 선의 개수, 선의 굵기 중 한 가지만 옳게 쓴 경우	30
그 외의 오답	0

018 흡수선은 해당하는 파장의 빛이 흡수되어 생성된 것이다.

모범 답안 ▶ 고온의 별에서 방출된 빛이 저온의 기체를 통과할 때 기체가 특정 파장의 빛을 흡수하여 생성된다.

채점 기준	배점(%)
고온의 기체에서 빛의 방출과 저온의 기체에서 빛의 흡수를 모두 옳게 서술한 경우	100
고온의 기체에서 빛의 방출과 저온의 기체에서 빛의 흡수 중 한 가지만 옳게 서술한 경우	50
그 외의 오답	0

019 학생 A: 별빛의 스펙트럼을 이용하여 별의 구성 원소를 알아낼 수 있다.

학생 B: 스펙트럼에 나타난 흡수선이나 방출선의 세기를 이용하여 별에 어느 원소가 많이 있는지 알아낼 수 있다.

바로 알기 | 학생 C: 별의 스펙트럼에 나타난 흡수선은 대부분 별빛이 별의 대기에서 흡수되어 생성된 것이다.

020 ㄱ, ㄴ. 원소의 스펙트럼에서 원소마다 스펙트럼선의 위치와 개수가 다르다.

바로 알기 | ㄷ. 스펙트럼선의 개수만으로는 원자 번호를 알 수 없다.

021 ㄱ. A는 고온의 기체에서 방출된 빛이 만드는 방출 스펙트럼이고, B는 저온의 기체에서 빛이 흡수되어 생기는 흡수 스펙트럼이므로 기체의 온도는 A가 B보다 높다.

ㄴ. A와 B에서 방출선과 흡수선의 파장이 같으므로 A와 B는 동일한 원소에 의해 생성된 스펙트럼이다.

바로 알기 | ㄷ. A와 B는 온도만 다른 같은 기체이므로 두 기체를 합하여도 연속 스펙트럼인 C를 얻을 수 없다.

022 ㄱ, ㄴ. 스펙트럼에 나타나는 흡수선들의 파장은 원소마다 서로 다르고, 흡수선의 굵기도 일정하지 않다.

ㄷ. 별의 스펙트럼을 분석하면 별을 구성하는 원소의 질량비를 알아낼 수 있다.

023 방출선에 해당하는 파장의 빛이 별 A와 B의 스펙트럼 흡수선에 모두 있는 원소는 a뿐이다.

024 ㄱ. 별 A에는 원소 a, b, c의 흡수선이 나타나므로 별 A에는 최소 세 종류의 원소가 존재한다.

ㄷ. 별 A와 B의 스펙트럼이 다르므로 A와 B에 들어 있는 원소의 종류도 다르다.

시험
대비
교재

바로 알기 | ㄴ. 원소 c의 스펙트럼에 나타난 방출선과 별의 스펙트럼에 나타난 흡수선의 위치를 비교하면 c는 A에 들어 있다는 것을 알 수 있다.

025 ㄴ. 천체의 스펙트럼에 나타난 흡수선의 세기를 분석하여 천체를 구성하는 원소의 질량비를 알 수 있다.

ㄷ. 별이 주로 수소로 이루어졌다는 사실은 스펙트럼을 통해 알아내었다.

바로 알기 | ㄱ. 천체의 스펙트럼 중 고온의 천체에서 방출된 빛은 방출선이 나타난다.

026 ㄴ. 원소 A와 B의 스펙트럼이 다르므로 A와 B는 서로 다른 원소이다.

ㄷ. 원자 속 전자는 위치에 따라 특정한 값의 에너지를 갖는데, 이를 에너지 준위라고 한다. 높은 에너지 준위에 있는 전자가 낮은 에너지 준위로 이동할 때 빛을 방출하여 방출선이 생성된다.

바로 알기 | ㄱ. ㉠과 ㉡은 파장의 위치가 다르므로 서로 다른 파장의 빛이다.

027 ㄷ. 우주 배경 복사의 관측으로 빅뱅 우주론이 받아들여지게 되었다.

바로 알기 | ㄱ. 허블은 외부 은하를 관측하여 우주가 팽창하고 있음을 알아냈지만, 빅뱅 우주론을 주장하지는 않았다.

ㄴ. 빅뱅 우주론에서는 우주가 팽창함에 따라 우주의 밀도는 감소한다.

028 ⑤ 양성자와 중성자는 모두 기본 입자인 쿼크로부터 만들어졌다.

바로 알기 | ① 원자는 전기적으로 중성이다.

② 원자에서 원자핵 주위를 전자가 돌고 있다.

③ 기본 입자는 쿼크와 전자이고, 대폭발(빅뱅) 이후 가장 먼저 만들어졌다.

④ 원자핵은 양성자와 중성자로 이루어져 있다.

029 ②, ③ 헬륨 원자핵은 대폭발(빅뱅) 이후 약 3분이 지났을 때, 양성자 2개와 중성자 2개가 결합하여 만들어졌다.

④ 헬륨 원자핵은 양성자인 수소 원자핵보다 나중에 만들어졌다.

⑤ 질량은 수소 원자핵인 양성자의 약 4배이다.

바로 알기 | ① 헬륨 원자핵은 전기적으로 양전하(＋)를 띠고 있다.

030 대폭발(빅뱅) 직후 전자(ㄴ)와 쿼크(ㄷ) 같은 최초의 기본 입자가 형성되었다.

031 ㄴ. 우주의 크기가 커지면서 우주의 밀도가 작아지는 우주론은 빅뱅 우주론이다. 빅뱅 우주론에서 우주의 온도는 시간이 지날수록 낮아진다.

ㄷ. 빅뱅 우주론에서는 시간이 지날수록 은하 사이의 거리가 멀어진다.

바로 알기 | ㄱ. 빅뱅 우주론은 약 138억 년 전 모든 물질과 에너지가 모인 한 점에서 대폭발(빅뱅)이 일어나므로 우주의 시작이 있다.

032 대폭발(빅뱅) 이후 입자들이 생성된 순서는 기본 입자(쿼크, 전자) → 양성자와 중성자 → 헬륨 원자핵 → 원자(수소 원자, 헬륨 원자) 순이다.

033 우주 초기 입자의 생성 순서는 기본 입자(전자, 쿼크) → 양성자와 중성자 → 헬륨 원자핵 → 수소 원자 순이다.

034 대폭발(빅뱅) 이후 약 3분이 지났을 때 양성자 2개와 중성자 2개가 결합하여 헬륨 원자핵이 만들어졌다.

모범 답안 ▶ 양성자 2개와 중성자 2개가 결합하여 헬륨 원자핵이 만들어졌다.

채점 기준	배점(%)
헬륨 원자핵의 형성과 과정을 모두 옳게 서술한 경우	100
헬륨 원자핵의 형성과 과정 중 한 가지만 옳게 서술한 경우	50
그 외의 오답	0

035 ① 우주 초기에 양성자인 수소는 양성자와 중성자의 결합인 헬륨보다 많이 생성되었다.

② 우주에서 가장 먼저 생성된 원자핵은 양성자인 수소 원자핵이다.

③ 현재 우주에 존재하는 수소는 대부분 우주 초기에 생성된 것이다.

⑤ 우주 초기에 형성된 수소 원자와 헬륨 원자는 수억 년이 지나는 동안 중력에 의해 모여 별과 은하를 형성하였다.

바로 알기 | ④ 현재 우주에 존재하는 헬륨은 대부분 우주 초기에 형성된 것이다.

036 원자는 원자핵과 전자가 결합하여 만들어진다.

모범 답안 ▶ 수소 원자는 수소 원자핵과 전자 1개가 결합하여 만들어졌고, 헬륨 원자는 헬륨 원자핵과 전자 2개가 결합하여 만들어졌다.

채점 기준	배점(%)
수소와 헬륨 원자의 생성 과정을 모두 옳게 서술한 경우	100
수소와 헬륨 원자의 생성 과정 중 한 가지만 옳게 서술한 경우	50
그 외의 오답	0

037 ㄱ. ㉠은 중성자, ㉡은 전자이다. 대폭발(빅뱅) 이후 가장 먼저 만들어진 입자는 전자이므로 중성자(㉠)는 전자(㉡)보다 나중에 생성되었다.

바로 알기 | ㄴ. 중성자(㉠)는 전기적으로 중성이다.

ㄷ. 중성자(㉠)의 전하량은 0이고, 전자(㉡)의 전하량은 ―1이므로 ㉠과 ㉡의 전하량의 합은 ―1이다.

038 ㄴ. 우주 배경 복사는 원자가 형성되면서 생성되었으므로 (나) 시기에만 있었다.

ㄷ. 원자의 형성으로 우주는 (가)에서 (나)로 변하였다.

바로 알기 | ㄱ. 우주의 온도가 약 3000 K일 때 (가)에서 (나)로 변하였으므로 (가) 시기에 우주의 온도는 약 3000 K보다 높다.

039 ㄱ. 그림은 양성자 2개와 중성자 2개가 결합하여 헬륨 원자

핵을 만드는 반응으로, 수소 핵융합 반응이다. 수소 핵융합 반응의 결과로 헬륨 원자핵이 생성되었다.

바로 알기 | ㄴ. 헬륨 원자핵이 형성된 이후 수소와 헬륨의 질량비는 약 3 : 1이 되었다. 반응이 일어나기 전에는 헬륨 원자핵이 존재하지 않았다.

ㄷ. 우주의 온도는 점점 낮아지므로 헬륨 원자핵이 생성된 이후에 더 낮아졌다.

040 ㄴ. 그림은 헬륨 원자핵이 형성되는 원리를 나타낸 것이다. 헬륨 원자핵의 형성으로 우주에서 수소와 헬륨의 질량비는 약 3 : 1이 되었다.

ㄷ. 헬륨 원자핵의 형성 이후 우주에서 수소와 헬륨의 개수비는 약 12 : 1이 되었다.

바로 알기 | ㄱ. 헬륨 원자핵이 형성되는 온도는 약 1억 K이다.

04 지구와 생명체를 이루는 원소의 생성

❶ 원시별	❷ 수소 핵융합 반응	❸ 철
❹ 초신성 폭발	❺ 원시 태양	❻ 원반
❼ 가벼운	❽ 생명체	

14쪽

주제별 난이도별 다 주는 실전 대비 문제

15~19쪽

041 ①	**042** ⑤	**043** 해설 참조	**044** ③
045 해설 참조	**046** ③	**047** ④	**048** ①
049 해설 참조	**050** ④	**051** ③	**052** ①
053 ②	**054** ①	**055** ⑤	**056** ②
057 해설 참조	**058** ⑤	**059** ①	**060** ②
061 해설 참조	**062** ①		

041 ② 성운은 주로 수소와 헬륨, 먼지로 이루어져 있다.

③, ④ 성운은 중력에 의해 회전하면서 수축한다.

⑤ 수축하는 성운 중심부의 밀도가 높은 부분에서 원시별이 만들어진다.

바로 알기 | ① 원시별은 밀도가 높고, 온도가 낮은 성운에서 형성된다.

042 ㄱ. 수소 핵융합 반응이 일어나기 위한 온도는 약 1000만 K이다.

ㄴ. 수소 핵융합 반응은 수소 원자핵 4개가 융합하여 헬륨 원자핵 1개를 생성하는 반응이다.

ㄷ. 핵융합 반응 과정에서는 질량 손실이 일어나며, 손실된 질량이 에너지로 전환된다.

043 방금 태어난 별의 중심부에서는 수소 핵융합 반응이 일어나 헬륨이 생성된다.

모범 답안 ▶ 헬륨, 수소 핵융합 반응

채점 기준	배점(%)
헬륨과 수소 핵융합 반응을 모두 옳게 쓴 경우	100
헬륨과 수소 핵융합 반응 중 한 가지만 옳게 쓴 경우	50
그 외의 오답	0

044 ㄱ. (가)는 질량이 작은 별, (나)는 질량이 큰 별의 내부 구조이므로 별의 크기는 (가)가 (나)보다 작다.

ㄷ. 별 내부에서 생성된 원소의 종류는 6개인 (나)가 4개인 (가)보다 많다.

바로 알기 | ㄴ. 별 중심부의 온도는 더 많은 원소가 생성된 (나)가 (가)보다 더 높다.

045 중심부에서 탄소와 산소까지만 생성되는 별 (가)는 질량이 태양과 비슷한 별이고, 네온과 마그네슘까지 생성되는 별 (나)는 질량이 태양보다 큰 별이다.

모범 답안 ▶ 별 내부에서 생성된 원소의 종류는 (나)가 (가)보다 더 많으므로 별의 질량은 (나)가 (가)보다 크다.

채점 기준	배점(%)
별 내부에서 생성된 원소의 종류와 별의 질량을 모두 포함하여 옳게 서술한 경우	100
별 내부에서 생성된 원소의 종류와 별의 질량 중 한 가지만 옳게 서술한 경우	50
그 외의 오답	0

046 학생 A: 별의 중심부에서 일어나는 수소 핵융합 반응은 중심부의 수소가 모두 헬륨으로 변할 때까지 일어난다.

학생 C: 수소 핵융합 반응이 일어나는 동안 별의 크기가 일정하게 유지된다.

바로 알기 | 학생 B: 질량이 큰 별은 수소 핵융합 반응이 일어나는 시간이 짧다.

047 ㄴ. 방금 태어난 별의 중심핵(A 영역)은 평균 온도가 약 1000만 K보다 높다.

ㄷ. 방금 태어난 별은 중력과 내부 압력이 평형을 이룬다.

바로 알기 | ㄱ. 방금 태어난 별의 중심부는 수소와 헬륨이 주성분을 이룬다.

048 ㄱ. 수축하는 헬륨핵의 외곽에서는 수소 핵융합 반응이 일어난다.

바로 알기 | ㄴ. 별의 중심부가 수축함에 따라 중심부의 온도는 점점 높아진다.

ㄷ. 헬륨핵이 수축하는 까닭은 중력이 별의 내부 압력보다 크기 때문이다.

049 중심부에서 수소 핵융합 반응이 끝난 별은 중심부는 수축하고, 중심부의 외곽은 팽창한다.

모범 답안 ▶ 수소 핵융합 반응이 끝난 별의 중심부는 수축하고, 외곽은 팽창한다. 따라서 별의 크기는 커지고, 중심부의 온도는 높아진다.

채점 기준	배점(%)
별의 크기 변화와 중심부의 온도 변화를 모두 옳게 서술한 경우	100
별의 크기 변화와 중심부의 온도 변화 중 한 가지만 옳게 서술한 경우	50
그 외의 오답	0

050 ㄴ. 질량이 태양 정도인 별의 중심부에서 핵융합 반응으로

만들어질 수 있는 가장 무거운 원소는 탄소이다.

ㄷ. 중심부에서 핵융합 반응이 끝나면 중심부만 남고, 나머지 물질은 행성상 성운이 되어 우주 공간으로 방출된다.

바로 알기 | ㄱ. 질량이 태양 정도인 별은 초신성 폭발을 일으키지 않는다.

051 ㄱ. 초신성의 폭발 과정에서는 철보다 무거운 원소가 생성된다.

ㄴ. 초신성의 폭발로 우주 공간에는 여러 가지 원소가 공급된다.

바로 알기 | ㄷ. 초신성 폭발을 일으키는 별은 태양보다 질량이 큰 별이다.

052 ㄱ. 고온의 기체 방전관에서 관찰한 스펙트럼인 (가)에는 방출선이 나타난다.

바로 알기 | ㄴ. 별 S의 스펙트럼에 탄소의 흡수선이 보이지 않으므로 별 S에는 탄소가 포함되어 있지 않다.

ㄷ. 별 S에 포함된 헬륨은 우주 초기에 형성된 것도 있고, 별 내부에서 만들어진 것도 있다.

053 ㄴ. (가)는 수소 핵융합 반응이고, (나)는 헬륨 핵융합 반응이다. 헬륨 핵융합 반응은 수소 핵융합 반응보다 높은 온도에서 일어난다. 따라서 온도는 (가)가 (나)보다 낮다.

바로 알기 | ㄱ. 중심부에서 헬륨 핵융합이 일어나고 있는 별은 중심부 외곽에서 수소 핵융합 반응이 일어난다. 따라서 (가)는 (나)보다 중심부 외곽에서 일어난다.

ㄷ. 수소 핵융합 반응과 헬륨 핵융합 반응에서는 모두 질량 손실이 일어난다.

054 ②, ③ 태양계 성운은 초신성 폭발의 잔해를 포함한 커다란 성운의 일부이다.

④, ⑤ 태양계 성운은 회전 수축하면서 원반 모양을 형성하였고, 회전 수축이 진행될수록 각운동량 보존 법칙에 따라 회전 속도는 점점 더 빨라진다.

바로 알기 | ① 태양계 성운은 회전 수축하여 중심부의 밀도가 가장 높다.

055 ㄱ. 태양계 성운이 회전하면서 중력에 의해 수축하여 성운의 중심부에서 원시 태양이 생성되었다.

ㄴ. 태양계 성운의 원반을 이루고 있던 물질은 서로 충돌하고 결합하여 미행성을 형성하였다.

ㄷ. 행성은 미행성의 충돌과 병합으로 형성되었다.

056 ㄴ. 마그마의 바다에서 일어난 화산 활동으로 방출된 기체들이 지구의 대기를 형성하였으므로 지구의 대기 성분에 변화가 생겼다.

바로 알기 | ㄱ. 지구 중심부에 핵이 아직 생기지 않는 단계의 지구이다.

ㄷ. 마그마의 바다 시기의 지구는 온도가 높았으므로 생명체가 존재하지 않았다.

057 태양계 생성 이후 무거운 원소는 태양 내에서 생성되지 않았다.

모범 답안 ▶ 지구를 비롯한 태양계의 행성에 철보다 무거운 원소

가 포함되어 있지만, 원시 태양의 생성 이후 태양계 내에서는 철보다 무거운 원소가 만들어지지 않았기 때문이다.

채점 기준	배점(%)
행성에 철보다 무거운 원소가 포함됨과 태양의 생성 이후 무거운 원소가 생성되지 않음을 모두 옳게 서술한 경우	100
행성에 철보다 무거운 원소가 포함됨과 태양의 생성 이후 무거운 원소가 생성되지 않음 중 한 가지만 옳게 서술한 경우	50
그 외의 오답	0

058 (마) 원시 지구가 형성되고 미행성의 충돌로 (라) 마그마의 바다가 형성되었다. 밀도 차에 의해 맨틀과 (가) 핵이 분리되고, 지표면의 냉각으로 (다) 원시 지각이 형성되었으며, 수증기가 비가 되어 내려 (나) 원시 바다가 형성되었다.

059 ㄱ. 최초의 생명체는 지구 탄생 후 수억 년이 지나고 바다에서 탄생하였을 것이다.

바로 알기 | ㄴ. 생명체의 종류는 현재가 약 20억 년 전보다 복잡해지고 다양하다.

ㄷ. 생명체의 구조는 지구 탄생 직후가 현재보다 단순하다.

060 ㄷ. (가)는 수소와 얼음 등 가벼운 물질로 구성된 목성, (나)는 철과 규산염 암석 등 무거운 물질로 구성된 지구이다. 원시 태양과 원시 행성 사이의 거리는 목성인 (가)가 지구인 (나)보다 멀다.

바로 알기 | ㄱ. (가)는 가벼운 물질로 구성된 목성이다.

ㄴ. 행성의 평균 밀도는 무거운 물질로 구성된 (나)가 (가)보다 크다.

061 원시 태양에 가까운 곳은 온도가 높은 환경이었으므로 녹는점이 낮은 물질은 원시 태양에서 먼 곳으로 이동하였다.

모범 답안 ▶ 원시 태양에 가까운 곳은 온도가 높은 환경이었으므로 녹는점이 높은 물질이 미행성을 형성하였고, 그 미행성의 충돌과 병합으로 무거운 원소의 비율이 높은 지구형 행성을 형성하였기 때문이다.

채점 기준	배점(%)
원시 태양에 가까운 곳은 온도가 높은 환경임과 녹는점이 높은 물질이 지구형 행성을 형성함을 모두 포함하여 옳게 서술한 경우	100
원시 태양에 가까운 곳은 온도가 높은 환경임과 녹는점이 높은 물질이 지구형 행성을 형성함 중 한 가지만 옳게 서술한 경우	50
그 외의 오답	0

062 ㄱ. ㉠은 지구에 가장 많은 원소인 철이다.

바로 알기 | ㄴ. ㉡은 인간의 몸에 가장 많은 원소인 산소이다. 동일한 별에서 철(㉠)은 산소(㉡)보다 나중에 생성된다.

ㄷ. 철(㉠)과 산소(㉡)는 모두 태양계 형성 이전에 별에서 생성된 원소이다.

3 자연을 구성하는 원소

05 원소의 주기성

20쪽

❶ 원자 번호 ❷ 주기 ❸ 족 ❹ 양 ❺ 음
❻ 수소 ❼ 염기성 ❽ 크 ❾ 17 ❿ 크
⓫ 전자 ⓬ 2 ⓭ 8 ⓮ 전자 껍질 수
⓯ 원자가 전자 수 ⓰ 원자가 전자

주제별 난이도별
다 주는 실전 대비 문제

21~25쪽

063 ⑤	064 ②	065 ④	066 ②	067 ②
068 ③	069 ③	070 해설 참조		071 ③
072 (1) 해설 참조 (2) 해설 참조			073 ⑤	074 16
075 ⑤	076 ①	077 ④	078 ③	
079 해설 참조		080 ②	081 ④	082 ④
083 ①	084 ①	085 ③		

063 ㄱ. 우리 주변의 수많은 물질은 다양한 원소로 이루어져 있다.
ㄴ. 지구 대기에는 질소와 산소가 많이 포함되어 있다.
ㄷ. 자연을 구성하는 원소에는 성질이 비슷한 원소들이 있어 과학자들은 오랫동안 원소의 특징에서 공통점을 찾아 분류하려고 노력해 왔다.

064 • 학생 C: 주기율표의 가로줄을 주기, 세로줄을 족이라고 한다.
바로 알기 | • 학생 A, B: 현대의 주기율표는 원소들을 원자 번호(양성자수) 순으로 나열하여 만들었으며, 7개의 주기와 18개의 족으로 구성된다.

065 현대의 주기율표는 원소들을 원자 번호(양성자수) 순으로 나열하여 만든다.

066 ① 금속 원소는 실온에서 대부분 고체 상태로 존재한다.
③ 금속 원소는 전기 전도성이 있어 비금속 원소보다 전기를 잘 전달한다.
④ 금속 원소는 전자를 잃고 양이온이 되기 쉽다.
⑤ 비금속 원소는 전자를 얻어 음이온이 되기 쉽다.
바로 알기 | ② 비금속 원소는 열 전도성이 거의 없어 열을 잘 전달하지 않는다.

067 ② F, Cl, Br은 모두 17족에 속하는 원소이다.
바로 알기 | ①, ④ F, Cl, Br은 모두 17족에 속하는 비금속 원소로, 열과 전기를 잘 전달하지 않는다.
③ F은 2주기, Cl는 3주기, Br은 4주기 원소로 주기가 모두 다르다.
⑤ 할로젠은 물과 반응하여 수소 기체를 발생시키지 않는다. 물과 반응하여 수소 기체를 발생시키는 원소는 알칼리 금속이다.

068 ㄱ. (가)와 (나)는 주기율표의 왼쪽에 위치하며 금속 원소이다.
ㄴ. (라)는 주기율표의 오른쪽에 위치하며 비금속 원소이다.
바로 알기 | ㄷ. (다)는 주기율표의 17족에 속하는 할로젠으

로 반응성이 커서 다른 원소와 화학 결합을 하여 화합물을 잘 형성한다.

069 ㄱ. A와 B는 주기율표에서 같은 가로줄에 속하는 같은 주기 원소이다.
ㄷ. C와 D는 모두 주기율표의 오른쪽에 위치하는 비금속 원소이다.
바로 알기 | ㄴ. B와 C는 같은 가로줄에 위치하므로 같은 주기 원소이고, 화학적 성질은 비슷하지 않다.

070 알칼리 금속은 반응성이 커서 공기 중의 산소, 물과 잘 반응한다.
모범 답안 ▶ 알칼리 금속은 공기 중의 산소, 물과 잘 반응하므로 공기(산소)와 물의 접촉을 차단할 수 있도록 석유, 액체 파라핀 등에 넣어 보관한다.

채점 기준	배점(%)
알칼리 금속의 반응성을 근거로 보관 방법을 옳게 서술한 경우	100
보관 방법만 옳게 서술한 경우	30
그 외의 오답	0

071 ㄱ. 나트륨을 자른 단면의 광택이 사라지는 것은 나트륨이 공기 중의 산소와 반응하여 산화물을 형성하기 때문이다.
ㄷ. 알칼리 금속과 물이 반응한 수용액은 염기성을 띤다. 따라서 염기성에서 붉은색을 나타내는 지시약인 '페놀프탈레인 용액'은 ㉠으로 적절하다.
바로 알기 | ㄴ. 알칼리 금속인 나트륨은 물과 반응하여 수소 기체를 발생시킨다.

072 **모범 답안** ▶ (1) 나트륨은 칼로 쉽게 잘릴 정도로 무르며, 나트륨은 알칼리 금속에 속하므로 알칼리 금속은 무르다.
(2) 물과 격렬하게 반응하여 수소 기체가 발생하고, 반응 후 수용액은 붉은색으로 변한다.

	채점 기준	배점(%)
	단단한 정도와 알칼리 금속의 성질을 모두 옳게 서술한 경우	50
(1)	단단한 정도와 알칼리 금속의 성질 중 한 가지만 옳게 서술한 경우	25
	그 외의 오답	0
	기체 발생과 수용액의 색 변화를 모두 옳게 서술한 경우	50
(2)	기체 발생과 수용액의 색 변화 중 한 가지만 옳게 서술한 경우	25
	그 외의 오답	0

073 ㄱ, ㄴ. 원자는 원자핵과 전자로 구성된다. 원자핵은 양(+)전하를 띠는 양성자와 전하를 띠지 않는 중성자로 구성되어 전체적으로 양전하를 띤다. 음(-)전하를 띠는 전자는 원자핵 주위에서 운동하고 있다.
ㄷ. 원자는 양성자수와 전자 수가 같아 전기적으로 중성이다.

074 X의 전자 배치에서 전자가 들어 있는 전자 껍질 수가 3이므

로 X는 3주기 원소이고, 가장 바깥 전자 껍질에 들어 있는 전자 수가 3이므로 X는 원자가 전자 수가 3인 13족 원소이다. 따라서 $a=3$, $b=13$이고 $a+b=16$이다.

075 ㄱ. X의 양성자수는 11이므로 전자 수도 11이다. 전자 배치에서 첫 번째 전자 껍질에 채워지는 최대 전자 수는 2, 두 번째 전자 껍질에 채워지는 최대 전자 수는 8이므로 X의 전자 배치에서 A에 들어 있는 전자 수는 2이고, B에 들어 있는 전자 수는 8, C에 들어 있는 전자 수는 1이다. 따라서 A에 들어 있는 전자 수는 C에 들어 있는 전자 수의 2배이다.

ㄴ. 전자 껍질의 에너지 준위는 원자핵에 가까울수록 낮다. 따라서 에너지 준위는 C>B이다.

ㄷ. C는 가장 바깥 전자 껍질이므로 C에 들어 있는 전자는 원자가 전자로 화학 결합에 참여한다.

076 ㄱ. A와 D는 알칼리 금속이고, 알칼리 금속의 반응성은 원자 번호가 클수록 크다. 따라서 물과 반응하는 정도는 D가 A보다 크다.

바로 알기 | ㄴ. 17족 원소인 B의 원자가 전자 수는 7이고, 18족 원소인 C의 원자가 전자 수는 0이다. 따라서 원자가 전자 수는 B가 C보다 크다.

ㄷ. B와 E는 할로젠이고, 할로젠의 반응성은 원자 번호가 작을수록 크다. 따라서 수소와 반응하는 정도는 B가 E보다 크다.

077 ① A, B의 전자 배치에서 A, B는 모두 원자가 전자 수가 7로 같으므로 같은 족 원소이다.

② A는 17족 원소인 할로젠이므로 실온에서 이원자 분자인 A_2로 존재한다.

③ B는 할로젠이므로 수소와 결합한 수소 화합물은 수용액에서 산성을 띤다.

⑤ 할로젠의 반응 정도는 원자 번호가 작을수록 크다. 따라서 수소와 반응하는 정도는 A_2가 B_2보다 크다.

바로 알기 | ④ B는 원자가 전자 수가 7인 비금속 원소이므로 전자 1개를 얻어 음이온이 되기 쉽다.

078 ㄱ. X~Z는 모두 할로젠이므로 화학적 성질이 비슷하다. X의 수소 화합물 수용액의 액성이 산성이므로 Y, Z의 수소 화합물을 물에 녹인 수용액의 액성 또한 산성이다. 따라서 ㉠, ㉡은 모두 '산성'이다.

ㄷ. 할로젠의 반응 정도는 원자 번호가 작을수록 크다. Na과의 반응 정도는 $X_2 > Y_2 > Z_2$이므로 원자 번호는 X<Y<Z이다. 따라서 전자가 들어 있는 전자 껍질 수는 Y>X이다.

바로 알기 | ㄴ. ㉡은 '산성'이다.

079 전자가 들어 있는 전자 껍질 수는 주기와 같고, 원자가 전자 수는 족의 끝자리 수와 같다. 단 18족 원소의 원자가 전자 수는 0이다.

모범 답안 ▶ 금속 원소는 B이고, 비금속 원소는 A, C, D이다. A는 1주기 18족 원소, B는 2주기 1족 원소, C는 2주기 16족 원소, D는 3주기 17족 원소이다. B는 주기율표의 왼쪽에 위치하는 금속 원소이다. A, C, D는 주기율표의 오른쪽에 위치하는

비금속 원소이다.

채점 기준	배점(%)
금속 원소와 비금속 원소를 옳게 분류하고, 원소의 주기와 족을 근거로 까닭을 옳게 서술한 경우	100
금속 원소와 비금속 원소로만 옳게 분류한 경우	50
그 외의 오답	0

080 ㄷ. B는 17족 원소인 할로젠이고 C는 1족에 속하는 알칼리 금속이다. B는 비금속 원소이고, C는 금속 원소이므로 C는 B_2보다 전류가 잘 흐른다.

바로 알기 | ㄱ. A는 1주기 18족 원소이므로 비금속 원소이지만 반응성이 매우 작아 전자를 잃고 양이온이 되거나 전자를 얻어 음이온이 되려는 경향이 거의 없다.

ㄴ. A의 원자가 전자 수는 0이고, C의 원자가 전자 수는 1이다. 따라서 원자가 전자 수는 C가 A보다 크다.

081 ㄴ. B와 D는 같은 족 원소로 원자가 전자 수가 같으므로 화학적 성질이 비슷하다.

ㄷ. C는 금속 원소이고 D_2는 비금속 원소로 이루어진 분자이므로 전기 전도성은 C>D_2이다.

바로 알기 | ㄱ. A와 B는 같은 주기 원소이므로 전자가 들어 있는 전자 껍질 수가 같다.

082 He, O, Na, Mg 중 He, O는 비금속 원소이고, Na, Mg은 금속 원소이므로 기준 (가)로 ㄴ이 적절하다. O는 16족 원소이므로 전자를 얻어 음이온이 되기 쉽지만 He은 18족 원소이므로 다른 원소와 화학 결합을 형성하지 않아 전자를 얻고 음이온이 되기 어렵다. 따라서 기준 (나)로 ㄷ이 적절하다. He, O, Na, Mg 중 전기 전도성이 있는 것은 금속 원소인 Na, Mg이고, 전기 전도성이 없는 것은 비금속 원소인 He, O이다. 따라서 ㄱ은 기준 (가)와 (나)로 모두 적절하지 않다.

083 ㄱ. 알칼리 금속은 금속 원소이고 할로젠은 비금속 원소이므로 전기 전도성이 있는 A는 알칼리 금속이고 전기 전도성이 없는 C는 할로젠이다. 따라서 A의 원자가 전자 수(a)는 1이고 C의 원자가 전자 수(b)는 7이다.

바로 알기 | ㄴ. B는 C와 원자가 전자 수가 b로 같은 할로젠이므로 전기 전도성이 없어 ㉠으로 '없음'이 적절하다.

ㄷ. D는 A와 원자가 전자 수가 a로 같은 알칼리 금속이므로 전기 전도성이 있어 ㉡으로 '있음'이 적절하다.

084 1, 2주기 원소의 원자 번호는 1~10이므로 A~C의 전자 수는 10을 넘지 못한다. x를 3이라고 가정하면 A~C의 원자 번호는 각각 3, 5, 10으로 모두 2주기 원소가 되므로 조건에 맞지 않는다. 이로부터 x는 1 또는 2인데, x를 1이라고 가정하면 A~C의 원자 번호는 각각 1, 3, 8이고, 이때 A와 B는 모두 1족 원소이므로 A~C가 모두 다른 족이라는 조건에 맞지 않는다. 따라서 x는 2이고, A~C의 원자 번호는 각각 2, 4, 9이다.

ㄱ. A는 1주기 18족 원소로 비금속 원소이다.

바로 알기 | ㄴ. A의 원자가 전자 수는 0이고, B의 원자가

전자 수는 2이다.

ㄷ. C의 원자 번호는 9이므로 17족 원소이다.

085

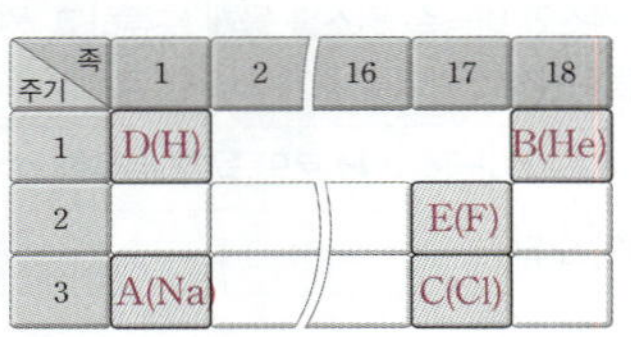

- A와 D는 원자가 전자 수가 같다. → A와 D는 같은 족 원소이므로 1족 또는 17족 원소이다.
- B와 D는 같은 주기 원소이다. → B와 D는 1주기 또는 3주기 원소이다.
- C와 E는 화학적 성질이 비슷하다. → C와 E는 같은 족 원소이다.
- E는 할로젠 중 반응성이 가장 크다. → E는 할로젠 중 원자 번호가 가장 작은 2주기 17족 원소이다.
- E와 같은 족 원소인 C는 3주기 17족 원소이다.
- A와 D는 1족 원소이고 B와 D는 1주기 원소이다. 따라서 A는 3주기 1족 원소, B는 1주기 18족 원소, D는 1주기 1족 원소이다.

ㄱ. 원자의 전자 수는 양성자수(원자 번호)와 같다. 원자 번호는 A>B이므로 전자 수는 A>B이다.

ㄴ. A와 C는 같은 주기 원소이므로 전자가 들어 있는 전자 껍질 수가 같다.

바로 알기 ㅣ ㄷ. D는 1족 원소이고, E는 17족 원소이므로 원자가 전자 수는 E>D이다.

06 화학 결합과 물질의 성질

26쪽

❶ 0　　❷ 18　　❸ 잃　　❹ 얻
❺ 양이온　❻ 음이온　❼ 금속　❽ 비금속
❾ 전자쌍　❿ 2　　⓫ 분자　⓬ 없
⓭ 있　⓮ 없　⓯ 없

주제별 난이도별 다 주는 **실전 대비 문제**

27~31쪽

086 ①	087 ②	088 해설 참조	089 ②
090 ③	091 ③	092 (1) 해설 참조　(2) 해설 참조	
093 ⑤	094 ②	095 ③	096 ③	097 ⑤
098 ③	099 ③	100 ②	101 ⑤	102 ④
103 ④	104 ③	105 ③		
106 (1) 해설 참조　(2) 해설 참조				

086 ㄱ. 18족 원소는 가장 바깥 전자 껍질에 전자가 최대로 채워진 안정한 상태이다.

바로 알기 ㅣ ㄴ. 18족 원소는 안정한 전자 배치를 이루므로 화학 결합에 참여하는 전자가 없다. 따라서 원자가 전자 수는 0이다.

ㄷ. 18족 원소는 화학적으로 안정하여 다른 원소와 화학 결합을 형성하지 않는다.

087 ① 헬륨, 네온, 아르곤은 모두 비활성 기체로 주기율표의 18족에 속하는 원소이다.

③, ④ 18족 원소는 가장 바깥 전자 껍질에 전자가 최대로 채워진 안정한 전자 배치를 이루므로 다른 원소와 화학 결합을 거의 형성하지 않는다.

⑤ 헬륨은 반응성이 작고 가벼워 광고용 풍선 기구에 이용된다.

바로 알기 ㅣ ② 18족 원소는 비금속 원소로 분류하지만 다른 원소와 화학 결합을 형성하지 않아 전자를 잃거나 얻지 않는다.

088 X는 2주기 18족 원소인 네온(Ne)이다. 18족 원소는 가장 바깥 전자 껍질에 전자가 최대로 채워져 있어 안정하여 원자 상태로 존재한다.

모범 답안 ▶ X는 가장 바깥 전자 껍질에 전자가 8개 채워진 안정한 상태이므로 다른 원소와 거의 반응하지 않고 원자 상태로 존재한다.

채점 기준	배점(%)
전자 배치와 관련지어 까닭을 옳게 서술한 경우	100
그 외의 오답	0

089 ㄴ. B는 원자가 전자 수가 2이므로 전자 2개를 잃고 18족 원소인 네온(Ne)과 같은 전자 배치를 이룬다.

바로 알기 ㅣ ㄱ. A는 원자가 전자 수가 6인 산소로, 18족 원소와 같은 안정한 전자 배치를 이루기 위해서는 전자 2개를 얻어야 한다.

ㄷ. A는 전자를 얻고 B는 전자를 잃어 화학 결합을 형성하여 18족 원소와 같은 전자 배치를 이룬다.

090 ㄱ. A는 원자가 전자 수가 1이고, B는 원자가 전자 수가 7이므로 A와 B가 화학 결합으로 안정한 화합물을 형성할 때 A는 전자 1개를 잃어 Ne과 같은 전자 배치를 이루고 B는 전자 1개를 얻어 Ar과 같은 전자 배치를 이룬다. 즉, 화합물이 형성될 때 전자는 A에서 B로 이동한다.

ㄴ. A의 안정한 이온은 A^+이고, B의 안정한 이온은 B^-이므로 A^+과 B^-이 $1:1$의 개수비로 결합하여 화합물 AB를 생성한다.

바로 알기 ㅣ ㄷ. 화합물 AB에서 A는 Ne과 같은 전자 배치를 이루고 B는 Ar과 같은 전자 배치를 이룬다.

091 ㄱ. X^{a+}에서 양성자수는 3이고, 전자 수는 2이므로 X^{a+}은 X 원자가 전자 1개를 잃고 형성된 X^+이다. 이로부터 X는 2주기 1족 원소이다. Y^{b-}에서 양성자수는 8이고, 전자 수는 10이므로 Y^{b-}은 Y 원자가 전자 2개를 얻어 형성된 Y^{2-}이다. 이로부터 Y는 2주기 16족 원소이다. 따라서 X와 Y는 모두 2주기 원소이다.

ㄴ. $a=1$, $b=2$이고 이온 결합 물질은 전기적으로 중성이므로 양이온의 총 전하량과 음이온의 총 전하량의 합은 0이다. 따라서 X와 Y는 2 : 1의 개수비로 결합하여 화합물을 생성한다.

바로 알기 | ㄷ. Z^{c-}에서 양성자수는 9이고, 전자 수는 10이므로 Z^{c-}은 Z 원자가 전자 1개를 얻어 형성된 Z^-이다. 이로부터 Z는 2주기 17족 원소이다. 따라서 비금속 원소인 Y와 Z로 이루어진 YZ_2는 공유 결합 물질이다.

092 A는 전자 2개를 잃어 네온과 같은 전자 배치를 이루려 하고, B는 전자 1개를 얻어 네온과 같은 전자 배치를 이루려 한다.

모범 답안 ▶ (1) A는 전자 2개를 잃어 A^{2+}이 되고, 이때 전자는 A 원자에서 B 원자로 이동하여 B는 전자 1개를 얻어 B^-이 된다. A^{2+}과 B^-이 정전기적 인력으로 결합하여 화합물을 생성한다.

(2) AB_2, 네온의 전자 배치를 이루는 A, B의 이온은 각각 A^{2+}과 B^-이다. 이온 결합 물질은 전기적으로 중성이므로 A^{2+}과 B^-은 1 : 2의 개수비로 결합하여 화합물 AB_2를 생성한다.

	채점 기준	배점(%)
(1)	화합물의 생성 과정을 전자의 이동을 포함하여 옳게 서술한 경우	50
	전자의 이동만 옳게 서술한 경우	30
	그 외의 오답	0
(2)	화학식을 옳게 쓰고, 이온의 전하로 판단 근거를 옳게 서술한 경우	50
	화학식만 옳게 쓴 경우	25
	그 외의 오답	0

093 ㄱ. A_2에서 A 원자는 각각 전자 3개를 내놓아 전자쌍 3개를 공유한다. 이로부터 A의 원자가 전자 수는 5임을 알 수 있다.

ㄴ. A_2는 A 원자가 전자쌍을 공유하여 형성된 공유 결합 물질이므로 분자 상태로 존재한다.

ㄷ. A_2에서 두 원자 사이에 공유한 전자쌍 수가 3이므로 A_2에는 삼중 결합이 있다.

094 ㄴ. B의 원자가 전자 수가 6이므로 B가 전자 2개를 얻으면 C와 같은 전자 배치를 이룬다.

바로 알기 | ㄱ. A^+은 A 원자가 전자 1개를 잃고 형성된 양이온이다. A의 전자 수가 3이므로 A^+의 전자 배치는 헬륨(He)과 같다.

ㄷ. B와 C는 비금속 원소이지만 C는 18족 원소로 다른 원소와 화학 결합을 형성하지 않는다.

095 A는 1주기 원소이고, 18족 원소가 아니므로 1족 원소인 H이다. B는 3주기 1족 원소인 Na이고, C는 전자 수가 7이므로 2주기 15족 원소인 N이다.

ㄱ. A는 비금속 원소이고, B는 금속 원소이므로 BA는 금속 원소와 비금속 원소로 이루어진 이온 결합 물질이다.

ㄴ. CA_3은 비금속 원소인 A, C가 전자쌍을 공유하여 생성된 공유 결합 물질이다.

바로 알기 | ㄷ. B는 원자가 전자 수가 1인 금속 원소이고, C는 원자가 전자 수가 5인 비금속 원소이므로 B와 C가 화학 결합을 형성할 때 B는 전자 1개를 잃고 B^+이 되고, C는 전자 3개를 얻어 C^{3-}이 된다. 따라서 B와 C는 3 : 1의 개수비로 결합하여 안정한 화합물을 생성한다.

096 ㄱ. XY는 양이온과 음이온이 결합한 이온 결합 물질이며 이온 결합 물질의 화학식에서 양이온을 먼저 쓴다. X^+의 전자 배치가 He과 같으므로 X는 2주기 1족 원소이고, Y^-의 전자 배치가 Ne과 같으므로 Y는 2주기 17족 원소이다. 따라서 X와 Y는 모두 2주기 원소이다.

ㄷ. Y는 원자가 전자 수가 7이므로 Y_2를 형성할 때 Y 원자는 각각 전자를 1개씩 내놓아 전자쌍 1개를 공유한다.

바로 알기 | ㄴ. 원자가 전자 수는 X가 1이고, Y가 7이므로 X와 Y의 원자가 전자 수의 차는 6이다.

097 A^{2+}의 전자 수가 10이므로 A의 전자 수(=양성자수=원자 번호)는 12이고, A는 3주기 2족 원소이다. B^-의 전자 수가 10이므로 B의 전자 수는 9이고 B는 2주기 17족 원소이다. C는 전자 수가 10이므로 원자 번호가 10인 2주기 18족 원소이다. D^{2+}의 전자 수가 18이므로 D의 전자 수는 20이고 D는 4주기 2족 원소이다.

ㄱ. B와 C는 모두 2주기 원소이다.

ㄴ. AB_2는 A^{2+}과 B^-이 1 : 2의 개수비로 결합한 이온 결합 물질이고, A와 B의 전자 배치는 모두 C와 같다.

ㄷ. B는 비금속 원소이고, D는 금속 원소이며 각 원소의 원자가 18족 원소와 같은 전자 배치를 이루는 이온은 각각 B^-, D^{2+}이므로 B와 D는 2 : 1의 개수비로 결합하여 이온 결합 물질을 생성한다.

098 ㄱ. ZY_2에서 Y 원자와 Z 원자 사이에 전자쌍 2개씩을 공유하므로 ZY_2에는 이중 결합이 있다.

ㄴ. ZY_2의 화학 결합 모형에서 Y 원자의 원자가 전자 수는 6이고 전자가 들어 있는 전자 껍질 수가 2이므로 Y는 2주기 16족 원소이다. XY에서 Y^{m-}의 전자 배치는 Ne과 같으므로 Y^{m-}은 Y 원자가 전자 2개를 얻어 형성된 이온이다. 따라서 $m=2$이다.

바로 알기 | ㄷ. X^{m+}은 X 원자가 전자 2개를 잃고 형성된 이온이므로 X는 3주기 2족 원소이고, Y는 2주기 16족 원소이다. 따라서 X와 Y는 서로 다른 주기 원소이다.

099 ㄱ. 수산화 나트륨(NaOH)은 Na^+과 OH^-이 정전기적 인력으로 결합한 이온 결합 물질이다.

ㄷ. ⓒ은 이온 결합 물질이므로 수용액 상태에서 전기 전도성이 있다.

바로 알기 | ㄴ. 에탄올(C_2H_5OH)(ⓛ)은 모두 비금속 원소로 이루어진 공유 결합 물질이고, 염화 칼슘($CaCl_2$)(ⓒ)은 금속 원소와 비금속 원소로 이루어진 이온 결합 물질이므로 ⓛ과 ⓒ의 화학 결합의 종류는 서로 다르다.

100 ㄷ. AB는 이온 결합 물질이므로 수용액 상태에서 전기 전도성이 있다.

바로 알기 | ㄱ. AB의 화학 결합 모형으로부터 A는 3주기 2족 원소이고, B는 2주기 16족 원소임을 알 수 있다. 따라서 원자 번호는 A>B이다.

ㄴ. A는 금속 원소이고, B는 비금속 원소이므로 AB가 형성될 때 전자는 A에서 B로 이동한다.

101 NH_3, O_2, NaCl 중 공유 결합 물질은 비금속 원소로 이루어진 NH_3, O_2이다. NH_3, O_2 중 이원자 분자는 O_2이다. 따라서 ㉠은 O_2, ㉡은 NH_3, ㉢은 NaCl이다.

ㄱ. ㉠은 O_2이므로 이중 결합이 있다.

ㄴ. NH_3에서 H 원자 1개와 N 원자 1개 사이에 전자쌍 1개씩을 공유하므로 총 공유 전자쌍 수는 3이다.

ㄷ. ㉢인 NaCl은 이온 결합 물질이므로 수용액에서 전기 전도성이 있다.

102 고체 상태와 수용액 상태에서 모두 전기 전도성이 없는 (나)는 공유 결합 물질인 설탕이고, (가)와 (다)는 각각 이온 결합 물질인 염화 칼슘과 질산 칼륨 중 하나이다.

ㄴ. (가)는 고체 상태에서 전기 전도성이 없고 수용액 상태에서 전기 전도성이 있으므로 이온 결합 물질이다.

ㄷ. (나)는 고체 상태와 수용액 상태에서 모두 전기 전도성이 없으므로 공유 결합 물질인 설탕이다.

바로 알기 | ㄱ. (다)는 이온 결합 물질이므로 고체 상태에서 전기 전도성이 없다. 따라서 ㉠은 '없음'이다.

103 ㄱ. 고체 상태와 수용액 상태에서 모두 전기 전도성이 없는 A는 공유 결합 물질인 포도당이므로 B는 이온 결합 물질인 염화 나트륨이다.

ㄴ. 이온 결합 물질 B는 고체 상태에서는 전기 전도성이 없고 수용액 상태에서 전기 전도성이 있으므로 (가)는 수용액이고, (나)는 고체이다.

바로 알기 | ㄷ. (나)는 고체이므로 ㉠은 '없음'이다.

104 ㄱ. 염화 마그네슘, 염화 칼슘, 포도당 중 고체 상태와 수용액 상태에서 모두 전기 전도성이 없는 A는 공유 결합 물질인 포도당이다.

ㄴ. B는 수용액 상태에서 전기 전도성이 있으므로 이온 결합 물질이고, 수용액 상태에서 이온이 자유롭게 이동한다.

바로 알기 | ㄷ. C는 수용액 상태에서 전기 전도성이 있으므로 이온 결합 물질이다. 이온 결합 물질이 고체 상태에서 전기 전도성이 없는 까닭은 이온이 존재하지만 이온들이 정전기적 인력에 의해 결합하고 있어 자유롭게 이동할 수 없기 때문이다.

105 ㄱ. XY는 이온으로 구성되어 있으므로 이온 결합 물질이며, X, Y는 2, 3주기 원소이고 전자 수의 차가 2이므로 X는 3주기 1족 원소, Y는 2주기 17족 원소이다. 따라서 XY가 형성될 때 전자는 X에서 Y로 이동한다.

ㄴ. XY는 이온 결합 물질이므로 수용액은 전기 전도성이 있다.

바로 알기 | ㄷ. Y는 2주기 17족 원소이므로 Y 원자는 각각 전자를 1개씩 내놓아 전자쌍 1개를 공유하여 Y_2를 생성한다. 따라서 Y_2에는 단일 결합만 있고 이중 결합은 없다.

106 NaCl, $NaNO_3$, $C_{12}H_{22}O_{11}$ 중 구성 원소가 세 가지인 것은 $NaNO_3$과 $C_{12}H_{22}O_{11}$이다.

모범 답안 ▶ (1) 구성 원소가 세 가지인 물질은 $NaNO_3$과 $C_{12}H_{22}O_{11}$이고, 이 중 $NaNO_3$은 이온 결합 물질이고, $C_{12}H_{22}O_{11}$은 공유 결합 물질이다. 이로부터 기준 (가)는 이온 결합 물질에만 적용되는 '수용액 상태에서 전기 전도성이 있는가?', '이온 결합 물질인가?' 등이 적절하다.

(2) ㉠은 $C_{12}H_{22}O_{11}$이고, ㉡은 NaCl이므로 화학 결합의 종류는 ㉠이 공유 결합, ㉡이 이온 결합이다.

	채점 기준	배점(%)
(1)	(가)와 판단 근거를 모두 옳게 서술한 경우	50
	(가)만 옳게 서술한 경우	25
	그 외의 오답	0
(2)	㉠, ㉡에 해당하는 물질과 화학 결합의 종류를 모두 옳게 서술한 경우	50
	㉠, ㉡에 해당하는 물질만 모두 옳게 쓴 경우	25
	그 외의 오답	0

07 자연의 구성 물질

❶ 규산염 ❷ 단위체 ❸ 아미노산 ❹ 물
❺ 폴리펩타이드 ❻ 입체 ❼ 염기
❽ 인산 ❾ 당 ❿ 유전정보 ⓫ 이중나선
⓬ 라이보스 ⓭ 타이민, T ⓮ 단백질 ⓯ 상보

32쪽

주제별 난이도별
다 주는 실전 대비 문제 33~36쪽

107 ①	**108** ⑤	**109** ③	**110** 해설 참조
111 ④	**112** (1) 해설 참조 (2) 해설 참조		**113** ②
114 ①	**115** ②	**116** ④	**117** ⑤
118 ①			
119 ⑤	**120** ②	**121** ③	**122** ⑤
123 ⑤			
124 (1) ㄱ (2) 해설 참조	**125** ③	**126** ⑤	**127** ④

107 ②, ③ 광물은 자연에서 고체 상태로 산출되며, 일정한 화학 조성을 가지고 있다.

④, ⑤ 지각에 들어 있는 광물은 종류가 수천 가지에 달할 정도로 매우 많고, 규산염 광물이 가장 많다.

바로 알기 | ① 광물은 암석을 구성하는 단위로, 암석은 광물로 이루어져 있다.

108 조암 광물 중 제일 많은 것은 규산염 광물로, 규산염 광물은 규소 원자 1개와 산소 원자 4개로 이루어진 Si−O 사면체를 기본 구조로 가지고 있다. 또한, 규산염 광물은 Si−O 사면체의 결합 구조에 따라 종류가 매우 많다.

109 ㄱ, ㄷ. Si−O 사면체는 규소 원자 1개를 산소 원자 4개가 정사면체 모양으로 둘러싼 형태를 하고 있다.

바로 알기 | ㄴ. Si−O 사면체 내에서 규소와 산소는 공유 결합을 하고 있다.

110 휘석과 흑운모는 결합 모양이 다르지만, Si−O 사면체가 기본 구조인 규산염 광물이다.

모범 답안 ▶ 휘석은 단사슬 구조로, 한 줄로 길게 기둥 모양의 결정을 가진다. 흑운모는 판상 구조로, 판 모양을 따라 얇게 쪼개진다.

채점 기준	배점(%)
두 광물의 결합 구조와 광물의 특성을 모두 옳게 서술한 경우	100
한 광물의 결합 구조와 광물의 특성만 옳게 서술한 경우	70
두 광물의 결합 구조만 옳게 서술한 경우	30
그 외의 오답	0

111 ㄴ. 감람석과 석영은 깨지는 성질이 있고, 각섬석은 쪼개지는 성질이 있다.

ㄷ. 감람석, 각섬석, 석영은 모두 Si−O 사면체가 기본 골격 구조인 규산염 광물이다.

바로 알기 | ㄱ. 풍화에 가장 약한 광물은 감람석이고, 풍화에 가장 강한 광물은 석영이다.

112 휘석, 각섬석, 흑운모는 쪼개지는 성질이 있고, 감람석, 석영은 깨지는 성질이 있다. 규산염 광물의 종류가 다양한 까닭은 Si−O 사면체들이 다양한 형태로 결합하여 규산염 광물을 만들기 때문이다.

모범 답안 ▶ (1) 감람석, 석영

(2) Si−O 사면체들이 독립적으로 이루어진 구조, 한 줄 또는 두 줄로 길게 이어진 구조, 평면의 판 모양으로 이어진 구조, 입체적으로 이어진 구조 등의 다양한 형태로 결합하여 규산염 광물을 만들기 때문이다.

	채점 기준	배점(%)
(1)	깨지는 성질이 있는 광물을 모두 옳게 쓴 경우	50
	깨지는 성질이 있는 광물 중 한 가지만 옳게 쓴 경우	30
	그 외의 오답	0
(2)	Si−O 사면체의 결합 구조를 제시하여 다양한 규산염 광물이 생성되는 까닭을 옳게 서술한 경우	50
	다양한 규산염 광물이 생성되는 까닭만 옳게 쓴 경우	25
	그 외의 오답	0

113 (가)는 판상 구조, (나)는 단사슬 구조, (다)는 망상 구조이다.

ㄴ. 규산염 광물의 사면체가 서로 연결될 때 사면체와 사면체는 산소를 공유하면서 결합한다.

바로 알기 | ㄱ. (가)의 결합 구조는 판상 구조이며, 흑운모의 결합 구조에 해당한다.

ㄷ. 사면체 당 공유하는 산소의 수는 (가)는 3개, (나)는 2개, (다)는 4개로, (나)가 가장 적고, (다)가 가장 많다.

114 펩타이드결합을 갖고 있는 탄소 화합물은 단백질이다. 핵산의 단위체는 뉴클레오타이드이다.

115 핵산은 단위체인 뉴클레오타이드가 연결되어 형성된 고분자 화합물이다. 아미노산은 단백질의 단위체이다.

116 단백질의 단위체는 아미노산이며, 약 20종류가 있다. 단백질을 구성하는 아미노산의 종류, 개수, 결합 순서에 따라 다양한 단백질이 만들어진다. 단백질은 입체 구조에 따라 그 기능이 달라진다.

117 아미노산(나)이 펩타이드결합으로 길게 연결되어 폴리펩타이드(가)를 형성한다.

118 ② 생명체에서 유전정보를 전달하는 것은 RNA이다.

③ 단백질을 구성하는 아미노산은 20종류가 있다.

④ 2분자의 아미노산이 결합할 때 물 1분자가 빠져나온다.

⑤ 단백질의 입체 구조는 아미노산의 배열 순서에 따라 다르다.

119 단백질의 단위체는 아미노산이며, 2개의 아미노산이 연결될 때 1분자의 물이 빠져나오면서 펩타이드결합이 형성된다. 아미노산과 단백질 모두 탄소 화합물에 해당한다.

120 단백질은 종류에 따라 입체 구조가 다르며, 입체 구조가 변하면 고유의 기능을 잃는다.

121 헤모글로빈과 케라틴은 모두 단백질에 해당한다. 단백질은 모두 고유의 입체 구조를 갖고 있다. 단백질을 구성하는 아미노산의 개수, 종류, 결합 순서에 따라 입체 구조가 달라지며 기능이 다른 단백질이 된다.

122 핵산은 인산, 당, 염기가 1 : 1 : 1로 결합한 뉴클레오타이드가 길게 연결된 고분자 탄소 화합물이다. DNA는 생명체의 유전정보를 저장하고, RNA는 유전정보를 전달한다.

123 핵산(DNA와 RNA)의 단위체는 뉴클레오타이드이며, ㉠은 당, ㉡은 염기이다. DNA를 구성하는 당은 디옥시라이보스, RNA를 구성하는 당은 라이보스로 그 종류가 다르다.

바로 알기 | ① 핵산(DNA와 RNA)을 구성하는 단위체인 뉴클레오타이드의 염기는 4종류이다.

② ㉠은 당으로, 다른 단위체의 인산과 결합한다.

③ 이 단위체는 뉴클레오타이드이다.

④ DNA를 구성하는 염기는 A, G, C, T이고 RNA를 구성하는 염기는 A, G, C, U이다.

124 DNA에서 아데닌(A)은 타이민(T)과 구아닌(G)은 사이토신(C)과 짝을 이루어 결합한다. 당과 인산이 DNA의 바깥쪽 골격을 이루고 안쪽으로는 염기쌍이 상보결합을 한다.

모범 답안 ▶ (1) ㉠

(2) ㉠은 타이민(T)이다. 타이민(T)은 DNA의 염기이고, 유라실(U)은 RNA의 염기이기 때문이다.

	채점 기준	배점(%)
(1)	보기에서 옳은 것을 모두 골라 쓴 경우	30
	그 외의 오답	0
(2)	염기의 이름과 판단 까닭을 모두 옳게 서술한 경우	70
	염기의 이름만 옳게 서술한 경우	30
	그 외의 오답	0

125 (가)는 DNA이고, (나)는 RNA이다. DNA에서는 마주 보는 두 가닥의 염기가 상보적으로 결합하므로, 한쪽 가닥의 염기서열을 알면 다른 한 가닥의 염기서열을 알 수 있다.
바로 알기 | ① DNA의 당은 디옥시라이보스, RNA의 당은 라이보스로 (가)와 (나)에 포함된 당의 종류는 다르다.
② 뉴클레오타이드는 인산, 당, 염기가 1 : 1 : 1로 결합된 화합물로 염기에 따라 종류가 달라진다. DNA의 염기는 아데닌(A), 구아닌(G), 사이토신(C), 타이민(T)으로 4종류이다.
④ (나)는 단일 가닥으로, (나)를 구성하는 구아닌(G)과 사이토신(C)의 개수는 같을 수도 있고, 다를 수도 있다.
⑤ (가)와 (나)를 구성하는 뉴클레오타이드는 염기로 아데닌(A), 구아닌(G), 사이토신(C)을 공통으로 갖는다.

126 ⊙은 DNA의 당이므로 디옥시라이보스이다. (나)는 마주 보는 두 가닥의 염기가 상보결합을 이루므로 아데닌(A)의 수와 타이민(T)의 수가 같다.

127 '기본 단위가 아미노산이다.'는 단백질의 특징이다. '구성 원소에 탄소가 있다.'는 단백질과 핵산의 공통적인 특징이다. 따라서 단백질은 ⊙과 ⓛ, 두 가지 특징을 모두 가지고 있으며, 핵산은 두 가지 중 한 가지만 갖고 있다. B는 ⊙만 가지고 있으므로 핵산이며, ⊙은 '구성 원소에 탄소가 있다.'이다. ⓛ은 '기본 단위가 아미노산이다.'이다. A는 단백질이어서 ⊙과 ⓛ 다 가지고 있으므로 ⓐ는 '○'이다.

08 물질의 전기적 성질과 활용

37쪽

① 전기력   ② 속박   ③ 자유 전자   ④ 도체
⑤ 부도체   ⑥ 반도체   ⑦ 자유 전자   ⑧ 전기적
⑨ 5   ⑩ 3   ⑪ 다이오드   ⑫ 트랜지스터
⑬ 전류

주제별 난이도별
다 주는 실전 대비 문제

38~41쪽

128 ④	**129** ③	**130** ①	**131** ③	**132** ⑤
133 해설 참조		**134** ③	**135** ④	
136 해설 참조		**137** ④	**138** ⑤	**139** ④
140 ②	**141** ①	**142** ③, ⑤	**143** ①	**144** ④
145 ③	**146** 해설 참조		**147** ④	**148** ②
149 ②	**150** ⑤			

128 ㄱ. 원자는 양(+)전하를 띠는 원자핵과 음(−)전하를 띠는 전자로 이루어져 있다.
ㄷ. 원자핵과 전자는 서로 다른 종류의 전하를 띠므로 서로 끌어당기는 방향으로 전기력이 작용한다.
바로 알기 | ㄴ. 전자는 음(−)전하를 띤다.

129 순수한 반도체는 자유 전자가 거의 없어 전류가 잘 흐르지 않지만 불순물 원소를 첨가하면 자유 전자나 양공이 발생하여 전류가 흐르게 된다.

130 다이오드 내부에는 규소에 불순물을 첨가한 반도체가 들어 있고, 플라스틱은 부도체, 구리는 전류가 잘 흐르는 도체이다. 따라서 전기 전도도는 구리가 가장 크고 다이오드가 플라스틱보다 크다.

131 ③ 규소, 저마늄 등은 순수한 반도체로 반도체 소자의 재료로 사용된다.
바로 알기 | ① 전기 절연 소재로 활용되는 것은 부도체이다.
② 순수한 상태의 반도체는 자유 전자가 거의 없어 전류가 잘 흐르지 않는다.
④ 대부분의 전기 기구에는 도체와 부도체가 쓰이고, 필요에 따라 반도체도 쓰인다.
⑤ 부도체는 자유 전자가 거의 없어 전류가 흐르지 않는다.

132 ㄱ. A는 원자핵으로 양(+)전하를 띤다.
ㄴ. 수소 원자는 전기적으로 중성이므로 양(+)전하를 띠는 원자핵 A와 음(−)전하를 띠는 전자 B의 전하량의 크기가 같다.
ㄷ. A와 B 사이에는 서로 끌어당기는 방향으로 전기력이 작용하므로 B는 전기력에 의해 A에 속박되어 있다.

133 **모범 답안 ▶** 부도체는 자유 전자가 거의 없어 전기 전도성이 도체에 비해 매우 낮다.

채점 기준	배점(%)
자유 전자와 관련지어 부도체의 전기 전도성을 도체와 비교하여 서술한 경우	100
자유 전자와 관련 짓지 않고 전기 전도성만 비교한 경우	30
그 외의 오답	0

134 ① ⊙은 원자에 속박되지 않고 전압을 걸면 쉽게 이동할 수 있는 자유 전자이다.
② 음(−)전하를 띠는 자유 전자인 ⊙이 ⓛ에 가까워지는, 전구 방향으로 이동하므로 ⓛ은 (+)극이다.
④ X는 자유 전자가 많아 전류가 잘 흐르므로 도체이다.
⑤ 전원의 연결 방향을 반대로 바꾸어도 도체에는 전류가 흐른다.
바로 알기 | ③ 전류의 방향과 전자의 이동 방향은 반대이다. 자유 전자가 'X → 전구 → 전원' 방향으로 이동하므로 전류는 '전원 → 전구 → X' 방향으로 흐른다.

135 A는 전류가 흐르지 않으므로 부도체이고, B는 특정 조건에 따라 전류 흐름이 변하므로 반도체이다. C는 B와 외부 전선을 연결하여 전류가 흐르도록 하므로 도체이다.

136 **모범 답안** ▶ 자유 전자가 많아 전류가 잘 흐른다.

채점 기준	배점(%)
'자유 전자가 많다'와 '전류가 잘 흐른다'는 표현을 모두 포함한 경우	100
두 가지 중 한 가지만 옳게 서술한 경우	50
그 외의 오답	0

137 ④ 반도체에는 규소, 저마늄 등의 순수한 반도체와 다른 원소를 섞어 만드는 불순물 반도체가 있다.

바로 알기 | ①, ②, ⑤ 나무, 유리, 플라스틱은 전류가 거의 흐르지 않는 부도체에 해당한다.

③ 흑연은 전류가 잘 흐르는 도체에 해당한다.

138 ⑤ 부도체는 주로 전류가 흐르지 않아야 하는 곳에 쓰인다. 부도체는 전선의 피복, 절연 장갑, 반도체 칩의 외부 코팅제 등에 쓰인다.

바로 알기 | ①, ③ 도체는 전류가 잘 흐르기 때문에 피뢰침, 정전기 방지 패드 등을 만들 때 활용한다.

②, ④ 디지털 카메라의 광센서는 빛을 감지하는 반도체를 이용하고, 스마트 기기의 화면 발광 부품은 전류가 흐르면 빛을 내는 반도체를 이용한다.

139 ㄱ. ㉠은 반도체이고 ㉢은 도체이다. 따라서 자유 전자의 수는 ㉠이 ㉢보다 적다.

ㄷ. ㉢은 도체이므로 자유 전자가 많아 전류가 잘 흐른다.

바로 알기 | ㄴ. ㉡은 부도체이므로 전기 전도성이 반도체인 ㉠보다 좋지 않다.

140 도체에는 구리, 철, 알루미늄 등 금속 물질이 있다.

141 ㄴ. 음($-$) 전하를 띠는 자유 전자인 A가 ㉠에서 멀어지는, 전구 방향으로 이동하므로 ㉠은 ($-$)극이다.

바로 알기 | ㄱ. A는 원자에 속박되지 않고 물질 내에서 자유롭게 이동할 수 있는 자유 전자이다.

ㄷ. (나)는 전구에 불이 켜지지 않았으므로 부도체에 연결한 것이다. 따라서 전원의 극을 반대로 연결해도 전류가 흐르지 않아 전구의 불이 켜지지 않는다.

142 반도체에는 규소, 저마늄 등이 있다.

143 ㄱ. 순수한 반도체에 불순물 원소를 첨가하면 자유 전자나 양공이 생겨 전류가 잘 흐르게 되므로 전기 전도도가 커진다.

바로 알기 | ㄴ. 전기 저항은 도체가 가장 작다.

ㄷ. 불순물 반도체는 특정 조건에 따라 전기적 성질이 바뀐다.

144 ㄱ. 순수한 반도체에는 14족 원소인 규소, 저마늄 등이 있다. 14족 원소는 원자가 전자가 4개이다.

ㄷ. 규소는 주로 산소와 결합하여 지각의 대부분을 차지하는 규산염 광물로 존재한다.

바로 알기 | ㄴ. 상온에서 순수한 반도체는 자유 전자가 거의 없다. 즉, 반도체의 전기 전도성은 도체보다 좋지 않다.

145 ①, ② 순수한 반도체에 불순물을 첨가하여 만든 불순물 반도체는 자유 전자나 양공이 생겨 전기 전도도가 크다.

④ 15족 원소인 인(P)은 원자가 전자가 5개이다. 원자가 전

자가 4개인 순수한 반도체에 원자가 전자가 5개인 원소를 도핑하면 공유 결합에 참여하지 않고 남는 전자가 생긴다.

⑤ 원자가 전자가 4개인 순수한 반도체에 원자가 전자가 3개인 붕소(B)를 도핑하면 공유 결합에서 전자 1개가 부족하여 양공이 생긴다. 이러한 반도체를 p형 반도체라고 한다.

바로 알기 | ③ 순수한 반도체에 불순물을 도핑하면 전기 전도도가 커져 전기적으로 제어하기 쉬워진다.

146 **모범 답안** ▶ 순수한 반도체에 원자가 전자가 3개인 원소를 도핑하면 p형 반도체가 되고, 원자가 전자가 5개인 원소를 도핑하면 n형 반도체가 된다.

채점 기준	배점(%)
p형 반도체와 n형 반도체를 만드는 방법을 모두 옳게 서술한 경우	100
둘 중 하나만 옳게 서술한 경우	50
그 외의 오답	0

147 ㄴ. 발광 다이오드는 전류가 흐르면 빛을 방출하는 성질이 있다.

ㄷ. 다이오드와 발광 다이오드 모두 전류가 한쪽 방향으로만 흐르는 특성이 있다.

바로 알기 | ㄱ. 약한 전류나 전압을 크게 증폭하는 것은 트랜지스터이다. 트랜지스터는 회로에서 전압이나 전류 흐름을 조절한다. 작은 크기로 만들 수 있고, 소비 전력이 작아 대부분의 전자 제품에 이용된다.

148 A는 외부 조건의 변화를 감지하므로 센서로 쓸 수 있고, B는 전류가 흐를 때 빛을 방출하므로 가로등이나 모니터 등의 영상 장치에 활용할 수 있다. C는 빛을 받아 전류를 흐르게 하므로 태양 전지나 디지털 카메라에 활용된다.

149 ㄴ. Y는 붕소(B) 주위에 양공이 있으므로 p형 반도체이다.

바로 알기 | ㄱ. X는 반도체이므로 상온에서 전기 저항이 도체인 구리보다 크다.

ㄷ. X는 순수한 반도체이고 Y는 불순물 반도체이다. 순수한 반도체에 불순물 원소를 첨가하면 양공이나 자유 전자가 생겨 전기 전도도가 커진다.

150 ⑤ X가 p형 반도체, Y가 n형 반도체이므로 전류는 다이오드 내에서 X → Y 방향으로 흐른다. 따라서 회로에서 전류는 '전원 → 저항 → 다이오드(X → Y)'로 흐른다. 전자의 이동 방향은 전류 방향과 반대이므로 '다이오드 → 저항 → 전원의 ㉠' 방향으로 이동한다.

바로 알기 | ① (나)에서 원자가 전자가 4개인 규소(Si)에 인듐을 첨가하였더니 공유 결합에서 전자가 부족하여 전자의 빈 자리(양공)가 생긴다. 따라서 X는 p형 반도체이다.

② Y는 반도체이고 저항은 도체이므로 전기 전도도는 도체인 저항이 반도체인 Y보다 크다.

③ 인듐의 원자가 전자는 3개이다.

④ 다이오드는 한 방향으로만 전류를 흐르게 하는 성질이 있다. 따라서 X와 Y를 반대로 연결하면 저항에 전류가 흐르지 않는다.

151 별의 내부에서는 중심으로 향하는 중력과 바깥으로 향하는 별의 내부 압력이 평형을 이루고 있다.

모범 답안 ▶ 별의 중심으로 향하는 중력이 별의 내부 압력보다 크기 때문이다.

채점 기준	배점(%)
중력과 별의 내부 압력의 크기를 옳게 비교하여 서술한 경우	100
중력이 커짐만 서술한 경우	30
그 외의 오답	0

152 탄소핵이 수축하고 있는 별의 중심부에서는 탄소핵 외곽에서 헬륨 핵융합 반응과 수소 핵융합 반응이 순서대로 일어난다. A 영역은 핵융합 반응이 일어나지 않는 곳이다.

모범 답안 ▶ (1) B 영역에서는 수소 핵융합 반응이 일어나고, C 영역에서는 헬륨 핵융합 반응이 일어난다.

(2) A 영역: 우주 초기에 생성된 수소와 헬륨, B 영역: 우주 초기에 생성된 수소와 헬륨 및 별에서 생성된 헬륨, C 영역: 우주 초기에 생성된 헬륨과 별에서 생성된 헬륨 및 별에서 생성된 탄소

	채점 기준	배점(%)
(1)	B와 C 영역에서 일어나는 핵융합 반응을 모두 옳게 서술한 경우	50
	B나 C 중 한 가지만 옳게 서술한 경우	40
	그 외의 오답	0
(2)	A, B, C 영역에 각각 존재하는 원소와 그 기원을 모두 옳게 서술한 경우	50
	A, B, C 영역 중 한 가지만 원소와 그 기원을 옳게 서술한 경우	30
	A, B, C 영역의 원소만 옳게 서술한 경우	20
	그 외의 오답	0

153 별 내부에서 핵융합 반응을 일으키는 수소와 헬륨은 우주 전체의 수소와 헬륨의 일부에 해당한다.

모범 답안 ▶ 우주에 존재하는 수소와 헬륨 중 일부가 별을 만드는 재료로 이용되었고, 별을 이루는 수소와 헬륨 중 일부만 핵융합 반응을 통해 무거운 원소를 만들었기 때문이다.

채점 기준	배점(%)
우주의 수소 중 일부만 별을 만드는 것과 별에서 일부만 핵융합 반응을 한다는 것을 모두 옳게 서술한 경우	100
우주의 수소 중 일부만 별을 만드는 것과 별에서 일부만 핵융합 반응을 한다는 것 중 한 가지만 옳게 서술한 경우	30
그 외의 오답	0

154 지구와 목성은 원시 태양으로부터의 거리와 행성이 생성된 온도 환경이 달라 구성 물질이 다르다.

모범 답안 ▶ (1) 구성 물질의 녹는점은 지구가 목성보다 높다.

(2) 지구를 형성한 미행성은 목성을 형성한 미행성보다 높은 온도 환경에서 생성되었다.

(3) 지구를 형성한 미행성이 생성된 온도가 높은 환경에서는 녹는점이 높은 물질만 고체를 형성할 수 있었기 때문이다.

	채점 기준	배점(%)
(1)	지구와 목성을 이루는 구성 물질의 녹는점 비교를 옳게 서술한 경우	20
	그 외의 오답	0
(2)	지구와 목성을 형성한 미행성체들이 만들어질 때의 온도 환경 비교를 옳게 서술한 경우	30
	그 외의 오답	0
(3)	지구와 목성의 구성 물질이 달라진 까닭을 (1)과 (2)에 모두 근거하여 옳게 서술한 경우	50
	(1)과 (2) 중 한 가지만 근거하여 옳게 서술한 경우	30
	그 외의 오답	0

155 우주 초기의 원소 형성 과정에서 헬륨 원자핵보다 더 큰 원자핵이 만들어지려면 헬륨 원자핵이 만들어진 온도보다 더 높은 온도가 필요한데, 헬륨 원자핵이 생성된 이후 우주의 온도는 더 낮아져 무거운 원소는 형성되지 못하였다.

우주에 존재하는 다양한 원소 중 수소와 헬륨은 대부분 우주 초기의 원소 형성을 통해 생성되었고, 소량의 리튬을 제외한 헬륨보다 무거운 원소는 대부분 별 내부에서 핵융합 반응으로 만들어지거나 초신성이 폭발하는 과정에 의해 만들어졌다.

모범 답안 ▶ 대폭발(빅뱅) 이후 우주에서는 수소와 헬륨 원자핵이 형성되었지만, 그 이후 우주의 온도는 점점 낮아지므로 더 이상의 원자핵은 형성하기 어려웠다. 따라서 우주 공간에서 핵융합 반응이 일어나 새로운 원자핵이 형성될 수 있을 정도로 온도가 높은 곳은 별의 내부밖에 없었으므로 무거운 원소는 별의 내부에서 핵융합 반응으로 형성되었다.

채점 기준	배점(%)
제시한 조건을 모두 포함하여 옳게 서술한 경우	100
제시한 조건 중 두 가지만 포함하여 옳게 서술한 경우	50
제시한 조건 중 한 가지만 포함하여 옳게 서술한 경우	30
그 외의 오답	0

156 같은 주기 원소들은 전자가 들어 있는 전자 껍질 수가 같고, 같은 주기에서 18족 원소를 제외한 원소들의 원자 번호가 1만큼 증가할 때 원자가 전자 수가 1만큼 증가한다.

모범 답안 ▶ (가)는 원자 번호가 증가하더라도 그 값이 일정하므로 '전자가 들어 있는 전자 껍질 수'가 적절하다. 이는 같은 주기 원소에서 전자가 들어 있는 전자 껍질 수가 같기 때문이다. (나)는 원자 번호가 증가함에 따라 일정한 간격으로 증가하므로 '원자가 전자 수'가 적절하다. 이는 같은 주기에서 18족 원소를 제외하고 원자 번호가 1만큼 증가할 때 원자가 전자 수가 1만큼 증가하기 때문이다.

채점 기준	배점(%)
(가), (나)의 물리량과 까닭을 모두 옳게 서술한 경우	100
(가), (나)의 물리량과 까닭 중 한 가지만 옳게 서술한 경우	50
그 외의 오답	0

157 수소는 잘 타는 성질이 있고, 알칼리 금속의 반응 정도는 원자 번호가 클수록 크다.

모범 답안 (1) (나)에서 모은 기체에 성냥불을 대어 보았을 때 '퍽' 소리를 내며 타는 것으로 보아 (가)에서 발생한 기체는 잘 타는 성질이 있는 수소이다.

(2) 전자가 들어 있는 전자 껍질 수는 X > Y이다. (가)에서 물과의 반응 정도는 A에서가 B에서보다 격렬한데, 알칼리 금속의 반응 정도는 원자 번호가 클수록 커지기 때문이다.

	채점 기준	배점(%)
(1)	(가)에서 발생한 기체의 종류와 판단 근거를 모두 옳게 서술한 경우	50
	(가)에서 발생한 기체의 종류만 옳게 서술한 경우	25
	그 외의 오답	0
(2)	X와 Y의 전자 껍질 수 비교와 판단 근거를 모두 옳게 서술한 경우	50
	X와 Y의 전자 껍질 수 비교와 판단 근거 중 한 가지만 옳게 서술한 경우	25
	그 외의 오답	0

158 설탕과 포도당은 물에 녹아 전기적으로 중성인 분자로 존재하고, 염화 나트륨과 질산 칼륨은 물에 녹아 이온으로 존재해 자유롭게 이동할 수 있다.

모범 답안 공유 결합 물질인 설탕, 포도당은 수용액에서 전기적으로 중성인 분자로 존재하므로 수용액 상태에서 전기 전도성이 없다. 이온 결합 물질인 염화 나트륨, 질산 칼륨은 수용액에서 양이온과 음이온으로 나누어져 자유롭게 이동할 수 있으므로 수용액 상태에서 전기 전도성이 있다. 따라서 수용액 상태에서 전류가 잘 흐르는지 확인할 수 있는 실험이 필요하므로 각 물질을 증류수에 녹인 후 전기 전도성 측정기를 담가 보아 전류가 흐르는지 확인한다.

채점 기준	배점(%)
화학 결합에 따른 수용액에서의 입자 상태와 실험 방법을 모두 옳게 서술한 경우	100
실험 방법만 옳게 서술한 경우	60
그 외의 오답	0

159 A와 B는 2주기 16족, 2주기 17족 원소로 비금속 원소이고, C와 D는 3주기 1족, 3주기 2족 원소로 금속 원소이다.

모범 답안 (1) 이온 결합 물질은 (나), (다), (라)이고, 공유 결합 물질은 (가)이다. (가)는 비금속 원소인 A, B로 이루어진 공유 결합 물질, (나)는 비금속 원소인 A와 금속 원소인 D로 이루어진 이온 결합 물질, (다)는 비금속 원소인 B와 금속 원소인 C로 이루어진 이온 결합 물질, (라)는 비금속 원소인 B와 금속 원소인 D로 이루어진 이온 결합 물질이기 때문이다.

(2) C_2A, 18족 원소인 네온과 같은 전자 배치를 이루기 위해 A는 전자 2개를 얻어 A^{2-}이 되고, C는 전자 1개를 잃어 C^+이 된다. 따라서 A^{2-}과 C^+이 1 : 2의 개수비로 결합하므로 A와 C로 이루어진 화합물의 화학식은 C_2A이다.

	채점 기준	배점(%)
(1)	(가)~(라)의 화학 결합의 종류와 판단 근거를 모두 옳게 서술한 경우	50
	(가)~(라)의 화학 결합의 종류와 판단 근거 중 세 가지만 옳게 서술한 경우	40
	(가)~(라)의 화학 결합의 종류와 판단 근거 중 두 가지만 옳게 서술한 경우	30
	(가)~(라)의 화학 결합의 종류와 판단 근거 중 한 가지만 옳게 서술한 경우	20
	그 외의 오답	0
(2)	화학식과 판단 근거를 모두 옳게 서술한 경우	50
	화학식과 판단 근거 중 한 가지만 옳게 서술한 경우	25
	그 외의 오답	0

160

(가) 알칼리 금속은 반응성이 매우 커서 공기 중의 산소와 빠르게 반응하고, 물과도 격렬하게 반응한다.

▲ 알칼리 금속을 칼로 자르면 단면의 광택이 사라진다.

▲ 알칼리 금속은 물과 격렬하게 반응하여 수소 기체를 발생시킨다.

원자핵과 전자의 인력이 작으므로 전자를 떼어 내기 쉽다.

(나) 알칼리 금속은 공기 중의 산소 또는 물과 반응할 때 전자 1개를 잃는다. 이때 잃는 전자는 원자가 전자이다. 원자가 전자는 원자의 전자 배치에서 가장 바깥 전자 껍질에 들어 있는 전자로 안쪽 전자 껍질에 들어 있는 전자보다 원자핵과의 정전기적 인력이 작다. 따라서 알칼리 금속인 리튬(Li), 나트륨(Na), 칼륨(K)의 전자 배치로 알칼리 금속의 반응 정도를 파악할 수 있다.

각 원자의 전자 배치에서 원자 번호가 클수록 원자가 전자가 들어 있는 전자 껍질은 원자핵에서 멀어진다.

모범 답안 (1) 알칼리 금속은 공기 중의 산소와 빠르게 반응하여 산화물을 형성하므로 알칼리 금속을 칼로 자르면 단면의 은백색 광택이 사라진다.

(2) 칼륨(K) > 나트륨(Na) > 리튬(Li)

(3) 알칼리 금속은 물과 반응할 때 전자 1개를 잃는데, 이때 잃는 전자는 가장 바깥 전자 껍질에 들어 있는 원자가 전자이다. 전자 껍질이 원자핵에서 멀어질수록 전자 껍질에 들어 있는 전자와 원자핵과의 인력이 작아져 전자를 떼어 내기 쉬워진다. 따라서 알칼리 금속 원소의 원자 번호가 클수록 반응에 참여하는 원자가 전자는 원자핵에서 더 멀리 떨어진 전자 껍질에 들어 있어 더 쉽게 떼어 낼 수 있으므로 알칼리 금속의 반응 정도는 원자 번호가 커질수록 커진다.

	채점 기준	배점(%)
(1)	광택이 사라지는 까닭을 옳게 서술한 경우	20
	그 외의 오답	0
(2)	반응 정도를 옳게 비교한 경우	30
	그 외의 오답	0
(3)	제시한 조건을 모두 이용하여 옳게 서술한 경우	50
	제시한 조건 중 두 가지만 이용하여 옳게 서술한 경우	30
	그 외의 오답	0

161 (가)는 독립형 구조, (나)는 $Si-O$ 사면체가 한 줄로 연결된 단사슬 구조, (다)는 $Si-O$ 사면체가 평면상에서 이웃한 모든 사면체와 결합한 판상 구조이다.

모범 답안 ▶ (1) (가) → (나) → (다)로 가면서 $Si-O$ 사면체 사이에 공유하는 산소의 수는 점점 많아진다.
(2) 규소 원자 1개당 공유하고 있는 산소 원자의 수는 (가)에서 0개, (나)에서 2개, (다)에서 3개이다.

	채점 기준	배점(%)
(1)	$Si-O$ 사면체 사이에 공유하는 산소의 수를 옳게 서술한 경우	50
	그 외의 오답	0
(2)	(가), (나), (다)에서 규소 원자 1개당 공유하고 있는 산소 원자의 수를 모두 옳게 서술한 경우	50
	(가), (나), (다) 중 한 가지만 옳게 서술한 경우	25
	그 외의 오답	0

162 이웃한 두 개의 단위체가 결합할 때 한 개의 펩타이드결합 막대를 사용한다. 따라서 n개의 단위체가 결합할 때 $n-1$개의 펩타이드결합 막대를 사용한다.

	사용하는 단위체 개수(개)	사용하는 펩타이드 결합 막대 개수(개)
모형 X	10	9
모형 Y	?12	11(20−9)

모범 답안 ▶ (1) 9개. n개의 단위체가 결합할 때 $n-1$개의 펩타이드결합 막대를 사용하기 때문이다.
(2) 모형 Y에 사용되는 펩타이드결합 막대 부품의 개수가 모형 X에 사용되는 것보다 더 많다. 모형 X를 만들 때에는 펩타이드결합 막대 부품이 9개 필요하지만, 모형 Y를 만들 때에는 11개가 필요하다.

	채점 기준	배점(%)
(1)	개수와 판단 까닭을 모두 옳게 서술한 경우	50
	개수와 판단 까닭 중 한 가지만 옳게 서술한 경우	30
	그 외의 오답	0
(2)	개수 비교와 판단 까닭을 모두 옳게 서술한 경우	50
	개수 비교와 판단 까닭 중 한 가지만 옳게 서술한 경우	30
	그 외의 오답	0

163 DNA X는 5개의 염기쌍으로 이루어졌으므로 총 염기의 개수는 10개이다. 그리고 구아닌(G)의 함량이 30 %라고 하였으므로, 구아닌(G) 염기의 개수는 3개이다.

모범 답안 ▶ (1) 10 개 (2) GTGT (3) ⓐ−사이토신(C), ⓑ−구아닌(G). 이 DNA에서 ⓐ와 ⓑ를 제외하고 구아닌(G)이 2개이므로 ⓐ와 ⓑ 중 1개는 구아닌(G)이다. ⓑ는 아데닌(A)과 구아닌(G) 중 하나라고 했으므로, ⓑ가 구아닌(G)이다. ⓐ는 ⓑ와 상보 결합하므로 사이토신(C)이다.

	채점 기준	배점(%)
(1)	뉴클레오타이드 총 개수를 옳게 쓴 경우	25
	그 외의 오답	0
(2)	가닥 2의 염기를 순서대로 옳게 쓴 경우	25
	그 외의 오답	0
(3)	염기 종류와 판단 까닭을 모두 옳게 서술한 경우	50
	염기 종류와 판단 까닭 중 한 가지만 옳게 서술한 경우	30
	그 외의 오답	0

164 **모범 답안** ▶ 태양 전지에 사용하는 반도체 소자는 빛을 받으면 전류가 흐르는 성질이 있고, LED 전등에 사용하는 반도체 소자는 전류가 흐르면 빛을 내는 성질이 있다.

채점 기준	배점(%)
두 반도체 소자의 성질을 모두 옳게 서술한 경우	100
두 가지 중 하나만 옳게 서술한 경우	50
그 외의 오답	0

165 **모범 답안** ▶ (1) 폴리에스터로 구성된 장갑으로는 스마트 기기를 작동하기 어려우므로 폴리에스터는 부도체이다. 폴리에스터는 자유 전자가 거의 없어 전류가 잘 흐르지 않는 전기적 성질이 있다.
(2) 전류가 흐를 때 전기 에너지를 열에너지로 바꾸는 전도성 고분자 섬유는 도체이다. 반도체는 착용자의 상태와 야외 기온 변화를 감지하는 센서로 사용할 수 있다. 부도체는 배터리를 감싸 전류가 밖으로 흐르지 않게 하거나 전류가 흐를 필요가 없는 부분의 옷감으로 사용할 수 있다.

	채점 기준	배점(%)
(1)	폴리에스터의 전기적 성질을 쓰고, 그 까닭을 옳게 서술한 경우	50
	폴리에스터의 전기적 성질만 옳게 서술한 경우	20
	그 외의 오답	0
(2)	도체, 반도체, 부도체의 쓰임새를 모두 서술한 경우	50
	세 가지 중 두 가지만 적절하게 서술한 경우	30
	세 가지 중 한 가지만 적절하게 서술한 경우	20
	그 외의 오답	0

Ⅲ 시스템과 상호작용

4 지구시스템

09 지구시스템의 구성 요소

48쪽

❶ 태양계　　❷ 지구시스템　　❸ 대류권
❹ 오존층　　❺ 혼합층　　❻ 차단　　❼ 지각
❽ 액체　　❾ 생물권　　❿ 지구 자기장

주제별 난이도별
다 주는 **실전 대비 문제**

49~53쪽

166 ④	167 해설 참조	168 ③	169 ⑤
170 ⑤	171 ①	172 ④	173 ④	174 ③
175 ①	176 ④	177 ⑤	178 ③	179 ②
180 ③	181 ②	182 ④	183 ④	184 ③
185 ②	186 ③	187 해설 참조	

166 ㄱ. 시스템은 여러 구성 요소가 모여 서로 상호작용하면서 균형을 유지하는 체계이다.
ㄷ. 태양계에 속한 천체들은 서로 영향을 주고받으며 태양계라는 하나의 시스템을 이루고 있다.
바로 알기 | ㄴ. 지구시스템은 태양계라는 더 큰 시스템을 이루는 구성 요소이면서 하나의 시스템이다.

167 행성에 생명체가 존재하기 위해서는 행성에 액체 상태의 물(ⓛ)이 있어야 하고, 이를 위해서는 중심별(ⓖ)에서 에너지가 공급되어야 한다.
모범 답안 ▶ ⓖ 중심별, ⓛ 물

채점 기준	배점(%)
중심별과 물을 모두 옳게 쓴 경우	100
중심별과 물 중 하나만 옳게 쓴 경우	50
그 외의 오답	0

168 ㄱ. 지구는 상호작용하는 여러 구성 요소가 하나의 시스템을 이루고 있다.
ㄴ. 현재 지구의 모습은 그동안 태양계에서 일어난 여러 상호작용의 결과라고 볼 수 있다.
바로 알기 | ㄷ. 지구는 태양뿐만 아니라 태양계의 다른 천체들과도 상호작용을 한다. 따라서 소행성이나 혜성의 잔해 등이 지구로 떨어지기도 한다.

169 ㄱ. 성운이 수축하여 태양이 탄생하는 데 작용한 힘은 중력이다.
ㄴ. 미행성체들은 중력에 의해 서로 충돌하고 병합하여 행성을 형성하였다.
ㄷ. 태양계에서 태양과 행성이 일정한 거리를 유지하며 공전할 수 있는 것은 중력 때문이다.

170 ㄱ. 태양계는 여러 천체들이 상호작용하는 중력으로 유지되

는 역학적 시스템이다.
ㄴ. 지구시스템은 하나의 시스템이면서 태양계라는 더 큰 시스템의 구성 요소이기도 하다.
ㄷ. 태양은 태양계의 중심 천체로, 태양계에서 지구시스템에 가장 큰 영향을 미친다.

171 ㄱ. 지구시스템은 태양계라는 더 큰 시스템에 속해 있다.
바로 알기 | ㄴ. 지구시스템은 지권, 기권, 수권, 생물권, 외권으로 구성되어 있다.
ㄷ. 지구시스템에서 일어나는 모든 현상은 태양 에너지, 지구 내부 에너지, 조력 에너지에 의해 일어난다.

172 ㄴ. 지구의 기울어진 자전축은 지구시스템에서 계절 변화를 일으켜 영향을 준다.
ㄷ. 지구가 받는 태양 에너지양은 태양에 거리가 가까운 근일점에 있을 때가 거리가 먼 원일점에 있을 때보다 많다.
바로 알기 | ㄱ. 지구시스템의 에너지원에는 태양 에너지, 지구 내부 에너지, 조력 에너지가 있다.

173 ①, ② 기권은 지표면으로부터 높이 약 1000 km까지의 대기가 분포하는 영역이고, 지권은 지구 표면과 깊이 약 6400 km까지의 지구 내부를 포함하는 영역이다.
③ 생물권은 기권, 수권, 지권에만 분포한다.
⑤ 지구의 기권 바깥 영역에는 외권이라는 지구시스템의 구성 요소가 있다.
바로 알기 | ④ 수권은 대부분 액체 상태로 이루어져 있지만, 빙하는 고체 상태로 이루어져 있고, 대기 중의 수증기는 기체 상태로 이루어져 있다.

174 ㄱ. 지구시스템은 지권, 수권, 기권, 생물권, 외권의 5개 구성 요소로 이루어져 있다.
ㄷ. 생물권은 기권, 수권, 지권에만 분포한다.
바로 알기 | ㄴ. 지권에서 지구 자기장이 생성되어 외권에서 태양풍을 막는 것처럼 외권도 다른 구성 요소와 상호작용을 한다.

175 ② 대류권은 수증기가 존재하고 위로 갈수록 기온이 낮아져 대류가 일어나므로 기상 현상이 일어난다.
③ 성층권은 위로 갈수록 기온이 높아지므로 안정하여 대류가 일어나지 않는다.
④ 중간권은 위로 갈수록 기온이 낮아지므로 대류가 일어나지만, 수증기가 거의 존재하지 않아 기상 현상은 나타나지 않는다.
⑤ 열권은 대기가 매우 희박한 층으로, 위로 갈수록 기온이 높아진다.
바로 알기 | ① 기권은 높이에 따른 기온 분포에 따라 대류권, 성층권, 중간권, 열권으로 구분한다. 구성 성분에 따라서는 약 100 km 아래의 균질권과 그 위쪽의 비균질권으로 구분할 수 있다.

176 ㄴ. 수권은 물의 순환과 해수의 순환을 통해 위도에 따른 에너지 불균형을 해소한다.
ㄷ. 지구에서 물은 고체, 액체, 기체의 상태로 존재한다.

바로 알기 | ㄱ. 수권에서 대부분을 차지하는 것은 해수이므로, 염수가 담수보다 많다.

177 ㄱ, ㄴ. 수권은 생명체에 서식 공간을 제공하고, 생명체에 필요한 물질을 공급한다.

ㄷ. 수권은 지구의 온도를 일정하게 유지하는 역할을 한다.

178 ③ 지권의 토양은 육지 생물에게 서식처와 영양분을 공급한다.

바로 알기 | ① 지권 중 외핵은 액체 상태이다.

② 철의 함량비가 가장 높은 곳은 핵이다. 지각은 주로 규산염 물질로 이루어져 있다.

④ 지권의 변화로 나타나는 지형 변화는 기권의 바람과 생물권의 생태계에 영향을 준다.

⑤ 지권은 지구 표면과 지구 내부를 포함하는 영역으로, 지표면에서 깊이 약 6400 km까지 분포한다.

179 기권에서 비구름이 생성될 수 있는 층은 대류권이다. 유성이 나타나는 층은 중간권이며, 오로라가 나타나는 층은 열권이다.

180 ㄱ. 기권은 기온 분포에 따라 대류권(D), 성층권(C), 중간권(B), 열권(A)의 4개 층으로 구분한다.

ㄷ. 대류권(D)과 중간권(B)은 대류가 활발하다.

바로 알기 | ㄴ. 성층권(C)은 안정한 층이지만, 공기의 확산 현상에 의해 중간권(B)과 성층권(C) 사이에서도 물질 교환이 일어나므로 대기 조성 비율은 거의 같다.

181 ㄴ. 기권에서 생물권은 대부분 대류권(D)에 분포한다.

바로 알기 | ㄱ. 공기의 밀도는 아래쪽으로 갈수록 커지므로 열권(A)이 중간권(B)보다 작다.

ㄷ. 하루 중 온도 변화가 가장 큰 구간은 열권(A)이다.

182 ㄴ. 대류권인 B에서 위로 갈수록 기온이 낮아지는 까닭은 지표면에서 멀어질수록 지구 복사 에너지가 감소하기 때문이다.

ㄷ. ㉠은 오존층으로, 자외선의 흡수가 일어난다.

바로 알기 | ㄱ. 성층권인 A에서 위로 갈수록 기온이 높아지는 까닭은 오존이 자외선을 흡수하기 때문이다.

183 ㄴ. 육수에서 가장 많은 양을 차지하는 ㉡은 빙하이다.

ㄷ. 인간이 생활하는 데 직접 이용할 수 있는 물은 호수와 하천수 및 지하수이므로 수권의 약 1 % 미만이다.

바로 알기 | ㄱ. 수권에서 가장 많은 양을 차지하는 것은 해수이므로 ㉠은 담수가 아니다.

184 ㄱ. 혼합층인 A층은 바람에 의한 혼합 작용이 활발하여 위도에 따라 두께 변화가 심하다.

ㄷ. 대양에서 가장 두꺼운 층은 심해층인 C층이다.

바로 알기 | ㄴ. 수온 약층인 B층은 안정하여 해수의 연직 운동이 일어나기 어렵다.

185 ㄷ. 내핵과 외핵은 주로 철과 니켈로 이루어져 있어 구성 물질은 거의 같지만, 상태가 다르다.

바로 알기 | ㄱ. 지권은 구성 물질 및 상태에 따라 지각, 맨틀, 외핵, 내핵으로 구분한다.

ㄴ. 지권에서 액체 상태로 존재하는 층은 외핵뿐이다.

186 ㄱ. 혼합층인 A층의 두께는 바람이 강한 곳일수록 두껍다.

ㄴ. 수온 약층인 B층은 깊이에 따라 수온이 급격하게 변하는 층이므로 깊이에 따른 수온 변화가 가장 크다.

바로 알기 | ㄷ. 심해층인 C층은 태양 에너지가 거의 도달하지 않으므로 계절에 따른 수온 변화가 거의 없다.

187 외권이 기권을 통과하여 생물권까지 영향을 준 예로는 기권을 통과한 가시광선이 생물의 광합성에 이용되는 현상 등이 있고, 외권의 영향이 기권에서 차단되어 생물권에 영향을 주지 않는 예로는 오로라나 유성이 생기는 현상 등이 있다.

모범 답안 ▶ (가) 태양에서 오는 가시광선이 지표면에 도달하여 광합성에 이용된다.

(나) 유성이 떨어지다가 대기 중에서 다 타서 지표면에 떨어지지 않는다.

채점 기준	배점(%)
(가)와 (나)의 예를 모두 옳게 서술한 경우	100
(가)와 (나)의 예 중 한 가지만 옳게 서술한 경우	50
그 외의 오답	0

🔟 지구시스템의 상호작용

54쪽

❶ 태양 에너지　　❷ 인력　　❸ 수증기
❹ 이산화 탄소　　❺ 석회암　　❻ 상호작용
❼ 생물권　　❽ 지권　　❾ 균형

주제별 난이도별
다 주는 **실전 대비 문제**　　　　55~59쪽

188 ④	**189** ③	**190** ④	**191** ③
192 해설 참조		**193** ②	**194** ⑤	**195** ①
196 해설 참조		**197** ④	**198** ②	**199** ④
200 ⑤	**201** 해설 참조		**202** ⑤
203 해설 참조		**204** ⑤	**205** ①	**206** ③
207 ②	**208** ④	**209** 해설 참조	**210** ④

188 ㄱ. 태양 에너지는 태양의 중심핵에서 수소 핵융합 반응에 의해 생성된 에너지이다.

ㄷ. 조력 에너지는 달과 태양의 인력에 의한 밀물과 썰물을 일으킨다.

바로 알기 | ㄴ. 지표면에서 일어나는 지권의 변화 중 지표 변화는 태양 에너지에 의한 것이고, 화산과 지진 등은 지구 내부 에너지에 의한 것이다.

189 ㄱ, ㄴ. 지구 내부 에너지는 암석 속에 들어 있는 방사성 원소의 붕괴열과 미행성의 충돌 등 지구 형성 과정에서 축적된 열을 포함하고 있다.

바로 알기 | ㄷ. 달과 태양의 인력으로 발생하는 에너지는 조력 에너지이다.

190 (가)의 밀물로 인한 갯벌 침수는 조력 에너지에 의한 현상이고, (나)의 파도에 의한 해안 침식은 태양 에너지에 의한 현

상이며, (다)의 해저 지진으로 인한 지진 해일은 지구 내부 에너지에 의한 현상이다.

191 ㄱ. 외권에서 기권으로 태양 에너지가 들어오고, 기권에서 외권으로 지구 복사 에너지가 방출되므로 기권과 외권 사이에서는 에너지가 이동한다.

ㄴ. 물을 순환시키는 에너지는 태양 에너지이다. 태양 에너지가 수권에 흡수되면 물의 증발이 일어나 대기 중으로 이동하거나 빙하가 녹아 흐르게 된다.

바로 알기 | ㄷ. 태양 에너지가 지권에 흡수되면 다른 에너지로 전환되어 에너지가 이동한다.

192 빙하의 형성과 이동은 태양 에너지에 의해 일어나고, 지진은 지구 내부 에너지로 인해 발생한다.

모범 답안 ▶ (가) 태양 에너지, (나) 지구 내부 에너지

채점 기준	배점(%)
(가)와 (나)의 에너지원을 모두 옳게 쓴 경우	100
(가)와 (나)의 에너지원 중 한 가지만 옳게 쓴 경우	50
그 외의 오답	0

193 ①, ③ 물이 순환하는 과정에서 고체, 액체, 기체로 상태가 변하며, 날씨의 변화를 일으킨다.

④ 물의 순환은 에너지의 이동과 함께 일어난다.

⑤ 물의 순환은 생명체의 생명 활동을 유지한다.

바로 알기 | ② 물은 지하수와 하천수의 형태로 지권에서도 순환한다.

194 ㄱ. 물이 순환하는 과정에서 수증기가 비나 눈으로 내리는 기상 현상이 일어난다.

ㄴ. 물의 순환 과정에서 유수의 작용으로 지표의 변화가 나타난다.

ㄷ. 지구시스템 전체에서 증발량은
$60000 \, \mathrm{km}^3 + 320000 \, \mathrm{km}^3 = 380000 \, \mathrm{km}^3$이고, 강수량은 $96000 \, \mathrm{km}^3 + 284000 \, \mathrm{km}^3 = 380000 \, \mathrm{km}^3$이다. 따라서 지구시스템 전체에서 증발량과 강수량은 같다.

195 ② 호흡과 연소는 대기 중의 탄소량을 증가시킨다.

③, ④ 지구시스템에서 탄소는 다양한 형태로 존재하며, 지권에서는 화석 연료나 석회암으로 존재한다.

⑤ 탄소의 순환은 물질뿐만 아니라 에너지도 이동한다.

바로 알기 | ① 탄소가 순환해도 생물권에 존재하는 탄소량은 증가하지 않는다.

196 물이 증발할 때는 에너지를 흡수하고, 응결할 때는 에너지를 방출한다.

모범 답안 ▶ 증발이 일어나는 과정에서 물은 태양 에너지를 흡수하여 수증기가 되고, 수증기가 비 또는 눈이 되어 내릴 때는 숨은열을 방출한다.

채점 기준	배점(%)
증발과 강수 과정을 모두 옳게 서술한 경우	100
증발과 강수 과정 중 한 가지만 옳게 서술한 경우	50
그 외의 오답	0

197 ④ 해양 생물이 탄산 이온을 흡수하면 탄소가 수권에서 생물권으로 이동한다.

바로 알기 | ① 화산 가스가 분출되면 탄소는 지권에서 기권으로 이동한다.

② 식물의 호흡 작용으로 탄소는 생물권에서 기권으로 이동한다.

③ 식물의 광합성 작용으로 탄소는 기권에서 생물권으로 이동한다.

⑤ 화석 연료가 생성되는 과정에서 탄소는 생물권에서 지권으로 이동한다.

198 ㄴ. 탄소는 대부분 약 99.91 %가 석회암이나 퇴적암으로 분포하므로 지구시스템에서 탄소가 가장 많이 분포하는 곳은 지권이다.

바로 알기 | ㄱ. 기권에서 탄소는 이산화 탄소나 메테인으로 존재하고, 생물권에서 탄소는 유기물의 형태로 존재하므로 각 권역에서 탄소는 각각 다른 형태로 존재한다.

ㄷ. 화석 연료 사용량이 증가하면 기권의 탄소량이 증가하고, 지권의 탄소량이 감소한다.

199 ㄱ. 물이 순환하는 과정에서 물질뿐만 아니라 에너지도 함께 이동한다.

ㄷ. 육지에서 강수로 유입되는 물의 양은 26단위이고, 증발로 방출되는 물의 양이 15단위이므로 하천이나 지하수로 바다로 흘러가는 물의 양은 11단위이다. 육지에서 하천수와 지하수의 형태로 해양으로 이동하는 물의 양 ⓛ은 11000 km^3/년이다.

바로 알기 | ㄴ. 해양에서 물의 유입량과 유출량은 같다. 해양에서 물이 유입되는 양은 강수 98단위와 하천수와 지하수의 유입 11단위이고, 유출량은 증발량인 ㉠에 해당한다. 따라서 ㉠은 109단위=109000 km^3/년이다.

200 ㄱ. 육지에서 유입량은 강수 96단위이고, 유출량은 증발 60+c단위이다. 육지에서 유입량과 유출량은 같으므로 96=(60+c)이다. 따라서 c는 36이다.

ㄴ. (a−b)는 대기를 통하여 육지에서 바다로 순이동하는 물의 양에 해당한다. 지표와 지하를 통하여 육지에서 바다로 이동하는 물의 양이 c이므로 (a−b)=−36이다.

ㄷ. 육지에서 바다로 물이 이동하는 과정에서 지표의 변화가 나타나므로 c 과정에서 지표의 변화가 나타난다.

201 이산화 탄소가 물에 녹으면 탄소는 기권에서 수권으로 이동하며, 석회암이 녹으면 탄소는 지권에서 수권으로 이동한다. 석회암이 녹은 물에서 이산화 탄소가 빠져나오면 탄소는 수권에서 기권으로 이동하며 물속에 녹아 있던 석회 물질이 침전하여 종유석을 형성하면 탄소가 수권에서 지권으로 이동한다.

모범 답안 ▶ (가) 기권에서 수권으로 이동한다. (나) 지권에서 수권으로 이동한다. (다) 수권에서 기권으로 이동한다. (라) 수권에서 지권으로 이동한다.

채점 기준	배점(%)
(가), (나), (다), (라)를 모두 옳게 서술한 경우	100
(가), (나), (다), (라) 중 세 가지를 옳게 서술한 경우	75
(가), (나), (다), (라) 중 두 가지를 옳게 서술한 경우	50
(가), (나), (다), (라) 중 한 가지만 옳게 서술한 경우	25
그 외의 오답	0

202 ①, ② 지구시스템의 구성 요소 중 어느 한 권역에 변화가 생기면 다른 권역에도 영향을 주므로 지구시스템은 상호작용을 하며, 균형을 유지한다.
③, ④ 지구의 생명체는 지구시스템의 구성 요소들이 끊임없이 서로 영향을 주고받는 과정에 영향을 받으며 살아간다.
바로 알기 | ⑤ 지구시스템의 상호작용은 각 권역 사이에서 일어나기도 하지만, 각 권역 내에서도 일어난다.

203 물의 순환으로 지표면의 풍화와 침식 작용이 일어나는 것은 수권과 지권의 상호작용이다.
모범 답안 ▶ 지표면의 풍화와 침식 작용은 수권과 지권의 상호작용이다.

채점 기준	배점(%)
수권과 지권을 모두 옳게 서술한 경우	100
수권과 지권 중 한 가지만 옳게 서술한 경우	50
그 외의 오답	0

204 ㄱ. 오존층 파괴는 인위적 요인에 의해 지구시스템의 균형이 깨진 예에 해당한다.
ㄴ. 지진 해일로 인해 침수가 나타나는 것은 자연적 요인에 의해 지구시스템의 균형이 깨진 예이다.
ㄷ. 지구시스템의 균형이 깨지는 것은 인위적인 요인과 자연적인 요인 모두 인간 생활에 불편함을 가져온다.

205 ① 화산재의 분출로 기온이 낮아지는 것은 지권과 기권의 상호작용인 A에 해당한다.
바로 알기 | ② 엘니뇨가 발생하여 이상 기상 현상이 나타나는 것은 수권과 기권의 상호작용인 C에 해당한다.
③ 해저에서 발생한 지진으로 지진 해일이 발생하는 것은 지권과 수권의 상호작용이므로 E에 해당한다.
④ 열대 우림이 파괴되어 지구 온난화가 가속화되는 과정은 생물권과 기권의 상호작용이므로 B에 해당한다.
⑤ 생물의 사체가 퇴적되어 화석 연료가 생성되는 과정은 생물권과 지권의 상호작용이다.

206 ㄱ. 지구시스템과 외권 사이에 태양 에너지와 지구 복사 에너지의 형태로 에너지의 이동이 일어난다.
ㄷ. 지구시스템 구성 요소의 상호작용은 생물권 형성 이후가 이전보다 복잡하다.
바로 알기 | ㄴ. 생물권은 다른 구성 요소와 상호작용을 하므로 영향을 받기도 하지만, 영향을 주기도 한다.

207 ㄱ. 바람에 의해 퇴적물이 이동하는 과정은 기권과 지권의 상호작용이므로 A에 해당한다.

ㄴ. 파도에 의해 암석이 침식되어 해안 절벽이 형성되는 과정은 수권과 지권의 상호작용이므로 C에 해당한다.
ㄷ. 해수면의 온도 상승에 의한 태풍이 발생하는 것은 수권과 기권의 상호작용이므로 B에 해당한다.

208 ㄱ. 지구시스템의 상호작용은 지구 생명체의 존속에 기여하므로 지구시스템의 균형이 깨지면 생명체의 존속이 위협받을 수도 있다.
ㄷ. 지구 온난화는 주로 인위적 요인에 의해 발생하는 현상이므로 인간의 활동으로 지구시스템의 균형이 위협받는 예에 해당한다.
바로 알기 | ㄴ. 환경오염은 지구시스템의 균형이 깨지는 예에 해당한다.

209 기권과 생물권의 상호작용에 해당하는 자연 현상에는 광합성과 호흡, 증산 작용, 바람에 의한 포자 운반 등이 있다.
모범 답안 ▶ 식물은 기권의 이산화 탄소를 흡수하여 광합성을 한다. 바람에 의한 식물의 종자와 포자가 운반된다. 등

채점 기준	배점(%)
기권과 생물권의 상호작용에 해당하는 자연 현상 두 가지를 모두 옳게 서술한 경우	100
기권과 생물권의 상호작용에 해당하는 자연 현상을 한 가지만 옳게 서술한 경우	50
그 외의 오답	0

210 ①, ⑤ 지구시스템은 각 권역 간의 상호작용을 통해 균형을 유지하며, 이는 지구 생명체의 존속에 기여한다.
② 삼림 벌채는 지구시스템의 균형이 깨지는 인위적 요인에 해당한다.
③ 해저 화산 폭발은 지구시스템의 균형이 깨지는 자연적 요인에 해당한다.
바로 알기 | ④ 지구시스템의 상호작용은 매우 복잡하게 일어나므로 이로 인한 변화를 예측하기는 어렵다.

⑪ 지권의 변화

60쪽

❶ 암석권　❷ 대류　❸ 판 구조론　❹ 멀어지는
❺ 섭입형　❻ 변환 단층　❼ 지진　❽ 마그마
❾ 화산 쇄설물　❿ 지열

주제별 난이도별
다 주는 실전 대비 문제　　61~65쪽

211 ②	**212** ④	**213** ④	**214** ⑤	**215** ⑤
216 ④	**217** ①	**218** 해설 참조		**219** ①
220 ③	**221** 해설 참조		**222** ③	
223 해설 참조		**224** ⑤	**225** ④	**226** ①
227 ①	**228** ⑤	**229** ④	**230** 해설 참조	
231 ③	**232** ④	**233** 해설 참조		

211 ①, ④ 판은 맨틀 대류에 의해 움직이므로 판의 경계를 따라 지구의 변동대가 분포한다.

③, ⑤ 지구의 표면은 여러 조각의 판으로 나누어져 있으며, 판은 지각과 맨틀의 최상부를 포함한다.

바로 알기 | ② 판은 암석권으로, 연약권은 포함되지 않는다.

212 학생 B, C: 판 구조론은 지권의 변화를 각각 다른 방향으로 움직이는 판들의 운동으로 설명한다.

바로 알기 | 학생 A: 판은 연약권 위에 놓여 있으며, 맨틀의 일부를 포함한다.

213 ㄱ. 대륙이 포함되어 있는 대륙판도 판이 생성되는 부분 근처는 해양으로 이루어져 있는 경우가 많다. 해양으로 이루어져 있는 부분에는 해양 지각이 포함되어 있다.

ㄷ. 대륙판은 해양판보다 평균 밀도가 작지만, 평균 두께는 두껍다.

바로 알기 | ㄴ. 판의 평균 밀도는 해양판이 대륙판보다 크다. 따라서 해양판과 대륙판이 만나는 곳에서는 해양판이 대륙판의 아래로 섭입한다.

214 ㄱ. (가)는 발산형 경계로, 발산형 경계의 해령에서는 판이 생성된다.

ㄴ. (나)는 보존형 경계로, 보존형 경계의 변환 단층에서는 화산 활동이 일어나지 않으므로 화산 활동은 (가)가 (나)보다 활발하다.

ㄷ. 변환 단층은 해령과 해령 사이에 있으므로 (가)와 (나)는 서로 인접한 곳에 나타난다.

215 ① A는 일반 단층으로, 판의 경계에 해당하지 않는다.

② B는 변환 단층으로, 보존형 경계에 해당한다.

③ C는 해령으로, 맨틀 대류의 상승부에 위치한다.

④ D는 해구로, 판이 소멸하는 수렴형 경계이다.

바로 알기 | ⑤ D는 해구이다. 해구에서는 화산 활동이 일어나지 않고, 화산 활동은 섭입대 위쪽에서 활발하다.

216 ㄱ, ㄷ. 변환 단층은 두 판이 서로 반대 방향으로 어긋나는 곳이므로, 지진이 활발하게 일어난다.

바로 알기 | ㄴ. 산안드레아스 단층과 같이 변환 단층이 육지에서 나타나는 예도 있다.

217 ②, ④ 화산 활동이 활발하여 호상 열도가 발달한다.

③ 하나의 판이 다른 판의 아래로 섭입되어 소멸한다.

⑤ 두 해양판이 만나는 섭입형 경계로, 맨틀 대류가 하강한다.

바로 알기 | ① 습곡 산맥은 주로 대륙판과 대륙판이 충돌하거나 해양판이 대륙판 아래로 섭입하는 곳에서 발달한다.

218 두 해양판이 만나는 곳에서는 밀도가 큰 해양판이 밀도가 작은 해양판의 아래로 섭입한다.

모범 답안 ▶ 밀도가 큰 해양판이 밀도가 작은 해양판의 아래로 섭입한다.

채점 기준	배점(%)
판의 운동을 밀도 차이를 이용하여 옳게 서술한 경우	100
설명이 불완전한 경우	30
그 외의 오답	0

219 ㄱ. 판의 두께는 지각과 상부 맨틀의 일부를 포함하여 평균 약 100 km이다.

바로 알기 | ㄴ. 판은 지권에서 지각과 상부 맨틀의 일부를 포함한다.

ㄷ. 지구의 표면은 여러 조각의 판으로 나누어져 있으므로 지표면에서 판이 존재하지 않는 부분은 없다.

220 ㄱ, ㄴ. 판이라 불리는 부분은 단단한 암석으로 이루어져 있는 암석권으로, 연약권 위에 놓여 있는 부분이다.

바로 알기 | ㄷ. 지권에서는 지구 중심 쪽으로 갈수록 밀도가 커지므로 평균 밀도는 연약권이 암석권보다 크다.

221 암석권은 단단한 고체 상태이며, 연약권은 유동성이 있는 고체 상태이다.

모범 답안 ▶ 암석권은 단단한 고체로 이루어져 있고, 연약권은 부분 용융되어 있어 유동성이 있는 고체로 이루어져 있다.

채점 기준	배점(%)
암석권과 연약권의 물질의 상태와 유동성 차이를 모두 옳게 서술한 경우	100
암석권과 연약권의 물질의 상태와 유동성 차이 중 일부만 옳게 서술한 경우	30
그 외의 오답	0

222

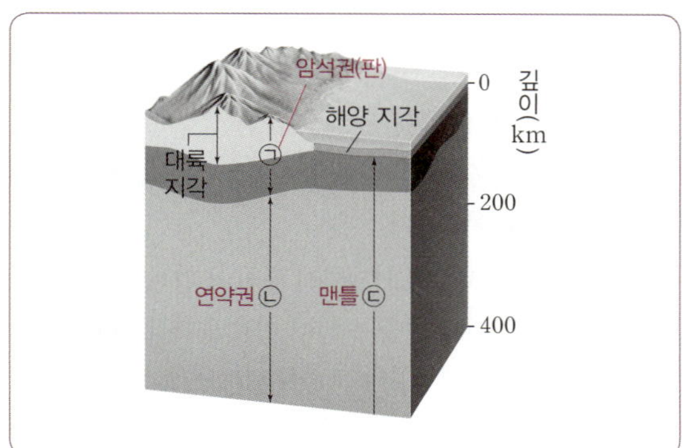

지각과 상부 맨틀의 일부를 포함하는 ㉠은 판이고, ㉡은 연약권이며, ㉢은 맨틀이다.

ㄱ. 판은 지각과 상부 맨틀의 일부를 포함하는 두께 약 100 km의 구간이므로 ㉠이다.

ㄴ. 연약권(㉡)에서는 맨틀 상부와 하부의 온도 차이로 인해 맨틀 대류가 일어난다.

바로 알기 | ㄷ. ㉢은 맨틀로, 깊이가 깊어질수록 밀도가 커진다.

223 판은 지각과 상부 맨틀의 일부로 이루어져 있으며, 대륙판에는 대륙 지각이, 해양판에는 해양 지각이 포함되어 있다.

모범 답안 ▶ 대륙판은 대륙 지각과 맨틀의 최상부로 이루어져 있고, 해양판은 해양 지각과 맨틀의 최상부로 이루어져 있다.

채점 기준	배점(%)
대륙판과 해양판의 구성을 모두 옳게 서술한 경우	100
대륙판과 해양판의 구성 중 한 가지만 옳게 서술한 경우	50
그 외의 오답	0

224

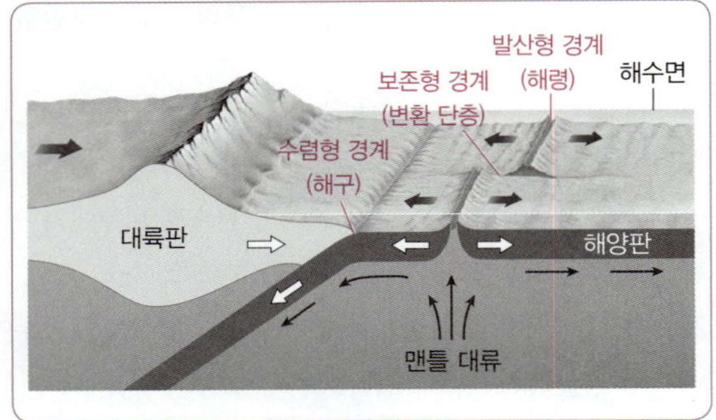

ㄱ. 화살표가 양쪽으로 갈라지는 곳은 판의 발산형 경계이며, 화살표가 수렴하는 곳은 판의 수렴형 경계이다. 해령과 해령 사이에는 단층이 발달하여 보존형 경계가 나타난다.

ㄴ. 판이 발산하는 해령에서는 판이 생성된다.

ㄷ. 그림에 나타난 판의 경계 중에서 화산 활동은 발산형 경계에서만 활발하다.

225 ①, ② ㉠은 동아프리카 열곡대, ㉡은 히말라야산맥, ㉢은 인도네시아 해구, ㉣은 일본 해구, ㉤은 산안드레아스 단층, ㉥은 동태평양 해령, ㉦은 페루–칠레 해구, ㉧은 대서양 중앙 해령이다. 발산형 경계가 있는 곳은 ㉠, ㉥, ㉧이고, 수렴형 경계가 있는 곳은 ㉡, ㉢, ㉣, ㉦이며, 보존형 경계는 ㉤이다. ③ 판의 충돌로 습곡 산맥이 발달하는 ㉡과 변환 단층이 발달한 ㉤은 모두 화산 활동이 활발하지 않다. ⑤ 지진은 주로 판의 경계에서 발생하므로 판의 경계는 지진대와 거의 일치한다.

바로 알기 | ④ 판의 경계에서 판들의 이동 방향은 각각 다른 방향으로 이동한다.

226 ㄱ. (가)는 해양의 가장자리에 판의 경계가 발달하지 않으므로 대서양의 모습을, (나)는 해양의 가장자리에 판의 경계가 발달하므로 태평양의 모습을 나타낸 것이다.

바로 알기 | ㄴ. (가)에서는 판의 개수가 2개이며, (나)에서는 판의 개수가 4개이다. 따라서 판의 개수는 (나)가 (가)보다 많다.

ㄷ. 대륙 주변부에서 지진 활동은 판의 경계가 발달한 (나)가 (가)보다 활발하다.

227

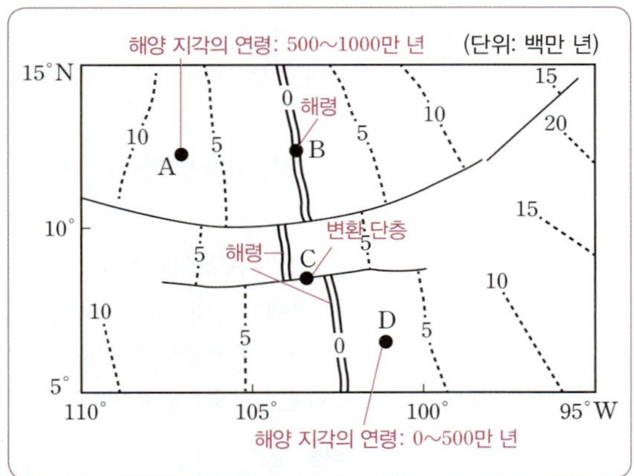

ㄱ. 화산 활동이 가장 활발한 곳은 해령에 위치한 B이다.

바로 알기 | ㄴ. C는 변환 단층이므로 판이 서로 어긋나게 이동하는 곳이다.

ㄷ. 해저 퇴적물의 두께는 해양 지각의 나이가 많은 A가 나이가 적은 D보다 두껍다.

228 ㄱ. 화산 분출은 지권에서 발생하는 변화이다.

ㄴ. 통가 화산 분출은 화산재가 성층권 높이까지 상승하였으므로 기권에도 영향을 미쳤다.

ㄷ. 통가 화산 분출로 공항의 활주로, 건물, 농작물 등이 화산 분출물로 덮여 큰 경제적 피해를 가져왔다.

229 ㄴ. 화산 분출물은 분출 당시 생태계를 파괴하지만, 지표면에 광물질을 공급하여 시간이 지나면서 토양이 비옥해진다.

ㄷ. 지진과 화산 활동은 모두 인명 피해를 가져온다.

바로 알기 | ㄱ. 지진으로 인한 피해를 직접 관광 자원으로 이용하는 것은 적절하지 않다.

230 지진이 발생하면 건물이 붕괴하고, 이 과정에서 가스가 누출되거나 전기가 누전되어 화재가 발생하기도 한다.

모범 답안 ▶ 지진이 발생하면 건물이 흔들리고 붕괴하는 과정에서 가스가 누출되거나 전기가 누전되어 화재가 발생하기도 한다.

채점 기준	배점(%)
지진으로 인해 화재가 발생하는 과정을 옳게 서술한 경우	100
설명이 불완전한 경우	30
그 외의 오답	0

231 ㄱ. 지진에서 발생하는 지진파를 이용하면 지구 내부를 탐사할 수 있다.

ㄴ. 화산 활동은 지구 내부의 에너지와 물질이 방출되는 과정에 해당한다.

바로 알기 | ㄷ. 지진과 화산은 모두 지권에 영향을 주고, 다른 권역에도 영향을 준다.

232 ㄴ. 성산일출봉과 같은 화산 지형은 관광 자원으로 이용되기도 한다.

ㄷ. 화산 활동은 인명 및 재산 피해를 주기도 하지만, 온천 등 관광 자원으로 활용하거나 비옥한 토양을 제공하는 등의 긍정적인 역할도 한다.

바로 알기 | ㄱ. 지열 발전소는 지구 내부 에너지를 이용한다.

233 지진 해일의 발생 과정에서 수권의 변화가 나타났으며, 지진 해일로 인해 해안 지역이 침수되면서 생물권에도 영향을 주었다.

모범 답안 ▶ 지권인 해저에서 지각 변동으로 발생한 해저 지진이 수권인 바다에 영향을 주어 해안 근처에 해일을 일으키고, 이에 따라 재산과 인명 피해가 발생하였으므로 생물권에도 영향을 주었다.

채점 기준	배점(%)
지진 해일이 영향을 미친 권역과 변화를 모두 옳게 서술한 경우	100
지진 해일이 영향을 미친 권역과 변화 중 일부만 옳게 서술한 경우	50
그 외의 오답	0

5 역학 시스템

⑫ 중력과 역학 시스템

66쪽

❶ 수직　　❷ 크　　❸ 지구 중심　　❹ 속도
❺ 중력　　❻ 중력 가속도　　❼ 등가속도
❽ 등속　　❾ 가속도　　❿ 지구 중심

주제별 난이도별
다 주는 **실전 대비 문제**

67~72쪽

234 ②	235 해설 참조	236 ④	237 ④
238 ③	239 ②	240 ⑤	241 ④	242 ⑤
243 해설 참조	244 ③		
245 (1) 해설 참조 (2) 해설 참조	246 ④	247 ④
248 ④	249 ②	250 ③	251 ⑤	252 ①
253 ①	254 ③	255 ②	256 ⑤	257 ⑤
258 ①	259 ③	260 ③	261 ④
262 해설 참조	263 ②		

234 ㄴ. 알짜힘의 방향이 운동 방향과 같으면 물체가 운동 방향으로 힘을 받아 가속되므로 속력이 증가한다.

바로 알기 | ㄱ. 알짜힘이 0이면 물체는 자신의 운동 상태를 유지한다. 따라서 운동하던 물체는 계속 등속 운동한다.

ㄷ. 알짜힘이 운동 방향과 수직인 방향으로 작용하면 속력은 변하지 않고 운동 방향만 변한다.

235 물체에 알짜힘이 작용하지 않으면 물체는 자신의 운동 상태를 유지하고, 운동 방향과 나란하게 힘이 작용하면 속력이 빨라지거나 느려진다.

모범 답안 ▶ 물체에 힘이 작용하지 않으면 계속 일정한 속력으로 운동하고, 물체의 운동 방향과 반대 방향으로 힘이 작용하면 운동 방향은 변하지 않고 속력이 감소한다.

채점 기준	배점(%)
두 경우를 모두 옳게 서술한 경우	100
한 경우만 옳게 서술한 경우	50
그 외의 오답	0

236 구간 A에서는 중력 방향이 물체의 낙하 운동 방향과 같아서 운동 방향은 일정하고 속력만 증가한다. B와 C에서는 물체의 운동 방향이 변하면서 속력도 빨라지므로 알짜힘이 운동 방향과 나란하지 않고 비스듬한 방향으로 작용한다.

237 B: 물체의 운동 방향에 수직으로 알짜힘이 작용하면 속력은 변하지 않고 운동 방향만 변하는 운동을 한다. 대관람차는 원 궤도의 중심 방향으로 일정한 크기의 알짜힘이 작용하여 속력은 일정하고, 운동 방향만 바뀌는 원운동을 한다.

C: 물체의 속도가 변하는 운동, 즉 속력이 일정하게 증가하거나 감소하는 운동, 속력은 변하지 않고 운동 방향만 변하는 운동, 속력과 운동 방향이 모두 변하는 운동 등은 모두 가속도 운동이다.

바로 알기 | A: 속도는 물체의 빠르기와 운동 방향을 함께 나타내는 물리량이다. 탑승칸의 속력은 일정하지만 운동 방향이 변하므로 속도는 변한다.

238 A: 높은 곳에 있는 물방울이 중력을 받아 아래로 떨어지며 비로 내린다.

B: 달은 지구 중심 방향으로 중력을 받아 지구 주위를 원운동한다.

바로 알기 | C: 대기권의 기체에도 중력이 작용한다. 지구 대기의 구성 성분은 중력과 관계가 깊은데, 수소나 헬륨 같은 가벼운 기체는 지구 중력을 벗어나 우주로 달아나고, 질소나 산소와 같은 무거운 기체는 지구 중력에 의해 붙들려 지구 대기를 구성한다.

239 ① 사람이 물속에서 수영을 할 때 연직 방향으로 중력이 작용하고, 중력의 반대 방향으로 부력이 작용한다.

③ 별똥별은 지구의 중력에 이끌려 지구 대기권으로 들어온 운석이 대기와의 마찰로 인해 빛을 내면서 생기는 현상이다.

④ 나침반의 자침은 지구 자기장으로부터 자기력을 받아 항상 일정한 방향을 가리키므로 나침반으로 방향을 찾을 수 있다.

⑤ 등산화의 울퉁불퉁한 밑창 때문에 마찰력이 커지면 가파른 산을 미끄러지지 않고 오를 수 있다.

바로 알기 | ② 번개는 구름과 지면의 전하 사이에 작용하는 전기력과 관련된 현상이다.

240 A: 인공위성은 지구로부터 중력을 받아 지구 주위를 공전한다.

B: 무거운 주머니가 중력을 받아 아래로 내려오며 발전기에서 역학적 에너지가 전기 에너지로 전환되어 전등에서 빛을 낸다.

C: 발을 떠난 축구공은 연직 방향으로 중력을 받아 포물선을 그리며 날아간다.

241 ㄱ. 중력은 지구 중심 방향으로 작용한다.

ㄷ. 중력의 크기는 물체의 질량에 비례하고 거리의 제곱에 반비례한다. 따라서 지구와 물체 사이의 거리가 멀수록 중력의 크기가 작다.

바로 알기 | ㄴ. 물체의 질량이 클수록 물체에 작용하는 중력의 크기도 크다.

242 ㄱ, ㄴ. 두 물체 사이에 작용하는 중력의 크기는 두 물체의 질량이 클수록 크고, A가 B를 끌어당기는 중력과 B가 A를 끌어당기는 중력은 서로 크기가 같다. 따라서 A의 질량이 클수록 A와 B가 서로에게 작용하는 중력의 크기가 크다.

ㄷ. 두 물체 사이의 거리가 멀어지면 서로에게 작용하는 중력의 크기가 작아진다.

243 중력이 운동 방향으로 나란하게 작용하면 속력만 빨라지고, 운동 방향과 반대 방향으로 나란하게 작용하면 속력만 느려진다. 또 운동 방향에 수직으로 작용하면 속력은 일정하고 운동 방향만 변하는 원운동을 한다.

모범 답안 ▶ 자유 낙하 운동하는 물체에는 중력이 운동 방향으로 작용하므로 운동 방향은 변하지 않고 속력이 일정하게 증가한다. / 지구 주위를 도는 인공위성에는 중력이 운동 방향과 수직인 방향으로 작용하므로 속력은 일정하고 운동 방향이 계속 변한다. / 수평으로 던진 물체에는 연직 방향으로 중력이 작용하므로 운동 방향에 비스듬하게 중력이 작용한다. 따라서 운동 방향과 속력이 계속 변한다. 등

채점 기준	배점(%)
힘과 운동의 관계를 적용하여 운동 방향과 속력의 변화를 옳게 서술한 경우	100
운동 방향과 속력의 변화만 옳게 서술한 경우	70
운동 방향과 속력의 변화 중 하나만 옳게 서술한 경우	40
그 외의 오답	0

244 ① 가속도는 단위 시간(1초) 동안 속도 변화량으로 정의하고, 속도 변화량을 걸린 시간으로 나누어 구한다.
② 가속도의 단위는 m/s^2를 사용한다.
④ 물체에 작용하는 알짜힘이 운동 방향과 수직이면 운동 방향이 변한다. 속도의 방향은 운동 방향이므로 속도 방향과 힘의 방향이 수직이면 운동 방향이 변한다.
⑤ 직선 운동하는 물체의 속력이 증가하면 가속도의 방향은 속도의 방향과 같다.
바로 알기 | ③ 원운동을 하는 물체와 같이 물체의 속력이 일정해도 운동 방향이 변하면 가속도는 0이 아니다.

245 자유 낙하하는 물체는 질량에 상관없이 중력 가속도로 낙하한다. 따라서 같은 높이에서 동시에 자유 낙하하는 모든 물체는 시간에 따른 속도 변화량이 같아 매 순간 속력이 같다.
모범 답안 ▶ (1) 1 : 1 : 1
(2) 자유 낙하하는 물체의 가속도는 질량에 관계없이 중력 가속도로 같으므로 시간에 따른 속력 변화량이 같다.

	채점 기준	배점(%)
(1)	속력의 비를 옳게 쓴 경우	50
	그 외의 오답	0
(2)	속력의 비가 같은 까닭을 질량, 중력 가속도, 시간에 따른 속력 변화량을 언급하여 모두 옳게 서술한 경우	50
	질량에 관계없이 가속도가 같다고만 서술한 경우	30
	그 외의 오답	0

246 수평으로 던진 물체의 운동에서 운동 방향이 계속 변하므로 속도의 방향은 시간에 따라 변한다. 그러나 중력과 가속도 방향은 연직 아래 방향으로 일정하다.

247 ㄴ. A, B, C가 연직 방향으로는 자유 낙하 운동을 하므로 같은 높이에서 연직 방향 속력은 서로 같다.
ㄷ. A, B, C의 가속도의 크기는 중력 가속도로 같다.
바로 알기 | ㄱ. 수평 방향 속력은 가장 멀리 날아간 C가 가장 크다.

248 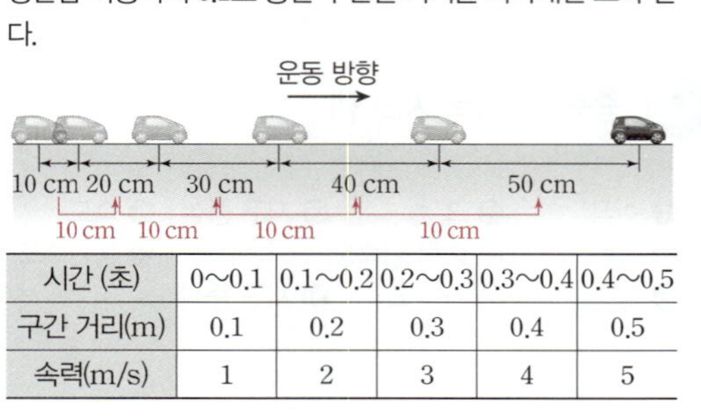

시간 (초)	0∼0.1	0.1∼0.2	0.2∼0.3	0.3∼0.4	0.4∼0.5
구간 거리(m)	0.1	0.2	0.3	0.4	0.5
속력(m/s)	1	2	3	4	5

가속도는 단위 시간 동안의 속도 변화량이다. 장난감 자동차가 0.1초 동안 속력이 $1\,m/s$씩 증가하므로 가속도의 크기는 $\dfrac{1\,m/s}{0.1\,s} = 10\,m/s^2$이다.

249 ㄴ. 보트의 운동 방향이 변하므로 보트에는 알짜힘이 작용한다.
바로 알기 | ㄱ. 보트의 운동 방향이 변하므로 속도가 변하는 가속도 운동이다.
ㄴ. 운동 방향과 가속도의 방향이 같으면 속력이 빨라진다. 보트는 운동 방향은 바뀌지만 속력이 일정하므로 운동 방향과 가속도의 방향은 같지 않다.

250 ③ 수평 방향 속력이 $10\,m/s$이고 4초 후에 지면에 도달하므로 수평 방향 이동 거리는 $10\,m/s \times 4\,s = 40\,m$이다.
바로 알기 | ① 물체에는 연직 방향으로 중력이 작용하므로 가속도는 중력 가속도로 일정하다. 따라서 가속도가 일정하므로 속도 변화량의 크기는 일정하다.
② 수평 방향으로 던진 물체는 운동 방향이 계속 변하며, 비스듬하게 아래로 떨어지는 운동을 한다. 이때 가속도 방향은 중력 방향과 같으므로 연직 아래 방향으로 일정하다. 따라서 가속도 방향과 운동 방향은 같지 않다.
④ 물체는 연직 방향으로 자유 낙하 운동을 하므로 같은 높이에서 던진 물체는 던지는 속력이 달라지더라도 지면에 도달하는 데 걸리는 시간은 같다.
⑤ 중력 가속도는 $10\,m/s^2$이므로 1초에 $10\,m/s$씩 연직 방향 속력이 증가한다. 따라서 4초일 때 연직 방향 속력은 $10\,m/s \times 4 = 40\,m/s$이고, 수평 방향 속력은 운동하는 동안 변하지 않으므로 $10\,m/s$이다. 즉, 지면에 도달하는 순간 물체의 연직 방향 속력은 수평 방향 속력보다 크다.

251 ㄱ, ㄴ. A와 B는 연직 방향으로 자유 낙하 운동을 하므로 높이가 항상 같고, 수평면에 동시에 도달한다.
ㄷ. B에 작용하는 알짜힘은 중력이므로 알짜힘은 연직 방향으로 작용한다.

252 ㄱ. 자유 낙하하는 물체는 중력 가속도로 등가속도 운동을 한다. 즉, 가속도가 일정하므로 속력이 시간에 비례하여 증가한다. 따라서 시간이 2배가 되면 속력도 2배가 된다.
바로 알기 | ㄴ. 가속도가 일정하므로 물체에 작용하는 중력의 크기는 일정하다.

ㄷ. 속력 - 시간 그래프에서 아랫부분의 넓이는 이동 거리와 같다. 따라서 $0{\sim}t$ 동안 이동한 거리는 $\dfrac{1}{2}v_1 t$이고, $0{\sim}2t$ 동안 이동한 거리는 $\dfrac{1}{2}{\times}2v_1{\times}2t=2v_1 t$이므로 $t{\sim}2t$ 동안 이동한 거리는 $2v_1 t-\dfrac{1}{2}v_1 t=\dfrac{3}{2}v_1 t$이다. 따라서 $t{\sim}2t$ 동안 이동한 거리는 $0{\sim}t$ 동안 이동한 거리의 3배이다.

253 A를 가만히 놓으면 자유 낙하 운동을 한다. A는 1초 동안 속력이 10 m/s 증가하였으므로 가속도의 크기는 $10\ \text{m/s}^2$이다. B도 자유 낙하 운동을 하므로 A, B의 가속도는 $10\ \text{m/s}^2$로 같아 B의 속력이 10 m/s이면 B가 낙하하기 시작하여 1초가 지난 순간이다. 이 순간 A는 낙하하기 시작하여 2초가 지난 순간이므로 A의 속력은 20 m/s이다.

254

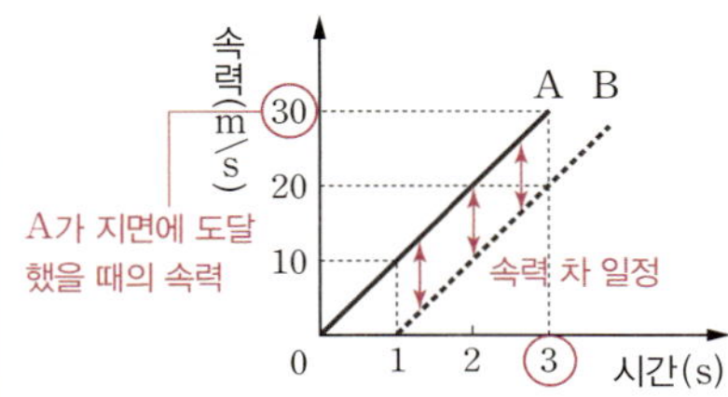

A, B의 속력을 시간에 따라 나타낸 그래프는 다음과 같다.

• 그래프의 기울기는 가속도를 의미하므로 A, B의 기울기가 같다. 따라서 A, B의 시간에 따른 속력 변화량이 같으므로 A가 지면에 도달하기 전까지 A와 B의 속력 차는 시간이 지나도 일정하다.
• A가 지면에 도달하기까지 이동한 거리는 $\dfrac{1}{2}{\times}30{\times}3=45(\text{m})$이고 1초 동안 A가 이동한 거리는 $\dfrac{1}{2}{\times}10{\times}1=5(\text{m})$이다. 따라서 B는 40 m 높이에서 자유 낙하한다.

ㄱ. A와 B에는 연직 방향으로 중력이 작용한다. 중력 가속도의 방향은 중력 방향과 같으므로 A와 B의 가속도 방향은 같다.

ㄴ. 물체에 작용하는 중력의 크기는 물체의 질량에 비례한다. B의 질량이 A의 2배이므로 물체에 작용하는 중력의 크기도 2배이다.

바로 알기 | ㄷ. A와 B의 속력이 시간에 따라 일정하게 증가하므로 A와 B의 속력 차는 10 m/s로 일정하다.

255 A를 놓고 1초 후에 B를 놓았으므로 1초일 때부터 A가 지면에 도달하기까지 이동한 거리는 B의 처음 높이와 같다. 1초일 때와 3초일 때 A의 속력은 각각 10 m/s, 30 m/s이므로 $1{\sim}3$초 동안 A의 평균 속력은 $\dfrac{10\ \text{m/s}+30\ \text{m/s}}{2}=20\ \text{m/s}$이고 $1{\sim}3$초 동안 A가 이동한 거리는 $20\ \text{m/s}{\times}2\ \text{s}=40\ \text{m}$이다. 즉, B는 40 m 높이에서 자유 낙하한다. 한편 1초일 때와 3초일 때 B의 속력은 각각 0, 20 m/s이므로 $1{\sim}3$초 동안 B의 평균 속력은 $\dfrac{0+20\ \text{m/s}}{2}=10\ \text{m/s}$, $1{\sim}3$초 동안 B가 이동한 거리는 $10\ \text{m/s}{\times}2\ \text{s}=20\ \text{m}$이다. 따라서 A가 지면에 도달할 때 B의 높이는 $40\ \text{m}-20\ \text{m}=20\ \text{m}$이다.

256 ⑤ A, B는 연직 방향으로는 자유 낙하 운동을 하므로 같은 시간 동안 A, B가 연직 방향으로 이동한 거리는 같다.

바로 알기 | ① A, B에 작용한 알짜힘은 중력이다. A, B의 질량이 같으므로 A, B에 작용하는 중력의 크기는 같다.

② 자유 낙하하는 A는 운동 방향으로 중력을 받지만 수평 방향으로 던진 B는 운동 방향에 비스듬한 방향으로 중력을 받는다.

③ 연직 방향으로는 A, B가 자유 낙하 운동을 하므로 지면에 도달할 때까지 걸린 시간은 같다.

④ A, B의 연직 방향 속력은 일정하게 증가한다.

257 B는 정지 상태에서 출발하여 4초일 때 속력이 20 m/s이고 가속도가 일정하므로 $a_\text{B}=\dfrac{20\ \text{m/s}-0}{4\ \text{s}}=5\ \text{m/s}^2$이다. 이때 $0{\sim}4$초 동안 B의 평균 속력은 $\dfrac{0+20\ \text{m/s}}{2}=10\ \text{m/s}$이고, 이동 거리는 $10\ \text{m/s}{\times}4\ \text{s}=40\ \text{m}$이다. 한편 4초일 때 A는 B보다 16 m 앞서 있으므로 $0{\sim}4$초 동안 A가 이동한 거리는 56 m이다. 만약 4초일 때 A의 속력이 20 m/s보다 증가하였으면 4초 동안 이동한 거리는 80 m보다 커야 한다. 따라서 4초일 때 A의 속력은 20 m/s보다 작으며 A의 속력이 감소하였으므로 A의 가속도 방향은 운동 방향과 반대이다. 즉, 4초일 때 A의 속력은 $(20-4a_\text{A})\ \text{m/s}$이다. $0{\sim}4$초 동안 A의 평균 속력은 $\dfrac{20+(20-4a_\text{A})}{2}=20-2a_\text{A}$이고, 이동 거리는 56 m이므로 $4{\times}(20-2a_\text{A})=56(\text{m})$에서 $a_\text{A}=3\ \text{m/s}^2$이다. 따라서 $a_\text{A}:a_\text{B}=3:5$이다.

258

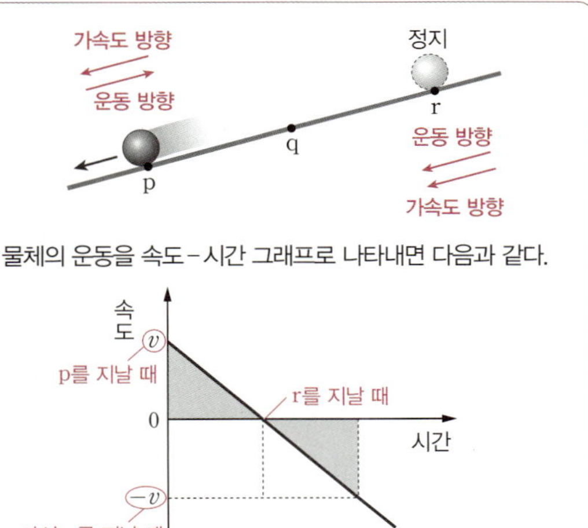

물체의 운동을 속도 - 시간 그래프로 나타내면 다음과 같다.

물체가 p → r, r → p로 운동하는 동안 이동 거리가 같다. 따라서 속도 - 시간 그래프에서 그래프의 넓이가 같아야 하므로 물체가 다시 p를 지날 때 속력은 v로 같다.

ㄱ. 마찰과 공기 저항을 무시하므로 물체의 역학적 에너지가 보존된다. 역학적 에너지가 보존되려면 물체가 운동하는 동안 같은 높이, 즉 물체의 중력에 의한 위치 에너지가 같을 때 물체의 운동 에너지가 같아야 한다. 따라서 p에서 물체의 속력은 올라갈 때와 내려올 때가 같다.

바로 알기 | ㄴ. 올라가는 동안에는 속력이 일정하게 감소하여 r에서 0이 되므로 운동 방향과 가속도 방향이 반대이다. 한편 내려오는 동안에는 r에서 정지해 있다가 속력이 일정하게 증가하므로 운동 방향과 가속도 방향이 같다. 따라서 q에서 가속도 방향은 올라갈 때와 내려갈 때 모두 빗면 아래 방향이다.

ㄷ. 물체는 r에서 속력이 0이고 내려오는 동안 속력이 일정하게 증가한다. r에서 q까지의 거리와 q에서 p까지의 거리는 같은데, r에서 q까지 평균 속력이 q에서 p까지 평균 속력보다 작으므로 물체가 이동하는 데 걸린 시간은 r에서 q까지가 q에서 p까지보다 작다. 가속도는 $\dfrac{\text{속도 변화량}}{\text{걸린 시간}}$이므로 가속도의 크기가 일정할 때 시간 간격이 클수록 속력 변화가 크다. 따라서 물체의 속력 변화량은 r에서 q까지가 q에서 p까지보다 크다. 따라서 p에서 물체의 속력은 q에서의 2배보다 작다.

259 P에서 B의 수평 방향 속력과 연직 방향 속력이 같으므로 B의 연직 방향 속력은 v이다. A와 B가 운동하는 동안 연직 방향 속력은 같으므로 P에서 A의 속력도 v이다. 또 Q에서 A의 속력은 P에서의 2배이므로 $2v$이다. 따라서 P에서 Q까지 A의 평균 속력 $\dfrac{v+2v}{2}=\dfrac{3}{2}v$이고, 걸린 시간을 t라고 하면 $\dfrac{3}{2}vt=h$이다. 이 시간 동안 B는 수평 방향으로 속력 v로 이동하므로 B의 수평 방향 이동 거리는 $vt=v\times\left(\dfrac{2h}{3v}\right)=\dfrac{2}{3}h$이다.

260 ㄷ. 물체를 특정 속력으로 던지면 물체가 지표면에 닿지 않고 계속 돌 수 있다. 이 사고 실험을 통해 뉴턴은 지구 주위를 공전하는 달의 운동을 중력의 작용으로 설명하였다.

바로 알기 | ㄱ. 물체에 작용하는 중력의 크기는 물체의 질량이 클수록, 지구로부터 거리가 가까울수록 크다. 수평 방향으로 던진 속력과는 관계없다.

ㄴ. 지구 주위를 원운동하는 물체에는 일정한 크기의 중력이 지구 중심 방향으로 작용한다.

261 ㄱ. A는 연직 아래 방향으로 떨어지므로 운동 방향은 중력의 방향과 같다. 중력 가속도의 방향은 중력 방향이므로 A의 운동 방향과 중력 가속도 방향이 같다.

ㄷ. 뉴턴은 지표면에서 떨어지는 물체와 지구 주위를 공전하는 물체의 운동을 모두 중력의 작용으로 설명하였다.

바로 알기 | ㄴ. B에 작용하는 중력의 크기는 일정하지만 방향은 항상 지구 중심 방향으로, 인공위성의 운동 방향과 수직이므로 매 순간 변한다.

262 일정한 속력으로 원운동하는 물체에 작용하는 알짜힘의 크기는 일정하고 방향은 원 궤도의 중심 방향이다.

모범 답안 | 인공위성은 지구로부터 거리가 일정한 원 궤도를 따라 일정한 속력으로 원운동을 하므로 인공위성에 작용하는 중력의 크기는 일정하고 중력의 방향은 운동 방향에 수직인 지구 중심 방향이다.

채점 기준	배점(%)
중력의 크기와 방향을 모두 옳게 서술한 경우	100
중력의 크기와 방향 중 하나만 옳게 서술한 경우	50
그 외의 오답	0

263 스카이다이버가 낙하할 때 중력이 작용하여 속력이 증가하고, 인공위성은 중력을 받아 지구 주위를 공전한다. ㉠은 '중력'이다.

ㄴ. 중력은 물체의 운동 방향과는 상관없이 항상 지구 중심 방향으로 작용한다.

바로 알기 | ㄱ. 지구와 물체 사이의 거리가 멀어지면 중력의 크기는 감소한다.

ㄷ. 중력의 크기는 지구와 물체의 질량에 각각 비례하므로 지구 질량뿐만 아니라 물체의 질량에 따라서도 중력의 크기가 달라진다.

⑬ 충돌과 안전장치

73쪽

❶ 힘　❷ 질량　❸ 운동량　❹ 속도
❺ 충격량　❻ 힘　❼ 넓이　❽ 충격량　❾ 크
❿ 힘　⓫ 작아　⓬ 관성　⓭ 길

주제별 난이도별
다 주는 **실전 대비 문제**

74~79쪽

264 ③	**265** ③	**266** ⑤	**267** 해설 참조	
268 ②	**269** ①	**270** ①	**271** ④	**272** ①
273 ③	**274** ①	**275** ④	**276** ②	**277** ①
278 ③	**279** 해설 참조		**280** ⑤	**281** ④
282 ①	**283** ④	**284** ⑤	**285** ③	**286** ①
287 ③	**288** ④	**289** 해설 참조		**290** ②

264 ①, ② 관성은 자신의 운동 상태를 유지하려고 하는 성질이다. 외부에서 힘이 작용하지 않으면 정지해 있던 물체는 계속 정지해 있다.

④, ⑤ 물체에 작용하는 알짜힘이 0이면 운동하던 물체는 자신의 운동 상태를 계속 유지하므로 등속 운동을 한다.

바로 알기 | ③ 질량이 클수록 관성이 크다.

265 달리던 선수가 곧바로 정지하지 못하는 것은 자신의 운동 상태를 유지하려는 관성 때문이다.

ㄷ. 걷다가 발이 돌부리에 걸렸을 때 발은 돌부리에 힘을 받아 멈추지만 몸은 관성에 의해 계속 운동하려고 하므로 즉시 멈추지 못하고 몸이 앞으로 쏠리며 넘어진다.

바로 알기 | ㄱ. 야구공을 가만히 놓았을 때 아래로 떨어지는 것은 중력이 작용하기 때문이다.

ㄴ. 풍선이 위로 떠오르는 것은 중력보다 부력이 더 크게 작용하여 위쪽으로 힘을 받기 때문이다.

266 ① 발이 돌부리에 걸리면 몸은 앞으로 가던 상태를 유지하려고 하고 발은 멈추므로 몸 전체가 앞으로 쏠린다.

② 소금 통을 흔들면 입구에 있던 소금이 소금 통을 따라 흔들리지 않고 제자리에 있으려 하므로 소금 통에서 분리된다.

③ 질량이 큰 물체일수록 운동 상태를 유지하려는 관성이 커서 운동 방향을 바꾸기 어렵다.

④ 달리던 버스가 급정거하면 승객들은 계속 운동하려는 관성 때문에 몸이 앞쪽으로 쏠린다.

바로 알기 | ⑤ 장대높이뛰기 선수가 착지하는 위치에 푹신한 매트를 깔면 충돌 시간이 길어져 선수에게 작용하는 힘의 크기가 감소한다.

267 관성은 자신의 운동 상태를 유지하려는 성질로 외부에서 힘이 작용하지 않으면 물체는 자신의 운동 상태를 유지한다.

모범 답안 ▶ 승객의 몸이 앞으로 쏠린다. 이는 운동하던 물체가 계속 운동하려는 관성 때문이다.

채점 기준	배점(%)
나타나는 현상과 까닭을 모두 옳게 서술한 경우	100
운동 관성만 옳게 서술한 경우	50
나타나는 현상만 서술한 경우	30
그 외의 오답	0

268 동전이 놓인 카드를 손가락으로 빠르게 퉁길 때 카드만 빠져 나가고 동전은 그대로 남는 것은 동전의 관성 때문이다. 관성은 외부에서 힘이 작용하지 않을 때 물체가 원래의 운동 상태를 계속 유지하려고 하는 성질이다.

ㄴ. 이불 먼지떨이로 이불을 치면 힘을 받은 이불은 움직이고 먼지는 관성 때문에 정지 상태를 유지하려고 하므로 이불에서 떨어져 나온다.

바로 알기 | ㄱ, ㄷ. 육상 선수가 자리에서 출발하거나 풍선이 앞으로 나아가는 것은 외부에서 힘이 작용하는 경우이다. 육상 선수가 스타팅 블록을 밀면 스타팅 블록도 육상 선수를 밀어 육상 선수가 앞으로 나갈 수 있고, 풍선에서 공기가 빠지면서 공기를 뒤로 밀어 내면 공기가 풍선을 앞으로 밀어 풍선이 앞으로 나아간다.

269 A: 운동량은 질량과 속도의 곱이다.

바로 알기 | B: 충격량은 물체에 작용한 힘과 힘이 작용한 시간의 곱이다.

C: 충격량은 운동량의 변화량과 같으므로 충격량의 방향은 운동량 변화량의 방향과 같다.

270 ① 운동량은 질량과 속도의 곱이므로 속력이 클수록 운동량이 크다.

바로 알기 | ② 일정한 빠르기로 원운동하는 물체는 속력은 일정하지만 운동 방향이 변하므로 속도의 방향이 변한다. 따라서 운동량의 방향도 변한다.

③ 운동량과 충격량의 방향이 같으면 물체의 운동 방향과 물체에 작용한 힘의 방향이 같다. 따라서 물체의 속력이 증가하고 운동량의 크기도 증가한다.

④ 운동량 변화량은 충격량과 같으므로 운동량 변화량이 일정하면 충격량도 일정하다.

⑤ 달리던 물체가 충돌하여 멈출 때보다 튕겨 나올 때 운동량 변화량이 더 크므로 물체가 받는 충격량이 더 크다.

271 자전거와 트럭의 속력이 같고 질량은 트럭이 자전거의 200배이므로 트럭의 운동량의 크기는 자전거의 200배인 $50\,\text{kg}\cdot\text{m/s} \times 200 = 10000\,\text{kg}\cdot\text{m/s}$이다.

272

물체 A~D의 충격량은 다음과 같다. 운동량의 변화량

물체	힘의 크기(N)	힘을 작용한 시간(s)	충격량(N·s)
A	5	12	60
B	3	25	75
C	20	3	60
D	3	10	30

ㄱ. 충격량은 힘과 힘이 작용한 시간의 곱이므로 A가 받은 충격량의 크기는 60 N·s이다.

바로 알기 | ㄴ. 충격량은 운동량 변화량과 같으므로 B의 운동량 변화량의 크기는 75 kg·m/s이다.

ㄷ. C, D가 받은 충격량은 각각 60 N·s, 30 N·s이므로 C가 D의 2배이다.

273

정지해 있던 물체에 충격량이 작용하면 나중 운동량이 충격량과 같고, 운동량은 질량과 속도의 곱이므로 A, B, C, D의 나중 운동량과 속력은 다음과 같다.

물체	질량(kg)	나중 운동량(kg·m/s)	나중 속력(m/s)
A	5	60	12
B	5	75	15
C	4	60	15
D	1	30	30

힘이 작용한 후 속력이 같은 것은 B와 C이다.

274 ㄴ. 충격량의 크기는 운동량 변화량의 크기와 같다. 운동량 변화량의 크기가 0~2초 동안은 6 kg·m/s이고, 3~4초 동안은 8 kg·m/s이므로 0~2초 동안이 3~4초 동안보다 작다.

바로 알기 | ㄱ. 0초일 때 물체의 운동량이 2 kg·m/s이고 질량이 4 kg이므로 속력은 $\dfrac{2\,\text{kg}\cdot\text{m/s}}{4\,\text{kg}} = 0.5\,\text{m/s}$이다.

ㄷ. 0초일 때 운동량이 2 kg·m/s이고 4초일 때 운동량이 0이므로 운동량 변화량은 2 kg·m/s이다. 따라서 0~4초 동안 물체가 받은 충격량도 2 N·s이다.

275 A, B의 운동을 나타낸 시간 간격을 t초라고 하면 A, B가 같은 거리만큼 이동하는 데 걸린 시간은 A는 $5t$, B는 $2t$이다. 이동 거리가 같을 때 속력은 시간에 반비례하므로 걸린 시간이 B가 A의 $\dfrac{2}{5}$배이면 속력은 B가 A의 $\dfrac{5}{2}$배이다. 질량은 B가 A의 2배, 속력은 B가 A의 $\dfrac{5}{2}$배이므로 운동량은 B가 A의 5배이다. 즉, B의 운동량의 크기는 $5p$이다.

276 힘이 작용한 후 A의 속력이 $3v$에서 v로 변하므로 A의 운동량 변화량은 $mv-3mv=-2mv$이다. 이때 A와 B가 주고받은 충격량의 크기는 같으므로 B의 운동량 변화량의 크기도 $2mv$이다. B의 질량을 M이라고 하면 $Mv-0=2mv$에서 $M=2m$이다.

277 ㄱ. 질량은 같고 속력은 A가 B의 2배이므로 충돌 전 자동차의 운동량의 크기는 A가 B의 2배이다.

바로 알기 | ㄴ. 충돌 후 정지하였으므로 A, B 모두 나중 운동량이 0이다. 따라서 운동량 변화량의 크기는 자동차의 처음 운동량의 크기와 같으므로 A가 B의 2배이다.

ㄷ. 운동량 변화량이 A가 B의 2배이므로 벽이 받은 충격량도 A가 충돌할 때가 B가 충돌할 때의 2배이다.

278 ㄱ. 벽이 공으로부터 받은 충격량의 크기가 20 N·s이므로 공이 벽으로부터 받은 충격량의 크기도 20 N·s이다. 이때 공은 벽에 부딪쳐 처음 운동 방향과 반대 방향으로 힘을 받으므로 처음 운동 방향을 (+)이라고 하면 벽으로부터 받은 충격량, 즉 운동량의 변화량은 $-20\,\text{kg·m/s}$이다. 충돌 전 공의 운동량은 10 kg·m/s이므로 충돌 후 공의 운동량 p는 $-20\,\text{kg·m/s}=p-10\,\text{kg·m/s}$에서 $p=-10\,\text{kg·m/s}$이다. 따라서 충돌 후 공의 속력은 처음 속력과 같은 5 m/s이다.

ㄷ. 충돌 전 공의 운동량 방향은 처음 운동 방향과 같은 (+)이고, 정지해 있는 벽에 공이 와서 부딪치며 힘을 작용하므로 벽이 공으로부터 받은 충격량의 방향도 (+)이다.

바로 알기 | ㄴ. 운동량은 크기와 방향이 있는 물리량이다. 충돌 전과 후 공의 운동 방향이 반대이므로 운동량의 방향도 반대 방향이다. 따라서 충돌 전과 후 공의 운동량은 같지 않다.

279 충격량은 크기와 방향이 있는 물리량이다.

모범 답안 ▶ A와 B에서 운동량의 방향이 반대 방향이므로 A에서 B까지 추의 운동량 변화량의 크기는 4 kg·m/s이다. 따라서 추가 받은 충격량의 크기는 4 N·s이다.

채점 기준	배점(%)
운동량 방향이 반대임을 언급하고, 충격량의 크기를 옳게 서술한 경우	100
운동량 방향이 반대임과 충격량의 크기 중 한 가지만 옳게 서술한 경우	50
그 외의 오답	0

280 ⑤ A의 속력은 분리 전과 후에 2 m/s에서 1 m/s로 변하였으므로 운동량 변화량의 크기는 $2\,\text{kg}\times(2\,\text{m/s}-1\,\text{m/s})=2\,\text{kg·m/s}$이다. A의 속력이 감소하였으므로 A는 운동량의 방향과 반대 방향으로 충격량을 받는다. 즉 A가 받은 충격량은 왼쪽으로 2 N·s이다. A와 B가 서로 주고받은 충격량은 크기가 같고 방향이 반대이므로 B가 받은 충격량은 오른쪽으로 2 N·s이다. 따라서 분리 후 B의 운동량은 $(1\,\text{kg}\times2\,\text{m/s})+2\,\text{kg·m/s}=4\,\text{kg·m/s}$이므로 속력은 $\dfrac{4\,\text{kg·m/s}}{1\,\text{kg}}=4\,\text{m/s}$이다.

바로 알기 | ① 속력이 같을 때 운동량의 크기는 질량에 비례하므로 A가 B보다 크다.

② 충격량의 방향은 힘의 방향이므로 A와 B가 받은 충격량의 방향은 반대이다.

③ A가 받은 충격량의 크기는 A의 운동량 변화량의 크기이므로 2 N·s이다.

④ 분리되기 전과 후의 운동량 변화량의 크기는 충격량의 크기와 같으므로 A와 B가 같다.

281 0초일 때 운동량이 40 kg·m/s이고 6초일 때 정지하였으므로 0~6초 동안 운동량 변화량이 40 kg·m/s이다. 즉, 0~4초 동안 물체가 받은 충격량이 40 N·s이다. ①~⑤의 힘-시간 그래프 중 그래프 아랫부분의 넓이가 40 N·s인 것은 ④이다.

282

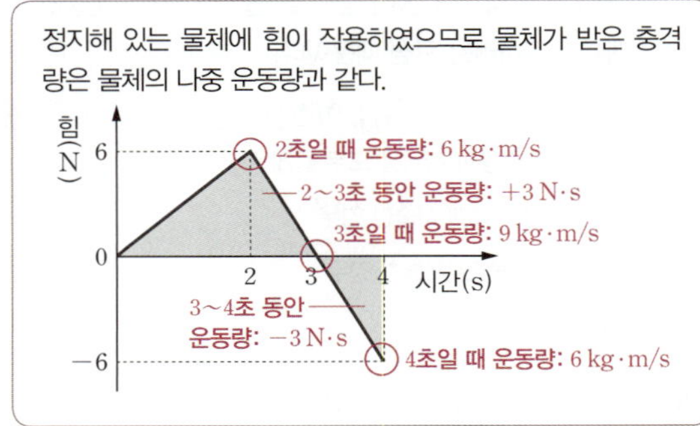

ㄴ. 힘-시간 그래프에서 그래프와 시간 축이 이루는 넓이는 충격량과 같다. 2~4초 동안 물체가 받은 충격량이 0이므로 2초일 때와 4초일 때 물체의 운동량은 같다.

바로 알기 | ㄱ. 0~3초 동안 물체가 받은 충격량이 9 N·s이므로 3초일 때 물체의 운동량은 9 kg·m/s이다.

ㄷ. 2~4초 동안 물체가 받은 충격량이 0이므로 0~4초 동안 받은 충격량과 0~2초 동안 받은 충격량은 같다.

283 ㄱ. 충격량의 방향은 힘의 방향과 같다. 2초일 때 힘의 방향이 반대로 바뀌었으므로 0~2초 동안과 2~4초 동안 물체가 받은 충격량의 방향은 반대이다. 0~4초 동안 물체가 받은 충격량의 크기는 힘-시간 그래프에서 0~2초 동안과 2~4초 동안의 그래프 아랫부분의 넓이의 차이다. 따라서 물체가 받은 충격량의 크기는 $(10\,\text{N}\times2\,\text{s})-(5\,\text{N}\times2\,\text{s})=10\,\text{N·s}$이다.

ㄷ. 운동하던 물체가 정지하였으므로 물체가 받은 충격량의 방향은 운동 방향과 반대이다. 따라서 0~2초 동안은 힘이 운동 방향으로 작용하고, 2~4초 동안은 운동 방향과 반대로 작용한다. 한편 0~4초 동안 물체가 받은 충격량의 크기가 10 N·s이므로 운동량 변화량의 크기도 10 kg·m/s이다. 4초일 때 물체가 정지하였으므로 0초일 때 물체의 운동량의 크기는 10 kg·m/s이다. 이때 0~2초 동안 물체는 운동 방향으로 10 N·s의 충격량을 받으므로 2초일 때 물체의 운동량의 크기는 20 kg·m/s이다. 따라서 2초일 때 물체의 속력은 $\dfrac{20\,\text{kg·m/s}}{5\,\text{kg}}=4\,\text{m/s}$이다.

284 힘-시간 그래프에서 그래프의 아랫부분의 넓이는 충격량
이다. A의 처음 운동 방향을 $(+)$이라고 하면 A, B가 받은
충격량은 서로 반대 방향이므로 각각 $-\dfrac{4}{3}mv_0$, $\dfrac{4}{3}mv_0$이
다. A는 처음 운동량(mv_0)보다 큰 충격량$(\dfrac{4}{3}mv_0)$을 운동
방향과 반대 방향으로 받았으므로 충돌 후 처음 운동 방향
과 반대 방향으로 운동한다. 충돌 후 속력을 v, B의 질량을
M이라고 하면 A의 운동량 변화량은 $(-mv)-mv_0=$
$-\dfrac{4}{3}mv_0$이고, B의 운동량 변화량은 $Mv-0=\dfrac{4}{3}mv_0$이
다. 따라서 $v=\dfrac{1}{3}v_0$이므로 $M=4m$이다.

285 ㄱ. 처음 운동량과 충격량의 방향이 반대일 경우 처음 운동
량이 충격량보다 크면 나중 운동량은 처음 운동량과 같은
방향이고, 처음 운동량이 충격량보다 작으면 나중 운동량은
처음 운동량과 반대 방향이 된다. 충돌 후 A는 처음 운동
방향과 같은 방향으로 운동하고, B는 처음 운동 방향과 반
대 방향으로 운동하므로 A는 처음 운동량이 충격량보다 크
고, B는 처음 운동량이 충격량보다 작다. 이때 A, B가 받
은 충격량의 크기는 같으므로 충돌 전 운동량의 크기는 A
가 B보다 크다.

ㄴ. 충돌하는 동안 A, B가 서로에게 힘을 작용하므로 주고
받은 힘의 크기는 같다.

힘이 작용하는 시간도 같으므로 A, B가 받은 충격량의 크
기는 같다.

286 힘-시간 그래프의 아랫부분의 넓이는 충격량의 크기와 같
다. 물체의 처음 운동 방향을 $(+)$이라고 하면 $0{\sim}1$초 동안
F_1, F_2가 물체에 작용한 충격량은 각각 $60\,\mathrm{N\cdot s}$, $-30\,\mathrm{N\cdot s}$
이므로 물체의 운동량 변화량은 $30\,\mathrm{kg\cdot m/s}$이다. 물체의
운동량이 1초일 때가 0초일 때의 4배이므로 0초일 때의 속
력을 v라고 하면 1초일 때의 속력은 $4v$이다. 질량은 $10\,\mathrm{kg}$
이므로 $10\,\mathrm{kg}\times(4v-v)=30\,\mathrm{kg\cdot m/s}$에서 $v=1\,\mathrm{m/s}$이다.

287 자동차 범퍼는 내부가 비어 있어 잘 찌그러진다. 따라서 충돌
시 찌그러지면서 충돌 시간을 길게 하여 사람이 받는 충격을
줄여 준다. 안전모는 내부에 충격 흡수재가 들어 있어 머리가
부딪칠 때 충돌 시간을 길게 하여 머리가 받는 힘을 줄여 준
다. 즉, 자동차의 범퍼와 안전모는 모두 힘이 작용하는 시간
을 길게 하여 사람이 받는 힘의 크기를 작아지게 한다.

ㄱ. 탄성이 있는 자전거 안장의 용수철은 안장이 위아래로
진동할 때 시간을 길게 하여 사람이 받는 힘을 줄여 준다.

ㄴ. 자동차 에어백은 충돌 시간을 길게 하여 사람이 받는 힘
의 크기를 줄인다.

는 휘어졌다가 펴지며 선수에게 더 긴 시간 동안 탄성력을
작용하므로 선수가 받는 충격량을 크게 한다.

288 ① 배에 매단 타이어는 배가 다른 배나 부두에 충돌할 때 충

돌 시간을 길게 하여 충격을 줄여 준다.

② 태권도 보호대는 선수들끼리 충돌할 때 충돌 시간을 길
게 하여 충격을 줄여 준다.

③ 유아 보호용 모서리 쿠션은 아이가 부딪칠 때 충돌 시간
을 길게 하여 충격을 줄여 준다.

⑤ 자전거 안장 아래의 용수철은 안장이 위아래로 흔들릴
때 충돌 시간을 길게 하여 충격을 줄여 준다.

 탄성이 큰 소재로 활을 만들면 화살에 더 긴
시간 동안 탄성력을 작용할 수 있어 충격량이 커지므로 화
살을 더 멀리 날아가게 할 수 있다.

289 충격량의 크기가 같아도 충돌 시간이 길면 평균 힘의 크기
는 감소한다. 또 질량이 있는 물체는 관성이 있으므로 운동
하던 물체는 계속 운동하려고 한다.

모범 답안 ▶ 범퍼는 충격량의 크기가 같더라도 충돌 시간을 길게
해서 사람이 받는 힘의 크기를 줄이고, 안전띠는 충돌 시 관성에
의해 사람이 앞으로 튀어 나가는 것을 막아 준다.

채점 기준	배점(%)
제시어를 모두 포함하여 범퍼와 안전띠의 원리를 모두 옳게 서술한 경우	100
제시어 중 일부만 사용하여 범퍼와 안전띠의 원리를 모두 옳게 서술한 경우	80
제시어 중 일부만 사용하여 범퍼 또는 안전띠의 원리를 하나만 옳게 서술한 경우	50
그 외의 오답	0

290

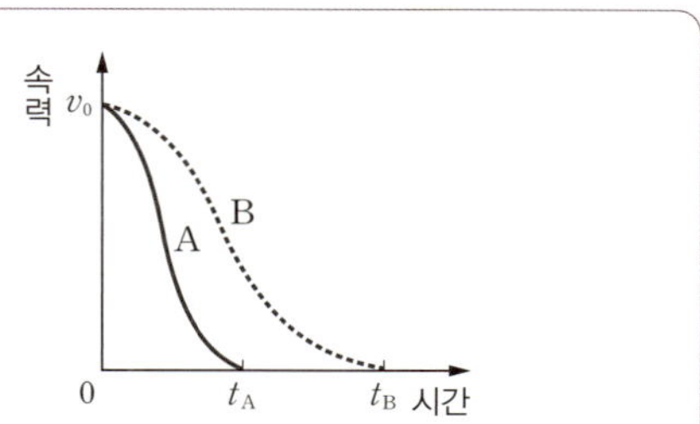

• 속력 변화량이 같다.=운동량 변화량의 크기가 같다.
　　　　　　　　　　　=충격량의 크기가 같다.
• 충격량의 크기가 같을 때 공이 받은 힘의 크기와 힘이 작용
한 시간은 반비례한다. ➡ 힘이 작용한 시간은 B>A이므
로 공이 받은 평균 힘의 크기는 B<A이다.

ㄴ. B가 A보다 힘을 받은 시간이 길므로 공이 받은 평균 힘
의 크기는 B가 A보다 작다.

 공의 처음 속력이 같으므로 운동량 변화량은
A와 B가 같다.

ㄷ. 공의 운동량 변화량의 크기가 같으므로 포수가 공에 작
용하는 충격량의 크기도 A와 B가 같다.

6 생명 시스템

14 생명 시스템의 기본 단위

80쪽

❶ 생명 시스템	❷ 세포
❸ DNA	
❹ 단백질	❺ 소포체
❻ 세포	❼ 엽록체
❽ 식물	❾ 세포막
❿ 인지질	⓫ 선택적 투과성
⓬ 낮은	⓭ 높은
⓮ 낮은	⓯ 높은

주제별 난이도별
다 주는 **실전 대비 문제**

81~85쪽

291 ④	292 ③	293 ⑤	294 ③	
295 ②, ④	296 ④	297 ③, ④	298 ②	299 ③
300 ⑤	301 ⑤	302 ③	303 ④	304 ③
305 ⑤	306 ④	307 ④	308 ③	
309 A: 인지질, B: 막단백질			310 ⑤	311 ⑤
312 ⑤	313 ④			

291 세포는 여러 가지 세포소기관이 상호작용하여 생명활동이 일어나는 생명 시스템이다.

바로 알기 | ④ 단세포생물은 하나의 세포로 생명활동을 한다.

292 • 동물의 구성 단계: 세포 → 조직 → 기관 → 기관계 → 개체
• 식물의 구성 단계: 세포 → 조직 → 조직계 → 기관 → 개체

293 구성 요소 간의 상호작용으로 생명 현상이 나타나는 체계를 생명 시스템이라고 하며 생명 시스템의 기본 단위는 세포이다.

294 세포는 생명체를 구성하는 구조적 단위이며, 생명 현상이 일어나는 기능적 단위이다. 단세포 생물은 하나의 세포로 독립적인 생명체를 이루고, 다세포 생물은 여러 개의 세포가 모여 하나의 생명체를 이룬다.

바로 알기 | 연유: 생명체를 이루는 조직이나 기관의 고유한 특성에 따라 세포의 모양은 다양하다.

295 A는 소포체, B는 핵, C는 골지체, D는 마이토콘드리아, E는 세포막이다.

바로 알기 | ① 소포체(A)는 라이보솜에서 합성한 단백질을 운반한다.
② 핵(B)에는 유전정보를 가지고 있는 분자인 DNA가 존재한다.
③ 골지체(C)는 소포체에서 운반된 단백질을 변형하고 분비하는 데 관여한다.
⑤ 세포막(E)은 물질의 특성에 따라 선택적으로 투과시킨다.

296 핵(A)에는 유전물질(DNA)이 들어 있다. 세포벽(B)은 세포의 모양을 일정하게 유지한다. 마이토콘드리아(C)에서는 유기물의 화학 에너지가 생명활동에 필요한 형태의 에너지로 전환되고, 엽록체(D)에서는 빛에너지가 화학 에너지로 전환된다.

바로 알기 | ㄴ. 세포벽은 세포의 모양을 일정하게 유지한다. 물질 출입을 조절하는 것은 세포막이다.

297 (가)는 마이토콘드리아, (나)는 엽록체이다. 엽록체는 식물 세포에만 존재한다.

바로 알기 | ③ 마이토콘드리아(가)에서는 산소를 이용해 유기물을 분해하는 세포호흡이 일어나 세포의 생명활동에 필요한 에너지를 생성한다.
④ 엽록체(나)에서는 빛에너지를 흡수하여 물과 이산화 탄소로 포도당을 합성하는 광합성이 일어난다.

298 각각의 생명체는 주변 환경 요인 및 다른 생명체와 상호작용하는 하나의 생명 시스템이다. 생명체는 모두 세포로 이루어져 있으며 동물이나 식물과 같은 다세포 생물은 모양과 기능이 비슷한 세포가 모여 조직을 이루고, 여러 조직이 모여 고유한 형태와 기능을 하는 기관을 이룬다.

299 물질 ㉠은 단백질, A는 라이보솜, B는 소포체, C는 골지체이다. 라이보솜에서 합성된 단백질은 소포체를 통해 골지체로 운반되고, 골지체에서 막으로 싸여 세포 안팎으로 분비된다. 골지체는 동물 세포와 식물 세포에 모두 있다.

바로 알기 | ㄴ. A는 라이보솜이고, B는 소포체이다.

300 세포막은 세포의 형태를 유지하며, 세포 안에서 화학 반응이 일어날 수 있도록 독립적인 환경을 만든다. 세포막은 물질의 종류에 따라 물질을 선택적으로 투과시키는 특성을 가진다.

301 세포막은 물질의 종류에 따라 투과시키는 정도가 다른 선택적 투과성을 나타낸다. 기체 분자와 같이 크기가 매우 작은 물질은 대부분 인지질 2중층을 직접 통과해 확산하고, 포도당과 아미노산과 같이 비교적 크기가 큰 물질은 막단백질을 통해 확산한다.

302 A는 인지질 2중층, B는 막단백질, C는 인지질이다.

바로 알기 | ㄷ. 인지질(C)은 친수성 머리와 소수성 꼬리를 가진다.

303 (가)는 인산이 있는 머리 부분으로 물과 잘 섞이는 친수성이다. (나)는 2개의 지방산으로 된 꼬리 부분으로 물과 잘 섞이지 않는 소수성이다. 인지질 2중층은 꼬리 부분이 마주 보며 2중층 구조를 이루기 때문에 인지질의 머리 부분은 물과 접하고, 꼬리 부분은 물과 접하지 않는다.

304 물질 A의 이동 방식은 막단백질을 통해 세포막을 이동하는 것이다.
ㄱ. 물질 A는 고농도에서 저농도로 이동하고 있으므로 A의 이동 방식은 확산이다.
ㄴ. 물질 A와 같은 방식으로 세포막을 이동하는 물질은 포도당, 아미노산, Na^+, K^+ 등이 있다.

바로 알기 | ㄷ. 물질 A가 막단백질을 통해 이동하는 데에는 에너지가 소모되지 않는다.

305 세포막을 경계로 농도가 높은 쪽에서 낮은 쪽으로 물질이 이동하는 방식은 확산이다. (가)와 같은 방식으로 세포막을 이동하는 물질은 산소, 이산화 탄소, 지질 입자 등이 있다. (나)와 같은 방식으로 세포막을 이동하는 물질은 포도당, 아미노산, 이온 등이 있다.

306 그림은 용매(물)가 막을 통과해 농도가 낮은 곳에서 높은 곳으로 이동하는 삼투를 나타낸 것이다. 식물의 뿌리가 토양 속 물을 흡수하는 것은 삼투에 의해 일어난다.

307 A는 막단백질, B는 인지질이다. 그림에서 인지질은 2중층을 형성하고 있으며, 인지질 2중층은 유동성이 있어서 막단백질은 위치가 고정되지 않고 움직일 수 있다.

308 허파꽈리에서 모세혈관으로 산소(O_2)가 확산되는 현상은 산소(O_2)가 세포막을 직접 투과하여 일어나는 확산이다.

309 A(인지질)로 이루어진 인지질 2중층을 직접 통과하는 물질은 크기가 작거나 지용성인 물질이고, B(막단백질)을 통과하여 이동하는 물질은 크기가 크거나 이온과 같이 전하를 띠는 물질이다.

모범 답안 ▶(1) A: 인지질, B: 막단백질
(2) A(인지질)로 이루어진 인지질 2중층을 직접 통과하는 물질은 크기가 작거나 지용성인 물질이고, B(막단백질)을 통과하여 이동하는 물질은 크기가 크거나 이온과 같이 전하를 띠는 물질이다.

	채점 기준	배점(%)
(1)	세포막을 이루는 주요 물질 A와 B를 모두 옳게 쓴 경우	40
	세포막을 이루는 주요 물질 A와 B 중 한 가지만 옳게 쓴 경우	20
	그 외의 오답	0
(2)	A와 B로 이동하는 물질의 특징을 모두 옳게 서술한 경우	60
	A와 B로 이동하는 물질의 특징 중 한 가지만 옳게 서술한 경우	30
	그 외의 오답	0

310 용액 A에 넣어 둔 식물 세포 (가)는 세포질의 부피가 감소한 모습이다. 이는 식물 세포보다 농도가 높은 용액 A쪽으로 물이 빠져나갔기 때문이다. (나)는 (가) 상태의 세포를 용액 B에 옮겼을 때, 세포질의 부피가 증가한 모습이다. 이것은 (가)의 식물 세포보다 농도가 낮은 용액 B에서 식물 세포 쪽으로 물이 확산되어 들어갔기 때문이다. 따라서 설탕 용액의 농도는 A가 B보다 높다.
ㄴ. 세포막은 물질을 선택적으로 투과시키며, 물은 투과시키지만 설탕은 투과시키지 않는다. 따라서 세포막에 대한 투과성은 물이 설탕보다 크다.

311 식물 세포를 세포 안쪽보다 낮은 농도의 용액에 넣으면 세포 바깥쪽에서 안쪽으로 물이 들어와 팽팽해진다. 반면, 세포 안쪽보다 높은 농도의 용액에 넣으면 세포 안쪽에서 바깥쪽으로 물이 빠져나가 세포막과 세포벽이 분리된다.

312 삼투 현상으로 적혈구보다 농도가 낮은 증류수 쪽의 물이 적혈구 쪽으로 다량 확산되어 적혈구의 부피가 점점 부풀다가 터지는 모습을 나타낸 것이다.
ㄴ. 적혈구에서 증류수로 이동하는 물의 양보다 증류수에서 적혈구로 이동하는 물의 양이 더 많다.

313

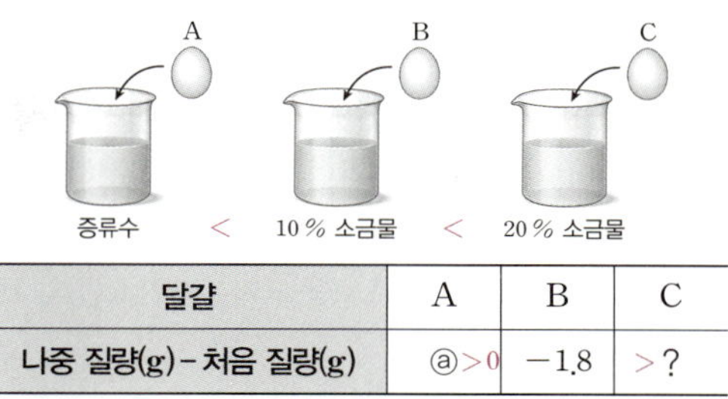

달걀	A	B	C
나중 질량(g) − 처음 질량(g)	ⓐ>0	−1.8	>?

- 달걀 B를 10 % 소금물에 넣었을 때 '나중 질량−처음 질량'값이 −1.8이므로, 나중 질량이 처음 질량보다 작다는 것을 알 수 있다.
  → 달걀의 나중 질량이 작아진 까닭은 달걀 속 물이 10 % 소금물 쪽으로 확산되었기 때문이다. 따라서 10 % 소금물은 달걀 B의 농도보다 높다는 것을 알 수 있다.
- 20 % 소금물은 10 % 소금물보다 달걀과의 농도 차이가 더 크기 때문에 더 많은 양의 물이 달걀에서 20 % 소금물 쪽으로 확산될 것이다.
  → 달걀 C의 '나중 질량−처음 질량'값은 −1.8 보다 더 작을 것이다.

바로 알기 | ㄱ. 증류수에 달걀을 넣으면 달걀의 농도가 증류수보다 더 높기 때문에 증류수에서 달걀 쪽으로 많은 양의 물이 들어가므로 나중 질량이 처음 질량보다 크다. 따라서 '나중 질량−처음 질량'은 0보다 큰 값이다.

⑮ 물질대사와 효소

86쪽

❶ 물질대사 ❷ 효소 ❸ 에너지 ❹ 흡수
❺ 방출 ❻ 효소 ❼ 단계적 ❽ 한
❾ 빠르게 ❿ 활성화 ⓫ 단백질 ⓬ 기질
⓭ 산소 ⓮ 카탈레이스

주제별 난이도별
다 주는 실전 대비 문제

87~91쪽

314 ②	**315** 물질대사		**316** ①	**317** ⑤
318 ①	**319** ④	**320** ④	**321** ⑤	**322** ②
323 ③	**324** ④	**325** ①	**326** ④	**327** ③
328 ③	**329** ②	**330** 해설 참조		**331** ④
332 ⑤	**333** ⑤	**334** ③	**335** ④	

314 물질대사는 생명체 내에서 생명활동을 유지하기 위해 일어나는 모든 화학 반응으로 생체촉매인 효소가 관여한다. 물질대사는 여러 중간 단계를 거치며 반드시 에너지 출입이 일어난다.
바로 알기 | ② 물질대사는 생명체 내에서 일어나는 화학 반응이므로 저온(약 37 ℃), 저기압(대기압) 상태에서 일어난다.

315 생명체 내에서 일어나는 모든 화학 반응을 물질대사라고 한다. 생물은 물질대사를 통해 에너지를 얻고, 세포를 구성하는 물질과 생리 작용 조절에 필요한 물질을 생산한다.

316 에너지가 방출되는 반응은 고분자가 저분자로 분해되는 반응(이화작용)이다.
바로 알기 | ① 라이보솜에서 단백질이 합성되는 것은 저분자인 아미노산으로 고분자인 단백질을 합성하는 반응(동화작용)으로 에너지가 흡수된다.

317 ㄱ. (가)는 고분자인 포도당을 저분자인 CO_2와 H_2O로 분해하는 반응이다.
ㄴ. (나)는 저분자인 아미노산(반응물)으로 고분자인 단백질(생성물)을 합성하는 반응으로 에너지를 흡수하므로 '반응물 에너지 < 생성물 에너지'이다.
ㄷ. 물질대사 과정에는 효소가 관여한다.

318 반응물보다 생성물의 에너지가 더 크므로 물질을 합성하는 반응의 에너지 변화이다. 따라서 광합성이나 단백질합성에서 이와 같은 에너지 변화가 나타난다.
바로 알기 | ㄴ, ㄹ. 세포호흡과 영양소 소화는 큰 분자를 작은 분자로 분해하는 반응으로 생성물보다 반응물의 에너지양이 더 크다.

319 그림은 에너지양이 많은 고분자가 에너지양이 적은 저분자로 분해되는 반응을 나타낸 것이다. 이 반응은 반응물과 생성물의 에너지양의 차이만큼 에너지가 방출된다.
바로 알기 | ㄴ. 에너지를 방출하는 반응이다.

320 (가)는 저분자 물질로 고분자 물질을 합성하는 반응(동화작용), (나)는 고분자 물질이 저분자 물질로 분해되는 반응(이화작용)이다.
바로 알기 | ㄱ. (가)는 에너지를 흡수하는 반응(동화작용), (나)는 에너지를 방출하는 반응(이화작용)이다.

321 생명체 내에서 일어나는 세포호흡은 반응이 단계적으로 일어나 에너지가 소량씩 방출되고, 생명체 밖에서 일어나는 연소는 반응이 한 번에 일어나 다량의 에너지가 한꺼번에 방출된다.
바로 알기 | ⑤ 반응물과 생성물의 에너지 차이만큼 에너지가 방출된다. (가), (나)에서 같은 양의 포도당을 반응시켰으므로 방출되는 에너지 총량은 같다.

322 화학 반응에서 활성화에너지를 낮추어 화학 반응의 반응 속도를 증가시키는 물질을 촉매라고 하며, 생명체 내에서 일어나는 화학 반응에서는 효소가 이러한 역할을 한다.

323 효소는 활성화에너지를 낮춰 물질대사의 반응 속도를 빠르게 한다. 효소는 주성분이 단백질이므로 고유한 입체 구조를 갖는다. 효소는 반응 전후 변화가 없으므로 반응이 끝나면 재사용할 수 있다.
바로 알기 | ③ 아밀레이스의 반응물은 녹말, 카탈레이스의 반응물은 과산화 수소이다.

324 **바로 알기 |** ④ 배추를 소금물에 담가 두면 배추에 있던 물이 빠져나와 배추의 숨이 죽는 것은 삼투 현상의 예이다.

325 ㉠은 효소 X가 없을 때 활성화에너지, ㉡은 효소 X가 있을 때 활성화에너지, ㉢는 이 반응이 진행될 때 방출되는 에너지양(반응열)이다.

326 반응물의 에너지양이 생성물의 에너지양보다 많으므로 고분자 물질이 저분자 물질로 분해되는 반응을 나타낸 것이다. 이 반응은 에너지가 방출되는 반응이며, 발열 반응에 해당한다. 반응열(㉢)은 반응물의 에너지와 생성물의 에너지 차이로 효소의 유무에 관계없이 일정하다.
바로 알기 | ㄴ. ㉠은 효소가 없을 때의 활성화에너지, ㉡은 효소가 있을 때의 활성화에너지이다.

327 반응물 A보다 생성물 C가 더 작은 물질이므로 B는 반응물(A)을 분해하는 데 관여하는 효소이다.
바로 알기 | ㄷ. C는 반응이 끝나 효소와 분리된 생성물이다. 활성화에너지를 낮추는 것은 효소 B이다.

328 ㄱ. 효소의 주성분은 단백질이다.
ㄴ. 이 효소는 작은 분자를 큰 분자로 합성하는 반응에 관여한다. 작은 분자를 큰 분자로 합성하는 반응은 에너지를 흡수하는 반응이다.
바로 알기 | ㄷ. 생성물은 반응이 끝나면 효소와 분리되며, 효소는 화학 반응에 참여하지만 반응이 끝나도 입체 구조가 변하지 않아 다시 반응물과 결합하여 재사용될 수 있다.

329 이 반응은 반응물보다 생성물의 에너지양이 큰 것으로 보아 저분자 물질로 고분자 물질을 합성하는 반응이다.
바로 알기 | ㄱ. A는 효소가 없을 때 활성화에너지, B는 효소가 있을 때의 활성화에너지이다.
ㄷ. ㉠은 효소가 없을 때의 에너지 변화, ㉡는 효소가 있을 때의 에너지 변화를 나타낸 것이다.

330 효소와 결합하는 특정 반응물을 기질이라고 하며, 한 가지 효소가 한 가지 기질에만 작용하는 특성을 기질특이성이라고 한다.
모범 답안 ▶ 효소는 입체 구조가 맞는 특정 반응물과만 결합하여 화학 반응에 참여한다.

채점 기준	배점(%)
한 종류의 효소는 입체 구조가 맞는 한 종류의 반응물과만 결합하여 화학 반응에 참여한다는 것을 옳게 서술한 경우	100
효소가 반응물과 결합하여 반응에 참여한다고만 서술한 경우	50
그 외의 오답	0

331 ㄱ. A와 B에서 발생하는 기포는 산소이다.
ㄷ. 생간과 감자에는 과산화 수소를 물과 산소로 분해하는 반응을 촉진하는 효소(카탈레이스)가 들어 있다.
바로 알기 | ㄴ. A는 효소가 있을 때의 과산화 수소 반응, C는 효소가 없을 때의 과산화 수소 분해 반응이므로 활성화에너지는 효소가 없는 C에서 더 크다.

332 효소는 주성분이 단백질이어서 높은 온도에서는 입체 구조가 변하여 효소로서의 기능을 잃게 된다. 시험관 B의 익힌 감자 조각에 들어 있는 카탈레이스는 열에 의해 효소의 활성을 잃은 상태이므로 과산화 수소 분해 반응을 촉진하지 못한다.

333

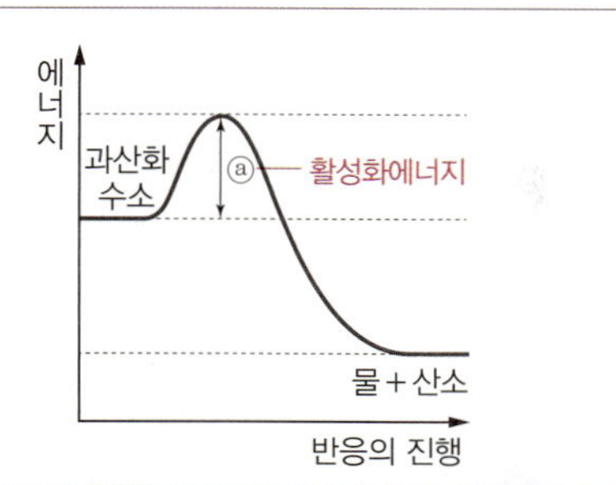

시험관	시험관에 넣은 용액(mL)			기포 발생 결과
	3 % 과산화 수소수	⊙ 감자즙	ⓒ 증류수	
A	10	3	0	발생함.
B	10	0	3	발생하지 않음.

- ⓐ는 활성화에너지이다.
- 시험관 A에서 ⊙을 넣어 주었을 때 기포가 발생했으므로 ⊙이 감자즙, ⓒ이 증류수임을 알 수 있다.
  → 시험관 A는 감자즙에 효소(카탈레이스)가 들어 있어 과산화 수소 분해 반응이 빠르게 일어난다.

$$과산화\ 수소수 \xrightarrow{카탈레이스} 물 + 산소$$

  → 시험관 A에서 발생하는 기포는 산소이다.

바로 알기 | ⑤ 과산화 수소가 분해되는 속도는 A가 B보다 빠르다.

334 ㄱ. 감자 조각 속에 있는 카탈레이스가 과산화 수소 분해 반응에 촉매로 작용하여 과산화 수소가 빠르게 산소와 물로 분해되어 산소 기체가 발생한다. 그 결과 풍선이 부풀어 오른다.

ㄴ. B와 C는 같은 양의 감자 조각이 있다. 즉 효소의 양이 동일하다. 효소의 양이 동일한 상태에서 B보다 C의 과산화 수소수의 양이 많을수록 풍선이 더 크게 부풀었으므로 기포 발생량이 더 많다는 것을 알 수 있다.

바로 알기 | ㄷ. 시험관 B에는 과산화 수소가 모두 분해되면 감자 조각(효소)을 넣어 주어도 더 이상 과산화 수소 분해 반응이 일어나지 않기 때문에 풍선의 크기에 변화는 없다.

335 효소 세제에서 기름때를 제거하는 작용을 하는 것은 지방 분해효소이다. 밥을 식혜로 만드는 데 작용하는 효소는 보리 가루(엿기름)속에 들어 있는 아밀레이스이다. 아밀레이스는 밥 속의 녹말을 엿당으로 분해한다.

바로 알기 | ㄴ. (가)와 (나)는 모두 물질 분해를 촉진하는 효소를 이용한 예이다.

---

16 세포 내 정보의 흐름

92쪽

① 유전정보　② 유전자　③ DNA　④ 단백질
⑤ 형질　⑥ 생명중심원리　⑦ 전사
⑧ 번역　⑨ 3염기조합　⑩ 코돈　⑪ RNA
⑫ 단백질　⑬ 유전자　⑭ 단백질　⑮ 1

---

336 ③	**337** ④	**338** ④	**339** ②	**340** ⑤
341 ④	**342** ③	**343** 해설 참조		**344** ②
345 ③	**346** ③	**347** ④		
348 (1) ⊙ AGA, ⓒ ACC, ⓒ AAA (2) 해설 참조				**349** ③
350 ①	**351** ②	**352** (1) ㄷ (2) 해설 참조		**353** ③
354 ②	**355** ③	**356** ③	**357** 해설 참조	

336 유전자는 DNA에서 생물의 형질을 결정하는 유전정보가 저장되어 있는 특정 부분이다.

바로 알기 | ③ 하나의 염색체에는 여러 개의 유전자가 있으므로 유전자 수는 염색체 수보다 훨씬 많다.

337 유전정보는 DNA의 염기서열에 저장되어 있다. 유전자의 유전정보에 따라 다양한 단백질이 합성되고, 단백질의 작용으로 여러 가지 유전형질이 나타난다.

바로 알기 | 서연: DNA 한 분자에 많은 유전자가 있다.

338 유전자는 핵 속의 DNA에서 유전정보가 들어 있는 특정 부분이다. 유전정보는 생명체를 구성하고 생명활동에 필요한 단백질합성에 대한 정보이다.

339 DNA는 단백질과 결합한 상태로 핵 속에 있으며, 세포가 분열할 때 응축하여 막대 모양의 염색체로 나타난다.

바로 알기 | ① 염색체를 구성하는 것은 DNA이다.
③ DNA를 구성하는 단위체는 뉴클레오타이드이다. 아미노산은 단백질을 구성하는 단위체이다.
④ DNA를 구성하는 염기는 아데닌(A), 구아닌(G), 사이토신(C), 타이민(T)이다. 유라실(U)은 RNA를 구성하는 염기 중 하나이다.
⑤ 유전정보는 DNA의 염기서열에 저장되어 있다.

340 유전자는 DNA의 특정 부분이며, DNA는 세포의 핵 속에 있다. 유전자 A는 멜라닌 합성효소에 대한 정보가 저장되어 있으므로, 유전자이상이 생겨 멜라닌 합성효소가 결핍되면 멜라닌 단백질이 합성되지 않거나 합성되는 양이 달라져 동물의 털색이 갈색이 아닌 옅은 색 또는 흰색을 띠게 된다.

341 유전자 A는 멜라닌 합성효소 유전자이다. 유전자 A의 유전정보에 따라 합성된 멜라닌 합성효소의 작용으로 멜라닌이 합성되어 사슴의 털색이 갈색을 띠게 된다. 따라서 유전자 A에 이상이 생겨 멜라닌 합성효소가 결핍되면 흰색 털이 나타날 수 있다.

바로 알기 | ㄱ. 유전자 A는 멜라닌 합성효소에 대한 유전자이다. 멜라닌은 멜라닌 합성효소에 의해 만들어지는 단백질이다.

342 DNA의 유전정보가 RNA로 전달되고, RNA가 단백질합성에 관여하는 유전정보의 흐름을 생명중심원리라고 한다. 이 과정은 모두 물질대사에 속하므로 효소가 관여한다.

바로 알기 | ①, ② (가)는 전사로 핵 속에서 일어난다. (나)는 번역으로 세포질의 라이보솜에서 일어난다.
④ 유전정보는 DNA의 염기서열에 저장되어 있다.

⑤ 상보결합은 DNA가 이중 가닥을 이룰 때 마주 하는 가닥의 염기 간 결합시 일어난다.

343 전사는 DNA의 유전정보가 RNA로 전달되는 과정으로 핵 속에서 일어난다.

모범 답안 ▶ 전사는 DNA의 유전정보가 RNA로 전달되는 과정으로, 전사 결과 DNA의 염기서열에 상보적인 염기서열을 가진 RNA가 합성된다.

채점 기준	배점(%)
3개의 용어를 모두 이용하여 전사 과정을 옳게 서술한 경우	100
용어를 모두 이용하지 않았거나 전사 과정을 옳게 서술하지 않은 경우	30
그 외의 오답	0

344 옳은 내용을 발표한 학생은 D와 E로 2명이다.

학생 A: 전사되어 형성된 RNA의 염기서열은 전사에 사용된 DNA 가닥의 염기서열과 상보적이므로 같지 않다.

학생 B: DNA의 염기를 3개씩 조합하여 유전부호를 만들면 최대 64($=4^3$)개의 조합이 가능하다. 생명체 내 아미노산이 약 20종류이므로 DNA 염기를 2개씩 조합하면 유전부호 조합 수가 최대 16개($=4^2$)이므로 유전부호가 아미노산 수보다 부족해진다.

학생 C: 유전부호 체계는 거의 모든 생물에서 동일하게 사용되므로 생물종의 고유한 특성이라고 할 수 없다.

345 (가)는 DNA, (나)는 RNA이다.

바로 알기 | ㄱ. 코돈은 RNA(나)에 있는 3개의 연속된 염기이다.

ㄴ. 단위체(아미노산)가 펩타이드결합으로 연결되어 형성되는 것은 단백질이다.

346 과정 Ⅰ은 번역, 과정 Ⅱ는 전사이다. 폴리뉴클레오타이드는 뉴클레오타이드가 반복적으로 결합하여 형성된 것으로, 과정 Ⅱ를 통해 DNA의 폴리뉴클레오타이드가 합성된다. 유전정보는 DNA에서 RNA를 거쳐 단백질로 전달되므로 과정 Ⅱ가 과정 Ⅰ보다 먼저 일어난다.

347 ⓐ는 DNA에 있는 연속된 3개의 염기이므로 3염기조합이고, ⓑ는 RNA에 있는 연속된 3개의 염기이므로 코돈이다. 전사되어 합성된 RNA의 염기는 가닥 Ⅱ의 염기서열에 대해 상보결합을 가지므로, RNA는 가닥 Ⅱ로부터 전사되었음을 알 수 있다. ㉠은 가닥 Ⅱ의 아데닌(A)과 상보결합을 하는 RNA의 염기이므로, 유라실(U)에 해당한다. 유라실(U)은 RNA에는 있고 DNA에는 없다. (가)에는 RNA 뉴클레오타이드가 9개 있는데, 뉴클레오타이드에는 당, 인산, 염기가 1 : 1 : 1의 비율로 존재하므로 (가)에는 RNA의 당인 라이보스가 9개이다.

바로 알기 | ④ (가)에 있는 코돈의 개수는 3개이다.

348 DNA에서 마주 보는 두 가닥의 염기는 상보결합을 한다. DNA의 두 가닥 중 한 가닥을 원본으로 하여 상보적인 염기서열을 가진 RNA 가닥이 전사 과정에서 합성된다.

모범 답안 ▶ (1) ㉠ AGA, ㉡ ACC, ㉢ AAA

(2) RNA는 (나) 가닥으로부터 전사되었다. RNA의 왼쪽에서 일곱 번째부터의 염기 AGAGGC와 DNA (나) 가닥의 왼쪽에서 일곱 번째부터의 염기 TCTCCG가 상보결합하기 때문이다.

	채점 기준	배점(%)
(1)	㉠~㉢에 해당하는 염기서열을 모두 옳게 쓴 경우	40
	㉠~㉢에 해당하는 염기서열 중 일부만 옳게 쓴 경우	20
	그 외의 오답	0
(2)	RNA가 어느 가닥으로부터 전사되었는지 쓰고, 그 까닭을 옳게 서술한 경우	60
	RNA가 어느 가닥으로부터 전사되었는지만 쓰고 그 까닭은 서술하지 않은 경우	20
	그 외의 오답	0

349 유전정보는 DNA에서 RNA를 거쳐 단백질로 전달되므로 ㉠은 RNA이고, (가)는 번역 과정이다. DNA로부터 전사된 RNA에서도 3개의 염기가 한 조가 되어 하나의 아미노산을 지정한다. 이 유전부호를 코돈이라고 한다.

바로 알기 | ㄴ. ⓐ를 지정하는 코돈은 DNA의 TCC에 상보적인 AGG가 된다.

350

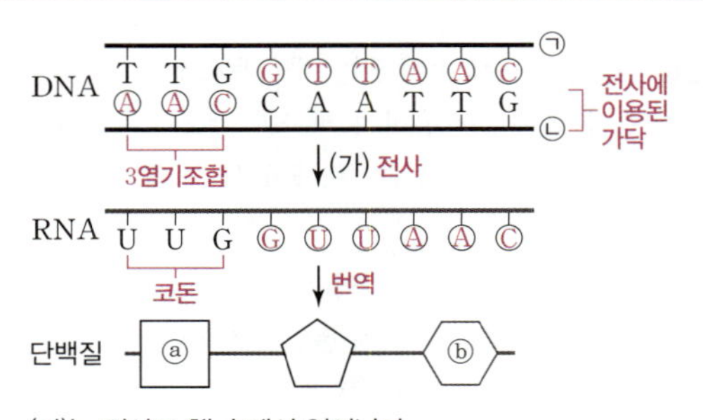

• (가)는 전사로 핵 속에서 일어난다.
• 왼쪽부터 세 번째까지의 염기를 읽었을 때, DNA의 ㉠ 가닥은 TTG이고, RNA는 UUG로 상보적이지 않다. 따라서 DNA의 ㉡ 가닥과 RNA가 상보적이며, DNA의 ㉡ 가닥이 전사에 이용된 가닥임을 알 수 있다.

바로 알기 | ㄴ. ⓐ를 지정하는 코돈은 UUG이고, ⓑ를 지정하는 코돈은 AAC이다.

ㄷ. DNA의 ㉡ 가닥이 전사에 이용된 가닥이다.

351 DNA의 염기서열에는 단백질의 아미노산서열에 대한 유전정보가 저장되어 있다. 연속된 3개의 염기가 한 조가 되어 하나의 아미노산을 지정하므로 하나의 아미노산을 지정하는 DNA의 유전부호를 3염기조합이라고 한다. 3염기조합은 64종류이며, RNA를 거쳐 약 20종류의 아미노산을 지정한다.

352 그림의 핵산은 유라실(U)이 있으므로 RNA이다. 연속된 3개의 RNA 염기는 코돈이므로, ㉠에는 코돈이 있다. 코돈은 RNA 염기 3개가 아미노산 1개를 지정한다. RNA는 당, 인산, 염기가 1:1:1로 결합된 뉴클레오타이드를 단위체로 가지며 단위체 간에 당-인산 결합(㉡)으로 연결되어 있다.

(2) 합성되는 폴리펩타이드는 총 4개의 아미노산으로 구성된다.
㉠에는 총 12개의 염기가 있는데, 3개의 염기가 한 조를 이루어
아미노산 1개를 지정한다. 따라서 12÷3=4로 4개의 아미노산
을 지정한다.

	채점 기준	배점(%)
(1)	보기에서 옳은 설명만을 골라 쓴 경우	30
	그 외의 오답	0
(2)	이 핵산으로부터 합성되는 폴리펩타이드를 구성하는 아미노산의 수를 옳게 쓰고 그렇게 판단한 까닭을 옳게 서술한 경우	70
	이 핵산으로부터 합성되는 폴리펩타이드를 구성하는 아미노산의 수만 쓴 경우	30
	그 외의 오답	0

353 낫모양적혈구빈혈증은 헤모글로빈 유전자의 염기 1개가 바
뀐 결과 발생한다. 유전부호가 지정하는 아미노산이 달라져
헤모글로빈의 입체 구조도 변해 적혈구가 낫 모양으로 바뀌
어 심한 빈혈 증상이 나타난다.

바로 알기 | ㄴ. 낫모양적혈구는 정상 적혈구보다 산소 운반
능력이 떨어진다.

354

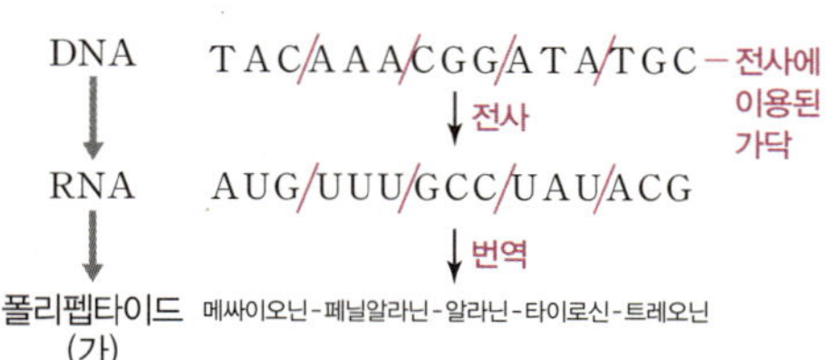

• DNA 이중 가닥 중 한 가닥을 원본으로 하여 원본의 염기
  서열과 상보적인 결합을 하는 염기로 구성된 RNA 가닥
  이 전사된다.
• 전사된 RNA의 염기서열은
  AUG / UUU / GCC / UAU / ACG이다.
• RNA에서 염기 3개가 한 조가 되어 하나의 아미노산을 지
  정하므로 페닐알라닌을 지정하는 염기는 UUU이다.

바로 알기 | ① (가)에는 5개의 아미노산이 4개의 펩타이드
결합으로 연결되어 있다.

③, ⑤ DNA의 염기서열에 저장된 유전정보는 세포의 핵에
서 RNA로 전사되고, 전사된 RNA는 세포질로 이동하여
라이보솜에 의해 단백질로 번역된다.

④ 상보결합은 염기 사이에서 일어난다.

355 연속된 3개의 RNA 염기가 한 조가 되어 1개의 아미노산
을 지정한다. RNA I의 염기서열은 AAA AAA AAA
… 이므로, 코돈 AAA가 라이신을 지정한다. RNA II의
염기서열은 AGA GAG AGA GAG …이므로, 코돈
AGA가 아르지닌을 지정하고, 코돈 GAG가 글루탐산을
지정함을 알 수 있다. RNA III의 염기서열은 AAG가 반
복되는데 왼쪽 세 번째 염기부터 번역되므로 아래 그림처럼
코돈 GAA가 지정하는 아미노산이 반복되는 단백질이 만

들어짐을 알 수 있다. 따라서 코돈 GAA가 글루탐산을 지
정한다. 즉 코돈 GAG와 GAA는 둘 다 글루탐산을 지정
한다.

바로 알기 | ㄷ. 1개의 코돈이 하나의 아미노산을 지정한다.

356

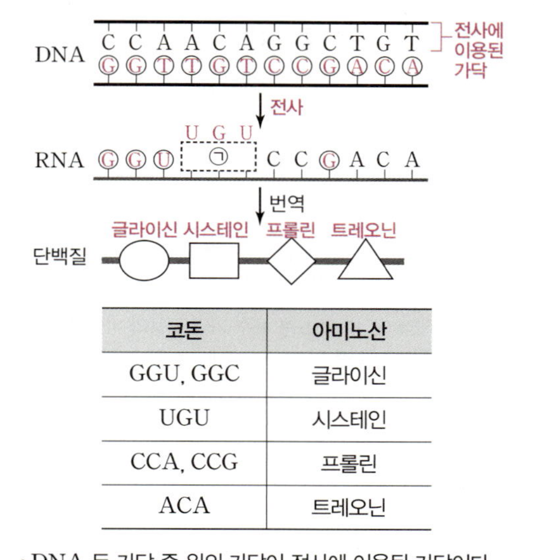

코돈	아미노산
GGU, GGC	글라이신
UGU	시스테인
CCA, CCG	프롤린
ACA	트레오닌

• DNA 두 가닥 중 위의 가닥이 전사에 이용된 가닥이다.
• RNA 코돈으로부터 지정되는 아미노산은 왼쪽부터
  '글라이신 – 시스테인 – 프롤린 – 트레오닌'이다.

바로 알기 | ㄱ. ㉠의 염기서열은 UGU이다.

ㄴ. 생명체에 있는 아미노산은 약 20개이므로, 여러 개의 코
돈이 하나의 아미노산을 지정하기도 한다 (GGU, GGC가
글라이신을 지정한다.).

357 생명중심원리는 DNA의 유전정보가 RNA로 전달되고,
RNA가 단백질합성에 관여하는 유전정보의 흐름을 말
한다.

 정상 헤모글로빈 유전자의 염기서열 중 염기 1개, 즉
타이민(T)이 아데닌(A)으로 바뀐 결과, 전사된 RNA의 염기서
열도 아데닌(A) 하나가 유라실(U)로 바뀌었다. 그 결과 코돈이
지정하는 아미노산이 바뀌었고, 아미노산의 종류가 바뀌면서 헤
모글로빈의 입체 구조가 변화되었다.

채점 기준	배점(%)
DNA 염기 1개의 차이가 형질 차이로 나타날 수 있는 까닭을 전사와 번역, 단백질의 입체 구조 변화를 모두 관련지어 옳게 서술한 경우	100
DNA 염기 1개의 차이가 형질 차이로 나타날 수 있는 까닭을 전사와 번역, 단백질의 입체 구조 변화 중 한 가지만 관련지어 옳게 서술한 경우	50
그 외의 오답	0

주제별 난이도별
다 주는 **서·논술형 대비 문제** 98~103쪽

358 해수면에서 연직 아래쪽으로 수온이 일정한 층은 혼합층이고, 수온이 급격히 낮아지는 층은 수온 약층이다. 혼합층은 태양 에너지의 가열과 바람의 혼합 작용으로 생성된다.

모범 답안 (1) ⊙은 혼합층이고, ⓒ은 수온 약층이다.

(2) 태양 에너지가 표층 해수를 가열하는 작용과 바람이 해수를 혼합시키는 작용으로 형성된다.

	채점 기준	배점(%)
	⊙과 ⓒ을 모두 옳게 쓴 경우	50
(1)	⊙과 ⓒ 중 한 가지만 옳게 쓴 경우	25
	그 외의 오답	0
	태양 에너지의 표층 해수 가열 작용과 바람의 해수 혼합 작용을 모두 옳게 서술한 경우	50
(2)	태양 에너지의 표층 해수 가열 작용과 바람의 해수 혼합 작용 중 한 가지만 옳게 서술한 경우	30
	그 외의 오답	0

359 A는 기권, B는 지권, C는 생물권이다. ⊙은 탄소가 생물권에서 지권으로 이동하는 과정이다.

모범 답안 (1) 화산 가스 방출로 탄소는 지권에서 기권으로 이동하므로 B는 지권, A는 기권이다. 광합성 작용으로 탄소는 기권에서 생물권으로 이동하므로 C는 생물권이다.

(2) ⊙은 탄소가 생물권에서 지권으로 이동하는 과정으로, 해양 생물의 골격이 지권에 퇴적되어 석회암을 생성한다. 또한, 생물의 사체가 화석 연료를 형성하여 지권에 퇴적된다.

	채점 기준	배점(%)
	A, B, C의 구성 요소와 그 까닭을 모두 옳게 서술한 경우	50
(1)	A, B, C의 구성 요소만 옳게 서술한 경우	25
	그 외의 오답	0
	⊙에 해당하는 상호작용의 예를 두 가지 모두 옳게 서술한 경우	50
(2)	⊙에 해당하는 상호작용의 예를 한 가지만 옳게 서술한 경우	30
	그 외의 오답	0

360 지구시스템의 각 권역에서 탄소는 다양한 형태로 존재한다.

모범 답안 기권에서는 이산화 탄소나 메테인으로, 수권에서는 탄산 이온으로, 지권에서는 석회암이나 화석 연료로, 생물권에서는 유기 화합물의 형태로 존재한다.

채점 기준	배점(%)
각 권역에서 탄소의 형태를 모두 옳게 서술한 경우	100
각 권역에서 탄소의 형태를 일부만 옳게 서술한 경우	25~75
그 외의 오답	0

361 지진 해일이 발생하는 것은 지권과 수권의 상호작용이며, 화산재와 화산 가스가 대기로 방출되는 것은 지권과 기권의 상호작용이다. 오존층 구멍이 커지면 표면까지 도달하는 자외선의 양이 증가하여 생물권에 영향을 미친다.

모범 답안 (1) 지진 해일이 발생하는 것은 지권과 수권의 상호작용이고, 화산재와 화산 가스가 대기로 방출되는 것은 지권과 기권의 상호작용이다.

(2) 오존층 구멍이 커지면 지상에 도달하는 자외선의 양이 증가하여 생물권에 영향을 미친다.

	채점 기준	배점(%)
	⊙에서 나타나는 지구시스템의 구성 요소 간의 상호작용을 모두 옳게 서술한 경우	50
(1)	⊙에서 나타나는 지구시스템의 구성 요소 간의 상호작용 중 한 가지만 옳게 서술한 경우	25
	그 외의 오답	0
	ⓒ으로 인해 나타날 수 있는 현상과 영향받는 지구시스템의 구성 요소를 모두 옳게 서술한 경우	50
(2)	ⓒ으로 인해 나타날 수 있는 현상만을 옳게 서술한 경우	30
	영향받는 지구시스템의 구성 요소만을 옳게 서술한 경우	10
	그 외의 오답	0

362 지진의 경우, 예보가 매우 어렵지만, 지속적인 관측을 통해 지하의 활성 단층을 파악하면 지진 발생 가능성을 예측할 수 있다. 또한, 지진 해일의 경우 지진이 발생한 후 지진 해일이 도착하기까지 시간이 있으므로 예보를 통해 피해를 줄일 수 있다. 지진이나 화산으로 재해가 발생하였을 때의 행동 요령을 미리 숙지하고 있다면 인명 피해를 줄일 수 있다. 화산이 분출하기 전에는 마그마가 상승하는 과정에서 지표면이 융기하거나 지진의 횟수가 증가하는 등의 전조 현상이 나타난다. 다량의 화산재를 방출하는 화산이 급격하게 폭발하는 경우 많은 인명 피해가 발생할 수 있으므로 화산 분출이 임박하였을 때, 미리 대피하면 피해를 줄일 수 있다. 따라서 전조 현상을 관측하고 미리 예보할 수 있다면 화산 분출로 인한 피해를 줄일 수 있다.

모범 답안 지진 활동으로 인한 피해를 줄이기 위해 건물이나 구조물에 내진 설계를 적용하고, 지진 해일 예보, 지진 발생 시 행동 요령에 대한 안전 교육을 시행한다. 화산 활동으로 인한 피해를 줄이기 위해 지진 정보 수집, 인공위성을 이용한 지형 변화 관측 등을 실시하여 화산 분출 예보 시스템을 마련하고, 미리 대피할 수 있도록 한다.

채점 기준	배점(%)
제시한 조건을 모두 포함하여 옳게 서술한 경우	100
제시한 조건 중 두 가지만 포함하여 옳게 서술한 경우	50
제시한 조건 중 한 가지만 포함하여 옳게 서술한 경우	30
그 외의 오답	0

363 인공위성에는 일정한 크기의 중력이 항상 운동 방향에 수직으로 작용한다. 따라서 인공위성은 속력은 변하지 않고 운동 방향만 변하는 운동을 한다.

모범 답안 ▶ 물체를 매우 빠른 특정 속력으로 던지면 물체는 중력을 받아 계속 아래 방향으로 떨어지지만 지구가 둥글기 때문에 지표면에 닿지 않고 지구 주위를 원운동할 수 있게 된다. 인공위성에도 일정한 크기의 중력이 작용하므로 특정 속력으로 운동하면 지표면에 닿지 않고 지구 주위를 원운동할 수 있다.

채점 기준	배점(%)
뉴턴의 사고 실험 결과와 중력을 이용하여 인공위성의 운동을 옳게 서술한 경우	100
뉴턴의 사고 실험, 중력 중 하나만 이용하여 인공위성의 운동을 옳게 서술한 경우	50
그 외의 오답	0

364 수평 방향으로 던진 물체는 수평 방향으로는 등속 운동을, 연직 방향으로는 자유 낙하 운동을 한다.

모범 답안 ▶

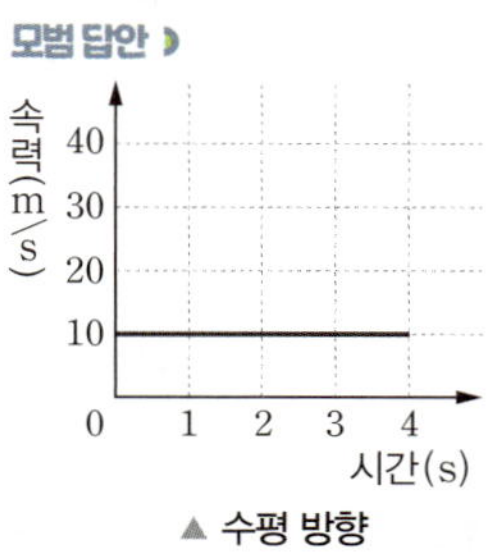

▲ 수평 방향

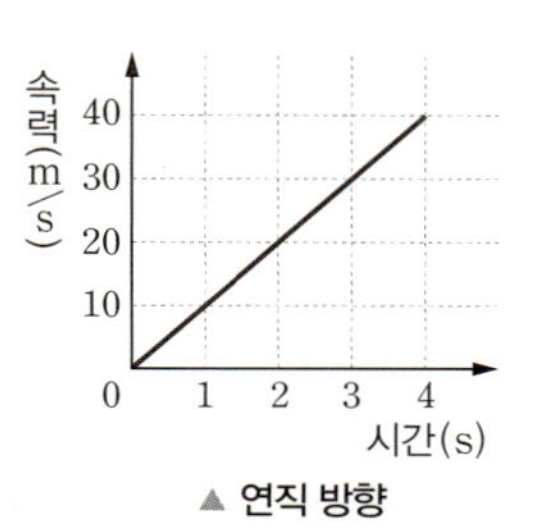

▲ 연직 방향

물체는 수평 방향으로 작용하는 힘이 없어 등속 운동을 하므로 수평 방향의 속력–시간 그래프는 시간 축에 나란한 직선 모양이다. 따라서 0~4초 동안 물체의 속력은 처음 속력 10 m/s로 일정하다. 그리고 물체는 연직 방향으로 중력을 받아 자유 낙하 운동을 하므로 물체의 속력은 1초에 10 m/s씩 증가한다. 따라서 연직 방향의 속력–시간 그래프는 기울기가 일정한 직선 모양이며, 4초일 때 물체의 속력은 40 m/s이다.

채점 기준	배점(%)
두 가지의 그래프와 그 까닭을 모두 옳게 서술한 경우	100
한 가지 그래프와 그 까닭을 옳게 서술한 경우	60
두 가지 그래프만 옳게 그린 경우	40
한 가지 그래프만 옳게 그린 경우	20
그 외의 오답	0

365 자동차가 갑자기 멈출 때 사람은 관성 때문에 계속 운동하려고 한다. 따라서 자동차가 충돌하여 멈추어도 사람의 몸은 관성에 의해 앞으로 나아가게 된다.

모범 답안 ▶ 자동차가 갑자기 멈출 때 사람은 계속 운동하려는 관성이 있으므로 몸이 앞쪽으로 쏠린다.

채점 기준	배점(%)
자동차의 운동 상태 변화와 관성으로 서술한 경우	100
관성만 언급하여 서술한 경우	50
그 외의 오답	0

366 높이뛰기용 안전 매트는 선수가 바닥에 떨어질 때 충돌 시간을 길게 하여 선수가 받는 힘을 줄여 준다.

모범 답안 ▶ (1) 충격량이 같을 때 충돌 시간이 길어지면 선수가 받는 힘의 크기가 작아진다.

(2) 자동차의 에어백은 자동차가 충돌하여 사람이 차 내부에 부딪칠 때 사람에게 힘이 작용하는 시간을 길게 하여 사람이 받는 힘의 크기를 줄인다. / 선박 외부의 타이어는 선박이 부두나 다른 배와 충돌할 때 힘이 작용하는 시간을 길게 하여 선박이 받는 힘의 크기를 줄인다. / 스펀지가 들어 있는 안전모는 머리를 부딪칠 때 힘이 작용하는 시간을 길게 하여 사람이 받는 힘의 크기를 줄인다. 등

	채점 기준	배점(%)
(1)	선수가 받는 충격을 줄이는 원리를 옳게 서술한 경우	50
	충격량을 언급하지 않고 충돌 시간이 길어진다고만 서술한 경우	30
	그 외의 오답	0
(2)	피해를 줄이는 예 한 가지를 옳게 서술한 경우	50
	그 외의 오답	0

367 충격량과 운동량 관계를 파악하고, 이를 충돌 사고에서 일어나는 피해를 줄이는 방법으로 연계할 수 있어야 한다.

> 충돌 사고가 일어나 정지할 때는 처음 운동량＝운동량 변화량
>
> (나) 학교 주위나 마을 길에서는 속도 제한 표시를 볼 수 있다. 이는 도로를 통행하는 자동차의 속력을 제한하여 충돌 사고가 발생했을 때 피해를 줄이기 위한 것이다. 충돌 전 속력이 빠를수록 운동량이 커서 사고가 일어났을 때 받는 충격량이 크다. 운동량이 클수록 운동량 변화량(＝충격량) 증가
>
> → 물체가 받는 충격량 자체를 줄인다.
>
> (다) 벌집 구조는 속이 빈 육각형 기둥 모양의 격자 구조이다. 벌집 구조는 적은 양의 재료로 외부의 충격을 효율적으로 지탱할 수 있다. 벌집 구조는 외부에서 충격이 가해졌을 때 찌그러지면서 충돌에 의한 에너지를 흡수한다. 충돌 과정에서 외부에서 가해지는 힘을 분산시키고 충돌 시간을 길게 한다.
>
> → 충격량이 같을 때 충돌 시간을 길게 하여 물체가 받는 힘의 최댓값을 줄인다.

모범 답안 ▶ (1) (나)는 충돌 전 속력을 줄여 운동량 변화량을 줄이므로 충격량을 줄이는 ㉠에 해당하고, (다)는 벌집 구조가 찌그러지면서 충돌 시간을 길게 하여 힘의 크기를 줄이는 ㉡에 해당한다.

(2) • ㉠에 해당하는 사례: 충돌 전에 자동차 브레이크를 밟아 속력을 최대한 줄이면 운동량 변화량이 감소하여 충격량을 줄일 수 있다. / 도로에 과속 방지턱을 설치하여 자동차의 과속을 막아 충격량을 줄인다. 등

• ㉡에 해당하는 사례: 자동차가 충돌할 때 범퍼가 찌그러지며 충돌 시간이 길어져 자동차가 받는 힘의 크기가 감소한다. / 머리 부분이 충돌할 때 안전모 안에 들어 있는 스펀지가 압축되며 충돌 시간을 길게 하여 힘의 크기를 줄인다. 등

채점 기준		배점(%)
(1)	(나), (다)를 ㉠, ㉡과 관련지어 옳게 서술한 경우	50
	㉠과 ㉡ 중 하나만 옳게 서술한 경우	25
	그 외의 오답	0
(2)	㉠, ㉡에 해당하는 사례를 모두 제시하여 서술한 경우	50
	㉠과 ㉡ 중 한 가지만 제시하고 설명한 경우	25
	그 외의 오답	0

368 산소나 이산화 탄소 같이 크기가 매우 작은 기체 분자, 지용성 물질은 세포막의 인지질 2중층을 직접 통과하여 확산하고, 이온과 같이 전하를 띤 물질이나 포도당, 아미노산과 같이 크기가 큰 물질은 막단백질을 통해 확산한다.

모범 답안 ▶ 물질 A는 산소(O_2), 물질 B는 포도당이다.

산소와 같이 크기가 작은 기체 분자는 직접 세포막(인지질 2중층)을 통과할 수 있기 때문에 농도 차이에 비례하여 물질의 이동 속도가 증가할 수 있다. 그러나 포도당과 같이 크기가 큰 물질은 막단백질을 통해 이동하므로 초기에는 물질의 이동 속도가 증가하다 최대 속도에 도달하면 막단백질이 모두 물질의 이동에 이용되고 있기 때문에 더 이상 증가하지 않는다.

채점 기준	배점(%)
물질 A와 B를 옳게 쓰고, 세포막을 통과하는 물질 A와 B의 이동 방식을 물질의 이동 속도와 관련지어 옳게 서술한 경우	100
물질 A와 B를 옳게 쓰고, 세포막을 통과하는 물질 A와 B의 이동 방식 종류만 서술한 경우	60
물질 A와 B만 옳게 쓰거나, 물질 A와 B의 이동 방식 종류만 쓴 경우	30
그 외의 오답	0

369 세포를 둘러싸고 있는 수용액의 농도가 세포 안의 농도와 다르면 삼투에 의해 세포 안팎으로 물이 이동하여 세포의 부피와 모양이 달라질 수 있다.

모범 답안 ▶ 용액 A 농도<용액 B 농도

삼투에 의해 용액 A에서는 용액 A(저농도)의 물이 세포 안쪽(고농도)으로 이동하여 세포질 부피가 증가하였고, 용액 B에서는 세포질(저농도)의 물이 용액 B(고농도)로 이동하여 세포질 부피가 감소하였으므로 '(용액 A의 농도)<(표피세포 세포질의 농도) < (용액 B의 농도)'임을 알 수 있다.

채점 기준	배점(%)
용액 A와 용액 B의 농도를 옳게 비교하고, 그렇게 판단한 까닭을 옳게 서술한 경우	100
용액 A와 용액 B의 농도는 옳게 비교하였지만 그렇게 판단한 까닭은 옳게 서술하지 않은 경우	50
그 외의 오답	0

370 효소의 주성분은 단백질이므로 효소마다 고유한 입체 구조를 갖는다. 입체 구조에 의해 효소의 기능이 결정된다.

모범 답안 ▶ 효소의 주성분은 단백질이다. 단백질은 온도에 의해 입체 구조가 변성되는 특성을 가지고 있다. 따라서 우리 몸이 체온을 적절한 온도로 일정하게 유지하지 않으면 효소의 입체 구조에 변화가 일어나 여러 가지 물질대사 반응에 관여하는 효소들이 그 기능을 할 수 없게 되기 때문이다.

채점 기준	배점(%)
효소의 주성분, 단백질의 입체 구조와 체온과의 관계를 옳게 서술한 경우	100
효소의 주성분과 단백질의 입체 구조와의 관계는 옳게 서술했지만 체온과의 관계를 서술하지 않은 경우	60
효소의 주성분에 대해서만 서술한 경우	30
그 외의 오답	0

371 그림 (가)는 물질을 합성하는 반응의 에너지 변화를 나타낸 것이다.

모범 답안 ▶ 효소 X

그림 (가)는 생성물의 에너지가 반응물의 에너지보다 큰 것으로 보아 에너지를 흡수하여 작은 분자를 큰 분자로 합성하는 반응(동화작용)의 에너지 변화를 나타낸 것임을 알 수 있다. 그림 (나)에서 효소 X는 작은 분자를 큰 분자로 합성하는 반응에 관여하고 있고, 효소 Y는 큰 분자가 작은 분자로 분해하는 반응에 관여하고 있음을 알 수 있다. 따라서 효소 X는 그림 (가) 반응의 활성화에너지를 낮춰 반응을 촉진할 수 있다.

채점 기준	배점(%)
활성화에너지 변화를 일으킬 수 있는 효소를 쓰고 그렇게 판단한 까닭을 옳게 서술한 경우	100
활성화에너지 변화를 일으킬 수 있는 효소만 쓴 경우	30
그 외의 오답	0

372 세균에서부터 인간에 이르기까지 거의 모든 생명체의 유전부호와 전사 및 번역 과정은 동일하다. 유전부호 체계의 공통성은 지구상의 생물이 공통조상으로부터 진화해 온 것을 의미한다.

모범 답안 ▶ 사람과 대장균 둘 다 유전정보가 DNA에서 RNA로, RNA에서 단백질로 변환되는 정보의 흐름을 따른다. 또 사람과 대장균 모두 같은 유전부호 체계를 사용한다. 따라서 사람의 인슐린 유전자는 대장균에서도 사람 세포에서와 같은 RNA 염기서열로 전사되며, 대장균에서도 같은 코돈은 같은 아미노산을 지정하므로 사람의 인슐린 단백질과 같은 단백질을 합성하게 된다.

채점 기준	배점(%)
제시문 (가)와 (나)의 내용을 모두 근거로 활용하여 옳게 서술한 경우	100
제시문 (가)와 (나)의 내용 중 한 제시문의 내용만 근거로 활용하여 옳게 서술한 경우	30
그 외의 오답	0

I. 과학의 기초

실전 모의고사 제1회
104쪽

1 ③	2 ①	3 ④	4 ④	5 ①

1 ㄱ, ㄴ. (가)는 미시 세계, (나)는 거시 세계에 해당하며 공간 규모가 서로 다르다.

바로 알기 | ㄷ. 원자 규모의 자연 현상은 전자 현미경을 사용하여 원자의 배열을 관측하고, 우주 규모의 자연 현상은 우주 망원경을 사용하여 천체를 관측할 수 있다.

2 ② 속력의 단위는 m/s로 길이(m)와 시간(s) 단위를 이용하여 나타낸다.

③ 넓이의 단위는 m^2이고, 부피의 단위는 m^3이므로 모두 기본량인 길이(m)를 조합해 정의한다.

바로 알기 | ① 온도의 단위는 K(켈빈)이며, 밀도의 단위는 kg/m^3이므로 밀도는 온도 단위로 표현할 수 없다.

3 ㄴ, ㄷ. 빛의 속력이 일정하기 때문에 빛이 진행한 시간을 재거나 물체에서 반사되어 돌아오는 두 빛을 비교하여 길이를 측정할 수 있다. 두 기술은 모두 정확한 시간을 측정할 수 있기 때문에 가능한 것이다.

바로 알기 | ㄱ. 빛을 이용한 길이 측정법은 빛의 속력이 일정함을 이용한 것이다.

4 ㄴ. (나)와 같이 측정한 미세 먼지 농도 정보를 제공하면 호흡기 질환이 있는 사람들에게 유용한 정보가 된다.

ㄷ. (가)는 측정 표준을 활용해 혈당량을 측정하는 모습, (나)는 측정 표준을 활용해 측정한 미세 먼지 농도 정보를 제공하는 모습이다.

바로 알기 | ㄱ. (가)는 층간 소음을 측정하는 장치와 무관하다.

5 ㄱ. 자동차의 속력은 연속적으로 변하므로 (가)와 (나)는 모두 연속적으로 신호를 받아들인다.

바로 알기 | ㄴ. (가)와 (나)에서 측정된 물리량은 속력으로 유도량에 해당한다.

ㄷ. (가)는 속력을 아날로그 형태로 저장하고, (나)는 속력을 디지털 형태로 저장한다.

II. 물질과 규칙성

실전 모의고사 제1회
105~109쪽

1 ⑤	2 ③	3 ④	4 ⑤	5 ③
6 ⑤	7 ④	8 ③	9 ②	10 ③
11 ②	12 ②	13 ②	14 ②	15 ③
16 ①				

17 해설 참조　18 (1) 해설 참조　(2) 해설 참조
19 해설 참조　20 (1) 해설 참조　(2) 해설 참조
21 해설 참조

1 ① 별 내부에서 핵융합 반응을 통해 가장 먼저 생성되는 원소는 헬륨이다.

②, ④ 헬륨 핵융합 반응으로 헬륨 원자핵이 융합하여 탄소 원자핵이 생성되고, 탄소가 핵융합 반응을 하면 탄소보다 더 무거운 원소인 산소가 생성된다.

③ 별 내부에서 핵융합 반응으로 철까지 만들어지면 더 이상 에너지가 발생하지 않아 핵융합 반응은 일어나지 않는다.

바로 알기 | ⑤ 별 내부에서 새로운 원소는 핵융합 반응을 통해서만 생성된다.

2 ㄱ. 중심부에서 탄소핵까지 생성되는 별은 질량이 태양과 비슷한 별이다.

ㄷ. 별의 외곽 물질인 ⊙을 이루고 있는 물질은 중심에서 점점 멀어져 우주 공간으로 흩어지게 된다.

바로 알기 | ㄴ. 이 별은 질량이 태양과 비슷한 별로, 초신성 폭발을 하지 않는다.

3 ㄴ. 미행성체는 원시 태양 주위를 공전하는 동안 서로 충돌하고 병합하여 원시 행성을 만든다.

ㄷ. 원시 태양에서 가장 가까운 곳과 가장 먼 곳에서 만들어진 물질의 구성 성분은 달랐다.

바로 알기 | ㄱ. 미행성체는 태양계 형성 과정에서 원반을 이루고 있던 입자들이 서로 충돌하고 병합하여 형성되었다.

4 ㄱ. ⊙에는 산소보다 무겁고 철보다 가벼운 원소라면 어느 원소든 해당될 수 있다.

ㄴ, ㄷ. 중심부에서 철까지 생성되는 동안 중심부의 온도는 태양보다 더 높고, 초신성 폭발이 일어나면 철보다 무거운 원소를 만들 수 있다.

5 ㄱ. 원시 지구는 미행성체의 충돌과 병합으로 크기가 커졌다.

ㄷ. 마그마의 바다가 생기고 지구 내부에 유동성이 생겨서 무거운 물질들은 지구 중심으로 가라앉아 핵을 형성하였고, 가벼운 물질들은 위로 떠올라 지각과 맨틀을 형성하였다.

바로 알기 | ㄴ. 원시 지각이 먼저 생성된 후 원시 바다가 생성되었다.

6 ① 현대의 주기율표에서 세로줄을 족이라고 한다.

② 현대의 주기율표는 원소들을 원자 번호순으로 배열하였다.

③ 같은 족에 속하는 원소들은 가장 바깥 전자 껍질에 들어 있는 원자가 전자 수가 같다.

④ 같은 주기에 속하는 원소들은 전자가 들어 있는 전자 껍질 수가 같다.

바로 알기 | ⑤ 같은 족, 즉 같은 세로줄에 속하는 원소들은 원자가 전자 수가 같아 화학적 성질이 비슷하다.

7 ㄴ. (나)와 (라)는 금속 원소이므로 모두 광택이 있다.

ㄷ. (가)는 수소(H)이고 (다)는 17족 원소인 할로젠으로 플루오린(F)이다. 할로젠은 수소와 반응하여 수소 화합물을 생성한다.

바로 알기 | ㄱ. (가)~ (라) 중 금속 원소는 리튬(Li)인 (나)와 마그네슘(Mg)인 (라) 두 가지이다.

8 ㄱ. (가)에서 리튬을 칼로 자른 것으로 보아 리튬은 칼로 자를 수 있을 정도로 무른 금속이다.

ㄷ. (다)에서 물과 리튬이 반응한 수용액에 페놀프탈레인 용액을 떨어뜨렸을 때 붉은색으로 변한 것으로 보아 물과 리튬이 반응한 수용액은 염기성을 띤다.

바로 알기 | ㄴ. (나)에서 리튬과 물이 반응할 때 리튬이 물 위를 떠다니면서 반응하는 것으로 보아 리튬의 밀도는 물보다 작다.

9 ㄴ. B는 전자 수가 양성자수보다 1만큼 크므로 전하가 −1인 음이온이고, 이때 네온과 같은 전자 배치를 이루므로 비금속 원소이다.

바로 알기 | ㄱ. A는 양성자수와 전자 수가 10으로 같으므로 원자 번호가 10인 원자이다. 즉, 18족 원소에 속하는 네온(Ne)이므로 실온에서 원자 1개로 존재한다.

ㄷ. C는 전자 수가 양성자수보다 2만큼 작으므로 전하가 +2인 양이온이다. 따라서 B와 C는 2 : 1의 개수비로 결합하여 이온 결합 물질을 생성한다.

10 ㄱ. (나)에서 각 이온이 다른 전하를 띤 전극으로 이동하면서 전하를 운반하므로 염화 나트륨 수용액은 전기 전도성이 있다.

ㄴ. (나)에서 ㉠은 (+)극 쪽으로 이동하므로 음전하를 띤 이온인 Cl^-이다.

바로 알기 | ㄷ. ㉠은 Cl^-이고, ㉡은 Na^+이다. Cl는 3주기 17족 원소이므로 Cl가 전자 1개를 얻어 형성된 Cl^-의 전자 배치는 3주기 18족 원소인 Ar과 같다. Na은 3주기 1족 원소이므로 Na이 전자 1개를 잃고 형성된 Na^+의 전자 배치는 2주기 18족 원소인 Ne과 같다. 따라서 전자 수는 ㉠ > ㉡이다.

11 ㄴ. A는 산소, B는 규소 원자이다. 규소 원자는 원자가 전자가 4개이므로 4개의 공유 결합을 형성할 수 있다.

바로 알기 | ㄱ. (나)는 규소인 B의 전자 배치이다.

ㄷ. 규산염 광물에서 사면체와 사면체는 산소(A)를 공유하면서 결합한다.

12 핵산은 유전정보를 저장하거나 전달하고, 단백질은 효소, 근육, 머리카락의 주요 구성 물질이다.

13 항체의 주성분은 단백질이므로, ㉠은 단백질의 단위체인 아미노산이다. 단백질의 입체 구조는 단위체인 아미노산의 개수, 종류, 배열 순서에 따라 달라진다.

14 B: 집적 회로의 내부에는 반도체 소자가 들어 있다.

바로 알기 | A: 집적 회로의 바깥쪽은 부도체로 둘러싸서 전류가 흐르지 않도록 한다.

C: 내부의 반도체와 외부 전선을 연결하는 부분은 도체이다.

15 특정 조건에 따라 전기적 성질이 변하는 물질은 반도체이다. 반도체의 대표적인 물질인 규소는 주로 규산염 광물로 존재한다.

16 발전소에서 생산하는 전류는 교류인데, 대부분의 전기 기구는 직류를 사용한다. 그래서 전원 장치에는 교류를 직류로 바꿔주는 다이오드가 들어 있다.

ㄴ. 다이오드는 한 방향으로만 전류가 흐르게 한다.

바로 알기 | ㄱ. 다이오드는 p형 반도체와 n형 반도체를 조합하여 만든다.

ㄷ. 도체가 반도체보다 전류가 잘 흐른다.

17 철보다 가벼운 원소는 별 내부의 핵융합 반응으로 생성되고, 철보다 무거운 원소는 초신성이 폭발하는 과정에서 생성된다.

모범 답안 ▶ 철보다 가벼운 원소는 별 내부에서 핵융합 반응을 통해 생성되었고, 철보다 무거운 원소는 초신성이 폭발하는 과정에서 생성되었다.

채점 기준	배점(%)
철보다 가벼운 원소와 철보다 무거운 원소의 생성 과정을 모두 옳게 서술한 경우	100
철보다 가벼운 원소와 철보다 무거운 원소의 생성 과정 중 한 가지만 옳게 서술한 경우	30
그 외의 오답	0

18 원자의 원자 번호는 원자핵의 양성자수와 같고, 양성자수는 전자 수와 같다. 전자가 배치될 때 첫 번째 전자 껍질에는 전자가 최대 2개, 두 번째 전자 껍질에는 전자가 최대 8개까지 배치될 수 있다.

모범 답안 ▶ (1)

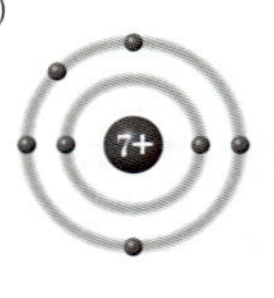

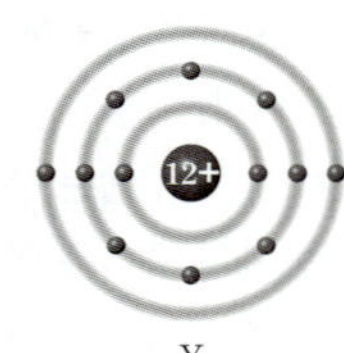

(2) X는 2주기 15족 원소이므로 비금속 원소이고, Y는 3주기 2족 원소이므로 금속 원소이다.

	채점 기준	배점(%)
	X, Y의 전자 배치를 모두 옳게 나타낸 경우	50
(1)	X, Y의 전자 배치 중 한 가지만 옳게 나타낸 경우	25
	그 외의 오답	0
	X, Y를 옳게 분류하고, 판단 근거를 옳게 서술한 경우	50
(2)	X, Y의 분류만 옳게 서술한 경우	25
	그 외의 오답	0

19 규산염 광물의 기본 단위체는 Si−O 사면체이다. Si−O 사면체는 규소 1개를 중심으로 산소 4개가 결합하여 정사면체 모양을 하고 있다.

모범 답안 ▶ Si−O 사면체는 규소 1개를 중심으로 산소 4개가 결합하여 정사면체 모양을 하고 있다.

채점 기준	배점(%)
구성하는 원자의 종류와 개수, 기본 단위체의 모양을 모두 옳게 서술한 경우	100
구성하는 원자의 종류와 개수만 옳게 서술한 경우	50
기본 단위체의 모양만 옳게 서술한 경우	50
그 외의 오답	0

20 DNA에서 마주 보는 두 가닥의 염기는 상보결합하므로 A＝T, G＝C이다. 생물 (가)의 DNA에서 아데닌(A)과 ㉠의 비율이 33 %로 같으므로, ㉠은 타이민(T)이고, ㉡은 사이토신(C)이다. A＋G＝T＋C＝50 %이다.

생물	염기의 비율(%)			
	A	G	㉠ T	㉡ C
(가)	33	? 17	33	? 17
(나)	? 28	ⓐ 22	28	22

모범 답안 ▶ (1) ㉠은 타이민(T)이다. 생물 (가)의 DNA에서 아데닌(A)과 ㉠의 비율이 같으므로, 아데닌(A)과 ㉠은 상보결합하는 타이민(T)이라는 것을 알 수 있다.

(2) ⓐ는 22이다. 구아닌(G)과 사이토신(C)은 상보결합하므로, 생물 (나)의 DNA에서 구아닌(G)과 사이토신(C)의 염기 비율은 같다.

	채점 기준	배점(%)
	염기 이름과 판단 까닭을 모두 옳게 서술한 경우	50
(1)	염기 이름과 판단 까닭 중 한 가지만 옳게 서술한 경우	30
	그 외의 오답	0
	숫자와 판단 까닭을 모두 옳게 서술한 경우	50
(2)	숫자와 판단 까닭 중 한 가지만 옳게 서술한 경우	30
	그 외의 오답	0

21 A는 도체이고 B는 부도체이다. 도체는 부도체보다 자유 전자가 많고 전기 저항이 작아 전류가 잘 흐른다.

모범 답안 ▶ A는 자유 전자가 많아 전류가 잘 흐르지만 B는 자유 전자가 거의 없어 전류가 흐르지 않는다.

채점 기준	배점(%)
자유 전자의 이동으로 서술한 경우	100
전기 저항의 차이로 서술한 경우	70
그 외의 오답	0

실전 모의고사 제 2 회

110〜114쪽

1 ⑤	**2** ②	**3** ④	**4** ⑤	**5** ②
6 ②	**7** ⑤	**8** ③	**9** ③	**10** ⑤
11 ②	**12** ④	**13** ④	**14** ③	**15** ④
16 ③				

17 해설 참조　**18** (1) 해설 참조　(2) 해설 참조
19 해설 참조　**20** 해설 참조　**21** 해설 참조

1 ㄱ. 질량이 태양 정도인 별에서 생성되는 가장 무거운 원소는 탄소이다.

ㄴ. 태양은 진화 과정에서 초신성 폭발을 거치지 않는다.

ㄷ. 별의 수명은 질량이 작을수록 길다. 따라서 질량이 태양 정도인 별은 철이 생성될 수 있는 별보다 질량이 작으므로 수명이 길다.

2 ㄷ. 초신성 폭발이 일어날 수 있는 별은 질량이 큰 (나)이다.
바로 알기 | ㄱ. 별의 질량은 (가)가 (나)보다 작다.

ㄴ. 시간이 지나도 (가)는 (나)로 진화하지 않는다.

3 ㄱ. 별의 탄생 과정에서 성운을 수축시키는 힘은 중력이다.

ㄷ. 별이 생성되기 위해서는 원시별의 중심부 온도가 1000만 K에 도달하여 수소 핵융합 반응이 일어나야 한다.
바로 알기 | ㄴ. 수소 핵융합 반응이 일어나지 않으면 별이 탄생하지 못한다.

4 ㄱ, ㄴ. 행성은 태양계 원반을 이루고 있던 입자 및 미행성들이 서로 충돌하고 결합하여 형성되었다.

ㄷ. 행성들은 모두 회전하는 원반에서 생성되었으므로 원시 행성들의 공전 방향은 모두 같았다.

5 ㄷ. 지구에 존재하는 원소는 대부분 태양계 형성 이전에 생성된 원소들이다.
바로 알기 | ㄱ. 지구에 가장 많은 원소는 철이며, 태양계에 가장 많은 원소는 수소이다.

ㄴ. 지구에 존재하는 원소 중 대부분은 태양이 형성되기 전에 다른 별에서 생성된 것이다.

6 ㄴ. 제시된 네 가지 원소는 모두 17족에 속하는 할로젠이므로 원자가 전자 수는 7로 같다.
바로 알기 | ㄱ. 할로젠은 모두 다른 주기에 속하므로 전자가 들어 있는 전자 껍질 수는 모두 다르다.

ㄷ. 제시된 원소의 원자가 전자 수는 7이다. 따라서 18족 원소와 같은 전자 배치를 이루기 위해 같은 원자 2개가 전자를 1개씩 내놓아 공유 결합하여 실온에서 원자 2개가 결합한 이원자 분자로 존재한다.

7 ㄱ. A〜C 중 금속 원소는 C 한 가지이다.

ㄴ. 전자가 들어 있는 전자 껍질 수가 A〜C가 각각 2, 2, 3이다. 따라서 A와 B는 같은 주기 원소이다.

ㄷ. 원자가 전자 수는 A〜C가 각각 7, 6, 1이다. 따라서 원자가 전자 수는 A가 가장 크다.

8 A〜C의 원자 번호가 20 이하이므로 1〜4주기에 속하는 원소이며, 전자 수는 20 이하, 원자가 전자 수는 0〜7이다.

A에서 $\dfrac{\text{원자가 전자 수}}{\text{전자가 들어 있는 전자 껍질 수}}=\dfrac{1}{2}$이므로 A는 2주기 1족 원소 또는 4주기 2족 원소이다.

B에서 $\dfrac{\text{원자가 전자 수}}{\text{전자가 들어 있는 전자 껍질 수}}=2$이다. 이때 전자가 들어 있는 전자 껍질 수가 1이라고 하면 원자가 전자 수는 2가 되는데, 전자가 들어 있는 전자 껍질 수가 1인 1주기 원소 중 원자가 전자 수가 2인 원소는 없다. 따라서 B는 2주기 14

족 원소 또는 3주기 16족 원소이다. 이때 전자 수의 비가 A : B=1 : 2이므로 A는 전자 수가 3인 2주기 1족 원소이며, B는 전자 수가 6인 2주기 14족 원소이다.

C에서 $\dfrac{\text{원자가 전자 수}}{\text{전자가 들어 있는 전자 껍질 수}}=\dfrac{2}{3}$이므로 C는 3주기 2족 원소이다.

ㄱ. A와 B는 2주기 원소이다.

ㄴ. C는 금속 원소이므로 전자를 잃고 양이온이 되기 쉽다.

바로 알기 | ㄷ. 원자가 전자 수는 B가 4이고 C가 2이므로 B가 C의 2배이다.

9 ㄱ. 원자들은 18족 원소와 같은 전자 배치를 이루기 위해 화학 결합을 형성한다. 따라서 ㉠은 '18'이다.

ㄷ. 원자들 사이에 전자쌍을 공유하는 결합은 공유 결합이고, 공유 결합은 비금속 원소들 사이에 형성되는 결합이다.

바로 알기 | ㄴ. 원자들이 화학 결합을 형성할 때 전자가 이동하거나 전자를 공유한다. 따라서 ㉡은 '전자'이다.

10 ㄱ. AB는 양이온과 음이온이 정전기적 인력으로 결합한 물질이므로 이온 결합 물질이다. 따라서 수용액 상태에서 이온들이 자유롭게 이동할 수 있으므로 전기 전도성이 있다.

ㄴ. AB의 화학 결합 모형으로부터 A는 3주기 1족 원소인 나트륨(Na)이며, C_2D의 화학 결합 모형으로부터 C는 1주기 1족 원소인 수소(H)임을 알 수 있다. 따라서 금속 원소인 A와 비금속 원소인 C로 이루어진 AC는 이온 결합 물질이다.

ㄷ. AB의 화학 결합 모형으로부터 B는 2주기 17족 원소인 플루오린(F)이고, C_2D의 화학 결합 모형으로부터 D는 2주기 16족 원소인 산소(O)임을 알 수 있다. 따라서 B의 원자가 전자 수는 7이고, D의 원자가 전자 수는 6이므로 B_2에서 B 원자 사이에 공유하는 전자쌍 수는 1이고, D_2에서 D 원자 사이에 공유하는 전자쌍 수는 2이다.

11 ㄴ. 그림은 각섬석의 결합 구조를 나타낸 것이다. 각섬석은 복사슬 구조를 가지고 있으므로 두 줄의 기둥 모양의 결정 구조를 갖는다.

바로 알기 | ㄱ. 각섬석은 복사슬 구조를 가지고 있으므로 쪼개지는 성질이 있다.

ㄷ. 각섬석에서 Si 원자의 수 : O 원자의 수 = 1 : 2.75이다.

12 단백질과 핵산 둘 다 단위체로 구성된다. 항체의 주성분은 단백질이다. 단백질은 특징 두 가지를 모두 가지므로 물질 A에 해당하고, 핵산은 특징 한 가지를 가지므로 물질 B에 해당한다.

바로 알기 | ㄴ. 단백질(A)에는 펩타이드결합이 있다.

13 DNA와 RNA의 단위체는 뉴클레오타이드이고, 단백질의 단위체는 아미노산이다. (가)는 단위체가 뉴클레오타이드가 아니므로 단백질이다. DNA는 이중나선구조이고, RNA는 단일 가닥 구조이므로 (나)는 DNA이고, (다)는 RNA이다.

14 순수한 반도체는 절대 온도 0 K에서는 자유 전자가 없어 전류가 흐르지 않는다. 순수한 반도체에 불순물 원소를 첨가하여 만든 불순물 반도체를 이용하면 전류가 흐르는 반도체 소자를 만들 수 있다. 순수한 반도체에는 규소, 저마늄 등이 있다.

15 ㄴ. A는 전류가 흐르면 빛을 내는 반도체이다.

ㄷ. 다이오드는 전류를 한 방향으로만 흐르게 하는 성질이 있다.

바로 알기 | ㄱ. 상온에서 반도체의 전기 전도성은 도체보다 좋지 않다. 따라서 도체의 전기 전도도가 반도체보다 크다.

16 ㄱ. 다이오드는 전류를 한 방향으로만 흐르게 한다.

ㄴ. 트랜지스터는 약한 전압이나 전류를 증폭하거나 전류 흐름을 제어하는 기능을 한다.

바로 알기 | ㄷ. 발광 다이오드(LED)는 전류가 흐르면 빛을 낸다.

17 지구 전체가 거의 녹아 있는 마그마의 바다에서 철과 니켈 등의 무거운 물질은 중심부로 가라앉아 핵을 형성하였고, 규소와 산소 등 가벼운 물질은 위로 떠올라 맨틀을 형성하였다.

모범 답안 ▶ 마그마의 바다 상태에서 무거운 물질이 지구 중심부로 가라앉으면서 지구 중심부에 핵이 형성되었고, 가벼운 물질이 위로 떠올라 맨틀을 형성하면서 지구 중심부의 밀도가 증가하였다.

채점 기준	배점(%)
밀도 변화와 까닭을 모두 옳게 서술한 경우	100
밀도 변화와 까닭 중 한 가지만 옳게 서술한 경우	50
그 외의 오답	0

18 공유 결합 물질인 포도당($C_6H_{12}O_6$)은 고체 상태와 수용액 상태에서 모두 전기 전도성이 없고, 이온 결합 물질인 황산 구리(Ⅱ)($CuSO_4$)는 고체 상태에서는 전기 전도성이 없고 수용액 상태에서는 전기 전도성이 있다.

모범 답안 ▶ (1) ㉠은 '없음'이다. 수용액 상태에서 전기 전도성이 있는 B는 이온 결합 물질인 황산 구리(Ⅱ)($CuSO_4$)이다. 황산 구리(Ⅱ)($CuSO_4$)는 고체 상태에서 이온이 자유롭게 이동하지 못하므로 전기 전도성이 없다.

(2) A는 고체 상태와 수용액 상태에서 모두 전기 전도성이 없으므로 공유 결합으로 이루어져 있고, B는 고체 상태에서 전기 전도성이 없고 수용액 상태에서 전기 전도성이 있으므로 이온 결합으로 이루어져 있다.

	채점 기준	배점(%)
(1)	㉠을 옳게 쓰고, 판단 근거를 옳게 서술한 경우	50
	㉠만 옳게 쓴 경우	25
	그 외의 오답	0
(2)	A, B의 화학 결합의 종류를 전기적 성질을 근거로 모두 옳게 서술한 경우	50
	A, B의 화학 결합의 종류만 옳게 서술한 경우	25
	그 외의 오답	0

19 규산염 광물의 기본 구조는 Si-O 사면체이지만, 결합하는 방식에 따라 결합 구조가 다양하다. 이에 따라 다양한 규산염 광물이 생기고, 사면체 사이에 금속 이온이 결합하면 더 다양한 종류가 생긴다.

모범 답안 ▶ Si-O 사면체의 결합 구조가 다양하고, 사면체와 다른 사면체 사이에 결합하는 금속 이온의 종류와 비율에 따라 다양한 규산염 광물이 만들어지기 때문이다.

<table>
<tr><th>채점 기준</th><th>배점(%)</th></tr>
<tr><td>Si−O 사면체의 결합 구조와 결합의 다양성을 모두 옳게 서술한 경우</td><td>100</td></tr>
<tr><td>Si−O 사면체의 결합 구조와 결합의 다양성 중 한 가지만 옳게 서술한 경우</td><td>50</td></tr>
<tr><td>그 외의 오답</td><td>0</td></tr>
</table>

20 DNA를 구성하는 염기는 아데닌(A), 구아닌(G), 타이민(T), 사이토신(C) 4종류이고, 4종류 염기들의 배열 순서에 따라 유전정보가 달라진다.

모범 답안 ▶ 유전정보는 유전자를 이루는 DNA의 염기서열에 저장되어 있다. DNA의 단위체는 뉴클레오타이드인데, DNA의 뉴클레오타이드는 염기(아데닌, 구아닌, 타이민, 사이토신)에 따라 4종류가 있다. 염기가 다른 4종류의 뉴클레오타이드가 다양한 순서로 결합하여 염기서열이 다른 DNA가 만들어지므로 다양한 유전정보를 저장할 수 있다.

<table>
<tr><th>채점 기준</th><th>배점(%)</th></tr>
<tr><td>유전정보를 저장할 수 있는 원리를 단위체 종류와 관련지어 옳게 서술한 경우</td><td>100</td></tr>
<tr><td>유전정보를 저장할 수 있는 원리는 서술하였으나 단위체 종류와 관련짓지 않은 경우</td><td>50</td></tr>
<tr><td>그 외의 오답</td><td>0</td></tr>
</table>

21 태양 전지는 빛에너지를 전기 에너지로, 전광판에서는 전기 에너지를 빛에너지로 바꾼다.

모범 답안 ▶ ㉠에 활용되는 반도체 소자는 빛을 받으면 전류가 흐르는 전기적 성질이 있고, ㉡에 활용되는 반도체 소자는 전류가 흐를 때 빛을 방출하는 전기적 성질이 있다.

<table>
<tr><th>채점 기준</th><th>배점(%)</th></tr>
<tr><td>㉠, ㉡을 모두 옳게 서술한 경우</td><td>100</td></tr>
<tr><td>㉠, ㉡ 중 하나만 옳게 서술한 경우</td><td>50</td></tr>
<tr><td>그 외의 오답</td><td>0</td></tr>
</table>

Ⅲ 시스템과 상호작용

실전 모의고사 제1회 115쪽~120쪽

1 ②	2 ③	3 ④	4 ③	5 ⑤
6 ③	7 ④	8 ③	9 ④	10 ①
11 ④	12 ⑤	13 ④	14 ③	15 ②
16 ⑤	17 ③	18 ②	19 ③	

20 해설 참조 21 해설 참조 22 해설 참조
23 (1) 해설 참조 (2) 해설 참조 24 (1) 해설 참조 (2) 해설 참조
25 (1) 해설 참조 (2) 해설 참조

1 ㄷ. 지표면에서 높이 50 km까지 대기의 평균 분자량이 같으므로 대기의 조성비가 일정하다.

바로 알기 | ㄱ. 높이가 높아짐에 따라 대기의 밀도가 낮아지므로 기압은 급격히 낮아진다.

ㄴ. 높이 20~50 km 구간에서는 위쪽의 기온이 아래쪽의 기온보다 높은 안정한 층이 존재한다. 따라서 공기의 상하 운동이 활발하지 않다.

2 ㄱ, ㄴ. 지권은 생명체에 서식 공간을 제공하며, 생명체의 생명 활동에 필요한 물질을 공급한다.

바로 알기 | ㄷ. 지권은 다른 권역과의 상호작용이 활발하다.

3 ① 대류권인 A층과 혼합층인 a층은 대류가 활발하게 일어나는 층이다.

② 성층권인 B층과 수온 약층인 b층은 아래쪽의 온도가 낮고, 위쪽의 온도가 높아 대류가 일어나기 어려운 안정한 층이다.

③ 중간권인 C층의 기온이 위로 갈수록 낮아지는 까닭은 지표면에서 멀어짐에 따라 지구 복사 에너지가 적게 도달하기 때문이다.

⑤ 기권과 수권의 성층 구조는 연직 온도 분포를 기준으로 구분한 것이다.

바로 알기 | ④ 기권의 열권인 D층은 공기가 희박하여 낮과 밤의 온도 변화가 크지만, 수권의 심해층인 c층은 계절이나 위도에 따른 온도 변화가 거의 없으므로 낮과 밤의 온도 변화도 거의 없다.

4 ㄱ. 태양 에너지는 태양에서 발생하여 외권을 통해 지구로 들어온다.

ㄴ. 지구로 날아오는 태양풍은 주로 외권의 지구 자기장에서 막아준다.

바로 알기 | ㄷ. 외권과 지구 사이에서 에너지의 이동은 비교적 자유롭지만, 물질의 이동은 자유롭지 않다. 따라서 지구시스템의 다른 구성 요소와의 물질 순환은 에너지 순환보다 자유롭지 않다.

5 ㄱ. 증발이 일어날 때 물은 에너지를 흡수하므로 ㉠ 과정에서 에너지를 흡수한다.

ㄴ. 물의 순환 과정에서 에너지의 흐름이 나타나므로 강수 과정인 ㉡ 과정에서도 에너지의 흐름이 나타난다.

ㄷ. 물의 순환은 주로 태양 에너지에 의해 일어난다.

6 ㄱ. 화석 연료의 연소와 화산 분출 과정에서 탄소는 지권에서 기권으로 이동하므로 A와 C 과정으로 대기 중의 탄소량이 증가한다.

ㄴ. 광합성 과정에서 탄소는 기권에서 생물권으로 이동하므로 B 과정은 대기 중의 탄소량을 감소시킨다.

바로 알기 | ㄷ. 탄소는 지권에서 화석 연료의 형태로도 존재하지만, 대부분 석회암(탄산염)으로 존재한다.

7 A 지역은 대륙판과 대륙판이 충돌하여 습곡 산맥이 발달하는 지역이므로 충돌형 경계(ㄷ)이고, B 지역은 해양판과 해양판이 멀어지는 해령이 존재하므로 발산형 경계(ㄱ)이며, C 지역은 해양판이 대륙판 아래로 섭입하는 지역이므로 섭입형 경계(ㄴ)이다.

8 ① 공기 저항을 무시하면 질량에 관계없이 물체의 가속도는 중력 가속도로 같다.

② 처음 속도는 0이고 가속도가 같으므로 깃털과 쇠구슬의 시간에 따른 속력 변화가 같다. 따라서 매 순간 깃털과 쇠구슬의 속력은 서로 같다.

④ 깃털과 쇠구슬의 속력이 매 순간 같으므로 같은 시간 동안 낙하한 거리가 같다.

⑤ 공기 저항이 없으면 깃털은 중력을 받아 자유 낙하 운동을 한다. 이때 중력 방향과 운동 방향이 같으므로 속력이 일정하게 증가한다.

바로 알기 | ③ 중력의 크기는 물체의 질량에 비례하므로 질량이 큰 쇠구슬에 작용하는 중력이 깃털에서보다 크다.

9 ㉠ 일정한 높이에서 수평 방향으로 던진 물체는 연직 방향으로는 자유 낙하 운동을 하므로 던지는 속력에 관계없이 수평면에 도달하는 데 걸린 시간이 같다. 따라서 ㉠은 t이다.

㉡ 일정한 높이에서 수평 방향으로 던진 물체는 수평 방향으로 등속 운동을 하므로 수평면에 도달하는 데 걸린 시간이 같으면 수평 이동 거리는 처음 속력에 비례한다. 따라서 ㉡은 $2R$이다.

10 ㄱ. A, B를 동시에 가만히 놓으면 같은 시간 동안 낙하 거리는 같다. A가 h만큼 낙하할 때 B도 h만큼 낙하하므로 A가 p에 도달하는 순간 B는 지면에 도달한다.

바로 알기 | ㄴ. B가 출발점에서 지면에 도달하는 데 걸린 시간은 A가 출발점에서 p까지 이동하는 데 걸린 시간과 같다. A의 속력은 점점 빨라지므로 같은 거리를 이동하는 데 걸리는 시간은 짧아진다. 즉, 출발점에서 p까지 운동하는 데 걸린 시간보다 p에서 지면까지 운동하는 데 걸린 시간이 짧으므로 출발점에서 지면에 도달하는 데 걸린 시간은 A가 B의 2배보다 작다.

ㄷ. A가 출발점에서 지면까지 이동하는 데 걸린 시간이 p까지 이동하는 데 걸린 시간의 2배보다 작다. 등가속도 운동하는 A의 속력은 시간에 비례하여 일정하게 증가하므로 지면에서 A의 속력은 p에서의 속력의 2배보다 작다.

11 ㄴ. A는 지구로부터 일정한 높이에서 일정한 속력으로 원운동하므로 A와 지구 중심 사이의 거리는 항상 같다. 질량과 거리가 일정하므로 A에 작용하는 중력의 크기는 일정하다.

ㄷ. 중력의 크기는 두 물체 사이의 거리가 가까울수록 크다. B가 낙하할수록 B와 지구 중심 사이의 거리가 감소하므로 중력의 크기는 점점 증가한다.

바로 알기 | ㄱ. A는 지구 중심 방향의 가속도 운동을 한다. 따라서 A의 위치에 따라 가속도 방향이 계속 변한다.

12 ㄱ. A와 B가 충돌할 때 A는 운동 방향과 반대 방향으로 힘을 받아 멈추고, 정지해 있는 B는 A의 운동 방향으로 힘을 받아 운동한다. 따라서 충돌 후 B의 운동 방향은 충돌 전 A의 운동 방향과 같다.

ㄴ. A와 B가 서로 주고받은 힘의 크기는 같고, 충돌 시간도 같으므로 충격량의 크기도 같다.

ㄷ. A는 충돌 후 멈추므로 A가 받은 충격량의 크기는 충돌 전 A의 운동량의 크기와 같다. 한편 B는 정지해 있다가 운동하므로 B가 받은 충격량의 크기는 충돌 후 B의 운동량의 크기와 같다. A와 B가 서로에게 작용하는 충격량의 크기가 같으므로 충돌 후 B의 운동량도 충돌 전 A의 운동량과 같고, A, B의 질량이 같으므로 충돌 후 B의 속력은 충돌 전 A의 속력과 같다.

13 충돌 전 A의 운동량의 크기는 $2\,kg \times 5\,m/s = 10\,kg \cdot m/s$이고 운동 방향과 반대 방향으로 $4\,N \cdot s$의 충격량을 받으므로 충돌 후 운동량은 $10\,kg \cdot m/s - 4\,kg \cdot m/s = 6\,kg \cdot m/s$이다. 따라서 충돌 후 A의 속력은 $\dfrac{6\,kg \cdot m/s}{2\,kg} = 3\,m/s$이고, B의 속력은 $1\,m/s$이다. B가 받은 충격량의 크기가 $4\,N \cdot s$이므로 B의 질량은 $\dfrac{4\,kg \cdot m/s}{1\,m/s} = 4\,kg$이다.

14 A는 핵, B는 마이토콘드리아, C는 소포체이다.

바로 알기 | ㄷ. 소포체(C)는 라이보솜에서 합성한 단백질을 골지체나 세포의 다른 부위로 운반하는 데 관여한다.

15 A는 인지질 2중층을 통한 확산으로 산소나 이산화 탄소 같이 크기가 매우 작은 기체 분자나 지용성 물질이 직접 통과한다. B는 막단백질을 통한 확산으로 이온과 같이 전하를 띤 물질이나 포도당, 아미노산과 같이 크기가 큰 물질이 막단백질을 통해 통과한다.

바로 알기 | ㄱ. A의 예는 I, B의 예는 II이다.

ㄴ. A와 B는 모두 물질이 고농도에서 저농도로 이동하고 있으므로 에너지가 소모되지 않는 확산이다.

16 ㄱ. ㉠은 O_2, ㉡은 CO_2이다.

ㄴ. 생명체에서 일어나는 모든 화학 반응에는 효소가 관여한다.

ㄷ. 세포호흡은 고분자인 포도당을 저분자인 H_2O과 CO_2로 분해하며, 에너지가 방출되는 반응이다.

17 ㄱ. ㉠은 카탈레이스가 없을 때, ㉡은 카탈레이스가 있을 때의 에너지 변화이다.

ㄷ. 과산화 수소 분해 반응은 카탈레이스가 있을 때 활성화 에너지가 낮아져 더 빠르게 일어날 수 있다.

바로 알기 | ㄴ. 카탈레이스가 있을 때 활성화에너지는 B이다. C는 반응열로 반응물의 에너지와 생성물의 에너지의 차이이므로 효소의 유무에 관계없이 일정하다.

18 유전자(멜라닌 합성효소 유전자)의 유전정보에 따라 단백질(멜라닌 합성효소)이 합성되고, 이 단백질의 작용으로 유전형질(당나귀 털색)이 나타난다.

바로 알기 | ② 멜라닌 합성효소는 단백질로, 단백질이 합성되는 장소는 세포질의 라이보솜이다.

19 DNA의 마주 보는 두 가닥의 염기는 상보결합하므로, 사이토신(C)과 상보결합하는 ㉢은 구아닌(G)이고, 타이민(T)과 상보결합하는 ㉡은 아데닌(A)이다. 그리고 DNA의 아데닌(A)은 RNA의 유라실(U)로 전사되므로 ㉠은 유라실(U)이다. DNA 두 가닥 중 한 가닥을 원본으로 하여 상보적인 염기서열을 갖는 RNA가 전사되므로, RNA와 상보적인 염기서열을 갖는 DNA 가닥 Ⅱ가 전사에 사용된 가닥이다.

바로 알기 | ㄱ. ㉠은 유라실(U)이다.

ㄴ. (가)는 전사이고, 핵 속에서 일어난다.

20 식물은 광합성 과정에서 태양 에너지를 화학 에너지로 전환하여 유기물로 저장한다. 저장된 유기물이 화석 연료로 변하면서 생물권에 있던 에너지는 지권으로 이동한다.

모범 답안 ▶ 외권으로 들어온 태양 에너지는 광합성 과정을 통해 화학 에너지의 형태로 생물권에 저장되었다가 화석 연료의 생성 과정을 통해 지권으로 이동한다.

채점 기준	배점(%)
지구시스템의 구성 요소와 에너지의 이동을 모두 옳게 서술한 경우	100
지구시스템의 구성 요소와 에너지의 이동 중 일부만 옳게 서술한 경우	50
그 외의 오답	0

21 수평으로 던진 물체는 수평 방향으로는 등속 운동, 연직 방향으로는 자유 낙하 운동을 한다.

모범 답안 ▶ q에서 물체의 속력은 $\frac{10\,\mathrm{m}}{2\,\mathrm{s}}=5\,\mathrm{m/s}$이다. 물체가 q에서 r까지 이동하는 데 걸린 시간을 t라고 하면 지면에 도달하기 직전 물체의 연직 방향 속력은 $10t$이고, 평균 속력은 $5t$이다. 따라서 낙하 거리는 평균 속력×시간$=5t \times t=5t^2$이다. 이 시간 동안 물체의 수평 이동 거리는 $5t$이므로 $5t^2=5t$에서 $t=1$초이다. 따라서 q에서 r까지 수평 거리는 $5\,\mathrm{m}$이다.

채점 기준	배점(%)
연직 방향 운동과 수평 방향 운동을 이용하여 거리를 옳게 구한 경우	100
연직 방향으로 자유 낙하 운동하고 수평 방향으로 등속 운동을 한다고 하였으나 거리를 구하지 못한 경우	70
q에서의 속력만 옳게 구한 경우	30
그 외의 오답	0

22 **모범 답안** ▶ 종이 위에 동전을 놓고 종이를 빠르게 당기면 동전이 따라오지 않고 제자리에 있다. / 막대기로 이불을 털면 먼지가 떨어진다. / 달리던 버스가 갑자기 멈추면 사람들이 앞으로 쏠린다. / 걷다가 돌부리에 발이 걸리면 몸이 앞으로 쏠린다. 등

채점 기준	배점(%)
관성이 적용되는 예를 두 가지 제시하여 서술한 경우	100
관성이 적용되는 예를 한 가지만 제시하여 서술한 경우	50
그 외의 오답	0

23 세포를 둘러싸고 있는 수용액의 농도가 세포 안의 농도와 다르면 삼투에 의해 세포 안팎으로 물이 이동하여 세포의 부피와 모양이 달라질 수 있다.

모범 답안 ▶ (1) 물

(2) (가)는 적혈구를 소금물에 넣었을 때 소금물보다 농도가 낮은 적혈구에 있는 물이 소금물 쪽으로 이동하여 적혈구의 부피가 줄어든 것이고, (나)는 적혈구를 증류수에 넣었을 때 적혈구보다 농도가 낮은 증류수에서 적혈구 쪽으로 물이 이동하여 적혈구의 부피가 점점 증가하다가 터지는 것을 나타낸 것이다. 이것은 농도 차이가 나는 두 용액 사이에서 물이 농도가 낮은 쪽에서 높은 쪽으로 이동하는 삼투로 인해 나타나는 현상이다.

	채점 기준	배점(%)
(1)	(가)와 (나)에서 이동하는 물질을 모두 옳게 쓴 경우	30
	(가)와 (나)에서 이동하는 물질을 한 가지만 옳게 쓴 경우	15
	그 외의 오답	0
(2)	(가)와 (나)에서 물질의 이동 방향과 이동 원리를 모두 옳게 서술한 경우	70
	(가)와 (나)에서 물질의 이동 방향과 이동 원리를 한 가지만 옳게 서술한 경우	30
	그 외의 오답	0

24 그림은 동화작용에서 효소가 없을 때와 효소가 있을 때의 에너지 변화를 나타낸 것이다. 동화작용에서는 에너지가 흡수되어 생성물에 저장되므로 생성물의 에너지가 반응물의 에너지보다 높다.

모범 답안 ▶ (1) 반응물보다 생성물의 에너지양이 높은 것으로 보아 저분자 물질로 고분자 물질을 합성하는 반응이며, 에너지를 흡수한다.

(2) ㉡. 효소는 활성화에너지를 낮추기 때문에 활성화에너지가 높은 ㉠이 효소가 없을 때의 반응이고, 활성화에너지가 낮은 ㉡이 효소가 있을 때의 반응이다.

	채점 기준	배점(%)
(1)	에너지의 이동을 옳게 쓰고, 그렇게 판단한 까닭도 옳게 서술한 경우	50
	에너지의 이동과 그렇게 판단한 까닭 중 한 가지만 옳게 서술한 경우	30
	그 외의 오답	0
(2)	화학 반응 그래프를 옳게 고르고, 그렇게 판단한 까닭도 옳게 서술한 경우	50
	화학 반응 그래프와 그렇게 판단한 까닭 중 한 가지만 옳게 서술한 경우	30
	그 외의 오답	0

25 코돈은 RNA의 연속된 3개의 염기이므로 아미노산 ⓐ를 지정하는 코돈은 UCA, 아미노산 ⓑ를 지정하는 코돈은 ACU, 아미노산 ⓒ를 지정하는 코돈은 GAU이다.

모범 답안 ▶ (1) ACU

(2) ㉠ 부분의 염기가 G에서 C으로 바뀌면 DNA의 두 번째 3염기조합이 TCA가 되며, 그로부터 전사된 RNA의 코돈이 AGU가 된다. AGU가 지정하는 아미노산은 세린이다. 따라서 ㉠ 부분의 염기 G이 C으로 바뀌었을 때 아미노산 ⓑ는 세린이다.

	채점 기준	배점(%)
(1)	아미노산 ⓑ을 지정하는 코돈의 염기서열을 옳게 쓴 경우	30
	그 외의 오답	0
(2)	지정되는 아미노산과 그 까닭을 모두 옳게 서술한 경우	70
	지정되는 아미노산은 옳게 썼지만 그 까닭은 서술하지 않은 경우	40
	그 외의 오답	0

실전 모의고사 제 2 회

121~126쪽

1 ④	2 ②	3 ③	4 ①	5 ②
6 ⑤	7 ②	8 ②	9 ①	10 ①
11 ⑤	12 ①	13 ②	14 ⑤	15 ③
16 ④	17 ⑤	18 ③	19 ③	
20 해설 참조	21 해설 참조	22 해설 참조	23 해설 참조	
24 (1) 해설 참조 (2) 해설 참조				

1 ㄴ. 맨틀은 지권 전체 부피의 약 80 % 이상을 차지하므로 지권에서 가장 큰 부피를 차지하는 층이다.

ㄷ. 지구 자기장은 지권의 외핵에서 철과 니켈의 대류로 생성된다.

바로 알기 ㅣ ㄱ. 지구 표면에서 바다가 차지하는 비율이 대륙이 차지하는 비율보다 크므로 해양 지각이 대륙 지각보다 넓은 면적을 차지한다.

2 ㄴ. 탄소가 생물권에서 기권으로 이동하는 과정인 B와 탄소가 지권에서 기권으로 이동하는 과정인 C가 활발해지면 기권의 탄소량이 증가하므로 지구 온난화 현상이 심해진다.

바로 알기 ㅣ ㄱ. 호흡 작용으로 탄소가 생물권에서 기권으로 이동하므로 호흡 작용은 B에 해당한다.

ㄷ. D는 탄소가 생물권에서 지권으로 이동하는 과정이다. 석회암의 형성이나 화석 연료의 생성은 시간이 오래 걸리지만, 지금도 일어나고 있으므로 D 과정에 의한 탄소의 이동은 최근에도 일어나고 있다.

3 ㄷ. 생물권은 생물권이 존재하는 모든 권역과 활발하게 상호작용한다.

바로 알기 ㅣ ㄱ. 기권에서 생물권이 서식하는 부분은 기상 현상으로 물이 공급되는 대류권이다. 자외선을 차단하는 오존층이 존재하는 높이 이상에서는 자외선으로 인해 생명체의 생명 활동이 유지되기 어렵다.

ㄴ. 수권에서 생물권은 혼합층에 가장 많지만, 수온 약층이나 심해층에도 분포한다.

4 (가) 물의 순환으로 기상 현상을 나타나게 하는 에너지원은 태양 에너지이고, (나) 지진으로 산사태를 발생하게 하는 에너지원은 지구 내부 에너지이며, (다) 우리나라 서해안에서 밀물과 썰물을 일으키는 에너지원은 조력 에너지이다.

5 ㄴ. 물의 순환 과정에서 지표수와 지하수의 이동은 지표의 변화를 일으킨다.

바로 알기 ㅣ ㄱ. 지구 전체에서 증발량은 $(14+86)=100$단위이고, 강수량은 $(2+A+66)$단위이다. 지구 전체에서 증발량과 강수량은 같으므로 증발량 : 강수량$=100 : A+68$이므로 $A=32$단위이다.

ㄷ. 지구시스템에서 물의 순환을 일으키는 에너지원은 태양 에너지이다.

6 ㄱ. 화산 가스의 분출은 지권과 기권의 상호작용이므로 A에 해당한다.

ㄴ. 태풍의 발생은 수권과 기권의 상호작용이므로 B에 해당한다.

ㄷ. 빙하의 이동은 수권과 지권의 상호작용이므로 C에 해당한다.

7 (가)는 해양판이 대륙판 아래로 섭입하는 섭입형 경계이며, (나)는 대륙판과 대륙판이 충돌하는 충돌형 경계이다.

ㄷ. 화산 활동은 섭입형 경계에서 활발하지만, 충돌형 경계에서는 활발하지 않다. 따라서 화산 활동은 (가)가 (나)보다 활발하다.

바로 알기 ㅣ ㄱ. 호상열도는 화산 활동이 바다에서 일어날 때 형성된다. (가)에서는 대륙의 산맥에서 화산 활동이 일어난다.

ㄴ. 안데스산맥은 해양판이 대륙판 아래로 섭입하는 곳에서 생성된 산맥이므로 (가)에 해당한다.

8 물체는 0~1초 동안에는 속력이 일정하게 증가하는 등가속도 운동, 1~3초 동안에는 등속 운동, 3~4초 동안에는 속력이 일정하게 감소하는 등가속도 운동을 한다.

ㄴ. 1~3초 동안 물체는 등속 운동을 하므로 물체의 이동 거리는 시간에 비례하여 일정하게 증가한다.

ㄷ. 운동량의 크기는 질량과 속력의 곱이므로 물체의 운동량은 $2\,kg \times 4\,m/s = 8\,kg \cdot m/s$이다.

바로 알기 ㅣ ㄱ. 속력 – 시간 그래프에서 기울기는 가속도와 같다. 물체의 가속도의 크기는 0~1초 동안과 3~4초 동안이 서로 같다.

ㄹ. 속력 – 시간 그래프에서 그래프 아랫부분의 넓이는 이동 거리와 같으므로 0~4초 동안 물체의 전체 이동 거리는

$\dfrac{(2+4)\,s}{2}\times4\ \mathrm{m/s}=12\ \mathrm{m}$이다. 따라서 물체의 평균 속력은 $\dfrac{12\ \mathrm{m}}{4\ \mathrm{s}}=3\ \mathrm{m/s}$이다.

9 가속도는 단위 시간당 속도 변화량이다. 정지 상태에서 출발한 물체의 가속도가 g일 때 시간 t에서 속력은 gt이고, 등가속도 운동하는 물체의 평균 속력은 $\dfrac{\text{처음 속력}+\text{나중 속력})}{2}$이다. q에서 물체의 속력이 gt이므로 p에서 q까지 평균 속력은 $\dfrac{0+gt}{2}=\dfrac{1}{2}gt$이고 p에서 q까지 거리는 평균 속력×시간 $=\dfrac{1}{2}gt\times t=\dfrac{1}{2}gt^2$이다. 한편 r에서 속력이 v이므로 p에서 r까지 평균 속력은 $\dfrac{0+v}{2}=\dfrac{1}{2}v$이고, p에서 r까지 이동하는 데 걸린 시간은 $\dfrac{v}{g}$이므로 p에서 r까지 거리는 $\dfrac{v}{2}\times\dfrac{v}{g}=\dfrac{v^2}{2g}$이다. 따라서 q와 r 사이의 거리는 $\dfrac{v^2}{2g}-\dfrac{gt^2}{2}$이다.

10 ㄱ. 쇠구슬은 수평 방향으로 등속 운동을 한다. 수평 방향 구간 거리가 (다)에서가 (나)에서의 2배이므로 처음 속력은 (다)에서가 (나)에서의 2배이다.

바로 알기 | ㄴ. 지표면에서 중력을 받아 운동하는 물체의 가속도는 중력 가속도로 일정하다.

ㄷ. 수평 방향의 속력과 관계없이 연직 방향으로는 자유 낙하 운동을 하므로 ㉠은 0.15이다.

11 ㄱ. A와 B는 연직 방향으로 자유 낙하 운동을 하므로 매 순간 높이가 같다. 따라서 P를 동시에 통과한다.

ㄴ. 낙하하는 동안 A, B의 가속도는 모두 중력 가속도이다.

ㄷ. 수평면에 닿기 직전 A, B의 연직 방향의 속력은 같다. 그러나 B는 수평 방향 속력이 있으므로 수평면에 닿기 직전 속력은 B가 A보다 크다.

12 ㄱ. 공의 처음 운동 방향을 (+)이라고 하면 발로 찬 후 공은 처음 운동 방향과 반대 방향으로 운동하므로 운동량은 (−)의 값을 가진다. 따라서 공의 운동량 변화량은 $0.2\ \mathrm{kg}\times\{-5\ \mathrm{m/s}-(+10\ \mathrm{m/s})\}=-3\ \mathrm{kg\cdot m/s}$이다. 공에 힘이 작용한 시간이 0.1초이므로 공이 받은 평균 힘의 크기는 $\dfrac{3\ \mathrm{N\cdot s}}{0.1\ \mathrm{s}}=30\ \mathrm{N}$이다.

바로 알기 | ㄴ. 공의 운동량 변화량의 크기는 충격량의 크기와 같으므로 $3\ \mathrm{kg\cdot m/s}$이다.

ㄷ. 발이 공으로부터 받은 충격량과 공이 발로부터 받은 충격량의 크기는 같다.

13 C: 안전띠는 자동차가 충돌하여 멈출 때 관성에 의해 사람의 몸이 앞으로 튀어 나가는 것을 막아 준다.

바로 알기 | A: 범퍼는 적당한 강도로 만들어야 충돌할 때 찌그러지면서 충돌 시간이 길어진다. 충돌 시간이 길어지면 사람이 받는 힘의 크기를 줄일 수 있다.

B: 에어백은 사람의 몸이 차 내부에 부딪칠 때 힘을 받는 시간을 길게 하여 사람이 받는 힘의 크기를 줄여 준다.

14 A − 엽록체: 광합성이 일어나 빛에너지를 화학 에너지로 전환하여 포도당에 저장한다.

B − 라이보솜: DNA에 저장된 유전정보에 따라 단백질을 합성한다.

C − 마이토콘드리아: 세포호흡이 일어나 세포의 생명활동에 필요한 에너지를 생산한다. 동식물 세포 모두에 들어 있다.

15 세포막을 경계로 농도가 높은 쪽에서 낮은 쪽으로 물질이 확산한다. (가)는 막단백질을 통한 확산으로 이온과 같이 전하를 띤 물질이나 포도당, 아미노산과 같이 크기가 큰 물질이 막단백질을 통해 세포막을 통과한다. (나)는 인지질 2중층을 통한 확산으로 산소나 이산화 탄소 같이 크기가 매우 작은 기체 분자, 지용성 물질이 직접 세포막을 통과한다.

바로 알기 | ㄷ. Na^+은 막단백질을 통해 세포막을 통과할 수 있다.

16 Ⅰ은 광합성, Ⅱ는 세포호흡이다. 광합성은 작은 분자를 큰 분자로 합성하는 동화작용으로 에너지가 흡수된다. 세포호흡은 큰 분자가 작은 분자로 분해되는 이화작용으로 에너지가 방출된다.

바로 알기 | ㄱ. 광합성은 엽록체에서 일어나는 물질대사이다.

17 생간 조각과 감자 조각에는 과산화 수소 분해 반응을 촉진하는 효소인 카탈레이스가 들어 있다. 생간 조각과 감자 조각을 과산화 수소수에 넣으면 카탈레이스에 의해 과산화 수소가 빠르게 분해되어 산소가 활발히 발생한다.

ㄱ. 시험관 Ⅱ는 과산화 수소 분해 반응에 효소가 작용하고 있기 때문에 효소가 없이 과산화 수소 분해 반응이 일어나는 Ⅰ보다 분해 반응이 빠르게 일어난다.

ㄴ. 시험관 Ⅱ와 Ⅲ은 효소인 카탈레이스가 작용하므로 효소가 없는 시험관 Ⅰ보다 활성화에너지가 낮다.

ㄷ. 효소에 의해 과산화 수소가 빠르게 분해되어 산소가 활발히 발생하므로 꺼져 가는 불씨를 대면 불씨가 다시 살아난다.

18 옳은 내용을 발표한 학생은 A, B, D로 3명이다. 하나의 DNA에는 여러 개의 유전자가 있다. 유전부호 체계는 거의 모든 생물에서 동일하다. 사람과 세균도 유전부호 체계가 같아 사람의 유전자를 세균의 DNA에 넣었을 때 세균에서 형질로 발현될 수 있다.

19 (나)에서 ㉠은 전사, ㉡은 번역, ⓐ는 RNA이다.

세포질의 라이보솜에서 일어나는 번역 과정에서는 RNA의 코돈이 지정하는 아미노산이 차례대로 펩타이드결합으로 연결되어 폴리펩타이드가 합성된다.

바로 알기 | ① ⓐ(RNA)는 단일 가닥 구조이다.

② ㉠(전사)은 핵(A)에서, ㉡(번역)은 세포질의 라이보솜(B)에서 일어난다.

④ 번역 과정에서 연속된 3개의 염기(코돈)가 하나의 아미노산을 지정한다.

⑤ DNA를 구성하는 염기의 비율이 같더라도 염기의 배열 순서에 따라 저장된 유전정보가 달라진다.

20 기권의 성층권과 수권의 수온 약층은 위로 갈수록 온도가 높아지는 층이므로 아래쪽의 밀도가 크고, 위쪽의 밀도가 작아 대류가 일어나기 어렵다.

모범 답안 ▶ B와 F. 아래쪽의 온도가 낮고, 위로 갈수록 온도가 높아지는 안정한 상태이기 때문이다.

채점 기준	배점(%)
(가)와 (나)에서 안정한 층과 그 까닭을 모두 옳게 서술한 경우	100
(가)와 (나)에서 안정한 층과 그 까닭 중 한 가지만 옳게 서술한 경우	50
그 외의 오답	0

21 우주 정거장은 매우 빠른 속력으로 지구 주위를 돌고 있다. 우주 정거장에 있던 망치는 우주 정거장과 함께 원운동을 하므로 망치는 수평 방향의 속력이 있다.

모범 답안 ▶ 우주인이 망치를 놓아도 망치는 수평 방향의 속력이 있으므로 지구 표면으로 떨어지지 않고 우주 정거장과 함께 일정한 속력으로 원운동을 한다.

채점 기준	배점(%)
망치의 운동을 옳게 예상하고 그렇게 생각한 까닭을 옳게 서술한 경우	100
망치의 운동만 옳게 예상한 경우	40
그 외의 오답	0

22 A와 B는 서로 힘을 주고받으므로 A, B가 받은 충격량은 크기가 서로 같고 방향이 반대이다.

모범 답안 ▶ B의 처음 운동량은 80 kg·m/s이고 나중 운동량은 200 kg·m/s이므로 B의 운동량 변화량은 120 kg·m/s이다. 따라서 B가 받은 충격량은 처음 운동 방향으로 120 N·s이다. A는 운동 방향과 반대 방향으로 120 N·s의 충격량을 받으므로 $60 \, \text{kg} \times (v-6) \, \text{m/s} = -120 \, \text{kg} \cdot \text{m/s}$에서 $v=4 \, \text{m/s}$이다.

채점 기준	배점(%)
제시어를 모두 사용하여 v를 옳게 구한 경우	100
제시어 중 일부를 누락하고 v를 옳게 구한 경우	70
풀이 과정을 옳게 설명하였으나 v만 구하지 못한 경우	30
그 외의 오답	0

23 산소나 이산화 탄소와 같이 크기가 매우 작은 기체 분자, 지용성 물질은 인지질 2중층을 직접 통과하여 확산한다.

모범 답안 ▶ 산소와 이산화 탄소는 인지질 2중층을 직접 투과할 수 있다. 따라서 농도가 높은 쪽에서 낮은 쪽으로 허파꽈리의 세포막 인지질 2중층을 직접 통과하여 확산한다.

채점 기준	배점(%)
산소와 이산화 탄소가 세포막으로 이동하는 확산 방식과 농도에 따른 이동 방향을 모두 옳게 서술한 경우	100
산소와 이산화 탄소가 세포막으로 이동하는 확산 방식만 서술한 경우	50
그 외의 오답	0

24 ㉠은 유라실(U), ㉡은 사이토신(C), ㉢은 타이민(T)이다. 유라실(U)은 RNA에만 있으므로 Ⅲ이 전사된 RNA이다.

모범 답안 ▶ (1) ㉠은 유라실이다. ㉠은 Ⅲ에만 있고, 유라실(U)은 이중 가닥인 DNA의 각 가닥에는 없고 RNA에만 있기 때문이다.
(2) 전사에 사용된 DNA 가닥은 Ⅱ이다. ㉠이 유라실(U)이므로 전사된 RNA는 Ⅲ인데, Ⅲ에서 ㉠(U)의 비율이 15 %이므로 전사에 사용된 DNA 가닥에서 아데닌(A)의 비율이 15 %이어야 한다. 따라서 아데닌(A)의 비율이 15 %인 가닥 Ⅱ가 전사에 사용된 가닥임을 알 수 있다.

	채점 기준	배점(%)
(1)	염기 이름과 그렇게 판단한 까닭을 모두 옳게 서술한 경우	50
	염기 이름과 그렇게 판단한 까닭 중 한 가지만 옳게 서술한 경우	30
	그 외의 오답	0
(2)	DNA 가닥 종류와 그렇게 판단한 까닭을 모두 옳게 서술한 경우	50
	DNA 가닥 종류와 그렇게 판단한 까닭 중 한 가지만 옳게 서술한 경우	30
	그 외의 오답	0

MEMO

TOP TIER

내신 탑티어는
내신의 TOP을 찍을 수 있도록
여러분의 과학을 응원합니다.

TOP TIER

HIGH TOP

내신 탑티어

고등학교
통합과학 1

하이탑	중학	과학 1, 2, 3
	고등	**22개정** 통합과학1, 통합과학2, 물리학, 화학, 생명과학, 지구과학
		15개정 물리학Ⅰ, 물리학Ⅱ, 화학Ⅰ, 화학Ⅱ, 생명과학Ⅰ, 생명과학Ⅱ, 지구과학Ⅰ, 지구과학Ⅱ
내신 탑티어	중학	과학 1~3학년 1·2학기
	고등	**22개정** 통합과학1, 통합과학2

동아출판

Telephone 1644-0600
Homepage www.bookdonga.com
Address 서울시 영등포구 은행로 30 (우 07242)

- 정답과 해설은 동아출판 홈페이지 내 학습자료실에서 내려받을 수 있습니다.
- 교재에서 발견된 오류는 동아출판 홈페이지 내 정오표에서 확인 가능하며, 잘못 만들어진 책은 구입처에서 교환해 드립니다.
- 학습 상담, 제안 사항, 오류 신고 등 어떠한 이야기라도 들려주세요.

TOP TIER

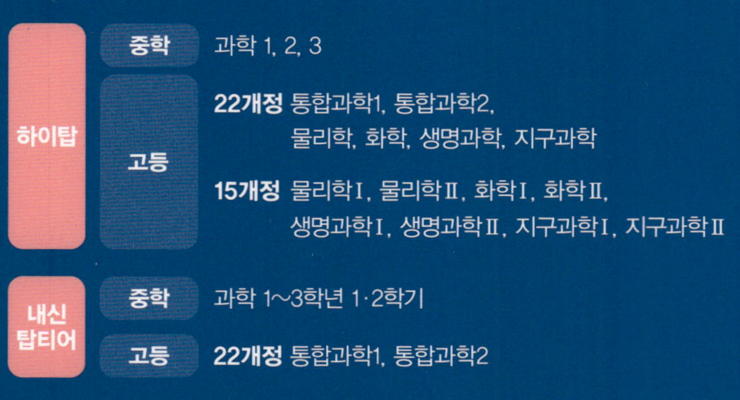

HIGH TOP

내신 탑티어

고등학교 **통합과학 1**

하이탑	중학	과학 1, 2, 3
	고등	**22개정** 통합과학1, 통합과학2, 물리학, 화학, 생명과학, 지구과학
		15개정 물리학Ⅰ, 물리학Ⅱ, 화학Ⅰ, 화학Ⅱ, 생명과학Ⅰ, 생명과학Ⅱ, 지구과학Ⅰ, 지구과학Ⅱ
내신 탑티어	중학	과학 1~3학년 1·2학기
	고등	**22개정** 통합과학1, 통합과학2

ISBN 978-89-00-48136-5

정가 20,000원

동아출판

Telephone 1644-0600
Homepage www.bookdonga.com
Address 서울시 영등포구 은행로 30 (우 07242)

- 정답과 해설은 동아출판 홈페이지 내 학습자료실에서 내려받을 수 있습니다.
- 교재에서 발견된 오류는 동아출판 홈페이지 내 정오표에서 확인 가능하며, 잘못 만들어진 책은 구입처에서 교환해 드립니다.
- 학습 상담, 제안 사항, 오류 신고 등 어떠한 이야기라도 들려주세요.

01 과학의 기본량

핵심 기출 ❶ 시간과 공간

• 자연 세계

구분	미시 세계	거시 세계
의미	아주 작은 물체나 현상을 다루는 세계	큰 물체나 현상을 다루는 세계
예	원자, 분자, 이온 등	사람, 태풍, 태양계 등

• 규모: 어떤 자연 형상의 크기 범위 ➡ 자연 현상은 시간 규모와 공간 규모가 다양하다.

핵심 기출 ❷ 시간과 공간의 측정

		태양의 위치나 달의 모양 변화 이용
시간	과거	천문학적 현상을 이용하여 측정
	현재	정밀하게 시간을 측정하기 위해 세슘 원자시계 이용
길이	과거	눈으로 보이는 움직임이나 도구를 이용하여 측정 — 낙타 걸음, 손가락 마디의 길이 등 이용
	현재	• 정밀한 자, 전자 현미경으로 작은 물체의 길이 측정 • 레이저 빛이 왕복한 시간으로 정밀한 길이 측정 • 위성 위치 확인 시스템(GPS)으로 넓은 영역에서의 이동 거리 측정

핵심 기출 ❸ 기본량과 단위

• 기본량: 물리량에서 가장 기본이 되는 양으로 다른 물리량으로 바꿔서 사용할 수 없는 고유한 양

국제단위계에 따른 7개의 기본량과 기본단위이다.

시간	길이	질량	전류	온도	광도	물질량

s	**m**	**kg**	**A**	**K**	**cd**	**mol**
(초)	(미터)	(킬로그램)	(암페어)	(켈빈)	(칸델라)	(몰)

• 유도량: 기본량을 조합해 유도하는 물리량

유도량	단위	유도량	단위	유도량	단위	유도량	단위
넓이	m^2	속력	m/s	힘	$kg \cdot m/s^2$	압력	$kg/m \cdot s^2$
부피	m^3	가속도	m/s^2	밀도	kg/m^3	농도	mol/m^3

02 측정 표준과 정보

핵심 기출 ❶ 측정과 측정 표준

- **측정**: 어떠한 양을 재는 활동 ➡ 어떤 대상의 물리량을 기준이 되는 양과 비교하여 수치와 단위로 값을 나타내는 것
- **어림**: 어떠한 양을 추정하는 활동 ➡ 현재 알고 있는 정보를 이용해 그 양을 대략 가늠하는 것
- **측정 표준**: 어떠한 양을 측정하는 기준으로 쓰기 위하여 단위를 정의하고, 이를 재현하는 측정 기기, 측정 방법, 체계를 정한 것
  예 길이의 기본 단위를 1 m로 정의하고, 이를 기준으로 하여 측정한 물체의 길이를 숫자와 단위로 나타낸다.

핵심 기출 ❷ 신호와 정보

구분	신호	정보
의미	인간을 둘러싼 자연의 변화가 전달되는 것	자연의 신호를 측정하고 분석하여 만든 유의미한 형태
예	지구 내부에서 발생하는 지진파 측정 및 분석 →	지구 내부 구조나 지구 내부에서 일어나는 변화 파악

- **센서**: 자연계의 아날로그 신호를 받아들여 전기 신호로 바꾸어 주는 장치
  예 광센서, 화학 센서, 가속도 센서, 압력 센서, 음향 센서, 온도 센서, 힘 센서 등

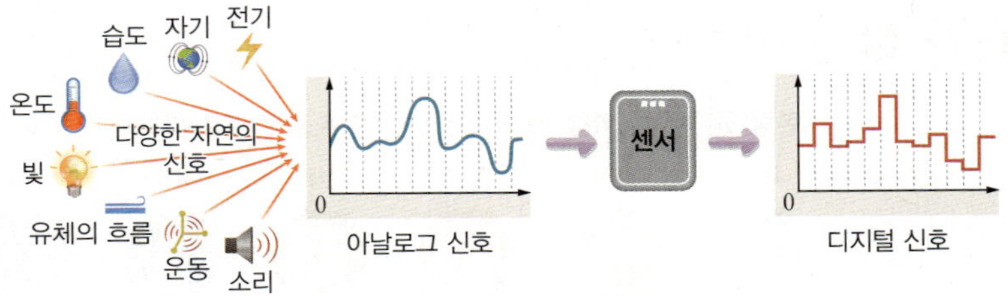

핵심 기출 ❸ 디지털 정보와 현대 문명

- **정보 처리 시스템 과정**: 발생된 아날로그 신호는 센서를 거쳐 디지털 신호로 변환되어 인류에게 유용한 정보가 된다.
- **디지털 정보의 장점**
  - 저장과 분석이 쉽다.
  - 전송하기 쉽고 손상이 적어 정보 통신에 활용된다.

03 우주 초기에 형성된 원소

핵심 기출 ❶ 스펙트럼의 종류

연속 스펙트럼	고온의 광원에서 관측되는 스펙트럼으로, 모든 파장에서 연속적인 색이 나타남.
흡수 스펙트럼	연속 스펙트럼을 배경으로 검은색 흡수선이 나타나는 스펙트럼 ↳ 별빛이 저온의 기체를 통과할 때 특정한 파장의 빛이 흡수됨.
방출 스펙트럼	검은 바탕에 몇 개의 밝은 방출선이 나타나는 스펙트럼 ↳ 고온의 기체를 구성하는 원소가 특정 파장의 빛을 방출할 때 나타남.

핵심 기출 ❷ 스펙트럼의 이용

원소의 구별	원소마다 방출선이 나타나는 위치, 굵기, 개수가 다르므로 스펙트럼을 관찰하면 원소의 종류 구별 가능
별의 구성 원소	별빛의 스펙트럼을 원소의 스펙트럼과 비교하면 별의 구성 원소 파악 가능
천체의 스펙트럼 관측	스펙트럼에 나타난 흡수선이나 방출선의 세기를 분석하면 별을 구성하는 원소들의 질량비를 알 수 있음.

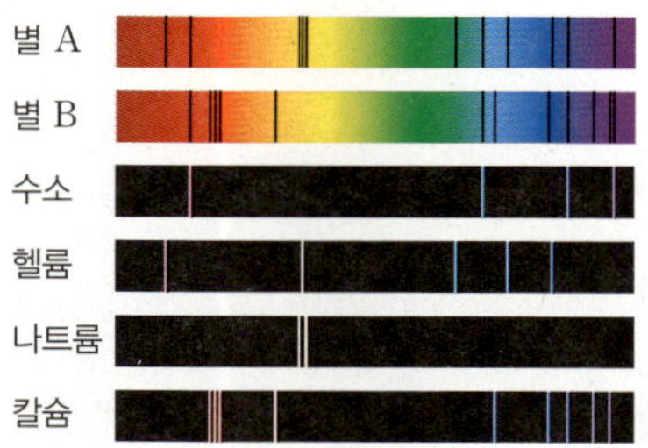

- 별과 원소의 스펙트럼을 비교하면 별 A에는 수소와 헬륨, 나트륨이 존재하고, 별 B에는 수소와 칼슘이 존재함. → 수소는 별 A와 B에 모두 존재
- 각 원소의 스펙트럼에 나타난 방출선과 같은 위치에 있는 별 A와 B의 스펙트럼에 나타난 흡수선을 찾으면 별 A와 B의 구성 원소를 알 수 있음.

핵심 기출 ❸ 물질을 구성하는 입자

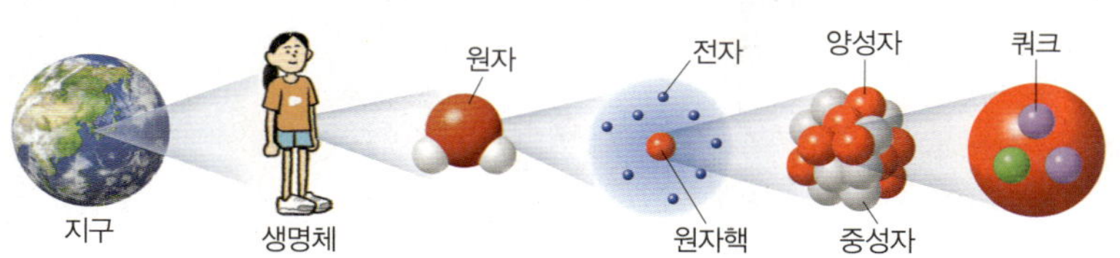

➡ 지구상의 모든 물질은 원자로, 원자는 원자핵과 전자로, 원자핵은 양성자와 중성자로, 양성자와 중성자는 쿼크로 이루어져 있다.

03 우주 초기에 형성된 원소

핵심 기출 ④ 대폭발(빅뱅) 이후 원자의 형성 과정

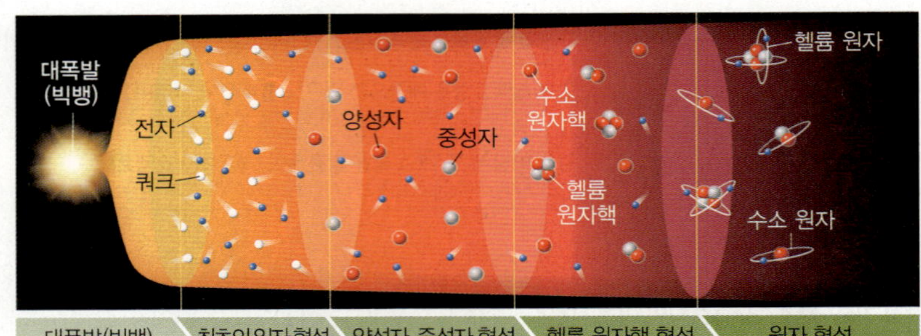

대폭발(빅뱅)	최초의 입자 형성	양성자, 중성자 형성	헬륨 원자핵 형성	원자 형성
약 138억 년 전 대폭발(빅뱅)이 일어나 우주 탄생	빅뱅 직후 쿼크, 전자 등의 최초의 기본 입자 형성	쿼크 결합 → 양성자와 중성자 형성	양성자 2개＋중성자 2개 → 헬륨 원자핵 형성 ↳ 수소 원자핵과 헬륨 원자핵의 질량비가 약 3 : 1이 됨.	• 수소 원자핵＋전자 1개 → 수소 원자 형성 • 헬륨 원자핵＋전자 2개 → 헬륨 원자 형성

핵심 기출 ⑤ 우주 배경 복사의 방출 과정

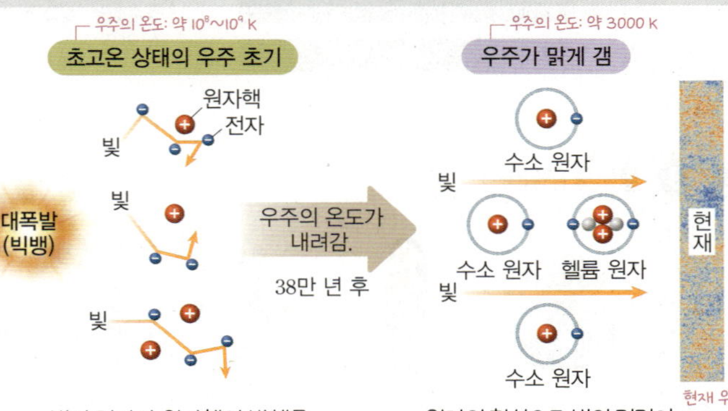

빛이 전자와 원자핵의 방해를 받아 직진하지 못함.
↳ 불투명한 우주

원자의 형성으로 빛의 직진이 가능해지면서 빛과 물질이 분리
↳ 우주가 투명해짐.

04 지구와 생명체를 이루는 원소의 생성

핵심 기출 ① 별의 탄생과 원소의 형성

- **별의 탄생**: 성간 물질이 모여 성운 형성 → 성운 일부가 중력 수축하여 원시별 형성 → 중심부 온도가 약 1000만 K 이상 → 별의 탄생

- **철보다 가벼운 원소의 형성**

수소 핵융합 반응
┌ 수소 원자핵 4개가 융합 → 헬륨 원자핵 1개 형성
└ 중력＝내부 압력 → 별의 크기 일정하게 유지

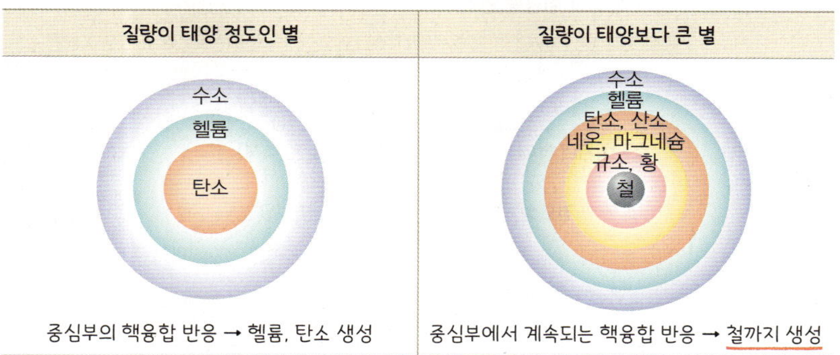

- **철보다 무거운 원소의 형성**: 초신성 폭발 과정에서 구리, 금, 우라늄 등 철보다 무거운 원소 형성

핵심 기출 ② 태양계의 형성 과정

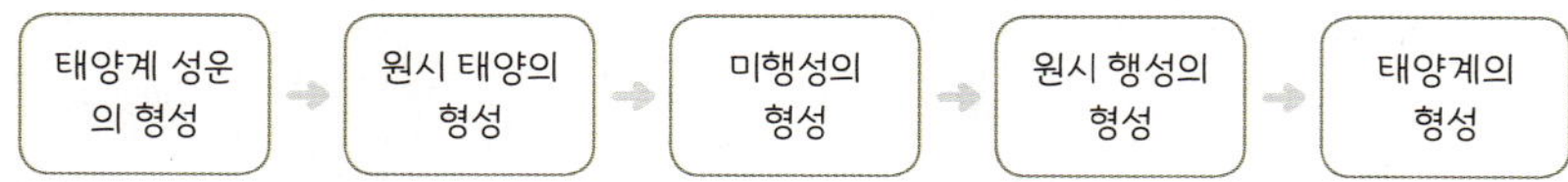

핵심 기출 ③ 지구의 형성 과정

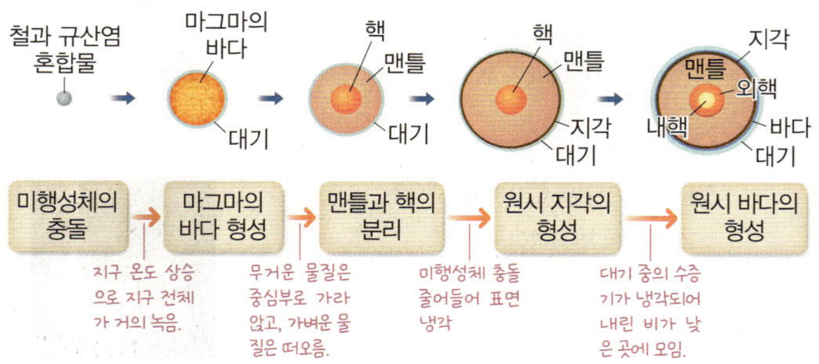

05 원소의 주기성

- **주기율표**: 원소를 원자 번호 순서로 나열하다가 화학적 성질이 비슷한 원소가 같은 세로줄에 오도록 배열한 표

_{양성자수}

주기	족
• 주기율표의 가로줄로 1주기부터 7주기까지 있다.	• 주기율표의 세로줄로 1족부터 18족까지 있다.

- **금속 원소와 비금속 원소**

⌐ 광택이 있고, 힘을 가하면 모양이 변함.

구분	금속 원소	비금속 원소
주기율표	대체로 왼쪽과 가운데	대체로 오른쪽 (단, H는 왼쪽)
실온에서의 상태	고체 (단, Hg은 액체)	기체, 고체 (단, Br_2은 액체)
열, 전기 전도성	열과 전기를 잘 전달함.	열과 전기를 잘 전달하지 않음. (단, 흑연은 있음)

- **알칼리 금속과 할로젠**

⌐ 수소와 반응하여 수소 화합물 생성, 금속과 반응하여 염 생성

알칼리 금속	할로젠
• 주기율표의 1족 원소 (단, H는 제외) ㉠ Li, Na, K 등 • 은백색 광택을 띠며, 칼로 잘릴 정도로 무름. • 물, 산소와의 접촉을 막기 위해 석유나 액체 파라핀에 넣어 보관함. • 반응성: Li < Na < K	• 주기율표의 17족 원소 (원자가 전자 7개) ㉠ F, Cl, Br, I 등 • 실온에서 원자 2개가 결합한 이원자 분자(F_2, Cl_2, Br_2, I_2)로 존재함. • 원소마다 고유한 색을 띰. • 반응성: $F_2 > Cl_2 > Br_2 > I_2$

- **알칼리 금속의 성질**

칼로 자른 단면은 공기 중 산소와 빠르게 반응하여 <u>광택</u>이 사라짐.

_{산화물 형성함.}

물과 격렬하게 반응하여 수소 기체 발생, 생성된 수용액은 염기성을 나타냄.

_{페놀프탈레인 용액을 넣으면 붉은색으로 변함.}

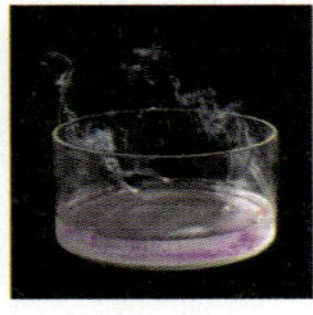

핵심 기출 ❸ 원자의 전자 배치

• **원자의 구조**: 원자는 원자핵과 <u>전자</u>로 구성, 원자핵은 <u>양성자</u>와 중성자로 구성, 전자는 원자핵 주위를 돌며 특정한 에너지 준위를 가진 전자 껍질에만 존재

> 원자 번호 ＝ 양성자수
> 원자의 양성자수 ＝ 전자 수 —— 전기적으로 중성

• **전자 배치의 원리**: 원자핵에서 가까운 전자 껍질부터 채워지고, 첫 번째 전자 껍질에 전자가 최대 2개, 두 번째 전자 껍질에 전자가 최대 8개 채워짐.

• **원자가 전자**: 가장 바깥 전자 껍질에 들어 있어 화학 결합에 참여하는 전자 ➡ <u>화학적 성질 결정</u>

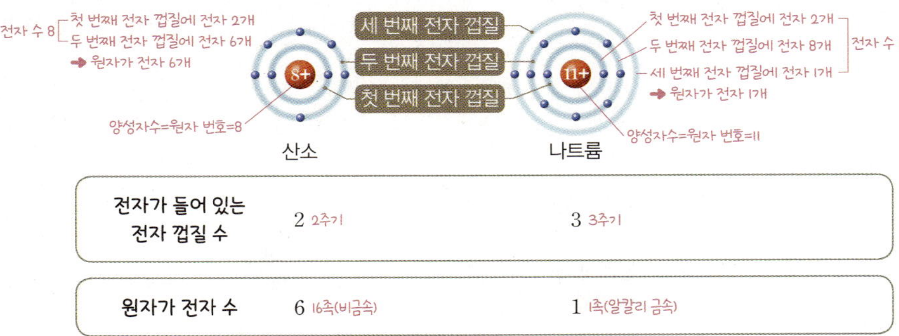

전자가 들어 있는 전자 껍질 수	2 2주기	3 3주기
원자가 전자 수	6 16족(비금속)	1 1족(알칼리 금속)

• **원소의 주기성이 나타나는 까닭**: 원소의 화학적 성질을 결정하는 <u>원자가 전자 수가 주기적으로 변하기 때문</u>

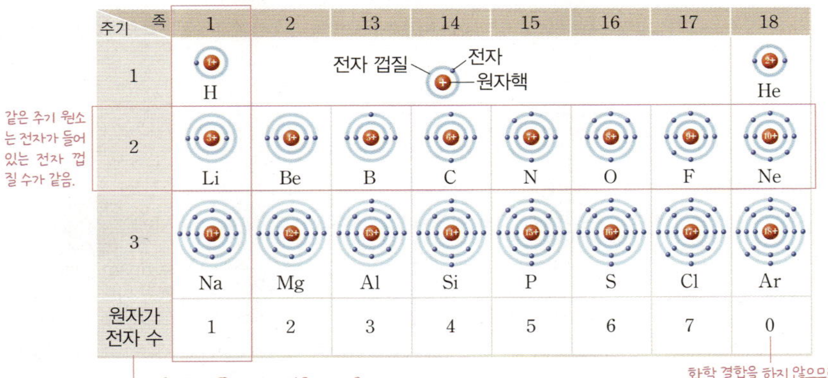

주기 \ 족	1	2	13	14	15	16	17	18
1	H							He
2	Li	Be	B	C	N	O	F	Ne
3	Na	Mg	Al	Si	P	S	Cl	Ar
원자가 전자 수	1	2	3	4	5	6	7	0

06 화학 결합과 물질의 성질

핵심 기출 ① 화학 결합의 원리

- **18족 원소의 전자 배치**: 가장 바깥 전자 껍질에 전자가 모두 채워져 있어 안정한 전자 배치를 이룸.

  → 반응성이 매우 작고 안정하여 다른 원소와 화학 결합을 형성하지 않음.

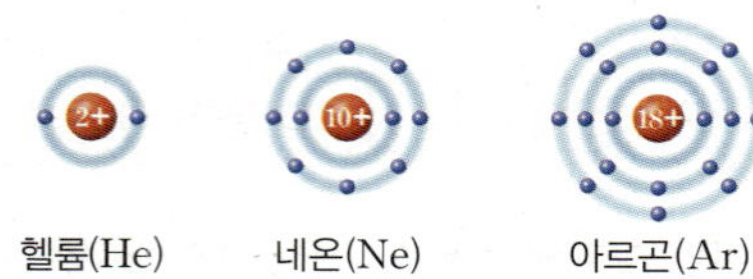

- **화학 결합을 형성하는 까닭**: 18족에 속하지 않는 원소들은 화학 결합을 하여 18족 원소와 같은 전자 배치를 이루려고 함.

원자	산소	플루오린	나트륨	마그네슘
전자 배치 모형	8+	9+	11+	12+
원자가 전자 수	6	7	1	2
18족 원소와 같은 전자 배치를 이루는 방법	전자 2개를 얻거나 전자쌍 2개를 공유함.	전자 1개를 얻거나 전자쌍 1개를 공유함.	전자 1개를 잃음.	전자 2개를 잃음.

핵심 기출 ② 이온 결합의 형성

- **이온 결합**: 금속 원소의 양이온과 비금속 원소의 음이온 사이에 정전기적 인력이 작용하여 형성되는 화학 결합

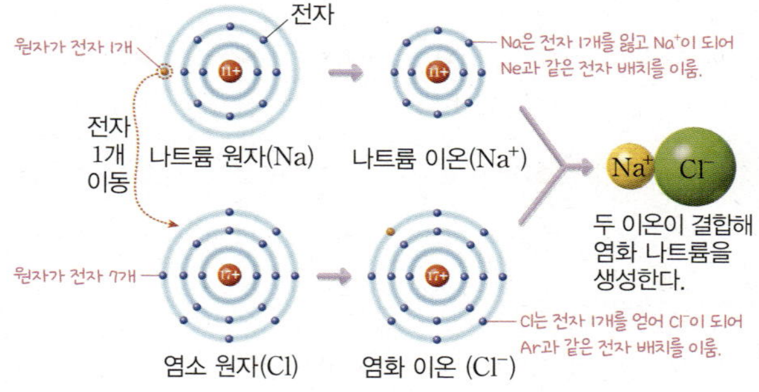

핵심 기출 ❸ 공유 결합의 형성

• **공유 결합**: 비금속 원소의 원자들이 전자쌍을 공유하여 형성되는 화학 결합

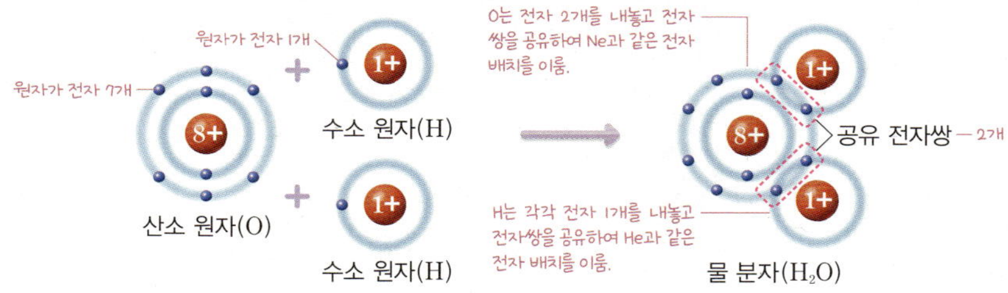

핵심 기출 ❹ 주기율표에서 원소의 화학 결합

• **화학 결합의 형성**

(양이온의 전하×양이온 수)+(음이온의 전하×음이온 수)=0

이온 결합 (금속＋비금속)	개수비	예	공유 결합 (비금속＋비금속)	예
1족＋H	1 : 1	LiH	H＋H	H_2 (단일 결합)
1족＋16족	2 : 1	Li_2O, Na_2O	N＋N	N_2 (삼중 결합)
1족＋17족	1 : 1	NaF, NaCl	O＋O	O_2 (이중 결합)
2족＋16족	1 : 1	MgO, CaO	F＋F	F_2 (단일 결합)
2족＋17족	1 : 2	MgF_2, $CaCl_2$	H＋(C, O, N, F, Cl)	CH_4, H_2O, NH_3, HF, HCl
Al＋16족	2 : 3	Al_2O_3	C＋O	CO_2
Al＋17족	1 : 3	AlF_3, Al_2Cl_3		

화학 결합과 물질의 성질

핵심 기출 ⑤ 이온 결합 물질과 공유 결합 물질

구분		이온 결합 물질	공유 결합 물질
구성 입자		양이온(금속)＋음이온(비금속)	비금속 원자＋비금속 원자
구조		결정(규칙적 입체 배열)	분자
전기 전도성	고체	×	×
	수용액	○	×
예		염화 나트륨($NaCl$, 소금) 염화 칼슘($CaCl_2$, 제설제) 수산화 마그네슘($Mg(OH)_2$, 제산제) 탄산 칼슘($CaCO_3$, 달걀 껍데기) 산화 철(Fe_2O_3, 못의 녹)	포도당($C_6H_{12}O_6$) 설탕($C_{12}H_{22}O_{11}$) 에탄올(C_2H_5OH, 소독제) 이산화 탄소(CO_2, 드라이아이스) 질소(N_2, 충전재)

핵심 기출 ⑥ 화학 결합의 종류에 따른 전기 전도성

- **이온 결합 물질**: 고체 상태에는 전기 전도성이 없고, 수용액 상태에는 전기 전도성이 있음.

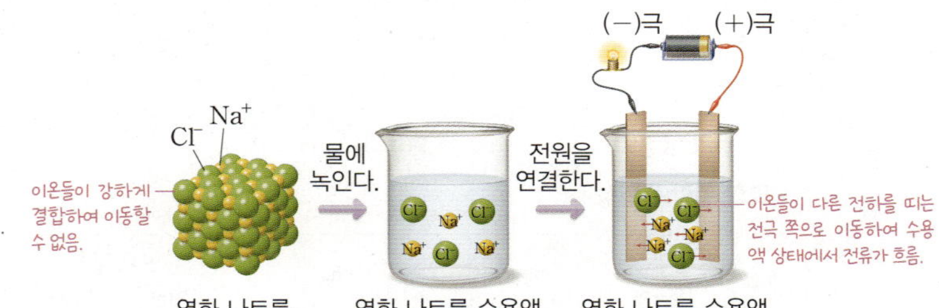

- **공유 결합 물질**: 고체 상태와 수용액 상태 모두 전기 전도성이 없음.

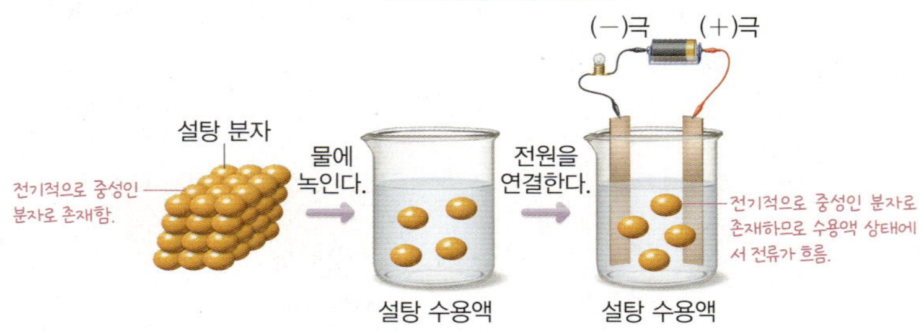

07 자연의 구성 물질

핵심 기출 ❶ 규산염 광물

• 규산염 광물: 규소 원자 1개와 산소 원자 4개가 공유 결합하고 있는 $Si-O$ 사면체

광물	감람석	휘석	각섬석	흑운모	석영
결합 형태	독립형 구조 ↳ 독립적 존재	단사슬 구조 ↳ 한 줄 결합	복사슬 구조 ↳ 두 줄 결합	판상 구조 ↳ 판 모양 결합	망상 구조 ↳ 입체적 결합
사면체 당 공유 하는 산소의 수	0	2	2~3	3	4
Si : O	1 : 4	1 : 3	4 : 11	2 : 5	1 : 2
성질	잘 깨지고, 풍화에 약함.	기둥 모양의 결정을 가짐.	기둥 모양의 결정을 가짐.	판 모양으로 얇게 쪼개짐.	깨짐, 풍화에 강함.

핵심 기출 ❷ 생명체의 구성 물질

생명체는 물, 무기염류, 단백질, 지질, 탄수화물, 핵산 등으로 구성

물이 가장 많고 그 다음으로 많은 것은 단백질

대부분 탄소를 포함한 작은 단위체가 규칙적으로 결합한 고분자 탄소 화합물

핵심 기출 ❸ 단백질

단백질의 형성
— 단위체: 아미노산 → 생명체에는 약 20종류가 있음.
— 펩타이드 결합: 2개 아미노산 사이에서 물 분자 1개가 빠져나오면서 이루어지는 결합

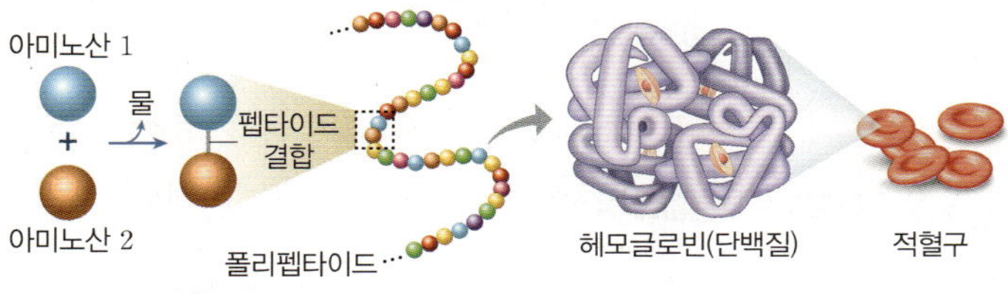

아미노산이 펩타이드 결합으로 연결되어 폴리펩타이드 형성

→ 폴리펩타이드가 접히고 구부러져 독특한 입체 구조를 가진 단백질 형성

단백질의 다양성
— 단백질 종류는 아미노산의 종류, 수, 배열 순서로 결정
— 단백질은 아미노산 종류와 배열 순서에 따라 고유한 입체 구조 가짐.
→ 입체 구조에 의해 단백질 기능 결정

07 자연의 구성 물질

핵심 기출 ④ 핵산

핵산의 형성 ┬ 단위체: 뉴클레오타이드 ➡ 인산, 당, 염기가 1 : 1 : 1로 결합한 화합물
　　　　　 └ 한 뉴클레오타이드의 당과 다른 뉴클레오타이드의 인산이 결합하여 긴 폴리뉴클레오
　　　　　　　타이드 형성

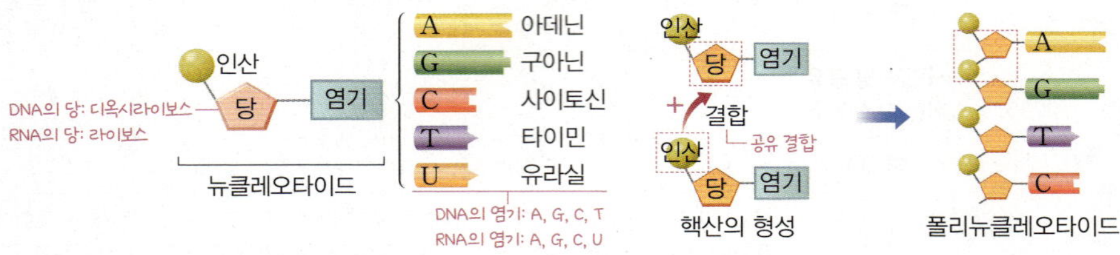

핵심 기출 ⑤ DNA와 RNA 비교

구분	DNA	RNA
당	디옥시라이보스 ─ 라이보스보다 산소가 하나 더 적음.	라이보스
염기	아데닌(A), 구아닌(G), 사이토신(C), 타이민(T) ─ DNA만 있음.	아데닌(A), 구아닌(G), 사이토신(C), 유라실(U) ─ RNA만 있음.
구조	인산 / 디옥시라이보스 / 당 / 염기 / DNA를 구성하는 뉴클레오타이드 / 두 가닥의 폴리뉴클레오타이드가 결합하여 꼬여 있다. / 이중나선구조	인산 / 라이보스 / 당 / 염기 / RNA를 구성하는 뉴클레오타이드 / 한 가닥의 폴리뉴클레오타이드로 되어 있다. / 단일 가닥 구조
기능	유전정보 저장	유전정보 전달, 단백질합성에 관여

핵심 기출 ⑥ DNA의 상보결합과 유전정보

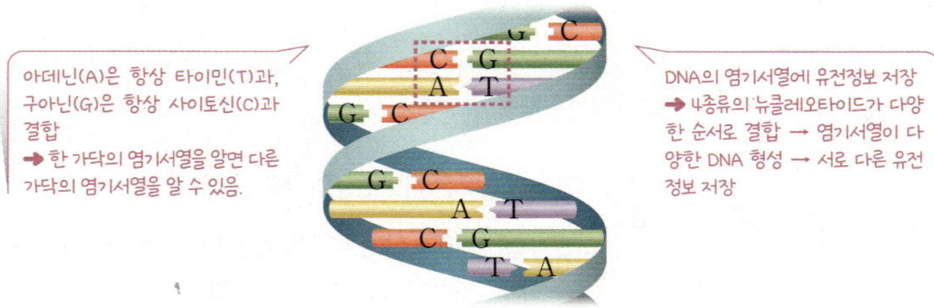

08 물질의 전기적 성질과 활용

핵심 기출 ① 물질의 전기적 성질

- **원자의 전기적 성질**: 원자핵과 전자들의 전하량의 총량이 같아 원자 자체는 중성
  - ↳ (+)전하 ↳ (−)전하
- **물질의 전기적 성질**: 물질 내 자유 전자의 이동에 따라 전기적 성질이 달라짐.

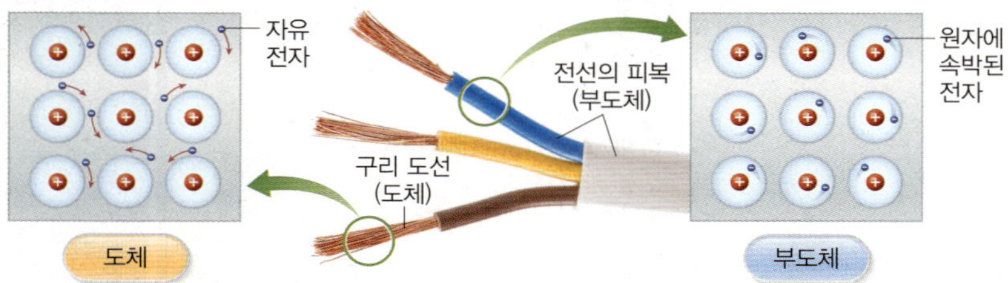

전압을 걸면 자유 전자가 이동하여 전류 흐름.
→ 전기 부품이나 전기 장치를 연결하는 소재로 활용

전압을 걸어도 자유 전자가 거의 없어 전류가 잘 흐르지 않음. → 전기 절연 소재로 활용

핵심 기출 ② 반도체

- **반도체**: 순수한 상태에서는 자유 전자가 거의 없어 전류가 흐르지 않지만, 특정 조건에서 전류가 흐르는 물질

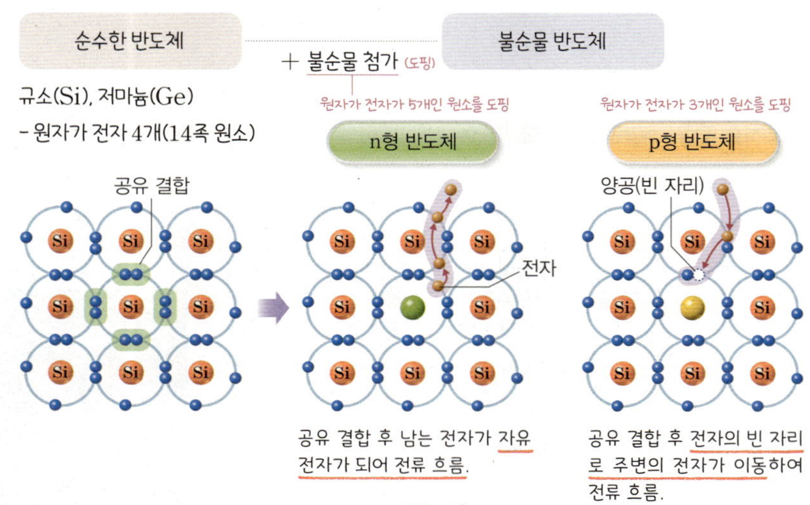

공유 결합 후 남는 전자가 자유 전자가 되어 전류 흐름.

공유 결합 후 전자의 빈 자리로 주변의 전자가 이동하여 전류 흐름.

- **반도체 소자의 활용**: 다이오드, 트랜지스터, 발광 다이오드, 집적 회로, 센서, 태양 전지 등
  - ↳ 정류 작용 ↳ 약한 전압이나 전류 증폭 ↳ 전류 → 빛 ↳ 빛 → 전류

지구시스템의 구성 요소

• **기권의 성층 구조**: 높이에 따른 기온 분포를 기준으로 구분

열권	• 높이 약 80~1000 km에 해당하는 영역 • 위로 올라갈수록 기온 높아짐. 공기가 태양 에너지 흡수 • 공기 매우 희박 → 낮과 밤의 기온 차가 큼. • 고위도에서 오로라 나타나기도 함.
중간권	• 높이 약 50~80 km에 해당하는 영역 • 위로 올라갈수록 기온 낮아짐. → 대류 일어남. • 수증기가 거의 없어 기상 현상 ×
성층권	• 높이 약 11~50 km에 해당하는 영역 • 위로 올라갈수록 기온이 높아짐. → 안정한 층 └대류× • 높이 20~30 km에 오존층 존재 └→오존이 태양의 자외선 흡수
대류권	• 지표에서부터 높이 약 11 km까지의 영역 • 위로 올라갈수록 기온 낮아짐. → 대류, 기상 현상 활발

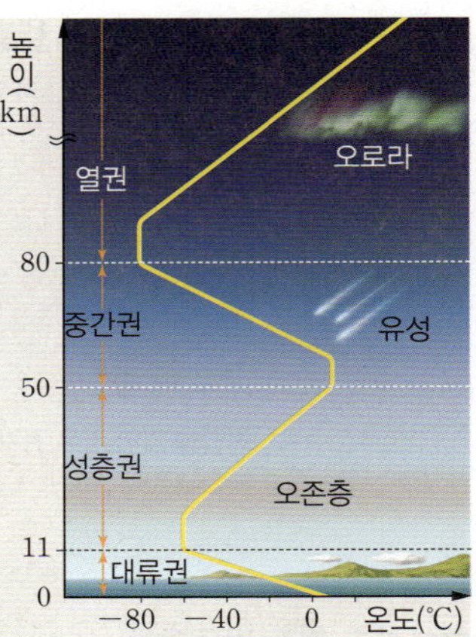

• **수권의 성층 구조**: 깊이에 따른 수온 분포를 기준으로 구분

혼합층	• 바람에 의한 해수의 혼합 작용 → 깊이에 따른 수온이 거의 일정한 층 • 바람이 강하게 불수록 혼합층이 두꺼워짐.
수온 약층	• 수심이 깊어질수록 수온이 급격히 낮아짐. → 안정한 층 →밀도가 큰 찬 물이 아래쪽에 있어 안정 • 혼합층과 심해층 사이의 물질과 에너지 교환 거의 ×
심해층	• 태양 에너지 도달 × → 수온 낮음. • 깊이에 따른 수온 변화 거의 × └→ 계절이나 위도에 따른 수온 변화 거의 ×

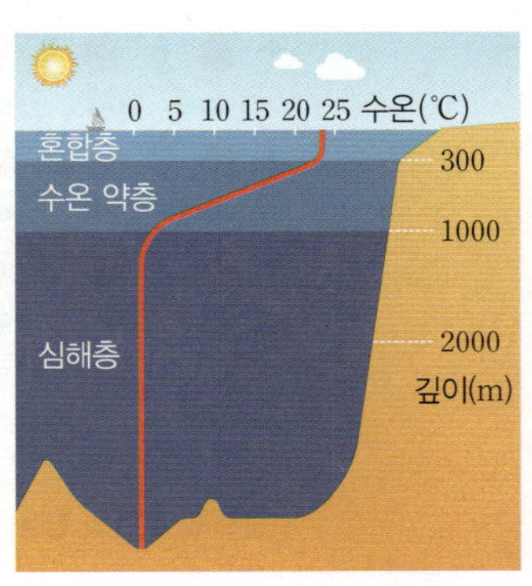

 지권의 성층 구조

• **지권의 성층 구조**: <u>구성 물질과 그 상태</u>를 기준으로 구분

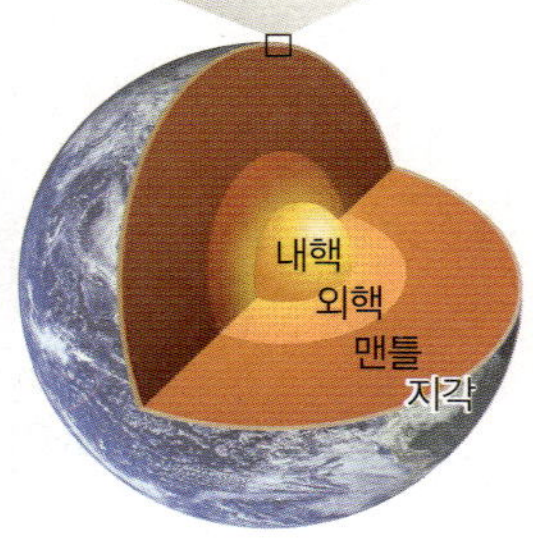

지각	• 지표에서부터 깊이 약 5~35 km까지의 구간 • 비교적 가벼운 규산염 물질로 구성 • 대륙 지각과 해양 지각으로 구분 └ 두께: 대륙 지각 > 해양 지각 / 밀도: 대륙 지각 < 해양 지각
맨틀	• 깊이 약 35~2900 km의 구간 • <u>지구 전체 부피의 약 80 %</u>를 차지 • 고체 상태이지만 유동성이 있음.
외핵	• 깊이 약 2900~5100 km의 구간 • 주로 철과 니켈 등의 무거운 물질로 구성 • 액체 상태 • 철과 니켈의 대류로 <u>지구 자기장 형성</u> └ 외권으로부터 오는 고속·고에너지 입자를 막아 줌.
내핵	• 깊이 약 5100~6400 km의 구간 • 주로 철과 니켈 등의 무거운 물질로 구성 • 고체 상태

 지구시스템의 각 구성 요소가 생명 유지에 기여하는 원리

구성 요소	생명 유지에 기여하는 원리
기권	• 생물의 호흡과 광합성에 필요한 기체 공급 • 외권으로부터 오는 자외선, 유성체 차단 → 지구의 생명체 보호
수권	• 물은 생명체의 몸을 이룸. → 물질대사 등 생명 활동에 도움 • 대기 중의 이산화 탄소가 바다에 녹으면서 대기 중 이산화 탄소 양 감소
지권	• 생명체에 서식 공간과 영양분 공급 • 과거에 하나로 모여 있던 대륙이 흩어짐. → 각 대륙에 다양한 생물 출현
생물권	• 식물은 광합성을 통해 이산화 탄소 흡수, 산소 방출 → 다른 생물이 호흡 • 생물의 사체는 토양 속 유기물이 됨. → 다른 생명체에 영양분 공급
외권	• 적당한 질량의 태양 → 지구에 적당한 양의 에너지 공급 • 달과 태양의 인력은 밀물과 썰물을 일으킴. → 생명체의 서식 환경에 영향을 미침.

지구시스템의 상호작용

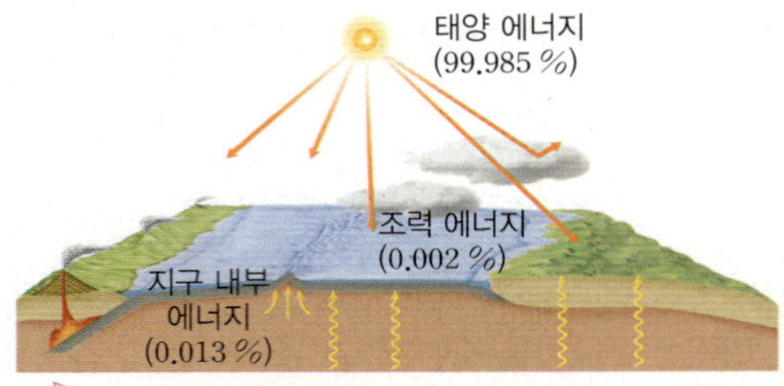

에너지원	발생 원인	특징
태양 에너지	태양의 수소 핵융합 반응	• 지구시스템의 모든 요소에 영향을 주는 근원적인 에너지 • 지구시스템의 에너지원 중 가장 많은 양을 차지 • 대기와 물의 순환 → 지표와 날씨의 변화를 일으킴. • 생명 활동의 에너지로 이용, 화석 연료의 근원
지구 내부 에너지	지구 내부의 방사성 원소의 붕괴	• 외핵의 운동 → 지구 자기장 형성 • 맨틀 대류 → 대륙 이동, 지각 변동을 일으킴.
조력 에너지	달과 태양의 인력	밀물과 썰물을 일으킴.

→ 지구의 자전으로 발생

- A, B: 수권의 물이 태양 에너지를 흡수하여 수증기가 됨(수권 → 기권)
- C: 식물의 증산 작용(생물권 → 기권)
- D: 기권의 물이 에너지를 방출하면서 응결 → 구름이 되었다가 비나 눈의 형태로 육지와 바다로 이동(기권 → 지권, 수권)
- E, F: 육지의 물은 하천수, 지하수 등으로 흘러 바다로 이동(지권 → 수권)

핵심 기출 ❸ 탄소의 순환

- A: 화석 연료의 연소 → 이산화 탄소 배출
- B: 화산 분출 → 이산화 탄소 방출
- C: 식물의 광합성 → 기권의 탄소가 생물권으로 이동
- D: 생물의 호흡 → 기권으로 이산화 탄소 방출
- E: 기권의 이산화 탄소 용해 → 수권으로 이산화 탄소 이동
- F: 수온 상승으로 기체의 용해도 낮아짐. → 기권으로 탄소 방출
- G, H: 해수에 용해된 탄산 이온이 침전하거나 해양 생물의 골격이 해저에 퇴적 → 석회암 형성
- I: 생물체의 사체가 퇴적 → 화석 연료 형성

핵심 기출 ❹ 지구시스템의 상호작용

근원 \ 영향	기권	수권	지권	생물권
기권	기단의 상호작용, 전선 형성, 일기 변화	해류 발생, 수증기 응결과 강수	풍화·침식 작용	이산화 탄소와 산소 공급, 종자와 포자 운반
수권	수증기 공급, 이산화 탄소와 산소의 흡수·방출	해수의 혼합과 순환	강물과 빙하 침식 작용, 석회 동굴 형성	생물 서식처 제공, 세포 내 물 공급
지권	지구 복사 에너지 방출, 화산 가스 방출	지권 물질의 용해와 이동, 지진 해일	판의 운동에 의한 지형 변화 및 지각 변동	생물 영양분 공급, 대륙 이동에 의한 서식처 변화
생물권	광합성과 호흡, 증산 작용	생물체에 의한 해수 용해 물질 제거	풍화·침식 작용, 토양, 석회암, 화석 연료 생성	포식 동물과 먹이 순환

11 지권의 변화

• 판의 구조

암석권 (판)	지각과 상부 맨틀의 일부를 포함한 두께 약 100 km 구간의 단단한 부분
연약권	• 깊이 약 100~400 km 구간의 부분 • 유동성이 있는 고체 상태 → 맨틀 대류 일어남. • 맨틀 상부와 하부의 온도 차이로 인해 맨틀 대류 발생

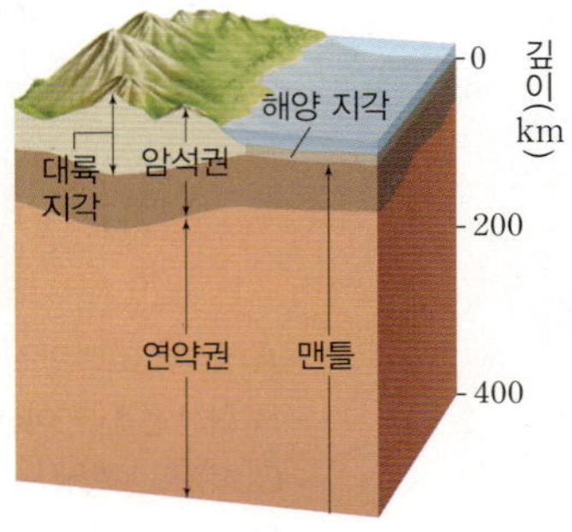

• 판의 구분

구분	구성	두께	밀도
대륙판	대륙 지각 + 상부 맨틀 일부	두꺼움	작음→화강암질 암석
해양판	해양 지각 + 상부 맨틀 일부	얇음	큼→현무암질 암석

• **판 구조론**: 지권의 표면은 크고 작은 여러 개의 판으로 나누어져 있고, 각각의 판은 맨틀 대류에 의해 이동하고 판의 경계에서 화산 활동, 지진 등의 지각 변동이 일어난다는 이론

• **발산형 경계**: 맨틀 대류가 상승하면서 서로 인접해 있는 두 판이 양쪽으로 갈라져 서로 멀어지는 경계
  └→ 판이 생성되면서 대륙이 갈라지거나 새로운 해양이 생성됨.

유형	특징	지각 변동	예	모형
해양판과 해양판	해령 발달	지진, 화산 활동	대서양 중앙 해령, 동태평양 해령, 인도양 해령	해령
대륙판과 대륙판	열곡대 발달	지진, 화산 활동	동아프리카 열곡대	열곡대

- **수렴형 경계**: 맨틀 대류가 하강하면서 서로 인접해 있는 두 판이 가까워지는 경계
  ↳ 두 판이 충돌하거나, 밀도가 큰 판이 밀도가 작은 판 아래로 섭입하면서 판이 소멸함.

유형	특징	지각 변동	예	모형
해양판과 해양판 (섭입형 경계)	해구와 호상열도 발달	지진, 화산 활동	마리아나 해구	호상열도 해구
대륙판과 해양판 (섭입형 경계)	해구와 호상열도 발달	지진, 화산 활동	일본 해구, 인도네시아 화산섬	
	해구와 습곡 산맥 발달	지진, 화산 활동	페루-칠레 해구, 안데스산맥	습곡 산맥 해구
대륙판과 대륙판 (충돌형 경계)	습곡 산맥 발달	지진	히말라야산맥	습곡 산맥

- **보존형 경계**: 인접해 있는 두 판이 서로 반대 방향으로 어긋나게 이동하는 경계
  ↳ 판이 생성되거나 소멸하지 않음.

유형	특징	지각 변동	예	모형
대륙판과 해양판	변환 단층 발달	지진	산안드레아스 단층	변환 단층
해양판과 해양판	변환 단층 발달	지진	해령과 해령 사이의 변환 단층	변환 단층

핵심 기출 ③ 지권의 변화가 지구시스템에 미치는 영향

지진
- 부정적 영향: 산사태, 도로와 건물 붕괴, 화재, 지진 해일 발생
- 긍정적 영향: 지진파 분석을 통한 지구 내부 구조 연구, 지하자원 탐사

화산
- 부정적 영향: 토양 산성화, 유독 가스 피해, 항공기 운항 피해, 산불 발생
- 긍정적 영향: 관광 자원 활용, 지열 발전, 토양의 비옥화, 지하자원 제공

중력과 역학 시스템

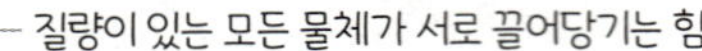
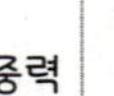

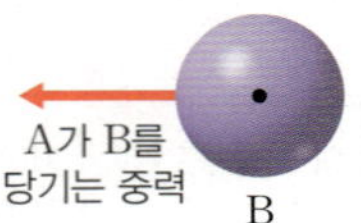

중력

질량이 있는 모든 물체가 서로 끌어당기는 힘

B가 A를 당기는 중력

A가 B를 당기는 중력

A

B

지구에서의 중력: 지구 중심 방향(＝연직 방향)으로 작용

1. 물체의 운동을 표현하는 물리량

속력	속도	가속도
물체의 빠르기를 나타내는 물리량	물체의 빠르기와 운동 방향을 함께 나타내는 물리량	물체의 속도가 시간에 따라 변하는 정도를 나타내는 물리량
$속력 = \dfrac{이동\ 거리}{걸린\ 시간}$	$속도 = \dfrac{위치\ 변화량}{걸린\ 시간}$	$가속도 = \dfrac{속도\ 변화량}{걸린\ 시간}$

→ 직선을 따라 한 방향으로 운동할 때는 속력＝속도

2. 등속 운동과 가속도 운동

등속 운동
→ 속도 일정

VS

가속도 운동
→ 속도 변화

속력 또는 운동 방향 변화 &
속력과 운동 방향 모두 변화

VS

등가속도 운동
→ 속도 일정하게 변화
＝가속도 일정

3. 직선을 따라 운동하는 물체의 운동과 그래프

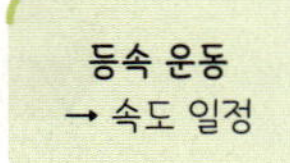
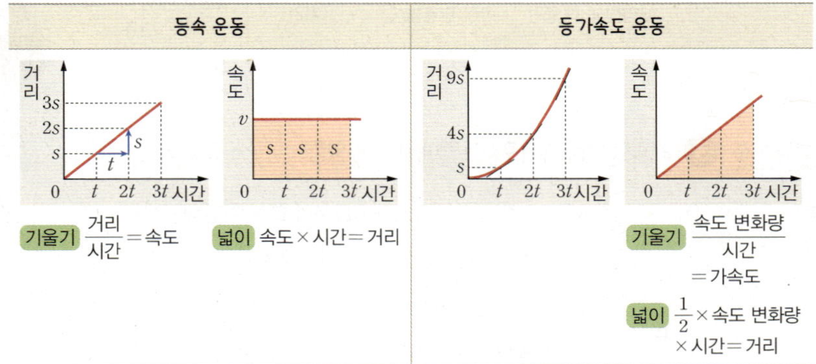

핵심 기출 ❸ 자유 낙하 운동과 수평 방향으로 던진 물체의 운동

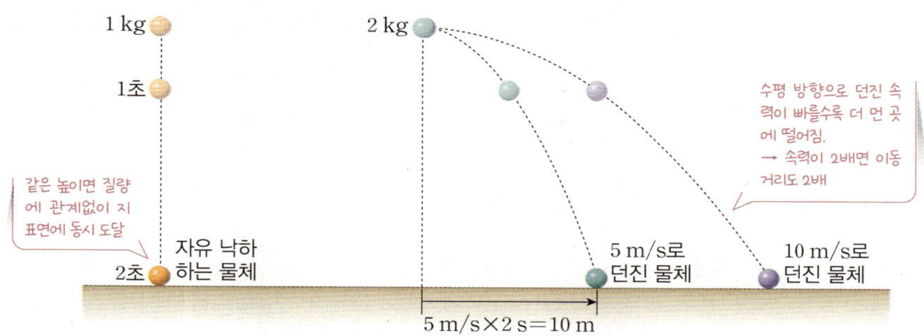

구분	자유 낙하 운동	수평 방향으로 던진 물체의 운동
알짜힘	중력(연직 방향)	중력(연직 방향)
수평 방향	–	속력 일정=등속 운동
연직 방향	• 속력 일정하게 증가=등가속도 운동 • 가속도 9.8 m/s²로 일정 (=중력 가속도)	
운동 비교	• 같은 높이에서 동시에 떨어지면 질량에 관계없이 연직 방향 높이가 같음. • 같은 높이에서 동시에 떨어지면 지표면에 도달했을 때의 속력은 수평으로 던진 물체의 속력이 자유 낙하한 물체보다 큼.	

핵심 기출 ❹ 원운동

원운동 — 물체의 운동 방향과 수직으로 알짜힘 작용 ➡ 물체는 힘을 받아 가속도 운동을 함.

중력에 의한 원운동: 지구 주위를 공전하는 물체는 지구 중심 방향으로 중력이 작용하여 원운동 ➡ 지구 중심 방향의 가속도 운동

13 충돌과 안전장치

핵심 기출 ① 관성

관성
- 물체에 상호작용이 없을 때 물체가 현재의 운동 상태를 유지하려는 성질
  - ➡ 정지한 물체 = 계속 정지, 운동하던 물체 = 일정한 속도로 운동
- 물체의 질량이 클수록 관성이 큼. ➡ 운동 상태를 바꾸기 어려움.

핵심 기출 ② 운동량과 충격량

구분	운동량	충격량
정의	운동하는 물체의 질량과 속도를 곱한 물리량 운동량(p) = 질량(m) × 속도(v)	물체에 힘이 작용할 때 물체에 작용한 힘과 힘이 작용한 시간을 곱한 물리량 충격량(I) = 힘(F) × 힘이 작용한 시간(Δt)
크기	질량이 클수록, 속력이 클수록 증가 (=속도의 크기)	힘의 크기가 클수록, 힘이 작용하는 시간이 길수록 증가
방향	속도 방향	힘 방향
운동량과 충격량의 관계	충격량(I) = 운동량의 변화량(Δp) = 나중 운동량$(p_{나중})$ − 처음 운동량$(p_{처음})$ • 운동 방향으로 충격량을 받으면 운동량 증가, 반대 방향으로 받으면 운동량 감소 • 물체가 받은 충격량이 클수록 운동량 변화량 증가 ┈┈ 힘이 클수록, 시간이 길수록	

핵심 기출 ③ 충격량이 같을 때 힘과 시간의 관계

- **충격량이 같을 때 힘과 시간의 관계**: 충격량이 같을 때 힘이 작용한 시간이 길수록 물체가 받는 힘의 최댓값 감소 ┈┈ 충돌 과정에서 피해를 줄이는 안전장치의 원리

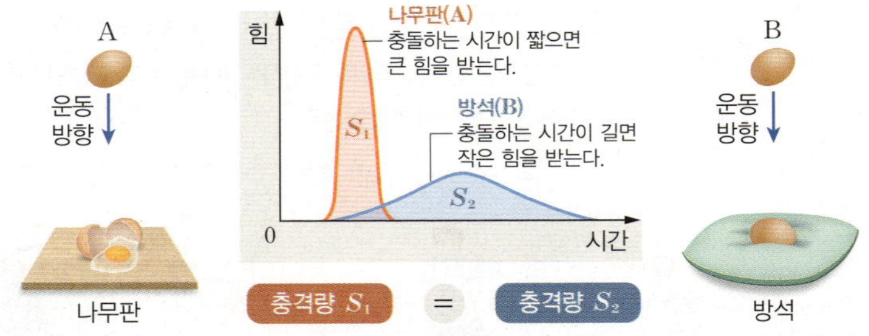

➡ A, B가 받은 충격량은 같은데, 나무판에 떨어져 충돌 시간이 짧은 B가 A보다 더 큰 힘을 받아 깨짐.

- **같은 원리를 이용한 다양한 안전장치**: 자동차의 에어백과 범퍼, 포수용 글러브, 경기용 안전 매트, 모서리 보호대 등

14 생명 시스템의 기본 단위

핵심 기출 ① 생명 시스템의 기본 단위, 세포

- **생명 시스템**: 구성 요소 간의 상호작용으로 생명 현상이 나타나는 체계
- **세포**: 생명체를 구성하는 구조적 단위이며, 생명 현상이 일어나는 기능적 단위
  - ➡ 세포는 여러 세포소기관이 상호작용하는 생명 시스템
- **생명체의 구성단계**: 세포 → 조직 → 기관 → 개체
  - 식물: 조직계　동물: 기관계
- **세포소기관의 종류와 기능**

핵	유전정보가 저장된 DNA가 들어 있으며, 세포의 생명활동 조절
세포질	세포소기관이 있는 곳으로 다양한 생명활동이 일어남.
라이보솜	유전정보에 따라 단백질합성
소포체	라이보솜에서 합성한 단백질을 골지체나 세포의 다른 부위로 운반
골지체	소포체에서 운반된 단백질을 변형하고 세포 안팎으로 분비
마이토콘드리아	세포의 생명활동에 필요한 에너지를 생성하는 세포호흡이 일어남.
엽록체	빛에너지를 흡수하여 포도당을 합성하는 광합성이 일어남.
액포	성숙한 식물 세포에서 발달, 영양분, 색소, 노폐물 등을 저장
세포막	세포를 둘러싸는 막, 세포 안과 주변 환경 분리, 세포 안팎 물질 출입 조절
세포벽	세포막 바깥쪽에 있는 단단한 막으로, 세포 형태 유지 및 보호

핵심 기출 ② 세포막의 구조와 기능

- **세포막의 구조**: 인지질 2중층에 막단백질이 군데군데 파묻혀 있거나 관통하고 있음.
- **세포막의 기능**: 세포의 형태 유지, 물질대사가 일어날 수 있는 독립된 환경 조성, 물질 출입 조절

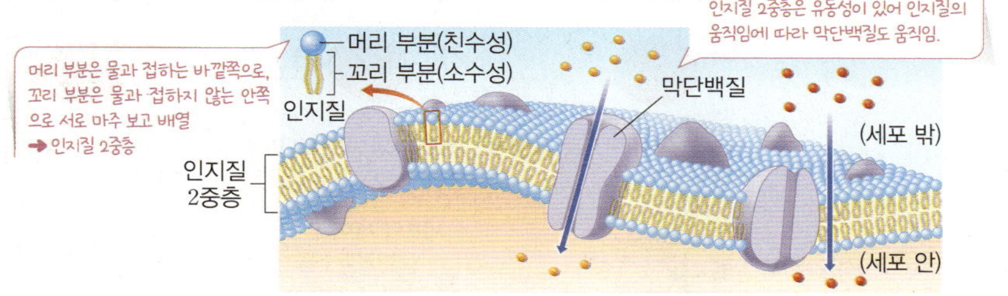

▲ 세포막의 구조

14 생명 시스템의 기본 단위

핵심 기출 ❸ 세포막을 통한 물질 이동

- **선택적 투과성**: 물질의 종류에 따라 물질을 투과시키는 정도가 다름.

- **확산**: 물질이 스스로 운동하여 농도가 높은 곳에서 낮은 곳으로 퍼져 나가는 현상

- **세포막을 통한 확산**: 세포막을 경계로 농도가 높은 쪽에서 낮은 쪽으로 물질 확산

> 확산의 특징
> - 에너지가 소모되지 않음.
> - 농도 차가 클수록 확산이 빠르게 일어남.

인지질 2중층을 통한 확산 단순확산	막단백질을 통한 확산 촉진확산
• 크기가 작은 분자: 산소, 이산화 탄소 • 소수성(지용성) 물질: 지질 입자(지방산)	• 크기가 큰 분자, 전하를 띠는 물질: Na^+, K^+ • 친수성(수용성) 물질: 포도당, 아미노산

핵심 기출 ❹ 세포와 삼투

- **삼투**: 세포막과 같은 반투과성막을 경계로 농도 차이가 나는 두 용액이 있을 때 농도가 낮은 용액에서 높은 용액으로 물과 같은 용매가 이동하는 현상

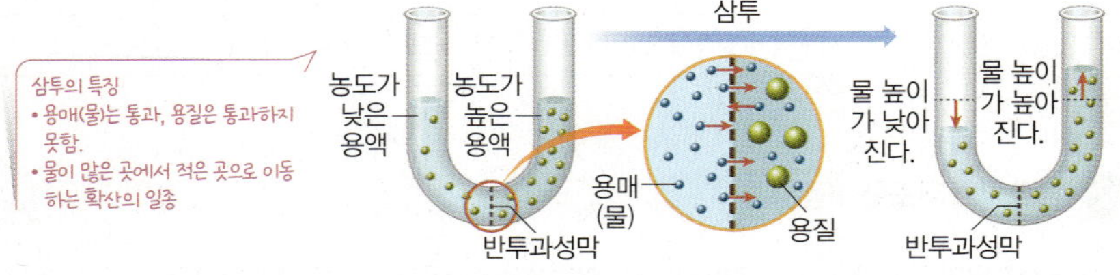

	세포 안보다 낮은 농도의 용액(저장액)	세포 안과 같은 농도의 용액(등장액)	세포 안보다 높은 농도의 용액(고장액)
동물 세포	물 → 물 세포 부풀다 터짐.	물 → 물 세포 부피 변화 없음.	물 → 물 세포 쭈그러듦.
물의 이동	세포 밖에서 안으로 물이 들어옴.	세포 안과 밖으로 이동하는 물의 양이 같음.	세포 안에서 밖으로 물이 빠져나감.
식물 세포	물 → 물 세포 팽팽해짐.	세포막 세포벽 물 → 물 세포 부피 변화 없음. 액포	물 → 물 세포막과 세포벽 분리

15 물질대사와 효소

핵심 기출 ① 물질대사

물질대사
- 생명체 내에서 일어나는 모든 화학 반응
- 생체촉매인 효소가 필요하며, 반드시 에너지 출입이 일어남.
  ↳ 생명체 내에서 만들어져 물질대사를 촉진하는 물질

• 물질대사의 구분

구분	물질을 합성하는 반응 (동화작용)	물질을 분해하는 반응 (이화작용)
물질 변화	작은 분자로 큰 분자를 합성	큰 분자를 작은 분자로 분해
에너지 출입	에너지 흡수(흡열 반응)	에너지 방출(발열 반응)
반응 예	광합성, 단백질합성	소화, 세포호흡

↳ 에너지 크기 = 반응물 < 생성물
↳ 에너지 크기 = 반응물 > 생성물

핵심 기출 ② 활성화에너지

• **활성화에너지**: 화학 반응이 진행되는 데 필요한 최소한의 에너지

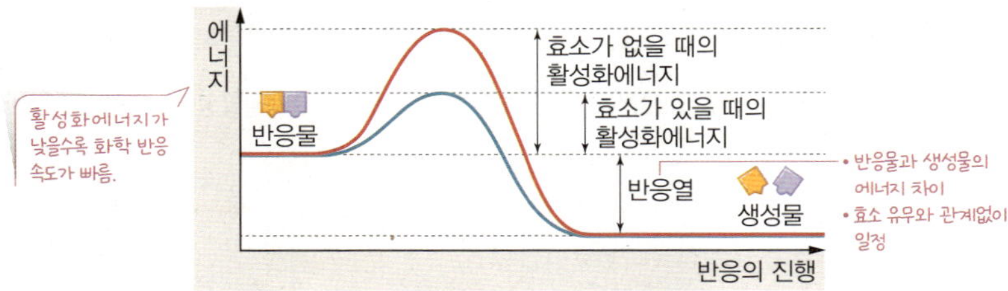

▲ 효소의 유무에 따른 활성화에너지

핵심 기출 ③ 효소의 작용 원리

• **효소**: 생명체 내에서 물질대사가 빠르고 쉽게 일어나도록 하는 물질

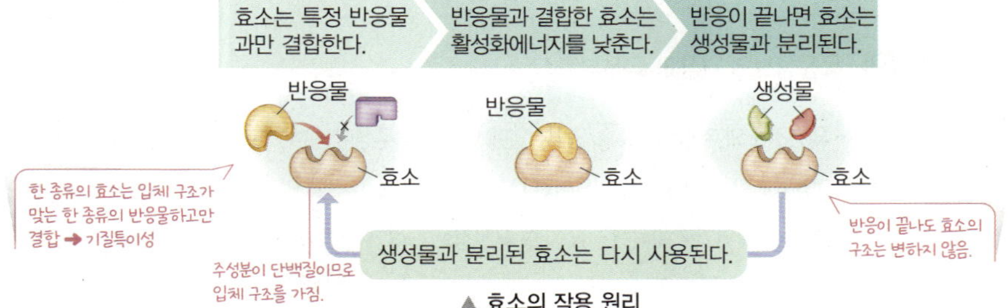

▲ 효소의 작용 원리

세포 내 정보의 흐름

핵심 기출 ① DNA와 유전자

- **DNA**: 세포의 핵 속에 있으며, 생명체의 모든 유전정보가 저장되어 있음.

- **유전자**: 생물의 형질을 결정하는 유전정보가 저장된 DNA의 특정 부분
  - ➡ 하나의 DNA에는 수많은 유전자가 있음.

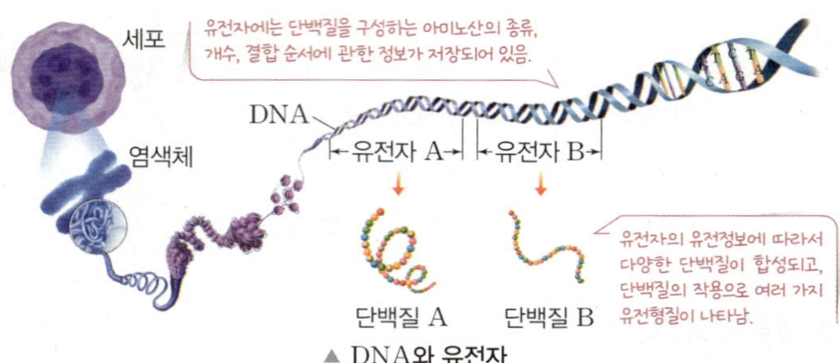

▲ DNA와 유전자

핵심 기출 ② 생명중심원리

- **생명중심원리**: DNA 유전정보가 RNA를 거쳐 단백질합성으로 연결되는 유전정보의 흐름

구분	전사	번역
일어나는 장소	핵 속에서 일어남.	세포질의 라이보솜에서 일어남.
의미	DNA에 저장된 유전정보가 RNA로 전달되는 과정	RNA의 유전정보에 따라 단백질이 합성되는 과정

핵심 기출 ③ 유전정보의 저장과 유전부호

- **유전정보의 저장**: DNA 염기서열에 단백질을 구성하는 아미노산서열이 암호화되어 저장되어 있음.
  - 염기서열에 따라 유전정보가 달라짐.

- **3염기조합**: 3개 염기로 이루어진 DNA 유전정보 ➡ 3개 염기가 한 조가 되어 하나의 아미노산 지정

- **코돈**: 3개 염기로 이루어진 RNA 유전정보 ➡ 3개 염기가 한 조가 되어 하나의 아미노산 지정
  - 3염기조합과 마찬가지로 코돈도 $4^3 = 64$종류
  - 4종류 염기가 3개씩 조합을 이루면 $4^3 = 64$가지 유전부호가 만들어짐.
  - ➡ 생명체에 있는 약 20종류의 아미노산을 지정하고도 남음.

핵심 기출 ④ 유전정보의 전달과 단백질합성

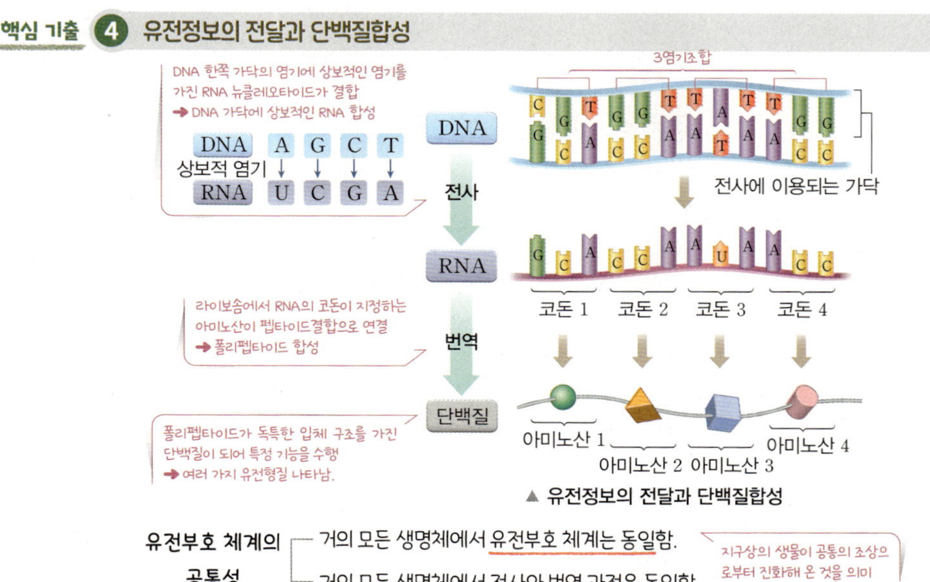

▲ 유전정보의 전달과 단백질합성

유전부호 체계의 공통성
- 거의 모든 생명체에서 유전부호 체계는 동일함.
- 거의 모든 생명체에서 전사와 번역 과정은 동일함.

지구상의 생물이 공통의 조상으로부터 진화해 온 것을 의미

핵심 기출 ⑤ 유전자이상과 유전질환

• 유전자이상에 따른 유전질환: 유전자이상 → 효소 결핍 또는 특정 단백질 이상 → 유전질환 발생

염기서열에 이상

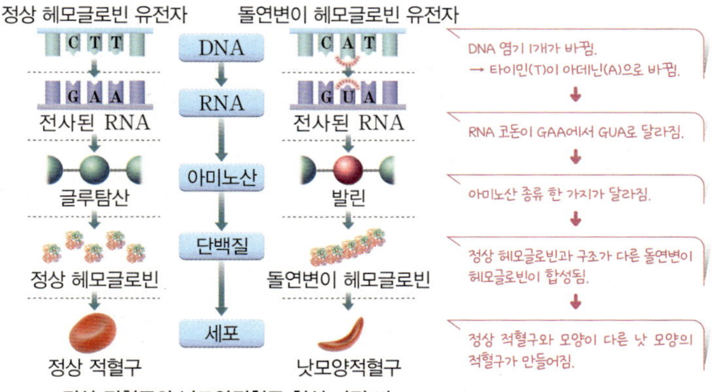

▲ 정상 적혈구와 낫모양적혈구 형성 과정 비교

낫모양적혈구빈혈증: 헤모글로빈의 입체 구조가 변해
적혈구가 낫 모양으로 바뀌어 심한 빈혈 증상이 나타남.

MEMO